# 編著者簡介

## 黃定加

日本東京大學　工學博士（化學工程）
國立成功大學　名譽教授，台灣化學工程學會　會士
曾任：國立成功大學化工系所教授、系主任及所長
　　　國立成功大學副校長、代理校長
　　　教育部國家講座主持人（第一屆）
　　　日本原子力研究所外來研究員 (IAEA Fellow)
　　　美國 University of Houston 研究
　　　教育部顧問室兼任顧問
曾得：教育部徐氏基金會工程科學獎 (1975)，國立成功大學榮譽獎章 (1976)，
　　　教育部學術獎（工科)(1979)，教育部重點科技傑出研究獎 (1983~5)，
　　　國科會傑出研究獎 (1986~94，共四次)，國科會特約研究員 (1994~8 共
　　　二次)，中國工程師學會傑出工程教授獎 (1991)，中國化學工程學會金開
　　　英獎 (1991)，中國化學工程學會化工獎章 (1996)，台灣化學工程學會終
　　　身成就獎(2017)


## 黃玲媛

美國 University of Missourri-Rolla, Ph.D.（化學博士）
國立交通大學碩士(應用化學)，國立成功大學理學士(化學)
曾任：國立台北科技大學化工系所　副教授


## 黃玲惠

美國 University of Southern California, Ph.D.（醫學院生物化學博士）
國立台灣大學學士及碩士(農化)
國立成功大學生物科技與產業科學系　特聘教授
(醫學院臨床醫學研究所／食品安全衛生暨風險管理研究所　合聘教授)
國立成功大學再生醫學卓越研究中心　主任

曾任：國立成功大學生物科技研究所　教授

美國史丹福大學醫學院外科學系　客座教授

國立台灣大學醫學工程研究中心　副研究員兼副教授

國立台灣大學口腔生物科學研究所兼任副教授

曾得：Fellow,Biomaterials Science and Engineering(2008)，國家新創獎(2008,2014)，李國鼎科技與人文講座金質獎章(2010)，波蘭華沙國際發明競賽金牌獎(2011)，國立成功大學產業合作成果特優教師(2012)，俄羅斯阿基米德國際發明展金牌獎(2012)，國際傑出發明家學術國光獎章(2012,2014)，國際傑出發明家發明終身成就獎(2014)，科技部傑出研究獎(2017)，科技部未來科技突破獎(2019)

# 序

　　物理化學為化學領域的主要科目之一，亦是化學相關各學門之重要的基礎。近年來由於科學的迅速進步發展，物理化學的應用範圍及對象的領域一直增加，為研習化學、化學工程、環境工程、材料科技、生化科技、醫學、藥學、農學及半導體科技等各領域所必備的重要基礎與知識。

　　編著者之一於成功大學服務四十多年，講授物理化學及物理化學實驗、高等反應動力學、核子化學及放射化學等課程。本書係以其講義的部分內容及多年搜集的參考資料為骨幹，並將另兩位共同編著者多年來於其各專門領域所講授有關課程之講義資料融入編寫而成。本書的內容由淺入深，而其中較不容易理解的部分及有關的理論與公式，均用心詳細誘導與解釋。尤其各理論及有關公式之推導均力求詳盡，且對於公式的導證時所作的假設與條件及所得的結果等，於化學或物理學上所代表的實際意義，也均加以詳細說明，俾使研讀者對於物理化學可得明確具體的觀念與瞭解。

　　本書的內容共二十二章，分成 "物理化學 I" 與 "物理化學 II" 兩冊。其中第一本的內容包括氣體及狀態方程式、化學熱力學、相平衡、化學平衡、電化學、生化反應平衡、界面化學、氣體動力論及氣相反應動力學等；第二本的內容包括液相反應動力學、溶液中的不可逆過程、聚合物的生成反應、量子化學、原子構造、分子的電子構造、原子光譜與分子光譜、光化學反應及其反應機制、晶體結構、核化學及放射化學等。

　　本書中之論述力求簡明扼要、循序漸進，且於書中多舉例題以提昇學習的效果，並於各章的後面均附習題，以備讀者自行研習解答，增進對於有關理論的瞭解。本書中之專有名詞的後面，均附其對照的英文名詞。本書的內容適合作為一般大學及科技大學之化學、化學工程、環境工程、材料科技、生化科技與醫藥學系及相關研究所之物理化學及相關課程的教材，亦可作為從事上述各領域之研究及工作人員的參考書。本書所包括的內容較多、範圍較廣且較深入，教師可配合系所之發展重點及需要，自行選擇適合的章節內容講授。

近幾十年來由於大家的努力，國內的研究環境與水準均顯著的改善與提升，亦有些良好傑出的研究成果，但離國際一流的水準尚有些距離。國內的科技研發有關機構，為加速及提升科技的研發成果，經常有些獎勵研究的策施，然而，這些「獎勵策施」與「科學研究發展」的精神，可能尚有些差距，事實上，不是如一些人的想法，只要投入金錢及有適當的組織制度，就會有具意義的傑出研究成果，重要的是培養「愛科學追求真理的心」，而不是鼓勵追求獎賞。本書若能促進讀者增加「愛科學追求真理」的心與對物理化學產生興趣，並有助於培養科學思考的方法與習慣，則深感榮幸。

於編著本書之際，曾參考許多有關書籍，並引用有關的資料，於此僅向有關的諸位先輩及著作者，表示十二萬分的敬意及感謝。

本書雖經慎密細心的編著，但疏誤或遺漏之處恐所難免，敬請諸學者專家與讀者，不吝惠予指教，以便於再版時俾能改正，實所切盼。

黃定加
黃玲媛　　謹識
黃玲惠
2020 年 6 月 1 日
於成功大學，台灣台南

# 目　錄

## 物理化學 I

**I**

## 第五章 熱力學之基本式

## 第六章 一成分系之相平衡

## 第七章 多成分系之相平衡

## 第八章　化學平衡

## 第九章　電化學平衡

## 第十章　離子平衡及生化反應平衡

## 第十一章　界面及膠體化學



## 第十二章　氣體的動力論



## 第十三章　氣相反應動力學及基本的關係

# 第一章

# 緒　論

## 1-1　物理化學的由來 (Origins of Physical Chemistry)

　　於十九世紀以前，化學的學門之進展非常緩慢，**道耳吞** (John Dalton) 於 1805 年提出原子學說後，化學才成為科學系統之一領域而逐漸發展。於化學的領域，主要研究物質及有關各種物質間的轉變等問題，早期的傳統化學與其他的科學之間很少有關聯。直至十九世紀末，由於物理學及熱力學的迅速發展，且一些物理之理論被應用於化學，而發展成為**物理化學** (Physical Chemistry)。

　　**奧士瓦** (F.W. Ostwald) 與**凡特何夫** (Van't Hoff) 於 1887 年，共同發行 "物理化學的雜誌"，而首先使用 "物理化學" 的名稱。從此，物理化學成為化學之一重要的新領域。物理化學是以物理學的理論為基礎，並將物理學之實驗測定的結果與方法，應用於化學的一門科學。物理化學可視為介於化學與物理間的一門科學，主要討論物質的構造與性質，物理變化與化學反應等中之質能的關係，及有關化學反應與分子間的相互作用等有關之定律。物理化學之研究的方法，有兩種的方式，其一為從構成物質之最小分割態的結構和行為開始，推展至原子、分子、其集合態的物質及化學反應之合成的方法。另一為，由實驗中所觀察的物質之性質的變化，及所發生的各種現象，逐次推至其最小的分割態之解析處理的方式。

## 1-2　物理化學的課題 (Subjects of Physical Chemistry)

　　物理化學所包括的範圍很廣，係藉各種物理的測定方法及實驗數據，探討氣體、液體、固體、膠體及溶液等之性質，而將其相互間的關係系統化，並歸納成定律或法則，以作為闡釋物質之各種物理現象，及其間的各種化學反應等變化的準據。物理化學之內容包括，熱力學、化學平衡、電化學、離子及生化反應的平衡、界面科學、化學反應動力學、量子力學、及物質的構造與光譜等。概言之，物理化學可分為熱力學、動力學、量子化學、物質的構造與光譜等部分，並以熱力學爲基礎，討論由分子聚集而成的各種整體大系統之各種**巨觀現象** (macrocopic phenomena) 與性質；及以量子力學爲基礎，討論構成系統之個別基本成分，如電子、質子、中子、原子、分子等之**微觀的現象** (microscopic phenomena) 與性質等，而以統計力學的方法爲橋樑，關聯這些巨觀現象與微觀現象及其各種性質。

　　研究物理化學之主要的課題有二，其一爲，尋求化學反應之平衡的位置及條件，此爲化學熱力學的主要課題，其二爲，化學反應之反應速率及其反應的機制，此屬於化學動力學的範圍。這些問題均與原子或分子之性質及其間的作用有關，即與原子、分子和分子的集積態等之性質，及其間的相互作用，均有密切的關係。因此，分子結構與量子化學也是物理化學的重要部分。

# 1-3　如何學習物理化學 (How to Learn Physical Chemistry)

　　物理化學是以物理學的理論爲基礎，解釋物質之性質及化學反應與化學上的各種現象；並以物理學的實驗測定方法，量測化學之各種量及其變化。物理化學爲理論與實驗並重的一門科學，於學習物理化學時，對於有關的原理及觀念均需要充分的理解，並運用數學的運算推導其間的數學關聯式，以便計算所需要的量及其變化。因此，於物理化學的學習及研究的過程，常用到物理與數學的一些基本觀念及有關之公式。

　　關於長度、質量、時間等量之單位，歐美過去均採用呎、磅、秒 (FPS 制)，而我國與日本等採用厘米、克、秒 (CGS 制)，或米、公斤、秒 (MKS 制)。現在國際已統一使用 SI (System International) **制的國際單位系統** (International System of Units)。因此，需瞭解 SI 制與慣用的 CGS 制間的關係，於下節介紹 SI 制的單位，及於物理化學中常用的誘導單位。

　　於物理化學之學習時，除需充分理解各量的單位及各種有關之原理與公式的觀念外，須勤作習題以培養解決問題的能力。於解習題時常需從基本觀念著手思考，並利用所學習的有關定律觀念與公式，經數學的運算解題，或推導各種量間之關係式，以計算所需要的量。如此可將所學習的定律、法則及公式等，經多次的反覆思考使用而能應用自如。於是自然能得到解問題的訣要，並增強解決問題的能力，且對所面臨的問題均能迎刃而解，此時就會體會領悟學習物理化學的樂趣。物理化學是一門有趣而應用範圍很廣，及有意義之重要的基礎學科。化學、化學工程、環境科技、材料科技、生化科技、醫藥科技等領域之許多課程，如質能結算、單元操作、儀器分析、化學平衡、化工熱力學、反應動力學、合成化學、材料科學、生物科技、環境工程、半導體……等，均以物理化學為基礎，且其間的關係非常密切。

編著者之一於大學講授物理化學課程四十多年，發現部分的學生由於對數學之一些基本觀念，及一些公式的應用與所代表的意義不十分清楚，而對於學習物理化學感到困難且失去興趣。於物理化學之學習及研究的過程中，許多公式之推導與應用及解題，常用到數學的觀念及有關的公式，因此，將物理化學中常用之一些數學公式及觀念，整理並舉例說明列於附錄 (一) ，以供參考。

## 1-4　SI 制的單位及其誘導的單位
### (International System of Units and Derived Units)

各種基本量，如長度、時間、質量、溫度、電流、**物質之量** (amount of substance)、及**光度** (luminous intensity) 等之量測時，其各量均有其**單位** (unit) 始能表示其量測的意義。例如，長度的單位為**公尺**或米 (meter)，時間的單位為**秒** (second)，質量的單位為**公斤** (kilogram)，溫度的單位為**克耳文** (Kelvin)，電流的單位為**安培** (Ampere)，物質之量的單位為**莫耳** (mole)，光度的單位為**燭光** (candela) 等。這些基本量的符號、SI 單位及其縮寫等，列於表 1-1。下面扼要說明，於物理化學中常用之基本單位及誘導單位。

表 1-1　基本物理量及其 SI 單位

| 物理量 | 符號 | SI 單位 | 縮寫 |
|---|---|---|---|
| 長　度 | $\ell$ | 公尺(meter) | m |
| 時　間 | t | 秒(second) | s |
| 質　量 | m | 公斤(kilogram) | kg |
| 溫　度 | T | 克耳文(kelvin) | K |
| 電　流 | I | 安培(ampere) | A |
| 物質之量 | n | 莫耳(mole) | mol |
| 發光強度 | Iv | 燭光(candela) | cd |

1. **時　間 (time)**

   時間之基本單位為**秒** (second)，其縮寫的符號為 s。一秒相當於平均太陽日的 86,400 分之一，即為銫–133(caesium-133)的原子，於其基礎態的二精密能階(hyperfine levels)間之幅射光譜週期的 $9.192631770 \times 10^9$ 倍。

2. **長　度 (length)**

   長度之基本單位為**公尺**或米 (meter)，其縮寫的符號為 m。1m 的長度等於，氪–86 之橙紅色的光譜線於真空中之波長的 $1.65076373 \times 10^6$ 倍，即相當於光線於真空中之 1/299792458 秒的行程。

3. **質　量 (mass)**

　　基本單位為公斤或**千克** (kilogram)，其縮寫的符號為 kg。以於巴黎之國際度量衡標準局所保存的鉑–銥合金圓筒之質量為準。

4. **溫　度 (temperature)**

　　溫度是表示物質之冷熱程度的度量，為明確表示其量的大小，需訂定**溫標** (temperature scale) 及**溫度計** (thermometer) ，以作為度量溫度的依據。

　　於科學及工程上，常使用之溫標有四種：(1) **攝氏溫標** (Celsius scale)，以水之冰點為 0°C，水於一大氣壓下之**正常沸點** (normal boiling point) 為 100°C，其間分成 100 等分，而每一等分為一度。(2) **華氏溫標** (Fahrenheit scale)，以水之冰點為 32°F，水於一大氣壓下之正常沸點為 212°F，其間分成 180 等分，而每一等分為一度。(3) **冉肯溫標** (Rankine scale)，以水之冰點為 491.67°R，水於一大氣壓下之沸點為 671.67°R，即 0°R 相當於 −459.67°F，其刻度與華氏溫標相同。(4) **克耳文溫標** (Kelvin scale)，以水之冰點為 273.15 K，水於一大氣壓下之沸點為 373.15 K，即 0 K 相當於 −273.15°C，其刻度與攝氏溫標相同。前面的二種為相對溫度，其**零點** (zero point) 是由發明人任意選定的。後面的二種為絕對溫度，其零點是自然界可能存在之最低溫度，此最低溫度與理想氣體定律及熱力學第二定律有關，稱為**絕對零點** (absolute zero point)。

　　於 SI 制中規定克耳文溫度為**熱力溫度** (thermodynamic temperature)，而以純水的三相點(triple point)之熱力溫度的 1/273.16，用克耳文(kelrin) K 表示，其絕對零點為，0 K = −273.15°C。而 $1 \Delta K = 1.8 \Delta °R$，正如，$1 \Delta °C = 1.8 \Delta °F$。上面的四種溫標之換算關係式如下：

$$T\,K = t°C\left(\frac{1\Delta K}{1\Delta °C}\right) + 273.15\,K \text{，} 1\,\Delta °K = 1\,\Delta °C \tag{1-1}$$

$$T°R = t°F\left(\frac{1\Delta °R}{1\Delta °F}\right) + 459.67°R \text{，} 1\,\Delta °R = 1\,\Delta °F \tag{1-2}$$

$$t°F - 32°F = t°C\left(\frac{1.8\Delta °F}{1\Delta °C}\right) \tag{1-3}$$

$$\frac{\Delta K}{\Delta °R} = 1.8 \text{ 或 } \Delta K = 1.8\Delta °R \tag{1-4}$$

$$\frac{\Delta °C}{\Delta °F} = 1.8 \text{ 或 } \Delta °C = 1.8\Delta °F \tag{1-5}$$

5. **電　流 (electric current)**

　　電流之基本單位為**安培** (Ampere)，其縮寫的符號為 A。一國際安培的電流相當於，每秒自 $1 \text{ mol L}^{-1}$ 的硝酸銀溶液，析出 0.00111800 克的銀所需之電流。

6. **光度或發光強度** (luminous intensity)

   光度之基本單位為**燭光** (candela)，其縮寫的符號為 cd。一燭光為，於鉑之熔點 (2046.15 K) 溫度的**黑體** (black body)，於 101,325 Nm$^{-2}$ 的壓力下，自 1/6000,000 平方米的表面積所放射，其放射面的垂直方向之發光的強度。

7. **物質之量** (amount of substance)

   物質之量的基本單位為**莫耳** (mole)，其縮寫的符號為 mol。一莫耳的物質之量為系統中的該物質的量，相當於 0.012 kg 碳 $-12(^{12}C)$ 的量之其**基本實體** (elementary entity) 的量，即物質之基本粒子數等於**亞佛加厥數** (Avogadro's number) $(6.0221367 \times 10^{23})$ 之該物質的量。物質的基本實體可能為原子、分子、離子、電子、光子……等。一莫耳之物質的量稱為**莫耳質量** (molar mass)，以前稱為克莫耳量，而用 g mol$^{-1}$ 表示，於 SI 制中用 kg mol$^{-1}$ 表示，而 1 kg mol$^{-1}$ = $10^3$ g mol$^{-1}$。

8. **力** (force)

   力之基本單位為**牛頓** (Newton)，其縮寫的符號為 N。一牛頓 (1 N) 為作用於一公斤質量的物體，而產生一公尺每秒每秒 (m / s$^2$) 的加速度所需之力。依**牛頓的第二運動定律** (Newton's second law of motion)，力 ($F$) 之大小與其作用的物體之質量 ($m$) 與其加速度 ($a$) 的乘積成正比，而可表示為

   $$F = \frac{ma}{g_c} \tag{1-6}$$

   上式中，$1/g_c$ 為比例常數。將上式 (1-6) 中的各量之 SI 制單位代入，可得

   $$1\,N = \frac{(1\,kg)(1\,m/s^2)}{g_c}$$

   因此

   $$g_c = 1(kg)(m)/(N)(s^2) \tag{1-7}$$

   若將牛頓視為一獨立的力之單位，則 $g_c$ 的單位如上式 (1-7) 所表示。然而若將力的 SI 制單位牛頓(N)，視為 kg·m/s$^2$ 的縮寫時，則上式 (1-7) 之 $g_c = 1$，而為無因次，此時式 (1-6) 可寫成

   $$F = ma \tag{1-8}$$

9. **壓 力** (pressure)

   壓力之定義為**單位面積上所作用的力** (force per unit area)。於 SI 制中，壓力的單位為 N/m$^2$，而稱為**巴斯噶** (Pascal)，其縮寫的符號為 Pa，且

1Pa=10dyne/cm$^2$。一標準大氣壓力 (1 atm) 等於 101,325 Pa，即 1 atm = 101.325 kPa，或 1 kPa = $9.87 \times 10^{-3}$ atm。

壓力之另一實用的單位為巴 (bar)，1 bar = $1 \times 10^5$ N / m$^2$ = $10^5$ Pa，即 1 atm = 1.013 bar。其他常用的壓力單位為 mmHg 及 Torr，而 1 mmHg = 133.322387 Pa，及 1 Torr = 133.322368 Pa。歐美等國家，過去常用**每平方吋磅力** (psi) 表示壓力，即 1 atm = 14.7 psi = 760 mmHg。

壓力有**相對壓力** (relative pressure) 與**絕對壓力** (absolute pressure) 的兩種表示方法。例如，圖 1-1(a) 為**開端式的壓力計** (open end manometer)，其所測得之壓力 $h'$ 為對大氣壓之相對的壓力，而其絕對壓力等於相對壓力與大氣壓力的和。圖 1-1(b) 為**閉端式的壓力計** (closed end manometer)，其所測得之壓力 $h$ 為氣體之絕對壓力。

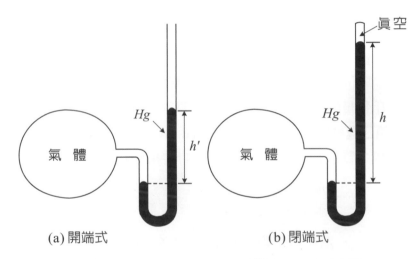

(a) 開端式                    (b) 閉端式

氣體壓力 = 大氣壓力 + $h'$ 汞柱的壓力    氣體壓力 = $h$ 汞柱的壓力

圖 1-1    流體壓力計

使用開端式流體壓力計，量測小於大氣壓力之氣體的壓力時，與大氣相連之汞柱的液面低於連接量測氣體之汞柱的液面。此時所量測的氣體之壓力相對於大氣之壓力為負值，通常以**"真空度"** (vacuum) 表示絕對壓力小於大氣壓力之壓力。真空度與大氣壓力及絕對壓力間之關係為

$$真空度 = 大氣壓力 - 絕對壓力 \tag{1-9}$$

使用開端式的流體壓力，計量測壓力大於大氣壓力之絕對壓力時，所量測的壓力相對於大氣壓力為正值，而所量測的壓力稱為錶壓力或**計示壓力** (gauge pressure)。計示壓力等於絕對壓力減大氣壓力，其間關係為

$$計示壓力 = 絕對壓力 - 大氣壓力 \tag{1-10}$$

式 (1-9) 與 (1-10) 的關係，如圖 1-2 所示。

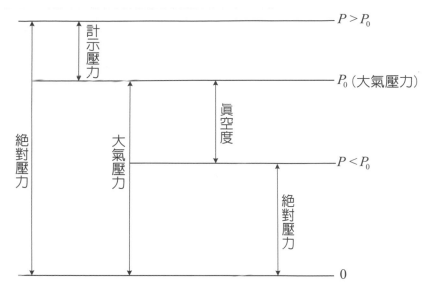

圖 1-2　計示壓力、真空度、大氣壓力，與絕對壓力間的關係

例 **1-1**　使用如右圖所示的 Mac Lood 壓力計，量測較低的壓力時，將圖中的 V 與擬量測壓力的低壓容量連結，並將 D 下方之水銀貯存池內的水銀壓上，使 EF 之水銀柱端 F，達至與 A 的高度相同時，由於 EF 與 ABC 的二毛細管內之水銀柱的高度差 AB，可量測於低壓容器內的壓力。設 CD 間之容積為 101.2mL，AC 間之毛細管的直徑為 0.0014cm，AB 間之長度為 2.10cm，試求連結 V 之低壓的容器內之壓力。

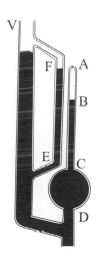

解　因 ABC 管之直徑為 0.014cm，所以其斷面積為

$$\pi r^2 = 3.14(7 \times 10^{-3})^2 = 1.54 \times 10^{-4} \text{ cm}^2$$

AB 間之容積 $= 1.54 \times 10^{-4} \times 2.10 = 3.23 \times 10^{-4} \text{ cm}^3$

設所連結 V 之容器內的壓力為 $p$，則 AB 內之壓力為，$(2.10 + p)$ cm，由此

$$101.2 \times p = 3.23 \times 10^{-4}(2.10 + p)$$

$$\therefore p = 6.70 \times 10^{-5} \text{ mmHg}$$

所有之可量測的量，均可用 SI 單位或誘導單位表示，一些常用的誘導單位列於表 1-2。由其他單位轉換成 SI 單位系的單位之**轉換因子** (conversion factor) 列於表 1-3。

表 1-2　物理化學常用之誘導單位

| 量 | 單　位 | 符　號 | 定　義 |
|---|---|---|---|
| 力 (force) | newton | N | $kg\, m\, s^{-2}$ |
| 功，能量，熱 (work, energy, heat) | joule | J | $N\, m\, (= kg\, m^2\, s^{-2})$ |
| 功率 (power) | watt | W | $J\, s^{-1}$ |
| 壓力 (pressure) | pascal | Pa | $N\, m^{-2}$ |
| 電荷 (electric charge) | coulomb | C | $A\, s$ |
| 電位 (electric potential) | volt | V | $kg\, m^2 s^{-3} A^{-1} (= J\, A^{-1} s^{-1} = J\, C^{-1})$ |
| 電阻 (electric resistance) | ohm | Ω | $kg\, m^2 s^{-3} A^{-2} (= VA^{-1})$ |
| 電容 (electric capacitance) | farad | F | $A\, s\, V^{-1} (= m^{-2} kg^{-1} s^4 A^2)$ |
| 頻率 (frequency) | hertz | Hz | $s^{-1} (cycle\, /\, second)$ |
| 磁束密度 (magnetic flux density) | tesla | T | $kg\, s^{-2} A^{-1} (= N\, A^{-1} m^{-1})$ |

表 1-3 中，能量 $E$ 依據式 $E = N_A hc\tilde{v}$ ，可由 $J\, mol^{-1}$ 轉換成**波數** (wave number) $\tilde{v}\, cm^{-1}$ ，其中 $N_A$ 為 Avogadro 常數，$h$ 為 Planck 常數，$c$ 為光速。波數 $cm^{-1}$ 與能量 $J\, mol^{-1}$ 的比為

$$\frac{\tilde{v}}{E} = (N_A hc)^{-1} = [(6.0221367\times10^{23}\, mol^{-1})(6.6260755\times10^{-34}\, J\, s)$$

$$(2.99792458\times10^8\, ms^{-1})]^{-1} = 8.359346\, mol\, J^{-1} m^{-1}$$

$$= (8.359346\, mol\, J^{-1} m^{-1})(0.01\, m\, cm^{-1})$$

$$= 8.359346\times10^{-2}\, cm^{-1} (J\, mol^{-1})^{-1} \qquad\qquad \textbf{(1-11)}$$

表 1-3　其他單位與 SI 單位之關係

| 物　理　量 | 單位名稱 | 符　號 | 轉換成 SI 單位 |
|---|---|---|---|
| 長度 (length) | angstrom | Å | $10^{-10}\, m\, (10^{-1} nm)$ |
| 能量 (energy) | electron volt | eV | $1.60217733\times10^{-19}\, J$ |
| | wave number | $cm^{-1}$ | $1.986447\times10^{-23}\, J$ |
| | calorie(熱化學) | cal | $4.184\, J$ |
| 力 (force) | erg | erg | $10^{-7}\, J$ |
| 壓力 (pressure) | dyne | dyne | $10^{-5}\, N$ |
| | bar | bar | $10^5\, N\, m^{-2}$ |
| | atmosphere | atm | $101.325\, kN\, m^{-2}$ |
| | torr | torr | $133.322\, N\, m^{-2}$ |
| 電荷 (electric charge) | esu | esu | $3.334\times10^{-10}\, C$ |
| 偶極矩 (dipole moment) | debye($10^{-18}$ esu cm) | debye | $3.334\times10^{-30}\, C\, m$ |
| 磁束密度 (magnetic flux density) | gauss | G | $10^{-4}\, T$ |

**例 1-2** 於一日之內所攝取的食物之燃燒熱量為 2,500kcal，試求其功率，並以 watt 的單位表示

(解) 因功率之單位，watt = J.s$^{-1}$

$$\therefore \frac{(2500 \times 10^3 \text{cal})(4.184 \text{J} \cdot \text{cal}^{-1})}{(24 \times 60 \times 60 \text{s})} = \frac{1.046 \times 10^9}{0.864 \times 10^5} \text{J} \cdot \text{s}^{-1} = 1.21 \times 10^2 \text{ watt}$$

## 1-5 輔屬單位 (Subsidiary Units)

SI 制常採用其基本單位乘以 10 之正或負的**乘冪** (powers) 之**輔屬單位** (subsidiary units) 表示，而這些乘冪均以其**字首** (prefixes)，如毫(milli)，以其字首 $m$ 的符號表示，如表 1-4 所示。

其他之常用字首為：$10^{-2}$，**厘** (centi) 用 c；$10^{-1}$，**分** (deci) 用 d；10，**十** (deka) 用 da；$10^2$，**百** (hecto) 用 h；$10^3$，**千** (kilo) 用 k 表示。字首寫成縮寫而不加附點，且不與其單位分開。例如：**微毫米或奈米** (nanometer)，寫成 nm；**微秒** (microsecond)，寫成 $\mu$s；**十億秒** (gigasecond)，寫成 Gs。

單位的相除時，可用乘冪或分數的縮寫表示。例如，每秒公尺可表示為，m／s 或 m s$^{-1}$。但不可用二斜線表示；如 mol cm$^{-2}$s$^{-1}$ 可寫成 mol／(cm$^2$s)，而不可以寫成 mol／cm$^2$／s。

表 1-4　SI 制之輔屬單位的字首

| 乘值 | 名稱 | 符號 | 乘值 | 名稱 | 符號 |
|---|---|---|---|---|---|
| $10^{-24}$ | yocto | $y$ | 10 | 十 (deka) | $da$ |
| $10^{-21}$ | zeyto | $z$ | $10^2$ | 百 (hecto) | $h$ |
| $10^{-18}$ | atto | $a$ | $10^3$ | 千 (kilo)) | $k$ |
| $10^{-15}$ | 微微毫 (femto) | $f$ | $10^6$ | 百萬 (mega) | $M$ |
| $10^{-12}$ | 微微 (pico) | $p$ | $10^9$ | 十億 (giga) | $G$ |
| $10^{-9}$ | 微毫或奈 (nano) | $n$ | $10^{12}$ | 萬億 (tera) | $T$ |
| $10^{-6}$ | 微 (micro) | $\mu$ | $10^{15}$ | peta | $P$ |
| $10^{-3}$ | 毫 (milli) | $m$ | $10^{18}$ | exa | $E$ |
| $10^{-2}$ | 厘 (centi) | $c$ | $10^{21}$ | zetta | $Z$ |
| $10^{-1}$ | deci | $d$ | $10^{24}$ | yotta | $Y$ |

1. 試述，相對溫標與絕對溫標，及其二者間之關係

2. 試述，相對壓力與絕對壓力，及其二者間之關係

3. 何謂真空度，並說明真空度與大氣壓力間之關係

4. 試證，$-40°C = -40°F$

   答 提示：參考式 (1-3)

5. 溫度 $100°C$ 相當於若干 $°F$，$°R$ 及 $K$

   答 $212°F$，$672°R$，$373K$

6. 試求，式 (1-6)中之 $g_c$ 於採用歐美的 FPS 制單位時，其數值及單位

   答 $g_c = 32.174 (lb_m)(ft) / (lb_f)(s^2)$

# 第二章

# 氣體及狀態的方程式

於本章介紹氣體之性質，與其壓力、體積、溫度間的關係，及理想氣體之有關的定律，氣體常數及真實氣體之性質與臨界常數等；並討論氣體之各種狀態方程式，氣體之分子間的相互作用，及對應狀態的原理。

## 2-1　理想氣體 (Ideal Gas)

理想氣體亦稱為**完全氣體** (perfect gas)，其性質及行為遵照**波以耳的定律** (Boyle's law)、**查理的定律** (Charles's law)、**道耳吞的定律** (Dalton's law)、**艾美格的定律** (Amagat's law)、及理想氣體的定律等。

理想氣體於任何的壓力及溫度下，其分子本身之體積，與氣體之總體積比較甚小而可以忽略；且其分子間無任何的互相作用。由此，理想氣體為一假想的氣體，而實際上並不存在。真實的氣體之分子本身有一定的體積，且其分子間相互作用。氣體的分子本身之體積與氣體之體積的比，及其分子間之互相作用力的大小，均依氣體之種類性質、溫度及壓力而定。氣體於壓力甚小趨近於零時，其分子本身之體積及分子間的相互作用均很小而可忽略，此時其性質與行為均趨近於理想氣體。真實氣體於高溫與低壓時，其分子可運動之**自由空間** (free space) 很大，而其分子間的相互作用很小，此時其分子本身所佔的體積與自由空間比較甚小而可忽略。因此，真實氣體於高溫及甚低壓力的狀態時，其性質趨近於理想氣體。

通常以溫度 0°C 與壓力一大氣壓為**標準狀況** (standard condition)，此狀態一般用英文字母縮寫成 S.C. 或 S.T.P.。一克莫耳的理想氣體於標準狀況下之體積為 22.4 公升，一磅莫耳的理想氣體之體積為 359 立方呎。由此，可求得 $n$ 莫耳的理想氣體於標準狀況下之體積。設以 $V$ 表示 $n$ 莫耳的氣體之體積，而以 $\bar{V}$ 表示於相同狀態下之氣體的**莫耳體積** (molar volume)，則可得 $V = n\bar{V}$。

**波以耳** (Robert Boyle) 於 1662 年，量測一定量的氣體於定溫下之體積與壓力的關係，而發現氣體之體積隨壓力的增加而減小，並由此提出著名的波以耳定律，即一定量的氣體於一定的溫度下之體積 $V$，與其壓力 $P$ 成反比，或其體積與壓力的乘積等於一定的常數，而以數學式表示為

$$V \propto \frac{1}{P} \text{ 或 } PV = k_1 \text{(定溫下)} \tag{2-1}$$

上式中，$k_1$ 為比例常數，而其值視氣體之量與溫度，及壓力 $P$ 與體積 $V$ 之單位而定。對於一定量的氣體，溫度愈高其 $k_1$ 值愈大。於一定的各溫度下，壓力 $P$ 對 $V$ 作圖時，可得各溫度之**等溫線** (isotherm)，而溫度越高其等溫線至原點之距離越大，如圖 2-1 所示。

設某一定量的氣體於一定的溫度下，其壓力等於 $P_1$ 與 $P_2$ 時之體積分別為 $V_1$ 與 $V_2$，則由波以耳的定律可得

$$P_1 V_1 = k_1 = P_2 V_2 \text{(定溫下)} \tag{2-2a}$$

或 $$\frac{P_1}{P_2} = \frac{V_2}{V_1} \text{(定溫下)} \tag{2-2b}$$

而由上式可求得，一定量的氣體於一定的溫度下之各狀態的體積或壓力。

真實的氣體於較高的壓力下時，波以耳的定律不一定可完全成立，而於較低的壓力時，波以耳定律之偏差較小。於壓力減至甚低趨近無窮小時，各種氣體之性質與行為均趨於相同，且均遵照波以耳的定律，而稱為**理想氣體行為** (ideal gas behavior)，即於壓力趨近於零時，真實氣體之壓力與體積的乘積 $PV$，與其莫耳數及溫度均成正比。

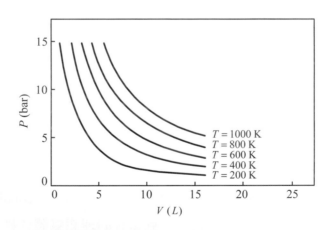

圖 2-1　一莫耳的氣體於各溫度下之其 $P$-$V$ 的等溫線（依照波以耳的定律）

**例 2-1** 某一定量的理想氣體於一定的溫度及 625 mmHg 的壓力下之體積為 360 mL，試求於 750 mmHg 的壓力下之體積

解 由式 (2-2a)，$P_1 V_1 = P_2 V_2$

$$\therefore V_2 = \frac{P_1 V_1}{P_2} = \frac{(625 \text{ mmHg})(360 \text{ mL})}{(750 \text{ mmHg})} = 300 \text{ mL} \quad \blacktriangleleft$$

　　**查理** (Charles) 於 1787 年首先觀察氫、空氣、二氧化碳及氧等各種氣體,於定壓下經加熱溫度由 0°C 升至 80°C 時之其各體積的膨脹情形,而**給呂薩克** (Gay-Lussac) 於 1802 年發現,各種氣體之溫度每升高 1°C 時,其體積均約增加其於 0°C 時之體積的 1/273,此分數之更精確的值應為 1/273.15。設 $V_0$ 表示氣體於 0°C 之體積,而 $V$ 表示氣體於 t°C 之體積,則依據給呂薩克的發現,$V$ 可用下式表示為

$$V = V_0 + \frac{t}{273.15} V_0 = V_0 \left( \frac{273.15 + t}{273.15} \right) = V_0 \frac{T}{T_0} \tag{2-3}$$

於上式中,$T_0 = 273.15\,\text{K}$ ,即為 0°C 之絕對溫度,而 t°C 之絕對溫度為,$T = (273.15 + t)\,\text{K}$。由上式得一定量的氣體於一定的壓力下之體積,與絕對溫度成正比,此稱為查理定律或**給呂薩克定律** (Gay-Lussac's law)。設一定量的氣體於一定的壓力下,於溫度 $T_1$ 與 $T_2$ 時之體積分別為 $V_1$ 與 $V_2$,則由上式 (2-3) 可寫成

$$\frac{V_1}{T_1} = \frac{V_2}{T_2} = k_2 \quad (\text{定壓下}) \tag{2-4a}$$

或　　　　　　　$V = k_2 T$ 　　(定壓下) $\tag{2-4b}$

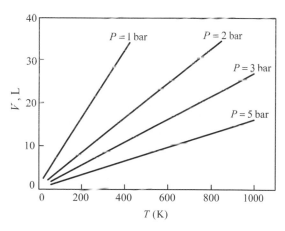

圖 2-2　一莫耳的氣體於各壓力下之 $V - T$ 的等壓線 ( 依照查理定律 )

上式中,$k_2$ 為比例常數,其值視氣體之量及壓力而定。對於一定量的氣體,其 $k_2$ 值隨壓力的增大而減小,以 $V$ 對 $T$ 作圖時,可得斜率 $k_2$ 之直線,而於壓力越大時,可得斜率 $k_2$ 越小的**等壓線** (isobar),如圖 2-2 所示。

例 **2-2**　某一定量的氣體於一定壓力下，其於 $45°C$ 之體積為 $79.5\,mL$，試求該氣體於 $0°C$ 時之體積

解　由式 (2-4a)，$\dfrac{V_2}{V_1} = \dfrac{T_2}{T_1}$

$$\therefore V_2 = \frac{T_2 V_1}{T_1} = \frac{(273.15\,K)\,(79.5\,mL)}{(318.15\,K)} = 68.3\,mL \qquad \blacktriangleleft$$

　　以相同的方法可導得，氣體於一定的體積時之壓力與溫度的關係。某定量的氣體於一定的體積下，其壓力與絕對溫度成正比，而可表示為

$$\frac{P_1}{T_1} = \frac{P_2}{T_2} \quad （定容下） \tag{2-5a}$$

或 $\qquad\qquad\qquad P = k_2' T \quad （定容下） \tag{2-5b}$

由此，以壓力 $P$ 對溫度 $T$ 作圖時，可得斜率 $k_2'$ 之直線，其圖形與圖 2-2 相似。於不同的一定體積時可得不同斜率的 $k_2'$ 之**等容線** (isometric)，而體積越大其等容線之斜率越小。

例 **2-3**　某氣體於 $0°C$ 之 $10\,L$ 的容器內之壓力為 $2.00\,bar$，試求該氣體的體積保持不變，而其壓力增為 $2.50\,bar$ 時之溫度

解　由式 (2-5a)，$\dfrac{P_1}{T_1} = \dfrac{P_2}{T_2}$

$$\therefore T_2 = \frac{P_2 T_1}{P_1} = \frac{(2.50\,bar)\,(273.15\,K)}{(2.00\,bar)} = 341.44\,K \ 或 \ (68.44°C) \qquad \blacktriangleleft$$

　　由波以耳定律及查理定律，可得理想氣體之體積、壓力與絕對溫度間的關係式。設某定量的理想氣體由狀態 $(P_1 , V_1 , T_1)$，經定溫膨脹至狀態 $(P_2 , V_x , T_1)$，則由波以耳定律可得

$$P_1 V_1 = P_2 V_x \quad （定溫 T_1 下） \tag{2-6a}$$

或 $\qquad\qquad\qquad V_x = \dfrac{V_1 P_1}{P_2} \quad （定溫 T_1 下） \tag{2-6b}$

而此理想氣體於一定的壓力 $P_2$ 下其溫度由 $T_1$ 升至 $T_2$ 時，其體積由 $V_x$ 增至 $V_2$。此時由查理定律可得

$$\frac{V_2}{T_2} = \frac{V_x}{T_1} \quad （定壓 P_2 下） \tag{2-7}$$

並將式 (2-6b) 代入上式 (2-7)可得

$$V_2 = \frac{T_2}{T_1}V_x = \frac{T_2}{T_1}\left(\frac{V_1 P_1}{P_2}\right) \tag{2-8}$$

上式經重新排列可寫成

$$\frac{P_1 V_1}{T_1} = \frac{P_2 V_2}{T_2} = k_3 \tag{2-9a}$$

或　　　　　　　　　　$$PV = k_3 T \tag{2-9b}$$

上式爲聯合波以耳定律與查理定律而得，即爲**聯合的氣體定律** (combined gas law)，此式 (2-9) 爲理想氣體之壓力、體積、與絕對溫度間的關係式，而稱爲理想氣體定律。波以耳定律及查理定律均各爲此聯合的氣體定律 (2-9) 之特例，上式 (2-9) 於一定的溫度 $T$ 時，可簡化成波以耳定律，$PV = $ 常數，而於壓力 $P$ 保持一定時，式 (2-9) 可簡化成查理定律，$V = (k_3 / P)T = k_2 T$。

　　由實驗得知壓力趨近於零時，上式 (2-9) 中之常數 $k_3$ 值，僅與氣體之莫耳數及 $P$、$T$、$V$ 之單位有關，而與氣體之種類無關。由實驗發現，$k_3$ 值與氣體之莫耳數成正比，設 $k_3 = nR$，其中的 $R$ 爲**普遍性的常數** (universal constant)，稱爲莫耳**理想氣體常數** (ideal gas constant)。於壓力甚低而趨近於零時，氣體之性質及行爲，接近於理想氣體。因此，將 $k_3 = nR$ 代入上式 (2-9)，可改寫成

$$\lim_{P \to 0}(PV)_T = nRT \tag{2-10}$$

上式稱爲**理想氣體方程式** (ideal gas equation)，或**理想氣體定律** (ideal gas law)。

　　對於一莫耳的理想氣體，上式 (2-10) 可寫成

$$\lim_{P \to 0}(P\overline{V})_T = RT \tag{2-11a}$$

或簡寫成　　　　　　$$P\overline{V} = RT \tag{2-11b}$$

**例 2-4**　理想的氣體於 27°C，380 mm Hg 下之體積爲 60 mL，試求此氣體於標準狀況下之體積

　　**解**　由式 (2-9a)，$\dfrac{P_1 V_1}{T_1} = \dfrac{P_2 V_2}{T_2}$

　　　　$\therefore V_2 = \dfrac{P_1 V_1 T_2}{P_2 T_1} = \dfrac{(380 \text{ mmHg})(60 \text{ mL})(273.15 \text{ K})}{(760 \text{ mmHg})(300.15 \text{ K})} = 27.3 \text{ mL}$　　◀

## 2-2 氣體常數 (The Gas Constant)

於重力加速度 $g$ 等於 $9.80665\,ms^{-2}$，而溫度 0°C 之一標準大氣壓相當於 76 cm 的汞柱壓力，即 1atm=0.76mHg。由於汞於 0°C 之密度為 $13.5951\,g\,cm^{-3}$ 或 $13.5951\times10^3\,kg\,m^{-3}$，因此，於採用 SI 制的單位時，一標準大氣壓力為

$$1\,atm = (0.76\,m)(13.5951\times10^3\,kg\,m^{-3})(9.80665\,m\,s^{-2})$$
$$= 101,325\,N\,m^{-2} = 101,325\,Pa = 1.01325\,bar$$

於上式中，N=m·kg·s$^{-2}$，Pa=Nm$^{-2}$ 及 1bar=$10^5$Pa=0.1MPa。由此可得，大氣壓 (atm) 與巴 (bar) 的轉換因子為 $1.01325\,bar\,atm^{-1}$。

由實驗結果得，一莫耳的氧氣 $(31.9988\times10^{-3}\,kg\,mol^{-1})$ 於 0°C 及其壓力減低趨近於零時，其壓力與體積的乘積 $P\overline{V}$，接近於 $2271.08\,Pa\,m^3mol^{-1}$。因此，由式 (2-11) 得

$$R = \frac{\lim_{P\to0}(P\overline{V})_T}{T} = \frac{2271.08\,Pa\,m^3\,mol^{-1}}{273.15\,K} = 8.31441\,J\,K^{-1}mol^{-1}$$

上式中，J = N·m = Pa·m$^3$

氣體常數 $R$ 值，亦可由下列的事實求得：一莫耳的理想氣體於標準狀況 (0°C 及 1 大氣壓) 下之體積等於 22.4 升，由此

$$R = \frac{PV}{nT} = \frac{(1\,atm)(22.4\,L)}{(1\,mol)(273.15\,K)} = 0.08205\,atm\,L\,K^{-1}\,mol^{-1}$$

此 $R$ 值適用於壓力用大氣壓(atm)，體積用升(L)，溫度用絕對溫度( K )表示時的情況。若體積改用立方公分 ( $cm^3$ ) 的單位表示時，則其 $R$ 值為 $82.05\,atm\,cm^3\,K^{-1}\,mol^{-1}$。由 2-1 節的式 (2-9b) 及 $k_3 = nR$，可得

$$R = \frac{PV}{nT} = \frac{(力/面積)(面積)(長度)}{(莫耳數)(度)} = \frac{(力)(長度)}{(莫耳數)(度)}$$
$$= 功/(莫耳數)(度)$$

由上式，$R$ 可用任一組的功或能量之單位表示。於氣體的一般之計算，常採用公制及 SI 制的單位，若使用其他的單位時，則需將 $R$ 換算成其他之適當的能量單位。例如，壓力用達因每平方公分 (1dyne/cm$^2$=0.1Pa，1dyne=1gcms$^{-2}$=$10^{-5}$N)，而體積用立方公分表示時，由一莫耳的氣體於標準狀況下之體積為 22400 立方公分，一大氣壓力等於 76 公分的汞柱壓力，即為 76×13.595×980.66 達因 / 平方公分，於是 $R$ 值可表示為

$$R = \frac{PV}{nT} = \frac{(76\,\text{cm})(13.5951\,\text{g cm}^{-3})(980.665\,\text{cm s}^{-2})(22400\,\text{cm}^3)}{(1\,\text{mol})(273.15\,\text{K})}$$

$$= 8.314 \times 10^7\,(\text{ergs})(\text{mole})^{-1}(\text{K})^{-1} = 8.314(\text{joules})(\text{mole})^{-1}(\text{K})^{-1}$$

$$= \frac{8.314\,(\text{joules})(\text{mole})^{-1}(\text{K})^{-1}}{4.184\,(\text{joules})(\text{cal})^{-1}} = 1.987(\text{cal})(\text{mole})^{-1}(\text{K})^{-1}$$

上式中，erg= $\text{cm}^2\,\text{gs}^{-2}$ =dyne・cm= $10^{-7}$ J。氣體常數 $R$ 雖然可用各種功或能量的單位表示，但有關氣體之壓力與體積的計算時，$R$ 需用與壓力及體積一致的單位。常用的各種單位之 $R$ 值列於表 2-1，而能量之各種單位，可利用這些不同單位的 $R$ 值換算。

表 2-1　各種單位之氣體常數 $R$ 值

| $R = \dfrac{PV}{nT}$ | = 0.082056 | $(\text{atm})(\text{L})(\text{mol})^{-1}(\text{K})^{-1}$ |
|---|---|---|
| | = 82.056 | $(\text{atm})(\text{mL})(\text{mol})^{-1}(\text{K})^{-1}$ |
| | = 8.314 | $(\text{J})(\text{mol})^{-1}(\text{K})^{-1}$ |
| | = $8.314 \times 10^7$ | $(\text{ergs})(\text{mol})^{-1}(\text{K})^{-1}$ |
| | = 1.987 | $(\text{cal})(\text{mol})^{-1}(\text{K})^{-1}$ |
| | = 8.31441 | $(\text{Pa})(\text{m})^3(\text{mol})^{-1}(\text{K})^{-1}$ |
| | = 0.083144 | $(\text{bar})(\text{L})(\text{mol})^{-1}(\text{K})^{-1}$ |

## 2-3　混合理想氣體 (Mixture of Ideal Gases)

　　道耳吞 (Dalton) 於 1802 年由實驗發現，不發生化學反應的混合氣體，於一定溫度及一定容積的容器內之總壓力 $P$，等於其內各成分氣體 $i$ 之分壓 $P_i$ 的和，而其各成分氣體之分壓各該成分氣體單獨於同溫度的該容器內之壓力。氣體 $A,B,C,\cdots$ 等的混合氣體，於一定的溫度及一定容積內之總壓力 $P$，可用其各成分氣體 $A,B,C,\cdots$ 等之各分壓 $P_A,P_B,P_C,\cdots$ 的和，表示為

$$P = \sum_i P_i = P_A + P_B + P_C + \cdots \tag{2-12}$$

上式稱為，**道耳吞的分壓定律** (Dalton's law of partial pressure)。

　　設混合氣體內含 $n_A$ 莫耳的氣體 $A$，$n_B$ 莫耳的氣體 $B$，及 $n_C$ 莫耳的氣體 $C$，而此混合氣體於一定的溫度 $T$ 下之體積為 $V$，則由理想氣體的定律可得，各成分氣體之分壓為

$$P_A = \frac{n_A RT}{V} \tag{2-13a}$$

$$P_B = \frac{n_B RT}{V} \tag{2-13b}$$

及 $\qquad P_C = \dfrac{n_C RT}{V}$ (2-13c)

將上面各式之分壓代入式 (2-12)，可得混合氣體之總壓力 $P$ 爲

$$P = \frac{(n_A + n_B + n_C)RT}{V} = \frac{nRT}{V}$$ (2-14)

上式中，$n = n_A + n_B + n_C$，爲混合的氣體之總莫耳數。由式 (2-13) 之各式與上式 (2-14)可得，混合氣體內的各成分氣體之分壓與總壓力的關係式：

$$P_A = \frac{n_A}{n} P = x_A P$$ (2-15a)

$$P_B = \frac{n_B}{n} P = x_B P$$ (2-15b)

$$P_C = \frac{n_C}{n} P = x_C P$$ (2-15c)

上式中，$x_A , x_B , x_C$ 爲各成分氣體之**莫耳分率** (mole fraction)，而其總和等於 1，即

$$x_A + x_B + x_C = 1 \quad 或 \quad \sum_i x_i = 1$$ (2-16)

由式 (2-15) 得知，各成分氣體之分壓各等於其成分氣體之莫耳分率與總壓力的乘積。由此可得，任二成分的氣體 $A$ 與 $B$，於定溫定容下之其分壓的比，等於其莫耳數的比或莫耳分率的比，而可表示爲

$$\frac{P_A}{P_B} = \frac{x_A}{x_B} = \frac{n_A}{n_B} \quad （定溫定容下）$$ (2-17)

**例 2-5** 於溫度 $50°C$ 之容器內含 3 莫耳的氧氣，5 莫耳的氮氣，及 2 莫耳的氦氣，而其總壓力等於 5 大氣壓，試求各成分氣體之分壓

**解** 總莫耳數，$n = 3+5+2 = 10$ 莫耳，因此，氧、氮、氦等各氣體之莫耳分率各爲 $0.3 , 0.5 , 0.2$。由式 (2-15) 可得各氣體之分壓爲

$$P_{O_2} = 0.3 \times 5 = 1.5 \text{ atm}$$
$$P_{N_2} = 0.5 \times 5 = 2.5 \text{ atm}$$
$$P_{He} = 0.2 \times 5 = 1.0 \text{ atm} \qquad \blacktriangleleft$$

混合氣體於一定的溫度及壓力下之總容積，等於各成分氣體之分容的總和，此稱爲**艾美格的分容定律** (Amagat's law of partial volume)。混合的氣體內之各成分氣體的分容，爲各成分氣體於同溫度及總壓力下之其各容積。因此，於一定的溫度及一定的壓力下，由成分 $A , B , C , \cdots$ 等的混合氣體之總容體 $V$，可用

各成分氣體 $A, B, C, \cdots$ 等之各分容 $V_A, V_B, V_C, \cdots$ 等的和，表示為

$$V = V_A + V_B + V_C + \cdots \tag{2-18}$$

上式類似 Dalton 的分壓定律，而由理想氣體的定律可得各成分氣體之分容為

$$V_A = \frac{n_A RT}{P} \tag{2-19a}$$

$$V_B = \frac{n_B RT}{P} \tag{2-19b}$$

$$V_C = \frac{n_C RT}{P} \tag{2-19c}$$

將上面各式 (2-19)之分容代入式 (2-18)，可得混合的氣體之總體積 $V$ 為

$$V = \frac{(n_A + n_B + n_C)RT}{P} = \frac{nRT}{P} \tag{2-20}$$

比較式 (2-19) 與上式 (2-20)，可得混合的氣體內之各成分氣體的分容與總容積之關係式：

$$V_A = \frac{n_A}{n}V = x_A V \tag{2-21a}$$

$$V_B = \frac{n_B}{n}V = x_B V \tag{2-21b}$$

$$V_C = \frac{n_C}{n}V = x_C V \tag{2-21c}$$

由上面的各式得，各成分氣體之分容各等於其莫耳分率與總體積的乘積。由此可得，混合的氣體內之任二成分氣體於定溫定壓下之其分容的比，等於其莫耳數的比或莫耳分率的比，而可表示為

$$\frac{V_A}{V_B} = \frac{n_A}{n_B} = \frac{x_A}{x_B} \quad (\text{定溫定壓下}) \tag{2-22}$$

**例 2-6**　空氣之莫耳組成為 21% $O_2$ 與 79% $N_2$，而於 20°C 及 760 mmHg 下的容積 10,000 m³ 之容器內填滿空氣。試求，(a)容器內的 $O_2$ 與 $N_2$ 之各分容，(b) $O_2$ 與 $N_2$ 之各分壓，及 (c) 若溫度及容積均保持一定下，以某種方法將空氣中之 $O_2$ 完全吸收去除，試求容器內之總壓力

**解**　(a) 於溫度 20°C 及總壓力 760mmHg 均各保持一定時，由式 (2-21) 可得

$$V_{O_2} = (0.21)(10,000) = 2,100 \text{ m}^3$$

$$V_{N_2} = (0.79)(10,000) = 7,900 \text{ m}^3$$

(b) 於溫度 20°C 及總容積 10,000m³ 均各保持一定時，由式 (2-15) 可得

$$P_{O_2} = (0.21)(760) = 160 \text{ mmHg}$$

$$P_{N_2} = (0.79)(760) = 600 \text{ mmHg}$$

(c) 若溫度及容積均各保持一定下，將空氣中的 $O_2$ 完全去除時，其容器內只剩 $N_2$，則容器內之總壓力等於 $N_2$ 之分壓，為 600mmHg ◀

## 2-4  真實氣體 (Real Gases)

　　理想氣體之分子本身的體積，及其分子間的作用力均可忽略，然而，眞實氣體之分子的體積及其間的互相作用均不能忽視，尤其眞實氣體於高壓低溫時，其分子間的距離較小，此時其性質及行爲均與理想氣體不同，而對於理想氣體的定律產生顯著**偏差** (deviation)。

　　氫、氮及二氧化碳等氣體於定溫下的各壓力之 $PV$ 乘積的實驗值，如表 2-2 所示。這些氣體之其各 $PV$ 值隨壓力的變化，如圖 2-3 所示，各種氣體之行爲 ($PV$ 值)對理想氣體的偏差均隨壓力的增加而增大。理想氣體於任何的壓力均遵從波以耳的定律，其於定溫下的各壓力之 $PV$ 的乘積均保持定值，如圖 2-3 中之點線所示，成一水平的線。

　　氣體於定溫下之 $PV$ 值，隨壓力 $P$ 變化的曲線形狀，如圖 2-3 所示，可分爲二類，其一如氫氣，壓力減低至趨近於零時遵照波以耳定律， $PV = k$，且其 $PV$ 值隨壓力的增加而一直增加。另一類如氮及二氧化碳的氣體，壓力趨近於零時亦遵照 $PV = k$ 的關係，但其 $PV$ 值於較低的壓力時，隨壓力 $P$ 的增加而減少，直至極小值後隨壓力 $P$ 的增加而逐次增加。由實驗發現如氫及氦等較難液化的氣體，於室溫下之 $PV$ 值均隨 $P$ 的增加而一直增加，但氮及二氧化碳等氣體，於相對低溫 (接近其沸點) 時，其 $PV$ 值與 $P$ 的關係曲線均會出現最低點。二氧化硫、二氧化碳、氨、甲烷等較易液化的氣體，其於室溫之 $PV$ 值與壓力 $P$ 的關係曲線均會出現最低點，即於較低的壓力範圍均先隨 $P$ 的增加而減小，而經極小值後隨壓力的增加而增加。然而，於充分高的溫度時其 $PV$ 值與 $P$ 的關係像氫氣，也隨壓力的增加而一直增加，不會出現最低點。

表 2-2　真實氣體於定溫下的各壓力之 $PV$ 乘值

| 氣體<br>$PV$<br>$P(\text{bar})$ | 氫 (0°C) | 氮 (0°C) | 二氧化碳 (40°C) |
|---|---|---|---|
| 1 | 1.000 | 1.000 | 1.000 |
| 50 | 1.033 | 0.985 | 0.741 |
| 100 | 1.064 | 0.988 | 0.270 |
| 200 | 1.134 | 1.037 | 0.409 |
| 400 | 1.277 | 1.256 | 0.718 |
| 800 | 1.566 | 1.796 | 1.299 |

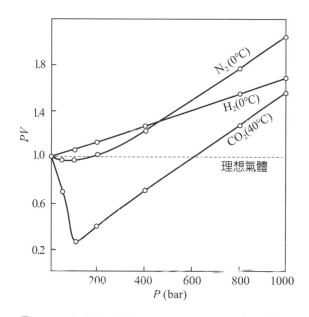

圖 2-3　真實氣體於定溫下之 $PV$ 值隨 $P$ 的變化

　　眞實氣體的行爲對於理想氣體的行爲之偏差的程度，可用**壓縮因子** (compressibility factor) $Z$ 表示。壓縮因子可用眞實氣體與理想氣體之 $PV$ 的比值定義，即爲

$$Z = \frac{(PV)_r}{(PV)_i} = \frac{PV}{nRT} \tag{2-23}$$

上式中的 $(PV)_r$ 爲眞實氣體之實測的壓力與體積的乘積，$(PV)_i$ 爲理想氣體之壓力與體積的乘積，其值可由理想氣體的定律表示爲 $nRT$。

　　理想氣體於任何的溫度與壓力下之壓縮因子 $Z$ 值均等於 1。眞實氣體之 $Z$ 值，可由其實測的 $P-V-T$ 數據代入式 (2-23) 求得，其值通常爲溫度與壓力的函數。$Z>1$ 表示，眞實氣體較理想氣體難壓縮，而 $Z<1$ 表示，眞實氣體較理想氣體容易壓縮。圖 2-4 爲一些氣體於各定溫下之 $Z$ 值與壓力 $P$ 的關係，甲烷及二氧化碳於0°C 時，其 $Z$ 值先隨壓力 $P$ 的增加而減小，直至極小值後隨 $P$ 的增

加而增加。如圖所示，甲烷於 200°C 之相當廣的壓力範圍，均可符合波以耳的定律，$PV = k$，此溫度 (200°C) 稱爲，甲烷之**波以耳溫度** (Boyle temperature) $T_B$。各種氣體均有其波以耳溫度，氮氣之波以耳溫度 $T_B = 51°C$，如圖 2-5 所示。

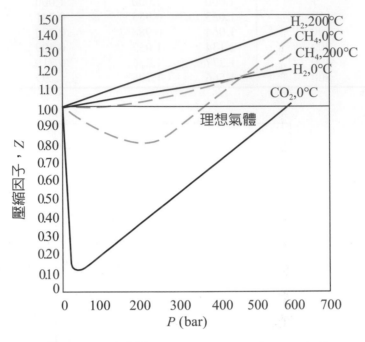

圖 2-4　一些氣體於定溫下之 $Z$ 值隨壓力 $P$ 的變化

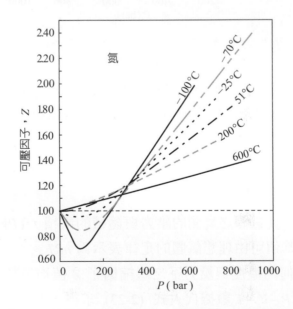

圖 2-5　氮氣於各定溫下之 $Z$ 值與壓力 $P$ 的等溫線

　　圖 2-5 為氮氣於各一定溫度下之 $Z$ 值與壓力 $P$ 的關係，於溫度高於其波以耳溫度時，其於各壓力之 $Z$ 值均大於 1，而於溫度低於其波以耳溫度時，其 $Z$ 值先隨 $P$ 的增加而減小，而經過極小值後隨 $P$ 的增加而增加，通常於越低的溫度其 $Z$ 值之極小值越小。於圖 2-4 中的 $H_2$ 之 $Z$ 值與 $P$ 的關係曲線，因氫氣之溫度高於其波以耳溫度，故其 $Z$ 值均隨 $P$ 的增加而一直增加。氫氣於充分低的溫度 ( 低於其波以耳溫度 ) 時，其 $Z$ 值與 $P$ 的關係曲線亦會出現極小值。

**例 2-7**　於 0°C 及 100 大氣壓下，10 莫耳的甲烷之實測體積為 1.936 升，甲烷於此狀況下之壓縮因子 $Z = 0.86$。試由理想氣體的定律及壓縮因子，分別計算甲烷之體積，並與實測值比較之

解　由理想氣體定律

$$V = \frac{nRT}{P} = \frac{(10\ \text{mol})(0.082\ \text{atm L mol}^{-1}\ \text{K}^{-1})(273\ \text{K})}{(100\ \text{atm})} = 2.24\ \text{L}$$

由壓縮因子

$$V = \frac{ZnRT}{P} = \frac{(0.86)(10\ \text{mol})(0.082\ \text{atm L mol}^{-1}\ \text{K}^{-1})(273\ \text{K})}{(100\ \text{atm})} = 1.925\ \text{L}$$

由壓縮因子求得之體積甚接近實測的值，其偏差較由理想氣體定律所求得者甚小。　◄

**例 2-8**　氮氣 $N_2$ 於 $-50$°C 及 800 大氣壓下之 $Z$ 值為 1.95，而於 100°C 及 200 大氣壓下之 $Z$ 值為 1.10。設某質量的 $N_2$ 於 $-50$°C 及 800 大氣壓下之體積為 1.00 升，試求等質量的 $N_2$ 於 200 大氣壓及 100°C 下之體積

解　由式 (2-23)，$PV = ZnRT$，可得

$$\frac{P_1 V_1}{P_2 V_2} = \frac{Z_1 nRT_1}{Z_2 nRT_2} = \frac{Z_1 T_1}{Z_2 T_2}$$

$$\therefore V_2 = \left(\frac{P_1 V_1}{P_2}\right)\left(\frac{Z_2 T_2}{Z_1 T_1}\right) = \frac{(800\ \text{atm})(1.00\ \text{L})}{(200\ \text{atm})} \cdot \frac{(1.10)(373\ \text{K})}{(1.95)(223\ \text{K})} = 3.77\ \text{L}$$　◄

## 2-5　狀態的方程式 (Equation of State)

　　不考慮重力、電場與磁場等的效應時，一定量的流體之狀態，視其容積、壓力與溫度而定。由經驗得知，一定量的流體之狀態可由其溫度、壓力及容積的三變量中之二變量決定。$n$ 莫耳之純的流體之體積 $V$，可用**自主的變數** (independent variable) 壓力 $P$ 與溫度 $T$ 的函數表示，為

$$V = f(P, T) \tag{2-24}$$

上式 (2-24) 即為氣體之**狀態方程式** (equation of state) 或簡稱狀態式，而其，函數式 $f(P, T)$ 的形式可藉實驗決定。此狀態式亦可寫成 $g(P, V, T) = 0$，例如，理想氣體之狀態式 (2-9)，亦可寫成 $PV - nRT = 0$。

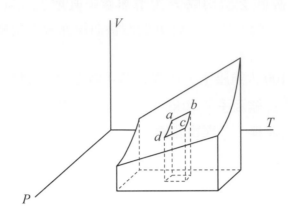

圖 2-6　$V = f(P, T)$ 曲面之偏微分

純的流體於平衡狀態之 $P, V$ 與 $T$ 間的關係，可用三次元空間的**曲面** (surface) 表示，如圖 2-6 所示。於曲面上的無窮小面積 $abcd$ 之 $a$ 點 $(P_a, V_a, T_a)$ 的狀態，經壓力 $P$ 與溫度 $T$ 的各無窮小變化 $dP$ 與 $dT$ 至 $c$ 點 $(P_c, V_c, T_c)$ 的狀態時，其體積的無窮小變化 $dV$ 可表示為

$$dV = V_c - V_a = (V_b - V_a) + (V_c - V_b) \tag{2-25}$$

因由 $a$ 點至 $b$ 點之狀態的變化時壓力保持一定，而 $ab$ 之斜率為

$$\lim_{\Delta T \to 0} \frac{V_b - V_a}{T_b - T_a} = \left(\frac{\partial V}{\partial T}\right)_P \tag{2-26}$$

因此，由 $a$ 點至 $b$ 點之體積的變化量 $V_b - V_a$，可表示為 $(\partial V / \partial T)_P dT$

同理，由 $b$ 點至 $c$ 點之狀態的變化時溫度保持一定，而 $bc$ 之斜率為

$$\lim_{\Delta P \to 0} \frac{V_c - V_b}{P_c - P_b} = \left(\frac{\partial V}{\partial P}\right)_T \tag{2-27}$$

因此，由 $b$ 點至 $c$ 點之體積變化量 $V_c - V_b$，可表示為 $(\partial V / \partial P)_T dP$。將此二量的關係，$V_b - V_a = (\partial V / \partial T)_p dP$ 與 $V_c - V_b = (\partial V / \partial p)_T dP$，代入式 (2-25)，可得式 (2-24) 之**全微分** (total differential)的式，為

$$dV = \left(\frac{\partial V}{\partial T}\right)_P dT + \left(\frac{\partial V}{\partial P}\right)_T dP \tag{2-28}$$

　　系統自 $a$ 點的狀態變化至 $c$ 點的狀態時，無論經由 $a \to b \to c$ 或 $a \to d \to c$ 的步驟，其體積的變化量均等於 $V_c - V_a$。由此，系統之體積的變化與其狀態變化所經之路徑無關，而 $dV$ 為**恰當微分** (exact differential)，即體積 $V$ 為狀態的函數。

　　於茲定義二有用的係數：一定量的流體於定壓下之體積 $V$，隨溫度 $T$ 變化之變化率 $(\partial V / \partial T)_P$ 與其體積的比值，稱為**熱膨脹係數** (thermal expansivity)，而以符號 $\alpha$ 表示，為

$$\alpha = \frac{1}{V} \left( \frac{\partial V}{\partial T} \right)_P \tag{2-29}$$

及一定量的流體於定溫下之體積 $V$，隨壓力 $P$ 的變化之變化率 $(\partial V / \partial P)_T$，與其體積的比值，稱為**等溫壓縮係數** (isothermal compressibility)，而以符號 $\kappa$ 表示為

$$\kappa = -\frac{1}{V} \left( \frac{\partial V}{\partial P} \right)_T \tag{2-30}$$

因流體於定溫下增加壓力時其體積縮小，故 $(\partial V / \partial P)_T$ 為負的值，所以上式 (2-30) 之右邊加負號以使 $\kappa$ 為正的值。流體於一定體積下之壓力 $P$ 隨溫度變化之變化率 $(\partial P / \partial T)_V$，可用下述之含 $\alpha$ 與 $\kappa$ 的式表示。

　　一定量的流體之壓力 $P$，可用溫度 $T$ 與體積 $V$ 的函數表示，即為

$$P = f(T, V) \tag{2-31}$$

而其全微分為

$$dP = \left( \frac{\partial P}{\partial T} \right)_V dT + \left( \frac{\partial P}{\partial V} \right)_T dV \tag{2-32}$$

於體積 $V$ 保持一定時，$dV = 0$，而由式 (2-28) 可得

$$\left( \frac{\partial P}{\partial T} \right)_V = -\frac{(\partial V / \partial T)_P}{(\partial V / \partial P)_T} \tag{2-33}$$

將式 (2-33) 代入式 (2-32)，可得

$$dP = \left( \frac{\partial P}{\partial V} \right)_T dV - \frac{(\partial V / \partial T)_P}{(\partial V / \partial P)_T} dT \tag{2-34}$$

而將式 (2-29) 及 (2-30) 代入式 (2-33)，可得

$$\left( \frac{\partial P}{\partial T} \right)_V = \frac{\alpha}{\kappa} \tag{2-35}$$

 **例 2-9** 汞之 $\alpha = 1.8 \times 10^{-4}\,°C^{-1}$, $\kappa = 3.9 \times 10^{-6}\,atm^{-1}$。試求汞於密閉的玻璃容器內，自 $100°C$ 加熱至 $102°C$ 時，其玻璃容器內之壓力的變化

**解** 由式 (2-35)

$$\left(\frac{\partial P}{\partial T}\right)_V = \frac{\alpha}{\kappa} = \frac{1.8 \times 10^{-4}\,°C^{-1}}{3.9 \times 10^{-6}\,atm^{-1}} = 46\,atm/°C$$

因 $\Delta T = 2°C$ ，所以壓力的變化 $\Delta P = 46 \times 2 = 92\ atm$

由此得知，水銀的溫度計過熱時，溫度計內的壓力增加非常大，而可能導致其玻璃的破裂。 ◂

## 2-6 臨界常數 (The Critical Constants)

大部分的氣體於充分低的溫度下增加其壓力時，均可**液化** (liquefaction) 成為液體。然而，有些氣體於其特定的溫度以上之溫度時，雖然施加甚高的壓力仍不會液化成為液體。氣體可液化成為液體之最低的特定溫度，稱為該氣體之**臨界溫度** (critical temperature) $T_c$。換言之，純的液體之臨界溫度為其氣態與液態的二相可分離存在的最高溫度。某氣體於其臨界溫度時，液化成為液體的最小壓力，稱為該氣體之**臨界壓力** (critical pressure) $P_c$，而氣體於其臨界溫度及臨界壓力時之莫耳體積，稱為**臨界莫耳體積** (critical molar volume) $\overline{V}_c$。各種氣體或物質均各有其臨界溫度、臨界壓力及臨界莫耳體積的**特性常數** (characteristic constants)，這些常數稱為**臨界常數** (critical constants)。於表 2-3 列出一些氣體及化合物之臨界常數、沸點、熔點及於臨界點之壓縮因子，$Z_c = P_c \overline{V}_c / RT_c$。

純的物質於其臨界溫度 $T_c$ 以下之溫度時，其平衡的液相與蒸氣相之間，通常形成如新**月形** (meniscus) 的界面，而此新月形的界面，隨溫度之上升而逐漸消失，於溫度上升接近其臨界溫度且達至臨界溫度 $T_c$ 時，其氣相與液相之性質逐漸互相接近而達至相同的狀態，此狀態即為該純的物質之**臨界狀態** (critical state)。純的物質於其臨界狀態下之溫度、壓力、及莫耳體積，稱為該純的物質之臨界常數。一般的物質之臨界莫耳體積，通常較難直接精確量測，由此，一般均由於較其臨界溫度稍低的各溫度下之其液體及平衡蒸氣之各密度的測定值計算。Cailletet 及 Mathias 發現，純的物質於某溫度之液相與其平衡蒸氣相之密度的平均值，$(\rho_l + \rho_v)/2$ ，對溫度 $t$ 作圖時，可得如圖 2-7 所示的直線關係，而可表示為

表 2-3　一些氣體及化合物之臨界常數、沸點、熔點及於臨界點之壓縮因子 $Z_c$ 值

| 氣　體 | 熔點<br>(K) | 沸點<br>(K) | $T_c$<br>(K) | $\dfrac{沸點}{T_c}$ | $P_c$<br>(atm) | $\overline{V}_c$<br>(L / mole) | $Z_c$ |
|---|---|---|---|---|---|---|---|
| He | 0.9 | 4.2 | 5.3 | 0.79 | 2.26 | 0.0578 | 0.300 |
| $H_2$ | 14.0 | 20.4 | 33.3 | 0.68 | 12.8 | 0.0650 | 0.304 |
| Ne | 24.5 | 27.2 | 44.5 | 0.61 | 25.9 | 0.0417 | 0.296 |
| Ar | 83.9 | 87.4 | 151 | 0.58 | 48 | 0.0752 | 0.291 |
| Xe | 133 | 164.1 | 289.81 | 0.57 | 57.89 | 0.1202 | 0.293 |
| $N_2$ | 63.2 | 77.3 | 126.1 | 0.61 | 33.5 | 0.0901 | 0.292 |
| $O_2$ | 54.7 | 90.1 | 154.4 | 0.58 | 49.7 | 0.0744 | 0.292 |
| $CH_4$ | 89.1 | 111.7 | 190.7 | 0.59 | 45.8 | 0.0990 | 0.290 |
| $CO_2$ | … | 194.6 | 304.2 | 0.64 | 72.8 | 0.0942 | 0.274 |
| 極性分子 | | | | | | | |
| $H_2O$ | 273.1 | 373.1 | 647.3 | 0.58 | 217.7 | 0.0566 | 0.232 |
| $NH_3$ | 195.4 | 239.7 | 405.5 | 0.59 | 112.2 | 0.0720 | 0.243 |
| $CH_3OH$ | 175.4 | 337.9 | 513.2 | 0.66 | 78.67 | 0.118 | 0.220 |
| $CH_3Cl$ | 175.5 | 249.7 | 416.3 | 0.60 | 65.8 | 0.148 | 0.285 |
| $C_2H_5Cl$ | 134.2 | 285.9 | 460.4 | 0.62 | 52 | 0.196 | 0.269 |
| 烴類 | | | | | | | |
| 乙烷 $C_2H_6$ | 89.98 | 184.6 | 305.5 | 0.60 | 48.2 | 0.139 | 0.267 |
| 丙烷 $C_3H_8$ | 185.51 | 281.1 | 305.5 | 0.60 | 48.2 | 0.139 | 0.267 |
| 異丁烷 $C_4H_{10}$ | 113.6 | 261.5 | 497 | 0.64 | 37 | 0.250 | 0.276 |
| 正丁烷 $C_4H_{10}$ | 134.9 | 272.7 | 426 | 0.64 | 36 | 0.250 | 0.257 |
| 正己烷 $C_6H_{14}$ | 178.8 | 342.1 | 597.9 | 0.67 | 29.6 | 0.367 | 0.260 |
| 正辛烷 $C_8H_{18}$ | 216.6 | 397.7 | 570 | 0.70 | 24.7 | 0.490 | 0.259 |
| 苯 $C_6H_6$ | 278.6 | 352.7 | 561.6 | 0.63 | 47.9 | 0.256 | 0.265 |
| 環己烷 $C_6H_{12}$ | 297.7 | 353.9 | 554 | 0.64 | 40.57 | 0.312 | 0.280 |
| 乙烯 $C_2H_4$ | 103.7 | 169.3 | 282.8 | 0.60 | 50.5 | 0.126 | 0.274 |
| 乙炔 $C_2H_2$ | 191.3 | 189.5 | 308.6 | 0.61 | 61.6 | 0.113 | 0.275 |

$$\frac{\rho_l + \rho_v}{2} = At + B \tag{2-36}$$

上式中的，$\rho_l$ 與 $\rho_v$ 為液體與其平衡蒸氣之密度，$t$ 為溫度 (°C)，而 $A$ 及 $B$ 為由實驗求得之常數。於臨界溫度 $t_c$ 時，$\rho_\ell = \rho_v = \rho_c$，因此，由上式 (2-36) 可求得臨界密度 $\rho_c$，為

$$\rho_c = At_c + B \tag{2-37}$$

而以分子量除上式所得的 $\rho_c$，可得臨界莫耳體積，$\overline{V}_c = M / \rho_c$。以此方法所求得之臨界莫耳容積，通常較於臨界溫度 $T_c$ 之直接的測定值精確。

　　圖 2-8 所示者為，$CO_2$ 於其臨界溫度附近之 $P$ 對 $V$ 的各等溫線。$CO_2$ 於 52°C 之實測的等溫線(點線)，與理想氣體之等溫線 ($P\overline{V} = RT = k$)，雖為相似的雙曲線，但其間有相當大的差距。二氧化碳於其臨界溫度 $t_c = 31°C$ 時，其實測

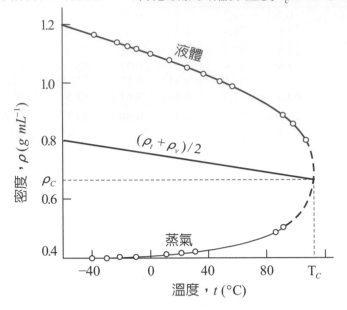

圖 2-7　$CCl_2F_2$ 之液體與其平衡蒸氣之平均密度與溫度的直線關係

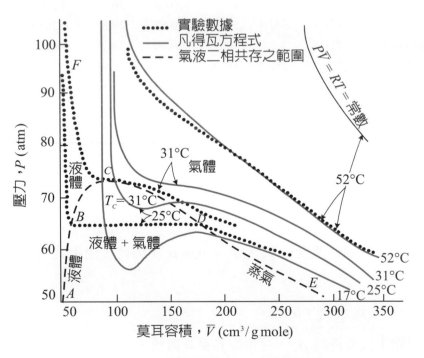

圖 2-8　$CO_2$ 於各溫度之 $P - \overline{V}$ 的關係圖

得的等溫線對於理想氣體之偏差非常大，且其此時的等溫線不再是雙曲線。二氧化碳的臨界點 $C$ 為，其於此溫度之等溫線的**轉折點** (inflection point)，或稱為反曲點。溫度低於臨界溫度的各溫度之等溫線，均各有一水平的線段 (如 $BD$)，而於此水平的線段之兩端的蒸氣($D$)與液體($B$)的二相平衡共存。低於 $C$ 點之 $ABCDE$ 的鐘形曲線內為液相與氣相的二相平衡共存之區域。於點線 $ABCF$ 之左邊的部分為僅液體的單一相之區域，而點線 $FCDE$ 之右邊的部分為僅氣體的單一相存在之區域。於臨界點 $C$ 時，其氣相與液相之性質相似而無法區分，且於此臨界狀態時，其液體之莫耳體積與氣體之莫耳體積相等，即其氣液二相之密度相等。

　　圖 2-8 中之實線為依據凡得瓦的狀態方程式 (2-7 節) 所繪之等溫線，由此圖可看出，凡得瓦的狀態式之等溫線比理想氣體之等溫線較接近於實測的等溫線，即凡得瓦的狀態式比理想氣體的定律，較適合用以描述真實氣體的行為。

## 2-7　凡得瓦的狀態式 (Van der Waal's Equation of State)

　　由圖 2-8 之 $CO_2$ 的 $P$-$\bar{V}$-$T$ 關係圖可看出，真實氣體於低溫或高壓時之行為，對於理想氣體均有甚大的偏差。因此，一些科學家嘗試尋找，符合真實氣體之行為的狀態式，其中最早而著名者，為凡得瓦(Ven der Waal)於 1879 年所提出的狀態式。此係依據理想氣體的定律，對氣體分子本身之體積，及其分子間的互相作用等二項之影響加以修正，而得較符合真實氣體之行為的狀態式。

　　由圖 2-4 與 2-5 得知，真實氣體於較高的壓力時，比理想氣體難壓縮，此係因氣體的分子本身有若干的體積。因此，其分子可自由運動之空間的容積，較理想氣體的狀態式中之容積小，由此，將理想氣體的狀態式修正成

$$P(\bar{V} - b) = RT \tag{2-38}$$

上式中，$b$ 為一莫耳的氣體之分子的**有效體積** (effective volume)，而稱為**排斥的容積** (excluded volume)，此排斥的容積可用圖 2-9 說明如下。設分子為半徑 $r$ 的球形剛體，則如圖 2-9 所示，其每一對的分子之排斥的容積，為 $\frac{4}{3}\pi(2r)^3$，而每一分子之排斥容積等於 $(2/3)\pi(2r)^3$。因每一分子之體積為 $(4/3)\pi r^3$，故每一分子之排斥的容積等於每分子的體積之四倍，而一莫耳的氣體分子之有效的容積為 $b = 4N_A(4/3)\pi r^3$，其中的 $N_A$ 為 Avogadro 常數。由此，$n$ 莫耳的真實氣體之可運動的**自由空間** (free space) 之體積，等於其體積 $V$ 減其全部分子之有效體積 nb，即為 $(V - nb)$，於是真實氣體之體積 $V$，與由理想氣體的定律所計算之體積 $V_i$ 間的關係，可表示為

$$V_i = V - nb \tag{2-39}$$

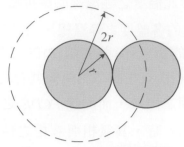

圖 2-9　分子之排斥的體積

　　容器內的氣體分子因於容器內的不斷運動，而與其器壁碰撞所產生的壓力，由於其分子間的相互吸引的作用，比分子間無相互吸引作用的理想氣體時之壓力小。設真實氣體之實測的壓力 $P$，比理想氣體的壓力 $P_i$ 小 $P'$，則 $P'$ 與碰撞容器壁的氣體分子數，及吸引這些分子的容器內之分子數各成正比。由於碰撞容器壁的氣體分子數及容器內的氣體分子數，均與容器內之氣體分子的濃度 $(n/V)$ 成正比，因此，$P'$ 與容量內的分子之濃度的平方成正比，若此比例常數用 $a$ 表示，則 $P'$ 可表示成 $P' = a(n/V)^2$，而可得

$$P_i = P + P' = P + \frac{n^2 a}{V^2} \tag{2-40}$$

將式 (2-39) 及式 (2-40)，各代入理想氣體的狀態式，$P_i V_i = nRT$，可得較適用於真實氣體之狀態式，即為

$$\left( P + \frac{n^2 a}{V^2} \right)(V - nb) = nRT \tag{2-41a}$$

而對於一莫耳的真實氣體時，上式可表示為

$$\left( P + \frac{a}{\overline{V}^2} \right)(\overline{V} - b) = RT \tag{2-41b}$$

上式 (2-41) 即為，**凡得瓦的狀態式** (van der Waals equation of state)，而上式中的 $a$ 及 $b$ 為**凡得瓦常數** (van der Waals constants)，其值均隨氣體的種類而異。於使用上式 (2-41) 時需注意其常數 $a$ 及 $b$ 的單位，須與 $P, V$ 及 $R$ 的單位一致。因 $n^2 a/V^2$ 與 $P$ 同樣表示壓力，故 $a$ 的單位為 (壓力)(體積)$^2$/(莫耳)$^2$，而 $nb$ 與 $V$ 同樣表示體積。通常所使用之 $a$ 的單位為 (大氣壓)(升)$^2$/(莫耳)$^2$，$b$ 的單位為 (升)/(莫耳)。一些氣體之凡德瓦常數列於表 2-4。凡得瓦常數 $a$ 及 $b$ 的值，亦可由臨界常數計算。

　　氣體之莫耳容積 $\overline{V}$ 充分大時，上式 (2-41) 中之 $b$ 與 $\overline{V}$ 比較，及 $a/\overline{V}^2$ 與 $P$ 比較均甚小，而可忽視，此時凡得瓦的狀態式 (2-41) 可簡化成理想氣體的狀態式 $P\overline{V} = RT$。

由圖 2-8 得知，氣體之臨界點為該氣體於其臨界溫度 $T_c$ 時之 $P$–$V$ 等溫線的轉折點，而轉折點的條件可用數學式表示為

$$\left(\frac{\partial P}{\partial V}\right)_{T_c} = 0 \quad 及 \quad \left(\frac{\partial^2 P}{\partial V^2}\right)_{T_c} = 0 \tag{2-42}$$

表 2-4　一些氣體之凡得瓦常數

| 氣體 | $a$ (bar L$^2$mol$^{-2}$) | $b$ (L mol$^{-1}$) | 氣體 | $a$ (bar L$^2$mol$^{-2}$) | $b$ (L mol$^{-1}$) |
|---|---|---|---|---|---|
| $H_2$ | 0.2476 | 0.02661 | $CH_4$ | 2.283 | 0.04278 |
| He | 0.03457 | 0.02370 | $C_2H_6$ | 5.562 | 0.06380 |
| $N_2$ | 1.408 | 0.03913 | $C_3H_8$ | 8.779 | 0.08445 |
| $O_2$ | 1.378 | 0.03183 | $C_4H_{10}$（正） | 14.66 | 0.1226 |
| $Cl_2$ | 6.579 | 0.05622 | $C_4H_{10}$（異） | 13.04 | 0.1142 |
| $NH_2$ | 4.225 | 0.0371 | $C_5H_{12}$（正） | 19.26 | 0.1460 |
| $NO_2$ | 5.354 | 0.04424 | CO | 1.505 | 0.03985 |
| $H_2O$ | 5.536 | 0.03049 | $CO_2$ | 3.640 | 0.04267 |
| Ne | 0.214 | 0.0171 | $CS_2$ | 11.77 | 0.0769 |
| Ar | 1.37 | 0.0322 | $CCl_4$ | 20.66 | 0.1383 |
| HBr | 4.51 | 0.0443 | $SO_2$ | 6.80 | 0.0564 |

於臨界溫度 $T_c$ 時，式 (2-41b) 可寫成

$$P_c = \frac{RT_c}{\overline{V_c} - b} - \frac{a}{\overline{V_c}^2} \tag{2-43}$$

而式 (2-41b) 於臨界溫度 $T_c$ 下對 $\overline{V}$ 偏微分，並代入臨界條件 (2-42) 可得

$$\left(\frac{\partial P}{\partial \overline{V}}\right)_{T_c} = \frac{-RT_c}{(\overline{V}_c - b)^2} + \frac{2a}{\overline{V}_c^3} = 0 \tag{2-44}$$

及

$$\left(\frac{\partial^2 P}{\partial \overline{V}^2}\right)_{T_c} = \frac{2RT_c}{(\overline{V}_c - b)^3} - \frac{6a}{\overline{V}_c^4} = 0 \tag{2-45}$$

由解上面的式 (2-43)、(2-44)、與 (2-45) 的聯立方程式，可得

$$a = 3P_c\overline{V}_c^2 \tag{2-46}$$

$$b = \frac{\overline{V}_c}{3} \tag{2-47}$$

$$R = \frac{8P_c\overline{V}_c}{3T_c} \tag{2-48}$$

由於莫耳臨界體積 $\overline{V}_c$ 較不容易直接精確量測，由此，一般可由其臨界溫度 $T_c$ 與臨界壓力 $P_c$，利用上式 (2-48) 求得 $\overline{V}_c$，為

$$\overline{V}_c = \frac{3RT_c}{8P_c} \tag{2-49}$$

將上式的 $\overline{V}_c$ 代入式 (2-46) 及 (2-47)，可得以臨界常數 $P_c$ 與 $T_c$ 表示的凡得瓦常數 $a$ 及 $b$，即爲

$$a = \frac{27(RT_c)^2}{64P_c} \tag{2-50}$$

及

$$b = \frac{RT_c}{8P_c} \tag{2-51}$$

若氣體之凡得瓦常數 $a$ 及 $b$ 已知，則可由式 (2-46)~(2-48) 解得氣體之臨界常數分別爲

$$\overline{V}_c = 3b \tag{2-52}$$

$$P_c = \frac{a}{27b^2} \tag{2-53}$$

$$T_c = \frac{8a}{27bR} \tag{2-54}$$

**例 2-10** 氯苯之凡得瓦常數， $a = 25.79 \text{ bar L}^2\text{mol}^{-2}$ ，及 $b = 0.1453 \text{ L mol}^{-1}$ 。試由 (a) 理想氣體的定律，及 (b) 凡得瓦的狀態式，分別計算二莫耳的氯苯蒸氣，於 25°C 之 10 升的容器內之壓力

**解** (a) $P = \dfrac{nRT}{V} = \dfrac{(2\,\text{mol})(0.083144 \text{ bar Lmol}^{-1}\text{K}^{-1})(298.15 \text{ K})}{10 \text{ L}} = 4.958 \text{ bar}$

(b) $P = \dfrac{nRT}{V - nb} - \dfrac{n^2 a}{V^2} = \dfrac{(2\,\text{mol})(0.083144 \text{ bar L mol}^{-1}\text{K}^{-1})(298.15 \text{ K})}{10 \text{ L} - (2 \text{ mol})(0.1453 \text{ L mol}^{-1})}$

$\qquad - \dfrac{(2 \text{ mol})^2(25.79 \text{ bar L}^2\text{mol}^{-2})}{(10 \text{ L})^2} = 5.106 - 1.032 = 4.074 \text{ bar}$ ◄

**例 2-11** 試由 $NH_3$ 之臨界常數 $P_c = 112.2 \text{ atm}$ ，與 $T_c = 405.5 \text{ K}$ ，求其凡得瓦常數 $a$ 及 $b$ ，並與表 2-4 之數值比較之

**解** (a) $a = \dfrac{27(RT_c)^2}{64P_c} = \dfrac{27(0.083144 \text{ bar L mol}^{-1}\text{K}^{-1})^2(405.5 \text{ K})^2}{64(112.2 \text{ atm})(1.01325 \text{ bar atm}^{-1})}$

$\qquad = 4.225 \text{ bar L}^2\text{mol}^{-2}$

(b) $b = \dfrac{RT_c}{8P_c} = \dfrac{(0.082 \text{ atmLmol}^{-1}\text{K}^{-1})(405.5\text{K})}{8(112.2\text{atm})} = 0.037 \text{Lmol}^{-1}$

上面的計算值與表 2-4 中的 $NH_3$ 之數值符合。 ◄

## 2-8　維里方程式 (The Virial Equation)

　　眞實氣體之壓縮因子 $P\overline{V}/RT$ 爲溫度與容積的函數,而於溫度一定時其壓縮因子可用 $1/\overline{V}$ 的乘冪之系列表示。因各種氣體之 $1/\overline{V}$ 值趨近於零時,其性質及行爲均各趨近於理想氣體,故其壓縮因子之 $1/\overline{V}$ 的函數乘冪式之第一項爲 1。**翁奈司** (H.H. Onnes) 依此觀點而於 1901 年提出,如下的**維里狀態式** (virial equation of state)

$$Z = \frac{P\overline{V}}{RT} = 1 + \frac{B}{\overline{V}} + \frac{C}{\overline{V}^2} + \cdots\cdots \tag{2-55}$$

上式中的 $B$ 與 $C$ 均爲溫度的函數,而分別稱爲第二與第三**維里係數** (virial coefficient),這些係數均須於各溫度下經由實驗決定。Virial 之字義爲拉丁字的 **力** (force),維里狀態式於高的氣體密度時不會收歛,且於甚低的壓力時其右邊的第二項以後之各項均可忽略,而可化簡成爲理想氣體定律的式, $P\overline{V} = RT$ 。

　　氣體之莫耳容積 $\overline{V}$ 於溫度保持一定時,隨壓力的增加而遞減,因此,其壓縮因子用其壓力 $P$ 的**冪系列**(powcr series)之**級數**表示較爲方便,即可表示爲

$$Z = \frac{PV}{RT} = 1 + B'P + C'P^2 + \cdots\cdots \tag{2-56}$$

上式 (2-56) 之右邊各項的係數 $B'$ 與 $C'$ 等,也可用式 (2-55) 之右邊各項的係數 $B$ 與 $C$ 等表示。由式 (2-55) 可解出 $P$,而由此所得的 $P$ 及 $P^2$ 可分別表示爲

$$P = \frac{RT}{\overline{V}} + \frac{BRT}{\overline{V}^2} + \frac{CRT}{\overline{V}^3} + \cdots\cdots \tag{2-57}$$

及

$$P^2 = \left(\frac{RT}{\overline{V}}\right)^2 + \frac{2B(RT)^2}{\overline{V}^3} + \cdots\cdots \tag{2-58}$$

於上面的式中省略 $(1/\overline{V})^3$ 以上的各高次項。將上面的式 (2-57) 與 (2-58) 代入式 (2-56)可得

$$Z = 1 + B'\left(\frac{RT}{\overline{V}} + \frac{BRT}{\overline{V}^2} + \cdots\cdots\right) + C'\left[\left(\frac{RT}{\overline{V}}\right)^2 + 2B\frac{(RT)^2}{\overline{V}^3} + \cdots\cdots\right]^2 + \cdots\cdots$$

$$= 1 + \frac{B'RT}{\overline{V}} + \frac{1}{\overline{V}^2}\left[B'BRT + C'(RT)^2\right] + \cdots\cdots \tag{2-59}$$

由比較式 (2-55) 與式 (2-59) 之 $1/\overline{v}$ 的同冪數之各項的係數，可得

$$B = B'RT \tag{2-60}$$

$$C = B'BRT + C'(RT)^2 = (B'RT)^2 + C'(RT)^2 \tag{2-61}$$

或

$$B' = \frac{B}{RT} \tag{2-62}$$

$$C' = \frac{C - B^2}{(RT)^2} \tag{2-63}$$

式 (2-56) 於一定的溫度下對 $P$ 微分，可得

$$\left(\frac{\partial Z}{\partial P}\right)_T = B' + 2C'P + \cdots\cdots \tag{2-64}$$

而由上式可得，壓縮因子的等溫線於壓力趨近於零時之斜率爲

$$\left[\left(\frac{\partial Z}{\partial P}\right)_T\right]_{P=0} = B' \tag{2-65a}$$

依照波以耳溫度 $T_B$ 之定義，上式 (2-65a) 於溫度 $T$ 等於 $T_B$ 時應等於零，而可表示爲

$$\left[\left(\frac{\partial Z}{\partial P}\right)_T\right]_{P=0,\,T=T_B} = B' = 0 \tag{2-65b}$$

因此，氣體於溫度等於其波以耳溫度時，由式 (2-62) 可得

$$B' = \frac{B}{RT} = 0 \tag{2-66}$$

　　各種氣體之維里係數均與溫度有關，爲溫度的函數，氮、一氧化碳及氫等氣體於各溫度之維里係數，如表 2-6 所示。維里方程式之優點爲其各維里係數可應用統計力學，由其分子間的作用力求得。於較高的壓力時需使用含較多項的維里方程式，以得較高的準確度，而於壓力不甚高時，只由其前面的三項就可得到相當精確的結果。通常由於適當增加維里方程式的項數，可擴展其適用的壓力範圍至 1000 atm 的高壓。

表 2-6　一些氣體於各溫度之維里係數( $P$ 以大氣壓， $\overline{V}$ 以升／莫耳為單位 )

| $t(°C)$ | $a = RT$ | $B \times 10^2$ | $C \times 10^5$ | $D \times 10^8$ | $E \times 10^{11}$ |
|---|---|---|---|---|---|
| | | | $N_2$ | | |
| −50 | 18.312 | −2.8790 | 14.980 | −14.470 | 4.657 |
| 0 | 22.414 | −1.0512 | 8.626 | − 6.910 | 1.704 |
| 100 | 30.619 | 0.6662 | 4.411 | − 3.534 | 0.9687 |
| 200 | 38.824 | 1.4763 | 2.775 | − 2.379 | 0.7600 |
| | | | CO | | |
| −50 | 18.312 | −3.6278 | 17.900 | −17.911 | 6.225 |
| 0 | 22.414 | −1.4825 | 9.823 | − 7.721 | 1.947 |
| 100 | 30.619 | 0.4036 | 4.874 | − 3.618 | 0.9235 |
| 200 | 38.824 | 1.3163 | 3.052 | − 2.449 | 0.7266 |
| | | | $H_2$ | | |
| −50 | 18.312 | 1.2027 | 1.164 | − 1.741 | 1.022 |
| 0 | 22.414 | 1.3638 | 0.7851 | − 1.206 | 0.7354 |
| 500 | 63.447 | 1.7974 | 0.1003 | − 0.1619 | 0.1050 |

　　於下面介紹，由氣體的 $P-\overline{V}-T$ 的實測數據計算第二維里係數的方法。式 (2-55) 經整理可寫成

$$\overline{V}\left(\frac{P\overline{V}}{RT} - 1\right) = B + \frac{C}{\overline{V}} + \cdots\cdots \tag{2-67}$$

由上式，以 $\overline{V}[(P\overline{V}/RT)-1]$ 對 $1/\overline{V}$ 作圖，並外延至 $1/\overline{V}=0$ 處時，可得第二維里係數 $B$ 值，為

$$B = \lim_{\overline{V}\to\infty} \overline{V}\left[\frac{P\overline{V}}{RT} - 1\right] \tag{2-68}$$

　　若於式 (2-67) 中無 $1/\overline{V}$ 之較高次的項，則由 $\overline{V}[(P\overline{V}/RT)-1]$ 對 $1/\overline{V}$ 作圖所得的直線之斜率，即為其第三維里係數 $C$。若式 (2-67) 有較多的 $1/\overline{V}$ 之高次項，則其 $\overline{V}[(P\overline{V}/RT)-1]$ 與 $1/\overline{V}$ 的關係成為曲線，而此時須由其關係曲線於 $1/\overline{V}$ 趨近於零處之斜率，以推求得其第三維里係數 $C$ 值。第二維里係數 $B$ 之單位與容積相同，即等於其**排斥的莫耳容積** (excluded molar volume)。上式(2-67) 之適用範圍，由於受其 $1/\overline{V}$ 的乘冪系列之級數的收斂限制，只能適用於低壓與中等密度的氣體。一些氣體之第二維里係數與溫度的關係，如圖 2-10 所示。

　　凡得瓦的狀態式 (2-41b) 可改寫成為維里型的狀態式，即為

$$P\overline{V} = \frac{RT\overline{V}}{\overline{V} - b} - \frac{a}{\overline{V}} \tag{2-69}$$

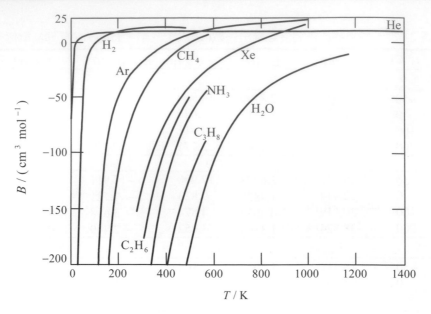

圖 2-10　一些氣體之第二維里係數與溫度的關係
（自 K.E. Bett, J.S.Rowlinson, and G.Saville, Thermodynamics
for Chemical Engineers, The MIT Press, Cambridge, Mass., 1975)

因於 $|x|<1$ 時，　$(1-x)^{-1}=1+x+x^2+\cdots\cdots$，因此，將此關係應用於上式 (2-69)
中之 $\overline{V}/(\overline{V}-b)$，可得

$$\frac{\overline{V}}{\overline{V}-b}=\left(1-\frac{b}{\overline{V}}\right)^{-1}=1+\frac{b}{\overline{V}}+\frac{b^2}{\overline{V}^2}+\frac{b^3}{\overline{V}^3}+\cdots\cdots \tag{2-70}$$

上面的展開式可應用於 $b/\overline{V}<1$ 的情況，而收斂於 $b/\overline{V}\ll 1$。將上式 (2-70) 代入
式 (2-69)，可得維里型的凡得瓦狀態式，為

$$P\overline{V}=RT\left[1+\frac{b-(a/RT)}{\overline{V}}+\frac{b^2}{\overline{V}^2}+\frac{b^3}{\overline{V}^3}+\cdots\cdots\right] \tag{2-71}$$

而由上式 (2-71) 與式 (2-55) 比較，可得第二維里係數 $B$ 為

$$B=b-\frac{a}{RT} \tag{2-72}$$

及第三維里係數 $C$ 為

$$C=b^2 \tag{2-73}$$

於氣體之波以耳溫度 $T_B$ 時，由式 (2-66) 得 $B=0$。因此，由式 (2-72) 可得，
凡得瓦氣體之波以耳溫度 $T_B$，為

$$b - \frac{a}{RT_B} = 0 \tag{2-74a}$$

即

$$T_B = \frac{a}{Rb} \tag{2-74b}$$

**例 2-12** 試使用表 2-6 之維里係數，求 CO 於 $-50°C$ 及其壓力為 (a) 10 大氣壓，(b) 100 大氣壓，及 (c) 1000 大氣壓時之其各莫耳體積

解 由表 2-6 得，CO 於 $-50°C$ 之維里係數為，

$a = RT = 18.312, \; B = -3.687 \times 10^{-2}, \; C = 17.9000 \times 10^{-5},$

$D = -17.911 \times 10^{-8}, \; 及 \; E = 6.225 \times 10^{-11}$

(a) 由式 (2-55) 及 $P = 10\,atm$

$$
\begin{aligned}
P\overline{V} &= a + BP + CP^2 = 18.312 + (-3.6878 \times 10^{-2})(10) \\
&\quad + (17.900 \times 10^{-5})(10)^2 \\
&= 18.312 - 0.36878 + 0.0179 = 18.122
\end{aligned}
$$

$$\therefore \overline{V} = \frac{18.122}{P} = 1.8122\,Lmol^{-1}$$

(b) $\quad P\overline{V} = a + BP + CP^2 + DP^3 = 18.312 + (-3.6879 \times 10^{-2})(100)$

$$\quad\quad + (17.900 \times 10^{-5})(100)^2 + (-17.911 \times 10^{-5})(100)^3$$

$$= 18.312 - 3.6879 + 1.7900 - 0.17911$$

$$= 16.235$$

$$\therefore \overline{V} = \frac{16.235}{P} = 0.16235\,Lmol^{-1}$$

(c) $\quad P\overline{V} = a + BP + CP^2 + DP^3 + EP^4$

$$= 18.312 + (-3.6879 \times 10^{-2})(1000) + (17.900 \times 10^{-5})(1000)^2$$

$$\quad + (-17.911 \times 10^{-8})(1000)^3 + (6.225 \times 10^{-11})(1000)^4$$

$$= 18.312 - 36.879 + 179.00 - 179.11 + 62.25 = 43.573$$

$$\therefore \overline{V} = \frac{43.573}{P} = 0.043573\,Lmol^{-1} \qquad \blacktriangleleft$$

# 2-9　分子間的相互作用 (Intermolecular Interactions)

　　真實氣體之性質及行為，與其分子間的相互作用有密切的關係。例如，氣體經壓縮冷卻時可凝結成為液體，及氣體於低溫下之壓縮因子均小於 1 等的事實，均顯示氣體的分子間之相互作用。然而，氣體於充分高的壓力下之壓縮因子，隨壓力的增加而增加，此事實顯示，氣體的分子間距離接近至甚小時，其

分子之間會產生相互排斥。這些分子間的相互作用,可用其二分子間之位能 $V$ 與其間之距離 $r$ 的關係表示。二分子於互相靠近時,由於其分子間的相互吸引,其位能隨分子間距離 $r$ 的減小而遞減,而當二分子甚接近時,由於分子間的相互排斥,其位能隨 $r$ 的減小而迅速增加。二分子間之位能與其分子間的距離之關係,如圖 2-11 所示。

**分子間之作用力** (intermolecular force),可用位能 $V$ 之**梯度** (gradient) 表示為

$$作用力 = -\frac{\partial V}{\partial r} \qquad (2\text{-}75)$$

如圖 2-11 所示,分子間之位能的梯度, $\partial V / \partial r$ ,於其位能曲線的最低點之右方為正,而其分子間的作用力如上式(2-75)所示為負的值,此表示分子相互吸引,而 $\partial V / \partial r$ 於其位能曲線的最低點之左方為負,即其分子間的作用力為正的值,表示分子相互排斥。

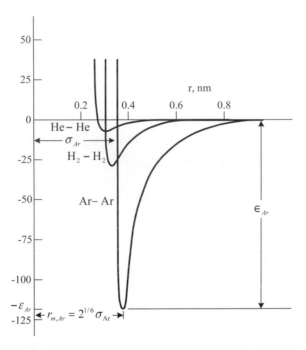

圖 2-11　二分子間之位能與其分子間距離 $r$ 的關係

　　二分子之間的距離較大時,其位能與分子間距離 $r$ 的六次方成反比,而可用 $A / r^6$ 表示,其中的 $A$ 為常數。二分子之間的距離甚小時,其二分子會互相排斥,此時其**互相排斥的位能** (repulsive potential) 隨其分子間距離 $r$ 的減小而激增,而須用 $1 / r$ 之較高的次方表示。因此,分子間之位能 $V$ 與其間的距離 $r$ 的關係,一般可用下列的所謂 Lennard-Jones 位能式表示,為

$$V = -\frac{A}{r^6} + \frac{B}{r^n} \qquad (2\text{-}76)$$

上式中，$n$ 爲大於 6 的整數。於實用上常採用 $n = 12$，而稱爲 6-12 **位能** (6-12 potential)。因此，常用之 Lennard-Jones 6-12 位能式可表示爲

$$V = 4\epsilon \left[ \left( \frac{\sigma}{r} \right)^{12} - \left( \frac{\sigma}{r} \right)^{6} \right] \tag{2-77}$$

上式中的 $\epsilon$ 爲二分子間之最低位能的深度，$\sigma$ 爲位能等於零時之其二分子間的距離。上式 (2-77) 對 $r$ 微分，並設其 $\partial V / \partial r = 0$，則可求得位能最低時之其分子間的距離，$r_m = (2)^{1/6} \sigma$。$\epsilon$ 與 $\sigma$ 爲可酌量增減的二參數，一些原子或分子之 $\epsilon$ 與 $\sigma$ 的參數，列於表 2-7。

表 2-7　Lennard-Jones 6-12 位能式之參數

|  | $\epsilon / k, \mathrm{K}$ | $\sigma, pm$ |  | $\epsilon / k, \mathrm{K}$ | $\sigma, pm$ |
|---|---|---|---|---|---|
| Ar | 120 | 341 | $Cl_2$ | 256 | 440 |
| Xe | 221 | 410 | $CO_2$ | 197 | 430 |
| $H_2$ | 37 | 293 | $CH_4$ | 148 | 382 |
| $O_2$ | 118 | 358 | $C_6H_6$ | 243 | 860 |

註：$k = R/N_A$，爲 Boltzmann 常數

若分子間的相互作用之位能 $V$ 已知，則藉統計力學的方法，可由下式 (2-78) 計算第二維里係數 $B$ 值，爲

$$B = 2\pi N_A \int_0^\infty (1 - e^{-V/kT}) r^2 dr \tag{2-78}$$

上式中，$r$ 爲分子間距離，而 $k = R/N_A$ 爲 Boltzmann 常數，其中的 $N_A$ 爲 Avogadro 常數。設氣體的分子爲直徑 $d$ 的剛球，而其分子除可互相接觸外，其分子間不會有任何的互相作用，即於 $r > d$ 時，其位位能均等於零，$V = 0$。因分子爲剛球而不能相互**貫穿** (penetrate)，故於 $r < d$ 時，$V = \infty$。因此，將這些關係代入上式 (2-78) 可寫成

$$B = 2\pi N_A \int_0^d r^2 dr = \frac{2}{3} \pi N_A d^3 \tag{2-79}$$

而由上式可得知，上述的第二維里係數 $B$ 值，等於 Avogadro 常數與每分子之排斥容積的乘積，即爲莫耳排斥容積。

## 2-10 真實氣體之其他的狀態式
### (Other Equations of State for Real Gases)

許多氣體的狀態式被提出以表示真實氣體之 $P-V-T$ 的關係，其中較常用者列於表 2-7。這些狀態式中有些係根據理論的觀點，而有些是由實驗所得的經驗式。於下面討論 Berthelot 及 Beattie-Bridgeman 等的二較重要的狀態式。

**1. 伯舍樂式** (The Berthelot Equation)

此狀態式於低的壓力下可寫成

$$PV = nRT\left[1 + \frac{9PT_c}{128P_cT}\left(1 - \frac{6T_c^2}{T^2}\right)\right] \tag{2-80}$$

上式中的 $P$，$V$，$R$，$T$ 及 $n$ 等，均與理想氣體的狀態式中所代表者相同，而 $P_c$ 及 $T_c$ 分別為臨界壓力及臨界溫度。此式於一大氣壓或較低的壓力下，甚為準確。因此，此式常用以由氣體之密度求其分子量。

**2. 畢替-布里居曼式** (The Beattie-Bridgeman Equation)

於此狀態式中含五常數，而可寫成二種型式，其一為壓力用以莫耳體積的函數表示，另一為莫耳體積用壓力的函數表示，即可分別表示為

$$P = \frac{RT}{\overline{V}} + \frac{\beta}{\overline{V}^2} + \frac{\gamma}{\overline{V}^3} + \frac{\delta}{\overline{V}^4} \tag{2-81}$$

表 2-7　真實氣體之一些狀態方程式 ($n=1$ 莫耳時 )

1. **洛冉滋** (Lorentz)：$P = \frac{RT}{\overline{V}^2}(\overline{V} + b) - \frac{a}{\overline{V}^2}$

2. **狄特甲西** (Dieterici)：$P = \frac{RT}{(\overline{V} - b)}e^{-a/\overline{V}RT}$，　　$\frac{RT_c}{P_cV_c} = \frac{1}{2}e^2 = 3.69$

3. **伯舍樂** (Berthelot)：$P = \frac{RT}{(\overline{V} - b)} - \frac{a}{T\overline{V}^2}$，　　$\frac{RT_c}{P_cV_c} = \frac{8}{3} = 2.67$

4. **呂得立希-克汪** (Redlich-Kwong)：$\left[P + \frac{a}{T^{1/2}\overline{V}(\overline{V} + b)}\right](\overline{V} - b) = RT$

　　　其中　$a = 0.4278\frac{R^2T_c^{2.5}}{P_c}$，　　$b = 0.0867\frac{RT_c}{P_c}$

5. **卡麥林-翁奈司** (Kamerlingh-Onnes)：$P\overline{V} = RT\left[1 + \frac{B}{\overline{V}} + \frac{C}{\overline{V}^2} + \cdots\right]$

6. **哈耳邦** (Holborn)：$P = RT[1 + B'P + C'P^2 + \cdots]$

7. **畢替-布里居曼** (Beattie-Bridgeman)：$P\overline{V} = RT + \frac{\beta}{\overline{V}} + \frac{\gamma}{\overline{V}^2} + \frac{\delta}{\overline{V}^3}$

　　　其中 $\beta = RTB_0 - A_0 - \frac{Rc}{T^2}$，$\gamma = -RTB_0b + aA_0 - \frac{RcB_0}{T^2}$，$\delta = \frac{RB_0bc}{T^2}$

8. **比尼狄克-韋伯-盧賓** (Benedict-Webb-Rubin)：$P\overline{V} = RT + \frac{\beta}{\overline{V}} + \frac{\sigma}{\overline{V}^2} + \frac{\eta}{\overline{V}^4} + \frac{\omega}{\overline{V}^5}$

　　　其中 $\beta = RTB_0 - A_0 - \frac{C_0}{T^2}$，$\sigma = bRT - a + \frac{c}{T^2}\exp\left(-\frac{\gamma}{\overline{V}^2}\right)$，$\eta = c\gamma\exp\left(-\frac{\gamma}{\overline{V}^2}\right)$，$\omega = a^{\alpha}$

與

$$\overline{V} = \frac{RT}{P} + \frac{\beta}{RT} + \frac{\gamma P}{(RT)^2} + \frac{\delta P^2}{(RT)^3} \tag{2-82}$$

其中，
$$\beta = RTB_0 - A_0 - \frac{Rc}{T^2} \tag{2-83}$$

$$\gamma = -RTB_0 b + A_0 a - \frac{RcB_0}{T^2} \tag{2-84}$$

$$\delta = \frac{RB_0 bc}{T^2} \tag{2-85}$$

於這些關係式中，$T$ 爲絕對溫度，$R$ 爲氣體常數，而 $A_0$，$B_0$，$a$，$b$ 及 $c$ 等均爲，各氣體之特性常數。上面的二種型式之狀態式 (2-81) 與 (2-82)，其中的式 (2-81) 較準確。

畢替-布里居曼的狀態式，可準確適用於甚廣的溫度及壓力的範圍。於壓力 100 bar 及溫度低於 $-50°\mathrm{C}$ 時，由此狀態式計算之氣體的體積及壓力，與實驗值甚爲接近，而其值相差在 0.3% 以內。若允許稍微較低的準確度時，則此狀態式可適用至甚高的壓力範圍。

## 2-11　對應狀態的原理 (The Principle of Corresponding States)

各種物質於臨界狀態時，其氣態與液態的二相之各種性質均各趨於相同，同時由實驗獲知，各種物質各於其壓力與其臨界壓力的比，$P/P_c$，及溫度與其臨界溫度的比 $T/T_c$，均各分別相同之**等分率** (equal fraction) 的對應狀態下，各種物質之性質及行爲均各相似。例如，各種物質之沸點 $T_{B.P.}$ 及臨界溫度 $T_c$，雖然均各有甚大的差異，但各種物質之 $T_{B.P.}/T_c$ 的比值均各接近定值 0.62，而各種物質於臨界狀態下之壓縮因子，$P_c \overline{V}_c / RT_c$，亦各接近於定值 0.27。因此，由於這些事實而產生對應狀態的原理。

氣體於某狀態下之性質與其臨界狀態之性質的比，稱爲**對比性質**或**回歸性質** (reduced properties)。例如，對比壓力等於壓力與臨界壓力的比 $P_r = P/P_c$，對比容積等於容積與臨界容積的比，$\overline{V}_r = \overline{V}/\overline{V}_c$，及對比溫度等於溫度與臨界溫度的比，$T_r = T/T_c$。凡德瓦於 1881 年指出，如果氣體之性質以這些**對比的變數** (reduced variables) $P_r$, $\overline{V}_r$ 及 $T_r$，表示時，依據對應狀態的原理，各種氣體之行爲均可用同一之對比狀態的狀態式描述，即 $P_r$ 可用 $T_r$ 與 $V_r$ 的函數式表示爲 $P_r = f(T_r, \overline{V}_r)$。

將於 2-7 節所述之凡得瓦的常數，$a = 3P_c\overline{V}_c^2$，$b = \overline{V}_c / 3$，及氣體常數，$R = 8P_c\overline{V}_c / 3T_c$，代入式 (2-41b)，可得

$$P = \frac{8P_c\overline{V}_c T}{3T_c\left(\overline{V} - \dfrac{\overline{V}_c}{3}\right)} - \frac{3P_c\overline{V}_c^2}{\overline{V}^2} \tag{2-86}$$

上式的兩邊分別各除以 $P_c$，可得

$$\frac{P}{P_c} = \frac{8(T/T_c)}{3(\overline{V}/\overline{V}_c) - 1} - \frac{3}{(\overline{V}/\overline{V}_c)^2} \tag{2-87}$$

上式中僅含**狀態之對比的變數** (reduced variables of states)，$P/P_c$, $\overline{V}/\overline{V}_c$ 及 $T/T_c$，而可寫成

$$P_r = \frac{8T_r}{3\overline{V}_r - 1} - \frac{3}{\overline{V}_r^2} \tag{2-88}$$

於上式 (2-88) 中沒有含氣體之個別的特性常數，由此，上式可適用於各種氣體，而稱為**對比的狀態式**或**回歸的狀態式** (reduced equation of states)。依此**對應 (或相當)狀態的原理** (principle of corresponding states)，各種氣體於相同的 $T_r$ 及 $\overline{V}_r$ 值之對應的狀態時，均有相同之對應的 $P_r$ 值。

依據對應狀態的原理，各種氣體於相同的 $P_r$, $\overline{V}_r$ 及 $T_r$ 值之狀態時，其各種氣體的壓縮因子 $Z$ 必相同。因此，Hougen, Watson 及 Ragatz 等依據此原理，製作如圖 2-12 所示之**一般化的壓縮因子圖** (generalized compressibility factor chart)，此圖係壓縮因子 $Z$ 以 $T_r$ 為參數，對 $P_r$ 作圖。此圖於缺乏高壓下的 $P$-$X$-$T$ 之實驗數據的情況，對於氣體的 $P - V - T$ 數據之計算很有用。

依據對應狀態的原理，各種氣體於臨界狀態之其壓縮因子均相同，凡得瓦氣體於臨界狀態下之壓縮因子為，$\dfrac{P_c\overline{V}_c}{RT_c} = 3/8 = 0.375$。實際上，如 $A$, $N_2$, $O_2$, $CH_4$ 等簡單的非極性分子之各氣體的壓縮因子，於其各臨界狀態時均約等於 0.29，而如 $C_2H_6$, $C_3H_6$ 等烴類化合物之壓縮因子值略低，約為 0.27。極性的分子如 $H_2O$, $NH_3$, $CH_3OH$ 等之性質及行為，對於理想氣體均顯示較大的偏差。

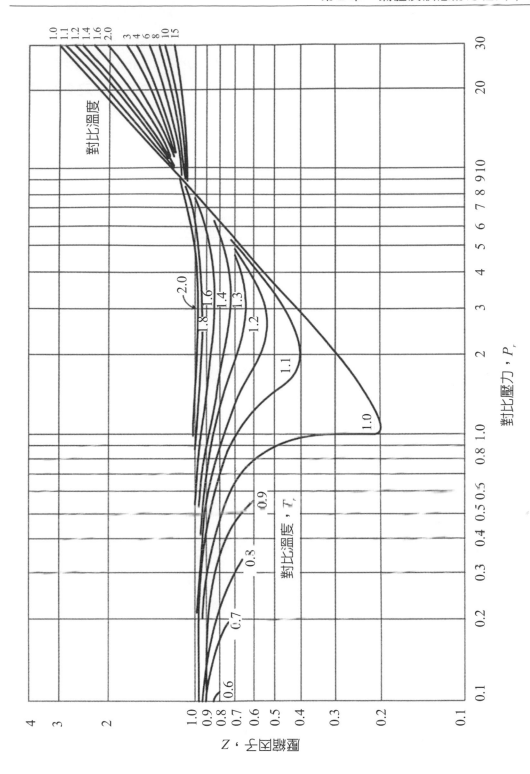

圖 2-12　一般化的壓縮因子圖

**例 2-13** 已知氧氣之臨界溫度 $T_c = 154.4\text{ K}$ ，及臨界壓力 $P_c = 49.7\text{ atm}$。試使用一般化的壓縮因子圖 2-12，估算氧氣於 $-88°C$ 及 44.7 大氣壓下之莫耳體積

**解** $T_r = \dfrac{T}{T_c} = \dfrac{273 - 88}{154.4} = 1.2$

$P_r = \dfrac{P}{P_c} = \dfrac{44.7}{49.7} = 0.9$

由圖 2-12 得 $Z = 0.8$

$\therefore \bar{V} = \dfrac{ZRT}{P} = \dfrac{(0.8)(0.082\text{ atm L mol}^{-1}\text{K}^{-1})(185.15\text{ K})}{44.7\text{ atm}} = 0.272\text{ L mol}^{-1}$ ◀

習 題

1. 試簡述理想氣體與真實氣體之性質，及真實氣體於何種情況下可視為理想氣體

2. 某定量的理想氣體於壓力 740 mmHg 下之體積為 500 mL。試求此氣體於相同的溫度，而壓力為 760 mmHg 下之體積

   **答** 487 mL

3. 某定量的理想氣體於 78°C 之體積為 9 L，試求於溫度 0°C 及相同的壓力下之體積

   **答** 7 L

4. 某化合物的蒸氣於 100°C 及 740 mmHg 下，其容積 300 mL 之質量為 0.704 克。假設此化合物的蒸氣之行為遵照理想氣體的定律，試求此蒸氣於標準狀況下之體積，及此化合物之分子量

   **答** 213 mL，74

5. 試求理想氣體於溫度 27°C 及壓力 740 mmHg 下，於容積 100 L 的容器內所含之氣體分子數

   **答** $2.37 \times 10^4$

6. 於一定的溫度下，於容積 300 mL 的容器內，裝填壓力 250 mmHg 之 180 mL 的氮氣，400 mmHg 之 50 mL 的氧氣，及 700 mmHg 之 85 mL 的氫氣。試求容器內的各成分氣體之分壓及混合氣體之總壓力

   **答** 450 / 3，200 / 3，595 / 3，415 mmHg

7. 某氣體於 10°C 及 730 mmHg 下，其容積 200 mL 質量爲 0.7 克，假設此氣體的行爲遵照理想氣體的定律，試求此氣體於標準狀況下之密度及其分子量

   答　3.77 g／L , 84.4

8. 某氣體於 20°C 及 755 mmHg 下，容積 0.5 L 之質量爲 0.58 克。假設此氣體的行爲遵照理想氣體的定律，並已知此氣體之組成爲氫 14.3% 及碳 85.7%，試求其分子式

   答　$C_2H_4$

9. 甲烷於 0°C 及各壓力下之密度的數據如下：

   | $P(atm)$： | 1 | 3／4 | 1／2 | 1／4 |
   | --- | --- | --- | --- | --- |
   | $\rho(g／L)$： | 0.7170 | 0.53745 | 0.35808 | 0.1789 |

   試由極限密度法，求其精確的分子量

   答　16.03 g／mole

10. 流體之體積爲溫度 $T$ 與壓力 $P$ 的函數。假定其熱膨脹係數 $\alpha$ 及壓縮係數 $\kappa$ 均爲一定的常數，試由 $\alpha$ 及 $\kappa$ 之定義導出，其溫度及壓力自 $T_1$ 及 $P_1$ 變至 $T_2$ 及 $P_2$ 時，其體積由 $V_1$ 變至 $V_2$ 的關係式

    答　$\ln\dfrac{V_2}{V_1} = \alpha(T_2 - T_1) - \kappa(P_2 - P_1)$

11. 苯之熱膨脹係數，$\alpha = 1.24 \times 10^{-3}\,°C^{-1}$。試由上題的結果計算，(a)苯於 1 bar 的定壓下，自 20°C 加熱至 50°C 時之其體積變化的百分率，及(b)理想氣體於 1 bar 的定壓下，自 20°C 加熱至 50°C 時之其體積變化的百分率

    答　(a) 3.8%，(b) 10.2%

12. 苯之壓縮係數，$\kappa = 9.30 \times 10^{-5}\,bar^{-1}$。試由第 10 題的結果計算，(a)苯於定溫下自 1 bar 壓縮至 11 bar 時之其體積變化的百分率，及(b)理想氣體於定溫下自 1 bar 壓縮至 11 bar 時之其體積變化的百分率

    答　(a) −0.1%，(b) −91%

13. 苯之熱膨脹係數 $\alpha$ 及壓縮係數 $\kappa$ 值各爲 $1.24 \times 10^{-3}\,°C^{-1}$ 及 $9.30 \times 10^{-5}\,bar^{-1}$，試求，苯於一定的容積之容器內，溫度自 20°C 加熱至 25°C 時之其壓力的變化

    答　66.7 bar

14. 已知 $CO_2$ 於 0°C 及 100 bar 下之壓縮因子，$Z = 0.2007$。試由 (a) 理想氣體的定律，及 (b) 壓縮因子分別計算 0.1 莫耳的 $CO_2$ 於 0°C 及 100 bar 的狀態下之體積

    答　(a) $2.24 \times 10^{-2}\,L$，(b) $4.50 \times 10^{-3}\,L$

15. 四氯化碳之臨界溫度為 283.1°C，而其液體及飽和蒸氣於各溫度下之密度如下

| $t°C$ : | 100 | 200 | 270 | 280 |
|---|---|---|---|---|
| $\rho_l(g/mL)$ : | 1.4343 | 1.1888 | 0.8666 | 0.7634 |
| $\rho_V(g/mL)$ : | 0.0103 | 0.0742 | 0.2710 | 0.3597 |

試求四氯化碳之臨界密度，及其臨界莫耳體積

答 0.5560 g/mL，276.5 mL/mole

16. 氣體之波以耳溫度可於其壓力趨近於零時，由其，$[\partial(PV)/\partial P]_T = 0$，的關係求得之。試由凡得瓦的狀態式導出，凡得瓦氣體之波以耳溫度 $T_B = a/Rb$

17. 試由凡得瓦的狀態式

$$\left(P + \frac{a}{\overline{V}^2}\right)(\overline{V} - b) = RT$$

導出，凡得瓦常數 $a$，$b$，與臨界常數的關係式

答 $a = \dfrac{9RT_c^2 \overline{V}_c}{8}$，$b = \dfrac{\overline{V}_c}{3}$，$R = \dfrac{8P_c \overline{V}_c}{3T_c}$

18. 試由凡得瓦的狀態式，導出對比的狀態式為

$$P_r = \frac{8T_r}{3\overline{V}_r - 1} - \frac{3}{\overline{V}_r^2}$$

19. 熱膨脹係數 $\alpha$ 及壓縮係數 $\kappa$ 之定義分別為

$$\alpha = \frac{1}{V}\left(\frac{\partial V}{\partial T}\right)_P \quad 及 \quad \kappa = \frac{-1}{V}\left(\frac{\partial V}{\partial P}\right)_T$$

試求理想氣體之 $\alpha$ 及 $\kappa$ 值

答 $\alpha = 1/T$，$\kappa = 1/P$

# 第三章

# 熱力學第一定律

　　熱力學為研討各種系統之狀態的變化，及各種能量的轉變間之關係的科學，其應用的範圍非常廣泛。溫度、熱量、功與內能等之定量的概念，對於化學現象的瞭解甚為重要。於本章首先介紹並定義各種熱力系統及有關的名詞，熱、功、內能、焓及可逆過程等，以作為敘述熱力學之各種觀念的基礎，其次討論熱力學的第一定律及其應用。熱力學第一定律為能量不滅的定律，依據熱力學第一定律可得知，系統於各種過程之內能與焓的變化，及化學反應中所產生之熱量的變化，此為第一定律於化學方面的重要應用之一。內能與焓為系之狀態的函數，由物質之熱含量可計算，其內能的變化與焓的變化。若反應物與生成物之熱容量均已知，則由於某溫度之反應熱，可計算另一溫度之反應熱。於本章亦討論氣體之可逆絕熱膨脹，焦耳–湯木生效應，熱化學，溶液反應之焓值的變化，生成焓，及溫度對於反應之焓值變化的影響。

## 3-1　系統與外界 (Systems and Surrounding)

　　於分析或討論熱力性質之宇宙中的部分，稱為**熱力的系統** (thermodynamic system)，或簡稱系統或系(system)。系統之大小可由研究者依所討論之對象與需要自由決定，系統可能為宇宙內的一定量物質，或某一固定的區域。系統以外之其餘的部分，稱為**外界**或**周圍** (surroundings)。系統與外界通常藉適當的邊界或**界面** (boundary) 區分，而界面可能實際存在，亦可能只是一種假想的界面。系統與外界常用一封閉的線或界面區分，以明確表示其系統的範圍，即封閉的線或界面內的部分為系統，而其外的部分為外界，如圖 3-1 所示。

　　系統與其外界之間沒有**質量傳遞** (mass transfer) 的系，稱為**密閉系** (closed system)，如圖 3-2 所示之圓筒汽缸內的氣體為密閉系而與其外界之間可有功及熱量的傳遞或交換。

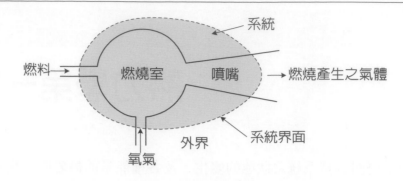

圖 3-1　系統與其外界：虛線內的部分為系統，其外面的部分為外界

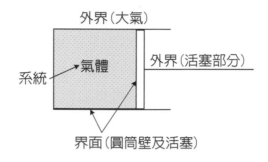

圖 3-2　密閉系：氣缸內之一定量的氣體

系統與其外界之間，有物質的進出及能量的傳遞或交換之系，稱為**開放系** (open system)。如圖 3-3 所示的圓管或**渦輪機** (turbine) 均為開放系，即流體可經由界面流入及流出圓管或渦輪機，同時亦可有熱量的流入或流出。系統與其外界之間，無物質的進出及無能量的傳遞或交換者，稱為**孤立的系** (isolated system)。圖 3-2 所示之密閉於**圓筒** (cylinder) 與**活塞** (piston) 內的定量氣體為密閉系，雖然由於氣體之壓縮或膨脹的過程，其界面 (活塞部分) 會移動，但密閉於氣缸內的氣體之質量沒有改變。如圖 3-4 所示者為，二不同溫度的物體 $A$ 及 $B$ 均與外界完全絕緣，而構成孤立的系 $(A+B)$，此孤立系 $(A+B)$ 與外界之間，無質量的進出及能量的傳遞。

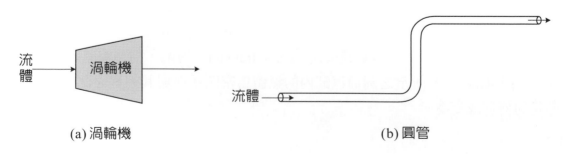

(a) 渦輪機　　　　　　　　　　　　　　　　　(b) 圓管

圖 3-3　開放系：(a) 渦輪機；(b) 圓管

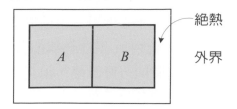

圖 3-4　孤立系統：二不同溫度之物體 *A* 及 *B* 與外
界完全絕緣，其中的(*A*+*B*) 為孤立的系

## 3-2　系統之特性 (Characterization of the System)

　　系統之狀態(state)，可藉該系之一組如壓力、溫度及密度等**性質** (properties)
之物理量描述。系統之狀態改變時，其狀態的性質亦隨之改變，當系統之狀態
恢復至其原來的狀態時，其各性質亦均恢復至其原來的性質。若系統之性質僅
隨其狀態而改變，則該性質為**狀態的函數** (state function)，例如一定量的流體之
溫度、壓力及體積等，均為系統之狀態的函數。系統之狀態發生變化時，其狀
態的函數之改變量均與其狀態變化所經由的**路徑** (path) 無關，而僅與系統之初
態及終態有關，此種觀念於熱力學非常重要。系統之狀態改變時，其改變量與改
變所經由的路徑有關者，該改變量為**路徑函數** (path function)，如熱量及功等均為
路徑函數。由此，系統之性質如壓力、溫度及體積等，均為系統之**狀態性質**
(state properties)。

　　於系統內之任何位置，其化學組成及物理性質均各相同之均勻的部分，稱
為「**相** (phase)」，系統內可能有單一的相，或一以上的相，「相」通常有明顯
的界面，以與系統內之其他的部分（ 相 ）區分。例如，氣體、混合氣體、液
體、溶液、固體、及**固熔液** (solid solution) 等，通常均為單一相，而稱此種系
為**均勻系** (homogeneous systems)。於 0°C 的冰與水之化學組成相同，但其密度
及物理性質各不相同，且其二者之間有明顯的界面， 0°C 的冰與水為不相同的
二相平衡共存。此種二以上的相平衡共存之系，稱為**非均勻系** (heterogeneous
systems)，如油與水為，互不相溶解的二液相共存之非均勻系。

　　系統之狀態及性質，可從**微觀** (microscopic) 或**巨觀** (macroscopic) 的觀察
描述。微觀乃觀察考量構成系統的原子或分子之個別的質量、位置、運動速度
及其相互的作用等；而採用統計力學的方法處理，以求得系統之巨觀性質。巨
觀乃量測系統所顯示的外觀性質，如溫度、壓力或密度等，以描述系統與外界
的相互作用。例如，對於充填氣體的容器，於微觀上，此系統含許多分子，而
各分子於容器內均不停地運動；這些各分子之構造雖然均相同，但由於各不停地
運動，由此，各分子於容器內之位置與運動的速度，均各隨時間而改變。此時若

僅注意其中的某些分子，則這些分子之性質一直隨時間而改變，且無法達至**平衡** (equilibrium)，然而，考慮系統內所含之全部的分子時，雖然各分子之位置、運動的速度及方向，均各隨時間一直改變，但這些改變之效應，由其他各分子的運動所抵消。此時系統內的各分子雖然各不停地運動，且各分子個別之速度各不相同；但對於整個系統而言，各分子的狀態之分布，及其平均的速度均為一定，此時容器內的氣體可視為處於平衡的狀態，而此種平衡稱為**動態平衡** (dynamic equilibrium)。

## 3-3 程序或過程 (Process)

系統之性質，通常隨其狀態的改變而變化，產生系統的狀態之變化的方式，稱為程序或**過程** (process)。程序為系統由其初狀態經由一連串的狀態變化，至其終狀態所經歷的路徑。

程序可依系統於過程的狀態變化中，其某一性質保持一定而分為：**等溫** (isothermal)、**等壓** (isobaric)、**等容** (isochoric or isometric)、**等熵** (isentropic)、**等焓** (isenthalpic) 等各種過程，亦可依過程之可逆性分為，**可逆** (reversible) 與**不可逆** (irreversible) 的過程。於過程中系統與外界之間無熱量的傳遞之過程，稱為**絕熱或斷熱** (adiabatic) 的過程。系統經一連串的步驟，而最後仍回至其初狀態的過程，稱為**循環** (cyclic) 的過程。於密閉系內的某固定位置發生的過程為，**非流動** (non-flow) 的過程，而於開放系內的某固定位置發生的過程為，**流動** (flow) 的過程。流動的過程中之任一定點的狀態性質，均各不隨時間改變而保持一定者，稱為**穩定流** (steady flow) 的過程；而流動過程中的任一點之狀態性質，隨時間而改變者，稱為**不穩定流** (unsteady flow) 的過程。

氣體流經渦輪機時，氣體由於膨脹所作的功之熱力分析，可選擇一定量的氣體（密閉系）或渦輪機（開放系）為系統。雖然於熱力的分析中，可任意選擇系統，但於系統之選擇的同時，亦須考慮其過程，以使熱力分析之結果具有意義。例如，二不同溫度的金屬塊接觸時，其二者之最後溫度必趨於相等，而於其過程中，熱量自高溫的金屬塊傳遞至較低溫的金屬塊。如圖 3-4 所示，若選二金屬塊為孤立系，則熱量經由系統內之二金屬塊的接觸界面，自較高溫的金屬塊傳遞至較低溫的金屬塊，而系統與外界之間，無能量的淨變化。若欲求此二金屬塊間之熱量的傳遞時，則不宜選擇上述的孤立系，而須選擇溫度較高的金屬塊為系統，以便計算由系統傳遞至溫度較低的另一金屬塊（外界）之熱量。總之，適宜的系統之選擇非常重要，而其選擇時，須考慮使其分析方便簡易，而具有意義。

## 3-4 內 能 (Internal Energy)

　　熱量及功等的量，與系統之內能(internal energg)有密切的關係，而物質或系統之內能 U，等於該物質或系內之分子、原子及較原子小的粒子如原子核、電子等，各粒子所具有的動能與位能的總和。內能包括分子、原子及較原子小的粒子等之移動、轉動與振動的動能，及這些分子、原子與較原子小的粒子等之相互間的位能。然而，內能不包括，物質或系統整體於空間的移動之動能及其位置的位能，但包含如表面能等之能量。

　　氣體的分子可任意運動，而其各分子由於本身的質量與移動的速度，而各具有其移動的動能。液體的分子由於各受周圍分子的影響，其移動均各受到某些限制，雖然液體的分子之運動不如氣體分子自由，但仍能任意移動，因此，液體的分子之移動能，雖均比氣體的分子者小，但仍不能忽略。固體中的原子、分子或離子，通常均被限定於固定的**格子結構** (lattice structure)，而不能移動，由此，無移動的動能。

　　**啞鈴** (dumb bell) 形的二氧化碳分子之轉動，如圖 3-5 所示，此分子沿通過其**質量中心** (center of mass) 的軸轉動，因此，二氧化碳的分子除其移動的動能之外，尚具有轉動的動能，而此項轉動的動能，由於與其鄰近之分子間的交換或分子的碰撞，可轉變爲移動的動能。液體及固體的分子之運動，因各受到其鄰近的其他分子的相互作用之限制，於較低的溫度時，通常不會顯現其轉動的動能。

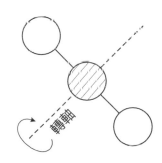

圖 3-5　二氧化碳的分子之轉動

　　二氧化碳的分子，除沿其質量中心的軸轉動外，其分子內的原子各於其平衡的位置往復振動，而具有振動的動能。其分子的碳原子與氧原子間之強大的鍵力作用，如以彈簧連繫碳原子與氧原子；而當二氧化碳的分子受激勵時 其內的二氧原子對中心的碳原子，作往復的振動，如圖 3-6 所示。

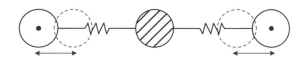

圖 3-6　二氧化碳的分子之振動

氣態的多原子分子之振動與轉動的動能較爲顯著，而固態的物質內之原子或分子通常均固定於所形成的晶格結構，因此，固體內的原子或分子，一般均無移動的動能，而其轉動的動能亦不顯著，但固體內的原子或分子之振動的動能，通常甚爲顯著重要。

分子或原子互相接近時，其分子間或原子間的相互作用非常重要，且於其間的距離甚小時，會產生**排斥的力** (repulsive force)，而其間的距離稍大時，產生**吸引的力** (attractive force)，且此吸引力與物質之狀態有密切的關係。若物質的分子具有足夠大的移動之動能，以克服其分子間的吸引力時，該物質會保持氣體的狀態，而分子之移動的動能減少，至不足以克服其分子間吸引力時，該物質會由氣體轉變爲液體。液態物質的分子之運動雖不如氣體的分子自由，但仍可移動。

原子內的電子通常均圍繞原子核之一定的軌道運動，而具有一定的能量；且電子及原子核亦沿其自身的軸**旋轉** (spin) ，而具有動能。原子核與電子間之吸引力，一般均遠大於分子間之吸引力。原子於較低的溫度之基底狀態時，其內之電子通常於其較**內層的軌道** (inner orbit) ，並圍繞原子核運動，而於較高的溫度時，電子會移至能量較高的較**外層軌道** (outer orbit) ，而成爲**激勵態** (excited state)。電子自較高的**能階** (energy level) 轉移至較安定之較低的能階時，會釋放一定量的能量，此種能量亦爲其內能之一部分。

於熱力學所關心者，並非某系統之內能的絕對值 $U$ ，而是系統之二狀態間的內能之變化量 $\Delta U$ 。物質或系統之內能，與其狀態如溫度、壓力、體積及結晶形態等有關。於絕熱的過程中對系作功時，系之內能的變化量等於所作之功。一密閉的系於無作功的過程中所吸收之熱量，等於其內能之增加量。系之內能爲與其狀態有關，而與其過程的路徑無關的熱力量，因此，系由某狀態經一過程至另一狀態時，不管其過程經歷如何的步驟或路程，及其過程是可逆或不可逆，其內能的變化量 $\Delta U$ ，僅與系之初狀態及終狀態有關，因此，系之初狀態與終狀態固定時，其間之內能的變化量爲一定。

## 3-5 功 (Work)

熱量與功爲兩種不同形態的**能量** (energy)，而於熱力學中均甚爲重要。於力學中，功 $w$ 於**力** (force) $F$ 與**位移** (displacement) $L$ 的乘積，可表示爲

$$w = F \cdot L \tag{3-1a}$$

功之較嚴謹的定義為，**力向量** (force vector) 與**位移向量** (displacement vector) 的**矢量積** (scalar product)。設力的向量與位移的向量間之夾角為 $\theta$，則功可表示為

$$w = F\,L\cos\theta \tag{3-1b}$$

功有許多種的形式，如電功、機械功……等，其中於熱力學特別重要的形式之功為，壓力–體積的變化所作或所需之功，此種功稱為**壓力–容積功** (pressure–volume work)。功一般可用**強度因子** (intensity factor) 與**容量因子** (capacity factor) 的乘積表示，各種類型的功如表 3-1 所示。

表 3-1　各種功之強度因子與容量因子

| 功之類型 | 強度因子 | 容量因子 | 功 |
|---|---|---|---|
| 機械功 (J) | 力 $F$ (N) | 位移 $L$ (m) | $F\,dL$ |
| 容積膨脹的功 (J) | 壓力 $P$ (N·m$^{-2}$) | 容積 $V$ (m$^3$) | $-P\,dV$ |
| 表面積增加的功 (J) | 表面張力 $\gamma$ (N·m$^{-1}$) | 面積 $A_s$ (m$^2$) | $\gamma\,dA_s$ |
| 電功 (J) | 電位差 $\phi$ (V) | 電荷量 $Q$ (C = A·s) | $\phi\,dQ$ |
| 重力場之引力的功 (J) | 重力位 $g\,h$ (m$^2$s$^{-2}$) | 質量 m (kg) | $mgh$ |
| | （＝重力加速度×高度） | | |

氣缸內的氣體於膨脹時，對外界所作的功如圖 3-7 所示，假設圓筒的氣缸之截面積為 $A$，而其活塞為無重量且與氣缸之間無摩擦力。於平衡時外界作用於活塞之壓力 $P$，與氣缸內氣體作用於活塞之壓力相等。由此，氣缸內的氣體之壓力，由於加熱之溫度增加，或由於外界作用於活塞的壓力之減低，均可使活塞對抗外界所作用的壓力，$P\,(= F/A)$，向外移動。設活塞向外移動之距離為 $dL$，則氣缸內的氣體由於膨脹所增加的體積為 $dV = A\,dL$，而氣體的膨脹對外界所作之功 $dw$，可表示為

$$dw = F \cdot dL = PA \cdot dL = P \cdot dV \tag{3-2}$$

上述的膨脹過程，通常會持續至氣缸內之氣體的壓力，等於外界作用於活塞的壓力。

如圖 3-7 所示，設活塞的位置自 $L_1$ 移至 $L_2$ 時，氣缸內的氣體之壓力自 $P_1$ 減至 $P_2$，而氣體的體積自 $V_1$ 膨脹至 $V_2$。因外界對活塞之作用力為 $F = PA$，故氣體的膨脹所作的總功 $w$，可表示為

$$w = \int_{L_1}^{L_2} F \cdot dL = \int_{L_1}^{L_2} PA \cdot dL = \int_{V_1}^{V_2} PdV \tag{3-3}$$

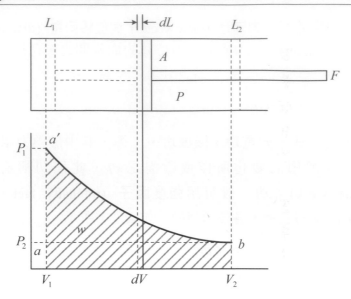

圖 3-7　氣缸內的氣體對抗外界的壓力膨脹時，對外界所作之功

若外界作用於活塞之壓力 $P$，隨時維持與氣缸內的氣體之壓力相等，並隨氣體的體積 $V$ 之膨脹的增加而變化，則由於氣缸內之氣體的膨脹，而對外界所作之功，相當於 $PV$ 曲線的下面之斜線部分的面積，如圖 3-7 所示。若外界作用於活塞之壓力維持一定，即 $P = P_2$，則氣缸內的氣體膨脹所作之功，相當於圖 3-7 中之長方形 $V_1 ab V_2$ 的面積，而可表示為

$$w = \int_{V_1}^{V_2} PdV = P_2 \int_{V_1}^{V_2} dV = P_2(V_2 - V_1) \tag{3-4}$$

由此可知，氣缸內的氣體之膨脹所作的功，不是狀態的函數，而其大小與膨脹過程的路徑有關，為**路徑的函數** (path function)。

　　於重力場中將質量 $m$ 之物體提升高度 $h$，所需的功等於 $mgh$，其中的 $g$ 為重力加速度。例如，於重力場中，將於地面之 1 kg 的物體，提升離地面 10 cm 的高度時所需的功為

$$\begin{aligned} w = mgh &= (1\text{kg})(9.807\text{ms}^{-2})(0.1\text{m}) = 0.9807\text{J} \\ &= (1000\text{g})(980.7\text{cms}^{-2})(10\text{cm}) = 0.9807 \times 10^7 \text{ergs} \end{aligned}$$

　　功為一代數量，而須訂定其符號。通常約定外界對系所作的功為正，而系對外界所作的功為負。例如，壓縮氣體所作的功為正，而氣體的膨脹所作的功為負，由此，上述的式 (3-2) 至 (3-4) 之右邊，均各須加負號。

## 3-6　焦耳的實驗 (Joule's Experiment)

　　**焦耳** (James Joule) 出實驗的結果提示，**卡計** (calorimeter) 內之一定量的水，於絕熱的條件下上升一定的溫度所需之功一定，而與所作的功之種類及方式無關，即不拘實驗的設備及方法，例如，對於絕熱條件下之一定量的水，藉機械的攪拌，或藉浸於水中之電阻線的通電加熱，或藉水中之二物體的摩擦等；均以同量的功可使水溫上升相同的溫度。

　　焦耳由實驗證明，以一定量的熱量或功，均可各使系產生相同的狀態變化，而其各量之間有一定的比值關係。焦耳對於絕熱的容器內之一定量的水，藉機械的攪拌作功使水的溫度上升，而發現使一克質量的水上升溫度 1°C 時，需要 4.184 焦耳的攪拌功，而以加熱的方式代替攪拌時，發現**一卡** (cal) 的熱量可使一克質量的水之溫度上升 1°C。因此，對於一定量的水作功或加熱，均可使水產生相同的狀態變化，而所需的熱量之卡數，與作功所需之焦耳數間的比值關係為，1 卡 = 4.184 焦耳，此稱為**熱量之機械功當量** ( mechanical equivalent of heat)，或簡稱熱功當量。

　　上述實驗之卡計內的水之狀態變化，可循各種不同的途徑(方法)達成，且其狀態的變化與路徑 (供給能量的方法) 無關，而僅視功與熱量的總量而定。因此，系於絕熱過程中之狀態的變化，可用所需之功表示，而不必敘明功之種類，或所經山的步驟之順序。外界對於系作功時，系之內能 $U$ 會增加，因此，於絕熱的過程中，由對系所作的功可計算，系自某狀態至另一狀態之內能的增加量，而可表示為

$$\Delta U = w \quad （ 絕熱過程 ） \tag{3-5}$$

　　換言之，於絕熱的過程中對密閉的系所作的功，等於該系之內能的增加量。上式中的符號 $\Delta$ 表示，系統於終狀態之熱力量減其初狀態之熱力量，如 $\Delta U = U_2 - U_1$，其中的 $U_1$ 及 $U_2$ 分別代表，系統於初狀態及終狀態之內能。系統對於外界所作的功 $w$ 為負的值，因此，系之內能的變化 $\Delta U$ 亦為負的值，即系對於外界作功時，其內能減少。

## 3-7 熱量 (Heat)

　　系統與其外界之間，藉如表 3-1 所示的各種方法以傳遞或交換的能量，均稱爲功，而藉系統與外界的溫度差，所產生之傳遞或轉移的能量，稱爲熱量。功與熱量爲傳遞的"能量"之二種形態，而系統與其外界間有溫差時，會發生熱量的傳遞 (以輻射或傳導爲主)。

　　熱量與功同樣爲代數量，由此，熱量與功同樣亦須約定其符號。熱量 $q$ 爲正值表示，系統自外界吸收熱量；$q$ 爲負的值表示，系統對外界放出熱量。於沒有作功的情況下，系所傳遞的熱量 $q$ 等於系所產生之內能的變化 $\Delta U$，而可表示爲

$$\Delta U = q \quad (\text{無作功})\tag{3-6}$$

換言之，密閉的系統於沒有作功的過程中，系統自外界所吸收之熱量，等於其內能之增加量，或系所放出之熱量，等於其內能之減少量。

　　熱量與功雖均爲能量，然而，系統於經由一循環的過程所作之各種類型的功，均可完全轉變成熱量，而熱量不能完全轉變爲功，即藉適當的機械或設計，亦僅能將熱量之一部分轉變爲功，由此，熱量爲比功較低價值的能量。

## 3-8 熱力學第一定律 (The First Law of Thermodynamics)

　　熱力學的第一定律爲，所熟知之**能量不減**的**定律** (law of conservation of energy)；即能量不能創生亦不能消滅。換言之，任一種形式的能量之消失，必產生等量的其他形式之能量。設一密閉的系統從一熱源吸收熱量 $q$，並對外界作功 $w$ 時，其內能的增加量 $\Delta U$，依據能量不滅定律，"孤立系之總能量一定"，因此，系統自外界所吸收之熱量 $q$，等於系統之內能的增加量 $\Delta U$，與系統對外界所作的功 $-w$ 之和，而可表示爲

$$q = \Delta U - w\tag{3-7}$$

或
$$\Delta U = q + w\tag{3-8}$$

上式 (3-8) 爲密閉系之熱力學第一定律的數學式，即系統自某一狀態至另一狀態之內能的變化量 $\Delta U$，等於系統從外界所吸收之熱量與外界對系統所作之功的和。由熱力學的第一定律，僅能推定內能之變化量，而不能得知內能之絕對值。

　　由內能之定義 (3-4 節) 可得知，理想氣體之內能僅爲溫度的函數，因此，理想氣體於等溫膨脹的過程中無內能的變化，而於膨脹的過程所作之功，

等於從其外界所吸收之熱量,即 $q = -w$。對於內能減少之自然發生的化學變化,其內能之減少量 $\Delta U$ 等於 $q + w$,而為負的值,此時由熱力學的第一定律無法得知,其熱量與功之相對的變化量。

內能為系統之狀態函數,其變化量 $\Delta U$ 僅由系統之初態的內能 $U_1$ 及終態的內能 $U_2$ 而定,且與其變化的方式或步驟無關,而可表示為

$$\Delta U = U_2 - U_1 \tag{3-9}$$

然而,熱量 $q$ 及功 $w$ 均不是狀態的函數,而與其路徑有關,即其量與系統自初態至其終態所經由的路徑或方法有關。對於一定的初態與終態之系統的任何過程,無論其過程所經由的路徑如何,其內能的變化 $\Delta U$ 均為一定,而由式 (3-8) 得,等於 $q$ 與 $w$ 的和。

如圖 3-7 所示,設圓筒氣缸內之氣體為理想氣體,而氣缸內的氣體對活塞作用壓力 $P$ 的情況下,其體積自 $V_1$ 膨脹至 $V_2$ 時,氣體從外界吸收熱量 $q$,而對外界作功 $w$,因此,此時的氣體之內能的變化 $\Delta U$,由式 (3-8) 可表示為

$$\Delta U = U_2 - U_1 = q + w = q - \int_{V_1}^{V_2} P \, dV \tag{3-10}$$

上式 (3-10) 為氣體經膨脹或壓縮的過程時,其 $\Delta U$, $q$, 與 $w$ 間的一般關係式。此式於一些特定的條件下之應用如下:

1. 於如圖 3-7 所示的膨脹過程中,外界對於活塞之作用的壓力 $P$ 為一定時,上式 (3-10) 可寫成:

$$\Delta U = q - P(V_2 - V_1) \tag{3-11}$$

2. 外界對於活塞之作用的壓力 $P$,隨時保持等於氣缸內的氣體之壓力,而隨氣缸內的氣體之體積的改變而變化,即氣缸內的氣體作用於活塞之壓力,隨時維持等於其外壓,而氣體於保持平衡的狀況下緩慢膨脹。若氣缸內的氣體為理想氣體,則由理想氣體定律,$PV = nRT$,而將 $P = nRT / V$ 代入式 (3-10) ,可得

$$\Delta U = q - \int_{V_1}^{V_2} \frac{nRT}{V} dV = q - \int_{V_1}^{V_2} nRT \, d \ln V \tag{3-12}$$

因理想氣體之內能僅為溫度的函數,故於溫度 $T$ 保持一定時,理想氣體之內能為一定,即 $\Delta U = 0$。因此,由上式 (3-12) 可得

$$q = -w = nRT \ln \frac{V_2}{V_1} \tag{3-13}$$

或

$$q = -w = 2.303\, nRT \log \frac{V_2}{V_1} \tag{3-14}$$

即理想氣體於定溫的膨脹時，其對外界所作之功等於自外界所吸收之熱量，而其內能的變化爲零。此時所作之功相當於，圖 3-7 中所示的 $PV$ 曲線之下面 $V_1$ 至 $V_2$ 間所包括的面積 $V_1 a' b V_2$。

3. 氣體向眞空膨脹時，外界對於活塞之作用的壓力等於零，此種膨脹過程稱爲**自由膨脹** (free expansion)，如圖 3-8 所示。因外界之壓力 $P = 0$，故氣體向眞空膨帳時所作的功，由式 (3-3) 得 $w = 0$，因此，由式 (3-8) 得

$$\Delta U = q \tag{3-15}$$

即於自由膨脹時，系統所吸收或放出之熱量，完全轉變成爲其內能之變化。對於孤立系，由於其 $q = 0$，因此，孤立的理想氣體之自由膨脹，不會有內能的變化，$\Delta U = q = 0$，而亦不會有溫度的變化。

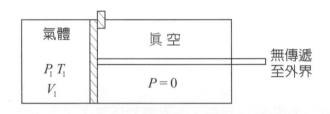

圖 3-8　自由膨脹

於下面討論熱力學第一定律，於**無窮小的過程** (infinitesimal process)之應用。設系從外界吸收無窮小量的熱量 $đq$，而對外界作無窮小量的功 $đw$，此時系之內能的無窮小變化量 $dU$，由熱力學第一定律可表示爲

$$dU = đq + đw \tag{3-16}$$

上式中的 $q$ 與 $w$ 之前均冠以 $đ$ 替代 $d$，表示 $đq$ 與 $đw$ 均爲**不精確的微分** (inexact differentials)。因內能 $U$ 爲系之**狀態的函數** (function of state)，因此，其微分 $dU$ 可以積分，而可表示成 $\Delta U = U_2 - U_1$，即其 $\Delta U$ 值僅由其**初態** (initial state) 1 與**終態** (final state) 2 而定。然而，$đq$ 與 $đw$ 均非系之狀態函數的微分，由此，其積分僅可寫成 $q$ 與 $w$，而不能寫成 $q_2 - q_1$ 與 $w_2 - w_1$，且其大小均與途徑有關。例如，氣體之膨脹向外界作功時，其所作的功可由零至其最大值間之某值，視其過程所經歷的途徑而定。然而，$dU$ 與 $dV$ 均爲**精確微分** (exact differentials)，而其積分值均僅由初態與終態而定，且與所經歷的途徑無關。

　　對於系統經由一連串的步驟，而最後回至其初態的**循環過程** (cyclic process)，因內能爲系之狀態的函數，故於此循環的過程，無內能的變化，而可表示爲

$$\oint dU = 0 \tag{3-17}$$

上式中之符號 $\oint$ 代表，**循環的積分** (cyclic integral)。然而，$đq$ 與 $đw$ 之循環的積分 $q$ 與 $w$，均不一定等於零，而其大小均視過程之途徑而定。於循環的過程，其 $\Delta U = 0$，而由式(3-8)可得，$q = -w$。

## 3-9　可逆過程 (Reversible Process)

　　系於過程中之任意點或時間，改變其獨立變量之無窮小的量時可逆轉其變化之方向的過程，稱爲**可逆過程** (reversible process)。例如圖 3-7 所示，氣缸內的氣體於可逆膨脹的過程中，氣缸內的氣體之壓力，與外界作用於活塞的壓力隨時保持相等平衡，因此，於任意的時間增加作用於活塞之外壓無窮小量時，均可逆轉氣缸內的氣體之膨脹的過程。由此，可逆過程可視爲，由一聯串的連續平衡之步驟所成之理想的過程。氣體之可逆膨脹爲，其壓力與外界作用於該氣體的壓力保持平衡下之一聯串的容積變化，而其每一膨脹的步驟均爲無窮小，且於瞬間內便可達至新的平衡。

　　事實上，可逆過程爲一種假想的理想過程，因可逆過程之推動力接近於零，故欲完成某特定的變化需無窮長的時間，因此，可逆過程只可接近而不可達。由上述可得知，可逆過程實際上不可能實現，而自然界之一切的過程均爲不可逆。例如，機械操作之**自發過程** (spontaneous process) 的變化方向均不可逆，且不能隨意逆轉使其往返，即均爲不可逆的過程。不可逆的過程中通常均有不能忽略的阻力或推動力，且欲完成某一定的過程，通常需要某一定的時間。

　　理論上，由可逆過程可得**最大的功** (maximum work)，因此，於實際設計某種程序時，均須盡量減少其不可逆性，以獲得較大的功。可逆過程爲實際的過程之理想極限的過程，可逆過程雖無法實際實現，但由實際過程之**效率** (efficiency) 與可逆過程之理想的效率值，可求得實際過程之實際值。

　　可逆過程實際上雖然不存在，但其觀念很重要，而可應用於實際的許多過程作爲其過程的極限。實際的過程往往非常複雜，但其熱力量的研討分析常可理想化，而藉可逆過程，以建立其熱力量間之數學的關係式。

　　於茲假想，一附**無摩擦及無重量之活塞** (frictionless and weightless piston) 的圓筒內填充氣體，如圖 3-7 所示。設於恆溫下作用於活塞之外壓與圓筒內的氣

體壓力相等均為 $P$，而於外壓減低無窮小量 $dP$ 時，圓筒內的氣體膨脹無窮小的容積 $dV$，此時圓筒內的氣體之壓力隨膨脹而逐漸降低，迄其壓力與外壓相等時活塞停止移動。繼續減低外壓無窮小量 $dP$ 時，圓筒內的氣體繼續膨脹，並增加微小的容積 $dV$；如此連續降低外壓時，圓筒內的氣體隨之連續作一聯串的膨脹，而圓筒內的氣體於其每一微小的膨脹過程中，對外界所作的功，等於其外壓 $P - dP$ 與微小的容積變化 $dV$ 之乘積的負值。若氣體自初容積 $V_1$ 經上述的微小聯串可逆膨脹至終容積 $V_2$，則氣體對外界所作之總功 $w_{rev}$，可表示為

$$w_{rev} = - \lim_{dP \to 0} \sum (P - dP)dV = - \int_{V_1}^{V_2} PdV \tag{3-18}$$

上式中，氣體之每一微小段的膨脹，均接近於平衡的狀況 (活塞的內與外之壓力，相差無窮小量) 下進行，因此，將容積與壓力的關係代入上式 (3-18) 中之 $P$ 經積分，則可計得可逆膨脹過程之總功。

　　若圓筒內之氣體的體積由 $V_1$ 急速膨脹至 $V_2$ 時，則圓筒內的各位置之氣體的壓力與溫度均各不均勻，而圓筒內的氣體之壓力，與作用於活塞之外界的壓力亦會有一定的差值，即此時的膨脹為不可逆，因此，不能以內壓 (圓筒內氣體之壓力) 替代外壓 (外界的壓力) 而藉上式 (3-18) 計算氣體膨脹所作之總功。

　　理想氣體之可逆恆溫膨脹所作之功，可用上節之式 (3-13) 表示 (參閱 3-11 節)。由可逆過程可獲得，足以逆轉其過程的功，例如，氣體之可逆膨脹的過程時，對外界所作的功，可足以壓縮於終態的氣體回至其初態。

　　於實驗室可實際實行之可逆過程，例如，液體於其平衡蒸氣壓下之可逆氣化，及電池於施加與其電動勢相差無窮小量的反方向之電壓下的可逆放電等。

## 3-10　液體的可逆氣化 (Reversible Vaporization of a Liquid)

　　裝填揮發性液體之附無重量及無摩擦的活塞之圓筒內，置於溫度等於該揮發性液體於一大氣壓的沸點之溫度的恆溫大熱源中，如圖 3-9 所示。此時圓筒內的液體之溫度等於其沸點，而與蒸氣壓等於 1 大氣壓之其蒸氣保持平衡。若將熱源之溫度上升無窮小時，則圓筒內的液體之平衡蒸氣壓增加無窮小，即比 1 大氣壓高無窮小，因此，圓筒內的蒸氣可推動活塞向上移，並對抗大氣壓對外界作功。此時圓筒內之蒸氣的容積，隨液體的繼續蒸發而逐次增加，以維持圓筒內的蒸氣壓等於 1 大氣壓。於此液體的蒸發過程中，圓筒內的液體與其蒸氣隨時保持平衡，而自圓筒周圍的熱源吸收熱量供給圓筒內的液體，以保持液體於一定的溫度 (液體之沸點)下之蒸發。

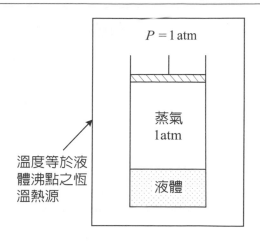

圖 3-9　液體於其沸點之可逆氣化

　　於上述的液體之恆溫恆壓的蒸發過程中，於其任一瞬間減低熱源之溫度無窮小量，或增加作用於圓筒的活塞之外壓無窮小量，皆可使圓筒內的液體之蒸發氣化停止。若作用於圓筒的活塞之外壓，維持稍大於液體之蒸氣壓無窮小量時，圓筒內的平衡蒸氣會產生凝結液化，而逐次放出其液化熱量傳遞給予熱源。

　　設圓筒內之一莫耳的水，於 1 atm 壓力及水之沸點 100°C 下，蒸發成為水蒸氣，由於一莫耳的液態水之容積僅約 0.018 升，因此，於計算水之蒸發過程的容積變化時，水之容積與其平衡蒸氣之容積比較甚小，而可忽略不計。由此，一莫耳的水蒸發時，其所作之功為

$$w = P\Delta\overline{V} \doteqdot -(1\ \text{atm})(22.4\ \text{L mol}^{-1})\frac{373.15\ \text{K}}{273.15\ \text{K}} = -30.6\ \text{L atm mol}^{-1}$$

假設水蒸氣遵照理想氣體的法則，則一莫耳的水蒸發時，其所作的功 $-P\Delta\overline{V}$，亦可用 $-RT$ 表示，即為

$$w = -RT = -(0.08205\ \text{L atm K}^{-1}\text{mol}^{-1})(373.1\ \text{K}) = -30.6\ \text{L atm mol}^{-1}$$

或

$$w = -RT = -(8.314\ \text{J K}^{-1}\text{mol}^{-1})(373.1\ \text{K}) = -3102.2\ \text{J mol}^{-1}$$

　　一莫耳的液體蒸發成為蒸氣 (理想氣體) 時，所作之功僅與其蒸發的溫度有關，而與壓力或容積無關。因於溫度一定時，壓力與容積成反比，即壓力增加一倍時，其容積的變化減半，故其 $P\Delta\overline{V}$ 為定值。

　　液體於其蒸發的過程，需自恆溫的熱源吸取其蒸發熱，而一克的水於 100°C 及一大氣壓下之氣化熱為 2,258.1 J g$^{-1}$，因此，一莫耳的水於其蒸發的過程，所吸收之熱量為

$$q = (18.02\ \text{g mol}^{-1})(2,258.1\ \text{J g}^{-1}) = 40,691\ \text{J mol}^{-1}$$

而一莫耳的水蒸發成為水蒸氣時之其內能的變化，可由式 (3-8) 求得，為

$$\Delta\overline{U} = q + w = 40{,}691 - 3{,}102.2 = 37{,}588.8 \text{ J mol}^{-1}$$

於上面的 $\Delta\overline{U}$ 之上方，附記 "—" ，係表示一莫耳的物質之內能的變化。

## 3-11 理想氣體的可逆等溫膨脹
### (Reversible Isothermal Expansion of an Ideal Gas)

理想氣體於可逆等溫的膨脹過程，所作之最大的功，可由式 (3-13) 計算。由理想氣體之定律，將壓力， $P = nRT/V$ ，代入式 (3-18) 可得

$$w_{\text{rev}} = -\int_{V_1}^{V_2} \frac{nRT}{V} dV \tag{3-19}$$

上式於溫度保持一定下經積分，可得理想氣體之可逆等溫過程的功，為

$$w_{\text{rev}} = -nRT \int_{V_1}^{V_2} \frac{dV}{V} = -nRT \ln\frac{V_2}{V_1} = -2.303 nRT \log\frac{V_2}{V_1} \tag{3-20}$$

於上式中， $\ln x = 2.303 \log x$ ，而積分之**下限** (lower limit) 為初態，**上限** (upper limit) 為終態。於壓縮的過程時，氣體之終態的容積 $V_2$ ，較其初態的容積 $V_1$ 小，而其 $w_{\text{rev}}$ 為正的值，即外界對氣體作功。

理想氣體於等溫時，由於 $P_1 V_1 = P_2 V_2$ ，所以一莫耳的理想氣體之可逆等溫膨脹所作的功，亦可用壓力表示，為

$$w_{\text{rev}} = RT \ln\frac{P_2}{P_1} \tag{3-21}$$

理想氣體於等溫的膨脹時，其內能不會改變，即 $\Delta\overline{U} = 0$ 。因此，由式 (3-7) 可得， $w = -q$ ，所以上式 (3-21) 可寫成

$$q_{\text{rev}} = -RT \ln\frac{P_2}{P_1} = -RT \ln\frac{\overline{V}_1}{\overline{V}_2} \tag{3-22}$$

**例 3-1** 試求，一莫耳的理想氣體於 $0°C$ ，經等溫可逆膨脹至 10 倍的體積時，其所作之最大功

**解** $w_{\text{rev}} = -RT \ln\dfrac{\overline{V}_2}{\overline{V}_1} = -RT \ln 10 = -5229 \text{ J mol}^{-1}$ ◄

## **3-12** 焓(Enthalpy)

　　大部分的物理操作及化學反應常於一定的壓力下進行。某系統於體積保持一定的情況下經由某些狀態變化的過程時，由於其 $dV = 0$，而由式 (3-3) 可得 $w = 0$，即系統無作壓–容功。因此，由熱力學第一定律的式 (3-8) ，可寫成

$$\Delta U = q_v \quad (\text{定容下})  \tag{3-23}$$

上式中的 $q_v$ 為系統於定容下所吸收或放出之熱量。由上式 (3-23) 得知，系統於定容下之內能的增加量，等於系統所吸收之熱量。反之，系統於定容下之內能的減少量，等於系統對其外界所放出的熱量。

　　大部分的過程常於大氣壓力下進行。設系統經由定壓的過程由狀態 1 變至狀態 2，此時由於其所作之壓–容功可表示為，$w = -P(V_2 - V_1)$。因此，其內能的變化由式 (3-10) ，可得

$$\Delta U = U_2 - U_1 = q_P + w = q_P - P(V_2 - V_1)  \tag{3-24a}$$

上式經整理可寫成

$$(U_2 + PV_2) - (U_1 + PV_1) = q_P  \tag{3-24b}$$

上式中的 $q_P$ 為，系統於定壓的過程中所吸收或放出之熱量。因 $U$ 及 $PV$ 均為系統之狀態的函數，故 $U + PV$ 亦為系統之狀態的函數。於此定義新的熱力量 $H$，為

$$H = U + PV  \tag{3-25}$$

上式之熱力量 $H$，稱為**焓** (enthalpy) 或**熱含量** (heat content)。

　　因此，系統自狀態 1 變至狀態 2 時之焓的變化量 $\Delta H$，可寫成

$$\Delta H = H_2 - H_1  \tag{3-26}$$

上式中的 $H_2$ 為系統於終態 2 之焓值，而 $H_1$ 為系統於初態 1 之焓值。將式 (3-25) 代入上式 (3-26) ，可得

$$\begin{aligned}\Delta H = H_2 - H_1 &= (U_2 + P_2V_2) - (U_1 + P_1V_1) \\ &= (U_2 - U_1) + (P_2V_2 - P_1V_1) = \Delta U + \Delta(PV)\end{aligned}  \tag{3-27}$$

上式為，焓的變化量 $\Delta H$ 之一般式。系統之壓力保持一定時，其 $P_1 = P_2 = P$。由此，上式 (3-27) 可寫成

$$\Delta H = \Delta U + P(V_2 - V_1) = \Delta U + P\Delta V  \tag{3-28}$$

或 $\qquad\qquad \Delta H = \Delta U - w = q_P$ $\qquad\qquad$ (3-29)

由上式 (3-29) 得，系統於定壓下之焓的變化量，等於其內能的變化量減所作之壓–容的功。由此，系統之焓的增加量，等於系統於定壓下所吸收之熱量，或系統之焓的減少量等於系統於定壓下所放出之熱量。

理想氣體之內能及焓值，均僅爲溫度的函數，而與壓力及體積均無關。因此，理想氣體之內能及焓值，於等溫的過程中均各保持定值，即 $\Delta U = 0$ 及 $\Delta H = 0$。理想氣體向眞空自由膨脹之絕熱的過程中，因其外界的壓力爲零，即系統對外沒有作功，$w = 0$，而於絕熱的過程，$q = 0$，因此，由熱力學第一定律可得，$\Delta U = q + w = 0$。同理，於絕熱的過程時，系統之焓變化量亦爲零，$\Delta H = 0$。

系統於非絕熱的狀況下向眞空自由膨脹時，因 $q \neq 0$ 而 $w = 0$，故其內能的變化量，$\Delta U = q \neq 0$，即系統於此過程中會有溫度的變化。由此亦可得，$\Delta H \neq 0$，而其焓的變化量 $\Delta H$，可由式 (3-27) 或熱容量及溫度的變化求得。

**例 3-2** 一莫耳的理想氣體於定溫 $200°C$ 下，(a) 自 $1.0\ bar$ 經可逆壓縮至 $10\ bar$，及 (b) 於一定的外壓 $10\ bar$ 下，自 $1.0\ bar$ 壓縮至 $10\ bar$。試求此二過程各所作之功，與其各 $\Delta U$，$\Delta H$，及 $q$ 等值

解 因 $\Delta U$ 及 $\Delta H$ 均爲狀態函數，理想氣體於定溫下之內能及焓值均各保持一定，故於此二過程之其各 $\Delta U$ 及 $\Delta H$ 值均爲零。理想氣體於定溫的壓縮過程中所作之功及 $q$ 均可由熱力學第一定律求得。

(a) 於定溫的可逆壓縮：

$$q_{\text{rev}} = -w_{\text{rev}} = 2.303RT \log \frac{V_2}{V_1} = -2.303RT \log \frac{P_2}{P_1}$$

$$= -2.303 \times 8.314 \times 473 \times \log \frac{10}{1.0} = -9{,}038\ \text{J}$$

(b) 於定溫定壓的壓縮：

$$q = -w = P_2(V_2 - V_1) = P_2 \left( \frac{RT}{P_2} - \frac{RT}{P_1} \right) = P_2 RT \left( \frac{1}{P_2} - \frac{1}{P_1} \right)$$

$$= 10 \times 8.314 \times 473 \times \left( \frac{1}{10} - \frac{1}{1.0} \right) = -35{,}356\text{J}$$ ◀

**例 3-3** 冰於 1 bar 及 0°C 下之熔化熱為 6025 J mol$^{-1}$，冰及水之莫耳體積分別為 0.0196 及 0.018 L mol$^{-1}$。試求一莫耳的冰熔化時之其 $\Delta U$ 及 $\Delta H$ 值

**解** 因定溫定壓，$\Delta H = q_P = 6025\,\text{J mol}^{-1}$

$$\Delta U = \Delta H - P\Delta V = 6{,}025 - 1 \times (0.018 - 0.0196) \times 101.32$$
$$= 6025 + 0.169 \doteqdot 6025.17\,\text{Jmol}^{-1} \qquad \blacktriangleleft$$

**例 3-4** 一莫耳的水蒸氣於 1 bar 及 100°C 下，冷凝成為水時放出熱量 40627 J mol$^{-1}$，水蒸氣及水之莫耳體積各為 29.73 及 0.018 L mol$^{-1}$。試求一莫耳的水蒸氣凝結成為水時之其 $\Delta U$ , $\Delta H$ 及 $w$

**解** 因定溫定壓，$\Delta H = q_p = -40{,}627\,\text{J mol}^{-1}$

$$w = -P\Delta V = -1 \times (0.018 - 29.73) \times 101.32 = 3{,}012\,\text{J mol}^{-1}$$
$$\Delta U = \Delta H - \Delta(PV) = \Delta H - P\Delta V = -40{,}627 + 3{,}012 = -37{,}615\,\text{J mol}^{-1} \qquad \blacktriangleleft$$

# 3-13　熱容量 (Heat Capacity)

　　系統之溫度上升 1°C 所需的熱量，稱為該系統之熱容量。設系統吸收無窮小量的熱量 $đq$ 時，其溫度上升無窮小量 $dT$；或吸收某定量的熱量 $q$ 時，其溫度上升 $\Delta T$，則該系統之熱容量 $C$，可表示為

$$C = \frac{đq}{dT} \quad \text{或} \quad C = \frac{q}{\Delta T} \tag{3-30}$$

　　一定質量之**化學鈍性的系** (chemically inert system) 之內能 $U$，可用溫度、容積及壓力中的任二量之函數表示，而通常以溫度 $T$ 及容積 $V$ 的函數表示較為方便，即 $U = f(T, V)$。系之內能 $U$ 為狀態的函數，而其全微分 $dU$，可表示為

$$dU = \left(\frac{\partial U}{\partial T}\right)_V dT + \left(\frac{\partial U}{\partial V}\right)_T dV \tag{3-31}$$

上式之右邊的第一項為，內能於恆容下對溫度的變化，而第二項為，內能於恆溫下對容積的變化。

　　若系統僅作壓－容的功，即 $đw = -PdV$，則其內能的變化由熱力學第一定律的式 (3-16)，可寫成

$$dU = đq - PdV \tag{3-32}$$

由式 (3-31) 及式 (3-32) 消去其中的 $dU$，可得

$$dq = \left(\frac{\partial U}{\partial T}\right)_V dT + \left[P + \left(\frac{\partial U}{\partial V}\right)_T\right]dV \tag{3-33}$$

若系統之容積保持一定，則 $dV = 0$，而由上式 (3-33) 可寫成

$$dq_V = \left(\frac{\partial U}{\partial T}\right)_V dT \tag{3-34}$$

於一定的容積下，可由實驗測得比值 $dq_V / dT$，此比值稱爲系之定容積的熱容量，或**定容熱容量** (heat capacity at constant volume) $C_V$，而由上式 (3-34) 可表示爲

$$C_V = \frac{dq_V}{dT} = \left(\frac{\partial U}{\partial T}\right)_V \tag{3-35}$$

一莫耳的純物質之定容熱容量，稱爲莫耳定容熱容量 $\overline{C}_V$，其單位爲 $J\,K^{-1}$ $mol^{-1}$，而可表示爲

$$\overline{C}_V = \left(\frac{\partial \overline{U}}{\partial T}\right)_V \tag{3-36}$$

一莫耳的物質於一定的容積下，由溫度 $T_1$ 加熱至 $T_2$ 時之內能的變化，由上式 (3-36) 可表示爲

$$\Delta \overline{U} = \int_{T_1}^{T_2} \overline{C}_V dT \tag{3-37}$$

一定質量之化學鈍性的系之焓值 $H$，通常以溫度及壓力的函數表示較爲方便。由於系之焓值 $H$ 爲狀態的函數，即 $H = f(T, P)$，由此，其全微分 $dH$ 可寫成

$$dH = \left(\frac{\partial H}{\partial T}\right)_P dT + \left(\frac{\partial H}{\partial P}\right)_T dP \tag{3-38}$$

於壓力一定時，$dP = 0$ 及 $dH = dq_P$，因此，由上式 (3-38) 可得

$$dq_P = \left(\frac{\partial H}{\partial T}\right)_P dT \tag{3-39}$$

於一定的壓力下由實驗可測得比值 $dq_P / dT$，此比值稱爲**定壓熱容量** (heat capacity at constant pressure) $C_P$，而由上式 (3-39) 可表示爲

$$C_P = \frac{dq_P}{dT} = \left(\frac{\partial H}{\partial T}\right)_P \tag{3-40}$$

　　物質於一定的壓力下加熱時，由於其容積增的加而作壓–容的功，由此，其定壓熱容量 $C_P$ 大於定容熱容量 $C_V$。由式 (3-33) 於一定的壓力下除以 $dT$，可得

$$\frac{đq_P}{dT} = \left(\frac{\partial U}{\partial T}\right)_V + \left[P + \left(\frac{\partial U}{\partial V}\right)_T\right]\left(\frac{\partial V}{\partial T}\right)_P \tag{3-41}$$

將式 (3-35) 及 (3-39) 代入上式，可得 $C_p$ 與 $C_V$ 的關係爲

$$C_P - C_V = \left[P + \left(\frac{\partial U}{\partial V}\right)_T\right]\left(\frac{\partial V}{\partial T}\right)_P \tag{3-42}$$

上式中的 $(\partial U / \partial V)_T$ 值，可藉下面的 Joule 實驗量得。

　　Joule 將二密閉的容器，用裝有活門的管連接，其中之一容器充填氣體，而另一容器抽成眞空；並將此二密閉的容器一併浸置於裝有攪拌器而與外界絕熱的 **水浴** (bath) 槽中，而當旋開連通二容器的活門時，氣體自其容器急速流入另一抽成眞空的容器內。Joule 由此實驗發現，氣體於產生膨脹之前與後的水浴溫度，均無可覺察的變化，即 $dT = 0$ 及 $đq = 0$。於此實驗中，氣體自其充填的容器向抽成眞空的容器內膨脹時，相當於對抗零的壓力膨脹，即其膨脹之壓–容功爲零，$đw = 0$。因此由熱力學第一定律得，$dU = đq + đw = 0$。由此，式 (3-31) 於恆溫下，可寫成

$$dU = \left(\frac{\partial U}{\partial V}\right)_T dV = 0 \tag{3-43}$$

於上述的實驗過程中，氣體的體積增加，即其 $dV \neq 0$，而由上式 (3-43) 可得

$$\left(\frac{\partial U}{\partial V}\right)_T = 0 \tag{3-44}$$

換言之，氣體於溫度保持一定時，其內能與容積無關均保持一定。上式 (3-44) 僅適用於理想氣體。同理，理想氣體於恆溫下之內能，亦與壓力無關，而可表示爲

$$\left(\frac{\partial U}{\partial P}\right)_T = 0 \tag{3-45}$$

由於理想氣體的分子之間，無任何的相互作用，因此，其內能不受分子間距離的影響。上面的式 (3-44) 與 (3-45)，亦可應用理想氣體的法則，由熱力學第二定律（第 4 章）導得。

對於理想氣體，由式(3-44)得，$(\partial U/\partial V)_T = 0$，及由理想氣體的法則，$PV = nRT$，得，$(\partial V/\partial T)_p = \dfrac{nR}{P}$。將這些關係代入式 (3-42) 可得

$$C_P - C_V = nR \tag{3-46}$$

對於一莫耳的理想氣體，上式可寫成

$$\overline{C}_P - \overline{C}_V = R \tag{3-47}$$

一莫耳的理想氣體於定壓下加熱時，氣體由於膨脹向外界所作的功為，$P\Delta\overline{V} = R\Delta T$。若氣體之溫度上升 1°C，則氣體所作的功等於 $R$，此為一莫耳的理想氣體於定壓下加熱使其溫度上升 1°C 時，較於定容下加熱時多吸收的能量。

　　Joule 於其實驗當時之溫度的量測，並非很靈敏精確，且液浴內的液體之熱容量比實驗氣體之熱容量大許多，因此，Joule 的實驗所得之結論，不一定適用於真實氣體。實際上，真實氣體之 $(\partial U/\partial V)_T$ 值不等於零。

　　許多物質之 $C_P - C_V$ 值，均可由熱力學第二定律，用其熱膨脹係數 $\alpha$ 及壓縮係數 $\kappa$ 表示。

## 3-14　氣體之熱容量 (Heat Capacities of Gases)

　　近 200 種的物質於 25°C 之恆壓莫耳熱容量 $\overline{C}_P$ 值，列於附錄 (二) 之表 A2-1，而一些物質於 298 至 3000 K 之 $\overline{C}_P$ 值，列於表 A2-2。一些氣體之 $\overline{C}_P$ 值與溫度的關係，如圖 3-10 所示，分子愈複雜其莫耳熱容量愈大，而氣體之莫耳熱容量 $\overline{C}_P$ 值一般均隨溫度的上升而增加。

　　氣體之恆壓莫耳熱容量 $\overline{C}_P$ 值，通常可用溫度的函數表示，為

$$\overline{C}_P = \alpha + \beta T + \gamma T^2 + \cdots\cdots \tag{3-48}$$

上式中的 $\alpha$, $\beta$ 及 $\gamma$ 為由實驗求得之各種物質的常數值。一些氣體之其 $\alpha$, $\beta$ 及 $\gamma$ 值，列於表 3-2。一莫耳的物質於一定的壓力下，由溫度 $T_1$ 至 $T_2$ 之焓值的變化 $\Delta\overline{H}$，由式 (3-40) 可表示為

$$\Delta\overline{H} = \overline{H}_2 - \overline{H}_1 = \int_{\overline{H}_1}^{\overline{H}_2} d\overline{H} = \int_{T_1}^{T_2} \overline{C}_P dT \tag{3-49}$$

將式 (3-48) 代入上式，可得

$$\overline{H}_2 - \overline{H}_1 = \alpha(T_2 - T_1) + \frac{\beta}{2}(T_2^2 - T_1^2) + \frac{\gamma}{3}(T_2^3 - T_1^3) + \cdots\cdots \tag{3-50}$$

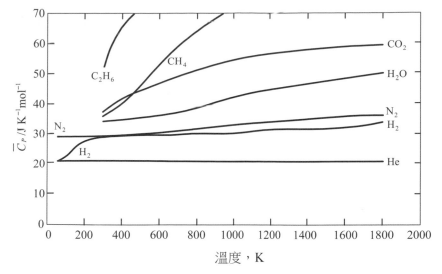

圖 3-10　溫度對於氣體之恆壓莫耳熱容量的影響

註：自 Robert A.Alberty & Robert J. Silbey　"Physical Chemisty"
2nd ed., p.50(1977), John Wiley & Sons, Inc., New York

表 3-2　一些氣體於溫度 300 至 1500 K 之恆壓莫耳熱容量

$$\overline{C}_P = \alpha + \beta T + \gamma T^2$$

| | $\alpha$ | $\beta$ | $\gamma$ |
| | $J\ K^{-1}mol^{-1}$ | $10^{-3}J\ K^{-2}mol^{-1}$ | $10^{-7}J\ K^{-3}mol^{-1}$ |
| --- | --- | --- | --- |
| $H_2(g)$ | 29.066 | −0.836 | 20.113 |
| $O_2(g)$ | 25.503 | 13.612 | 42.553 |
| $Cl_2(g)$ | 31.696 | 10.144 | −40.375 |
| $N_2(g)$ | 26.984 | 5.910 | −3.376 |
| $HCl(g)$ | 28.166 | 1.809 | 15.465 |
| $H_2O(g)$ | 30.206 | 9.936 | 11.14 |
| $CO_2(g)$ | 26.648 | 42.262 | −142.4 |
| $CH_4(g)$ | 14.143 | 75.495 | −179.64 |
| $C_2H_6(g)$ | 9.404 | 159.836 | −462.28 |

註：自 Robert A.Alberty & Robert J. Silbey　"Physical Chemisty"
2nd ed., p.50(1977), John Wiley & Sons, Inc., New York

　　氣體被加熱時其分子吸收能量，以增加其**內能中之移動的動能** (translational kinetic energy)。若為**多原子的分子** (polyatomic molecule)，則除增加其移動的動能之外，亦增加其**轉動與振動運動** (rotational and vibrational motions) 的動能，且分子或原子中之電子**被激勵** (excited) 至較高的**電子能階** (electronic levels) 時，也會吸收能量。理想氣體的分子之內能，可由其移動、轉動、振動等的動能，及其電子能量之貢獻度正確計算，於此考慮這些運動的動能，對於恆容莫耳熱容量 $\overline{C}_V$ 值的貢獻。

由氣體的動力論（第 12 章）可得，一莫耳的理想氣體之移動的動能等於 $\frac{3}{2}RT$。理想氣體之莫耳內能 $\bar{U}_t$，與壓力及莫耳容積無關，而可表示為

$$\bar{U}_t = \frac{3}{2}RT \tag{3-51}$$

由式 (3-25)，理想氣體之莫耳焓值較其莫耳內能大 $P\bar{V}$（或 $RT$），即

$$\bar{H}_t = \frac{3}{2}RT + RT = \frac{5}{2}RT \tag{3-52}$$

由此，移動能對於理想氣體之熱容量的貢獻，為

$$\bar{C}_V = \left(\frac{\partial \bar{U}}{\partial T}\right)_V = \frac{3}{2}R = 12.472 \text{JK}^{-1}\text{mol}^{-1} \tag{3-53}$$

$$\bar{C}_P = \left(\frac{\partial \bar{H}}{\partial T}\right)_P = \frac{5}{2}R = 20.786 \text{JK}^{-1}\text{mol}^{-1} \tag{3-54}$$

由附錄（二）之表 A2-1 及 A2-2 顯示，單原子的氣體之 $\bar{C}_P$ 值，均約等於定值 20.786　J K$^{-1}$mol$^{-1}$，而與溫度無關。

式 (3-53) 可用**古典的等分配之原理** (classical principle of equipartition) 解釋。分子之移動的運動，可用其於三坐標軸的三分速之獨立運動描述，由於氣體的分子之移動的運動有 3 自由度，而每一自由度對於莫耳恆容熱容量的貢獻為 $R/2$，由此，根據此古典的等分配原理，每一自由度具有相同的能量 $RT/2$。下面說明此原理於轉動與振動等運動之應用。

**二原子** (diatomic) 或**線狀多原子** (linear polyatomic) 的分子，均有二轉動運動的自由度，因此，依據等分配原理，二原子或線狀多原子的分子之轉動的運動，對於其莫耳熱容量的貢獻為 $R$。如表 3-3 所示，$H_2(g)$ 及 $O_2(g)$ 於 298 K 之 $\bar{C}_P$ 的實驗值，與其移動及轉動對於其 $\bar{C}_P$ 的貢獻值之和甚為接近。然而，如圖 3-10 顯示，$H_2$ 及 $N_2$ 等分子於 400 K 以上的溫度之熱容量，均隨溫度的上升而增加。一些二原子的分子於室溫附近的溫度，可視為**剛性的轉動體** (rigid rotors)，而其熱容量於較高的溫度時之增加，係由於其振動的運動隨溫度的升高而增加所致。非線狀的多原子分子有 3 轉動的自由度，而其轉動的運動對於其 $\bar{C}_V$ 值之貢獻為 $\frac{3}{2}R$。

振動的運動之每一振動的自由度，含有動能與位能的兩種形式之能量，所以二原子的分子之振動運動有一振動的自由度，而其對於 $\bar{C}_V$ 值之貢獻為 $R$。如表 3-3 所示，振動的運動對於 $H_2(g)$ 及 $O_2(g)$ 的氣體，於 298 K 之 $\bar{C}_P$ 值雖未顯現其影響，但由其於 3000 K 之 $\bar{C}_P$ 值可得知，於較高的溫度時，均顯現出有明顯的振動之影響。

表 3-3　各種運動對熱容量之貢獻（以 $R$ 為單位）

| 分子 | 移動 | 轉動 | 振動 | $\overline{C}_V / R$ | $\overline{C}_P / R$ | $\overline{C}_P / R$ 實驗值 298 K | 3000 K |
|---|---|---|---|---|---|---|---|
| H | 1.5 | 0 | 0 | 1.5 | 2.5 | 2.500 | 2.500 |
| $H_2$ | 1.5 | 1 | 1 | 3.5 | 4.5 | 3.468 | 4.458 |
| $O_2$ | 1.5 | 1 | 1 | 3.5 | 4.5 | 3.533 | 4.806 |
| $I_2$ | 1.5 | 1 | 1 | 3.5 | 4.5 | 4.435 | 4.702 |
| $CO_2$ | 1.5 | 1 | 4 | 6.5 | 7.5 | 4.466 | 7.484 |
| $H_2O$ | 1.5 | 1.5 | 3 | 6 | 7 | 4.038 | 6.695 |
| $NH_2$ | 1.5 | 1.5 | 6 | 9 | 10 | 4.285 | 9.561 |
| $CH_4$ | 1.5 | 1.5 | 9 | 12 | 13 | 4.286 | 12.195 |

多原子的分子之振動運動較爲複雜，含 N 原子的分子之振動自由度的計算如下：設一分子內含 N 的原子，則其總自由度數等於 $3N$，而其中有移動運動之 3 自由度，因此，轉動與振動的運動之自由度共有 $3N-3$。如前述的二原子分子或線狀的多原子分子，因有 2 轉動的自由度，由此，有 $3N-5$ 的振動自由度，例如，對於如 $CO_2$ 及 $CH \equiv CH$ 等之線狀的分子，各有 4 及 7 的振動自由度。含 N 原子之線狀與非線狀的分子之各種運動的自由度數，總結如下：

| | 移動 | 轉動 | 振動 |
|---|---|---|---|
| 線狀分子 | 3 | 2 | $3N-5$ |
| 非線狀分子 | 3 | 3 | $3N-6$ |

於室溫之熱容量的實測值，通常較由等分配的原理所計算者低，但於甚高的溫度如接近於 3000 K 時，其值均接近於由等分配原理所計算之數值，此顯示振動的自由度於較高的溫度時，才會顯現其對於熱容量的貢獻。

**例 3-5**　試使用附錄表 A2-2 之數據，計算甲烷自溫度 500 K 升至 1000 K 時之其莫耳焓值的變化

解　$\overline{H}^{\circ}_{1000} - \overline{H}^{\circ}_{500} = (\overline{H}^{\circ}_{1000} - \overline{H}^{\circ}_{298}) - (\overline{H}^{\circ}_{500} - \overline{H}^{\circ}_{298}) = (38.179 - 8.200) \text{ kJ mol}^{-1}$

$= 29.979 \text{ kJ mol}^{-1}$　◄

**例 3-6** 假設 He 為理想氣體，試求一莫耳的 He 於定容及定壓下，自溫度 0°C 加熱至100°C 時所需之熱量

解 由式 (3-37) 得

$$\Delta \overline{U} = \overline{C}_V \Delta T = (12.55 \text{ J mol}^{-1} \cdot \text{K}^{-1}) \times (100 \text{ K}) = 12.55 \text{ J mol}^{-1} = q_V$$

同理，由式 (3-40) 可求得 $\Delta \overline{H}$ 值，為

$$\Delta \overline{H} = \overline{C}_P \Delta T = (20.92 \text{ J mol}^{-1} \cdot \text{K}^{-1}) \times (100 \text{ K}) = 2092 \text{ J mol}^{-1} = q_P$$

由此，於定容下加熱時，需供給 12.55 J mol$^{-1}$ 的熱量，而於定壓下加熱時，需供給 2092 J mol$^{-1}$ 的熱量。◀

# 3-15 固體之熱容量 (Heat Capacity of Solids)

Dulong 與 Petit 於 1819 年發現，比鉀重的大多數之固體的元素之原子量，與其於室溫之**恆壓比熱** (specific heat at constan pressure) 的乘積，均等於一定的常數，為26.8 J K$^{-1}$mol$^{-1}$（此值相當於 3$R$)，此稱為 Dulong-Petit 法則。早期常用此法則以推定固體元素之原子量，即由固體之定量分析所得的其**化合當量** (equivalent weight) 之倍數，與其恆壓比熱的乘積，以求得其原子量。

系統於恆壓下加熱時，由於熱膨脹增加其體積而向外界作功，因此，此時需自外界吸收的熱量，比於恆容下加熱時所吸收的熱量多。對於固體的物質，因其由於加熱膨脹所作之功甚小，且接近於零，故固體元素之恆容莫耳熱容量，與恆壓莫耳熱容量大略相等。一般的固體之熱容量，皆隨溫度的降低而減少，此效應可藉量子力學說明。

原子序較低的固體元素，於室溫之熱容量一般均較小，固體元素之熱容量均隨溫度的降低而減少，而於溫度降低接近絕對零度時，逐漸減小趨近於零。固態的結晶原子之恆容熱容量，根據 Debye 的理論，可用 $T/\theta_D$ 的函數式表示為

$$\overline{C}_V = \frac{12}{5} \pi^4 R \left( \frac{T}{\theta_D} \right)^3 \tag{3-55}$$

上式中的 $\theta_D$ 為物質之特性常數，而稱為該物質之 Debye 溫度，其值的大小通常於 $100 \sim 400$ K 之間。例如，鑽石之 $\theta_D$ 值為 1860 K，此值顯示其原子間的作用力甚強，而具有固體的結合之特性，銅與銀之 $\theta_D$ 值較小，分別為 315 K 與 215 K，這些值顯示其質較軟而有延展性。一些固體元素之 $\overline{C}_V$ 值與 $T/\theta_D$ 間的關係，如圖 3-11 所示。

　　由古典力學，固體元素之每原子可視為，具有 3 自由度的**調和振動體**(harmonic oscillator)，而因其調和振動具有動能與位能，即每一振動的自由度貢獻 $RT$ 的能量，因此，每一振動的自由度對於熱容量之貢獻為 $R$。由於各原子於結晶內均有 3 振動的自由度，所以固體元素於高溫下之熱容量 $\overline{C}_V = 3R$。

　　由統計力學計算恆容熱容量時，由 Debye 的理論式 (3-55) 得知，恆容的熱容量與絕對溫度的三次方 $T^3$ 成比例。因此，於無法實際量測熱容量之絕對零度附近的溫度時，其熱容量常使用 Debye 的理論，$\overline{C}_V = \text{const} \cdot T^3$ 的關係，估算於 15 K 以下的溫度之恆容熱容量。

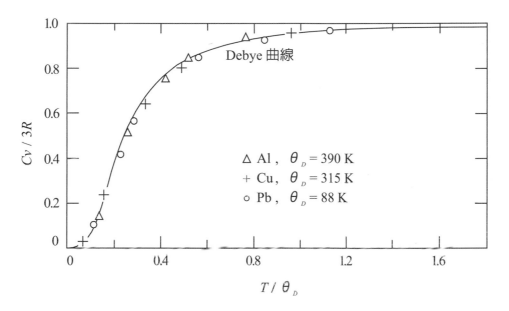

圖 3-11　一些固體元素之熱容量與 $T / \theta_D$ 的關係

註：自 Robert A. Alberty & Robert J. Silbey "Physical Chemisty" 2nd ed., p.52(1977), John Wiley & Sons, Inc., New York

 ## 3-16　氣體之可逆絕熱膨脹
### (Reversible Adiabatic Expansion of a Gas)

　　系於狀態的變化之過程中，沒有從外界吸收熱量，亦沒有放出熱量，即 $q = 0$ 的過程，稱為絕熱的過程。氣體於絕熱膨脹的過程時，對外界作功所需的能量，由其自身的內能供給而使其溫度降低。因此，氣體由某狀態經絕熱膨脹的過程至較低的壓力時之容積，比經等溫膨脹至同一壓力時之容積小。理想氣體的可逆絕熱膨脹與可逆等溫膨脹之壓–容的曲線，分別如圖 3-12 中之曲線 $AC$ 與 $AB$ 所示。

　　理想氣體之等溫可逆膨脹所作的功，可用圖 3-12 之 *AB* 曲線下面的面積表示，此面積較可逆絕熱膨脹時所作的功（*AC* 曲線下面的面積）大。氣體於等溫膨脹的過程向外作功所需之能量，由其周圍的恆溫熱源供給；但於絕熱膨脹的過程向外作功所需之能量，僅能消耗氣體自身的內能，因此，氣體經絕熱膨脹的過程時，其溫度會下降。

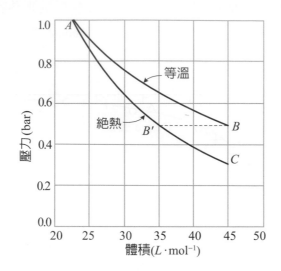

圖 3-12　理想氣體之可逆等溫膨脹與可逆絕熱膨脹

　　於茲考慮一莫耳的理想氣體之可逆絕熱膨脹，氣體經由於微小的絕熱過程時之 $đq = 0$，因此，對於一莫耳的理想氣體之微小的絕熱膨脹，而僅考慮壓–容的功時，由熱力學第一定律可寫成

$$d\overline{U} = đw = -Pd\overline{V} \tag{3-56}$$

由於理想氣體之內能僅與溫度有關，由此上式中之 $d\overline{U}$ 可由式 (3-36) 表示為，$d\overline{U} = \overline{C}_V \, dT$，將此關係代入上式 (3-56)，可得

$$\overline{C}_V dT = -Pd\overline{V} \tag{3-57}$$

由理想氣體的定律，$P = \dfrac{RT}{\overline{V}}$，將此關係代入上式，得

$$\overline{C}_V \frac{dT}{T} = -R \frac{d\overline{V}}{\overline{V}} \tag{3-58}$$

假設 $\overline{C}_V$ 與溫度無關為一定，則上式 (3-58) 由狀態 1 $(T_1, \overline{V}_1)$ 積分至狀態 2 $(T_2, \overline{V}_2)$，可表示為

$$\overline{C}_V \int_{T_1}^{T_2} \frac{dT}{T} = -R \int_{\overline{V}_1}^{\overline{V}_2} \frac{d\overline{V}}{\overline{V}} \tag{3-59}$$

或

$$\overline{C}_V \ln \frac{T_2}{T_1} = R \ln \frac{\overline{V}_1}{\overline{V}_2} \tag{3-60}$$

上式 (3-60) 僅適用於 $\overline{C}_V$ 為定值，及溫度的變化較小之情況。由上式得，於絕熱膨脹時，$\overline{V}_2 > \overline{V}_1$ 而 $T_2 < T_1$，即氣體經絕熱膨脹時，其溫度會下降。反之，於絕熱壓縮時，其溫度會上升。

對於理想氣體，因 $\overline{C}_P - \overline{C}_V = R$，故上式 (3-60) 可寫成

$$\frac{T_2}{T_1} = \left( \frac{\overline{V}_1}{\overline{V}_2} \right)^{R/\overline{C}_V} = \left( \frac{\overline{V}_1}{\overline{V}_2} \right)^{(\overline{C}_P - \overline{C}_V)/\overline{C}_V} \tag{3-61}$$

設以 $\gamma$ 表示 $\overline{C}_P / \overline{C}_V$，則上式可寫成

$$\frac{T_2}{T_1} = \left( \frac{\overline{V}_1}{\overline{V}_2} \right)^{\gamma-1} \tag{3-62}$$

對於理想氣體

$$\frac{T_2}{T_1} = \frac{P_2 \overline{V}_2}{P_1 \overline{V}_1} \tag{3-63}$$

因此，由式 (3-62) 與 (3-63)，可得

$$\frac{P_2}{P_1} = \left( \frac{\overline{V}_1}{\overline{V}_2} \right)^{\gamma} \tag{3-64}$$

或

$$P_1 \overline{V}_1^{\gamma} = P_2 \overline{V}_2^{\gamma} \tag{3-65}$$

而將式 (3-64) 之關係 $(\overline{V}_1 / \overline{V}_2) = (P_2 / P_1)^{1/r}$，代入式 (3-62)，可得

$$\frac{T_2}{T_1} = \left( \frac{P_2}{P_1} \right)^{(\gamma-1)/\gamma} \tag{3-66}$$

理想氣體於絕熱的過程中之 $P$ 與 $\overline{V}$ 的關係，使用式 (3-65) 計算時較為方便。然而，實際的大部分過程，通常均介於恆溫與絕熱的過程之間，因此，於工程上的實際計算時，將常式 (3-65) 寫成，$P\overline{V}^k = $ 常數，此關係式表示，實際的過程介於等溫與絕熱之間，即其 $k$ 值介於 1 與 $\gamma$ 之間，$1 < k < \gamma$，而其實際的值須藉實驗推定。

於絕熱可逆膨脹的過程所作之功，可由內能的變化，$dU = C_V dT$ 計算。因於絕熱的過程時，$q = 0$，故其內能的變化由熱力學第一定律及式(3-37)，可得

$$\Delta U = w = \int_{T_1}^{T_2} C_V dT \tag{3-67}$$

**例 3-7** 一莫耳之單原子的理想氣體 (如氦氣) 於 0°C 及 1 bar 下，其容積由 22.7 L mol$^{-1}$ 經絕熱可逆膨脹的過程，而增加至 45.4 L mol$^{-1}$。試計算氣體之終態的壓力與溫度，及於此絕熱可逆膨脹的過程所作之功

解 由於 $\gamma = \dfrac{\overline{C}_P}{\overline{C}_V} = \dfrac{5/2\,R}{3/2\,R} = \dfrac{5}{3}$

由此，$P_2 = P_1 \left(\dfrac{\overline{V}_1}{\overline{V}_2}\right)^\gamma = (1\,\text{bar})\left(\dfrac{22.7\,\text{Lmol}^{-1}}{45.4\,\text{Lmol}^{-1}}\right)^{5/3} = 0.315\,\text{bar}$

$T_2 = T_1 \left(\dfrac{\overline{V}_1}{\overline{V}_2}\right)^{\gamma-1} = (273.15\,\text{K})\left(\dfrac{22.7\,\text{Lmol}^{-1}}{45.4\,\text{Lmol}^{-1}}\right)^{2/3}$

$\quad = 172.07\,\text{K} \quad$ 或 $\quad -101.08°\text{C}$

$w = \displaystyle\int_{T_1}^{T_2} \overline{C}_V dT = \dfrac{3}{2}R(172.07\,\text{K} - 273.15\,\text{K}) = -1261\,\text{J mol}^{-1}$ ◄

**例 3-8** 假設氦氣為理想氣體，而其 $\overline{C}_V = \dfrac{3}{2}R$ , $\overline{C}_P = \dfrac{5}{2}R$ , 及 $\gamma = \dfrac{5}{3}$。該氦氣於 0°C 及 10 bar 下之體積為 10 L，而依下列的三種過程， (a) 可逆等溫膨脹，(b) 可逆絕熱膨脹，及 (c) 對抗一定的壓力 1 bar，不可逆絕熱膨脹，分別膨脹至終壓 1 bar。試求經由此三種不同過程之其各終態的溫度 $T_2$ 與體積 $V_2$，及此三種過程之其各 $\Delta U$ , $\Delta H$ , $w$ 與 $q$ 值

解 (a) 可逆等溫膨脹：

由於等溫膨脹，其終態的溫度不會改變，而為 $T_2 = 273.15\,\text{K}$，由此，其終態的體積為

$$V_2 = \frac{P_1 V_1}{P_2} = \frac{(10\,\text{bar})(10\,\text{L})}{1\,\text{bar}} = 100\,\text{L}$$

氦氣之莫耳數為

$$n = \frac{P_1 V_1}{RT_1} = \frac{(10\,\text{bar})(10\,\text{L})}{(0.08314\,\text{bar L mol}^{-1}\text{K}^{-1})(273.15\,\text{K})} = 4.47\,\text{mol}$$

理想氣體於等溫的過程中，其 $\Delta U = \Delta H = 0$，而由熱力學第一定律，可得

$$q = -w = nRT \ln\frac{V_2}{V_1} = -nRT \ln\frac{P_2}{P_1}$$

$$= -(4.47\,\text{mol})(8.314\,\text{J mol}^{-1}\text{K}^{-1})(273.15\,\text{K})\ln\frac{1}{10}$$

$$= 23,359\,\text{J}$$

(b) 可逆絕熱膨脹：

$$V_2 = V_1 \left( \frac{P_1}{P_2} \right)^{1/\gamma} = (10\text{L})(10)^{3/5} = 39.8\text{L}$$

$$T_2 = \frac{P_2 V_2}{nR} = \frac{(1\text{bar})(39.8\text{L})}{(4.47\text{mol})(0.08314\text{barLmol}^{-1}\text{K}^{-1})} = 107.09\text{K}$$

$$\because q = 0, \quad \therefore w = \Delta U$$

$$\Delta U = n\overline{C}_V(T_2 - T_1) = (4.47)\left( \frac{3}{2} \times 8.314 \right)(107.19 - 273.15) = -9,142\text{J}$$

$$\Delta H = n\overline{C}_P(T_2 - T_1) = (4.47)\left( \frac{5}{2} \times 8.314 \right)(107.19 - 273.15) = -15,238\text{J}$$

$$w = \Delta U = -9,142\text{J}$$

(c) 不可逆的絕熱膨脹：

$$\because q = 0, \therefore w = \Delta U$$

$$w = -P_2(V_2 - V_1) = -P_2 \left( \frac{nRT_2}{P_2} - \frac{nRT_1}{P_1} \right) = -nR \left( T_2 - \frac{P_2 T_1}{P_1} \right)$$

$$\Delta U = n\overline{C}_V(T_2 - T_1) = \frac{3}{2}nR(T_2 - T_1)$$

$$\therefore -nR \left( T_2 - \frac{P_2 T_1}{P_1} \right) = \frac{3}{2}nR(T_2 - T_1)$$

由此 $T_2 = \dfrac{2}{5} \left( \dfrac{P_2 T_1}{P_1} + \dfrac{3}{2}T_1 \right) = \dfrac{2}{5} \left( \dfrac{1 \times 273.15}{10} + \dfrac{3}{2} \times 273.15 \right) = 174.81\text{K}$

$$V_2 = \frac{nRT_2}{P_2} = \frac{(4.47\text{mol})(0.08314\text{barLmol}^{-1}\text{K}^{-1})(174.81\text{K})}{1\text{bar}} = 64\text{L}$$

$$\therefore \Delta U = \frac{3}{2}nR(T_2 - T_1) = \left( \frac{3}{2} \right)(4.47)(8.314)(174.81 - 273.15) = -5,464\text{J}$$

$$\Delta H = \frac{5}{2}nR(T_2 - T_1) = \frac{5}{2}(4.47)(8.314)(174.81 - 273.15) = -9,104\text{J}$$

$$w = \Delta U = -5,464\text{J} \qquad \blacktriangleleft$$

# 3-17　焦耳–湯木生效應　(Joule-Thomson Effect)

　　焦耳 (Joule) 及 **湯木生** (William Thomson) 於 1852～1862 年間，使用如圖 3-13 所示的實驗裝置，進行此裝置與外界完全絕熱之一系列的實驗。此實驗裝置與其周圍完全絕熱，且其實驗管內以多孔栓將管分隔成兩部分，並使其兩側之氣體的壓力 $P_1$ 與 $P_2$ 各維持一定且保持 $P_1 > P_2$。其實驗為於多孔栓左側之氣

體壓力 $P_1$ 保持一定的狀況下，將左邊的活塞緩慢向右推動，以使多孔栓左側之氣體的體積 $V_1$ 經多孔栓緩慢移至右側，此時右邊的活塞於 $P_2$ 保持一定的狀況下，向右移動 $V_2$ 的體積。於氣體自多孔栓的左側經多孔栓，流入其右側之膨脹的過程中，測定多孔栓的左側與右側的氣體之溫度，以求於此膨脹過程之溫度變化。

於上述的實驗中，推動左邊的活塞對系統所作之功為 $P_1V_1$ (因體積減少 $V_1$ )，而系統推動右邊的活塞對外界所作之功為 $P_2V_2$ (因體積增加 $V_2$ )，因此，系統對於外界所作的淨功 $w$，為

$$w = P_1V_1 - P_2V_2 \tag{3-68}$$

由於整個實驗的裝置與其周圍完全絕熱，而此膨脹過程為絕熱，即 $q = 0$，因此，由熱力學第一定律得，$\Delta U = w$。即 $\Delta U = U_2 - U_1 = P_1V_1 - P_2V_2$，或 $U_2 + P_2V_2 = U_1 + P_1V_1$，而可寫成

$$H_2 = H_1 \tag{3-69a}$$

或

$$\Delta H = H_2 - H_1 = 0 \tag{3-69b}$$

即於上述的實驗之膨脹過程中，系之焓值保持一定，而為**定焓值的過程** (constant enthalpy process)。

焦耳及湯木生由上述的實驗，觀察一些氣體於室溫之定焓值的條件下，膨脹所產生之溫度的變化。發現氫及氦的氣體於室溫下膨脹時其溫度均上升，而其他的氣體於膨脹時，均產生冷卻的現象而其溫度均下降，氣體於定焓值的過程中之溫度變化的情況，視氣體之初態溫度及壓力而定。

焓值為狀態的函數，一般可用溫度與壓力的函數表示為，$H = f(T, P)$，而其全微分為

$$dH = \left(\frac{\partial H}{\partial T}\right)_P dT + \left(\frac{\partial H}{\partial P}\right)_T dP \tag{3-38}$$

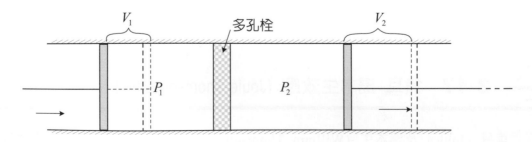

圖 3-13　焦耳–湯木生實驗

因焓值 $H$ 保持一定時，$dH = 0$，故上式於定焓值的條件下除以 $dP$ 時，可得

$$0 = \left(\frac{\partial H}{\partial T}\right)_P \left(\frac{\partial T}{\partial P}\right)_H + \left(\frac{\partial H}{\partial P}\right)_T \tag{3-70a}$$

或

$$\left(\frac{\partial T}{\partial P}\right)_H = -\frac{(\partial H / \partial P)_T}{(\partial H / \partial T)_P} = -\frac{(\partial H / \partial P)_T}{C_P} = \mu_{J \cdot T} \tag{3-70b}$$

上式中的 $(\partial T / \partial P)_H = \mu_{J \cdot T}$，稱爲**焦耳–湯木生係數** (Joule-Thomson coefficient)，爲表示氣體於定焓值的條件下，壓力減低 (即膨脹) 時所產生的溫度變化量。若於膨脹時溫度下降，則其 $\mu_{J \cdot T} > 0$，於膨脹時溫度上升，則其 $\mu_{J \cdot T} < 0$，而於膨脹時溫度不變，則其 $\mu_{J \cdot T} = 0$。

若將於 5-5 節所誘導的關係式 (5-60)，$(\partial H / \partial P)_T = V - T(\partial V / \partial T)_P$，代入上式 (3-70b) ，則可得

$$\mu_{J \cdot T} = \frac{1}{C_P}\left[T\left(\frac{\partial V}{\partial T}\right)_P - V\right] \tag{3-71}$$

因理想氣體之 $(\partial H / \partial P)_T$ 等於零，故由式 (3-70b) 可得，理想氣體之 $\mu_{J \cdot T} = 0$。對於眞實的氣體，其 $\mu_{J \cdot T}$ 值隨氣體之性質與初態的溫度及壓力而定，表 3-4 爲氮氣於各溫度及壓力下之 $\mu_{J \cdot T}$ 值。此表之數據顯示，氮氣於任一溫度下之 $\mu_{J \cdot T}$ 值，均隨壓力的增加而減小，而於足夠高的壓力時，其 $\mu_{J \cdot T}$ 爲負的值。此表示氮氣於較低的壓力下經絕熱膨脹時，其溫度會下降，而於較高的壓力下經絕熱膨脹時，其溫度會上升。氣體於其 $\mu_{J \cdot T} = 0$ 的狀態下經絕熱膨脹時，其溫度不會改變，此溫度稱爲**反轉溫度** (inversion temperature) 或**反轉點** (inversion point) $T_i$。反轉點與壓力有關，例如，氮氣於壓力 200 atm 時有二反轉點，其一之溫度較低，爲接近於 $-100°C$，另一溫度較高，爲接近於 $200°C$。氮氣於其二反轉點間之溫度 (例如 200 atm 下，$-100°C \sim 200°C$ 間)經絕熱膨脹時，其溫度均會下降，但於此二反轉點之範圍以外的溫度 (例如低於 $-150°C$ 或高於 $300°C$ 時) 經絕熱膨脹時，其溫度會上升。焦耳–湯木生係數與**氣體之液化** (liquefaction of gases)，有密切的關係。

大部分的氣體之反轉溫度均比室溫高，因此，於室溫經絕熱膨脹時，其溫度均會下降，但氫氣及氦氣之反轉溫度均比室溫低，因此，於室溫經絕熱膨脹時，其溫度均會上升。若氫氣及氦氣之溫度，各降低至其各反轉點以下的溫度經絕熱膨脹時，則其溫度均各會下降。例如，氫氣之較高的反轉點爲 193 K $(-80°C)$，由此，氫氣於 193 K 以下的溫度經絕熱膨脹時，其溫度會下降。

表 3-4　氮氣於各溫度及壓力下之 $\mu_{J\cdot T}$ 值

| $P$ | $\mu_{J\cdot T}$ , $^\circ$C / bar | | | | | |
|---|---|---|---|---|---|---|
| (bar) | $-150^\circ$C | $-100^\circ$C | $0^\circ$C | $100^\circ$C | $200^\circ$C | $300^\circ$C |
| 1 | 1.266 | 0.6490 | 0.2656 | 0.1292 | 0.0558 | 0.0140 |
| 20 | 1.125 | 0.5958 | 0.2494 | 0.1173 | 0.0472 | 0.0096 |
| 33.5 | 0.1704 | 0.5494 | 0.2377 | 0.1100 | 0.0430 | 0.0050 |
| 60 | 0.0601 | 0.4506 | 0.2088 | 0.0975 | 0.0372 | 0.0013 |
| 100 | 0.0202 | 0.2754 | 0.1679 | 0.0768 | 0.0262 | 0.0075 |
| 140 | $-0.0056$ | 0.1373 | 0.1316 | 0.0582 | 0.0168 | 0.0129 |
| 180 | $-0.0211$ | 0.0765 | 0.1015 | 0.0462 | 0.0094 | 0.0160 |
| 200 | $-0.0284$ | 0.0087 | 0.0891 | 0.0419 | 0.0070 | 0.0171 |

**例 3-9**　氮氣於 $300^\circ$C 及 $0 \sim 60$ bar 的壓力之焦耳–湯木生係數與壓力的關係為，$\mu_{J\cdot T} = 0.0142 - 2.60 \times 10^{-4} P$，而其 $\mu_{J\cdot T}$ 與溫度無關，試求 $N_2$ 於 $300^\circ$C 由 60 bar 膨脹至 20 bar 時之其溫度的變化

**解**　$\because \mu_{J\cdot T} = (\partial T / \partial P)_H = 0.0142 - 2.60 \times 10^{-4} P$

$$\therefore \Delta T = \int_{60}^{20} (0.0142 - 2.60 \times 10^{-4} P) dP$$

$$= 0.0142(20 - 60) - 1.30 \times 10^{-4}(20^2 - 60^2)$$

$$= -0.568 + 0.416 = -0.152^\circ\text{C}　\blacktriangleleft$$

**例 3-10**　試證，理想氣體之焦耳–湯木生係數等於零

**解**　$(\partial V / \partial T)_P = nR / P$，將此關係代入式(3-71)，得

$$\mu_{J\cdot T} = \frac{nRT / P - V}{C_P} = 0　\blacktriangleleft$$

# 3-18　熱化學 (Thermochemistry)

　　有些化學反應及大部份的相變化等，常隨其變化而伴生熱量之變化，因此，通常於化學反應式或相變化的式之後面，註記其焓值的變化 $\Delta H$，以表示該反應或相變化所生的熱量變化。於化學反應時放出熱量之反應為，**放熱的** (exothermic) 反應，此時其熱量 $q$ 或 $\Delta H$ 為負的值。於反應時吸收熱量的反應為，**吸熱的** (endothermic) 反應，此時其 $q$ 或 $\Delta H$ 為正的值。

　　於化學反應所產生之熱量的變化，一般均可用**卡計** (calorimeter) 量測。通常使用刻至 $0.01^\circ$C 而可目測至 $0.001^\circ$C 的 Beckman 溫度計，量測於卡計之絕熱水槽反應室內，產生化學反應時之絕熱水槽內的水溫之變化，而由所量得的水之溫度的變化，與卡計（包括卡計內的絕熱水槽內之水，及組成卡計之各部分如溫

度計、攪拌器與容器等 ) 之熱容量的乘積，可求得該反應之反應熱。卡計內的水之熱容量等於其內的水量與其比熱的乘積。卡計之熱容量，可藉既知反應熱之反應，或藉電熱器通電加入一定量的熱量時，所產生之溫度變化的量測而求得。

可完全反應之快速的化學反應，可使用卡計量測其反應熱，而由此類反應之反應熱的測定，可得熱化學之焓變化的重要數據。例如，燃燒反應爲快速而可完全反應的氧化反應，通常於耐高壓的鋼質密閉容器，如 Parr 球 (Parr bomb，係由二可完全密合的鋼質半球所構成，其內有通電點火引發試樣物質燃燒的裝置 ) 內充塡 25bar 壓力的氧氣，及放置一定量的可燃性試樣物質如碳氫化合物等，並將整個密閉的 Parr 球浸入卡計內之水中。於鋼球內的可燃性物質經通電點火燃燒時，其全部的碳氫化合物試樣完全燃燒，並生成水與二氧化碳，而由卡計內之水溫變化的量測，及卡計與水之總熱容量，可計算碳氫化合物試樣物質之燃燒熱。此方法僅可適用以量測，可完全燃燒的物質之燃燒熱。一些不能迅速完全燃燒反應的化合物，及燃燒的生成物之組成不確定的化合物，如氯乙烷等物質，均不能以此法精確量測其燃燒熱。

卡計有恆容與恆壓的兩種型式，於容積保持一定的鋼質密閉的容器內燃燒的反應，由於對外沒有作 $P-V$ 的功，由此，所量測的反應熱爲 $q_V$。因此，由熱力學第一定律，所測得之反應熱 $q_V$ ，等於該反應之內能的變化，$\Delta U = q_V$。若反應於恆壓下進行時，則所量測之反應熱爲 $q_P$，而由熱力學第一定律可得，其反應之焓質的變化 $\Delta H = q_P$。一般的化學反應通常均於恆壓下進行，所以反應熱一般均用 $\Delta H$ 表示。由一般的鋼球卡計所測得的反應之內能的變化 $\Delta U$ ，可利用的關係式，式 (3-25) 計算該反應之焓值的變化 $\Delta H$。設反應系內的氣體爲理想氣體，而其內的液體及固體之容積的變化均可忽略，則由式 (3-25) 可寫成

$$\Delta H = \Delta U + \Delta nRT \tag{3-72}$$

上式中，$\Delta n$ 爲氣體的生成物之莫耳數減氣體的反應物之莫耳數。

爲明示及瞭解，表列的各種物質之熱力量的數據之意義，對於各種物質之標準狀態定義如下：

1.  純的氣體之標準狀態用 g 表示，而此標準狀態係假想純的氣體於各溫度及 1 bar 壓力下均爲理想氣體。
2.  純的液體物質之標準狀態用 $\ell$ 表示，而此標準狀態係純的液體於各溫度及 1 bar 壓力下之液體的狀態。
3.  純的固體物質之標準狀態用 s 表示，而爲於各溫度及 1 bar 壓力下之純晶體物質。

4. 溶液中的物質之標準狀態，為物質於各溫度及 1 bar 壓力下之莫耳標準濃度 1 mol kg$^{-1}$ 的假想理想溶液。於水中完全解離的電解質於其後面的括號內用 *ai* 表示，未解離的分子用 *ao* 表示，由此，水溶液中之離子均用 *ao* 表示，以示其不會進一步解離。

反應之反應物及生成物均各於標準狀態時，其反應之熱力量的變化量均於其變化量符號的右上角附加 " " 符號表示，通常表列各物質於 25°C 時之數值。

物質之燃燒熱，於理論或實用上均甚為重要，燃燒熱常用以計算，其他的熱化學反應之反應熱等數據。燃料之價格通常由其燃燒熱的大小決定，而食物之熱量為，衡量其營養價值的準據。

Lavoisier 與 Laplace 於 1780 年指出，化合物之分解所吸收的熱量，等於同一狀態的該化合物生成所放出的熱量，因此，某反應之逆向反應的 $\Delta H$ 值，等於其正相反應之負的 $\Delta H$ 值。Hess 於 1840 年指出，化學反應之反應熱，視其反應系之初態與終態而定，而與其反應之中間所經由的過程或步驟無關。此二法則為熱力學第一定律的系則，而為「焓為狀態的函數」之必然的結果，使用此二法則可計算推定，不能直接量測的化學反應之反應熱。例如，碳於一定量的氧氣中燃燒而生成一氧化碳的反應，因其燃燒的生成物通常並非純的一氧化碳氣體，而是含碳、一氧化碳與二氧化碳的不確定組成之混合氣體，故不能直接量測，碳與氧反應生成一氧化碳的反應之反應熱。然而，碳於過剩量的氧氣中燃燒時，碳可完全氧化成為二氧化碳的氣體，而可容易量測其反應熱。

石墨於 25°C 完全燃燒時之反應式與燃燒熱，可表示為

$$C(\text{石墨}) + O_2(g) = CO_2(g) \qquad \Delta_r H° = -393.509 \text{ kJ mol}^{-1}$$

一氧化碳的氣體於氧氣中燃燒生成二氧化碳的氣體所放出之熱量可容易量測，其反應式與燃燒熱為

$$CO(g) + \frac{1}{2}O_2(g) = CO_2(g) \qquad \Delta_r H° = -282.984 \text{ kJ mol}^{-1}$$

由上面的二反應之燃燒熱可求得，碳於氧氣中的燃燒反應而生成一氧化碳的氣體之反應熱，為

$$C(\text{石墨}) + O_2(g) = CO_2(g) \qquad \Delta_r H° = -393.509 \text{ kJ mol}^{-1}$$
$$+) \qquad CO_2(g) = CO(g) + \frac{1}{2}O_2(g) \qquad \Delta_r H° = 282.984 \text{ kJ mol}^{-1}$$
$$\overline{\qquad C(\text{石墨}) + \frac{1}{2}O_2 = CO(g) \qquad \Delta_r H° = -110.525 \text{ kJ mol}^{-1}}$$

由此可得，石墨於氧中燃燒而生成 CO 之燃燒熱，為 $-110.525 \text{ kJ mol}^{-1}$。

上面的這些反應之反應熱的數據，可用如圖 3-14 所示的**焓值能階圖** (enthalpy level diagram) 表示，於此圖中所示之焓值的變化，包括下列的石墨於 25°C 下成爲氣態的碳原子，及氧的分子解離成原子態的氧之反應的焓值，各爲

$$C(石墨) = C(g) \qquad \Delta_r H° = 716.682 \text{ kJ mol}^{-1}$$
$$O_2(g) = 2O(g) \qquad \Delta_r H° = 498.340 \text{ kJ mol}^{-1}$$

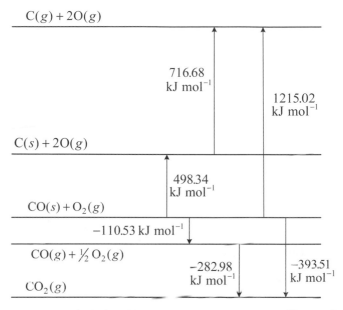

圖 3-14　$C(s) + O_2(g)$ 系之焓值能階圖（以 25°C 1 bar 下之標準焓值的變化量表示）

**例 3-11** 一莫耳的 $C_2H_5OH(\ell)$，於 25°C 之定容的卡計內燃燒時，產生 1364.24 kJ mol$^{-1}$ 的熱量。試求，燃燒反應，

$C_2H_5OH(\ell) + 3O_2(g) = 2CO_2(g) + 3H_2O(\ell)$，於 25°C 之 $\Delta_r H°$ 值

**解** 由式 (3-72)，$\Delta_r H = \Delta_r U + \Delta n RT$

$$\Delta_r H° = -1364.24 \text{ kJ mol}^{-1} + (-1)(8.314 \times 10^{-3} \text{ kJ mol}^{-1}\text{K}^{-1})(298.15 \text{ K})$$
$$= -1366.82 \text{ kJ mol}^{-1}$$

此值爲，$C_2H_5OH(\ell)$ 於恆壓下燃燒時，所放出之熱量。　◀

## 3-19 生成的焓值 (Enthalpy of Formation)

焓值爲系統之狀態的函數，系統由狀態 1 至狀態 2 時之其焓值的變化 $\Delta H$，可用其於狀態 2 之焓值 $H_2$，減於狀態 1 之焓值 $H_1$ 表示，爲

$$\Delta H = H_2 - H_1 \tag{3-73}$$

若系統之初狀態 1 與終狀態 2 之壓力相同,則其焓值的變化 $\Delta H$,等於系統由狀態 1 至狀態 2 時所吸收的熱量 $q$。將上式 (3-73) 應用於化學反應時,其狀態 1 的 $H_1$ 為各反應物之焓值的和,而狀態 2 的 $H_2$ 為各生成物之焓值的和。

含 $N$ 化學物種的化學反應之反應式,一般可寫成

$$\sum_{i=1}^{N} v_i A_i = 0 \tag{3-74}$$

上式中,$A_i$ 表示於反應的溫度與壓力下之一莫耳成分 $i$ 的化學物種,而**化學式量的數** (stoichiometric number) $v_i$ 為,反應系內的化學物種 $i$ 之莫耳數,而反應生成物之 $v_i$ 為正,反應物之 $v_i$ 為負。

上式 (3-74) 所表示之一般的化學反應,其反應之焓值的變化 $\Delta_r H$,可表示為

$$\Delta_r H = \sum_{i=1}^{N} v_i \overline{H}_i \tag{3-75}$$

上式中的 $\overline{H}_i$ 為,物質 $i$ 之莫耳焓值。若由標準狀態的反應物,反應生成標準狀態的生成物,則上式 (3-75) 可寫成

$$\Delta_r H^\circ = \sum_{i=1}^{N} v_i \overline{H}_i^\circ \tag{3-76}$$

由於各種物質之焓的絕對值,通常均未知,因此,一般均採用於**參考狀態** (reference state) 之相對的焓值。各種物質之參考狀態為,由於標準狀態下的組成該物質之各元素,生成同溫度的標準狀態下之該物質。這些各種物質之"相對"的焓值,稱為該各物質之**生成的焓值** (enthalpy of formation),而用 $\Delta \overline{H}_f^\circ$ 表示。因所有的反應物與生成物,均採用同一參考狀態,故反應之標準焓值的變化,可由各物質之生成的焓值計算,即:

$$\Delta_r H^\circ = \sum_{i=1}^{N} v_i \Delta \overline{H}_{f,i}^\circ \tag{3-77}$$

物質於某溫度下之生成的焓值 $\Delta \overline{H}_{f,i}^\circ$,為由組成該物質之標準狀態的各元素,於該溫度下,反應生成標準狀態的該物質之反應的焓值。若元素有一以上的固體結晶形態,則須選其中的一種結晶形態作為參考狀態,通常選擇元素於 25°C,1 bar 下,較安定的形態作為參考狀態。例如,氫之參考形態為 $H_2(g)$,而非 H(g),碳之參考形態為石墨,硫之參考形態為**斜方晶硫** (rhombic sulfur)。元素於標準狀態下之生成的焓值,均訂為等於零。

於附錄 (二) 之表 A2-1，列出約 200 種的物質，於 298.15 K 之生成的焓值 $\Delta \overline{H}^{\circ}_{f,i}$，這些數值大多取自 The NBS Tables of Chemical Thermodynamic Properties (1982)。一些物質於 0 至 3000 K 之生成的焓值，列於附錄 (二) 之表 A2-2。這些數值之大多數，取自 JANAF Thermochemical Tables。於表 A2-2 中的氣體之 $\Delta \overline{H}^{\circ}_{f}$ 值，係由光譜的數據，利用統計力學之計算值。

**例 3-12** 加熱的煤(石墨)與過熱的水蒸氣反應時，吸收熱量，而此熱量通常由煤之燃燒熱供給。試計算下列的二反應 (a) 與 (b)，於 500 K 之其各反應的焓值 $\Delta_r H^{\circ}_{500\,K}$，及產生一莫耳的氫氣所需之碳的莫耳數

    (a) $C(石墨) + H_2O(g) = CO(g) + H_2(g)$

    (b) $C(石墨) + O_2(g) = CO_2(g)$

**解** 由表 A2-2，反應 (a) 於 500 K 之反應熱為

$$\Delta_r H^{\circ}_{500\,K} = -110.022 - (-243.612) = 133.599 \text{ kJ mol}^{-1}$$

反應 (b) 於 500 K 之反應熱為

$$\Delta_r H^{\circ}_{500\,K} = -393.677 \text{ kJ mol}^{-1}$$

因此，需要燃燒 $133.599 / 393.677 = 0.339$ mol 的石墨，以供給反應 (a) 所需之熱量，所以產生於 500 K 下之 1 mole 的氫氣，需 1.339 mol 的石墨。◀

## 3-20 溶液反應之焓值的變化
### (Enthalpy Changes of Solution Reactions)

溶質溶解於溶劑時，通常會吸收或放出熱量，此種溶質的溶解所產生之熱量的效應稱為**溶解熱** (heat of solution)。溶解熱之大小，一般與溫度及所生成的溶液之濃度有關。一莫耳的溶質溶於 $n$ 莫耳的溶劑所產生之焓值的變化，稱為該濃度的溶液之**積分的溶解熱** (integral heat of solution)。一莫耳的氯化氫於 25°C 下，溶解於 5 莫耳的水之溶解的過程，可表示為

$$HCl(g) + 5H_2O(\ell) = HCl_{in}5H_2O \qquad \Delta_r H^{\circ}_{298\,K} = -63.467 \text{ kJ mol}^{-1} \qquad \textbf{(3-78)}$$

上式中，"$HCl_{in}5H_2O$" 表示 1 莫耳的 HCl 溶於 5 莫耳的水。溶質 HCl，NaOH，及 NaCl 等，溶解於水之積分的溶解熱，對於溶解每莫耳的溶質之水的莫耳數作圖，所得之曲線如圖 3-15 所示。溶質於水(溶劑)中之積分溶解熱，一般均隨水(溶劑)之莫耳數的增加而增加，並趨近於一定值。

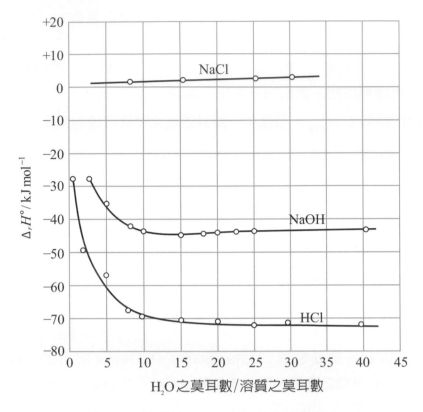

圖 3-15　溶質於 25°C 的水中之積分溶解熱

假定 HCl 於水溶液中完全解離，則標準狀態的 HCl 水溶液之生成反應，可表示為

$$HCl(g) = HCl(ai) \quad \Delta_r H^\circ_{298\,K} = -74.852 \text{ kJ mol}^{-1} \tag{3-79}$$

而此反應也可寫成

$$HCl(g) = H^+(ao) + Cl^-(ao) \quad \Delta_r H^\circ_{298\,K} = -74.852 \text{ kJ mol}^{-1} \tag{3-80}$$

上式中的 ao 表示完全解離的離子，而此離子不能再進一步解離。液態的醋酸溶解於水中時，醋酸不會產生解離，而生成未解離的醋酸水溶液，由此，其溶解的反應式及溶解熱，表示為

$$CH_3CO_2H(\ell) = CH_3CO_2H(ao) \quad \Delta_r H^\circ_{298\,K} = -1.3 \text{ kJ mol}^{-1} \tag{3-81}$$

　　溶質溶解於化學性質相似的溶劑，而不產生解離或**媒合** (solvation) 時，其溶解熱一般接近於該溶質之**熔化熱** (heat of fusion)。固態的溶質於溶解的過程，須克服其內的分子或離子間的作用力以溶解於溶劑中，由此，固體溶質於溶劑中的溶解過程，通常吸收熱量。然而，溶質的分子或離子與溶劑之間，由於所謂"媒合"的作用，常放出熱量。水爲溶劑時，水溶液中的溶質分子或離子與水分子間的作用，稱爲**水和** (hydration)。

　　茲以氯化鈉溶解於水的過程爲例，說明於溶解的過程中之溶質與溶劑間的作用。氯化鈉由於其**晶體格子** (crystal lattice) 內的鈉離子與氯離子間之互相吸引力很強，而需很大的能量始能將此二種離子拉開，因此，氯化鈉不溶解於如苯或四氯化碳等的非極性溶劑。由於水的分子具有高的**介電常數** (dielectric constant) 及大的**偶極子矩** (dipole moment)，因此，水的分子與鈉離子及氯離子間均有甚強的作用力，且水分子與此二種離子易產生水合，而放出大量的熱量。當 NaCl 溶解於水時，氯化鈉解離成鈉離子與氯離子，此時其解離及將其解離的離子分開所需的能量，與其離子產生水合所放出的能量大約相等，所以 NaCl 於水中之整個溶解過程之焓值的變化很小，而接近於零。因此，NaCl 於 25°C 溶解於水中時之溫度只稍微下降，而僅吸收微量的熱量。然而，$Na_2SO_4$ 溶解於 25°C 的水時，其解離的離子之水合熱，大於其晶體解離成離子所需的能量，所以 $Na_2SO_4$ 溶解於水時放出較大量的熱量。

　　於含一莫耳的溶質之濃度 $m_1$ 的溶液，添加溶劑將其稀釋成爲濃度 $m_2$ 的溶液時，所產生之熱量的變化，稱爲溶液自濃度 $m_1$ 稀釋至濃度 $m_2$ 時之**積分的稀釋熱** (integral heat of dilution)。

　　一莫耳的溶質溶解於甚大量之某濃度的溶液時，設其溶液的量甚大至不會由於增加一莫耳的溶質，而使其溶液的濃度產生顯著變化，則此時該溶液由於溶解一莫耳的溶質所產生之熱量的變化，稱爲該濃度溶液之**微分的溶解熱** (differential heat of solution)。微分的溶解熱與溶液之濃度有關，其值隨濃度而改變。微分的溶解熱由實驗無法直接測定，而須由其積分的溶解熱之測定值計算。設一莫耳的溶質溶解於溶劑，而形成 $m$ 重量莫耳濃度（mol 溶質 /1000 g 溶劑）的溶液時之積分的溶解熱爲 $\Delta\overline{H}$，則 $m$ 莫耳的溶質溶解於 1000 克的溶劑時，其熱量的變化量爲 $m\Delta\overline{H}$。由此，若以 $m\Delta\overline{H}$ 爲縱軸，溶質之莫耳數 $m$ 爲橫軸，繪其間的關係曲線，則由此曲線上的任一濃度之斜率，$d(m\Delta\overline{H})/dm$，可求得該濃度溶液之微分的溶解熱。

　　積分的溶解熱、稀釋熱及於溶液中之反應熱，均可由溶液之生成熱計算。若化學反應式之兩邊，均各含相同之莫耳數的水，則於計算時可忽略反應式的兩邊中之水的生成熱。於此，類似訂定各元素之生成熱爲零，而釐訂水於水溶液中之生成熱，等於純水之生成熱。

依據實際的實驗結果得知，強鹼的 NaOH 及 KOH 等與強酸的 HCl 及 HNO₃ 等，於稀薄的溶液中之反應熱，與強酸及強鹼之種類無關，而均等於定值。因強酸、強鹼、及中和所生成的鹽類，於水溶中均完全解離成離子，故強酸與強鹼於稀薄的水溶液中之中和反應，均相當於 OH⁻ 離子與 H⁺ 離子反應生成水的反應，而可表示為

$$OH^-(ao) + H^+(ao) = H_2O(\ell) \quad \Delta_r H^\circ_{298\,K} = -55.836 \text{ kJ mol}^{-1} \quad \text{(3-82)}$$

弱酸與鹼或弱鹼與酸等的稀薄溶液之中和反應時，因弱酸或弱鹼於產生解離時均需吸收熱量，所以其中和熱，比強酸與強鹼之中和熱小。稀薄溶液中之強鹼與弱酸 HA 的中和反應可視為，包括如下列的二連續步驟的反應，為

$$HA(aq) = H^+(ao) + A^-(ao) \qquad \Delta_r H^\circ_{ioniz}$$
$$\underline{H^+(ao) + OH^-(ao) = H_2O(\ell)} \qquad \underline{\Delta_r H^\circ = -55.836 \text{ kJ mol}^{-1}}$$
$$HA(aq) + OH^-(ao) = H_2O(\ell) + A^-(ao) \qquad \Delta_r H^\circ_{neut}$$

由此，強鹼與弱酸 HA 之中和熱 $\Delta_r H^\circ_{neut}$，可表示為

$$\Delta_r H^\circ_{neut} = \Delta_r H^\circ_{ioniz} - 55.836 \text{ kJ mol}^{-1} \quad \text{(3-83)}$$

上式中 " $aq$ " 代表，充分稀薄之水溶液，而 $\Delta_r H^\circ_{ioniz}$ 為弱酸 HA 之解離熱（離子化熱）。

**例 3-13** 試計算下列反應之 $\Delta_r H^\circ_{298\,K}$

$$HCl_{in}100\,H_2O + NaOH_{in}100\,H_2O = NaCl_{in}200\,H_2O + H_2O(l)$$

**解** 由表 A2-1 之數據得

$$\Delta_r H^\circ_{298\,K} = -406.923 - 285.830 + 165.925 + 469.646 = -57.182 \text{ kJ mol}^{-1} \quad \blacktriangleleft$$

## 3-21 離子之生成焓值 (Enthalpies of Formation of Ions)

於強的電解質之稀薄溶液中的各離子之性質，均不受其他的離子之存在的影響，因此，溶液之焓值，使用各離子之相對的生成焓值表示為方便。例如，可由下列的計算得，離子 H⁺ 與 OH⁻ 之生成的焓值之和。

$$H_2O(\ell) = H^+(ao) + OH^-(ao) \qquad \Delta_r H^\circ = 55.836 \text{ kJ mol}^{-1}$$
$$+)\ \ H_2(g) + \frac{1}{2}O_2(g) = H_2O(\ell) \qquad \Delta_r H^\circ = -285.830 \text{ kJ mol}^{-1}$$
$$\overline{H_2(g) + \frac{1}{2}O_2(g) = H^+(ao) + OH^-(ao)} \qquad \Delta_r H^\circ = -229.994 \text{ kJ mol}^{-1}$$

雖然由上面的計算可求得，離子 $H^+$ 與 $OH^-$ 之生成的焓值的和，但不能求得，離子 $H^+$ 與 $OH^-$ 之各個別之生成的焓值。若假定 $H^+(ao)$ 之生成的焓值 $\Delta\overline{H}_f^\circ$ 為零，則可計算水溶液中的其他各離子之相對的生成焓值。由此，設

$$\frac{1}{2}H_2(g) = H^+(ao) + e^- \quad \Delta\overline{H}_f^\circ = 0 \qquad\qquad \textbf{(3-84a)}$$

上式中的 $e^-$ 代表電子。於是，可求得離子 $OH^-(ao)$ 之生成的焓值為

$$\frac{1}{2}H_2(g) + \frac{1}{2}O_2(g) + e^- = OH^-(ao) \quad \Delta\overline{H}_f^\circ = -229.994\ \text{kJ mol}^{-1} \qquad \textbf{(3-84b)}$$

由上述的離子 $H^+$ 與 $OH^-$ 之生成的焓值，可計算其他各種強電解質的離子之生成的焓值。例如，由 $HCl(ao)$ 之生成的焓值 $\Delta\overline{H}_f^\circ = -167.159\ \text{kJ mol}^{-1}$，可計得，離子 $Cl^-(ao)$ 之生成的焓值如下，因

$$\frac{1}{2}H_2(g) + \frac{1}{2}Cl_2(g) = H^+(ao) + Cl^-(ao) \quad \Delta_r H^\circ = -167.159\text{kJ}$$

所以
$$\frac{1}{2}Cl_2(g) + e^- = Cl^-(ao) \qquad\qquad \Delta\overline{H}_f^\circ = -167.159\text{kJmol}^{-1}$$

其他的各種離子之生成的焓值，列於附表 A2-1。

## 3-22　溫度對於反應的焓值之影響
### (Effect of Temperature on Enthalpy of Reaction)

若於某溫度之標準反應的焓值，及反應物與生成物於該溫度之熱容量均已知，則可計算該反應於另一溫度之反應的焓值。

一般的化學反應式如式 (3-74) 所示，而其反應之標準反應的焓值可用式 (3-76) 表示。由此，式 (3-76) 於恆壓下對溫度微分，可得其反應之標準反應的焓值 $\Delta_r H^\circ$，之溫度的變化率，為

$$\left[\frac{\partial(\Delta_r H^\circ)}{\partial T}\right]_P = \sum v_i \left(\frac{\partial\overline{H}_i^\circ}{\partial T}\right)_P \qquad\qquad \textbf{(3-85)}$$

於上式中，$(\partial\overline{H}/\partial T)_P = \overline{C}_P$，而將此關係代入上式可得

$$\left[\frac{\partial(\Delta_r H^\circ)}{\partial T}\right]_P = \sum v_i \overline{C}_{P,i}^\circ = \Delta_r C_P^\circ \qquad\qquad \textbf{(3-86)}$$

此式表示，溫度上升一度時及應之標準反應的焓值之變化量，等於反應生成物之恆壓熱容量的和，減反應物之恆壓熱容量的和。

由上式 (3-86) 於溫度 $T_1$ 與 $T_2$ 間積分可得，反應於此二溫度之其各標準反應的焓值的關係，而可表示為

$$\int_{\Delta_r H_{T_1}^\circ}^{\Delta_r H_{T_2}^\circ} d(\Delta_r H^\circ) = \Delta_r H_{T_2}^\circ - \Delta_r H_{T_1}^\circ = \int_{T_1}^{T_2} \Delta_r C_P^\circ dT \qquad (3\text{-}87)$$

若反應於某一溫度之標準反應的焓值 $\Delta_r H^\circ$，及各反應物與生成物於此二溫度間之莫耳熱容量均已知，則由上式 (3-87) 可計算得，其反應於另一溫度之標準反應的焓值。

上式 (3-87) 適用反應物及生成物於溫度 $T_1$ 與 $T_2$ 間，均沒有相變化的情況，若於此二溫度間，有如熔化或氣化等的相變化時，則須於上式加入其相變化之焓值的變化。

若反應物與生成物之熱容量，可用溫度之冪函數表示，即 $\bar{C}_{p,i} = \alpha_i + \beta_i + \gamma_i T^2 + \cdots$，則系於反應的前與後之恆壓熱容量的變化，可表示為

$$\Delta_r C_P^\circ = \Delta_r \alpha + (\Delta_r \beta)T + (\Delta_r \gamma)T^2 + \cdots\cdots \qquad (3\text{-}88)$$

上式中，$\Delta_r \alpha = \sum v_i \alpha_i$，其餘類推。因此，式 (3-87) 可寫成

$$\begin{aligned}
\Delta_r H_T^\circ &= \Delta_r H_{298.15}^\circ + \int_{298.15}^T [\Delta_r \alpha + (\Delta_r \beta)T + (\Delta_r \gamma)T^2 + \cdots]dT \\
&= \Delta_r H_{298.15}^\circ + \Delta_r \alpha(T - 298.15) + \frac{\Delta_r \beta}{2}(T^2 - 298.15^2) \\
&\quad + \frac{\Delta_r \gamma}{3}(T^3 - 298.15^3) + \cdots\cdots
\end{aligned} \qquad (3\text{-}89)$$

或

$$\Delta_r H_T^\circ = \Delta_r H_0^\circ + (\Delta_r \alpha)T + (\Delta_r \beta / 2)T^2 + (\Delta_r \gamma / 3)T^3 + \cdots\cdots \qquad (3\text{-}90)$$

上式 (3-90) 中的 $\Delta_r H_0^\circ$ 為，反應於 0 K 之假想的標準反應的焓值。

**例 3-14** 假設 $H_2O(\ell)$ 與 $H_2O(g)$ 於溫度 0°C 至 25°C 間之熱容量，均不受溫度的影響。試計算，水於 0°C 蒸發時之焓質的變化

解 $H_2O(\ell) = H_2O(g)$

$\Delta_r H_{298.15\,K}^\circ = -241.818 - (-285.830) = 44.011\ \text{kJ mol}^{-1}$

$\Delta_r H_{273.15\,K}^\circ = \Delta_r H_{298.15\,K}^\circ + [\bar{C}_{P(H_2O,g)} - \bar{C}_{P(H_2O,\ell)}](273.15 - 298.15)$

$\qquad = 44,011 + (33.577 - 75.291)(-25) = 45,054\ \text{J mol}^{-1}$ ◀

**例 3-15** 試計算，反應 $H_2(g) = 2H(g)$ 於 0 K 之 $\Delta_r H°$ 值

（解）由附錄的表 A2-2

$$\Delta_r H°_{298.15\,K} = 2(217.965 \text{ kJ mol}^{-1}) = 435.930 \text{ kJ mol}^{-1}$$

$H°_{298.15\,K} - H°_0$
$= 8.468 \text{ kJ mol}^{-1}$

$H°_0 - H°_{298.15\,K}$
$= -(2)(6.197 \text{ kJ mol}^{-1})$

$$\Delta_r H°_{0\,K} = 8.468 + 435.930 - 12.394 = 432.004 \text{ kJ mol}^{-1}$$

$\Delta_r H°_{0\,K}$ 亦可使用，$H(g)$ 於 0 K 之生成的焓值計算，即

$$\Delta_r H°_{(0\,K)} = 2(216.037 \text{ kJ mol}^{-1}) = 432.074 \text{ kJ mol}^{-1} \quad \blacktriangleleft$$

# 習 題

1. 10 莫耳的理想氣體於 400°C 下，自容積 18.0 升經等溫膨脹至 24.0 升。試求，(a) 可逆膨脹，及 (b) 對抗 2.0 bar 的外壓不可逆膨脹時，此二膨脹過程各所作之功

   （答）(a) $-16.1$ kJ，(b) $-1.2$ kJ。

2. 試求上題之(a)與(b)二膨脹過程的各 $\Delta U$, $\Delta H$, 及 $q$ 值

   （答）(a) $\Delta U = \Delta H = 0$, $q = 16.1$ kJ，(b) $\Delta U = \Delta H = 0$, $q = 1.2$ kJ

3. 已知水及水蒸氣於 100°C 及 1 bar 下之莫耳容積，分別為 18.79 mL 及 30.08 L。試求，36 克的水於 100°C 及 1 bar 下，經可逆氣化的過程成為平衡水蒸氣所作之功

   （答）$-6.016$ kJ

4. 於上題中，水之莫耳蒸發熱 $\Delta \overline{H}_v = 40.656$ kJ / mole。試求，其可逆氣化過程之 $\Delta U$, $\Delta H$ 及 $q$ 值

   （答）$\Delta U = 75.296$ kJ, $\Delta H = q = 81.312$ kJ

5. 一莫耳的理想氣體於 0°C 下，自容積 2.24 升經可逆等溫膨脹至 22.4 升，試求，理想氣體於此可逆等溫膨脹過程所作之最大的功

   （答）$-5230$ J

6. 水於壓力 1 bar 之沸點為 100°C，假設水蒸氣為理想的氣體。試求，圓筒內的一莫耳水於溫度 100°C 及 1 bar 的壓力下，氣化成為水蒸氣所作之功

   答 −3102 J

7. 試求，10 莫耳的理想氣體於 400°C 下，經等溫可逆壓縮至其容積減少 25% 時，所需之功

   答 16.10 kJ

8. 50 克的氮氣 $N_2$ 於 25°C 下，自壓力 1 bar 經定溫可逆壓縮至 20 bar。試求此定溫可逆壓縮過程之 $w, q, \Delta U$, 及 $\Delta H$ 值

   答 $\Delta U = \Delta H = 0$, $q = -w = -13.263$ kJ

9. 32 克的甲烷於壓力 11 bar 及溫度 27°C，而經恆容加熱使其溫度自 27°C 升至 277°C。假設甲烷為理想氣體，而其莫耳熱容量，$\bar{C}_P = (12.552 + 8.368 \times 10^{-2} T)$ $JK^{-1}mol^{-1}$，試求此過程之 $w, q, \Delta U$, 及 $\Delta H$ 值

   答 $w = 0$, $q = \Delta U = 19.703$ kJ, $\Delta H = 24.058$ kJ

10. 試使用凡得瓦方程式導出，$n$ 莫耳的氣體於定溫 $T$ 下，自容積 $V_1$ 經可逆膨脹過程至 $V_2$ 時，所作之最大的功之式

    答 $w = -nRT \ln \dfrac{V_2 - nb}{V_1 - nb} + n^2 a \left( \dfrac{1}{V_1} - \dfrac{1}{V_2} \right)$

11. 某氣體之凡得瓦常數為，$a = 6.69 L^2 barmol^{-2}$，及 $b = 0.057$ L $mol^{-1}$。試求，二莫耳的氣體於 300 K 的定溫下，其容積由 4 升經可逆膨脹至 40 升時，所作之最大功

    答 −11.013 kJ

12. 二氧化碳之凡得瓦常數為，$a = 3.64$ L bar $mol^{-2}$，及 $b = 0.04267$ L $mol^{-1}$，(a)試求一莫耳的 $CO_2$ 於 27°C 下，自 10 升壓縮至 1 升時所需之功，(b) 設 $CO_2$ 為理想的氣體，試求其如同（a）的壓縮過程，所需之功

    答 (a) 5524J，(b) 5747 J

13. 試計算，一莫耳的氧氣於 (a) 定壓下，及 (b) 定容下，自溫度 0°C 經加熱至 100°C 時，其所需之各熱量。設氧氣為理想氣體，而其定壓莫耳熱容量為

    $$\bar{C}_P = 25.723 + 12.979 \times 10^{-3} T - 3.862 \times 10^{-6} T^2 \text{ J K}^{-1}mol^{-1}$$

    答 (a) 2,950 J，(b) 2,117 J

14. 設氦氣為理想氣體，而 10 莫耳的氦氣由其初態的容積 $V_1 = 18$ 升及溫度 $T_1 = 673$ K，(a) 經可逆絕熱膨脹的過程至容積 $V_2 = 24.0$ 升，(b) 對抗一定的壓力 2.0 bar 經絕熱膨脹的過程至容積 $V_2 = 24.0$ 升。試求，此二過程(a)與(b)之其各最終溫度 $T_2$，與其各 $\Delta U, \Delta H$, 及 $w$ 等值

(a) $T_2 = 555.5\,K$，$\Delta U = -14.652\,kJ$，$\Delta H = -24.422\,kJ$，$w = -14.652\,kJ$

(b) $T_2 = 663.5\,K$，$\Delta U = -1218\,J$，$\Delta H = -2029\,J$，$w = -1218\,J$

15. 二莫耳的 $H_2$ 於溫度 25°C 及容積 10 升，(a) 經等溫可逆膨脹的過程至容積 20 升，(b) 經可逆絕熱膨脹的過程至容積 20升。試求於此二過程(a)與(b)，系統對外界各所作之最大的功

答 (a) $-3,435\,J$，(b) $-2,999\,J$

16. 氧氣於 20 bar 及 0°C 下之其焦耳-湯木生係數，$\mu_{J.T} = 0.366°C\,/\,bar$。試求 10 莫耳的氧氣自其初態，20bar 及 0°C，經絕熱膨脹的過程至1.0 bar 時之溫度的變化

答 $\Delta T = -6.96\,K$

17. 已知凡得瓦氣體之 $\mu_{J.T} = \dfrac{1}{C_P}\left(\dfrac{2a}{RT} - b - \dfrac{3abP}{R^2T^2}\right)$，試導，此氣體之反轉點

答 $T_i = \dfrac{a \pm \sqrt{a^2 - 3ab^2 P}}{bR}$

18. 試導，凡得瓦氣體於低壓時，其焦耳-湯木生係數，$\mu_{J.T} = \dfrac{1}{C_P}\left(\dfrac{2a}{RT} - b\right)$，及其反轉點，$T_i = \dfrac{2a}{Rb}$

19. 設氮氣 50 克，自25°C 及 1 bar 經等溫壓縮至 10 bar，(a) 假設 $N_2$ 為理想的氣體，(b) 假設 $N_2$ 為真實氣體，而其 $\mu_{J.T} = 0.21°C/bar$，及 $\overline{C_P} = 28.451\,J\,K^{-1}\,mol^{-1}$。試求，(a) 與 (b) 之其各焓值的變化

答 (a) $\Delta H = 0$，(b) $\Delta H = 96.023\,J$

20. 正丁烷之莫耳熱容量與絕對溫度 T 的關係，可用下式表示為

$$\overline{C_P} = 19.41 + 0.233T\ J\,K^{-1}\,mol^{-1}$$

試計算，一莫耳的正丁烷於恆壓下，其溫度自 25°C 上升至 300°C 時，所需之熱量

答 $33.31\,kJ\,mol^{-1}$

21. 試由下列的反應於 25°C 之反應熱，計算 $PCl_5(s)$ 之生成的焓值

$$2P(s) + 3Cl_2(g) = 2PCl_3(\ell)\quad \Delta_r H° = -635.13\,kJ\,mol^{-1}$$
$$PCl_3(\ell) + Cl_2(g) = PCl_5(s)\quad \Delta_r H° = -137.28\,kJ\,mol^{-1}$$

答 $-454.85\,kJ\,mol^{-1}$

22. 試計算，一莫耳的 $CH_4(g)$ 於溫度 298 及 2000 K 下，其分別燃燒成為 $CO_2(g)$ 與 $H_2O(g)$ 時之其各燃燒的焓值

答 $-802.303$，$-807.513\,kJ\,mol^{-1}$

23. 試計算，下列的各反應之 $\Delta_r H^{\circ}_{298\,K}$ 值

$$H_2(g) + F_2(g) = 2HF(g)$$
$$H_2(g) + Cl_2(g) = 2HCl(g)$$
$$H_2(g) + Br_2(g) = 2HBr(g)$$
$$H_2(g) + I_2(g) = 2HI(g)$$

答　$-542.2$ , $-184.62$ , $-103.71$ , $-9.484\ kJ\,mol^{-1}$

24. 於鹽類之水合的過程中，通常包括較慢的相轉移之步驟，因此，無法直接量測，鹽類之水合過程的焓值變化。 $Na_2SO_4(s)$ 與 $Na_2SO_4 \cdot 10\,H_2O(s)$ 等的固體各別溶解於無窮大量的水時之其各積分溶解熱，分別為 $-2.34\ kJ\,mol^{-1}$ 與 $78.87\ kJ\,mol^{-1}$。試求， $Na_2SO_4 \cdot 10H_2O(s)$ 之水合熱

答　$-81.21\ kJ\,mol^{-1}$

25. 一莫耳的 $HCl(g)$ 溶解於 200 莫耳的 $H_2O(\ell)$ 時之反應式可書寫為，
$HCl(g) + 200H_2O(\ell) = HCl_{in}\quad 200H_2O$，試計算，其積分的溶解熱

答　$-73.965\ kJ\,mol^{-1}$

26. 試計算下列的反應 (a) 與 (b) ，各於 25°C 的稀薄水溶液時之其各反應的焓值

(a) $HCl(ai) + NaBr(ai) = HBr(ai) + NaCl(ai)$

(b) $CaCl_2(ai) + Na_2CO_3(ai) = CaCO_3(s) + 2NaCl(ai)$

答　(a) 0 ， (b) $13.05\ kJ\,mol^{-1}$ 。

27. 試使用下列的數據計算，一莫耳的水於溫度 10°C 凝結時，所放出之熱量

$$H_2O(\ell) = H_2O(s) \qquad \Delta H^{\circ}_{(273\,K)} = -6004\ J\,mol^{-1}$$
$$\overline{C}_{P,\,H_2O(\ell)} = 75.3\ J\ K^{-1}\,mol^{-1} \qquad \overline{C}_{P,\,H_2O(s)} = 36.8\ J\ K^{-1}\,mol^{-1}$$

答　$-5619\ J\,mol^{-1}$

28. 氮氣之莫耳熱容量與溫度的關係，可用下式表示為

$$\overline{C}_P = 26.984 + 5.910 \times 10^{-3}\,T - 3.377 \times 10^{-7}\,T^2\ J\ K^{-1}\,mol^{-1}$$

試求一莫耳的 $N_2$ ，自 300 K 經加熱至溫度 1000 K 時，所需吸收之熱量

答　$21.468\ kJ\,mol^{-1}$

# 第四章

# 熱力學第二定律及第三定律

本章首先介紹，自然界之自發與非自發的變化及卡諾循環，以作為敘述熱力學第二定律及定義熵之基礎，及由系統之熵值的變化以判斷，於孤立系內的化學反應或物理變化是否可自發。熵 $S$ 為系之狀態函數，於本章亦介紹溫度、壓力與容積等對於熵值的影響，各種過程與化學反應之熵值的變化，混合理想氣體之熵值，熵值與統計或然率之關係，及熱力學的第三定律。依據熱力學的第三定律，可由各種物質之熱容量與相轉移之熵值的測定，計算各種物質於某狀態之熵的絕對值。

## 4-1 自發與非自發的變化
### (Spontaneous and Nonspontaneous Changes)

凡不需藉外力或功的介入或幫助，而可自然發生的變化，稱為**自發的變化** (spontaneous change)。例如，水由高處向低處流，化學反應趨向其平衡的方向進行，及熱量自高溫處傳遞至低溫處等，均為自發的變化。自發的變化藉適當的設計或機械，可作有用的功。例如，利用自高處向低處流的流水，可轉動渦輪以作有用的功，由於電化電池內發生的化學反應，可產生電流，及自高溫的熱源傳遞至低溫熱源的熱量，可用以運轉熱機等。系統經由自發的變化作功時，一般均會喪失若干其所具有之作功的能力。

自發變化之特徵為，對於系統沒有作用外力或供給能量時，不能自動逆轉其變化的方向。例如，水不能自動由低處向高處流，熱量不會自動自低溫處傳遞至高溫處。自然變化之反方向的變化為，**非自發的變化** (nonspontaneous change)，而此種非自發的變化需自外界供給能量始能發生。例如，利用抽水機可將低處的水抽至高處，電池於充電時，可逆轉電池內的化學反應之反應的方向，利用**冷凍機** (refrigerator) 可將熱量自低溫處傳遞至高溫的熱源。通常藉自發的變化可作功或供給能量，因此，欲反轉某一自發變化之方向，須藉另一自發變化以供給所需的能量，即可藉一自發的變化以帶動另一非自發的變化。

自發的變化可使其於可逆或不可逆的情況下發生，欲使自發的變化於可逆的狀況下發生，須於其變化的過程中，作用方向相反而大小接近其平衡的推動力，以使其變化於接近平衡的情況下緩慢進行，即於此種過程中之任一瞬間，僅改變其相抗衡的二力中之一無窮小量，即能逆轉其變化的方向。實質上，系於可逆的過程中，隨時與其外界保持平衡。例如，圓筒活塞內的氣體之可逆膨脹的過程中，圓筒內的氣體壓力與其外面壓力的差，隨時維持無窮小，而圓筒內的氣體隨其外面壓力的無窮小量減低，而緩慢推動活塞膨脹，及電池於放電時，藉**電位計** (potentiometer) 加於電池與其電動勢大小相同而方向相反的電位，以使電池於保持接近於平衡的狀況下緩慢放電等，上述的二種過程均為，假想的可逆自發變化。由可逆變化的過程可產生最大的功，然而，實際上的一般變化過程，均由於摩擦而會損失某些能量。因此，任何的實際機器或系統之自發變化，皆不能得到最大的功，且完全可逆的過程之進行的速率通常無窮小，而需無限長的時間始能完成某一定的過程。事實上，一般的自發變化所作之功的大小，通常均等於零 (如氣體向真空的膨脹) 至最大的功之間的某值。

　　熱力學第一定律為能量不滅的定律，各種形式的能量之間，其能量的形式可以互相轉變，但能量的總量保持一定，而對於能量之轉變的過程，沒有任何的敘述及任何的限制。然而，能量間的轉變及自然界發生的許多過程，均有其自然發生及轉變的方向，而由熱力學第二定律可決定並判斷，過程自然發生的方向，例如，氣體可自發向真空膨脹，而其逆向的過程雖沒有違反熱力學第一定律，但從來不會自然發生。熱量自溫度均勻的金屬棒之一端傳移至另一端，而使其一端變冷另一端變熱，此種現象同樣沒有違反熱力學第一定律，但亦從來不會自然發生。各種形式之功均可互相轉換，而可完全轉變成熱，但熱量不能完全轉變為功。由經驗得知，經由一循環的過程，僅能將熱量之一部分轉變為功。由熱力學第二定律可計算，某定量的熱量可作之最大的功，用以並可建立作為判斷某過程是否可自然發生之準則。

　　由熱力學第二定律可判斷，某過程或化學反應於某特定的條件下，是否可自然發生。熱力學第二定律係經由有關熱機的經驗與熟思，而於 1860 年所建立。於下節討論熱機之自然變化的方向，及卡諾熱機循環，以作為敘述熱力學第二定律，及定義熵(entropy)之基礎。

## 4-2　卡諾熱機 (Carnot Heat Engine)

　　藉熱機之一循環的程序，可將熱量之一部分轉變為功，此時熱機內的**工作流體** (working fluid) ，於其循環的過程中自高溫的熱源吸收熱量 $q_1$ ，而將所吸收的熱量之一部分轉變為功 $w$ ，並於低溫的熱源放出剩餘的熱量 $q_2$ 。由於系之內能 $U$ 為狀態的函數，而系 (工作流體) 經由循環的過程回至其初狀態，所以其內的工作流體經循環過程之內能的變化為零，$\Delta U = 0$。因此，熱機內的工作流體經一循環過程之內能的變化，由熱力學的第一定律，可表示為

$$\Delta U_{循環} = 0 = q_1 + q_2 + w \qquad \text{(4-1a)}$$

或
$$q_1 + q_2 = -w \qquad \text{(4-1b)}$$

上式中的 $-w$ 為系統向外界所作之淨功。熱機從高溫的熱源所吸收的熱量 $q_1$ 與其對外界所作之功 $-w$ 的比，即為**熱機之效率** (efficiency of heat engine) $\eta$，而可表示為

$$\eta = \frac{工作流體對外界所作之功}{工作流體自高溫熱源所吸收之熱量} = \frac{-w}{q_1} = \frac{q_1 + q_2}{q_1} \qquad \text{(4-2)}$$

上式中，$q$ 與 $w$ 皆為路徑的函數，因 $q_2$ 為系統於低溫熱源所放出之熱量，故 $q_2$ 為負的值。

　　**卡諾循環** (Carnot cycle) 為理想的可逆循環，即無重量及無摩擦的活塞氣缸內之工作流體，自其初狀態經由等溫膨脹、絕熱膨脹、等溫壓縮及絕壓縮等，四連續步驟的可逆循環程序，而回至其初狀態，此理想的 carnot 循環過程如圖 4-1 所示。氣缸內的工作流體與同溫度 $T_1$ 的恆溫大熱源接觸並吸收熱量 $q_1$，而於等溫 $T_1$ 下自狀態 $A$ 經可逆膨脹的過程至狀態 $B$，其次自狀態 $B$ 經可逆絕熱膨脹的過程至狀態 $C$ 時其溫度自 $T_1$ 降至 $T_2$，其後工作流體與同溫度 $T_2$ 的低溫大熱源接觸，並經等溫可逆壓縮的過程至狀態 $D$，此時工作流體對於低溫熱源放出熱量 $q_2$，最後自狀態 D 經可逆絕熱壓縮的過程，返回至其最初的狀態 $A$，而此時其溫度自 $T_2$ 升至 $T_1$。

　　工作流體於上述的卡諾循環過程中之各步驟的過程所作之功，可用圖 4-1 之各段曲線與橫軸間的面積表示。於此 $P-V$ 的關係曲線中，工作流體於循環過程中所作之淨功，相當於面積 $ABCDA$。工作流體此循環過程所作之淨功與所收的熱量分別為，$w = w_{AB} + w_{BC} + w_{CD} + w_{DA}$ 與 $q = q_1 + q_2$。由於氣缸內的工作流體，經一循環的程序而返回其初狀態，由此，其內能的變化為零，因此，由熱力學第一定律可得，$\Delta U = 0 = q_1 + q_2 + w$，即 $-w = q_1 + q_2$。

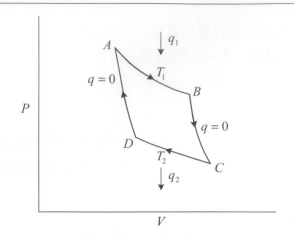

圖 4-1　卡諾循環

　　於茲討論以 $n$ 莫耳的理想氣體爲工作流體，而於溫度 $T_1$ 與 $T_2$ 的二熱源間，經如圖 4-1 所示的上述之卡諾可逆循環時，其各步驟的過程之內能的變化與功及熱量。

　　步驟 $AB$：理想氣體於一定的溫度 $T_1$ 下，自狀態 $A$ 經等溫可逆膨脹至狀態 $B$，因理想氣體之內能僅爲溫度的函數，故

$$\Delta U_{AB} = 0, \; -w_{AB} = q_1 = nRT_1 \ln\left(\frac{V_B}{V_A}\right) \tag{4-3}$$

　　步驟 $BC$：理想氣體自狀態 $B$ 經絕熱可逆膨脹至狀態 $C$，而溫度由 $T_1$ 降至 $T_2$，因此

$$q = 0, \quad \Delta U_{BC} = w_{BC} = n \int_{T_1}^{T_2} \overline{C}_v dT \tag{4-4}$$

　　步驟 $CD$：理想氣體於一定的溫度 $T_2$ 下，自狀態 $C$ 經等溫可逆壓縮至狀態 $D$，因理想氣體之內能僅爲溫度的函數，故

$$\Delta U_{CD} = 0, \; -w_{CD} = q_2 = nRT_2 \ln\left(\frac{V_D}{V_C}\right) \tag{4-5}$$

　　步驟 $DA$：理想氣體自狀態 $D$ 經絕熱可逆壓縮回至狀態 $A$，而溫度由 $T_2$ 升至 $T_1$，因此

$$q = 0, \quad \Delta U_{DA} = w_{DA} = n \int_{T_2}^{T_1} \overline{C}_v dT \tag{4-6}$$

　　理想氣體於上述的四可逆步驟的循環過程中，所作的最大功爲，$w_{max} = w_{AB} + w_{BC} + w_{CD} + w_{DA}$，其中的 $w_{BC}$ 與 $w_{DA}$ 之大小相等，而其各符號相反，由此，可互相抵消。因此，於此可逆循環過程中所作之最大功，爲

$$w_{\max} = w_{AB} + w_{CD} = -nRT_1 \ln\left(\frac{V_B}{V_A}\right) - nRT_2 \ln\left(\frac{V_D}{V_C}\right) \tag{4-7a}$$

而由熱力學第一定律，$\Delta U_{循環} = 0 = q_1 + q_2 + w_{\max}$，由此可得

$$-w_{\max} = q_1 + q_2 = nRT_1 \ln\left(\frac{V_B}{V_A}\right) + nRT_2 \ln\left(\frac{V_D}{V_C}\right) \tag{4-7b}$$

由式 (4-3)，$q_1 = nRT_1 \ln(V_B / V_A)$。由此，上式 (4-7b) 之兩邊各除以 $q_1$，可得

$$\frac{-w_{\max}}{q_1} = \frac{q_1 + q_2}{q_1} = \frac{RT_1 \ln(V_B / V_A) + RT_2 \ln(V_D / V_C)}{RT_1 \ln(V_B / V_A)} \tag{4-8}$$

因步驟 $BC$ 與 $DA$ 各為絕熱過程，故由式 (3-62) 可得

$$T_1^{1/(r-1)}V_B = T_2^{1/(r-1)}V_C \tag{4-9a}$$

及

$$T_1^{1/(r-1)}V_A = T_2^{1/(r-1)}V_D \tag{4-9b}$$

而上面的二式相除，得

$$\frac{V_C}{V_D} = \frac{V_B}{V_A} \tag{4-10}$$

將此關係代入式 (4-8)，可得

$$\frac{-w_{\max}}{q_1} = \frac{q_1 + q_2}{q_1} = \frac{RT_1 \ln(V_B / V_A) - RT_2 \ln(V_B / V_A)}{RT_1 \ln(V_B / V_A)} = \frac{T_1 - T_2}{T_1} \tag{4-11}$$

上式 (4-11) 亦可改寫成

$$\frac{q_1}{T_1} = \frac{-q_2}{T_2} \tag{4-12a}$$

或

$$\frac{q_1}{T_1} + \frac{q_2}{T_2} = 0 \tag{4-12b}$$

　　因卡諾循環為由二等溫可逆步驟與二絕熱可逆步驟而成的可逆循環，且其二絕熱可逆步驟之 $\frac{q_{\rm rev}}{T}$ 均為零，而上式 (4-12b) 為二恆溫可逆步驟之 $\frac{q_{\rm rev}}{T}$ 的和。所以於整個的可逆循環過程中之 $\frac{q_{\rm rev}}{T}$ 的和等於零，而可表示為

$$\sum \frac{q_{\rm rev}}{T} = 0 \tag{4-13a}$$

或可寫成

$$\oint \frac{dq_{\rm rev}}{T} = 0 \tag{4-13b}$$

**例 4-1** 於溫度 500°C 與 20°C 之間運轉的理想可逆熱機，其每一循環於低溫的熱源所放出之熱量為 10.46 kJ。試求其每一循環的過程中所作之淨功

**解** 由式 (4-11)，$\eta = \dfrac{T_1 - T_2}{T_1} = \dfrac{773 - 293}{773} = 0.621$

$q_1 = \dfrac{q_2}{\eta - 1} = \dfrac{-10.46}{-0.379} = 27.599\,\text{kJ}$

$-w = q_1 \cdot \eta = 27.599 \times 0.621 = 17.139\,\text{kJ}$ ◀

## 4-3 卡諾冷凍機與卡諾抽熱機
### (Carnot Refrigerator and Carnot Heat Pump)

卡諾熱機以圖 4-1 所示的可逆卡諾循環之反方向運轉時，由於外界對工作流體作功，而可將熱量自低溫處傳遞至較高溫處，此時可使其低溫處的溫度降低，而可得冷卻的效果。此種循環稱為，**卡諾冷凍循環** (Carnot refrigerator cycle)，而此循環之第一步驟為，工作流體自狀態 $A$ 經可逆絕熱膨脹至狀態 $D$，第二步驟為，其工作流體自低溫的熱源吸收熱量 $q_2$，而經可逆等溫膨脹的過程至狀態 $C$，第三步驟為，自狀態 $C$ 經可逆絕熱壓縮的過程至狀態 $B$，最後的第四步驟為，工作流體於高溫熱源 $T_1$ 放出熱量 $|q_1|$，而經由可逆等溫壓縮的過程回至初狀態 $A$。於上述之卡諾冷凍循環的四步驟中，對系統的氣體（工作流體）所作之功，分別為

$$w_{AD} = -\int_A^D P\,dV \tag{4-14}$$

$$w_{DC} = -\int_D^C P\,dV \tag{4-15}$$

$$w_{CB} = -\int_C^B P\,dV \tag{4-16}$$

$$w_{BA} = -\int_B^A P\,dV \tag{4-17}$$

於此卡諾冷凍循環過程中外界對於系所作的功，相當於圖 4-1 之 $P-V$ 圖中的 $ADCBA$ 所包圍的面積。由此，由熱力學第一定律得

$$\Delta U_{\text{循環}} = 0 = q_1 + q_2 + w_{AD} + w_{DC} + w_{CB} + w_{BA} = q_1 + q_2 + w \tag{4-18}$$

上式中，$w = w_{AB} + w_{DC} + w_{CB} + w_{BA}$，為外界對系的工作流體所作之淨功。

卡諾冷凍機 (Carnot refrigerator) 之執行係數 (coefficient of performance) $\beta$，可用自低溫的熱源所吸取之熱量，與外界對於系統的工作流體所作之功的比，表示為

$$\beta = \frac{q_2}{w_{AD} + w_{DC} + w_{CB} + w_{BA}} = \frac{q_2}{-(q_1 + q_2)} \tag{4-19}$$

卡諾抽熱機 (Carnot heat pump) 之循環，與卡諾冷凍機者相同，由於外界對於系統的工作流體作功，而將低溫熱源的熱量移至高溫的熱源。通常以地面或溫度比室溫低的冷水作為低溫的熱源。卡諾抽熱機之執行係數 $\beta'$，可用於高溫熱源所放出之熱量，與外界對於系統的工作流體所作之功的比，表示為

$$\beta' = \frac{-q_1}{w_{AD} + w_{DC} + w_{CB} + w_{BA}} = \frac{q_1}{q_1 + q_2} \tag{4-20}$$

上式(4-19)與(4-20)的 $\beta$ 與 $\beta'$，均為正的值，而均可大於 1。

例 **4-2**　可逆的熱機經作功自溫度 $90°C$ 的 $10\,kg$ 之熱水吸收熱量，至其水的溫度降至 $60°C$，而於 $5°C$ 的 $5\,kg$ 水之低溫的熱源放出其所吸收的熱量。設熱機之循環過程為可逆，且無任何能量的損失。設水之熱容量為 $4.184\,J\,g^{-1}$，試計算熱機所作之功

解　較高溫熱水之熱源的溫度，隨熱機所吸收的熱量而改變，由此，熱機自 $90°C$ 之 $10\,kg$ 的熱水所吸收之熱量，可表示為

$$q_1 = -\int_{363}^{333} m_1 C_P dT_1 = (10,000)(4.184)(30)\,J$$

設於低溫熱源之水的終溫為 $T_f$，則由，$dq = mC_p dT$，及式 (4-13)，可得

$$10,000 \int_{363}^{333} \frac{dT_1}{T_1} + 5000 \int_{278}^{T_f} \frac{dT_2}{T_2} = 0$$

或

$$10,000\ln(333/363) + 5,000\ln(T_f/278) = 0$$

由上式解得，$T_f = 331\,K$，所以

$$q_2 = -5,000(T_f - 278)\cdot 4.184\,J = -265,000\,J$$

$$-w = [10,000(363 - 330) - 5,000(T_f - 278)]4.184\,J = 271,980\,J \qquad \blacktriangleleft$$

## 4-4 熱力學第二定律 (The Second Low of Thermodynamics)

自然界之許多過程均為不可逆，且有一定的變化方向。例如，電流由高的電位流至低的電位，水自高的水位流至低的水位，熱量自高溫處傳遞至低溫處，這些自然的過程均有其一定的流動或傳遞的方向。於熱力學第一定律僅論述，各種形式的能量之相互變換的關係，而沒有論及能量之來源或其變換的方向，亦沒有論及，由某一種形式的能量轉變成另一種能量的難易。由經驗及實驗證實，各種形式的功或能量，均可全部完全轉變為熱，但熱量不能完全轉變為功，而通常僅其熱量的一部分，能轉變為功。由此，熱量為比功較低價值的能量，而僅由熱力學第一定律不能解釋或判斷，於自然界所發生的各種現象，及各種反應及過程的進行方向。

熱力學第二定律為，根據自然界所發生的許多現象與事實歸納而成的定律。由經驗得知，利用某系統之循環的過程，將熱量自高溫的熱源傳遞至較低溫的熱源時，可對外界作功；反之，對於系統作功時，可逆轉熱量的傳遞方向，即可將熱量自較低溫的熱源傳遞至較高溫的熱源。由此觀點，Clausius 對於熱力學第二定律提出下列的敘述為：藉一循環的過程，不能將熱量自低溫的熱源傳遞至高溫的熱源，除非同時將某一定量的功轉變為熱；而 Kelvin 對於熱力學第二定律的敘述為：藉一循環的過程，不能將自一熱源所吸收的熱量完全轉變為功，除非同時有某些熱量，自高溫的熱源傳遞至較低溫的熱源。

熱力學第二定律雖有許多種不同的敘述方式，但其所表示的真實意義，及實用的效果均相同。熱力學第二定律之一些較重要的其他的敘述為：

1. 所有的自然過程均為不可逆。
2. 熱量不能完全轉變為功，而通常僅可將熱量之一部分轉變為功，且其另一部分的熱量於較低溫處逸失。
3. 無外力的作用或功之輔助，熱量不能自低溫處傳遞至較高溫處。
4. 由摩擦產生熱量的過程，為不可逆的過程。
5. 理想氣體之自然膨脹為不可逆的變化。
6. 宇宙中之熵值隨時間而一直增加，且趨近於最大值（熵將於 4-7 節詳述）。

由熱力學的第二定律，不僅能說明自然界的許多過程之自然變化的方向，亦可據以計算，由某定量的熱量所作之最大的功，同時亦可據以判斷，某一變化或過程是否可自然發生或進行。

**4-5** 卡諾原理 (Carnot Principle)

　　於不同溫度的二熱源間運轉之各種熱機中，可逆熱機之效率最高，且所有的各種可逆熱機，於相同的二不同溫度之熱源間運轉時之效率均相同，而其效率僅與二熱源之溫度 $T_1$ 與 $T_2$ 有關，且與其可逆熱機內的工作流體之種類無關，此稱為**卡諾原理** (Carnot principle)。

　　卡諾原理可由 Clausius 對於熱力學第二定律的敘述證明。設不可逆的熱機 $A$ 與可逆的熱機 $B$ 連接，並於相同的高溫熱源 $T_1$ 與低溫熱源 $T_2$ 間，各以相反的方向運轉，如圖 4-2 所示。此時不可逆的熱機 $A$，自高溫的熱源 $T_1$ 吸收熱量 $Q_1$，而對外界作功 $W$，並於低溫的熱源 $T_2$ 放出熱量 $Q_2$ 回至其初狀態；而由於可逆的熱機 $B$ 可作任何方向的運轉，由此，設可逆熱機 $B$ 之運轉的方向與熱機 $A$ 相反，並利用熱機 $A$ 對外界所作的功 $-W(=W')$，自低溫的熱源 $T_2$ 吸收熱量 $Q'_2$，並於高溫的熱源 $T_1$ 放出熱量 $Q'_1$ 回至其初狀態。設熱機 $A$ 與 $B$ 之效率分別為，$\eta_A$ 與 $\eta_B$，則其各效率由式 (4-2) ，可分別表示為

$$\eta_A = \frac{-W}{Q_1} = \frac{Q_1 + Q_2}{Q_1} \tag{4-21}$$

與

$$\eta_B = \frac{-W'}{Q'_1} = \frac{Q'_1 + Q'_2}{Q'_1} \tag{4-22}$$

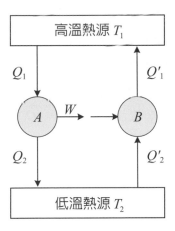

圖 4-2　二熱機 A 與 B 連接而於二熱源 $T_1$ 與 $T_2$ 間運轉，以說明卡諾原理

上式中，$\eta_A$ 與 $\eta_B$ 為 $A$ 與 $B$ 均以熱機運轉時之效率，而均為正的值。因此，對於熱機 $A$ 與 $B$，$Q_1, Q'_2$ 與 $W'$ 均為正的值，而 $Q_2, Q'_1$ 與 $w$ 均為負的值。

假設 $\eta_A > \eta_B$ 時，則由式 (4-21) 與 (4-22) 可得

$$\frac{-W}{Q_1} > \frac{-W'}{Q_1'} = \frac{-W}{-Q_1'} \tag{4-23}$$

因熱機 $A$ 與 $B$ 均各回至其初態，故其各內能的變化均各等於零，因此，由式 (4-1b) 可得

$$-Q_2 = Q_1 + W \tag{4-24a}$$

與 $\qquad\qquad -Q_2' = Q_1' + W' \quad 或 \quad Q_2' = -Q_1' + W \tag{4-24b}$

由上面的二式 (4-24a) 與 (4-24b) 相減，得

$$Q_1 + Q_1' = -(Q_2 + Q_2') \tag{4-25}$$

另由式 (4-23) 得，$-Q_1' > Q_1$，因此，由上式 (4-25) 可得，$Q_2' > -Q_2$。此結果表示，若不可逆的熱機 $A$ 之效率 $\eta_A$，大於可逆的熱機 $B$ 之效率 $\eta_B$，而將此二熱機連接運轉時，則可自低溫的熱源 $T_2$ 將熱量 $(Q_2' + Q_2)$ 傳遞至高溫的熱源 $T_1$。此結果顯然違背熱力學第二定律，即原先之假設，$\eta_A > \eta_B$，為不正確。

　　若假設 $\eta_A < \eta_B$，則 $-W/Q_1 < -W/-Q_1'$。同理可得，$-Q_1'$ 小於 $Q_1$，而得 $Q_2' < -Q_2$，其結果顯示，將 $(Q_1 + Q_1')$ 之熱量自高溫的熱源 $T_1$，傳遞至低溫的熱源 $T_2$，此結果符合熱力學第二定律。由此得知，於不同溫度之二相同熱源間運轉的各種熱機中，可逆熱機之效率最高，即其效率大於各種不可逆熱機之效率。

　　若圖 4-2 中之熱機 $A$ 與 $B$ 均為可逆熱機，而 $A$ 之工作流體為理想氣體以外的流體，$B$ 之工作流體為理想氣體。設熱機 $A$ 自高溫的熱源 $T_1$ 吸收熱量 $Q_1$，而對外界作功 $W$，並於低溫的熱源 $T_2$ 放出熱量 $Q_2$ 回至其初狀態；而熱機 $B$ 之運轉方向與 $A$ 相反，且於外界對 $B$ 作功 $W'$ 時，其工作流體自低溫的熱源 $T_2$ 吸收熱量 $Q_2'$，並於高溫的熱源 $T_1$ 放出熱量 $Q_1'(=-Q_1)$，而回至其初狀態。假設可逆熱機 $A$ 與 $B$，由於其各工作流體的不同，而其效率不同，且為 $\eta_A > \eta_B$。此時對於可逆熱機 $A$，由式 (4-1b) 可得

$$-W = Q_1 + Q_2 = \eta_A Q_1 \tag{4-26a}$$

或 $\qquad\qquad Q_2 = (\eta_A - 1)Q_1 \tag{4-26b}$

而對於可逆熱機 $B$，可得

$$-W' = Q_1' + Q_2' = \eta_B Q_1' = -\eta_B Q_1 \tag{4-27a}$$

或 $\qquad\qquad Q_2' = (\eta_B - 1)Q_1' = (1 - \eta_B)Q_1 \tag{4-27b}$

由此，將熱機 $A$ 與 $B$ 連接運轉時，其淨功 $w$ 與淨熱 $q$，分別為

$$q = Q_2 + Q_2' = (\eta_A - \eta_B)Q_1 \qquad \text{(4-28)}$$

$$-w = -(W + W') = (\eta_A - \eta_B)Q_1 \qquad \text{(4-29)}$$

而由上式(4-28)與(4-29) 得，自低溫的熱源 $T_2$ 所吸收的熱量 $q$，可完全轉變為功 $-w$。此結果顯然違背熱力學第二定律。因此，原來之假設 $\eta_A > \eta_B$ 不成立，即 $\eta_A \not> \eta_B$，而應為 $\eta_A \leq \eta_B$。同理可得， $\eta_A < \eta_B$ 時亦違背熱力學第二定律。因此，必 $\eta_A = \eta_B$。由此得知，可逆熱機之效率與其工作流體之種類無關，且其效率僅由，高溫與低溫的二熱源之溫度 $T_1$ 與 $T_2$ 決定。

從另一觀點，由可逆的熱機亦可定義**熱力溫標** (thermodynamic scale of temperature)，而此溫標與物質之種類無關，且可用以作為比較各種溫標之依據。

## **4-6** 熱力溫度 (Thermodynamic Temperature)

由卡諾原理得知，可逆熱機之效率 $\eta$，僅與其運轉的高溫與低溫的二熱源之溫度， $T_1$ 與 $T_2$ 有關，而可用 $T_1$ 與 $T_2$ 之函數表示為：

$$\eta = \frac{-w}{q_1} = f(T_1, T_2) \qquad \text{(4-30)}$$

上式中， $q_1$ 為如圖 4-3 所示的可逆熱機 I，自高溫的熱源所吸收之熱量， $-w$ 為熱機向外界所作之淨功， $f(T_1, T_2)$ 為僅含絕對溫度 $T_1$ 與 $T_2$ 之**一般性的函數** (universal function)，而與熱機之工作流體的種類無關。根據熱機之能量的平衡式 (4-1b)， $-w = q_1 + q_2$，由此，上式可寫成

$$\eta = \frac{q_1 + q_2}{q_1} = f(T_1, T_2) \qquad \text{(4-31a)}$$

或

$$\eta = 1 + \frac{q_2}{q_1} = f(T_1, T_2) \qquad \text{(4-31b)}$$

由上式 (4-31b) 得知， $q_2/q_1$ 亦須僅為二熱源的溫度 $T_1$ 與 $T_2$ 之函數，因此，上式可寫成

$$\frac{q_2}{q_1} = 1 - f(T_1, T_2) = \phi(T_1, T_2) \qquad \text{(4-32)}$$

上式 (4-32) 表示，熱機經一循環的過程時，於低溫的熱源 $T_2$ 所放出之熱量 $q_2$，與其自高溫的熱源 $T_1$ 所吸收之熱量 $q_1$ 的比，僅為高溫與低溫的二熱源之溫度 $T_1$ 與 $T_2$ 的函數。

為確定此未知的函數 $\phi(T_1, T_2)$ 之本質，設於與可逆熱機 I 的運轉相同之高溫與低溫的二溫度 $T_1$ 與 $T_2$ 之熱源間，二可逆的熱機 II 與 III 連接運轉；其中的可逆熱機 II 自熱源 $T_1$ 吸收熱量 $q_1$，而於溫度等於 $T_1$ 與 $T_2$ 之間的熱源 $T_3$ 放出熱量 $q_3$，同時可逆熱機 III 自熱源 $T_3$ 吸收熱量 $q_3$，而於熱源 $T_2$ 放出熱量 $q_2$，如圖 4-3 所示。因熱機 I、II 及 III 均為可逆熱機，且其各運轉的方式均相同，因此，對於二可逆熱機 II 與 III，亦可分別寫出類似式 (4-32) 之關係式，即

$$\frac{q_3}{q_1} = \phi(T_1, T_3) \tag{4-33a}$$

與

$$\frac{q_2}{q_3} = \phi(T_3, T_2) \tag{4-33b}$$

上面的式 (4-32) 與 (4-33) 等，其各式中之溫度的函數式，應均為相同的形式。因 $(q_3/q_1)(q_2/q_3) = q_2/q_1$，因此，由式 (4-32) 與 (4-33)，可得

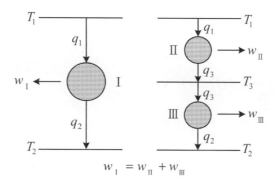

圖 4-3　熱力溫度與可逆熱機

$$\frac{q_2}{q_1} = \phi(T_1, T_3)\phi(T_3, T_2) = \phi(T_1, T_2) \tag{4-34}$$

上式 (4-34) 之右邊的函數式，等於中間之二函數式的乘積，而其中沒有含 $T_3$。即中間之二函數式相乘時，其中的 $T_3$ 互相抵消而消失。由此，函數式 $\phi(T_1, T_2)$ 應可分離成，每一函數式僅含一溫度之二函數式的乘積，即 $\phi(T_1, T_2) = \phi'(T_1)\phi''(T_2)$。因此，上式 (4-34) 可寫成

$$\frac{q_2}{q_1} = \phi'(T_1)\phi''(T_3)\phi'(T_3)\phi''(T_2) = \phi'(T_1)\phi''(T_2) \tag{4-35}$$

於上式中，可消去 $T_3$ 之條件爲，函數式 $\phi'$ 與 $\phi''$ 應互爲倒數，而可表示爲

$$\phi'(T) = \frac{1}{\phi''(T)} \tag{4-36}$$

由此，式 (4-35) 可寫成

$$\frac{q_2}{q_1} = \phi'(T_1)\phi''(T_2) = \frac{\phi''(T_2)}{\phi''(T_1)} \tag{4-37}$$

由上式 (4-37) 得，可逆的熱機於循環的過程中，於低溫的熱源所放出之熱量與自高溫的熱源所吸收之熱量的比，等於其溫度之相同形式的函數式之比。克耳文以此函數式作爲，熱力溫標之基礎，由於函數式 $\phi''(T)$ 之最簡單的型式爲，$\phi''(T) = T$，因此，上式 (4-37) 可寫成

$$\frac{|q_2|}{|q_1|} = \frac{T_2}{T_1} \tag{4-38}$$

於是，熱機之效率可由式 (4-3) ，得

$$\frac{-w}{|q_1|} = \frac{|q_1| - |q_2|}{|q_1|} = \frac{T_1 - T_2}{T_1} \tag{4-39}$$

而可用上式 (4-39) 定義，熱力之絕對溫標。

由式 (4-38) 得知，若能建造可逆熱機且能測定 $q_2$ 與 $q_1$，則其比應等於，低溫熱源與高溫熱源之熱力絕對溫度的比。於 $T_2 \to 0$ 時，由上式 (4-39) 可得，$\eta \to 1$，即熱力的絕對溫標之零點，爲可逆熱機之效率 $\eta$ 等於 1 時之低溫熱源的溫度。

由熱力溫度之定義，卡諾熱機之效率 $\eta$ 可用下式表示，爲

$$\eta = \frac{|w|}{|q_1|} = \frac{|q_1| - |q_2|}{|q_1|} = \frac{T_1 - T_2}{T_1} \tag{4-40}$$

冷凍機之執行係數 $\beta$，爲

$$\beta = \frac{|q_2|}{|w|} = \frac{|q_2|}{|q_1| - |q_2|} = \frac{T_2}{T_1 - T_2} \tag{4-41}$$

抽熱機之執行係數 $\beta'$ 爲

$$\beta' = \frac{|q_1|}{|w|} = \frac{|q_1|}{|q_1| - |q_2|} = \frac{T_1}{T_1 - T_2} \tag{4-42}$$

式 (4-40) 爲，由熱力溫度所得之卡諾熱機的效率，此式與以理想氣體作爲工作流體，所得之式 (4-11) 相同。此表示理想氣體的溫標，與熱力溫標互成比例，若採取同一點 (273.16 K) 爲水之三相點，則其二者完全相同。

例 4-3　(a)　核能的發電廠，以水蒸氣作為工作流體的熱機，於溫度 800 與 330 K 間運轉，試求，由 1 kwh 的熱量可得之最大功；(b) 冷凍機於 373 與 273 K 間運轉時，其每 kwh 的功可移去若干焦耳的熱量，(c) 抽熱機於溫度 295 與 273 K 間運轉時，要得到每 kwh 的熱量時，需要若干的功

解　(a)　$|w| = |q_1| \dfrac{T_1 - T_2}{T_1} = \dfrac{(1 \text{ kw h})(470 \text{ K})}{800 \text{ K}} = 0.588 \text{ kw h}$

(b)　$|q_2| = |w_1| \dfrac{T_2}{T_1 - T_2} = \dfrac{(1 \text{ kw h})(273 \text{ K})}{100 \text{ K}}$

$= (2.73 \text{ kw h})(10^3 \text{ Js}^{-1}\text{kw}^{-1})(60 \text{ min h}^{-1})(60 \text{ s min}^{-1})$

$= 9.828 \times 10^6 \text{ J}$

(c)　$|w| = |q_1| \dfrac{T_1 - T_2}{T_1} = \dfrac{(1 \text{ kwh})(22 \text{ K})}{295 \text{ K}} = 0.0746 \text{ kwh}$　◀

## 4-7　熵　(Entropy)

熱力學的第二定律如於 4-4 節所述，有各種不同的表示方法，於此為應用方便引入一新的熱力量，**熵** (entropy)。由卡諾的可逆循環得式 (4-13)，$\sum \dfrac{q_{\text{rev}}}{T} = 0$。由於狀態的函數經一循環的變化時，其總和等於零，因此，式(4-13)中之 $q_{\text{rev}}/T$ 應為狀態的函數。Clausius 於 1865 年以下式定義，熵 $S$ 之微小的變化，即

$$dS \equiv \frac{đq_{\text{rev}}}{T} \tag{4-43}$$

上式中，$đq_{\text{rev}}$ 為系於溫度 $T$ 之微小的可逆過程之熱量的變化，而 $dS$ 為熵 $S$ 之精確的微分(exact differential)。因此，上式 (4-43) 之 $đq_{\text{rev}}/T$ 為精確的微分，而 $1/T$ 為熱量之**積分因子** (integrating factor)。熵 $S$ 為系之狀態函數，而其變化量僅由系之初態與終態決定，且與其狀態的變化所經由之路徑無關。系自狀態 1 至狀態 2 之熵值的變化 $\Delta S$，可由上式 (4-43) 沿其可逆的路徑積分求得，而可表示為

$$\Delta S = \int_1^2 dS = S_2 - S_1 = \int_1^2 \frac{đq_{\text{rev}}}{T} \tag{4-44}$$

系自狀態 1 經由任何的路徑至狀態 2，均可得到相同之熵值的變化 $\Delta S$。熵 $S$ 與容積 $V$ 及內能 $U$ 等同樣，為系之示量性質或**外延性質** (extensive property) 的量，其量的大小與所討論的系之大小有關。於計算某化學系之熵值的變化時，常以莫耳熵值 $\bar{S}$ 表示該系之強度性質或**內涵性質** (intensive property)，而其單位為 $\text{J K}^{-1}\text{mol}^{-1}$。

系統自狀態 1 經等溫可逆的過程至狀態 2 之熵值的變化量 $\Delta S$，等於系統於該定溫的可逆過程中所吸收之熱量 $q_{rev}$ 除以其絕對溫度 $T$。因此，系統於恆溫的可逆過程之熵值的變化 $\Delta S$，可表示為

$$\Delta S = \frac{q_{rev}}{T} \quad （定溫下） \tag{4-45}$$

系統於等溫的可逆過程中吸收熱量時，其 $\Delta S$ 為正的值，即系統之熵值增加。反之，系統於等溫的可逆過程中放出熱量時，其 $\Delta S$ 為負的值，即系統之熵值減少。

因熵為系統之狀態函數，故系統之熵值的變化量，與其狀態的變化所經由之路徑無關。系統經某一定的狀態變化之熵值的變化為定值，而其熵值的變化 $\Delta S$，可使用系統於可逆的情況下所吸收或放出之熱量 $dq_{rev}$，由式 (4-44) 計算。系統經由不可逆的過程時，其熵值的變化仍須用其於可逆過程之 $dq_{rev}$ 值計算，而不是使用該不可逆過程之實際的 $dq_{irrev}$ 計算。

熵 $S$ 為系統之狀態函數，因此，可逆的循環過程（如卡諾循環）之熵值的變化 $\Delta S$，由式 (4-43) 經循環的積分，可得

$$\Delta S = \oint \frac{dq_{rev}}{T} = 0 \tag{4-46}$$

由式 (4-43)，$dq_{rev} = TdS$，而此關係式之積分，可寫成

$$q_{rev} = \int TdS \tag{4-47}$$

即系統於可逆過程中所吸收或放出之熱量 $q_{rev}$，可用以溫度 $T$ 為縱軸，熵值 $S$ 為橫軸的 $T-S$ 圖中，自初態至終態之其 $T-S$ 的關係線之下面的面積表示。

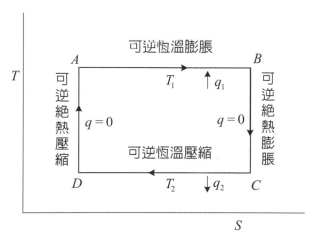

圖 4-4　卡諾熱機循環之 $T-S$ 圖

　　卡諾熱機的循環之 $T$–$S$ 圖，如圖 4-4 所示。系自狀態 $A$ 經可逆恆溫膨脹的過程至狀態 $B$ 時，系之熵值增加，此時系所吸收之熱量 $q_1$，等於自狀態 $A$ 至狀態 $B$ 之 $T$–$S$ 線的下面的面積。自狀態 $B$ 至狀態 $C$ 之可逆絕熱膨脹的過程中，因 $q = 0$，故系的熵值保持定值，由此，$BC$ 與橫軸成垂直。自狀態 $C$ 至狀態 $D$ 之可逆恆溫壓縮的過程中系之熵值減少，而系於此過程中所放出之熱量 $q_2$，等於狀態 $C$ 至狀態 $D$ 之 $T$–$S$ 線的下面的面積。自狀態 $D$ 至狀態 $A$ 之可逆絕熱壓縮的過程中，因 $q = 0$，故系之熵值於此過程中保持定值，而 $DA$ 與橫軸成垂直。因此，系於整個的可逆循環過程所吸收之淨熱，等於長方形 $ABCD$ 內之面積。

　　卡諾熱機的整個循環過程之熵值的變化等於零，而可表示為

$$\Delta S_{\mathrm{cy}} = \Delta S_{AB} + \Delta S_{BC} + \Delta S_{CD} + \Delta S_{DA} = \frac{q_1}{T_1} + 0 + \frac{q_2}{T_2} + 0 = 0 \tag{4-48}$$

上式與式 (4-12) 相同。因內能為狀態的函數，故整個循環過程之內能的變化為零，$\Delta U_{\mathrm{cy}} = 0$。因此，由熱力學第一定律可得，$-w = q_1 + q_2$，而由此關係式與上式 (4-48)，亦可得卡諾熱機之效率式 (4-11)。

## 4-8　克勞秀士定理 (The Clausius Theorem)

　　於二熱源 $T_1$ 與 $T_2$ 之間運轉的各種熱機中，可逆卡諾熱機之效率 $\eta_{\mathrm{rev}}$ 最高，而於此相同的二熱源間運轉之任何的不可逆熱機之效率 $\eta$，均小於可送熱機之效率 $\eta_{\mathrm{rev}}$，即可表示為

$$\eta \leq \eta_{\mathrm{rev}} \tag{4-49}$$

熱機之效率，由式 (4-2) 可表示為，$\eta = \dfrac{q_1 + q_2}{q_1}$，將此關係代入上式 (4-49)，可得

$$1 + \frac{q_2}{q_1} \leq 1 + \frac{q_{2,\,\mathrm{rev}}}{q_{1,\,\mathrm{rev}}} \tag{4-50}$$

上式中的 $q_2$ 與 $q_{2,\,\mathrm{rev}}$ 分別為，不可逆熱機與可逆熱機之工作流體，於低溫的熱源 $T_2$ 所放出之熱量，而均為負的值。因此，上式 (4-50) 可寫成

$$\frac{-q_2}{q_1} \geq \frac{-q_{2,\,\mathrm{rev}}}{q_{1,\,\mathrm{rev}}} \tag{4-51}$$

由式 (4-12) 可得，$-q_{2,\,rev}/q_{1,\,rev}=T_2/T_1$，將此關係代入上式 (4-51)，可得

$$\frac{-q_2}{q_1} \geq \frac{T_2}{T_1} \tag{4-52}$$

或

$$\frac{-q_2}{T_2} \geq \frac{q_1}{T_1} \tag{4-53}$$

或上式經移項，可表示為

$$\frac{q_1}{T_1} + \frac{q_2}{T_2} \leq 0 \tag{4-54}$$

對於可逆卡諾熱機，上式為等號。上式 (4-54) 即為熱機於循環的過程中的各步驟之 $\dfrac{q_i}{T_i}$ 的和，而可寫成

$$\sum \frac{q_i}{T_i} \leq 0 \tag{4-55}$$

或

$$\oint \frac{dq}{T} \leq 0 \tag{4-56}$$

上式即為著名的 Clausius 定理，其中的等號表示可逆循環的過程，而不等號表示不可逆的循環過程。若循環過程中之任一小部分為不可逆，則其整個循環過程為不可逆，此時上式 (4-56) 須採用不等號。由上式 (4-56) 得知，循環過程中之 $\dfrac{dq}{T}$ 的總和，小於或等於零。

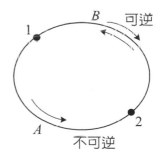

圖 4-5　不可逆循環

　　Clausius 定理應用於不可逆的循環時，可得熱力學第二定律之較實用的表示形式。對於如圖 4-5 所示的不可逆循環 1A2B1，設其中之步驟 1A2 為不可逆，而步驟 1B2 為可逆，則由上式 (4-56) 可得

$$\underset{(A)}{\int_1^2 \frac{dq}{T}} + \underset{(B)}{\int_2^1 \frac{dq_{rev}}{T}} < 0 \tag{4-57}$$

由於步驟 2B1 為可逆，而由式 (4-43)可得，$dq_{rev}/T=dS$。因此，上式 (4-57) 可寫成

$$\int_1^2 \frac{dq}{T} - \int_1^2 dS < 0 \tag{4-58}$$

上式的左邊之第二項由於其步驟為可逆而可以積分，由此，上式可寫成

$$\Delta S = S_2 - S_1 = \int_1^2 dS > \int_1^2 \frac{dq}{T} \tag{4-59}$$

因此，由上式可得

$$dS > \frac{\partial q}{T} \tag{4-60}$$

上式 (4-60) 即表示，不可逆的微小過程之熵值的變化，大於該不可逆過程之熱量變化除以其溫度。由此，熱力學第二定律可寫成，如下的較有用的形式：

$$dS \geq \frac{\partial q}{T} \tag{4-61}$$

於上式中，可逆過程時為等號，而不可逆過程時為不等號。上式 (4-61) 可用以作為，判斷某微小的過程是否為自發過程的**準則** (criterion)。對於微小變化的過程，由上式 (4-61) 可表示為

$$dS > \frac{\partial q}{T} \quad \text{自發不可逆變化} \tag{4-62a}$$

$$dS = \frac{\partial q_{rev}}{T} \quad \text{可逆變化} \tag{4-62b}$$

$$dS < \frac{\partial q}{T} \quad \text{不可能的變化 ( 不會發生 )} \tag{4-62c}$$

上面的各式應用於孤立系統之某一定的變化或過程時，因其變化過程中的熱量 $q = 0$，故上面的各式可寫成

$$\Delta S > 0 \quad \text{自發不可逆的過程} \tag{4-63a}$$

$$\Delta S = 0 \quad \text{可逆過程} \tag{4-63b}$$

$$\Delta S < 0 \quad \text{不可能的過程 ( 反自然之過程 )} \tag{4-63c}$$

由上式 (4-63a) 得知，於孤立的系統內發生自發的過程時，其系之熵值增加。如圖 4-6 所示，孤立系之熵值隨時間而自發增加，且於達至平衡時，其熵值達至最高值。於孤立的系統內發生可逆過程時，其系之熵值不會變化，而於孤立的系統中，不可能發生其熵值減少的過程。因此，由孤立系內的熵值之增加，可作為自然變化之時序的指標。孤立系中之過程是否自發，可由熱力學第二定律，依據其過程之熵值的變化判斷，而此時該過程之熵值的變化須沿其過程之可逆路徑，由式 (4-43) 計算。

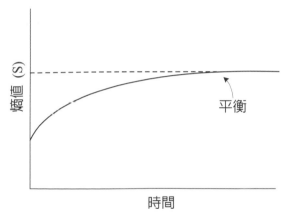

圖 4-6　孤立系內之熵值由於其內的自發過程，而隨時間之變化的情形

　　宇宙可視爲一大的孤立系，而於宇宙內之一切的變化，均朝向熵值增加的自然變化的方向變化，即宇宙之熵值隨時間而增加，並趨向於增加至最大值，此爲熱力學第二定律之另一重要的敘述。系統接近於其平衡之程度、亂度及狀態之或然率等，均與其熵值有密切的關係。

　　依據熱力學第一定律，宇宙之能量爲定值，而由熱力學第二定律，宇宙之熵值趨向於一直增加至最大值。Clausius 將熱力學第一定律與第二定律合併敘述爲：“宇宙之能量爲一定，而其熵值一直值增加，且趨向於增加並接近最大值”。

　　於此舉例說明，於孤立的系統內，$dS \geq 0$ 之應用。如圖 4-7 所示，設與外界完全絕緣的定容系統中，二相 $\alpha$ 與 $\beta$ 共存，而其中的 $\alpha$ 相之溫度爲 $T_\alpha$，$\beta$ 相之溫度爲 $T_\beta$。假想無窮小量的熱量 $đq_{rev}$，自 $\alpha$ 相傳遞至 $\beta$ 相，則此系統之熵值的變化爲

$$dS = \frac{đq_{rev}}{T_\beta} - \frac{đq_{rev}}{T_\alpha} = đq_{rev}\left(\frac{1}{T_\beta} - \frac{1}{T_\alpha}\right) \tag{4-64}$$

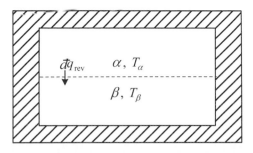

圖 4-7　絕緣定容的系統內之二相 $\alpha$ 與 $\beta$ 間的微小量之熱量的傳遞

若此微小量的熱量之傳遞過程爲自發的過程，則此過程之熵值的變化，$dS > 0$，而由上式 (4-64) 可得，$T_\alpha > T_\beta$。換言之，熱量自較高的溫度自發傳遞至較低的溫度。若 $\alpha$ 與 $\beta$ 的二相平衡，則 $dS = 0$，而由式(4-64)可得，$T_\alpha = T_\beta$，即二相於平衡時，其溫度相等。

由於熵 $S$ 為狀態的函數，而可於系統之二狀態間積分。由此，系統自狀態 1 至狀態 2 之熵值的變化，由式 (4-43) 可得

$$\int_{S_1}^{S_2} dS = \int_1^2 \frac{\overline{d}q_{rev}}{T} = S_2 - S_1 \tag{4-65}$$

因此，系統自狀態 1 至狀態 2 的過程中之熵值的變化，須沿狀態 1 至狀態 2 的可逆過程的路徑之熱量 $\frac{\overline{d}q_{rev}}{T}$ 的積分求得。對於不可逆過程之 $\Delta S$，若能設計一可逆路徑，則亦可同樣利用，上式 (4-65)，沿其可逆的路徑之熱量，計算其過程之熵值的變化。系於可逆絕熱的過程中，因沒有熱量的變化，即 $\overline{d}q_{rev} = 0$，故沒有熵值的變化，而其 $\Delta S = 0$。

## 4-9 可逆過程之熵值的變化
### (Entropy Changes in Reversible Processes)

熱量自某一物體傳遞至較其溫度低無窮小的另一物體時，後者的物體之溫度上升無窮小，或前者的物體之溫度下降無窮小，而此時的熱量傳送均可隨時逆轉其傳遞的方向，此種熱量的傳遞為可逆過程。例如，固體於其熔點之熔化，液體於其平衡蒸氣壓下之蒸發，及固體於其平衡蒸氣壓下之昇華等，均為於相平衡下的可逆過程。這些可逆過程之熵值的變化，均可使用式 (4-45) 計算，即 $\Delta S = \frac{q_{rev}}{T}$。

一莫耳的物質於定溫定壓下之可逆的相變化，所吸收或所放出之熱量 $q_{rev}$，等於其相變化之莫耳焓值的變化 $\Delta \overline{H}$。因此，相變化之莫耳熵值的變化，可表示為

$$\Delta \overline{S} = \frac{\Delta \overline{H}}{T} \tag{4-66}$$

由定溫定壓下之莫耳熔化熱 $\Delta \overline{H}_f$、莫耳氣化熱 $\Delta \overline{H}_v$、或莫耳昇華熱 $\Delta \overline{H}_s$，利用上式可分別計算，熔化、氣化、或昇華等相變化過程之莫耳熵值的變化。於這些可逆的過程中，系統所吸收之熱量，均各等於其外界所減少之熱量，因此，系統與外界之熵值的各變化量，均各相等而符號相反，所以系統與外界之熵值變化量的總和均等於零，如式 (4-63b) 所示。

例 **4-4**　正己烷於壓力 1.01325 bar 之沸點為 68.7°C，其莫耳蒸發熱為
28,850 J mol$^{-1}$。試求一莫耳的正己烷液體，於其沸點蒸發成飽和蒸氣時
之熵值的變化

解　$\Delta \overline{H}_v = 28{,}850$ J mol$^{-1}$

$$\therefore \Delta \overline{S}_v = \frac{\Delta \overline{H}_v}{T} = \frac{28{,}850 \text{ J mol}^{-1}}{341.8 \text{ K}} = 84.41 \text{ J K}^{-1}\text{mol}^{-1} \quad \blacktriangleleft$$

例 **4-5**　固體的二固相，於定溫定壓下之相轉移為可逆過程。碘化銀之二固相 $\alpha$
與 $\beta$ 於 1.01325 bar 及 146.5°C 下之平衡可表示為，AgI($\alpha$) $\rightleftarrows$ AgI($\beta$)，
其相轉移之莫耳熱量的變化為， $\Delta \overline{H}_t = 6402$ J mol$^{-1}$。試求二莫耳的
AgI($\alpha$) 轉變成 AgI($\beta$) 之熵值的變化

解　$q_{\text{rev}} = n\Delta \overline{H}_t = (2 \text{ mol})(6{,}402 \text{ J mol}^{-1}) = 12{,}803 \text{ J}$

$$\therefore \Delta S_t = \frac{q_{\text{rev}}}{T} = \frac{12{,}803}{419.5} = 30.52 \text{ J K}^{-1} \quad \blacktriangleleft$$

　　由上面的例題，蒸氣相之莫耳熵值較其平衡液體相之莫耳熵值大，
$\overline{S}_g > \overline{S}_\ell$，而液體相之莫耳熵值較其平衡固體相之莫耳熵值大，$\overline{S}_\ell > \overline{S}_s$。根據熵之
統計詮釋 (4-13 節 )，系統的熵值可作為系統之不規則性的量度，即系統內的分
子愈不規則或亂度愈大，其熵值愈大。例如，氣體之分子的運動還比液體者不
規則，而液體之分子的運動或排列，比固體者不規則，所以 $S_g \gg S_\ell > S_s$。

　　對於液體蒸發成為平衡的蒸氣之過程，設所考慮之系為液體與其平衡的蒸
氣，而外界為與系同溫度的其周圍的熱源，則系與其外界合起來可視為一孤立的
系。因此，整個孤立系之總熵值的變化 $\Delta S$，等於系之熵值的變化 $\Delta S_{\text{sys}}$，與外界
之熵值的變化 $\Delta S_{\text{surr}}$ 的和，而可表示為

$$\Delta S = \Delta S_{\text{sys}} + \Delta S_{\text{surr}} \tag{4-67}$$

於上述的孤立系中，系所吸收的熱量等於其外界所損失的熱量，因此，液體於
可逆的狀況下蒸發成其平衡的蒸氣時，其外界之熵值的變化，等於系之熵值變
化的負值，即孤立系內的系之熵值的變化，與其外界之熵值的變化的和等於
零。此結果符合前節的式 (4-63b)。

　　系 (物質) 於可逆的狀況下，經緩慢的加熱或冷卻時，由於其微小的溫度變
化 $dT$ ，所產生之熵值的變化 $dS$，可表示為

$$dS = \frac{đq_{\text{rev}}}{T} = \frac{CdT}{T} \tag{4-68}$$

上式中，$C$ 為系之熱容量，於恆壓的過程時，$C$ 為 $C_p$，而於恆容的過程時，$C$ 為 $C_v$。若系之熱容量不受溫度的影響，為一定時，則系自溫度 $T_1$ 至 $T_2$ 之熵值的變化，可表示為

$$\Delta S = \int_{T_1}^{T_2} \frac{C}{T} dT = C \ln \frac{T_2}{T_1} \tag{4-69}$$

通常熱容量為溫度的函數，由此，將熱容量之溫度的函數式，代入上式 (4-69)經 積分，或由如圖 4-8 所示，以 C/T 為縱軸，T 為橫軸，描繪其關係曲線，並由其關係曲線之下面的面積，或由數值積分，則可求得其熵值的變化。自溫度 $T_1$ 至 $T_2$ 之熵值的變化 $\Delta S$，等於圖中以斜線表示部分之面積。

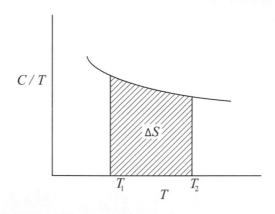

圖 4-8　物質於無相變化時，自溫度 $T_1$ 加熱至 $T_2$ 之熵值的增加量 $\Delta S$

**例 4-6**　試計算，氧於 1 bar 的定壓下自 300 K 加熱至 500 K 時之其莫耳熵值的變化

解　氣體之恆壓莫耳熱容量與溫度間的實驗關係式，一般可表示為，$\overline{C}_p = \alpha + \beta T + \gamma T^2$，其中之係數 $\alpha, \beta$ 及 $\gamma$ 值，如表 3-2 所示。由式 (4-69) 可得

$$\begin{aligned}
\Delta \overline{S} &= \int_{T_1}^{T_2} \frac{\overline{C}_p}{T} dT = \int_{T_1}^{T_2} \left( \frac{\alpha}{T} + \beta + \gamma T \right) dT \\
&= \alpha \ln \frac{T_2}{T_1} + \beta(T_2 - T_1) + \frac{\gamma}{2}(T_2^2 - T_1^2) \\
&= 25.503 \ln \frac{500}{300} + (13.612 \times 10^{-3})(500 - 300) \\
&\quad - (42.553 \times 10^{-7}) \cdot (500^2 - 300^2) \\
&= 15.07 \ \text{J K}^{-1}\text{mol}^{-1}
\end{aligned}$$
◀

　　理想氣體於定溫下之內能，與其容積無關為一定，由此，理想氣體之定溫膨脹或壓縮時，其內能的變化 $dU = 0$ ，而由熱力學第一定律可得 $đq = -đw = PdV$ 。因此，可容易計算，理想氣體的恆溫可逆膨脹之熵值的變化。理想氣體自初態 $(T, V_1, P_1)$ 經恆溫可逆膨脹至終態 $(T, V_2, P_2)$ 時，將 $đq_{rev} = PdV$ 代入式 (4-68) 經積分，可得其熵值的變化 $\Delta S$ ，為

$$\Delta S = \int_{V_1}^{V_2} \frac{P}{T} dV = nR \int_{V_1}^{V_2} \frac{1}{V} dV = nR \ln \frac{V_2}{V_1} \tag{4-70}$$

理想氣體於恆溫下之容積與壓力成反比，所以上式亦可寫成

$$\Delta S = -nR \ln \frac{P_2}{P_1} = nR \ln \frac{P_1}{P_2} \tag{4-71}$$

**例 4-7**　二莫耳的理想氣體於 298.15 K 下，自容積 20 L 經恆溫可逆膨脹至 40 L。試計算， (a) 此理想氣體之熵值的變化，(b) 此理想氣體所作之功，(c) 其周圍之熱量的變化 $q_{surr}$ ，(d) 其周圍之熵值的變化，及 (e) 系與周圍之總熵值的變化

**(解)** (a) $\Delta S = nR \ln(V_2 / V_1) = (2 \text{ mol})(8.314 \text{ J K}^{-1}\text{mol}^{-1}) \ln 2 = 11.52 \text{ J K}^{-1}$

(b) $w_{rev} = -nRT \ln(V_2 / V_1) = -(2 \text{ mol})(8.314 \text{ JK}^{-1}\text{mol}^{-1})(298.15 \text{ K}) \ln 2$

　　　$= -3436 \text{ J}$

(c) 因理想氣體，故其內能的變化為零，即 $\Delta U = q + w = 0$ 。因此，$q_{sys} = -w_{rev}$ 3436 J ，而 $q_{surr} = -3436 \text{ J}$

(d) 因周圍損失熱量，故其熵值的變化為

　　　$\Delta S_{surr} = -3436 \text{ J} / 298.15 \text{ K} = -11.52 \text{ J K}^{-1}$

(e) 因可逆過程，所以系(理想氣體)與周圍之總熵值的變化，為

　　　$\Delta S_{sys} + \Delta S_{surr} = 11.52 + (-11.52) = 0$　◀

**例 4-8**　設上例的膨脹過成為不可逆，而氣體膨脹衝入同容積 (20 L) 的眞空容器內。試計算， (a) 氣體之熵值的變化，(b) 氣體所作之功，(c) 其周圍之熱量的變化 $q_{surr}$ ，(d) 其周圍之熵值的變化，及 (e) 系與其周圍之總熵值的變化

**(解)** (a) 因熵為狀態的函數，故氣體之熵值的變化，與前題相同為

　　　$\Delta S = 11.52 \text{ J K}^{-1}$

(b) 因氣體向眞空膨脹，所以沒有作功，即 $w = 0$

(c) 系與周圍間沒有熱量的交換，由此，$q_{sys} = 0$，及 $q_{surr} = 0$

(d) 其周圍沒有熵值的變化，即 $\Delta S_{surr} = 0$

(e) $\Delta S_{sys} + \Delta S_{surr} = 11.52 \, JK^{-1}$，因過程為不可逆，所以系統與周圍之總熵值增加 $11.52 \, JK^{-1}$ ◀

## 4-10 溫度與容積對於熵值之影響
### (Effects of Temperature and Volume on Entropy)

對於一定組成的密閉系內之可逆過程，其所作的功只考慮壓力–容積的功時，系對外界所作之功可表示為，$\df w_{rev} = -PdV$；而由熱力學的第一定律可得，$dU = \df q_{rev} + \df w_{rev}$，及由熱力學的第二定律可得，$\df q_{rev} = TdS$。因此，熱力學第一定律與第二定律合併，可寫成

$$dU = TdS - PdV \tag{4-72}$$

上式 (4-72) 為，密閉系之**基本式** (fundamental equation)。此式僅含狀態的函數，而可應用於任何的可逆或不可逆之狀態的變化。若考慮各種形式的功時，則上式可寫成

$$dU = TdS - PdV + FdL + \gamma dA_S + \phi dQ \tag{4-73}$$

上式中，$FdL$ 為機械功，$\gamma dA_S$ 為表面功，$\phi dQ$ 為電功。若對於發生化學反應的開放系，則上式 (4-73) 需加入更多的項(參照 5-10 節)。

對於一定組成之密閉系，而僅考慮壓力–容積的功時，式 (4-72) 可寫成

$$dS = \frac{1}{T}dU + \frac{P}{T}dV \tag{4-74}$$

上式表示，熵為內能與容積的函數。然而，於實際的應用上，熵以溫度與容積的函數，或以溫度與壓力的函數表示較為方便。

若熵為溫度與容積之函數，$S = f(T, V)$，則熵之全微分可表示為

$$dS = \left(\frac{\partial S}{\partial T}\right)_V dT + \left(\frac{\partial S}{\partial V}\right)_T dV \tag{4-75}$$

而內能 $U$ 以 $T$ 與 $V$ 之函數表示時，$U = f(T, V)$，由此，內能 $U$ 之全微分可寫成

$$dU = \left(\frac{\partial U}{\partial T}\right)_V dT + \left(\frac{\partial U}{\partial V}\right)_T dV = C_v dT + \left(\frac{\partial U}{\partial V}\right)_T dV \tag{4-76}$$

上式中，$C_v = (\partial U / \partial T)_V$。將上式 (4-76) 代入式 (4-74)，可得

$$dS = \frac{C_v}{T} dT + \frac{1}{T}\left[ P + \left(\frac{\partial U}{\partial V}\right)_T \right] dV \tag{4-77}$$

上式與式 (4-75) 比較，由於相同項之係數應相等，而可得

$$\left(\frac{\partial S}{\partial T}\right)_V = \frac{C_v}{T} \tag{4-78}$$

及

$$\left(\frac{\partial S}{\partial V}\right)_T = \frac{1}{T}\left[ P + \left(\frac{\partial U}{\partial V}\right)_T \right] \tag{4-79}$$

系統於恆容下加熱時之熵值的變化，可利用式 (4-78) 計算，即為

$$\int_{S_1}^{S_2} dS = \int_{T_1}^{T_2} \frac{C_v}{T} dT \tag{4-80}$$

設 $C_v$ 與溫度無關為定值，則系自溫度 $T_1$ 至 $T_2$ 之熵值的變化 $\Delta S$，可由上式的積分，而得與前述的式(4-69)相同的式，即為

$$\Delta S = S_2 - S_1 = C_v \ln \frac{T_2}{T_1} \tag{4-69}$$

因式 (4-79) 中之 $(\partial U / \partial V)_T$，較難直接量測，故式 (4-79) 之 $(\partial S / \partial V)_T$，常用較易量測的量表示。於下章的 5-4 節，由馬克士威的關係，可得

$$\left(\frac{\partial S}{\partial V}\right)_T = \left(\frac{\partial P}{\partial T}\right)_V \tag{4-81}$$

由式 (2-35)，$(\partial P / \partial T)_V = \alpha / \kappa$，而將此關係代入上式 (4-81) 可得，$(\partial S / \partial V)_T = \alpha / \kappa$。由此，將此關係與式 (4-78) 代入式 (4-75)，可得

$$dS = \frac{C_v}{T} dT + \frac{\alpha}{\kappa} dV \tag{4-82}$$

若 $C_v$，$\alpha$ 及 $\kappa$ 值均已知，則上式經積分可得，自狀態 $(T_1, V_1)$ 至狀態 $(T_2, V_2)$ 之熵值的變化 $\Delta S$。

對於理想氣體，由於其 $\alpha = 1/T$ 及 $\kappa = 1/P$，或 $(\partial U / \partial V)_T = 0$。因此，由式 (4-82) 或式 (4-77)，均可得

$$dS_{\text{ideal}} = \frac{C_v}{T} dT + \frac{P}{T} dV \tag{4-83}$$

將理想氣體之關係式，$PV = nRT$，代入上式，可得

$$dS_{\text{ideal}} = \frac{C_v}{T} dT + \frac{nR}{V} dV \tag{4-84}$$

而上式經積分，可得

$$S_{\text{ideal}} = C_v \ln T + nR \ln V + 積分常數 \tag{4-85}$$

若 $C_v$ 與溫度無關為定值，則理想氣體自狀態 1 $(T_1, V_1)$ 至狀態 2 $(T_2, V_2)$ 之熵值的變化可表示為

$$\Delta S_{\text{ideal}} = S_{\text{ideal}}(T_2, V_2) - S_{\text{ideal}}(T_1, V_1) = C_v \ln \frac{T_2}{T_1} + nR \ln \frac{V_2}{V_1} \tag{4-86}$$

**例 4-9** 試求一莫耳的理想氣體，其容積於定溫下膨脹 10 倍時之其熵值的變化

**解** $\Delta \overline{S} = R \ln \dfrac{\overline{V_2}}{\overline{V_1}} = (8.314 \text{ J K}^{-1}\text{mol}^{-1}) \ln 10 = 19.14 \text{ J K}^{-1}\text{mol}^{-1}$ ◀

## 4-11 溫度與壓力對於熵值之影響
### (Effects of Temperature and Pressure on Entropy)

熵用溫度與壓力的函數表示時，$S = f(T, P)$。因此，熵之全微分可寫成

$$dS = \left(\frac{\partial S}{\partial T}\right)_P dT + \left(\frac{\partial S}{\partial P}\right)_T dP \tag{4-87}$$

由於 $H = U + PV$，而由其微分可得，$dH = dU + d(PV) = dU + PdV + VdP$，將熱力學第一定律與第二定律之合併式 (4-72)，$dU = TdS - PdV$，代入此式，可得

$$dH = TdS + VdP \tag{4-88}$$

或可寫成

$$dS = \frac{1}{T}dH - \frac{V}{T}dP \tag{4-89}$$

由 $H = f(T, P)$，而其全微分為

$$dH = \left(\frac{\partial H}{\partial T}\right)_P dT + \left(\frac{\partial H}{\partial P}\right)_T dP = C_P dT + \left(\frac{\partial H}{\partial P}\right)_T dP \tag{4-90}$$

將上式代入式 (4-89)，可得

$$dS = \frac{C_P}{T}dT + \frac{1}{T}\left[\left(\frac{\partial H}{\partial P}\right)_T - V\right]dP \tag{4-91}$$

而由比較上式與式 (4-87) 之相同項的係數，可得

$$\left(\frac{\partial S}{\partial T}\right)_P = \frac{C_P}{T} \tag{4-92}$$

及

$$\left(\frac{\partial S}{\partial P}\right)_T = \frac{1}{T}\left[\left(\frac{\partial H}{\partial P}\right)_T - V\right] \tag{4-93}$$

於下章的 5-4 節，由馬克士威的關係可得

$$\left(\frac{\partial S}{\partial P}\right)_T = -\left(\frac{\partial V}{\partial T}\right)_P = -V\alpha \tag{4-94}$$

於上式中的 $(\partial V/\partial T)_P$，代入式 (2-29) 之 $\alpha = (1/V)(\partial V/\partial T)_P$ 的關係。並將上式 (4-94) 及式 (4-92) 代入式 (4-87)，可得

$$dS = \frac{C_P}{T}dT - V\alpha dP \tag{4-95}$$

對於理想氣體，其 $\alpha = 1/T$，由此，上式 (4-95) 可寫成

$$dS_{\text{ideal}} = \frac{C_P}{T}dT - \frac{V}{T}dP = \frac{C_P}{T}dT - \frac{nR}{P}dP \tag{4-96}$$

上式經積分，可得

$$S_{\text{ideal}} = C_P \ln T - nR \ln P + 積分常數 \tag{4-97}$$

若 $C_P$ 與溫度無關為定值，則理想氣體自狀態 1 $(T_1, P_1)$ 至狀態 2 $(T_2, P_2)$ 之熵值的變化可表示為

$$\Delta S_{\text{ideal}} = C_P \ln \frac{T_2}{T_1} - nR \ln \frac{P_2}{P_1} \tag{4-98}$$

**例 4-10** 設液態的水於 90°C 之莫耳容積為 $18 \times 10^{-6}\,\text{m}^3\text{mol}^{-1}$，而不受壓力的影響，及其 $\alpha = 8.3 \times 10^{-4}\,\text{K}^{-1}$。試求一莫耳的液態水於 90°C 下，壓力自 1 bar 增至 100 bar 時之其熵值的變化

**解** $\Delta \bar{S} = -\bar{V}\alpha\Delta P = -(18 \times 10^{-6}\,\text{m}^3\text{mol}^{-1})(8.3 \times 10^{-4}\,\text{K}^{-1})(99 \times 10^5\,\text{Pa})$

　　$= -0.15\,\text{J K}^{-1}\text{mol}^{-1}$　◀

**例 4-11** 試計算一莫耳的氦氣，自初狀態 $(298\,\text{K}, 1\,\text{bar})$ 至終狀態 $(100\,\text{K}, 10\,\text{bar})$ 之其熵值的變化

**解** 單原子的理想氣體之 $\bar{C}_P = \frac{5}{2}R$，而由式 (4-98) 可得

$$\Delta \bar{S} = \frac{5}{2}R \ln \frac{100}{298} - R \ln \frac{10}{1} = 41.84\,\text{J K}^{-1}\text{mol}^{-1}　◀$$

### 4-12 不可逆過程之熵值的變化
(Entropy Changes for Irreversible Processes)

　　不可逆過程之熵值的變化，可沿該過程之假想的可逆步驟之路徑，以計算該過程之熵值的變化。例如，水於冰點 (0°C) 以下的溫度凝固成冰 (即過冷的水之凝固)，為不可逆過程。若一莫耳之 −10°C 的水，不可逆凝固成 −10°C 的冰，則此過程之熵值的變化 $\Delta \overline{S}$，可由下列的三假想可逆步驟之熵值的變化計算，即

1.　$H_2O(\ell, -10°C) \rightarrow H_2O(\ell, 0°C)$　$\Delta \overline{S}_1 = \int_{263.15}^{273.15} \overline{C}_{liq} \dfrac{dT}{T}$　　　　**(4-99a)**

2.　$H_2O(\ell, 0°C) \rightarrow H_2O(s, 0°C)$　$\Delta \overline{S}_2 = \dfrac{\Delta \overline{H}_{fus}}{T}$　　　　**(4-99b)**

3.　$H_2O(s, 0°C) \rightarrow H_2O(s, -10°C)$　$\Delta \overline{S}_3 = \int_{273.15}^{263.15} \overline{C}_{ice} \dfrac{dT}{T}$　　　　**(4-99c)**

將液態水於 0°C 之凝固熱，$\Delta \overline{H}_{fus} = -6004\ J\ mol^{-1}$，水與冰於 −10°C 至 0°C 的溫度範圍之莫耳熱容量，$\overline{C}_{liq} = 75.3\ J\ K^{-1}mol^{-1}$ 與 $\overline{C}_{ice} = 36.8\ J\ K^{-1}mol^{-1}$ 等，代入上面的各式分別計算，則由上述的三假想可逆步驟之熵值的變化之和可計得，一莫耳之 −10°C 的水，凝固成 −10°C 的冰之熵值變化 $\Delta \overline{S}$，為

$$\Delta \overline{S} = \int_{263.15}^{273.15} \overline{C}_{liq} \frac{dT}{T} + \frac{\Delta \overline{H}_{fus}}{T} + \int_{273.15}^{263.15} \overline{C}_{ice} \frac{dT}{T}$$

$$= (75.3\ J\ K^{-1}mol^{-1}) \ln \frac{273.15}{263.15} + \frac{(-6004\ J\ mol^{-1})}{273\ K} + (36.8\ J\ K^{-1}mol^{-1}) \ln \frac{263.15}{273.15}$$

$$= -20.54\ J\ K^{-1}mol^{-1}$$

**(4-100)**

由上面的計算得，其熵值的變化為負值。此表示液態的水於產生凝固時，其**構造的秩序** (structural order) 變成較有規則，即固態冰之分子的排列，較液態水有規則。

　　孤立的系統於自發過程之熵值的增加，可用 −10°C 之過冷的水與 −10°C 的周圍（外界）接觸時，於此孤立系內所產生過冷液態水之凝固說明。於此孤立系之熵值的變化，包括 −10°C 的過冷水與 −10°C 的周圍之熵值的變化之和。此時 −10°C 的過冷水凝固所放出之熱量，被 −10°C 的周圍吸收，且其系與周圍之溫度相等均為 −10°C，而可視為可逆過程。因水於 −10°C 之莫耳凝固熱為，

$\Delta \overline{H}_{fus(263\,K)} = $ $(753\ J\ K^{-1}mol^{-1})\ (273.15\ K - 263.15\ K) - 6004\ J\ mol^{-1} - (36.8\ J\ K^{-1}mol^{-1})$ $(273.15\ K - 263.15 K) = -5619\ J\ mol^{-1}$，所以 −10°C 的周圍之熵值的變化為

$$\Delta \overline{S}_{res} = \frac{(5619\ J\ mol^{-1})}{263.15\ K} = 21.37\ J\ K^{-1}mol^{-1}$$

**(4-101)**

而 $-10°C$ 的水凝固成 $-10°C$ 的冰所產生之熵值的變化，由式 (4-100) 計得，
$-20.54 \text{ J K}^{-1}\text{mol}^{-1}$。因此，水 (系統) 與其周圍之總熵值的變化的和，為

$$\Delta\overline{S} = (21.37 - 20.54)\text{ J K}^{-1}\text{mol}^{-1} = 0.83\text{ J K}^{-1}\text{mol}^{-1} \tag{4-102}$$

由此得，包括水與其周圍的孤立系之總熵值增加 $0.83\text{ J K}^{-1}\text{mol}^{-1}$。因此，如式
(4-63a) 之不等式所示，其 $\Delta S > 0$，即 $-10°C$ 的水凝固成 $-10°C$ 的冰為，自發
不可逆的變化。

**例 4-12** 氦氣之恆壓莫耳熱容量，$\overline{C}_p = \dfrac{5}{2}R$。一莫耳的氦氣自 $1\,\text{bar}$ , $273.15\,\text{K}$ 的
狀態，對一定壓力的外壓 $0.395\,\text{bar}$ ，經恆壓絕熱膨脹而達至平衡時之溫
度為 $207.04\,\text{K}$。試求此過程之熵值的變化 $\Delta\overline{S}$

**解** 此過程之熵值的變化可分成下列的二可逆的步驟計算，即

$$\text{He}(273.15\,\text{K} , 1\,\text{bar}) \xrightarrow{\Delta\overline{S}} \text{He}(207.4\,\text{K}, 0.395\,\text{bar})$$
$$\Delta\overline{S}_1 \searrow \qquad \nearrow \Delta\overline{S}_2$$
$$\text{He}(273.15\,\text{K} , 0.395\,\text{bar})$$

由式 (4-98)

$$\Delta\overline{S} = \Delta\overline{S}_1 + \Delta\overline{S}_2 = -R\ln\frac{P_2}{P_1} + \overline{C}_P\ln\frac{T_2}{T_1}$$

$$= (8.314\,\text{JK}^{-1}\text{mol}^{-1})\ln\frac{1\text{bar}}{0.395\text{bar}} + \frac{5}{2}(8.3145\,\text{JK}^{-1}\text{mol}^{-1})\ln\frac{207.4\text{K}}{273.15\text{K}}$$

$$= 7.72\,\text{JK}^{-1}\text{mol}^{-1} - 5.76\,\text{JK}^{-1}\text{mol}^{-1} = 1.96\,\text{JK}^{-1}\text{mol}^{-1} \qquad \blacktriangleleft$$

## 4-13　混合理想氣體之熵值 (Entropy of Mixing Ideal Gases)

　　壓力 $P$ 及溫度 $T$ 均各相同之 $n_1$ 莫
耳的理想氣體 1，與 $n_2$ 莫耳的理想氣
體 2 之間以隔板隔離，而移去其間的
隔板時，此二理想氣體於一定的溫度
與壓力下各自發而擴散互相混合，如圖
4-9 所示，此二理想氣體於不可逆的自
發混合過程之熵值的變化，須假想一可
逆的路徑計算。於茲假想此二理想氣體
之互相撞散的不可逆自發混合過程，係

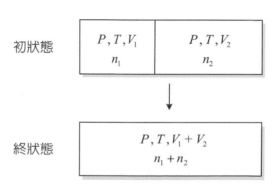

圖 4-9　理想氣體之混合

由二理想氣體 1 與 2，各於一定的溫度 T 下，各自初壓 P 及其各初容積 $V_1$ 與 $V_2$，分別經恆溫可逆膨脹至終容積 $V = V_1 + V_2$，及膨脹的二理想氣體，於一定的壓力 P 下之恆溫可逆混合等，假想的二可逆步驟所成。

於第一步驟的恆溫可逆膨脹過程中，二理想氣體 1 與 2 之熵值的變化 $\Delta S_1$ 與 $\Delta S_2$，由式 (4-70) 可分別表示為

$$\Delta S_1 = -n_1 R \ln \frac{V_1}{V_1 + V_2} = -n_1 R \ln \frac{n_1}{n_1 + n_2} = -n_1 R \ln y_1 \qquad \textbf{(4-103)}$$

與

$$\Delta S_2 = -n_2 R \ln \frac{V_2}{V_1 + V_2} = -n_2 R \ln \frac{n_2}{n_1 + n_2} = -n_2 R \ln y_2 \qquad \textbf{(4-104)}$$

上式中，$y_1 = \dfrac{n_1}{n_1 + n_2}$ 與 $y_2 = \dfrac{n_2}{n_1 + n_2}$，分別為理想氣體 1 與 2 之莫耳分率。此第一步驟的假想的恆溫可逆膨脹之熵值的變化，等於上式所示的二理想氣體之熵值的變化之和，為

$$\Delta S = \Delta S_1 + \Delta S_2 = -n_1 R \ln y_1 - n_2 R \ln y_2 \qquad \textbf{(4-105)}$$

上述的第二步驟為，膨脹的二理想氣體於一定的壓力之假想的恆溫可逆混合。由於理想氣體之分子間沒有作用力，而其內能僅為溫度的函數，且於此步驟中沒有容積的變化，而沒有作功。因此，依據熱力學第一定律，氣體於此步驟中不吸收亦不放出熱量，所以第二步驟沒有熵值的變化。由此，二理想氣體於恆溫的混合之熵值的變化，可用上式 (4-105) 表示。

上式 (4-105) 除以二理想氣體之莫耳數的和 $(n_1 + n_2)$，可得一莫耳的混合理想氣體之混合的熵值 $\Delta_{mix} S$，為

$$\Delta_{mix} S = -R(y_1 \ln y_1 + y_2 \ln y_2) \qquad \textbf{(4-106)}$$

對於 N 種的理想氣體之莫耳混合的熵值，由上式 (4-106) 可寫成

$$\Delta_{mix} S = -R \sum_{i=1}^{N} y_i \ln y_i \qquad \textbf{(4-107)}$$

於上式中，因 $y_i < 1$，故 $\ln y_i < 0$，所以理想氣體之莫耳混合熵值 $\Delta_{mix} S$，為正的值。

**例 4-13** 假定氫與氮均為理想的氣體。試計算一莫耳的氫氣與一莫耳的氮氣，於 25°C 下之混合的熵值

**解** 由式 (4-106) 得

$$\Delta_{mix} S = -R(n_1 \ln y_1 + n_2 \ln y_2)$$

$$= -(8.314 \text{JK}^{-1} \text{mol}^{-1}) \left( \ln \frac{1}{2} + \ln \frac{1}{2} \right) = 11.526 \text{JK}^{-1} \qquad \blacktriangleleft$$

## 4-14　熵值與統計的或然率 (Entropy and Statistical Probability)

由前述及經驗得知，於孤立的系內發生自發的變化時，其熵值會增加，而於達至平衡時其熵值增至最大的值。從微觀，孤立的系於平衡狀態時之統計的**或然率** (statistical probability) 最大。例如，氣體之膨脹，液體之蒸發，氣體之擴散混合，或二晶體之擴散混合等各種過程，其分子排列之不規則的程度，及或然率均增加。Boltzmann 依據這些事實而提出，凡終態較其初態之可能率大的過程均為自發的過程之假說。於此，所謂可能率較大，係指其分子的可能存在之**微觀狀態** (microscopic states) 的數，或其分子的排列之可能的方式數較多之意。混合態之分子的排列之方式數，較其混合前者多，而氣態的分子比液態或固態的分子有較多的可能存在之方式的數。

熵為系統之**外延性的性質** (extensive property)，即由二部分所組成的系統之熵值 $S$，等於其二部分 1 與 2 之熵值 $S_1$ 與 $S_2$ 的和，而可表示為，$S = S_1 + S_2$。設此二部分之一的**等或然率的排列** (equally probable arrangements) 數為 $\Omega_1$，另一部分之等或然率的排列數為 $\Omega_2$，則因部分 1 之任一排列與另一部分 2 之任一排列，可組合成全系統之某特定的排列，故其全系統之等或然率的排列數等於 $\Omega_1\Omega_2$。假定熵值為等或然率的排列數之函數，而可表示為，$S = f(\Omega)$，則由二部分 1 與 2 所組成的系統之熵值 $S$，等於此二部分之熵值的和，$S_1 + S_2$，因此，可寫成

$$S = S_1 + S_2 \tag{4-108}$$

及

$$f(\Omega_1\Omega_2) = f(\Omega_1) + f(\Omega_2) \tag{4-109}$$

上式 (4-109) 之兩邊，分別各對 $\Omega_1$ 與 $\Omega_2$ 偏微分，可得

$$\frac{\partial f(\Omega_1\Omega_2)}{\partial \Omega_1} = \frac{d f(\Omega_1)}{d \Omega_1} \quad 或 \quad \Omega_2 \frac{d f(\Omega_1\Omega_2)}{d(\Omega_1\Omega_2)} = \frac{d f(\Omega_1)}{d \Omega_1} \tag{4-110}$$

與

$$\frac{d f(\Omega_1\Omega_2)}{\partial \Omega_2} = \frac{d f(\Omega_2)}{d \Omega_2} \quad 或 \quad \Omega_1 \frac{d f(\Omega_1\Omega_2)}{d(\Omega_1\Omega_2)} = \frac{d f(\Omega_2)}{d \Omega_2} \tag{4-111}$$

上式 (4-110) 與 (4-111) 各分別乘以 $\Omega_1$ 與 $\Omega_2$，可得

$$\Omega_1 \frac{d f(\Omega_1)}{d \Omega_1} = \Omega_2 \frac{d f(\Omega_2)}{d \Omega_2} \tag{4-112}$$

上式 (4-112) 之左邊為只含 $\Omega_1$ 之函數，而右邊為只含 $\Omega_2$ 之函數，由此，上式 (4-112) 必等於一常數 $k$，而可寫成

$$\Omega \frac{d f(\Omega)}{d\Omega} = k \qquad\qquad \textbf{(4-113a)}$$

或 $$d f(\Omega) = k \frac{d\Omega}{\Omega} \qquad\qquad \textbf{(4-113b)}$$

上式經積分得

$$S = f(\Omega) = k \ln\Omega \qquad\qquad \textbf{(4-114)}$$

於此，設其積分常數為 $0$，即 $S$ 與 $\Omega$ 間成對數的關係。於上式中，$k = R / N_A$，為 Boltzmann 常數，即相當於**分子的氣體常數** (molecular gas constant)，$N_A$ 為 Avogadro 常數。上式 (4-114) 可用以計算，系統自等或然率的排列數 $\Omega$ 之初態的熵值 $S$，至等或然率的排列數 $\Omega'$ 之終態的熵值 $S'$ 的變化 $\Delta S$，而可表示為

$$\Delta S = S' - S = k \ln(\Omega' / \Omega) \qquad\qquad \textbf{(4-115)}$$

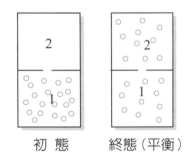

初 態　　　終態（平衡）

圖 4-10　一莫耳理想氣體於連通之二等容積的容器內

一莫耳的理想氣體經可逆恆溫膨脹至 2 倍的容積時，其內能的變化 $\Delta\bar{U} = 0$，而由熱力學的第一定律得，$-w_{\mathrm{rev}} = q_{\mathrm{rev}} = RT\ln 2$。因此，$\Delta\bar{S} = R\ln 2 = 5.76\,\mathrm{J\ K^{-1}mol^{-1}}$。於茲考慮其相反的過程，如圖 4-10 所示，假想二等容積之 1 與 2 的容器，而於容器 1 與 2 之間有開口使其連通，則某一特定的分子，於其中的容器 1 之或然率為 1/2，某二特定的分子均於其中的容器 1 之或然率為 $(1/2)^2$，而系內的全部之 $N$ 分子，均於其中的容器 1 之或然率為 $(1/2)^N$。若系內含有 1 莫耳的氣體分子，則全部的分子均於其中的容器 1 內之或然率 $\Omega'$ 為

$$\Omega' = (1/2)^{6.022\times10^{23}} = e^{-4.174\times10^{23}} \qquad\qquad \textbf{(4-116)}$$

全部的分子於其中之容積 1，與另一容積 2 之或然率 $\Omega$ 等於 1，所以由式 (4-115) 可得

$$\Delta S = k \ln(e^{-4.174 \times 10^{23}}) = (1.381 \times 10^{-23} \text{ J K}^{-1})(-4.174 \times 10^{23})$$
$$= -5.76 \text{ J K}^{-1}$$

此數值與前面所得，一莫耳的理想氣體於膨脹過程之熵值的變化
$\Delta \overline{S} = 5.76 \text{ J K}^{-1}\text{mol}^{-1}$，相吻合。

## 4-15　混合的熵值之統計的詮釋
### (The Statistical Interpretation of Entropy of Mixing)

　　對於理想氣體之混合熵值的統計詮釋，於此以二成分的相似氣體之於定溫的相互擴散之混合的過程為例說明。成分 1 的氣體之 $N_1$ 分子，與成分 2 的氣體之 $N_2$ 分子，於定溫下相互擴散混合時，混合系內的第一分子之存在方式有 $N_1 + N_2$ 的選擇方式，而第二分子有 $N_1 + N_2 - 1$，第三分子有 $N_1 + N_2 - 2$ 的方式可選擇，……，其餘類推。由此，混合系內的 $(N_1 + N_2)$ 分子存在於 $(N_1 + N_2)$ 的位置之可能方式的總數為，$(N_1 + N_2)(N_1 + N_2 - 1)(N_1 + N_2 - 2)\cdots\cdots = (N_1 + N_2)!$，然而，成分 1 之各分子均完全相同，且其次序可互相交換。因此，上述之可能方式的總數 $(N_1 + N_2)!$，須除以 $N_1$ 的成分 1 之分子，存在於 $N_1$ 的位置之可能的方式數，同理，由於成分 2 之各分子亦均完全相同，由此，亦須除以 $N_2$ 的成分 2 之分子，存在於 $N_2$ 的位置之可能的方式數。對於成分 1，其第一分子有 $N_1$ 的方式可選擇，第二分子有 $N_1 - 1$ 的方式可選擇，……其餘類推，由此，成分 1 之 $N_1$ 的分子，存在於 $N_1$ 的位置之可能的方式數為，$N_1(N_1 - 1)(N_1 - 2)\cdots\cdots = N_1!$。同理，成分 2 之 $N_2$ 的分子，存在於 $N_2$ 的位置之可能的方式數為 $N_2!$。因此，混合系內之 $(N_1 + N_2)$ 的分子，存在於 $(N_1 + N_2)$ 的位置之可能方式的總數，可表示為

$$\Omega_{\text{mix}} = \frac{(N_1 + N_2)!}{N_1! N_2!} \tag{4-117}$$

　　混合前的成分 1 與成分 2 之各純成分氣體的分子，其各可能的存在方式數 $\Omega_1$ 與 $\Omega_2$，可分別各表示為

$$\Omega_1 = \frac{N_1!}{N_1!} = 1 \quad 與 \quad \Omega_2 = \frac{N_2!}{N_2!} = 1$$

因此，系統於混合前之熵值，由式 (4-114) 得，$S = k \ln 1 + k \ln 1 = 0$，而由式 (4-114) 與 (4-117) 可得，二氣體之混合的熵值變化 $\Delta_{\text{mix}} S$，為

$$\Delta_{\text{mix}} S = k \ln \Omega_{\text{mix}} - (k \ln \Omega_1 + k \ln \Omega_2) = k \ln \frac{(N_1 + N_2)!}{N_1! N_2!} \tag{4-118}$$

於系統內所含之分子數通常非常多，因此，上式 (4-118) 中之階乘 $N!$，可用 Stirling 的近似式表示，為

$$\ln N! = N \ln N - N \tag{4-119}$$

上式 (4-118) 中之 $(N_1 + N_2)!$, $N_1!$ 及 $N_2!$，各用上面的關係式 (4-119) 代入，可得

$$\begin{aligned}
\Delta_{mix} S &= k[(N_1 + N_2) \ln(N_1 + N_2) - (N_1 + N_2) \\
&\quad - (N_1 \ln N_1 - N_1) - (N_2 \ln N_2 - N_2)] \\
&= -k \left[ N_1 \ln \frac{N_1}{N_1 + N_2} + N_2 \ln \frac{N_2}{N_1 + N_2} \right] \\
&= -R[n_1 \ln y_1 + n_2 \ln y_2]
\end{aligned} \tag{4-120}$$

上式中，$n_1 = N_1 / N_A$ 與 $n_2 = N_2 / N_A$，各為成分 1 與 2 之莫耳數，$N_A$ 為 Avogadro 常數，而 $y_1$ 與 $y_2$ 為成分 1 與 2 之莫耳分率。此式與前節所導得的理想氣體之混合的熵值之式 (4-105) 完全相同。

氣體之膨脹的熵值變化亦同樣，可由系內的分子之微觀的可能存在的方式計算。設二容器以其間裝有活門的連接管相連接，其中之一容器充填理想氣體，而另一容器抽成真空。於打開連通其二容器間的活門時，氣體產生膨脹並進入另一容器，於是系統內的分子可存在之容積增加，因此，其可能存在的方式數亦增加，由此，同樣可由分子之可能存在的方式數之增加，計算氣體膨脹之熵值的變化。

設 $n$ 的分子數之理想氣體，自容積 $V_1$ 經恆溫膨脹至 $V_2$，且每一分子所存在之容積為 $v$，則於 $V_1$ 與 $V_2$ 之容積內，可以容納分子的空間數分別為，$m_1 = V_1 / v$ 與 $m_2 = V_2 / v$。由此，於容積 $V_1$ 與 $V_2$ 內，可容納 $n$ 分子之可能的方法數 $\Omega_1$ 與 $\Omega_2$，可分別表示為

$$\Omega_1 = \frac{m_1(m_1 - 1)(m_1 - 2) \cdots (m_1 - n + 1)}{n!} = \frac{m_1!}{n!(m_1 - n)!} \tag{4-121}$$

與

$$\Omega_2 = \frac{m_2!}{n!(m_2 - n)!} \tag{4-122}$$

因此，$n$ 的分子數之理想氣體，自容積 $V_1$ 經恆溫膨脹至 $V_2$ 之熵值的變化 $\Delta S$，可由式(4-114)及上式(4-421)與(4-122)，表示為

$$\Delta S = S_2 - S_1 = k \ln \Omega_2 - k \ln \Omega_1$$
$$= k \ln \frac{m_2!}{n!(m_2 - n)!} - k \ln \frac{m_1!}{n!(m_1 - n)!} \tag{4-123}$$

上式中之各階乘，$m_1!, m_2!, n!, (m_1 - n)!$ 及 $(m_2 - n)!$ 等，各用其 Stirling 的近似式代入，並經整理可得

$$\Delta S = k \left( m_2 \ln \frac{m_2}{m_2 - n} - m_1 \ln \frac{m_1}{m_1 - n} + n \ln \frac{m_2 - n}{m_1 - n} \right) \tag{4-124}$$

將 $m_2 = V_2 / v$ 與 $m_1 = V_1 / v$ 代入上式，可得

$$\Delta S = k \left\{ \ln \left( \frac{V_2}{V_2 - nv} \right)^{m_2} - \ln \left( \frac{V_1}{V_2 - nv} \right)^{m_1} + \ln \left( \frac{V_2 - nv}{V_1 - nv} \right)^{n} \right\} \tag{4-125}$$

上式中，因 $V_2 \gg nv$ 及 $V_1 \gg nv$，故 $nv$ 對於 $V_1$ 及 $V_2$ 均可忽略，而上式 (4-125) 可簡化成

$$\Delta S = k \ln \frac{V_2^{m_2}(V_1 - nv)^{m_1 - n}}{V_1^{m_1}(V_2 - nv)^{m_2 - n}} \doteqdot k \ln \frac{V_2^{m_2} V_1^{m_1 - n}}{V_1^{m_1} V_2^{m_2 - n}} = nk \ln \frac{V_2}{V_1} \tag{4-126}$$

對於一莫耳的理想氣體，$n = N_A$，因此，上式 (4-126) 可寫成

$$\Delta \bar{S} = N_A k \ln \frac{\bar{V_2}}{\bar{V_1}} = R \ln \frac{\bar{V_2}}{\bar{V_1}} \tag{4-127}$$

上式 (4-127) 與於 4-9 節所得之式 (4-70) 相同。

　　於熱力學與**平衡統計力學** (equilibrium statistical mechanics)，僅討論系之平衡的狀態，而不涉及其接近平衡的速率。氣體於膨脹時，通常需時間以達至平衡，且有些化學反應，其於趨近平衡之速率甚慢，而需較長的時間以達至平衡。

## 4-16　熱力學第三定律 (The Third Low of Thermodynamics)

　　於二十世紀的初期，T.W.Richards 與 W.Nernst 各別研究一些化學反應於恆溫下之熵值的變化，而發現溫度降低接近於 0 K 時，各化學反應之熵值的變化均各趨近於零。一般的化學反應，通常並非於可逆的情況下進行，由此，其熵值的變化 $\Delta S$，須由其可逆步驟之熱量 $q_{rev}$ 除以溫度 $T$ 以求得，因此，化學反應之熵值的變化，不能使用卡計直接量測。化學反應之熵值的變化將於 4-17 節

討論。於此討論，單一物質之相轉移的熵值之變化。例如，硫自**斜方晶體** (rhombic) 轉變成**單斜晶體** (monoclinic) 之相變化，可寫成

$$硫（斜方晶體）= 硫（單斜晶體） \tag{4-121}$$

上式所示的硫之相轉移的狀態變化，類似簡單的化學反應之變化。相轉移之熵值的變化，與化學反應同樣，當溫度降低接近於絕對零度時，其熵值的變化趨近於零。

單斜晶硫與斜方晶硫各自絕對零度至其轉相點 (368.5 K) 之其各莫耳熵值，如圖 4-11 表示，縱軸表示自絕對零度至溫度 $T$ 之莫耳熵值 $\bar{S}_T - \bar{S}_0$，而可用下式表示為

$$\bar{S}_T - \bar{S}_0 = \int_0^T \frac{\bar{C}_P}{T} dT \tag{4-122}$$

硫於其**轉相溫度** (transition temperature) 368.5 K 以下的溫度之穩定的形態為，斜方晶硫，而單斜晶硫於 368.5 K 以下的溫度為超冷態。硫於接近絕對零度附近的溫度之各溫度熱容量，均可量測。假定斜方晶硫與單斜晶硫的兩種結晶形態的硫，於絕對零度之熵值 $\bar{S}_0$ 均為零，則由其各熱容量所計得，硫於其轉相溫度之相轉移的熵值的變化為 $1.09$ J $K^{-1}mol^{-1}$，此值與由此二種結晶形態的硫，於 368.5 K 之燃燒熱所求得之相轉移的焓值的變化 401 J $mol^{-1}$，所計算之相轉移的熵值的變化一致，為

$$\Delta \bar{S}_{tr} = \frac{401 \text{ J mol}^{-1}}{368.5 \text{ K}} = 1.09 \text{ J K}^{-1}mol^{-1}$$

由圖 4-11 可得，於 $T \to 0$ K 時，$\Delta \bar{S}_{tr} \to 0$。對於其他的許多物質之恆溫的相轉移，及完整的晶體反應物與生成物之化學反應均可得，於 $T \to 0$ K 時，其相轉移的熵值的變化，$\Delta \bar{S}_{tr} \to 0$，及其反應之熵值的變化 $\Delta_r S \to 0$。Nernst 於 1905 年由這些觀察而獲得結論：所有的反應於溫度趨近於 0 K 時，其反應之熵值的變化，$\Delta_r S$ 均趨近於零，即可表示為

$$\lim_{T \to 0} \Delta_r S = 0 \tag{4-130}$$

從熱力學的觀點，此結論表示所有的純晶體的物質，於溫度接近於絕對零度時之其各熵值均相同，而其熵值均為零。Max Planck 於 1913 年，將此觀念推廣，而敘述成為熱力學的第三定律，即"各純元素或完整的晶體之各種純物質，於其溫度等於絕對零度時之熵值均為零"。

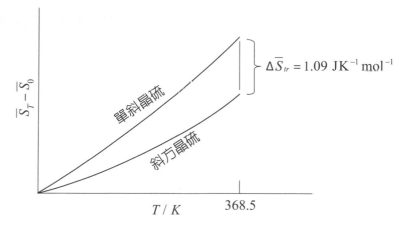

圖 4-11　單斜晶硫與斜方晶硫，各自絕對零度至其轉相點之其各莫耳熵值

　　熱力學的第三定律，可藉 Boltzmann 的假定解釋。如前述，系統之熵值與其等或然率的微觀狀態的數之關係，可用式 (4-114) 表示，完整的晶體於絕對零度之可能存在的方式數 $\Omega = 1$，所以，$\overline{S}_0 = k\ln 1 = 0$。若物質為非完整的晶體，如玻璃為固熔體，則其於 0 K 之熵值，可能大於零。

　　熱力學的第三定律，可由平衡常數與**光譜的數據** (spectroscopic data) 之二種不同的測定證實。由反應於某些溫度範圍之反應的平衡常數之測定值，可計算該反應之 $\Delta_r H^\circ$ 與 $\Delta_r S^\circ$。若已測得反應物與生成物，於溫度至絕對零度附近之熱容量，則由熱力學的第三定律可計算，反應之熵值的變化 $\Delta_r S^\circ$。

　　簡單的氣體於某溫度之莫耳熵值，可由其莫耳質量與其光譜訊息，藉統計力學計算。

　　由平衡常數與光譜的數據，均可證實熱力學第三定律之正確性，然而，有些情況所得的結果，會有些不能忽視的差異。例如，$N_2O(g)$ 於 298.15 K 下由其熱容量的測定所得之熵值，比其由光譜的數據所得者小 $5.8\,J\,K^{-1}mol^{-1}$，此表示，$N_2O$ 的晶體於絕對零度之熵值為 $5.8\,J\,K^{-1}mol^{-1}$，此為不對稱的線狀分子 NNO 的晶體之**殘留的熵值** (residual enropy)，係由於 $N_2O$ 分子之不規則的排列所致。固態的 $N_2O$ 分子形成其首尾混亂的排列，如 NNO , ONN , NNO , NNO , ONN，而非如 NNO , NNO , NNO , NNO , NNO 之完全有秩序的排列。若 $N_2O$ 的晶體為 NNO 與 ONN 之等莫耳分率的混合晶體，則由式 (4-106) 可得，其混合的熵值為

$$\Delta_{\mathrm{mix}}S = -R\left(\frac{1}{2}\ln\frac{1}{2} + \frac{1}{2}\ln\frac{1}{2}\right) = 5.76\,JK^{-1}mol^{-1} \tag{4-131}$$

因此，由統計力學所得之熵值較正確，而此即為表列之數值。

　　另一不完全的晶體之例為 $H_2O$，晶體的 $H_2O$ 於 0 K 之殘留的熵值為 $3.35\,J\,K^{-1}mol^{-1}$。對於冰，其內的每一氧原子均被四個氫的原子圍繞，而排列成四面體，且此四氫的原子中之二原子，與氧的原子形成共價鍵的結合，另二氫的原

子與氧的原子形成氫鍵的結合。由於晶體內的氫原子與氧原子之兩種形式的不規則排列，因此，水的晶體於絕對零度之熵值，趨近於 $R\ln\frac{3}{2} = 3.37\ \text{J K}^{-1}\text{mol}^{-1}$。

　　由熱力學的第三定律，僅由反應物與生產物之卡計的量測，可計算其化學反應之平衡常數。若假定完整的純晶體於絕對零度之熵值為零，則由其自任何溫度至接近於絕對零度之熱容量的測量值，可計算反應物與生成物於任何溫度之熵值（參閱下節 4-17）。

# 4-17　熵值之卡計的測定 (Calorimetric Determination of Entropies)

　　某物質於任何溫度之其對於絕對零度之相對的熵值，可由 $dq_{\text{rev}}/T$ 自絕對零度積分至該溫度而計得。此時需要該物質自 0 K 附近至該度範圍之熱容量，及於其各轉相點之相轉移的焓值變化等數據。實際上甚難達至絕對零度，而不能實際量測於 0 K 附近之各物質的熱容量，因此，於絕對零度附近之熱容量，通常使用 Debye 的函數式計算。

　　若某物質於其熔點 $T_m$ 之熔解熱，及沸點 $T_b$ 之蒸發熱均已知，則該物質於沸點以上的溫度 $T$，對於 0 K 之其相對的莫耳熵值，可表示為

$$\overline{S}_T^{\circ} - \overline{S}_0^{\circ} = \int_0^{T_m} \frac{\overline{C}_P^{\circ}(s)}{T}dT + \frac{\Delta\overline{H}_{\text{fus}}^{\circ}}{T_m} + \int_{T_m}^{T_b} \frac{\overline{C}_P^{\circ}(\ell)}{T}dT$$
$$+ \frac{\Delta\overline{H}_{\text{vap}}^{\circ}}{T_b} + \int_{T_b}^{T} \frac{\overline{C}_P^{\circ}(g)}{T}dT \tag{4-132}$$

若其固體有多種的晶形時，則上式中需加入其各種晶形之相轉移的熵值。

　　於實驗室可達至甚低溫度之一些方法，例如，利用液態的氦（於 1 bar 之沸點為 4.2 K）於低的壓力下之蒸發，可使溫度下降至 0.3 K，由**絕熱去磁性** (adiabatic demagnetization) 可達至 0.001 K，而由**核旋轉** (nuclear spin) 之絕熱去磁性，可得 $10^{-6}$ K 的低溫。

　　茲以 $SO_2$ 為例說明，物質於 25°C 之對 0 K 的相對熵值之推定的方法。$SO_2$ 之熱容量以 $T$ 與 $\log T$ 為函數，分別表示如圖 4-12(a) 與 (b) 所示。固態的 $SO_2$ 於其熔點 197.64 K 的熔解熱為 7402 J mol$^{-1}$。液態的 $SO_2$ 於 1.01325 bar 之沸點為 263.08 K，蒸發熱為 24,937 J mol$^{-1}$。$SO_2$ 於 1.01325 bar , 25°C 之熵值的計算，總括列於表 4-1。

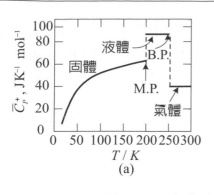
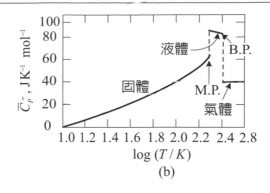

圖 4-12　二氧化硫於壓力 1 bar 下各溫度之熱容量

表 4-1　二氧化硫於 25°C 之熵值的計算

| 溫度，K | 計算方法 | $\Delta \bar{S}^{\circ}$, J K$^{-1}$mol$^{-1}$ |
|---|---|---|
| 0–15 | Debye 函數 ($\overline{C}_p$ = constant $T^3$) | 1.26 |
| 15–197.64 | 固態，圖解 | 84.18 |
| 197.64 | 熔解，7402 / 197.64 | 37.45 |
| 197.64–263.08 | 液態，圖解 | 24.94 |
| 263.08 | 氣化，24.937 / 263.08 | 94.79 |
| 263.08–298.15 | 由氣體之 $\overline{C}_p$ | 5.23 |
| | $\overline{S}^{\circ}_{(298\,\text{K})} - \overline{S}^{\circ}_{(0\,\text{K})} = 247.85$ | |

　　許多物質於 298.15 K 之熵值，列於附錄 (二) 的表 A2-1，一些物質於 0，298，500，1000，2000 及 3000 K 之熵值，列於附表 A2-2。表中的數值，係取 $H^+(ao)$ 之熵值為零作為基準，以便計算各種離子於水溶液中之熵值。新的標準狀態的壓力為 1 bar，而此比舊的標準狀態壓力 1 atm = 1.01325 bar 稍低，因此，氣體之標準狀態的熵值稍大，而此二者之差值與溫度無關，為 $R \ln(101,325 / 10^5)$ = 0.109 JK$^{-1}$mol$^{-1}$。此種新舊的標準狀態壓力，對於液體及固體之標準熵值的影響可忽略。

 **4-18**　化學反應的熵值變化

(Entropy Changes for Chemical Reactions)

　　反應，$\sum_{i=1}^{N} v_i A_i = 0$，於某特定溫度下之**標準的反應熵值** (standard reaction entropy)，等於該溫度之標準狀態的各反應物，完全反應轉變成，該溫度之標準狀態的各生成物之熵值的變化。因此，於某特定溫度之反應的標準反應熵值 $\Delta_r S^{\circ}$，可表示為

$$\Delta_r S^\circ = \sum_{i=1}^{N} v_i \overline{S}_i^\circ \tag{4-133}$$

上式中，$N$ 爲反應所包括的各反應物與生成物之物種數。於溫度 $T$ 之反應的標準反應熵值，一般可由下式計算，爲

$$\Delta_r S_{(T)}^\circ = \Delta_r S_{(298.15\,\text{K})}^\circ + \int_{298.15}^{T} \frac{\Delta_r C_P^\circ}{T} dT \tag{4-134}$$

上式中，$\Delta_r C_P^\circ = \sum_{i=1}^{N} v_i \overline{C}_{P,i}^\circ$，爲各生成物之熱容量的和，減各反應物之熱容量的和。若 $\Delta_r C_P^\circ$ 與溫度無關爲一定，則上式中之積分項可用，$\Delta_r C_P^\circ \ln(T/298.15\,\text{K})$ 表示。

**例 4-14** 試計算，下列各反應於 298.15 K 之其各標準反應熵值

    (a)  $H_2(g) + \frac{1}{2}O_2(g) = H_2O(\ell)$

    (b)  $N_2(g) + 3H_2(g) = 2NH_3(g)$

    (c)  $CaCO_3(s,\text{calcite}) = CaO(s) + CO_2(g)$

    (d)  $N_2O_4(g) = 2NO_2(g)$

**解** 由附錄的表 A2-1

    (a)  $\Delta_r S^\circ = \left[69.91 - 130.68 - \frac{1}{2}(205.14)\right] \text{J K}^{-1}\text{mol}^{-1} = -163.34 \text{ J K}^{-1}\text{mol}^{-1}$

    (b)  $\Delta_r S^\circ = \left[2(192.45) - 191.61 - 3(130.68)\right] \text{JK}^{-1}\text{mol}^{-1} = -194.75 \text{JK}^{-1}\text{mol}^{-1}$

    (c)  $\Delta_r S^\circ = (39.75 + 213.74 - 92.9) \text{JK}^{-1}\text{mol}^{-1} = 160.59 \text{JK}^{-1}\text{mol}^{-1}$

    (d)  $\Delta_r S^\circ = \left[2(240.06) - 304.29\right] \text{JK}^{-1}\text{mol}^{-1} = 175.83 \text{JK}^{-1}\text{mol}^{-1}$

    注意：氣體之莫耳熵值，一般比液體或固體者大，因此，氣體的生成物之莫耳數，比氣體的反應物之莫耳數多的反應，其反應的熵值一般會增加。   ◄

**例 4-15** 試計算反應，$H_2(g) = 2H(g)$，於 1000 K 之標準反應熵值

    **解** $\Delta_r S_{(298.15\,\text{K})}^\circ = \left[2(114.713) - 130.684\right] \text{J K}^{-1}\text{mol}^{-1} = 98.742 \text{ J K}^{-1}\text{mol}^{-1}$

    $\Delta_r S_{(1000\,\text{K})}^\circ = 98.742 + \int_{\ln 298.15}^{\ln 1000} [2(20.784) - 28.824] d\ln T$

                    $= 98.742 + 12.744 \ln \dfrac{1000}{298.15}$

                     $= 114.165 \text{ J K}^{-1}\text{mol}^{-1}$   ◄

習　題

1. 試計算，由溫度於 100°C 之**水蒸氣鍋爐** (water boiler) 供給 1000 J 的熱量，(a) 冷凝器的溫度爲 20°C 時，可得之最大的功，及 (b) 水蒸氣的鍋爐之溫度升至 150°C，而冷凝器的溫度仍爲 20°C 時，可得之最大的功

   答　(a) 214 J，(b) 93 J

2. 冰之熔解熱爲 333.5 J g$^{-1}$，試求一莫耳的 0°C 之水，凝固成冰之熵值的變化

   答　−22.00 J K$^{-1}$mol$^{-1}$

3. 銀於 0°C 至 30°C 的溫度範圍之恆壓熱容量，$\overline{C}_p$ 爲定值 25.48 J K$^{-1}$mol$^{-1}$，試計算一莫耳的銀於恆壓下，自 0°C 加熱至 30°C 之熵值的變化

   答　2.657 J K$^{-1}$mol$^{-1}$

4. 試求，一克之 0°C 的冰於一大氣壓下，轉變成 100°C 的水蒸氣時之其總熵值的變化

   答　8.574 J K$^{-1}$

5. 設 1 克之 0°C 的冰與 10 克之 100°C 的水混合，試求，(a) 其混合後之平衡溫度，及 (b) 此混合過程之熵值的變化 $\Delta S$

   答　(a) 83.6°C，(b) $\Delta S = 0.46$ J K$^{-1}$

6. 氮氣之莫耳熱容量爲：

   $\overline{C}_P = 26.9835 + 5.9622 \times 10^{-4} T - 3.377 \times 10^{-7} T^2$ , J K$^{-1}$mol$^{-1}$。

   試計算，一莫耳的氮氣 (a) 於恆壓，及 (b) 於恆容下，自 25°C 加熱至 1000°C 時之其各熵值的變化

   答　(a) 45.25，(b) 33.18 J K$^{-1}$mol$^{-1}$

7. 理想氣體於 400 K 下，其容積自 $V_1$ 等溫膨脹至 $V_2$。試求，(a) 經可逆的膨脹過程，而自熱源吸收熱量 400 J，及 (b) 經不可逆的膨脹過程，而自熱源吸收熱量 200 J 時，其系統與熱源之各熵值的變化及總熵值的變化

   答　(a) $\Delta S_s = 1.0$，$\Delta S_{\text{res}} = -1.0$，$\Delta S_{\text{total}} = 0$，

   　　(b) $\Delta S_s = 1.0$，$\Delta S_{\text{res}} = -0.5$，$\Delta S_{\text{total}} = 0.5$ J K$^{-1}$

8. 一莫耳的理想氣體之容積，經恆溫膨脹增至 100 倍，試計算，此恆溫膨脹過程之熵值的變化

   答　38.3 J K$^{-1}$mol$^{-1}$

9. 理想氣體之初壓為 20.27 bar，而其容積於 300 K 下自 1 L 經可逆恆溫膨脹至 10 L。試計算， (a) 氣體之熵值的變化 $\Delta S$，及 (b) 全部的系統（氣體＋外界）之熵值的變化 $\Delta S$

   答 (a) 15.56，(b) 0 J K$^{-1}$

10. 一莫耳的理想氣體於 300 K 下，其容積自 30 L 經恆溫可逆膨脹至 100 L。(a) 試計算，此可逆過程之 $\Delta U$, $\Delta S$, $w$ 及 $q$ 等各值，(b) 若氣體經由不可逆的膨脹過程，而進入抽成真空的容器，則其 $\Delta U$，$\Delta S$, $w$ 及 $q$ 各為若干

    答 (a) $\Delta U = 0$, $\Delta S = 10.01$ J K$^{-1}$mol$^{-1}$, $w = -3.003$ k J mol$^{-1}$, $q = 3.003$ k J mol$^{-1}$；
       (b) $\Delta U = 0$, $\Delta S = 10.01$ J K$^{-1}$mol$^{-1}$, $w = 0$, $q = 0$

11. 一莫耳的理想氣體於 (a) 容積保持一定，及 (b) 壓力保持一定下，其溫度自 300K 上升至 500 K，試計算，(a)與(b)的條件下之其各過程的熵值變化

    答 (a) 6.371，(b) 10.618 J K$^{-1}$mol$^{-1}$

12. 液態苯之熱膨脹係數 $\alpha$ 為，$1.237 \times 10^{-3}$ K$^{-1}$，及其密度為，0.879 g cm$^{-3}$。設一莫耳的液態苯之壓力，於 25°C 下自 1bar 增加至 1000 bar，試求其熵值的變化

    答 $-10.99$ J K$^{-1}$mol$^{-1}$

13. 假設氧與氮均為理想的氣體，試求 1/2 莫耳的氧氣與 1/2 莫耳的氮氣，於 25°C 下之混合的熵值變化

    答 5.763 J K$^{-1}$mol$^{-1}$

14. 二硫化碳於其熔點 (161.11 K) 之熔解熱為，4389 J mol$^{-1}$。試由下列的各溫度之其熱容量的數據，計算二硫化碳於 25°C 之莫耳熵值

    | $T / K$ | 15.05 | 20.15 | 29.76 | 42.22 | 57.52 | 75.54 | 89.37 |
    |---|---|---|---|---|---|---|---|
    | $\overline{C}_P$ / J K$^{-1}$mol$^{-1}$ | 6.90 | 12.01 | 20.75 | 29.16 | 35.56 | 40.04 | 43.14 |

    | $T / K$ | 99.00 | 108.93 | 119.91 | 131.54 | 156.83 | 161~298 |
    |---|---|---|---|---|---|---|
    | $\overline{C}_P$ / J K$^{-1}$mol$^{-1}$ | 45.94 | 48.49 | 50.50 | 52.63 | 56.62 | 75.48 |

    答 150.67 J K$^{-1}$mol$^{-1}$

15. 試計算下列的各反應，於 298.15 K 之其各標準反應的熵值

    (a) $H_2(g) = 2H(g)$

    (b) $H_2(g) + \frac{1}{2}O_2(g) = H_2O(\ell)$

    (c) $H_2(g) + \frac{1}{2}Cl_2(g) = 2HCl(g)$

    (d) $CH_4(g) + \frac{1}{2}O_2(g) = CH_3OH(\ell)$

    答 (a) 98.634，(b) $-163.34$，(c) 20.066，(d) $-162.0$ J K$^{-1}$mol$^{-1}$

**16.** 試計算，反應，$H_2O(\ell) = H^+(ao) + OH^-(ao)$，於 298.15 K 之標準反應的熵值 $\Delta_r S°$，並說明為何其熵值的變化為負值

答　$-80.67$ J K$^{-1}$mol$^{-1}$

**17.** 試由各物種之絕對熵值，計算下列的反應，於 25°C 之熵值的變化

$$C(\text{石墨}) + 2H_2(g) + \frac{1}{2}O_2(g) \rightarrow CH_3OH(\ell)$$

答　$-242.67$ J K$^{-1}$

# 第五章

# 熱力學之基本式

於本章首先討論平衡之準據，並導入以 $U$, $H$, $S$, 與 $T$ 定義之 Gibbs 能 $G$ 與 Helmholtz 能 $A$ 的二熱力量，此二種自由能 $G$ 與 $A$ 之變化，對於判斷過程之變化的方向，比使用熵值的變化方便有用，其變化 $\Delta G$ 與 $\Delta A$ 可分別作爲，判斷恆壓與恆容的等溫過程之自發變化的準據。各種的熱力量之間有許多的關係式，於本章中擬導出，Maxwell 的關係式、熱力的狀態方程式，及一些熱力量所受壓力與溫度影響之有用的關係式，而除考慮含一定量的密閉系之熱力學的各基本式之外，亦考慮有物質的進出或產生化學反應之開放系的各熱力量間的關係式。由此，對於開放系引入部分莫耳量及化勢 $\mu$ 等量的觀念，以作爲討論其物理及化學平衡之基礎。

## 5-1　平衡之準據 (Criteria of Equilibrium)

Berthelot 於 1879 年，致力於尋求自發的化學反應之熱力學的準據，而導出「放熱的反應爲自發的反應」之錯誤的結論。事實上，有些自發的反應爲吸收熱量的反應。依據熱力學的第二定律，孤立系統內發生自發過程或反應時，其熵值會增加，於本節由此而導出，判斷反應是否自發反應之有用的準據。

於實際的應用上，知道系統是否達成平衡，或於**準穩定的狀態** (metastable state)甚爲重要。系統於平衡的條件下，通常不會發生任何的自發變化，由於任何的自發變化 (不可逆變化) 均會移動其原來的平衡，所以系統於平衡下所發生之任何的微小變化均爲可逆的變化。

由 Clausius 的定理，熱力學的第二定律可用式 (4-61) 表示，而可寫成

$$TdS \geq đq \tag{5-1}$$

上式中，等號表示可逆的過程，而不等號表示不可逆的過程。設系統與溫度 $T$ 之周圍接觸，而發生無窮小的不可逆變化，且此時系統對其周圍(外界)僅作壓力–容積的功，而與其周圍間之熱量的傳遞爲 $đq$，則由上式 (5-1) 可得，系統於此不可逆過程之熵值的變化 $dS$，大於 $đq / T$，而可寫成

$$đq - TdS < 0 \tag{5-2}$$

由於壓力–容積的功可表示爲，$đw = -PdV$，因此，由熱力學的第一定律可得，$đq = dU + PdV$。將此式代入上式 (5-2)，可得

$$dU + PdV - TdS < 0 \tag{5-3}$$

上面的不等式 (5-3)，常用於僅作壓力–容積功之自發的變化。

　　系統之容積與熵值均保持一定時，由於 $dV = 0$ 與 $dS = 0$，因此，上式 (5-3) 可寫成

$$(dU)_{V,S} < 0 \tag{5-4}$$

上式表示，系統於定容及定熵下發生不可逆的變化時，其內能減少，此即爲一般所熟知，力學系於穩定的狀態時之能量最低。若系統於定容及定熵下，發生可逆的變化時，則上式之不等號須改爲等號，而可寫成，$(dU)_{V,S} = 0$。

　　對於孤立系，由於其內能與容積均各保持一定，由此，其 $dU = 0$ 與 $dV = 0$，因此，對於孤立系，由式 (5-3) 可得

$$(dS)_{U,V} > 0 \tag{5-5}$$

上式表示，於孤立系內發生不可逆的過程時，其熵值增加，而於孤立系內發生可逆過程時，上式之不等號須改爲等號，而可表示爲，$(dS)_{U,V} = 0$。需記住，上述的各式 (5-3)、(5-4) 及 (5-5)，均適用於僅作壓力–容積功的情況。對於非孤立的系時，須考慮其周圍的熵值變化，而由系與其周圍的熵值之變化的和，以判斷所發生的變化是否爲可逆。

　　系統於無窮小的不可逆過程中，而其容積保持一定時，其 $dV = 0$，此時由式 (5-3) 可得

$$(dU - TdS)_V < 0 \tag{5-6}$$

若溫度與容積均保持一定時，則上式 (5-6) 可寫成

$$d(U - TS)_{T,V} < 0 \tag{5-7}$$

因系統之 $U$ 及 $TS$ 均爲狀態的函數，故 $U - TS$ 亦爲系之狀態的函數，而稱爲 Helmholtz 能 (Helmholtz energy)，並用符號 $A$ 表示，爲

$$A \equiv U - TS \tag{5-8}$$

因此，對於恆溫恆容之自發的過程，由式 (5-7) 可寫成

$$(dA)_{T,V} < 0 \tag{5-9}$$

上式表示，系於一定的溫度與一定的容積下，發生不可逆的變化時，系之 Helmholtz 能減少。

　　一般之物理過程或化學反應，常於一定的壓力與一定的溫度下進行，而於壓力 $P$ 與溫度 $T$ 均各保持一定時，式 (5-3) 可寫成

$$d(U + PV - TS)_{T,P} < 0 \tag{5-10}$$

上式之熱力量，$U + PV - TS$，亦為系統之狀態的函數，而稱為 Gibbs 自由能，或簡稱 Gibbs 能 (Gibbs energy)，並用符號 $G$ 表示，為

$$G \equiv U + PV - TS = H - TS \tag{5-11}$$

因此，對於恆溫恆壓之自發的過程，由式 (5-10) 可寫成

$$(dG)_{T,P} < 0 \tag{5-12}$$

上式表示，系於一定的溫度與一定的壓力下，發生不可逆的變化時，系之 Gibbs 能減少。然而，發生可逆的變化時，Gibbs 能不會改變而保持一定，即可表示為，$(dG)_{T,P} = 0$。

　　若上述所討論的各種過程為可逆，則上述的各式之不等號，均由式 (5-1) 而均須改為等號。對於僅作壓力–容積的功或沒有作功的情況時，各種過程之不可逆性與可逆性之其各條件，列於表 5-1。

　　於定溫定壓下之不可逆的過程時，系之 Gibbs 能會減少，而於平衡時達至最低值。因此，系於定溫定壓的平衡下之任何的無窮小變化時，其 $dG = 0$。例如，水與其飽和水蒸氣的平衡之系統中，無窮小量的水於定溫定壓下蒸發成為水蒸氣時，其 $dG = 0$。

　　由上述之無窮小的變化所導出之各式，亦可應用於**定量的變化** (finite change) 之各種過程，此時僅以 Δ 替代上述的各式中之 $d$ 即可。系統產生自發的變化時，這些熱力量均減少而趨近於最低值 (如於定溫定壓下之 Gibbs 能)，或增加而趨近於最高值 (如孤立系之熵值)。

　　藉於表 5-1 所列的各項之準據，可判斷某特定的變化是可逆或不可逆，但於此均不涉及其變化的速度。例如，一莫耳的碳與一莫耳的氧混合物，於 1 bar 的壓力與 25°C 的溫度下之 Gibbs 能，比二氧化碳於 1 bar 與 25°C 下之 Gibbs 能大，因此，碳與氧於此溫度與壓力下，理論上可反應生成二氧化碳，然而實際上，碳與氧於此條件下不會反應，而可互相接觸並共存相當長的時間。自發的變化之逆向的變化為，非自發的變化，二氧化碳於室溫下分解成為碳與氧時，其 Gibbs 能增加，為非自發的過程。此非自發的反應，必須藉由外界供給能量，如加熱至甚高的溫度，而使其 $\Delta G$ 變成負值時，才會使其反應發生。

表 5-1  僅作壓力–容積功或沒有作功時，
各種過程之不可逆性與可逆性的準據

| 不可逆過程 | 可逆過程 |
|---|---|
| $(dS)_{V,U} > 0$ | $(dS)_{V,U} = 0$ |
| $(dU)_{V,S} < 0$ | $(dU)_{V,S} = 0$ |
| $(dH)_{P,S} < 0$ | $(dH)_{P,S} = 0$ |
| $(dA)_{T,V} < 0$ | $(dA)_{T,V} = 0$ |
| $(dG)_{T,P} < 0$ | $(dG)_{T,P} = 0$ |

上面所討論者爲，系統僅作壓力–容積的功之情況，若含其他種類的功時，則上述的各式中之 $-PdV$，應以包括各種類的功，如 $-PdV + FdL + \gamma A_S + \phi dQ$，替代。此時上述的各種過程之平衡的準據，可能會有些改變。

將式 (5-11) 微分可得，Gibbs 能之無窮小量的變化，爲

$$dG = dU + PdV + VdP - TdS - SdT \qquad (5\text{-}13)$$

於壓力與溫度均各保持一定時，由於 $dP = 0$ 與 $dT = 0$。因此，上式可簡化成

$$dG = dU + PdV - TdS \qquad (5\text{-}14)$$

由熱力學的第一定律，$dU = đq + đw$，並將此關係代入上式，可得

$$dG = đq + đw + PdV - TdS \qquad (5\text{-}15)$$

若微小量的熱量 $đq_{\text{rev}}$，自同溫度 $T$ 的熱源可逆傳遞至系統，則由，$đq_{\text{rev}} = TdS$ 與 $đw = đw_{\text{rev}}$，並將於這些關係代入上式 (5-15)，可寫成

$$-dG = -đw_{\text{rev}} - PdV \qquad (5\text{-}16)$$

由上式得，系統於定溫定壓之可逆的過程時，其 Gibbs 能之減少的量，等於系統所作之最大的功減其壓力–容積的功。對於某一定變化之可逆過程，上式 (5-16) 可寫成

$$-\Delta G = -w_{\text{rev}} - P\Delta V \qquad (5\text{-}17)$$

若爲不可逆的過程，而微小量的熱量 $đq$ 自同溫 $T$ 的熱源傳遞至系統，則由於 $TdS > đq$ 與 $đw = đw_{\text{irrev}}$，並將這些關係代入式 (5-15) 可得

$$-dG > -đw_{\text{irrev}} - PdV \qquad (5\text{-}18)$$

對於某一定的變化之不可逆過程，上式 (5-18) 可寫成

$$-\Delta G > -w_{\text{irrev}} - P\Delta V \qquad (5\text{-}19)$$

因此，系統於於定溫定壓下，發生不可逆的過程時，其 Gibbs 能之減少的量，大於其不可逆的功減壓力–容積的功。

由，$A = U - TS$，微分可得

$$dA = dU - TdS - SdT \qquad (5-20)$$

由熱力學的第一定律，$dU = đq + đw$，及由式 (5-1)，$TdS \geq đq$。而於溫度一定時，上式 (5-20) 可寫成，$-dA \geq -đw$。因此，於溫度一定時

$$\text{對於任何不可逆的過程} \qquad -\Delta A > -w_{irrev} \qquad (5-21)$$
$$\text{對於任何可逆的過程} \qquad -\Delta A = w_{rev} \qquad (5-22)$$

由此，於恆溫可逆的過程之 Helmholtz 能的減少量，等於系統所作之最大功。

## 5-2　恆溫恆壓之平衡的準據
### (Criterion of Equilibrium at Constant Temperature and Pressure)

物理過程或化學反應，於一定的溫度之 Gibbs 能的變化 $\Delta G$，由式 (5-11) 可表示為

$$\Delta G = \Delta H - T\Delta S \qquad (5-23)$$

由此，於恆溫恆壓之過程或化學反應，是否會自然發生，可由其過程或反應之 $\Delta H$ 與 $T\Delta S$ 的二項之數值的大小決定。若其 $\Delta H$ 為負的值及 $\Delta S$ 為正的值，則上式的 $\Delta G$ 為負的值，此時系統之 Gibbs 能減小，而其不規則度增加，即有利於自發過程的發生。若 $\Delta H$ 值大而 $T\Delta S$ 值小，則 $\Delta G$ 之符號由 $\Delta H$ 的符號決定。若 $T\Delta S$ 值大而 $\Delta H$ 值小，則 $\Delta G$ 之符號取決於 $\Delta S$ 之符號，尤其於較高的溫度時，$\Delta G$ 之符號與 $\Delta S$ 的符號相反。於恆溫恆壓下之自發的過程，系統之 $H - TS$ 值，通常趨向其最低值而減少。

茲以密閉容器內的固體之氣化為例，說明系之 $H$ 及 $TS$ 等值，與其蒸氣分率的關係，及固相與其蒸氣相達成平衡時之蒸氣分率。由於固體之莫耳焓值比其蒸氣的莫耳焓值低，由此，蒸氣傾向於凝結成固體以減低其焓值。另方面，因氣相之熵值比固體之熵值大，故固體傾向於蒸發成氣相以增高其熵值。於固體－蒸氣的系內，平衡蒸氣相之分率與系統之 $H$ 及 $TS$ 值的關係，如圖 5-1 所示，系統之焓值隨蒸氣相的分率之增加，而呈直線性的增加。然而，系之熵值於較低之蒸氣相的分率時，隨蒸氣的分率之增加，而較快速的增加。因此，系之 Gibbs 能，$G(= H - TS)$，於系內的平衡蒸氣分率達至某值時顯示最低值，此時之蒸氣分率即為，蒸氣相與固相之平衡的蒸氣分率 $y_e$。若系內之蒸氣分率低於此平衡蒸氣分率，則固體會產生自發蒸發，以增加其蒸氣的分率至此平衡值。若蒸氣的分率高於此平衡蒸氣分率，則蒸氣會產生自發凝結，以降低其蒸氣的分率至此

平衡值。系於平衡時之其 Gibbs 能達至最低，因此，上述的二過程，均導致使系之 Gibbs 能減少至最小。

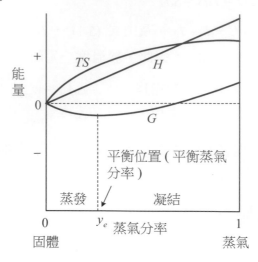

圖 5-1　固體–蒸氣系統於恆溫恆壓下之熱力量與蒸氣分率的關係

藉卡計可直接量測，而得 $\Delta H$ 與 $\Delta S$ 等值，因此，不必經由平衡之測定，即由式 (5-23) 亦可計得 $\Delta G$ 值。

## 5-3　密閉系之基本式
### (Fundamental Equations for Closed Systems)

一定組成的密閉系之性質，除壓力 $P$ 與體積 $V$ 之外，曾經由熱力學的第零、第一及第二定律，分別導入其溫度 $T$，內能 $U$，與熵 $S$ 等的熱力性質，及定義焓 $H$，Helmholtz 能 $A$，與 Gibbs 能 $G$。對於僅作壓力–容積功的密閉系內之可逆過程，由熱力學的第一定律，$dU = đq_{\text{rev}} + đw_{\text{rev}} = đq_{\text{rev}} - PdV$，與熱力學的第二定律，$đq_{\text{rev}} = TdS$，合併可得

$$dU = TdS - PdV \tag{5-24}$$

此式為密閉系之基本式。上式中的 $U , T , S , P$ 與 $V$ 等均為，系統之狀態函數，由此，上式 (5-24) 亦可同樣應用於不可逆的過程。

由於，$H = U + PV$，$A = U - TS$，與，$G = U + PV - TS$，而這些式分別微分可得

$$dH = dU + PdV + VdP \tag{5-25}$$

$$dA = dU - TdS - SdT \tag{5-26}$$

$$dG = dU + PdV + VdP - TdS - SdT \tag{5-27}$$

將式 (5-24) 代入上面的各式 (5-25) 至 (5-27)，可得密閉系之另三種基本式，為

$$dH = TdS + VdP \tag{5-28}$$

$$dA = -SdT - PdV \tag{5-29}$$

$$dG = -SdT + VdP \tag{5-30}$$

上面的四式 (5-24)、(5-28)、(5-29) 及 (5-30) 為，熱力學之四基本的微分式。由此四基本的微分式，可導出熱力學之其他的重要關係式，而由此四基本的微分式亦可導得，於 5-1 節所討論之平衡的條件。例如，系於定容定熵時之平衡的條件，由式 (5-24) 可得，$(dU)_{V,S} = 0$；於定溫定壓下之平衡條件，由式 (5-30) 可得，$(dG)_{T,P} = 0$。

式 (5-24) 表示，內能的變化 $dU$，與熵的變化 $dS$ 及體積的變化 $dV$ 間的關係，而稱 $S$ 與 $V$ 為內能 $U$ 之**自然的變數** (natural variables)。同樣由式 (5-28) 得，焓 $H$ 之自然變數為 $P$ 與 $S$，由式 (5-29) 得，Helmholtz 能 $A$ 之自然變數為 $T$ 與 $V$，及由式 (5-30) 得，Gibbs 能 $G$ 之自然變數為 $T$ 與 $P$。許多的化學程序均於一定的溫度與壓力下進行，由此，Gibbs 能 $G$ 為於化學反應系之特別有用的熱力性質。

上面的四基本微分式中，不能直接測定的熱力性質如 $U$，$H$，$A$，及 $G$ 等，可用能直接測定的熱力性質如 $T$，$S$，$P$，及 $V$ 等表示。由於內能 $U$ 為 $V$ 與 $S$ 的函數，$U = f(V, S)$，焓 $H$ 為 $P$ 與 $S$ 的函數，$H = f(P, S)$，Helmholtz 能 $A$ 為 $T$ 與 $V$ 的函數，$A = f(T, V)$，Gibbs 能 $G$ 為 $T$ 與 $P$ 的函數，$G = f(T, P)$，且 $dU$，$dH$，$dA$，與 $dG$ 等均為**精確微分** (exact differentials)，故 $U$，$H$，$A$ 及 $G$ 之全微分，可分別表示為

$$dU = \left(\frac{\partial U}{\partial V}\right)_S dV + \left(\frac{\partial U}{\partial S}\right)_V dS \tag{5-31}$$

$$dH = \left(\frac{\partial H}{\partial P}\right)_S dP + \left(\frac{\partial H}{\partial S}\right)_P dS \tag{5-32}$$

$$dA = \left(\frac{\partial A}{\partial V}\right)_T dV + \left(\frac{\partial A}{\partial T}\right)_V dT \tag{5-33}$$

$$dG = \left(\frac{\partial G}{\partial P}\right)_T dP + \left(\frac{\partial G}{\partial T}\right)_P dT \tag{5-34}$$

由此四微分式 (5-31) 至 (5-34)，與上述的四基本微分式 (5-24)、(5-28)、(5-29) 及 (5-30)，各分別比較其相同項的係數，而可得下面的八編 **微分係數** (partial differential coefficients) 之關係式，即由分別比較，式 (5-24) 與式 (5-31)，式 (5-28) 與式 (5-32)，式 (5-29) 與式 (5-33)，及式 (5-30) 與式 (5-34) 等之相同項的係數，可得

$$\left(\frac{\partial U}{\partial V}\right)_S = -P \tag{5-35}$$

$$\left(\frac{\partial U}{\partial S}\right)_V = T \tag{5-36}$$

$$\left(\frac{\partial H}{\partial P}\right)_S = V \tag{5-37}$$

$$\left(\frac{\partial H}{\partial S}\right)_P = T \tag{5-38}$$

$$\left(\frac{\partial A}{\partial V}\right)_T = -P \tag{5-39}$$

$$\left(\frac{\partial A}{\partial T}\right)_V = -S \tag{5-40}$$

$$\left(\frac{\partial G}{\partial P}\right)_T = V \tag{5-41}$$

$$\left(\frac{\partial G}{\partial T}\right)_P = -S \tag{5-42}$$

由上面的各式 (5-35) 至 (5-42) 亦可得，$(\partial U/\partial V)_S = (\partial A/\partial V)_T$，$(\partial U/\partial S)_V = (\partial H/\partial S)_P$，$(\partial H/\partial P)_S = (\partial G/\partial P)_T$，及 $(\partial A/\partial T)_V = (\partial G/\partial T)_P$ 等的四關係式。式 (5-35) 至 (5-42) 等的各式之意義與應用，於此以後面的二式為例說明。系統之熵值通常為正的值，而上式 (5-42) 顯示，系之 Gibbs 能於定壓下，均隨溫度的上升而減少，由於氣體之熵值比固體者大 $(S_g > S_s)$，因此，氣體之 Gibbs 能隨溫度的變率，與固體者相比為較大的負值。由於系統之容積恆為正的值，由此，式 (5-41) 顯示，系於定溫下之 Gibbs 能，均隨壓力的增加而增加，而氣體之容積比固體者大 $(V_g > V_s)$，因此，氣體之 Gibbs 能於定溫下隨壓力的改變之變率，比固態者大。

若測得系統之 Gibbs 能 $G$ 值，隨壓力與溫度等的改變之變率，$(\partial G/\partial P)_T$ 與 $(\partial G/\partial T)_P$，則由式 (5-41) 與 (5-42) 可分別計算系統之容積與熵值。由此，系統之 $U$，$H$ 與 $A$，亦可分別用下列的各式表示，為

$$U = G - PV + TS = G - P\left(\frac{\partial G}{\partial P}\right)_T - T\left(\frac{\partial G}{\partial T}\right)_P \tag{5-43}$$

$$H = G + TS = G - T\left(\frac{\partial G}{\partial T}\right)_P \tag{5-44}$$

$$A = G - PV = G - P\left(\frac{\partial G}{\partial P}\right)_T \tag{5-45}$$

## 5-4　馬克士威關係 (Maxwell Relations)

某量 $z$ 為二變量 $x$ 與 $y$ 之函數時，該量 $z$ 之全微分 $dz$，一般可用其二變量 $x$ 與 $y$ 之微分 $dx$ 與 $dy$ 的項，表示為

$$dz = M(x,y)dx + N(x,y)dy \tag{5-46}$$

上式中，$M(x,y)$ 與 $N(x,y)$ 均為，變數 $x$ 與 $y$ 之函數。

因 $z$ 為 $x$ 與 $y$ 的函數，$z = f(x,y)$，故其全微分 $dz$，可表示為

$$dz = \left(\frac{\partial z}{\partial x}\right)_y dx + \left(\frac{\partial z}{\partial y}\right)_x dy \tag{5-47}$$

比較上面的式 (5-46) 與 (5-47)，可得

$$M(x,y) = \left(\frac{\partial z}{\partial x}\right)_y \tag{5-48}$$

$$N(x,y) = \left(\frac{\partial z}{\partial y}\right)_x \tag{5-49}$$

式 (5-46) 中的 $dz$ 為精確微分之條件，為

$$\left[\frac{\partial}{\partial y}\left(\frac{\partial z}{\partial x}\right)_y\right]_x = \left[\frac{\partial}{\partial x}\left(\frac{\partial z}{\partial y}\right)_x\right]_y \tag{5-50}$$

或

$$\left(\frac{\partial M}{\partial y}\right)_x = \left(\frac{\partial N}{\partial x}\right)_y \tag{5-51}$$

由於 $U$，$H$，$A$ 與 $G$ 均為系統之狀態的函數，而其微分 $dU$，$dH$，$dA$ 與 $dG$ 等，均為精確的微分。因此，上式 (5-51) 之關係應用於式 (5-24) 及式 (5-28) 至 (5-30)，可得下列之**馬克士威關係** (Maxwell relations)，即

$$\left(\frac{\partial T}{\partial V}\right)_S = -\left(\frac{\partial P}{\partial S}\right)_V \tag{5-52}$$

$$\left(\frac{\partial T}{\partial P}\right)_S = \left(\frac{\partial V}{\partial S}\right)_P \tag{5-53}$$

$$\left(\frac{\partial S}{\partial V}\right)_T = \left(\frac{\partial P}{\partial T}\right)_V \tag{5-54}$$

$$-\left(\frac{\partial S}{\partial P}\right)_T = \left(\frac{\partial V}{\partial T}\right)_P \tag{5-55}$$

上列之後面的二式 (5-54) 及 (5-55)，於實用上特別重要，此二式之右邊的導數，均可分別由 $P-V-T$ 的數據，或各種狀態方程式求得。因此，由此二式可分別求得，於一定的溫度下，容積與壓力各對於熵值的影響。

**例 5-1** 試導出，凡得瓦氣體經恆溫膨脹時之莫耳熵值的變化

**解** 對於凡得瓦氣體， $P = \dfrac{RT}{\overline{V}-b} - \dfrac{a}{\overline{V}^2}$

由式 (5-54)， $\left(\dfrac{\partial \overline{S}}{\partial \overline{V}}\right)_T = \left(\dfrac{\partial P}{\partial T}\right)_{\overline{V}} = \dfrac{R}{\overline{V}-b}$

所以 $\Delta \overline{S} = \displaystyle\int_{\overline{S}_1}^{\overline{S}_2} d\overline{S} = R \int_{\overline{V}_1}^{\overline{V}_2} \dfrac{1}{\overline{V}-b} d\overline{V} = R \ln \dfrac{\overline{V}_2 - b}{\overline{V}_1 - b}$ ◄

# 5-5 狀態之熱力的方程式
## (Thermodynamic Equations of State)

由式 (5-24) 與式 (5-54)，及式 (5-28) 與式 (5-55)，可分別導出內能 $U$ 及焓 $H$，以 $T, P, V$ 等表示之二重要的狀態之熱力方程式。式 (5-24) 於定溫下除以 $dV$，可得

$$\left(\frac{\partial U}{\partial V}\right)_T = T\left(\frac{\partial S}{\partial V}\right)_T - P \tag{5-56}$$

將式 (5-54) 代入上式，可得狀態之熱力方程式為

$$\left(\frac{\partial U}{\partial V}\right)_T = T\left(\frac{\partial P}{\partial T}\right)_V - P \tag{5-57}$$

而由上式可計算，內能於恆溫下對於容積之變化。將式 (2-25)，$(\partial P/\partial T)_v = \alpha/\kappa$，代入上式 (5-57) 可得

$$\left(\frac{\partial U}{\partial V}\right)_T = \frac{\alpha T - \kappa P}{\kappa} \tag{5-58}$$

同理，式 (5-28) 於定溫下除以 $dP$，可得

$$\left(\frac{\partial H}{\partial P}\right)_T = T\left(\frac{\partial S}{\partial P}\right)_T + V \tag{5-59}$$

將式 (5-55) 代入上式，可得另一熱力的狀態方程式，為

$$\left(\frac{\partial H}{\partial P}\right)_T = V - T\left(\frac{\partial V}{\partial T}\right)_P = V(1-\alpha T) \tag{5-60}$$

對於理想氣體，其 $\alpha = 1/T$ 與 $\kappa = 1/P$，而將這些關係代入式 (5-58) 及 (5-60)，可得

$$\left(\frac{\partial U}{\partial V}\right)_T = 0 \tag{5-61}$$

及

$$\left(\frac{\partial H}{\partial P}\right)_T = 0 \tag{5-62}$$

即理想氣體於恆溫下之內能及焓，均與容積及壓力無關。

由這些關係證實，由熱力學的第二定律與理想氣體的定律所得之結論相同。理想氣體之內能與焓，於恆溫下均不受容積及壓力的影響。從分子的觀點，這些結果顯示理想氣體的分子間之相互作用可以忽略。由式 (5-56) 與 (5-61) 亦可導得理想氣體定律。$(\partial U/\partial V)_T$ 為與分子間的作用力有關之壓力，而稱為**內壓** (internal pressure)。氣體之分子間的距離，一般隨其容積的增加而增加，而導至其分子間的位能之改變。因此，其內壓隨氣體之容積的改變而改變。

於 3-13 節曾導得，氣體之恆壓熱容量與恆容熱容量的差，可表示為

$$C_P - C_V = \left[ P + \left(\frac{\partial U}{\partial V}\right)_T \right]\left(\frac{\partial V}{\partial T}\right)_P \tag{3-42}$$

由式 (2-29)，$(\partial V/\partial T)_P = V\alpha$。將此關係及式 (5-58) 代入上式 (3-42)，可得

$$C_P - C_V = \frac{TV\alpha^2}{\kappa} \tag{5-63}$$

物質之 $C_V$ 值一般較不易量測，所以其值通常由其 $C_P$ 之測定值，熱膨脹係數 $\alpha$，壓縮係數 $\kappa$ 及容積，使用上式 (5-63) 計算。

**例 5-2** (a) 試求，凡得瓦氣體之內壓 $(\partial \bar{U}/\partial \bar{V})_T$

(b) 一莫耳的凡得瓦氣體，自 10 L 經恆溫膨脹至 30 L，而該氣體之凡得瓦常數 $a = 8.779 \text{ L}^2\text{ bar mol}^{-2}$，試求其莫耳內能的變化

**解** (a) 由凡得瓦狀態式，$P = \dfrac{RT}{\bar{V} - b} - \dfrac{a}{\bar{V}^2}$

上式於一定的 $\bar{V}$ 下對 $T$ 微分，得

$$\left(\frac{\partial P}{\partial T}\right)_{\bar{V}} = \frac{R}{\bar{V} - b}$$

將上式代入式 (5-57)，可得

$$\left(\frac{\partial \bar{U}}{\partial \bar{V}}\right)_T = \frac{RT}{\bar{V} - b} - P = \frac{RT}{\bar{V} - b} - \left(\frac{RT}{\bar{V} - b} - \frac{a}{\bar{V}^2}\right) = \frac{a}{\bar{V}^2}$$

由此，凡德瓦氣體之內壓與其莫耳容積之平方成反比。

(b) 由， $\displaystyle\int_{\bar{U}_1}^{\bar{U}_2} d\bar{U} = \int_{\bar{V}_1}^{\bar{V}_2} \frac{a}{\bar{V}^2} d\bar{V} = a\left(-\frac{1}{\bar{V}}\right)\Big]_{\bar{V}_1}^{\bar{V}_2}$ ，可得

$$\Delta\bar{U} = \bar{U}_2 - \bar{U}_1 = a\left(\frac{1}{\bar{V}_1} - \frac{1}{\bar{V}_2}\right)$$

將凡得瓦常數 $a$，換算成 SI 的單位，為

$$a = (8.779 \text{ L}^2 \text{ bar mol}^{-2})(10^5 \text{ Pa bar}^{-1})(10^{-3} \text{ m}^3 \text{ L})^2$$
$$= 0.8779 \text{ Pa m}^6 \text{ mol}^{-2}$$

$$\therefore \Delta\bar{U} = (0.8779 \text{ Pa m}^6 \text{ mol}^{-2})\left(\frac{1}{10\times10^{-3} \text{ m}^3 \text{ mol}^{-1}} - \frac{1}{30\times10^{-3} \text{ m}^3 \text{ mol}^{-1}}\right)$$

$$= 58.5 \text{ J mol}^{-1} \qquad\qquad\blacktriangleleft$$

# 5-6 溫度對於吉布士能的影響
## (Effect of Temperature on the Gibbs Energy)

Gibbs 與 Helmholtz 分別導得，Gibbs 能 $G$ 的溫度之變化率，與焓的變化間之關係式，由式 (5-42)，$(\partial G/\partial T)_P = -S$，由於熵 $S$ 為正的值，所以 Gibbs 能於定壓下，隨溫度的上升而減低。將式 (5-42) 代入，$G = H - TS$，可得有用的關係式，為

$$G = H + T\left(\frac{\partial G}{\partial T}\right)_P \qquad\qquad (5\text{-}64)$$

於上式中，含 Gibbs 能 $G$ 與 Gibbs 能的**溫度導數** (temperature derivative)$(\partial G/\partial T)_P$。若上式消去其中的 $G$，而變成只含 $G$ 的溫度導數，則於使用上較為方便。由 $G/T$ 於恆壓下對溫度微分，得

$$\left[\frac{\partial(G/T)}{\partial T}\right]_P = -\frac{G}{T^2} + \frac{1}{T}\left(\frac{\partial G}{\partial T}\right)_P \qquad\qquad (5\text{-}65)$$

而由上式 (5-65) 與式 (5-64) 消去 $G$，可得

$$\left[\frac{\partial(G/T)}{\partial T}\right]_P = \frac{-H}{T^2} \qquad\qquad (5\text{-}66)$$

上式 (5-66) 稱為，Gibbs-Helmholtz 式。因 $\partial(1/T)/\partial T = -T^{-2}$，故由此關係式與上式 (5-66)，可得

$$\left[\frac{\partial(G/T)}{\partial(1/T)}\right]_P = \left[\frac{\partial(G/T)}{\partial T}\right]_P \frac{\partial T}{\partial(1/T)} = H \qquad\qquad (5\text{-}67)$$

若式 (5-66) 及 (5-67) 中之 $H$ 與 $G$，分別用 $\Delta H$ 與 $\Delta G$ 替代時，則可分別寫成

$$\Delta H = -T^2 \left[ \frac{\partial (\Delta G / T)}{\partial T} \right]_P \tag{5-68}$$

及

$$\Delta H = \left[ \frac{\partial (\Delta G / T)}{\partial (1/T)} \right]_P \tag{5-69}$$

因此，若某過程或反應於各溫度之 $\Delta G$ 已知，則由 $\Delta G / T$ 對 $1 / T$ 作圖所得之斜率，可求得其焓的變化 $\Delta H$。因 $\Delta H$ 與溫度有關，而一般常以溫度的函數表示，故須於某特定的溫度取其斜率，以求得該溫度之 $\Delta H$ 值。若某溫度之 $\Delta H$ 值與 $\Delta G$ 值均已知，則由式 (5-68) 經積分，可計得另一溫度之 $\Delta G$ 值。

## 5-7　壓力對於吉布士能的影響
### (Effect of Pressure on the Gibbs Energy)

若系統於恆溫的某壓力之 Gibbs 能 $G$，及其容積 $V$ 的壓力之函數式均已知，則由式 (5-41)，$(\partial G / \partial P)_T = V$，經積分可求得該系統於另壓力之 $G$ 值。由此，式(5-41)於一定的溫度下，可表示為

$$\int_{G_1}^{G_2} dG = \int_{P_1}^{P_2} V dP \tag{5-70}$$

或

$$G_2 = G_1 + \int_{P_1}^{P_2} V dP \tag{5-71}$$

對於液體或固體，其容積幾乎與壓力無關而為定值。因此，由上式 (5-71) 可得

$$G_2 = G_1 + V(P_2 - P_1) \tag{5-72}$$

或可寫成

$$G = G° + V(P - P°) \tag{5-73}$$

上式中，$G°$ 為壓力等於標準狀態的壓力 $P°$ 時之 Gibbs 能。

理想氣體之 Gibbs 能，於恆溫下所受壓力的影響，可將 $V = nRT / P$ 代入式 (5-70)，而得

$$\int_{G°}^{G} dG = nRT \int_{P°}^{P} d \ln P \tag{5-74}$$

或

$$G = G° + nRT \ln \frac{P}{P°} \tag{5-75}$$

於不同的溫度，有不同值的標準 Gibbs 能 $G°$。理想氣體之莫耳 Gibbs 能與壓力的關係，如圖 5-2 所示。

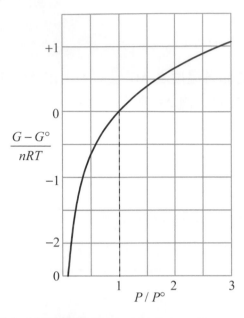

圖 5-2　理想氣體之莫耳 Gibbs 能與壓力的關係

式 (5-74) 亦可於壓力 $P_1$ 與 $P_2$ 間積分，由此，理想氣體由壓力 $P_1$ 至 $P_2$ 之 Gibbs 能的變化，可表示為

$$\Delta G = G_2 - G_1 = nRT \ln \frac{P_2}{P_1} \tag{5-76}$$

 **5-8　理想氣體之各熱力量** (Thermodynamics of an Ideal Gas)

各種熱力量均可用 Gibbs 能 $G$，及其溫度與壓力之導數，$(\partial G / \partial T)_P$ 與 $(\partial G / \partial P)_T$，表示。這些關係已於 5-3 節導出，如

$$S = -\left(\frac{\partial G}{\partial T}\right)_P \tag{5-42}$$

$$A = G - P\left(\frac{\partial G}{\partial P}\right)_T \tag{5-45}$$

$$U = G - P\left(\frac{\partial G}{\partial P}\right)_T - T\left(\frac{\partial G}{\partial T}\right)_P \tag{5-43}$$

$$H = G - T\left(\frac{\partial G}{\partial T}\right)_P \tag{5-44}$$

$$V = \left(\frac{\partial G}{\partial P}\right)_T \tag{5-41}$$

對於一莫耳的理想氣體，將式 (5-75)，$\overline{G} = \overline{G}° + RT\ln\dfrac{P}{P°}$，代入上面的各關係式 (5-42) 至 (5-45)，可得

$$\overline{S} = \overline{S}° - R\ln\frac{P}{P°} \tag{5-77}$$

$$\overline{A} = \overline{A}° + RT\ln\frac{P}{P°} \tag{5-78}$$

$$\overline{U} = \overline{U}° = \overline{H}° - RT \tag{5-79}$$

$$\overline{H} = \overline{H}° = \overline{G}° + T\overline{S}° \tag{5-80}$$

於此，$\overline{S}° = -(\partial\overline{G}°/\partial T)_P$ 及 $\overline{A}° = \overline{G}° + T\overline{S}° - RT$。理想氣體於恆溫之內能 $U$ 與焓 $H$，分別如式 (5-61) 與 (5-62) 所示均各為定值，而均不受壓力與容積的影響。

**例 5-3**　一莫耳的理想氣體，於 27°C 下自 10 bar 經恆溫可逆膨脹至 1 bar。試計算此可逆過程之 $q$ 與 $w$，及其 $\Delta\overline{U}$, $\Delta\overline{H}$, $\Delta\overline{G}$, $\Delta\overline{A}$ 與 $\Delta\overline{S}$ 等各熱力量的變化

**解**　因恆溫可逆過程

$$\begin{aligned}
w_{\max} &= -RT\ln\frac{\overline{V}_2}{\overline{V}_1} = -RT\ln\frac{P_1}{P_2} \\
&= -(8.314\text{ J K}^{-1}\text{mol}^{-1})(300.15\text{ K})\ln\frac{10}{1} = -5746\text{ J mol}^{-1}
\end{aligned}$$

理想氣體之內能，於恆溫下不受容積改變的影響，因此

$$\Delta\overline{U} = 0$$

$$q_{\text{rev}} = \Delta\overline{U} - w_{\text{rev}} = 0 + 5746 = 5746\text{ J mol}^{-1}$$

$$\Delta\overline{H} = \Delta\overline{U} + \Delta(P\overline{V}) = 0 + 0 = 0$$

理想氣體於恆溫時，其 $P\overline{V}$ 值一定，所以

$$\Delta\overline{A} = w_{\max} = -5746\text{ J mol}^{-1}$$

$$\begin{aligned}
\Delta\overline{G} &= \int_{10}^{1}\overline{V}dP = RT\ln\frac{1}{10} = (8.314\text{ J K}^{-1}\text{mol}^{-1})(300.15\text{ K})(-2.3026) \\
&= -5746\text{ J mol}^{-1}
\end{aligned}$$

$$\Delta\overline{S} = \frac{q_{\text{rev}}}{T} = \frac{5746\text{ J mol}^{-1}}{300.15\text{ K}} = 19.14\text{ J K}^{-1}\text{mol}^{-1}$$

或

$$\Delta \overline{S} = \frac{\Delta \overline{H} - \Delta \overline{G}}{T} = \frac{0 + (5746 \text{ J mol}^{-1})}{300.15 \text{ K}} = 19.14 \text{ J K}^{-1}\text{mol}^{-1} \quad \blacktriangleleft$$

例 5-4　一莫耳的理想氣體於 27°C 下，由壓力 10 bar 及容積 2.463 L ，向真空恆溫膨脹至其壓力 1 bar 及容積 24.63 L 。試計算此過程之 $q$ 與 $w$，及其 $\Delta \overline{U}, \Delta \overline{H}$, $\Delta \overline{G}, \Delta \overline{A}$ 與 $\Delta \overline{S}$ 等各熱力量的變化

解　此過程為恆溫不可逆，因密閉系向真空的恆溫不可逆膨脹，故對外界沒有作功，即 $w = 0$ 。由於理想氣體之內能，僅為溫度的函數，由此得， $\Delta \overline{U} = 0$。所以由熱力學第一定律，得

$$q = \Delta \overline{U} - w = 0$$

因其初態與終態均同上例 5-3，故其 $\Delta \overline{U}, \Delta \overline{H}, \Delta \overline{G}, \Delta \overline{A}$ 及 $\Delta \overline{S}$ 均與上例相同。 $\quad \blacktriangleleft$

例 5-5　液態的 $CH_3OH$ 及氣態的 $CH_3OH$ ，於 298.15 K 之標準生成 Gibbs 能，分別為 –166.72 及 –161.96 kJ mol$^{-1}$ ，液態的甲醇於 298.15 K 之密度為 0.7914 g cm$^{-3}$。假定甲醇的蒸氣為理想氣體，試計算，(a) 氣態的甲醇於 10 bar 與 298.15 K 之生成 Gibbs 能 $\Delta \overline{G}_{f, CH_3OH(g)}$ ，及 (b) 液態的甲醇於 10 bar 與 298.15 K 之生成 Gibbs 能 $\Delta \overline{G}_{f, CH_3OH(\ell)}$

解　(a) 壓力對於 $\Delta G(g)$ 之影響，由式 (5-75)

$$\Delta \overline{G}_f = \Delta \overline{G}_f^\circ + RT \ln(P / P^\circ)$$
$$= -161.96 \text{ kJ mol}^{-1} + (8.314 \times 10^{-3} \text{J K mol}^{-1})(298.15 \text{ K}) \ln 10$$
$$= -156.25 \text{ kJ mol}^{-1}$$

(b) 壓力對於 $\Delta G(\ell)$ 的影響，由式 (5-73)

$$\Delta \overline{G}_f = \Delta \overline{G}_f^\circ + \overline{V}(P - P^\circ)$$

液態的甲醇之莫耳容積為

$$\overline{V} = (32.04 \text{gmol}^{-1})(0.7914 \text{gcm}^{-3})(10^{-6} \text{m}^3\text{cm}^{-3})$$
$$= 40.49 \times 10^{-6} \text{m}^3\text{mol}^{-1}$$
$$\therefore \Delta \overline{G}_f = -166.27 \text{kJmol}^{-1} + (40.49 \times 10^{-6} \text{m}^3\text{mol}^{-1})(9\text{bar})$$
$$(10^5 \text{Pabar}^{-1})(10^{-3} \text{kJ} \cdot \text{J}^{-1})$$
$$= -166.23 \text{ kJ mol}^{-1} \quad \blacktriangleleft$$

**5-9　逸　壓** (Fugacity)

　　眞實的氣體之 Gibbs 能，不能使用由理想氣體所導得之式 (5-75) 表示。若眞實氣體於一定的溫度之容積 $V$ ，可用壓力 $P$ 的函數表示，則眞實氣體於恆溫的某壓力下之微小的壓力變化，所產生的微小 Gibbs 能的變化，可使用式 (5-41)， $dG = VdP$ ，計算。然而，G.N.Lewis 認爲，眞實的氣體仍使用，與理想氣體相同形式的式(5-75)表示較爲方便，並以下式定義**逸壓** (fugacity) $f$ ，即

$$\overline{G} = \overline{G}^{\circ} + RT \ln \frac{f}{P^{\circ}} \tag{5-81}$$

因此，可由逸壓的量測計算得眞實氣體之莫耳 Gibbs 能。由上式 (5-81)的定義，逸壓 $f$ 之單位爲壓力，而可視爲眞實氣體之有效的壓力。於壓力接近於零時，眞實氣體之性質趨近於理想氣體，即此時其逸壓趨近於理想氣體的壓力。因此，壓力接近於零時，眞實氣體之 Gibbs 能，可近似用與理想氣體相同的式(5-75) 表示，而可表示爲

$$\lim_{P \to 0} \frac{f}{P} = 1 \tag{5-82}$$

　　若眞實氣體之狀態式已知，則可由其狀態式計算，眞實氣體於某溫度與壓力下之逸壓。由下面的誘導可得知，使用以壓力之幂級數表示的維里狀態式較爲方便。

　　由式 (5-41)， $(\partial \overline{G}/\partial P)_T = \overline{V}$ ，由此，理想氣體於定溫下可表示爲， $d\overline{G}^{id} = \overline{V}^{id} dP$ ，而眞實氣體可表示爲， $d\overline{G} = \overline{V} dP$ 。因此，眞實氣體與理想氣體之 Gibbs 能的差，可從某低壓 $P*$ 積分至欲求的其逸壓 $f$ 之壓力 $P$ ，而可表示爲

$$\int_{P*}^{P} d(\overline{G} - \overline{G}^{id}) = \int_{P*}^{P} (\overline{V} - \overline{V}^{id}) dP \tag{5-83}$$

或

$$(\overline{G} - \overline{G}^{id})_P - (\overline{G}* - \overline{G}*^{id})_{P*} = \int_{P*}^{P} (\overline{V} - \overline{V}^{id}) dP \tag{5-84}$$

眞實氣體之壓力接近於零時，其性質趨近於理想氣體，即 $P* \to 0$ 時， $\overline{G}* \to \overline{G}*^{id}$ ，於是上式 (5-84) 可寫成

$$(\overline{G} - \overline{G}^{id})_P = \int_{0}^{P} (\overline{V} - \overline{V}^{id}) dP \tag{5-85}$$

將式 (5-81)，$\overline{G} = \overline{G}° + RT\ln(f/P°)$，與式 (5-75)，$\overline{G}^{id} = \overline{G}° + RT\ln(P/P°)$，代入上式 (5-85)，可得

$$\ln\left(\frac{f}{P}\right) = \frac{1}{RT}\int_0^P (\overline{V} - \overline{V}^{id})dP \tag{5-86}$$

或

$$\frac{f}{P} = \exp\left[\frac{1}{RT}\int_0^P (\overline{V} - \overline{V}^{id})dP\right] \tag{5-87}$$

上式之逸壓與壓力的比，稱為**逸壓係數** (fugacity coefficient)，$\phi = f/P$，而 $\phi$ 可作為，氣體之非理想性的量測之指標。若已有氣體之 $P-V-T$ 的數據，則由該氣體於某溫度的各壓力下之其莫耳容積，與理想氣體的莫耳容積之差 $(\overline{V} - \overline{V}^{id})$，對壓力作圖，並使用上式 (5-87) 經積分，可計算該氣體於該溫度的某壓力之逸壓係數 $f/P$。若氣體之壓力形的維里狀態式之各項的係數均已知，則上式 (5-87) 可用壓縮因子 $Z$ 之壓力的函數式表示。將 $\overline{V}^{id} = RT/P$ 與 $\overline{V} = ZRT/P$ 代入上式 (5-87)，可得

$$\frac{f}{P} = \exp\left[\frac{1}{RT}\int_0^P \left(\frac{ZRT}{P} - \frac{RT}{P}\right)dP\right] = \exp\left[\int_0^P \frac{Z-1}{P}dP\right] \tag{5-88}$$

因此，若 $Z$ 之壓力的函數式已知，則由上式 (5-88) 可計算，氣體於某壓力之逸壓。

例如，將維里的狀態式 (2-56)，$Z = 1 + B'P + C'P^2 + \cdots\cdots$，代入上式 (5-88)，可得

$$\frac{f}{P} = \exp\left[\int_0^P (B' + C'P + \cdots\cdots)dP\right] = \exp\left[B'P + \frac{C'}{2}P^2 + \cdots\cdots\right] \tag{5-89}$$

於計算較高壓力的氣體之逸壓時，其壓縮因子 $Z$ 之壓力的函數式，需取至較高次的項。例如，於壓力 100 bar 時，其 $P^2$ 的項仍重要，而於壓力 500 bar 時，需取至 $P^3$ 的項。

若沒有 $P-V-T$ 的數據，而純物質之臨界壓力與臨界溫度均已知或可估算時，則其逸壓可使用，以對比壓力 $(P/P_C)$ 為橫軸，對比溫度 $(T/T_C)$ 為參數，表示的逸壓係數 $(\phi = f/P)$ 之圖 5-3 求得。

圖 5-4 中的曲線為，真實氣體之逸壓與壓力的關係曲線。如圖所示，壓力趨近於零時，逸壓趨近於壓力。真實氣體之標準狀態為，1 bar 的逸壓之假設的狀態。若真實氣體之逸壓已知，則由前所導得之各式，可計算其各熱力量。於附錄的表 A2-1 及 A2-2，氣體之標準狀態為，逸壓等於 1 bar 之假設的理想氣體。

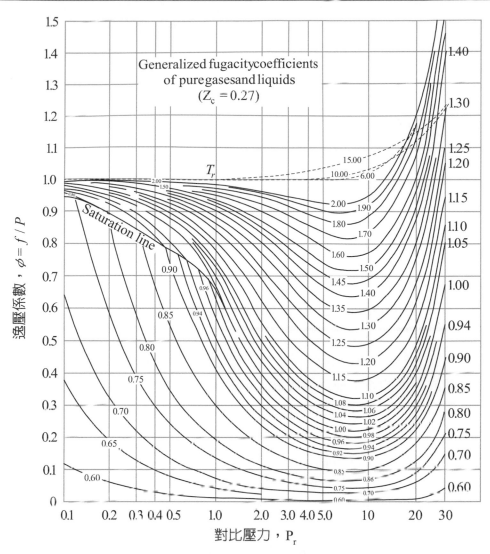

圖 5-3　逸壓係數 $\phi$ 與對比壓力 $P_r$ 及對比溫度 $T_r$ 之關係圖（自 O.A.Hougen, K.M. Watson and R.A. Ragatz, Chemical Process Principles Charts, 2nd ed. New York: Wiley, 1960）

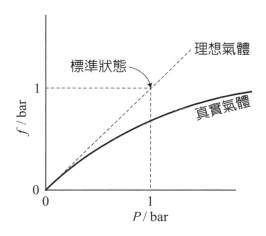

圖 5-4　真實氣體之逸壓與壓力的關係

**例 5-6** 試導,凡得瓦氣體之逸壓的式

**解** 凡得瓦氣體之壓縮因子, $Z = 1 + \left[ b - \dfrac{a}{RT} \right] \dfrac{P}{RT}$ ,而由式 (5-88) ,

可得

$$\ln \frac{f}{P} = \int_0^P \left( \frac{Z-1}{P} \right) dP = \int_0^P \left[ b - \frac{a}{RT} \right] \frac{1}{RT} dP = \left[ b - \frac{a}{RT} \right] \frac{P}{RT}$$

$$\therefore \; f = P \exp \left[ \left( b - \frac{a}{RT} \right) \frac{P}{RT} \right] \qquad \blacktriangleleft$$

# 5-10 開放系之基本式
## (Fundamental Equations for Open Systems)

　　於系內加入物質或移出物質時,均會改變其熱力性質,而系與其外界間有物質之傳遞或交換的系,稱為**開放系** (open systems)。於本節考慮僅含單一相之均勻的開放系。密閉系之 Gibbs 能 $G$ ,由熱力學第一定律與第二定律,可用 $T$ 與 $P$ 的函數表示 (5-3 節)為, $G = f(T, P)$ 。對於含 $N$ 種物質之均勻的開放系,其 Gibbs 能 可用 $T, P, n_1, n_2, \cdots\cdots, n_N$ 之函數表示為, $G = f(T, P, n_1, n_2, \cdots\cdots, n_N)$ ,其中的 $n_i$ 為,系內的物質 $i$ 之莫耳數。由此,開放系之 Gibbs 能 $G$ 的全微分,可表示為

$$dG = \left( \frac{\partial G}{\partial T} \right)_{P, n_i} dT + \left( \frac{\partial G}{\partial P} \right)_{T, n_i} dP + \sum_{i=1}^N \left( \frac{\partial G}{\partial n_i} \right)_{T, P, n_j} dn_i \qquad \textbf{(5-90)}$$

上式中,偏微分之下標 $n_i$ 表示,系內的 $N$ 種物質之量均各保持一定,而下標 $n_j$ 表示,系內的某一種物質 $i$ 以外之其他的各種物質之量,均各保持一定。上式 (5-90) 之右邊的前面之二偏微分項,分別用式 (5-42) 與 (5-41) 之關係式代入時,上式 (5-90) 可改寫成

$$dG = -SdT + VdP + \sum_{i=1}^N \mu_i dn_i \qquad \textbf{(5-91)}$$

其中

$$\mu_i = \left( \frac{\partial G}{\partial n_i} \right)_{T, P, n_j} \qquad \textbf{(5-92)}$$

上式 (5-92) 為,成分 $i$ 於一定的溫度與壓力,及成分 $i$ 以外的其他各種成分之量均各保持一定下,成分 $i$ 之 Gibbs 能對於該成分之莫耳數的變化率,即為成分 $i$ 之**化勢** (chemical potential)。

　　系中的成分 $i$ 之化勢 $\mu_i$ 爲，**內涵**或**強度的性質** (intensive properties) ，即如溫度及壓力等，此種性質與系統之大小無關。化勢之名稱的由來，如**電位** (electric potential) 與**重力場位** (gravitational potential)，爲產生變化或化學反應的**驅動力** (driving foroce)，而由化勢可決定，化學反應或擴散是否會自然發生，及其發生變化的方向。化學反應或物質之擴散，通常均自高的化勢，向較低化勢的方向自發進行。

　　含 $N$ 種成分之均勻的開放系之內能、焓與 Helmholtz 能，可分別表示爲，$U = f(S, V, n_1, n_2, \cdots\cdots, n_N)$，$H = f(S, P, n_1, n_2, \cdots\cdots, n_N)$，與 $A = f(T, V, n_1, n_2, \cdots\cdots, n_N)$，而與上面的 Gibbs 能的式(5-91)同樣，可得開放系之其他的各基本式，分別爲

$$dU = TdS - PdV + \sum_{i=1}^{N} \mu_i dn_i \qquad (5\text{-}93)$$

$$dH = TdS + VdP + \sum_{i=1}^{N} \mu_i dn_i \qquad (5\text{-}94)$$

$$dA = -SdT - PdV + \sum_{i=1}^{N} \mu_i dn_i \qquad (5\text{-}95)$$

由此，化勢 $\mu_i$ 亦可對於內能、焓及 Helmhotz 能，分別定義爲

$$\mu_i = \left(\frac{\partial U}{\partial n_i}\right)_{S, V, n_j} - \left(\frac{\partial H}{\partial n_i}\right)_{S, P, n_j} = \left(\frac{\partial A}{\partial n_i}\right)_{T, V, n_j} \qquad (5\text{-}96)$$

　　由於大部分的反應均於一定的溫度與壓力下進行。因此，化勢常用式 (5-92) 表示，即化勢相當於後述 (5-11 節 ) 的部分莫耳 Gibbs 能。開放系之上述的各基本式，均僅包括壓力–容積的功。若包括其他形式的功，如表面的功 ($\gamma\, dA_S$) 伸張的功 ($f\, d\ell$) 及電功 ($\phi\, dQ$) 等時，則式 (5-91) 應改寫成

$$dG = -SdT + VdP + \sum_{i=1}^{N} \mu_i dn_i + \gamma\, dA_S + f\, d\ell + \phi dQ \qquad (5\text{-}97)$$

　　系統之溫度、壓力、及各成分之相對量比均各保持一定時，由於 $dT = 0$，$dP = 0$ 及各成分之 $\mu_i$ 均各爲一定，因此，式 (5-91) 經積分可得

$$G = \sum_{i=1}^{N} n_i \mu_i \qquad (5\text{-}98)$$

　　上式表示，系統之 Gibbs 能等於，系內的各成分之部分 Gibbs 能的和。此式可用以計算混合物之 Gibbs 能及其他的熱力量。系於一定的溫度與壓力下達平衡時，系之 Gibbs 能達至最低值，而由微分上式 (5-98) 可得，以各成分之化勢表示的化學平衡式 (將於 8-2 節討論)。

若系內僅含單一種的純物質，則由上式 (5-98) 可得，$G = n\mu$，或 $\mu = G/n = \overline{G}$，即純物質之化勢，等於其莫耳 Gibbs 能。

於一定的溫度與壓力下，由式 (5-93)，(5-94)，(5-95) 等，可分別得

$$U = TS - PV + \sum_{i=1}^{N} n_i \mu_i \tag{5-99}$$

$$H = TS + \sum_{i=1}^{N} n_i \mu_i \tag{5-100}$$

$$A = -PV + \sum_{i=1}^{N} n_i \mu_i \tag{5-101}$$

# 5-11　部分莫耳量 (Partial Molar Quantities)

含一成分以上的相 (如溶液) 之狀態，除需明示該相之溫度 $T$ 與壓力 $P$ 外，需明示該相中所含的各成分之組成。若該相中所含的成分 $1, 2, 3, \cdots\cdots, N$ 之莫耳數，各為 $n_1, n_2, n_3, \cdots\cdots, n_N$，則其外延性的熱力量 $V, U, H, S, A$, 及 $G$ 等，可用 $T, P, n_1, n_2, \cdots\cdots, n_N$ 的函數表示。下面以均勻的二成分溶液之容積為例說明。理想溶液於一定的溫度與壓力下之容積，等於其溶液內的各成分之容積的和，但對於大多數的真實溶液，此簡單的關係不成立。例如，於 100 mL 的水中加入 100 mL 的濃硫酸時，所得的硫酸溶液之容積等於 182 mL，且於此溶液之混合溶解過程中，放出許多量的熱量。此硫酸水溶液之混合生成過程中，由於硫酸與水的相互作用，及硫酸分子之產生解離與離子的水合反應等，而導致溶液中的硫酸與水之容積，與混合前的純態時之容積不相同。因此，硫酸的水溶液之容積，不等於混合前的純硫酸與水之容積的和，即硫酸的水溶液之容積，不成立加成性的關係。

均勻的二成分溶液之容積 $V$，一般可用 $P, T, n_1, n_2$ 的函數表示，即 $V = f(P, T, n_1, n_2)$。因此，其容積 $V$ 之全微分，可表示為

$$\begin{aligned}
dV &= \left(\frac{\partial V}{\partial T}\right)_{P, n_1, n_2} dT + \left(\frac{\partial V}{\partial P}\right)_{T, n_1, n_2} dP + \left(\frac{\partial V}{\partial n_1}\right)_{T, P, n_2} dn_1 + \left(\frac{\partial V}{\partial n_2}\right)_{T, P, n_1} dn_2 \\
&= \left(\frac{\partial V}{\partial T}\right)_{P, n_1, n_2} dT + \left(\frac{\partial V}{\partial P}\right)_{T, n_1, n_2} dP + \overline{V}_1 dn_1 + \overline{V}_2 dn_2
\end{aligned} \tag{5-102}$$

上式中，$\overline{V}_1$ 與 $\overline{V}_2$ 分別為，成分 1 與成分 2 於溶液中之**部分莫耳容積** (partial molar volume)。部分莫耳容積之一般的定義，為

$$\overline{V}_i = \left(\frac{\partial V}{\partial n_i}\right)_{T,P,n_j} \tag{5-103}$$

上式中之下標 $n_j$ 表示，成分 $i$ 以外的各成分之量均各保持一定。部分莫耳容積 $\overline{V}_i$ 為，於一定的溫度與壓力的溶液內，加入無窮小量的成分 $i$ 時，其每一莫耳的成分 $i$ 所產生之溶液的容積之變化量。換言之，$\overline{V}_i$ 為於一定溫度與壓力下的無窮大量的溶液中，加入一莫耳的成分 $i$ 時，所產生之溶液的容積之變化量。於一定的壓力下，溶液中的某成分之部分莫耳容積，與其濃度及溫度有關。

　　一定組成的二成分溶液，於恆溫恆壓下，由於 $dT = 0$，$dP = 0$，及其 $\overline{V}_1$ 與 $\overline{V}_2$ 均為定值，因此，二成分的溶液之容積由式 (5-102) 經積分，可得

$$V = \overline{V}_1 n_1 + \overline{V}_2 n_2 \tag{5-104}$$

對於含 $N$ 種成分之系，上式可寫成

$$V = \sum_{i=1}^{N} n_i \overline{V}_i \tag{5-105}$$

　　若某濃度的二成分溶液中之成分 1 與成分 2 的部分莫耳容積 $\overline{V}_1$ 與 $\overline{V}_2$ 均已知，則由式 (5-104) 可計算該濃度的溶液之容積。設成分 1 之莫耳數 $n_1$ 固定，而改變成分 2 之莫耳數 $n_2$，則由所量測之各 $n_2$ 的溶液之總容積 $V$ 對 $n_2$ 作圖，可得如圖 5-5 所示之曲線。此曲線於組成 $A$ 處所繪之切線的斜率，即為成分 2 於組成 $A$ 的溶液內之部分莫耳容積，即 $\overline{V}_2 = \left(\dfrac{\partial V}{\partial n_2}\right)_{T,P,n_1}$，將由此所求得之 $\overline{V}_2$ 代入式 (5-104)，可得成分 1 於 $A$ 組成的溶液內之部分莫耳容積 $\overline{V}_1$，為

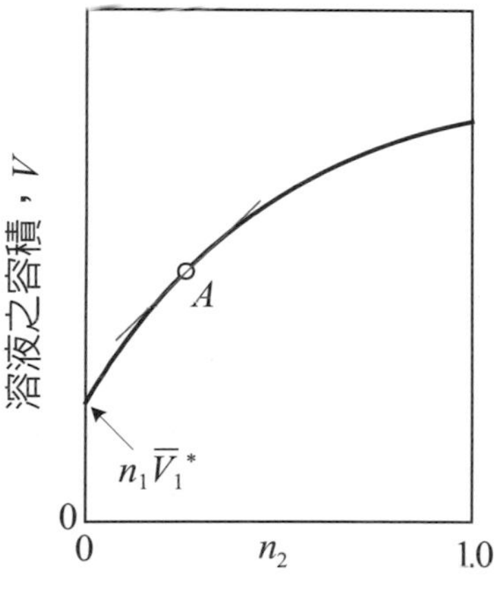

圖 5-5　以作圖法求成分 2 之部分莫耳容積 (成分 1 之莫耳數 $n_1$ 固定)

$$\overline{V}_1 = \frac{V - \overline{V}_2 n_2}{n_1} \tag{5-106}$$

部分莫耳容積除由上面的方法外，亦可由下述之較簡便的**截距法** (method of intercepts) 求得，即以溶液之一莫耳的容積 $\overline{V}$，對成分 2 之莫耳分率 $x_2$ 作圖，如圖 5-6 所示。溶液之莫耳容積 $\overline{V}$ 由式 (5-104)，可表示爲

$$\overline{V} = \overline{V}_1 x_1 + \overline{V}_2 x_2 = \overline{V}_1 + (\overline{V}_2 - \overline{V}_1) x_2 \tag{5-107}$$

由於純成分 1 與 2 之莫耳容積，分別爲 $\overline{V}_1^*$ 與 $\overline{V}_2^*$，因此，於 $x_2 = 0$ 時，$\overline{V} = \overline{V}_1^*$；$x_2 = 1$ 時，$\overline{V} = \overline{V}_2^*$。如圖 5-6 所示，溶液之組成 $x_2 = a$ 時，於其 $\overline{V} - x_2$ 的關係曲線之 $A$ 點，所繪的切線於 $x_2 = 0$ 之截距，即爲莫耳分率 $a$ 的溶液中之成分 1 的部分莫耳容積 $\overline{V}_{1(a)}$；而切線於 $x_2 = 1$ 之截距即爲，莫耳分率 $a$ 的溶液中之成分 2 的部分莫耳容積 $\overline{V}_{2(a)}$。注意此溶液中的二成分之部分莫耳容積，

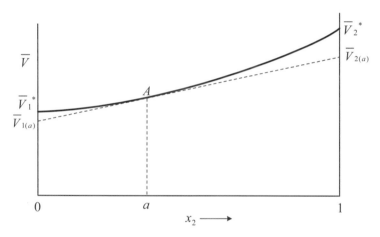

圖 5-6　二成分溶液之莫耳容積，與其內的成分 2 之莫耳分率的關係

均比其各純成分之莫耳容積小。圖 5-6 之 $\overline{V} - x_2$ 的曲線，於莫耳分率 $a$ 所繪之切線，可用下式表示爲

$$\overline{V}' = \overline{V}_{1(a)} + [\overline{V}_{2(a)} - \overline{V}_{1(a)}] x_2 \tag{5-108}$$

上式中，$\overline{V}'$ 爲溶液之**視莫耳容積** (apparent molar volume)。於上式 (5-108) 中代入 $x_2 = 0$，可得 $\overline{V}'(0) = \overline{V}_{1(a)}$，即上式的 $\overline{V}'$ 於 $x_2 = 0$ 的縱軸之截距爲，$x_2 = a$ 之溶液中的成分 1 之部分莫耳容積。於上式中代入 $x_2 = 1$ 可得，$\overline{V}'(1) = \overline{V}_{2(a)}$，即上式的 $\overline{V}'$ 於 $x_2 = 1$ 的縱軸之截距爲，$x_2 = a$ 之溶液中的成分 2 之部分莫耳容積。利用此種方法求部分莫耳容積，雖較爲簡便實用，但於繪 $\overline{V} - x_2$ 曲線之切線時，比較容易產生偏差，而較難得到精確的數值。

由數學的解析亦可求得，溶液內的各成分之部分莫耳容積。設於恆溫恆壓，及溶液內的成分 1 之莫耳數 $n_1$ 保持一定的情況下，由實驗得二成分的溶液

之容積 $V$ ，與其內的成分 2 之莫耳數 $n_2$ 的關係，可表示為

$$V = a + bn_2 + cn_2^2 \tag{5-109}$$

上式中的 $a$ 、 $b$ 、及 $c$ 為，由實驗所得之常數。由上式 (5-109) 對 $n_2$ 微分，可得溶液中的成分 2 之部分莫耳容積，為

$$\bar{V}_2 = \left( \frac{\partial V}{\partial n_2} \right)_{T,P,n_1} = b + 2cn_2 \tag{5-110}$$

將式 (5-109) 及 (5-110) 代入式 (5-104)，可得

$$a + bn_2 + cn_2^2 = \bar{V}_1 n_1 + \bar{V}_2 n_2 = \bar{V}_1 n_1 + (b + 2c\,n_2)n_2 \tag{5-111a}$$

由此，可求得成分 1 於溶液中之部分莫耳容積，為

$$\bar{V}_1 = \frac{a - cn_2^2}{n_1} \tag{5-111b}$$

其他的各熱力量，如 $U$ , $H$ , $S$ , $A$ , 及 $G$ 等之全微分，均可用與式 (5-102) 類似形式的式表示。對於 Gibbs 能已得式 (5-90)，而部分 Gibbs 能為化勢。對於其他的外延性各熱力量，於定溫定壓下亦可分別得

$$V = \sum n_i \bar{V}_i, U = \sum n_i \bar{U}_i, H = \sum n_i \bar{H}_i$$

$$S = \sum n_i \bar{S}_i, A = \sum n_i \bar{A}_i, G = \sum n_i \bar{G}_i = \sum n_i \mu_i \tag{5-112}$$

於上面的各式中，成分 $i$ 之各種部分莫耳熱力量，分別定義為

$$\bar{U}_i = \left( \frac{\partial U}{\partial n_i} \right)_{T,P,n_j} \tag{5-113}$$

$$\bar{H}_i = \left( \frac{\partial H}{\partial n_i} \right)_{T,P,n_j} \tag{5-114}$$

$$\bar{S}_i = \left( \frac{\partial S}{\partial n_i} \right)_{T,P,n_j} \tag{5-115}$$

$$\bar{A}_i = \left( \frac{\partial A}{\partial n_i} \right)_{T,P,n_j} \tag{5-116}$$

$$\bar{G}_i = \left( \frac{\partial G}{\partial n_i} \right)_{T,P,n_j} = \mu_i \tag{5-117}$$

注意於式 (5-92) 所定義之化勢 $\mu_i$ ，等於部分莫耳 Gibbs 能 $\bar{G}_i$ 。

均勻的系之外延的熱力性質間的關係，經微分可得，其部分莫耳量間的關係。例如，式，$G = H - TS$，於定溫定壓及成分 $i$ 以外的其他各成分之量均各保持一定下，對 $n_i$ 微分可得

$$\left(\frac{\partial G}{\partial n_i}\right)_{T,P,n_j} = \left(\frac{\partial H}{\partial n_i}\right)_{T,P,n_j} - T\left(\frac{\partial S}{\partial n_i}\right)_{T,P,n_j} \tag{5-118a}$$

或 $\qquad \mu_i \equiv \overline{G}_i = \overline{H}_i - T\,\overline{S}_i \tag{5-118b}$

同樣由，$H = U + PV$ 及，$A = U - TS$，可分別得

$$\overline{H}_i = \overline{U}_i + P\overline{V}_i \tag{5-119}$$

及 $\qquad \overline{A}_i = \overline{U}_i - T\overline{S}_i \tag{5-120}$

由式 (5-42)，$-S = (\partial G/\partial T)_P$，於定溫定壓及成分 $i$ 以外的其他各成分之量均各保持一定下，對 $n_i$ 微分可得

$$-\left(\frac{\partial S}{\partial n_i}\right)_{T,P,n_j} = \left[\frac{\partial}{\partial n_i}\left(\frac{\partial G}{\partial T}\right)_{P,n}\right]_{T,P,n_j} = \left[\frac{\partial}{\partial T}\left(\frac{\partial G}{\partial n_i}\right)_{T,P,n_j}\right]_{P,n} \tag{5-121a}$$

或 $\qquad -\overline{S}_i = \left(\frac{\partial \overline{G}_i}{\partial T}\right)_{P,n} = \left(\frac{\partial \mu_i}{\partial T}\right)_{P,n} \tag{5-121b}$

同樣，由式 (5-41)，$V = (\partial G/\partial P)_T$，可得

$$\overline{V}_i = \left(\frac{\partial \overline{G}_i}{\partial P}\right)_{T,n} = \left(\frac{\partial \mu_i}{\partial P}\right)_{T,n} \tag{5-122}$$

式 (5-121) 表示，於一定的壓力與組成下，成分 $i$ 之化勢 $\mu_i$ 對於溫度之變率，等於成分 $i$ 之負的部分莫耳熵值。上式 (5-122) 表示，於一定的溫度與組成下，成分 $i$ 之化勢 $\mu_i$ 對於壓力之變率，等於成分 $i$ 之部分莫耳容積。雖然物質之莫耳容積與莫耳熵值均須為正的值，但其部分莫耳容積與部分莫耳熵值，可以為負的值。

## 5-12 吉布士－杜漢式 (Gibbs-Duhem Equation)

於前面所導得之式 (5-98)，$G = \sum_{i=1}^{N} n_i \mu_i$，經微分可得

$$dG = \sum_{i=1}^{N} (n_i d\mu_i + \mu_i dn_i) \tag{5-123}$$

上式 (5-123) 與式 (5-91) 相減，可得

$$-SdT + VdP = \sum_{i=1}^{N} n_i d\mu_i \tag{5-124}$$

上式 (5-124) 即為，Gibbs-Duhem 式。系統之**內涵或強度變數** (intensive variables) $T$, $P$, 與 $\mu_1,\cdots\cdots,\mu_N$ 等之變化，通常受 Gibbs-Duhem 式 (5-124) 的限制。於一定的溫度與一定的壓力下，由於 $dT = 0$ 與 $dP = 0$，由此，對於一莫耳之二成分的系，由上式 (5-124) 可得

$$x_1 d\mu_1 + x_2 d\mu_2 = 0 \tag{5-125}$$

或

$$x_1 d\mu_1 + (1 - x_1) d\mu_2 = 0 \tag{5-126}$$

上式中，$x_1$ 為溶液內的成分 1 之莫耳分率，而 $(1 - x_1)$ 為成分 2 之莫耳分率。因此，上式(5-126)為，成分的溶液於定溫定壓下，改變其溶液之組成時，其內的成分 2 之化勢的變化，與成分 1 之化勢的變化之互相的關連式。

 ## 5-13 混合的理想氣體之各熱力量
### (Thermodynamics of a Mixture of Ideal Gases)

理想氣體之混合的氣體，於低壓下之行為如理想氣體，而稱為混合的理想氣體。由於混合的理想氣體之各成分互相獨立，而其內的各成分之 Gibbs 能，均可由式 (5-75) 計算。因此，混合的理想氣體中之成分 $i$ 的化勢 $\mu_i$，由式 (5-75) 可表示為

$$\mu_i = \mu_i^\circ + RT \ln \frac{P_i}{P^\circ} \tag{5-127}$$

上式中，$P_i$ 為成分 $i$ 之分壓，$P^\circ$ 為標準壓力，$\mu_i^\circ$ 為純成分的氣體 $i$ 於標準壓力 $P^\circ$ 之**標準化勢** (standard chemical potential)。

理想的混合氣體中之成分 $i$ 的分壓 $P_i$，可表示為

$$P_i \equiv y_i P \tag{5-128}$$

上式中，$y_i$ 為成分 $i$ 之莫耳分率，$P$ 為理想的混合氣體之總壓力。混合的理想氣體中之各成分的分壓之總和，等於其總壓力，而可表示為

$$\sum_{i=1}^{N} P_i = \sum_{i=1}^{N} y_i P = P \tag{5-129}$$

因此，混合的理想氣體中之成分 $i$ 的化勢，由將式 (5-128) 代入式 (5-127)，可得

$$\mu_i = \mu_i^\circ + RT \ln \frac{y_i P}{P^\circ} \tag{5-130}$$

若純的成分 $i$ 於壓力 $P$ 下之化勢，用 $\mu_i^*$ 表示，則由式 (5-127) 可寫成

$$\mu_i^* = \mu_i^\circ + RT \ln \frac{P}{P^\circ} \tag{5-131}$$

而由式 (5-130) 減上式 (5-131)，可得

$$\mu_i = \mu_i^* + RT \ln y_i \tag{5-132}$$

上式(5-132)常用以定義，**理想的混合物** (ideal mixture)。由此，上式 (5-132) 同樣可用以定義，理想的液體溶液及理想的固體混合物。

由 Gibbs 能的式 (5-98)，可得理想的混合物之各種熱力量。於定溫定壓下，將上式 (5-132) 代入式 (5-98)，可得

$$G = \sum_{i=1}^{N} n_i \mu_i = \sum_{i=1}^{N} n_i \mu_i^* + RT \sum_{i=1}^{N} n_i \ln y_i \tag{5-133}$$

因此，由式 (5-42) , (5-44) 及 (5-41)，可分別得

$$S = -\left(\frac{\partial G}{\partial T}\right)_{P,n_i} = \sum_{i=1}^{N} n_i \overline{S}_i^* - R \sum_{i=1}^{N} n_i \ln y_i \tag{5-134}$$

$$H = G + TS = \sum_{i=1}^{N} n_i (\mu_i^* + T\overline{S}_i^*) = \sum_{i=1}^{N} n_i \overline{H}_i^* \tag{5-135}$$

及

$$V = \left(\frac{\partial G}{\partial P}\right)_{T,n_i} = \sum_{i=1}^{N} n_i \left(\frac{\partial \mu_i^*}{\partial P}\right)_{T,n_i} = \sum_{i=1}^{N} n_i \overline{V}_i^* = \frac{RT}{P} \sum_{i=1}^{N} n_i \tag{5-136}$$

上面的各式中，於右上角的 * 號，表示純的物質。由式 (5-135) 與 (5-136) 得，理想的混合物之焓與容積，分別等於其各純成分於其混合物的溫度與壓力下之焓與容積的和。然而，理想的混合物之 Gibbs 能與熵值則不然，於式 (5-133) 與 (5-134) 中，均各含有與成分之量不成線性關係的項，$RT \sum_{i=1}^{N} n_i \ln y_i$ 與 $-R \sum_{i=1}^{N} n_i \ln y_i$。

混合的理想氣體中之成分氣體 $i$ 的部分莫耳容積 $\overline{V}_i$，等於純的成分氣體 $i$，於壓力等於混合的氣體壓力下之莫耳容積 $\overline{V}_i^*$。混合的理想氣體中之各成分理想氣體的部分莫耳容積均相同，而混合的理想氣體之總容積，遵照理想氣體的定律。

　　上述的各式 (5-133) 至 (5-136)，可分別用以計算，理想氣體於定溫定壓的混合過程之各熱力量的變化。設同溫度而壓力各為 1 bar 之二理想的氣體，混合成 1 bar 之理想的混合氣體，則於混合前的各氣體之各種熱力量的和，可分別用式 (5-133) 至 (5-136) 之右邊中的一定項 $\sum_{i=1}^{N} n_i \mu_i^*$，$\sum_{i=1}^{N} n_i \bar{S}_i^*$，$\sum_{i=1}^{N} n_i \bar{H}_i^*$ 及 $\sum_{i=1}^{N} n_i \bar{V}_i^*$ 等表示，由此，其混合過程之各種熱力量的變化，可分別表示為

$$\Delta_{\mathrm{mix}} G = G - \sum_{i=1}^{N} n_i \mu_i^* = RT \sum_{i=1}^{N} n_i \ln y_i = nRT \sum_{i=1}^{N} y_i \ln y_i \tag{5-137}$$

$$\Delta_{\mathrm{mix}} S = S - \sum_{i=1}^{N} n_i \bar{S}_i^* = -R \sum_{i=1}^{N} n_i \ln y_i = -nR \sum_{i=1}^{N} y_i \ln y_i \tag{5-138}$$

$$\Delta_{\mathrm{mix}} H = H - \sum_{i=1}^{N} n_i \bar{H}_i^* = 0 \tag{5-139}$$

$$\Delta_{\mathrm{mix}} V = V - \sum_{i=1}^{N} n_i \bar{V}_i^* = 0 \tag{5-140}$$

因莫耳分率 $y_i$ 小於 1，而其對數為負的數，故由式 (5-137) 得，$\Delta_{\mathrm{mix}} G < 0$。所以氣體於定溫定壓下之混合的過程為，自發的過程。換言之，同溫同壓之二氣體，會自發相互擴散，而形成均勻的混合氣體。

　　二理想氣體的混合之 Gibb 能的變化，對其一成分之莫耳分率作圖，如圖 5-7(a) 所示，於 $y_1 = y_2 = 1/2$ 時，其混合之 Gibbs 能的變化最大。其混合之熵值的變化與莫耳分率的關係，如圖 5-7(b) 所示，於 $y_1 = y_2 = 1/2$ 時，其混合之熵值的變化 $\Delta_{\mathrm{mix}} S$，最大。

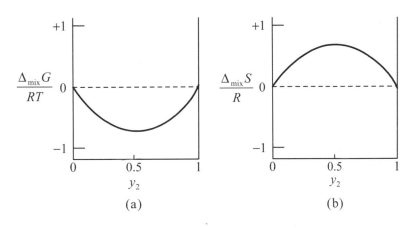

圖 5-7　二理想的氣體混合，生成 1 莫耳的混合理想氣體時之熱力量的變化 (a) $\Delta_{\mathrm{mix}} G$，(b) $\Delta_{\mathrm{mix}} S$

例 **5-7**　設氧與氮均為理想氣體。試計算 0.5 莫耳的氧與 0.5 莫耳的氮，於 25°C 下混合之 $G, S, H,$ 及 $V$ 等的變化

**解**　由式 (5-137)

$$\Delta_{\mathrm{mix}}G = RT(y_1 \ln y_1 + y_2 \ln y_2)$$
$$= (8.314 \text{ J K}^{-1}\text{mol}^{-1})(298.15 \text{ K})(0.5 \ln 0.5 + 0.5 \ln 0.5)$$
$$= -1718 \text{ J mol}^{-1}$$

$$\Delta_{\mathrm{mix}}S = -\frac{\Delta_{\mathrm{mix}}G}{T} = 5.763 \text{ J K}^{-1}\text{mol}^{-1}$$

$$\Delta_{\mathrm{mix}}H = 0$$

$$\Delta_{\mathrm{mix}}V = 0 \qquad \blacktriangleleft$$

# 5-14　活性度 (The Activity)

G.N.Lewis 為以類似式(5-81)之形式的式，處理氣態、液態、或固態等**真實物質** (real substances) 之行為，而提出下式 (5-141)以定義純物質或混合物中的某物質之**活性度** (activity)，即將真實溶液中的成分 $i$ 之化勢 $\mu_i$，表示為

$$\mu_i = \mu_i^{\circ} + RT \ln a_i \tag{5-141}$$

由此，混合物中的成分 $i$ 之化勢，可用活性度 $a_i$ 表示。活性度為無因次，於**參考狀態** (reference state) $a_i = 1$ 時，其化勢 $\mu_i = \mu_i^{\circ}$，即 $\mu_i^{\circ}$ 為成分 $i$ 於混合物中之活性度 $a_i$ 等於 1 時之化勢。對於真實的氣體，由式 (5-81) 得，$a_i = f_i / P^{\circ}$，其中的 $f_i$ 為真實氣體的逸壓。對於理想氣體，$a_i = P_i / P^{\circ}$。

對於純固體或液體，若壓力對化勢的影響可忽略，則壓力接近於標準狀態的壓力時，其活性度 $a_i$ 等於 1。壓力對於化勢的影響不能忽略時，由於固體或液體之莫耳容積 $\overline{V}$，於相當廣的壓力範圍仍可假設一定，因此，純固體或液體之化勢，由式 (5-73) 可寫成

$$\mu(T,P) = \mu^{\circ}(T) + \overline{V}(P - P^{\circ}) \tag{5-142}$$

此式與式 (5-141) 比較，可得

$$RT \ln a = \overline{V}(P - P^{\circ}) \tag{5-143a}$$

而活性度可表示為

$$a = e^{\overline{V}(P-P^{\circ})/RT} \tag{5-143b}$$

壓力的變化不大時，上式的右邊之指數甚小，因此，壓力對於固體或液體之活性度的影響不大。

　　溶液中的成分 $i$ 之活性度 $a_i$，常用**活性度係數** (activity coefficient) $\gamma_i$ 與其濃度或莫耳分率的乘積表示。因此，真實溶液中的成分 $i$ 之化勢 $\mu_i$，與理想溶液中的該成分之化勢 $\mu_i^{id}$ 的差 $\Delta\mu_i$，可表示為

$$\Delta\mu_i = \mu_i - \mu_i^{id} = RT\ln\gamma_i \tag{5-144}$$

由上式得知，活性度係數 $\gamma_i$ 可用以表示，真實溶液與理想溶液之差異，即由活性度係數之解析，可瞭解真實溶液之性質或行為。濃度一般用莫耳分率 ($x$ 或 $y$)，重量莫耳濃度 $m$ (mol 溶質 / kg 溶劑)，或容積莫耳濃度 $M$ ( mol L$^{-1}$) 等表示。因此，活性度與活性度係數，亦因所使用不同之濃度的表示而異。對於無窮稀薄的溶液，由各種不同的濃度之表示所得的活性度係數幾乎相同，但其差異隨濃度的增加而增大。

**例 5-8**　假設水之莫耳容積 $\bar{V}$ 一定。試計算，液態的水於溫度 25°C 與壓力 1 bar 及 100 bar 之各活性度

解　於 $P = 1\,\text{bar}$ 時，由式 (5-143b) 得，$a = e^0 = 1$

於 $P = 100\,\text{bar}$ 時

$$a = \exp\frac{\bar{V}(P - P^\circ)}{RT} = \exp\frac{(0.018\ \text{kg mol}^{-1})(1\ \text{L kg}^{-1})(99\ \text{bar})}{(0.08314\ \text{L bar K}^{-1}\text{mol}^{-1})(298\ \text{K})}$$

$$= 1.075$$
◀

## 習　題

1. 試證，$\left(\dfrac{\partial T}{\partial V}\right)_S = -\left(\dfrac{\partial P}{\partial S}\right)_V$

2. 液體的苯之密度為 0.879gcm$^{-3}$，而其 $\alpha = 1.237\times10^{-3}\,\text{K}^{-1}$。試求液體的苯於 25°C 下，壓力由 1 bar 增至 11 bar 時之莫耳焓值的變化

答　$\Delta\bar{H} = 56.0\ \text{J mol}^{-1}$

3. 試證，遵照狀態方程式，$\left(P + \dfrac{a}{\bar{V}^2}\right)\bar{V} = RT$，的氣體之 $\bar{C}_P - \bar{C}_V$ 值的式，可表示為

$$\bar{C}_P - \bar{C}_V = R\left(1 - \frac{2a}{\bar{V}RT}\right)^{-1}$$

4.  水於 $25°C$ 之蒸氣壓爲 $3168\,Pa$。試計算，$H_2O(g, 25°C) = H_2O(l, 25°C)$，之莫耳 Gibbs 能的變化

    答 $-8.59\,kJ\,mol^{-1}$

5.  水於 $-10°C$ 之蒸氣壓爲 $286.5\,Pa$，冰於 $-10°C$ 之蒸氣壓爲 $260.0\,Pa$。試計算，$H_2O(l, -10°C) = H_2O(s, -10°C)$，之莫耳 Gibbs 能的變化

    答 $-212.5\,J\,mol^{-1}$

6.  由附錄的表 A2-1 得，$O_2(g)$ 於 $298\,K$ 之標準莫耳熵值爲 $205.138\,J\,K^{-1}mol^{-1}$。試求 $O_2(g)$ 於 $0.1\,bar$ 與 $298\,K$ 下之莫耳熵值

    答 $224.28\,J\,K^{-1}mol^{-1}$

7.  試計算，一莫耳的理想氣體，(a) 於 $0°C$ 下自 $1\,bar$ 經恆溫壓縮至 $5\,bar$ 之 Gibbs 能的變化，及 (b) 於 $100°C$ 下自 $1\,bar$ 經恆溫壓縮至 $5\,bar$ 之 Gibbs 能的變化

    答 (a) $3653$，(b) $4996\,J\,mol^{-1}$

8.  鐵之密度爲 $7.86\,g\,cm^{-3}$，而其 $\alpha = 35.1 \times 10^{-6}\,K^{-1}$，$\kappa = 0.52 \times 10^{-6}\,bar^{-1}$。試計算，鐵於 $25°C$ 之定壓莫耳熱容量與定容莫耳熱容量的差值

    答 $0.51\,J\,K^{-1}mol^{-1}$

9.  液體被加壓時，其 Gibbs 能增加。假設其莫耳容積保持一定，試計算，一莫耳的液態水，自 $1\,bar$ 加壓至 $1,000\,bar$ 時之 Gibbs 能的變化

    答 $1.8\,kJ\,mol^{-1}$

10. 假設氫氣爲理想氣體，試由附錄的表 A2-1 之 $H_2(g)$ 的標準熵值，求氫氣於壓力 $10\,bar$ 與 $100\,bar$ 下之其各莫耳熵值

    答 $111.539$，$92.395\,J\,K^{-1}mol^{-1}$

11. 水於一大氣壓及溫度 $100°C$ 下之蒸發熱爲 $2,258.1\,Jg^{-1}$。一莫耳的水蒸氣於 $100°C$ 下，經可逆壓縮成爲液態水。試求此過程之 $w, q, \Delta\overline{H}, \Delta\overline{U}, \Delta\overline{G}, \Delta\overline{A}$ 及 $\Delta\overline{S}$ 等各值

    答 $w = 3102.3\,J\,mol^{-1}$，$\Delta\overline{H} = q = -40,646\,J\,mol^{-1}$，$\Delta\overline{U} = -37,543\,J\,mol^{-1}$，$\Delta\overline{G} = 0$，$\Delta\overline{A} = 3102.3\,J\,mol^{-1}$，$\Delta\overline{S} = -108.93\,J\,K^{-1}mol^{-1}$

12. 一莫耳的氦氣於 $100°C$ 下，自 $2\,bar$ 經恆溫可逆壓縮至 $10\,bar$。試計算，此過程之 $w, q, \Delta\overline{H}, \Delta\overline{U}, \Delta\overline{G}, \Delta\overline{A}$ 及 $\Delta\overline{S}$ 等各值

    答 $w = 4993\,J\,mol^{-1}$，$q = -4993\,J\,mol^{-1}$，$\Delta\overline{H} = 0$，$\Delta\overline{U} = 0$，$\Delta\overline{G} = 4993\,J\,mol^{-1}$，$\Delta\overline{A} = 4993\,J\,mol^{-1}$，$\Delta\overline{S} = -13.38\,J\,K^{-1}mol^{-1}$

13. 試由附錄的表 A2-1，$H_2O(l)$ 與 $H_2O(g)$ 於 $298\,K$ 之其各 $\Delta\overline{G}_f^\circ$，$\Delta\overline{H}_f^\circ$ 與 $\overline{C}_p^\circ$ 的數據，計算，(a) $H_2O(l)$ 於 $25°C$ 之蒸氣壓，及 (b) $H_2O(l)$ 於 $1\,atm$ 之沸點

    答 (a) $3.21 \times 10^3\,Pa$，(b) $373.5\,K$

**14.** 一莫耳的甲苯於 1 atm 之其沸點 111°C 下蒸發，甲苯於此溫度之蒸發熱為 361.9 J g$^{-1}$。試計算，此蒸發過程之 $w, q, \Delta \overline{U}, \Delta \overline{H}, \Delta \overline{G}$ 及 $\Delta \overline{S}$ 等各值

　答　$w = -3193$ J mol$^{-1}$，$q = 33{,}342$ J mol$^{-1}$，$\Delta \overline{U} = 30{,}149$ J mol$^{-1}$，$\Delta \overline{H} = 33{,}342$ J mol$^{-1}$，$\Delta \overline{G} = 0$，$\Delta \overline{S} = 86.8$ J K$^{-1}$mol$^{-1}$

**15.** 一莫耳的理想氣體於 25°C 下，自壓力 1 bar 經恆溫可逆膨脹至壓力 0.1 bar。(a) 試求其 Gibbs 能的變化，(b) 設此過程於不可逆的情況下發生，試求其 Gibbs 能的變化

　答　(a) $-5708$，(b) $-5708$ J mol$^{-1}$

**16.** 一莫耳的理想氣體於 300 K 下，自壓力 15 bar 經恆溫膨脹至壓力 1 bar。試求此過程之 $w_{\max}, \Delta \overline{U}, \Delta \overline{H}, \Delta \overline{G}$ 及 $\Delta \overline{S}$ 等各值

　答　$w_{\max} = -6.754$ k J mol$^{-1}$，$\Delta \overline{U} = 0$，$\Delta \overline{H} = 0$，$\Delta \overline{G} = -6.754$ kJ mol$^{-1}$，

　　　$\Delta \overline{S} = 22.51$ J K$^{-1}$mol$^{-1}$

**17.** 試證

$$\left( \frac{\partial H}{\partial P} \right)_S = \left( \frac{\partial G}{\partial P} \right)_T$$

**18.** 試證

$$\left( \frac{\partial U}{\partial S} \right)_V = \left( \frac{\partial H}{\partial S} \right)_P$$

**19.** 試導

$$\left( \frac{\partial S}{\partial V} \right)_T = \frac{\alpha}{\kappa}$$

**20.** 試導

$$\left( \frac{\partial S}{\partial P} \right)_T = -V\alpha$$

**21.** 氮氣之凡得瓦常數為，$a = 1.408$ L$^2$bar mol$^{-2}$ 與 $b = 0.03913$ L mol$^{-1}$。試求氮氣於 50 bar 及 298 K 下之逸壓

　答　48.2 bar

22. 對於真實的氣體

$$\bar{G} = \bar{G}° + RT \ln \frac{f}{P°}$$

試證，凡得瓦氣體之化勢，可用下式表示為

$$\mu = \mu° + RT \ln\left(\frac{P}{P°}\right) + \left[b - \left(\frac{a}{RT}\right)\right]P$$

並導出，表示其 $\bar{S}, \bar{A}, \bar{U}, \bar{H}$ 及 $\bar{V}$ 之各關係式

答 $\bar{S} = \bar{S}° - R \ln(P/P°) - (aP/RT^2)$，$\bar{A} = \mu° + RT \ln(P/P°) - RT$，
$\bar{U} = \bar{U}° - (aP/RT)$，$\bar{H} = \bar{H}° + (b - 2a/RT)P$，$\bar{V} = (RT/P) + b - (a/RT)$

23. 純的乙醇與水於 20°C 之密度分別為， $0.789\,\mathrm{g\,cm^{-3}}$ 與 $0.998\,\mathrm{g\,cm^{-3}}$。水與乙醇於溫度 20°C 之乙醇分率 0.2 的水溶液中之部分莫耳容積，分別為 $17.9\,\mathrm{cm^3 mol^{-1}}$ 與 $55.0\ \mathrm{cm^3 mol^{-1}}$。試求，欲配製一升之上述的乙醇水溶液，所需的純乙醇與水之容積

答 $461\,\mathrm{cm^3}$ 乙醇與 $570\,\mathrm{cm^3}$ 水

24. 試由下列之各重量%的 $ZnCl_2$ 溶液之密度的數據，計算 $1\mathrm{mol L^{-1}}$ 的 $ZnCl_2$ 溶液中之氯化鋅的部分莫耳容積

| $ZnCl_2$ 之重量% | 2 | 6 | 10 | 14 | 18 | 20 |
|---|---|---|---|---|---|---|
| 密度，$\mathrm{g\,cm^{-3}}$ | 1.0167 | 1.0532 | 1.0891 | 1.1275 | 1.1665 | 1.1866 |

答 $29.3\,\mathrm{cm^3 mol^{-1}}$

25. 氮氣與氧氣於 298.15 K 下混合，而形成含 80% 的氮之容積百分比的空氣。試計算，此混合過程之莫耳 Gibbs 能的變化 $\Delta \bar{G}$，與莫耳熵值的變化 $\Delta \bar{S}$

答 $-1239\,\mathrm{J\,mol^{-1}}$, $4.159\,\mathrm{J\,K^{-1}mol^{-1}}$

# 一成分系之相平衡

　　系內的各點 (位置) 之化學組成及物理性質，均各相同之均勻的部分，稱爲**相** (plase)，而系中僅有一均勻的相者，稱爲均勻系，而有二以上的相之系，稱爲非均勻系。非均勻系內的某一相，與隣接的其他相間之分隔面，稱爲界面。氣體具有擴散的特性，因此，於系內通常只有一氣體的相，然而，於非均勻的系內可有幾種固相及液相平衡共存。系內之平衡共存的相數，可由**相律** (phase rule) 求得，而系內的二相平衡共存之平衡壓力，與溫度間的變率 $dP/dT$，可用**克拉斐隆** (Clapeyron) 式表示。於本章介紹相平衡之準據及相律，相的穩定性，相轉移，Clapeyron 式，及 Clausius-Clapeyron 式等，並以水與硫等爲例，介紹一成分系之相圖。

## 6-1　相平衡之準據 (Criteria of Phase Equilibrium)

　　不同的相間之平衡條件，常用各相之溫度 $T$、壓力 $P$ 與化勢 $\mu$ 等**強度性質** (intensive properties) 表示。例如，冰與水的二相平衡共存時，其二相之溫度及壓力均各相等，此爲已知的事實，而可證明如下。

　　設孤立系內的平衡二相 $\alpha$ 與 $\beta$ 之溫度，分別爲 $T_\alpha$ 與 $T_\beta$，且於平衡下無窮小量的熱量 $đq_{rev}$，自 $\alpha$ 相可逆傳遞至 $\beta$ 相。由於孤立系內的可逆過程之熵值的變化等於零，因此，此時其孤立系內之熵值的變化 $dS$，等於 $\alpha$ 相與 $\beta$ 相之熵值的變化 $dS_\alpha$ 與 $dS_\beta$ 的和，且等於零，由此，可表示爲

$$dS = dS_\alpha + dS_\beta = 0 \tag{6-1}$$

上式中的熵 $S$ 之下標 $\alpha$ 與 $\beta$，分別表示相。由式 (4-62b)，$dS = đq_{rev}/T$，將此關係代入上式，可寫成

$$\frac{-đq_{rev}}{T_\alpha} + \frac{đq_{rev}}{T_\beta} = 0 \tag{6-2}$$

而由上式可得

$$T_\alpha = T_\beta \tag{6-3}$$

系內的二相 $\alpha$ 與 $\beta$ 平衡共存時，其壓力 $P_\alpha$ 與 $P_\beta$ 亦必須相等。設系之溫度與總容積均各保持一定的情況下，其內的相 $\alpha$ 可逆增加無窮小的容積 $dV$ 時，相 $\beta$ 可逆減少同量的容積 $dV$。由於系之溫度與總容積，於此無窮小的可逆過程中均各保持一定，而由表 5-1 得，於此無窮小的可逆過程，其 Helmlroltz 能的變化為零，$dA = 0$。由此可得

$$dA = dA_\alpha + dA_\beta = 0 \quad 或 \quad -P_\alpha dV + P_\beta dV = 0 \tag{6-4}$$

而由上式可得

$$P_\alpha = P_\beta \tag{6-5}$$

設於一定的溫度與壓力下，成分 $i$ 於平衡的二相 $\alpha$ 與 $\beta$ 中之化勢分別為 $\mu_{i,\alpha}$ 與 $\mu_{i,\beta}$，而於平衡下成分 $i$ 的無窮小量 $dn_i$ 從 $\alpha$ 相可逆傳遞至 $\beta$ 相，則由表 5-1 可得，於定溫定壓下，此可逆過程之 Gibbs 能的變化為零，$dG = 0$。而可表示為

$$dG = dG_\alpha + dG_\beta = 0 \quad 或 \quad -\mu_{i,\alpha} dn_i + \mu_{i,\beta} dn_i = 0 \tag{6-6}$$

由此可得

$$\mu_{i,\alpha} = \mu_{i,\beta} \tag{6-7}$$

即系內的各成分 $i$，於其平衡的二相 $\alpha$ 與 $\beta$ 中之化勢各相等。

若系內的相 $\alpha$ 與 $\beta$ 非保持平衡，而成分 $i$ 之無窮小量 $dn_i$ 於定溫定壓下，由相 $\alpha$ 自發傳遞至相 $\beta$，則由表 5-1 或式 (5-12) 得，$dG < 0$。因此

$$dG = dG_\alpha + dG_\beta < 0 \quad 或 \quad -\mu_{i,\alpha} dn_i + \mu_{i,\beta} dn_i < 0 \tag{6-8}$$

上式中，$dn_i$ 為正的值，因此可得

$$\mu_{i,\alpha} > \mu_{i,\beta} \tag{6-9}$$

上式表示，物質可自化勢較高的相，自發傳遞至化勢較低的相。例如，物質於溶液中，可自化勢較高的高濃度處，自發擴散傳遞至化勢較低的低濃度處。化勢像**電位** (electrical potential) 或**重力場位** (gravitational potential)，為物質傳遞之驅動力，物質通常自化勢較高處，自發傳遞至化勢較低處。

## 6-2 相 律 (Phase Rule)

J.Willard Gibbs 於 1876 年導得**相律** (phase rule)，以表示平衡系內之相數 $p$，成分數 $c$，與為完整描述該系之狀態，需明示的**內涵獨立變量** (intensive independent variables) 數 $\upsilon$ 間的關係。

平衡系內之成分數 $c$ 為，用以分別描述平衡系內的各相之組成，所需的最

少之物質數。由於平衡系的各相內之各物質之濃度間均各有一定的關係，所以不需明示所有物質 $s$ 之濃度，因此，平衡系內的成分數 $c$，可能比系內實際存在的物質數 $s$ 少。平衡系內的各成分之濃度間，通常有化學平衡與**初條件** (initial conditions) 的兩種關係存在，且對於平衡系內之每一獨立的化學平衡式，由於其化學平衡的關係式，而可減其內的一獨立成分。例如，氧化鎂、碳酸鎂與二氧化碳之三成分，於化學反應平衡時，由於其間的平衡關係式 (6-10)，其獨立成分數可減 1。

$$MgCO_3(s) = MgO(s) + CO_2(g) \tag{6-10}$$

平衡系內的各成分間，由於最初的條件而可能有某種關係的存在，例如，於上列的反應 (6-10) 中，若最初只有碳酸鎂時，則碳酸鎂會部分產生解離，而生成氧化鎂及二氧化碳，並與碳酸鎂保持平衡，此時所生成的氧化鎂與二氧化碳之莫耳數相等，由此關係其獨立成分的數可再減 1。因此，於外觀上平衡系內雖有碳酸鎂、氧化鎂及二氧化碳等三成分，即 $s=3$，但由於其化學反應平衡的關係，與其最初條件等的二種關係，其獨立的成分數可減 2，即 $c = s - 2 = 3 - 2 = 1$。

氫、氧與水於高溫下平衡時，由於其間的化學反應平衡，$H_2O(g) = H_2(g) + \frac{1}{2}O_2(g)$，有下式 (6-11) 的平衡關係，所以其獨立的成分數可減 1，即其 $c = s - 1 = 3 - 1 = 2$。

$$K_P = \frac{(P_{H_2} / P^\circ)(P_{O_2} / P^\circ)^{1/2}}{(P_{H_2O} / P^\circ)} \tag{6-11}$$

若於系內原來只有水，而氫與氧均僅由水的分解所產生，則所生成的氫之分壓等於氧之分壓的兩倍，即 $P_{H_2} = 2P_{O_2}$。因此，此時的平衡系內之獨立成分數可再減 1，而為 $c = s - 1 - 1 = 3 - 1 - 1 = 1$。

由上述，若平衡系內有 $s$ 種的物質，$n$ 獨立的平衡關係式，及 $m$ 種的基於最初條件之濃度間的關係，則其平衡系內的成分數 $c$，可表示為

$$c = s - n - m \tag{6-12}$$

平衡系之**自由度數** (number of degrees of freedom) 或**變量** (variance) 數 $v$，為完整描述系之狀態所需明示的獨立變數（如壓力、溫度，與各相中的各成分之濃度）之最小的數。例如，對於一定量的純氣體之狀態的描述時，因其 $P,V$ 與 $T$ 間有狀態方程式的關係，故只須明示 $T$ 與 $P$，或 $P$ 與 $V$，或 $V$ 與 $T$ 等二變量，即可由狀態方程式計算其另外的第三變量。因此，一定量的純成分氣體之自由度或變量數，為 $v=2$。

平衡系內之相數 $p$，成分數 $c$，與獨立變數 $v$ 間之關係，可用於下面導出之相律表示。設於平衡系中含有成分數 $c$ 及相數 $p$，則對於其內的每一相，為表

示其組成需明示其中的 $(c-1)$ 成分之濃度，而剩下的一成分之濃度，可由 $\sum x_i = 1$ 的關係計算，其中的 $x_i$ 為成分 $i$ 之莫耳分率。由此對於每一相，其濃度之獨立變數等於 $(c-1)$，但因系內之相數等於 $p$，故其濃度之總變數為 $p(c-1)$，而此須再加溫度與壓力的二獨立變數，由此得平衡系的獨立變數之總數為，$[p(c-1)+2]$。

系內的各相於平衡時，由式 (6-7) 得，其內的每一成分於各相中之化勢 (或部分莫耳 Gibbs 能) 均相等。由於系內有 $\alpha , \beta , \gamma , \cdots\cdots$ 等的 $p$ 相平衡共存，由此，對於成分 $i$，其於各相之化勢均相等，即 $\mu_{i,\alpha} = \mu_{i,\beta} = \mu_{i,\gamma} = \cdots\cdots$，而有 $(p-1)$ 的關係式。由於平衡系內有 $c$ 的成分，所以其此種獨立關係式之總數為，$c(p-1)$。

平衡系之變量數或自由度數 $\upsilon$，等於其總變量數減獨立關係式的總數，由此，平衡系內之變量數，可表示為

$$\upsilon = [p(c-1)+2] - c(p-1) = c - p + 2 \tag{6-13}$$

上式 (6-13) 稱為 Gibbs **的相律** (phase rule of Gibbs)。依據此相律得知，系之自由度數 $\upsilon$，由系內之成分數 $c$ 與相數 $p$ 之差數，$(c-p)$，決定。由上式 (6-13) 得系內之成分數愈多，其自由度的數愈多。若平衡系內之相數愈多，則為完整描述系的狀態所需明示之變量數 ( 如溫度、壓力及各相中的各成分之濃度等 ) 愈少。

對於一成分系，由上式 (6-13) 得，$\upsilon = 3 - p$。由此，單一相時，$\upsilon = 2$，此時其狀態需由壓力與溫度的二變量決定。二相平衡共存時，$\upsilon = 1$，此時其狀態只需由溫度或壓力之一變量就可決定。三相平衡共存之三相點時，$\upsilon = 0$，即其壓力與溫度均為固定而不能改變，此種系稱為**不變** (invariant) 系。

對於某一定成分數之平衡系，其自由度數等於零 ($\upsilon = 0$) 時，其平衡共存之相數最多。例如，對於一成分系，其最多的相數為，$p = c + 2 = 3$，對於二成分系，其最多的相數為 4，其餘類推。

於誘導相律式 (6-13) 時，曾假設溫度與壓力均為變數，而所導得的相律為，$\upsilon = c - p + 2$。若壓力與溫度中之一固定，則相律可寫成，$\upsilon = c - p + 1$。若系之平衡受溫度與壓力及其他的變量，如磁場、電場或重力場之強度等的影響，則相律可寫成，$\upsilon = c - p + 3$ 等。

平衡系內僅含固相與液相，而不包含氣相，或於甚高的壓力其氣相可忽略時，此種平衡系稱為**凝縮系** (condensed system)。由於於凝縮系內的固相與液相，受壓力變化的影響均甚微，而可以忽略不計。因此，其獨立變數應減去其壓力的變數，由此，其相律式可寫成，$\upsilon = c - p + 1$。

## 6-3 一成分系之相圖
(Phase Diagrams of One-Component Systems)

純水之壓力、莫耳容積與溫度間的關係，如圖 6-1 所示。曲面上的各點表示，其二相平衡共存的狀態，如圖中的液態水 + 蒸氣，冰 + 蒸氣，與液態水 + 冰等的三曲面，均為二相平衡共存之曲面，而此三曲面相交於蒸氣、液體與固體的三相平衡共存之三相點 $A$。圖 6-1 之左側的圖為 $P–\overline{V}–T$ 的三次元空間圖，於 $P–T$ 面上的投影，而於其前面之圖為，於 $P–\overline{V}$ 面上的投影，其中的通過 $A$ 點之水平線表示，液體、固體與蒸氣的三相平衡共存。水蒸氣於

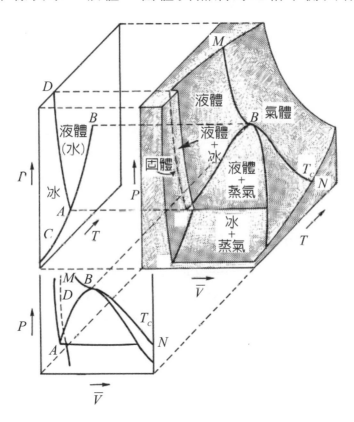

圖 6-1　純水之壓力莫耳容積溫度的關係之相圖

三相點 $A$ 以下之溫度壓縮時，水蒸氣不會經由液態水的階段，而於壓力達至線 $AC$ 上時，與固態的水 (冰) 達成平衡，並直接凝結成冰。若水蒸氣於三相點 $A$ 與臨界點 $B$ 間之溫度經定溫壓縮，則水蒸氣於壓力達至水蒸氣與水的平衡曲線 $AB$ 上時，與液態水達成平衡，而凝結成水。

於以壓力 $P$ 爲縱軸，溫度 $T$ 爲橫軸的 $P-T$ 面上，其 $AB$ 曲線爲純水之蒸氣壓曲線，即於此曲線上，液態水與水蒸氣的二相平衡共存，而於 $AB$ 曲線之上方的區域，水蒸氣完全凝結成液態水，於 $AB$ 曲線之下方的區域，液態水完全蒸發成爲水蒸氣。曲線 $AC$ 爲冰之**昇華壓** (sublimation pressure) 與溫度的關係曲線，即於此曲線上，冰與水蒸氣的二相平衡共存。於 $AC$ 曲線之上方的區域，水蒸氣完全凝固成爲冰，而於 $AC$ 曲線之下方的區域，固態的冰完全昇華成爲水蒸氣。曲線 $AD$ 爲純水之凝固點（溫度）與壓力的關係曲線，即於此曲線上水與冰的二相平衡共存，於 $AD$ 曲線之左方的區域，僅有固態冰，而於 $AD$ 曲線之右方的區域，僅有液態水之單一相存在。大部分的物質由液態凝固成爲固態時其體積均會減小，因此，其熔化或凝固曲線 $AD$ 之斜率，$dP/dT$，均爲正，但液態水凝固成冰時，其體積增加，所以冰之熔化或水之凝固曲線的斜率，$dP/dT$，爲負。

Bridgman 研究固態冰之熔化曲線，而發現固態冰有七種不同晶體形態的固態冰，其中除常見的晶體冰外，其餘的各種晶體冰之密度，均較液態水之密度大。其中的第一種新晶體的冰，於 2044 bar 與 $-22°C$ 的條件下形成，而最後一種的晶體冰，於 21,967 bar 的高壓下形成。水於較高的壓下之其 $P-T$ 的相圖，如圖 6-2(b)所示，Bridgman 由實驗所得的水之各三相點，列於表 6-1。由物質之某一固態的晶形，轉變成爲另一固態的晶形之變化，稱爲**晶體形的互變** (enantiotropic change)。

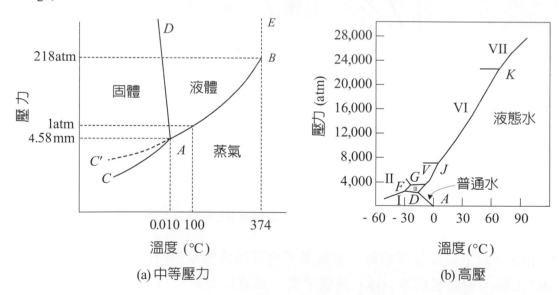

圖 6-2　水之壓力—溫度關係的相圖

表 6-1　水之三相點

| 三相點 | 平　衡　相 | 溫度，°C | 壓力，atm |
|--------|-----------|----------|-----------|
| A | 液體-蒸氣-冰 I | 0.0099 | 0.0060 |
| D | 液體-冰 I -冰III | −22.0 | 2045 |
| H | 液體-冰III-冰 V | −17.0 | 3420 |
| J | 液體-冰 V -冰VI | −0.16 | 6175 |
| K | 液體-冰VI-冰VII | 81.6 | 21,680 |
| F | 冰 I -冰 II -冰III | −34.7 | 2100 |
| G | 冰 II -冰III-冰 V | −24.3 | 3400 |

　　純水於無空氣的存在下之三相點的溫度與壓力，為 0.0100°C 與 611 Pa。水於 1 bar 的空氣大氣壓下之三相平衡的溫度為 0°C，此時之大氣的總壓力為 1 bar，而其內的水蒸氣之分壓為 611 Pa。水於 1 bar 的空氣大氣壓下，凝固成冰之溫度，由於空氣的存在，而比無空氣的存在時的凝固溫度，約低 0.0100°C。此種冰點之下降的效應，係由於下列的二項事實：(1) 由於 1 bar 的空氣於水中之溶解，而使水之凝固點降低 0.0024°C，及 (2) 由於壓力自 611 Pa 增至 1 bar，而使水之凝固點降低 0.0075°C。

　　對於純水，其成分數 $c=1$，而由相律可表示為，$\upsilon = 3 - p$。若其相數 $p=1$ 時，則其變量數 $\upsilon = 2$，如圖 6-2 之 $P-T$ 圖中的 CAD 範圍為固相 (冰)，BAD 範圍為液相 (水)，與 CAB 範圍為氣相 (水蒸氣)，這些均為單一相的區域，其自由度為 2，即以壓力與溫度為獨立變數，而稱為**雙變** (bivariant) 系。若其相數 $p=2$，則 $\upsilon = 1$，如圖 6-1 的左側之 $P-T$ 圖，或圖 6-2(a) 中的曲線 $AB$, $AD$, $AC$ 等，均為二相平衡共存的系，且其自由度為 1，即以壓力或溫度為獨立變數，而稱為**單變** (univariant) 系，圖 6-2(a) 中的曲線 $BA$ 之延長線 $AC'$，為過冷的液體水與水蒸氣的二相共存之**準穩定** (metastable) 平衡的單變系。若相數 $p=3$，則 $\upsilon = 0$，如圖中之 $A$ 點為氣、液、固的三相平衡共存，其自由度為零。此三相點之溫度與壓力均固定且不能改變，而稱為**不變** (invariant) 系。

　　圖 6-3 為硫之 $P-T$ 相圖，硫於 151°C (點 $B$) 以下的溫度，有兩種固態的晶體共存，其中於較低溫度穩定的固態晶體，為**斜方晶硫** (rhombic sulfur)，此晶體於其平衡蒸氣壓下緩慢加熱，而於溫度上升至 95.5°C ($A$ 點) 時，轉變成為於較高溫度穩定之**單斜晶硫** (monoclinic sulfur) 的固態晶體，且於溫度上升至 119°C ($C$ 點) 時，產生熔解成為液態硫。斜方晶硫於圖上的 $A$ 與 $B$ 間的壓力緩慢加熱時，於溫度上升至曲線 $AB$ 時，開始轉變成為單斜晶硫，而於溫度上升至曲線 $ACB$ 時，斜方晶硫完全消失，並全部轉變成為單斜晶硫，即 $ABCA$ 的範圍為，斜方晶硫與單斜晶硫的二晶體平衡共存的區域，而曲線 $EBF$ 的左上方為，斜方晶存在的區域。若斜方晶硫經急速加熱時，則於溫度上升至 95.5°C 時無充分的時間轉變成單斜晶硫，而於 114°C ($D$ 點) 熔解成為液態硫。斜方晶硫於

1290 atm (*B* 點) 以上的高壓下緩慢加熱時，亦不會經由單斜晶硫，而於溫度升

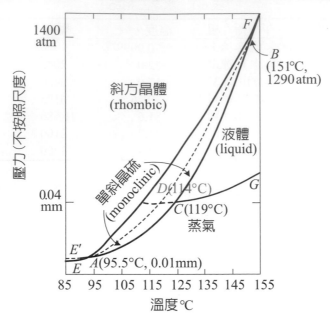

圖 6-3　硫之相圖

至曲線 *BF* 時，產生熔解成為液態硫。圖上的 *B* 點為，斜方晶硫、單斜晶硫與液態硫的三相平衡共存之點，而此點的壓力為單斜晶硫存在之最高的壓力。如硫之相圖 6-3 所示，硫有二固態的晶形，其相平衡圖較水者複雜。若以 $S(r)$ 表示斜方晶硫，$S(m)$ 表示單斜晶硫，$S(v)$ 表示氣態的硫，$S(\ell)$ 表示液態的硫，則有 $S(r)-S(v)$ (曲線 *AE*)，$S(m)-S(v)$ (曲線 *AC*)，$S(r)-S(\ell)$ (曲線 *BF*)，$S(m)-S(\ell)$ (曲線 *BC*)，$S(\ell)-S(v)$ (曲線 *CG*)，$S(r)-S(m)$ (曲線 *ADB*) 等的二相平衡，而三相平衡之三相點，有 $S(r)-S(m)-S(\ell)$ (*B* 點)，$S(r)-S(\ell)-S(v)$ (*D* 點)，$S(m)-S(\ell)-S(v)$ (*C* 點)，$S(r)-S(m)-S(v)$ (*A* 點)等。

　　如前面所述，對於單一成分的系，其自由度等於零時，其最多的相數為 3，如圖 6-3 所示，其中的曲線 *AE*、*AC*、 *BF*、*BC*、*CG* 及 *AB* 等，均為二相穩定平衡共存。$S(r)-S(v)$ (曲線 *E'AD*)、$S(r)-S(v)$ (曲線 *BD*)、及 $S(\ell)-S(v)$ (曲線 *CD*) 均為，二相**準穩定平衡** (metastable equlibrium)，即各分別代表，過熱的斜方晶硫與其蒸氣、過熱的斜方晶硫與其液體、及過冷的液體硫與其蒸氣等的二相準穩定平衡，而這些平衡僅於定壓下經急速的加熱或急速的冷卻時才會出現。若經緩慢的加熱或緩慢的冷卻時，則不會出現這些準穩定的平衡。同理，*D* 點為過熱的斜方晶硫、過冷的液態硫、及其蒸氣的三相之準穩定平衡，而稱為準穩定三相點。其餘之三相點 *A*、*B*、 及 *C* 等，均為三相穩定平衡共存，而為穩定的三相點。硫之臨界點為 1040°C 及 116 atm，而溫度高於此點時，不復有液態硫的存在。

　　二氧化碳之相圖如圖 6-4 所示。由此相圖得知，固態的 $CO_2$ 與氣態的 $CO_2$ 於 1 bar 與 −78°C 下，其二相平衡共存，而液態的二氧化碳於 5.1 bar 以上的壓力，始能穩定存在。

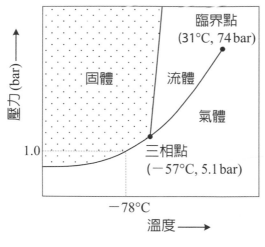

圖 6-4　二氧化碳之相圖

## 6-4　一成分系內的相之穩定性
### (Stability of Phases in One-Component System)

　　物質於一定的壓力下加熱時，隨其溫度的上升而由固態轉變成為液態，且由液態轉變成為氣態。這些相變化可用，固體、液體、及氣體於定壓下之莫耳 Gibbs 能，與溫度的關係說明。如於 6-1 節所述，於一定的壓力與溫度下，穩定相之化勢最低，而二相平衡共存時，其各成分於二相中之化勢各相等。一成分系之化勢等於莫耳 Gibbs 能，因此，一成分系內的二相平衡共存時，其於二相之莫耳 Gibbs 能相等。例如，某物質的固體與液體之溫度，各等於其熔點 $T_m$ 時之莫耳 Gibbs 能相等，即固體與液體的二相於其熔點平衡共存；而液體與氣體於其沸點 $T_b$ 時之莫耳 Gibbs 能，亦相等，因此，液體與氣體的二相於其沸點平衡共存，如圖 6-5(a) 所示。於一定的壓力下，溫度低於熔點 $T_m$ 時，固體之莫耳 Gibbs 能最低，由此，固相為穩定的相。溫度於 $T_m$ 與沸點 $T_b$ 之間時，液體之莫耳 Gibbs 能最低，所以液體為穩定的相。溫度高於沸點 $T_b$ 時，氣體之莫耳 Gibbs 能最低，而氣相為穩定的相。

　　純的物質於一定的壓力下，其固體、液體與氣體之莫耳 Gibbs 能，與溫度的關係，如圖 6-5(a) 所示，而其各斜率均可用下式 (5-42) 表示，為

$$\left(\frac{\partial \overline{G}}{\partial T}\right)_P = -\overline{S} \tag{5-42}$$

由於莫耳熵為正的值，因此，於一定壓力下之莫耳 Gibbs 能，與溫度的關係曲線之斜率為負。因 $\bar{S}_g \gg \bar{S}_\ell > \bar{S}_s$，故氣體之莫耳 Gibbs 能的溫度效應，較液體者大，而液體之莫耳 Gibbs 能的溫度效應，較固體者大。於圖 6-5(a) 之 $\bar{G}-T$ 的關係圖中，液體與氣體之 $\bar{G}$ 與 $T$ 的關係曲線相交於沸點 $T_b$，即液體與氣體於此溫度之莫耳 Gibbs 能相等，$\bar{G}_\ell = \bar{G}_g$，而於此溫度 $T_b$ 平衡共存。固體與液體之 $\bar{G}$ 與 $T$ 的關係曲線相交於熔點 $T_m$，即固體與液體於此溫度之莫耳 Gibbs 能相等，$\bar{G}_s = \bar{G}_\ell$，而於此溫度 $T_m$ 平衡共存。

純的物質於一定的溫度下，壓力對於其莫耳 Gibbs 能之影響，可用下式 (5-41) 表示，為

$$\left(\frac{\partial \bar{G}}{\partial P}\right)_T = \bar{V} \tag{5-41}$$

由於莫耳容積為正的值，因此，於一定的溫度下，莫耳 Gibbs 能隨壓力的減低而減小。因 $\bar{V}_g \gg \bar{V}_\ell \geq \bar{V}_s$，所以氣體之莫耳 Gibbs 能的壓力效應，遠大於液體或固體之莫耳 Gibbs 能的壓力效應。圖 6-5(b) 中之各斷線，分別為固體、液體與氣體，各於較實線低的壓力下之其各莫耳 Gibbs 能與溫度的關係。由此圖得知，壓力減低時，其熔點與沸點各由 $T_m$ 與 $T_b$ 降低至 $T'_m$ 與 $T'_b$。氣體與液體之莫耳容積相差甚大，而液體與固體之莫耳容積相差較小或幾乎相等，所以沸點所受之壓力的效應比熔點者大許多。因此，液體為穩定相之溫度範圍，如圖 6-5(b)所示，隨壓力的減低而縮小，即 $T'_b - T'_m < T_b - T_m$。

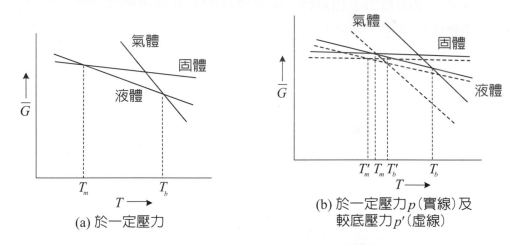

(a) 於一定壓力

(b) 於一定壓力 $p$（實線）及較底壓力 $p'$（虛線）

圖 6-5 純的物質之固、液及氣體(a)於一定的壓力下之莫耳 Gibbs 能與溫度的關係，(b) 於壓力 $p$（實線）及較低的壓力 $p'$（斷線）下之莫耳 Gibbs 能與溫度的關係

如圖 6-6 中之實線所示，純的物質之固體、液體及氣體，於某特定的壓力時之其各莫耳 Gibbs 能與溫度的關係曲線交於一點，而其固體、液體與氣體的三相，於此點的溫度與壓力下平衡共存，即於此點，$\bar{G}_s = \bar{G}_\ell = \bar{G}_g$，而稱為該物

質之**三相點** (triple point)。若物質有一以上的固相(晶體形態)，則其相圖有一以上之三相點，如圖 6-2(b) 與圖 6-3 等的相圖所示。

於壓力低於上述的三相點之壓力 $P_{t,p}$ 時，氣體、液體及固體之其各莫耳 Gibbs 能與溫度的關係，如圖 6-6 中之斷線所示。此時氣體與固體之莫耳 Gibbs 能與溫度的關係曲線相交於溫度 $T_{sub}$，而固體與氣體的二相於此溫度平衡共存，即固體與氣體於此溫度 $T_{sub}$ 之莫耳 Gibbs 能相等，而比液體於此溫度之莫耳 Gibbs 能低，由此，固體於此溫度產生昇華成為氣體。換言之，壓力低於三相點的壓力及溫度低於 $T_{sub}$ 時，固體之莫耳 Gibbs 能最低，而溫度高於 $T_{sub}$ 時，氣體之莫耳 Gibbs 能最低。因此，固體於此低壓下不會經由熔解的過程，而直接由固體**昇華** (sublimation) 成為氣體。

以上討論一成分系內的相之穩定性，若討論二成分以上的系內之相的穩定性時，則須以化勢 $\mu_i$ 替代莫耳 Gibbs 能 $\overline{G}$。

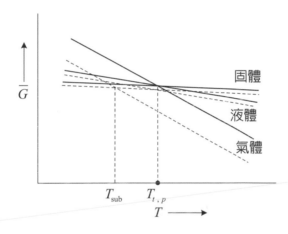

圖 6-6　純的物質之固、液及氣體於其三相點的壓力 $P_{t,p}$（實線）及較 $P_{t,p}$ 低的壓力（斷線）下之其各莫耳 Gibbs 能與溫度的關係

## 6-5　較高次級的相轉移 (Higher-Order Phase Transitions)

於上節所討論的固–液、液–氣、或固–氣等之相轉移，其化勢（或莫耳 Gibbs 能）之溫度的第一級導數均不連續，此類的相轉移，稱為**第一級相轉移** (first-order phase transitions)。由於產生相轉移的溫度之兩側的其 $(\partial \mu / \partial T)_P$ 值均各不相同，且二相於其轉相溫度各有不同的熵值與不同的焓值，又由於轉相溫度的兩側之其 $(\partial \mu / \partial P)_T$ 值不同，其二相各有不同的莫耳容積，如圖 6-7(a) 所示。因此，第一級相轉移之 $\Delta \overline{V} \neq 0, \Delta \overline{S} \neq 0$ 與 $\Delta \overline{H} \neq 0$，而其莫耳熱容量 $\overline{C}_p$ 更複雜，其 $đq_p / T$ 於二相共存之轉相溫度為無窮大。

　　如圖 6-7(b) 所示，溫度對於化勢 $\mu$ 之第一級導數，於其轉相溫度為連續，而第二級導數不連續，而稱為**第二級相轉移** (second-order phase transitions)。第二級相轉移於轉相溫度的兩側之 $(\partial\mu/\partial T)_P$ 值各相同，於轉相溫度之莫耳熵值、焓值、及容積等均連續，因此，其轉相的熱量變化等於零，且由於，$\overline{C}_p = -T(\partial\mu^2/\partial T^2)_P$，其 $\overline{C}_p$ 於轉相溫度不連續，但其值並非無窮大。某些金屬於低溫 ( 20 K 以下的溫度 ) 時顯現**超導性** (super conductivity)，此為第二級相轉移之例。此種相轉移比下述的**拉姆達相轉移** (Lamda transition) 較不常見。

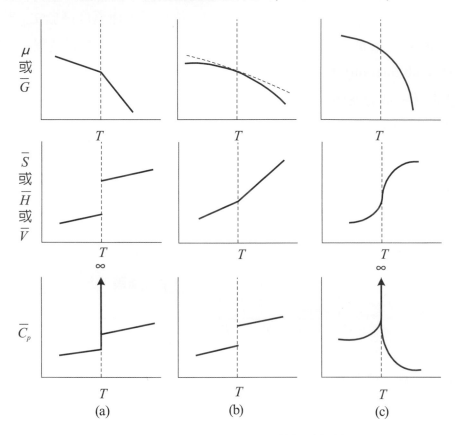

圖 6-7 　(a) 第一級相轉移，(b) 第二級相轉移，(c) 拉姆達相轉移 (Lamda transition)。

　　拉姆達相轉移，與第二級相轉移類似，於其相轉移溫度時之 $\Delta\overline{H} = 0$, $\Delta\overline{V} = 0$ 及 $\Delta\overline{S} = 0$，但於轉相溫度之 $\overline{C}_p$ 值為無窮大。如圖 6-7(c) 所示，其 $\overline{C}_p$ 值於轉相溫度附近之變化甚為迅速，表示此種轉相延伸至某溫度的範圍。此種形式之相轉移，由於其 $\overline{C}_p$ 值與 $T$ 的關係曲線之形狀，像希臘字之 $\lambda$ 而得名。例如，$\beta$-黃銅於 742 K 會產生拉姆達相轉移，為一種**規則　不規則的轉移** (order-disorder transition)。$\beta$-黃銅由同數目的鋅原子與銅原子而形成**體心立方體的構造** (body-centered cubic structure)，於低溫時其內的每一鋅原子被八個的銅原子包圍，而每一銅的原子被八個的鋅原子包圍。此種合金經加熱時，由於鋅原子與銅原子之互相交換其位置，而形成不規則的晶體，且於溫度接近拉姆達相轉移溫度 $T_\lambda$

時，其不規則度會迅速增加，而當溫度稍高於 $T_\lambda$ 時，達至最大的不規則之狀態，此時其每原子的周圍，有四個相似與四個不相似的原子。

## 6-6 克拉斐隆式 (The Clapeyron Equation)

一成分之系內的二相 $\alpha$ 與 $\beta$ 平衡共存時，由於 6-1 節所述的相平衡之舉據得，相 $\alpha$ 與相 $\beta$ 之壓力、溫度、及化勢均各相等。對於化勢，相 $\alpha$ 與 $\beta$ 於平衡時之化勢 $\mu_\alpha$ 與 $\mu_\beta$ 相等，即

$$\mu_\alpha = \mu_\beta \tag{6-14}$$

於一定的壓力下改變溫度，或於一定的溫度下改變壓力時，相 $\alpha$ 與 $\beta$ 之化勢均各會改變而失去平衡，因此，其中之一相會轉變成另一相而消失。若二相之化勢於保持相等的狀況下，同時改變溫度與壓力，則其二相 $\alpha$ 與 $\beta$ 於其改變的過程可繼續保持平衡共存。二相 $\alpha$ 與 $\beta$ 平衡共存時之壓力與溫度的關係曲線，如圖 6-8 所示。**克拉斐隆** (Clapeyron) 首先導出，此曲線之斜率，$dP/dT$，與其平衡的二相，於平衡下的相轉移之 $\Delta \overline{H}, \Delta \overline{V}$ 及溫度 $T$ 的關係式。

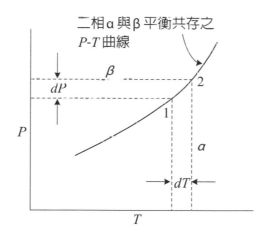

圖 6-8　一成分系內之 $\alpha$ 與 $\beta$ 的二相平衡共存之 P　T 曲線

二相 $\alpha$ 與 $\beta$ 於其平衡共存的 $P-T$ 曲線上之任一點的化勢均各相等，而於此二相平衡共存的 $P-T$ 曲線上改變溫度 $dT$ 時，其壓力會改變 $dP$ 以維持其二相的平衡。設相 $\alpha$ 與 $\beta$ 於其平衡的 $P-T$ 曲線上之點 1 的化勢，分別為 $\mu_\alpha$ 與 $\mu_\beta$，則 $\mu_\alpha = \mu_\beta$，而於其平衡的 $P-T$ 曲線上，自點 1 改變溫度 $dT$ 及壓力 $dP$ 至點 2 時，其二相 $\alpha$ 與 $\beta$ 之化勢分別改變 $d\mu_\alpha$ 與 $d\mu_\beta$。由於相 $\alpha$ 與 $\beta$ 於點 2 仍保持平衡，因此，相 $\alpha$ 與相 $\beta$ 於點 2 之化勢相等，為 $\mu_\alpha + d\mu_\alpha = \mu_\beta + d\mu_\beta$。由此可得

$$d\mu_\alpha = d\mu_\beta \qquad\qquad (6\text{-}15)$$

對 於 一 成 分 系 ， 化 勢 等 於 莫 耳 Gibbs 能 。 由 式 (5-30) 可 得 ， $d\mu = d\overline{G} = \overline{V}dP - \overline{S}dT$ ，將此關係式代入上式 (6-15) ，可表示為

$$\overline{V}_\alpha dP - \overline{S}_\alpha dT = \overline{V}_\beta dP - \overline{S}_\beta dT \qquad\qquad (6\text{-}16)$$

上式經整理，可寫成

$$\frac{dP}{dT} = \frac{\overline{S}_\beta - \overline{S}_\alpha}{\overline{V}_\beta - \overline{V}_\alpha} = \frac{\Delta\overline{S}}{\Delta\overline{V}} \qquad\qquad (6\text{-}17)$$

上式中，$\Delta\overline{S}$ 與 $\Delta\overline{V}$ 分別表示，相 $\alpha$ 與相 $\beta$ 於平衡時的相轉移之莫耳熵的變化與莫耳容積的變化。於平衡時的相轉移之莫耳熵值的變化，而可表示為，$\Delta\overline{S} = \Delta\overline{H}/T$ ，其中的 $\Delta\overline{H}$ 為，於平衡溫度 $T$ 之相轉移的莫耳焓值的變化。因此，上式 (6-17) 可寫成

$$\frac{dP}{dT} = \frac{\Delta\overline{H}}{T\Delta\overline{V}} \qquad\qquad (6\text{-}18)$$

上式 (6-18) 稱為，Clapeyron 式，可應用於純的物質之蒸發、昇華、熔化或二固態晶體間之相轉移。純的物質於三相點之莫耳昇華焓值，等於其莫耳熔化焓值與莫耳蒸發焓值的和，而可表示為

$$\Delta_{\text{sub}}H = \Delta_{\text{fus}}H + \Delta_{\text{vap}}H \qquad\qquad (6\text{-}19)$$

因焓為狀態函數，而其變化與路徑無關，所以某定量的固體昇華所需之熱量，等於其熔化熱與蒸發熱的和。

物質由液態凝固成為固態時，其容積一般均會減小，但水凝固成為水時，其容積會增加。因此，由式 (6-18) 得，一般的物質之凝固曲線的斜率，$dP/dT$ ，均為正，而水之凝固曲線的斜率 $dP/dT$ 為負的值。使用 Clapeyron 式 (6-18) 時，須注意所採用的單位，例如，壓力採用 bar ，容積採用 L 的單位時，其 $\Delta H$ 須使用 bar‐L 的單位。

**例 6-1** 冰於 $0°C$ 之熔化熱為 $333.5\,\text{J}\,\text{g}^{-1}$ ，水與冰之密度各為， 0.09998 與 0.9168 $\text{gcm}^{-3}$ 。若水之凝固點改變 $1°C$ ，則壓力需改變若干？

**解** 水與冰之密度的倒數分別為，1.0002 與 1.0908 $\text{cm}^3\text{g}^{-1}$ 。因此，冰產生熔化時之容積的變化為，$V_\ell - V_s = -9.06 \times 10^{-8}\,\text{m}^3\text{g}^{-1}$ ，而由式 (6-18) 可得

$$\frac{\Delta P}{\Delta T} = \frac{\Delta_{fus} H}{T(V_\ell - V_s)} = \frac{333.5 \, \text{J g}^{-1}}{(273.15 \, \text{K})(-9.06 \times 10^{-8} \, \text{m}^3 \text{g}^{-1})}$$

$$= -1.348 \times 10^7 \, \text{Pa K}^{-1} = -134.8 \, \text{bar K}^{-1}$$

或　　$\dfrac{\Delta T}{\Delta P} = -0.0075 \, \text{K bar}^{-1}$　　◀

**例 6-2**　試由附錄的表 A2-1 之數據，計算 $H_2O(\ell)$ 於 298.15 K 之蒸氣壓

**解**　水之蒸發的過程可用式表示為，　$H_2O(\ell) = H_2O(g)$

因 $\Delta_{vap} G_{298}^{\circ} = -RT \ln \dfrac{P}{P^{\circ}}$

由附錄的表 A2-1 之數據，得

$$\Delta_{vap} G_{298}^{\circ} = -228.572 - (-237.129) = 8.557 \, \text{k J mol}^{-1}$$

將此數據代入上式，得

$$P = 0.03169 \, \text{bar}$$　　◀

## 6-7　克勞秀士－克拉斐隆式
### (The Clausius-Clapeyron Equation)

於某一定溫度下之密閉容器內的液體 (或固體)，其 一部分的液體蒸發 ( 或固體會昇華 ) 成為蒸氣，而與其液體 (或固體) 保持平衡，且其蒸氣相與液相 (或固體) 達成平衡時之蒸氣壓，視液體 (或固體) 之種類與溫度而定。純的物質於一定的溫度下之平衡蒸氣壓為定值，稱為該物質於該溫度之**飽和蒸氣壓** (saturated vapor pressure) ，或簡稱蒸氣壓。物質之蒸氣壓，通常隨溫度的上升而增加，直至其臨界點。一些物質之蒸氣壓隨溫度之變化，如圖 6-9 所示。於較低的溫度時，蒸氣壓隨溫度上升的增加，一般較為緩慢，而其增加的速度隨溫度的上升而加快，且最後於較高的溫度時陡直上升。蒸氣壓隨溫度之變化，可用下述的 Clausius-Clapeyron 式表示。

對於液體之蒸發或固體之昇華，Clausius 假定，其蒸發或昇華的平衡蒸氣遵照理想氣體的法則，及液體或固體之莫耳容積，與其蒸氣的莫耳容積比較甚小而可忽略，而由 Clapeyron 式 (6-18) 簡化，得 Clausius-Clapeyron 式。

對於液體之蒸發，由式 (6-18) 可得

$$\frac{dP}{dT} = \frac{\Delta_{vap} H}{T(\bar{V}_g - \bar{V}_\ell)} \doteqdot \frac{\Delta_{vap} H}{T \bar{V}_g} \tag{6-20}$$

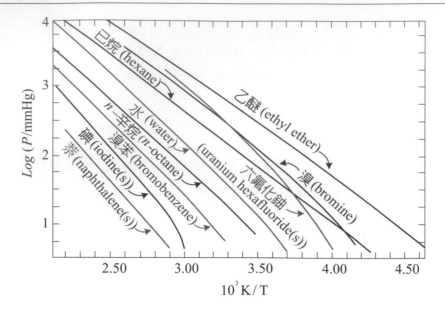

**圖 6-9　一些物質之蒸氣壓隨溫度之變化**

上式中，由於 $\bar{V}_\ell$ 與 $\bar{V}_g$ 比較甚小而忽略。平衡蒸氣之莫耳容積由理想氣體的法則，可表示為，$\bar{V}_g = \dfrac{RT}{P}$，並將此關係代入上式 (6-20)，得

$$\frac{dP}{dT} = \frac{P\Delta_{\mathrm{vap}}H}{RT^2} \tag{6-21}$$

上式為，表示液體與其蒸氣平衡之 Clausius-Clapeyron 式。

上式 (6-21) 經重排，可得

$$\frac{dP}{P} = d\ln\frac{P}{P^\circ} = \frac{\Delta_{\mathrm{vap}}H}{RT^2}dT \tag{6-22}$$

上式中，$P^\circ$ 為標準壓力。假定 $\Delta_{\mathrm{vap}}H$ 不受溫度及壓力的影響，而為定值，則上式可寫成

$$\int d\ln\frac{P}{P^\circ} = \frac{\Delta_{\mathrm{vap}}H}{R}\int\frac{dT}{T^2} \tag{6-23}$$

上式經積分，得

$$\ln\frac{P}{P^\circ} = -\frac{\Delta_{\mathrm{vap}}H}{RT} + C \tag{6-24}$$

上式中，$C$ 為積分常數。由上式得，$\ln(P/P^\circ)$ 與 $1/T$ 間成線性的關係，而其斜率為 $-\Delta_{\mathrm{vap}}H/R$。於溫度的範圍較廣時，$\Delta_{\mathrm{vap}}H$ 通常隨溫度而改變，且蒸氣的行為偏離理想氣體法則。因此，$\ln(P/P^\circ)$ 與 $1/T$ 偏離線性的關係。水之蒸氣壓與溫度的關係，如圖 6-9 所示。冰與水於各溫度下之蒸氣壓，列於表 6-2。

式 (6-23) 於其積分的上限 $(P_2 , T_2)$ 與下限 $(P_1 , T_1)$ 間定積分，可寫成

$$\int_{P_1/P^\circ}^{P_2/P^\circ} d\ln\frac{P}{P^\circ} = \frac{\Delta_{\text{vap}}H}{R}\int_{T_1}^{T_2} T^{-2}dT \tag{6-25}$$

上式經積分，可得

表 6-2　冰與水於各溫度下之蒸氣壓

| $t^\circ$C | P,kPa | $t^\circ$C | P,kPa |
|---|---|---|---|
| −40 | 0.013 | 30 | 4.245 |
| −30 | 0.038 | 40 | 7.381 |
| −20 | 0.103 | 60 | 19.933 |
| −10 | 0.260 | 100 | 101.325 |
| 0 | 0.611 | 140 | 361.21 |
| 10 | 1.228 | 180 | 1,001.90 |
| 20 | 2.338 | | |

$$\ln\frac{P_2}{P_1} = \frac{\Delta_{\text{vap}}H}{R}\left[-\frac{1}{T_2} - \left(-\frac{1}{T_1}\right)\right] \tag{6-26}$$

或

$$\ln\frac{P_2}{P_1} = \frac{\Delta_{\text{vap}}H(T_2 - T_1)}{RT_1T_2} \tag{6-27}$$

　　使用上式 (6-27)，可由二溫度之蒸氣壓，計得液體之蒸發熱或固體之昇華熱。若溫度的範圍較大時，則上式中之蒸發焓 $\Delta_{\text{vap}}H$ 需考慮其溫度的影響。蒸發焓於溫度的範圍較小時，一般可用溫度之線性的函數表示，然而，於計算較廣溫度範圍之蒸氣壓時，須注意溫度接近於其臨界溫度時，其蒸發焓值趨近於零。

　　液體之蒸發焓值，因液體的種類而有很大的差異。水分子的結合因有氫鍵，而其蒸發焓值特別大。於誘導式 (6-24) 時，曾假設 $\Delta_{\text{vap}}H$ 為常數，所以此式不適用於較廣的溫度範圍。若將 $\Delta_{\text{vap}}H$ 之溫度的函數式代入式 (6-21) 經積分，則可得較符合實際，而可應用於表示較廣的溫度範圍之蒸氣壓與溫度的關係。

　　焓為狀態的函數，而其變化與路徑無關，因此，莫耳蒸發焓與溫度的關係，可由下列的路徑 (6-28) ，而用式 (6-29) 表示為

$$\begin{array}{ccc} & \overset{0\,\text{K}}{\longrightarrow} & \\ \text{液體} & \Delta_{\text{vap}}H_0 & \text{蒸氣} \\ \int_T^o \overline{C}_{P,\ell}dT \uparrow & & \downarrow \int_o^T \overline{C}_{P,g}dT \\ \text{液體} & \overset{T}{\underset{\Delta_{\text{vap}}H_T}{\longrightarrow}} & \text{蒸氣} \end{array} \tag{6-28}$$

$$\Delta_{\text{vap}}H_T = \Delta_{\text{vap}}H_0 + \int_0^T (\overline{C}_{P,g} - \overline{C}_{P,\ell})dT = \Delta_{\text{vap}}H_0 + \int_0^T \Delta\overline{C}_P dT \tag{6-29}$$

上式中，$\Delta_{\text{vap}}H_0$ 為常數，而相當於絕對零度之假想的莫耳蒸發熱。

　　液體之莫耳熱容量，一般大於蒸氣之莫耳熱容量，$\overline{C}_{P,\ell} > \overline{C}_{P,g}$，而 $\Delta\overline{C}_P = \overline{C}_{P,g} - \overline{C}_{P,\ell} < 0$。所以由上式 (6-29) 得，莫耳蒸發熱隨溫度的上升而減少。此係因液體於較高的溫度時之分子間的距離較大，且其分子之熱運動較爲劇烈，故液體於較高的溫度時較容易產生氣化，而於產生氣化所需的熱量較少。

　　假定上述的 $\Delta\overline{C}_P$ 與溫度無關而爲常數時，則由式 (6-29) 可得，液體於溫度 $T$ 之莫耳蒸發焓，可表示爲

$$\Delta_{\text{vap}}H_T = \Delta_{\text{vap}}H_0 + T\Delta\overline{C}_P \tag{6-30}$$

將上式的關係代入式 (6-22)，可得

$$d\ln\frac{P}{P^\circ} = \left(\frac{\Delta_{\text{vap}}H_0}{RT^2} + \frac{\Delta\overline{C}_P}{RT}\right)dT \tag{6-31}$$

而上式經積分，可得

$$\ln\frac{P}{P^\circ} = -\frac{\Delta_{\text{vap}}H_0}{RT} + \frac{\Delta\overline{C}_P}{R}\ln T + \text{const.} \tag{6-32}$$

上式 (6-32) 較式 (6-24) 精確，而可適用於較廣的溫度範圍，然而，上式對於蒸氣遵照理想氣體法則的假定，仍未修正。

　　事實上，$\Delta\overline{C}_P$ 爲溫度之函數，而可用下式的形式表示，爲

$$\Delta\overline{C}_P = \alpha' + \beta'T + \gamma'T^2 + \cdots\cdots \tag{6-33}$$

將上式的關係代入式 (6-30)，並代入式 (6-22) 經積分，可得

$$\ln\frac{P}{P^\circ} = -\frac{\Delta_{\text{vap}}\text{H}_0}{RT} + \frac{\alpha'}{R}\ln T + \frac{\beta'}{R}T + \frac{\gamma'}{2R}T^2 + \cdots\cdots \tag{6-34}$$

一般的物質於臨界溫度之蒸發熱均接近於零，而其莫耳蒸發焓與溫度成曲線的關係，如圖 6-10 所示。

　　蒸氣壓與溫度的關係，常用實驗式表示爲

$$\log\frac{P}{P^\circ} = A - \frac{B}{T} + C\log T + DT + \cdots\cdots \tag{6-35}$$

上式中的 $A$，$B$，$C$，$D$ 等，均爲由實測所得之常數，而爲各種物質之特性常數。通常可由化學或化工手冊查得，各種物質之這些常數。

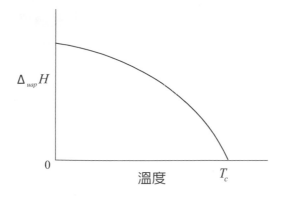

圖 6-10　莫耳蒸發焓與溫度的關係

## 6-8　蒸發熵 (Entropy of Vaporization)

　　各種液體於壓力 1 bar 下之標準沸點 $T_b$，及於其 $T_b$ 下之莫耳蒸發焓值 $\Delta_{vap}H$，均各有甚大的差異。Trouton 發現，各種液體於其 $T_b$ 下之 $\Delta_{vap}H$ 與 $T_b$ 的比值，幾乎均相等，而可表示為

$$\Delta_{vap}S = \frac{\Delta_{vap}H}{T_b} \cong 88\,\mathrm{J\,K^{-1}mol^{-1}} \tag{6-36}$$

上式 (6-36)，稱為 Trouton 法則 (Trouton's rule)。液體之莫耳蒸發焓值未知時，可利用上式 (6-36) 由其沸點估算。Trouton 法則可利用 Boltzmann 的假說，由熵值與不規則度間的關係解釋。

　　各種物質於其臨界溫度時，其液相與氣相之性質幾乎相同。例如，各種物質於其臨界溫度之莫耳蒸發焓值均為零，及其莫耳蒸發熵值亦均為零。由表 2-3 得知，各種物質之標準沸點 $T_b$ 與臨界溫度 $T_c$，均各有甚大的差異，然而，其各 $T_b/T_c$ 的比值均接近於同一的定值，此表示各種物質於其標準沸點之相對的狀態均相同。因此，各種液體於其標準沸點的溫度時均產生蒸發，而各種物質之蒸發過程所產生的不規則度的變化，亦幾乎均相同。若於蒸發的過程，沒有產生**結合** (association) 或**解離** (dissociation) 等的情況，則其各蒸發的熵值 $\Delta_{vap}S$ 均為同一的定值，而可用上式 (6-36) 表示。

對於如水及醇類等形成氫鍵的物質，其莫耳蒸發熵值大於 88 J K$^{-1}$mol$^{-1}$。氫與氦之沸點均甚低，而接近於絕對零度，且其莫耳蒸發熵值對於 Trouton 規則，顯示較大的負偏差。醋酸與**羧酸** (carboxylic acid) 等之蒸氣形成**雙分子** (double molecules)，而需要額外的能量使其分離成單分子，因此，其莫耳蒸發焓與熵等值均較低。非極性的液體之標準沸點已知時，可由 Trouton 法則，估算其莫耳蒸發熱及於某溫度之蒸氣壓。一些物質於1atm下之標準沸點，及於其標準沸點之莫耳蒸發焓與莫耳蒸發熵等的數據，列於表 6-3。

Watson 由實驗得，下列之簡便的關係式，即為

$$\frac{\Delta_{vap}H_1}{\Delta_{vap}H_2} = \left(\frac{1 - T_{r,1}}{1 - T_{r,2}}\right)^{0.38} \tag{6-37}$$

上式中，$\Delta_{vap}H_1$ 與 $\Delta_{vap}H_2$ 分別為，液體於溫度 $T_1$ 與 $T_2$ 之蒸發熱，而 $T_{r,1} = T_1 / T_c$ 與 $T_{r,2} = T_2 / T_c$，為對比溫度。

表 6-3　一些物質之標準沸點及於標準沸點之蒸發焓與蒸發熵

| 物　　質 | $T_b$ K | $\Delta_{vap}H$ k J mol$^{-1}$ | $\Delta_{vap}S$ J K$^{-1}$ mol$^{-1}$ |
|---|---|---|---|
| O$_2$ | 90.18 | 6.820 | 75..61 |
| H$_2$ | 20.38 | 0.904 | 44.35 |
| H$_2$O | 373.15 | 40.656 | 108.95 |
| He | 4.206 | 0.084 | 19.66 |
| HF | 293.05 | 7.531 | 25.52 |
| Cl$_2$ | 239.09 | 20.410 | 85.35 |
| HCl | 188.10 | 16.150 | 85.77 |
| SO$_2$ | 263.13 | 24.916 | 94.68 |
| H$_2$S | 212.81 | 18.673 | 87.74 |
| N$_2$ | 77.33 | 5.577 | 72.13 |
| NH$_3$ | 239.72 | 23.351 | 97.40 |
| CH$_3$OH | 337.85 | 35.271 | 104.39 |
| CCl$_4$ | 349.85 | 29.999 | 85.77 |
| CHCl$_3$ | 334.35 | 29.372 | 87.82 |
| CS$_2$ | 319.4 | 26.778 | 83.68 |
| C$_2$H$_5$OH | 351.6 | 38.576 | 109.70 |
| PbI$_2$ | 1,145 | 103.763 | 90.62 |
| 甲烷，CH$_4$ | 111.6 | 8.180 | 73.26 |
| 乙烷，C$_2$H$_6$ | 184.52 | 14.715 | 79.75 |
| 正−丁烷，C$_4$H$_{10}$ | 272.65 | 22.393 | 82.13 |

表 6-3　一些物質之標準沸點及於標準沸點之蒸發焓與蒸發熵(續)

| 物　　質 | $T_b$<br>K | $\Delta_{vap}H$<br>$kJ\,mol^{-1}$ | $\Delta_{vap}S$<br>$J\,K^{-1}\,mol^{-1}$ |
|---|---|---|---|
| 正–己烷，$C_6H_{14}$ | 341.89 | 28.853 | 84.39 |
| 正–辛烷，$C_8H_{18}$ | 398.81 | 34.978 | 87.70 |
| 苯，$C_6H_6$ | 353.25 | 30.765 | 87.07 |
| 甲苯，$C_7H_8$ | 383.77 | 33.472 | 87.24 |
| 環己烷，$C_6H_{12}$ | 353.89 | 30.083 | 84.94 |
| 甲基環己烷，$C_7H_{14}$ | 374.09 | 31.715 | 84.77 |
| 醋酸，$CH_3CO_2H$ | 391.45 | 24.351 | 61.92 |
| 甲酸，$HCO_2H$ | 374.0 | 23.096 | 61.92 |
| 乙醚，$C_2H_5OC_2H_5$ | 307.8 | 26.024 | 84.52 |
| 丙酮 $CH_3COCH_3$ | 329.4 | 30.250 | 91.62 |

**例 6-3**　苯於 1 atm 下之沸點為 $80.1°C$，試使用 Trouton 法則估算，苯於 $25°C$ 之蒸氣壓

解　苯於 353.25 K 下之蒸氣壓為 1.013 bar

由 Trouton 規則估算得，苯之蒸發熱為

$(88\,JK^{-1}\,mol^{-1})(353.25\,K) = 31.086\ kJ\,mol^{-1}$

由式 (6-27)，$\ln\dfrac{P_2}{P_1} = \dfrac{\Delta_{vap}H(T_2 - T_1)}{RT_1T_2}$

$\ln\dfrac{1.013\ bar}{P_1} = \dfrac{(31086\ J\,mol^{-1})(55.1\ K)}{(8.314\ J\,Kmol^{-1})(298.15\ K)(353.25\ K)}$

$\therefore P_1 = 0.143\ bar$　◀

**例 6-4**　水於 373.6 K 與 372.6 K 下之蒸氣壓，分別為 1.031 與 0.995 bar，試求水之蒸發熱

解　由式 (6-27)，$\ln\dfrac{P_2}{P_1} = \dfrac{\Delta_{vap}H(T_2 - T_1)}{RT_2T_2}$

$\ln\dfrac{1.031}{0.995} = \dfrac{\Delta_{vap}H(373.6 - 372.6)}{(8.314)(373.6)(372.6)}$

$\therefore \Delta_{vap}H = 40{,}990.6\ J\,mol^{-1} = 2259.4\ J\,g^{-1}$

於 373.21 K 之蒸發熱的實測值為，$\Delta_{vap}H = 2253.9\ J\,g^{-1}$　◀

1. 試求 ，(a) 平衡系， $CaCO_3(s) = CaO(s) + CO_2(g)$ 之相數、成分數與自由度，及 (b) 此系於定溫下之自由度

   答 (a) $p = 3$ , $c = 2$ , $v = 1$ ，(b) $v = 0$

2. 試求平衡系， $H_2SO_4(\ell) = H_2O(\ell) + SO_3(g)$ ，之相數、成分數及自由度

   答 $p = 2$ , $c = 2$ , $v = 2$

3. 試求， $NaCl(s)$ 與其飽和水溶液，於 25°C 及 1 atm 下平衡時之自由度

   答 $v = 0$ 。

4. 試求，(a) 碘 $I_2(s)$ 與其蒸氣的平衡系之自由度，及 (b) 此平衡系於一定的溫度 50°C 之自由度

   答 (a) $v = 1$ ，(b) $v = 0$

5. 試求反應， $3H_2(g) + N_2(g) = 2NH(g)$ ，於 25°C 平衡時之成分數、相數及自由度

   答 $p = 1$ , $c = 2$ , $v = 2$

6. 正–丙醇於各溫度下之蒸氣壓如下，試求正–丙醇於壓力 1 bar 下之蒸發熱及沸點

   | t/°C | 40 | 60 | 80 | 100 |
   |---|---|---|---|---|
   | P / kPa | 6.69 | 19.6 | 50.1 | 112.3 |

   答 44.8 kJ mol$^{-1}$ , 97.0°C

7. 固態與液態的六氟化鈾之蒸氣壓與溫度的關係分別可用式， $\ln P_s = 29.411 - 5893.5/T$ 與 $\ln P_\ell = 22.254 - 3479.9/T$ 表示，其蒸氣壓的單位爲 Pa。試求六氟化鈾的三相點之溫度及壓力

   答 64°C , 152.2 kPa

8. 水於 0°C 之蒸發熱與凝固熱，分別爲 2490 J g$^{-1}$ 與 333.5 J g$^{-1}$，水於 0°C 之蒸氣壓爲 611 Pa。假定水與冰間的相轉移之焓值的變化，不受溫度的影響，試計算冰於 $-15$°C 之蒸氣壓

   答 166 Pa

9. 甲苯於 40.3°C 與 18.4°C 之蒸氣壓，分別爲 8.00 kPa 與 2.67 kPa。試計算其蒸發熱及於 25°C 之蒸氣壓

   答 38.1 kJ mol$^{-1}$ , 3.79 kPa

10. 固態的 $Cl_2$ 於 $-112$°C 與 $-126.5$°C 之蒸氣壓，分別爲 352 Pa 與 35 Pa，液態的 $Cl_2$ 於 $-110$°C 與 $-80$°C 之蒸氣壓，分別爲 1590 Pa 與 7830 Pa。試計算 $Cl_2$ 之 (a) $\Delta_{sub}H$ ，(b) $\Delta_{vap}H$ ，(c) $\Delta_{fus}H$ ，及 (d) 三相點

   答 (a) 31.4 ，(b) 22.2 ，(c) 9.3 kJ mol$^{-1}$ ，(d) $-103$°C

11. 正–庚烷於 1 bar 的壓力下之沸點為 68.6°C。試估算，正–庚烷之莫耳蒸發
    熱，及其於 60°C 之蒸氣壓

     30.1 kJ mol$^{-1}$, 0.761 bar。

# 第七章

# 二成分系及三成分系之相平衡

　　二成分系及三成分系之相平衡，與一成分系之相平衡比較，較複雜，而這些平衡系內的相數、成分數，與獨立變數間的關係，可用上章所導出的相律表示。

　　二成分的液–液平衡系之行為，雖然較為複雜，然而，其中的一些系，仍可用與理想混合氣體相同的式表示。因此，常以理想溶液作為真實溶液之比較的標準，而用活性度係數表示其對於理想行為之偏差。二成分系之氣–液平衡，於分餾操作之實際應用上甚為重要。於本章介紹 Raoult 定律，Henry 定律，非理想溶液之蒸氣壓，蒸氣壓的下降，沸點的上升，滲透壓，及討論二成分系與三成分系之相圖，亦討論從二成分混合物分離固體及液相之相圖，此包括凝固點的下降、理想溶解度，調和與不調和熔點的複合物的形成，及固熔體的形成等。

## 7-1　Raoult 定律　(Raoult's Law)

　　多成分的系內之液相與氣相平衡時，其二相之溫度與壓力各相等，及系內的各成分於其二相中之化勢各相等。液相與氣相平衡時，成分 $i$ 於液相中之化勢，與其於氣相中之化勢相等，而可表示為

$$\mu_{i,\ell(T,P,x_i)} = \mu_{i,g(T,P,y_i)} \tag{7-1}$$

上式中，$\mu_{i,\ell}$ 與 $\mu_{i,g}$ 分別表示，成分 $i$ 於液相與氣相之化勢，其下標之括號內的 $x_i$ 與 $y_i$ 分別為，成分 $i$ 於平衡液相與氣相中之莫耳分率。氣相中的各成分之化勢，通常用逸壓表示。於此假定，氣相之行為遵照理想氣體，因此，氣相中的成分 $i$ 之化勢，可由式 (5-127) 表示為

$$\mu_{i,g(T,P,y_i)} = \mu_{i,g}^{\circ} + RT \ln \frac{P_i}{P^{\circ}} \tag{7-2}$$

上式中，$P_i$ 為成分 $i$ 之分壓，$P^\circ$ 為標準狀態壓力 $1\,\text{bar}$。液相中的各成分之化勢，通常用活性度表示。由此，液相中的成分 $i$ 之化勢，由式 (5-141) 可表示為

$$\mu_{i,\ell(T,P,x_i)} = \mu_{i,\ell}^\circ + RT\ln a_i \tag{7-3}$$

將上式 (7-2) 與 (7-3) 代入式 (7-1)，可得

$$\mu_{i,g}^\circ + RT\ln\frac{P_i}{P^\circ} = \mu_{i,\ell}^\circ + RT\ln a_i \tag{7-4}$$

此式(7-4)亦可用於純的液體 $i$，而此時液相之活性度 $a_i = 1$。因此，對於純的液體 $i$，由上式 (7-4) 可得

$$\mu_{i,g}^\circ + RT\ln\frac{P_i^*}{P^\circ} = \mu_{i,\ell}^\circ \tag{7-5}$$

上式中，$P_i^*$ 為純的液體 $i$ 於溫度 $T$ 之平衡蒸氣壓。由式 (7-4) 減式 (7-5)，可得

$$RT\ln a_i = RT\ln\frac{P_i}{P_i^*} \tag{7-6}$$

或

$$a_i = \frac{P_i}{P_i^*} \tag{7-7}$$

因此，若蒸氣為理想氣體，則溶液中的成分 $i$ 之活性度 $a_i$，等於其平衡氣相中的該成分之分壓 $P_i$，與純成分液體 $i$ 之蒸氣壓 $P_i^*$ 的比。

於上面未論及，如何預估實際溶液中的成分 $i$ 之分壓 $P_i$。Raoult 於 1884 年發現，溶液中的成分 $i$ 之分壓 $P_i$，等於溶液中的該成分 $i$ 之莫耳分率 $x_i$，與該純成分 $i$ 之蒸氣壓 $P_i^*$ 的乘積，即可表示為

$$P_i = x_i P_i^* \tag{7-8}$$

上式 (7-8) 稱為 Raoult 定律 (Raoult's law)。對於一般的溶液，Raoult 定律雖然並非完全正確，但非常有用。若溶液中之各成分均類似，例如，由液體 $A$ 與 $B$ 所成的溶液中，其內的 $A-A, A-B,$ 與 $B-B$ 之各種分子間的作用均相同時，其各成分之蒸氣壓，均可遵照 Raoult 定律。例如，苯與甲苯所成的溶液之蒸氣壓與其組成的關係，遵照 Raoult 定律，如圖 7-1 所示，其中的 1 與 2 分別代表甲苯與苯。

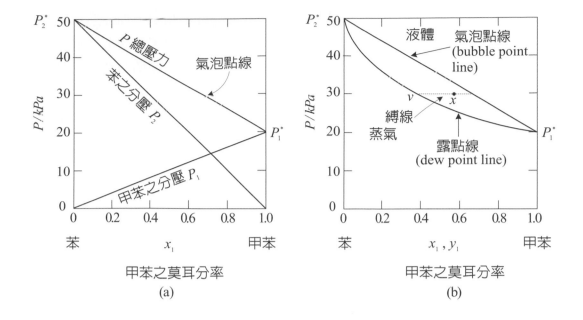

圖 7-1　苯–甲苯系於 $60°C$ 下　(a)各成分之分壓及總壓力與液相中甲苯之莫耳分率的關係，(b)液相及其平衡蒸氣相中的甲苯之莫耳分率與壓力的關係。

## 7-2　理想的溶液 (Ideal Solutions)

設於一定的溫度 $T$ 下，成分 $i$ 之莫耳分率 $x_i$ 的溶液，與莫耳分率 $y_i$ 的其蒸氣保持平衡，而純的成分 $l$ 於溫度 $T$ 之平衡蒸氣壓為 $P_i^*$，若假定各成分的的性質均類似，且平衡蒸氣相的行為，遵照理想氣體，則由 Raoult 定律可寫成

$$y_i P = x_i P_i^* \tag{7-9}$$

上式中的 $P$ 即為，溶液於溫度 $T$ 之平衡蒸氣相的總壓力。將式 (7-8) 代入式 (7-7) 可得 $a_i = x_i$。由此，對於各成分類似之溶液，其各成分之活性度均各等於其莫耳分率。對於理想溶液，將 $a_i = x_i$ 的關係代入式 (7-3)，可得

$$\mu_{i,\ell(T,P,x_i)} = \mu_{i,\ell}^\circ + RT \ln x_i \tag{7-10}$$

通常使用上式 (7-10) 以定義理想溶液。

使用 Raoult 定律，可計算理想溶液之相圖。二成分的理想溶液，於某一定溫度之總蒸氣壓，等於其二成分之各蒸氣壓的和，而使用 Raoult 定律，可表示為

$$P = P_1 + P_2 = x_1 P_1^* + x_2 P_2^* = P_2^* + (P_1^* - P_2^*) x_1 \tag{7-11}$$

此式(7-11)即為，圖 7-1 中所示之**氣泡點線** (bubble point line)，而於氣泡點線之上面的區域，僅有單一的液體相。如圖 7-1(b)所示，苯與甲苯的溶液，於一定的溫度(60°C)之蒸氣壓，減低至其氣泡點線的壓力時，其溶液開始蒸發產生氣泡，而此時之溶液的濃度與總蒸氣壓之關係，可用上式 (7-11) 表示。

二成分的理想溶液之平衡蒸氣的組成，可用 Raoult 定律計算，而其平衡蒸氣相中的成分 1 之莫耳分率 $y_1$，可表示為

$$y_1 = \frac{P_1}{P_1 + P_2} = \frac{x_1 P_1^*}{x_1 P_1^* + x_2 P_2^*} = \frac{x_1 P_1^*}{P_2^* + (P_1^* - P_2^*) x_1} \tag{7-12}$$

上式中，$x_1$ 為平衡液相中的成分 1 之莫耳分率。由上式 (7-12) 亦可解得，溶液中的成分 1 之莫耳分率 $x_1$，與其平衡蒸氣中的成分 1 之莫耳分率 $y_1$ 的關係，為

$$x_1 = \frac{y_1 P_2^*}{P_1^* + (P_2^* - P_1^*) y_1} \tag{7-13}$$

將上式 (7-13) 代入式 (7-9)可得，總壓力 $P$ 與氣相中的成分 1 之莫耳分率 $y_1$ 的關係，為

$$P = \frac{P_1^* P_2^*}{P_1^* + (P_2^* - P_1^*) y_1} \tag{7-14}$$

上式 (7-14) 即為，圖 7-1(b) 中所示之**露點線** (dew point line)，而於此相圖中的露點線之下方的區域，為蒸氣相。某濃度的苯與甲苯的溶液之蒸氣壓，低於其露點線的壓力時，其液相會完全氣化消失而成一均勻的氣相，而於其蒸氣壓增加至露點線的壓力時，蒸氣開始凝結形成液滴，此時之壓力與蒸氣相中的成分 1 之莫耳分率 $y_1$ 的關係，可用上式 (7-14) 表示。露點線與氣泡點線之中間的區域，為液相與氣相平衡共存之二相的區域。

露點線與氣泡點線上之壓力相等的點，代表其氣液二相的平衡，而其所對應之橫坐標 $y_1$ 與 $x_1$，分別表示其平衡氣液的二相之蒸氣組成與液相的組成，其水平的連結線稱為**縛線** (tie line)，如圖 7-1(b) 中之點線 $\overline{v\ell}$ 所示，平衡的二相系之總組成，介於 $v$ 至 $\ell$ 之間。系統之總組成等於 $v$ 時，全部的溶液均蒸發成蒸氣，而成為單一的蒸氣相。系統之總組成等於 $\ell$ 時，全部的蒸氣均凝結成液體，而成為單一的液相。若系統內的甲苯之莫耳分率，等於 $v$ 與 $\ell$ 間之中央點，則液體相之莫耳數等於平衡蒸氣相之莫耳數。設系統內的甲苯之莫耳分率為 $x$，則甲苯於其平衡液氣二相中的液相之莫耳數，與蒸氣相之莫耳數的比，等於 $(x-v)/(\ell-x)$。此關係可由總莫耳數之守恆導得，由於與物理學上之槓桿定律類同，而稱為**槓桿法則** (lever rule)。

　　於下面討論，由式 (7-10) 所定義的理想溶液之一些熱力量。理想溶液之莫耳 Gibbs 能為，$\bar{G} = \sum x_i \mu_i$，因此，由式 (7-10) 可得

$$\bar{G} = \sum x_i \mu_i = \sum x_i \mu_i^\circ + RT \sum x_i \ln x_i \tag{7-15}$$

因 $\bar{G}$ 為溫度與壓力的函數，故由，$\bar{S} = -(\partial \bar{G}/\partial T)_P$，及上式 (7-15) 於恆壓下對溫度偏微分，可得理想溶液之莫耳熵值，為

$$\bar{S} = \sum x_i \bar{S}_i^\circ - R \sum x_i \ln x_i \tag{7-16}$$

由，$\bar{H} = -T^2 [\partial(\bar{G}/T)/\partial T]_P$，及式 (7-15)，可得理想溶液之莫耳焓值，為

$$\bar{H} = \sum x_i \bar{H}_i^\circ \tag{7-17}$$

而由，$\bar{V} = (\partial \bar{G}/\partial P)_T$，及式 (7-15) 於恆溫下對壓力偏微分，可得理想溶液之莫耳容積，為

$$\bar{V} = \sum x_i \bar{V}_i^\circ \tag{7-18}$$

以上的式 (7-15) 與 (7-10) 之右邊的第一項，及式(7-17)與(7-18)之右邊，均為由純液體形成理想溶液之熱力量的和。因此，由純成分的液體生成每莫耳的溶液之這些熱力量的變化，可分別表示為

$$\Delta_{mix} G = RT \sum_{i=1}^{N} x_i \ln x_i \tag{7-19}$$

$$\Delta_{mix} S = -R \sum_{i=1}^{N} x_i \ln x_i \tag{7-20}$$

$$\Delta_{mix} H = 0 \tag{7-21}$$

$$\Delta_{mix} V = 0 \tag{7-22}$$

這些式與於 5-13 節所得，混合理想氣體之各式均各相同。於一定的溫度及壓力下，由純成分的液體混合形成理想溶液時，由式 (7-22) 及 (7-21) 得知，不會產生容積的變化及焓值的變化。

# 7-3　二成分系之氣－液相平衡
## (Vapor-Liquid Equilibria of Two Components System)

　　二成分系之相的平衡，可藉溫度、壓力、與莫耳分率之三次元的立體圖表示，如圖 7-12 所示。單一相時，由相律得，$v = c - p + 2 = 2 - 1 + 2 = 3$，即為三變系，此時其自由度的數最大。二相平衡共存時，由相律得 $v = 2$，為二變系。三

相平衡共存時， $v=1$ ，為單一變系。四相平衡共存時 $v=0$ ，為**不變** (invariant) 系。

　　圖 7-2 中的右側之曲線 $Ac_1$ 為，純成分 1 之蒸氣壓–溫度的關係曲線，左側之曲線 $Bc_2$ 為，純成分 2 之蒸氣壓–溫度的關係曲線。點 $c_1$ 與 $c_2$ 分別為純成分 1 與 2 之臨界點，而於此相平衡的立體圖中之較下方的**露點面** (dew point surface)， 與較上方的**氣泡點面** (babble point surface) 相交於線 $c_1c_2$ ，於此 $c_1c_2$ 的線上為，二成分的各種組成的系於臨界狀態之液相與氣相，而此時的其氣液二相無明顯的界面，由此無法區分。各溫度下之二成分的各種組成溶液之平衡蒸氣壓力，與其平衡的液相中之成分 1 的莫耳分率 $x_1$ 的曲線，而形成如圖 7-2 所示之上方的氣泡點的面。各溫度下之平衡蒸氣壓力與平衡氣相中的成分 1 之莫耳分率 $y_1$ 的曲線，而形成下方的露點面。

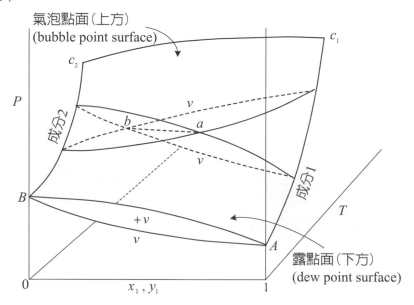

**圖 7-2　二成分系之氣–液相平衡的三次元立體圖**

　　氣泡點面與露點面之中間的區域為，溶液與其飽和蒸氣的二相平衡共存之區域，由相律得其自由度， $v=c-p+2=2-2+2=2$ 。因此，由溫度與壓力可決定其平衡二相之組成，如圖 7-2 中之水平的縛線 $ab$ 所示，其中的 $a$ 為液相， $b$ 為氣相。由此，對於某特定的溫度 (或壓力) 與液相之組成 (如點 $a$ ) 時，可由其水平的溥線之另一端 $b$ ，得與組成 $a$ 的液相平衡的壓力 (或溫度) 及其平衡氣相之組成 (如 $b$ 點)。

　　二成分系之氣–液相的平衡圖 7-2，於一定的溫度、壓力、及組成下之各切面，分別如圖 7-3(a)，(b) 及 (c) 所示，其中的圖 7-3(a) 為，於四溫度下之壓力–組成圖，而其各組之上方的曲線為氣泡點線，即為於各定溫下之壓力與液相中的成分 1 之莫耳分率 $x_1$ 的關係曲線；下方的曲線為露點線，即為於各定溫下的壓力與氣相中的成分 1 之莫耳分率 $y_1$ 的關係曲線。水平的溥線 $\overline{vl}$ 表示，其一端 $v$ 之蒸氣組成 $y_1$ 與另一端 $\ell$ 之液體組成 $x_1$ 的氣–液二相平衡。點 $c$ 與 $c'$ 分別為，成分 1 與 2 之二混合溶液，於純成分 1 與 2 之臨界溫度間的其二混合溶液之各臨界點。

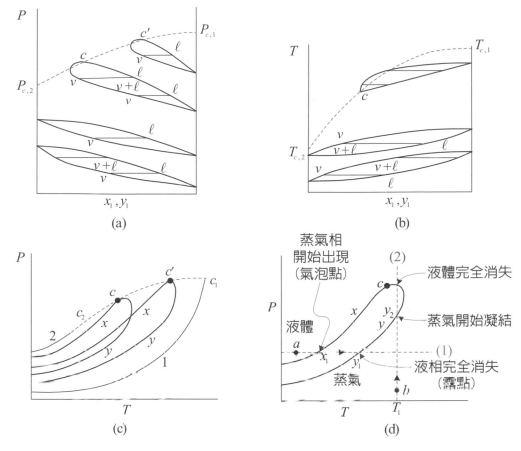

圖 7-3　二成分系之氣–液相平衡的三次元圖 7-2，於一定溫度 (a)，於一定壓力 (b)，與於一定組成 (c) 及於某組成(d) 之切面圖

　　圖 7-3(b) 為於一定壓力下之沸點圖，此圖表示於三壓力下之溫度–組成圖。溶液內的各成分之分餾，常於一定的壓力下操作，由此，此種於一定壓下之沸點–組成圖，對於二成分溶液之分餾的解析很有用。

　　圖 7-3(c) 為二種組成的溶液之切面圖，即為二種組成的溶液及純成分 1 與 2 之蒸氣壓–溫度的關係曲線，其中的 $c$ 與 $c'$ 分別表示二種組成溶液之臨界點。

於此以如圖 7-3(d) 所示之某一定組成的切面圖，說明於一定的壓力下溫度的上升，及於一定的溫度下壓力的增加時之相變化的情況。如圖 7-3(d)所示，溶液於一定壓力的較低溫度時，只有液相 ($a$ 點) 存在，而此溶液於一定的壓力下，其溫度上升至與氣泡線 $x$ 之交點 $x_1$ 時，開始產生蒸氣相，此點即為該組成溶液 $x_1$ 之氣泡點，而隨溫度之繼續逐漸上升，其蒸氣相之相對量增加，而液相之相對量逐漸減少。當溫度上升至與線 $y$ 之交點 $y_1$ 時，液相完全氣化消失而成為單一蒸氣相，此點即為該組成蒸氣 $y_1$ 之露點，這些過程如圖中的點線 (1) 所示。若溫度稍高於其臨界溫度 c 之蒸氣相 (b 點 )，於一定的溫度下增加其壓力時，則會發生不平常的現象。如圖 7-3(d) 所示，b 點的蒸氣於一定的溫度 $T_1$ 下，增加其壓力至與露點線 y 之交點 $y_2$ 時，其蒸氣相開始產生凝結，而隨壓力之繼續增加，其蒸氣相繼續凝結。當壓力繼續增加至某壓力時，其凝結的液體開始產生再蒸發，而隨壓力之繼續逐漸增加，其凝結的液體繼續再蒸發並產生氣化，而當其壓力繼續增至與 y 的曲線之上方相交時，其液相完全消失而全部轉變成蒸氣。此種不尋常的氣-液的轉相過程，稱為 **逆轉凝結** (retrograde condensation)，此過程如圖中之點線 (2) 所示。

**例 7-1** 純的苯與甲苯於 60°C 下之蒸氣壓，分別為 0.513 與 0.185 bar。(a) 試求，苯與甲苯的二成分系之氣泡點線式及露點線式，(b) 試計算，0.60 莫耳分率的甲苯溶液之苯與甲苯之各分壓，及其平衡蒸氣內的甲苯之莫耳分率，及甲苯與苯之各活性度

解 設成分 1 代表甲苯

(a) 氣泡點線：$P = P_2^* + (P_1^* - P_2^*)x_2 = 0.513 \text{ bar} - (0.3281 \text{ bar})x_2$

露點線：$P = \dfrac{P_1^* P_2^*}{P_1^* + (P_2^* - P_1^*)y_1} = \dfrac{0.0949 \text{ bar}^2}{0.185 \text{ bar} + (0.328 \text{ bar})y_1}$

(b) $P_1 = x_1 P_1^* = (0.6)(0.185 \text{ bar}) = 0.111 \text{ bar}$

$P_2 = x_2 P_2^* = (0.4)(0.513 \text{ bar}) = 0.205 \text{ bar}$

$P = 0.513 \text{ bar} - (0.328 \text{ bar})(0.60) = 0.316 \text{ bar}$

$y_1 = \dfrac{x_1 P_1^*}{P_2^* + (P_1^* - P_2^*)x_1} = \dfrac{(0.60)(0.185 \text{ bar})}{0.513 \text{ bar} - (0.328 \text{ bar})(0.60)} = 0.351$

$a_1 = \dfrac{P_1}{P_1^*} = \dfrac{0.111 \text{ bar}}{0.185 \text{ bar}} = 0.600$

$a_2 = \dfrac{P_2}{P_2^*} = \dfrac{0.205 \text{ bar}}{0.513 \text{ bar}} = 0.400$

因理想溶液，所以其活性度均各等於其莫耳分率。 ◄

# 7-4 非理想的溶液之蒸氣壓
## (Vapor Pressure of Nonideal Solution)

　　一般之實際的溶液均為，非理想的溶液，而其蒸氣壓不遵照 Raoult 定律。非理想溶液中的各成分之蒸氣壓，通常與其莫耳分率不成比例的關係。

　　二成分 $A$ 與 $B$ 形成理想溶液時，$A$ 與 $A$, $B$ 與 $B$, 及 $A$ 與 $B$ 等其各成分之分子間的相互作用力均相同。若 $A$ 與 $A$ 及 $B$ 與 $B$ 之分子間的作用力，大於 $A$ 與 $B$ 之分子間的作用力時，則成分 $A$ 與 $B$ 形成溶液時其容積會增加，而溶液之平衡蒸氣壓較理想溶液者高，此時其蒸氣壓對於 Raoult 定律產生**正的偏差** (positive deviation)，如圖 7-4 的甲醇–二硫化碳溶液之蒸氣壓與其莫耳分率的關係所示。若 $A$ 與 $A$ 及 $B$ 與 $B$ 之分子間的作用力，小於 $A$ 與 $B$ 之分子間的作用力時，則成分 $A$ 與 $B$ 形成溶液時，其容積會減小，而溶液之平衡蒸氣壓較理想溶液者低，此時其蒸氣壓對於 Raoult 定律產生**負的偏差** (negative deviation)，如圖 7-5 的乙酸–氯仿溶液之蒸氣壓與莫耳分率的關係所示。於此二圖中的虛直線均為，表示其蒸氣壓遵照 Raoult 定律之理想情況。

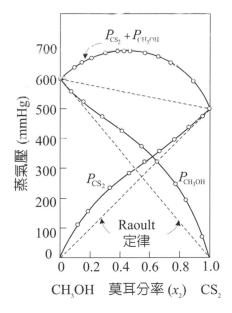

圖 7-4　對 Raoult 定律產生正偏差之非理想溶液

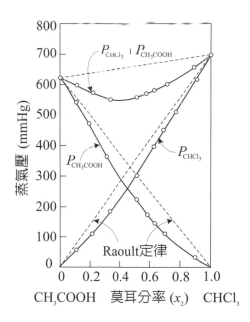

圖 7-5　對 Raoult 定律產生負偏差之非理想溶液

乙酸與氯仿由於分子間之相互吸引，其溶液之蒸氣壓，對 Raoult 定律產生負的偏差，此係乙酸的分子中之氧原子，與氯仿分子中之氫的原子間形成氫鍵所致。通常氫的原子與氟、氯、氧、或氮的原子間，均會形成氫鍵，如丙酮與氯仿的分子之間形成氫鍵，而其溶液之蒸氣壓，對 Raoult 定律產生負的偏差。

圖 7-4 與圖 7-5 之溶液的蒸氣壓與莫耳分率的關係曲線，分別形成**最高點** (maximum) 與**最低點** (minimum)，而於溶液的蒸氣壓曲線之最高點或最低點，其平衡蒸氣相之組成與平衡液相之組成相同。

如圖 7-4 之甲醇–二硫化碳的溶液所示， $A-B$ 分子間之作用力，較 $A-A$ 與 $B-B$ 分子間的作用力小，而對 Raoult 定律產生正的偏差。若對 Raoult 定律之正偏差甚大時，則其二成分不能完全互溶，而產生**相分離** (phase separation)，如圖 7-6 所示。此時分離成其二成分互相部分溶解之 $\ell_1$ 與 $\ell_2$ 的二溶液系，而此二溶液系之 Gibbs 能，小於完全可溶的均勻溶液系之 Gibbs 能。若混合的溶液之平衡蒸氣中，其各成分之蒸氣壓 (分壓) ，接近各純成分之蒸氣壓時，則其二成分完全不互溶，例如，水與溴苯幾乎完全不互溶，因此，溴苯可利用水蒸氣蒸餾 (7-8 節 ) 將其純化。

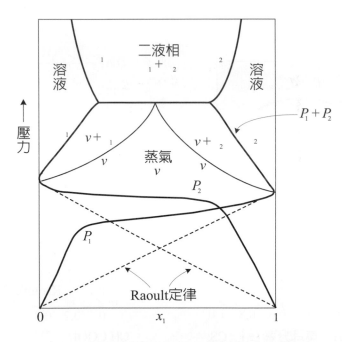

圖 7-6　部分溶解的二成分系之蒸氣壓－組成圖

## 7-5　亨利定律 (Henry's Law)

　　於前節所討論的甲醇–二硫化碳，及乙酸–氯仿的二成分溶液之蒸氣壓，與莫耳分率的關係，分別如圖 7-4 及 7-5 所示，雖不遵照 Raoult 定律，但其稀薄溶液中之較低濃度的成分之蒸氣壓，仍與其溶液中之莫耳分率，大略成正比的關係。因此，稀薄溶液中的較低濃度的成分 $i$ 之分壓 $P_i$，可用下式表示為

$$P_i = y_i P = K_i x_i \tag{7-23a}$$

或

$$P_2 = K_2 x_2 \tag{7-23b}$$

上式中，$P$ 為總蒸氣壓，$y_i$ 與 $x_i$ 為成分 $i$ 於蒸氣相與液相中之莫耳分率，上式 (7-23b) 中之下標 2 表示溶質，為稀薄溶液中之低濃度的成分。上式 (7-23b) 稱為**亨利定律** (Henrys' law)，其比例常數 $K_2$ 為，Henry 定律常數，或簡稱 Henry 常數。非理想的稀薄溶液中之莫耳分率接近於 1 的成分(溶劑)之蒸氣壓，通常仍可用 Raoult 定律表示，而其中的溶質成分 2 之蒸氣壓，用 Henry 定律表示。圖 7-7 表示，二成分溶液中的溶質成分之實際蒸氣壓 $P_2$，與其莫耳分率 $x_2$ 的關係。

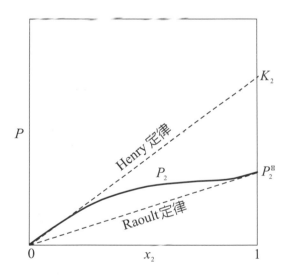

圖 7-7　二成分溶液中的溶質成分之蒸氣壓與其莫耳分率的關係

　　Henry 常數 $K_2$ 如圖 7-7 所示，可於溶質之莫耳分率 $x_2$ 趨近於零處，繪蒸氣壓 $P_2$ 與 $x_2$ 的關係曲線之切線，而由此切線與 $x_2 = 1$ 的縱軸之交點而得，或由式 (7-23)，$P_2 / x_2$ 對 $x_2$ 作圖，並將其關係外延至 $x_2 = 0$ 亦可得。溶質成分之 Henry 常數 $K_2$，與溫度、溶劑及溶質之種類有關，通常須由實驗求得。

氣體於液體中之溶解度，常用其 Henry 定律常數表示。一些氣體於 25°C 的水及苯的溶劑中之 Henry 常數，分別列於表 7-1。Henry 定律可適用於氣體壓力 1 bar 以內之許多微溶性的氣體，其誤差約於 1~3% 的範圍內。

表 7-1　一些氣體於 25°C 的水及苯中之 Henry 定律常數 ($K_2 / 10^9$ Pa)

| 氣體 | 溶劑 | |
|---|---|---|
| | 水 | 苯 |
| $H_2$ | 7.12 | 0.367 |
| $N_2$ | 8.68 | 0.239 |
| $O_2$ | 4.40 | |
| CO | 5.79 | 0.163 |
| $CO_2$ | 0.167 | 0.0114 |
| $CH_4$ | 4.19 | 0.0569 |
| $C_2H_2$ | 0.135 | |
| $C_2H_4$ | 1.16 | |
| $C_2H_6$ | 3.07 | |

氣體於液體中之溶解度，通常隨溫度的上升而遞減，而於其溶解的過程常放出熱量，然而有些例外，如液態的氨、熔態的銀、及許多有機溶劑等。空氣於水中之溶解度，隨溫度的上升而減低，因此，水經加熱時，通常會冒出所溶解的氣體之小氣泡。混合氣體中之某一氣體，於水中之溶解度與其分壓成正比，而與其他的氣體之存在無關。

非反應性的氣體於溶液中之溶解，一般均基於氣體分子與溶劑分子間的相互作用，如**偶極** (dipole) 或**誘導偶極子** (induced dipole) 等。氣體於溶劑中之溶解度，與該氣體之沸點有密切的關連，例如，He, $H_2$, $N_2$, Ne 等沸點甚低的氣體，其分子與溶劑間之作用力較弱，所以較難溶於液體。

氣體於水中之溶解度，常由於其他溶質的添加而減低，尤其電解質的效應特別大，此種現象稱為**鹽析** (salting out)。鹽析之效應的程度，一般因所添加的鹽之種類而異，但同種類的鹽，對於各種氣體之溶解度的相對減低量，大約相同。液體及固體於水中之溶解度，亦同樣顯示類似之鹽析效應。

**例 7-2**　假設每升的水溶液中，所含的水之實際質量為 1000 g。試由 $CO_2$ 於水中之 Henry 定律常數，計算分壓 1 bar 的 $CO_2$ 於 25°C 之水中的溶解度

由式 (7-23b)

$$K_2 = \frac{P_2}{x_2} = 0.167 \times 10^9 \, \text{Pa} = \frac{101{,}325 \, \text{Pa}}{\dfrac{n_{CO_2}}{n_{CO_2} + 1000/18.02}}$$

上式之右邊的分母中，其 $n_{CO_2} + 1000/18.02$ 中之 $n_{CO_2}$，與水之莫耳數 $1000/18.02 = 5.49 \, \text{mol L}^{-1}$ 比較甚小，而可以忽略

$$\therefore \ n_{CO_2} = \frac{(101{,}325 \, \text{Pa})(5.49 \, \text{mol L}^{-1})}{0.167 \times 10^9 \, \text{Pa}} = 3.37 \times 10^{-2} \, \text{mol L}^{-1} \quad \blacktriangleleft$$

## 7-6　二成分的液體溶液之沸點圖
### (Boiling Point Diagrams of Binary Liquid Solutions)

　　於上面所討論者為，二成分的溶液之蒸氣壓等溫線，而於本節為蒸餾之實際應用，討論二成分的溶液於一定壓力下之**沸點圖** (boiling point diagram)。苯–甲苯的溶液於 1.013 bar 下之沸點圖，如圖 7-8 所示，溶液之溫度上升至其氣泡點時，開始沸騰並產生氣泡，而溫度於其露點線之上方時，為單一的蒸氣相，於氣泡點線之下方時，為單一的液體相，而於氣泡點線與露點線之中間的區域時，液相與蒸氣相平衡共存，且其二相之相對量，可由槓桿的法則表示。苯與甲苯之性質類似，而形成理想溶液，其相圖及苯與甲苯於各溫度之蒸氣壓，分別如圖 7-8 及表 7-2 所示，而其相圖可由表 7-2 所示，苯與甲苯於 1.013 bar 下之各沸點 80.1 與 110.6°C 間，於各溫度之其各成分之蒸氣壓的數據計算。

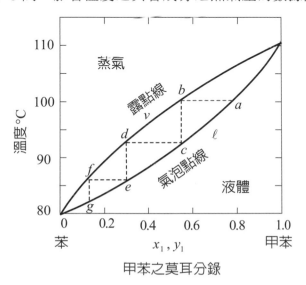

圖 7-8　苯(2)–甲苯(1) 的溶液於 1.013 bar 下之沸點圖

表 7-2　甲苯(1)與苯(2)於各溫度之蒸氣壓

| t/°C | 80.1 | 88 | 90 | 94 | 98 | 100 | 104 | 110.6 |
|---|---|---|---|---|---|---|---|---|
| $P_1^*$ / bar | – | 0.508 | 0.543 | 0.616 | 0.698 | 0.742 | 0.836 | 1.013 |
| $P_2^*$ / bar | 1.013 | 1.285 | 1.361 | 1.526 | 1.705 | 1.800 | 2.004 | – |

溶液之沸點與組成之關係曲線，由其形狀可分成三種類型：(1) 溶液之沸點介於其二純成分液體的沸點之間，為中間沸點型；(2) 溶液之沸點高於其二純成分液體之沸點，為最高沸點型；(3) 溶液之沸點低於其二純成分液體之沸點，為最低沸點型。

第一類型如圖 7-8 的苯–甲苯系所示。第二類型如圖 7-5 的乙酸–氯仿系所示，溶液之蒸氣壓曲線顯示最低點，而其溶液有最高的沸點，且高於二純成分之沸點。於最高沸點之蒸氣的組成與液相的組成 $x_{max}$ 相同，此組成的溶液稱為，**共沸液或共沸混合液** (azeotrope 或 azotropic mixture)，如圖 7-9 所示，丙酮–氯仿系之最高沸點共沸液之組成為，丙酮 20% 氯仿 80%，相當於氯仿之莫耳分率，$x_B = 0.66$。其他的一些常見的最高沸點共沸液之重量組成及其沸點，列於表 7-3。氯化氫於 1 atm 下之沸點為 – 80°C，而於其水溶液中，HCl 與水形成沸點 108.584°C 之最高沸點共沸液，且於此共沸溶液中含 20.222 重量 % 的 HCl。於壓力 700 mHg 及 600 mmHg 時， HCl – H₂O 系之共沸溫度與共沸液的組成，分別為 106.42°C 與 20.360 wt% 的 HCl 及 102.21°C 與 20.638 wt% 的 HCl。如 HCl – H₂O 系之此種蒸氣壓曲線的顯現最低點，或沸點曲線的顯現最高點，係因其水溶液所溶解的 HCl，於水溶液中產生解離成為離子，而使水之蒸氣壓降低所致。

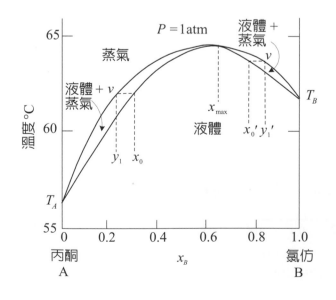

圖 7-9　最高沸點型（丙酮–氯仿系）

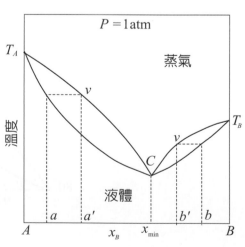

圖 7-10　最低沸點型

表 7-3　二成分係於壓力 1 atm 下之最高沸點共沸溶液的組成及沸點

| $A$ | $B$ | $B$ 重量% | 沸點 ($°C$) |
|---|---|---|---|
| $H_2O$ | HCl | 20.222 | 108.584 |
| $H_2O$ | $HNO_3$ | 68.5 | 121.0 |
| $H_2O$ | HBr | 47.5 | 126.0 |
| $H_2O$ | HI | 57 | 127.0 |
| $H_2O$ | HF | 35.6 | 114.4 |
| $CHCl_3$ | $HCOOC_2H_5$ | 13 | 62.7 |
| $CHCl_3$ | $CH_3COCH_3$ | 20.0 | 64.7 |
| $CH_3COOH$ | $C_5H_5N$ | 47 | 140 |

　　第三類型之溶液的蒸氣壓與其組成的關係曲線，如圖 7-4 所示顯現最高的點，而其組成的溶液之沸點，低於二純成分之沸點，且為其溶液之最低的沸點，如圖 7-10 所示。於最低沸點之蒸氣的組成，與其平衡溶液的組成相同，此組成的溶液稱為，最低沸點共沸液。一些常見之最低沸點共沸液之重量組成及沸點，列於表 7-4。

　　若溶液之蒸氣壓，對 Raoult 定律之正的偏差較大，則溶液會分離成為二部分互溶的溶液，此種系於某一定壓力下之沸點圖，如圖 7-11 所示，其蒸氣壓－組成的關係如圖 7-6 所示。此類的溶液於較高的一定壓力下之沸點圖，如圖 7-12 所示。

表 7-4　壓力 1 atm 下之最低沸點共沸溶液

| $A$ | $B$ | $B$ 重量% | 沸點 ($°C$) |
|---|---|---|---|
| $H_2O$ | $n-C_3H_7OH$ | 71.8 | 88.1 |
| $H_2O$ | $C_2H_5OH$ | 95.57 | 78.15 |
| $H_2O$ | $C_5H_5N$ | 57.0 | 92.6 |
| $CH_3COOH$ | $C_6H_6$ | 98.0 | 80.05 |
| $C_2H_5OH$ | $C_6H_6$ | 67.6 | 67.8 |
| $CS_2$ | $CH_3COOC_2H_5$ | 3.0 | 46.1 |
| $CH_3OH$ | $CHCl_3$ | 87.4 | 53.43 |

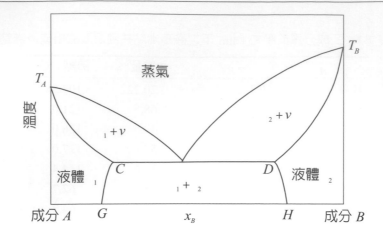

圖 7-11　部分互溶的二液體於一定壓力下之沸點圖

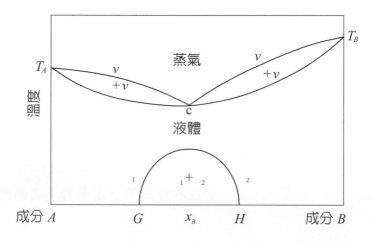

圖 7-12　部分互溶的二液體於較高的一定壓力下之沸點圖

例 **7-3**　苯與甲苯於 100°C 之蒸氣壓，分別為 1.800 bar 與 0.742 bar。試求，甲苯－苯的溶液於壓力 1.013 bar 及溫度 100°C 下沸騰時，其溶液中的甲苯之莫耳分率 $x_1$，及其平衡蒸氣中的甲苯之莫耳分率 $y_1$

解　由式 (7-11) 解得

$$x_1 = \frac{P - P_2^*}{P_1^* - P_2^*} = \frac{1.013\ \text{bar} - 1.800\ \text{bar}}{0.742\ \text{bar} - 1.800\ \text{bar}} = 0.744$$

由式 (7-9) 得

$$y_1 = \frac{x_1 P_1^*}{P} = \frac{(0.744)(0.742\ \text{bar})}{1.013\ \text{bar}} = 0.545$$

此兩點 $x_1$ 與 $y_1$，如圖 7-8 中之點 $a$ 與 $b$ 所示。若溶液為非理想的溶液時，則上面的 $x_1$ 與 $y_1$ 值，須由實驗測定。　◀

**例 7-4**　$C_4H_9OH$ 與 $C_3H_7OH$ 於 100°C 之蒸氣壓，分別為 570 mmHg 與 1,440 mmHg。設其溶液於 1 atm , 100°C 下沸騰，試求此溶液及其平衡蒸氣相之組成

**解**　由式 (9-11) 得

$$760 = 570x_A + 1,440x_B = 570x_A + 1,440(1 - x_A)$$
$$\therefore x_A = 0.781 , \ x_B = 0.219$$

由式 (7-9) ，可得

$$y_A = \frac{P_A^* x_A}{P} = \frac{570 \times 0.781}{760} = 0.585$$

$$y_B = \frac{P_B^* x_B}{P} = \frac{1,440 \times 0.219}{760} = 0.415$$

或 $y_B = 1 - y_A = 1 - 0.585 = 0.415$　　　◀

## 7-7　分　餾 (Fractional Distillation)

　　二成分的溶液與其蒸氣平衡時，其中之蒸氣壓較高(揮發性較大)的成分，於蒸氣相中之含量，比其於平衡液相中之含量多。若二成分的溶液於某較高的溫度蒸發的蒸氣，經冷凝至某一定的較低溫度時，則其一部分的蒸氣會凝結成液體，並與其蒸氣保持平衡，而於平衡蒸氣中含比原來之蒸氣相更多的揮發性較大的成分。此時使用如圖 7-13 所示的**分餾管** (fractionating column)，可使溶液的蒸發與其蒸氣的凝結之過程，於分餾管內連續進行，以分離溶液中之二成分，此種操作稱為**分餾** (fractional distillation)。苯與甲苯的溶液之分餾操作過程如圖 7-8 所示，甲苯之莫耳分率為 0.78 的溶液，於一定的壓力 1.013 bar 下，經加熱至其溫度升至其氣泡點 a (溫度 100°C )時，溶液開始沸騰生成蒸氣，而此時其所產生的平衡蒸氣之組成如點 $b$，而此蒸氣凝結成為液體時其組成不會改變，且於其溫度沿垂直線 $bc$ 下降至 $c$ 點時，完全凝結成液體。此 $c$ 點組成的凝結溶液之溫度上升至其氣泡點(沸點)蒸發所產生之平衡蒸氣的組成，相當於 $d$ 點。如此，苯與甲苯的溶液於分餾管內，經蒸發與凝結之多段反覆的過程，即分餾操作的過程，可將溶液分離成苯的含量較高的蒸餾液，及甲苯的含量較高的殘留液，或分離成純成分的苯與甲苯。

　　於圖 7-8 中所示的 $abc$ 及 $cde$，各代表溶液於分餾管內之連續蒸發與凝結的過程中，其液相與蒸氣相維持平衡的一段理想化過程。於實際的分餾操作，通常使用如圖 7-13 所示的**泡蓋式分餾管** (bubble-cap fractionating column)。此種分餾管一般使用如圖 7-13 中所示之氣泡的帽蓋式橫板或多孔板，將分餾管分隔成

許多的氣–液之平衡段，而於其每一段之隔板上的液體，即相當於實驗常用的蒸餾瓶內之沸騰溶液，而留於其上一段之隔板上的液體，即相當於冷凝器。由此，某一段隔板上的溶液蒸發之平衡蒸氣，於通過其上一段之隔板的氣泡帽蓋上升時，可與留置於隔板上的液體(溶液)充份接觸，此時其蒸氣之一部分會於與液體的接觸過程中產生凝結，同時將熱量傳遞給予液體，使其液體的一部分蒸

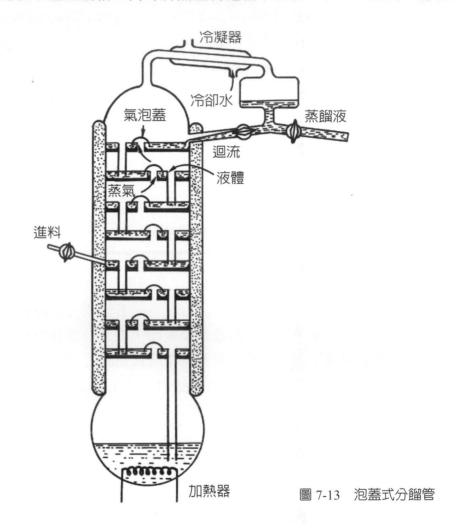

圖 7-13　泡蓋式分餾管

發。如此，由某一層的液體蒸發之平衡蒸氣，經氣泡蓋上升至上一層的分離隔板上的液體中時，其部分的蒸氣於該液層中凝結，而該液層之過多量的液體經導管流回下一層的隔板上，以使各隔板上的液層，均維持一定的高度。於分餾的操作過程中，分餾管內的各段隔板上的液體，與其上面的蒸氣均保持平衡，同時自分餾管的塔頂不斷餾出之蒸餾蒸氣，經冷凝成液體，而其一部分的液體迴流至分餾管之最上段的液層。於溶液的分餾連續操作中，通常於分餾塔中之適當的隔板上之液層，連續供給(進料)溶液，以補充自分餾管餾出之蒸餾液及自分餾管的管底流出之殘餘液，以維持穩定的分餾操作。分餾塔之外壁通常安裝保溫材，使分餾塔與外界絕熱，或裝設可控制溫度的加熱套筒，以防止分餾管壁

附近的蒸氣之過度的凝結。分餾的操作達至穩定的狀態時，分餾管內的每段隔板上的液層之高度與其液體的組成，及溫度均會維持一定。

分餾管內亦可充填如螺旋狀的玻璃片、螺旋屏或多孔性的陶瓷類等物質，以增加蒸氣相與液相的接觸機會。這些物質之單位質量的表面積均很大，而大量的蒸氣通過其**自由空間** (free space) 時，蒸氣可與液體充分接觸以提高分離的效率。此種填充多孔性的填充材料，以增加分餾操作效果的分餾管，稱為**填充式的分餾管** (packing fractionating column)。

分餾管之效率通常用**理論板數** (number of theoretical plates) 表示。分餾管之理論板數為，可將溶液內的各成分分離之分餾管，於其內連續產生蒸發–凝結平衡之實際的數。理論板數與分餾操作時之**迴流比** (reflux ratio) 有關，所謂迴流比為，自分餾管的最上層蒸發的蒸氣經凝結成為液體，而其中的部份液體流回分餾管塔頂之速率，與餾出液體速率的比。分餾管於實際操作條件下之理論板數，可由實際達到分離所需要的分餾管內之蒸發–凝結的平衡數求得。

苯–甲苯溶液使用分餾管分餾時，若其餾出液之組成相當於圖 7-8 中之 $g$ 點，而加熱器內之溶液的組成為 $a$ 點，則於分餾管內之分餾過程，相當於圖中所示的 $abc$, $cde$，與 $efg$ 的三蒸發–凝結的階段。因**蒸餾的加熱器** (distilling pot) 本身，亦相當於一理論板，故自組成 $a$ 之溶液蒸餾得組成 $g$ 的蒸餾液，需用理論板數等於 $3 - 1 - 2$ 之分餾管。

最高沸點共沸溶液之分餾，如圖 7-9 所示的丙酮-氯仿的溶系。若溶液內的氯仿之最初組成為 $x_0$，則經加熱至沸點可得 $y_1$ 組成之平衡蒸氣，而此蒸氣經冷凝成液體時，其組成仍為 $y_1$，且 $y_1 < x_0$。因此，氯仿之莫耳分率為 $0$ 至 $x_{max}$ 的溶液，而經分餾可得純成分 $A$ (丙酮)之餾出液，及殘留液為最高沸點共沸溶液(其內的氯仿之莫耳分率為 $x_{max}$)。若最初的溶液之組成為 $x_0'$，則經加熱至沸點可得成分 $y_1'$ 組成之蒸氣，此蒸氣經冷凝成液體時，其組成仍為 $y_1'$，而 $y_1' > x_0'$。因此，經分餾可得純成分 $B$ (氯仿)之餾出液，及殘留液為最高沸點共沸溶液( $x_{max}$ )。

對於最低沸點共沸溶液之分餾，如圖 7-10 所示。若組成 $a$ 之溶液經加熱至其沸點，則可得 $a'$ 組成之平衡蒸氣，而此蒸氣經冷凝成液體時，其組成仍為 $a'$，且 $a' > a$ 即餾出液內之 $B$ 成分的含量增加。因此，經分餾的過程，可得最低沸點共沸溶液 $C$ 之餾出液，而殘留液為純成分 $A$。若組成 $b$ 之溶液經加熱至沸點，則可得 $b'$ 組成之蒸氣，且此蒸氣經冷凝可得組成仍為 $b'$ 之液體，而 $b' < b$，即餾出液內之 $B$ 成分的含量減少。因此，經分餾可得，共沸液 $C$ 之餾出液，而殘留液為純成分 $B$。由此得知，最高沸點型的溶液與最低沸點型的溶液之分餾，其餾出液之組成不相同。前者的餾出液為純成分的液體，而後者的餾出液為，最低沸點共沸液。

## 7-8 水蒸氣蒸餾 (Steam Distillation)

　　完全不互相溶解的各成分之混合溶液，於某溫度之蒸氣壓，等於其混合溶液中所含的各純成分，於該溫度之各蒸氣壓的和，而此混合溶液之蒸氣壓等於大氣壓時，該混合溶液開始沸騰。此時混合液中的各成分之蒸氣壓均各自獨立，由此，各等於其純成分之蒸氣壓，而不受其他成分之存在的影響。例如，水與溴苯互相不溶解，而其混合的溶液及各純成分液體於各溫度之蒸氣壓，如圖 7-14 所示，其混合溶液之蒸氣壓，等於溴苯與水之蒸氣壓的和。

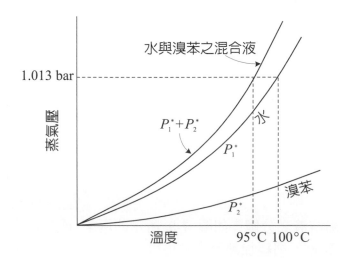

圖 7-14　互相不溶解的二成分（水與溴苯），及其混合液之蒸氣壓與溫度的關係

　　完全不互溶的二成分混合液之總蒸氣壓，等於其內二純成分之蒸氣壓的和，而可表示為

$$P = P_1^* + P_2^* \tag{7-24}$$

上式中，$P$ 為混合液於某溫度之蒸氣壓，$P_1^*$ 與 $P_2^*$ 為純成分 1 與 2 於該溫度之蒸氣壓。由此，完全不互溶的二成分混合液之沸點，比該混合液內的任一純成分液體之沸點低。完全不互溶的二成分混合液體之平衡蒸氣內，其二成分之莫耳分率的比，等於該二成分之蒸氣壓的比，而可表示為

$$\frac{y_1}{y_2} = \frac{P_1^*}{P_2^*} \tag{7-25}$$

上式中，蒸氣相中的成分 1 與 2 之莫耳分率 $y_1$ 與 $y_2$，可分別表示為，$y_1 = \dfrac{g_1/M_1}{g_1/M_1 + g_2/M_2}$ 與 $y_2 = \dfrac{g_2/M_2}{g_1/M_1 + g_2/M_2}$，其中的 $g_1$ 與 $g_2$ 為，蒸氣相中的成分 1 與 2 之其各量，$M_1$ 與 $M_2$ 為，成分 1 與 2 之分子量。因此，將上面的 $y_1$ 與 $y_2$

之式代入上式 (7-25) 可得

$$\frac{g_1 M_2}{g_2 M_1} = \frac{P_1^*}{P_2^*} \tag{7-26}$$

若完全不互溶的二成分之蒸氣壓各已知，及其中的一成分之分子量已知時，則由量測於蒸餾所餾出其混合蒸氣經冷凝所得的液體，經靜置分成兩層即可得其中的成分 1 與 2 之相對量 $g_1$ 與 $g_2$，而由上式 (7-26) 可求得，另一成分之分子量。

　　水蒸氣蒸餾於實驗室或實際的應用上，於完全不溶於水之液體中通入水蒸氣時，該液體可於較低的溫度與水蒸氣一起餾出，而餾出的蒸氣經冷卻凝結成液體時，可分離成水與不溶於水的該純成分液體，此程序稱爲**水蒸氣蒸餾** (steam distillation)。於高溫易產生分解而不溶於水之較高沸點的物質，可利用水蒸氣蒸餾，以純化或回收該物質，此方法亦可用以測定不溶於水之物質的分子量。

## 7-9　活性度係數 (Activity Coefficients)

　　理想溶液之各種熱力量的關係式，可由理想溶液的定義求得，而這些關係式經適當的修正，可應用於非理想的溶液。爲了使用與理想溶液之各種熱力量的關係式類同的式，以計算非理想溶液之各種熱力量，於此引入**活性度係數** (activity codfficients) $\gamma_i$。對於二液體成分之溶液，通常採用對於 Raoult 定律之偏差，以定義其溶液內各成分之活性度係數。溶液中的成分 $i$ 之**活性度** (activity) $a_i$，等於其濃度與活性度係數的乘積。溶液中的成分 $i$ 之濃度使用莫耳分率 $x_i$ 表示時，其活性度可表示爲，$a_i = \gamma_i x_i$。將此關係代入式 (5-141) 可得

$$\mu_{i,\ell} = \mu_{i,\ell}^\circ + RT \ln \gamma_i x_i \tag{7-27}$$

上式中，$\mu_{i,\ell}$ 爲成分 $i$ 於實際的溶液中之化勢，$\mu_{i,\ell}^\circ$ 爲成分 $i$ 於溶液中之活性度 $a_i$ 等於 1 時之化勢。由上式(7-27)可得，成分 $i$ 於實際的溶液中之正確的化勢，而溶液中的成分 $i$ 之活性度 $a_i$ 等於 $\gamma_i x_i$。由於莫耳分率趨近於 1 時，其活性度通常趨近於於莫耳分率，爲 $a_i = x_i$，即此時其活性度係數趨近於 1，而可表示爲

$$當 \quad x_i \to 1 \quad 時，\quad \gamma_i \to 1 \tag{7-28}$$

　　由式 (7-7)，$a_i = P_i / P_i^*$，其中的 $P_i^*$ 爲純成分 $i$ 之蒸氣壓，$P_i$ 爲溶液中的成分 $i$ 於溶液的平衡蒸氣內之分壓。由此，溶液中的成分 $i$ 之活性度，$a_i = \gamma_i x_i$，可表示爲

$$a_i = \gamma_i x_i = \frac{P_i}{P_i^*} \tag{7-29}$$

於是溶液中的成分 $i$ 之活性度係數 $\gamma_i$，可表示為

$$\gamma_i = \frac{P_i}{x_i P_i^*} \tag{7-30}$$

使用上式 (7-30)，由溶液中的成分 $i$ 之蒸氣壓的實測數據，可計算成分 $i$ 之活性度係數 $\gamma_i$，即成分 $i$ 之 $\gamma_i$ 等於，成分 $i$ 於其溶液的平衡蒸氣內之實際的分壓，與由 Raoult 定律所計算的分壓之比。蒸氣為理想氣體時，$P_i = y_i P$，而此時成分 $i$ 之活性度係數由上式 (7-30)，可表示為

$$\gamma_i = \frac{y_i P}{x_i P_i^*} \tag{7-31}$$

通常採用對於 Henry 定律之偏差，以定義溶液內的溶質之活性度係數。實際上，於氣體的溶質之臨界溫度以上的溫度時，常以溶質之活性度係數，表示其對於 Henry 定律之偏差，而以溶劑成分之活性度係數表示其對於 Raoult 定律之偏差。

稀薄的溶液中之溶質的化勢，與於理想溶液內的化勢甚為接近，而其蒸氣壓遵照 Henry 定律。由此，將 Henry 定律，$P_i = K_i x_i$ 代入式 (7-2)，並由式 (7-1) 可得

$$\begin{aligned} \mu_{i,\ell} &= \mu_{i\ g}^\circ + RT \ln \frac{K_i x_i}{P^\circ} = \mu_{i\ g}^\circ + RT \ln \frac{K_i}{P^\circ} + RT \ln x_i \\ &= \mu_{i,\ell}^* + RT \ln x_i \end{aligned} \tag{7-32}$$

其中

$$\mu_{i,\ell}^* = \mu_{i,g}^\circ + RT \ln \frac{K_i}{P^\circ} \tag{7-33}$$

於上式 (7-33) 中，$\mu_{i,\ell}^*$ 為溶液中的溶質 $i$，於假想的標準狀態下之化勢。此假想的標準狀態，係假想溶質於 $x_i = 1$ 時之性質，與其於無窮稀薄溶液中之性質相同。此標準狀態雖是假想，但於實際的應用上很方便。

稀薄的真實溶液中的溶質 $i$ 之化勢，於此引入其對於 Henry 定律之活性度係數 $\gamma_i'$，而可由式 (7-32) 表示為

$$\mu_{i,\ell} = \mu_{i,\ell}^* + RT \ln \gamma_i' x_i \tag{7-34}$$

上式中，$\mu_{i,\ell}$ 由式 (7-1) 與 (7-2) 可得，$\mu_{i,\ell} = \mu_{i,g}^\circ + RT \ln(P_i / P^\circ)$，將此關係式及 (7-3)，$\mu_{i,\ell}^* = \mu_{i,g}^\circ + RT \ln(K_i / P^\circ)$。代入上式 (7-34)，可得

$$RT \ln \frac{P_i}{P^\circ} = RT \ln \frac{K_i}{P^\circ} + RT \ln \gamma_i' x_i \tag{7-35a}$$

或

$$P_i = \gamma_i' K_i x_i \tag{7-35b}$$

由此，對於 Henry 定律之活性度係數 $\gamma_i'$，可由溶液中的成分 $i$ 之蒸氣壓的實測數據，使用下式計算，即

$$\gamma_i' = \frac{P_i}{K_i x_i} \tag{7-36}$$

氣相爲理想氣體時，$P_i = y_i P$，因此，上式 (7-36) 亦可寫成

$$\gamma_i' = \frac{y_i P}{x_i K_i} \tag{7-37}$$

對於 Henry 定律之偏差爲正的偏差時，其活性度係數 $\gamma_i'$ 大於 1，而負的偏差時，其活性度係數小於 1。溶質的濃度趨近於零時，對於 Henry 定律之偏差趨近於零，而可表示爲

$$當 \quad x_i \to 0 \quad 時，\quad \gamma_i' \to 1 \tag{7-38}$$

上式 (7-38) 表示，溶質之假想的標準狀態爲，無窮稀薄的溶液中之溶質的性質，與其莫耳分率 $x_i$ 等於 1（ 純態 ）時之性質相同，而式 (7-34) 中之 $\mu_i^*$ 爲，溶質於假想的標準狀態下之化勢。

## 7-10　二成分的液體溶液之活性度係數的計算
### (Calculation of Activity Coefficients for Binary Liquid Solutions)

於上節 7-9 所述，式 (7-27) 中之 $\mu_i^\circ$ 與式 (7-34) 中之 $\mu_i^*$ 爲，分別表示眞實溶液中的成分 $i$ 於活性度 $a_i = 1$ 的基準狀態下之化勢，與稀薄的眞實溶液中之溶質 $i$ 於活性度，$\gamma_i' x_i = 1$，的假想標準狀態之化勢，而此二化勢 $\mu_i^\circ$ 與 $\mu_i^*$，均各僅爲溫度與壓力的函數。然而，活性度係數 $\gamma_i$ 與 $\gamma_i'$，通常均各爲溫度、壓力及濃度的函數。活性度係數 $\gamma_i$ 之定義，爲依據對於 Raoult 定律之偏差，即當 $x_i \to 1$ 時，$\gamma_i \to 1$；而 $\gamma_i'$ 爲依據對於 Henry 定律的偏差，即當溶質之 $x_i \to 0$ 時，其 $\gamma_i' \to 1$。因此，對於活性度係數之計算，常分成下列的兩種**慣法** (convention)。

**慣法 I (Convention I)**：溶液中的各成分均爲液體，且其各成分於溶液中之莫耳分率趨近於 1 時，其活性度係數均各趨近於 1，而此溶液中的各成分之活性度係數 $\gamma_i$ 均依據 Raoult 定律定義，即於一定的壓力與溫度下，$x_i \to 1$ 時，$\gamma_i \to 1$，而可表示爲

$$\lim_{x_i \to 1} \gamma_i = 1 \qquad （ 於一定壓力與溫度 ） \tag{7-39}$$

**慣法 II (Convention II)**；溶液中的溶劑與溶質有顯著的差別時，僅溶劑之莫耳分率可增加接近於 1，而溶質之莫耳分率較小，且不能增加至接近於 1。例如，溶液中之溶質為氣體或固體時，通常採用此慣法，計算溶液內的溶質之活性度係數，即溶質之活性度係數，依據 Henry 定律定義。然而，此種溶液中的溶劑之活性度係數，仍依據 Raoult 定律，即與慣法 I 相同仍為

$$\lim_{x_{溶劑} \to 1} \gamma_{溶劑} = 1 \tag{7-40}$$

而溶質之活性度係數依據 Henry 定律，即 $x_i \to 0$ 時，$\gamma'_i \to 1$，而表示為

$$\lim_{x_{溶質} \to 0} \gamma'_{溶質} = 1 \tag{7-41}$$

乙醚–丙酮的溶液中，乙醚與丙酮於 30°C 的各種濃度溶液內之其各活性度係數，可由圖 7-15 所示的各濃度之蒸氣壓數據計算。例如，含 0.5 莫耳分率的丙酮溶液之平衡蒸氣中，丙酮之分壓依據 Raoult 定律，可用 B 點表示，即 $AB = 0.5P_2^*$，圖中的成分 2 代表丙酮，然而，丙酮於此濃度溶液之平衡蒸氣中之實際分壓為點 C 所示，因此，其活性度係數由式 (7-30)，可得

$$\gamma_2 = \frac{AC}{AB} = \frac{P_2}{x_2 P_2^*} = \frac{22.4 \text{ kPa}}{(0.5)(37.7 \text{ kPa})} = 1.19 \tag{7-42}$$

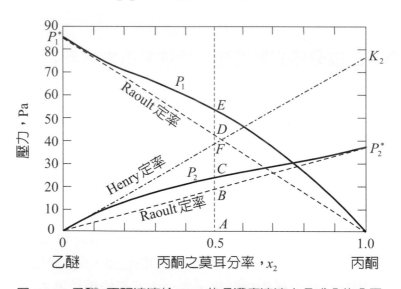

圖 7-15　乙醚–丙酮溶液於 30°C 的各濃度溶液之各成分的分壓

同理，0.5 莫耳分率的丙酮溶液中，乙醚 (成分 1) 之活性度係數依據慣法 I，可得

$$\gamma_1 = \frac{AE}{AD} = \frac{P_1}{x_1 P_1^*} = \frac{52.1 \text{ kPa}}{(0.5)(86.1 \text{ kPa})} = 1.21 \tag{7-43}$$

以與上面同樣的方法，依據慣法 I，計算二成分於各濃度之其各活性度係數，列於表 7-5。由此結果得知，莫耳分率趨近於 1 時，其各活性度係數均趨近於 1。

此表示莫耳分率趨近於 1 時，其各蒸氣壓均遵照 Raoult 定律。

　　依據慣法 II 計算，溶液中的丙酮 (溶質) 之活性度係數時，於丙酮之莫耳分率趨近零處，所繪丙酮的蒸氣壓曲線之切線的斜率，即等於丙酮於乙醚溶液中之 Henry 定律的常數 $K_2$。Henry 常數亦可由如下式 (7-44) 所定義，即由各濃度之**視 Henry 定律常數** (apparent Henry's law constant) $K'$ 對 $x_2$ 作圖，並將其關係直線外延推至無窮稀薄溶液 ($x_2 = 0$) 而得。如圖 7-16 所示，丙酮於 30°C 的乙醚無窮稀薄溶液中，所得之 Henry 定律常數 $K'_2$，為 78.3 kPa。

$$K'_2 = \frac{P_2}{x_2} \tag{7-44}$$

表 7-5　丙酮–乙醚溶液於 30°C 下之活性度係數

| 丙酮莫耳分數 | 慣法 I (Raoult 定律) | | | | | | 慣法 II (Henry 定律) | |
| | 乙醚 | | | 丙酮 | | | 丙酮 | |
| $x_2$ | $P_1$ / kPa | $x_1 P_1^*$ / kPa | $\gamma_1$ | $P_2$ / kPa | $x_2 P_2^*$ / kPa | $\gamma_2$ | $K_2 x_2$ / kPa | $\gamma'_2$ |
|---|---|---|---|---|---|---|---|---|
| 0 | 86.1 | 86.1 | 1.00 | 0 | 0 | | 0 | (1.00) |
| 0.2 | 71.3 | 68.9 | 1.04 | 12.0 | 7.5 | 1.60 | 15.7 | 0.77 |
| 0.4 | 58.7 | 51.7 | 1.14 | 19.7 | 15.1 | 1.31 | 31.4 | 0.63 |
| 0.5 | 52.1 | 43.1 | 1.21 | 22.4 | 18.9 | 1.19 | 39.2 | 0.57 |
| 0.6 | 44.3 | 34.4 | 1.28 | 25.3 | 22.7 | 1.12 | 47.1 | 0.54 |
| 0.8 | 26.9 | 17.3 | 1.56 | 31.3 | 30.1 | 1.04 | 62.7 | 0.50 |
| 1.0 | 0 | 0 | | 37.7 | 37.7 | 1.00 | 78.4 | (0.48) |

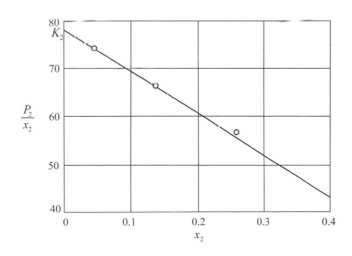

圖 7-16　丙酮於 30°C 的乙醚–丙酮溶液之 Henry 定律常數的求法

　　若溶液中的丙酮之蒸氣壓遵照 Henry 定律，則其於 0.5 莫耳分率之分壓，可用圖 7-15 中之 $F$ 點表示，即 $AF = 0.5\,K_2$。然而，丙酮之實際的分壓為點 $C$ 所示的壓力，於是丙酮於 0.5 莫耳分率的溶液中之活性度係數，由式 (7-36) 可得

$$\gamma'_2 = \frac{AC}{AF} = \frac{P_2}{K_2 x_2} = \frac{22.4 \text{ kPa}}{(78.3 \text{ kPa})(0.5)} = 0.572 \tag{7-45}$$

以同樣的方法所計算，丙酮於其他各濃度溶液中之活性度係數 $\gamma_2'$，亦列於表 7-5，乙醚 (溶劑) 之活性度係數與依慣法 I 計算所得者相同。

　　丙酮之活性度係數值，由慣法 I 與慣法 II 計算所得者雖然不同，但於應用這些活性度係數計算熱力量時，不拘採用何種慣法，所得的活性度係數，仍可得相同的結果。由於熱力量之變化的計算時，常包括二不同的濃度，而由於所採用的 **標準參考狀態** (standard reference state) 均相同，因此，由於慣法 I 與 II 所得的活性度係數之差異會自行抵消。活性度係數之數值，也會由於所採用的濃度之不同的標示而異，因此，濃度使用重量莫耳濃度時，其標準狀態需使用，與莫耳分率時不同的重量莫耳濃度之標準狀態。

　　真實溶液中的成分 $i$ 之活性度，由式 (7-7) 得，$a_i = P_i / P_i^*$。將式 (7-36) 代入此關係式，可得

$$a_i = \frac{\gamma_i' K_i x_i}{P_i^*} \tag{7-46}$$

而將，$a_i = \gamma_i x_i$，代入上式 (7-46)，可得兩種慣法之活性度係數的關係，為

$$\gamma_i = \frac{\gamma_i' K_i}{P_i^*} \quad 或 \quad \gamma_i' = \frac{\gamma_i P_i^*}{K_i} \tag{7-47}$$

　　以上所討論者為，非電解質溶液之化勢與活性度係數，綜合其結果列於表 7-6。

表 7-6　非電解質之化勢與活性度係數

| 溶　液 | 溶　劑 | 溶　質 |
|---|---|---|
| 理想溶液 | $\mu_{1,\ell} = \mu_{1,\ell}^\circ + RT\ln x_1$ | $\mu_{2,\ell} = \mu_{2,\ell}^\circ + RT\ln x_2$ |
| | | 於此 $\mu_{2,\ell}^o = \mu_{2,g}^o + RT\ln\dfrac{P_2^*}{P^\circ}$ |
| 稀薄的真實溶液 | $\mu_{1,\ell} = \mu_{1,\ell}^\circ + RT\ln x_1$ | $\mu_{2,\ell} = \mu_{2,\ell}^* + RT\ln x_2$ |
| | | 於此 $\mu_{2,\ell}^* = \mu_{2,g}^\circ + RT\ln\dfrac{K_2}{P^\circ}$ |
| 真實溶液對於 | | |
| 　Raoult 定律之偏差 | $\mu_{1,\ell} = \mu_{1,\ell}^\circ + RT\ln \gamma_1 x_1$ | $\mu_{2,\ell} = \mu_{2,\ell}^\circ + RT\ln \gamma_2 x_2$ |
| 　Henry 定律之偏差 | | $\mu_{2,\ell} = \mu_{2,\ell}^* + RT\ln \gamma_2' x_2$ |

註：$\gamma_1 = P_1 / x_1 P_1^*$，$\gamma_2 = P_2 / x_2 P_2^*$，$\gamma_2' = P_2 / x_2 K_2 = \gamma_2 P_2^* / K_2$

對於稀薄的眞實溶液，溶劑之活性度係數爲，對於 Raoult 定律之偏差，而溶質之活性度係數爲，對於 Henry 定律之偏差。

**例 7-5** 於溫度 303 K 之等莫耳的丙酮–乙醚之無窮大量的溶液中，加入一莫耳的丙酮，而計算其最後溶液中的丙酮之活性度係數得，(a) $\gamma_2 = 1.19$ ，此係基於對 Raoult 定律之偏差 ($P_2^* = 37.7$ kPa)，及 (b) $\gamma_2' = 0.572$ ，此係基於對 Henry 定律之偏差 ($K_2 = 78.3$ kPa)。試計算其各 Gibbs 能的變化

**解** (a) $\Delta G = G_{終態} - G_{初態} = \mu_{2,\ell} - \mu_{2,\ell}^{\circ} = (\mu_{2,\ell}^{\circ} + RT\ln\gamma_2 x_2) - \mu_{2,\ell}^{\circ} = RT\ln\gamma_2 x_2$

$= (8.314 \text{ JK}^{-1}\text{mol}^{-1})(303 \text{ K}) \ln[(1.19)(0.5)] = -1311 \text{ J mol}^{-1}$

(b) $\Delta G = G_{終態} - G_{初態} = \mu_{2,\ell} - \mu_{2,\ell}^{\circ} = (\mu_{2,\ell}^{*} + RT\ln\gamma_2' x_2) - \mu_{2,\ell}^{\circ}$

而由式 (7-33)

$$\mu_{2,\ell}^{*} = \mu_{2,g}^{\circ} + RT\ln\frac{K_2}{P^{\circ}}$$

及由式 (7-5)

$$\mu_{2,\ell}^{\circ} = \mu_{2,g}^{\circ} + RT\ln\frac{P_2^*}{P^{\circ}}$$

因此

$$\mu_{2,\ell}^{*} = \mu_{2,\ell}^{\circ} + RT\ln\frac{K_2}{P_2^*}$$

將此式代入上面的 $\Delta G$ 之式，得

$$\Delta G = RT\ln\frac{\gamma_2' K_2 x_2}{P_2^*} = (8.314)(303)\ln\frac{(0.572)(78.3)(0.5)}{37.7} = -1311 \text{ J mol}^{-1}$$

因此，由 (*a*) 與 (*b*) 得，相同的結果。　　　　◀

## 7-11 由於非揮發性溶質之蒸氣壓的下降
### (Lowering of Vapor Pressure by a Nonvolatile Solute)

　　非揮發性的溶質所產生溶液之蒸氣壓的下降，凝固點的下降，沸點的上升，及滲透壓，僅與其溶液中所溶解的溶質之粒子數或分子數有關，而與粒子或分子之種類及性質無關，此種性質稱為，**依數的性質或束一的性質** (colligative properties)。因此，應用此種性質的效應，可估算所溶解的溶質之分子量，並可用以計算其熱力量。

　　非揮發性的溶質之蒸氣壓均甚低，一般均接近於零而可忽略。因此，此種溶液之平衡的蒸氣相內，僅含其溶劑的成分。理想溶液的蒸氣壓中之溶劑的分壓，可由 Raoult 定律計算，由此，非揮發性的溶質之稀薄溶液的平衡蒸氣壓，可表示為

$$P_1 = x_1 P_1^* = (1 - x_2) P_1^* \tag{7-48}$$

上式中，下標的 1 與 2 分別表示，溶液中之溶劑與溶質。對於非理想溶液，上式 (7-48) 僅適用於溶質之莫耳分率 $x_2$ 甚小，及溶質之溶解不會顯著影響溶劑之性質的情況。由上式 (7-48) 可寫成

$$\frac{P_1^* - P_1}{P_1^*} = x_2 \tag{7-49}$$

而由上式可得，溶劑由於非揮發性溶質之溶解所產生之蒸氣壓的下降，與溶劑之蒸氣壓的比，等於溶液內所溶解的溶質之莫耳分率，而與溶質及溶劑之種類無關，即溶劑之蒸氣壓的下降為依數性，而僅與所溶解的溶質之量有關。

　　由於直接測定上式 (7-49) 中之純溶劑與溶液的蒸氣壓差 $P_1^* - P_1$，比個別測定純溶劑與溶液之蒸氣壓 $P_1^*$ 與 $P_1$ 較為簡易且精確。因此，通常使用一端連接溶液，而另一端連接純溶劑的**示差壓力計** (differential manometer)，直接測定其蒸氣壓差 $P_1^* - P_1$，此外，以**等壓法** (isopiestic method) 亦可精確測定此數據。

　　若溶劑之分子量與其蒸氣壓均已知，則由測定含非揮發性溶質的溶液之蒸氣壓，可求得該非揮發性溶質之分子量。例如，於 $g_1$ 克的溶劑中，溶解 $g_2$ 克的非揮發性溶質時，該溶質之莫耳分率 $x_2 = \dfrac{g_2 / M_2}{g_1 / M_1 + g_2 / M_2}$，其中的 $M_1$ 與 $M_2$ 各為，溶劑與溶質之分子量。對於稀薄的溶液，因分母中的 $\dfrac{g_2}{M_2} \ll \dfrac{g_1}{M_1}$，故 $x_2 \fallingdotseq \dfrac{g_2 M_1}{g_1 M_2}$。將此關係代入上式 (7-49) 即可得非揮發性溶質之分子量，為

$$M_2 = \frac{g_2 M_1}{g_1} \cdot \frac{P_1^*}{P_1^* - P} \tag{7-50}$$

**7-12** 溶液之沸點上升 (Boiling Point Elevation of Solutions)

含非揮發性溶質的溶液，於一大氣壓力下之沸點較純溶劑者高，而溶液與純溶劑之沸點的差，稱為該溶液之**沸點上升** (boiling point elevation)。由於溶液中的溶質為非揮發性的溶質，由此，於溶液的平衡蒸氣中僅含溶劑的成分。因此，於平衡時，純溶劑的蒸氣之化勢，等於該溶液中的溶劑之化勢，而可表示為

$$\mu_{1,\upsilon}^{\circ} = \mu_{1,\ell} \tag{7-51}$$

假設溶液為理想溶液，及溶液中的溶劑遵照 Raoult 定律，則溶液中的溶劑之化勢 $\mu_{1,\ell}$，由式 (7-10) 可表示為

$$\mu_{1,\ell} = \mu_{1,\ell}^{\circ} + RT\ln x_1 \tag{7-52}$$

上式中，$\mu_{1,\ell}^{\circ}$ 為純溶劑於溶液的溫度與壓力下之化勢。

將上式 (7-52) 代入式 (7-51)，可得

$$\frac{\mu_{1,\upsilon}^{\circ}}{T} - \frac{\mu_{1,\ell}^{\circ}}{T} = R\ln x_1 \tag{7-53}$$

上式於一定的壓力下，對絕對溫度 $T$ 偏微分，得

$$\left[\frac{\partial(\mu_{1,\upsilon}^{\circ}/T)}{\partial T}\right]_P - \left[\frac{\partial(\mu_{1,\ell}^{\circ}/T)}{\partial T}\right]_P = R\frac{\partial\ln x_1}{\partial T} \tag{7-54}$$

而由式 (5-66)，可得

$$\left[\frac{\partial(\mu/T)}{\partial T}\right]_P = -\frac{\bar{H}}{T^2} \tag{7-55}$$

將上式的關係代入式 (7-54)，可得

$$-\frac{\bar{H}_{1,\upsilon}^{\circ} - \bar{H}_{1,\ell}^{\circ}}{T^2} = R\frac{\partial\ln x_1}{\partial T} \tag{7-56}$$

上式中，$\bar{H}_{1,\upsilon}^{\circ}$ 為純溶劑的蒸氣之莫耳焓，$\bar{H}_{1,\ell}^{\circ}$ 為純液態溶劑之莫耳焓，由此，$\bar{H}_{1,\upsilon}^{\circ} - \bar{H}_{1,\ell}^{\circ} = \Delta_{\text{vap}}H_1^{\circ}$，為溶劑之莫耳蒸發熱，而上式可寫成

$$\frac{\partial\ln x_1}{\partial T} = -\frac{\Delta_{\text{vap}}H_1^{\circ}}{RT^2} \tag{7-57}$$

　　沸點的上升不高時，上式中的 $\Delta_{vap}H_1^\circ$ 所受溫度的影響甚小，而可視爲常數。因此，上式 (7-57) 自純溶劑 ($x_1 = 1$，或 $\ln x_1 = 0$) 之沸點 $T_{b,1}$，積分至溶液之沸點 $T$ 時，即爲

$$-\int_{\ln 1}^{\ln x_1} d\ln x_1 = \frac{\Delta_{vap}H_1^\circ}{R}\int_{T_{b,1}}^{T}\frac{dT}{T^2} \tag{7-58}$$

或

$$-\ln x_1 = \frac{\Delta_{vap}H_1^\circ(T - T_{b,1})}{RTT_{b,1}} \cong \frac{\Delta_{vap}H_1^\circ \Delta T_b}{RT_{b,1}^2} \tag{7-59}$$

上式中，$\Delta T_b = T - T_{b,1}$，爲溶液之沸點的上升，而分母中的 $T$ 與 $T_{b,1}$ 相差甚小，而假設 $T \cong T_{b,1}$。於上式之誘導時，雖假設理想溶液，但仍可適用於溶劑之莫耳分率接近於 1 之非理想稀薄的溶液。由於稀薄的溶液中之溶質的莫耳分率 $x_2$ 甚小，因此，上式 (7-59) 之 $-\ln x_1$，可由 Maclaurin 級數展開，而近似得

$$-\ln x_1 = -\ln(1 - x_2) = x_2 + \frac{1}{2}x_2^2 + \frac{1}{3}x_2^3 + \cdots\cdots \cong x_2 \tag{7-60}$$

由此，將 $-\ln x_1 = x_2$ 代入式 (7-59) 可得

$$\Delta T_b = \frac{RT_{b,1}^2}{\Delta_{vap}H_1^\circ}x_2 \tag{7-61}$$

　　於討論溶液之沸點的上升時，溶液之濃度常採用**重量莫耳濃度** (molal concentration) $m$，即爲 1 kg 的溶劑中所溶解的溶質之莫耳數。重量莫耳濃度與莫耳分率的關係爲

$$x_2 = \frac{n_2}{n_1 + n_2} = \frac{m}{1/M_1 + m} \cong mM_1 \tag{7-62}$$

上式的分母中之 $m$ 與 $1/M_1$ 比較甚小，而可忽略，其中的 $M_1$ 爲溶劑之莫耳質量。若使用 SI 單位時，$m$ 之單位爲 $\mathrm{mol\,kg^{-1}}$，而 $M_1$ 之單位爲 $\mathrm{kg\,mol^{-1}}$。將上式的關係代入式 (7-61) 可得

$$\Delta T_b = \frac{RT_{b,1}^2 M_1 m}{\Delta_{vap}H_1^\circ} = K_b m \tag{7-63}$$

上式中，$K_b$ 稱爲**莫耳沸點常數** (molal boiling point constant)，而爲

$$K_b = \frac{RT_{b,1}^2 M_1}{\Delta_{vap}H_1^\circ} \tag{7-64}$$

表 7-7　一些溶劑之莫耳沸點常數 $K_b$ 與莫耳凝固點常數 $K_f$

| 溶　　劑 | 沸點 (°C) | $K_b$ K (mol kg$^{-1}$)$^{-1}$ | 凝固點 (°C) | $K_f$ K (mol kg$^{-1}$)$^{-1}$ |
|---|---|---|---|---|
| 醋酸 (acetic acid) | 118.1 | 2.93 | 17 | 3.9 |
| 丙酮 (acetone) | 56.0 | 1.71 | – | – |
| 苯 (benzene) | 80.2 | 2.53 | 5.4 | 5.12 |
| 四氯化碳 (carbon tetrachloride) | 76.8 | 5.0 | – | – |
| 氯仿 (chloroform) | 61.2 | 3.63 | – | – |
| 乙醇 (ethanol) | 78.3 | 1.22 | – | – |
| 二溴乙烯 (ethylene bromide) | – | – | 10 | 12.5 |
| 乙醚 (ethyl ether) | 34.4 | 2.02 | – | – |
| 甲醇 (methanol) | 64.7 | 0.80 | – | – |
| 溴仿 (bromoform) | – | – | 7.8 | 14.4 |
| 樟腦 (camphor) | – | – | 178.4 | 37.7 |
| 環己烷 (cyclohexane) | – | – | 6.5 | 20.0 |
| 1,4–二氧六圜 (1,4-dioxane) | – | – | 10.5 | 4.9 |
| 萘 (naphthalene) | – | – | 80.2 | 6.9 |
| 酚 (phenol) | – | – | 42 | 7.27 |
| 三溴酚 (tribromophenol) | – | – | 96 | 20.4 |
| 磷酸三苯酯 (triphenyl phosphate) | – | – | 49.9 | 11.76 |
| 七氯丙烷 (heptachloropropanc) | – | – | 29.5 | 12.0 |
| 水 (water) | 100 | 0.51 | 0 | 1.86 |

　　一些溶劑之莫耳沸點常數列於表 7-7。於式 (7-63) 之誘導過程中，假定稀薄的溶液，即 $m$ 甚小，因此，表 7-7 中的 $K_b$ 值，並非 1 molal 溶液之實際的沸點上升。

**例 7-6**　水於 1 atm 的大氣壓下之沸點為 100.00°C，其蒸發熱為 2258.1 J g$^{-1}$。試計算水之莫耳沸點常數

**解**　水之分子量為 18.02 g mol$^{-1}$，所以

$$K_b = \frac{R T_{b,1}^2 M_1}{\Delta_{vap} H_1^\circ} = \frac{(8.314 \, JK^{-1} mol^{-1})(373.1K)^2 (18.02 \times 10^{-3} \, kg mol^{-1})}{(2258.1 \, Jg^{-1})(18.02 \, g mol^{-1})}$$

$$= 0.513 \, K(mol kg^{-1})^{-1} \qquad \blacktriangleleft$$

# 7-13 含固相與液相之二成分系
## (Two-Component Systems Consisting of Solid and Liquid Phase)

於茲討論，含固相與液相之二成分系中，其液相可完全互溶 (熔) ，而固相完全不互溶 (熔) 之簡單的二成分系。此種二成分可完全互溶 (熔) 之溶液經冷卻時，其二成分可分別凝固析出，而可得其各純成分的固體。例如，鉍–鎘的二成分系之各種組成的熔液，於一定的壓力下之其各冷卻曲線，及其溫度–濃度之相圖，如圖 7-17 所示。各種組成的鉍–鎘的熔融之熔液，於一定的周圍環境中緩慢冷卻時，其內的熔融鉍及熔融的鎘，由於各有不同的一定之熱容量，由此，其熔液的溫度隨時間下降之冷卻曲線，於較高的溫度時均各有一定的斜率，而於溫度緩慢下降至其中的某一成分開凝結成固體之析出溫度時，因於析出固體時所放出的熱量，可補充所逸散的熱量之一部分，故其冷卻曲線隨時間的變化之斜率會變小且維持一定，而於溫度降至其內的全部成分均凝結，並析出固體的溫度時，其冷卻曲線的斜率變為接近於零。如圖 7-17(a) 中的純鉍與純鎘之冷卻曲線 *ABC* 與 IM 所示，純鉍與純鎘各於溫度降低至 273°C (B 點) 與 323°C (I 點) 時開始析出，此時其溫度均各維持一定，至其全部均凝結並析出成固態後，才會再繼續下降。因此，純的鉍與純的鎘之冷卻曲線，各於 273°C 與 323°C 有一段時間呈現水平。

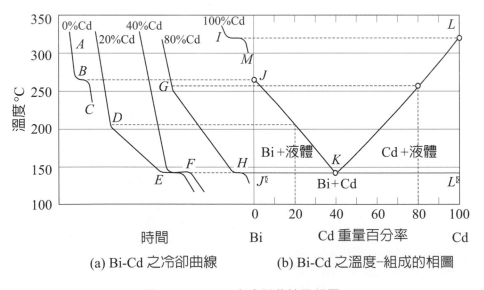

(a) Bi-Cd 之冷卻曲線　　　(b) Bi-Cd 之溫度–組成的相圖

圖 7-17　Bi-Cd 之冷卻曲線及相圖

二成分的熔液於一定的環境內之自然冷卻的過程中，其中的某一成分冷凝成固體析出時，所釋出的凝固熱，會抵消輻射與傳導逸散之一部分的熱量，而減慢其溫度之下降的速率,因此其冷卻曲線之斜率會變小。如圖 7-17(a) 中,含 20% 的鎘及含 80% 的鎘之二熔液之冷卻曲線,分別於 D 點及 G 點各改變其斜率,而此二冷卻曲線均於 140°C ,即分別於 E 與 H 點開始,各呈現一段時間之水平,此顯示,此二種熔液各別於溫度 D 點與 G 點分別開始析出鉍與鎘,而於 140°C 各同時析出所餘的鉍與鎘。含 40% 鎘的熔液之冷卻曲線,亦同樣於 140°C 呈現一段的水平,顯示此熔液於 140°C 同時析出鉍與鎘。如上述含 20%, 40% 及 80%的鎘之各種不同組成的熔液,均於相同的溫度 (140°C) 析出相同組成的鉍與鎘的混合固體(均含 60% 鉍與 40% 鎘),此溫度稱為**共熔溫度** (eutectic temperature) 或**共熔點** (eutectic point),而所析出的固體混合物之組成,稱為**共熔組成** (eutectic compsition),此混合物稱為,**共熔混合物** (eutectic mixture)。共熔溫度及共熔混合物之組成,於一定的壓力下均一定,共熔點如於圖 7-17(b) 中之 K 點所示,而其自由度為零。

　　二成分 Bi-Cd 之各種組成的熔液之冷卻曲線,如圖 7-17(a) 所示,各種組成的熔液之固相開始析出之各溫度對組成作圖,可得 Bi-Cd 系於一定壓力下的溫度–組成的相圖,如圖 7-17(b) 所示。其中的曲線 JK 表示,鉍之凝固點所受鎘的影響,亦可視為 Bi 於 Bi 與 Cd 的熔液中之熔解度曲線 (或飽和曲線),即溫度於 JK 的曲線時,所析出的固態鉍與此曲線所示的組成熔液平衡共存。曲線 LK 為 Cd 於 Bi 與 Cd 的熔液中之熔解度曲線,而溫度於 JK 的曲線時析出固態鎘。K 點為 Bi - Cd 系之共熔點,為固態鉍、固態鎘及 40% Cd 的熔液之三相,平衡共存的點。圖 7-17(b) 為, Bi - Cd 系於一定的壓力下之相圖,而可由相律得,於其共熔點 K 之自由度, $v = c - p + 1 = 2 - 3 + 1 = 0$ ,即為**不變點** (invariant point)。

　　二成分 Bi - Cd 的凝相系,於一定的壓力下之相圖如圖 7-17(b),由相律得, $v = 2 - p + 1 = 3 - p$ 。於曲線 JKL 之上面的區域,只有其二成分互熔的一液相,而其自由度 $v = 3 - 1 = 2$ ,即其狀態須由溫度與組成之二變數決定。曲線 JK 與曲線 LK 均為,純的固相與熔液之二相平衡共存,而其平衡共存的熔液之組成,依溫度而變,其變數 $v = 3 - 2 = 1$ ,為**單一變系** (univariant system),即僅由溫度就可決定熔液之組成,或僅由熔液之組成即可決定其平衡系的溫度。於 JKJ′ 及 LKL′ 之二區域,均為純的固相與熔液之二相平衡共存的區域,而其自由度均為 $v = 1$ ,即僅由熔液的組成就可決定其溫度,或僅由溫度就可決定其平衡熔液之組成。

　　共熔溫度 J′KL′ 以下之區域,為固態鉍與固態鎘的二純固相共存的區域,其變數由相律得, $v = 2 - 2 + 1 = 1$ ,於恆壓下僅由溫度便可完全描述其系之狀態,於此區域內之鉍與鎘的相對量雖可改變,但為純的固態鉍與純的固態鎘共存的混合物。於相圖中之共熔點的共熔物,並非均勻的固熔相,而是由其二純固體混合的**微粒結構** (fine grain structure) 之固熔體。

## 7-14 吉布士能－組成的曲線及相圖
### (Gibbs Energy - Composition Curves and Phase Diagrams)

由二成分之 Gibbs 能－莫耳分率的關係曲線圖，可進一步瞭解二成分系之相圖。圖 7-18(a) 為於一定的壓力或充分高的壓力 (可忽略蒸氣相) 下，其液相可完全互熔，而固相完全不互熔的二成分系之溫度－組成的相圖。其於一定的溫度 $T_1$、$T_2$、$T_3$、$T_4$、$T_5$ 下之 Gibbs 能與莫耳分率的關係曲線，各如圖 7-18(b) 至 (f) 所示。圖中的 $\overline{G}_{A,\ell}^*$ 與 $\overline{G}_{B,\ell}^*$ 分別各代表純液態的 $A$ 與 $B$ 之莫耳 Gibbs 能，而純固態 $A$ 與 $B$ 之莫耳 Gibbs 能，分別用 $\overline{G}_{A,s}^*$ 與 $\overline{G}_{B,s}^*$ 表示。若二純成分的液體完全不互溶時，則其任一組成的混合液之 Gibbs 能，可用連結其二純成分之各莫耳 Gibbs 能，$\overline{G}_{A,\ell}^*$ 與 $\overline{G}_{B,\ell}^*$ 之直線上的點表示。若二純成分的液體可完全互溶，則其溶液之 Gibbs 能小於同組成的二純成分之 Gibbs 能的和，所以由 $A$ 與 $B$ 所成的溶液之 Gibbs 能與莫耳分率的關係曲線，位於 $\overline{G}_{A,\ell}^*$ 與 $\overline{G}_{B,\ell}^*$ 之連結直線的下方，如圖 7-18(c)~(f) 所示。

應用前述的切線截距法 (如 5-11 節之圖 5-6)，溶液之莫耳 Gibbs 能與莫耳分率的關係曲線，於某組成 $x_i$ 所繪的切線，與 $x_B = 0$ 與 $x_B = 1$ 的兩縱坐標軸相交所得之各截距，分別為該組成溶液中的成分 $A$ 與 $B$ 之部分莫耳 Gibbs 能 $\overline{G}_{A,\ell(x_i)}$ 與 $\overline{G}_{B,\ell(x_i)}$。反之，如圖 7-18(e) 所示，由縱坐標軸上之 $\overline{G}_{B,s}^*$ 點，繪於溫度 $T_4$ 下的溶液之莫耳 Gibbs 能與莫耳分率 $x_B$ 的關係曲線的切線，可得切點之溶液組成為 $x_4$，此表示於溫度 $T_4$ 下，成分 $B$ 的莫耳分率為 $x_4$ 的熔液中，成分 $B$ 之部分莫耳 Gibbs 能 $\overline{G}_{B,\ell(x_4)}$ 等於純固體 $B$ 之莫耳 Gibbs 能 $\overline{G}_{B,s}^*$，即莫耳分率 $x_4$ 的熔液中之成分 $B$ 與純固體 $B$ 保持平衡。因此，組成 $x_4$ 的熔液自較高的溫度降低至溫度 $T_4$ 時，開始析出純的固體 $B$。圖 7-18(e) 顯示於溫度 $T_4$ 時，由熔液中的成分 $B$ 之莫耳分率 $x_B$ 等於 $x_4$ 至 1 的濃度範圍，所繪熔液之莫耳 Gibbs 能與 $x_B$ 的關係曲線之各切線均各與 $x_B = 1$ 的縱坐標軸，大於該溫度之 $\overline{G}_{B,s}^*$ 處相交。此表示，成分 $B$ 之莫耳分率 $x_B$ 等於 $x_4$ 至 1 之範圍的熔液，於溫度 $T_4$ 會析出純的固體 $B$，至其莫耳分率 $x_B$ 減為 $x_4$ 為止，即純的固態 $B$ 與莫耳分率等於 $x_4$ 之熔液的二相，於溫度 $T_4$ 平衡共存。

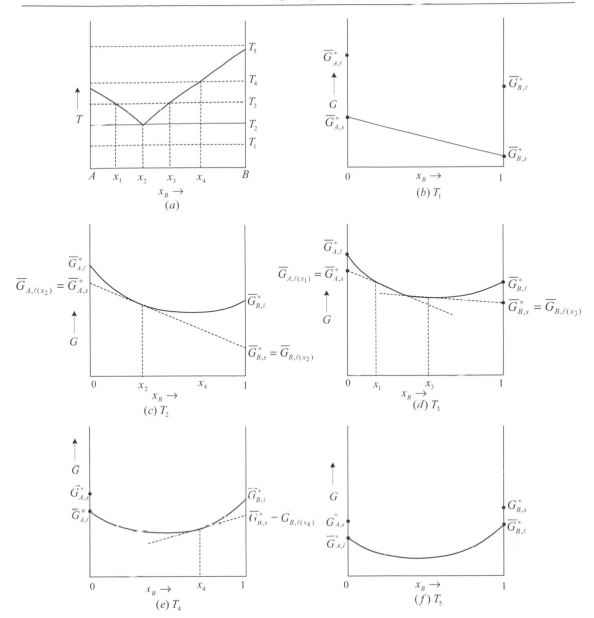

圖 7-18　(a) 二成分系於一定的壓力下之簡單相圖，(b)~(f) 於各定溫下之 Gibbs 能–組成的關係圖

圖 7-18(f) 為溫度高於其二純固體的凝固點之溫度 $T_5$ 下，其熔液之莫耳 Gibbs 能–組成的關係曲線圖。二純固體於此溫度之莫耳 Gibbs 能，均各大於純其各熔體之莫耳 Gibbs 能，即 $\overline{G}_{A,s}^* > \overline{G}_{A,\ell}^*$，及 $\overline{G}_{B,s}^* > \overline{G}_{B,\ell}^*$。因此，只有一穩定的熔液相。

由於 $(\partial \overline{G} / \partial T)_P = -\overline{S}$，且莫耳熵恆為正的值，因此，純固體或液體之莫耳 Gibbs 能，均隨溫度的上升而減少，又因液態之莫耳熵較固態者大，故液態之莫耳 Gibbs 能的溫度效應較固態者大。圖 7-18(d) 顯示，於溫度 $T_3$ 及組成 $x_1$ 至 $x_3$ 的範圍時，只有一穩定的熔液相，而於其餘的組成時，均為純固相與熔液的二相平衡共存。於溫度 $T_2$ 時，熔液之莫耳 Gibbs 能與莫耳分率的關係曲線，與連結其二純固相之莫耳 Gibbs 能 $\overline{G}_{A,s}^*$ 與 $\overline{G}_{B,s}^*$ 的直線，於成分 $B$ 之莫耳分率 $x_B$ 等於 $x_2$ 處相切，如圖 7-18(c) 所示。此時成分 $B$ 之莫耳分率等於 $x_2$ 的熔液中之 $B$ 的部分莫耳 Gibbs 能，等於純 $B$ 固體之莫耳 Gibbs 能，即 $\overline{G}_{B,\ell(x_2)} = \overline{G}_{B,s}^*$，及熔液中的 $A$ 之部分莫耳 Gibbs 能，等於純 $A$ 固體之莫耳 Gibbs 能，即 $\overline{G}_{A,\ell(x_2)} = \overline{G}_{A,s}^*$。因此，於溫度 $T_2$ 時，純 $A$ 的固相、純 $B$ 的固相與組成 $x_2$ 之熔液等三相平衡共存。圖 7-18(b) 為溫度低於其二純成分之凝固點的溫度，而於此溫度 $T_1$ 時，二熔液態的純成分之莫耳 Gibbs 能，均各大於其二固態純成分之莫耳 Gibbs 能，即 $\overline{G}_{A,\ell}^* > \overline{G}_{A,s}^*$ 及 $\overline{G}_{B,\ell}^* > \overline{G}_{B,s}^*$，此時二純固相 $A$ 與 $B$ 可穩定共存。

## 7-15 理想溶解度 (Ideal Solubility)

由圖 7-17(b) 的鉍–鎘系之溫度–組成的相圖得知，於純的鉍中加入鎘時，鉍自其熔液凝固析出的溫度，隨所加入的鎘之量的增加，沿 $JK$ 的曲線下降，而於純的鎘中加入鉍時，鎘自其熔液凝固析出的溫度，隨所加入的鉍之量的增加，沿 $LK$ 曲線下降。因此，曲線 $JK$ 可視為，鉍於熔融的鎘中之熔解度與溫度的關係曲線，而曲線 $LK$ 可視為，鎘於熔融的鉍中之熔解度曲線。若溶 (熔) 液為理想的溶液，而與其平衡的固相為純的固體，則可導得描述上述的各溶 (熔) 解度曲線 $JK$ 與 $LK$ 之式。

二相於平衡時，其二相中之相同的成分之化勢相等。例如，對於圖 7-17(b) 中之熔解度曲線 $JK$，鉍可視為熔質 (成分 2)，由此，於平衡時，純固態的鉍之化勢 $\mu_{2,s}^\circ$ 等於熔液中的鉍之化勢 $\mu_{2,\ell}$，而由式 (7-32) 可得

$$\mu_{2,s}^\circ = \mu_{2,\ell} = \mu_{2,\ell}^* + RT\ln x_2 \tag{7-65}$$

上式中，$x_2$ 為熔質於熔液中之莫耳分率，而上式 (7-65) 除以溫度 $T$，可寫成

$$\frac{\mu_{2,s}^\circ}{T} - \frac{\mu_{2,\ell}^*}{T} = R\ln x_2 \tag{7-66}$$

上式於一定的壓力下，對溫度微分，得

$$\left[\frac{\partial(\mu_{2,s}^\circ / T)}{\partial T}\right]_P - \left[\frac{\partial(\mu_{2,\ell}^* / T)}{\partial T}\right]_P = R\frac{\partial \ln x_2}{\partial T} \tag{7-67}$$

而由式 (5-66)，$\left[\dfrac{\partial(\mu / T)}{\partial T}\right]_P = -\dfrac{\overline{H}}{T^2}$，並將此關係代入上式 (7-67) 可得

$$-\frac{\overline{H}_{2,s}^\circ}{T^2} + \frac{\overline{H}_{2,\ell}^*}{T^2} = R\frac{\partial \ln x_2}{\partial T} = \frac{\Delta_{\text{fus}}H_2^\circ}{T^2} \tag{7-68}$$

上式中，$\Delta_{\text{fus}} H_2^{\circ} = \overline{H}_{2,\ell}^{*} - \overline{H}_{2,s}^{\circ}$ 爲熔液中的熔質之莫耳**熔化焓** (enthalpy of fusion)。假設 $\Delta_{\text{fus}} H_2^{\circ}$ 與溫度無關爲定值，並將上式 (7-68) 自熔液組成 $x_2$ 之凝固點 $T$，積分至純熔質 $(x_2 = 1)$ 之凝固點 $T_{f,2}$，則可寫成

$$\int_{x_2}^{x_2 = 1} d\ln x_2 = \frac{\Delta_{\text{fus}} H_2^{\circ}}{R} \int_{T}^{T_{f,2}} \frac{dT}{T^2} \tag{7-69a}$$

或

$$-\ln x_2 = \frac{\Delta_{\text{fus}} H_2^{\circ}(T_{f,2} - T)}{RTT_{f,2}} \tag{7-69b}$$

上式經整理，得

$$T = \frac{T_{f,2}}{1 - \dfrac{RT_{f,2}}{\Delta_{\text{fus}} H_2^{\circ}} \ln x_2} \tag{7-70}$$

上式之 $T$ 爲，純熔質 2 與組成 $x_2$ 的熔液平衡時之溫度。

對於理想的溶液，某一成分於另一成分中之溶解度，亦可由式 (7-69b) 計算，此時式(7-69b)中的凝固焓 $\Delta_{\text{fus}} H_2^{\circ}$，須用溶解熱 $\Delta \overline{H}_{\text{sat}}$ 替代。由此，於某溫度下的飽和溶液之莫耳微分溶解焓，可由式 (7-68) 計得，則爲

$$\frac{\partial \ln x_1}{\partial T} = \frac{\Delta \overline{H}_{1,\text{sat}}}{RT^2} \tag{7-71}$$

# 7-16　凝固點下降 (Freezing Point Depression)

含非揮發性溶質的溶液於一定的壓力下冷凝時，其內的溶劑開始凝固析出之溫度 $T$，通常較純溶劑之凝固點 $T_{f,1}$ 低。因此，由溶液內的溶劑之凝固溫度的下降之量測，可計算非揮發性溶質之莫耳質量。

溶液內的溶劑之凝固點的下降 $T_{f,1} - T = \Delta T_f$ 很小時，式 (7-69b) 的右邊之分母中的 $T \doteqdot T_{f,1}$。因此，式 (7-69b) 可改寫成

$$-\ln x_1 = -\ln(1 - x_2) = \frac{\Delta_{\text{fus}} H_1^{\circ} \Delta T_f}{RT_{f,1}^2} \tag{7-72}$$

因溫度下降時純的溶劑自溶液凝固析出，故於上式中，將式 (7-69b) 中之下標 2 改爲 1，而 1 代表溶劑。於溶質之莫耳分率 $x_2$ 甚小時，可由式 (7-60)得，$-\ln x_1 \doteqdot x_2$，並將此關係代入上式 (7-72) 得

$$\Delta T_f = \left( \frac{RT_{f,1}^2}{\Delta_{\text{fus}} \overline{H}_1^{\circ}} \right) x_2 \tag{7-73}$$

溶液的濃度採用重量莫耳濃度 $m_2$ 時，上式中的 $x_2$ 甚小，而可得

$$x_2 = \frac{m_2}{1/M_1 + m_2} \approx m_2 M_1 \tag{7-74}$$

由此，將上式代入式 (7-73)，得

$$\Delta T_f = \frac{R T_{f,1}^2 M_1 m_2}{\Delta_{\text{fus}} H_1^\circ} = K_f m_2 \tag{7-75}$$

上式中，$K_f$ 稱為莫耳**凝固點常數** (freezing point costant)，為

$$K_f = \frac{R T_{f,1}^2 M_1}{\Delta_{\text{fus}} H_1^\circ} \tag{7-76}$$

使用 SI 單位時，上式中的 $M_2$ 為 $kg\, mol^{-1}$，$m_2$ 為 $mol\, kg^{-1}$。一些物質之莫耳凝固點常數，亦列於表 7-7。

**例 7-7** 水於 273.15 K 之莫耳凝固焓 $(-\Delta_{\text{fus}} H_1^\circ)$ 為，$-6.00\, kJ\, mol^{-1}$。試計算水之莫耳凝固點常數

**解** 由式 (7-76)

$$K_f = \frac{R T_{f,1}^2 M_1}{\Delta_{\text{fus}} H_1^\circ} = \frac{(8.314\, JK^{-1} mol^{-1})(273.15\, K)^2 (18.02 \times 10^{-3}\, kg\, mol^{-1})}{6000\, J\, mol^{-1}} \quad \blacktriangleleft$$

$$= 1.86\, K(mol\, kg^{-1})^{-1}$$

**例 7-8** 假定鉍與鎘形成理想的熔液，鉍於其熔點 (273°C) 之莫耳熔化焓值為 10.5 $kJ\, mol^{-1}$，而其熔化焓值與溫度無關為定值。試計算於 150°C 與 200°C 下，鉍於鎘中之溶解度

**解** 由式 (7-69b)，$\ln x_2 = \dfrac{\Delta_{\text{fus}} H_2^\circ (T - T_{f,2})}{R\, T\, T_{f,2}}$

於 150°C 時，$\quad \ln x_2 = \dfrac{(10.5 \times 10^3\, J\, mol^{-1})(-123\, K)}{(8.314\, JK^{-1} mol^{-1})(423\, K)(546\, K)}$

得 $x_2 = 0.510$

於 200°C 時，$\quad \ln x_2 = \dfrac{(10.5 \times 10^3\, J\, mol^{-1})(-73\, K)}{(8.314\, JK^{-1} mol^{-1})(473\, K)(546\, K)}$

得 $x_2 = 0.700$ $\quad \blacktriangleleft$

**7-17** 滲透壓 (Osmotic Pressure)

　　溶液與純的溶劑，以僅能通過溶劑而不能通過溶質的**半透膜** (semipermeable membrane) 隔開時，因純的溶劑之化勢大於溶液中的溶劑之化勢，故純的溶劑側之溶劑，會自發通過半透膜流入另一側的溶液中，此種現象稱為**滲透** (osmosis)。由於增加溶液所受的壓力時，可提升其溶液中的溶劑之化勢，因此，對於溶液施加壓力時，由於溶液中的溶劑之化勢的增加，而可阻止純溶劑側的溶劑，自發通過半透膜流入溶液內。若對於溶液所施加的壓力正好可阻止溶劑自純的溶劑側，通過半透膜流入其溶液內，則此時對於溶液所施加的壓力，稱為該濃度溶液之**滲透壓** (osmotic pressure) $\pi$。

　　滲透的現象於 1748 年，首先由 Abbé Nollet 描述，而於 1877 年由植物學家 Pfeffer，最先直接測定滲透壓。Van't Hoff 由於分析 Pfeffer 對於蔗糖溶液所測得之滲透壓的數據，而發現稀薄的溶液之滲透壓，可用類似理想氣體法則之實驗式，$\pi\overline{V} = RT$，表示，其中的 $\overline{V}$ 為含 1 莫耳的溶質之溶液的容積。各種濃度的蔗糖溶液，於 14°C 之滲透壓的實測值，及由式，$\pi\overline{V} = RT$，之計算值，如表 7-8 所示。

表 7-8　蔗糖水溶液於 14°C 下之滲透壓

| 濃度 (mol L$^{-1}$) | 滲透壓 $\pi$, atm | |
|---|---|---|
| | 實測值 | 計算值 ($\pi\overline{V} = RT$) |
| 0.0588 | 1.34 | 1.39 |
| 0.0809 | 2.00 | 1.91 |
| 0.1189 | 2.75 | 2.80 |
| 0.1794 | 4.04 | 4.23 |
| 1.000　　(30°C) | 27.22 | 20.4 |

　　於平衡時，純的溶劑於壓力 $P$ 之化勢，$\mu_1^{\circ}(P, T)$，等於壓力 $P+\pi$ 下之溶液中的溶劑之化勢，$\mu_1(P+\pi, T, x_1)$，而可表示為

$$\mu_1^{\circ}(P, T) = \mu_1(P+\pi, T, x_1) \tag{7-77}$$

上式顯示，溶液中的溶劑由於施加其滲透壓 $\pi$ 所增加之化勢，等於純的溶劑由於溶質的溶解所減低之化勢。對於理想的溶液，上式 (7-77) 可由式 (7-52)，$\mu_1 = \mu_1^{\circ} + RT\ln x_1$，改寫成

$$\mu_1^{\circ}(P, T) = \mu_1^{\circ}(P+\pi, T) + RT\ln x_1 \tag{7-78}$$

上式中的 $\mu_1^\circ(P+\pi,T)$ 為純溶劑於溫度 $T$ 與壓力 $P+\pi$ 下之化勢。於一定的溫度與組成時,由式 (5-122) 可得

$$d\mu_1 = \overline{V}_1 dP \qquad (\text{一定的溫度與組成}) \tag{7-79}$$

上式中的 $\overline{V}_1$ 為溶劑之部分莫耳容積。因此,壓力之增加對於溶劑之化勢的影響,由上式 (7-79) 可得

$$\mu_1^\circ(P+\pi,T) = \mu_1^\circ(P,T) + \int_P^{P+\pi} \overline{V}_1^\circ dP \tag{7-80}$$

假定 $\overline{V}_1^\circ$ 一定,且等於純溶劑之莫耳容積 $\overline{V}_1^*$ 時,上式經積分可寫成

$$\mu_1^\circ(P+\pi,T) = \mu_1^\circ(P,T) + \overline{V}_1^* \pi \tag{7-81}$$

將上式 (7-81) 代入式 (7-78),可得

$$\overline{V}_1^* \pi = -RT \ln x_1 = -RT \ln(1 - x_2) \tag{7-82}$$

於上式 (7-82) 之誘導過程中,曾使用式 (7-78)的關係式,所以上式只能適用於理想的溶液。

溶質之莫耳分率足夠低時,由式 (7-60),$-\ln(1-x_2) \approx x_2$,因此,上式 (7-82) 可寫成

$$\overline{V}_1^* \pi = RT x_2 \tag{7-83}$$

對於稀薄的溶液,$x_2 = n_2/(n_1+n_2) \approx n_2/n_1$,且 $\overline{V}_1^* = V/n_1$,其中的 $V$ 為溶液之容積。於是上式 (7-83) 可寫成

$$\pi V = n_2 RT \tag{7-84}$$

若溶質之質量為 $m_2$,而其莫耳質量 (分子量) 為 $M_2$,則 $n_2 = m_2/M_2$,將此關係式代入上式 (7-84),可得

$$\pi = \frac{m_2}{V}\frac{RT}{M_2} = c_2\frac{RT}{M_2} \tag{7-85}$$

上式中,$c_2 = m_2/V$ 為,以單位容積之質量表示的濃度。上式 (7-85) 即為,van't Hoff 由稀薄的溶液之實驗數據所得的近似式。

## 7-18 聚合物之滲透壓 (Osmotic Pressure of Polymers)

對於濃度範圍較廣的高分子物質之溶液,需使用比式 (7-85) 增加較高次濃度項的式以表示其滲透壓。因此,於此使用上節所得之簡單的滲透壓式 (7-85) 及增加一濃度項,以表示含高分子物質之濃度範圍較廣的溶液之滲透壓,即可表示為

$$\frac{\pi}{c} = \frac{RT}{M} + Bc \tag{7-86}$$

上式中之維里係數 $B$，為溫度的函數，而此函數與聚合物的各分子之**片段** (segment) 間，或聚合物分子之片段與溶劑間的相互作用的程度有關。對於聚合物的溶液，維里係數 $B$ 等於零時之溫度，稱為 $\theta$ **溫度** (theta temperature)。對於某溫度下之混合溶劑，$B$ 值等於零時之組成的混合溶劑，稱為 $\theta$ **溶劑** (theta solvent)。聚合物使用 $\theta$ 溶劑溶解時，其滲透壓自稀薄的溶液至中等的濃度範圍，均可遵照簡單的滲透壓式 (7-85)，$\pi = cRT / M$。因此，聚合物之分子量的量測時，常使用 $\theta$ 溶劑溶解聚合物，並由量測其溶液之滲透壓以測定其分子量。

聚合物的各分子之**片段–片段間的相互作用** (segment-segment interaction)，等於聚合物分子之片段–溶劑間的相互作用時，其聚合物的溶液之性質具理想的行為。聚合物的溶液於溫度 $T$ 高於 $\theta$ 溫度 $(T > \theta)$ 時，其內的各聚合物分子之片段間，所產生的相互排斥較大，而其 $B > 0$，此時聚合物的分子於溶液中形成延伸的形態，而於溫度低於其 $\theta$ 溫度 $(T < \theta)$ 時，聚合物的分子之片段與溶劑間之排斥較大，而其 $B < 0$，此時聚合物的各分子之片段互相吸引，而形成球狀的形態。

使用上式 (7-86) 表示溶液之滲透壓時，通常以 $\pi/c$ 對 $c$ 作圖，並外延推至**零濃度** (zero concentration) 處，以求其濃度趨近於零時之其 $\frac{\pi}{c}$ 值，即 $\lim_{c \to 0} \frac{\pi}{c}$。於是其內的聚合物之分子量 $M$，可由下式計算，即為

$$\lim_{c \to 0} \frac{\pi}{c} = \frac{RT}{M} \tag{7-87}$$

聚合物的溶液之滲透壓，與其溶液的單位容積內之粒子數有關，而合成聚合物之分子量 (莫耳質量)，通常並非一定的值，且呈現某種的分布。因此，由滲透壓之測定所求得的聚合物之分子量，為**數平均的分子量**或**數平均的莫耳質量** (number average molar mass) $\overline{M}_n$，其定義為

$$\overline{M}_n = \frac{\sum_i n_i M_i}{\sum_i n_i} \tag{7-88}$$

上式中，$n_i$ 為每克的聚合物中的分子量 $M_i$ 之聚合物的數目。通常由光之**散射所量測** (scattering measurements) 的聚合物之分子量，為聚合物之**質量的平均莫耳質量** (mass-average molar mass) $\overline{M}_m$，其定義為

$$\overline{M}_m = \frac{\sum_i w_i M_i}{\sum_i w_i} = \frac{\sum_i n_i M_i^2}{\sum_i n_i M_i} \tag{7-89}$$

溶液的滲透壓之量測，對於溶質的莫耳質量高至 500,000 g mol⁻¹ 之分子的莫耳質量之測定很有用。例如，於蛋白質或其他膠態電解質的溶液之滲透壓的測定時，常使用對於鹽類與蛋白質或膠態電解質等兩者均不能透過的薄膜，以測定其溶液之**總滲透壓** (total osmotic pressure)，若使用僅可透過鹽類的離子，而不能透過蛋白質或膠態電解質的薄膜時，則可測定溶液內之蛋白質或**膠質的滲透壓** (colloid osmotic pressure)。因此，通常使用後者之半透膜，測定蛋白質或膠態電解質的溶液之滲透壓，以求其內的溶質之分子量。

對於含低濃度的電解質之膠體電解質的溶液，所測得之滲透壓，通常較僅含純膠體電解質的離子之溶液所測得之滲透壓大。於此滲透壓之測定中，雖使用僅能通過較小鹽類的離子而不能通過膠體離子的半透膜，但於達至平衡時，其於半透膜兩側之離子濃度及種類的分佈通常不均且亦不相同，此種現象稱為 Donnan **效應** (Donnan effect)。Donnan 提示，於上述的高分子溶液之滲透壓的測定，離子不能通過薄膜而存留於薄膜之一側，且於該側之電荷符號與高分子的離子相同之較小鹽類的離子之濃度，比於薄膜的另一側溶液中之該小離子的濃度低。此種 Donnan 效應的現象，可由於增加溶液中之鹽類的濃度，或調整溶液之 pH 值至該膠體電解質之**等電點** (iselectric point)，而減少且可以忽略。

設於半透膜的左側之膠體電解質 $Na_z^+G^{z-}$ 與 NaCl 的初濃度，分別為 $c_p$ 與 $c_s$ mol L⁻¹，而於半透膜的右側之 NaCl 的初濃度為 $c_s$ mol L⁻¹，如圖 7-19(a) 所示。由於離子 $Na^+$ 與 $Cl^-$ 均能通過半透膜，而膠體離子 $G^{z-}$ 不能通過半透膜，且於達至平衡時，薄膜的兩側之溶液仍需維持電中性，因此，於半透膜的兩側之其各離子及其濃度之分佈，如圖 7-19(b) 所示，其中的 $\delta$ 為 NaCl 於平衡時，自左側的溶液通過半透膜移入右側的溶液之濃度。

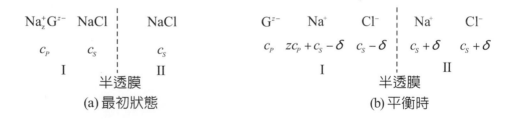

圖 7-19　Donnan 膜平衡

於平衡時，NaCl 於半透膜的兩側 I 與 II 之化勢相等，而可表示為

$$\mu^\circ + RT \ln a_{NaCl(I)} = \mu^\circ + RT \ln a_{NaCl(II)} \tag{7-90}$$

上式中，$a_{NaCl(I)}$ 與 $a_{NaCl(II)}$ 為，NaCl 於半透膜的兩側 I 與 II 之活性度。因 NaCl 之活性度等於，其離子的活性度的乘積，即 $a_{NaCl} = a_{Na^+} \cdot a_{Cl^-}$，故由上式 (7-90)

可得

$$a_{Na^+(I)} \cdot a_{Cl^-(I)} = a_{Na^+(II)} \cdot a_{Cl^-(II)} \tag{7-91}$$

對於稀薄的溶液，活性度用濃度替代，由此，上式 (7-91) 可寫成

$$(zc_p + c_s - \delta)(c_s - \delta) = (c_s + \delta)^2 \tag{7-92}$$

上式經整理，可解得

$$\delta = \frac{zc_p c_s}{4c_s + zc_p} \tag{7-93}$$

設 $\pi_{obs}$ 爲對於含鹽類離子之膠體電解質的溶液，實際所測得之滲透壓，而 $\pi_p$ 爲純的膠體離子單獨存在時之滲透壓，$\pi_i$ 爲鹽類離子於膜平衡時之滲透壓，因此，$\pi_{obs} = \pi_p + \pi_i$。將式 (7-84) 代入此關係式，可得

$$\begin{aligned}\pi_{obs} = \pi_p + \pi_i &= RTc_p + RT[zc_p + 2(c_s - \delta) - 2(c_s + \delta)] \\ &= RTc_p + RT(zc_p - 4\delta)\end{aligned} \tag{7-94}$$

並將式 (7-93) 代入上式，可得

$$\pi_{obs} = RTc_p + RT \frac{z^2 c_p^2}{4c_s + zc_p} \tag{7-95}$$

膠體電解質的溶液之 pH 值，等於其內的膠體電解質之等電點時，膠體離子 $G^{z-}$ 所帶之電荷 $z$ 甚小，而接近於零，或由於增加其溶液內的鹽 NaCl 之濃度時，可使 $c_s$ 增大。因此，上式 (7-95) 的右邊之第二項，可由於調節其溶液的 pH 值，以使 $z$ 甚小並接近於零，或增加溶液內的鹽濃度使 $c_s$ 增大時，均可使其值，與第一項比較均甚小而可忽略，此時由實際所測得之滲透壓 $\pi_{obs}$，接近於純的膠體離子單獨存在時之滲透壓，即 $\pi_{obs} = c_p RT$。

# 7-19　複合物的形成 (Compound Formation)

　　有些二固體成分的系，於某組成的範圍時其二成分反應形成固態的複合物，而與其熔液平衡共存，如圖 7-20 的鋅–鎂系之溫度–組成的相圖所示，鋅與鎂形成最高熔點的複合物 $C$，此化合物爲**調和熔融複合物** (congruently melting compound)。調和熔融複合物之組成的莫耳百分率，通常爲，50%,33.3%,25%,20% 等，即相當於其二成分的原子數之比爲，1:1,1:2,1:3,1:4 等。鋅–鎂系之 $C$ 點的調和熔融複合物之組成，相當於 $MgZn_2$，而表示其組成的垂直線，將 $Zn - Mg$ 的相圖分成兩部分，其左邊的部分可視爲，$Zn$ 與 $MgZn_2$ 的

二成分之簡單相圖，而右邊的部分爲，$MgZn_2$ 與 Mg 的二成分之相圖，且於此二相圖中分別各有共熔點 B 與 D，而其溫度分別各爲 380°C 與 347°C。

　　如圖 7-20 所示，含 60 莫耳百分率的鎂之熔液，其溫度自 J 點降低至 K 時開始析出 $MgZn_2$ 的固體，且所析出 $MgZn_2$ 的量，隨溫度的降低而增加，而其平衡熔液的組成，沿 KD 曲線逐漸改變。當其溫度降至 347°C 以下時，$MgZn_2$ 與 Mg 的二固相平衡共存，而於溫度 347°C 時，$MgZn_2$ 及 Mg 的二固相與 D 點組成的熔液等之三相平衡共存。其他的例，如 $H_2SO_4 - H_2O$ 系形成，$H_2SO_4 \cdot 4H_2O$（熔點 −25°C），$H_2SO_4 \cdot 2H_2O$ 及 $H_2SO_4 \cdot H_2O$（熔點 8°C）等的調和熔融複合物；$Fe_2Cl_6 - H_2O$ 系形成 $Fe_2Cl_6 \cdot 12H_2O, Fe_2Cl_6 \cdot 7H_2O, Fe_2Cl_6 \cdot 5H_2O$，及 $Fe_2Cl_6 \cdot 4H_2O$ 等的調和熔融複合物。

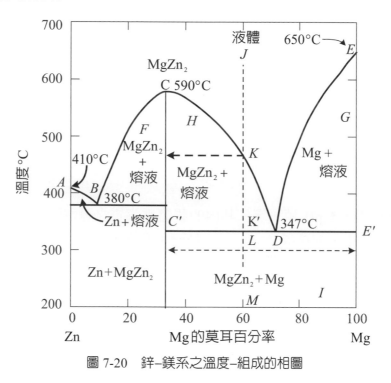

圖 7-20　鋅–鎂系之溫度–組成的相圖

　　有些複合物雖有一定的熔點，但當加熱至其熔點時，產生分解成爲其他的化合物與溶液，此種複合物的熔點爲，**不調和熔點** (incongruent melting point)，如圖 7-21 的 $Na_2SO_4 - H_2O$ 系之相圖所示。

　　當 $Na_2SO_4 \cdot 10H_2O$ 的晶體經加熱，而溫度上升至其不調和熔點 32.38°C 時，產生分解成爲無水 $Na_2SO_4$ 的晶體與 C 點組成的溶液。於 C 點有無水 $Na_2SO_4$，$Na_2SO_4 \cdot 10H_2O$ 與硫酸鈉的飽和水溶液等之三相平衡共存，由相律可得 C 點之變數，$v = 2 - 3 + 1 = 0$，即 C 點爲不變系。BC 爲 $Na_2SO_4 \cdot 10H_2O$ 於水中之溶解度曲線，CD 爲 $Na_2SO_4$ 於水中之溶解度曲線。其他如，K - Na 系，$CaF_2 - CaCl_2$ 系，Al − Ca 系，及 $MgSO_4 - H_2O$ 系等，均有不調和的熔點，K - Na 系之相圖如圖 7-22 所示，$Na_2K(s)$ 於溫度上升至點 $B$（7℃）時，分解成 $Na(s)$ 與 $C$ 點組成之熔液。

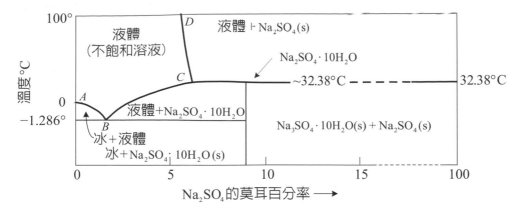

圖 7-21　$Na_2SO_4 - H_2O$ 系之溫度–組成的相圖

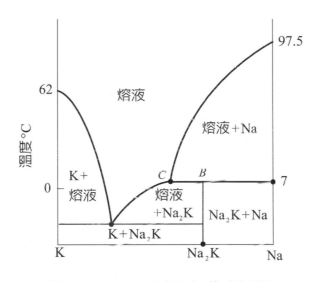

圖 7-22　$K - Na$ 系之溫度–組成的相圖

# 7-20　固熔體 (Solid Solution)

溶（熔）液之溫度降低時，通常會自溶（熔）液析出純成分的固體，如圖 7-17 所示，但如圖 7-23 的金–鉑之溫度–組成的相圖，其所析出的固相並非純成分的固體，而是其組成隨析出溫度而改變的各種組成之固體化合物，即為**固熔體** (solid solution)。金與鉑的二成分於熔態及固態時均可互熔，圖 7-23 之上方的曲線為，金與鉑之平衡熔液組成與溫度的關係曲線，亦稱為熔液之凝固點曲線，即熔液開始析出固熔體的溫度與其組成的關係曲線。下方的曲線為平衡固熔體之組成與溫度的關係，爲固熔體之熔解點曲線。熔液與固熔體的二相平衡時，於其熔液中通常含較多量的較低熔點之成分。

於圖 7-23 中，金與鉑的二成分於上方的曲線之上面的區域均互相熔解成熔液，於下方的曲線之下面的區域，其二固體的成分互相熔解形成固熔體，而於二曲線間之區域，液態的熔液與固態的固熔體之二相平衡共存。例如，各含 50 莫耳百分率的金與鉑的熔液，其溫度自 A 點降低至 1400°C (B 點) 時，含 70mole% 的 Pt 之固熔體 s，與含 28mole% 的 Pt 之液態熔液 ℓ 的二相平衡共存。總組成爲 60mole% 的 Pt 之金與鉑的二成分系於 1400°C (D 點) 時，其平衡的固熔體與液態熔液的二相之組成，雖然仍與前面所述之 B 點相同，但其含 70% 的 Pt 之固熔體的量，較含 28% 的 Pt 之熔液的量多。

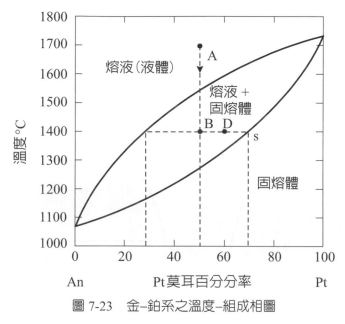

圖 7-23　金–鉑系之溫度–組成相圖

固熔體達至平衡所需之時間，一般比液體溶液需要較長的時間。因此，雖由**分晶** (fractional crystallization) 的操作，可分離固熔體中的各成分，但其過程較一般的分餾操作以分離液態溶液中之各成分複雜。尤其各成分於較低溫度下之擴散速率均較小，且於固體表面之濃度的變化，對其內部的某點濃度的影響，一般需相當長的時間。

固體物質之純度，通常可藉其凝固點的測定判斷，此時需注意由於其他成分物質的存在而形成固熔體，以致產生其凝固點的上升或下降。如圖 7-23 之 Pt – Au 的相圖所示，其固熔體之熔點介於二純成分的各熔點之間，其他如，Ag – Au 系，Co – Ni 系，Cu – Ni 系，PbCl$_2$ – PbBr$_2$ 系，AgCl – NaCl 系，及 NH$_4$CNS – KCNS 系等之相圖，均屬於此種類型。

圖 7-23 為可互熔的二固體成分之相圖，其形狀與圖 7-8 所示的可互溶的二液體成分系之沸點–組成的相圖相似。二固體的成分形成理想的固熔體時之相圖，可由理論計算，於平衡時，成分 $i$ 於固熔體內之化勢 $\mu_{i,s}$，等於其於平衡液態的熔液內之化勢 $\mu_{i,\ell}$，為

$$\mu_{i,s} = \mu_{i,\ell} \tag{7-96}$$

理想溶液中的成分 $i$ 之化勢可表示為，$\mu_i = \mu_i^* + RT \ln x_i$。因此，上式 (7-96) 可寫成

$$\mu_{i,s}^* + RT \ln x_{i,s} = \mu_{i,\ell}^* + RT \ln x_{i,\ell} \tag{7-97}$$

純成分 $i$ 於溫度 $T$ 之凝固的莫耳 Gibbs 能的變化為，$\Delta_{\mathrm{fus}} G_i^* = \mu_{i,s}^* - \mu_{i,\ell}^*$。將此關係代入上式，可得

$$R \ln \left( \frac{x_{i,s}}{x_{i,\ell}} \right) = -\frac{\Delta_{\mathrm{fus}} G_i^*}{T} \tag{7-98}$$

由 $\Delta_{\mathrm{fus}} G_i^* = \Delta_{\mathrm{fus}} H_i^* - T \Delta_{\mathrm{fus}} S_i^*$，及 $\Delta_{\mathrm{fus}} S_i^* = \Delta_{\mathrm{fus}} H_i^* / T_{f,i}$，其中的 $T_{f,i}$ 為純成分 $i$ 之凝固點。將這些關係代入上式 (7-98)，可得

$$R \ln \left( \frac{x_{i,s}}{x_{i,\ell}} \right) = -\Delta_{\mathrm{fus}} H_i^* \left( \frac{1}{T} - \frac{1}{T_{f,i}} \right) \tag{7-99}$$

或

$$T = T_{f,i} \left[ \frac{-\Delta_{\mathrm{fus}} H_i^*}{-\Delta_{\mathrm{fus}} H_i^* + RT_{f,i} \ln(x_{i,s} / x_{i,\ell})} \right] \tag{7-100}$$

上式中，$\Delta_{\mathrm{fus}} H_i^* = \overline{H}_{i,s}^* - \overline{H}_{i,\ell}^*$，為負的值，由此，$-\Delta_{\mathrm{fus}} H_i^*$ 為正的值。凝固之固體為純的成分時，$x_{i,s} = 1$，且 $x_{i,s} > x_{i,\ell}$，所以由上式(7-100)得 $T < T_{f,i}$，如圖 7-17(b) 所示。凝固之固體為固熔體時，對於相圖 7-23 中之成分 $Au$，因 $x_{Au,s} < x_{Au,\ell}$，故其 $RT_{f,Au} \ln(x_{Au,s} / x_{Au,\ell}) < 0$，因此，由式 (7-100) 得，$T > T_{f,Au}$，對於成分 $Pt$，因 $x_{Pt,s} > x_{Pt,\ell}$，故其 $RT_{f,Pt} \ln(x_{Pt,s} / x_{Pt,\ell}) > 0$，因此，由式 (7-100) 得，$T < T_{f,Pt}$。於此討論中，假設 $\Delta_{\mathrm{fus}} H_i^*$ 及 $\Delta_{\mathrm{fus}} S_i^*$ 均與溫度無關，且各為定值。

二固體的成分形成非理想的固熔體時，其熔化溫度與組成的關係曲線，會出現最高點或最低點。如圖 7-24 的 Co–Cr 系之相圖所示，其熔化曲線的最低點 $C$ 之溫度為 1300°C，而組成為 56mole% 的 Cr。此相圖顯示，自鉻的含量大於 56 mole% Cr 之固熔體，利用分晶的操作可提煉純的鉻，而自鉻的含量小於 56 mole% 之固熔體，可提煉純的鈷，但不能由含鉻小於 56 mole% 之固熔體，分離得到純的鉻。其他如，$HgI_2 - HgBr_2 (T_A = 253°C, T_B = 236°C, C = 216°C$ 及

59% $HgBr_2$), NaCl $-LiCl(T_A = 806°C, T_B = 614°C, C = 552°C$ 及 28% NaCl), Ag $-$ Sb, Cu $-$ Au, $NaNO_3 - KNO_3$, $Na_2CO_3 - K_2CO_3$, 及 KCl $-$ KBr 等系之相圖其固熔體的熔化曲線均屬此種最低點的類型。

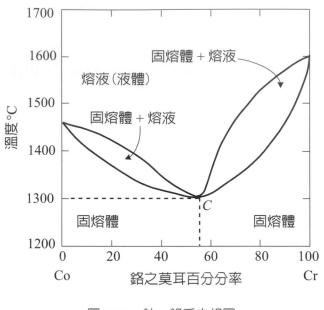

圖 7-24 鈷－鉻系之相圖

　　許多合金、陶瓷及結構材料等之性質，均與固熔體之形成有密切的關係，於高溫穩定的固熔體之質，一般較爲堅硬。因此，可依據其相圖控制其組成與溫度，以得適當硬度的固熔體。例如，鋼鐵之硬度與其所形成的鐵－碳的固熔體有密切的關係。高溫的鋼於油或水中**急速冷却** (quenching) 時，因無充分的時間使其形成於低溫安定的固熔體，故可得硬度較硬的鋼。若鋼鐵經加熱至適當的高溫度後，緩慢降低其溫度時，則生成於低溫安定的質較軟的固熔體。

　　若於合金內所生成的固熔體之各原子的大小，及其電子結構均相似，且其晶體結構亦相同，則於其全組成的範圍皆能形成固熔體。二成分的固熔體之 Gibbs 能–組成的關係曲線，與一般的溶液之 Gibbs 能–組成的關係曲線相似，如圖 7-25 所示。例如，於各純成分之凝固點以上的溫度 $T_3$ 時，熔液之莫耳 Gibbs 能較固熔體者小，因此，熔液相於全濃度的範圍，均較固熔體相穩定，如圖 7-25(d) 所示。

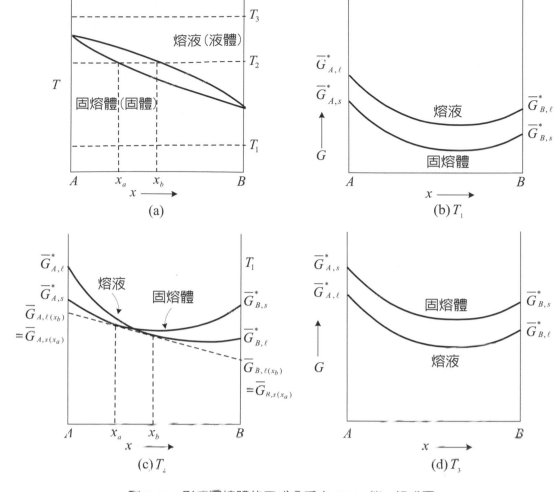

圖 7-25 形成固熔體的二成分系之 Gibbs 能－組成圖

　　於溫度 $T_2$ 時之莫耳 Gibbs 能與組成的關係，如圖 7-25(c) 所示，固熔體之 Gibbs 能－組成曲線，與熔液之 Gibbs 能－組成曲線的公切線之各切點，其各別為 $x_a$ 與 $x_b$。成分 $A$ 與 $B$ 於其平衡的二相中之化勢各相等，即 $\overline{G}_{A,\ell(x_b)} = \overline{G}_{A,s(x_a)}$ 及 $\overline{G}_{B,\ell(x_b)} = \overline{G}_{B,s(x_a)}$，於是 $x_a$ 組成之固熔體，與 $x_b$ 組成之熔液平衡共存。於純的成分 $A$ 與 $B$ 之熔點以下的溫度 $T_1$ 時，固熔體之 Gibbs 能－組成曲線均在熔液之 Gibbs 能－組成曲線的下方，如圖 7-25(b) 所示，因此，於全部的組成濃度範圍，固熔體均為較穩定的相。

有些二純成分的固體，形成僅可部分互熔之二固熔體，此種系的相圖有如下的二種類型：其一如圖 7-26 所示，$A$ 熔於 $B$ 形成 $\beta$ 固熔體，及 $B$ 熔於 $A$ 形成 $\alpha$ 固熔體，且固熔體 $\alpha$ 與 $\beta$ 具有共熔點 $E$，如 Pb–Sb，Pb–Sn，Pb–Bi，Ag–Cu，及 Cd–Zn 等合金系之相圖，均屬此種類型。另一類型如圖 7-27 所示，其熔液僅可部分互熔，而形成 $L_\alpha$ 與 $L_\beta$ 的二熔液相，其固熔體亦部分互熔而形成 $\alpha$ 與 $\beta$ 的二固熔體相。其轉移溫度分別為 $T_1$ 與 $T_E$，$L_\alpha$ 相的熔液於 $T_1$ 時，轉變成固熔體 $\alpha$ 及 $L_\beta$ 相的熔液，而 $L_\beta$ 相的熔液於 $T_E$ 時，全部轉變成固熔體 $\alpha$ 與 $\beta$，例如，Fe–Cr 與 Fe–Co 等系之相圖，屬於此種類型。

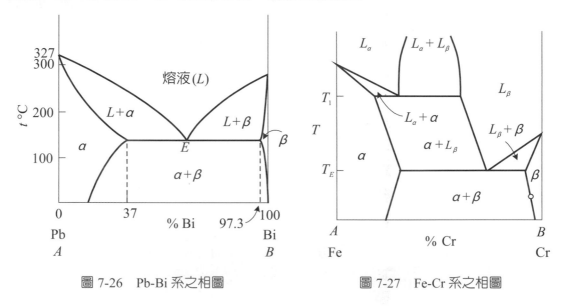

圖 7-26　Pb-Bi 系之相圖　　　　　圖 7-27　Fe-Cr 系之相圖

# 7-21 固－氣平衡 (Solid-Gas Equilibrium)

於前節所討論者為，於恆壓或充分高的壓力下，蒸氣相可忽略之二成分系的相圖。若系內含揮發性的成分，或於較低的壓力而有蒸氣相的存在時，則二成分系的平衡之各相間的關係，須用組成–溫度–壓力的三次元之立體圖表示。圖 7-28(a) 為，硫酸銅–水的二成分系之濃度–溫度–壓力的相圖，而圖 7-28(b) 為於定溫 50°C 下之濃度–壓力圖。於 50°C 之恆溫真空的容器內，放置 $CuSO_4$ 的稀薄水溶液時，所蒸發的平衡水蒸氣逐次被去除，而其平衡的水蒸氣壓，隨水溶液之濃度及其平衡固體相的改變，沿圖上的 $LMNOP$ 逐次降低。

硫酸銅的稀薄水溶液，於 50°C 的恆溫下之濃度，由於其內的水分之蒸發去除而逐漸增加，因此，硫酸銅水溶液之平衡蒸氣壓，隨其濃度的增加而沿 $LM$ 的曲線下降，且於其濃度達至飽和的濃度 $M$ 時，開始析出 $CuSO_4 \cdot 5H_2O$ 的結晶。由於飽和溶液 $M$ 中的水分，於一定的平衡水蒸氣壓力（$M$ 點壓力）下之繼續蒸發去除，由此，其系之總組成及飽和溶液與 $CuSO_4 \cdot 5H_2O$ 結晶的相對量，均隨水分之蒸發而改變，且於圖 7-28(b) 中的 $M$ 點以下的垂直

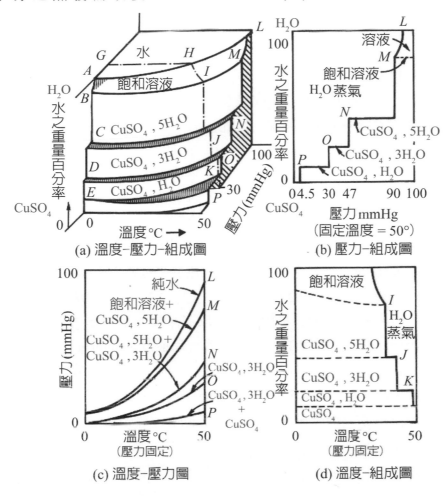

(a) 溫度–壓力–組成圖

(b) 壓力–組成圖

(c) 溫度–壓力圖

(d) 溫度–組成圖

圖 7-28　$CuSO_4 - H_2O$ 系之相圖

線所示之平衡水蒸氣壓下，$CuSO_4 \cdot 5H_2O$ 的結晶與其飽和水溶液的二相平衡共存，而其平衡的水蒸氣壓（$M$ 點之水蒸氣壓），$P_{H_2O} = 90\ mmHg$。因此，其內的水分於水蒸氣壓保持 90 mmHg 下繼續蒸發至，其飽和溶液完全消失，而全部轉變成 $CuSO_4 \cdot 5H_2O$。此時若其水分繼續蒸發去除，則其平衡水蒸氣壓自 90 mmHg 急速降低至 $N$ 點 (47 mmHg)，而 $CuSO_4 \cdot 5H_2O$ 的結晶開始產生解離，成為 $CuSO_4 \cdot 3H_2O$ 與水蒸氣，其於此時的平衡反應式，可表示為

$$CuSO_4 \cdot 5H_2O(s) = CuSO_4 \cdot 3H_2O(s) + 2H_2O(g) \tag{7-101}$$

於 50°C 及水蒸氣壓力 47 mmHg 下，二固態的水合物 $CuSO_4 \cdot 5H_2O$ 與 $CuSO_4 \cdot 3H_2O$ 平衡共存，而此時之其平衡水蒸氣壓 (47mmHg)，即為 $CuSO_4 \cdot 5H_2O$ 於 50°C 下之**解離壓力** (dissociation pressure)。

當全部的 $CuSO_4 \cdot 5H_2O$ 均轉變成 $CuSO_4 \cdot 3H_2O$ 時,其平衡水蒸氣壓自 47 mmHg 急速降低至 30 mmHg(O點),此時 $CuSO_4 \cdot 3H_2O$ 開始解離成為 $CuSO_4 \cdot H_2O$ 與水蒸氣,而其平衡反應式為

$$CuSO_4 \cdot 3HO(s) = CuSO_4 \cdot H_2O(s) + 2H_2O(g) \qquad \text{(7-102)}$$

即二固態水合物 $CuSO_4 \cdot 3H_2O$ 與 $CuSO_4 \cdot H_2O$,於 50°C 及水蒸氣壓 30 mmHg 下平衡共存。俟全部的 $CuSO_4 \cdot 3H_2O$ 完全轉變成 $CuSO_4 \cdot H_2O$ 時,水蒸氣壓自 30 mmHg 急速降至 4.5 mmHg(P點),此蒸氣壓即為,$CuSO_4 \cdot H_2O$ 與 $CuSO_4$ 的二固相平衡共存時之水蒸氣壓。此時 $CuSO_4 \cdot H_2O$ 開始解離成為,$CuSO_4$ 與水蒸氣,而其平衡反應式可表示為

$$CuSO_4 \cdot H_2O(s) = CuSO_4(s) + H_2O(g) \qquad \text{(7-103)}$$

當全部的 $CuSO_4 \cdot H_2O$ 完全解離成為 $CuSO_4$ 時,其水蒸氣壓於此解離轉變的過程中自 4.5 mmHg 逐次下降至零。實際上,由於水蒸氣之擴散速率的緩慢,圖 7-28(b) 中的各垂直線,實際上會有些傾斜。由圖 7-28(a) 於各組成,與其組成軸垂直的截面,可得 $CuSO_4 - H_2$ 系於各種組成之平衡水蒸氣壓,與溫度的關係曲線,如圖 7-28(c) 所示。圖 7-28(d) 為,於一定壓力 30 mmHg 下之溫度–組成的圖。

如上述,二種鹽類的水合物如 $CuSO_4 \cdot 5H_2O$ 與 $CuSO_4 \cdot 3H_2O$,於一定的溫度下平衡共存之平衡水蒸氣壓為一定,而此時其平衡共存之二水合物,稱為**水合物對** (hydrate pair)。二水合物平衡共存之平衡水蒸氣壓為,其水合物對之特性值,而利用此種特性,將二等量的水合物混合,可得一定的平衡水蒸氣壓。例如,空氣中之濕度所對應的水蒸氣壓,大於上述的水合物對之平衡水蒸氣壓時,空氣中之水分會被水合物對中的水分子數較少之水合物吸收,而轉變成水分子數較多的水合物。反之,若空氣中之濕度過低,而其所對應的水蒸氣壓低於水合物對之平衡水蒸氣壓時,則其中的含水分子數較多之水合物,會解離放出水分子以增加空氣中之濕度,至其濕度與水合物對之平衡水蒸氣壓所對應之濕度相等。因此,利用適當的鹽類之水合物對,可調節並使空氣中保持一定的濕度。一些常用的鹽類之水合物對及其於 25°C 下之平衡水蒸氣壓,列於表 7-9。

空氣中之水蒸氣壓低於水合物對之平衡水蒸氣壓時,含水分子數較多的水合物會失去其內的水分子,而轉變成水分子較低的水合物,甚至可繼續脫水成為無水的固體粉末。水合物失去所含的結晶水之現象,稱為風化或**粉化** (efflorescence)。反之,空氣中之水蒸氣壓高於水合物對之平衡水蒸氣壓時,含水分子數較少的水合物會吸收空氣中之水分子,而轉變成水分子數較多的水合物,甚至可繼續吸收水分,而使水合物的外層逐漸潮濕,甚至溶解形成飽和的

溶液，此種現象稱爲**潮解** (deliquescence)。

表 7-9　一些鹽類的水合物對，於 25°C 下之平衡水蒸氣壓

| 水 合 物 對 | 平衡水蒸氣壓 (mmHg) |
|---|---|
| $CuSO_4 \cdot 5H_2O - CuSO_4 \cdot 3H_2O$ | 7.80 |
| $CuSO_4 \cdot 3H_2O - CuSO_4 \cdot H_2O$ | 5.60 |
| $CuSO_4 \cdot H_2O - CuSO_4$ | 0.80 |
| $MgSO_4 \cdot 7H_2O - MgSO_4 \cdot 6H_2O$ | 11.5 |
| $MgSO_4 \cdot 6H_2O - MgSO_4 \cdot 5H_2O$ | 9.8 |
| $MgSO_4 \cdot 5H_2O - MgSO_4 \cdot 4H_2O$ | 8.8 |
| $MgSO_4 \cdot 4H_2O - MgSO_4 \cdot H_2O$ | 4.1 |
| $MgSO_4 \cdot H_2O - MgSO_4$ | 1.0 |
| $Na_2HPO_4 \cdot 12H_2O - Na_2HPO_4 \cdot 7H_2O$ | 19.13 |
| $Na_2HPO_4 \cdot 7H_2O - Na_2HPO_4 \cdot 2H_2O$ | 14.51 |
| $Na_2HPO_4 \cdot 2H_2O - Na_2HPO_4$ | 9.80 |

　　例如，於 25°C 下水蒸氣壓 15 mmHg 之空氣中， $CuSO_4 \cdot 5H_2O$ 之解離的水蒸氣壓爲 7.80 mmHg , $MgSO_4 \cdot 7H_2O$ 之解離的水蒸氣壓爲 11.5 mmHg ，因此，若將此二種水合物，放置於 25°C 下之水蒸氣壓 15 mmHg 的空氣中時，由於此二種水合物之解離的水蒸氣壓，均比空氣中之水蒸氣壓小，由此， $CuSO_4 \cdot 5H_2O$ 與 $MgSO_4 \cdot 7H_2O$ 於此空氣中均會產生潮解，然而，如 $Na_2HPO_4 \cdot 12H_2O$ 之解離的水蒸氣壓爲 19.13 mmHg ，而大於空氣中之水蒸氣壓，因此，若放置 $Na_2HPO_4 \cdot 12H_2O$ 於此空氣中時，則會產生風化的現象。芒硝 $Na_2SO_4 \cdot 10H_2O$ 於 20°C 下之解離的水蒸氣壓爲 19.2 mmHg ，亦大於空氣中之水蒸氣壓，由此，亦同樣會產生風化的現象。通常較容易溶解於水之結晶體，於濕度較大的空氣中，較容易產生潮解，而於乾燥的空氣中時，較容易產生風化。

## 7-22　二成分系之液 – 液平衡

(Liquid-Liquid Equilibrium of Two Component System)

　　互相不溶解或僅可部分互相溶解的二成分之液體，於某一定的溫度下混合時，通常會產生分離而形成平衡的二溶液層。例如，甲乙酮與水於 143°C 以下的溫度時，僅可部分互溶而形成二溶液層，且由於甲乙酮之密度比水之密度小，因此，於平衡時其混合溶液分離成，酮含量較多的**水溶於酮**中 (water in ketone) 的上層液，及水含量較多的**酮溶於水**中 (ketone in water) 的下層液。甲乙酮–水的二成分系之相圖如圖 7-29 所示，其平衡的二溶液層之組成，均隨溫度的變化而改變，於 25°C 時，其上層的溶液 ($n$) 含 88 重量 % 的甲乙銅，而下層的水溶液 ($m$)

含 26 重量 % 的甲乙銅。甲乙酮與水於圖 7-29 上的 c 點 (143°C) 以上的溫度時，其二成分可完全互溶，而 c 點之溫度與其溶液之組成 (45% 甲乙酮與 55% 水) 均為固定，且此溫度為其二成分可完全互溶之最低的溫度，而稱為**臨界溶液點** (critical solution point)。溫度為 c 點以下之曲線 (mcn) 內的各種組成之混合溶液，於各溫度均分離成二互相飽和的溶液平衡共存，例如，於 25°C 時，二組成的溶液 m 與 n 平衡共存，而此種平衡共存的二溶液，稱為**共軛溶液** (conjugate solution)。如甲乙酮–水的二成分系，其互相的溶解度與溫度的關係曲線，顯示最高點 c 的溶液之類型，為**最高溶液溫度型** (maximum solution temperature type)，此種類型之實例很多，如水–苯酚及水–苯胺等系之溫度–組成的相圖，均屬此種類型。

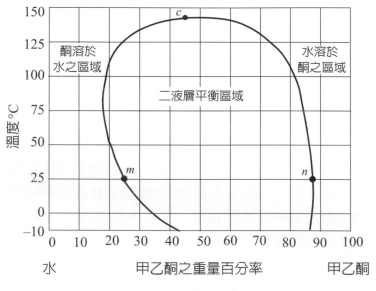

圖 7-29　甲乙酮–水系之相圖

圖 7-29 為壓力保持一定時之相圖，由此，二互相飽和的溶液平衡共存的區域內之自由度，由相律得，$v = c - p + 1 = 2 - 2 + 1 = 1$，即由溫度可決定其平衡二溶液之各濃度，或由二平衡溶液中的一溶液之一成分的濃度，可決定溫度及其二平衡溶液中的各成分之濃度。二成分於曲線 mcn 之外部的區域為可完全互溶，且形成互未飽和的溶液，而其自由度，$v = 2 - 1 + 1 = 2$，即由溫度及一成分之濃度，可決定系統之狀態。於曲線內的某組成的混合溶液於某溫度下之其二平衡溶液的相對量，仍可依槓桿的法則計算。

圖 7-30 為三乙基胺–水系之相圖，溫度高於 18.5°C 時，其二成分僅可部分互溶，而形成二平衡的溶液層，而溫度低於 18.5°C 時，其二成分可完全互溶成一均勻的溶液，此種類型的相圖為，最低溶液溫度型。

菸鹼–水 (nicotine-water) 系之相圖，如圖 7-31 所示，有高與低的**二臨界溶液溫度** (minimum solution temperature type)。其二成分於封閉的曲線 $ACBC'A$ 之內部的區域，僅可部分互溶而形成互相飽和的平衡二溶液，而於其外部的區域二成分完全互溶形成一均勻的溶液。圖中的 $C$ 點之溫度 208°C 為，其最高溶液溫度，而 $C'$ 點之溫度 60.8°C 為，最低溶液溫度。對於菸鹼–水系，點 $C$ 與 $C'$ 各所對應之組成相同，均為含 34% 的菸鹼之水溶液。菸鹼溶於水之量於 $A$ 點最少，其溫度約為 94～95°C，而水溶於菸鹼之量於 $B$ 點最少，其溫度約為 129～130°C。

其他有些二成分系，於各溫度均僅部分互溶，如乙醚–水系，其相圖無最高及最低的溶液溫度，為屬於無臨界溶液溫度的類型。

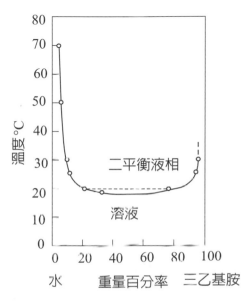

圖 7-30　水–三乙基胺系之相圖

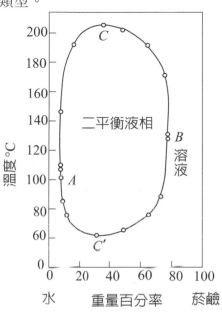

圖 7-31　水–菸鹼系之相圖

## 7-23　三成分系 (Systems of Three Components)

三成分的系之自由度，由相律可表示為，$\upsilon = c - p + 2 = 5 - p$。若系中只有單一的相，則其自由度 $\upsilon = 4$，此時其系之狀態需用四次元的空間才能完全描述，而於壓力或溫度一定時，其自由度 $\upsilon = c - p + 1 = 3$，此時系之狀態可用三次元的空間表示。溫度與壓力均固定時，系之自由度 $\upsilon = 3 - p$。若系內的相數 $p = 1$，則其自由度 $\upsilon = 2$，為**二變** (bivariant) 系，此時系之狀態可用二次元的平面表示。若 $p = 2$，則 $\upsilon = 1$，為**單一變** (univariant) 系。若 $p = 3$，則 $\upsilon = 0$，為**不變** (invariant) 系。

　　完全可互溶的三成分系，於恆溫及恆壓下之其各種組成的溶液，可用三頂點分別代表各成分的三角形內之點表示。如圖 7-32 所示，爲以直角三角形內的點表示，三成分系之各種組成的溶液。其中的邊 *BA* 及 *BC* 分別表示，成分 *A* 與 *B* 及成分 *B* 與 *C* 之各種百分率比的溶液，而成分 *C* 與 *A* 分別於邊 *BA* 與 *BC* 上之百分率均各等於零。三角形內的任一點之三成分的各百分率之和均等於 100%，因此，成分 *B* 之百分率等於，100% – *A* 成分的% – *C* 成分的%。例如，圖中之 *M* 點的溶液，含 *A* 成分 65%，*C* 成分 10%，所以其內的 *B* 成分之% 等於 $(100-65-10)\%$　$= 25\%$ ；而 *Q* 點的溶液含 *A* 30%， *C* 20% 及 *B* 50%。

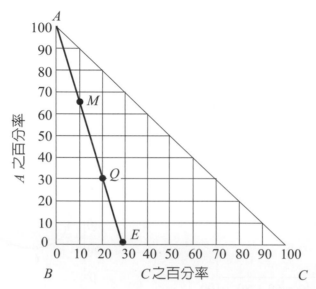

圖 7-32　以直角三角形內的點，表示三成分系之各種組成的溶液

　　三成分系之各成分的各種組成的溶液，雖然均可使用直角三角形或任意的三角形內之點表示，然而，其相圖的形狀對於其三成分不成對稱。因此，通常以正三角形 （ 等邊三角形 ） 之三頂點，分別代表其各三純成分，以表示三成分的各種組成之溶液，如圖 7-33 所示，成分 *A* 之濃度用平行於邊 *BC* 的線之坐標表示，成分 *B* 之濃度用平行於邊 *AC* 的線之坐標表示，而成分 *C* 之濃度用平行於邊 *AB* 的線之坐標表示。例如，於圖 7-33 中的 *M* 點，代表 65% 的 *A* , 25% 的 *B* , 10% 的 *C* 之溶液；*Q* 點代表 $30\%A , 50\%B , 20\%C$ 的溶液。

　　於正三角形或直角三角形的坐標中，通過任一頂點之直線，如於圖 7-32 或圖 7-33 中的 $AE$，表示成分 $B$ 與成分 $C$ 之組成比例一定的溶液。例如，於 $AE$ 線上的 $M$ 點與 $Q$ 點的其各溶液內之成分 $A$ 的量雖然不同，但成分 $B$ 與 $C$ 之量的比例保持一定而均為 $5/2$。平行於某一邊 (如 $BC$) 之直線，表示二成分 $B$ 與 $C$ 之量的比，於該課上可隨意改變，但其對應之頂點的成分 $A$ 之比率固定。

　　正三角形內的任一點至各邊的垂直線之長度的和，等於該正三角形的高。因此，自正三角形內的某一點至各邊之垂直線的長度比，等於其對應各頂點所代表各成分之量的比。例如，圖 7-33 中的 $Q$ 點組成之溶液中的成分 $A$，$B$ 與 $C$ 之各量的比，等於 $Qa$，$Qb$ 與 $Qc$ 之各長度的比。由圖 7-33 中的點 $P$ 與 $Q$ 的二種組成溶液之任何比例，混合所得的溶液之組成，必於點 $P$ 與 $Q$ 之連結的線上，而由 $P$，$Q$ 與 $M$ 點之三種組成的溶液之任何比例，混合所得的溶液之組成，必於三角形 $PQM$ 內。

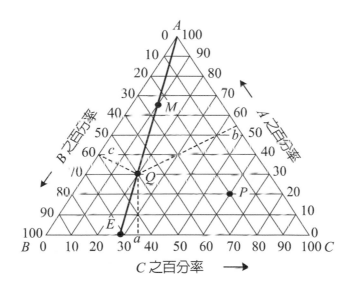

圖 7-33　以正三角形座標表示三成分系之濃度

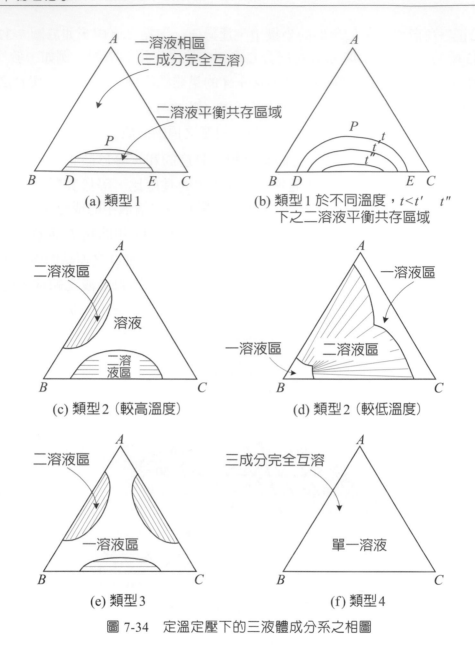

(a) 類型 1

(b) 類型 1 於不同溫度，$t < t'$ $t''$
下之二溶液平衡共存區域

(c) 類型 2（較高溫度）

(d) 類型 2（較低溫度）

(e) 類型 3

(f) 類型 4

圖 7-34　定溫定壓下的三液體成分系之相圖

　　三液體的成分系，於一定的溫度與一定的壓力下之相圖，大致可分成四類：
(1) 三液體成分的系中，其內的二組之二液體成分可完全互溶，而一組之二液體成
分不互溶或僅可部分互溶，如圖 7-34(a)與(b)所示，成分 A 與 B 及 A 與 C 等，均
各可完全互溶，而 B 與 C 僅可部分互溶，且於曲線 DPE 之區域內，二液相平衡
共存，而於其外部的區域，三成分完全互溶成為單一相的溶液。圖 7-34(b) 中之
曲線 $t, t', t''$ 內的各區域分別為，此類型的系於三不同的溫度 $(t < t' < t'')$ 下之二
平衡溶液共存區域。(2) 一組的二液體成分可完全互溶，而另二組的二液體成分
僅可部分互溶，如圖 7-34(c) 所示，其中的成分 A 與 C 可完全互溶，而 A 與 B 及
B 與 C 等，其二成分各僅可部分互溶，因此，有二液相平衡共存的二區域。A 與
B 及 B 與 C 等之其各互相的溶解度，於較低的溫度時較小，此時其二液相平衡共

存之二區域均隨溫度之降低而各增大，且可能導至其二液相平衡共存的二區域，互相重疊成如圖 7-34(d)。(3) 三組的二液體成分，均各僅可部分互溶，而形成二液相平衡共存的三區域，如圖 7-34(e) 所示。(4) 三液體成分均可完全互溶，此時其三成分之任何比例的組成均可完全互溶成一溶液相，如圖 7-34(f) 所示。

　　圖 7-35 為，水、**醋酸** (acetic acid)、與**乙烯醋酸酯** (vinyl acetate) 之三液體的成分，於 25°C 及 1 atm 壓力下之相圖，其中的醋酸與水，及醋酸與乙烯醋酸酯的二組，其二成分均各可完全互溶，而水與乙烯醋酸酯的二成分僅可部分互溶，而形成 $xGyEz$ 之飽和平衡曲線。此曲線的內部為二液相平衡共存的區域，而曲線的外部為，三成分完全互溶的單一液相的溶液。總組成 $F$ 點 ($20\%\ A$, $30\%\ B$ 及 $50\%\ C$) 之溶液靜置時，會分離成組成 $a$ 與 $b$ 之平衡的二溶液。因此，圖上的 $a$，$F$ 與 $b$ 的三點成一直線，此直線 $ab$ 稱為**縛線** (tie line)，而 $a$ 與 $b$ 所代表的平衡二液相之溶液的組成，稱為共軛組成。若於由醋酸 ($A$) 與乙烯醋酸酯 ($B$) 所成的組成 $H$ ($60\%\ B$ 及 $40\%\ A$) 的溶液中，加入純水 ($C$) 時，則其溶液的組成自 $H$ 點，隨水之添加量的增加，沿 $HC$ 的連線，移向 $C$ 點的方向變化。於此添加水之其溶液的組成變化過程中，溶液的總組成由 $H$ 至 $G$ 之間，其溶液呈現為均勻的單一溶液相，而於 $G$ 至 $E$ 之間形成二溶液的相平衡共存，其間所形成的平衡二溶液之各組成，可分別用通過總組成之縛線與飽和平衡曲線 $xGyEz$ 之兩端的交點，各所代表的組成表示，例如，總組成 $F$ 點之平衡的二溶液之組成相當於點 $a$ 與 $b$ 各代表之組成，而總組成超過 $E$ 點且至 $C$ 之間的範圍時，二成分完全互溶而形成單一相的均勻溶液。

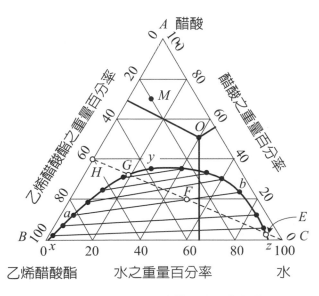

圖 7-35　三成分的液體系之平衡相圖

　　二溶液相平衡共存的曲線 $xGyEz$ 內之各縛線的長度，隨其靠近 $y$ 點而逐次減短，而於 $y$ 點時其平衡的二共軛溶液的組成變成相同，此點稱為**臨界溶液點** (critical solution point) 或**褶點** (plait point)。由平衡二溶液 $a$ 與 $b$，可配成於其縛線 $ab$ 上的任一點 $F$ 之組成的溶液，而所需的溶液 $a$ 與溶液 $b$ 之量的比，等於長度 $Fb$ 與 $Fa$ 的比。

　　乙烯醋酸酯與水之其各相互的溶解度，隨溫度的上升而增加，因此，其平衡的二溶液共存之區域的範圍，隨溫度的上升而縮小。若於乙烯醋酸酯與水可完全互溶的較高溫度時，則其二液相平衡共存的區域完全消失，而變成完全互溶的單一溶液相。

　　如圖 7-35 所示，於 $xyz$ 的曲線內，有二液相平衡共存，而由相律可得，其自由度 $v = 3 - p = 1$。因此，僅由其平衡的二溶液中之一溶液內的一成分之組成，就可決定其平衡二溶液中的各成分之組成。例如，圖 7-35 中的某一液相含 5% 的水時，可由 5% 水之百分率的線與曲線 $xyz$ 得交點 $a$，於是可求得此溶液相之組成，而由通過 $a$ 點之縛線與 $xyz$ 曲線之另一端的交點 $b$，可求得其平衡的另一溶液相之組成。

　　於平衡的二液相溶液中加入溶質時，該溶質於平衡的二液相溶液之分配的濃度，可由圖 7-35 中之數據計算。例如，醋酸於平衡的**富水** (water-rich) 與**富乙烯醋酸酯** (vinyl acetate-rich) 的二平衡液相中之濃度的分配比，可由縛線與 $xyz$ 曲線的兩端交點之平衡的二溶液之組成求得。由此得知，醋酸於平衡的二液相中之濃度比，顯然隨所添加之醋酸的量而改變。所添加之溶質的量甚小時，溶質分佈於二液相中之平衡濃度的比，與濃度無關而幾乎為定值。稀薄的溶液中之溶質，於二平衡溶液相中之濃度的比，稱為**分配比** (distribution ratio) 或**分配係數** (distribution coefficient)。

　　溶質 $i$ 分配於平衡的二相 $\alpha$ 與 $\beta$ 時，溶質 $i$ 於其二相 $\alpha$ 與 $\beta$ 中之化勢，$\mu_{i,\alpha}$ 與 $\mu_{i,\beta}$，相等，為

$$\mu_{i,\alpha} = \mu_{i,\beta} \tag{7-104}$$

若溶質 $i$ 於平衡二相 $\alpha$ 與 $\beta$ 中之活性度係數均為 1，且均遵照 Henry 定律，則由上式 (7-104) 可寫成

$$\mu_{i,\alpha}^* + RT \ln x_{i,\alpha} = \mu_{i,\beta}^* + RT \ln x_{i,\beta} \tag{7-105}$$

或

$$\ln \frac{x_{i,\beta}}{x_{i,\alpha}} = \frac{\mu_{i,\alpha}^* - \mu_{i,\beta}^*}{RT} \tag{7-106}$$

上式中，$x_{i,\alpha}$ 與 $x_{i,\beta}$ 為，成分 $i$ 於平衡的二相 $\alpha$ 與 $\beta$ 中之莫耳分率。分配係數之定義為，$K = x_{i,\beta} / x_{i,\alpha}$，因此，分配係數可由上式 (7-106) 表示為

$$K = \exp[(\mu_{i,\alpha}^* - \mu_{i,\beta}^*) / RT] \tag{7-107}$$

有些溶質於溶液中產生**會合** (association) 或**解離** (dissociation)，以致其於平衡的二液相之分配係數隨濃度的改變而變化。例如，鹽酸溶於水中時，解離成為 $H^+$ 與 $Cl^-$ 的離子，但溶於苯時，不會產生解離。苯甲酸溶於苯等的非極性溶劑時，產生會合而形成**雙分子** (double molecule)，但溶於如水等的極性溶劑中時，不會產生會合。此種會合係由於其分子間形成氫鍵所致。

工業上常利用溶質於二溶劑內之溶解度的不同，或於間之分配係數，而分離或回收該溶質，即於含該溶質的溶液中，添加互不相溶的溶劑，以自溶液中分離回收該溶質，此種操作稱為**萃取** (extraction) ，而為一重要的單元操作，其應用的範圍很廣。許多有機化合物，於烴類的溶劑中之溶解度較於水中者大，因此，常使用烴類的溶劑，自其水溶液中萃取回收有機溶質。於萃取操作中，有時於其溶液內添加可與溶質結合形成**錯合物** (complex compounds) 的溶質，或添加可改變溶劑之性質的其他種類的溶質，以改變該溶質於其二溶劑間之分配係數。例如，使用有機溶劑，自水溶液中萃取其內的有機溶質時，由於添加氯化鈉或其他不溶於有機溶劑之鹽類時，可使溶質於水中之溶解度減小，而增加其萃取的效率，此種效應，稱為**鹽析** (salting out)。然而，如氯化鐵及硝酸鈾醯 $[UO_2(NO_3)_2 \cdot 6H_2O]$ 等的少數鹽類，可溶於有機溶劑。一般藉適當的溶劑選擇，鹽析溶質的添加，價數的改變，或**錯合劑** (complexing agents) 的添加等，均可增加其萃取分離的效率。

各種物質於互不相溶的二溶劑間之分配係數相差甚小時，可藉連續萃取的操作以分離各物質。例如，Craig 等人所設計的自動複式萃取設備，成功地應用於許多生技產品的分離與純化。

將液體吸附於甚大表面積的微細粉末，作為固定相裝填於**分離管** (column) 內，並將含分配係數稍異的各種物質之溶液流經此分離管時，可有效地將這些分配係數稍異的各種物質分離。此種分離的程序稱為，**分配層析** (partition chromatography)，此種分離的方法，與利用吸附的層析分離法，有密切的關連。上述的**分離管操作** (column operation) ，相當於其分離管內有許多的分離單位（或理想板數），而其每一理想板數相當於一萃取程序。若混合物中的各成分之分配係數不同，則各成分可於各不同的時間，逐次由分離管分別流出，而產生各成分的分離。

　　圖 7-36 所示者為，於一定的壓力下，成分 $A$ 與 $C$ 及 $A$ 與 $B$，於各溫度均可完全互溶，而成分 $B$ 與 $C$ 僅可部分互溶的三成分系之組成–溫度的相圖，其中的 $B$ 與 $C$ 之互相的溶解度，均隨溫度的上升而增加。曲線 $PQ$ 上之各點表示，成分 $B$ 與 $C$ 於各溫度之褶點，於 $P$ 點以上的溫度時，其三成分可完全互溶。

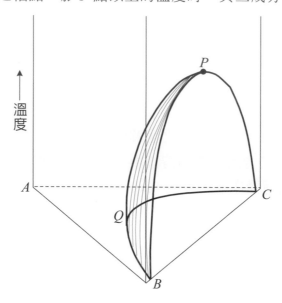

圖 7-36　恆壓下三成分系之組成–溫度的相圖

# 7-24　含固相之三成分系
## (Three Components Systems Involving Solid Phases)

　　二固體成分與一液體成分的三成分系之相圖非常普遍，尤其二鹽類的固體成分與水之三成分的相圖，在實用上甚為重要。圖 7-37 為，$Pb(NO_3)_2(s)$，$NaNO_3(s)$ 與 $H_2O(\ell)$ 的三成分，於 1 atm 及 $25°C$ 之相圖，正三角形之三頂點的 $A$ 為 $H_2O$，$B$ 為 $Pb(NO_3)_2$，$C$ 為 $NaNO_3$。其內的曲線 $RP$ 為，$Pb(NO_3)_2$ 之飽和溶解度曲線，而 $BRP$ 的區域為，固相 $Pb(NO_3)_2$ 與其飽和溶液平衡共存的區域。曲線 $PS$ 為，$NaNO_3$ 之飽和溶解度曲線，而 $CPS$ 為固相 $NaNO_3$ 與其飽和溶液平衡共存的區域。$BCP$ 為固相 $NaNO_3$ 及 $Pb(NO_3)_2$，與其飽和水溶液 $P$ 的三相平衡共存之區域。曲線 $RP$ 與 $SP$ 之交點 $P$ 為，$NaNO_3$ 與 $Pb(NO_3)_2$ 的二純固體，及其飽和水溶液之三相平衡共存的點。由於圖 7-37 為定溫定壓下之三成分系的相圖，由此，$P$ 點之自由度，$\upsilon = c - p = 3 - 3 = 0$，為不變系。於此點雖然三相平衡共存，但其內的固體 $NaNO_3$ 與固體 $Pb(NO_3)_2$ 之實際的含量均趨近於零，即均為組成 $P$ 點的飽和溶液，而 $ARPS$ 為不飽和水溶液之單一溶液相的區域。於純的固體與其飽和溶液的二相平衡共存之區域 $BRP$ 與 $CPS$ 內所繪之各斜線分別各為，連接其純的固體與其各飽和溶液的縛線，而各表示其純的固體與其各飽和水溶液間之平衡。

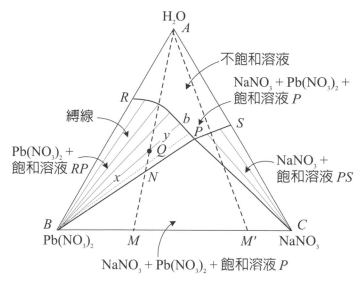

圖 7-37　$Pb(NO_3)_2$-$NaNO_3$-$H_2O$ 三成分系於 25°C 之相圖

　　於 $Pb(NO_3)_2$ 與 $NaNO_3$ 之固體的混合物如點 $M$ 或 $M'$ 中，分別各加入水時，其組成的變化各分別如圖 7-37 中之點線 $AM$ 與 $AM'$ 所示。例如，於總組成 $M$ 之 $Pb(NO_3)_2$ 與 $NaNO_3$ 的固體混合物中加入水時，其總組成自 $M$ 點沿 $MA$ 逐次移向 $A$ 點，而其總組成於 $MN$ 的範圍時，$P$ 點之組成的飽和溶液與二純的固相 $Pb(NO_3)_2$ 及 $NaNO_3$ 平衡共存，而所加入的水量增加至其總組成超過 $N$ 點時，$NaNO_3$ 的固體完全溶解，且純的固體 $Pb(NO_3)_2$ 與組成相當於 $PR$ 線上的飽和水溶液平衡共存，例如，其總組成於 $Q$ 點時，純的固體 $Pb(NO_3)_2$ 與組成 $b$ 之飽和水溶液的二相平衡共存，因此，此時經過濾可得，純固體 $Pb(NO_3)_2$ 與組成 $b$ 之溶液，而其量比爲 $y/x$，若繼續添加水至其總組成超過 $PR$ 的曲線時，則其內的 $Pb(NO_3)_2$ 完全溶解而成單一溶液相。固體的混合物中之 $NaNO_3$ 的含量較多 (如 $M'$ 點) 時，點 $M'$ 與純水的 $A$ 點之連結線 $M'A$，與曲線 $PS$ 線相交，因此，如上述於 $M'$ 點的組成之混合固體，加入水溶解其內之全部的固體 $Pb(NO_3)_2$ 後，即其總組成自 $M'$ 點移至 $PSC$ 的區域內時，其內的全部 $Pb(NO_3)_2$ 及部份的 $NaNO_3$ 溶解而成爲濃度相當於 $PS$ 的飽和溶液與剩餘沒有溶解的 $NaNO_3$ 保持平衡，而經過濾可得純的固體 $NaNO_3$。其他的三成分系，$H_2O - KCl - NaCl$ 之相圖，如圖 7-38 所示，而於如 $H_2O - NaCl - Na_2SO_4$ 的三成分系，含有水合物 $Na_2SO_4 \cdot 10H_2O$，其相圖較爲複雜，如圖 7-39 所示，其他如 $Li_2SO_4 - (NH_4)_2SO_4 - H_2O$ 的三成分系，由於形成水合物 $Li_2SO_4 \cdot H_2O$ 與**複鹽** (double salt) $Li_2SO_4 \cdot (NH_4)_2SO_4$，其相圖也較爲複雜，如圖 7-40 所示。

於有機化合物之水溶液內加入鹽類時，通常會減低有機化合物與水的互相間之溶解度而分離成二液層，此種現象即所謂產生鹽析，如圖 7-41 之 $K_2CO_3 - CH_3OH - H_2O$ 的相圖所示，於組成 $x$ 之 $H_2O$ 與 $CH_3OH$ 的溶液內，加入 $K_2CO_3$ 至其總組成移至 $y$ 時，其溶液開始分離成二液層，而其組成於 $y$ 至 $z$ 之間，均分離成二液層平衡共存，且於其總組成達至 $z$ 時，再繼續加入 $K_2CO_3$ 時，由於其二液層內的 $K_2CO_3$ 均已飽和，由此，所加入的 $K_2CO_3$ 不會溶解，此時其平衡的二液層為，富水組成的溶液 $b$ 與富甲醇組成的溶液 $d$。於組成 $x'$ 之 $K_2CO_3$ 的甲醇溶液內，添加水至總組成為 $y'$ 時，溶於溶液內之 $K_2CO_3$ 開始析出，而其總組成於 $y'$ 至 $z'$ 間時，純的固體 $K_2CO_3$ 與其飽和溶液的二相平衡共存。

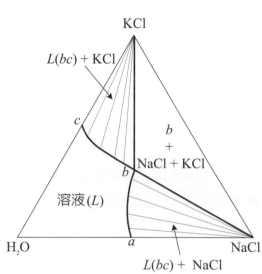

圖 7-38　$H_2O$-KCl-NaCl 三成分系之相圖

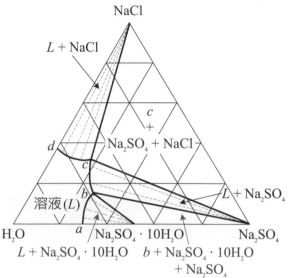

圖 7-39　$H_2O$-NaCl-$Na_2SO_4$ 三成分系之相圖

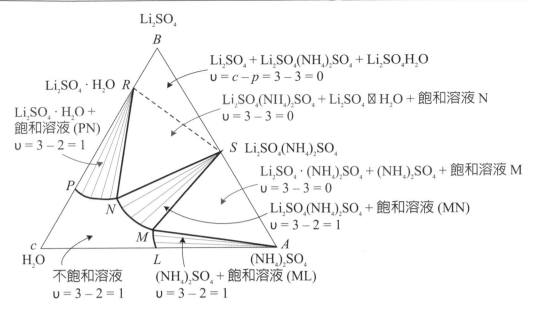

圖 7-40　$Li_2SO_4$-$(NH_4)_2SO_4$-$H_2O$ 三成分系之相圖

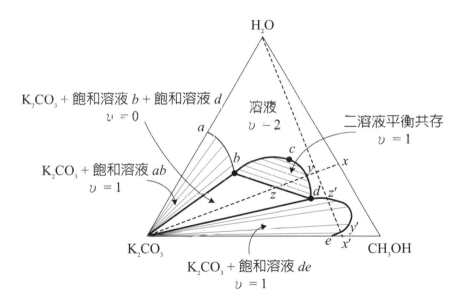

圖 7-41　$K_2CO_3$-$CH_3OH$-$H_2O$ 的三成分系之相圖

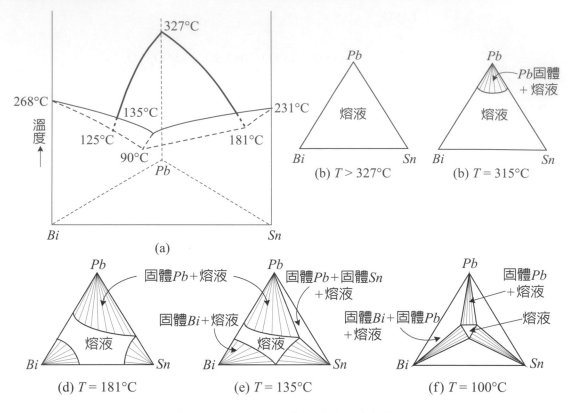

圖 7-42　Bi–Sn–Pb 的三成分系之相圖

　　圖 7-42(a) 為， Bi – Sn – Pb 的三成分系之相圖，其縱軸代表溫度。 Bi , Sn 及 Pb 等之純的固體，於一大氣壓下之熔點分別為， 268 , 231 及 327°C。 Bi 與 Sn 之共熔點為 135°C， Bi 與 Pb 之共熔點為 125°C， Sn 與 Pb 之共熔點為 181°C，而由 Bi、 Sn 與 Pb 的三成分所構成之共熔點為 96°C。相圖 7-42(a) 於各溫度之斷切面所得的各一定溫度下之相圖，分別如圖 7-42(b) 至 (f) 所示。於溫度高於 327°C 時，如圖 (b) 所示，為三成分 Bi、 Sn 及 Pb 均完全互熔的單一熔液相，於溫度 $T = 315°C$ 時，如圖 (c) 所示，有三成分完全互熔的單一熔液相的區域，及純的 Pb 固體與其熔液平衡共存的二相區域。其餘類推，如各圖所示。

1. 乙醇與甲醇於 20°C 之蒸氣壓，分別為 5.93 kPa 與 11.83 kPa。假設乙醇與甲醇形成理想的溶液，試計算 ，(a) 由 100 g 的乙醇與 100 g 的甲醇，混合所形成的溶液之其各成分的分壓，及其溶液之總蒸氣壓，及 (b) 其平衡蒸氣中的甲醇之莫耳分率

　答　(a) $P_{C_2H_5OH} = 2.43$ , $P_{CH_3OH} = 6.98$ , $P_{total} = 9.41$ kPa ， (b) 0.741

2. 水於 28°C 之蒸氣壓為 3.7417 kPa，而 13 g 的非揮發性溶質溶於 100 g 的水之水溶液，於此溫度下之蒸氣壓為 3.6492 kPa。假設此水溶液為理想的溶液，試計算，此非揮發性溶質之分子量

   答　92.4 g mol$^{-1}$

3. 苯與甲苯於 60°C 之蒸氣壓，分別為 51.3 與 18.5 kPa。試求，(a) 1 莫耳的苯與 2 莫耳的甲苯之混合溶液，開始沸騰時之壓力，及 (b) 此溶液開始沸騰時，所產生的第一個蒸氣泡之組成

   答　(a) 29.4 kPa，(b) $y_B = 0.581$，

4. 假設苯(成分 1)與甲苯(成分 2)形成理想的溶液。試計算於 25°C 下，溶液中的苯之莫耳分率分別為，$x_1 = 0.5$ 與 $x_1 = 0.1$ 的二溶液之其化勢的差值

   答　3988 J mol$^{-1}$

5. 試計算，1 莫耳的苯與 2 莫耳的甲苯於一定的溫度 25°C 下混合時，其混合之熵值與 Gibbs 能的變化

   答　5.293 J K$^{-1}$mol$^{-1}$，$-1577$ J mol$^{-1}$

6. 苯與甲苯於 100°C 之蒸氣壓，分別為 180.9 kPa 與 74.4 kPa。假設苯與甲苯混合時形成理想的溶液，試計算，其溶液於 1 bar 的壓力下之沸點為 100°C 時，其溶液之組成，及其平衡蒸氣之組成

   答　$x_{B,\,liq} = 0.240$，$x_{B,\,vap} = 0.434$

7. 苯與甲苯各別於 1 bar 的壓力下之沸點為 79.4°C 與 110°C，而苯與甲苯之各沸點溫度間的各溫度之其各蒸氣壓如下：

   | t/°C | 79.4 | 88 | 94 | 100 | 110.0 |
   |---|---|---|---|---|---|
   | P$_{C_6H_6}$ / bar | 1.000 | 1.285 | 1.526 | 1.801 | |
   | P$_{C_7H_8}$ / bar | | 0.508 | 0.616 | 0.742 | 1.000 |

   (a) 試計算，於各溫度下之其平衡的蒸氣相與液相之各組成，並繪其沸點的相圖
   (b) 試求 0.5 莫耳分率的苯溶液經加熱時，產生第一個氣泡之溫度及其氣泡的組成

   答　(b) 92°C，$y_{C_6H_6} = 0.72$

8. 醋酸之各莫耳 %的水溶液於 1.013 bar 的壓力下之沸點，及其平衡蒸氣之組成 (莫耳 % 醋酸) 如下：

| 沸點 / °C | 118.1 | 113.8 | 107.5 | 104.4 | 102.1 | 100 |
|---|---|---|---|---|---|---|
| 液　相 | 100 | 90.0 | 70.0 | 50.0 | 30.0 | 0 |
| 蒸氣相 | 100 | 83.3 | 57.5 | 37.4 | 18.5 | 0 |

試計算，由 80 mol% 的醋酸溶液，蒸餾得 28 mol% 的醋酸蒸餾液，所需的分餾塔之最小的理論板數

答 3

9. 化合物萘與水完全不互溶，而水於 98°C 之蒸氣壓為 94.3 kPa 。設萘–水系於壓力 97.7 kPa 下之沸點為 98°C，試計算，於萘的水蒸氣蒸餾的過程中，於溫度 98°C 所餾出的蒸餾液中，所含的萘之重量百分率

答 20.7%

10. 聚異丁烯於 25°C，溶解於萘所生成的各種濃度溶液之滲透壓，如下：

| $c / 10^{-2} \, \text{gcm}^{-3}$ | 0.500 | 1.00 | 1.50 | 2.00 |
|---|---|---|---|---|
| $\pi / \text{gcm}^{-2}$ | 0.505 | 1.03 | 1.58 | 2.15 |

試由溶液的濃度趨近於零時之 $\pi/c$ 值，計算此聚異丁烯之數平均分子量

答 255,000 g mol$^{-1}$ 。

11. 水於 30°C 之蒸氣壓為 4.2429 kPa，密度為 0.99564 g cm$^{-3}$，而 1 mol L$^{-1}$ 的蔗糖水溶液於 30°C 之蒸氣壓為 4.1606 kPa。試使用 Raoult 定律，由式 (7-82) 計算，此蔗糖溶液之滲透壓

答 27.3 bar

12. 含 80 容積 % 的氮與 20 容積 % 的氧之空氣，於壓力 1 bar 及溫度 25°C 下與水平衡。試由其亨利定律的常數計算，空氣於 25°C 下溶於水中之氧與氮的容積百分率

答 33% 氧，67% 氮

13. 乙醇–氯仿的二成分系於 35°C 之其液–氣平衡的數據如下：

| $x_{\text{C}_2\text{H}_5\text{OH}}$ | 0 | 0.2 | 0.4 | 0.6 | 0.8 | 1.0 |
|---|---|---|---|---|---|---|
| $y_{\text{C}_2\text{H}_5\text{OH}}$ | 0.0000 | 0.1382 | 0.1864 | 0.2554 | 0.4246 | 1.0000 |
| 總壓力，kPa | 39.345 | 40.559 | 38.690 | 34.387 | 25.357 | 13.703 |

試依據 Raoult 定律，計算乙醇於這些濃度的溶液中之活性度係數

答 2.045，1.316，1.065，0.982，1.000

14. 正-丙醇的水溶液於 25°C 下，其各種濃度的溶液中之各成分的分壓 (kPa) 數據如下：

| $x_{n-丙醇}$ | $P_{H_2O}$ | $P_{n-丙醇}$ | $x_{n-丙醇}$ | $P_{H_2O}$ | $P_{n-丙醇}$ |
|---|---|---|---|---|---|
| 0 | 3.168 | 0.00 | 0.600 | 2.65 | 2.07 |
| 0.020 | 3.13 | 0.67 | 0.800 | 1.79 | 2.37 |
| 0.050 | 3.09 | 1.44 | 0.900 | 1.08 | 2.59 |
| 0.100 | 3.03 | 1.76 | 0.950 | 0.56 | 2.77 |
| 0.200 | 2.91 | 1.81 | 1.000 | 0.00 | 2.901 |
| 0.400 | 2.89 | 1.89 | | | |

(a) 試繪其壓力–組成的圖，並求 0.5 莫耳分率的正–丙醇的水溶液之平衡蒸氣的組成

(b) 設正–丙醇為溶劑，且對於溶質採用 Henry 定律。試計算，0.20，0.40，0.60 及 0.80 等正–丙醇之各種莫耳分率的水溶液中，其溶質與溶劑之各活性度係數

答　(a) $y_{n-丙醇} = 0.406$

　　(b) $\gamma_1 = 3.12$，1.63，1.19，1.02，$\gamma_2 = 0.314$，0.417，0.574，0.773

15. 試證，非理想溶液之氣泡點線與露點線，分別可用下面的式表示，為

$$x_1 = \frac{P - \gamma_2 P_2^{sat}}{\gamma_1 P_1^{sat} - \gamma_2 P_2^{sat}}$$

與

$$y_1 = \frac{P\gamma_1 P_1^{sat} - \gamma_1 \gamma_2 P_2^{sat}}{P\gamma_1 P_1^{sat} - P\gamma_2 P_2^{sat}}$$

16. 對–二溴苯於其熔點 86.9°C 之凝固焓值為 13.22 kJ mol$^{-1}$。假定苯與對–二溴苯形成理想的溶液，試計算，於 20°C 與 40°C 下，對–二溴苯於苯中之溶解度

答　0.365，0.516

17. 水於 20°C 之蒸氣壓為 2.3149 kPa。設 68.4 克的蔗糖（其分子量 $M = 342$ g mol$^{-1}$）溶於 1000 g 的水，試求，(a) 此溶液於 20°C 之蒸氣壓，及 (b) 此溶液之凝固點

答　(a) 2.3066 kPa，(b) $-0.372$°C

18. 何謂共沸溶液，而共沸溶液是否為化合物

19. 何謂潮解，而鹽類於何種情況下較容易產生潮解

20. 何謂風化，而鹽類的水合物於何種情況下較容易產生風化

21. 試求，於圖 7-35 中的點 $M$、$G$、及 $F$ 等之其各自由度，相數及成分數

答　$M$ 點：$c = 3$，$p = 1$，$\upsilon = 2$，$G$ 點：$c = 3$，$p = 2$，$\upsilon = 1$，

　　$F$ 點：$c = 3$，$p = 2$，$\upsilon = 1$

22. 鄰二硝基苯–對二硝基苯的二成分系，其各組成的熔液之冷卻曲線的轉折點之數據如下

| 組成 | 100 | 90 | 80 | 70 | 60 | 50 |
|------|------|------|------|------|------|------|
| 轉折點 | 173.5 | 167.7 | 161.2 | 154.5 | 146.1 | 136.6 |
| 組成 | 40 | 30 | 20 | 10 | 0 | |
| 轉折點 | 125.2 | 111.7 | 104.0 | 110.6 | 116.9 | |

試由這些數據，繪其溫度–組成的圖，並求其共熔溫度及共熔物的組成

答 100°C , 25%

23. 於鄰二硝基苯-對二硝基苯的二成分系，設其中的對二硝基苯之最初的百分率各為， 95% , 75% ， 及 45%。試利用上題所繪的相圖，求由結晶法所能得到，純對二硝基苯之各最大的百分率

答 93.3% , 66.7% , 26.7%

24. $H_2O$ - $C_2H_5OH$ - $C_6H_6$ 的三成分系，於 25°C 之平衡數據如下表所示，其中的第一列與第二列分別為，苯與乙醇於 I 層的溶液中之其各重量百分率，而第三列為，I 層的溶液之共軛溶液（II 層）中，所含水之重量的百分率。試繪此系之相圖及其縛線

| I 層 | | II 層 |
|------|------|------|
| %$C_6H_6$ | %$C_2H_5OH$ | %$H_2O$ |
| 1.3 | 38.7 | |
| 9.2 | 50.8 | |
| 20.0 | 52.3 | 3.2 |
| 30.0 | 49.5 | 5.0 |
| 40.0 | 44.8 | 6.5 |
| 60.0 | 33.9 | 13.5 |
| 80.0 | 17.7 | 34.0 |
| 95.0 | 4.8 | 65.5 |

25. 使用前題所繪的相圖，試求，使用 100g 的苯，可從 25克的 46 重量 % 之乙醇水溶液，萃取之乙醇的克數

答 5.05 克

26. 由於圖 7-29 所示之甲乙酮–水系的相圖，試求， (a) 含甲乙酮 60 克與水 40 克的溶液，自溫度 150°C 冷卻至 0°C 時，產生分離而生成的平衡之二液層的各溶液之濃度及重量，及 (b) 將上面的 (a) 之上層的溶液分離後，並將其下層的溶液經加熱至 75°C 時之變化，及產生分離所生成的二液層之其各層溶液的濃度與重量

答 (a) 上層溶液為 87% 的酮，重量 48 克；下層溶液為 35% 的酮，重量 52 克；(b) 再分成二液層之上層的溶液含 85% 的酮，重量 13.2 克；下層的溶液含 18% 的酮，重量 38.8 克

27. 於圖 7-20 的鋅–鎂二成分系之溫度–組成的相圖中，含 90 莫耳 Mg 與 10 莫耳 Zn 的混合物之溫度，自 700°C 緩慢冷卻至 300°C，試述此冷卻過程之變化，並求於此冷卻的過程可得到的純鎂金屬之最大的量

答 約於 590°C 開始析出固相 Mg，而冷卻至 347°C 時，可得到純鎂的固體之最大的量為，61.5 莫耳

# 第八章

# 化 學 平 衡

於上一章討論熱力學於無化學反應之相平衡的應用。化勢對於化學平衡之熱力學的處理非常有用，於本章首先介紹，化學反應之可逆性，並應用化勢的觀念，由化學平衡之熱力學的處理，導出化學反應之平衡式。其次介紹理想混合氣體之平衡，氣體反應之平衡常數的熱力學處理，化學反應平衡常數之測定方法，標準生成 Gibbs 能，壓力及系統之初態的組成對於氣體反應的影響，及溫度對反應之平衡常數的影響等。最後討論不均勻系、非理想混合氣體及溶液中之化學平衡，以及平衡常數之理論計算。

## 8-1 化學反應之可逆性 (Reversibility of Chemical Reactions)

於一般的化學反應系，其內之反應物通常不會全部完全反應成為生成物。由此，一般的化學反應於進行至某一程度時，其反應於外觀上雖已停止且沒有產生淨反應，而此時其反應系內尚剩留某些未反應的反應物。反應於一定的溫度及壓力下達至**平衡** (equilibrium) 時，其反應系內的反應物與生成物之濃度間，一般會達成一定的比例。許多**可逆反應** (reversible reactions) 於一定的溫度與壓力下達至平衡時，其正向的反應之**反應速率** (reaction rate) 等於其逆向的反應之反應速率，而於反應系內不會產生**淨變化** (net change)。此時於反應系內由反應物生成生成物之反應速率，等於由生成物產生反應物之反應速率，而反應物與生成物之濃度於外觀上不會再改變，且各各維持定值，此種平衡稱為**動態的平衡** (dynamic equilibrium)。

化學平衡為一種動態的平衡，而可用下面的簡單實驗說明。於容積及形狀均各相同之二球形的玻璃瓶 A 與 B 內，各分別裝填同量的二氧化氮 (壓力相同氣體)，並將 A 瓶置於盛有冰塊 (0°C) 的燒杯中，B 瓶置於100°C 之沸水的燒杯中。於開始時，由於 A 與 B 二瓶內之 $NO_2$ 的量相同，因此，A 與 B 的二瓶，於原來之相同的溫度時其顏色相同。然而，置於 0°C 的冰水中的 A 瓶之顏色隨其放置的時間逐漸變淡，而置於 100°C 沸水中的 B 瓶之顏色逐漸變深，如圖 8-1 所示。此實驗顯示，紅棕色的 $NO_2$ 於低溫時，反應生成無色的 $N_2O_4$，即於較低的溫度時，其顏色變淡，而 $N_2O_4$ 於高溫時，產生分解生成紅棕色的 $NO_2$，

即於較高的溫度時，其顏色變深。上述的反應為可逆反應，而可用下式表示，為

$$N_2O_4(g) \underset{低溫}{\overset{高溫}{\rightleftharpoons}} 2NO_2(g)$$ **(8-1)**

（無色）　　　（紅棕色）

　　若將 A 與 B 的二瓶，同時移至 25°C 之水杯中，則 A 瓶之顏色會逐漸變深，而 B 瓶之顏色會逐漸變淡，且於經一段時間後，A 與 B 之二瓶的各顏色變成完全相同，如圖 8-2 所示，此表示於 A 與 B 二瓶內之 $NO_2$ 與 $N_2O_4$ 的其各相對量相等，而不再發生變化，即此時其正向的反應之反應速率，與逆向的反應之反應速率相等，而達至動態平衡，且於外觀上不再產生淨變化。

　　C.Berthollet 於 1797 年，擔任拿破崙之科學顧問時，首次敘述化學反應的可逆性觀念。他於埃及時注意到，鹽湖內所析出之碳酸鈉的沈澱，而認為此係高

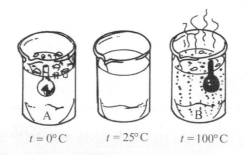

圖 8-1　二氧化氮於不同的溫度下之顏色的變化，A 瓶於 0°C 時接近於無色（$N_2O_4$），B 瓶於100°C 時呈紅棕色（$NO_2$）

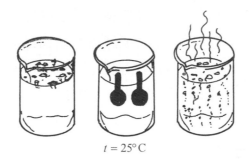

圖 8-2　於 25°C 時，A 瓶與 B 瓶內之各二氧化氮與四氧化二氮之濃度的比相同，因此，其二瓶之顏色相同

濃度的氯化鈉與所溶解的碳酸鈣反應而析出的碳酸鈉，此反應為於實驗室，由碳酸鈉與氯化鈣反應生成碳酸鈣的沈澱之逆反應。M.Berthelot 與 Saint-Gilles 於 1863 年報告，由醋酸與乙醇的酯化反應，所生成的醋酸乙酯之濃度，受其反應物乙醇與醋酸之濃度的影響。

　　Guldberg 與 Waage 於 1864 年以實驗證明，自反應式之任一邊開始反應，均可達到相同的化學反應平衡，並首先由實驗確認於平衡時，各反應物與生成物之濃度間的關係，而可用一定的數學式表示。van't Hoff 於 1877 年發現，醋酸乙酯之水解反應的平衡式中，其反應系內所含的各反應物之係數均爲 1，而其平衡可用各反應物的濃度之一次方表示。

## 8-2　一般的平衡式之誘導
### (Derivation of the General Equilibrium Expression)

　　一般的化學反應式，可表示爲

$$0 = \sum_{i=1}^{N} v_i A_i \tag{8-2}$$

其中的 $A_i$ 表示，各反應物或生成物 $i$ 之化學式，而其**化學式的量數** (stoichiometric numbers) $v_i$ 爲純的實數，對於生成物爲正，而對於反應物爲負。化學反應於一定的溫度與壓力下，可以其反應之 Gibbs 能的變化，作爲其反應的平衡之準據。於茲考慮一定溫度與壓力下之單一相中的單一反應，設其內的反應物或生成物 $i$ 之莫耳變化量爲 $dn_i$，則化學反應式 (8-2) 之 Gibbs 能的變化，可由式 (5-91) 表示爲

$$(dG)_{T,P} = \sum_{i=1}^{N} \mu_i dn_i \tag{8-3}$$

上式中，$N$ 爲反應系內之**物種數** (number of species)，$dn_i$ 與 $\mu_i$ 各爲物種 $i$ 之莫耳數的變化與化勢。化學反應式 (8-2) 中參予反應的各物種之莫耳數的變化，與其化學反應之化學式的量數 $v_i$ 有關。若於反應開始時，其內的成分 $i$ 之莫耳數爲 $n_{io}$，則成分 $i$ 於反應中之莫耳數 $n_i$，可表示爲

$$n_i = n_{io} + v_i \xi \tag{8-4}$$

上式中，$\xi$ 爲**反應之程度** (extent of reaction)。反應之程度爲外延的性質，通常用莫耳數表示，即於反應開始 (初態) 時，其反應之程度 $\xi$ 等於零。

　　上式 (8-4) 經微分，可得

$$dn_i = v_i d\xi \tag{8-5}$$

將上式代入式 (8-3)，可得

$$\left(\frac{\partial G}{\partial \xi}\right)_{T,P} = \sum_{i=1}^{N} v_i \mu_i \tag{8-6}$$

上式中，$(\partial G/\partial \xi)_{T,P}$ 為於定溫定壓下，其反應程度之變化等於 1 莫耳時之其反應 Gibbs 能的變化，而稱為反應 Gibbs 能，通常用 $\Delta_r G$ 的符號表示，而其單位為 J mol$^{-1}$。因此，上式可寫成

$$\Delta_r G = \sum_{i=1}^{N} v_i \mu_i \tag{8-7}$$

於一定的溫度與壓力下，反應系之 Gibbs 能通常隨其反應的進行而降低。當反應系達至平衡時，其 Gibbs 能達至最小值，此時其反應 Gibbs 能，$(\partial G/\partial \xi)_{T,P}$ 或 $\Delta_r G$ 等於零。因此，反應系於平衡時，由式 (8-6) 或 (8-7) 可表示為

$$\sum_{i=1}^{N} v_i \mu_{i,\text{eq}} = 0 \tag{8-8}$$

上式中，$\mu_{i,\text{eq}}$ 為成分 $i$ 於平衡時之化勢。上式為一般的化學反應之平衡的條件，而不拘反應物與生成物為氣體、液體、固體、或溶液，上式 (8-8) 可適用於全部的化學反應。

將式 (5-140)，$\mu_i = \mu_i^\circ + RT \ln a_i$，代入式 (8-7) 可得

$$\Delta_r G = \sum_{i=1}^{N} v_i(\mu_i^\circ + RT \ln a_i) = \sum_{i=1}^{N} v_i \mu_i^\circ + RT \sum_{i=1}^{N} v_i \ln a_i$$
$$= \Delta_r G^\circ + RT \ln \prod_{i=1}^{N} a_i^{v_i} \tag{8-9}$$

上式中，$\Delta_r G^\circ = \sum v_i \mu_i^\circ$，稱為反應之**標準反應 Gibss 能** (standard reaction Gibbs energy)。上式 (8-9) 為反應物與生成物之各活性度各為 $a_i$ 時之反應 Gibbs 能的變化，而由此式所得的 $D_r G$ 值可以判斷，其反應是否可自發進行，或判斷其反應之進行的方向。各反應物與生成物之活性度各等於 1 時，上式中的 $\prod a_i^{v_i} = 1$，此時由上式 (8-9) 可得，$\Delta_r G = \Delta_r G^\circ$。因此，$\Delta_r G^\circ$ 等於由標準狀態的反應物，反應生成標準狀態的生成物時之反應 Gibbs 能的變化。

通常將上式 (8-9)寫成

$$\Delta_r G = \Delta_r G^\circ + RT \ln Q \tag{8-10}$$

其中

$$Q = \prod_{i=1}^{N} a_i^{v_i} \tag{8-11}$$

　　當反應物與生成物達成平衡時，其反應之 Gibbs 能的變化 $\Delta_r G$ 等於零。因此，由式 (8-9) 可寫成

$$0 = \Delta_r G° + RT \ln K_a \tag{8-12}$$

或

$$\Delta_r G° = -RT \ln K_a \tag{8-13}$$

上式中，$K_a$ 為以活性度表示的反應之平衡常數，而可用於平衡時的反應系中之各成分 $i$ 之活性度 $a_{i,eq}$，表示為

$$K_a = \prod_{i=1}^{N} a_{i,eq}^{v_i} \tag{8-14}$$

因 $\Delta_r G° = \sum v_i \mu_i°$，而此值僅為溫度的函數，所以平衡常數 $K_a$ 亦僅為溫度的函數，且其單位無因次。化學反應之平衡常數的大小，與所寫之化學反應式有關，因此，平衡常數之數值通常隨附其平衡的化學反應式。

　　式 (8-13) 為，化學反應之標準反應 Gibbs 能與其平衡常數的關連式，此式於實際的應用上甚為重要。標準反應 Gibbs 能的變化 $\Delta_r G°$，可依據卡計的量測與熱力量的數據計算。因此，平衡常數 $K$ 的數值，通常不需經由化學平衡之直接實測，亦可由其反應之 $\Delta_r G°$ 值，使用式 (8-13) 計算。若 $\Delta_r G°$ 為負值，則其反應的平衡常數 $K_a$ 值大於 1，而表示由標準狀態的反應物，可自發反應生成標準狀態的生成物。若 $\Delta_r G° = 0$，則其平衡常數等於 1，而表示標準狀態的反應物與標準狀態的生成物平衡。若 $\Delta_r G°$ 為正值，則其平衡常數 $K_a$ 值小於 1，而表示由標準狀態的反應物，不能反應生成標準狀態的生成物。然而，並不限定反應之 $\Delta_r G°$ 為負值時，其反應才能自發進行。實際上，須由反應之 $\Delta_r G$ 值判斷，該反應是否可自發進行，而反應於其 $\Delta_r G$ 為負值時，其反應可自發進行。

　　由 Gibbs 能之定義，$G = H - TS$，而由此關係式於一定的溫度與壓力下，對於反應之程度 $\xi$ 微分，可得

$$\Delta_r G = \left(\frac{\partial G}{\partial \xi}\right)_{T,P} = \left(\frac{\partial H}{\partial \xi}\right)_{T,P} - T\left(\frac{\partial S}{\partial \xi}\right)_{T,P} \tag{8-15a}$$

或

$$\Delta_r G = \Delta_r H - T\Delta_r S \tag{8-15b}$$

上式中，$\Delta_r H = \left(\partial \dfrac{\partial H}{\partial \xi}\right)_{T,P}$ 為反應焓，$\Delta_r S = \left(\dfrac{\partial S}{\partial \xi}\right)_{T,P}$ 為反應熵。若反應之反應物與生成物均各於標準狀態時，則上式 (8-15b) 可寫成

$$\Delta_r G° = \Delta_r H° - T\Delta_r S° \tag{8-16}$$

**例 8-1** 反應，$\dfrac{1}{2}N_2(g) + \dfrac{3}{2}H_2(g) = NH_3(g)$，於 25°C 之 $\Delta_r G°$ 值為

$-16,652\ J\ mol^{-1}$，試求此反應於 25°C 之平衡常數

**解** 由式 (8-13)

$$\log K_a = \frac{-\Delta_r G°}{2.303RT} = \frac{-(-16,652\ J\ mol^{-1})}{2.303(8.314\ J\ K^{-1}mol^{-1})(298.15\ K)} = 2.917$$

$$\therefore\ K_a = 826.1 \qquad \blacktriangleleft$$

## 8-3 氣體反應之平衡常數
### (Equilibrium Constants for Gas Reactions)

於定溫下之氣體反應的平衡常數可用壓力、莫耳濃度或莫耳分率，分別表示為 $K_p, K_c$, 或 $K_y$。於茲定義各種平衡常數，及誘導這些平衡常數間之關係式。

真實氣體之活性度可用 $a_i = f_i / P°$ 表示，其中的 $f_i$ 為成分 $i$ 之逸壓，$P°$ 為標準狀態壓力。真實氣體之化勢由式 (5-141)，可用逸壓表示為

$$\mu_i = \mu_i° + RT\ln\frac{f_i}{P°} \tag{8-17}$$

將上式 (8-17) 代入式 (8-8) 並經與 8-2 節同樣的處理，可得以各成分之逸壓表示的平衡常數 $K_f$，為

$$K_f = \prod_{i=1}^{N}\left(\frac{f_{i,eq}}{P°}\right)^{v_i} \tag{8-18}$$

上式中，$f_{i,eq}$ 為平衡反應系中的成分 $i$ 之逸壓。此式為真實氣體之反應的平衡常數一般式。然而，混合氣體內的各成分 $i$ 之逸壓 $f_i$ 通常未知，而通常不使用上式 (8-18)。

對於理想氣體，其化勢可由式 (5-127) 表示為

$$\mu_i = \mu_i° + RT\ln\frac{P_i}{P°} \tag{5-127}$$

將此關係式代入式 (8-8)，並經與 8-2 節同樣的處理，可得

$$\sum_{i=1}^{N} v_i\mu_i° = -RT\ln\prod_{i=1}^{N}\left(\frac{P_{i,eq}}{P°}\right)^{v_i} \tag{8-19a}$$

或 $\qquad\qquad \Delta_r G° = -RT\ln K_p \tag{8-19b}$

其中 
$$K_p = \prod_{i=1}^{N} \left( \frac{P_{i,\text{eq}}}{P^\circ} \right)^{v_i} \tag{8-20}$$

上式為以各成分之平衡壓力，定義之平衡常數 $K_p$ 為無因次，且僅為溫度的函數。式 (8-19b) 之標準反應 Gibbs 能 $\Delta_r G^\circ$ 為，標準狀態的非混合各反應物，於溫度 $T$ 與 1 bar 的壓力下，反應生成標準狀態的非混合各生成物之 Gibbs 能的變化。對於真實氣體，因 $f_i \neq P_i$，故使用上式 (8-20) 計算所得之平衡常數，通常受壓力的影響。於低的壓力下使用上式 (8-20) 或由式 (8-18) 計算所得之平衡常數，稱為熱力平衡常數。由使用附錄 (二) 的表 A2-1 及表 A2-2 之生成 Gibbs 能的數據，可計算各種反應之熱力平衡常數。

平衡常數亦可用濃度表示，對於理想的混合氣體，其內的成分 $i$ 之分壓 $P_i$，可表示為

$$P_i = \frac{n_i RT}{V} = c_i RT \tag{8-21}$$

上式中，$c_i = n_i / V$ 為莫耳濃度，其單位為 mol L$^{-1}$。將上式 (8-21) 代入式 (8-20) 可得

$$K_p = \prod_{i=1}^{N} \left( \frac{c_{i,\text{eq}} RT}{P^\circ} \right)^{v_i} \tag{8-22}$$

為定義以濃度表示之無因次的平衡常數，於此定義標準莫耳濃度 $c^\circ = 1\,\text{mol L}^{-1}$，而於上式 (8-22) 之各項引入此標準莫耳濃度，可得

$$K_p = \prod_{i=1}^{N} \left[ \left( \frac{c_{i,\text{eq}}}{c^\circ} \right) \left( \frac{c^\circ RT}{P^\circ} \right) \right]^{v_i} = \left( \frac{c^\circ RT}{P^\circ} \right)^{\sum_i v_i} \prod_i \left( \frac{c_{i,\text{eq}}}{c^\circ} \right)$$
$$= \left( \frac{c^\circ RT}{P^\circ} \right)^{\sum_i v_i} K_c \tag{8-23}$$

上式中的 $K_c$ 為，以濃度表示之無因次的平衡常數，其定義為

$$K_c = \prod_{i=1}^{N} \left( \frac{c_{i,\text{eq}}}{c^\circ} \right)^{v_i} \tag{8-24}$$

對於理想的混合氣體，$K_c$ 僅為溫度的函數。若 $c^\circ = 1\,\text{mol L}^{-1}$ 及 $P^\circ = 1\,\text{bar}$，則於溫度 $T$ 為 298.15 K 時，$c^\circ RT / P^\circ = 24.79$。

由平衡常數 $K_c$，亦可計算反應之標準 Gibbs 能的變化，即為

$$\Delta_r G^\circ = -RT \ln K_c \tag{8-25}$$

注意，由上式 (8-25) 計算所得之 $\Delta_r G^\circ$ 值，與由式 $\Delta_r G^\circ = -RT \ln K_p$ 計算所得之 $\Delta_r G^\circ$ 值，其各所代表的意義不同，而其值也不相等。

平衡常數的式 (8-20) 及 (8-24)，有時分別用 $K_p = \prod_i P_{i,eq}^{v_i}$ 及 $K_c = \prod_i c_{i,eq}^{v_i}$ 定義，於實用上較為方便，此時若 $\Delta v_i = \sum_i v_i \neq 0$，則其平衡常數含有單位。

理想混合氣體中的氣體 $i$ 之分壓 $P_i$，等於其莫耳分率 $y_i$ 與總壓力 $P$ 的乘積。因此，氣體反應之平衡常數 $K_p$ 可寫成

$$K_p = \prod_i \left(\frac{P_{i,eq}}{P^\circ}\right)^{v_i} = \prod_i \left(\frac{y_{i,eq}P}{P^\circ}\right)^{v_i} = \left(\frac{P}{P^\circ}\right)^{\sum_i v_i} \prod_i y_{i,eq}^{v_i} \tag{8-26}$$

而以莫耳分率表示的平衡常數 $K_y$，由上式可表示為

$$K_y = \prod_i y_{i,eq}^{v_i} \tag{8-27}$$

由此，上式 (8-26) 可表示為

$$K_p = \left(\frac{P}{P^\circ}\right)^{\sum_i v_i} K_y \tag{8-28}$$

若 $\sum_i v_i = 0$，則各反應物之莫耳分率與總壓力無關，此時其反應平衡常數 $K_p = K_y$。若 $\sum_i v_i \neq 0$，則其 $K_y$ 受總壓力的影響。

**例 8-2** 試求氨之合成反應，$\frac{1}{2}N_2(g) + \frac{3}{2}H_2(g) = NH_3(g)$，於 500 K 之平衡常數 $K_p$ 及 $K_c$ 值，並由其 $K_c$ 值計算，此反應之標準反應 Gibbs 能 $\Delta_r G^\circ$

**解** 由附錄表 A2-2 之 $\Delta \overline{G}_f^\circ$ 數據（500 K 及 $P^\circ = 1$ bar），可得

$$\Delta_r G^\circ = 4.833 - \left[\frac{1}{2}(0) + \frac{3}{2}(0)\right] = 4.833 \text{ kJ mol}^{-1}$$

$$K_p = \frac{(P_{NH_3}/P^\circ)}{(P_{N_2}/P^\circ)^{1/2}(P_{H_2}/P^\circ)^{3/2}}$$
$$= \exp[-4833/(8.3144)(500)] = 0.3127$$

$$K_c = \frac{(c_{NH_3}/c^\circ)}{(c_{N_2}/c^\circ)^{1/2}(c_{H_2}/c^\circ)^{3/2}} = K_P \left(\frac{P^\circ}{c^\circ RT}\right)^{\sum v_i}$$
$$= (0.3127)\left[\frac{1 \text{ bar}}{(1 \text{ mol L}^{-1})(0.083144 \text{ L bar K}^{-1}\text{mol}^{-1})(500 \text{ K})}\right]^{-1}$$
$$= 13.00$$

$$\Delta_r G^\circ = -(8.3144 \text{ J K}^{-1}\text{mol}^{-1})(500 \text{ K})\ln 13.00 = -10.66 \text{ kJ mol}^{-1}$$

此值為由 $\frac{1}{2}$mol 的 $N_2$ 與 $\frac{3}{2}$mol 的 $H_2$，各於 $1 \text{ mol}^{-1}$L 之理想氣體狀態下，反應生成 1 mol 的 $NH_3$ 於 $1 \text{ mol}^{-1}$L 之理想氣體狀態下之 Gibbs 能的變化。◀

例 **8-3** 於 500 K 下 ， (a) $CO(g)$ , $H_2(g)$ 與 $CH_3OH(g)$ 之 分 壓 各 為 ， $P_{CO} = 10\ bar$ , $P_{H_2} = 1\ \ bar$ 與 $P_{CH_3OH} = 0.1\ bar$ 的混合氣體，通過其反應的觸媒床時，是否會反應生成更多的甲醇，(b) 若混合氣體中的各氣體之分壓各為，$P_{CO} = 1\ bar$ , $P_{H_2} = 10\ bar$ 與 $P_{CH_3OH} = 0.1\ bar$ 時，則是否會反應生成甲醇

解 由附錄表 A2-2，各成分的氣體於 500 K 之 $\Delta \overline{G}_f^\circ$ 的數據，可得

$$\Delta_r G^\circ = -134.27 - [(-155.438) + 2(0)] = 21.17\ kJ\ mol^{-1}$$

(a) $CO(g , 10\ bar) + 2H_2(g , 1\ bar) = CH_3OH(g , 0.1\ bar)$

$$\Delta_r G = \Delta_r G^\circ + RT \ln Q$$
$$= 21.17\ kJ\ mol^{-1} + (0.083145\ kJ\ mol^{-1}K^{-1})(500\ K) \ln \frac{0.1}{(10)(1)^2}$$
$$= 2.03\ kJ\ mol^{-1}$$

因此，上述的反應不會自然發生

(b) $CO(g , 1\ bar) + 2H_2(g , 10\ bar) = CH_3OH(g , 0.1\ bar)$

$$\Lambda_r G = 21.17\ kJ\ mol^{-1} + (0.083145\ kJ\ mol^{-1}K^{-1})(500\ K) \ln \frac{0.1}{(1)(10)^2}$$
$$= -7.55\ kJ\ mol^{-1}$$

因此，上述的反應於所述之反應的條件下，會自然發生 ◀

# 8-4 簡單的氣體反應之熱力學
## (Thermodynamics of a Simple Gas Reaction)

於茲以理想氣體於一定的壓力及溫度下之簡單的**異構化反應** (isomerization)，說明氣體反應為何不會完全反應，而僅能達至一定的平衡。設理想氣體 $A$ 轉變成理想氣體 $B$ 之異構化反應為

$$A(g) = B(g) \tag{8-29}$$

而其反應的混合氣體 $A$ 與 $B$ ，於一定的壓力及溫度下之任何的反應程度之 Gibbs 能，由式 (5-98) 可表示為

$$G = n_A \mu_A + n_B \mu_B \tag{8-30}$$

上式中的 $n_A$ 為 $A$ 之莫耳數，$n_B$ 為 $B$ 之莫耳數。若由 1 莫耳的氣體 $A$ 開始反應，則 $A$ 與 $B$ 於任何的反應時間 $t$ 之莫耳數，可用反應式 (8-29) 之其反應的程度 $\xi$，分別表示為

$$n_A = 1 - \xi \tag{8-31}$$

與 
$$n_B = \xi \tag{8-32}$$

將上式 (8-31) 及 (8-32) 代入式 (8-30)，可得

$$G = (1 - \xi)\mu_A + \xi\mu_B \tag{8-33}$$

理想的混合氣體中之 $A$ 與 $B$ 的化勢，由式 (5-127) 可分別得

$$\mu_A = \mu_A^\circ + RT\ln(P_A / P^\circ) = \mu_A^\circ + RT\ln y_A + RT\ln(P / P^\circ)$$
$$= \mu_A^\circ + RT\ln(1 - \xi) + RT\ln(P / P^\circ) \tag{8-34}$$

與

$$\mu_B = \mu_B^\circ + RT\ln y_B + RT\ln(P / P^\circ)$$
$$= \mu_B^\circ + RT\ln\xi + RT\ln(P / P^\circ) \tag{8-35}$$

上式中，$P$ 為反應 (8-29) 之平衡總壓力。將式 (8-34) 與 (8-35) 代入式 (8-33)，可得

$$G = (1 - \xi)\mu_A^\circ + \xi\mu_B^\circ + RT\ln(P / P^\circ) + RT\left[(1 - \xi)\ln(1 - \xi) + \xi\ln\xi\right]$$
$$= \mu_A^\circ - (\mu_A^\circ - \mu_B^\circ)\xi + RT\ln(P / P^\circ) + \Delta_{\text{mix}}G^\circ \tag{8-36}$$

上式中，$\Delta_{\text{mix}}G^\circ = RT[(1 - \xi)\ln(1 - \xi) + \xi\ln\xi]$，為 $(1 - \xi)$ 莫耳的 $A$ 與 $\xi$ 莫耳的 $B$ 之混合 Gibbs 能。上式 (8-36) 之 $G$ 值與 $\xi$ 的關係，如圖 8-3 所示，圖中之點線表示，上式 (8-36) 的右邊之前面的三項與 $\xi$ 成線性的關係，而由於上式 (8-36)

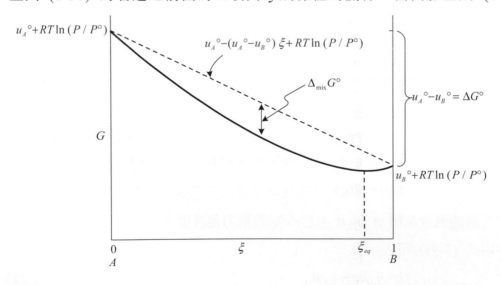

圖 8-3　反應 $A(g) = B(g)$ 於一定溫度與壓力下之 Gibbs 能與反應程度 $\xi$ 的關係

的右邊之 Gibbs 能的混合項 $\Delta_{\mathrm{mix}}G°$，上式的 $G$ 值與 $\xi$ 之關係，如圖中的實線顯示最低點。反應於一定的溫度與壓力下，達至平衡時之 Gibbs 能最低，因此，由 1 莫耳的氣體 $A$ 開始反應時，其 Gibbs 能隨反應之進行沿圖中的曲線減少，而所生成的 $B$ 之莫耳數，等於其平衡的反應程度 $\xi_{\mathrm{eq}}$ 時，上式 (8-36) 之 Gibbs 能達至最低值。

上面的反應 (8-29) 由 1 莫耳的氣體 $B$ 開始反應時，其 Gibbs 能同樣隨反應之進行減少，而至所生成的 $A$ 之莫耳數等於 $(1-\xi_{\mathrm{eq}})$ 時，達至最低值。此時 $B$ 之莫耳 Gibbs 能雖然較 $A$ 者低 $(\mu_B° < \mu_A°)$，但由 $B$ 反應生成 $A$ 時，由於其混合 Gibbs 能導至反應系之 Gibbs 能 $G$ 值的減低，而使系之 Gibbs 能於平衡時達至最低值。由此，氣體反應之 Gibbs 能，隨其反應的進行而減低，且於達至最小值時達成平衡，因此，氣體反應通常不會完全反應，而僅能達至一定的平衡。

反應系於一定的溫度與壓力下，達至平衡時之 Gibbs 能最低，此時其 $(\partial G / \partial \xi)_{T,P} = 0$。因此，由上式 (8-36) 對 $\xi$ 偏微分，得

$$\left(\frac{\partial G}{\partial \xi}\right)_{T,P} = -\mu_A° + \mu_B° - RT\ln(1-\xi) - RT + RT\ln\xi + RT \qquad (8\text{-}37)$$

自 1 莫耳的 $A$ 開始反應時，$1-\xi = y_A$，$\xi = y_B$，而於平衡時，$(dG/d\xi)_{T,P} = 0$，於是由上式可寫成

$$\mu_A° + RT\ln y_{A,\mathrm{eq}} = \mu_B° + RT\ln y_{B,\mathrm{eq}} \qquad (8\text{-}38)$$

或

$$\mu_{A,\mathrm{eq}} = \mu_{B,\mathrm{eq}} \qquad (8\text{-}39)$$

而其平衡常數由式 (8-38)，可表示為

$$K_y = \frac{y_{B,\mathrm{eq}}}{y_{A,\mathrm{eq}}} = e^{(\mu_A° - \mu_B°)/RT} \qquad (8\text{-}40)$$

## 8-5　平衡常數之測定 (Determination of Equilibrium Constants)

若單一反應之各反應物的初濃度均已知時，則祇需測定其中的一反應物或生成物於平衡時之濃度或壓力，就可由其平衡化學式的關係，計算其內所有其他反應物與生成物之平衡濃度或壓力。反應於通常的化學分析過程中可能仍繼續進行，因此，其各反應物與生成物之濃度，於分析的過程中可能一直改變，所以須於停止反應的條件下，分析其濃度。例如，可將反應系驟冷至甚低的溫度，或藉破壞反應系內之觸媒以停止其反應的進行。

　　物理性質如密度、壓力、吸光度、折射率、及導電度等之量測，常用以測定反應系內的反應物或生成物之平衡濃度，而這些物理量之測定，通常不必停止其反應的進行，且可連續量測。

　　測定反應之平衡常數時，須確認反應是否已達成平衡，一般可藉下列的方法判斷反應是否已達成平衡：(1) 化學反應於一定的溫度下，自化學反應式之任一邊開始反應，均可接近同一平衡，因此，由反應式之任一邊開始反應，應可得同一的反應平衡常數。(2)廣範圍的改變各種反應物之初濃度反應時，應可得相同的平衡常數，但此時須注意其活性度係數所受濃度的影響。以活性度表示的平衡常數 $K_a$，於一定的溫度爲定值，但以濃度或壓力表示的平衡常數 $K_c$ 或 $K_p$，通常受濃度或壓力的影響。

　　平衡常數亦可藉**流動的方法** (flow method) 測定，例如，對於，$N_2 + 3H_2 = 2NH_3$，的反應，可將 $N_2$ 與 $H_2$ 的混合氣體，以各種流速流經裝有觸媒的反應管，此時由於混合氣體之流速與反應時間（混合氣體與觸媒的接觸時間）成反比，而可由改變混合氣體之流速以改變其反應的時間。通常於混合氣體之每一流速達至穩定時，分析自反應管流出的氣體中之某一反應氣體或生成氣體之量。當 $N_2$ 與 $H_2$ 的混合氣體之流速，減低至其反應達成平衡時，所生成的 $NH_3$ 之濃度或分壓，不會再隨流速的減低而增加，且達至定值。由此，可求得達至平衡時，其各成分之濃度或分壓，而可計算該反應之平衡常數。

　　對於由一莫耳的氣體開始的解離反應，而於其反應完全反應並解離成氣體生成物時，由 1 莫耳的氣體產生 $1 + \sum v_i$ 莫耳的氣體生成物。若於平衡時之反應程度用 $\xi$ 表示，則未解離的氣體之莫耳數爲 $1 - \xi$，因此，於平衡時之氣體的總莫耳數爲

$$(1 - \xi) + \left(1 + \sum_i v_i\right)\xi = 1 + \xi \sum_i v_i \tag{8-41}$$

　　一定量的理想氣體於一定的壓力與溫度下，其密度與莫耳數成反比。因此，氣體未解離時之密度 $\rho_1$，與該氣體產生部分解離時之密度 $\rho_2$ 的比，可表示爲

$$\frac{\rho_1}{\rho_2} = 1 + \xi \sum v_i \tag{8-42}$$

或

$$\xi = \frac{\rho_1 - \rho_2}{\rho_2 \sum v_i} \tag{8-43}$$

由此，若氣體完全不產生解離時，則其 $\xi = 0$，而由上式 (8-43) 可得，$\rho_1 = \rho_2$，若氣體完全解離時，其 $\xi = 1$，則由上式可得，$\rho_2 \sum v_i = \rho_1 - \rho_2$，於是 $\rho_1 = (1 + \sum v_i)\rho_2$。

於一定的溫度與壓力下，氣體之密度與其莫耳質量成比例，因此，上式 (8-43) 可寫成

$$\xi = \frac{M_1 - M_2}{M_2 \sum v_i} \tag{8-44}$$

上式中，$M_1$ 為氣體於解離前之莫耳質量，$M_2$ 為氣體產生部分解離時之平均莫耳質量。

##  8-6　一些氣體反應之平衡常數
### (Equilibrium Constants for Some Gas Reactions)

四氧化二氮的氣體之解離反應，可用下列的反應式表示，為

$$N_2O_4(g) = 2NO_2(g)$$

而其平衡常數為

$$K_p = \frac{(P_{NO_2} / P^\circ)^2}{P_{N_2O_4} / P^\circ} \tag{8-45}$$

若氣體 $N_2O_4$ 產生解離的反應，而以 $\xi$ 表示其反應之程度，則未解離的 $N_2O_4$ 之量與 $(1-\xi)$ 成比例，而其解離的生成物 $NO_2$ 之量與 $2\xi$ 成比例；因此，其產生部分解離時之總莫耳數，與 $(1-\xi) + 2\xi = 1 + \xi$ 成比例。設 $N_2O_4$ 的解離反應，於平衡時的總壓力為 $P$，則 $N_2O_4$ 與 $NO_2$ 之平衡的各分壓，為

$$P_{N_2O_4} = \frac{1-\xi}{1+\xi} P \quad 與 \quad P_{NO_2} = \frac{2\xi}{1+\xi} P$$

因此，以壓力表示的四氧化二氮之解離反應的平衡常數，可表示為

$$K_P = \frac{\left(\dfrac{2\xi}{1+\xi} \dfrac{P}{P^\circ}\right)^2}{\dfrac{1-\xi}{1+\xi} \dfrac{P}{P^\circ}} = \frac{4\xi^2 (P / P^\circ)}{1-\xi^2} \tag{8-46}$$

而由上式解出反應之程度 $\xi$，為

$$\xi = \left[\frac{K_p}{K_p + 4(P / P^\circ)}\right]^{1/2} \tag{8-47}$$

此反應為由一莫耳的 $N_2O_4$ 氣體，產生解離生成二莫耳的相同氣體 $NO_2$，而其體積於一定的壓力下，隨反應之進行而增加。因此，依據 Le Châtelier 的原理，於壓力增加時，其反應傾向 $N_2O_4$ 之方向反應。式 (8-46) 與 (8-47) 適用於一般的 $A(g) = 2B(g)$ 型之解離反應，其於各 $K_p$ 值之 $\xi$ 與 $P/P°$ 的關係，如圖 8-4 所示。

　　由一分子的氣體產生解離，而生成二分子的不相同氣體之反應，例如下式的 $PCl_5$ 之解離反應

$$PCl_5(g) = PCl_3(g) + Cl_2(g)$$

若於平衡時，$PCl_5$ 產生解離反應之反應程度為 $\xi$，則 1 莫耳的 $PCl_5$ 於其解離平衡時之莫耳數為 $1-\xi$，而於解離平衡時的生成物 $PCl_3$ 與 $Cl_2$ 之莫耳數各為 $\xi$。因此，總莫耳數等於 $(1-\xi)+2\xi = 1+\xi$。設反應系於平衡時之總壓力為 $P$，則其內的 $PCl_5 , PCl_3$ 與 $Cl_2$ 之各分壓，分別為

$$P_{PCl_5} = \frac{1-\xi}{1+\xi}P, \quad P_{PCl_3} = \frac{\xi}{1+\xi}P, \quad P_{Cl_2} = \frac{\xi}{1+\xi}P$$

因此，由 $PCl_5$ 解離生成 $PCl_3$ 與 $Cl_2$ 之平衡常數，可表示為

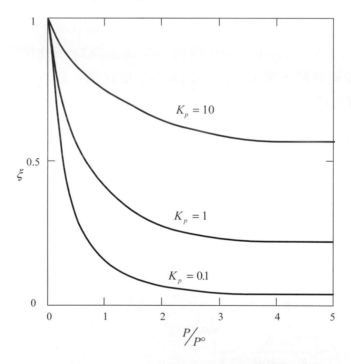

圖 8-4　反應 $A(g) = 2B(g)$ 於各 $K_p$ 值之反應程度 $\xi$ 與 $P/P°$ 的關係 [ 式 (8-47)]

$$K_p = \frac{(P_{PCl_3} / P^\circ)(P_{Cl_2} / P^\circ)}{P_{PCl_5} / P^\circ} = \frac{\left(\dfrac{\xi}{1+\xi}\dfrac{P}{P^\circ}\right)\left(\dfrac{\xi}{1+\xi}\dfrac{P}{P^\circ}\right)}{\dfrac{1-\xi}{1+\xi}\cdot\dfrac{P}{P^\circ}}$$

$$= \frac{\xi^2 (P / P^\circ)}{1 - \xi^2} \tag{8-48}$$

而由上式解得 $\xi$，爲

$$\xi = \left[\frac{K_p}{K_p + (P / P^\circ)}\right]^{1/2} \tag{8-49}$$

　　於溫度一定時，平衡常數 $K_p$ 爲定值，而由式 (8-48) 得知，總壓力 $P$ 增加時，$PCl_5$ 之解離度 $\xi$ 減小。於系統內加入 $Cl_2$ 氣體時，其壓力 $P_{Cl_2}$ 增加，所以 $P_{PCl_3}$ 減小而 $P_{PCl_5}$ 增加，即 $PCl_5$ 之解離度減小。於系統內加入 $PCl_3$ 時，同理，$PCl_5$ 之解離度亦減小。於如上的反應系內加入其解離的生成物時，其解離度會減小，但於一定的容積下加入不參予反應之鈍性氣體時，因其各反應氣體之分壓不會改變，所以不會影響其解離平衡。

　　由於量測氣體產生部分解離達成平衡時之氣體的密度，可求得該氣體的解離反應於達成平衡時之反應的程度。例如，對於反應，$N_2O_4 = 2NO_2$，假定 $N_2O_4(g)$ 於反應開始時之質量爲 $m$，則其體積由理想氣體定律可表示爲，$V_1 = mRT / M_1 P$，其中的 $M_1$ 爲 $N_2O_4$ 之莫耳質量 $(92.01\,\text{g mol}^{-1})$，而此反應於一定的壓力與溫度下，達至平衡時之體積爲，$V_2 = mRT / M_2 P$，其中的 $M_2$ 爲氣體 $N_2O_4$ 產生解離的反應達成平衡時，其部分解離的氣體之平均莫耳質量，即可表示爲 $M_2 = M_{N_2O_4} y_{N_2O_4} + M_{NO_2}\, y_{NO_2}$，其中 $M_{N_2O_4}$ 與 $M_{NO_2}$ 各爲 $N_2O_4$ 與 $NO_2$ 之莫耳質量，$y_{N_2O_4}$ 與 $y_{NO_2}$ 各爲其莫耳分率。由於，$V_1 / V_2 = M_2 / M_1$，而此比值等於 $1/(1+\xi)$，其中的 $\xi$ 爲解離反應達成平衡時之其反應的程度。由此可得

$$\xi = \frac{M_1 - M_2}{M_2} \tag{8-50}$$

　　下面考慮於一定的溫度下之較複雜的氣體反應，例如，等莫耳量比之氮與氫的混合氣體，由於觸媒反應生成氨之反應，爲

$$N_2(g) + 3H_2(g) = 2NH_3(g)$$

| | $N_2(g)$ | $3H_2(g)$ | $2NH_3(g)$ | |
|---|---|---|---|---|
| 開始時之莫耳數 | 1 | 1 | 0 | |
| 平衡時之莫耳數 | $1-\xi$ | $1-3\xi$ | $2\xi$ | 總莫耳數 $= 2 - 2\xi$ |
| 平衡時之莫耳分率 | $\dfrac{1-\xi}{2-2\xi}$ | $\dfrac{1-3\xi}{2-2\xi}$ | $\dfrac{2\xi}{2-2\xi}$ | |

因 $\xi$ 莫耳的 $N_2$ 與 $3\xi$ 莫耳的 $H_2$ 反應，而生成 $2\xi$ 莫耳的 $NH_3$，所以反應物與生成物於平衡時之總莫耳數為，$(1-\xi)+(1-3\xi)+2\xi=2-2\xi$。因此，由氮與氫反應生成氨之平衡常數，可表示為

$$K_P = \frac{4\xi^2(2-2\xi)^2}{(1-\xi)(1-3\xi)^3(P/P^\circ)^2} \tag{8-51}$$

若上述的化學反應式除以 2 時，則其平衡常數 $K_P$ 等於上式 (8-51) 的右邊之開方根。若化學反應式寫成，$2NH_3(g)=N_2(g)+3H_2(g)$ 時，則其平衡常數為上式 (8-51) 所示 $K_p$ 之倒數。

**例 8-4** 1.588 g 的四氧化二氮於 $25°C$，$500\,cm^3$ 的容器內產生解離的反應，而其解離反應達至平衡時之總壓力為 $1.0133\,bar$。試求其解離反應達至平衡時之反應的程度 $\xi$，與平衡常數 $K_p$，及總壓力等於 $0.5\,bar$ 時之其反應的程度

**解** $M_2 = \frac{RT}{P}\frac{m}{V} = \frac{(0.083145\,\text{L bar K}^{-1}\text{mol}^{-1})(298.15\,\text{K})(1.588\,\text{g})}{(1.0133\,\text{bar})(0.5\,\text{L})} = 77.70\,\text{g mol}^{-1}$

$\xi = \frac{92.01-77.70}{77.70} = 0.1842$

$K_p = \frac{4\xi^2(P/P^\circ)}{1-\xi^2} = \frac{4(0.1842)^2(1.0133)}{1-(0.1842)^2} = 0.143$

總壓力為 $0.5\,bar$ 時，其反應之程度由式 (8-49)，可得

$$\xi = \left[\frac{0.143}{0.143+4(0.5)}\right]^{1/2} = 0.258 \qquad \blacktriangleleft$$

**例 8-5** 光氣之解離反應，$COCl_2(g)=CO(g)+Cl_2(g)$，於 $395°C$ 之平衡常數 $K_p = 0.0444$。試求其解離反應於 (a) 平衡總壓力為 $1\,bar$ 時之光氣的解離度，及 (b) 平衡總壓力為 $0.6\,bar$ 時之解離度

**解** (a) 由式 (8-49) 得

$$\xi_1 = \left(\frac{0.0444}{0.0444+1}\right)^{1/2} = 0.206$$

(b) $P=0.6\,bar$ 時

$$\xi_2 = \left(\frac{0.0444}{0.0444+0.6}\right)^{1/2} = 0.262 > \xi_1 \qquad \blacktriangleleft$$

**例 8-6** 反應， $N_2(g) + 3H_2(g) = 2NH_3(g)$ ，於 400°C 之平衡常數 $K_p$ 為 $1.60 \times 10^{-4}$ 。(a) 試求此反應於 400°C 之標準反應 Gibbs 能，(b) 設反應式除以 2，試求其平衡常數與標準反應 Gibbs 能

**解** (a) $\Delta_r G° = -RT \ln K_p = -(8.315 \text{ J K}^{-1}\text{mol}^{-1})(673.15 \text{ K}) \ln(1.60 \times 10^{-4})$
$$= 48.91 \text{ kJ mol}^{-1}$$

(b) $K_p = (1.60 \times 10^{-4})^{1/2} = 0.01265$
$$\Delta_r G° = -RT \ln(0.01265) = 24.46 \text{ kJ mol}^{-1} \quad \blacktriangleleft$$

## 8-7 標準生成 Gibbs 能 (Standard Gibbs Energy of Formation)

標準反應 Gibbs 能 $\Delta_r G°$ ，可由下述的三種方法計得：(1) 由反應的平衡常數之測定，及使用式 (8-13) 可計算 $\Delta_r G°$ ；(2) 由卡計的量測得反應之 $\Delta_r H°$ 值，及由熱力學第三定律所得之 $\Delta_r S°$ ，應用式 (8-16)，$\Delta_r G° = \Delta_r H° - T\Delta_r S°$ ，可計算 $\Delta_r G°$ ；(3) 對於簡單的氣體反應，可由光譜所得有關分子之能階分佈的資料，應用統計力學計算其 $\Delta_r G°$ 值。後面的二種方法，可用以計算未曾研究，或無法實測平衡常數之反應之 $\Delta_r G°$ 值的計算。

反應之標準反應 Gibbs 能 $\Delta_r G°$ ，可由各反應物與生成物之標準生成 Gibbs 能 $\Delta \bar{G}°_{f,i}$ ，由下式計算，即為

$$\Delta_r G° = \sum_{i=1}^{N} v_i \Delta \bar{G}°_{f,i} \tag{8-52}$$

上式中，$v_i$ 為化學反應平衡式中的成分 $i$ 之化學式量數。其中的物質 $i$ 之**標準生成 Gibbs 能** (standard Gibbs energy of formation) $\Delta \bar{G}°_{f,i}$ ，為由構成該物質之於標準狀態下的各元素，生成於標準狀態下的一莫耳該物質之標準反應 Gibbs 能。由於各元素於各溫度之參考狀態的標準生成 Gibbs 能，均訂定為零。因此，物質 $i$ 之標準生成 Gibbs 能，與其標準生成焓及標準熵之關係，可用下式表示為

$$\Delta \bar{G}°_{f,i} = \Delta \bar{H}°_{f,i} - T\left(\bar{S}°_i - \sum v_e \bar{S}°_e\right) \tag{8-53}$$

上式中，$\sum v_e \bar{S}°_e$ 為，由構成物質 $i$ 之各元素，生成該物質之反應標準熵值的和。

一些物質於 298.15 K 與 1 bar 下之標準生成 Gibbs 能，列於附錄表 A2-1。少數的物質於 0, 298.15, 500, 1000, 2000, 及 3000 K 等各溫度與 1 bar 下之數據，列於附錄表 A2-2。水溶液中的各種離子之熱力量，以氫離子 $H^+(m=1)$ 之 $\Delta \bar{H}°_f$, $\Delta \bar{G}°_f$, $\bar{S}°$, 及 $\bar{G}°$ 等值，均各等於零作為基準。

例 8-7 試計算，$H_2(g)$ 於 3000 K 與 1 bar 之解離度

解 由附錄表 A2-2 得，反應，$H_2(g) = 2H(g)$，於 3000 K 之標準反應 Gibbs 能為

$$\Delta_r G° = 2(46,006 \text{ J mol}^{-1}) = 92,012 \text{ J mol}^{-1}$$
$$= (8.314 \text{ J K}^{-1}\text{mol}^{-1})(3000 \text{ K}) \ln K_p$$

由此得

$$K_p = 2.50 \times 10^{-2} = \frac{4\xi^2 (P/P°)}{1-\xi^2}$$

$$\therefore \quad \xi = 0.0788$$

Langmuir 由實驗得，此反應之解離度為 0.072。 ◄

例 8-8 試計算，空氣中的 NO 於 1000 K 之平衡分壓

解 由附錄表 A2-2 得，反應，$\frac{1}{2}N_2(g) + \frac{1}{2}O_2(g) = NO(g)$，於 1000 K 之標準反應 Gibbs 能為，$\Delta_r G° = 77.772 \text{ kJ mol}^{-1}$。由此得

$$K_p = \exp\left[-\frac{77772}{(8.3145)(1000)}\right] = 8.663 \times 10^{-5}$$
$$= \frac{(P_{NO}/P°)}{(P_{N_2}/P°)^{1/2}(P_{O_2}/P°)^{1/2}} = \frac{(P_{NO}/P°)}{(0.80)^{1/2}(0.20)^{1/2}}$$

$$\therefore \quad P_{NO} = 3.465 \times 10^{-5} \text{ bar}$$ ◄

## 8-8 壓力對氣體反應的影響
### (Effect of Pressure on Gas Reactions)

理想混合氣體內的各反應物與生成物 $i$ 之平衡分壓 $P_i$，可用其平衡莫耳分率 $y_i$ 與總壓力 $P$ 的乘積表示。因此，反應之平衡常數 $K_p$，由式 (8-26) 可寫成

$$K_p = \prod_{i=1}^{N}\left(\frac{y_i P}{P°}\right)^{v_i} = \prod_{i=1}^{N} y_i^{v_i} \prod_{i=1}^{N}\left(\frac{P}{P°}\right)^{v_i} = \left(\frac{P}{P°}\right)^{v} K_y \qquad \textbf{(8-54)}$$

上式中，$v = \sum_i v_i$，$K_y$ 為以莫耳分率表示之平衡常數。

平衡常數 $K_y$ 於一定的總壓力 $P$ 下，僅為溫度的函數，而由上式 (8-54) 可寫成

$$K_y = \prod_{i=1}^{N} y_i^{v_i} = \left(\frac{P}{P°}\right)^{-v} K_p \qquad \textbf{(8-55)}$$

氣體生成物之莫耳數，等於氣體反應物之莫耳數時，$v = \sum_i v_i = 0$，而由上式可得，$K_y = K_p$，此時總壓力的改變，不會影響各反應物與生成物之各平衡莫耳分率。反應系中之氣體的分子數由於反應而增加時，$v > 0$，因此，於一定的溫度下增加壓力時，其 $K_y$ 值減小，即增加壓力時，生成物之平衡莫耳分率減小，而反應物之平衡莫耳分率增加。換言之，增加壓力時，反應向氣體的分子數減少的方向進行。此結論亦可用 Le Châtelier 的原理解釋。上式 (8-55) 於定溫下對壓力微分，可得

$$\left[ \frac{\partial \ln K_y}{\partial \ln(P / P^\circ)} \right]_T = -v = -\sum_i v_i \tag{8-56}$$

對於僅含液體或固體之反應系，壓力對於平衡之影響很小。由於反應系中的純固體或液體之活性度，通常均取為 1，由此，於表示平衡常數之式中，通常不會出現固體或液體成分之化學式的量數 $v_i$。

對於 $NH_3$ 之合成的反應，$N_2(g) + 3H_2(g) = 2NH_3(g)$，其反應系內之氣體的莫耳數，隨反應的進行而減小。因此，依據 Le Châtelier 的原理，壓力增加時，其反應向生成 $NH_3$ 的方向進行。

## 8-9 初組成及鈍性的氣體對氣體反應的影響
### (Effects of Initial Composition and Inert Gases on Gas Reactions)

於討論氣體反應之平衡組成，所受其初組成的影響時，其反應之平衡常數常採用，以莫耳分率 $y_i$ 表示的平衡常數 $K_y$。反應系內的各反應物與生成物 $i$，於反應中的任何時間之量 $n_i$，可用其於反應開始時之初量 $n_{io}$ 與反應之程度 $\xi$ 表示為，$n_i = n_{io} + v_i \xi$。因此，式 (8-55) 之平衡常數 $K_y$，可寫成

$$K_y = \prod_{i=1}^{N} \left( \frac{n_{io} + v_i \xi}{n_o + v \xi} \right)^{v_i} = \left( \frac{1}{n_o + v \xi} \right)^v \prod_{i=1}^{N} (n_{io} + v_i \xi)^{v_i} \tag{8-57}$$

上式中，$v = \sum_i v_i$，$n_o$ 為於反應開始時，反應系內的各氣體反應物與生成物之初量的總和，而此反應系內的各氣體成分於任何時間之量的總和，可表示為

$$\sum_{i=1}^{N} n_i = \sum (n_{io} + v_i \xi) = \sum n_{io} + \xi \sum v_i = n_o + \xi v \tag{8-58}$$

因此，由反應系之初組成與其反應之平衡常數 $K_y$ 值，及由式 (8-57) 所解出的 $\xi$，可計算各反應物與生成物於平衡時之量。此多項式通常有一正的實數解，若為二次方程式時，則可容易解得其 $\xi$，而若為較高次的多項式時，則需採用**反覆法** (iterative methods) 計算。

於一定的溫度與體積之平衡混合氣體內，加入不參與反應的鈍性氣體時，其反應的各成分氣體之分壓不會改變，而不會影響其反應平衡。然而，於定溫與定壓下加入鈍性的氣體時，由於會降低其反應各成分氣體之分壓，由此，其對於反應平衡的影響，與降低壓力時相同。於定溫定壓下加入 $n_{inerts}$ 莫耳的鈍性氣體時，式 (8-57) 中的各莫耳分率項之分母，會由 $n_o + v\xi$ 改變為 $n_o + v\xi + n_{inerts}$，因此，以壓力表示的平衡常數 $K_p$，可由式 (8-54)改寫成

$$K_p = \prod_{i=1}^{N} \left( \frac{n_{io} + v_i\xi}{n_o + v\xi + n_{inerts}} \frac{P}{P^\circ} \right)^{v_i} = \left( \frac{P/P^\circ}{n_o + v\xi + n_{inerts}} \right)^{v} \prod_{i=1}^{N} (n_{io} + v_i\xi)^{v_i} \tag{8-59}$$

若上式中的 $v < 0$，而於一定的壓力下加入鈍性氣體時，則反應系內的氣體反應物與生成物之各分壓的總和會減低，於是其反應的平衡會移向反應式之左邊的方向，即其反應於平衡時之反應的程度 $\xi$ 減小。

**例 8-9** 反應，$CO(g) + 2H_2(g) = CH_3OH(g)$，於 500 K 之平衡常數 $K_p$ 為 $6.23 \times 10^{-3}$。試求 (a) 等莫耳量的 CO 與 $H_2$ 之混合氣體於 1 bar 的壓力下，通過其反應的觸媒床時之平衡反應的程度，(b) $H_2$ 與 CO 之莫耳比例為 2:1 的混合氣體，於 100 bar 的壓力下，通過觸媒床時之平衡反應的程度，及 (c) $H_2 : CO : N_2$ 之莫耳比為 2:1:1 的混合氣體，於 100 bar 的壓力下，通過觸媒床時之平衡反應的程度

**解** (a)

|  | CO | $H_2$ | $CH_3OH$ |
|---|---|---|---|
| 開始時之莫耳數 | 1 | 1 | 0 |
| 平衡時之莫耳數 | $1-\xi$ | $1-2\xi$ | $\xi$ |
| 平衡時之莫耳分率 | $1/2$ | $\dfrac{(1-2\xi)}{2(1-\xi)}$ | $\dfrac{\xi}{2(1-\xi)}$ |

總莫耳數 $= 2(1-\xi)$

$$K_p = \frac{\dfrac{\xi}{2(1-\xi)}\left(\dfrac{P}{P^\circ}\right)}{\left(\dfrac{1}{2}\dfrac{P}{P^\circ}\right)\left[\dfrac{(1-2\xi)}{2(1-\xi)}\dfrac{P}{P^\circ}\right]^2} = \frac{4\xi(1-\xi)}{(1-2\xi)^2 (P/P^\circ)^2} = 6.23 \times 10^{-3}$$

由上式解得，$\xi = 0.00155$，所以

$y_{CO} = 0.5000$，$y_{H_2} = 0.4992$，$y_{CH_3OH} = 0.0008$

(b)

|  | CO | $H_2$ | $CH_3OH$ |
|---|---|---|---|
| 開始時之莫耳數 | 1 | 2 | 0 |
| 平衡時之莫耳數 | $1-\xi$ | $2-2\xi$ | $\xi$ |
| 平衡時之莫耳分率 | $\dfrac{1-\xi}{3-2\xi}$ | $\dfrac{2-2\xi}{3-2\xi}$ | $\dfrac{\xi}{3-2\xi}$ |

總莫耳數 $= 3 - 2\xi$

$$K_p = \frac{\left(\dfrac{\xi}{3-2\xi}\right)\left(\dfrac{P}{P^\circ}\right)}{\left(\dfrac{1-\xi}{3-2\xi}\dfrac{P}{P^\circ}\right)\left(\dfrac{2-2\xi}{3-2\xi}\dfrac{P}{P^\circ}\right)^2} = \frac{\xi(3-2\xi)^2}{(1-\xi)(2-2\xi)^2(100)^2} = 6.23\times10^{-3}$$

由上式解得，　$\xi = 0.817$，所以

$y_{CO} = 0.134$，$y_{H_2} = 0.268$，$y_{CH_3OH} = 0.598$

(c) 總莫耳數 $= (1-\xi)+(2-2\xi)+\xi+1 = 4-2\xi$，因此

$$K_p = \frac{\xi(4-2\xi)^2}{(1-\xi)(2-2\xi)^2(100)^2} = 6.23\times10^{-3}$$

由上式解得，　$\xi = 0.735$，所以

$y_{CO} = 0.105$，$y_{H_2} = 0.210$，$y_{CH_3OH} = 0.291$，及 $y_{N_2} = 0.395$。　◀

## 8-10　溫度對平衡常數的影響
### (Effect of Temperature on the Equilibrium Constant)

由溫度對平衡常數的影響，使用 Gibbs Helmholtz 式可求得，反應之標準反應焓 $\Delta_r H^\circ$。將 $\Delta_r G^\circ = -RT \ln K$ 代入 Gibbs-Helmholtz 式 (5-68)，可得

$$\Delta_r H^\circ = -T^2\left[\frac{\partial(\Delta_r G^\circ/T)}{\partial T}\right]_p = RT^2\left(\frac{\partial \ln K}{\partial T}\right)_p \tag{8-60}$$

或

$$\left(\frac{\partial \ln K}{\partial T}\right)_p = \frac{\Delta_r H^\circ}{RT^2} \tag{8-61}$$

上式 (8-61)，　稱為 van't Hoff 式。

由上式 (8-61) 得知，吸熱反應之平衡常數，隨溫度的上升而增加，而放熱反應之平衡常數，隨溫度的上升而減小。依據 Le Châtelier 的原理，溫度上升時，其反應的平衡趨向吸熱反應之方向。

反應之標準反應焓 $\Delta_r H^\circ$，不受溫度的影響為一定時，上式 (8-61) 由溫度 $T_1$ 積分至 $T_2$，可得

$$\ln\frac{K_2}{K_1} = \frac{\Delta_r H^\circ(T_2-T_1)}{RT_1T_2} \tag{8-62}$$

若 $\Delta_r H^\circ$ 為一定而不受溫度的影響，則其標準反應之熱容量的變化 $\Delta_r C_p^\circ$ 等於零。此時由式 (4-127)得，其標準反應熵值 $\Delta_r S^\circ$ 亦不受溫度的影響。因此，於 $\Delta_r C_p^\circ = 0$ 時，其反應之平衡常數所受溫度的影響，可表示為

$$\Delta_r G° = -RT \ln K = \Delta_r H° - T\Delta_r S° \tag{8-63}$$

或

$$\ln K = -\frac{\Delta_r H°}{RT} + \frac{\Delta_r S°}{R} \tag{8-64}$$

反應之 $\Delta_r H°$ 與 $\Delta_r S°$ 均不受溫度的影響，而均為一定時，依據上式 (8-64)，$\ln K$ 與 $1/T$ 成線性的關係。因此，由 $\ln K$ 對 $1/T$ 作圖，可得斜率為 $-\Delta_r H°/R$ 之直線，而此直線外延至於 $1/T = 0$ 之截距，可得 $\Delta_r S°/R$。由此，可計得反應之標準焓值的變化 $\Delta_r H°$，與標準熵值的變化 $\Delta_r S°$。反應，$N_2(g) + O_2(g) = 2NO(g)$ 之 $\ln K_p$ 與 $1/T$ 的關係，如圖 8-5 所示，由其 $-\Delta_r H°/R = -2.19 \times 10^4$ 及 $\Delta_r S°/R = 3.13$，可分別計得，此反應之 $\Delta_r H° = 182 \text{ kJ mol}^{-1}$，及 $\Delta_r S° = (3.13)(8.3145 \text{ J K}^{-1}\text{mol}^{-1})$ $= 26.0 \text{ J K}^{-1}\text{mol}^{-1}$。

式 (8-62) 之形式與 Clausius-Clapeyron 的式相似，由於二溫度的反應之平衡常數，可計算該反應之 $\Delta_r H°$，亦可計算於其他溫度之平衡常數。

若反應之 $\Delta_r H°$ 與 $\Delta_r S°$ 均受溫度的影響，而假定其標準反應熱容量的變化 $\Delta_r C_p°$，不受溫度的影響為一定，則由式 (3-87) 與 (4-69)，可得

$$\Delta_r H_T° = \Delta_r H_{298}° + \Delta_r C_p°(T - 298.15 \text{ K}) \tag{8-65}$$

與

$$\Delta_r S_T° = \Delta_r S_{298}° + \Delta_r C_p° \ln \frac{T}{298.15 \text{ K}} \tag{8-66}$$

將這些關係代入式 (8-63)，$-RT \ln K = \Delta_r H_T° - T\Delta_r S_T°$，可得

$$\ln K = -\frac{\Delta_r H_{298}°}{RT} + \frac{\Delta_r S_{298}°}{R} - \frac{\Delta_r C_p°}{R}\left(1 - \frac{298.15 \text{ K}}{T} - \ln \frac{T}{298.15 \text{ K}}\right) \tag{8-67}$$

若 $\Delta_r C_p°$ 受溫度的影響，而與溫度有關，且可用式 (3-88) 表示，則由式 (3-90) 及式 (4-127)，可得

$$\Delta_r H_T° = \Delta_r H_0° + \Delta_r \alpha T + \frac{\Delta_r \beta}{2}T^2 + \frac{\Delta_r \gamma}{3}T^3 \tag{8-68}$$

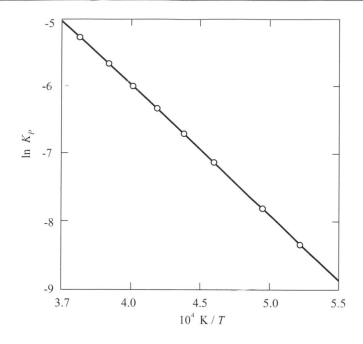

圖 8-5　反應，$N_2(g) + O_2(g) = 2NO(g)$ ，之 $\ln K_p$ 與 $1/T$ 的關係

與
$$\Lambda_r S_T^\circ = \Delta_r S_0^\circ + \Delta_r \alpha \ln T + \Delta_r \beta T + \frac{\Delta_r \gamma}{2} T^2 \qquad \text{(8-69)}$$

將這些關係式代入式 (8-63)，$-RT \ln K = \Delta_r H_T^\circ - T \Delta_r S_T^\circ$ ，可得

$$\ln K = -\frac{\Delta_r H_0^\circ}{RT} + \frac{(\Delta_r S_0^\circ - \Delta_r \alpha)}{R} + \frac{\Delta_r \beta}{2R} T + \frac{\Delta_r \gamma}{6R} T^2 + \frac{\Delta_r \alpha}{R} \ln T \qquad \text{(8-70)}$$

上式中，$\Delta_r \alpha = \sum v_i \alpha_i$ ，$\Delta_r \beta = \sum v_i \beta_i$ ，及 $\Delta_r \gamma = \sum v_i \gamma_i$ 。若 $\Delta_r \alpha, \Delta_r \beta, \Delta_r \gamma$ 及於某溫度之 $\Delta_r H_T^\circ$ 已知，則由式 (8-68) 可計得 $\Delta_r H_0^\circ$ 。由此，由某一溫度的反應之平衡常數，可由上式 (8-70) 計得 $\Delta_r S_0^\circ$ 。

　　吸熱的反應，$A(g) = 2B(g)$ ，於三總壓力下之溫度對其平衡反應的程度的影響，如圖 8-6 所示，其平衡反應的程度均隨溫度的上升而增加，而於一定的溫度時，較低壓力之反應的程度較大。

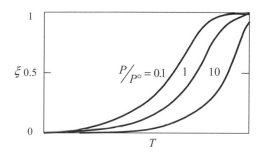

圖 8-6　吸熱反應，$A(g) = 2B(g)$ ，於三總壓力下之平衡反應的程度 $\xi$ 與溫度的關係

例 **8-10** 反應， $N_2(g) + O_2(g) = 2NO(g)$ ，於各溫度下之平衡常數如下，試計算此反應於溫度 2000 與 2500 K 間之標準反應焓值

| $T / K$ | 1900 | 2000 | 2100 | 2200 | 2300 | 2400 | 2500 | 2600 | 2700 |
|---|---|---|---|---|---|---|---|---|---|
| $K_p / 10^{-4}$ | 2.31 | 4.08 | 6.86 | 11.0 | 16.9 | 25.1 | 36.0 | 50.3 | 68.7 |

**解**

$$\Delta_r H^\circ = \frac{RT_1 T_2}{T_2 - T_1} \ln\frac{K_{p,2500}}{K_{p,2000}} = \frac{(8.314 \text{ J K}^{-1}\text{mol}^{-1})(2000 \text{ K})(2500 \text{ K})}{500 \text{ K}} \ln\frac{3.6 \times 10^{-3}}{4.08 \times 10^{-4}}$$

$$= 181 \text{ kJ mol}^{-1}$$

◀

## 8-11 非均勻系之化學平衡
### (Chemical Equilibrium of Heterogeneous Systems)

　　反應物於不同的相間之化學反應，稱為**非均勻的化學反應** (heterogeneous chemical reactions)，而含一相以上的平衡系，稱為非均勻的平衡系。非均勻的平衡系有，固–液、固–氣、固–固、液–氣、液–液、及固–液–氣等，而其中最常見者為，固–液及固–氣等之二相間的反應平衡。固相通常為純的固體，由此，固體於反應過程中之濃度，可視為一定 (純固體之活性度為 1)，且固體之量不會影響其反應的平衡常數，因此，固–液或固–氣等二相的反應之平衡常數常用其反應系內的液相之濃度或氣相的壓力表示。例如，下列的反應 (8-71) 與 (8-72) 均為，包括純固體與氣體的二相之非均勻的反應

$$C (石墨) + H_2O(g) = CO(g) + H_2(g) \tag{8-71}$$

$$CaCO_3(s) = CaO(s) + CO_2(g) \tag{8-72}$$

因純固體或互不相溶的液體之活性度，均接近 1，所以反應 (8-71) 與 (8-72) 之平衡常數的式內，不含純固相的項。

　　若氣體為理想氣體，則反應 (8-71) 與反應 (8-72) 中的各成分，於平衡時之化勢，可分別表示為

$$\mu^\circ_{C(石墨)} + \mu^\circ_{H_2O(g)} + RT\ln\left(\frac{P_{H_2O}}{P^\circ}\right)$$

$$= \mu^\circ_{CO(g)} + RT\ln\left(\frac{P_{CO}}{P^\circ}\right) + \mu^\circ_{H_2(g)} + RT\ln\left(\frac{P_{H_2}}{P^\circ}\right) \tag{8-73}$$

與

$$\mu^\circ_{CaCO_3(s)} = \mu^\circ_{CaO(s)} + \mu^\circ_{CO_2(g)} + RT\ln\left(\frac{P_{CO_2}}{P^\circ}\right) \tag{8-74}$$

於是，反應 (8-71) 與反應 (8-72) 之標準反應 Gibbs 能，分別為

$$\Delta_r G^\circ = \mu^\circ_{CO(g)} + \mu^\circ_{H_2(g)} - \mu^\circ_{C(石墨)} - \mu^\circ_{H_2O(g)} = -RT\ln\frac{\left(\dfrac{P_{CO}}{P^\circ}\right)\left(\dfrac{P_{H_2}}{P^\circ}\right)}{\left(\dfrac{P_{H_2O}}{P^\circ}\right)} \tag{8-75}$$

與

$$\Delta_r G^\circ = \mu^\circ_{CaO(s)} + \mu^\circ_{CO_2(g)} - \mu^\circ_{CaCO_3(s)} = -RT\ln\left(\frac{P_{CO_2}}{P^\circ}\right) \tag{8-76}$$

由式 (8-13)，$\Delta_r G^\circ = -RT\ln K_p$，可得反應 (8-71) 與反應 (8-72) 之平衡常數，分別為

$$K_p = \frac{(P_{CO}/P^\circ)(P_{H_2}/P^\circ)}{P_{H_2O}/P^\circ} \tag{8-77}$$

與

$$K_p = \frac{P_{CO_2}}{P^\circ} \tag{8-78}$$

此二反應 (8-71) 與 (8-72) 之平衡常數，均僅與其反應於平衡時所存在的各氣體之分壓有關，而與其內的純固體相之量無關。這些反應與單一相的反應比較，這些反應於其反應系內之固相完全消失時，其反應完成並停止。反應 (8-71) 於碳存在的期間，不管其反應開始時之條件如何，其反應的行為如氣體反應，且由於氣相中的各氣體之混合熵，其反應不會完全反應而達成平衡。

上述的第二反應 (8-72) ，可向其反應式的左或向右的方向反應，直至其內的 $CO_2(g)$ 之壓力，等於其反應的平衡常數 $K_p$。因固體 $CaCO_3$ 與 $CaO$ 互不相熔，故於反應系內有三相 ($p = 3$) 平衡共存，於此反應系中有三物種，而其間有一化學反應平衡的關係，因此，其成分數 $c = 2$。若溫度與壓力均為變量時，則由相律得，其變量數 $\upsilon = c - p + 2 = 2 - 3 + 2 = 1$，此表示，$CaCO_3(s)$、$CaO(s)$ 與 $CO_2(g)$ 的三相平衡共存時，僅由溫度與壓力中之一變量，就可決定此平衡系的狀態。因此，此反應於一定的溫度下，不拘其固相之存在量多寡，其平衡常數為定值，即僅由 $CO_2(g)$ 之分壓，就可決定其反應的平衡常數。於各溫度下之 $CO_2(g)$ 與 $CaO(s)$ 及 $CaCO_3(s)$ 的三相平衡之 $CO_2$ 的壓力，如表 8-1 所示。

表 8-1　各溫度下，$CO_2(g)$ 與 $CaO(s)$ 及 $CaCO_3(s)$ 平衡之 $CO_2(g)$ 的壓力

| $t/^\circ C$ | 500 | 600 | 700 | 800 | 897 |
|---|---|---|---|---|---|
| $P_{CO_2}/P^\circ$ | $9.2\times10^{-5}$ | $2.39\times10^{-3}$ | $2.88\times10^{-2}$ | 0.2217 | 0.987 |
| $t/^\circ C$ | 1000 | 1100 | 1200 | | |
| $P_{CO_2}/P^\circ$ | 3.820 | 11.35 | 28.31 | | |

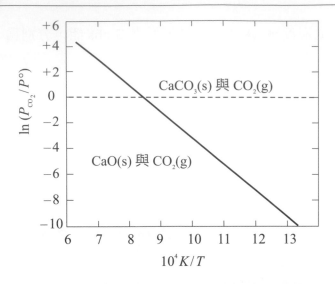

圖 8-7　碳酸鈣解離時之 $\ln(P_{CO_2}/P°)$ 與 $1/T$ 的關係

　　反應(8-72)之二氧化碳的平衡壓力之自然對數， $\ln(P_{CO_2}/P°)$ ，對 $1/T$ 作圖，如圖 8-7 所示。於此圖之實線上，$CaCO_3(s)$、$CaO(s)$、與 $CO_2(g)$ 的三相平衡共存。若 $CO_2(g)$ 之分壓保持小於此反應之平衡常數 $K_p$，則系內所有的 $CaCO_3(s)$ 全部分解，而成為 $CaO(s)$ 與 $CO_2$ 之二成分系，如實線之下面的部分所示。反之，若 $CO_2$ 之分壓保持大於 $K_p$，則系內所有的 $CaO(s)$ 均與 $CO_2$ 反應生成 $CaCO_3(s)$，而成為 $CaCO_3(s)$ 與 $CO_2(g)$ 之二成分系，如實線之上面的部分所示。

　　溶解度小的固體鹽類於水中之溶解平衡，一般無須考慮所存在而沒有溶解之固體的量，此時其溶解的平衡常數，通常以水中所溶解離子之濃度的乘積表示，此稱為該難溶性鹽於水中之**溶解度積** (solubility product) $K_{sp}$。由溶解度積可推算，難溶性固體鹽類於水中之**溶解度** (solubility)，而其溶解度通常以 mol L$^{-1}$ 的單位表示。一些鹽類於 25°C 的水中之溶解度積 $K_{sp}$ 值，如下：

$$CdS(s) \rightleftharpoons Cd^2 + S^{2-} \quad K_{sp} = [Cd^{2+}][S^{2-}] = 1.0 \times 10^{-28}$$

$$CaF_2(s) \rightleftharpoons Ca^{2+} + 2F^- \quad K_{sp} = [Ca^{2+}][F^-]^2 = 3.9 \times 10^{-11}$$

$$AgCl(s) \rightleftharpoons Ag^+ + Cl^- \quad K_{sp} = [Ag^+][Cl^-] = 1.7 \times 10^{-10}$$

$$BaSO_4(s) \rightleftharpoons Ba^{2+} + SO_4^{2-} \quad K_{sp} = [Ba^{2+}][SO_4^{2-}] = 1.5 \times 10^{-9}$$

$$Ag_3PO_4(s) \rightleftharpoons 3Ag^+ + PO_4^{3-} \quad K_{sp} = [Ag^+]^3[PO_4^{3-}] = 1.8 \times 10^{-18}$$

$$Al(OH)_3(s) \rightleftharpoons Al^{3+} + 3OH^- \quad K_{sp} = [Al^{3+}][OH^-]^3 = 5 \times 10^{-33}$$

其他於水中較難溶解的一些鹽類及化合物，於 25°C 的水中之溶解積 $K_{sp}$ 值，列於表 8-2。

表 8-2　一些化合物於 $25°C$ 的水中之溶解度積 $K_{sp}$

| 化合物 | $K_{sp}$ | 化合物 | $K_{sp}$ | 化合物 | $K_{sp}$ |
|---|---|---|---|---|---|
| 氟化物 | | $SrCO_3$ | $7 \times 10^{-10}$ | $CdS$ | $1.0 \times 10^{-28}$ |
| $BaF_2$ | $2.4 \times 10^{-5}$ | $CuCO_3$ | $2.5 \times 10^{-10}$ | $PbS$ | $7 \times 10^{-29}$ |
| $MgF_2$ | $8 \times 10^{-8}$ | $ZnCO_3$ | $2 \times 10^{-10}$ | $CuS$ | $8 \times 10^{-37}$ |
| $PbF_2$ | $4 \times 10^{-8}$ | $MnCO_3$ | $2 \times 10^{-10}$ | $Ag_2S$ | $5.5 \times 10^{-51}$ |
| $SrF_2$ | $7.9 \times 10^{-10}$ | $FeCO_3$ | $2.1 \times 10^{-11}$ | $HgS$ | $1.6 \times 10^{-54}$ |
| $CaF_2$ | $3.9 \times 10^{-11}$ | $Ag_2CO_3$ | $8.2 \times 10^{-12}$ | $Bi_2S_3$ | $1.6 \times 10^{-72}$ |
| 氯化物 | | $CdCO_3$ | $5.2 \times 10^{-12}$ | 氫氧化物 | |
| $PbCl_2$ | $1.6 \times 10^{-5}$ | $MgCO_3$ | $1.5 \times 10^{-15}$ | $Ba(OH)_2$ | $5.0 \times 10^{-3}$ |
| $AgCl$ | $1.7 \times 10^{-10}$ | $HgCO_3$ | $9.0 \times 10^{-15}$ | $Sr(OH)_2$ | $3.2 \times 10^{-4}$ |
| $Hg_2Cl_2$ | $1.1 \times 10^{-18}$ | 鉻酸鹽 | | $Ca(OH)_2$ | $1.3 \times 10^{-6}$ |
| 溴化物 | | $SrCrO_4$ | $3.6 \times 10^{-5}$ | $AgOH$ | $2 \times 10^{-8}$ |
| $PbBr_2$ | $4.6 \times 10^{-6}$ | $Hg_2CrO_4$ | $2 \times 10^{-9}$ | $Mg(OH)_2$ | $8.9 \times 10^{-12}$ |
| $AgBr$ | $5.0 \times 10^{-13}$ | $BaCrO_4$ | $8.5 \times 10^{-11}$ | $Mn(OH)_2$ | $2 \times 10^{-13}$ |
| $Hg_2Br_2$ | $1.3 \times 10^{-22}$ | $Ag_2CrO_4$ | $1.9 \times 10^{-12}$ | $Cd(OH)_2$ | $2 \times 10^{-14}$ |
| 碘化物 | | $PbCrO_4$ | $2 \times 10^{-16}$ | $Pb(OH)_2$ | $4.2 \times 10^{-15}$ |
| $PbI_2$ | $8.3 \times 10^{-9}$ | 磷酸鹽 | | $Fe(OH)_2$ | $1.8 \times 10^{-15}$ |
| $AgI$ | $8.5 \times 10^{-17}$ | $Ag_3PO_4$ | $1.8 \times 10^{-18}$ | $Co(OH)_2$ | $2.5 \times 10^{-16}$ |
| $Hg_2I_2$ | $4.5 \times 10^{-79}$ | $Sr_3(PO_4)_2$ | $1.0 \times 10^{-31}$ | $Ni(OH)_2$ | $1.6 \times 10^{-16}$ |
| 硫酸鹽 | | $Ca_3(PO_4)_2$ | $1.3 \times 10^{-32}$ | $Zn(OH)_2$ | $4.5 \times 10^{-17}$ |
| $CaSO_4$ | $2.4 \times 10^{-5}$ | $Ba_3(PO_4)_2$ | $6 \times 10^{-39}$ | $Cu(OH)_2$ | $1.6 \times 10^{-19}$ |
| $Ag_2SO_4$ | $1.2 \times 10^{-5}$ | $Pb_3(PO_4)_2$ | $1.0 \times 10^{-54}$ | $Hg(OH)_2$ | $3 \times 10^{-26}$ |
| $SrSO_4$ | $7.5 \times 10^{-7}$ | 硫化物 | | $Sn(OH)_2$ | $3 \times 10^{-27}$ |
| $PbSO_4$ | $4.3 \times 10^{-8}$ | $MnS$ | $7 \times 10^{-16}$ | $Cr(OH)_3$ | $6.7 \times 10^{-31}$ |
| $BaSO_4$ | $1.5 \times 10^{-9}$ | $FeS$ | $4 \times 10^{-19}$ | $Al(OH)_3$ | $5 \times 10^{-33}$ |
| 碳酸鹽 | | $NiS$ | $3 \times 10^{-21}$ | $Fe(OH)_3$ | $6 \times 10^{-38}$ |
| $NiCO_3$ | $1.4 \times 10^{-7}$ | $CoS$ | $5 \times 10^{-22}$ | $Co(OH)_3$ | $2.5 \times 10^{-43}$ |
| $CaCO_3$ | $4.7 \times 10^{-9}$ | $ZnS$ | $2.5 \times 10^{-22}$ | | |
| $BaCO_3$ | $1.6 \times 10^{-9}$ | $SnS$ | $1.0 \times 10^{-26}$ | | |

例 **8-11** 試計算反應，$CaCO_3(s) = CaO(s) + CO_2(g)$ ，於 1000 K 之 $\Delta_r G°, \Delta_r H°$, 與 $\Delta_r S°$ 等值

解 由圖 8-7，於 1000 K 之 $\ln(P_{CO_2} / P°)$ 等於 $-3.00$，由此

$$\Delta_r G° = -RT \ln K_p = -(8.314 \text{ J K}^{-1} \text{mol}^{-1})(1000 \text{ K})(-3.00)$$
$$= 24.9 \text{ kJ mol}^{-1}$$
$$\Delta_r H° = -R(\text{斜率}) = -(8.314 \text{ J K}^{-1} \text{mol}^{-1})(-2.055 \times 10^4 \text{ K})$$
$$= 171 \text{ kJ mol}^{-1}$$
$$\Delta_r S° = \frac{\Delta_r H° - \Delta_r G°}{T} = \frac{(171 - 24.9) \times 10^3 \text{ J mol}^{-1}}{100 \text{ K}} \quad \blacktriangleleft$$
$$= 146.1 \text{ J K}^{-1} \text{mol}^{-1}$$

例 **8-12** 試使用附錄表 A2-1 之數據，及由反應式， $H_2O(\ell) = H_2O(g)$ ，計算 $H_2O(\ell)$ 於 25°C 之蒸氣壓

解 $\Delta_r G° = -RT \ln\left(\dfrac{P_{H_2O}}{P°}\right) = -228.572 - (-237.129) = 8.557 \text{ kJ mol}^{-1}$

∴ $P_{H_2O} = 0.03169 \text{ bar}$ $\quad \blacktriangleleft$

例 **8-13** 石墨與鑽石之密度，分別為 2.25 與 3.51 g cm$^{-3}$，假定其密度不受壓力的影響。試計算由石墨轉變成鑽石的反應， $C(石墨) = C(鑽石)$ ，於 25°C 之平衡壓力

解 由附錄表 A2-1，可得

$$\Delta_r G° = 2900 - 0 = 2900 \text{ J mol}^{-1}$$

因 $\quad \Delta_r V = 12\left(\dfrac{1}{3.51} - \dfrac{1}{2.25}\right) \times 10^{-6} \text{ m}^3 \text{mol}^{-1} = -1.91 \times 10^{-6} \text{ m}^3 \text{mol}^{-1}$

而由， $(\partial \Delta_r G / \partial P)_T = \Delta_r V$ ，可寫成

$$\int_1^2 d\Delta_r G° = \int_{P_1}^{P_2} \Delta_r V dP = \Delta_r G_2° - \Delta_r G_1° = \Delta_r V(P_2 - P_1)$$

由上式得 $\quad P_2 = \dfrac{\Delta_r G_2° - \Delta_r G_1°}{\Delta_r V} + P_1 = \dfrac{0 - 2900 \text{ J mol}^{-1}}{-1.91 \times 10^{-6} \text{ m}^3 \text{mol}^{-1}} + 10^5 \text{Pa}$ $\quad \blacktriangleleft$

$$= 1.52 \times 10^9 \text{ Pa 或 } 1.52 \times 10^4 \text{ bar}$$

**例 8-14** 已知 $CdS(s)$ 於 $25°C$ 的水中之 $K_{sp} = 1.0 \times 10^{-28}$，試求 $CdS$ 於水中之溶解度

解 由 $CdS(s) = Cd^{2+} + S^{2-}$

$$K_{sp} = [Cd^{2+}][S^{2-}] = 1.0 \times 10^{-28}$$

設 $CdS$ 於水中之溶解度為 $S$，因溶於水溶液中之 $CdS$ 完全解離成離子，故其離子之濃度等於 $S$，由此可得

$$K_{sp} = S^2 = 1.0 \times 10^{-28}$$

$$\therefore S = \sqrt{K_{sp}} = \sqrt{1.0 \times 10^{-28}} = 1.0 \times 10^{-14} \text{ mol L}^{-1} \quad ◄$$

**例 8-15** 已知 $CaF_2(s)$ 於 $25°C$ 的水中之 $K_{sp} = 3.9 \times 10^{-11}$，試求 $CaF_2$ 於水中之溶解度

解 由 $CaF_2(s) = Ca^{2+} + 2F^-$

$$K_{sp} = [Ca^{2+}][F^-]^2 = 3.9 \times 10^{-11}$$

設 $CaF_2$ 於水中之溶解度為 $S$，則 $[Ca^{2+}] = S$, $[F^-] = 2S$，出此可得

$$K_{sp} = (S)(2S)^2 = 4S^3 = 3.9 \times 10^{-11}$$

$$\therefore S = \sqrt[3]{\frac{K_{sp}}{4}} = \sqrt[3]{\frac{3.9 \times 10^{-11}}{4}} = \sqrt[3]{9.75 \times 10^{-12}} \quad ◄$$

$$= 2.14 \times 10^{-4} \text{ mol L}^{-1}$$

## 8-12 溶液內的化學平衡 (Chemical Equilibrium in Solutions)

於討論溶液內的化學平衡時，由於溶液中各成分間的相互作用，一般須考慮溶液之非理想性。溶液內的非電解質成分 $i$ 之化勢 $\mu_i$，由式 (7-27) 可表示為

$$\mu_i = \mu_i^\circ + RT \ln \gamma_i x_i \tag{8-79}$$

上式中，$\gamma_i$ 為溶液內的成分 $i$ 之活性度係數，$x_i$ 為成分 $i$ 之莫耳分率，而成分 $i$ 之活性度為 $a_i = \gamma_i x_i$。因此，溶液內的化學平衡常數以活性度表示時，由式 (8-14) 可表示為

$$K_a = \prod_{i=1}^{N} (\gamma_i x_{i,\text{eq}})^{v_i}$$

$$= [\prod_i \gamma_i^{v_i}][\prod_i x_{i,\text{eq}}^{v_i}] \tag{8-80}$$

對於理想溶液內之化學平衡，其內的各成分之活性度係數各等於 1，因此，於理想的溶液內，以莫耳分率表示之平衡常數 $K_x$ 等於 $K_a$，而於一般的溶液內，以莫耳分率表示之平衡常數，可表示為

$$K_x = \prod_i x_{i,\,\text{eq}}^{v_i} \qquad\qquad (8\text{-}81)$$

若溶液為理想溶液，則其內的反應之平衡常數，可由反應物與生成物之標準 Gibbs 能計算。

　　式 (8-80) 中之各成分的活性度係數，可由溶液之熱力性質推定。溶液內的成分 $i$ 之活性度係數 $\gamma_i$，通常隨其濃度的改變而改變，有時於某特定的濃度範圍內為一定。對於非理想的溶液內之化學平衡，將式 (8-80) 中的各成分之活性度係數移至式之左邊，並與平衡常數 $K_a$ 合併，可得

$$K_x' = \frac{K_a}{\prod_i \gamma_i^{v_i}} = \prod_i x_{i,\,\text{eq}}^{v_i} \qquad\qquad (8\text{-}82)$$

上式之 $K_x'$ 為，於非理想的溶液內以莫耳分率表示的**視平衡常數** (apparent equilibrium constant)。溶劑雖然不直接參予溶液的反應，但會影響溶液內的反應物與生成物之活性度係數。因此，溶液內的反應之視平衡常數，通常受其內之溶劑的影響。

　　於討論稀薄溶液內之化學平衡時，濃度常採用重量莫耳濃度 $m$ (molal，即 mole 溶質 / kg 溶劑)，或容量莫耳濃度 $M$ (molar, 即 mol $L^{-1}$)。重量莫耳濃度 $m$ 與化勢之間的關係，可表示為

$$\mu_i = \mu_i^{\circ} + RT \ln\!\left( \frac{\gamma_i m_i}{m^{\circ}} \right) \qquad\qquad (8\text{-}83)$$

因活性度為無因次，所以 $\gamma_i m_i$ 須除以標準重量莫耳濃度 $m^{\circ} = 1 \text{ mol kg}^{-1}$。上式中的活性度係數 $\gamma_i$，雖採用與式 (8-79) 相同的符號，但其數值不相同。同理將上式代入式 (8-14)，可得以重量莫耳濃度表示之平衡常數 $K_m$，即為

$$K_m = \prod_i \left( \frac{\gamma_i m}{m^{\circ}} \right)^{v_i} \qquad\qquad (8\text{-}84)$$

於附錄表 A2-1 中，溶質於水溶液中之標準狀態為，$1 \text{ mol kg}^{-1}$ 之假想的理想溶液，此為假定濃度 $m = 1 \text{ mol kg}^{-1}$ 時，仍可遵照 Henry 定律之假想的標準狀態。上式 (8-84) 應用於電解質的溶液時，因強的電解質於溶液中時，完全產生解離，故表示其平衡常數的數學式會改變，此部分將於下章討論。

**例 8-16** 一莫耳的醋酸與一莫耳的乙醇，於 25°C 混合並產生反應達至平衡後，以標準鹼液滴定得知，其中的 0.667 莫耳的醋酸反應生成醋酸乙酯。試計算， (a) 以莫耳分率表示之其酯化反應的視平衡常數，及 (b) 0.500 莫耳的乙醇與 1.000 莫耳的醋酸，於 25°C 混合並反應達至平衡時，所生成之醋酸乙酯的量

**解** 醋酸與乙醇之酯化反應，為

$$CH_3CO_2H(\ell) + C_2H_5OH(\ell) = CH_3CO_2C_2H_5(\ell) + H_2O(\ell)$$

(a) $K_x' = \dfrac{x_{CH_3CO_2C_2H_5} \cdot x_{H_2O}}{x_{CH_3CO_2H} \cdot x_{C_2H_5OH}} = \dfrac{(0.667/2)(0.667/2)}{[(1.000-0.667)/2][(1.000-0.667)/2]} = 4.00$

(b) $K_x' = 4.00 = \dfrac{x^2}{(1.000-x)(0.500-x)}$

∴ $x = 0.422$ 或 $1.577$ mol，其中的 1.577 mol 不合理

因此，實際生成 0.422 mol 的醋酸乙酯與 0.422 mol 的水，而未反應剩餘之乙醇的莫耳數為 $0.500 - 0.422 = 0.078$ mol ，醋酸為，

$1.000 - 0.422 = 0.578$ mol ◀

# 8-13 非理想混合氣體內的化學平衡
## (Chemical Equilibrium in Nonideal Gas Mixtures)

　　一些化學品的大規模工業生產，如甲醇與氨等之工業生產製程，其反應氣體之壓力均很高，而不能假定為理想氣體。非理想氣體之化勢，一般可用前述的式 (8-17) 以逸壓表示，因此，以各成分之逸壓表示的非理想混合氣體內之化學平衡常數 $K_f$，可用式 (8-18) 表示為

$$K_f = \prod_i \left( \frac{f_{i,eq}}{P^\circ} \right)^{v_i} \tag{8-18}$$

上式中， $f_{i,eq}$ 為成分 $i$ 於平衡混合氣體內之逸壓，$P^\circ$ 為標準狀態壓力。成分 $i$ 之逸壓可表示為

$$f_i = \phi_i y_i P \tag{8-85}$$

上式中， $\phi_i$ 為成分 $i$ 於混合氣體內之**逸壓係數** (fugacity coefficient)，$y_i$ 為成分 $i$ 之莫耳分率，$P$ 為混合氣體之總壓力。上式 (8-85) 代入式 (8-18)， 可得

$$K_f = \left( \frac{P}{P^\circ} \right)^{\sum v_i} \prod_i (\phi_i y_{i,eq})^{v_i}$$

$$= \left( \frac{P}{P^\circ} \right)^{\sum \nu_i} \prod_i \phi_i^{\nu_i} \prod_i y_{i,\text{eq}}^{\nu_i} \qquad (8\text{-}86)$$

上式中，$K_f$ 僅為溫度的函數，但混合氣體中的各成分 $i$ 之逸壓係數 $\phi_i$，與溫度、壓力及混合氣體之組成有關。

Lewis 與 Randall 建議，並假定混合氣體中的成分 $i$ 於平衡壓力下之逸壓係數，等於純成分 $i$ 之逸壓係數，而可得良好的近似。換言之，假定真實的氣體混合形成理想的混合氣體，而其中的各成分氣體之逸壓係數，均使用式 (5-88) 計算，並使用這些逸壓係數由式 (8-86) 可計算得其平衡常數 $K_f$ 之近似值。

## 8-14　平衡常數之理論的計算
### (Theoretical Calculation of Equilibrium Constants)

簡單的氣體反應可由其光譜數據的計算，而得其反應的平衡常數。由量子力學得知，分子通常於其**一連串的能階** (series of energy levels) 中之某一能階的能量狀態，因此，依據分子之能階的分佈，可推定反應系之平衡狀態。茲以理想氣體之**異構化** (isomerization) 的簡單反應，$A(g) = B(g)$，為例說明。設分子 $A$ 與 $B$ 之能階的分佈，如圖 8-8 所示，分子之實際的能階分佈，應較圖示者複雜。於此為表示分子 B 於較高能量的狀態，設分子 $A$ 與 $B$ 之最低能量狀態的能量 $\epsilon_{A0}$ 與 $\epsilon_{B0}$ 各分別設為零，而分子 $A$ 與 $B$ 之最低能態的能量差為，$\Delta\epsilon_0 = \epsilon_{B0} - \epsilon_{A0}$，此 $\Delta\epsilon_0$ 即為 $A$ 於絕對零度下反應成 $B$ 之能量的變化。於此假定反應，$A(g) = B(g)$，於絕對零度時為吸熱的反應。

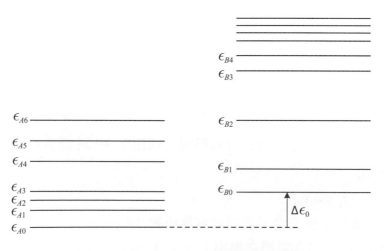

圖 8-8　分子 $A$ 與 $B$ 之其各能階的分佈

　　此反應於平衡時，其各能階之相對的分子數，可用 Boltzmann 分佈的法則表示，而此反應之平衡常數，可用分佈於 $B$ 分子的各能階之總分子數，與分佈於 $A$ 分子的各能階之總分子數的比值表示。此反應於平衡時，於 $A$ 分子的能階 $\epsilon_{Ai}$ 之分子數，由 Boltzmann 的分佈法則，可表示爲

$$N_{Ai} = N_{A0} e^{-\epsilon_{Ai}/kT} \tag{8-87}$$

上式中，$N_{A0}$ 爲分子於 $A$ 分子的最低能階（能量爲 $\epsilon_{A0}$）之分子數，而 $N_{Ai}$ 爲分子於 $A$ 分子的第 $i$ 能階（能量爲 $\epsilon_{Ai}$）之分子數。於是分子於 $A$ 分子的各能階之總分子數 $N_A$，爲

$$\begin{aligned}
N_A &= N_{A0} + N_{A1} + N_{A2} + \cdots\cdots \\
&= N_{A0} + N_{A0} e^{-\epsilon_{A1}/kT} + N_{A0} e^{-\epsilon_{A2}/kT} + \cdots\cdots \\
&= N_{A0}(1 + e^{-\epsilon_{A1}/kT} + e^{-\epsilon_{A2}/kT} + \cdots\cdots) \\
&= N_{A0} \sum_{i=0}^{\infty} e^{-\epsilon_{Ai}/kT}
\end{aligned} \tag{8-88}$$

上式中，$\displaystyle\sum_{i=0}^{\infty} e^{-\epsilon_{Ai}/kT}$ 爲分子 $A$ 之**分配函數** (partition function)，$k = R/N_A$ 爲 Boltzmann 常數。

　　同理，分子於 $B$ 分子的各能階之總分子數 $N_B$，爲

$$N_B = N_{B0} \sum_{i=0}^{\infty} e^{-\epsilon_{Bi}/kT} \tag{8-89}$$

　　於 $B$ 分子之最低能態的分子數 $N_{B0}$，與於 $A$ 分子之最低能態的分子數 $N_{A0}$ 的比，由其能量差 $\Delta\epsilon_0$ 及 Boltzmann 分佈的法則，可表示爲

$$\frac{N_{B0}}{N_{A0}} = e^{-\Delta\epsilon_0/kT} \tag{8-90}$$

上述的氣體異構化反應，無容積的變化，而其反應的平衡常數 $K_p$ 等於，其反應於平衡時之於 $B$ 分子的各能階之分子數，與於 $A$ 分子的各能階之分子數的比，而可表示爲，$K_p = N_B/N_A$。將式 (8-88)，(8-89) 與 (8-90) 代入，可得

$$K_p = \frac{N_B}{N_A} = e^{-\Delta\epsilon_0/kT} \frac{\displaystyle\sum_{i=0}^{\infty} e^{-\epsilon_{Bi}/kT}}{\displaystyle\sum_{i=0}^{\infty} e^{-\epsilon_{Ai}/kT}} \tag{8-91}$$

若反應物與生成物的分子之各能階及其 $\Delta\epsilon_0$ 均已知，則由上式 (8-91) 可計算上述的簡單異構化反應，$A(g) = B(g)$，之平衡常數。

前曾論及，如何由反應之焓值的變化與熵值的變化，推定反應之平衡常數，而由式 (8-63) 得，$K = e^{\Delta_r S^\circ / R} \cdot e^{-\Delta_r H^\circ / RT}$。由此，上式 (8-91) 右邊中之第一因子 $e^{-\Delta \epsilon_0 / kT}$，相當於其反應的焓因子，若其中的 $\Delta \epsilon_0$ 為負值時，則有利於生成物 $B$ 的生成，此因子之重要性隨溫度的上升而減低。第二因子，$\sum_{i=0}^{\infty} e^{-\epsilon_{Bi}/kT} / \sum_{i=0}^{\infty} e^{-\epsilon_{Ai}/kT}$，為分子 $B$ 與 $A$ 之分配函數的比，若分子於 $B$ 分子之低能階的分子數，比於 $A$ 分子之低能階的分子數多，則有利於 $B$ 分子的生成，此比值與反應之熵值的變化 $\Delta_r S^\circ$ 有關，即相當於反應之熵因子，或**或然率因子** (probability factor)。

1. 已知反應 $SO_2(g) + \frac{1}{2}O_2(g) = SO_3(g)$ 於 25°C 之 $K_p = 1.7 \times 10^{12}$。試求反應，$2SO_3(g) = 2SO_2(g) + O_2(g)$，於 25°C 之 $K_p$ 及 $K_c$ 值

   答 $K_p = 0.35 \times 10^{-24}$，$K_c = 1.4 \times 10^{-26}$

2. 氣體 $N_2O_4$ 於 55°C 及 1 bar 下產生解離，而於平衡時之平均分子量為 61.2。試求，(a) 此解離反應於平衡時之其解離的程度 $\xi$，(b) 此解離反應之平衡常數 $K_p$，及 (c) 壓力減為 0.1 bar 時之其解離平衡的 $\xi$ 值

   答 (a) 0.503，(b) 1.36，(c) 0.876。

3. 反應，$N_2(g) + 3H_2(g) = 2NH_3(g)$，於 400°C 之 $K_p = 1.60 \times 10^{-4}$。(a) 試計算此反應之 $\Delta_r G^\circ$ 值，(b) 於 $H_2$ 與 $N_2$ 之分壓分別保持 30 與 10 bar，及 $NH_3$ 之分壓保持 3 bar 下，將 $NH_3$ 移離反應系，試求於此種條件下之其反應的 $\Delta_r G$ 值，此反應於此種條件下是否可自發

   答 (a) 48.9，(b) −8.78 kJ mol$^{-1}$，是

4. 氮與氫之莫耳比為 1:3 的混合氣體，於 450°C 及總壓力維持 10.13 bar 下，流經觸媒床時產生反應，而生成 2.04 容積百分率的氨。試求反應，$\frac{3}{2}H_2(g) + \frac{1}{2}N_2(g) = NH_3(g)$，於此溫度之反應的平衡常數 $K_p$ 值

   答 $K_p = 6.47 \times 10^{-3}$

5. 已知 AgCl 於 25°C 的水溶液中之溶解度積，$K_{sp} = 1.7 \times 10^{-10}$，試求 AgCl 於 25°C 的水溶液中之溶解度

   答 $1.3 \times 10^{-5} \text{mol L}^{-1}$

6. 已知 $Ag_2CrO_4$ 於 25°C 的水溶液中之溶解度積，$K_{sp} = 2.0 \times 10^{-12}$，試求 $Ag_2CrO_4$ 於 25°C 的水溶液中之溶解度

   答 $7.9 \times 10^{-5}$ mol L$^{-1}$

7. 反應，$CaCO_3(s) = CaO(s) + CO_2(g)$，於 1073 K 之平衡常數 $K_p = 1.16$，假定其中的 $CO_2(g)$ 為理想氣體，試求，將 20 克的 $CaCO_3$ 放置於 10.0 升的密閉容器內，並經加熱至 1073K 而達成平衡時，其未產生分解反應的 $CaCO_3$ 之百分率

   答 35%

8. 反應，$H_2(g) + CO_2(g) = H_2O(g) + CO(g)$，於 700°C 之平衡常數 $K_p = 0.771$。於 700°C 之一升的密閉容器內，放置各一莫耳的 $H_2$ 與 $CO_2$，試求於反應達成平衡時，容量內的各成分氣體之濃度

   答 $(H_2O) = (CO) = 0.468$ mol L$^{-1}$，$(CO_2) = (H_2) = 0.532$ mol L$^{-1}$

9. 鐵粉與水蒸汽於高溫下之反應為，$3Fe(s) + 4H_2O(g) = Fe_3O_4(s) + 4H_2(g)$，此反應於 1000 °C 及 1.013 bar 之 5.0 升的密閉容器內達成平衡時，其內含有 1.10 克的 $H_2$ 及 42.5 克的 $H_2O(g)$。試求此反應之平衡常數 $K_c$、$K_p$、及 $K_x$ 的各值

   答 $K_p = K_c = K_x = 0.003$

10. 反應，$H_2(g) + I_2(g) = 2HI(g)$，於 700 K 之平衡常數 $K_p = 54.5$。於 700 K 之 5.00 升的容器內，放置 0.100 莫耳的 HI。試求 HI(g) 產生解離並達至平衡時，容器內的各成分氣體之濃度，及 HI(g) 的解離反應之視平衡常數 $K'_p$

    答 $(H_2) = (I_2) = 2.13 \times 10^{-3}$ mol L$^{-1}$，$(HI) = 1.57 \times 10^{-2}$ mol L$^{-1}$，$K'_p = 0.184$

11. 反應，$PCl_5(g) = PCl_3(g) + Cl_2(g)$，於 250°C 及 2 bar 下之平衡常數 $K_c = 0.0414$。試求，(a) 此反應之 $K_p$、$K_x$ 及 $\xi$ 值，及 (b) 此解離反應於平衡時的壓力為 1 bar 時之其平衡解離度 $\xi$

    答 (a) $K_p = 1.78$，$K_x = 0.89$，$\xi = 0.686$，(b) $\xi = 0.8$

12. 反應，$CO(g) + Cl_2(g) = COCl_2(g)$，於 25°C 之標準反應 Gibbs 能，$\Delta_r G° = -204.05$ kJ。試求此反應之平衡常數 $K_p$

    答 $K_p = 5.64 \times 10^{35}$

13. 於 27°C 之二升的容器內，放置 0.1 莫耳的 $SO_2$ 與 0.1 莫耳的 $SO_3$，而經反應，$2SO_2(g) + O_2(g) = 2SO_3(g)$，達至平衡時之壓力為 2.82 bar。試求，(a) 此反應於達至平衡時之容器內的 $O_2$ 之莫耳分率，(b) 此反應之平衡常數 $K_p$，及 (c) 容器內最初僅含 0.2 莫耳的 $SO_3$ 時，$SO_3$ 產生解離之解離度

    答 (a) 0.115，(b) 0.32，(c) 0.28

14. 反應，$N_2 + O_2 = 2NO$ ，於 2400 K 之平衡常數 $K_c = 3.5 \times 10^{-3}$ 。設 $a$ 與 $b$ 各為以容積百分率表示之 $O_2$ 與 $N_2$ 的初濃度。試求， (a) 空氣中的 $a = 20.8$，$b = 79.2$ ， (b) $O_2$ 與 $N_2$ 之混合氣體中的 $a = 40$，$b = 60$ ，及 (c) $O_2$ 與 $N_2$ 之混合氣體中的 $a = 80$，$b = 20$ 時，於 2400 K 及 1.013 bar 下之各 NO 的產率

答 (a) 2.34%， (b) 2.81%， (c) 2.31%

15. 反應， $PCl_5$ (g)= $PCl_3$ (g)+ $Cl_2$ (g) ，於 50°C 之解離反應的平衡常數，$K_p = 1.78$ 。試求，0.04 莫耳的 $PCl_5$ 與 0.2 莫耳的 $Cl_2$ 之混合氣體，於 50°C 下， (a) 壓力保持 2.026 bar 時之解離度，及 (b) 體積為 4.0 升時之解離度

答 (a) 0.51， (b) 0.54

16. 醋酸與乙醇於 100°C 下，反應生成醋酸乙酯之反應的平衡常數 $K_c = 4.0$ 。於 100°C 下將各 1 莫耳之醋酸與乙醇混合，試求此反應達至平衡時，所生成的醋酸乙酯之量

答 0.54 莫耳

17. 設純液體之標準狀態為 1 bar 與 25°C 。試由 $Br_2$(g) 於 25°C 之 $\Delta \overline{G}_f^\circ$ 值，計算 $Br_2(\ell)$ 之蒸氣壓

答 0.285 bar

18. 於工業上由甲烷大量生產氫氣之反應為， $CH_4(g) + H_2O(g) = CO(g) + 3H_2(g)$ 。試計算於 1000°K 下，由 $CH_4$ 生成 $H_2$ 之反應的平衡常數 $K_p$

答 26.3

19. 反應， $C(s) + CO_2(g) = 2CO(g)$ ，於 850°C 及 1.000 bar 下，反應達至平衡時之其氣體的容積組成為， 93.77% CO 及 6.23% $CO_2$ 。試求，(a) 此反應之平衡常數 $K_p$ ，及 (b) 壓力 $P = 5.000$ bar 時之其平衡組成

答 (a) 14.11， (b) 78.3% CO 及 21.7% $CO_2$

20. 已知 HCl(g) 之 $\Delta \overline{H}_f^\circ$ 及 $\Delta \overline{G}_f^\circ$ 值，分別為 –92.30 及 –95.27 kJ mol$^{-1}$ ， AgCl(s) 之 $\Delta \overline{H}_f^\circ$ 及 $\Delta \overline{G}_f^\circ$ 值，分別為 –128.37 及 –109.70 kJ mol$^{-1}$ 。(a) 試求反應，$2Ag(s) + 2HCl(g)=2AgCl(s) + H_2(g)$ ，於 25°C 之 $\Delta_r H^\circ$ , $\Delta_r G^\circ$ 及 $K_p$ 等各值。(b) 於 25°C 的集氣瓶內放置 Ag 及 AgCl ，並於其瓶內通入 HCl 的氣體時之平衡總壓力為 0.5 bar ，試求 HCl 及 $H_2$ 之分壓

答 (a) $K_p = 1.1 \times 10^5$ ， (b) $P_{HCl} = 2.09 \times 10^{-3}$ bar，$P_{H_2} \fallingdotseq 0.5$bar

21. 已知反應， $2B_5H_{11}(g) + 2H_2(g) = 2B_4H_{10}(g) + B_2H_6(g)$ ，於 100°C 及 140°C 之平衡常數 $K_p$ ，分別為 1.46 及 0.54。試計算此反應之 $\Delta_r H^\circ$ 值

答 –31.62 kJ mol$^{-1}$

22. 反應，$N_2O_4(g) = 2NO_2(g)$，於 $25°C$ 之標準反應 Gibbs 能，$\Delta_r G° = 5774\ J\ mol^{-1}$，(a) 試求此反應於 $25°C$ 及 $10\ bar$ 的總壓力下之解離度，及 (b) 於總壓力保持一定的情況下通入 $CO_2$ 的氣體，試求 $CO_2$ 之分壓為 $5\ bar$ 時之 $N_2O_4$ 的解離度

    答 (a) $\xi = 0.0494$，(b) $\xi = 0.0695$

23. 反應，$2H_2S(g) = 2H_2(g) + S_2(g)$，於 $1065°C$ 之平衡常數 $K_p = 0.0118$，其解離反應的反應熱 $\Delta_r H° = 177.4\ kJ$。試求此反應於 $1200°C$ 之 $K_p$ 值

    答 0.0507

24. 反應，$3C(\text{石墨}) + 2H_2O(g) = CH_4(g) + 2CO(g)$，於定溫下為非自發而吸熱的反應。此反應於溫度上升至某溫度時，其反應之平衡常數等於 1。試由附錄表 A2-2 之數據，估算此反應之平衡常數等於 1 時之溫度

    答 1023 K

25. 氧化汞之解離反應，$2HgO(s) = 2Hg(g) + O_2(g)$，於 $420°C$ 與 $450°C$ 之平衡的解離壓力，分別為 $5.16 \times 10^4\ Pa$ 與 $10.8 \times 10^4\ Pa$。試計算，(a) 此解離反應之平衡常數，及 (b) 每莫耳的 $HgO$ 之解離焓

    答 (a) 0.0196，$0.1794\ atm^3$，(b) $154\ kJ\ mol^{-1}$

26. 反應，$CuSO_4 \cdot 4NH_3(s) = CuSO_4 \cdot 2NH_3(s) + 2NH_3(g)$，於 $20°C$ 下之 $NH_3$ 的平衡壓力為 $8270\ Pa$。試計算此反應之 (a) 平衡常數 $K_p$，及 (b) 標準反應 Gibbs 能 $\Delta_r G°$

    答 (a) $6.66 \times 10^{-3}$，(b) $12.2\ kJ\ mol^{-1}$

27. 胺基甲酸銨（$NH_2COONH_4$，ammonium carbamate) 之解離的反應式為，$NH_2\ COONH_4(s) = 2NH_3(g) + CO_2(g)$，而於 $25°C$ 下解離時之平衡的總壓力為 $0.255\ bar$。試求此反應之平衡常數 $K_p$

    答 $2.46 \times 10^{-3}$

# 電化學平衡

　　由電化電池於各溫度之電動勢的量測，可得於電池內所發生的化學反應之熱力量，及計算溶液內的電解質之活性度係數。於本章介紹電化電位、電化電池與其電動勢之量測、溶液內的電解質之活性度、及導出表示稀薄電解質溶液內的離子之活性度係數的 Debye-Hückel 式，並以氫氯酸為例說明，溶液內的離子之活性度係數的測定方法。

　　電化電池可於沒有能量損失的情況下，將於其內的化學反應之 Gibbs 能的變化，轉變為電功。化學能與電能間之互相轉換，及極化的現象與分解電壓等，對於電池所作的功、燃料電池、電鍍、腐蝕、金屬銅或鋁之電解精製，及電解分析等技術之瞭解，均甚為重要，於本章中也討論這些程序有關之熱力學。

## 9-1　電場強度及電位
### (Electric Field Strength and Electric Potential)

　　二電荷 $Q_1$ 與 $Q_2$ 間之相互的作用力，可用**庫倫定律** (Coulomb's law) 表示，而其作用力的方向，係沿電荷 $Q_1$ 與 $Q_2$ 的中心之連線，由此其互相的作用力依照庫倫定律，可以向量表示為

$$f = \frac{1}{4\pi\epsilon_0\epsilon_r} \cdot \frac{Q_1 Q_2}{r^2} \hat{r} \tag{8-1}$$

上式中，$r$ 為電荷 $Q_1$ 與 $Q_2$ 間之距離，$\hat{r}$ 為作用力方向之**單位向量** (unit vector)，$\epsilon_0$ 為真空之**誘電率** (permittivity)，等於 $8.854187817 \times 10^{-12} \, \mathrm{C^2 N^{-1} m^{-2}}$，$\epsilon_r$ 為物質對於真空之**相對誘電率** (relative permittivity)，或稱為**介電常數** (dielectric constant)，一些氣體與液體之相對誘電率，列於表 9-1。若不考慮作用力的方向，則庫倫定律可寫成

$$f = \frac{Q_1 Q_2}{4\pi\epsilon_0\epsilon_r r^2} \tag{9-2}$$

表 9-1　一些氣體與液體之相對誘導率 $\epsilon_r$

| 氣體 (1 atm) | $\epsilon_r$（於 0°C） | 液體 | $e_r$（於 20°C） |
|---|---|---|---|
| 氫 | 1.000272 | 己烷 (hexane) | 1.874 |
| 氬 | 1.000545 | 環己烷 (cyclohexane) | 2.023 |
| 空氣（無 $CO_2$ 存在） | 1.000567 | 四氯化碳 | 2.238 |
| 一氧化碳 | 1.00070 | 苯 | 2.283 |
| 氯化甲基 (methyl chlorile) | 1.00094 | 甲苯 | 2.387 |
| 甲烷 | 1.000944 | 氯化苯 (chlorobenzene) | 5.708 |
| 二氧化碳 | 1.000985 | 醋酸 | 6.15 |
| 乙烷 | 1.00150 | 氨 | 15.5 |
| 碘化氫 (hydrogen iodide) | 1.00234 | 丙酮 | 21.4 |
| 氯化氫 (hydrogen chloride) | 1.0046 | 甲醇 | 33.6 |
| 氨 | 1.0072 | 硝基苯 (nitrobenzene) | 35.74 |
| 水蒸氣（於 110°C） | 1.0126 | 水 | 80.37 |

　　於某一點的**電場強度** (electric field strength) $E$ 之定義為，於該點之單位電荷的**電作用力** (electrical force)，電場強度為具有大小與方向的向量。若使用甚小的試驗電荷 $Q_1$，則其電場強度等於其電作用力與電荷的比，即可表示為

$$E = \frac{f}{Q_1} \tag{9-3a}$$

因此，於真空中由於電荷 $Q_2$ 之電場強度，可由式 (9-2) 表示為

$$E = \frac{Q_2}{4\pi\epsilon_0 r^2} \tag{9-3b}$$

電場強度之 SI 單位為 $Vm^{-1}$。

　　帶單位正電荷的點電荷，從無限遠處移至某位置點所需之功，相當於該置點點之**電位** (electric potential)。電場強度 $E$ 為電位 $\phi$ 之負的梯度，而可表示為 $E = -\nabla\phi$。若電位 $\phi$ 僅為 $x$ 之函數，則電場強度可表示為

$$E = -\frac{\partial\phi}{\partial x} \tag{9-4}$$

　　於二位置點間之電位差，等於將單位電荷從其中的一位置點移至另一位置點所需之功，因此，電位差之單位為，焦耳／庫倫，此相當於伏特 V，即 $1\,V = 1\,J\,C^{-1}$。零電位雖為任意之選擇，但習慣上定義，粒子於無限遠處之電位為零。因此，距離 $Q_2$ 的電荷 $r$ 處之電位，等於將單位電荷從離 $Q_2$ 的電荷無限遠處，移至離 $Q_2$ 的電荷之距離為 $r$ 所作之功，而由上式 (9-4) 可得，$d\phi = -Edr$，由此，將式(9-3b)代入並經積分可得，距離 $Q_2$ 的電荷 $r$ 處之電位 $\phi$ 為

$$\phi = -\int_\infty^r \frac{Q_2 dr}{4\pi\epsilon_0 r^2} = \frac{Q_2}{4\pi\epsilon_0 \epsilon_r r} \tag{9-5}$$

由上式(9-5)得知,電位為電荷間的距離 $r$ 之函數,如圖 9-1 所示。

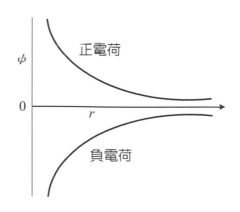

圖 9-1　電位 $\phi$ 為電荷間的距離 $r$ 之函數

　　由測定一單位電荷的試驗電荷,於同一的相或同一化學物質內,從某一點移至另一點所需的功可求得,該二點間之電位差。然而,試驗的電荷與不同化學物質的其周圍間時,可能會發生區域性的相互作用,而無法量測不同的二化學物質間的電位差。因此,亦不能量測電極與其接觸溶液間的電位差,但可測定二電極間之電位差。本章於此之後面,以 $E$ 表示**電動勢** (electromotive force),電動勢為兩點間之電位差,其單位用**伏特** (volts) 表示。

　　於處理電解質的溶液時須記住,電解質的溶液中之組成須遵照**電中性的條件** (electroncutrality condition),即

$$\sum_i n_i z_i = 0 \tag{9-6}$$

上式中, $n_i$ 為溶液中之帶電荷 $z_i e$ 的離子之數目。對於**陽離子** (cations),其所帶的電荷數 $z_i$ 為正,而**陰離子** (anions) 所帶之電荷數 $z_i$ 為負, $e$ 為**質子** (proton)所帶之電荷,等於 $1.6022 \times 10^{-19}$ C。**非零電位** (nonzero electric potential) $\phi$ 的相,其對於電中性的條件,通常會有些小的偏差,但其這些偏差甚小,而一般可忽略。

## 9-2　電化電位 (Electrochemical Potential)

　　離子自某一相移至另一相所需之功,通常受其二相間之電位差的影響,因此,於其熱力學之基本式中,需加入電功的項。微小的電量 $dQ$ 移經電位 $\phi$ 所作之電功,等於電位 $\phi$ 與傳遞的電荷 $dQ$ 的乘積,即為 $\dw_{\text{ele}} = \phi dQ$。若離子 $i$ 所帶之電荷數為 $z_i$,則 $dn_i$ 莫耳的離子 $i$ 所傳遞之電荷為 $z_i dn_i$,由此,所傳遞的電量可表示為

$$dQ = F\sum_i z_i dn_i \tag{9-7}$$

上式中，$F$ 為**法拉第常數** (Faraday constant)，而等於 Avogadro 常數與質子所帶之電荷的乘積，即 $F = N_A e = (6.022 \times 10^{23}\ \text{mol}^{-1})(1.6022 \times 10^{-19}\ \text{C}) = 96485.3\ \text{C mol}^{-1}$。因離子之電荷數 $z_i$ 為無因次，所以 $dQ$ 之單位為庫倫。系內的離子**物種** (species) 所作之電功，將上式 (9-7)代入上述之式，$đw_{ele} = \phi dQ$，可表示為

$$đw_{ele} = F\sum_{i=1}^{N} z_i \phi dn_i \tag{9-8}$$

對於包括 $P-V$ 功與電功的密閉系之可逆過程，其內能的變化由式 (4-72) 與上式 (9-8)，可表示為

$$dU = TdS - PdV + đw_{ele} = TdS - PdV + F\sum_{i=1}^{N} z_i \phi dn_i \tag{9-9}$$

對於開放系，其 Gibbs 能的變化由式 (5-91) 與式 (9-8)，可表示為

$$dG = -SdT + VdP + \sum_{i=1}^{N} \mu_i dn_i + F\sum_{i=1}^{N} z_i \phi dn_i$$
$$= -SdT + VdP + \sum_{i=1}^{N} \bar{\mu}_i dn_i \tag{9-10}$$

其中

$$\bar{\mu}_i = \mu_i + z_i F\phi \tag{9-11}$$

上式(9-11)之 $\bar{\mu}_i$，稱為**電化電位**或**電化勢** (electrochemical potential)。由上式 (9-11) 得知，電化電位 $\bar{\mu}_i$ 由 $\mu_i$ 與 $z_i F\phi$ 的二項所構成，而此二項通常不能分開量測，一般只能合併測定電化電位 $\bar{\mu}_i$。

對於相同的二化學相，正離子於較大的正電位的相中之電化電位，比於較小的正電位的相中之電化電位大，而負離子於較大的正電位的相中之電化電位，比於較小的正電位相中之電化電位小。

二相 $\alpha$ 與 $\beta$ 於平衡時，其各成分 $i$ 於相 $\alpha$ 與相 $\beta$ 中之電化電位均各相等，即為

$$\bar{\mu}_{i,\alpha} = \bar{\mu}_{i,\beta} \tag{9-12}$$

將式 (9-11) 代入上式 (9-12)，可得

$$\mu_{i,\alpha} + z_i F\phi_\alpha = \mu_{i,\beta} + z_i F\phi_\beta \tag{9-13}$$

於一定的溫度與壓力下，電化學的反應達至平衡時，如式 (8-8) 可寫成

$$\sum_i v_i \bar{\mu}_{i,eq} = 0 \tag{9-14a}$$

或

$$\sum_{i=1}^{N} v_i (\mu_i + z_i F\phi)_{eq} = 0 \qquad\qquad \text{(9-14b)}$$

上式甚為重要，而應用上式 (9-14b) 可導得，電化電池之基本式(參閱 9-7 節)。

## 9-3　電化電池 (Electrochemical Cell)

利用電化電池，可於沒有能量損失的情況下，將化學反應之 Gibbs 能的變化，轉變為功。例如，藉化學反應產生電流的**賈法尼電池** (galvanic cell)，及由通電流產生化學反應的電解槽等，均與其內所產生的電化學反應之平衡，有密切的關係。電化電池於放電時，其內所產生的化學反應，與電解槽於電解時，其內所產生之化學變化正好相反，電化電池係藉其內所產生的化學反應，將化學能轉變為電能，而其化學反應為自發的反應，而電解為由外界供給電能，使電解槽內產生化學反應，即電能轉變為化學能，為非自發的反應過程。圖 9-2 為 Alessando Volta 於 1800 年，所發明的鋅–銅**伏打電池** (Voltaic cell)，亦稱為**丹尼耳電池** (Daniell cell)，係將金屬的銅片與鋅片之二電極，平行分別置於以多孔的隔板分開的硫酸銅與硫酸鋅的溶液中，而其二電極間之電壓約為 1.1 V。此電池於放電時，左邊的鋅片電極產生氧化反應，而逐漸溶解並產生鋅離子及放出電子；此電子自鋅電極經由外接的導線傳遞至右邊的銅電極，而硫酸銅溶液中的銅離子於銅電極獲得電子，並還原成金屬銅於銅電極析出。

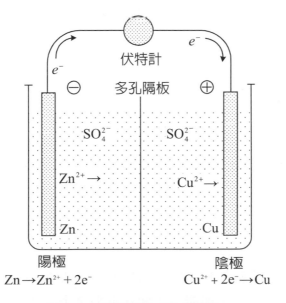

圖 9-2　伏打電池 (鋅–銅電池)

　　於**電化電池** (electrochemical cell) 內發生氧化反應的電極，稱爲**陽極** (anode)，而發生還原反應的電極稱爲**陰極** (cathode)。此時**還原型** (reduced form) 的物質 Red，於陽極氧化並放出電子 $ne^-$ 成爲**氧化型** (oxidized form) Ox，其反應爲，$Red = Ox + ne^-$，而氧化形的物質 Ox′ 於陰極獲得電子 $ne^-$ 並還原成爲還原形 Red′，其反應爲，$Ox' + ne^- = Red'$。此二電極之反應各稱爲**半電池反應** (half-cell reaction)，或簡稱**半反應** (half-reaction)，而電池之淨反應，即爲此二半反應的和。電池於放電時，於其陽極產生氧化反應並放出電子，此即爲電池之**負極** (negative electrode)；而於其陰極獲得電子並產生還原反應，此即爲電池之**正極** (positive electrode)。反之，於電解時，其陰極獲得電子並產生還原反應，爲負極，其陽極產生氧化反應並放出電子，爲正極。伏打電池於放電時之二電極的半反應，及電池的淨反應如下：

$$\text{陽極}(-)： \quad Zn(s) \rightarrow Zn^{2+}(aq) + 2e^- \tag{9-15}$$

$$\text{陰極}(+)： \quad Cu^{2+}(aq) + 2e^- \rightarrow Cu(s) \tag{9-16}$$

$$\overline{\text{淨反應}： \quad Zn(s) + Cu^{2+}(aq) \rightarrow Zn^{2+}(aq) + Cu(s)} \tag{9-17}$$

　　較重要的賈法尼電池，如於手錶常用的 $Zn/Ag_2O_3$ 電池，於日常生活常用的 Leclanché 乾電池 $Zn/MnO_2$，於阿波羅太空船上所使用之 $H_2-O_2$ 燃料電池等。於工業上如鹼氯的生產，金屬的精煉等許多工業生產製程，常使用**電解槽** (electrolytic cells)，經由電解大量生產氯氣或氫氣，與鋁等金屬，及銅之電解精煉與電解定量分析。可充電的**蓄電池** (storage cell) 如常用的鉛蓄電池，$Pb-PbO_2-H_2SO_4$，於充電時其電池內之反應，如電解槽內之電解反應，而於放電時其電池內之反應，如**電池** (battery) 內之電化反應。

　　將氫的電極及於銀線表面鍍成氯化銀沈澱的薄膜之銀線，浸置於含氯離子溶液中的 $Ag-AgCl$ 電極，浸於 HCl 的水溶液中所構成之簡單電化電池，如圖 9-3(a) 所示。於此電池之氫電極通入氫氣時，氫氣的分子於此電極氧化而生成氫離子及放出電子，而電子經由外導線傳遞至 $Ag-AgCl$ 電極，並與電極表面的 AgCl 反應，即將銀離子 $Ag^+$ 還原成金屬的銀原子 Ag。此電池之二電極間的電位差，稱爲此電池之**電動勢** (electromotive force)。於上述的電池，氫的分子 $H_2$ 放出電子而生成氫離子 $H^+$ 的趨勢，比於 $Cl^-$ 離子的存在下，Ag 原子放出電子生成 $Ag^+$ 離子的趨勢大，即會發生反應，$\frac{1}{2}H_2(P) \rightarrow H^+(a) + e^-$，而不會發生反應，$Ag(s) + Cl^-(a) \rightarrow AgCl(s) + e^-$，的傾向，於括弧內之 $P$ 表示氫氣之分壓，$a$ 表示溶液中的離子 $H^+$ 與 $Cl^-$ 之活性度。

　　上述的電化電池於施加較其電池之電動勢大的反方向外電壓時，可逆轉其電池內的反應之反應方向，而產生電解，此時於其二電極所產生的化學反應，亦均隨之逆轉，即電池變成電解槽，而氫電極為陰極，Ag－AgCl 電極為陽極，如圖 9-3(b) 所示。無論作為電池或電解槽，均於**陽極** (anode) 發生氧化反應而放出電子，而於**陰極** (cathode) 獲得電子，並發生還原反應。

　　圖 9-3(a) 所示的電池，經充分長時間的放電，而傳遞 1F(法拉第)的電量時，(1) 於陽極消耗 1/2 莫耳的氫氣，而產生一當量的氫離子；(2) 產生 1 F，即等於 96485 C (庫倫，或安培–秒) 的電量，即相當於 $N_A$ (Avogadro)數目的電子自氫電極，經由外導線移至 Ag－AgCl 電極；(3) 1 克當量的 AgCl 於陰極轉變成 1 克當量的 Ag 與 1 當量的氯離子。如此繼續放電時，於溶液中所生成的鹽酸及於陰極所析出之金屬銀的量逐漸增加，而於氫電極與 Ag－AgCl 電極，各逐次分別消耗氫氣與氯化銀。

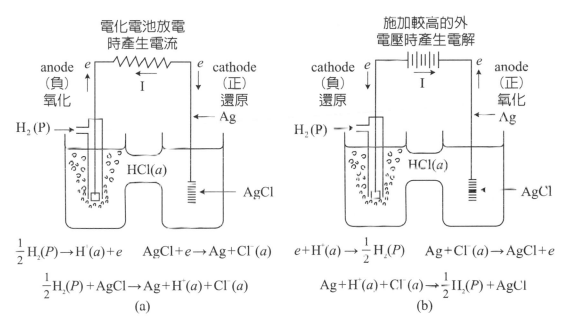

$$\frac{1}{2}H_2(P) \rightarrow H^+(a)+e \qquad AgCl+e \rightarrow Ag+Cl^-(a)$$

$$\frac{1}{2}H_2(P)+AgCl \rightarrow Ag+H^+(a)+Cl^-(a)$$
(a)

$$e+H^+(a) \rightarrow \frac{1}{2}H_2(P) \qquad Ag+Cl^-(a) \rightarrow AgCl+e$$

$$Ag+H^+(a)+Cl^-(a) \rightarrow \frac{1}{2}H_2(P)+AgCl$$
(b)

圖 9-3　(a) 電化電池，$Pt(s)|H_2(P)|HCl(a)|AgCl(s)|Ag(s)$；(b) 電解槽

## 9-4　電池的電動勢之量測
### (Measurement of Electromotive Force for Electrical Cells)

　　由電化電池於各溫度之電動勢的量測，可得於電池內所發生化學反應之熱力量的變化，並可計算其溶液內的電解質之活性度係數。電池之可逆電動勢的量測，須於無電流通過的情況下，測定電池的二電極間之電位差，由此，於測定時，須對電池施加與其電動勢大小相等，而方向相反的外電壓，並使用**電位計** (potentiometer) 量測其電動勢。若使用**伏特計** (volt-meter) 量測其二電極間

之電位差時,則由於有電流 $i$ 流經電池之內電阻 $R$,而產生電位降 $iR$,及由於電極的附近會產生電解質濃度的變化,而此種**電極之極化** (polarization) 亦會影響電池之原有電動勢。因此,於量測電池之精確電動勢時,須使用電位計量測。

　　使用電位計測定電池之可逆電動勢的電路圖,如圖 9-4 所示。通常使用容量較大的直流電源 $B$(如蓄電池組),與**電阻器** (resistor) $R'$ 及可精確調節電阻的電阻線 (或電阻箱) $R$ 串聯,並將欲測電動勢之電池 $E$ (或已知電動勢之標準電池 S.C.) 經由**輕叩開關** (tapping key) $K$ 及**檢流計** (galvanometer) $G$,與可調節電阻的均勻電阻線或電阻箱 $R$ 連接。可調節電阻 $R$ 的均勻電阻線,可於其電阻線上隨意滑動以調準其接觸點。欲量測電動勢之電池 $E$ (或標準電池) 與電源的電池 $B$,以其電動勢互成相反的方向連接。標準電池 S.C. 通常使用**韋士吞標準鎘電池** (Western standard cadmium cell),此為可逆電池,而此標準電池之電動勢穩定,且其製備之再現性高,及其電動勢之溫度係數小而可經久耐用。

　　於測定電池之電動勢時,首先滑動調節接觸位置 $c$,以調準電阻 $R$ 之讀數,使其等於標準電池之電動勢 1.01807 V ($S$ 點)。然後,將雙向開關 $D$ 移至與標準電池 S.C. 連結,並滑動 $F$ 之接觸點位置以調整外電阻 $R'$,迄於輕敲開關 K 接通電路時,檢流計 $G$ 之指針指零 (表示無電流通過) 為止。如此調準電位計之可調節電阻 $R$ 之讀數及 $F$ 之位置後,其各位置均須保持固定不再移動。其次將雙向開關 $D$ 移至與欲測電動勢之電池 $E$ 連接後,滑動 $c$ 之接觸點位置以調整 $R$ 之讀數,至輕敲開關 $K$ 接通電路時,檢流計 $G$ 之指針指零為止,而此時之 $R$ 的讀數 ($S'$ 點),即相當於欲量測電池 $E$ 之電動勢。

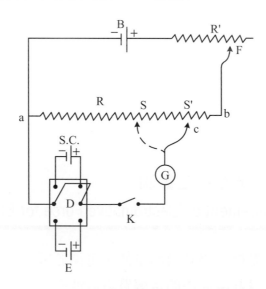

圖 9-4　以電位計量測電池電動勢之電路圖

　　於上述的電池之電動勢的測定所使用的韋士呑標準鎘電池為，$\text{Cd(Hg)}|\text{Cd(SO}_4)\cdot\frac{8}{3}\text{H}_2\text{O}|\text{CdSO}_4$ 飽和水溶液 $|\text{Hg}_2\text{SO}_4(s)|$　$\text{Hg}$，其構造如圖 9-5 所示，此標準電池內之化學反應式，為

$$\text{Cd(s)} + \text{Hg}_2\text{SO}_4(s) + \frac{8}{3}\text{H}_2\text{O}(\ell) \rightarrow \text{CdSO}_4\cdot\frac{8}{3}\text{H}_2\text{O(s)} + 2\text{Hg}(\ell) \qquad \textbf{(9-18)}$$

其電動勢之溫度係數很小，而其電動勢與溫度的關係可用下式表示，為

$$E_t = 1.01830 - 4.06\times10^{-5}(t-20) - 9.5\times10^{-7}(t-20)^2 \qquad \textbf{(9-19)}$$

於上式中，$E_t$ 為標準電池於溫度 $t°$C 之電動勢，其單位為伏特。溫度 $t$ 等於 20°C 時，其電動勢為，$E_{20°C} = 1.0183\,\text{V}$，而於 25°C 時，$E_{25°C} = 1.01807\,\text{V}$，由此可知，溫度的變化對其電動勢的影響很小。不含 $\text{CdSO}_4\cdot\frac{8}{3}\text{H}_2\text{O(s)}$ 結晶的不飽和型鎘電池之電動勢的溫度係數，比飽和型者小，其電動勢於 20°C 時接近 1.0186 V。不飽和型的鎘電池之電動勢，由於電池內的水溶液之水分的蒸發而產生其濃度的變化，及改變電池之電動勢，由此較不適合於長久的使用。飽和型的鎘電池雖無此缺點，但由於硫酸鎘之溶解度受溫度的影響，因此，其電動勢仍會因其內的飽和水溶液之濃度隨溫度的變化而改變，實際上，飽和型的標準鎘電池比較可長期的使用。

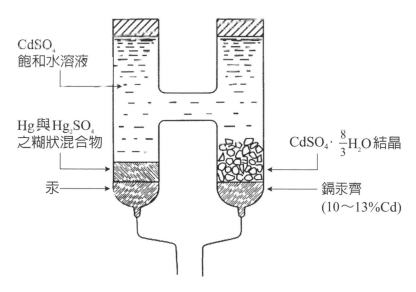

圖 9-5　韋士呑標準電池 (飽和型)

　　韋士呑標準電池之外，有時亦使用**克拉克** (Clark) 標準電池，此電池以鋅汞齊電極替代韋士呑標準電池之鎘汞齊電極，及以 $\text{ZnSO}_4\cdot7\text{H}_2\text{O}(s)$ 替代 $\text{CdSO}_4\cdot\frac{8}{3}\text{H}_2\text{O}(s)$。此電池可表示為，

$\ominus\text{Zn(Hg)}|\text{ZnSO}_4\cdot7\text{H}_2\text{O(s)}|\text{Hg}_2\text{SO}_4\text{(s)}|\text{Hg}\oplus$，而此電池之反應式及電動勢，為

$$Zn(s) + Hg_2SO_4(s) + 7H_2O(\ell) \rightarrow ZnSO_4 \cdot 7H_2O(s) + 2Hg(\ell) \tag{9-20}$$

及

$$E_t = 1.4328 - 0.00119(t-15) - 0.000007(t-15)^2 \tag{9-21}$$

## 9-5 電池的表記法 (Notation for Electrical Cells)

　　電池一般由二半電池相連構成，而由各種不同的二電極(半電池)的連結，可組成各種類形之電池。電極之種類很多，大致可分成，金屬浸置於含該金屬離子溶液的金屬電極，如鋅電極 $Zn|Zn^{2+}$；汞齊 (汞與金屬之合金) 浸置於含該金屬離子溶液的汞齊電極，如 $Hg-Cd(10\%Cd)|Cd^{2+}$；鉑或金等**鈍性電極** (inert electrode) 浸置於含氧化態與還原態的離子之溶液，如**亞鐵離子－鐵離子電極** (ferrous-ferric electrode) $Pt|Fe^{2+}$，$Fe^{3+}$；鉑金屬與氣體及含該離子的溶液接觸的電極，如氫電極 $Pt|H_2(g)|H^+$ 等。

　　電化電池可分成，**無液體接合電池** (cells without liquid junctions) 與**液體接合電池** (cells with liquid junctions) 的二大類，分別如圖 9-6 與圖 9-7 所示。

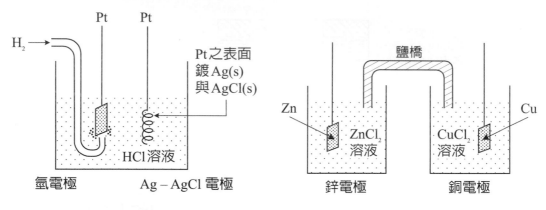

圖 9-6　無液體接合的電池　　　　圖 9-7　液體接合的電池

### 1. 無液體接合的電池

二不同電極的電池　　　　$Pt(s)|H_2(g)|HCl(m)|AgCl(s)|Ag(s)$　　(9-22)

二不同氣體電極的電池　　$Pt(s)|H_2(g)|HCl(m)|Cl_2(g)|Pt(s)$　　(9-23)

汞齊濃差電池　　　　　　$Hg-Cd(10\%)|CdCl_2(m)|Hg-Cd(1\%)$　　(9-24)

　　上面的電池中之垂直線 "|" 表示，電池內之不同相的界限，即為**相界** (phase boundaries)，括號內之 m 表示濃度，s 與 g 分別代表固體與氣體。無液體接合的類型之電池，可完全達成平衡，且可由熱力學精確處理，而其電

動勢與電極及電解質溶液之活性度有關。由電池之電動勢的量測，可求得電池內所產生化學反應之平衡常數及有關的熱力數據。

### 2. 液體接合的電池

濃差電池　　　　　　$Zn(s)|Zn^{2+}(m_1) \vdots Zn^{2+}(m_2)|Zn(s)$　　　　　**(9-25)**

二不同電極的電池　　$Zn(s)|Zn^{2+}(m_1) \vdots Cu^{2+}(m_2)|Cu(s)$　　　　**(9-26)**

有鹽橋的電池　　　　$Zn(s)|ZnCl_2\,\|CuCl_2|Cu(s)$　　　　　　　　　**(9-27)**

　　　　　　　　　　$Pt(s)|H_2(g)|HCl(m_1)\|HCl(m_2)|H_2(g)|Pt(s)$　　**(9-28)**

於上面的電池中之符號 "$\vdots$"，表示電池內的二不同溶液之接合，"$\|$" 表示鹽橋，為由 KCl 或 $NH_4NO_3$ 溶解於寒天 (俗稱茶燕) 的濃溶液，倒入 U 形的玻璃管內凝固而成，其內的陽離子與陰離子，如 $K^+$ 與 $Cl^-$ 或 $NH_4^+$ 與 $NO_3^-$ 之移動度各大約相等。含二不同溶液或二不同濃度溶液的電池，其內的二溶液需用鹽橋連接，以免其二溶液直接接觸而產生混合，如電池 (9-27) 及 (9-28) 所示。此種液體接合類型的電池，其內的二不同溶液，於其二液體的接合處通常會產生互相擴散，以致影響其電動勢，而無法完全達至平衡。然而，此種影響通常比實驗的誤差小而可忽略。

　濃鹽酸的溶液與稀鹽酸的溶液接合時，氫離子與氯離子均會自濃溶液向稀溶液擴散。然而，由於氫離子之移動速度較氯離子快，因此，於稀溶液中會含較多量的氫離子而帶正電，而於濃溶液中殘留較多量的氯離子而帶負電。由此，於濃溶液與稀溶液間會形成電位差，此稱為**液體接合電位** (liquid junction potential)。此種由於溶液之接合產生的電位差，為因其內的正離子與負離子之擴散速率的差異所致。實際上，此種電荷之分離通常均甚小，而其所產生的電位差亦不大。此時其二不同的溶液，使用氯化鉀或硝酸銨的鹽橋連接時，由於陰離子 $Cl^-$ 與陽離子 $K^+$ ( 或 $NO_3^-$ 與 $NH_4^+$ ) 之移動率大約相等，而可消除其接合的電位。若電池內含硝酸銀的溶液時，因銀的離子與氯離子會產生氯化銀的沈澱，因此，不可使用氯化鉀的鹽橋，而須使用硝酸銨的鹽橋。

## 9-6　電化電池之基本式

### (Fundamental Equation for an Electrochemical Cell)

　電池之電動勢與其內的反應之反應物及生成物之化勢或活性度間的關係，可由下列的無液體接合電池 (9-29)，導得

　　　　　　$Pt_L|H_2(g)|HCl(m)|AgCl(s)|Ag(s)|Pt_R$　　　　　　　　**(9-29)**

其中於括號內之 $m$ 為表示 HCl 水溶液之濃度，通常以 1 kg 的溶劑中所溶解之溶質的莫耳數表示，由於此電池之二電極間，僅有一種的電解質水溶液，而無液體的接合，因此，可由熱力學精確的處理。

電池 (9-29) 內之化學反應為

$$H_2(g) + 2AgCl(s) = 2HCl(m) + 2Ag(s) \tag{9-30}$$

依據電池之國際慣例的表記法，於電池之右邊的電極產生還原反應，而於左邊的電極產生氧化反應。由此，電池 (9-29) 之兩邊的電極反應 (或簡稱半反應)，可分別表示為

$$2AgCl(s) + 2e^-\,(Pt_R) = 2Ag(s) + 2Cl^-(m) \tag{9-31}$$

與

$$H_2(g) = 2H^+(m) + 2e^-\,(Pt_L) \tag{9-32}$$

而於電池內所產生之反應相當於，其兩邊的電極反應之和。因此，由式 (9-31) 與 (9-32) 相加可得，電池內的反應為

$$H_2(g) + 2AgCl(s) + 2e^-\,(Pt_R) = 2H^+(m) + 2Cl^-(m) + 2Ag(s) + 2e^-\,(Pt_L) \tag{9-33}$$

於平衡時，將式 (9-14) 應用於上面的電池反應，可得

$$0 = 2\mu_{H^+} + 2\mu_{Cl^-} + 2\mu_{Ag} + 2\overline{\mu}_{e^-(Pt_L)} - \mu_{H_2} - 2\mu_{AgCl} - 2\overline{\mu}_{e^-(Pt_R)} \tag{9-34}$$

上式中，因電子於電池的二鉑電極之電位不相同，故電子使用電化電位 (或電化勢) 表示，而反應物及生成物均於同一的電解液中，因此，均使用化勢表示。由上式 (9-34) 可得

$$2\overline{\mu}_{e^-(Pt_R)} - 2\overline{\mu}_{e^-(Pt_L)} = 2\mu_{Ag} + 2\mu_{H} + 2\mu_{Cl^-} - 2\mu_{AgCl} - \mu_{H_2} \tag{9-35}$$

因電子所帶的電荷 $z_i = -1$，所以電子之電化勢由式 (9-11)，可表示為

$$\overline{\mu}_{e^-} = \mu_{e^-} - F\phi \tag{9-36}$$

將上式的關係代入式 (9-35) 之左邊，可得

$$2[\mu_{e^-(Pt_R)} - F\phi_R - \mu_{e^-(Pt_L)} + F\phi_L] = 2F(\phi_L - \phi_R) = -2FE \tag{9-37}$$

上式中，電子於 $\phi = 0$ 時之右邊與左邊的鉑電極中之化勢相同，即 $\mu_{e^-(Pt_R)} = \mu_{e^-(Pt_L)}$，且由於電池之電動勢 $E$ 等於其二電極之電位差，而可表示為

$$E = \phi_R - \phi_L \tag{9-38}$$

因此，式 (9-35) 可寫成

$$-2FE = 2\mu_{Ag} + 2\mu_{H^+} + 2\mu_{Cl^-} - 2\mu_{AgCl} - \mu_{H_2} \tag{9-39}$$

上式 (9-39) 一般可寫成

$$-nFE = \sum_i v_i \mu_i = \Delta_r G \tag{9-40}$$

上式中的 $n$ 為電荷數，等於所寫的電池反應式之傳遞的電子數。右邊電極的電位比左邊電極較正時，電池之電動勢 $E$ 為正，而由上式(9-40)可得知，其電池反應之 $\Delta_r G$ 為負值，即於恆溫恆壓下其電池反應為自發。此時電池之右邊電極的反應為還原反應，而左邊電極的反應為氧化反應。

將式 (5-141)，$\mu_i = \mu_i^\circ + RT \ln a_i$，代入上式 (9-40)時，上述的電池之電動勢，可用其反應物與生成物之化勢 $a_i$ 表示，為

$$-nFE = \sum_i v_i \mu_i^\circ + RT \sum_i v_i \ln a_i = -nFE^\circ + RT \ln \prod_i a_i^{v_i} \tag{9-41}$$

於上式中，$E^\circ$ 為電池之**標準電動勢** (standard electromotive force)，即為電池內的各反應物與生成物之活性度均各等於 1（標準狀態）時之該電池的電動勢。上式 (9-41) 稱為 Nernst 式，而通常寫成

$$E = E^\circ - \frac{RT}{nF} \ln \prod_i a_i^{v_i} \tag{9-42}$$

將於溫度 25°C 時之各常數值代入上式，可得

$$\begin{aligned}
E &= E^\circ - \frac{(8.314 \text{ J K}^{-1} \text{ mol}^{-1})(298.15 \text{ K})}{n(96{,}485 \text{ C mol}^{-1})} \ln \prod_i a_i^{v_i} \\
&= E^\circ - \frac{(0.02569 \text{ V})}{n} \ln \prod_i a_i^{v_i}
\end{aligned} \tag{9-43}$$

於平衡時，電池之電動勢等於零，即 $E = 0$，此時反應物與生成物之活性度各等於其平衡時之活性度。因此，式 (9-42) 可寫成

$$E^\circ = \frac{RT}{nF} \ln \prod_i a_{i,\text{eq}}^{v_i} = \frac{RT}{nF} \ln \mathrm{K}_a \tag{9-44a}$$

或

$$\mathrm{K}_a = e^{nFE^\circ/RT} \tag{9-44b}$$

上式中，$\mathrm{K}_a$ 為電池反應之平衡常數。

例 **9-1** 某電池於 25°C 之標準電動勢 $E°$ 為 0.1 V。設其電池反應之電荷數為 1，試計算此電池反應之平衡常數

解 由式 (9-44b)，$K_a = e^{FE°/RT}$，得

$$K_a = \exp\frac{(96485\,\mathrm{C\,mol^{-1}})(0.1\,\mathrm{V})}{(8.314\,\mathrm{JK^{-1}})(298.15\,\mathrm{K})} = 49.0 \qquad \blacktriangleleft$$

## 9-7 電解質之活性度 (Activity of Electrolytes)

非電解質混合物中的成分 $i$ 之化勢，可用式 (5-141) 表示為，$\mu_i = \mu_i° + RT\ln a_i$。然而，強的電解質通常均完全解離成離子，且須保持電中性，因此，離子不能分離而單獨處理。電解質的溶液之濃度，習慣上用**重量莫耳濃度** (molal concentration) $m$ 表示，其單位為 $\mathrm{mol\,kg^{-1}}$。溶質之重量**莫耳濃度** (molality) $m$，等於每公斤的溶劑中所溶解之溶質的莫耳數，此種濃度的單位與莫耳分率不同，不會由於其他的溶質之加入而改變。

非電解質的溶液中之溶質 $i$ 的活性度 $a_i$，可使用重量莫耳濃度 $m_i$ 表示，為

$$a_i = \frac{\gamma_i m_i}{m°} \tag{9-45}$$

其中的 $\gamma_i$ 為**活性度係數** (activity coefficient)，$m°$ 為標準重量莫耳濃度，即為 1 mol 溶質/kg 溶劑，於 $m_i$ 趨近於零時，其活性度係數 $\gamma_i$ 趨近於 1，即可表示為

$$\lim_{m_i \to 0} \gamma_i = 1 \tag{9-46}$$

溶液中的溶質 $i$ 之濃度以**容積莫耳濃度** (molar concentration, $\mathrm{mol\,L^{-1}}$) $c_i$ 表示時，其活性度 $a_i$ 可用 $c_i$ 表示為

$$a_i = \frac{\gamma_i c_i}{c°} \tag{9-47}$$

其中的 $c°$ 為，標準容積濃度，$1\,\mathrm{mol\,L^{-1}}$。當 $c_i$ 趨近於零時，其活性度係數趨近於 1，即可表示為

$$\lim_{c_i \to 0} \gamma_i = 1 \tag{9-48}$$

使用不同的濃度單位表示溶液的濃度時，其活性度係數 $\gamma_i$ 值不同，有時為避免混亂，對於莫耳分率，重量莫耳濃度與容積莫耳濃度之各活性度係數，分別用 $\gamma_{x,i}$，$\gamma_{m,i}$ 與 $\gamma_{c,i}$ 表示。

　　對於強的電解質 $A_{v_+}B_{v_-}$，其中的下標 $v_+$ 為電解質的分子中之**陽離子** (cations) 數，而 $v_-$ 為**陰離子** (anions) 數。強的電解質於溶液中均完全解離成離子，而須保持電中性，因此，不能個別加入陽離子或陰離子。重量莫耳濃度 $m$ 之強電解質 $A_{v_+}B_{v_-}$ 的溶液，由於其溶液須為電中性，而可得下列的關係，即

$$m = \frac{m_+}{v_+} = \frac{m_-}{v_-} \tag{9-49}$$

　　於 1 kg 的溶劑中加入無窮小量 $dm$ 之強電解質 $A_{v_+}B_{v_-}$ 時，其 Gibbs 能的變化 $dG$，可表示為

$$dG = \mu_+ dm_+ + \mu_- dm_- \tag{9-50}$$

其中，$dm_+ = v_+ dm$ 與 $dm_- = v_- dm$，將這些關係代入上式 (9-50)，可得

$$dG = (v_+ \mu_+ + v_- \mu_-)dm = \mu_{A_{v_+}B_{v_-}} dm \tag{9-51}$$

於此

$$\mu_{A_{v_+}B_{v_-}} = v_+ \mu_+ + v_- \mu_- \tag{9-52}$$

上式之 $\mu_{A_{v_+}B_{v_-}}$ 為電解質 $A_{v_+}B_{v_-}$ 之化勢，而通常可由實驗測得。

　　若離子 $i$ 之化勢 $\mu_i$ 與重量莫耳濃度 $m_i$ 的關係，仍可用式 (5-141)，$\mu_i = \mu_i^\circ + RT \ln a_i = \mu_i^\circ + RT \ln(\gamma_i m_i / m^\circ)$，表示，則上面的陽離子與陰離子之化勢 $\mu_+$ 與 $\mu_-$，可分別表示為

$$\mu_+ = \mu_+^\circ + RT \ln \gamma_+ m_+ \tag{9-53a}$$

與　　　　　　$$\mu_- = \mu_-^\circ + RT \ln \gamma_- m_- \tag{9-53b}$$

上式中的 $\mu_+^\circ$ 與 $\mu_-^\circ$ 分別為，陽離子與陰離子之標準狀態的化勢，而 $\gamma_+$ 與 $\gamma_-$ 為其活性度係數，於上式及此以下為表記的簡化，均省略其中的標準重量莫耳濃度 $m^\circ$。將上式 (9-53a) 與 (9-53b) 代入式 (9-52)，可得

$$\begin{aligned}
\mu_{A_{v_+}B_{v_-}} &= v_+ \mu_+^\circ + v_+ RT \ln \gamma_+ m_+ + v_- \mu_-^\circ + v_- RT \ln \gamma_- m_- \\
&= (v_+ \mu_+^\circ + v_- \mu_-^\circ) + RT \ln \gamma_+^{v_+} \gamma_-^{v_-} m_+^{v_+} m_-^{v_-}
\end{aligned} \tag{9-54}$$

　　**平均離子重量莫耳濃度** (mean ionic molality) $m_\pm$ 與**平均離子活性度係數**(mean ionic activity coefficient) $\gamma_\pm$，分別定義為

$$m_\pm = (m_+^{v_+} \cdot m_-^{v_-})^{1/v_\pm} = m(v_+^{v_+} v_-^{v_-})^{1/v_\pm} \tag{9-55}$$

與

$$\gamma_{\pm} = (\gamma_{+}^{v_{+}} \gamma_{-}^{v_{-}})^{1/v_{\pm}} \tag{9-56}$$

其中

$$v_{\pm} = v_{+} + v_{-} \tag{9-57}$$

平均離子活性度係數 $\gamma_{\pm}$ 於實用上甚爲重要,而可直接由實驗測得,但各離子之個別的活性度係數 $\gamma_{+}$ 與 $\gamma_{-}$,不能直接由實驗個別測得。電解質的溶液之濃度趨近於零時,其平均離子活性度係數 $\gamma_{\pm}$ 趨近於 1。因此,式 (9-54) 可寫成

$$\mu_{A_{v_{+}}B_{v_{-}}} = \mu_{A_{v_{+}}B_{v_{-}}}^{\circ} + v_{\pm}RT\ln\gamma_{\pm}m_{\pm} \tag{9-58}$$

上式中,$\mu_{A_{v_{+}}B_{v_{-}}}^{\circ} = v_{+}\mu_{+}^{\circ} + v_{-}\mu_{-}^{\circ}$,爲電解質之標準化勢,即溶液中的電解質之活性度等於 1 時之化勢,而可由對於 Henry 定律之偏差,外延至 $m = 0$ 處 ($\gamma_{\pm} = 1$) 求得。溶液中的電解質 $A_{v_{+}}B_{v_{-}}$ 之活性度,可表示爲

$$a_{A_{v_{+}}B_{v_{-}}} = (\gamma_{\pm}m_{\pm})^{v_{\pm}} = (a_{+})^{v_{+}}(a_{-})^{v_{-}} = \gamma_{\pm}^{v_{\pm}}m^{v_{\pm}}(v_{+}^{v_{+}}v_{-}^{v_{-}}) \tag{9-59}$$

對於如 NaCl 之 1-1 的電解質,其平均離子重量莫耳濃度,$m_{\pm} = m(1^{1} \cdot 1^{1})^{1/2} = m$。對於如 $CaCl_{2}$ 之 2-1 電解質,$m_{\pm} = m(1^{1} \cdot 2^{2})^{\frac{1}{1+2}} = 4^{1/3}m$。對於如 $CuSO_{4}$ 之 2-2 電解質,$m_{\pm} = m(1^{1} \cdot 1^{1})^{\frac{1}{1+1}} = m$。對於如 $LaCl_{3}$ 之 3-1 電解質,$m_{\pm} = m(1^{1} \cdot 3^{3})^{\frac{1}{1+3}} = 27^{1/4}m$。

**例 9-2** 試以重量莫耳濃度與平均離子活性度係數,表示 NaCl, $CaCl_{2}$, $CuSO_{4}$ 與 $LaCl_{3}$ 等鹽類之活性度

解 $a_{NaCl} = m^{2}\gamma_{\pm}^{2}$

$a_{CaCl_{2}} = \gamma_{\pm}^{3}m^{3}(1^{1} \cdot 2^{2}) = 4m^{3}\gamma_{\pm}^{3}$

$a_{CuSO_{4}} = \gamma_{\pm}^{2}m^{2}(1^{1} \cdot 1^{1}) = m^{2}\gamma_{\pm}^{2}$

$a_{LaCl_{3}} = \gamma_{\pm}^{4}m^{4}(1^{1} \cdot 3^{3}) = 27m^{4}\gamma_{\pm}^{4}$ ◀

## 9-8 離子強度 (Ionic Strength)

含多價離子之電解質,較含單價離子之電解質,對於離子活性度係數的影響大。G.N. Lewis 以**離子強度** (ionic strength) I,表示電解質溶液中的離子之作用強度,並對於溶液之離子強度定義爲

$$I = \frac{1}{2}\sum_i m_i z_i^2 = \frac{1}{2}(m_1 z_1^2 + m_2 z_2^2 + \cdots) \tag{9-60}$$

上式中，$z_i$ 為溶液中的離子 $i$ 所帶之電荷，$m_i$ 為其重量莫耳濃度。由上式 (9-60) 得知，溶液之離子強度等於，溶液中的各離子之濃度與其所帶電荷的平方之乘積的總和的 1/2。由上式 (9-60) 得，

1-1 電解質(如 HCl)之離子強度，$I = \frac{1}{2}(m \cdot 1^2 + m \cdot 1^2) = m$，

1-2 電解質（如 $H_2SO_4$）之離子強度為，$\frac{1}{2}(2m \cdot 1^2 + m \cdot 2^2) = 3m$，

2-2 電解質(如 $CuSO_4$)之離子強度為，$\frac{1}{2}(m \cdot 2^2 + m \cdot 2^2) = 4m$，

3-2 電解質[如 $La_2(SO_4)_3$]之離子強度為，$\frac{1}{2}(2m \cdot 3^2 + 3m \cdot 2^2) = 15m$。

溶液之容積莫耳濃度 $c_i$ 與重量莫耳濃度 $m_i$ 的關係，可用下式表示，為

$$c_i = \frac{m_i}{\dfrac{1000 + m_i M_i}{\rho \cdot 1000}} = \frac{m_i \rho}{1 + \dfrac{m_i M_i}{1000}} \tag{9-61}$$

上式中，$\rho$ 為溶液之密度 $(kg \cdot L^{-1})$，$M_i$ 為離子 $i$ 之莫耳質量 $(g \cdot mol^{-1})$。對於稀薄的溶液，由上式 (9-61) 可得，$c_i \doteqdot m_i \rho_0$，其中的 $\rho_0$ 為溶劑之密度。因此，稀薄溶液之離子強度，可以容積莫耳濃度表示，為

$$I = \frac{1}{2}\sum_i m_i z_i^2 = \frac{1}{2}\frac{1}{\rho_0}\sum_i c_i z_i^2 \tag{9-62}$$

## 9-9　Debye-Hückel 理論 (Debye-Hückel Theory)

強的電解質於溶液中，通常完全解離成為離子，而溶液中的離子之活性度係數與其濃度有關，因此，強電解質溶液之**當量電導** (equivalent conductance)，一般受其濃度的影響。由於溶液中的離子間之靜電作用的範圍，遠大於分子力的作用距離，由此，強電解質溶液之活性度係數所受濃度的影響較大。

無限稀薄的溶液中之離子間的距離甚大，因此，其相互作用甚小而幾乎可忽略，由此，無限稀薄溶液中的離子之活性度係數均趨近於 1。然而，較高濃度的溶液中之離子間的距離較小，而由式 (9-2) 顯示，其離子間之庫倫靜電作用趨於重要。基於此種離子間的相互作用，於負離子周圍之正離子的濃度較高，而於正離子的鄰近有較多的負離子，即離子於帶相反電荷符號的離子周圍形成**離子層** (ionic atmosphere)。因此，由於離子與其周圍的帶相反電荷離子層的相互吸引，而使電解質於溶液中之活性度係數減小。由式 (9-2) 得知，離子所帶的電荷愈高及溶劑之**介電常數** (dielectric constant) 愈低時，其離子間的靜電作

用愈強，而對活性度係數的效應愈大。然而，於溫度上升時，由於離子之**熱運動** (thermal motion) 較為激烈，因此，溫度的上升對於離子周圍之相反電荷的離子層的形成，有負面的影響。

Debye 與 Hückel 以 Boltzmann **分佈法則** (Boltzmann distribution law) 為基礎，計算離子層內之電荷密度，並由 Poisson 式解得，於稀薄溶液中之帶 $z_i$ 電荷的離子 $i$ 之活性度係數 $\gamma_i$，可用下式 (參閱附錄七) 表示為

$$\ln \gamma_i = -\frac{z_i^2 e^2 b}{8\pi\epsilon_0\epsilon_r kT} \tag{9-63}$$

其中

$$b = \left(\frac{e^2}{\epsilon_0\epsilon_r kT}\sum_i n_i z_i^2\right)^{1/2} \tag{9-64}$$

於上式中，$k$ 等於 $1.3807\times10^{-23}\,\text{J K}^{-1}$，為 Boltzmann 常數，$n_i$ 為離子 $i$ 於單位容積 (mL) 的溶液內之數目，$1/b$ 相當於離子層之大略的厚度，而稱為 Debye 長度，例如，於 25°C 之 1 莫耳的單價電解質水溶液中，其 $1/b = 3.1\,\text{Å}$。上式中的 $n_i$ 與濃度 $c_i\,(\text{mol L}^{-1})$ 之關係可表示為，$n_i = c_i\text{N}_A/1000$，其中的 $\text{N}_A$ 為 Avogadro 數，由此，上式 (9-64) 可改寫成

$$b = \left(\frac{e^2\text{N}_A}{\epsilon_0\epsilon_r k\text{T}1000}\sum_i c_i z_i^2\right)^{1/2} \tag{9-65}$$

於稀薄的溶液中，$c_i \fallingdotseq m_i\rho_0$，其中的 $\rho_0$ 為溶劑之密度。將此關係代入上式 (9-65) 可得

$$b = \left(\frac{2\text{N}_A e^2\rho_0}{1000\epsilon_0\epsilon_r k\text{T}}\sum_i \frac{1}{2}m_i z_i^2\right)^{1/2} = \left(\frac{2N_A e^2\rho_0}{1000\epsilon_0\epsilon_r k\text{T}}\right)^{1/2} I^{1/2} \tag{9-66}$$

將上式 (9-66) 代入式 (9-63)可得，於稀薄溶液中帶電荷 $z_i$ 的離子 $i$ 之活性度係數 $\gamma_i$，為

$$\log\gamma_i = -\text{A}z_i^2 I^{1/2} \tag{9-67}$$

上式 (9-67) 為稀薄溶液中的離子 $i$ 之活性度係數的 Debye-Hückel 式，其中的 I 為，溶液之離子強度，而係數 A 為

$$\text{A} = \frac{e^2}{(2.303)8\pi\epsilon_0\epsilon_r k\text{T}}\left(\frac{2\text{N}_A e^2\rho_0}{1000\epsilon_0\epsilon_r k\text{T}}\right)^{1/2} = \frac{1}{2.303}\left(\frac{2\pi\text{N}_A m_{\text{solv}}}{\text{V}}\right)^{1/2}\left(\frac{e^2}{4\pi\epsilon_0\epsilon_r k\text{T}}\right)^{3/2} \tag{9-68}$$

上式中，$m_{\text{solv}}$ 為容積 V 內之溶劑的質量，即 $m_{\text{solv}}/\text{V} = \rho_0/1000$，而 $\varepsilon_r$ 為溶劑之介電常數。

　　水於溫度 298.15 K 之 $\epsilon_r$ 值為 78.54，對於 25°C 的水溶液，Debye-Hückel 式中之係數 A 值，由上式 (9-68) 可得

$$A = \frac{1}{2.303}\left[\frac{2\pi(6.022\times10^{23}\,\text{mol}^{-1})(997\,\text{kg})}{1,000\,\text{m}^3}\right]^{1/2}$$

$$\times\left[\frac{(1.602\times10^{-19}\,\text{C})^2}{4\pi(8.8542\times10^{-12}\,\text{C}^2\text{N}^{-1}\text{m}^{-2})(78.54)(1.3807\times10^{-23}\,\text{JK}^{-1})(298.15\text{K})}\right]^{3/2}$$

$$= 0.509\,\text{kg}^{1/2}\,\text{mol}^{-1/2}$$

由式 (9-67) 得知，於稀薄的電解質溶液中的離子 $i$ 之活性度係數 $\gamma_i$ 與其所帶的電荷數 $z_i$、溶液之離子強度 $I$、介質之介電常數 $\epsilon_r$ 及溫度有關。各種的同價數 (正或負) 的離子，於同一溶液中之活性度係數均相同，而與其所帶的電荷符號、離子之化學性質及種類無關。

　　由式 (9-67) 可得稀薄溶液中的單一離子之活性度係數，但由實驗所測得者，通常為平均離子活性度係數。溶液中的電解質 $A_{v_+}B_{v_-}$ 之平均離子活性度係數，可用式 (9-56) 表示，而由其兩邊各取對數可得

$$\log\gamma_\pm = \frac{1}{v_+ + v_-}(v_+\log\gamma_+ + v_-\log\gamma_-) \tag{9-69}$$

於上式中的各離子之活性度係數，各使用 Debye-Hückel 式 (9-67) 代入，可得

$$\log\gamma_\pm = -A\left(\frac{v_+z_+^2 + v_-z_-^2}{v_+ + v_-}\right)I^{1/2} \tag{9-70}$$

因 $v_+z_+ = -v_-z_-$，故上式 (9-70) 可寫成

$$\log\gamma_\pm = Az_+z_-I^{1/2} \tag{9-71a}$$

上式中之電荷數 $z_+$ 與 $z_-$ 內，均各包含其離子所帶之電荷的符號，其中 $z_+$ 為正而 $z_-$ 為負。因此，上式亦可寫成

$$\log\gamma_\pm = -|z_+||z_-|AI^{1/2} \tag{9-71b}$$

由上式得知，溶液中的電解質之活性度係數由於離子層的形成之影響而減低。離子強度對於平均離子活性度的係數之影響，如圖 9-8 所示。

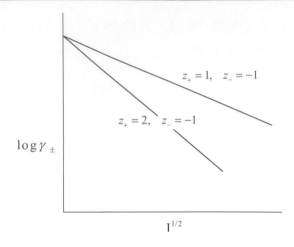

圖 9-8　由 Debye-Hückel 理論所得的平均離子活性度係數與離子強度的關係

　　Debye-Hückel 理論，對於解釋電解質溶液之性質很有用。上式 (9-71) 適用於低離子強度的溶液，為平均離子活性度係數之**極限法則** (limiting law)。於較低的離子強度範圍，電解質之活性度係數，通常隨離子強度的增加而減小。然而，於高離子強度的溶液，電解質之活性度係數隨離子強度的增加而增加。由上式 (9-71) 所計得之 $\gamma_\pm$ 值，於離子強度約 0.01 時，與實驗的結果甚符合。然而，於正離子的電荷與負離子的電荷之乘積約大於 4 之電解質的溶液中，其離子強度等於 0.01 時之實驗值，對於理論值已有相當大的偏差。

　　對於離子強度較高之電解質溶液，其平均離子活性度的係數，可用下列的半實驗式表示，為

$$\log\gamma_\pm = \frac{Az_+z_-\mathrm{I}^{1/2}}{1+B\,\mathrm{I}^{1/2}} \tag{9-72}$$

上式於 25°C 時，其中的 $B = 1.6(\mathrm{kg\cdot mol^{-1}})^{1/2}$

**例 9-3**　試使用 Debye-Hückel 理論計算，於 25°C 之，0.001 重量莫耳濃度的氯化鉀水溶液中，鉀離子與氯離子之活性度係數 $\gamma_{K^+}$ 與 $\gamma_{Cl^-}$，及其平均離子活性度係數 $\gamma_\pm$

　　解　由式 (9-67)

$$\log\gamma_i = -Az_i^2\,\mathrm{I}^{1/2} = -(0.509)(0.001)^{1/2}$$

　　由此可得

$$\gamma_{K^+} = \gamma_{Cl^-} = 0.964$$

　　而由式 (9-71) 得

$$\log\gamma_\pm = A\,z_{K^+}z_{Cl^-}\,\mathrm{I}^{1/2} = (0.509)(1)(-1)(0.001)^{1/2}$$

$$\therefore \gamma_\pm = (\gamma_+\gamma_-)^{1/2} = 0.964$$ ◀

**9-10** 鹽酸之活性度係數的測定
(Determination of the Activity Coefficient of Hydrochloric Acid)

於 9-6 節所討論之電池， $Pt|H_2(g)|HCl(m)|AgCl(s)|Ag(s)|Pt$ ，爲無液體接合的電池，而可用以測定鹽酸之活性度係數。於此電池內所發生之反應爲， $\frac{1}{2}H_2(g) + AgCl(s) = HCl(m) + Ag(s)$ ，此電池反應之電荷數 $n$ 等於 1，由此，其電動勢由式 (9-43) 可表示爲

$$E = E° - \frac{RT}{F} \ln \frac{a_{HCl}}{(P_{H_2} / P°)^{1/2}} \tag{9-73}$$

假設氫爲理想氣體，而其壓力爲 1 bar ，則由式 (9-60) 及 (9-58) 可得， $a_{HCl} = \gamma_\pm^2 m^2$ ，將此關係代入上式 (9-73)，得

$$E = E° - \frac{2.303\, RT}{F} \log(\gamma_\pm^2 m^2) \tag{9-74a}$$

而於溫度等於 25°C 時，上式可寫成

$$E = E° - 0.05916 \log(\gamma_\pm^2 m^2) \tag{9-74b}$$

上式中， $\gamma_\pm$ 與 $m$ 分別表示，鹽酸之平均離子活性度係數與重量莫耳濃度。

於上式 (9-74) 中含 $E°$ 與 $\gamma_\pm$ 的二未知量，而由測定各種稀鹽酸濃度電池之各電動勢 $E$ ，則由上式可求得 $E°$ 與 $\gamma_\pm$ 。上式 (9-74b) 經重排，可寫成

$$E + 0.1183 \log m = E° - 0.1183 \log \gamma_\pm \tag{9-75}$$

上式中，對數項前面之係數爲， (2)(0.05916) = 0.1183 。無限稀薄的鹽酸溶液時，其 $m = 0$ 及 $\gamma_\pm = 1$ ，而 $\log \gamma_\pm = 0$ 。因此，由 $E + 0.1183 \log m$ 對 $m$ 作圖，並將其關係外延推至 $m = 0$ 時，可求得電池之標準電動勢 $E°$ 。

使用下面的 Debye-Hückel 理論之延伸式時，可得較精確的外推值 $E°$ 。對於 1-1 電解質，其於 25°C 的水溶液中之平均離子活性度係數的經驗延伸式，可表示爲

$$\log \gamma_\pm = -0.509 \sqrt{m} + bm \tag{9-76}$$

其中的 $b$ 爲，由實驗求得之常數。將上式 (9-76) 代入式 (9-75) 並經重排，可得

$$E' = E + 0.1183 \log m - 0.0602\, m^{1/2} = E° - (0.1183b)m \tag{9-77}$$

依據上式，由各種濃度 $m$ 的電池之電動勢的測定值 $E$，可計算上式 (9-77)的左邊之各 $E'$ 值，而由這些 $E'$ 值對 $m$ 作圖可得，斜率 $-0.1183b$ 之直線。因此，由此直線於 $m=0$ 處之截距可求得，電池之標準電動勢 $E^0$，而由其斜率可求得常數 $b$。

圖 9-9 為 $E'$ 對 $m$ 之作圖，由其關係直線外延推至 $m=0$ 處，而得 $E° = 0.2224\ \mathrm{V}$，此值為鹽酸之活性度等於 1 時之電池的標準電動勢。依定義，標準氫電極之標準電極電位為零，因此，此 $E°$ 等於銀–氯化銀電極之標準電極電位。

上述的電池之標準電動勢 $E°$ 決定後，由測定各種濃度的鹽酸之電池的電動勢，可求得各種濃度的鹽酸之活性度係數。

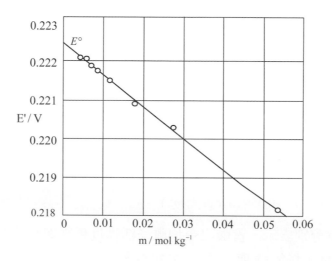

圖 9-9　電池，$\mathrm{Pt\,|\,H_2(1\,bar)\,|\,HCl}(m)\,|\,\mathrm{AgCl\,|\,Ag}$，於 25°C 之 $E'(E + 0.1183\log m - 0.0602 m^{1/2})$ 值與重量莫耳濃度 $m$ 的關係

一些電解質之平均活性度係數，如圖 9-10 所示，有些電解質於較高濃度時之活性度係數大於 1。電解質之平均離子活性度係數，亦可由蒸氣壓之量測，使用 Gibbs-Duhem 的關係求得。然而，由電化電池之電動勢的測定，可得電解質之較準確的平均離子活性度係數 $\gamma_\pm$ 值。理論上，無論其平衡數據是來自蒸氣壓、冰點下降、沸點上升、滲透壓、分配係數、平衡常數、溶解度、或電動勢之量測等，均應可得同一的活性度係數的數值。

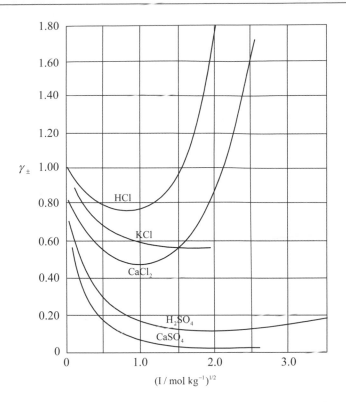

圖 9-10　一些電解質於 25°C 之平均離子活性度係數 $\gamma_{\pm}$ 與 $I^{1/2}$ 的關係

例 **9-4**　電池，$Pt|H_2(1\ bar)|HCl(0.1\ mol\ kg^{-1})|AgCl(s)|Ag(s)$，於 25°C 之電動勢為
0.3524 V。試計算濃度 0.1 mol kg$^{-1}$ 的鹽酸水溶液，於 25°C 之平均離子活
性度係數

解　由式 (9-75)

$$0.3524 = 0.2224 - 0.1183\log\gamma_{\pm} - 0.1183\log 0.1$$

$$\log\gamma_{\pm} = \frac{-0.3524 + 0.2224 + 0.1183}{0.1183} = -0.0989$$

$$\therefore\quad \gamma_{\pm} = 0.796 \qquad\blacktriangleleft$$

## 9-11 電化電池之熱力學
### (Thermodynamics of Electrochemical Cells)

於電化電池內所發生的化學反應之標準反應 Gibbs 能，可由該電池之可逆電動勢計算。電池之可逆電動勢，係使用電位計對該電池施加與其電動勢相等而方向相反的電位，即於沒有電流通過的情況下，所量測的該電池之電動勢，此時該電池處於平衡狀況而不發生充電或放電。於此種情況下所測得的電池之電動勢 $E$，與其內反應物及生成物之化勢間的關係，可用式 (9-40) 表示，而由式 (9-40)可得，電池內的反應之 Gibbs 能的變化，與該電池之可逆電動勢間的關係，為

$$\Delta_r G = -nFE \tag{9-78a}$$

電池的反應為自發時，其 $\Delta_r G$ 為負值，而電池自然放電時之電動勢 $E$ 為正值。電池之電動勢與其內的化學反應平衡式中之**化學式量係數** (stoichiometric coefficients) 無關，但其反應之 Gibbs 能的變化 $\Delta_r G$，與所寫電池反應式中之傳遞的電子數 $n$ 有關，因此，$\Delta_r G$ 與化學反應式之寫法有關。由式 (9-44a)，$E° = \dfrac{RT}{nF} \ln K_a$，及由式 (8-13)，$\Delta_r G° = -RT \ln K_a$，可得

$$\Delta_r G° = -nFE° \tag{9-78b}$$

若上式中的法拉第常數 $F$ 用 $\mathrm{C\,mol^{-1}}$ 的單位表示時，則因 $1\,\mathrm{J} = 1\,\mathrm{VC}$，故由上式 (9-78) 所計算之**電功** (electrical work) 的單位為 $\mathrm{J\,mol^{-1}}$。使用式 (9-44b) 可計算電池內的反應，$\dfrac{1}{2}\mathrm{H_2}(g) + \mathrm{AgCl}(s) = \mathrm{HCl}(a_i) + \mathrm{Ag}(s)$，之平衡常數，因此反應式之傳遞電子數 $n = 1$，所以由式 (9-44b) 可得

$$K_a = \exp\frac{(96485\,\mathrm{C\,mol^{-1}})(0.2224\,\mathrm{V})}{(8.3145\,\mathrm{J\,K^{-1}\,mol^{-1}})(298.75\,\mathrm{K})} = 5745 = \frac{a_{\mathrm{HCl}}}{(P_{\mathrm{H_2}}/P°)^{1/2}}$$

於此假定氫氣為理想氣體。

由量測電池於各溫度之標準電動勢，可計算其電池反應之標準熵值的變化 $\Delta_r S°$，即由式 (5-42) 及上式 (9-78b)，可得

$$\Delta_r S° = -\left(\frac{\partial \Delta_r G°}{\partial T}\right)_p = nF\left(\frac{\partial E°}{\partial T}\right)_p \tag{9-79}$$

而電池反應之標準焓值的變化 $\Delta_r H^\circ$，由式 (9-78b) 及上式 (9-79)，可得

$$\Delta_r H^\circ = \Delta_r G^\circ + T\Delta_r S^\circ = -nFE^\circ + nFT\left(\frac{\partial E^\circ}{\partial T}\right)_p \tag{9-80}$$

電池反應之 $\Delta_r C_p^\circ$，由 $(\partial S/\partial T)_p = C_p/T$ 及式(9-79)，可表示為

$$\Delta_r C_p^\circ = T\left(\frac{\partial \Delta_r S^\circ}{\partial T}\right)_p = nFT\left(\frac{\partial^2 E^\circ}{\partial T^2}\right)_p \tag{9-81}$$

　　由電池之電動勢的測定所得的電池反應之各種熱力量，較由反應的平衡常數，或使用卡計的直接量測所得之數值精確。電池的電動勢之測定為，其內之反應的熱力數據之重要來源，尤其水溶液中的離子之數據，常由電動勢之測定值計算。附錄表 A2-1 中的許多電解質及其離子，於 298.15 K 的水溶液中之 $\Delta \overline{H}_f^\circ$，$\Delta \overline{G}_f^\circ$，$\overline{S}^\circ$ 及 $\overline{C}_p^\circ$ 等各數值，係均以 $H^+(ao)$ 之 $\Delta \overline{H}_f^\circ$，$\Delta \overline{G}_f^\circ$，$\overline{S}^\circ$ 及 $\overline{C}_p^\circ$ 等各值，均設為零作為基準。電解質或離子之標準狀態，對於如 NaCl 或 HCl 等之強電解質，均假定完全解離，而於其後面均附 (ai) 以表示完全解離。對於如醋酸之弱電解質，其完全離子化之標準狀態，於其後面用 (ai) 表示，而非解離的標準狀態用 (ao) 表示。對於水溶液中的非解離的溶質，以 $1\,mol\,kg^{-1}$ 之理想溶液為其標準狀態。電解質於水溶液中之標準狀態，係假設離子於單位活性度的溶液中之性質，與其於無限稀薄溶液中之性質相同的假想之理想溶液。例如，HCl 於水溶液中之假想的標準狀態，如圖 9-11 中之斷線所示，假設 HCl 於 $1\,mol\,kg^{-1}$ 的水溶液中之性質，與其於無限稀薄的溶液中之性質相同。實際上，如圖 9-11 中之實線所示，$1\,mol\,kg^{-1}$ 的 HCl 水溶液之活性度比 1 小。此圖與前述的氣體之標準狀態的觀念圖 5-4 類似。

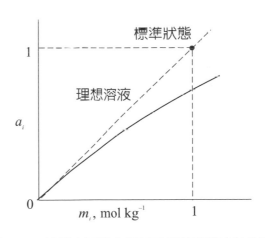

圖 9-11　溶質之活性度與其重量莫耳濃度的關係

例 **9-5** R.G Bates 與 V.E. Bower 測定，電池， $\text{Pt}|\text{H}_2(g)|\text{HCl}(ai)|\text{AgCl}(s)|\text{Ag}$ ，於 $0°$ 至 $90°\text{C}$ 間之各溫度的標準電動勢，而得其標準電動勢與溫度的關係，可表示為

$$E°/\text{V} = 0.236.59 - 4.8564 \times 10^{-4}(t/°\text{C}) - 3.4205 \times 10^{-6}(t/°\text{C})^2$$
$$+ 5.869 \times 10^{-9}(t/°\text{C})^3$$

(a) 試求，此電池反應， $\frac{1}{2}\text{H}_2(g) + \text{AgCl}(s) = \text{HCl}(ai) + \text{Ag}(s)$ ，於 $25°\text{C}$ 之 $\Delta_r G°$， $\Delta_r H°, \Delta_r S°$ 與 $\Delta_r C_p°$ 等各值

(b) 由附錄 A2-1 的數據，計算 $\text{HCl}(a=1)$ 於 $25°\text{C}$ 之標準熱力量 $\Delta \overline{G}_f°$， $\Delta \overline{H}_f°, \Delta \overline{S}°$ 與 $\overline{C}_p°$ 等各值

解 (a) 將 $t = 25°\text{C}$ 代入可得， $E° = 0.2224 \text{ V}$ ，因此

$$\Delta_r G° = -nFE° = -(96485 \text{ C mol}^{-1})(0.2224 \text{ V}) = -21.458 \text{ kJ mol}^{-1}$$

$$\Delta_r S° = nF\left(\frac{\partial E°}{\partial T}\right)_p$$

$$= (96485 \text{ C mol}^{-1})\left[-4.8564 \times 10^{-4} - 2(3.4205 \times 10^{-6})(t/°\text{C})\right.$$
$$\left. + 3(5.869 \times 10^{-9})(t/°\text{C})^2\right] = -62.297 \text{ J K}^{-1}\text{mol}^{-1}$$

$$\Delta_r H° = \Delta_r G° + T\Delta_r S° = -21.458 + (298.15)(-62.297 \times 10^{-3})$$
$$= -40.032 \text{ kJ mol}^{-1}$$

$$\Delta_r C_p° = nF\text{T}\left(\frac{\partial^2 E°}{\partial T^2}\right)_p$$

$$= (96485 \text{ C mol}^{-1})(298.15 \text{ K})\left[-2(3.4205 \times 10^{-6})\right.$$
$$\left. + 6(5.869 \times 10^{-9})(t/°\text{C})\right] = -171.4 \text{ J K}^{-1}\text{mol}^{-1}$$

(b) $\Delta_r G° = \Delta \overline{G}_{f,\text{HCl}(a_i=1)}° - \Delta \overline{G}_{f,\text{AgCl}(s)}°$

$$\Delta \overline{G}_{f,\text{HCl}(a=1)}° = -21.458 - 109.805 = -131.263 \text{ kJ mol}^{-1}$$

$$\Delta_r H° = \Delta \overline{H}_{f,\text{HCl}(a_i=1)}° - \Delta \overline{H}_{f,\text{AgCl}(s)}°$$

$$\Delta \overline{H}_{f,\text{HCl}(a=1)}° = -40.032 - 127.068 = -167.100 \text{ kJ mol}^{-1}$$

$$\Delta_r S° = \overline{S}_{\text{HCl}(a=1)}° + \overline{S}_{\text{Ag}(s)}° - \overline{S}_{\text{AgCl}(s)}° - \frac{1}{2}\overline{S}_{\text{H}_2(g)}°$$

$$\overline{S}_{\text{HCl}(a=1)}° = -62.297 - 42.55 + 96.2 + \frac{1}{2}(130.574) = 56.6 \text{ J K}^{-1}\text{mol}^{-1}$$

$$\Delta_r C_p° = \overline{C}_{p\text{HCl}(a=1)}° + \overline{C}_{p,\text{Ag}(s)}° - \overline{C}_{p,\text{AgCl}(s)}° - \frac{1}{2}\overline{C}_{p,\text{H}_2(g)}°$$

$$\overline{C}_{p,\text{HCl}(a=1)}° = -171.4 - 25.4 + 50.8 + \frac{1}{2}(28.8) = -131.6 \text{ J K}^{-1}\text{mol}^{-1} \quad \blacktriangleleft$$

## 9-12 電極電位 (Electrode Potentials)

　　任一電極均可與標準氫電極連結構成電池 (最好構成無液體接合的電池)，而由測定該電池之電動勢可求得，該電極對於標準氫電極之**相對的電極電位** (relative electrode potential)。若以標準氫電極為電池之左邊的電極，且電池內的各成分之活性度各等於 1，則所測得的電池之電位，相當於該電池的右邊電極之**標準電極電位** (standard electrode potential)。

例如，電池，$Pt|H_2(1\ bar)|HCl(a=1)|AgCl(s)|Ag(s)$ ，之電動勢為 0.2224 V，於此為表示電極之標準電極電位方便，設定標準氫電極，$H^+(a=1)\ \ |H_2(1\ bar)|Pt$ ，之標準電極電位為零。此標準氫電極之電極的反應與電極電位，為

$$H^+(aq) + e^- = \frac{1}{2}H_2(g) \qquad E° = 0.0000\ V \tag{9-82}$$

於是，$Ag-AgCl$ 電極，$Cl^-|AgCl(s)|Ag$ ，之電極反應與其標準電極電位為

$$AgCl(s) + e^- = Ag(s) + Cl^-(aq) \qquad E° = 0.2224\ V \tag{9-83}$$

上面的電極反應均寫成還原的反應，此種標準電極電位稱為，標準還原電極電位。因此，電極電位為量測電極反應發生其還原方向的反應之趨勢。

　　氫電極如圖 9-3(a) 中的左邊之半電池所示，為於鉑的電極板鍍上**鉑黑** (platinum black) 層以便吸附氫氣。標準氫電極為於 25°C 的氫離子活性度等於 1 之溶液中，對鍍上鉑黑的鉑電極通入 1 atm 的氫氣時之電極電位設定為零。因此，由此標準氫電極與任一電極所組成的電池之電動勢，即為該電極之電極電位。由於氫電極之製備程序較繁雜，而於使用時須通入壓力經精密調整為 1 atm 的高純度氫氣，且氫氣中之水蒸氣壓亦須加以修正，及溶液中不可有如 $Fe^{3+}$ 及硝酸根等的氧化劑，或於 Pt 的存在下可被 $H_2$ 還原之物質，如不飽和有機物等的存在，及如砷或硫化物等會與 Pt 的原子反應，而減低 Pt 對 $H_2$ 之吸附量等物質的存在。因此，於實際應用上較少使用標準氫電極，而常選用 $Ag-AgCl$ 電極或**甘汞電極** (calomel electrode) 作為**參考電極** (reference electrode)。

　　甘汞電極由於比較容易製備，而於使用上亦比較方便，其製備如圖 9-12 所示，於管的底裝填放置汞，並於其上面注入，由汞與**氯化亞汞** $(Hg_2Cl_2)$ 混合磨成糊狀的混合物，及注入甘汞飽和之氯化鉀的水溶液而成，其電極反應為，$\frac{1}{2}Hg_2Cl_2 + e^- = Hg + Cl^-$。其中的氯化鉀水溶液之濃度為 1 N 或 1 M($1\,mol\,L^{-1}$) 的甘汞電極，稱為**當量甘汞電極** (normal calomel electrode)，其於 25°C 之電極電位為 0.2802 V，而其內使用氯化鉀的飽和水溶液的甘汞電極，稱為飽和甘汞電極，其對標準氫電極之電位為 0.2415 V。飽和甘汞電極之優點為，其電極電位所受其他不純物的影響較小，而其缺點為 KCl 之溶解度隨溫度的變化而改變。

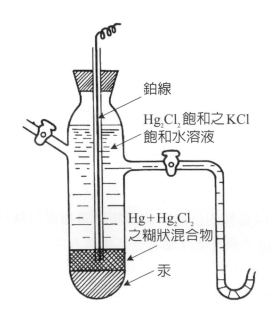

圖 9-12　飽和甘汞電極

　　於表 9-2 所示者為，各種電極於 25°C 之標準還原電位。位於表之較上方的電極，其標準還原電位較低，表示較不易獲得電子，而比較容易失去電子。因此，位於表之較上方的電極被氧化之傾向較大，即為較強的還原劑。反之，位於表之較下方的電極之標準還原電位較高，表示其獲得電子之傾向較大，因此，位於表之較下方者，通常為氧化劑。

表 9-2　各種電極於 25°C 之標準還原電極電位 $E°$ (V) [ 其中的氣體壓力為 1 bar，離子之活性度為單位活性度 (unit activity on the molal scale)]

| 電　極 | $E°$ V | 半電池反應 |
|---|---|---|
| $Li^+\vert Li$ | $-3.045$ | $Li^+ + e^- = Li$ |
| $K^+\vert K$ | $-2.925$ | $K^+ + e^- = K$ |
| $Rb^+\vert Rb$ | $-2.925$ | $Rb^+ + e^- = Rb$ |
| $Na^+\vert Na$ | $-2.714$ | $Na^+ + e^- = Na$ |
| $Mg^{2+}\vert Mg$ | $-2.37$ | $\frac{1}{2}Mg^{2+} + e^- = \frac{1}{2}Mg$ |
| $Pu^{3+}\vert Pu$ | $-2.07$ | $\frac{1}{3}Pu^{3+} + e^- = \frac{1}{3}Pu$ |
| $Th^{4+}\vert Th$ | $-1.90$ | $\frac{1}{4}Tb^{4+} + e^- = \frac{1}{4}Th$ |
| $Np^{3+}\vert Np$ | $-1.86$ | $\frac{1}{3}Np^{3+} + e^- = \frac{1}{3}Np$ |
| $Al^{3+}\vert Al$ | $-1.66$ | $\frac{1}{3}Al^{3+} + e^- = \frac{1}{3}Al$ |
| $OH^-\vert H_2\vert Pt$ | $-0.8279$ | $H_2O + e^- = \frac{1}{2}H_2 + OH^-$ |
| $Zn^{2+}\vert Zn$ | $-0.763$ | $\frac{1}{2}Zn^{2+} + e^- = \frac{1}{2}Zn$ |
| $Fe^{2+}\vert Fe$ | $-0.440$ | $\frac{1}{2}Fe^{2+} + e^- = \frac{1}{2}Fe$ |
| $Cr^{3+}, Cr^{2+}\vert Pt$ | $-0.41$ | $Cr^{3+} + e^- = Cr^{2+}$ |
| $Cd^{2+}\vert Cd$ | $-0.4022$ | $\frac{1}{2}Cd^{2+} + e^- = Cd$ |
| $SO_4^{2-}\vert PbSO_4(s)\vert Pb$ | $-0.3546$ | $\frac{1}{2}PbSO_4(s) + e^- = \frac{1}{2}Pb(s) + \frac{1}{2}SO_4^{2-}$ |
| $Tl^+\vert Tl$ | $-0.3363$ | $Tl^+ + e^- = Tl$ |
| $Br^-\vert PbBr_2(s)\vert Pb$ | $-0.280$ | $\frac{1}{2}PbBr_2 + e^- = \frac{1}{2}Pb + Br^-$ |
| $Co^{2+}\vert Co$ | $-0.277$ | $\frac{1}{2}Co^{2+} + e^- = \frac{1}{2}Co$ |
| $Ni^{2+}\vert Ni$ | $-0.250$ | $\frac{1}{2}Ni^{2+} + e^- = \frac{1}{2}Ni$ |
| $I^-\vert AgI(s)\vert Ag$ | $-0.151$ | $AgI + e^- = Ag + I^-$ |
| $Sn^{2+}\vert Sn$ | $-0.140$ | $\frac{1}{2}Sn^{2+} + e^- = \frac{1}{2}Sn$ |
| $Pb^{2+}\vert Pb$ | $-0.126$ | $\frac{1}{2}Pb^{2+} + e^- = \frac{1}{2}Pb$ |
| $D^+\vert D_2\vert Pt$ | $-0.0034$ | $D^+ + e^- = \frac{1}{2}D_2$ |
| $H^+\vert H_2\vert Pt$ (標準氫電極) | $0.0000$ | $H^+ + e^- = \frac{1}{2}H_2$ |
| $Ti^{4+}, Ti^{3+}\vert Pt$ | $0.04$ | $Ti^{4+} + e^- = Ti^{3+}$ |
| $Br^-\vert AgBr(s)\vert Ag$ | $0.0732$ | $AgBr + e^- = Ag + Br^-$ |
| $Sn^{4+}, Sn^{2+}\vert Pt$ | $0.15$ | $\frac{1}{2}Sn^{4+} + e^- = \frac{1}{2}Sn^{2+}$ |
| $Cu^{2+}, Cu^+\vert Pt$ | $0.153$ | $Cu^{2+} + e^- = Cu^+$ |
| $Cl^-\vert AgCl(s)\vert Ag$ | $0.2224$ | $AgCl + e^- = Ag + Cl^-$ |
| $Cl^-\vert Hg_2Cl_2(s)\vert Hg$ | $0.268$ | $\frac{1}{2}Hg_2Cl_2 + e^- = Hg + Cl^-$ |

表 9-2 （續）

| 電　極 | $E°$ V | 半電池反應 |
|---|---|---|
| $Cu^{2+}\|Cu$ | 0.3394 | $\frac{1}{2}Cu^{2+} + e^- = \frac{1}{2}Cu$ |
| $OH^-\|O_2\|Pt$ | 0.4009 | $\frac{1}{4}O_2 + \frac{1}{2}H_2O + e^- = OH^-$ |
| $H^+\|C_2H_4(g),C_2H_6(g)\|Pt$ | 0.52 | $H^+ + \frac{1}{2}C_2H_4(g) + e^- = \frac{1}{2}C_2H_6(g)$ |
| $Cu^+\|Cu$ | 0.521 | $Cu^+ + e^- = Cu$ |
| $I^-\|I_2(s)\|Pt$ | 0.5355 | $\frac{1}{2}I_2 + e^- = I^-$ |
| $H^+\|C_6H_4O_2(s)\|Pt$ | 0.6996 | $\frac{1}{2}C_6H_4O_2 + H^+ + e^- = \frac{1}{2}C_6H_4O_2$ |
| $Fe^{3+},Fe^{2+}\|Pt$ | 0.771 | $Fe^{3+} + e^- = Fe^{2+}$ |
| $Hg_2^{2+}\|Hg$ | 0.789 | $\frac{1}{2}Hg_2{}^{2+} + e^- = Hg$ |
| $Ag^+\|Ag$ | 0.7992 | $Ag^+ + e^- = Ag$ |
| $Hg^{2+},Hg_2^{2+}\|Pt$ | 0.920 | $Hg^{2+} + e^- = \frac{1}{2}Hg_2{}^{2+}$ |
| $Pu^{4+},Pu^{3+}\|Pt$ | 0.97 | $Pu^{4+} + e^- = Pu^{3+}$ |
| $Br^-\|Br_2(\ell)\|Pt$ | 1.0562 | $\frac{1}{2}Br_2(\ell) + e^- = Br^-$ |
| $Tl^{3+},Tl^+\|Pt$ | 1.250 | $\frac{1}{2}Tl^{3+} + e^- = \frac{1}{2}Tl^+$ |
| $H^+\|O_2\|Pt$ | 1.2288 | $H^+ + \frac{1}{4}O_2 + e^- = \frac{1}{2}H_2O$ |
| $Cl^-\|Cl_2(g)\|Pt$ | 1.3604 | $\frac{1}{2}Cl_2(g) + e^- = Cl^-$ |
| $Pb^{2+}\|PbO_2\|Pb$ | 1.455 | $\frac{1}{2}PbO_2 + 2H^+ + e^- = \frac{1}{2}Pb_2 + H_2O$ |
| $Au^{3+}\|Au$ | 1.50 | $\frac{1}{3}Au^{3+} + e^- = \frac{1}{3}Au$ |
| $Ce^{4+},Ce^{3+}\|Pt$ | 1.61 | $Ce^{4+} + e^- = Ce^{3+}$ |
| $Co^{3+},Co^{2+}\|Pt$ | 1.82 | $Co^{3+} + e^- = Co^{2-}$ |
| $F^-(aq)\|F_2(g)\|Pt$ | 2.87 | $\frac{1}{2}F_2 + e^- = F^-(aq)$ |

註：當量甘汞電極(normal calomel electrode)之電極電位為 0.2802 V，
　　而含飽和 KCl 溶液之飽和甘汞電極的電位為 0.2415 V。

於表 9-2 中所示者為標準還原電極電位，而由表中之任二電極可構成一電池，其中位於表中之較上方的電極，其反應為表中所示的反應之逆方向的反應(即失去電子，為氧化的反應)，由此，其電極電位須改變其符號 (即氧化電位)，而位於表中之較下方的電極，其反應為如表中所示的正方向 (即獲得電子，為還原反應)。如此所構成的電池之電動勢，等於位於表之較下方的電極之還原電位，減位於較上方的電極之還原電位。例如，伏打電池之鋅電極位於表中之較上方，其標準還原電極電位為 $E_1^° = -0.763V$，而銅電極位於表中之較下方，其標準還原電極電位為 $E_2^° = 0.337V$，所以此電池之標準電動勢，$E° = E_2^° - E_1^° = 0.337\,V - (-0.763\,V) = 1.100\,V$。此電池之反應式及電位，可表示為

|  |  |  |
|---|---|---|
| 鋅電極（氧化反應）（−）： | $Zn \rightarrow Zn^{2+} + 2e^-$ | $E_1^\circ = -0.763$ V |
| 銅電極（還原反應）（+）： | $Cu^{2+} + 2e^- \rightarrow Cu$ | $E_2^\circ = 0.337$ V |
| 電池反應： | $Zn + Cu^{2+} \rightarrow Zn^{2+} + Cu$ | $E^\circ = 1.100$ V |

由表 9-2 得知，氟電極之標準還原電極電位最大，為表中所有的電極反應中，向右的方向反應之趨勢最大，而其電極反應與電極電位為

$$\frac{1}{2}F_2(g) + e^- = F^-(a=1) \qquad E^\circ = 2.87 \text{ V} \tag{9-84}$$

標準還原電極電位最小的電極為鋰電極，其電極反應與電極電位為

$$Li^+(a=1) + e^- = Li(s) \qquad E^\circ = -3.045 \text{ V} \tag{9-85}$$

## 9-13　電化電池及電極反應的習慣表記
### (Conventions for Electrochemial Cells and Electrode Reactions )

電池由二半電池所構成，而習慣上其陽極的半電池 (氧化反應) 寫於左邊，而陰極的半電池 (還原反應) 寫於右邊，即電池之左邊為負極，而右邊為電池之正極。電池於放電時，電子自左邊的**陽極** (anode) 經由外電路傳遞至右邊的**陰極** (cathode)，所以電池之標準電動勢 $E^\circ$，等於右邊電極之標準還原電位 $E_R^\circ$，減左邊電極之標準還原電位 $E_L^\circ$，即可表示為

$$E^\circ = E_R^\circ - E_L^\circ \tag{9-86}$$

電池之標準電動勢 $E^\circ$ 大於零時，表示此電池於標準狀態下，可自然發生電池反應而產生電流。

於 9-6 節所述的電池，$Pt|H_2(g)|HCl(aq)|AgCl(s)|Ag(s)$，為無液體接合的電池，其電動勢可由熱力學精確詮釋。若構成電池的二電極之電解液不同，則於此二電解液之接合界面，由於其各邊的電解液之不同，而有所謂**接合電位** (junction potential) 的電位差。於一些簡單的情形，此接合電位可由離子之移動度計算，然而，由於二電解液於其接合之界面產生互相擴散，而使電池不能完全達成平衡，所以需用**不可逆熱力學** (irreversible thermodynamics) 處理。

由於溶液中的正負二離子之擴散速度不同，而於二溶液之接合界面會產生電位差，及一般離子均自高濃度向低濃度擴散，因此，濃度較低的溶液所帶的電荷符號，與移動度較快的離子所帶之電荷符號相同。氯化鉀水溶液中的鉀離子與氯離子之移動度大約相等，因此，二不同電解質的溶液，若使用氯化鉀的鹽橋連結時，則可消除其二溶液的接合電位。若於電池內的溶液中含有硝酸銀

時，則因 $Ag^+$ 離子與 $Cl^-$ 離子會產生 $AgCl(s)$ 的沈澱，因此，此時不可使用氯化
鉀鹽橋，而須使用硝酸銨的鹽橋，於此鹽橋內的離子 $NO_3^-$ 與 $NH_4^+$ 的移動度大略
相等。鹽橋通常用 $\parallel$ 的符號表示，而其對於電動勢之影響通常可忽略。

一般的電化電池，習慣上，可寫成

$$Pt|Ox_L , Red_L \parallel Ox_R , Red_R|Pt \tag{9-87}$$

其中的 Ox 與 Red 分別表示，其電池的各電極反應中之氧化態與還原態的**物種**
(species)。此時電池之標準電動勢，等於其右邊電極與左邊電極之標準電極電位
的差，即如式 (9-86) 所示為，$E° = E_R° - E_L°$。由於電池之左邊的電極產生氧化
反應，及於右邊的電極產生還原反應，可分別寫成

$$Red_L = Ox_L + ne^- \tag{9-88}$$

與 $$Ox_R + ne^- = Red_R \tag{9-89}$$

而由此二半電池反應的相加可得，電池之**淨反應** (net reaction)。注意於此二半
電池反應所含之傳遞電子數 $n$ 須相同。由此，電池 (9-87) 之電池反應，可寫成

$$Ox_R + Red_L = Red_R + Ox_L \tag{9-90}$$

依照式 (9-86) 所計算之標準電動勢 $E°$ 為正時，表示其右邊電極為正極，
而其電池內的反應為自發。電池內的反應之標準 Gibbs 能的變化可表示為，
$\Delta_r G° = -nFE°$，而由 $\Delta_r G° = -RT \ln K$ 可得，$E° = \dfrac{RT}{nF} \ln K$，由此可得，電池內的反
應之平衡常數，$K = \exp(nFE°/RT)$。若電池之電動勢為負，則電池內的反應為非
自發。

由標準電極電位計算電池內的反應之平衡常數時，須注意水溶液中的電解質
之標準狀態為，**單位平均重量濃度** (unit mean molality) 之理想溶液，如圖 9-11 所
示。

溶劑亦是反應物時，對於其內的溶劑之量，以採用莫耳分率表示較為方
便，但其他的各反應物仍採用莫耳濃度 (molal 或 molar)表示。此時其反應之平
衡常數，可表示為

$$K = (\gamma_{x,A} \cdot x_A)^{v_A} \prod_{i \neq A} \left( \frac{\gamma_{m,i} m_i}{m°} \right)^{v_i} \tag{9-91}$$

於上式中，下標 $A$ 代表溶劑，$\gamma_{x,A}$ 為溶劑用莫耳分率表示時之活性度係數，$\gamma_{m,i}$
為溶劑以外之成分 $i$，用重量莫耳濃度表示時之活性度係數，而標準重量莫耳濃
度為，$m° = 1 \, mol \, kg^{-1}$。對於稀薄的溶液，其 $\gamma_{x,A} x_A$ 趨近於 1，因此，平衡常數
由上式 (9-91)，可寫成

$$K = \prod_{i \ne A} \left( \frac{\gamma_{m,i} m_i}{m^\circ} \right)^{v_i} \tag{9-92}$$

雖然於上式 (9-92) 中已去除溶劑的項，但於計算溶液中的反應之標準反應 Gibbs 能的變化 $\Delta_r G^\circ$ 時，仍必須包括溶劑之生成 Gibbs 能。微溶性的鹽類之溶解度，亦可由標準電極電位計算。

電池內的反應物與生成物之活性度不等於 1 時，電池之電動勢可由前述的 Nernst 式 (9-42) 計算。電池 (9-87) 之電動勢 $E$，由式 (9-42) 可寫成

$$E = E^\circ - \frac{RT}{nF} \ln \frac{[\mathrm{Red_R}][\mathrm{Ox_L}]}{[\mathrm{Red_L}][\mathrm{Ox_R}]} \tag{9-93}$$

**例 9-6** (a) 試求電池，$\mathrm{Pt|Li}(s)|\mathrm{Li_i^+\|F^-|F_2}(g)|\mathrm{Pt}$ ，之標準電動勢，

(b) 試寫出此電池之反應式，並計算其標準反應 Gibbs 能

解 (a) $E^\circ = E_R^\circ - E_L^\circ = 2.87 - (-3.05) = 5.92 \ \mathrm{V}$

(b) 右邊的電極反應：$\mathrm{F_2}(g) + 2\mathrm{e}^- = 2\mathrm{F}^-$

左邊的電極反應：$2\,\mathrm{Li}(s) = 2\,\mathrm{Li}^+ + 2\,\mathrm{e}^-$

電池反應：$\mathrm{F_2}(g) + 2\,\mathrm{Li}(s) = 2\,\mathrm{LiF}(aq)$

$\Delta_r G^\circ = -nFE^\circ = -2(96485 \ \mathrm{C\,mol^{-1}})(5.92 \ \mathrm{V}) = -1142 \ \mathrm{kJ\,mol^{-1}}$　◀

**例 9-7** 電池內之反應為，$\mathrm{Cd}(s) + \mathrm{Cu}^{2+} = \mathrm{Cd}^{2+} + \mathrm{Cu}(s)$。(a) 試構築此反應之電池，(b) 試計算此電池於 $25^\circ\mathrm{C}$ 之標準電動勢，(c) 試計算，此電池內的反應於 $25^\circ\mathrm{C}$ 時之 $\Delta_r G^\circ$ 值，與其平衡常數，(d) 當 $\mathrm{Cu}^{2+}$ 與 $\mathrm{Cd}^{2+}$ 之活性度均為 1 時，那一電極為正極

解 (a) 因銅離子被還原，故銅電極為電池之右邊的電極，所以電池可表示為

$\mathrm{Cd|Cd}^{2+}\|\mathrm{Cu}^{2+}|\mathrm{Cu}$

(b) 於 $25^\circ\mathrm{C}$ 之標準電極電位與電極反應各為

右邊電極（還原）：$\mathrm{Cu}^{2+} + 2\,\mathrm{e}^- = \mathrm{Cu}(s)$　$E_R^\circ = 0.3394 \ \mathrm{V}$

左邊電極（氧化）：$\mathrm{Cd}(s) = \mathrm{Cd}^{2+} + 2\,\mathrm{e}^-$　$E_L^\circ = -0.4022 \ \mathrm{V}$

電池內的反應與其標準電動勢為

$\mathrm{Cd}(s) + \mathrm{Cu}^{2+} = \mathrm{Cd}^{2+} + \mathrm{Cu}(s)$　　$E^\circ = E_R^\circ - E_L^\circ = 0.7416 \ \mathrm{V}$

(c) $\Delta_r G° = -nFE° = -2(96485\,\mathrm{C\,mol^{-1}})(0.7416\,\mathrm{V}) = -143.11\,\mathrm{kJ\,mol^{-1}}$

$$K_a = \exp\left(\frac{nFE°}{RT}\right) = \exp\frac{(2)(96485\,\mathrm{C\,mol^{-1}})(0.7416\,\mathrm{V})}{(8.3145\,\mathrm{J\,K^{-1}mol^{-1}})(298.15\,\mathrm{K})} = 1.179 \times 10^{25}$$

(d) 因電池內的反應為自發，故其右邊的電極為正極。　◀

# 9-14　由電池之電動勢的溶解度積之測定

(Determination of Solubility Product from Electromotive Force of Cells)

微溶性的鹽 $A_{v+}B_{v-}(s)$ 與其飽和溶液中的離子間之平衡，可表示為

$$A_{v+}B_{v-}(s) = v_+ A + v_- B \tag{9-94}$$

而其平衡常數為

$$K_a = \frac{a_{A_{v+}B_{v-}(溶液)}}{a_{A_{v+}B_{v-(s)}}} \tag{9-95}$$

由於固相之活性度一定，而可設其活性度 $a_{A_{v+}B_{v-(s)}} = 1$。將式 (9-59) 代入上式 (9-95) 中之分子時，平衡常數可用**溶解度積** (solubility product) $K_{sp}$ 表示，為

$$K_{sp} = a_{A_{v+}B_{v-}(溶液)} = (a_+)^{v_+}(a_-)^{v_-} = \gamma_\pm^{(v_++v_-)} m^{(v_++v_-)} (v_+^{v_+} v_-^{v_-}) \tag{9-96}$$

上式中，$m$ 為微溶性鹽的飽和溶液之濃度，而 $\gamma_\pm$ 為其平均離子活性度係數。於濃度趨近於零時，其 $\gamma_\pm$ 趨近 1，因此，若無其他的電解質共存時，微溶性鹽的飽和溶液之平均離子活性度係數 $\gamma_\pm$，可設等於 1。

茲以 $AgBr$ 於水中之溶解度積為例，說明由電動勢之測定，求微溶性鹽之溶解度積的方法。$AgBr$ 於水中之溶解，可寫成下列的電極反應，即為

$$AgBr(s) + e^- = Ag(s) + Br^-(aq) \quad (還原) \quad E_R° = 0.0732\,\mathrm{V}$$
$$Ag(s) = Ag^+(aq) + e^- \qquad\qquad (氧化) \quad E_L° = 0.7992\,\mathrm{V}$$

而其電池反應與對應的電化電池，可分別表示為

$$AgBr(s) = Ag^+(aq) + Br^-(aq) \tag{9-97}$$

與

$$Ag\,|\,Ag^+(aq)\,\|\,Br^-(aq)\,|\,AgBr(s)\,|\,Ag \tag{9-98}$$

由於電池 (9-98) 於 25°C 之標準電動勢，可表示為

$$E° = E°_{Br^-|AgBr(s)Ag} - E°_{Ag^+|Ag} = 0.0732 - 0.7992 = -0.726\,\mathrm{V}$$

因此，電池反應 (9-97) 之標準反應 Gibbs 能，可表示為

$$\Delta_r G^\circ = -nFE^\circ = -(96485\,\text{C mol}^{-1})(-0.726\,\text{V}) = -70.05\,\text{kJ mol}^{-1}$$

而電池反應，　$\text{AgBr}(s) = \text{Ag}^+(aq) + \text{Br}^-(aq)$ ，之平衡常數，由式 (9-96) 可得

$$K_{\text{sp}} = \gamma_\pm^2 m^2 = \exp(-\Delta_r G^\circ / RT) = \exp(-70.050 / 8.3145 \times 298.15)$$
$$= 5.342 \times 10^{-13}$$

因 AgBr 於水中之溶解度甚小，故可設其平均離子活性度係數 $\gamma_\pm = 1$，而得其溶解度為，$m = 7.31 \times 10^{-7}\,\text{mol kg}^{-1}$。一些微溶性的鹽於 25°C 水中之溶解度積，列於表 9-3。

由實驗得知，於微溶性的鹽之飽和溶液內，加入微量的無共通離子的電解質時，可增加該微溶性鹽之溶解度。此乃由於所添加的電解質之作用，而降低該微溶性鹽之活性度係數所致。此種效應稱為加入**鹽的效應** (salt-in effect)。

表 9-3　微溶性鹽於 25°C 水中之溶解度積

| 鹽類 | 溶解度積 | 鹽類 | 溶解度積 |
|---|---|---|---|
| AgCl | $10^{-9.7}\,\text{mol}^2\text{L}^{-2}$ | $\text{Ag}_2\text{SO}_4$ | $10^{-4.8}\,\text{mol}^3\text{L}^{-3}$ |
| AgBr | $10^{-12.1}$ | $\text{Ag}_2\text{CO}_3$ | $10^{-11.0}$ |
| AgI | $10^{-16.0}$ | $\text{Ag}_2\text{CrO}_4$ | $10^{-11.7}$ |
| $\text{CaSO}_4$ | $10^{-5.9}$ | $\text{Cu}_2\text{S}$ | $10^{-49.4}$ |
| $\text{SrSO}_4$ | $10^{-6.6}$ | $\text{Ag}_2\text{S}$ | $10^{-51.4}$ |
| $\text{BaSO}_4$ | $10^{-10.0}$ | $\text{Mg(OH)}_2$ | $10^{-10.6}$ |
| FeS | $10^{-17.3}$ | $\text{Fe(OH)}_3$ | $10^{-36.4}\,\text{mol}^4\text{L}^{-4}$ |
| PbS | $10^{-29.3}$ | $\text{Bi}_2(\text{SO}_4)_3$ | $10^{-97}\,\text{mol}^5\text{L}^{-5}$ |
| $\text{CaCO}_3$ | $10^{-8.1}$ | | |

## 9-15　濃差電池 (Concentration Cells)

將二相同的電極，置於含其離子的同一溶液中時，其二電極之間不會有電位差，然而，二相同的電極，分別置於含其離子之二不同濃度的溶液，而以鹽橋連接其二溶液時，其二電極之間會有電位差，此時置於正離子之濃度較高的溶液中之電極，傾向於失去電子；而置於負離子之濃度較高的溶液中之電極傾向於獲得電子。此種二相同的電極，分別置於二不同濃度的溶液所構成的濃差電池之淨反應，相當於某種離子自活性度較高的溶液之電極，傳遞至活性度較低的溶液之電極。

濃差電池可分成，不同濃度的電解質溶液之**電解質的濃差電池** (electrolyte concentration cells)，與不同濃度的電極之**電極的濃差電池** (electrode concentration cell)。例如，下式所示者為，電解質的濃差電池

$$M\,|\,M^{n+}(a_1)\,\|\,M^{n+}(a_2)\,|\,M \tag{9-99}$$

其電池之兩邊的電極反應為

左邊的電極反應 $\qquad M = M^{n+}(a_1) + ne^- \tag{9-100a}$

右邊的電極反應 $\qquad M^{n+}(a_2) + ne^- = M \tag{9-100b}$

因此，其電池反應由上面的二式相加，可表示為

$$M^{n+}(a_2) = M^{n+}(a_1) \tag{9-100c}$$

電解質的濃差電池之二電極相同，若假定其二溶液之接合電位可忽略不計，則其標準電動勢 $E^\circ$ 等於零，因此，電解質的濃差電池之電動勢 $E$，由式 (9-42) 可得

$$E = -\frac{RT}{nF}\ln\frac{a_1}{a_2} \tag{9-101}$$

上式中，$a_2 > a_1$ 時，電池之電動勢 $E$ 為正，即此時之電池內的反應為自發，而活性度較大的溶液之電極為**陰極** (cathode)(+)，且其反應為還原反應。此時之電池內的反應相當於，溶液的濃度自發稀釋的過程。二銀電極分別置於不同濃度的硝酸銀溶液之電解質的濃差電池，如圖 9-13 所示。若其左側與右側的溶液之濃度，分別為 $0.1\,\mathrm{mol\,L^{-1}}$ 與 $1\,\mathrm{mol\,L^{-1}}$，則其電池之電動勢，$E = -0.05916\log\frac{0.1}{1} = 0.05916\,\mathrm{V}$。

由於二電極之濃度的不同，而產生電動勢之濃差電池，稱為電極的濃差電池。例如，由二不同的氫氣壓力的氫電極，所構成之電極的濃差電池，可表示為

$$\ominus \mathrm{Pt\,|\,H_2(P_1)\,|\,HCl\,|\,H_2(P_2)\,|\,Pt} \oplus \tag{9-102}$$

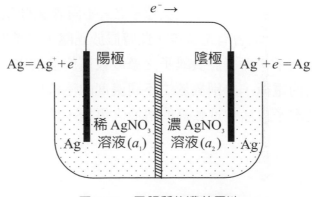

圖 9-13　電解質的濃差電池

此電池之反應及電動勢為：

$$陽極(-)：\quad H_2(P_1) \rightarrow 2H^+ + 2e^-$$
$$陰極(+)：\quad 2H^+ + 2e^- \rightarrow H_2(P_2)$$
$$淨反應：\quad H_2(P_1) \rightarrow H_2(P_2)$$

及　　　　電動勢：$\quad E = -\dfrac{2.303RT}{2F}\log\dfrac{P_2}{P_1}$ （9-103）

上式中，$P_1 > P_2$ 時，其電動勢 $E > 0$，即此濃差電池之反應為自發，而可產生電流。反之，若 $P_1 < P_2$，則 $E < 0$，此時電池的反應不能自然發生。

鎘的含量不同的二汞齊電極，置於 $CdSO_4$ 的溶液中可構成電極的濃差電池，此種電池稱為**汞齊之濃差電池** (concentration cell with amalgams)，例如

$$Cd(Hg)(c_1)|CdSO_4|Cd(Hg)(c_2)$$ （9-104a）

於此電池 (9-104a) 中，$c_1$ 與 $c_2$ 各為其二鎘汞齊電極中之鎘的濃度。此種汞齊的濃差電池之電動勢，可表示為

$$E = -\dfrac{2.303RT}{2F}\log\dfrac{c_2}{c_1}$$ （9-104b）

上式中，$c_2 < c_1$ 時，其 $E > 0$，即此電極的濃差電池之反應為自發，而可產生電流。若 $c_2 > c_1$，則 $E < 0$，此時其電池的反應不會自然發生。

## 9-16　pH 之測定 (Determination of pH)

水溶液中的氫離子之濃度的範圍很廣，Sorenson 於 1909 年，將氫離子的濃度之 10 的**負指數** (negative exponent) 稱為 pH，以表示約 $1\,mol\,L^{-1}$ 至 $10^{-14}\,mol\,L^{-1}$ 的 HCl 水溶液中之氫離子的濃度。由此，溶液中的氫離子之濃度 $(H^+)$ 或活性度 $a_{H^+}$，均可用 pH 表示，而其定義為

$$(H^+) = 10^{-pH}$$ （9-105a）

或　　　　$a_{H^+} = 10^{-pH}$ （9-105b）

上式中，氫離子的濃度 $(H^+)$ 之單位為 $mol\,L^{-1}$。上式之兩邊各取對數可得，溶液之 pH 值，為

$$pH = -\log(H^+)$$ （9-106a）

或　　　　$pH = -\log a_{H^+}$ （9-106b）

溶液之 pH 值的測定，常用的方法有二，其一為使用指示劑由其對於溶液之顯色的比色方法，另一為量測溶液中的二電極間之電位差，以測定該溶液之 pH 值。前者較不準確，且受指示劑之顯色範圍的限制，而一般使用 pH 試紙，由其對於溶液的顯色以觀測 pH 值。後者為使用 pH 計 (pH meter) 以量測溶液之 pH 值，此方法之準確度較高且其操作簡便，而可用於有色溶液之 pH 值的測定，此方法於許多工業的製程與程序的控制及研究上，被廣泛採用。

氫離子的濃度計 (pH 計) 為，於欲量測氫離子濃度的溶液中，置氫電極與甘汞電極以構成電池，而由測定此電池之電動勢，以求得溶液之 pH 值。此電池 (pH 計) 可表示成

$$Pt \mid H_2(P_{H_2}) \mid H^+(a_{H^+}) \parallel Cl^- \mid Hg_2Cl_2 \mid Hg \tag{9-107a}$$

而其電池反應為

$$\frac{1}{2}H_2(P_{H_2}) + \frac{1}{2}Hg_2Cl_2 = Hg + H^+(a_{H^+}) + Cl^- \tag{9-107b}$$

此電池之電動勢 $E$，係由下式(9-108)所示之三部分的電位所構成。由於標準氫電極的電位為零，因此，電池(9-107a)之電動勢，可表示為

$$E = E°_{甘汞電極} - 0.05916 \log\left[\frac{a_{H^+}}{(P_{H_2}/P°)^{1/2}}\right] + E_{liq.junction} \tag{9-108}$$

於上式中，通常假定液體之接合電位 $E_{liq.\,junction} = 0$，而由於當量甘汞電極於 25°C 之標準電極電位 $E°_{甘汞電極} = 0.2802\,V$，由此，若設氫氣之壓力 $P_{H_2} = 1\,bar$，則上式 (9-108) 可寫成

$$E = 0.2802 - 0.05916 \log a_{H^+} \tag{9-109}$$

由式 (9-106b) ， $pH = -\log a_{H^+}$，所以上式可改寫成

$$E - 0.2802 = 0.05916\,pH \tag{9-110a}$$

或

$$pH = \frac{E - 0.2802}{0.05916} \tag{9-110b}$$

由上式得知，$0.05916\,V$ 的電位相當於 1 單位的 pH 值。若上述的電池 (pH 計) 之當量甘汞電極，改用飽和的甘汞電極，$Cl^-$（ KCl 的飽和水溶液）$\mid Hg_2Cl_2 \mid Hg$，時，則由於其標準電極電位為 $0.2415\,V$，因此，上式 (9-110) 中之 0.2802 應以 0.2415 替代。飽和的甘汞電極如圖 9-12 所示。

**玻璃電極** (glass electrode) 由於較易清洗，且其電極電位穩定，而不受氧化劑或還原劑等的影響，亦不易被其他物質毒化，所以於溶液之 pH 值的測定，及生化方面的研究，常以玻璃電極替代 pH 計中之氫電極。玻璃電極為，由甘汞電極或 $Ag-AgCl$ 電極，浸置於充填一定 pH 值的溶液之特殊玻璃薄膜的玻璃管內

而成。於一般的溶液之 pH 值的測定時，將此玻璃電極與甘汞電極置於欲測 pH 之溶液中，以構成如下的電池 (pH 計)，而由其電動勢的量測，以測定溶液之 pH 值。

$$\underbrace{Ag\,|\,AgCl\,|\,Cl^-, H^+\,|\,玻璃薄膜}_{\text{玻璃電極}}\,|\,欲測\,pH\,之溶液\,\|\,甘汞電極$$

　　由於玻璃薄膜之電阻較高，因此，上面的電池之電動勢的量測時，不宜使用普通的電位計，而須使用**電子的伏特計** (electronic voltmeter)，以量測玻璃電極與甘汞電極間之電位，現已發展可量測至 ±0.005 的 pH 值之精密度的輕便 pH 計。pH 計於使用之前，通常須先以既知 pH 值之**緩衝溶液** (buffer solution) 校準。

　　玻璃電極亦可於有顏色、混濁及膠體的溶液中使用，且可連續測定其 pH 值。玻璃電極常用於化學、藥學、醫學、農化、生化及環工等各領域中的各種溶液之 pH 值的測定，其用途非常廣，而於工業生產製程上之品質管制，及自動控制等方面亦常被採用。

**例 9-8**　電池，$Pt\,|\,H_2(P_{H_2})\,|\,H^+(a_{H^+})\,\|\,KCl(1N)\,|\,Hg_2Cl_2\,|\,Hg\,|$，於 25°C 及壓力 754.1 mmHg 下之電動勢為 $E = 0.516\,V$。水於 25°C 之蒸氣壓為 23.8 mmHg，試求溶液之 pH 值

**解**　此電池之反應式與式 (9-107b) 相同，為

$$\frac{1}{2}H_2(g) + \frac{1}{2}Hg_2Cl_2(s) \rightarrow Hg + H^+(a_{H^+}) + Cl^-(1\,N)$$

其電動勢由式 (9-108)，得

$$E = 0.2802 - 0.05916\log\frac{a_{H^+}}{(P_{H_2}/P^\circ)^{1/2}}$$

$$\therefore\ 0.5164 = 0.2802 - 0.05916\log(a_{H^+}) + \frac{0.05916}{2}\log(P_{H_2}/P^\circ)$$

已知

$$P = 754.1\,mmHg, P_{H_2O} = 23.8\,mmHg$$

$$P_{H_2} = P - P_{H_2O} = (754.1 - 23.8)\,mmHg = 730.3\,mmHg$$

而得 $P_{H_2}/P^\circ = 0.961$

$$\therefore\ pH = \frac{(0.5164 - 0.2802)}{0.05916} - \frac{1}{2}\log(0.961) = \frac{0.2362}{0.05916} + \frac{1}{2}(0.017)$$

$$= 3.99 + 0.0085 \doteqdot 4.00 \qquad \blacktriangleleft$$

## 9-17　蓄電池 (Storage Battery)

　　由串聯同類的電池可得，電壓等於所串聯的各電池之電壓的總和之較高電壓的**電池組** (battery)。例如，**乾電池** (dry cells) 及**鉛蓄電池** (lead storage battery)，均可各串聯成電池組。乾電池不能充電再使用，而鉛蓄電池可以充電及放電且可重覆使用，因此，於汽車、火車、機車及日常生活等，常使用鉛蓄電池。

　　鉛蓄電池以二氧化鉛為陰極，海綿狀的鉛為陽極，而其陰極與陽極呈柵狀交互排列，且各電極板的中間以絕緣隔板隔離，並共浸於硫酸的水溶液中，如圖 9-14 所示。鉛蓄電池於放電時之電極的反應，及其電池內的淨反應，為

$$陽極(-)：\quad Pb(s) + SO_4^{2-}(aq) \rightarrow PbSO_4(s) + 2e^-$$

$$\underline{陰極(+)：\quad PbO_2(s) + 4H^+(aq) + SO_4^{2-}(aq) + 2e^- \rightarrow PbSO_4(s) + 2H_2O}$$

$$淨反應：\quad Pb(s) + PbO_2(s) + 2H_2SO_4 \xrightarrow{\text{放電}} 2PbSO_4(s) + 2H_2O$$

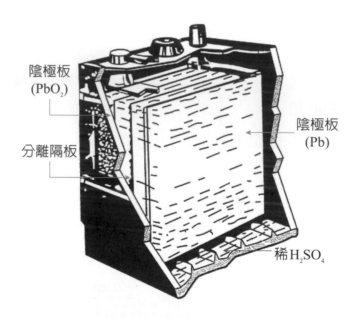

陰極板
($PbO_2$)

分離隔板

陰極板
(Pb)

稀$H_2SO_4$

圖 9-14　鉛蓄電池之構造

　　鉛蓄電池於常溫下放電時，其內之每一組的鉛蓄電池之電動勢均約等於 2.0 伏特。鉛蓄電池於放電時，其二電極均與硫酸作用而生成硫酸鉛與水，因此，電池內的硫酸濃度隨著放電而逐漸被所生成的稀釋，由此，其濃度及比重均隨之降低。鉛蓄電池經放電使用某段時間，而發現其電動勢顯著降低時，須停止繼續使用，且必須經充電後才可以再使用。於使用鉛蓄電池時，須注意不可過度放電，以維護鉛蓄電池的性能穩定及使用的壽命。

鉛蓄電池須用直流的電源充電，使用交流的電源充電時，需經整流器將交流電轉變成直流電。於充電時，電源之正極與鉛蓄電池之正極（ $PbO_2$ 極 ）連接，而電源之負極連接電池之負極 (鉛極)。蓄電池於充電過程之電極反應，及其電池內之淨反應，均與其於放電時所產生的反應相反，其於充電時之反應如下：

陰極 $(-)$： $PbSO_4(s) + 2e^- \rightarrow Pb(s) + SO_4^{2-}(aq)$

陽極 $(+)$： $PbSO_4(s) + 2H_2O \rightarrow PbO_2(s) + 4H^+(aq) + SO_4^{2-}(aq) + 2e^-$

淨反應： $2PbSO_4(s) + 2H_2O \xrightarrow{\text{充電}} Pb(s) + PbO_2(s) + 2H_2SO_4$

鉛蓄電池可經由充電與放電的交替而繼續使用。蓄電池於使用的過程中，其內的硫酸溶液之濃度，可能由於水分的蒸發而改變其濃度，因此，需適時補充蒸餾水調整其濃度，以維持一定的電位。蓄電池於正確的使用及保養良好的情況下，可延長其使用的壽命。

另一種常用之蓄電池為，**鎳蓄電池** (nickel storage battery)，其原理與鉛蓄電池類似。鎳蓄電池之性能及使用壽命，均優於鉛蓄電池，但其價格較為昂貴。鎳蓄電池通常製成小型的密閉式，其外觀與一般的乾電池相似，常用於飛機上之電訊系統，及如充電式的手電筒及電鬍刀等日常生活用品。鎳蓄電池以鎘為陽極，氧化鎳為陰極，而其二電極共浸於氫氧化鉀的溶液中，亦稱為**鎳鎘蓄電池** (nickel cadmium storage battery)，其放電與充電時之反應如下：

陽極 $(-)$： $Cd(s) + 2OH^-(aq) \rightarrow Cd(OH)_2(s) + 2e^-$

陰極 $(+)$： $NiO_2(s) + 2H_2O + 2e^- \rightarrow Ni(OH)_2(s) + 2OH^-$

淨反應： $Cd(s) + NiO_2(s) + 2H_2O \underset{\text{充電}}{\overset{\text{放電}}{\rightleftharpoons}} Ni(OH)_2(s) + Cd(OH)_2(s)$

其於放電時之電動勢約為 1.34 V 。

常用的 Leclanché 乾電池之主要的原料為鋅、氯化銨及二氧化錳，此乾電池之電壓約為 1.6 V，以鋅筒為陰極，而於鋅筒的中央放置碳棒的陽極，並於二電極的中間，充填浸漬含氯化鋅與過剩量的氯化銨結晶的二氧化錳與石墨粉之澱粉的糊漿。此乾電池於放電時，其二電極之反應分別為

$$Zn + 2NH_3 = Zn(NH_3)_2^{2+} + 2e^-$$

與 $$2MnO_2 + 2NH_4^+ + 2e^- = MnO_3 + H_2O + 2NH_3$$

於上面的反應式中， $Zn(NH_3)_2^{2+}$ 代表含不同氨分子數之鋅與氨的各種**複合離子** (complex ion) 之混合物。

## 9-18 燃料電池 (Fuel Cells)

利用內燃機可將熱量 (熱能) 轉變為功，而由熱力學第二定律其最大的轉變效率可表示為，$\dfrac{(T_1 - T_2)}{T_1}$，其中的 $T_1$ 為內燃機的工作氣體於膨脹時之溫度，$T_2$ 為其排氣之溫度。然而，**燃料電池** (fuel cells) 可以比內燃機較高的效率，將其電池內的反應之 Gibbs 能，轉變成電能或機械功。燃料電池為如 $H_2$，$CO$，$CH_4$ 或 $CH_3OH$ 等燃料氣體，與如氧或空氣等氣體氧化劑，分別送入電池之陽極與陰極，並於其各電極分別產生氧化與還原的反應，以產生電流的裝置。燃料電池由其運轉操作的溫度，大略可分為低溫 (25 至 $100°C$)，中溫 (100 至 $500°C$)，高溫 ($500 \sim 1000°C$) 及極高溫 ($1000°C$ 以上 )等。高溫的燃料電池之優點為，其電極反應的速率較快而於其反應過程的各步驟均不需使用觸媒。燃料電池可能由於其內的較慢反應或如擴散的程序而產生極化，以致使其電流密度降低。

如圖 9-15 所示者，為以陽離子交換膜作為固態電解質之氫-氧燃料電池。燃料氣體($H_2$)與氧化劑的氧氣 ($O_2$)，分別連續通入以陽離子交換膜隔離的電池之陽極與陰極，而氫氣於陽極產生氧化反應並生成氫離子 ($H^+$) 及放出電子 ($e^-$)；由於其中的氫離子可通過電池的二電極間的陽離子交換膜，而 $H_2$ 與 $O_2$ 的氣體均不能通過離子交換膜，且通過陽離子交換膜的 $H^+$ 離子於陰極與氧氣反應所產生的水，可隨時與離子交換膜分離，並自電池排出。此種於 40 至 $60°C$ 的較低溫度可有效運作的氫-氧燃料電池，一般須使用鉑電極或鍍上鉑的觸媒活性較強的電極，而於其電池內的反應所產生之水，如圖 9-15 所示，可陸續排出電池之外，以維持一定的電動勢。此種燃料電池曾有效成功的使用於太空船上，對於太空計畫之推展及科技的提升與推廣，有很大的助益與貢獻。此燃料電池之優點為使用陽離子交換膜的固態電解質，而電池反應所產生的水可陸續排出電池之外，但由於須使用觸媒活性高的鉑電極，其價格較為昂貴而於一般的日常生活上尚無法普遍廣泛使用。

燃料電池可由於減低其內電阻以減少能量的損失，因此，上述的燃料電池內所使用的陽離子交換膜之厚度較薄時，可減低其內電阻及減少能量的損失。此種燃料電池於大型產業的應用，需注意大量氫氣之安全貯存，並克服較昂貴鉑的觸媒等問題。現在已發現可於較高溫度下運作之較便宜的氫-氧燃料電池用的觸媒。

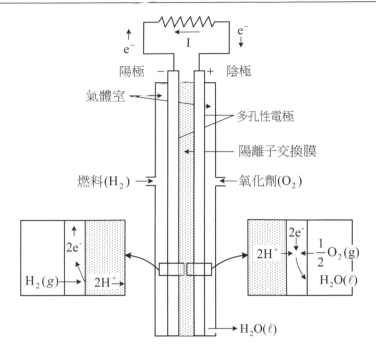

圖 9-15　以陽離子交換膜為固態電解質之氫－氧燃料電池

氫－氧的燃料電池，可使用酸或鹼的電解液，以酸為電解液時之其電池內的反應，為

$$陽極\ (-)：\quad H_2(g) = 2H^+ + 2e^- \qquad E° = 0$$
$$陰極\ (+)：\quad \tfrac{1}{2}O_2(g) + 2H^+ + 2e^- = H_2O(l) \quad E° = 1.2288\ V$$
$$淨反應：\quad H_2(g) + \tfrac{1}{2}O_2(g) = H_2O(l) \qquad E° = 1.2288\ V$$

以鹼為電解液時之電池內的反應，為

$$陽極\ (-)：\quad H_2(g) + 2OH^- = 2H_2O(l) + 2e^- \quad E° = -0.8279\ V$$
$$陰極\ (+)：\quad \tfrac{1}{2}O_2(g) + H_2O(l) + 2e^- = 2OH^- \quad E° = 0.4009\ V$$
$$淨反應：\quad H_2(g) + \tfrac{1}{2}O_2 = H_2O(l) \qquad E° = 1.2288\ V$$

鹼性電解液之氫－氧燃料電池的簡略結構，如圖 9-16 所示，以多孔性的石墨碳棒或鎳為電極，且於其表面塗上鉑粉或銀粉的觸媒，而於陽極室與陰極室分別通入氫氣與氧氣，及以氫氧化鉀或氫氧化鈉的溶液為電解液。此種燃料電池可表記為

$$\ominus\ C\,|\,H_2(g)\,|\,OH^-\,|\,O_2(g)\,|\,C\ \oplus$$

氫－氧的燃料電池內之淨反應，與氫氣之燃燒反應相同，而稱為燃料電池。

　　將化學能直接轉變為功 (電能) 的燃料電池之效率，一般可高達 60～70%，為內燃機之效率的二倍以上 (內燃機的效率約為 30% 左右)，內燃機內之燃燒反應的產物為水與二氧化碳而，氫－氧燃料電池內之反應產物僅為水，且沒有噪音,不像石油或煤碳等燃燒時,產生 $CO_2$ 與 $H_2O$ 及一些細微的顆粒,而造成嚴重的環境汙染及溫室效應。可應用於交通及日常生活的燃料電池之積極的研發,實爲空氣汙染防治上的一重要的課題。近年來,如美國、德國、日本等許多先進國家,對於燃料電池於發電、電動車及家庭等方面之應用研究,均有良好的研發成果,將可解決或減輕石油能源的短缺及環境污染等問題。

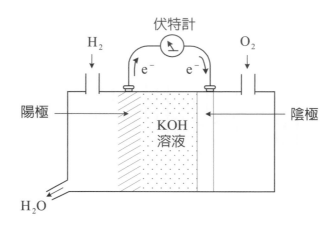

圖 9-16　鹼性電解液之氫－氧燃料電池

　　許多種的氣體燃料如甲烷與其他各種碳氫化合物等,均可作爲燃料電池之燃料,而空氣爲最便宜的氧化劑。使用碳氫化合物與空氣之燃料電池雖經研發,但其電池的單位重量所產生的電力或動力仍均很低,而尚無法普遍使用於一般的汽車及交通工具。然而,近年來由於此方面的有關科技之積極研究,其進展非常迅速,並已研發試驗可實用之使用燃料電池的汽車。

　　近幾十年來,由於歐美日等先進國家,對於燃料電池的積極研發,在實用上已有許多的突破,其中如磷酸形的燃料電池 (PAFC),已達可實用的階段。許多飯店、醫院及超級市場等,均裝設 50 至 200 kW 之 PAFC 燃料電池,並連續運轉中。磷酸形的燃料電池之性能及耐久性,雖已被證實可達至實用的需求,但由於其價格昂貴而尚不能普遍使用。

　　日本的中部電力之川越發電所,於 1999 年成功完成 1000 kW 級的熔融碳酸形之燃料電池 (MCFC),其運作的溫度爲 600°C,而經 5000 小時之運轉試驗證實,可達 60 至 70% 之高發電效率。日本之電源開發、中部電力、九州電力等電力公司,與三菱重工業、TOTO、新日本製鐵等公司,共同研發高效率的發電用之固體氧化物形的燃料電池 (SOFC) 的實用化,而由此系統可得極高的發電效率,此種燃料電池與 MCFC 同樣,可以 CO 爲燃料。美國的加州大學之**國家燃料電池研究中心** (National Fuel Cell Research Center),在 Irvine 建設以天然氣爲燃料之 217 kW 的 SOFC/GT,且於 2000 年 6 月開始實證運轉的實驗,而已達成輸出電力 166 kW,及效率 51% ( 其設計的效率爲 57%)。日本的松下電工開發可移搬型的燃料電池系統，係以液態的丁烷爲燃料之 250 W 的固體高分子形的燃料電池。

　　燃料電池之主要的研究開發之課題包括：(1) 研發具有高觸媒活性表面的電極，使反應可快速進行，以增大單位重量的電池所產生之能量(動力)；(2) 減低電池之內電阻以減小能量的損失；(3) 自電池陸續分離排出其電池反應所產生之生成物，以維持電池於一定電位的穩定運轉。熔融的鹽類之電阻比水溶液低，所以高溫的電化電池，應具有實際應用的價值，且於高溫時亦可使用液態的金屬電極，以得較固體電極高的電流密度。

　　實際上，人體可比喻爲相當於一精密的燃料電池，即人體的呼吸系統相當於電池之正電極，消化系統相當於負電極，而體內的血液相當於電解液。於呼吸時由鼻子所吸入的空氣 ($O_2$)，於肺(肺胞面積約 $100\,m^2$) 內被血液吸收，並與**血紅蛋白** (hemoglobin) 化合形成氧化血紅素(動脈內的血)，而經心臟(幫浦)送到人體的各部分之毛細血管。當筋肉運動時，將肝臟與肌肉等組織中所貯藏的**澱粉肝醣** (glycogen) 及血液中的葡萄糖，氧化並生成 $CO_2$ 與 $H_2O$ 及能量，而此時血液還原成爲靜脈血，且由心臟送回肺並將其內的 $CO_2$ 與 $H_2O$ 排泄出體外，此時其一部分的 $H_2O$，可能成爲汗由皮膚排出體外。

　　食物 ($10,458\,kJ/day$) 經口腔及胃腸的消化，成爲澱粉肝醣與葡萄糖，並被吸收貯藏於肝臟、肌肉組織與血液中，而其中的 $50\sim80\%$ 於基礎代謝消耗。當肌肉於運動時，貯藏於肝臟與肌肉組織中的澱粉肝醣及血液中的葡萄糖，被氧化成爲 $CO_2$ 與 $H_2O$ 及能量，而其中的 $CO_2$ 及 $H_2O$ 與靜脈的血，由心臟送回肺，並將其中的 $CO_2$ 及 $H_2O$ 排出體外，此時水之一部分成爲汗由皮膚排出體外。血液中之葡萄糖(還原劑)與氧化血紅素(氧化劑)，於毛細血管內經複雜的反應成爲乳酸，最後成爲 $CO_2$ 與 $H_2O$。

# 9-19　極　化 (Polarization)

　　於電解質的溶液中，浸置二白金板的電極進行電解時，溶液中之一部分的離子會移動至電極，並於其表面放電析出金屬或氣體，此時於二電極所析出的物質與電解質的溶液間，形成與外加電壓的方向相反之電動勢的局部電池，此種所形成的局部電池之電動勢，稱爲**極化電動勢** (polarization electromotive force)，而此種電極被極化的現象，稱爲極化(或分極)或**電解極化** (electrolytic polarization)。

　　金屬的電極浸置於含該金屬鹽類的溶液中電解時，亦會產生極化的現象。例如，於硝酸銀的水溶液中，置二銀的電極進行電解時，通常需施加比克服該溶液之電阻所需的電位高的電壓。此係由於陽極附近的溶液之電解質濃度的增加，及於陰極附近的溶液之電解質濃度的減少，而形成與外加電壓相反方向的電動勢之濃差電池，由此所產生之電解極化，稱為**濃度極化** (concentration polarization)。此種極化可藉其溶液之激烈的攪拌，以消除其二電極間之溶液的濃度差，或藉加熱增加離子的擴散速率，以減少或消除濃度極化。

　　水溶液之電解時，於陰極析出氫氣，或於陽極析出氧氣所產生的極化，可於陰極添加氧化劑或於陽極添加還原劑，以防止產生極化的現象。此時為防止產生極化所添加之物質，稱為**消極化劑** (depolarizer)。

# 9-20　分解電壓 (Decomposition Voltage)

　　於稀硫酸水溶液中之二白金電極間，施加 0.5 V 的電壓進行電解時，於開始通電之瞬間有電流流經溶液，而於陰極與陽極分別產生微量的氫與氧的氣體，若繼續通電進行電解時，則由於形成與外施之電壓相反方向的分極電動勢，而使其電流逐漸減小並接近於零。然而，由於二電極所產生的氫與氧的氣體，均會緩慢擴散而各離開電極，因此，有小量的電流繼續流經溶液，此電流稱為**殘留電流** (residual current) 或**擴散電流** (diffusion current)，而此種殘留電流，通常隨從外所施加的電壓之增加而逐漸增加。由外所施加的電壓 $\varepsilon$ 與流經溶液之電流 I 的關係，如圖 9-17 所示，當電壓 $\varepsilon$ 增加至某值時，電流 I 隨 $\varepsilon$ 的增加而迅速增加，而此電解電流開始迅速增加時之外施的電壓 $\varepsilon_d$，稱為該電解質溶液之**分解電壓** (decomposition voltage)，或**分解電位** (decomposition potential)。於電質溶液之電解時，若所施加的電壓增加至接近該電解質溶液之分解電壓 $\varepsilon_d$ 時，則開始產生顯著的電解，分解電位 $\varepsilon_d$ 可用下式表示，為

$$\varepsilon_d = 陽極電位 - 陰極電位 + (電流\ I) \times (溶液之電阻) \tag{9-111}$$

上式中，其右邊之第三項通常甚小而可忽略。於上式 (9-111) 之右邊，通常須再加於下節 (9-21 節) 討論的過電壓，於此忽略。

　　分解電壓之測定的裝置如圖 9-18 所示，其中的 A 為欲測分解電壓之電解質的溶液，E 與 E′ 各為電極，S 為攪拌器。二電極與可變電阻 R、直流電源(蓄電池) B 及毫安培計 M 等串聯連接，而藉調節電阻 R 以改變施加於二電極 E 與 E′ 間的電位，並由伏特計 V 量測其間的電壓 $\varepsilon$，及由 M 量測所通過的電流 I。所流過的電流與所施加電壓的關係，如圖 9-17 之曲線 ABEC 所示，所施加的電壓低於分解電壓 $\varepsilon_d$ 時，所流過的電流甚小，如圖中的直線 AB 所示，而所施加的電壓增加至大於 B 點以後，所流過的電流 I 隨電壓 $\varepsilon$ 的增加而急速增加，此時於電

解槽中可觀察到，連續發生電解的現象。圖中的直線 AB 為電壓低於分解電壓 $\varepsilon_d$，而直線 EC 為電壓高於 $\varepsilon_d$ 時之其各電流與電壓的關係。由此電流與電壓的關係曲線之線段 AB 與 CE 之各延長線可得其交點 D，而於此點 D 之電壓，即為電解質溶液之分解電壓 $\varepsilon_d$。

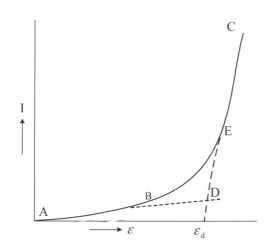

圖 9-17　由 I 對 $\varepsilon$ 之關係曲線求分解電壓 $\varepsilon_d$　　　圖 9-18　分解電壓之測定裝置圖

　　電極電位與離子之活性度或濃度有關，所以電解質溶液之分解電壓，均隨溶液之濃度的變化而改變。一些電解質之當量濃度的水溶液，於室溫下使用鉑電極時之分解電壓，如表 9-4 所示。

表 9-4　一些電解質之當量濃度的水溶液 (IN) 於室溫使用鉑電極時之分解電壓

| 電解質 | 分解電壓 $\varepsilon_d$ (volt) | 電解產物 |
|---|---|---|
| $ZnSO_4$ | 2.55 | $Zn+O_2$ |
| $CdSO_4$ | 2.03 | $Cd+O_2$ |
| $NiSO_4$ | 2.09 | $Ni+O_2$ |
| $CuSO_4$ | 1.49 | $Cu+O_2$ |
| $CoSO_4$ | 1.92 | $Co+O_2$ |
| $H_2SO_4$ | 1.67 | $H_2+O_2$ |
| $Cd(NO_3)_2$ | 1.98 | $Cd+O_2$ |
| $Pb(NO_3)_2$ | 1.52 | $Pb+O_2$ |
| $AgNO_3$ | 0.70 | $Ag+O_2$ |
| $HNO_3$ | 1.69 | $H_2+O_2$ |
| $CoCl_2$ | 1.78 | $Co+Cl_2$ |
| $NiCl_2$ | 1.85 | $Ni+Cl_2$ |
| $HCl$ | 1.31 | $H_2+Cl_2$ |
| $ZnBr_2$ | 1.80 | $Zn+Br_2$ |
| $HBr$ | 0.94 | $H_2+Br_2$ |
| $HI$ | 0.52 | $H_2+I_2$ |
| $H_3PO_4$ | 1.70 | $H_2+O_2$ |
| $NaOH$ | 1.69 | $H_2+O_2$ |
| $KOH$ | 1.67 | $H_2+O_2$ |
| $NH_4OH$ | 1.74 | $H_2+O_2$ |
| $CH_2ClCOOH$ | 1.72 | $H_2+O_2$ |

　　利用各種電解質之分解電壓的不同，各種金屬可藉電解法分離精製及去除其中所含的雜質。例如，銅與鋅及鎳等離子於 1 N 的硫酸鹽溶液中之分離，由表 9-4 得知，該溶液於電壓小於 2 伏特下電解時，僅其內的銅離子會於陰極析出，而溶液中之銅離子的濃度隨銅離子的析出而逐漸減小，因此，銅離子於陰極獲取電子還原成金屬銅的傾向，亦隨其離子濃度的減小而變小。對於電池，$H_2(g, 1\,bar) | H^+ (a_{H^+} = 1) \| M^{n+}$ 溶液 $(a_{M^{n+}}) | M(s)$，其左邊的電極為標準氫電極，因此，此電池之電動勢，相當於其右邊的電極，$M^{n+}$ 溶液 $(a_{M^{n+}}) | M(s)$，之電極電位。此電池之電動勢由 Nernst 式 (9-42)，可寫成

$$E = E° - \frac{RT}{nF} \ln \frac{a_M (a_{H^+})^n}{a_{M^{n+}} (P_{H_2} / P°)^{n/2}} \tag{9-112}$$

於上式中，$a_{H^+} = 1$，$P_{H_2} / P° = 1$，及 $E = E_R - E_L$ 與 $E° = E_R° - E_L°$，而由於 $E_L = E_L° = 0$，及 $a_M = 1$，因此，上式 (9-112) 可寫成

$$E_R = E_R° + \frac{RT}{nF} \ln a_{M^{n+}} \tag{9-113}$$

上式中，$E_R$ 與 $E_R°$ 均為還原電極電位。由上式 (9-113) 得知，上述的溶液中之銅離子的濃度減為原來的 1/10 時，其於銅電極還原析出的傾向變小，而析出金屬銅之電位減小 $2.303RT / 2F = (2.303)(8.314)(298.15) / 2(96485) = 0.030\,V$。由表 9-4 得，硫酸銅與硫酸鎳之分解電壓相差約 0.6 V，即相當於 $0.030\,V \times 20$ 的差距。所以溶液內的 Ni 離子於銅離子的濃度減小至 $1 \times 10^{-20}\,N$ 之前，不會於陰極還原析出。由此，利用電解可完全將銅與鎳分離，而於陰極可得高純度的銅。

　　於電解時，金屬的離子以顯著的速度於其電極表面析出之電位，應等於其理論的可逆電極電位，然而，實際所需的電位往往較其可逆電極電位高，其原因為，(1) 由於電流 I 流經溶液時，所產生之 IR 的**電位降** (potential drop)，其中的 R 為溶液之電阻，(2) 由於二電極之附近的各溶液均會產生濃度的極化，及 (3) 由於於電極的速率過程之過電壓 (參閱 9-22 節)。

# 9-21　極譜儀法 (Polarography)

　　J. Heyrovsky 於 1922 年首先發表，從毛細管連續滴下汞滴，以保持新鮮的汞電極面之汞滴電極，作為指示電極的電解法。Heyrovsky 與 Shikata (志方) 於 1924 年發展，以汞滴電極作為指示電極(陰極)，而以大表面積的非極性汞池作為陽極，及於大量電解質的存在下，進行電解質溶液的電解分析，且自動記錄其分解電壓–電流的關係曲線，以分析稀薄溶液 (0.01 ~ 0.0001 M) 中所含各離子之

種類及濃度的連續分析方法。此方法所得之電流–電壓的關係曲線圖，稱為極譜圖，而其分析裝置，稱為**極譜儀** (polarograph)，如圖 9-19 所示。

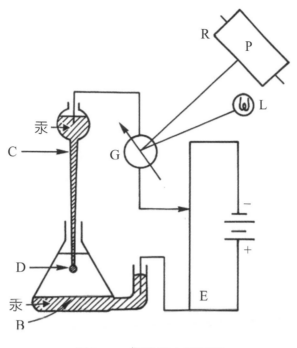

圖 9-19　極譜儀之原理圖

　於圖 9-19 中之 $A$ 內，裝填欲分析的試料溶液，於試料溶液中通常添加如氯化鉀與氯化鈣等，不影響分析結果的高分解電壓的電解質，作為支持電解質以增加溶液之導電性，且為避免陽極的表面產生極化，以大表面積的汞池 $B$ 作為陽極。如圖所示的 $D$ 為自汞電極 $C$ 汞滴下的汞滴，$E$ 為捲於圓筒之電阻均勻的電阻線，而 $F$ 置於均勻的電阻線 $E$ 上，且可於其上面平滑移動，並與電阻線保持良好的接觸。由於圓筒的轉動可自動改變 $F$ 於電阻線 $E$ 上的接觸位置，以自動改變汞滴電極 $D$ 與陽極 $B$ 間的電壓，而由**檢流計** (galvanometer) $G$ 測定，改變各種電壓時所通過之電流。由於檢流計 $G$ 上所貼的反射鏡，可將自光源 $L$ 射進之光線經檢流計 $G$ 上的反射鏡，反射至張貼於圓筒 $R$ 上的感光紙 $P$，於是可於感光紙 $P$ 上，自動記錄電極 $D$ 與 $B$ 間之電壓與所流過電流的變化曲線。由於 $F$ 與電阻線 $E$ 之接觸位置的移動，與圓筒 $R$ 的轉動間作適當的連結，而於感光紙 $P$ 上可自動記錄，其電壓–電流的關係曲線。

　極譜分析法之特點為，(1) 汞滴電極之汞滴的成長與衰退之反覆的進行，由此，汞滴電極之表面經常週期性地更新，而不會產生鈍化的現象；(2) 由液態汞可得大小均勻且形狀相同的汞滴表面，而其再現性良好；(3) 氫離子還原生成氫氣時，汞電極之氫過電壓很高，因此，大多數的物質於酸性溶液中之還原，不會受氫氣的干擾，而於水溶液中可測至甚小的電位範圍；(4) 汞滴之表面積很小，而其電解電流亦甚爲微小(約 1～ $10\,\mu A$ )，因此，其每一次的測定，由於電解所消耗之物質量非常少，所以使用同一電解液可反覆實驗，並可繪出所謂極譜波的電壓–電流的關係曲線。

　　圖 9-20 爲 0.1 M 的氯化鉀溶液中，含 0.0013 M 的硫酸鋅之電壓–電流的極譜曲線，於較低的電壓範圍時，只流過微小的殘留電流，而其二電極間之電位增至溶液中的鋅離子於陰極之析出的電位時，電流會迅速增加。此時該陽離子( $Zn^{2+}$ )於陰極獲得電子而產生還原反應，由此，陰極附近之該離子的濃度急速減少，而產生濃度極化。因此，電流只能增加至某定值，此電流稱爲**限界電流**(limiting current)。由於離子之析出電位受離子濃度的影響，因此，通常取電流等於其限界電流的1/2 處之電位，稱爲**半波電位** (half-wave potential)。此半波電位爲各種離子之固有的電位，而與離子之濃度無關，但會受溶液之 pH 值或複合離子生成的影響。因此，試驗溶液於實驗開始前，須先通入鈍性的氣體(如 $N_2$ )以驅除溶液中所溶解的氧，以免溶液中的氧於還原時所產生的電流，遮蔽其他之電解質於分解時所產生的電流。

　　於二電極間所施加的電壓超過半波電位時，其電流維持一定值，而此時所流過的電流稱爲**擴散電流** (diffusion current) 如圖 9-20 中所示。擴散電流與溶液內可還原物質擴散至汞滴電極之速率有關，且與溶液中之離子濃度成正比。因此，若預先以已知濃度之溶液，由實驗決定其濃度與擴散電流間的比例常數，則由測定擴散電流，可定量溶液中的離子之濃度。溶液中含 $Pb^{2+}, Cd^{2+}, Zn^{2+}$ 等三種離子之電流–電壓曲線，如圖 9-21 所示。由於陰極的汞滴之生長與滴落，於各電位之電流於其**平均電流** (mean current) 的上下產生小波狀的振動，如圖 9-22 所示爲，含 $T\ell^+$ 與 $Zn^{2+}$ 二種可還原離子的溶液之極譜曲線，其半波電位分別爲，0.53 與 1.05 V，其極譜曲線中之二限界電流的差，稱爲**波高** (wave height)，而其高度與溶液中之離子的濃度成正比。

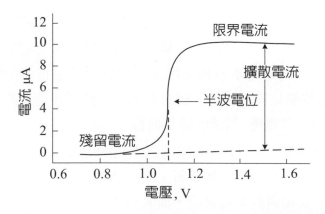

圖 9-20　於 0.1 M 的氯化鉀溶液中含 0.0013 M 的硫酸鋅之極譜曲線

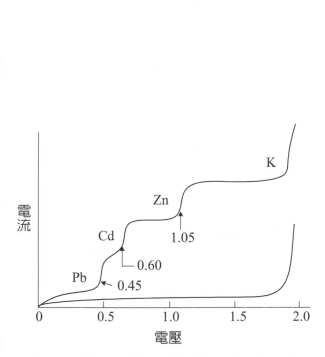

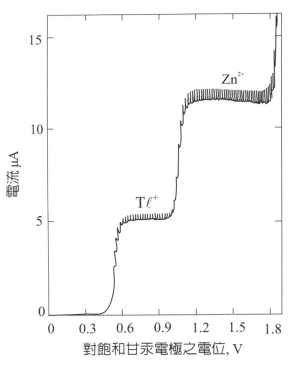

圖 9-21　於 0.1 N 的 KCl 溶液中，含 $Pb^{2+}$, $Cd^{2+}$, 及 $Zn^{2+}$ 等離子之電流–電壓曲線。下方之曲線為 lN-KCl 溶液；上方之曲線為 1 N-KCl 溶液中含 $Pb^{2+}$, $Cd^{2+}$, 及 $Zn^{2+}$ 等離子

圖 9-22　於 0.2 M 的 KCl 溶液中，含 $9\times10^{-4}$ M 的 $Zn^{2+}$ 與 $10\times10^{-4}$ M 的 $Tℓ^{+}$ 之極譜曲線

　　極譜分析常用以分析無機物質，大多數的金屬陽離子於汞滴電極上，被還原成金屬而溶入汞中形成汞齊，或還原成較低氧化態的離子。使用分解電壓很高的**四烴鹵化銨** (tetraalkyl ammonium halides) 作為支持電解質時，可分析如 $IO_3^{-}$, $BrO_3^{-}$, $CrO_7^{2-}$, $VO_4^{3-}$, $NO_2^{-}$, $CeO_3^{2-}$ 等無機酸根的離子，及一些有機物與常見的有機官能基。

## 9-22　過電壓或過電位 (Overvoltage or Overpotential)

　　電池，$\ominus Pt(H_2)|H_2SO_4$ 溶液 (1N)$|Pt(O_2)\oplus$，之電動勢等於 1.12 V，若其二電極均為可逆電極，而於其二電極間施加比 1.12 V 稍高的電壓，則其溶液會產生電解，而於左邊的電極產生氫氣，及於右邊的電極產生氧氣。事實上，若其二電極均使用表面鍍鉑黑的白金電極，且於通過微小量的電流時，則僅施加 1.12 V 的電壓就會產生電解，然而，若使用平滑磨光的白金電極時，則需施加約 1.17 V 的電壓始會產生電解，即產生電解所需施加之電壓，一般因金屬電極之種類而異。於通過電流 I 之情況下電解時，由於電解槽內的溶液之電阻 R，而會產生 IR 的電位降，及由於其二電極之濃度極化與過電壓，通常需施加比電池之可逆電動

勢大的電壓。一般可藉激烈的攪拌以減少或消除，其二電極間之溶液的濃度差，於一定的電流密度 $i$ 下，於某電極產生電解所需之電位 $\varepsilon_i$，與該電極之可逆電極電位 $\varepsilon_r$ 的差，稱爲該電極之**過電壓** (over voltage) $\eta_i$，而可表示爲

$$\eta_i = \varepsilon_i - \varepsilon_r \tag{9-114}$$

過電壓 $\eta_i$，通常爲電流密度 $i$ 的函數。

於溶液的電解時，於陰極產生氫氣之過電壓，稱爲該電極的氫過電壓。Tafel 等人對於氫過電壓之研究得到，氫過電壓 $\eta_i$ 與電流密度 $i$ 的關係，可表示爲

$$\eta_i = a + b \log i \tag{9-115}$$

上式中，$a$ 與 $b$ 均爲常數，而於一定的溫度下，$a$ 爲電極的金屬之特有常數。對於銅、金、銀、鎳、汞等各金屬電極，於室溫之其各 $b$ 值均爲，大略同一大小的常數。上式 (9-115) 爲由實驗所得的實驗式，然而，於電流密度 $i$ 甚小時，由上式 (9-115) 所得的 $\eta_i$ 爲負值。實際上，$i$ 甚小時其 $\eta_i$ 接近於零，而不可能爲負值，即上式 (9-115) 於電流密度 $i$ 甚小時不成立。過電壓一般受電極表面的狀態與溶液中或電極金屬內之不純物的影響，因此，許多人對於各種金屬電極之氫過電壓，所測定的結果均不甚一致。

過電壓之測定的裝置，如圖 9-23 所示，其中的 $M$ 爲欲測過電壓之電極，通常使用電位計 $P$，測定甘汞參考電極 $C$ 與電極 $M$ 間之電位差，以量測電極 $D$ 與電極 $M$ 間的溶液，由 $Q$ 所施加電壓而產生電解時之電極 $M$ 的過電壓。於此量測時使用低倍率的顯微鏡，就可直接觀察於電極 $M$ 產生氫氣的情況，一般將剛開始產生氫氣時之最小電流密度的過電壓，稱爲**最小過電壓** (minimum overvoltage) 或**氣泡過電壓** (bubble overvoltage)。各種金屬爲陰極之其於室溫的 $1N\ H_2SO_4$ 溶液中之氫過電壓，及各種金屬爲陽極之其於 $1N\ KOH$ 溶液中之氧過電壓，分別列於表 9-5。過電壓的測定值之再現性一般不好，其測定值於連續的電解中，亦會隨時間而改變。表面粗糙的電極之過電壓，一般比表面平滑的電極之過電壓低。氫之最小過電壓，通常不受溶液之 pH 值的影響，但於較高 pH 值的鹼性溶液中，有時會顯示較低的測定值。過電壓一般均隨溫度的上昇而減小，其所受溫度的影響約爲 $2\ mV/K$。

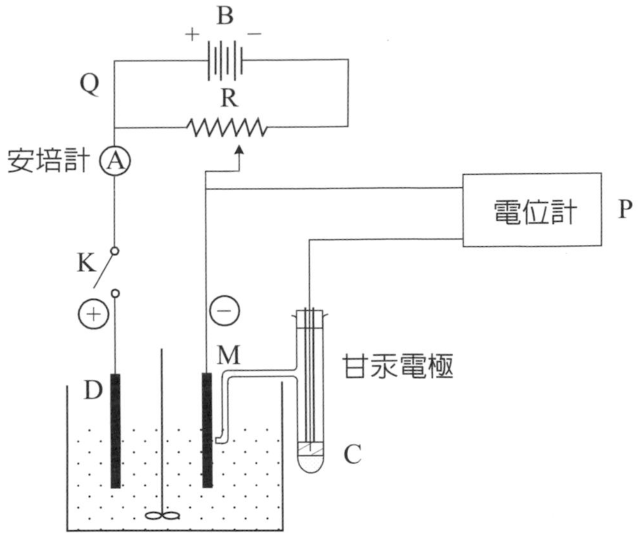

圖 9-23　過電壓之測定裝置

表 9-5　於室溫下，各種金屬的陰極，於 1 N 的 $H_2SO_4$ 溶液中之氫過電壓，及陽極於 1 N 的 KOH 溶液中之氧過電壓。

| 電　　極 | 氫過電壓 (V) | 氧過電壓 (V) |
|---|---|---|
| 鍍上鉑黑的鉑 | 0.005 | 0.25 |
| Au | 0.02 | 0.53 |
| Fe | 0.08 | 0.25 |
| 表面平滑的鉑 | 0.09 | 0.45 |
| Ag | 0.15 | 0.41 |
| Ni | 0.21 | 0.06 |
| Cu | 0.23 | – |
| Cd | 0.48 | 0.43 |
| Sn | 0.53 | – |
| Pb | 0.64 | 0.31 |
| Zn | 0.70 | – |
| Hg | 0.78 | – |

　　於各種金屬電極的表面產生氫氣泡之過電壓，與電流密度的關係，如圖 9-24 所示。實際上，氫過電壓之產生，係因氫離子之放電過程中的某些步驟的遲延所致。氫離子於電極放電 (吸收電子) 生成氫氣之過程，$H^+ + e^- \rightarrow \frac{1}{2}H_2$，包括 (1) $H_3O^+$ 的離子轉變爲 $H^+$ 離子，及 $H^+$ 離子於電極放電 (吸收電子) 成爲 H 原子，並溶於電極之放電反應，(2) 溶於電極的 H 原子生成 $H_2$ 的分子之觸媒反應，及 (3) 於溶液中新生成的 $H_3O^+$ 與電子產生中和，並與於電極表面已生成之氫原子反應生成 $H_2$ 的分子，而自電極的表面冒出氫氣之電化學反應等步驟。

由於氫過電壓,水溶液中的各種金屬離子,可於適當的條件下於電極的表面析出。若無氫之過電壓,則金屬離子不能於陰極的表面順利析出,而於陰極可能僅冒出氫氣,因此,於陰極之金屬面上,不能順利鍍上其他的金屬。

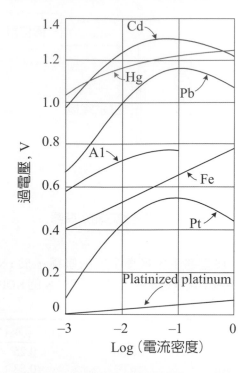

圖 9-24　各種金屬之氫過電壓與電流密度 ($A\,cm^{-2}$) 的關係 (電解液為 $1molL^{-1}$ 的 HCl 水溶液)

　　設氫氣之壓力為 1 bar,水溶液之 pH 值為 7 時,則由 Nernst 式可計算氫之可逆電極電位為, $E_r = -0.0591\log(1/10^{-7}) = -0.41\,V$ ,而其反應為, $H^+(a = 10^{-7}) + e^- = \frac{1}{2}H_2(1\,bar)$。若無氫之過電壓,則僅電極電位大於 -0.41 V 的金屬之離子,才會自其水溶液析出於電極的表面上。例如,於中性水溶液中的鎘電極, $Cd^{2+}|Cd$ ,之電極電位為 -0.4022 V,而其電極電位與氫之電極電位大約相同,因此,鎘與氫氣本應可同時於電極的表面析出,然而,鎘電極於電流密度 $0.01\,A\,cm^{-2}$ 時之氫過電壓約為 1.2 V,所以水溶液中的 $Cd^{2+}$ 離子於電極析出 Cd 時,尚不會有 $H^+$ 離子於該電極產生氫氣冒出。上述的氫離子於電極之放電過程中,其那一反應為速率控制步驟雖未明,但如汞及其他的過電壓較大的金屬時,可能上述的反應 (1) 為控制步驟。氫過電壓較小的鉑,由於具有觸媒的作用,因此,鉑電極之控制步驟可能為觸媒反應 (2),而鐵電極之控制步驟,可能為上述的反應 (3)。

　　於稀硫酸的水溶液中投入鋅的金屬時,鋅會溶解而產生氫氣,但此時的鋅之溶解速率不很快速激烈。若於溶液中添加銅或白金之鹽類,則銅或白金的離子會析出於鋅的表面,而加速鋅之溶解的速率,並激烈產生氫氣,即此時以所析出的銅或白金爲陰極，而以鋅爲陽極構成小的電池，然而上述的理由並不完全充分。例如，於溶液中加入汞鹽時，汞雖會於鋅的表面析出，但反而會阻礙氫氣之產生，實際上，加速鋅的溶解而產生氫氣之原因，不僅離子化之傾向小的金屬於鋅的表面析出，而其氫過電壓亦需比鋅者小。鋅或鎳之標準還原電位均比氫者低，而這些離子仍能於陰電極上**電析出** (electrodeposition)，係因氫之過電壓所致。由於鋅之氫過電壓較大，因此，鋅會於產生氫氣之前的較小電壓先電析出，然而，溶液中之 $Zn^{2+}$ 離子的濃度很低時，則於電極會先產生氫氣，而鋅離子不會電析出。於電極上的金屬之電析出爲，溶液中的金屬離子的定量分析之有效方法，溶液中之各種金屬離子，可藉控制電解電位，使各種離子按其電極電位的順序，自溶液依序於電極的表面還原電析。

　　各種電極不僅對氫氣有過電壓，對於如氧、氯或溴等各種氣體亦各有其過電壓，分別稱爲氧過電壓，氯過電壓或溴過電壓。過電壓可分成**歐姆過電壓** (Ohmic overpotential)，**濃度過電壓** (concentration overpotential) 與**活化過電壓** (activation overpotential) ，等三種。設於電極的表面所生成化合物的薄膜之電阻爲 $r$，而通過的電流強度爲 $i$ 時，則其過電壓 $ir$ 爲歐姆過電壓。如於 9-19 節所述，於電解時，由於電極附近所產生的離子濃度的變化，而形成濃差電池，且此電池之電動勢與外施的電壓之方向相反，此種過電壓稱爲濃度過電壓。離子於電極之放電過程，或於電極表面的氣體之生成過程，均需活化能，因此，通常需施加較其平衡電位高的電位，以使所產生的氣體以某速率自電極逸出，此種過電壓稱爲，活化過電壓。

## 9-23　膜電位 (Membrane Potential)

　　二不同的電解質之溶液，以僅能通過其中的某離子而不能通過其他離子的薄膜隔離時，於此二電解質的溶液之間會產生電位差。例如，二不同濃度之 KCl 的水溶液 $\alpha$ 與 $\beta$，以可通過 $K^+$ 離子而不能通過 $Cl^-$ 離子的薄膜隔離時，若溶液 $\alpha$ 之濃度較溶液 $\beta$ 之濃度高，則溶液 $\alpha$ 內之 $K^+$ 離子會擴散通過薄膜至濃度較低的溶液 $\beta$。因此，溶液 $\beta$ 相對於溶液 $\alpha$，會帶有較多的正電荷，而具較高的電位。實際上，由於 $K^+$ 離子的擴散通過薄膜，而形成薄膜之兩側的電位差，且由於此電位差而阻礙更多的 $K^+$ 離子，繼續自溶液 $\alpha$ 擴散移至溶液 $\beta$，因此，於薄膜兩側之溶液 $\alpha$ 與 $\beta$，最後可達成平衡。於平衡時，薄膜兩側之溶液 $\alpha$ 與 $\beta$ 中，其可通過薄膜的離子之電化電位必須相等，即可表示爲

$$\overline{\mu}_{i,\alpha} = \overline{\mu}_{i,\beta} \tag{9-116}$$

將式 (9-11) 及，$\mu_i = \mu_i^\circ + RT\ln a_i$，代入上式 (9-116)， 可得

$$\mu_{i,\alpha}^\circ + RT\ln a_{i,\alpha} + z_iF\phi_\alpha = \mu_{i,\beta}^\circ + RT\ln a_{i,\beta} + z_iF\phi_\beta \qquad \textbf{(9-117)}$$

若薄膜的兩側之溶劑相同，則

$$\mu_{i,\alpha}^\circ = \mu_{i,\beta}^\circ \qquad \textbf{(9-118)}$$

於是，由式 (9-117) 可得

$$\Delta\phi = \phi_\beta - \phi_\alpha = -\frac{RT}{z_iF}\ln\frac{a_{i,\beta}}{a_{i,\alpha}} \qquad \textbf{(9-119)}$$

上式中，$\Delta\phi$ 即為**膜電位** (membrane potential)。若離子 $i$ 於溶液 $\alpha$ 與 $\beta$ 中之活性度係數相等，則上式 (9-119) 可用莫耳濃度表示。若於薄膜兩側之溶液 $\alpha$ 與 $\beta$ 中，各放置相同的可逆電極，則由量測其二電極的電位差，可求得膜電位 $\Delta\phi$。

鉀離子 $K^+$ 通常會被濃縮於神經細胞之內部，而 $Na^+$ 離子於細胞外部之濃度，約比其於內部的濃度高出 10 倍。這些離子穿過細胞膜所產生的濃度差，係利用 ATP 之能量及於酵素之控制下以維持。當神經細胞之一端受到刺激時，其細胞的膜電壓，於其瞬間會變成正，此時 $Na^+$ 離子之薄膜透過性，於其瞬間會增加，而膜電位 $\Delta\phi$ 於此瞬間移向使 $Na^+$ 之平衡值增加。此時移向使 $Na^+$ 離子的平衡值增加之膜電位 $\Delta\phi$，約為 $+60\,mV$，而此波脈沿著神經細胞以 $10 \sim 100\,ms^{-1}$ 的速率前進時，$Na^+$ 離子之透過性經過高峰後而逐漸減小，而 $K^+$ 離子之透過性會短暫性的增加。因此，膜電位 $\Delta\phi$ 會恢復至休息時之數值，為 $-70\,mV$。

**例 9-9** **休息神經細胞** (resting nerve cell) 之膜電位，$\Delta\phi = \phi_{\text{int}} - \phi_{\text{ext}} = -70\,mV$，其中的 $\phi_{\text{int}}$ 為細胞內部之電位，而 $\phi_{\text{ext}}$ 為細胞外部之電位。休息神經細胞內之 $K^+$ 離子的濃度，約為細胞外部的濃度之 35 倍，試求其膜電位

(解) $\Delta\phi = \phi_{\text{int}} - \phi_{\text{ext}} = -\dfrac{(8,314\,JK^{-1}\,mol^{-1})(298.15\,K)}{96,485\,C\,mol^{-1}}\ln 35 = -91\,mV$

由式 (9-119) 之計算值，為 $-91\,mV$，與實際的觀察值 $-70\,mV$，有些差距。由此，休息神經細胞實際上，並未達至平衡。　◀

習　題

1. 質子所帶之電荷為 $1.602 \times 10^{-19}$ C，將相隔無窮遠的二質子，移至相距 0.1 nm 的間隔時，所需之功為若干焦耳，若對於一莫耳的質子對，則所需之功為若干 kJ mol$^{-1}$

   答 $23.07 \times 10^{-19}$，1389 kJ mol$^{-1}$

2. 試以平均離子活性度係數 $\gamma_\pm$，及重量莫耳濃度 m，表示 $K_2SO_4$ 之活性度

   答 $a_{K_2SO_4} = 4m^3 \gamma_\pm^3$

3. 氯化鉀的水溶液之離子強度為 0.24 mol kg$^{-1}$。試求，(a) 氯化鉀水溶液之濃度，(b) 相同離子強度之 $K_2SO_4$ 水溶液之濃度，及 (c) 相同離子強度之 $CuSO_4$ 水溶液之濃度

   答 (a) 0.24，(b) 0.08，(c) 0.06 mol kg$^{-1}$

4. 試使用 Debye-Hückel 之極限法則計算，(a) 於 25°C 之 0.02 mol kg$^{-1}$ 的 $Mg(NO_3)_2$ 之水溶液中，離子 $Mg^{2+}$ 與 $NO_3^-$ 之各活性度係數，及 (b) 此電解質水溶液之平均離子活性度係數

   答 (a) $\gamma_{Mg^{2+}} = 0.696$，$\gamma_{NO_3^-} = 0.913$，(b) $\gamma_\pm = 0.834$

5. 試求電池，$\ominus Hg \,|\, Hg_2^{2+}(0.01\,N) \,\|\, Ag^+(0.1\,N) \,|\, Ag \oplus$，於 25°C 之電動勢，及此電池內的反應是否可自發反應，並產生電流

   答 $E = 0.0101$ V，可自發反應

6. 試求濃差電池，$\ominus Cu \,|\, Cu^{2+}(0.01\,N) \,\|\, Cu^{2+}(0.1\,N) \,|\, Cu \oplus$，於 25°C 之電動勢

   答 $E = 0.0296$ V

7. 試求，(a)電池，$\ominus Pt \,|\, Cl_2(P_1 = 0.1\,bar) \,|\, NaCl(aq) \,|\, Cl_2(P_2 = 0.9\,bar) \,|\, Pt \oplus$，於 25°C 之電動勢，(b)若上面的電池中之 $P_1 = 0.9\,bar$，$P_2 = 0.1\,bar$，則其電池內的反應是否能自發反應

   答 (a) $E = 0.0282$ V，(b) $E' < 0$，故不能自發反應

8. 電池，$Pt \,|\, H_2(1\,bar) \,|\, HBr(m) \,|\, AgBr \,|\, Ag$，於 25°C 下，其內之 HBr 水溶液的各種濃度 $m$ 之電動勢如下：

   | $m$ | 0.01 | 0.01 | 0.05 | 0.10 |
   |-----|------|------|------|------|
   | $E$ | 0.3127 | 0.2786 | 0.2340 | 0.2005 |

   試求，(a) 此電池之標準電動勢 $E^\circ$，及 (b) 濃度 0.10 mol kg$^{-1}$ 的 HBr 溶液之活性度係數

   答 (a) 0.0707 V，(b) 0.801

9. 電池，$Pt|H_2(P_{H_2} = 0.881 \text{ bar})|$溶液 (pH = x) ‖當量甘汞電極，於 25°C 之電動勢為 0.6921 V，試求溶液之 pH 值

   答 pH = 6.993。

10. 試使用附錄表 A2-1 之數據，計算下列反應於 25°C 之平衡常數

$$\frac{1}{2}H_2(g) + AgCl(s) = Ag(s) + H^+(ao) + Cl^-(ao)$$

   答 K = 5701

11. 電池，$Pb|PbSO_4|Na_2SO_4 \cdot 10H_2O(sat)|Hg_2SO_4|Hg$，於 25°C 之電動勢為 0.9647 V，其電動勢之**溫度係數** (temperature coefficient) 為 $1.74 \times 10^{-4} \text{ VK}^{-1}$。(a) 試寫出電池內之反應式，及 (b) 計算此電池內的反應之 $\Delta_r G$，$\Delta_r S$，及 $\Delta_r H$ 等值

   答 (a) $Pb(s) + Hg_2SO_4(s) = PbSO_4(s) + 2Hg(l)$，(b) $-186.16 \text{ kJ mol}^{-1}$，$33.58 \text{ J K}^{-1} \text{ mol}^{-1}$，$-176.15 \text{ kJ mol}^{-1}$

12. 電池，$Zn|ZnCl_2(0.555 \text{ mol kg}^{-1})|AgCl|Ag$，於 25°C 之電動勢為 $E = 1.015 \text{ V}$，及其 $(\partial E/\partial T)_P = -4.02 \times 10^{-4} \text{ VK}^{-1}$。(a) 試寫出電池內的反應之反應式，及 (b) 計算此電池反應於 25°C 之 $\Delta_r G$，$\Delta_r S$，及 $\Delta_r H$ 等值

   答 (a) $Zn + 2AgCl = 2Ag + ZnCl_2(0.555 \text{ molkg}^{-1})$，
   
   (b) $-195.4 \text{ kJ mol}^{-1}$，$-77.4 \text{ J K}^{-1} \text{ mol}^{-1}$，$-218.45 \text{ kJ mol}^{-1}$

13. (a) 下列的各電池之左邊的電極為負極，試寫出各電池之電極的反應式，及各電池內的反應式

    (i) $Pb|PbSO_4(s)|SO_4^{2-} ‖ Cu^{2+}|Cu$

    (ii) $Cd|Cd^{2+} ‖ H^+|H_2(g)$

    (iii) $Zn|Zn^{2+} ‖ Fe^{3+}, Fe^{2+}|Pt$

    (b) 若各電池均於標準狀態，試求各電池之電動勢，及各電池內的反應之 $\Delta_r G°$ 值

    答 (b) (i) $E° = 0.6936V$，$\Delta_r G° = -133.47 \text{ kJ mol}^{-1}$，

    (ii) $E° = 0.403 \text{ V}$，$\Delta_r G° = -77.78 \text{ kJ mol}^{-1}$，

    (iii) $E° = 1.5328 \text{ V}$，$\Delta_r G° = -295.4 \text{ kJ mol}^{-1}$

14. 試使用 (a) 電極電位，及 (b) 標準 Gibbs 能，計算電池，$Li|LiCl(ai)|Cl_2(g)|Pt$，於 25°C 之標準電動勢

    答 (a) 4,405，(b) 4.400 V

15. 試由表 9-2 之標準電極電位，計算 $Cl^-(ao)$，$OH^-(ao)$ 及 $Na^+(ao)$ 於 25°C 之標準生成 Gibbs 能

    答 $-131.258$，$-157.26$，$-261.860 \text{ kJ mol}^{-1}$

16. 試由電極電位計算，電池反應，$H_2O(l) = H^+(ao) + OH^-(ao)$，於 25°C 之 $\Delta_r G°$ 值，及其反應之平衡常數

    答 79.899 kJ mol$^{-1}$，$K = 1.003 \times 10^{-14}$。

17. 試計算電池反應，$AgBr(s) = Ag^+ + Br^{-1}$，於 25°C 之平衡常數 (或溶解度積)

    答 $10^{-11.90}$

18. 以氨為燃料的燃料電池之電極反應，為

$$NH_3(g) + 3OH^{-1}(ao) = \frac{1}{2}N_2(g) + 3H_2O(l) + 3e^-$$

$$O_2(g) + 2H_2O(l) + 4e^- = 4OH^-(ao)$$

試計算此燃料電池於 25°C 之電動勢

    答 1.17 V

19. 氯化鋰及鋰之熔點分別為，883 K 及 453.69K 而 LiCl($l$) 於 900 K 之 $\Delta \bar{G}_f°$ 為 $-335.140$ kJ mol$^{-1}$。試計算此高溫電池，$Li(l) | LiCl(l) | Cl_2(g)$，於 900 K 及 $P_{Cl_2} = 1$ bar 下之電動勢

    答 3.474 V

20. 試計算，甲烷–氧的燃料電池，於 25°C 之電動勢

    答 1.0597 V

21. 使用僅能通過 Na$^+$ 離子之薄膜，分隔溶液 $\alpha$(0.10 mol kg$^{-1}$ NaCl，0.05 mol kg$^{-1}$ KCl) 與溶液 $\beta$(0.05 mol kg$^{-1}$ NaCl，0.10 mol kg$^{-1}$ KCl)。試計算於 25°C 之膜電位，並指出其中具有較高的正電位之溶液

    答 0.018 V，$\beta$ 溶液具有較高的正電位

# 第十章

# 離子平衡及生化反應

於本章討論水溶液中的弱酸與弱鹼之解離、離子強度對於解離常數的影響、多質子酸之滴定、錯離子之解離常數、三磷酸腺苷及其相關物質之酸解離常數與錯離子的解離常數，及溶液平衡之熱力學應用。於生化反應通常包含弱酸與複合離子，由此，其熱力學的處理方法，與氣相或非電解質溶液中的反應之熱力學顯然不同。於生化反應的平衡常數中所含的反應物與生成物之濃度，通常包括其各種離子及複合物種之總濃度。因此，於一定的溫度及壓力下，此種平衡常數及其有關的其他的熱力量，均為溶液之 pH 及金屬離子濃度的函數。蛋白質於水溶液中與其他物質之結合量，一般隨溶液之 pH 值的變化，及溶液中他種物質的存在而顯著變化。紅血素對於氧之親和力，隨其與氧之結合量的增加而增加，此係因紅血素的分子內部之構造，於此結合的程序中，連續產生變化所致。

 ## 10-1 弱酸之解離 (Dissociation of Weak Acids)

如 HCl 或 HNO$_3$ 等於水溶液中完全解離成為離子的酸，稱為**強酸** (strong acid)，而如醋酸於水溶液中，僅產生部分解離的酸，稱為**弱酸** (weak acid)。於 1923 年，丹麥的 Brönsted 與 Bjerrum 及英國的 Lowry 等，提出**酸之質子理論** (proton theory of acids)。於溶液中能提供質子 H$^+$ 的物質，稱為酸，而能接受質子的物質，稱為鹼。**單質子的** (monoprotic) 弱酸於水溶液中之解離，可表示為

$$\underset{\text{酸}}{\text{HA}\,(aq)} = \underset{\text{質子}}{\text{H}^+\,(aq)} + \underset{\text{鹼}}{\text{A}^-\,(aq)} \tag{10-1}$$

於上式中的 HA 與 A$^-$，稱為**共軛酸—鹼對** (conjugated acid-base pair)。質子 H$^+$ 為氫的原子核，而於溶液中與溶劑分子結合的傾向很大，由此，通常不會單獨的存在，且經常結合溶劑的分子。質子於水溶液中，通常與水的分子結合而形成**鋞離子** (hydronium ion) H$_3$O$^+$ 或他種的複合離子，且鋞離子 H$_3$O$^+$ 可能再與 3 分子的水分子產生水合而形成 H$_9$O$_4^+$。由質譜的研究發現，鋞離子之 3 分子水的水合物 H$_9$O$_4^+$，於氣相中可安定存在。因質子於水溶液中之確實的狀態未知，因此，通常用 H$^+$ 代表，水合的氫離子。

　　酸於各種溶劑中之解離的程度，除隨酸本身之強度而不同外，尚與溶劑對於質子之親和力有關。例如，質子與氨的作用，比其與醋酸的作用甚強，因此，於液態的氨中可完全解離的酸，於醋酸中不一定可完全解離。

　　各種強酸於某溶劑中之質子的**媒合作用** (solvation) 顯現各種強酸於該溶劑內均為同等的強度，例如，各種強酸如 $HCl, HNO_3$ 及 $H_2SO_4$ 等，於水溶液中均完全解離，而生成同一強度的水合氫離子。然而，於水中為強酸的各種酸於冰醋酸中時，由於醋酸為非鹼性溶劑，由此，醋酸的分子與各種強酸的質子不會產生強的結合。因此，於水中之各種強酸，於醋酸中可能呈現不同的酸強度。酸的解離式 (10-1) 之**酸解離常數** (acid dissociation constant) $K_a$，可用下式表示為

$$K_a = \frac{a_{H^+} a_{A^-}}{a_{HA}} = \frac{m_{H^+} m_{A^-} \gamma_{\pm}^2}{m^{\circ} m_{HA} \gamma_{HA}} \tag{10-2}$$

上式中，$m$ 為重量莫耳濃度 (molal)，即為 mol 溶質 /kg 溶劑，而 $m^{\circ} = 1$ mol 溶質 /kg 溶劑，為標準重量莫耳濃度，$\gamma_{\pm}$ 為解離的酸之平均離子活性度係數，$\gamma_{HA}$ 為非解離的酸之活性度係數，而非解離的酸於稀薄的溶液中之活性度係數趨近於 1。由於酸之解離常數的大小，一般均用 10 的次方表示，因此，酸的解離常數常用，$pK_a = -\log K_a$，表示。

　　上式 (10-2) 中之 $K_a$ 為，**熱力酸解離常數** (thermodynamic acid dissociation constant)，僅為溫度的函數。通常使用**分光光度計** (spectrophotometer) 可分別測定溶液中的 HA 與 $A^-$ 離子之濃度，而使用電位計 (pH 計) 可測定 $H^+$ 離子的濃度，因此，由上式 (10-2) 藉外延推至零濃度，可求得酸解離常數 $K_a$。

　　表 10-1 為一些酸於 25°C 之 $pK_a$ 值，及其各種熱力量。這些酸之平衡常數為，以外延推至零離子強度所求得的數值，而其各酸解離之 $\Delta_r H^{\circ}, \Delta_r S^{\circ}$ 及 $\Delta_r C_p^{\circ}$ 等各值為，由溫度對於平衡常數的影響所計得。

　　於表 10-1 中所列的各種酸中，最弱的酸為水，而其酸解離可寫成

$$H_2O(\ell) = H^+(aq) + OH^-(aq) \tag{10-3}$$

水之酸解離常數 $K_w$，通常以其**離子積** (ion product) 表示為

$$K_w = a_{H^+} a_{OH^-} = \frac{m_{H^+} m_{OH^-} \gamma_{\pm}^2}{(m^{\circ})^2} \tag{10-4}$$

表 10-1　一些酸於 25°C 下解離之 pK 值及各種熱力量

| | pK | $\dfrac{\Delta_r G°}{\text{kJ mol}^{-1}}$ | $\dfrac{\Delta_r H°}{\text{kJ mol}^{-1}}$ | $\dfrac{\Delta_r S°}{\text{J K}^{-1}\,\text{mol}^{-1}}$ | $\dfrac{\Delta_r C_p°}{\text{J K}^{-1}\,\text{mol}^{-1}}$ |
|---|---|---|---|---|---|
| 水 (water, $K_w$) | 13.997 | 79.868 | 56.563 | −78.2 | −197 |
| 醋酸 (acetic acid) | 4.756 | 27.137 | −0.385 | −92.5 | −155 |
| 氯乙酸 (chloroacetic acid) | 2.861 | 16.322 | −4.845 | −71.1 | −167 |
| 丁酸 (butyric acid) | 4.82 | 27.506 | −2.900 | −102.1 | 0 |
| 琥珀酸 (succinic acid, $pK_1$) | 4.207 | 24.016 | 3.188 | −69.9 | −134 |
| 琥珀酸 (succinic acid, $pK_2$) | 5.636 | 31.188 | −0.452 | −109.2 | −218 |
| 碳酸 (carbonic acid, $pK_1$) | 6.352 | 36.259 | 9.372 | −90.4 | −377 |
| 碳酸 (carbonic acid, $pK_2$) | 10.329 | 58.961 | 15.075 | −147.3 | −272 |
| 磷酸 (phosphoric acid, $pK_1$) | 2.148 | 12.259 | −7.648 | −66.9 | −155 |
| 磷酸 (phosphoric acid, $pK_2$) | 7.198 | 41.099 | 4.130 | −123.8 | −226 |
| 甘油-2-磷酸 (glycerol-phosphoric acid, $pK_1$) | 1.335 | 7.615 | 12.103 | −66.1 | −326 |
| 甘油-2-磷酸 (glycerol-phosphoric acid, $pK_2$) | 6.650 | 37.945 | −1.724 | −133.1 | −226 |
| 銨離子 (ammonium ion) | 9.245 | 52.777 | 52.216 | −1.7 | 0 |
| 甲基銨離子 (methylammonium ion) | 10.615 | 60.601 | 54.760 | −19.7 | 33 |
| 二甲基銨離子 (dimethylammonium ion) | 10.765 | 49.618 | 49.618 | −39.7 | 96 |
| 三甲基銨離子 (trimethylammonium ion) | 9.791 | 55.890 | 36.882 | −63.6 | 184 |
| 胺基甲烷三甲醇 [tris(hydroxymethyl) aminomethane] | 8.076 | 46.099 | 45.606 | −1.3 | 0 |
| 胺基乙酸 (glycine, $pK_1$) | 2.350 | 13.410 | 4.837 | −28.9 | −134 |
| 胺基乙酸 (glycine, $pK_2$) | 9.780 | 55.815 | 44.141 | −39.3 | −50 |
| 氨基乙醯胺乙酸 (glycyl glycine, $pK_1$) | 3.148 | 17.322 | 3.607 | −54.0 | −167 |
| 氨基乙醯胺乙酸 (glycyl glycine, $pK_2$) | 8.252 | 47.112 | 44.350 | −8.4 | −42 |

註：這些數值為由實驗數據外延推至零離子強度之數據(自 J. Edsall and J. Wyman, Biophysical Chemistry, Academic Press, New York, 1958)

上式中之分母應含水之活性度，但因水為溶劑，所以其活性度取為 1。水於 25°C 之 $K_w$ 值為 $1.006 \times 10^{-14}$，如於表 10-1 中所示，水之 $pK_w$ 值為 13.997。水解離之焓值的變化（$\Delta_r H° = 56.563\ \text{kJ mol}^{-1}$），等於強酸與強鹼之中和焓值的負值。比水弱的酸，如甲醇之 pK 值為 15.53，須用其他的特殊方法測定。

氣體的解離反應之熵值的變化，通常為正的值，然而，由表 10-1 可發現，大部分之弱酸的解離之 $\Delta_r S°$ 值均為負。實驗的結果顯示，酸於水溶液中解離時，其熵值均減小，此係因離子鄰近的水分子產生**偶極** (dipole) 化，而於離子的鄰近配位，所以於產生酸解離時之其鄰近的水分子之整體的排列，比解離前較有**次序** (order)。由表 10-1 得知，許多弱酸之 $\Delta_r H°$ 值均甚小，例如，醋酸與丁酸等解離之 $\Delta_r H°$ 值，分別為 −0.385 與 −2.900 kJ mol$^{-1}$。由於 $\Delta_r G° = -RT \ln K = 2.303RT\text{pK} = \Delta_r H° - T\Delta_r S°$，因此，其 pK 值主要由其標準熵值的變化 $\Delta_r S°$ 決定。

由表 10-1 顯示，銨離子產生解離時無離子數的變化，$NH_4^+ = H^+ + NH_3$，因此，其熵值的變化很小，而於解離前及解離後的離子，$NH_4^+$ 及 $H^+$，與水分子之結合，僅產生很小的變化，即其 $\Delta_r S° = -1.7 \, \text{J K}^{-1}\text{mol}^{-1}$，然而，甲基銨離子之解離，$CH_3NH_4^+ = H^+ + CH_3 + NH_3$，其 $\Delta_r S°$ 值 ($-19.7 \, \text{J K}^{-1}\text{mol}^{-1}$) 比 $NH_4^+$ 離子解離時之 $\Delta_r S°$ 值，為較大的負值，此顯示水分子於甲基銨離子之周圍的排列，不像於 $NH_4^+$ 離子之周圍時的排列有規則。因甲基銨離子產生解離所生成的 $H^+$ 離子與水分子的作用結合，較解離前的甲基銨離子強，故於甲基離子產生解離時之水分子的排列較有秩序。二甲基銨離子與三甲基銨離子之酸解離的 $\Delta_r S°$ 值，分別為 $-39.7$ 與 $-63.6 \, \text{JK}^{-1}\text{mol}^{-1}$，此表示其解離之熵值的變化，隨所取代的甲基之數目的增加而增大，即其離子周圍的水分子之排列秩序，隨所取代的甲基數的增加而減小。

使用表 10-1 中之數據，可計算各種酸於其他的溫度之酸解離常數。由前所導得之式 (3-87)，可得

$$\Delta_r H_T° = \Delta_r H_{298}° + \int_{298}^{T} \Delta_r C_p° dT \tag{10-5}$$

若其中的 $\Delta_r C_p°$ 為一定，而與溫度無關，則上式 (10-5) 經積分，可得

$$\Delta_r H_T° = \Delta_r H_{298}° + \Delta_r C_p° (T - 298.15 \, \text{K}) \tag{10-6}$$

另由式 (4-127) 得

$$\Delta_r S_T° = \Delta_r S_{298}° + \Delta_r C_p° \ln \frac{T}{298.15 \, \text{K}} \tag{10-7}$$

而將式 (10-6) 與 (10-7) 代入，$\Delta_r G_T° = -RT \ln K_a = \Delta_r H_T° - T\Delta_r S_T°$，的關係式，可得

$$\Delta_r G_T° = -RT \ln K_a = \Delta_r H_{298}° + \frac{T(\Delta_r G_{298}° - \Delta_r H_{298}°)}{298.15 \, \text{K}}$$
$$+ \Delta_r C_p° \left( T - 298.15 \, \text{K} - T \ln \frac{T}{298.15 \, \text{K}} \right) \tag{10-8}$$

若弱酸之解離常數 $K_a$ 已知，則由反覆計算方法的計算可得，於某濃度下之解離度，即假定 $\gamma_\pm$ 之大略值經計算可得，$m_{H^+}$ 與 $m_{A^-}$ 及離子強度，而再由這些計算值計算得 $\gamma_\pm$，如此循環重覆計算，至得一定之計算值 $\gamma_\pm$。

**10-2** 弱鹼之解離 (Dissociation of Weak Bases)

弱鹼如氫氧化銨之解離，可寫成

$$NH_4OH(aq) = NH_4^+(aq) + OH^-(aq) \tag{10-9}$$

而其鹼解離常數 $K_b$ 為

$$K_b = \frac{m_{NH_4^+}\, m_{OH^-}\, \gamma_\pm^2}{m_{NH_4OH}\, m^\circ} \tag{10-10}$$

上式中，假設 $NH_4OH$ 於其稀薄的水溶液中之活性度係數為 1。由於氨分子於水溶液中之**水合度** (degree of hydration) 未知，而於此設 $NH_3$ 之活性度與 $NH_4OH$ (或 $NH_3$ 之其他的水合物)之活性度相等。

氨於水溶液中之離子平衡，亦可用銨離子於水溶液中之酸解離表示，為

$$NH_4^+(aq) = NH_3(aq) + H^+(aq) \tag{10-11}$$

而其酸解離平衡常數為

$$K_a = \frac{m_{NH_3}}{m_{NH_4^+}} \frac{m_{H^+}}{m^\circ} \tag{10-12}$$

於上式中，假設 $H^+$ 與 $NH_4^+$ 於稀薄溶液中之活性度係數相等，而可互相抵消。因 $a_{NH_3} = a_{NH_4OH}$，故由式 (10-10) 與式 (10-12) 的乘積，及由式 (10-4)，可得

$$K_a K_b = K_w \tag{10-13}$$

因此，若由實驗求得 $K_b$，則由水之**離子積** (ion product) $K_w$ 可計算 $K_a$。由於使用 pH 計可容易測得水溶液之氫離子的濃度，所以通常將弱鹼之解離反應寫成酸解離的反應。因此，於討論氨於稀薄水溶液中之解離時，通常不採用式 (10-9) 與 (10-10)，而採用式 (10-11) 與 (10-12)。

## 10-3 弱酸與弱鹼實際之計算
### (Practical Calculations for Weak Acid and Base)

於前面的兩節，討論酸–鹼平衡之精確的計算方法，而於稀薄水溶液中之氫離子的活性度，通常可用所測定之溶液的 pH 值表示。因此，式 (10-1) 所示的弱酸 HA 於水溶液中之酸解離平衡常數，可表示為

$$K_a = \frac{10^{-pH}[A^-]\gamma_-}{[HA]\gamma_{HA}} \tag{10-14}$$

上式中，$[A^-]$ 與 $[HA]$ 分別為離子 $A^-$ 與弱酸 HA 之容積莫耳濃度 (molar) $mol\,L^{-1}$，而 $\gamma_-$ 與 $\gamma_{HA}$ 為濃度以容積莫耳濃度表示時之其各活性度係數。於如緩衝液的配製，滴定曲線的解釋，及生化平衡的計算等許多實際的應用，其平衡常數常用以濃度表示的 **視酸解離常數** (apparent acid dissociation constant) $K_{app}$ 表示。

對於離子強度一定的弱酸水溶液，其內的弱酸 HA 之視酸解離常數，可由上式 (10-14) 用其水溶液的 pH 值與濃度表示，為

$$K_{app} = \frac{K_a\gamma_{HA}}{\gamma_-} = \frac{10^{-pH}[A^-]}{[HA]} \tag{10-15}$$

上式的弱酸之視酸解離常數 $K_{app}$，通常隨酸之濃度而改變，而於電解質與酸之濃度均各趨近於零時，其 $K_{app}$ 值趨近於 $K_a$。弱酸於稀薄溶液中之 $K_{app}$ 值，通常可用其溶液之離子強度的函數表示，即 $K_{app} = f(I)$。於是視酸解離常數 $K_{app}$，可使用 Debye-Hückel 理論計算。

由上面的弱酸之酸解離常數，式 (10-15)，其兩邊各取對數，可寫成

$$pH = pK_{app} + \log\frac{[A^-]}{[HA]} \tag{10-16}$$

於上式中，$pK_{app} = -\log K_{app}$，上式 (10-16) 稱為 Henderson-Hasselbalch 式，而由此式，電解質溶液中的弱酸之視 pK 值，可由弱酸與弱鹼之濃度 $[HA]$ 與 $[A^-]$，及溶液之 pH 值計算。對於含 $NH_4Cl$ 與 $NH_3$ 之水溶液，上式 (10-16) 中之 $[A^-]/[HA]$ 的濃度比，相當於 $[NH_3]/[NH_4Cl]$ 的濃度比，即為 $[NH_3]/[NH_4^+]$。於配製某特定 pH 值的緩衝液所需之鹼與酸的比例，可使用 Henderson-Hasselbalch 式 (10-16) 計算。當溶液中之鹼與酸的濃度比，$[A^-]/[HA]$，等於 1 時，溶液之 pH 值等於 $pK_{app}$ 值。緩衝溶液之最有效的 pH 值

的範圍為， $pK_{app}-1$ 與 $pK_{app}+1$ 之間，而於此間之鹼與酸的濃度比範圍為，0.1 至 1.0。

於下面討論，弱酸以強鹼滴定時之 pH 值的變化曲線。如圖 10-1 所示者為，以氫氧化鈉的濃溶液滴定 $0.1\ mol\ L^{-1}$ 的醋酸溶液之滴定曲線。醋酸溶液於濃度 $0.1\ mol\ L^{-1}$ 之 pH 值約為 2.9，於此溶液中滴入氫氧化鈉的溶液時，溶液之 pH 值會緩慢上升，而經過其緩衝區域的pH 值 4.7 (上述的溶液中的醋酸之一半被中和時之 pH)後，其溶液的 pH 值仍繼續上升，而於溶液之 pH 值接近其等當量點的pH 值 8.8 時迅速上升。當所加入的氫氧化鈉溶液超過等當量點時，該溶液之 pH 值相當於氫氧化鈉與醋酸鈉的混合溶液之 pH 值。

醋酸以氫氧化鈉的溶液滴定時之滴定曲線的計算，包括溶液中的 $[H^+], [A^-], [HA],$ 及 $[OH^-]$ 等之四未知的濃度，而這些未知的濃度可利用，下列的二平衡式計算，即為

$$K_a' = \frac{[H^+][A^-]}{[HA]} \tag{10-17}$$

與

$$K_w = [H^+][OH^-] \tag{10-18}$$

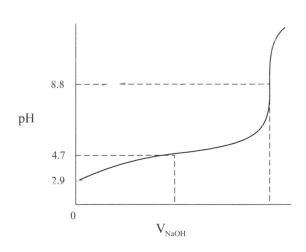

圖 10-1　以氫氧化鈉的溶液滴定 $0.1\ mol\ L^{-1}$ 的醋酸溶液之滴定曲線

上面的二式中， $K_a'$ 與 $K_w$ 均為無因次。因此，式 (10-17) 中之右邊的分母應含有 $c°$， $1\ mol\ L^{-1}$，而式 (9-18) 中之右邊應有 $(c°)^2$ 的分母，於此均省略。由於質量與電荷之各須守恆的關係而可得，下列的二**守恆式** (conservation equations)，即

$$c_A = [HA]+[A^-] \tag{10-19}$$

與

$$c_{Na} + [H^+] = [A^-]+[OH^-] \tag{10-20}$$

上式中，$c_A$ 為醋酸根之總濃度，$c_{Na}$ 為鈉離子之濃度，即等於滴定的過程中所加入的氫氧化鈉之濃度。由式 (10-17) 得，$[HA]=[H^+][A^-]/K'_a$，而將此關係代入式 (10-19)，可得

$$[A^-] = \frac{c_A}{1+\dfrac{[H^+]}{K'_a}} \tag{10-21}$$

並將上式 (10-21) 與 (10-18) 代入式 (10-20)，可得

$$c_{Na} + [H^+] = \frac{c_A}{1+\dfrac{[H^+]}{K'_a}} + \frac{K_w}{[H^+]} \tag{10-22}$$

上式 (10-22) 為 $[H^+]$ 之三次方程式，雖然可以解得 $[H^+]$，但其解法較為繁雜，然而，可容易計得溶液於開始滴定時之 pH 值，於緩衝區域之 pH 值，及於當量點之 pH 值。

於上述的滴定過程，溶液於當量點時之 pH 值，相當於純的醋酸鈉水溶液之 pH 值，此時其 pH 值因下列的水解反應，而不等於 7。離子 $A^-$ 之水解反應，可表示為

$$A^- + H_2O = HA + OH^- \tag{10-23}$$

其平衡常數為

$$K_h = \frac{[HA][OH^-]}{[A^-]} \tag{10-24}$$

上式 (10-24) 之分子與分母各乘以 $[H^+]$，而可得

$$K_h = \frac{K_w}{K'_a} \tag{10-25}$$

由此，弱酸用強鹼滴定時之其滴定的終點即中和點 (當量點) 之 pH 值，可由式 (10-24) 與 (10-25) 計算。

較弱之**單一質子的酸** (monoprotic acid) 用強鹼的溶液滴定時，其溶液之緩衝區域的 pH 值較高。如圖 10-2 所示者為，三種不同 pK 值的弱酸，用強鹼的溶液滴定時之其各滴定曲線。

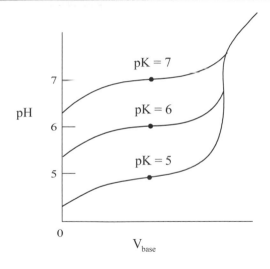

圖 10-2　三種不同 pK 值之弱酸用強鹼滴定時之其各滴定曲線

例 **10-1** 醋酸於 $25°C$ 之 $pK_a$ 值為 4.756。試計算 0.1 mol L$^{-1}$ 的醋酸水溶液，於 $25°C$ 之組成

解 首先假定，$\gamma_{\pm} = 1$，所以

$$K_a = 10^{-4.756} = \frac{[H^+][A^-]}{[HA]}$$

假設此醋酸溶液中之 OH$^-$ 的濃度可忽略，即於此溶液中，$[A^-] = [H^+]$，則上式可寫成

$$K_a = 1.754 \times 10^{-5} = \frac{[H^+]^2}{c_A - [H^+]}$$

因 $c_A = 0.1 \, mol \, L^{-1}$，而由解上式之二次方程式，得

$$[H^+] = 1.316 \times 10^{-3} \, mol \, L^{-1}$$

所以　$[A^-] = 1.316 \times 10^{-3} \, mol \, L^{-1}$

$$[HA] = 0.1 - 1.316 \times 10^{-3} = 0.09868 \, mol \, L^{-1}$$

由此，可計得溶液之離子強度為，$I = 1.316 \times 10^{-3}$，而其平均離子活性度係數為

$$\log \gamma_{\pm} = 0.509(1)(-1)(1.316 \times 10^{-3})^{1/2}$$

$$\therefore \gamma_{\pm} = 0.9958$$

由此可得，視酸解離常數之大略值為，$1.754 \times 10^{-5} / (0.9958)^2$ $= 1.769 \times 10^{-5}$。使用此值再解上面的二次方程式，得

$$[H^+] = 1.321 \times 10^{-3} \, mol \, L^{-1}$$

所以　　$[A^-] = 1.321 \times 10^{-3} \, mol \, L^{-1}$

$$[HA] = 0.1 - 1.321 \times 10^{-3} = 0.9868 \, mol \, L^{-1}$$

這些數值與上面所得之數值已很接近，因此，不必再繼續計算。
因 $[OH^-] = K_w / [H^+] = 8 \times 10^{-12} \, mol \, L^{-1}$，此值甚小而可忽略。　◀

**例 10-2** 醋酸於 25°C 及離子強度 0.1 mol L⁻¹ 的溶液中之視解離常數為 $2.69 \times 10^{-5}$。試計算 0.1 mol L⁻¹ 的醋酸鈉水溶液，於 25°C 時之氫離子的濃度及 pH 值

解 因醋酸鈉之水解反應所產生的醋酸之分子數，與 $OH^-$ 之離子數相等，故由式 (10-24) 與 (10-25) 可得

$$K_h = \frac{10^{-14}}{2.69 \times 10^{-5}} = \frac{[OH^-]^2}{0.1}$$

因此

$$[OH^-] = 6.10 \times 10^{-5} \, mol \, L^{-1}$$

故　　$[H^+] = 1.64 \times 10^{-9} \, mol \, L^{-1}$

$$pH = 8.79$$

此為 0.1 mol L⁻¹ 的醋酸溶液，用濃度較高的強鹼溶液滴定至其當量點時之溶液的 pH 值　◀

**例 10-3** 欲配製於 25°C，離子強度為 0.1 之 1 升的 pH 值為 5.0 之醋酸緩衝溶液。醋酸於此離子強度的溶液中之視解離常數為 $2.69 \times 10^{-5}$，各需若干莫耳的醋酸鈉與醋酸

解 由式 (10-16)，$pH = pK_{app} + \log \frac{[NaA]}{[HA]}$

$$5.0 = -\log 2.69 \times 10^{-5} + \log \frac{0.1}{[HA]}$$

由上式可解得，$[HA] = 0.0372 \, mol \, L^{-1}$

因此，可由 0.1 莫耳的醋酸鈉與 0.0372 莫耳的醋酸，配成 1 升的緩衝溶液　◀

**10-4** 離子強度對解離常數的影響
(Effect of Ionic Strength on Dissociation Constants)

　　溶液於低離子強度下之 pK 值，所受離子強度的影響，可由 Debye-Hückel 理論及其簡單的擴充式計算。溶液中的離子 $i$ 之活性度係數，依照 Güntelberg 式，可表示為

$$\log \gamma_i = \frac{-z_i^2\, A I^{1/2}}{1 + b I^{1/2}} \tag{10-26}$$

上式中，$\gamma_i$ 為帶電荷 $z_i$ 的離子 $i$ 之活性度係數，I 為以容積濃度 $(mol\,L^{-1})$ 表示之離子強度，A 為 Debye-Hückel 常數。對於 $25°C$ 之水溶液，$A = 0.5091$，而 b 為常數，其值通常取等於 $1(mol\,L^{-1})^{-1/2}$。上式與 Debye-Hückel 的式 (9-67) 所不同者，為於上式 (10-26) 之右邊除以其分母 $1 + I^{1/2}$，而由此，對於弱酸的電解質可得較佳的結果。

　　對於帶負電荷 $-n$ 的酸 $HA^{-n}$ 之解離，可表示為

$$HA^{-n} = H^+ + A^{-(n+1)} \tag{10-27}$$

而其**熱力解離常數** (thermodynamic dissociation contants) $K_{I=0}$，為

$$K_{I=0} = \frac{a_{H^+}[A^{-(n+1)}]\gamma_{-(n+1)}}{(HA^{-n})\gamma_{-n}} = K_I \frac{\gamma_{-(n+1)}}{\gamma_{-n}} \tag{10-28}$$

將式 (10-26) 代入上式，可得

$$pK_I = pK_{I-0} + \frac{n^2 A I^{1/2}}{1 + b I^{1/2}} - \frac{(n+1)^2 A I^{1/2}}{1 + b I^{1/2}} = pK_{I=0} - \frac{(2n+1)A I^{1/2}}{(1 + b I^{1/2})} \tag{10-29}$$

**例 10-4** 試計算，$H_3PO_4$ 於 $25°C$ 及 0.01 離子強度的溶液中之 $pK_1$ 與 $pK_2$ 值

　　**解** 因 $pK_I = pK_{I=0} - \dfrac{(2n+1)(0.5901)(0.01)^{1/2}}{(1+0.01^{1/2})} = pK_{I=0} - (2n+1)(0.046)$

　　　由表 10-1，磷酸於 $I = 0$ 時之 $pK_1$ 與 $pK_2$ 值，分別為 2.148 與 7.198

　　　故　$pK_1 = 2.148 - 0.046 = 2.102$
　　　　　$pK_2 = 7.198 - 3(0.046) = 7.060$　◀

# 10-5 二氧化碳、碳酸、及碳酸氫離子的熱力學
(Carbon Dioxide, Carbonic Acid, and Bicarbonate Ion Thermodynamics)

二氧化碳對於血液之 pH 值的調整甚為重要，於本節討論 $CO_2$ 溶於水中之平衡。二氧化碳於水中時，通常僅其一小部分的 $CO_2$ 分子產生水合而生成碳酸並，其反應為

$$CO_2 + H_2O = H_2CO_3 \tag{10-30}$$

上面的水合反應式 (10-30) 之**水合常數** (hydration constant) $K_h$，可用濃度表示為

$$K_h = \frac{(H_2CO_3)}{(CO_2)} \tag{10-31}$$

表 **10-2** 於 $25°C$ 及零離子強度下之熱力量

| 平衡常數 | pK | $\Delta_r G°$ $kJ\,mol^{-1}$ | $\Delta_r H°$ $kJ\,mol^{-1}$ | $\Delta_r S°$ $J\,K^{-1}\,mol^{-1}$ | $\Delta_r C_p°$ $J\,K^{-1}\,mol^{-1}$ |
|---|---|---|---|---|---|
| $K_h = \dfrac{(H_2CO_3)}{(CO_2)}$ | 2.59 | 14.770 | 4.730 | $-33$ | $-264$ |
| $K_{H_2CO_3} = \dfrac{(H^+)(HCO_3^-)}{(H_2CO_3)}$ | 3.77 | 21.630 | 4.230 | $-59$ | $-117$ |
| $K_1 = \dfrac{(H^+)(HCO_3^-)}{(CO_2)+(H_2CO_3)}$ | 6.352 | 36.260 | 9.370 | $-90.4$ | $-377$ |
| $K_2 = \dfrac{(H^+)(CO_3^{2-})}{(HCO_3^-)}$ | 10.329 | 58.960 | 15.080 | $-147.3$ | $-272$ |

二氧化碳於 $25°C$ 之水合常數， $K_h = 2.58 \times 10^{-3}$。由表 10-2 所示之標準反應焓值， $\Delta_r H° = 4.730\,kJ\,mol^{-1}$ ，與標準反應熵值， $\Delta_r S° = -33\,J\,K^{-1}\,mol^{-1}$ ，等的數據，均顯示不利於產生 $CO_2$ 之水合的反應。然而，於生物體的組織內之新陳代謝所產生的 $CO_2$ ，仍部分產生水合並溶解於水，而轉變成 $HCO_3^-$ 以便傳送至肺。反應 (10-30) 之反應熵值的變化為負值，係因其中的分子 $CO_2$ 與 $H_2O$ 的分子化合成為一分子的 $H_2CO_3$，而減少其移動與轉動的自由度。水的分子與二氧化碳的分子，$H_2O + CO_2$，之溫度增加 1 度所需的熱量，較 $CO_2$ 之水合分子 $H_2CO_3$ 增加 1 度所需的熱量大，因此， $CO_2$ 的水合反應之 $\Delta_r C_p°$ 為負值。

碳酸 (carbonic acid) 為較醋酸強的弱酸，其解離反應及解離常數，可分別表示為

$$H_2CO_3 = H^+ + HCO_3^- \tag{10-32}$$

及

$$K_{H_2CO_3} = \frac{10^{-pH}(HCO_3^-)}{(H_2CO_3)} \tag{10-33}$$

碳酸於 25°C 之酸解離常數，$K_{H_2CO_3} = 1.72 \times 10^{-4}$，或 pK = 3.77，此值並非 $H_2CO_3$ 實際所顯示之解離常數。因此，有關碳酸氫根的緩衝溶液之實際計算時，不能使用此值。實際上，因不能區別溶解於水中的 $CO_2$ 與 $H_2CO_3$，故通常將此二者合併計算，即將所溶解的 $CO_2$ 全部當作 $H_2CO_3$。

碳酸之第一酸解離常數的定義，為

$$K_1 = \frac{10^{-pH}(HCO_3^-)}{(H_2CO_3)+(CO_2)} = \frac{10^{-pH}(HCO_3^-)}{(H_2CO_3)[1+(CO_2)/(H_2CO_3)]} \tag{10-34}$$

而將式 (10-31) 與 (10-33) 代入上式，可得

$$K_1 = \frac{K_{H_2CO_3}}{1+\dfrac{1}{K_h}} \tag{10-35}$$

因此，由 25°C 之 $K_h$ 與 $K_{H_2CO_3}$ 值，可由上式計得，$K_1 - 4.45 \times 10^{-7}$，或 $pK_1 = 6.352$，此值即為於滴定所溶解的 $CO_2$ 所得之 pK 值。

碳酸之第一酸解離，對於血液中之緩衝系統甚為重要。於 38°C 的溫度下，$CO_2$ 於氣相與水溶液的相間之分配的 Henry 定律常數，為 $2.5 \times 10^{-7}\,mol\,L^{-1}Pa^{-1}$。因於肺臟之肺胞內的二氧化碳之正常的分壓為，5.3 kPa (或 40 torr)，所以血液中的 $CO_2$ 之正常的濃度為，$(2.5 \times 10^{-7})$ $(5.3 \times 10^3) = 0.0013\,mol\,L^{-1}$。血液中的碳酸氫根離子之正常的濃度為 $0.026\,mol\,L^{-1}$。由式 (10-34) 之兩邊各取對數，可寫成

$$pH = pK_1 + \log\frac{(HCO_3^-)}{(CO_2)+(H_2CO_3)} \tag{10-36}$$

而於 $0.15\,mol\,L^{-1}$ 的離子強度及 $(H_2CO_3) \ll (CO_2)$ 時，上式中之 $pK_1$ 值為 6.1，因此，由上式 (10-36) 可得，血液之 $pH = 6.1 + \log\dfrac{0.026}{0.0013} = 7.4$。於深呼吸時，上述的反應 (10-30) 會向左邊的方向反應，由此，反應 (10-32) 亦向左的方向進行，於是血液之 pH 值隨呼吸而上升。若血液中之 $HCO_3^-$ 的濃度過高，則血液之 pH 值增高，於是會增加尿中的 $HCO_3^-$ 之排泄速度。因此，血液之 pH 值可維持於通常的 7.10 至 7.6 的狹窄範圍。

由表 10-2 得知，碳酸氫根離子於 25°C 之酸解離的 $pK_2$ 值，為 10.329。因此，於正常的生理狀況下，$CO_3^{2-}$ 之濃度甚小而可忽略。反應 $HCO_3^- = H^+ + CO_3^{2-}$

之 $\Delta_r S° = -147.3 \ J \ K^{-1} mol^{-1}$，與碳酸之第一酸解離反應 (10-34) 之 $\Delta_r S° = -90.4 \ J \ K^{-1} \ mol^{-1}$ 相比，爲較大的負值。由此亦可得知，碳酸氫根離子較不容易產生酸解離，即圍繞於較高電荷的離子 $CO_3^{2-}$ 之周圍的水分子之排列，比圍繞於 $HCO_3^-$ 離子周圍的水分子之排列，較有秩序。

## 10-6　微觀解離常數與巨觀解離常數間的關係 (Relation Between Microscopic Dissociation Constants and Macroscopic Dissociation Constants)

　　如**胺基乙酸** (glycine) 與其他的脂肪族胺基酸，於其一分子內含有酸性基與鹼性基的物質，稱爲**兩性電解質** (ampholytes)。兩性電解質的分子之構造於其**異構形** (isomeric forms) 間的互相轉變非常迅速，因此，其巨觀的平衡常數常用其所含的各種異構形之濃度的和表示。然而，爲區分其異構形須定義，其某特殊異構形之**微觀解離常數** (microscopic dissociation constant)。於此以胺基乙酸之酸解離爲例，說明微觀解離常數與**巨觀解離常數** (macroscopic dissociation constant) 間的關係。

　　胺基乙酸於強酸性的溶液中時，形成 $(^+H_3NCH_2CO_2H)$ 的狀態，此可視爲**二鹽基酸** (dibasic acid)，而使用鹼滴定時，可求得其二酸解離常數 $K_1$ 與 $K_2$ 值。胺基乙酸以鹼滴定時，其滴定過程中之詳細的解離變化，可用下式表示爲

$$
\begin{array}{ccccc}
& K_{11} & ^+H_3NCH_2CO_2^- & K_{22} & \\
& \underset{+H^+}{\overset{-H^+}{\rightleftharpoons}} & & \underset{+H^+}{\overset{-H^+}{\rightleftharpoons}} & \\
^+H_3NCH_2CO_2H & & \updownarrow K_z & & H_2NCH_2CO_2^- \\
& \underset{+H^+}{\overset{-H^+}{\rightleftharpoons}} & & \underset{+H^+}{\overset{-H^+}{\rightleftharpoons}} & \\
& K_{12} & H_2NCH_2CO_2H & K_{21} &
\end{array}
\qquad (10\text{-}37)
$$

其中的 $K_{11}$, $K_{12}$, $K_{21}$, $K_{22}$ 與 $K_z$ 爲，微觀的酸解離常數，而這些常數通常不能由實驗直接測定。上式 (10-37) 之左邊的形式爲，**最酸形** (most acidic form) 的帶正電荷之陽離子的構造形式，右邊的形式爲**最鹼形** (most basic form) 的帶負電荷之陰離子的構造形式。胺基乙酸於解離的過程中有兩種中間形，其一爲某一端帶正電荷而另一端帶負電荷的**偶極離子** (dipole ion) $^+H_3NCH_2CO_2^-$，另一爲中性的分子 $H_2NCH_2CO_2H$，而由滴定無法分辨此二者及其相對量。然而，由滴定可得，胺基乙酸之第一酸解離常數 $K_1$ 與第二酸解離常數 $K_2$，此即爲其巨觀的解離常數。

胺基乙酸之第一酸解離常數，可表示為

$$K_1 = \frac{(H^+)[(^+H_3NCH_2CO_2^-) + (H_2NCH_2CO_2H)]}{(^+H_3NCH_2CO_2H)}$$

$$= K_{11} + K_{12} = 10^{-2.35} \qquad\qquad (10\text{-}38)$$

上式中的 $K_{11}$ 與 $K_{12}$ 為，胺基乙酸解離其第一質子之二微觀的解離常數。胺基乙酸之第二酸解離常數 $K_2$，可表示為

$$K_2 = \frac{(H^+)(H_2NCH_2CO_2^-)}{[(^+H_3NCH_2CO_2^-) + (H_2NCH_2CO_2H)]}$$

$$= \frac{1}{1/K_{22} + 1/K_{21}} = 10^{-9.78} \qquad\qquad (10\text{-}39)$$

其中的 $K_{21}$ 與 $K_{22}$ 為，胺基乙酸解離其第二質子之二微觀的解離常數。其他種類的二鹽基酸之酸解離，可同樣使用此二式 (10-38) 及 (10-39) 之相同形式的式表示。由後述之**詳細平衡的原理** (principle of detailed balancing)( 參閱 13-13 節 )，可得此四微觀的解離常數間的關係，而可表示為

$$K_{11}K_{22} = K_{12}K_{21} \qquad\qquad (10\text{-}40)$$

　　由表 10-1 可知，胺基乙酸於 25°C 之第一與第二酸解離常數 $K_1$ 與 $K_2$ 的數值，因其四微觀的解離常數之間，有上述的三關係式 (10-38)，(10-39) 與 (10-40)，故僅需知道其四微觀常數中之一常數，便可計算得其他的三微觀常數。假設胺基乙酸之 $K_{12}$ 值，與胺基乙酸甲酯之解離常數相同，而由實驗求得，胺基乙酸甲酯之解離常數為

$$^+H_3NCH_2CO_2CH_3 = H^+ + H_2NCH_2CO_2CH_3$$

$$K_{12} = 10^{-7.70} \qquad\qquad (10\text{-}41)$$

於是，由式 (10-38) 可求得，$K_{11} = 10^{-2.35}$，而由式 (10-40) 可得

$$\frac{K_{21}}{K_{22}} = \frac{K_{11}}{K_{12}} = \frac{10^{-2.35}}{10^{-7.70}} \qquad\qquad (10\text{-}42)$$

而由上式的比值與式 (10-39) ，可求得 $K_{21} = 10^{-4.43}$ 及 $K_{22} = 10^{-9.78}$

　　由此可得，胺基乙酸之偶極離子與中性分子數的比 $K_Z$，為

$$K_Z = \frac{K_{11}}{K_{12}} = \frac{10^{-2.35}}{10^{-7.70}} = 10^{5.35} \qquad\qquad (10\text{-}43)$$

由上面的計算得知，最酸形的胺基乙酸之解離，幾乎全部經由式 (10-37) 所示的其上面的途徑。由**偶極子矩** (dipole moment) 之測定，與 Raman 光譜亦顯示，胺基乙酸之中間的游離形，幾乎全部為偶極離子 $^+H_3NCH_2CO_2^-$。然而，並非全部的胺基酸均按照如此的途徑產生解離。

　　胺基酸之正電荷離子的濃度，與負電荷離子的濃度相等時之溶液的 pH 值，稱為該胺基酸之**等電點** (isoelectric point)。胺基乙酸於等電點時，其濃度 $(^+H_3NCH_2CO_2H) = (H_2NCH_2CO_2^-)$，因此，由式 (10-38) 與 (10-39) 相乘，可得

$$(H^+)^2_{isoelectric} = K_1 K_2 \tag{10-44}$$

或

$$pH_{isoelectric} = \frac{1}{2}(pK_1 + pK_2) \tag{10-45}$$

對於胺基乙酸，其等電點，$pH_{isoelectric} = \frac{1}{2}(2.35 + 9.78) = 6.06$。胺基乙酸於各種 pH 值的溶液中之其各種離子形的相對量，與 pH 值的關係，如圖 10-3 所示。

　　由式 (10-40) 之兩邊各取對數，可寫成

$$pK_{21} - pK_{11} = pK_{22} - pK_{12} \tag{10-46a}$$

即
$$4.43 - 2.35 = 9.78 - 7.70 \tag{10-46b}$$

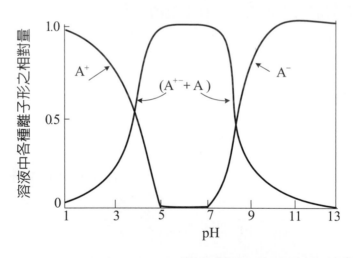

圖 10-3　胺基乙酸於各種 pH 值的溶液中之其各種離子形的相對量與 pH 值的關係

$A^+：^+H_3NCH_2CO_2H$ ， $A：H_2NCH_2CO_2H$

$A^{+-}：^+H_3NCH_2CO_2^-$ ， $A^-：H_2NCH_2CO_2^-$

## 10-7　多質子酸之滴定 (Titration of a Polyprotic Acid)

　　多質子酸的溶液用鹼滴定時，以鹼與質子的結合平均數，及其多質子酸之各視酸解離常數處理較爲方便。因此，於滴定的過程中，通常假設溶液內的各成分之活性度係數均爲一定不會改變。例如磷酸 $H_3PO_4$ 之各酸解離常數，可用下列的各式定義，爲

$$HPO_4^{2-} = H^+ + PO_4^{3-} \qquad K_1 = \frac{(H^+)(PO_4^{3-})}{(HPO_4^{2-})} \tag{10-47}$$

$$H_2PO_4^- = H^+ + HPO_4^{2-} \qquad K_2 = \frac{(H^+)(HPO_4^{2-})}{(H_2PO_4^-)} \tag{10-48}$$

$$H_3PO_4 = H^+ + H_2PO_4^- \qquad K_3 = \frac{(H^+)(H_2PO_4^-)}{(H_3PO_4)} \tag{10-49}$$

於上面的各式中， $K_1$ , $K_2$ , $K_3$ 分別爲 $HPO_4^{2-}, H_2PO_4^-, H_3PO_4$ 之視酸解離常數，其下標的數字與一般慣用的順序相反。如此，對於討論質子與鹼，**配位子** (ligand) 及金屬離子，或氧與血紅素的結合等各種情況，均可用類似形式的式表示。由此，磷酸溶液中的磷酸根所結合的質子 $H^+$ 之平均數 $n_H$，可表示爲

$$n_H = \frac{(HPO_4^{2-}) + 2(H_2PO_4^-) + 3(H_3PO_4)}{(PO_4^{3-}) + (HPO_4^{2-}) + (H_2PO_4^-) + (H_3PO_4)}$$

$$= \frac{(H^+)/K_1 + 2(H^+)^2/K_1K_2 + 3(H^+)^3/K_1K_2K_3}{1 + (H^+)/K_1 + (H^+)^2/K_1K_2 + (H^+)^3/K_1K_2K_3} \tag{10-50}$$

磷酸根所結合之平均質子數，與其溶液之 pH 值的關係，如圖 10-4 所示，此即爲磷酸用鹼滴定時之滴定曲線。磷酸於 25°C 之各酸解離常數爲，$K_1 \doteq 10^{-12}$ , $K_2 = 6.34 \times 10^{-8}$ 及 $K_3 = 7.11 \times 10^{-3}$。

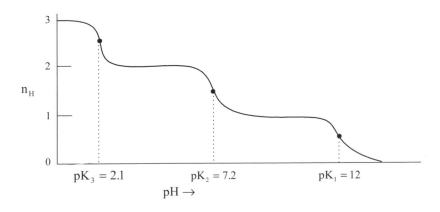

圖 10-4　無機磷酸鹽於 25°C 之質子的結合曲線

　　磷酸鹽於 pH 值甚大(例如氫離子濃度等於 $10^{-14} \, mol \, L^{-1}$)的水溶液中時，全部解離成 $PO_4^{3-}$ 離子，而溶液內之氫離子濃度增加 (pH 減小)時，其內的 $PO_4^{3-}$ 離子與質子結合生成 $HPO_4^{2-}$，其酸解離常數約為 $10^{-12}(pK_1 = 12)$。溶液內之氫離子濃度繼續增加時，其內的全部 $PO_4^{3-}$ 離子均與質子結合而達至 $n_H = 1$ 之第一當量點。當溶液中之氫離子濃度繼續增加，並接近於 pH = 7 時，溶液內的 $HPO_4^{2-}$ 離子開始結合第二個質子而生成 $H_2PO_4^-$，氫離子的濃度繼續增加時，全部的磷酸根離子均結合二質子，而達至 $n_H = 2$ 之第二當量點。若溶液之氫離子濃度再繼續增加，則其內的 $H_2PO_4^-$ 離子開始結合第三個質子而生成 $H_3PO_4$，其酸解離常數為 $7.11 \times 10^{-3}(pK_3 = 2.1)$。於強酸的溶液中，磷酸僅以 $H_3PO_4$ 的形態存在。因此，磷酸根 $PO_4^{3-}$ 隨所結合的質子數的增加，其對質子的親和性減小。

　　上面所述為，磷酸根與質子結合之較簡單的情況。對於較複雜的一般情況，通常可用下述的方式表示。設配位子 A 與 P 結合，而形成系列的物種 $PA$, $PA_2$, $PA_3$⋯。若 P 與 A 結合之最高的 A 之分子數為 $n$，則其間之一連串的平衡，可表示為

$$PA = P + A \qquad K_1 = \frac{(P)(A)}{(PA)} \qquad\qquad (10\text{-}51)$$

$$PA_2 = PA + A \qquad K_2 = \frac{(PA)(A)}{(PA_2)} \qquad\qquad (10\text{-}52)$$

$$\cdots\cdots \qquad\qquad \cdots\cdots$$

$$PA_n = PA_{n-1} + A \qquad K_n = \frac{(PA_{n-1})(A)}{(PA_n)} \qquad\qquad (10\text{-}53)$$

由上面的各式，每一分子的 P 所結合的配位子 A 之平均分子數 $n_A$，可表示為

$$n_A = \sum_{i=1}^{n} i\, p_i \qquad\qquad (10\text{-}54)$$

上式中，$i$ 為 $PA_i$ 中之 A 的分子數，而 $p_i$ 為 P 與 $i$ 個的 A 分子結合之**或然率** (proabilbity)，並可用下式表示，為

$$p_i = \frac{(A)^i / K_1 K_2 \cdots K_i}{Z} \qquad\qquad (10\text{-}55)$$

上式中的 Z，稱為**分配函數** (partition function)，類似式 (10-50) 之右邊的分母，即可表示為

$$Z = 1 + \frac{(A)}{K_1} + \frac{(A)^2}{K_1 K_2} + \cdots + \frac{(A)^n}{K_1 K_2 \cdots K_n} \qquad\qquad (10\text{-}56)$$

將式 (10-55) 與 (10-56) 代入式 (10-54)，可得

$$n_A = \frac{1}{Z} \sum_{i=1}^{n} \frac{i(A)^i}{K_1 K_2 \cdots K_i}$$

$$= \frac{(A)/K_1 + 2(A)^2/K_1 K_2 + \cdots + n(A)^n/K_1 K_2 \cdots K_n}{1 + (A)/K_1 + (A)^2/K_1 K_2 + \cdots + (A)^n/K_1 K_2 \cdots K_n} \tag{10-57}$$

而式 (10-56) 對 (A) 微分，可得

$$\frac{\partial Z}{\partial(A)} = \frac{1}{K_1} + \frac{2(A)}{K_1 K_2} + \cdots + \frac{n(A)^{n-1}}{K_1 K_2 \cdots K_n} \tag{10-58}$$

或

$$\frac{\partial Z}{\partial \ln(A)} = \frac{(A)\partial Z}{\partial(A)} = \frac{(A)}{K_1} + \frac{2(A)^2}{K_1 K_2} + \cdots + \frac{n(A)^n}{K_1 K_2 \cdots K_n}$$

$$= \sum_{i=1}^{n} \frac{i(A)^i}{K_1 K_2 \cdots K_i} \tag{10-59}$$

將上式 (10-59) 代入式 (10-57)，可得

$$n_A = \frac{1}{Z} \frac{\partial Z}{\partial \ln(A)} = \frac{\partial \ln Z}{\partial \ln(A)} \tag{10-60}$$

上式即為，每一個 P 所結合之配位分子數的一般式。對於前述的磷酸鹽之例，

其 $Z = 1 + \frac{(H^+)}{K_1} + \frac{(H^+)^2}{K_1 K_2} + \frac{(H^+)^3}{K_1 K_2 K_3}$

**例 10-5** 試由式 (10-60)導得，磷酸根與質子結合之質子數的式

(解) $n_H = \frac{\partial \ln Z}{\partial \ln(H^+)} = \frac{(H^+)}{Z} \frac{\partial Z}{\partial(H^+)}$

$$= \frac{(H^+)[1/K_1 + 2(H^+)/K_1 K_2 + 3(H^+)^2/K_1 K_2 K_3]}{Z}$$

$$= \frac{(H^+)/K_1 + 2(H^+)^2/K_2 K_2 + 3(H^+)^3/K_1 K_2 K_3}{1 + (H^+)/K_1 + (H^+)^2/K_1 K_2 + (H^+)^3/K_1 K_2 K_3}$$

此結果與式 (10-50) 相同　　　　　　◀

## 10-8 　錯離子之解離常數
### (Dissociation Constants of Complex Ions)

溶液內之帶負電荷的離子如 $PO_4^{3-}$ 及 $HPO_4^{2-}$ ，均可與如 $Mg^{2+}$ 等的陽離子結合。磷酸鹽的水溶液於 $MgCl_2$ 存在下用酸滴定至中性 pH 的區域時，僅需考慮式 (10-48) 與下式 (10-61a) 的平衡

$$MgHPO_4 = Mg^{2+} + HPO_4^{2-} \qquad \textbf{(10-61a)}$$

上面的反應式之解離平衡常數，為

$$K_{MgP} = \frac{(Mg^{2+})(HPO_4^{2-})}{(MgHPO_4)} \qquad \textbf{(10-61b)}$$

於此滴定的過程中，質子 $H^+$ 和鎂離子 $Mg^{2+}$ 競爭與 $HPO_4^{2-}$ 結合，而其分配函數可表示為

$$Z = 1 + \frac{(H^+)}{K_2} + \frac{(Mg^{2+})}{K_{MgP}} \qquad \textbf{(10-62)}$$

上式 (10-62) 之右邊的三項表示，上述的溶液於中性區域時須考慮 $HPO_4^{2-}$, $H_2PO_4^-$, 與 $MgHPO_4$ 等的三物種。

由於帶高負電荷的磷酸根離子，具有與 $Na^+$ 及 $K^+$ 等離子結合的傾向，因此，於此種帶高負電荷的離子之酸滴定，及其與氫離子的結合等的實驗，通常須於如 $(CH_3CH_2)_4N^+$ 陽離子的存在下進行，此時其中的 $CH_3CH_2$ 基，可避免其正電荷靠近帶負電荷的離子。因沒有可直接量測非結合的金屬離子之濃度的金屬離子電極，所以通常採用由錯離子之解離常數的測定，以研究金屬離子及氫離子與 $HPO_4^{2-}$ 的競爭結合。

於中性 pH 的範圍及 $MgCl_2$ 的存在下，滴定磷酸的溶液時，由於溶液中之 $H_3PO_4$ 的濃度甚小而可以忽略，此時僅需考慮系中所含的 $Mg^{2+}$, $H^+$, $HPO_4^{2-}$, $H_2PO_4^-$ 及 $MgHPO_4$。因此，溶液中的每一磷酸根所結合之質子數 $n_H$，由式 (10-60) 可表示為

$$\begin{aligned}
n_H &= \frac{(H^+)}{Z}\frac{\partial Z}{\partial(H^+)} = \frac{(H^+)}{Z}\frac{1}{K_2} = \frac{(H^+)/K_2}{1+(H^+)/K_2+(Mg^{2+})/K_{MgP}} \\
&= \frac{(H_2PO_4^-)}{(HPO_4^{2-})+(H_2PO_4^-)+(MgHPO_4)}
\end{aligned} \qquad \textbf{(10-63)}$$

而每一磷酸根所結合之鎂的離子數 $n_{Mg}$，由式 (10-60) 可表示為

$$n_{Mg} = \frac{(Mg^{2+})}{Z} \frac{\partial Z}{\partial(Mg^{2+})} = \frac{(Mg^{2+})}{Z} \frac{1}{K_{MgP}} = \frac{(Mg^{2+})/K_{MgP}}{1 + (H^+)/K_2 + (Mg^{2+})/K_{MgP}}$$

$$= \frac{(MgHPO_4)}{(HPO_4^{2-}) + (HPO_4^-) + (MgHPO_4)} \tag{10-64}$$

於此注意，$\dfrac{\partial n_H}{\partial \ln(Mg^{2+})} = \dfrac{\partial n_{Mg}}{\partial \ln(H^+)}$。此表示磷酸根與 $H^+$ 離子及 $Mg^{2+}$ 離子間的結合之一般的關係。

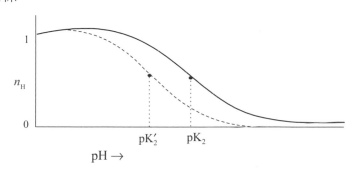

圖 10-5　於無 $Mg^{2+}$ 的存在 (—) 及 $Mg^{2+}$ 的存在 (- - -) 下之 $HPO_4^{2-}$ 與質子的結合曲線。

圖 10-5 中之點線及實線分別表示，$Mg^{2+}$ 的存在及無 $Mg^{2+}$ 的存在下，磷酸根結合第二個質子之結合曲線。於各種 $Mg^{2+}$ 的濃度下之結合曲線的形狀大致相同，但其結合曲線隨 $Mg^{2+}$ 的濃度的增加，而移向較低的 pH 值。由此，式 (10-63) 可寫成

$$n_H = \frac{(H^+)/K_2'}{1 + (H^+)/K_2'} \tag{10-65}$$

上式中的 $K_2'$ 為，磷酸根之**視第二酸解離常數** (apparent second acid dissociation constant)，而 $K_2'$ 由式 (10-63) 可表示為

$$K_2' = K_2\left[1 + \frac{(Mg^{2+})}{K_{MgP}}\right] \tag{10-66}$$

因此，由酸滴定曲線可得解離常數 $K_{MgP}$，即由於各種 $Mg^{2+}$ 的濃度下之滴定曲線，可求得其各 $K_2'$ 值，而由這些 $K_2'$ 值對 $Mg^{2+}$ 之濃度 $(Mg^{2+})$ 作圖，可得斜率 $K_2/K_{MgP}$ 之直線，因此，由此斜率及鎂離子的濃度 $(Mg^{2+})$ 等於零時之解離常數 $K_2$，可求得 $K_{MgP}$。

例 **10-6** 於 25°C 下，$0.2 \text{ mol L}^{-1}$ 的 $(CH_3CH_2)_4NCl$ 中溶解 $0.01 \text{ mol L}^{-1}$ 的 $NaH_2PO_4$ 之溶液，以 $(CH_3CH_2)_4NOH$ 滴定時，所得的滴定曲線之中點的 pH 值為 6.80，而於相同的溶液中加入 $0.05 \text{ mol L}^{-1}$ 的 $MgCl_2$，並同樣用 $(CH_3CH_2)_4NOH$ 滴定時，所得的滴定曲線之中點的 pH 值為 6.37。試求 $MgHPO_4$ 之解離常數

**解** 由式 (10-66) 得

$$10^{-6.37} = 10^{-6.80}\left(1 + \frac{0.05}{K_{MgP}}\right)$$

$$\therefore K_{MgP} = 2.96 \times 10^{-2}$$　◀

## 10-9　多質子酸內之統計的效應
### (Statistical Effects in Polyprotic Acids)

通常由熱力學可得，反應之巨觀的平衡常數，曾於 10-6 節以胺基乙酸之酸解離為例，討論巨觀與微觀之平衡常數間的關係。於此以二鹽基酸 $HO_2C(CH_2)_nCO_2H$ 之滴定為例，討論其巨觀與微觀之平衡常數間的關係。上面的二鹽基酸分子中之 $n$ 非常大時，其中的二**羧基** (carboxyl) 完全互相獨立，因此，此二鹽基酸之巨觀解離常數，可表示為

$$HA^- = H^+ + A^{2-} \qquad K_1 = \frac{(H^+)(A^{2-})}{(HA^-)} \tag{10-67}$$

與

$$H_2A = H^+ + HA^- \qquad K_2 = \frac{(H^+)(HA^-)}{(H_2A)} \tag{10-68}$$

從微觀，二鹽基酸與 HAH 之"右邊"質子的解離生成物，表示為 $HA^-$，而"左邊"質子的解離生成物，表示為 $AH^-$。由於二鹽基酸分子中之二酸基相同，且其分子中的 $n$ 非常大，因此，可假設其內的二酸基互為獨立，所以其微觀或**內在的解離常數** (intrinsic dissociation constant) K，可表示為

$$K = \frac{(H^+)(HA^-)}{(HAH)} = \frac{(H^+)(AH^-)}{(HAH)} = \frac{(H^+)(A^{2-})}{(HA^-)} = \frac{(H^+)(A^{2-})}{(AH^-)} \tag{10-69}$$

因此，二鹽基酸之巨觀的解離常數 $K_1$ 與 $K_2$，可用其微觀解離常數 K 表示，為

$$K_1 = \frac{(H^+)(A^{2-})}{(HA^-)+(AH^-)} = \frac{1}{1/K+1/K} = \frac{K}{2} \tag{10-70}$$

與
$$K_2 = \frac{(H^+)[(HA^-)+(AH^-)]}{(H_2A)} = 2\,K \qquad (10\text{-}71)$$

而由上式 (10-70) 與 (10-71) 可得，$K_2 = 4K_1$，即由於統計的效應，其第二酸解離常數 $K_2$ 等於第一酸解離常數 $K_1$ 的四倍。

由於二鹽基酸 HAH 產生解離時，由其兩端均可解離質子，所以 HAH 產生解離之趨勢為**單質子酸** (monoprotic acid) $CH_3(CH_2)_nCO_2H$ 的兩倍。反之，當鹼形的離子 $A^{2-}$ 與質子產生結合時，有二結合的位置可與質子產生結合。二質子酸之滴定的曲線與單質子酸者相似，只是需要二莫耳的鹼，以中和一莫耳的二質子酸。因此，由其滴定曲線之中和點可得微觀解離常數 K，而由 $K_1 = K/2$ 及 $K_2 = 2K$ 可計算，其巨觀解離常數 $K_1$ 及 $K_2$。溶液內之一分子的二質子酸所結合之質子數，可表示為

$$\begin{aligned}
n_H &= \frac{(HA^-)+2(H_2A)}{(A^{2-})+(HA^-)+(H_2A)} = \frac{(H^+)/K_1 + 2(H^+)^2/K_1K_2}{1+(H^+)/K_1+(H^+)^2/K_1K_2} \\
&= \frac{2(H^+)/K + 2(H^+)^2/K^2}{1+2(H^+)/K+(H^+)^2/K^2} = \frac{2(H^+)/K[1+(H^+)/K]}{[1+(H^+)/K]^2} \\
&= \frac{2(H^+)/K}{1+(H^+)/K} \qquad (10\text{-}72)
\end{aligned}$$

若於溶液內之 P 與 A 的結合，而其中的 P 有 $n$ 的相同而獨立的結合位置時，則所結合形成的 PA 有 $_1PA$，$_2PA$，……，$_nPA$ 等 $n$ 種的結合形，於 P 之左下標的數字表示 A 所結合的位置。因生成上面的各種結合形錯合物之平衡常數均相等，故其內在的解離常數 K，可表示為

$$K = \frac{(P)(A)}{(_1PA)} = \frac{(P)(A)}{(_2PA)} = \cdots\cdots = \frac{(P)(A)}{(_nPA)} \qquad (10\text{-}73)$$

上式 (10-73) 表示，PA 之 $n$ 種結合形的濃度均相等，即 $(_1PA)=(_2PA)=\cdots\cdots=(_nPA)$。

由實驗所得之第一酸解離常數　，可定義為

$$K_1 = \frac{(P)(A)}{[(_1PA)+(_2PA)+\cdots+(_nPA)]} = \frac{(P)(A)}{n(_1PA)} = \frac{K}{n} \qquad (10\text{-}74)$$

即由實驗所得之第一酸解離常數，等於其內在解離常數 K 的 $1/n$。

於上述的溶液內，因結合於 P 的第一個 A 分子，可結合於 P 之 $n$ 位置的任一位置，而第二個 A 分子可結合於其餘的 $(n-1)$ 位置之任一位置，故其結合的組合數為 $n(n-1)$，且由於這些結合數重覆，而須除以 2 因此，溶液內的 $PA_2$ 有 $n(n-1)/2$ 種的結合形。$PA_2$ 之各種結合形為，$_{1,2}PA_2$，$_{1,3}PA_2$，$\cdots$，$_{1,n}PA_2$，$_{2,3}PA_2$，$_{2,4}PA_2$，$\cdots$，$_{2,n}PA_2$，$\cdots$ 等，於 P 之左下標的數字表示，二 A

分子的結合之二位置。由於形成這些各種結合形的錯合物之可能性均相等，因此，第二解離常數可表示為

$$K_2 = \frac{(PA)(A)}{(PA_2)}$$

$$= \frac{[(_1PA)+(_2PA)+\cdots+(_nPA)](A)}{[(_{1,2}PA_2)+(_{1,3}PA_2)+\cdots+(_{1,n}PA_2)+(_{2,3}PA_2)+\cdots+(_{2,n}PA_2)+\cdots]}$$

$$= \frac{n(_1PA)(A)}{[n(n-1)/2](_{1,2}PA_2)} = \frac{2K}{n-1} \tag{10-75}$$

同理，可得第 $i$ 解離常數 $K_i$，與其內在解離常數 $K$ 的關係，為

$$K_i = \frac{i}{n-i+1}K \tag{10-76}$$

上式 (10-76) 可同樣用以表示，金屬離子與配位子的結合，血紅素與氧分子的結合，及蛋白質與各種分子的結合等。

# 10-10　生化反應之熱力學
## (Thermodynamics of Biochemical Reactions)

　　於生化反應的系內，通常含弱酸及其與金屬結合的錯合離子之反應物與生成物，而各有某種程度的解離且其錯合的形態亦未明，因此，生化反應之熱力學的處理方法，與一般的化學反應之處理方法不同，通常用簡單的符號表示，其內的各種錯合形態之各濃度的和。於生化反應內的磷酸鹽及其相關的物質均為弱酸，而通常均與金屬離子結合，因此，其平衡常數常用，其內所含的反應物與生成物之其各種物種之濃度的和表示。例如，**三磷酸腺苷** (adenosine triphosphate，ATP) 之構造式，如圖 10-6 所示，其產生水解而生成**二磷酸腺苷** (adenosine diphosphate，ADP) 與無機磷酸鹽 $P_i$ 的反應，可用下式表示為

$$ATP + H_2O = ADP + P_i \tag{10-77}$$

其中的 ATP, ADP 與 $P_i$ 分別表示，三磷酸腺苷，二磷酸腺苷與無機磷酸鹽之其各種分子種的和。於一定的溫度及壓力下，生化反應之平衡常數及其熱力量，通常為其溶液之 pH 值及其內所含之金屬離子的濃度之函數。

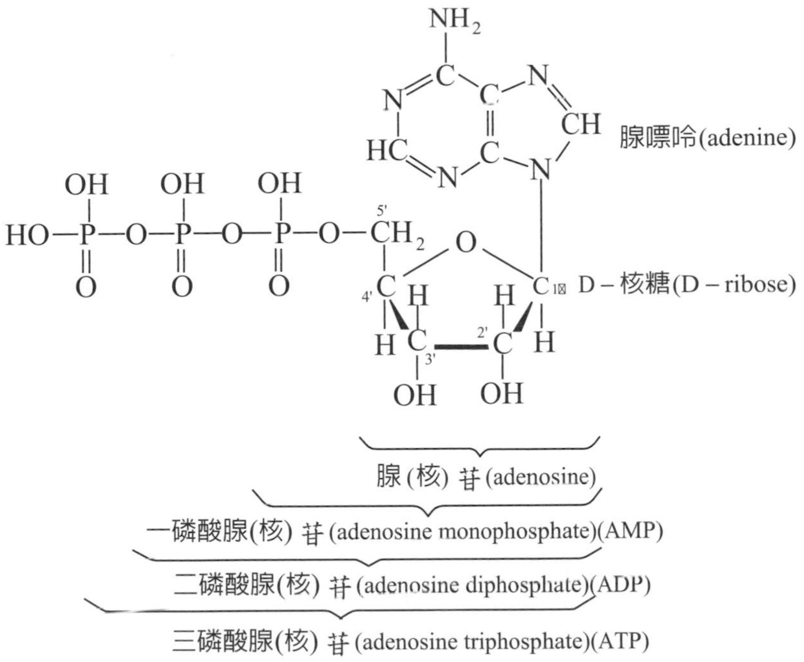

圖 10-6　三磷酸腺苷 (ATP) 之構造式

反應 (10-77) 於某 pH 值的溶液中之視平衡常數 K′，可表示爲

$$K' = \frac{(ADP)(P_i)}{(ATP)} \tag{10-78}$$

因於稀薄水溶液中之水的濃度爲一定，故於上式 (10-78) 之分母中省略水之濃度。由於反應物與生成物之各種離子及其各錯合形的相對濃度均未知，因此，反應 (10-77) 之平衡常數用上式 (10-78) 所示之視平衡常數 K′ 表示。生化反應通常於 pH 值鄰近 7 的溶液內進行，因此，對於生化反應，常表列其於 pH 7 之 K′ 值。由於 K′ 用各種離子及錯合物之各濃度的和表示，其中的錯合物 ATP, ADP 或 $P_i$ 均與金屬離子產生錯合物，因此，於一定溫度及電解質濃度之 K′ 值及其他的**熱力量** (thermodynamic quantities)，亦均爲 pH 與金屬離子濃度的函數，而其相對的**視標準反應** Gibbs **能** (apparent standard reaction Gibbs energy) $\Delta_r G^{\circ\prime}$，可由下式計算，即爲

$$\Delta_r G^{\circ\prime} = -RT \ln K' \tag{10-79}$$

於生化反應之最重要的熱力量爲 Gibbs 能，因於一定的溫度與壓力下，由其 Gibbs 能的熱力量之變化可決定，反應是否可自發發生。如式(10-77)等的水解反應之視平衡常數 K′，與其溶液內的鎂離子及其他多電荷陽離子之濃度有關，而通常以 $pMg = -\log(Mg^{2+})$ 表示溶液內的鎂離子之濃度。一些磷酸酯於 25°C 及 pH 7 與 pMg 4 下之水解反應的標準 Gibbs 能 $\Delta_r G^{\circ\prime}$ 值，列於表 10-3，這些數值爲由濃度 1 mol L$^{-1}$ 之各種酯類經水解反應，而生成所示的各生成物均各

於 1 mol L$^{-1}$ 濃度時之 Gibbs 能的變化。由這些水解反應之數據的加減可得,許多重要生化反應之 Gibbs 能的變化,並可計算其視平衡常數。

表 10-3　於 25°C , pH 7 , pMg 4 , 及離子強度 0.2 mol L$^{-1}$ 下,一些水解反應之視標準反應 Gibbs 能 ( $P_i$ 表示無機磷酸鹽 )

| 水 解 反 應 | $\Delta_r G^{\circ\prime}$/kJ mol$^{-1}$ |
|---|---|
| 磷酸烯醇丙酮酯 (phosphoenolpyruvate) $+H_2O =$ 烯醇丙銅酸 (enol pyruvate) $+P_i$ | $-61.9$ |
| 肌磷酸酯 (creatine phosphate) $+H_2O =$ 肌酸 (creatine) $+P_i$ | $-43.5$ |
| 乙醯磷酸酯 (acetyl phosphate) $+H_2O =$ 乙酸酯 (acetate) $+P_i$ | $-43.1$ |
| 三磷酸腺苷 (ATP) $+H_2O =$ 二磷酸腺苷 (ADP) $+P_i$ | $-39.7$ |
| 二磷酸腺苷 (ADP) $+H_2O =$ 一磷酸腺苷 (AMP) $+P_i$ | $-36.8$ |
| 焦磷酸鹽 [pyrophosphate(PP)] $+H_2O = 2\ P_i$ | $-34.3$ |
| 筋胺酸磷酸酯 (arginine phosphate) $+H_2O =$ 筋胺酸 (arginine) $+P_i$ | $-29.3$ |
| 葡萄糖-6-磷酸酯 (glucose-6-phosphate) $+H_2O =$ 葡萄糖 (glucose) $+P_i$ | $-12.6$ |
| 果糖-1-磷酸酯 (fructose-1-phosphate) $+H_2O =$ 果糖 (fructose) $+P_i$ | $-12.6$ |
| 一磷酸腺苷 (AMP) $+H_2O =$ 腺 ( 核 ) 苷 (adenosine) $+P_i$ | $-12.6$ |
| 甘油-1-磷酸酯 (glycerol-1-phosphate) $+H_2O =$ 甘油 $+P_i$ | $-\,9.2$ |

註:$\Delta_r G^{\circ\prime}$ 為由 1 molar 反應物反應生成所示生成物各於 1 molar 濃度時之視標準反應 Gibbs 能(自 Robert A. Atberty and Robert J. Silbey, "Physical chemistry" 1st. ed., p.282, John Wiley & Sons, Inc. (1992), New York.)

例如反應,**肌磷酸酯** (creatine phosphate) $+ADP =$ **肌酸** (creatine) $+ATP$,於 25°C , pH 7 及 pMg 4 下之視平衡常數 K′,可由下列的二反應之 $\Delta_r G^{\circ\prime}$ 值相加求得,即為

$$
\begin{array}{ll}
\text{肌磷酸酯} + H_2O = \text{肌酸} + P_i & \Delta_r G^{\circ\prime} = -43.5 \text{ kJ mol}^{-1} \\
+)\quad ADP + P_i = ATP + H_2O & \Delta_r G^{\circ\prime} = -39.8 \text{ kJ mol}^{-1} \\
\hline
\text{肌磷酸脂} + ADP = \text{肌酸} + ATP & \Delta_r G^{\circ\prime} = -3.7\ \text{ kJ mol}^{-1}
\end{array}
$$

於是,由 $\Delta_r G^{\circ\prime} = -RT \ln$ K′,可計得其視平衡常數,

K′ = (Cr)(ATP) / (CrP)(ADP) = 4.6 。

由此可知,反應的 Gibbs 能值為負的水解反應,可帶動反應的 Gibbs 能值為較小的負值或正的**磷醯化反應** (phosphorylation reaction),而使其反應發生。這樣的二反應稱為**偶合的** (coupled)反應,而酵素(酶)可作為,上述的**磷酸鹽傳遞** (phosphate transfer) 之偶合反應的觸媒。雖然由二反應之 $\Delta_r G^{\circ\prime}$ 值的相加,可計算其偶合反應之 $\Delta_r G^{\circ\prime}$ 值,然而,此並不表示偶合反應按照此二反應的步驟進行。此偶合反應之反應機制,通常可用下列的酵素反應表示,為

$$肌磷酸酯 + E = EP + 肌酸$$

$$+)\quad EP + ADP = ATP + E$$

$$\overline{肌磷酸酯 + ADP = 肌酸 + ATP \quad \Delta_r G^{\circ\prime} = -3.7 \text{ kJ mol}^{-1}}$$

其中的 E 為酵素，EP 為**磷醯化酶** (phosphorylated enzyme)。由上面的機制得知，肌磷酸酯產生水解時之反應的 Gibbs 能沒有損失，而保存於磷醯化酶 EP 內，然後轉存留於 ATP 內。此種由自發的反應帶動非自發的反應，而使其反應順利發生進行，以合成所需要的化合物的方法，為生命之絕對而基本的過程。

## 10-11　三磷酸腺苷及其相關物質之酸解離常數及錯合離子解離常數 (Acid Dissociation Constants and Complex Ion Dissociation Costants for ATP and Related Substance)

為計算視平衡常數 K′ 所受溶液的 pH 值及其內的 pMg 值的影響，必須知道溶液內的反應物及生成物之酸解離常數及錯合離子之解離常數。於上節所述的三磷酸腺苷，於無鎂離子存在的緩衝水溶液中之水解反應 (10-77)，若其中的 ATP，ADP 及 $P_i$ 於中性 pH 範圍之酸解離常數已知，則可計算於中性範圍之 pH 值，對於 APT 的水解反應 (10-77) 之平衡的影響。$ATP^{4-}$ 於 pH 值高於中性範圍之水溶液中，以帶負電荷 -4 的離子形態存在，而水溶液之 pH 值減至 7 時，$ATP^{4-}$ 的離子由於獲得 1 質子而成為 $HATP^{3-}$ 離子。當水溶液之 pH 值減至 4 時，$HATP^{3-}$ 離子再獲得另 1 質子而成為 $H_2ATP^{2-}$ 離子。由於 $ATP^{4-}$ 離子帶高的負電荷，而與陽離子產生結合的趨勢很強，因此，$ATP^{4-}$ 離子於 0.1 mol L$^{-1}$ 的陽離子濃度的溶液內，會與 $Na^+$ 及 $K^+$ 等離子產生結合而形成某些濃度之錯合物。由此，ATP 之酸解離常數，通常於與其結合較弱的陽離子 $(n\text{-}propyl)_4 N^+$ 之存在下測定。於 25°C 及 0.2 mol L$^{-1}$ 之 $(n\text{-}propyl)_4 NCl$ 的離子強度下，所測得的 ATP，ADP 及無機磷酸之 pK 值與其他的熱力量，列如表 10-4 所示。

於表 10-4 中之 $\Delta_r H^\circ$ 值為，由二或二以上的溫度之 pK 值求得。如表所示，因各種離子之酸解離之焓的變化均很小，所以其酸的強度主要由酸解離之熵的變化決定。酸解離之標準熵值的變化，與酸解離所生成的鹼所帶之電荷及其電荷的分布有關。所生成的鹼所帶之電荷愈大，其產生的水合愈強，而其 $\Delta_r S^\circ$ 值為愈負的值。

表 10-4　於 25°C 及 0.2 mol L$^{-1}$ 離子強度下的酸解離之解離常數及熱力量

| 解 離 反 應 | 解離常數 | pK | $\dfrac{\Delta_r G°}{\text{kJ mol}^{-1}}$ | $\dfrac{\Delta_r H°}{\text{kJ mol}^{-1}}$ | $\dfrac{\Delta_r S°}{\text{J K}^{-1}\text{mol}^{-1}}$ |
|---|---|---|---|---|---|
| $HATP^{3-} = H^+ + ATP^{4-}$ | $K_{1ATP}$ | 6.95 | 39.66 | −7.03 | −156.5 |
| $H_2ATP^{2-} = H^+ + HATP^{3-}$ | $K_{2ATP}$ | 4.06 | 23.22 | 0.00 | −77.8 |
| $HADP^{2-} = H^+ + ADP^{3-}$ | $K_{1ADP}$ | 6.88 | 39.29 | −5.73 | −151.0 |
| $H_2ADP^{1-} = H^+ + HADP^{2-}$ | $K_{2ADP}$ | 3.93 | 22.43 | 4.18 | −61.1 |
| $HAMP^{1-} = H^+ + AMP^{2-}$ | $K_{1AMP}$ | 6.45 | 36.82 | −3.56 | −135.6 |
| $H_2AMP = H^+ + HAMP^{1-}$ | $K_{2AMP}$ | 3.75 | 21.34 | 4.18 | −57.7 |
| $H_2PO_4^{1-} = H^+ + HPO_4^{2-}$ | $K_{2P}$ | 6.78 | 38.70 | 3.35 | −118.8 |
| $HP_2O_7^{3-} = H^+ + P_2O_7^{4-}$ | $K_{1PP}$ | 8.95 | 51.09 | 1.67 | −165.7 |
| $H_2P_2O_7^{2-} = H^+ + HP_2O_7^{3-}$ | $K_{2PP}$ | 6.12 | 34.94 | 0.46 | −115.5 |

自 Robert A. Alberty and Robert J. Silbey, "Physical chemistry" 1st ed., p.283, John Wiley & Sons, Inc. (1992), New York.

ATP 於中性的 pH 範圍及沒有陽離子結合的狀況下，產生水解時需考慮的離子為，$ATP^{4-}$, $HATP^{3-}$, $ADP^{3-}$, $HADP^{2-}$, $HPO_4^{2-}$, 及 $HPO_4^{1-}$。因此，三磷酸腺苷之水解反應 (10-77) 之視平衡常數 K′，可表示為

$$K' = \frac{[(ADP^{3-}) + (HADP^{2-})][(HPO_4^{2-}) + (H_2PO_4^{1-})]}{[(ATP^{4-}) + (HATP^{3-})]} \qquad (10\text{-}80)$$

將於表 10-4 中所定義之各酸解離常數，
$K_{1ADP} = (H^+)(ADP^{3-})/(HADP^{2-})$, $K_{2P} = (H^+)(HPO_4^{2-})/(H_2PO_4^{1-})$ 及
$K_{1ATP} = (H^+)(ATP^{4-})/(HATP^{3-})$ 等，代入上式 (10-80) 可得

$$K' = \frac{(ADP^{3-})(HPO_4^{2-})}{(ATP^{4-})} \cdot \frac{[1 + (H^+)/K_{1ADP}][1 + (H^+)/K_{2P}]}{[1 + (H^+)/K_{1ATP}]} \qquad (10\text{-}81)$$

上式的右邊之前面的部分，可用 $ATP^{4-}$ 之水解平衡常數 K 表示。$ATP^{4-}$ 之水解反應及其平衡常數，可表示為

$$ATP^{4-} + H_2O = ADP^{3-} + HPO_4^{2-} + H^+ \qquad (10\text{-}82)$$

及
$$K = \frac{(ADP^{3-})(HPO_4^{2-})(H^+)}{(ATP^{4-})} \qquad (10\text{-}83)$$

上面的參考反應 (10-82) 之各種熱力量的變化為，
$\Delta_r G° = 1.17\ \text{kJ mol}^{-1}$, $\Delta_r H° = -19.66\ \text{kJ mol}^{-1}$ 及 $\Delta_r S° = -69.87\ \text{JK}^{-1}\text{mol}^{-1}$。將上式 (10-83) 代入式 (10-81)，可得

$$K' = \frac{K[1 + (H^+)/K_{1ADP}][1 + (H^+)/K_{2P}]}{(H^+)[1 + (H^+)/K_{1ATP}]} \qquad (10\text{-}84)$$

上式中的平衡常數 K 與 pH 值無關，而上式 (10-84) 顯示，三磷酸腺苷之水解反應的視平衡常數 K′ 與 pH 值有關。

ATP 於高 pH 值的溶液中之水解反應，可用式 (10-82) 表示，而由此可得知，每莫耳的 ATP 水解時產生 1 莫耳的 $H^+$ 離子。許多生物的系統中均含有鎂與鈣的離子，而它們通常均與 $HPO_4^{2-}$, $ATP^{4-}$, $HATP^{3-}$ 及其他的有機磷酸鹽結合。因此，於正確計算時需考慮這些結合反應的平衡，而生化反應之反應焓值及反應熵值，亦均與 pH 及 PMg 值有關。

上面所討論之生化平衡包含較小的分子，但許多生化平衡通常包含如蛋白質及核酸等大的分子。於下面討論蛋白質與小分子的結合。

## 10-12　肌紅素與氧的結合 (Binding of Oxygen by Myoglobin)

肌紅素 (myoglobin) 為血紅蛋白質 (hemeprotein) 的一種，而可與氧的分子形成可逆性的結合，為氧的貯藏蛋白質 (oxygen storage protein)。於潛水哺乳動物及鳥類之肌肉組織中，含豐富的肌紅素，其莫耳質量為 $16,000\ \mathrm{g\,mol^{-1}}$，而於其每一分子內含分子量 616.48 的一血色分子 (heme, $C_{34}H_{32}FeN_4O_4$)，而其中含一鐵原子。一分子的肌紅素能與一分子的氧結合，而氧所結合之部位為其血色分子內的鐵原子。肌紅素為由 X–射線的繞射法得知詳細構造的第一種蛋白質，一分子的肌紅素結合一分子的氧時達至飽和。

肌紅素與氧之結合曲線的形狀，可由下列的簡單反應 (10-85) 說明

$$MbO_2 = Mb + O_2 \tag{10-85}$$

其中，Mb 代表肌紅素之分子，一分子的肌紅素 Mb 與一分子的氧結合而形成 $MbO_2$。$MbO_2$ 之解離常數 K，可定義為

$$K = \frac{(Mb)\,P_{O_2}}{(MbO_2)} \tag{10-86}$$

上式中，$P_{O_2}$ 為氣相內的氧之分壓。由肌紅素之質量的守恆，可得

$$(Mb)_0 = (Mb) + (MbO_2) \tag{10-87}$$

其中，$(Mb)_0$ 為肌紅素之總莫耳濃度。由上式 (10-87) 與 (10-86) 可得

$$Y = \frac{(MbO_2)}{(Mb)_0} = \frac{P_{O_2}/K}{1 + P_{O_2}/K} \tag{10-88}$$

上式中，Y 為肌紅素與氧結合之**飽和分率** (fractional saturation)。Y 對 $P_{O_2}$ 作圖，可得如圖 10-7 所示的曲線。

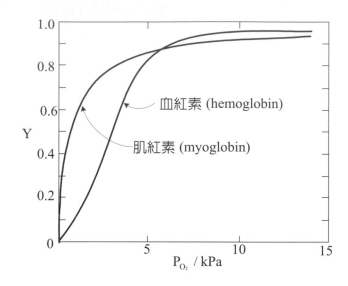

圖 10-7　於38°C 及 pH 7.4 下，肌紅素及血紅素與氧結合之飽和分率與氧之分壓的關係

## 10-13　血紅素與氧的結合 (Binding of Oxygen by Hemoglobin)

**血紅素** (hemoglobin) 含於脊椎動物之紅血球中，也存在於某些無脊椎動物及微生物中，為氧之**輸送蛋白質** (transport protein)。血紅素之莫耳質量為 $64,000\,\mathrm{g\,mol^{-1}}$，其每一分子的血紅素含有四血紅分子，而有四鐵原子，當結合四分子的氧時達至飽和。血紅素可以可逆解離成為莫耳質量 $16,000\,\mathrm{g\,mol^{-1}}$ 的四分子，而其每一分子各含一原血紅分子及一鐵原子。這些分子有 $\alpha$ 與 $\beta$ 的兩種形態，而血紅素之組成為 $\alpha_2\beta_2$，其中的 $\alpha$ 與 $\beta$ 均各由一條的多肽與一血色素所構成。許多酵素有類似的**次單元** (subunit) 的構造，而與血紅素有類似的結合性質。

肌紅素及血紅素與氧分子之結合，有顯著的差異，如圖 10-7 所示。血紅素中之四原血紅素與氧分子的結合，並非彼此獨立。血紅素中之原血色素分子與氧產生結合時，會增加其剩餘的原血色素與氧作用之親和性。因此，血紅素與氧之結合曲線形成 S 字形。氧與血紅素之結合量，於肺內的氧之分壓（約 $13.3\,\mathrm{kPa}$）與組織內的氧之分壓（約 $2.0\,\mathrm{kPa}$）間迅速的變化，而此種現象對於生理的功能非常有益。

血紅素與氧之結合平衡，可表示為

$$HbO_2 = Hb + O_2 \qquad K_1 = \frac{(Hb) P_{O_2}}{(HbO_2)} \qquad\qquad (10\text{-}89)$$

$$HbO_4 = HbO_2 + O_2 \qquad K_2 = \frac{(HbO_2) P_{O_2}}{(HbO_4)} \qquad\qquad (10\text{-}90)$$

$$HbO_6 = HbO_4 + O_2 \qquad K_3 = \frac{(HbO_4) P_{O_2}}{(HbO_6)} \qquad\qquad (10\text{-}91)$$

$$HbO_8 = HbO_6 + O_2 \qquad K_4 = \frac{(HbO_6) P_{O_2}}{(HbO_8)} \qquad\qquad (10\text{-}92)$$

其中的 Hb 為，血紅素的分子，$K_1$，$K_2$，$K_3$ 與 $K_4$ 分別為，$HbO_2$，$HbO_4$，$HbO_6$ 與 $HbO_8$ 之解離常數，$P_{O_2}$ 為氧於氣相中之分壓。血紅素與氧結合之飽和分率 Y，可表示為

$$Y = \frac{(HbO_2) + 2(HbO_4) + 3(HbO_6) + 4(HbO_8)}{4[(Hb) + (HbO_2) + (HbO_4) + (HbO_6) + (HbO_8)]} \qquad\qquad (10\text{-}93)$$

將式 (10-89) 至 (10-92) 代入上式，可得

$$Y = \frac{P_{O_2}/K_1 + 2P_{O_2}^2/K_1 K_2 + 3P_{O_2}^3/K_1 K_2 K_3 + 4P_{O_2}^4/K_1 K_2 K_3 K_4}{4[1 + P_{O_2}/K_1 + P_{O_2}^2/K_1 K_2 + P_{O_2}^3/K_1 K_2 K_3 + P_{O_2}^4/K_1 K_2 K_3 K_4]} \qquad (10\text{-}94)$$

將 $n = 4$ 代入前述的式 (10-57)，亦同樣可得上式 (10-94)。上式之右邊的分母中之 4，係因血紅素與氧的結合達至飽和時，一分子的血紅素結合四分子的氧。

於上式 (10-94) 中，血紅素結合氧之**逐次的解離常數** (successive dissociation constants)，隨所結合的氧之分子數的增加而減小，由此，血紅素與氧之結合曲線呈顯 S 字的形狀。此與一般所見的解離常數，均隨其配位子的數之逐次增加而增加現象相反。

於滴定曲線之中間的部分，其與**配位子** (ligand) 的結合，隨配位子之濃度的增加而增加的速率，較由式 (10-88) 所得者快速時，稱為**協合的** (cooperative) 效應。此種協合的效應係因於結合第一個配位子時，由於產生蛋白質之構造的改變，而增加剩餘的結合位對於配位子的親和性。於血紅素與氧的結合之具有正的協合性，其相對亦有負的協合性，例如，某些酵素有同樣的次單元，而當其結合第一**受體** (substate) 的分子時，通常會產生改變而減小其鄰近的次單元**酵素位** (enzymatic sites) 對於受體分子的親和性。由 X - 射線的繞射實驗發現，血紅素之構造由四個次單元所組成，而這些次單元各類似肌紅素，而有三次元的組態。血紅素與氧的分子產生結合時，其鄰近的原血色素會稍移位，且由於這些構造的改變，而影響其四個次單元的組態，因此，增強其他的原血色素的結合性質。

由下面的解離(或結合)機制可表示，蛋白質之 S 字形的結合曲線，及解釋蛋白質與配位子之**協合的結合** (cooperative binding)

$$R = T \qquad\qquad L = \frac{(T)}{(R)} \tag{10-95}$$

$$RA = R + A \qquad K_1 = \frac{1}{4}K' = \frac{(R)(A)}{(RA)} \tag{10-96}$$

$$RA_2 = RA + A \qquad K_2 = \frac{2}{3}K' = \frac{(RA)(A)}{(RA_2)} \tag{10-97}$$

$$RA_3 = RA_2 + A \qquad K_3 = \frac{3}{2}K' = \frac{(RA_2)(A)}{(RA_3)} \tag{10-98}$$

$$RA_4 = RA_3 + A \qquad K_4 = 4K' = \frac{(RA_3)(A)}{(RA_4)} \tag{10-99}$$

上面各式之逐次巨觀解離常數 $K_1, K_2, K_3$ 與 $K_4$，爲對於相同的各獨立結合位所得之值 (參閱式 10-76)，而常數 $K'$ 爲結合位之內在(微觀)的解離常數。假定沒有與任何配位子結合的蛋白質，有**鬆弛的** (relaxed) R 型與**拉緊的** (taut) T 型之二種形式，而其中僅鬆弛的形式 R 能結合配位子。於 $L \gg 1$ 的蛋白質與配位子 A 發生協合的結合時，因 A 之濃度 (A) 於較低時，僅其 R 上的少數結合位可用以與配位子結合，而當 R 與第一個配位子結合時，其結合位之數目會增加。由此，R 與 A 之結合飽和分率 Y，可表示爲

$$Y = \frac{(RA) + 2(RA_2) + 3(RA_3) + 4(RA_4)}{4[(R) + (RA) + (RA_2) + (RA_3) + (RA_4) + (T)]} \tag{10-100}$$

將式 (10-95) 至 (10-99) 之關係代入上式，經整理可得

$$Y = \frac{\alpha(1+\alpha)^3}{(1+\alpha)^4 + L} \tag{10-101}$$

上式中，$\alpha = (A) / K'$。上式 (10-101) 於各種 $L$ 數值之 Y 與 $\alpha$ 的關係曲線，如圖 10-8 所示。若 $\alpha \ll 1$，則由上式 (10-101) 可得，$Y = \alpha / (1+L)$，由此，Y 與 $\alpha$ 的關係於低的 $\alpha$ 值時，成爲斜率等於 $(1+L)^{-1}$ 之線性的關係，且其斜率隨 $\alpha$ 值之增加而迅速增加。當 $L = 0$ 時，其協合結合性消失，此時由上式 (10-101) 可得，$Y = \alpha / (1+\alpha)$。

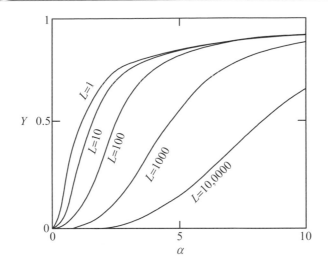

圖 10-8 蛋白質於各種平衡常數值 $L$ 下之結合飽和分率 Y 與 $\alpha = (A) / K'$ 間的關係

血紅素具有氧輸送之另一值得注意的性質。血紅素於 pH 7.4 的情況下與氧結合時，於其每結合一莫耳的氧分子時，會解離產生 0.6 莫耳的 $H^+$ 離子。血紅素對於氧之親和性，於 pH 值 6.5~7.5 之間時隨 pH 的減低而減小，此現象稱爲 **波耳效應** (Bohr effect)。血紅素於 pH 7.4 的附近時，其與氧結合達至半飽和所需之氧的分壓，隨 pH 值的增加而降低。波耳效應可解釋爲，血紅素由於氧的結合而影響其分子中的某些酸基之酸解離常數，此種效應於生理上甚爲重要。血紅素於肺內與氧產生結合時釋出 $H^+$ 離子，而此 $H^+$ 離子與 $HCO_3^-$ 的離子反應生成碳酸 $H_2CO_3$ 後，經脫水放出之 $CO_2$ 擴散進入肺之氣胞內而吐出體外。若血紅素與氧結合時不產生解離放出 $H^+$ 離子，則於吐出 $CO_2$ 時會使肺內之血液變爲鹼性。此過程於微細血管中逆轉，即當血紅素失去結合的氧時吸收 $H^+$ 離子，而由此種新陳代謝使 $H_2CO_3$ 轉變成爲 $HCO_3^-$。

對於血紅素與氧之結合，由式 (10-94) 不易求得其 $K_1$, $K_2$, $K_3$ 與 $K_4$ 等四解離常數。因此，血紅素與氧之結合的飽和分率 Y，通常使用下列的 Hill 實驗式，表示爲

$$Y = \frac{1}{1 + K_h / P_{O_2}^h} \tag{10-102}$$

或

$$\frac{Y}{1 - Y} = \frac{P_{O_2}^h}{K_h} \tag{10-103}$$

於上式中，$h$ 稱爲 Hill **係數** (Hill coefficient)。上式 (10-103) 之兩邊各取對數，可得

$$\log \frac{Y}{1 - Y} = -\log K_h + h \log P_{O_2} \tag{10-97}$$

由上式得，於氧的各種分壓下之血紅素與氧的結合飽和分率之實驗數據，由 $\log \dfrac{Y}{1-Y}$ 對 $\log P_{O_2}$ 作圖，所得的直線之斜率可求得 Hill 係數 $h$。對於正常的人之血紅素，於 pH = 7 時所得之 Hill 係數 $h \doteqdot 2.8$。

習　題

1. 假設水產生解離的反應之熱容量的變化 $\Delta_r C_p^\circ$，與溫度無關為一定，試計算水於 0°C 之**離子積** (ion product) 及 pH 值

   答 $K_w = 1.156 \times 10^{-5}$, pH = 7.47

2. 試證，單質子酸之滴定曲線的斜率可表示為， $\dfrac{d\alpha}{d\mathrm{pH}} = \dfrac{2.303\,K(H^+)}{[K + (H^+)]^2}$，其中的 $\alpha$ 為其**中和之程度** (degree of neutralization)。

3. 試由附錄表 A2-1 之數值，計算反應， $H_2O(\ell) = H^+(ao) + OH^-(ao)$，於 298.15 K 之 $\Delta_r G^\circ, \Delta_r H^\circ$ 及 $\Delta_r S^\circ$ 等各值

   答 $79.885$, $55.836\ \mathrm{kJ\ mol^{-1}}$, $-80.67\ \mathrm{JK^{-1}\ mol^{-1}}$

4. 試由附錄表 A2-1 之數值，計算反應， $CH_3CO_2H(ao) = H^+(ao) + CH_3CO_2^-$ $(ao)$，於 298.15 K 之 $\Delta_r H^\circ, \Delta_r G^\circ$ 及 $\Delta_r S^\circ$ 等各值，並與表 10-1 之數值比較之

   答 $-0.25$, $27.15\ \mathrm{kJ\ mol^{-1}}$, $-92.1\ \mathrm{J\ K^{-1}\ mol^{-1}}$

5. 醋酸的水溶液於室溫時，其酸解離之 $\Delta_r H^\circ$ 值接近於零。酸形之**苯胺** (aniline) 之酸性強度大約與醋酸相同，而其 $\Delta_r H^\circ$ 為 $21\ \mathrm{kJ\ mol^{-1}}$。試計算下列各反應之 $\Delta_r S^\circ$ 值

$$CH_3CO_2H = H^+ + CH_3CO_2^- \quad pK = 4.75$$
$$C_6H_5NH_3^- = H^+ + C_6H_5NH_2 \quad pK = 4.63$$

   答 $-90.8$, $-18.4\ \mathrm{J\ K^{-1}\ mol^{-1}}$

6. 磷酸 $H_3PO_4$ 於零離子強度時之 $pK_3 = 2.148$ 及 $pK_2 = 7.198$。試估算 $H_3PO_4$ 於 25°C, $0.1\ \mathrm{mol\ L^{-1}}$ 離子強度時之 $pK_3$ 與 $pK_2$ 值

   答 $2.026$, $6.831$

7. 濃度為 $0.01\,mol\,L^{-1}$ 的肌磷酸酯與 $0.01\,mol\,L^{-1}$ 的二磷酸腺苷，於 $25°C$ 及 pMg 4 的情況下，是否可反應生成 $0.04\,mol\,L^{-1}$ 的肌酸與 $0.02\,mol\,L^{-1}$ 的三磷酸腺苷，設此反應的反應物均維持所標示的濃度，試求所生成三磷酸腺苷（ATP）之濃度

答 不可能，$1.1 \times 10^{-2}\,mol\,L^{-1}$

8. 反－丁烯二酸酶 (fumarase) 的觸媒反應，反－丁烯二酸 (fumarate) $+ H_2O =$ L－蘋果酸 (L-malate)，於 $25°C$ 及 pH 7 下之 $K' = 4.4 = \dfrac{(L\text{-}malate)}{(fumarate)}$。

設反－丁烯二酸之 $K_1 = 10^{-4.18}$，及 L－蘋果酸之 $K_1 = 10^{-4.73}$，試求上述的觸媒反應於 pH 4 時之 $K'$ 值

答 11.2

9. 反應，$ATP^{4-} + H_2O = AMP^{2-} + P_2O_7^{4-} + 2H^+$，之 $\Delta_r G° = 49.4\,kJ\,mol^{-1}$。試計算此反應於 pH 值等於 7，溫度 $25°C$，及 $0.2\,mol\,L^{-1}$ 的離子強度時之 $\Delta_r G°'$ 值

答 $-41.0\,kJ\,mol^{-1}$

10. 設 $n$ 分子之配位子 A，與一分子的蛋白質 P 結合生成 $PA_n$，而其結合生成的過程，沒有經過任何的中間步驟，試導其飽和結合分率 Y 與 A 之濃度的關係式

答 $Y = \dfrac{(A)^n / K}{1 + (A)^n / K}$

11. 於溫度 $20°C$，pH 值等於 7.1 之 $0.3\,mol\,L^{-1}$ 的磷酸緩衝溶液，及 $3 \times 10^{-4}\,mol\,L^{-1}$ 的**原血紅素** (heme) 下，人體的血紅素於氧之各種分壓下的飽和結合百分率，如下：

| $P_{O_2} / Pa$ | 393 | 787 | 1183 | 2510 | 2990 |
|---|---|---|---|---|---|
| 飽和百分率 | 4.8 | 20 | 45 | 78 | 90 |

試求其結合的 Hill 式之係數 $h$ 及 $K_h$ 值

答 $h = 2.4$，$K_h = 4 \times 10^7$

# 第十一章

# 表面動力學及膠體化學

　　於物質之表面層的分子或原子之性質，與其內部的分子或原子之性質顯然不同，前面所討論之熱力性質，由於其表面積比較小，而其表面能及表面的效應等均可忽略，因此，均沒有考慮其表面的效應。然而，物質細分成甚小的顆粒時，其表面積會增加而變成非常大，此時不能忽略其表面的效應。例如，$1\,cm$ 的立方體之總表面積等於 $6\,cm^2$。若將其長、寬及厚度均各分割成二等分時，可得其八個其各邊長度均為 $0.5\,cm$ 的立方體，而其總表面積由 $6\,cm^2$ 增為，$8 \times 0.5^2 \times 6 = 12\,cm^2$。若邊長 $1\,cm$ 的立方體之各邊均分割成 $0.1\,cm$，則可得 $1,000$ 個的邊長 $0.1\,cm$ 的立方體，而其總面積增為 $60\,cm^2$。若分割成各邊的長度均為 $1$ 微米 ($1\,\mu m = 10^{-4}\,cm$) 的小立方體，則其總面積增為，$10^{12} \times (10^{-4}\,cm)^2 \times 6$ $= 60,000\,cm^2$。若分割成邊長 $1$ 奈米 ($1nm = 10^{-7}\,cm$) 的更細的小立方體時，則其表面積增為 $10^{21} \times (10^{-7}\,cm)^2 \times 6 = 6 \times 10^7\,cm^2 = 6,000\,m^2$ 或 $1.5$ **英畝** (acres)。因此，當物質分散成如此微小的顆粒時，其表面積變成非常的大，此時其表面的效應變成非常的顯著，且對其性質的影響非常大而不能忽略。

　　物質之表面的分子，通常與其周圍的其他分子產生物理的作用或化學的結合，而產生物質表面之不對稱的力場，及產生與其表面平衡的表面張力與吸附等各種現象。表面熱力學，對於溶液由於溶質的溶解，而產生的表面張力的下降或增加、固體吸附劑之表面的吸附現象、層析、膠體、觸媒的表面活性、固體表面的潤濕及接著等，許多實際應用上的瞭解及定理均很有用。

## 11-1　表面張力 (Surface Tension)

　　液體與其蒸氣的平衡系中，由於液面上方的蒸氣相之單位體積的分子數，比其平衡液體相內的單位體積之分子數少，因此，於液體表面的分子所受其周圍各方向之分子的吸引力不均衡，即於液面的分子所受其上方的蒸氣相之分子的吸引力，小於其下面液體層分子的吸引力，而產生液面的分子被吸入液體內的現象，此種液面的分子由於其周圍的不均勻之分子間作用力，而被向液內的方向吸引，並使其液面趨於收縮形成較小的表面積，及產生**表面張力** (surface tension)。此種於液體與其平衡蒸氣相間產生的引力，稱為其液體與平衡蒸相的界面張力，而液面的上面爲空氣時，稱爲該液體之表面張力。例如，水滴於荷葉的上面時凝聚而形成小球狀的水珠，汞於清淨的平板玻璃表面上，呈球形的液狀汞滴，毛細管豎立於水中時，其管內之水柱的上升，金屬的箔片可於液體的表面上浮游，或液體可浸透進入多孔的固體之毛細孔內等現象，均與液體之表面張力有關。固體亦同樣有其表面張力，但其量測較爲煩雜困難，晶體通常傾向於形成最低表面張力的結晶面。

液體之表面張力 $\gamma$ 爲，抗拒液體表面積的擴張而於其表面每單位長度所作用的力，如圖 11-1 所示。設以力 $F$ 拉於液面可移動的桿 $AB$，以增加金屬線框內的**液膜** (liquid film) 之面積，而於達至平衡時，對於移動桿 $AB$ 所作用之拉力 $F$，與該液體之表面張力 $\gamma$ 間的關係，可表示爲

$$\gamma = \frac{F}{2\ell} \tag{11-1}$$

上式中，$\ell$ 爲可移動桿 $AB$ 之長度，因移動桿之上下方均各有液面，故上式中之分母含 2 的數值。表面張力之 SI 單位爲 $N\ m^{-1}$，水於 25°C 之表面張力爲 $71.97 \times 10^{-3}\ N\ m^{-1}$。於較早期表面張力常用 dyne $cm^{-1}$ 的單位表示，水於 25°C 之表面張力，以此單位表示時爲 $(71.97 \times 10^{-3}\ Nm^{-1})(10^5\ dyneN^{-1})(10^{-2}\ mcm^{-1})$ $= 71.97\ dynecm^{-1}$。因 $J = N \cdot m$，故表面張力亦可用 $J\ m^{-2}$ 的單位表示，液體的表面張力即爲其表面能。如圖 11-1 所示，增加液體的表面積所需之功 $w$，可表示爲

$$w = F \cdot x = 2\gamma\ell x = \gamma A_s \tag{11-2}$$

上式中，$x$ 爲移動桿 $AB$ 之移動的距離，而 $A_s = 2\ell x$，爲移動桿 $AB$ 移動距離 $x$ 所增加之液體的表面積。

若於系統之狀態變化的過程中，其表面能之變化較大，而其影響不能忽略時，則此種過程之可逆功，須包括體積及表面積的改變之可逆功。此時其可逆功 $đw_{rev}$ 等於壓容功與表面功的和，而可表示爲

$$đw_{rev} = -PdV + \gamma dA_s \tag{11-3}$$

由此，於以前所導得的 Gibbs 能之微分式中，也須增加 $\gamma dA_s$ 的項。表面張力 $\gamma$ 相當於，表面的每單位面積之 Gibbs 表面能，所以水於 25°C 之 Gibbs 表面能爲，$71.97 \times 10^{-3}\ J\ m^{-2}$。表面的每單位面積之表面焓 $h$，由 $H = G - T\left(\dfrac{\partial G}{\partial T}\right)_P$ 的關係式，可表示爲

$$h = \gamma - T\left(\frac{\partial \gamma}{\partial T}\right)_P \tag{11-4}$$

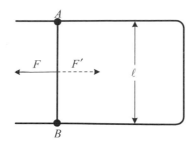

圖 11-1　表面張力之定義

水於 20°C 之表面張力 $\gamma = 72.75\ \text{ergs cm}^{-2}$，及其 $(\partial\gamma/\partial T)_P = -0.148\ \text{ergs cm}^{-2}\text{K}^{-1}$，由此，水於 20°C 之表面焓為 $116.2\ \text{ergs m}^{-2}$，此即相當於破壞(減少)其水面而其水面的面積減少 $1\ \text{cm}^2$ 之熱含量。因此，由測定破壞液面(即減少液面的面積)所放出的熱量，可推定細小粉粒之表面積。例如，將細小的粉粒體置於液體(水)之飽和蒸氣中，迄於細粒的粉體表面均吸附一層的水分子液膜而達至平衡時，因於粉粒體的表面上所吸附的液(水)膜之表面能與其液體者相等。因此，將此粉粒體投入液體中時，相當於破壞與粉粒體的表面積相等之液面，而由於液體表面積的減少所放出的熱量，其液體(水)的溫度會上升。此時由量測該液體之上升的溫度，可計算粉粒體之表面積。

　　一些常見的液體於各溫度之表面張力的數據，列於表 11-1。液態的金屬及**熔融鹽** (molten salts) 之表面張力，較一般的液體有機化合物之表面張力比較甚大許多。例如，汞於 0°C 與 30°C 之表面張力分別為，480.3 與 472.5 $\text{mN m}^{-1}$，銀於 800°C 之表面張力為，$800\ \text{mN m}^{-1}$，AgCl 於 450.2°C 之表面張力為，$125\ \text{mN m}^{-1}$。

　　由表 11-1 可看出，液體之表面張力隨溫度的上升而遞減，而於溫度上升至接近低其臨界溫度若干度時，其表面張力會減至甚小而至不能量測的程度。物質於溫度接近其臨界溫度時，其液相與氣相之界面通常會消失，此時其表面張力接近於零。分子之熱攪動一般均隨溫度的上升而趨於激烈，由此，於高溫時會削弱其分子間的相互吸引力。

　　液體之表面張力與溫度的關係，一般可用 Ramsay-Shields 的實驗式表示，為

$$\gamma\left(\frac{M}{\rho_\ell}\right)^{2/3} = k(t_c - t - 6) \tag{11-5}$$

上式中的 $\gamma$ 為液體於溫度 $t$°C 之表面張力，$M, \rho_\ell$，及 $t_c$ 各為，液體之分子量、密度、及臨界溫度。由於 $M/\rho_\ell$ 為液體之莫耳體積，及 $(M/\rho_\ell)^{2/3}$ 與液體之莫耳表面積成正比。因此，上式 (11-5) 之左邊的乘積，稱為**莫耳表面能** (molar surface energy)，而上式右邊的 $k$ 為，與溫度無關的常數。

表 11-1　一些液體於各溫度之表面張力（單位: mN m⁻¹）

| 液體 ＼ 溫度 | 0 | 20 | 25 | 40 | 50 | 60 | 75 | 80 | 100 |
|---|---|---|---|---|---|---|---|---|---|
| 水 | 75.64 | 72.75 | 71.97 | 69.56 | 67.91 | 66.18 | 63.5 | 62.61 | 58.85 |
| 甲醇 | 24.50 | 22.60 | | 20.90 | | | | | |
| 乙醇 | 24.00 | 22.27 | 21.80 | 20.60 | 19.80 | 19.01 | | | 15.70 |
| 乙酸 | 29.50 | | 27.10 | | 24.60 | | 22.00 | | |
| 丙酮 | 26.20 | 23.70 | | 21.20 | | 18.60 | | 16.20 | |
| 四氯化碳 | 29.00 | 26.80 | 26.10 | 24.30 | 23.10 | 21.90 | 20.20 | | |
| 苯 | 31.60 | 28.90 | 28.20 | 26.30 | 25.00 | 23.70 | 21.90 | 21.30 | |
| 甲苯 | 30.74 | 28.43 | | 26.13 | | 23.81 | | 21.53 | 19.39 |
| 硝基苯 | 46.40 | | 43.20 | | 40.20 | | 37.30 | | |

Ramsay-Shields 的式 (11-5)，可精確適用於臨界溫度等於 30～50°C 間的許多液體。然而，於溫度 $t = (t_c - 6)$ 時，由上式 (10-5) 所預測之表面張力為零，而於 $t = t_c$ 時，其表面張力為負值，即由式 (11-5) 所得的結果與事實不符。因此，**片山** (Katayama) 對於上式提出下列的修正式，為

$$\gamma \left( \frac{M}{\rho_\ell - \rho_v} \right)^{2/3} = k'(t_c - t) \tag{11-6}$$

上式中，$\rho_v$ 為液體於溫度 $t$ 時之其平衡蒸氣的密度。由上式 (11-6) 可得，於溫度 $t = t_c$ 時，液體之表面張力等於零。

　　互相不溶解的二液體接觸時，由於其二液相間的**界面張力** (interfacial tension) 而形成界面。界面張力所受不純物質的影響，通常甚為敏感。互相飽和的二液體 $A$ 與 $B$ 接觸時，其界面張力 $\gamma'_{AB}$，可用其互相飽和之各飽和溶液 $A$ 與 $B$ 之表面張力 $\gamma'_A$ 與 $\gamma'_B$ 的差，用下面的 Antonoff 法則表示，為

$$\gamma'_{AB} = \left| \gamma'_A - \gamma'_B \right| \tag{11-7}$$

上式 (11-7) 稱為 Antonoff 法則，一些系之 $\gamma'_A$, $\gamma'_B$ 及 $\gamma'_{AB}$ 的測定值，與由上式 (11-7) 之計算值，均列於表 11-2。事實上，許多實際的例，並不遵照 Antonoff 法則。

表 11-2　一些系之表面張力及界面張力（單位: $mN \cdot m^{-1}$）

| 系統 | 溫度°C | $\gamma'_A$ | $\gamma'_B$ | $\gamma'_{AB}$（計算值） | $\gamma'_{AB}$（測定值） |
|---|---|---|---|---|---|
| 水–苯 | 19 | 63.2 | 28.8 | 34.4 | 34.4 |
| 水–乙醚 | 18 | 28.1 | 17.5 | 10.6 | 10.6 |
| 水–苯胺 | 26 | 46.4 | 42.2 | 4.2 | 4.8 |
| 水–硝基苯 | 18 | 67.9 | 43.2 | 24.7 | 24.7 |
| 水–氯仿 | 18 | 59.8 | 26.4 | 33.2 | 33.3 |
| 水–四氯化碳 | 17 | 70.2 | 26.7 | 43.5 | 43.8 |

## 11-2　表面張力之測定 (Determination of Surface Tension)

　　液體之表面張力有許多種的測定方法。由於平衡的液面之形狀，通常受表面張力與重力的影響，因此，由液滴或氣泡之形狀的分析，可推定流體之表面張力。由量測毛細管內的液面之上升的高度，或拉升浸入於液體內的豎立薄片所需之力量，均可精確測定液體之表面張力。此外，如觀測**液體之噴流** (liquid jets)，**波紋** (ripples)，及量測**液滴的重量** (drop weight)，液體內的氣泡之**最大泡壓** (maximum bubble pressure)，及撕裂液面所需之力等，各種**移動液面** (moving liquid surface) 的方法，均可測得液體的表面張力之大略的數據。

　　表面張力為液體之重要的特性值，常採用之流體的表面張力之測定方法，如**毛細管上升法** (capillary rise mehtod)，**張力計法** (tensiomcter method)，**液滴的重量法** (drop weight method)，及氣泡之**最大泡壓法** (maximum bubble pressure method) 等，分述於後。

### 1.　毛細管上升法

　　清淨的玻璃毛細管，垂直豎立浸置於液體中達至平衡時，於其液–固–氣 (液體–玻璃–空氣) 三相的交接點之各界面間，保持其各特有的**接觸角** (contact angle) $\theta$，此時其各接觸角之大小與其各相之特性有關，如圖 11-2 所示。一些如水可濕潤清淨玻璃毛細管壁的液體，於平衡時，液體於毛細管內上升，且其液面呈**凹形** (concave)，而其液面與毛細管壁間之接觸角 $\theta$ 小於 90°。不濕潤管壁的液體如汞，於平衡時，其液面由於向下拉的表面張力而呈**凸形** (convex)的形狀，此時其液面與毛細管所形成的接觸角大於 90°。因此，由量測毛細管中的液面之上升或降低的高度，可精確測定液體之表面張力。

如圖 11-2 所示，將半徑 $r$ 的均勻毛細管，垂直豎立於密度 $\rho$ 的欲測表面張力之液體中時，若液體可濕潤毛細管的內壁，則其液面於毛細管內會上升，以增加其接觸的界面積。然而另一方面，爲穩定須減少其接觸的界面積，因此，毛細管內的液體於上升至某一定高度時，由於達成平衡而停止上升，此時向上拉的表面張力，與向下作用的液體柱的重力相等。

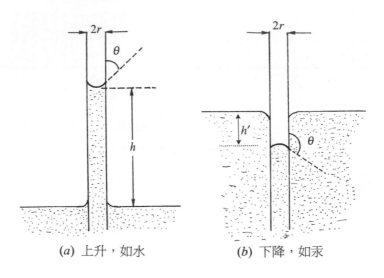

(a) 上升，如水　　　　　(b) 下降，如汞

圖 11-2　毛細管內之液體的上升與下降

設於達至平衡時，毛細管內之液柱的上升高度爲 $h$，而液面與毛細管壁之夾角 (接觸角) 爲 $\theta$。此時對於液柱向下作用之重力爲，$F_d = \pi r^2 h \rho g$，其中的 $g$ 爲重力加速度。由於毛細管內之液面的圓周之每厘米的向上之拉力，等於其內液體之表面張力 $\gamma$，而僅其垂直方向的分力，對於液體的上升有效，由此，液體由於其表面張力之向上拉的力爲，$F_u = 2\pi r \gamma \cos\theta$。因此，於平衡時此二力相等即 $F_d = F_u$，而可表示爲

$$2\pi r \gamma \cos\theta = \pi r^2 h \rho g \tag{11-8}$$

由此，液體之表面張力 $\gamma$，可表示爲

$$\gamma = \frac{rh\rho g}{2\cos\theta} \tag{11-9}$$

由於接觸角較不易精確測定，因此，上式 (11-9) 常應用於，接觸角接近於零度或 180° 的液體之表面張力的測定。對於可完全潤濕玻璃之大部分的液體，其接觸角 $\theta$ 均接近於零度，此時 $\cos\theta = \cos 0° = 1$，而上式 (11-9) 可簡化成

$$\gamma = \frac{rh\rho g}{2} \tag{11-10}$$

若毛細管之半徑及液體之密度均已知，則由測定液體於毛細管內之上升的
高度，由上式 (11-10) 可求得該液體之表面張力。

對於液體於毛細管內，所形成的**新月凹形** (meniscus) 液面的液柱之高度，
及於液面上面的氣體密度均須加以修正，以求得液體之精確的表面張力，
由此，上式 (11-10) 經這些修正，可改寫成

$$\gamma = \frac{r\left(h+\dfrac{r}{3}\right)(\rho_\ell - \rho_\upsilon)g}{2} \qquad\qquad \textbf{(11-11)}$$

於上式中，$\rho_\ell$ 為液體之密度，$\rho_\upsilon$ 為於液面上之其平衡氣體的密度。

對於不潤濕玻璃表面的液體，式 (11-9) 仍可適用，此時其中的接觸角
$\theta > 90°$。若為完全不潤濕玻璃的液體，則其 $\theta = 180°$，而 $\cos 180° = -1$，此
時於毛細管內之液面，低於毛細管外的液面，而其差等於 $h'$，如圖 11-2(b)
所示。

## 2. 張力計法

液體之表面張力的測定，常使用之 du Noüy **表面張力計** (tensiometer)如圖
11-3 所示，此方法為將一定半徑的白金圓環，浸入於欲測表面張力的液體
內，而出轉動連結白金環的金屬鋼線，拉浸入於液體內的白金環使其垂直
往上升，並山於白金環離開液面時，其所連接的金屬線所產生的扭力，以

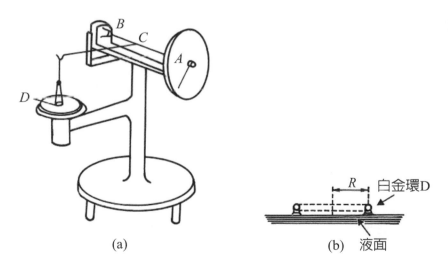

(a)　　　　(b) 液面

**圖 11-3　du Noüy 表面張力計**

量測液體之表面張力。如圖 11-3 所示，於量測液體的表面張力時，將周圍
約 4 cm 的白金(含 10% 銥)圓環 $D$，浸入欲測表面張力之液體 $E$ 中，並由緩
慢轉動 $B$ 以垂直拉上白金環，而由量測白金環 $D$ 離開液面時所需的拉力 $F$。
此力相當於，白金環 $D$ 與液面分開時，鋼絲(0.25 mm 鋼琴線)$C$ 的扭力，而

此扭力可由圓盤 $A$ 之指針所指的鋼線 $C$ 之扭轉的角度表示，並由此可求得拉力 $F$。設白金環之平均半徑為 $R$，則所需之拉力 $F$ 與液體之表面張力 $\gamma$ 間的關係，可表示為

$$\beta F = 4\pi R\gamma \tag{11-12}$$

上式中，$\beta$ 為校正因數，其值視白金圓環的大小及界面的性質而定。於此測定所使用的白金環必須非常乾淨，於其上面若有異物附着時，對測定的結果會產生很大的影響，因此，於測定時，白金環須預先用火焰燒掉附著於其表面的異物，或用強酸洗液洗淨其表面。

### 3. 液滴重量法

此法常用如圖 11-4 所示的**滴數計** (stalagmometer)，測定液體或溶液之表面張力，即將試液吸上至刻度 $A$ 之上面後，使液體經由毛細管 $DE$ 自由流下。此時液體於滴數管的出口 $E$ 處，形成液滴，並隨液滴的逐漸增大而離開 $E$ 落下。設滴數管之毛細管的出口 $E$ 處之半徑為 $r$，液體之表面張力為 $\gamma$，液體之密度為 $\rho$，液滴離開 $E$ 時之每一液滴的重量與體積，分別為 $W$ 與 $\upsilon$；而由於液滴離開 $E$ 而落下時之重量，與其液體之表面張力成比例，由此，其間的關係可表示為

$$2\pi r\gamma = \phi W = \phi\upsilon\rho \tag{11-13}$$

上式中，$\phi$ 為校正因數，而與 $r / \upsilon^{1/3}$ 有關。

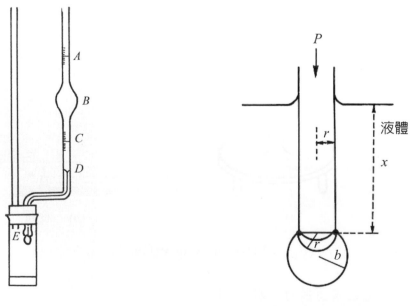

圖 11-4　滴數計　　　　　圖 11-5　最大泡壓法

若某一液體之表面張力已知，則由量測比較一定量(即由刻度 $A$ 至 $C$)的其液體 1 與另一欲測表面張力的液體 2，各自出口 $E$ 分別滴下之各液滴數 $n_1$ 與 $n_2$，可由下面的式(11-14)求得另一液體之表面張力。因一定量的液體之滴數 $n$，與液滴的體積成反比，故由上式 (11-13) 可得

$$\frac{\gamma_1}{\gamma_2} = \frac{\upsilon_1\rho_1}{\upsilon_2\rho_2} = \frac{n_2\rho_1}{n_1\rho_2} \tag{11-14}$$

上式中之下標 1 與 2，分別代表液體 1 與 2，因此，若液體 1 之表面張力 $\gamma_1$ 已知，則由上式 (11-14) 可求得，液體 2 之表面張力 $\gamma_2$。

### 4. 最大泡壓法

此種方法如圖 11-5 所示，將內半徑 $r$ 的玻璃管，垂直豎立置於欲測表面張力的液體中之深度 $x$ 處，並自玻璃管通入空氣(或其他氣體)時於試液內的管口形成氣泡，而其氣泡隨通入的空氣之壓力的增加而增大。設形成半徑 $b$ 之球形的氣泡時，所通入的空氣之壓力為 $p$，則壓力 $p$ 與試液之表面張力 $\gamma$ 間的關係，可表示為

$$p = x\rho g + \frac{2\gamma}{b} \tag{11-15}$$

上式中，$\rho$ 為液體之密度。

上式 (11-15) 之右邊的第 1 項為，液體之靜壓，第 2 項為因表面張力形成半徑 $b$ 之氣泡所需的壓力（參閱下節 11-3)。因此，由測定氣泡離開管口所需的最大壓力，可求得液體之表面張力 $\gamma$。此種方法適用於，熔融的金屬或鹽類之表面張力的測定。

## 11-3　橫穿曲面的壓力降
### (Pressure Drop Across a Curved Surface)

　　液體之平衡蒸氣壓與其液面的形狀有關，而液面之曲率半徑愈小，其平衡的蒸氣壓愈大。例如，半徑 $10^{-3}$ 與 $10^{-6}$ mm 的水滴，於 25°C 時之其 p/p* 的比值分別為，1.001 與 3.0。因此，液體中的氣泡內或凹形的液面之平衡蒸氣壓，較其水平液面的平衡蒸氣壓小，而液滴或凸形的液面之平衡蒸氣壓，較其水平液面者大。由此，於密閉的系內，從較小液滴的液面蒸發的蒸氣，會於較大液滴的液面上產生凝結。

　　爲誘導液面之曲率半徑與其平衡蒸氣壓及表面張力間的關係，設半徑 $r$ 之氣泡內的平衡蒸氣壓力爲 $P_{in}$，如圖 11-6 所示，此氣泡之表面 Gibbs 能，等於其表面積與表面張力的乘積，即爲 $4\pi r^2 \gamma$。曲率半徑甚小的液面之表面張力，爲曲率半徑的函數，但其間的關係未知，於此假定，表面張力與曲率半徑無關爲一定。若氣泡之半徑增加 $dr$，則其表面積的增加爲，$4\pi(r+dr)^2 - 4\pi r^2 = 8\pi r\, dr$，而其氣泡之表面能增加 $8\pi r\gamma\, dr$。此表面能的增加量，等於對橫穿曲面的壓力差，$\Delta P = P_{in} - P_{out}$，膨脹所作之 $P-V$ 功，即爲 $4\pi r^2 dr \Delta P$，而可表示爲

$$4\pi r^2 dr \Delta P = 8\pi r\gamma\, dr \qquad\qquad (11\text{-}16)$$

由上式 (11-16) 可得，氣泡之內部與外面的壓力差 $\Delta P$，爲

$$\Delta P = \frac{2\gamma}{r} \qquad\qquad (11\text{-}17)$$

上式中之液面(凹型液面)的曲率半徑爲正值，所以凹形的液面之蒸氣壓，較凸形的液面者大。當曲率半徑增至無窮大(相當於水平液面)時，由上式(11-17)得，其壓力差 $\Delta P$ 趨近於零。由於橫穿彎曲的面的壓力差，而使豎立於液體中的毛細管內之液面上升或下降。

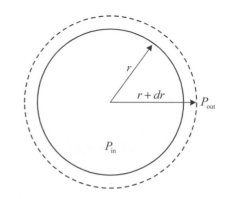

圖 11-6　氣泡內之蒸氣壓 $P_{in}$ 與其外面之蒸氣壓

**例 11-1**　水於 25°C 之表面張力爲 $71.97 \times 10^{-3}\,\mathrm{N\,m^{-1}}$。試求爲避免水進入，豎立於水中的半徑 $0.5 \times 10^{-4}\,\mathrm{cm}$ 的毛細管內，所需之壓力

**解**　由式 (11-17)

$$\Delta P = \frac{2\gamma}{r} = \frac{2(71.97 \times 10^{-3}\,\mathrm{Nm^{-1}})}{(0.5 \times 10^{-6}\,\mathrm{m})(10^5\,\mathrm{Nm^{-2}bar^{-1}})} = 2.88\ \mathrm{bar} \qquad \blacktriangleleft$$

## 11-4　壓力及液面的彎曲對於蒸氣壓的影響
### (Effect of Pressure and Surface Curvature on the Vapor Pressure)

　　如圖 11-7 所示，設於一定的溫度及鈍性氣體的存在下，其液體之飽和蒸氣壓爲 $p$，而於其液面上的鈍性氣體之壓力爲 $p_{inert}$，則其液面上所受的壓力 $P$，等於 $p + p_{inert}$。液體與其蒸氣達至平衡時，於其蒸氣壓力 $p$ 下之其蒸氣的化勢，

等於該液體於壓力 $P$ 下之化勢，即可表示為

$$\mu_g(T, p) = \mu_\ell(T, P) \tag{11-18}$$

上式於定溫下對總壓力微分，可得

$$\left(\frac{\partial \mu_g}{\partial p}\right)_T \left(\frac{\partial p}{\partial P}\right)_T = \left(\frac{\partial \mu_\ell}{\partial P}\right)_T \tag{11-19}$$

由式 (5-122)，$(\partial\mu/\partial P)_T = \bar{V}$。將此種關係代入上式，可得

$$\bar{V}_g \left(\frac{\partial p}{\partial P}\right)_T = \bar{V}_\ell \tag{11-20a}$$

或可寫成

$$\left(\frac{\partial p}{\partial P}\right)_T = \frac{\bar{V}_\ell}{\bar{V}_g} \tag{11-20b}$$

圖 11-7　液體於一定的溫度及壓力 $P$ 下之蒸氣壓 $p$

因液體之部分莫耳體積，比其平衡蒸氣之部分莫耳體積甚小，所以由上式得知，液體之蒸氣壓所受總壓力 $P$ 的影響甚小。

　　設液體之平衡蒸氣為理想氣體，則其莫耳體積可表示為，$\bar{V}_g = RT/p$。將此關係代入上式 (11-20b)，並自無鈍性氣體存在時之該純液體的飽和蒸氣壓 $p°$，積分至鈍性氣體存在時之蒸氣壓 $p$，即可得

$$RT \int_{p°}^{p} \frac{dp}{p} = \bar{V}_\ell \int_{p°}^{P} dP \tag{11-21a}$$

或

$$RT \ln \frac{p}{p°} = \bar{V}_\ell (P - p°) \tag{11-21b}$$

若液體之平衡蒸氣壓 $p°$，及其莫耳體積 $\bar{V}_\ell$ 均已知，則由上式可計算該液體於較高壓力 $P$ 下之蒸氣壓 $p$。

　　對於小液滴之液體，由於表面張力會導致液滴的蒸氣壓的增加。由上節，

横穿過曲面的壓力差，可用式(11-17)表示，即 $\Delta P = 2\gamma / r$，其中的 $r$ 為液面之曲率半徑。由此，小液滴之蒸氣壓大於水平液面之蒸氣壓，而凹形的液面(如液體中之氣泡內)之蒸氣壓小於水平液面之蒸氣壓。

由式 (11-17) 與上式 (11-21b)可得，表面張力對於液滴的蒸氣壓的影響，而可表示為

$$RT \ln \frac{p}{p^\circ} = \frac{2\gamma \overline{V_\ell}}{r} \tag{11-22}$$

上式 (11-22) 稱為 Kelvin 式，而由此式可求得，半徑 $r$ 的液滴之蒸氣壓 $p$。此式係假定，表面張力與曲率半徑無關所導得。因此，對於曲率半徑甚小的液滴，上式 (11-22) 可能不甚正確而有些誤差，然而，此式對於液滴的蒸發與平衡蒸氣的凝結時之 **成核** (nucleation) 的瞭解仍有幫助。水面之曲率半徑對於其平衡蒸氣壓的影響，如圖 11-8 所示。因液體之莫耳體積 $\overline{V_\ell} = M / \rho$，其中的 $M$ 為莫耳質量，$\rho$ 為密度，所以上式 (11-22) 亦可寫成

$$\ln \frac{p}{p^\circ} = \frac{2M\gamma}{RT\rho r} \tag{11-23}$$

過飽和的蒸氣產生凝結時，通常由一群的蒸氣分子凝集成為小液滴，而由 Kelvin 式 (11-22) 得知，小液滴之蒸氣壓大於大液滴之蒸氣壓。因此，蒸氣的分子不會於較小的液滴上凝結，且成長成更大的液滴，然而，小的液滴會蒸發而於較大的液滴上凝結。因此，過飽和的蒸氣於無塵埃或離子作為凝結核的情況下，其過飽和的狀態，通常可維持一段相當長的時間，而需於較其平衡蒸氣壓足夠大的壓力下，才會產生凝結成為液滴。

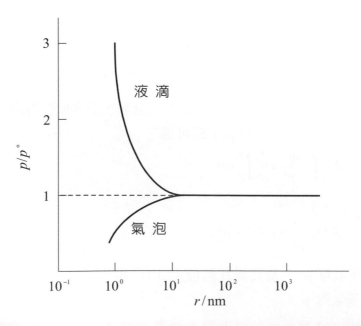

圖 11-8　於 25°C 下水面之曲率半徑對於平衡水蒸氣壓的影響

若式 (11-22) 之一邊改為負號，或液面之曲率半徑為負值，則式 (11-22) 表示液體中的小氣泡內，或毛細管內成凹形的液面之蒸氣壓，即其蒸氣壓小於水平液面之蒸氣壓。

**例 11-2** 水蒸氣於 25°C 下凝結成液滴之蒸氣壓，等於其平衡蒸氣壓的四倍。試計算， (a) 於此飽和度所形成的穩定水滴之半徑，及 (b) 水滴中所含之水的分子數

 (a) 水於 25°C 之表面張力為 $71.97 \times 10^{-3}$ N m$^{-1}$，由式 (11-22) 可得

$$r = \frac{2\overline{V_\ell}\gamma}{RT\ln(p/p°)} = \frac{2(18 \times 10^{-6}\,\text{m}^3\text{mol}^{-1})(0.07197\,\text{N m}^{-1})}{(8.314\,\text{J K}^{-1}\text{mol}^{-1})(298.15\,\text{K})(\ln 4)} = 0.75\,\text{nm}$$

$$\text{(b)}\quad N = \frac{\frac{4}{3}\pi r^3 \rho}{M/N_A} = \frac{\frac{4}{3}\pi (0.75 \times 10^{-9}\,\text{m})^3 (1 \times 10^3\,\text{kg m}^{-3})}{(18 \times 10^{-3}\,\text{kg mol}^{-1})/(6.022 \times 10^{23}\,\text{mol}^{-1})} = 59 \quad \blacktriangleleft$$

## 11-5 接觸角與粘著 (Contact Angle and Adhesion)

於平衡時，液滴於固體的表面上，所形成之形狀與液體及固體之種類有關，如圖 11-9 所示。液體於豎立的細管內所形成之液面的形狀，亦因液體與細管之種類而不同，如圖 11-10 所示。如圖 11-9 所示，於液面與固體面的相接之

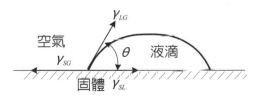

(a) 液滴潤濕固體面，$\theta < 90°$

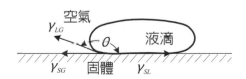

(b) 液滴不潤濕固體面，$\theta > 90°$

圖 11-9　固體面上之液滴

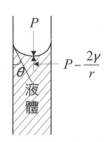

(a) 玻璃細管內之液體上升

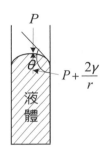

(b) 玻璃細管內之汞面下降

圖 11-10　細管內之液面

點,對液面所繪的切線與固體的面所成的角 $\theta$,稱為**接觸角** (contact angle)。例如,水於清淨的玻璃面上之接觸角甚小而約等於零,因此,水於玻璃的面上可擴展覆蓋全部的玻璃面。有些液體–固體之接觸角大於 $90°$,此時液體於固體面上不會擴展而形成液滴。例如,水於固態的石蠟上之接觸角為 $110°$,因此,水於石蠟的固體面上,形成小水滴而不會擴展潤濕石蠟的面。

固體的結晶面之種類及固體表面的污染或吸附的氣體,均會影響液體於固體表面上的接觸角之測定值。同一種的液體對於新的清淨固體表面,與曾接觸過液體的相同的固體表面之潤濕的情況不相同,因此,於量測液體於固體表面的接觸角 $\theta$ 時,由於壓上液體與壓下液體時其所得之測定值可能不相同,前者所測得之接觸角,稱為**前進接觸角** (advancing contact angle),而後者稱為**後退接觸角** (receding contact angle)。水於各種物質的表面上之接觸角,列於表 11-3。

如圖 11-9(a) 所示,於平衡時,於三相的接觸點沿其三接觸線之三界面張力必需平衡,而可表示為

$$\gamma_{SG} = \gamma_{SL} + \gamma_{LG} \cos\theta \qquad (11\text{-}24)$$

上式中,$\gamma_{SG}$ 及 $\gamma_{LG}$ 為固體及液體與空氣之界面(表面)張力,$\gamma_{SL}$ 為固體與液體之界面張力,$\theta$ 為液體與固體之接觸角。由上式可改寫成

$$\cos\theta = \frac{\gamma_{SG} - \gamma_{SL}}{\gamma_{LG}} \qquad (11\text{-}25)$$

表 11-3　水於各種物質表面上之接觸角,$\theta$

| 物　質 | $\theta$(度) | 物　質 | $\theta$(度) |
|---|---|---|---|
| 石蠟 | 108 | 尿素樹酯 | 70 |
| 石墨 | 86 | 聚乙烯 | 88 |
| 苯甲酸 | 65 | 萘 | 62 |
| 三苯甲烷 | 45 | 蒽 | 92 |
| 四苯甲烷 | 15 | 硬脂酸 | 106 |
| 三硬脂酸甘油酯 | 110 | 軟脂酸 | 111 |
| 二苯甲酮 | 65 | 聚氯乙烯 | 65 |
| 二苯胺 | 80 | 聚乙烯醇 | 37 |
| 苯乙酮 | 65 | 鐵夫綸 (teflon) | 112 |
| 聚苯乙烯 | 107 | 聚丙烯 | 103 |
| 膠木 | 60 | 黃金 | 66 |
| 玻璃 | 0 | 白金 | 40 |
| | | 碘化銀 | 17 |

於 $\gamma_{SG} > \gamma_{SL} + \gamma_{LG}$ 時,液體完全潤濕固體,此時上式 (11-25) 不成立,而於 $\gamma_{SL} > \gamma_{SG} + \gamma_{LG}$ 時,液體完全不潤濕固體,此時上式 (11-25) 亦不成立。

　　表面能可分成 (1) 同種物質之分子間的**內聚能** (cohesional energy)，與 (2) 異種物質之分子間的**附著能，或稱為粘著能** (adhesional energy)。前者相當於撕開 $1\,cm^2$ 的物質，而形成各 $1\,cm^2$ 之相同物質的二新表面所需的功 $W_c$；後者相當於撕開二相異物質間之 $1\,cm^2$ 界面，而形成各 $1\,cm^2$ 之相異物質的二新表面所需的功 $W_a$。設物質 $A$ 與 $B$ 之表面張力各為 $\gamma_A$ 與 $\gamma_B$，$A$ 與 $B$ 間之界面張力為 $\gamma_{AB}$，則內聚能與附著能，可分別表示為

$$W_{c(A)} = 2\gamma_A \qquad W_{c(B)} = 2\gamma_B \tag{11-26}$$

與
$$W_a = \gamma_A + \gamma_B - \gamma_{AB} \tag{11-27}$$

　　若 $A$ 與 $B$ 為互不相溶解的二液體，則 $B$ 於 $A$ 上之**展佈係數** (spreading coefficient) $S_{BA}$，可用 $W_a$ 與 $W_{c(B)}$ 之差，而 $A$ 於 $B$ 上之展佈係數 $S_{AB}$，可用 $W_a$ 與 $W_{c(A)}$ 之差，分別表示為

$$S_{BA} = W_a - W_{c(B)} = \gamma_A - \gamma_B - \gamma_{AB} \tag{11-28}$$

$$S_{AB} = W_a - W_{c(A)} = \gamma_B - \gamma_A - \gamma_{AB} \tag{11-29}$$

由此，若 $S_{BA} > 0$，則表示液體 $B$ 可於液體 $A$ 之液面上擴展並形成液膜。若 $S_{BA} < 0$，則表示液體 $B$ 於液體 $A$ 之液面上，不能展開而形成液滴。例如，**油酸** (oleic acid) 於水面上，可展開形成薄膜，而液態的石蠟油於水面上不會展開而形成凸透鏡狀的油滴。

　　油 $B$ 於水 $A$ 之水面上形成凸透鏡狀的油滴，如圖 11-11 所示。於空氣、水、油的二相之接觸點 $P$，所作用之油與水之表面張力分別為，$\gamma_B$ 與 $\gamma_A$，油與水之界面張力為 $\gamma_{AB}$。由式 (11-28)得，於 $\gamma_A > \gamma_B + \gamma_{AB}$ 時，油滴於水面上擴展成薄膜，而於 $\gamma_A < \gamma_B + \gamma_{AB}$ 時，油滴於水面上形成凸透鏡狀的油滴。

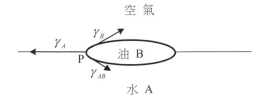

圖 11-11　水面上之油滴

　　對於長鏈的碳化氫 $B$，其 $\gamma_B \doteqdot 30 \times 10^{-3}\,Nm^{-1}$，水之表面張力 $\gamma_A \doteqdot 73 \times 10^{-3}\,Nm^{-1}$，而 $\gamma_{AB} \doteqdot 57 \times 10^{-3}\,Nm^{-1}$。由於 $\gamma_B + \gamma_{AB} \doteqdot 87 \times 10^{-3} > 73 \times 10^{-3} \doteqdot \gamma_A$，由此，長鏈的碳化氫於水面上形成凸透鏡狀的液滴。油酸 $B$ 於水面上時，因 $\gamma_B = 32 \times 10^{-3}\,Nm^{-1}$，$\gamma_{AB} = 16 \times 10^{-3}\,N\,m^{-1}$，而 $\gamma_B + \gamma_{AB} = 48 \times 10^{-3} < 73 \times 10^{-3} \doteqdot \gamma_A$，故油酸於水面上擴散形成薄膜。

若 $A$ 與 $B$ 可互相微溶時，則於上面的各式中，應使用各互相飽和的溶液之 $\gamma_A$ , $\gamma_B$ 及 $\gamma_{AB}$ 的值。例如，使用式 (11-28) 計算展佈係數 $S_{BA}$ 時，於水面上滴入油 $B$ 的初期，其 $S_{AB} > 0$，即油 $B$ 於水面上擴展成薄膜，但隨油逐漸溶入水及水溶入油內時，其 $S_{BA}$ 會由正的值變為負值，而油 $B$ 於水面上會由擴展所成的薄膜，轉變成為凸透鏡狀的油滴。

**例 11-3** 於 20°C，水之表面張力 $\gamma_A$ 為 72.8 erg / cm$^2$，汞之表面張力 $\gamma_B$ 為 483 erg / cm$^2$，水與汞之界面張力 $\gamma_{AB}$ 為 375 erg / cm$^2$。試求， (a) 水與汞之各內聚能，(b) 水與汞之附着能，(c) 汞對於水之展佈係數 $S_{BA}$，(d) 水對於汞之展佈係數 $S_{AB}$，(e) 水是否可於汞的液面上擴展，或汞是否可於水面上擴展

**解** (a) $W_{c(A)} = 2\gamma_A = 2 \times 72.8 = 145.6$ erg / cm$^2$

$W_{c(B)} = 2\gamma_B = 2 \times 483 = 966$ erg / cm$^2$

(b) $W_a = \gamma_A + \gamma_B - \gamma_{AB} = 72.8 + 483 - 375 = 180.8$ erg / cm$^2$

(c) $S_{BA} = W_a - W_{c(B)} = 180.8 - 966 = -785.2$ erg / cm$^2$

(d) $S_{AB} = W_a - W_{c(A)} = 180.8 - 145.6 = 35.2$ erg / cm$^2$

(e) 由於 $S_{BA} < 0$，汞於水面上不能擴展，而 $S_{AB} > 0$，水可於汞的液面上擴展。 ◀

# 11-6  潤 濕 (Wetting)

固體或液體的表面上的流體(空氣)，被另一流體(水)取代之現象，稱為**潤濕** (wetting)。例如，水滴於清潔的玻璃板上時，水會於玻璃板的上面擴展，而取代原來覆蓋在玻璃板表面上的空氣。潤濕依其表面之變化的情況，及其相互間的關係，可分成下列的三種：

1. **展佈潤濕** (spreading wetting)

   液體於平滑的固體表面產生展佈潤濕時，固體的原有表面消失，而形成新的液體表面及固–液的界面。液體 $L$ 於固體的表面 $S$ 上之展佈係數 $S_{LS}$，相當於液體展佈於固體的表面所作的功，而稱為**展佈功** (work of spreading)，即等於固體之表面能(表面張力) $\gamma_S$ 減液體之表面張力 $\gamma_L$ 及液體

與固體間之界面張力 $\gamma_{SL}$，而由式 (11-28) 可表示為

$$S_{LS} = \gamma_S - \gamma_L - \gamma_{SL} \tag{11-30}$$

若 $S_{LS} > 0$，則液體 $L$ 滴於固體 $S$ 的表面時，該液體可潤濕固體的表面，而於固體的表面上擴展形成液膜，例如，水滴於清淨的玻璃面上時，會擴展形成薄膜。反之，若 $S_{LS} < 0$，則液體 $L$ 滴於固體 $S$ 的表面上時，不會潤濕固體 $S$ 的表面，而於固體的表面上聚集形成液滴，例如，汞於玻璃的面上形成小球珠。如圖 11-9 所示，(a) 為液體可部分潤濕固體的表面，而其接觸角 $\theta$ 小於 90°，(b) 為液體不會潤濕固體的表面，而其接觸角 $\theta$ 大於 90°。

**楊氏** (Young) 於 1805 年，忽略液體之重力，而於平衡時由圖 11-9(a) 得

$$\gamma_L \cos\theta = \gamma_S - \gamma_{SL} \tag{11-31}$$

上式中，$\gamma_L$ 與 $\gamma_S$ 分別為液體與固體之表面張力，將上式代入式 (11-30)，可得

$$S_{LS} = \gamma_L(\cos\theta - 1) \tag{11-32}$$

由上式得，(i) 若接觸角 $\theta < 90°$，即 $\cos\theta < 1$ 而 $S_{LS} < 0$，則液體 $L$ 僅能部分潤濕固體 $S$ 的表面，(ii) 若 $\theta > 90°$，即 $\cos\theta < 0$ 而 $S_{LS} < 0$，則液體 $L$ 完全不能潤濕固體 $S$ 的表面，(iii) 若接觸角 $\theta = 0$，即 $\cos\theta = 1$ 而 $S_{LS} - 0$，則液體 $L$ 可完全潤濕固體 $S$ 之表面。

2. **附着潤濕或粘着潤濕** (adhesional wetting)

液體與固體 $S$ 的表面接觸時，液體與固體的原有表面均消失，而形成固–液的界面。此時其附着能 $W_a$，如前述的式 (11-27) 所示，等於固體 $S$ 與液體 $L$ 之表面張力的和，減固體–液體之界面張力 $\gamma_{SL}$，可表示為

$$W_a = \gamma_S + \gamma_L - \gamma_{SL} \tag{11-33}$$

將式 (11-31) 代入上式 (11-33)，可得

$$W_a = \gamma_L(1 + \cos\theta) \tag{11-34}$$

由上式得，(i) 若 $\theta = 0°$，即 $\cos\theta = 1$，則 $W_a = 2\gamma_L$，此時液體附着於固體的表面上之附着能為，液體 $L$ 之表面張力的二倍。(ii) 若 $\theta = 90°$，即 $\cos\theta = 0$，則 $W_a = \gamma_L$，此時液體附着於固體的表面上之附着能，等於液體之表面張力。(iii) 若 $\theta = 180°$，即 $\cos\theta = -1$，則 $W_a = 0$，此時固–液間之附着力等於零，即液體不附著於固體的表面。

3. **浸入潤濕** (immersion wetting)

將固體 $S$ 浸置於液體 $L$ 內時，液體浸入固體的內部，而全部的固體表面被液體潤濕，此時固體之表面全部消失，而形成固–液的界面，因此，此種**浸入的功** (work of immersion) $W_i$ 等於，固體之表面張力 $\gamma_S$ 減固–液的界面張力 $\gamma_{SL}$，而可表示為

$$W_i = \gamma_S - \gamma_{SL} \tag{11-35}$$

將式 (11-31) 代入上式 (11-35)，可得

$$W_i = \gamma_L \cos\theta \tag{11-36}$$

由上式得(i) 若 $\theta = 0°$, $\cos\theta = 1$，則 $W_i = \gamma_L$，此時浸入的功等於液體 $L$ 之表面張力，(ii) 若 $\theta = 90°$, $\cos\theta = 0$，則 $W_i = 0$，此時液體完全不能浸入固體的內部。於一般的情況，接觸角 $\theta$ 均於 $0 \sim 90°$ 間，此時液體可浸入潤濕固體的內部。若 $\theta \geq 90°$ 時，即 $\cos\theta$ 為負值，則不會產生浸入潤濕。

由上面的討論可得知，液體與固體間之接觸角 $\theta$，與液體對於固體所產生之潤濕的程度，有密切關係。由實驗發現，各種液體於吸附力較小的固體表面上之接觸角 $\theta$，與該液體之表面張力有關，而其間的關係，一般可表示為

$$\gamma_L = \frac{A}{\cos\theta} + B \tag{11-37}$$

上式中，$A$ 及 $B$ 為常數，而 $\gamma_L$ 與 $\cos\theta$ 成反比的關係。當 $\cos\theta = 1$ 時 $\theta = 0°$，此時的液體之表面張力即為於該固體表面之**臨界表面張力** (critical surface tension)，或稱臨界表面能 $\gamma_c$。表面張力小於固體之臨界表面張力的任何液體，均可完全潤濕該固體。於表 11-4 列出一些固體表面之臨界表面張力。

表 11-4 一些固體表面之臨界表面張力 $\gamma_c$

| 固體 | $\gamma_c(\text{m N} \cdot \text{m}^{-1})$ | 固體 | $\gamma_c(\text{m N} \cdot \text{m}^{-1})$ |
|---|---|---|---|
| 耐綸 6 | 42 | 聚乙烯丁醛 | 24 |
| 耐綸 66 | 42 | 聚乙烯 | 31 |
| 聚苯乙烯 | 33 | 聚氯乙烯 | 39 |
| 聚乙烯醇 | 37 | 鐵夫綸 (teflon) | 18 |

## 11-7　溶液之表面張力 (Surface Tension of Solutions)

　　溶液之表面張力與其溶液濃度的關係，如圖 11-12 所示，而其中的溶質可由這些關係曲線之形狀，大致分成三種類型。類型 I 為溶液之表面張力隨所添加溶質的量而增加，此種類型的溶液之表面張力，隨其溶液濃度之增加而增加的量通常不大例如，強電解質的水溶液、蔗糖的水溶液、胺基苯甲酸的水溶液、及苯胺之環己烷的溶液等，均屬此種類型。非電解質或弱電解質的水溶液之表面張力，與溶液濃度的關係，通常顯現如類型 II 的曲線，此種溶液之表面張力，一般隨溶液濃度的增加而減小。溶液的表面張力與濃度的關係如類型 III 之曲線者，如肥皂之水溶液及一些有機化合物之磺酸及磺酸鹽的水溶液等，其溶液的濃度對於表面張力的效應均非常大，於其溶液內僅溶解微小量的這些物質，則可使其表面張力降至甚低，此類物質稱為**界面活性劑** (surface active agents)。例如，於 25°C 之每升的水中，僅溶解 0.0035 莫耳的**油酸鈉** (sodium oleate) 時，其表面張力就由 72 降低至 30 dyne / cm。

　　溶液之表面張力，隨其內的溶質之濃度的增加而減小者，係由於此類溶質的溶解，對溶液之表面張力產生很大的影響，而此類溶質通常具有**正的界面活性** (positive surface activity) 或**毛細活性** (capillary active)。由於溶質的溶解，可使溶液之表面張力增加的溶質，其對於溶液之表面張力的影響一般較小，而此類溶質通常具有**負的界面活性** (negative surface activity) 或**毛細非活性** (capillary inactive)。

　　對於水溶液–空氣的界面，許多可溶於水的化合物，如無機電解質、有機酸之鹽類、低分子量的鹼、及如蔗糖與甘油等非揮發性的非電解質，均為毛細非活性的物質，而許多有機化合物，如有機酸、醇、酯、醚、胺、酮等為毛細活性溶質。如圖 11-12 之曲線 II 與 III 所示，毛細活性物質對於水之表面張力的效應均很大。尤其如肥皂與清潔劑等界面活性劑，對於水溶液之表面張力的降低效應特別大，於洗滌衣服或去除物質上所附着的油汙時，這些界面活性劑均會於油汙之周圍形成表面膜，而容易去除附著的油汙。

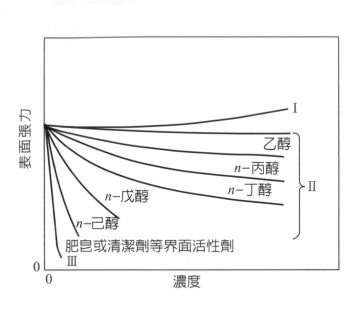

圖 11-12　溶液之表面張力與溶液濃度的關係

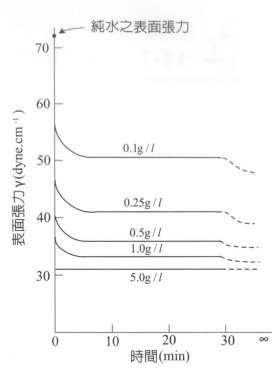

圖 11-13　清潔劑的水溶液之表面張力隨時間的變化

　　溶液之表面張力，一般隨溶液中的毛細活性溶質之濃度的增加而迅速降低，此係因毛細活性溶質之分子被吸着於溶液的表面。溶質的分子被吸附於溶液的表面並達成平衡，通常需要一些時間。雖然有些溶質於其溶解之瞬間，就達成平衡的狀態，但較大分子的溶質達成平衡，通常需要一些時間。清潔劑的水溶液之表面張力，隨時間的變化之情形，如圖 11-13 所示，濃度愈高的溶液，其達成平衡所需之時間愈短。小分子溶質的溶液之表面張力，一般均很快

接近其平衡值。例如，異戊醇之 0.122% 的溶液約 0.025 秒，0.406% 的溶液約 0.015 秒，就可各達其平衡值。

　　液體或溶液於平衡時之表面張力，均可用毛細管的上升法測定，而此種測定值爲**靜態的表面張力** (static surface tension)。以張力計法、液滴法，及移動液面法所測得者，爲**動態的表面張力** (dynamic surface tension)，其值與平衡值有顯著的差異。例如，由 Lord Rayleigh 所測得 0.25% 的油酸鈉水溶液之動態表面張力爲 77 dyne ·cm$^{-1}$，而其靜態的表面張力爲 25 dyne·cm$^{-1}$。

## 11-8　表面濃度 (Surface Concentration)

　　溶液內的部分溶質可能會被濃縮於其溶液的表面，或移離其溶液之表面，溶質被濃縮於溶液的表面之鄰近者，稱為**正的吸附** (positively adsorbed)，而溶質移離溶液之表面，即溶液表面的鄰近區域之溶質濃度，比其整體溶液之濃度低者，稱為**負的吸附** (negatively adsorbed)。於溶液表(界)面的鄰近區域之各種性質，通常隨其距表(界)面之垂直距離而有顯著的變化。因此，須定義表(界)面之確實的位置，以便正確描述溶質於表(界)面的吸附情形。

　　二成分系之各成分，沿其溶液 ($\alpha$ 相) –蒸氣 ($\beta$ 相) 的界面之垂直距離的濃度分佈，如圖 11-14 所示。成分 1 (溶劑) 於界面鄰近的區域之濃度，自其於整體溶液內之濃度 $c_{1,\alpha}$，沿垂直其界面的距離接近於其界面，以序逐次減小至其平衡蒸氣相之整體濃度 $c_{1,\beta}$，如圖 11-14(a) 所示。成分 2 (溶質) 於表面產生正的吸附時，其濃度由其於整體溶液內的濃度 $c_{2,\alpha}$ 沿垂直其界面的距離，隨著接近其界面逐漸增加，而於界面達至最高值後，於其平衡蒸氣相逐漸減小至蒸氣相之整體濃度 $c_{2,\beta}$，如圖 11-14(b) 所示。若溶質於界面為負的吸附，則其濃度由 $c_{2,\alpha}$ 減至 $c_{2,\beta}$ 的變化速度，比溶劑的濃度之變化的速度更快，而於界面不會有濃度的最高值。

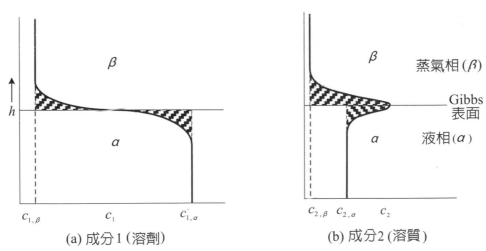

圖 11-14　(a) 成分 1 之濃度及 (b) 成分 2 之濃度，沿其界面的垂直距離之變化

　　如圖 11-14 所示，表面濃度之變化區域(表面或界面)的厚度，約等於分子直徑的數倍，而其表面濃度之變化區域的厚度，通常隨溫度之接近其臨界點溫度而增大。Gibbs 以下述的假想的表面觀念，以界定平衡的溶液相 $\alpha$ 與蒸氣相 $\beta$ 之 Gibbs 表(界)面的位置。

成分 $i$ 於 Gibbs 表面 $\sigma$ 之**表面超過量** (surface excess amount) $n_{i,\sigma}$ 可以下式定義，即為

$$n_{i,\sigma} = \int_{\alpha}(c_i - c_{i,\alpha})\,dV + \int_{\beta}(c_i - c_{i,\beta})\,dV \tag{11-38}$$

於上式 (11-38) 的右邊之第一部分相當於，成分 $i$ 於 $\alpha$ 相中積分至 Gibbs 表面 $\sigma$ 之下方的莫耳數，而第二部分相當於，成分 $i$ 於 $\beta$ 相中積分至 Gibbs 表面之上方的莫耳數。其中的 $c_{i,\alpha}$ 為成分 $i$ 於 Gibbs 表面下方的**整體相** (bulk phase) 中之濃度，$c_{i,\beta}$ 為成分 $i$ 於 Gibbs 表面上方的整體相中之濃度。若自溶液相及蒸氣相至其 Gibbs 表面之濃度各均勻，則成分 $i$ 於 $\alpha$ 相各處之濃度均等於 $c_{i,\alpha}$，即 $c_i = c_{i,\alpha}$，而於 $\beta$ 相各處之濃度均等於 $c_{i,\beta}$，即 $c_i = c_{i,\beta}$，此時上式 (11-38) 的右邊二部分之積分各為零，即成分 $i$ 於 Gibbs 表面之表面超過量 $n_{i,\sigma}$ 等於零。通常成分 $i$ 之表面超過量 $n_{i,\sigma}$，可以正、負、或等於零。

上式 (11-38) 經簡化，可寫成

$$\begin{aligned} n_{i,\sigma} &= \int_{\alpha+\beta} c_i\,dV - \int_{\alpha} c_{i,\alpha}\,dV - \int_{\beta} c_{i,\beta}\,dV \\ &= n_i - V_\alpha c_{i,\alpha} - V_\beta c_{i,\beta} \end{aligned} \tag{11-39}$$

上式中，$n_i$ 為系統內的成分 $i$ 之總莫耳數，$V_\alpha$ 與 $V_\beta$ 為由 Gibbs 面所定義的 $\alpha$ 相與 $\beta$ 相之各容積。對於液-液的界面，通常無法由實驗求得其正確的 Gibbs 面之位置，因此，通常以其中的 "溶劑" 之表面超過量等於零處，定義為 Gibbs 表 (界)面。

由上式 (11-39)，若 $n_{1,\sigma} = 0$，則可得

$$n_1 = V_\alpha c_{1,\alpha} + V_\beta c_{1,\beta} \tag{11-40}$$

而系統之總容積 $V$，為

$$V = V_\alpha + V_\beta \tag{11-41}$$

由上面的二式 (11-40) 與 (11-41) 可解得，由 Gibbs 表面所界定的 $\alpha$ 與 $\beta$ 相之整體容積 $V_\alpha$ 與 $V_\beta$，而可分別表示為

$$V_\alpha = \frac{n_1 - V c_{1,\beta}}{c_{1,\alpha} - c_{1,\beta}} \tag{11-42}$$

與

$$V_\beta = \frac{V c_{1,\alpha} - n_1}{c_{1,\alpha} - c_{1,\beta}} \tag{11-43}$$

由此，可決定 Gibbs 表面之位置，並可計算溶質於 Gibbs 表面之表面超過量 $n_{2,\sigma}$。

成分 $i$ 之**表面的超過濃度** (surface excess concentration) $\Gamma_i$，可用 $\Gamma_i = n_{i,\sigma} / A_s$ 表示，其中的 $A_s$ 為表面之面積。若選定 $n_{1,\sigma} = 0$ 處為 Gibbs 表面，則可用溶質之表面的超過濃度 $\Gamma_2^{(1)}$，以表示溶質對於溶劑(成分 1)之相對吸附。因此，溶質之表面超過濃度 $\Gamma_2^{(1)}$，由式 (11-39) 可表示為

$$\Gamma_2^{(1)} = \frac{1}{A_s}(n_2 - V_\alpha c_{2,\alpha} - V_\beta c_{2,\beta}) \tag{11-44}$$

於圖 11-14(a) 中所示之 Gibbs 表面，即為 $n_{1,\sigma} = 0$。換言之，式 (11-38) 之右邊的二積分項的大小相等，而符號相反。溶質於 Gibbs 表面之表面的超過濃度，可由圖 11-14(b) 中之二斜線部分的和表示。

## 11-9　多成分系之表面 (Surfaces of Multicomponent Systems)

對於開放系之內能的變化，由合併熱力學第一定律與第二定律，可得

$$dU = TdS + \bar{d}w_{\text{rev}} + \sum_{i=1}^{N} \mu_i dn_i \tag{11-45}$$

若考慮其表面的效應時，將式 (11-3) 代入上式 (11-45)，則可得

$$dU = TdS - PdV + \gamma dA_s + \sum_i \mu_i dn_i \tag{11-46}$$

於上式中，$\mu_i$ 為成分 $i$ 之化勢，$n_i$ 為成分 $i$ 之莫耳數，$A_s$ 為表面之面積。包括表面之多成分系的內能 $U$，可定義為

$$U = U_\alpha + U_\beta + U_\sigma \tag{11-47}$$

於上式中，$U_\alpha$ 與 $U_\beta$ 分別為相 $\alpha$ 與相 $\beta$ 之內能，而 $U_\sigma$ 為表面之內能。上式 (11-47) 之微分可表示為

$$dU = dU_\alpha + dU_\beta + dU_\sigma \tag{11-48}$$

其中

$$dU_\sigma = TdS_\sigma + \gamma dA_s + \sum_i \mu_i dn_{i,\sigma} \tag{11-49}$$

由 Gibbs 表面之定義，及由於表面沒有體積，因此，於上式 (11-49) 中沒有 $PdV$ 項的功。於上式中的 $T$ 及 $\mu_i$ 均沒有附註下標 $\sigma$，係因整系統中之這些強度性質於平衡時，均各相等。

# 11-10 吉布士的吸附式 (Gibbs Adsorption Equation)

　　系統內的某成分之表面超過濃度，與該成分之**整體活性度** (bulk activity) 及表面張力間的熱力關係，可用 Gibbs 的吸附式表示。由溶液的表面張力的量測，使用 Gibbs 的吸附式可計算該溶液之表面的超過濃度。對於二成分系之 Gibbs 表(界)面，由於 Gibbs 表面之溶劑的表面超過量，$n_{1,\sigma} = 0$，由此，上式 (11-49) 經積分，可得

$$U_\sigma = TS_\sigma + \gamma A_s + \mu_2 n_{2,\sigma} \tag{11-50}$$

而上式 (11-50) 之微分，可表示為

$$dU_\sigma = TdS_\sigma + S_\sigma dT + \gamma dA_s + A_s d\gamma + \mu_2 dn_{2,\sigma} + n_{2,\sigma} du_2 \tag{11-51}$$

因此，由上式 (11-51) 減式 (11-49)，可得

$$0 = S_\sigma dT + A_s d\gamma + n_{2,\sigma} d\mu_2 \tag{11-52}$$

上式 (11-52) 即為 Gibbs 吸附式。

　　於一定的溫度 $dT = 0$，及由式 (5-141)，將 $d\mu_2 = RTd\ln a_2$ 的關係代入上式 (11-52)，可得

$$-A_s d\gamma = n_{2,\sigma} RTd\ln a_2 \tag{11-53}$$

於上式中，$a_2$ 為被吸附物(溶質)於整體相中之活性度。於是，由上式 (11-53) 可得，其表面超過濃度 $\Gamma_2^{(1)}$，為

$$\Gamma_2^{(1)} = \frac{n_{2,\sigma}}{A_s} = -\frac{1}{RT}\left(\frac{d\gamma}{d\ln a_2}\right)_T \tag{11-54}$$

因此，由量測溶液中的溶質於各活性度 $a_2$ 下之溶液的表面張力，則由上式 (11-54) 可計算，溶質之表面的超過濃度。對於使溶液之表面張力降低的溶質，其 $(d\gamma/d\ln a_2)_T$ 為負值，因此，其表面超過濃度 $\Gamma_2^{(1)}$ 為正，而對於使溶液之表面張力增加的溶質，其表面超過濃度 $\Gamma_2^{(1)}$ 為負。例如，肥皂或清潔劑等界面活性劑，其於水溶液的表面鄰近區域之濃度，高於其整體水溶液相中之濃度，而無機鹽類等於其水溶液表面鄰近之濃度，一般均低於其整體水溶液相中之濃度。

　　由 Gibbs 的吸附式可以解釋，由於溶質之溶解，而會減低溶劑之表面張力的溶質，其對於表面的效應通常非常大，而由於溶質之溶解，而會增加溶劑之表面張力者，其表面的效應較小。正吸附的溶質通常均會被濃縮於表面，而其表面超過濃度 $\Gamma_2^{(1)}$，為大的正值，因此，由上式 (11-54) 可得，其 $(d\gamma/da_2)_T$ 為大的

負值。若溶質為負的吸附時,其表面超過濃度為小的負值,而其 $(d\gamma/da_2)_T$ 為小的正值。

　　對於一成分的系,由式 (11-52) 可得,$A_s d\gamma = -S_\sigma dT$。因此,若其單位表面積之熵值用 $s_\sigma$ 表示,則可得

$$\frac{d\gamma}{dT} = -\frac{S_\sigma}{A_s} = -s_\sigma \tag{11-55}$$

因表面張力一般均隨溫度的上升而減小,所以由上式得,其表面熵值 $s_\sigma$ 為正的值。單位表面積之表面 Gibbs 能 $g_\sigma$,等於表面張力,$\gamma = \dfrac{G_\sigma}{A_s} = g_\sigma$。因 $g_\sigma = h_\sigma - Ts_\sigma$ 及 $(\partial g_\sigma/\partial T)_P = -s_\sigma$,所以單位面積之表面焓值 $h_\sigma$,可表示為

$$h_\sigma = \gamma - T\left(\frac{\partial\gamma}{\partial T}\right)_P \tag{11-56}$$

純物質之表面張力一般均隨溫度的上升而下降,所以由上式 (11-56) 得,$h_\sigma > \gamma$。

## 11-11　表面的薄膜 (Surface Films)

　　於水內添加不溶於水的液體如脂肪酸時,該液體通常會被濃縮於水的表面,而於水面形成不溶於水的薄膜,並降低水之表面張力,此現象可由 Langmuir 的表面張力量測方法直接測定。Langmuir 的方法如圖 11-15 所示,係藉於水平的水槽之**水面上的浮板** (floating barrier) $D$ 上之**扭力天秤** (torsion balance),測定於水面上覆蓋薄膜的表面與清淨的水面間之表面張力的差,此測定裝置及方法如圖 1-15(a) 所示,於塗蓋透明漆的水平水槽 $T$ 內,填滿清淨的純水,並使其水面高出水槽之邊緣約 1 mm (由於水之表面張力,水面可稍高於水槽 $T$ 的邊緣),而藉所裝設之於水面上的可移動板 $C$,於水面的上移動以掃除水面上的不純物質或被濃縮於水面的溶質,同時亦可藉以改變或調整可移動板 $C$ 與浮板 $D$ 間的面積 $B$。於實驗(量測)的操作時,首先須將面 $B$ 上的不純物完全清除後,於清淨的水面 $B$ 上滴入少量的含揮發性溶劑的成膜溶液 (如脂肪酸之苯溶液),待所滴上的成膜溶液於水面 $B$ 上擴展覆蓋 $C$ 與 $D$ 間的水面,而其內的溶劑(苯)蒸發後於水面 $B$ 上形成脂肪酸的薄膜,然後,藉移動可移動版 $C$ 以調節 $C$ 與 $D$ 間之薄膜的面積 $B$。如圖 11-15(b) 所示的 $E$ 為清淨的純水面,而 $B$ 為覆蓋薄膜的表面,由此,可由扭力天秤 $F$ 量測,作用於浮板 $D$ 之薄膜表面與純水面間的拉力差,而此即相當於純的水面與薄膜的表面之表面張力的差。

作用於浮板 $D$ 之力，如圖 11-15(b) 所示，於清淨的水面向減少其面積 $E$ 的方向，對浮板每單位長度作用 $\gamma_0$ (純水之表面張力) 之拉力，而於覆蓋薄膜的表面 $B$，向減少薄膜所覆蓋面積的方向，對浮板每單位長度作用之拉力，相當於薄膜表面之表面張力 $\gamma$。此二表面張力 $\gamma_0$ 與 $\gamma$ 之差，即為**表面壓** (surface pressure) $\pi$，而可表示為

$$\pi = \gamma_0 - \gamma \tag{11-57}$$

此表面壓 $\pi$，可使用如圖 11-15(a) 所示之裝置直接測定，或各別測定表面張力 $\gamma_0$ 與 $\gamma$ 的值，而由其差值求得。

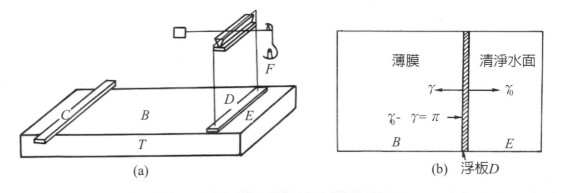

圖 11-15　表面壓之測定裝置

一些由疏水性的長鏈碳化氫與親水基如 $-COOH$，$-OH$，$-NH_2$ 等結合的物質，均可於水面上擴展形成單分子的薄膜。例如，脂肪酸或油類等，於上述之覆蓋薄膜的 $B$ 水面上形成薄膜之量，可由所滴入 $B$ 的水面上的成膜溶液之濃度及量計算，而板 $C$ 與 $D$ 間之水面 $B$ 的面積可直接量測，因此，可計算每一分子的脂肪酸 (溶質)，於水面上所佔的平均面積 $a$。於量測時可由於移動 $C$ 板的位置以改變 $a$ 值，並由浮板 $D$ 上的扭力天秤可測定其相對的表面壓 $\pi$。由此，於一定溫度下之 $\pi$ 對 $a$ 的作圖，可得如圖 11-16 所示的關係曲線。表面壓 $\pi$ 通常用 $dyne\ cm^{-1}$ 的單位表示，而 $a$ 用 $cm^2 \cdot molecule^{-1}$ 的單位表示。

於水面 $B$ 上之油的量甚少時，水面上之油的分子可作二次元之自由移動的運動，如圖 11-16 中之 $MN$ 段的曲線所示。於此較低表面壓力下，將可移動板 $C$ 向右移動以減小油的分子於水面 $B$ 上所佔之分子的平均面積 $a$ 值時，其表面壓 $\pi$ 所受 $a$ 的影響甚小，此時其 $\pi$ 值僅隨 $a$ 的減小而稍微增加，如圖 11-16 中之 $NP$ 段的曲線所示。此相對於三次元的氣體之液化，可視為相當於水面上的薄膜分子之**二次元的凝縮** (two dimensional condensation)，而於 $P$ 點完全凝縮成為可流動的分子膜。因此，$N$ 至 $P$ 為如氣體可自由移動的氣體狀薄膜，由 $P$ 至 $S$ 為流動性的薄膜，其中的 $PQ$ 段之部分為，**液體膨脹的膜** (liquid expanded film) 或

液體擴散膜，*RS* 段之部分為**液體凝縮的膜** (liquid condensed film) 或簡稱液膜，而其中間的 *QR* 部分為**中間膜** (intermediate film)。凝縮的膜於較低的某一定溫度以下時，會失去其流動性，而稱為**固體膜** (solid film)。

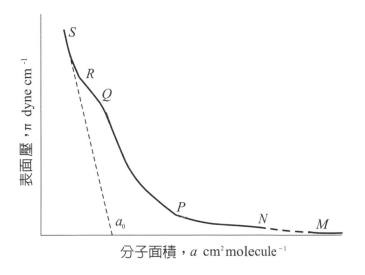

圖 11-16　表面壓與分子平均面積之關係

　　實際上，曲線 *RS* 之較上面的部分為稍傾斜的直線，而由此直線部分之延長線與橫軸的相交可得 $a_0$ 值，此即為成膜物質形成液膜時其每一分子所佔的表面積。對於脂肪酸的薄膜所得之 $a_0$ 值，約為 18.4Å$^2$，此值相當於脂肪酸的分子之斷面積，而與脂肪酸之 $-CH_2-$ 鏈的長度無關。由脂肪酸結晶之 X -射線的研究得，其 $-CH_2-$ 鏈之斷面積為 18.3Å$^2$。由此得知，液膜中的脂肪酸分子之碳化氫的鏈，於水面上幾乎均垂直豎立，並形成緊密的排列。脂肪酸於水面上的液膜，如圖 11-17 之(a) 或 (b) 所示，其 COOH 基浸入水中，而碳化氫的鏈突出於水面，而形成垂直豎立的排列。然而，如圖 11-16 中的 MN 段所示之氣體膜，其分子不僅互相分開，且可能於水面上形成橫倒的狀況。一些物質於水面上形成單分子膜時，其單分子膜之厚度及分子之截面積，列於表 11-5。

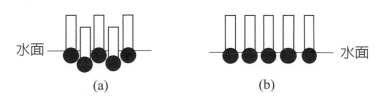

圖 11-17　於水面上的脂肪酸單分子液膜之分子的排列

　　Blodgett 於 1934 年，成功地於玻璃等平面上，塗佈單分子膜，及重覆塗蓋多層的單分子層的**層積膜** (built-up film)。如圖 11-18(a) 所示為，將玻璃板垂直浸入水中，並滴入成膜溶液而於水面上形成單分子膜後，將玻璃板垂直緩慢往上拉時，水面上的單分子膜之親水基向玻璃板的表面移動排列，於是水面上的單分子膜自水面移至玻璃的面上形成單分子膜，此種單分子膜稱為 B 膜。將此已覆蓋 B 膜的玻璃板，再次浸入已於水面上佈展單分子層膜的水中，並緩慢垂直往上拉時，於水面上的單分子膜會轉移至 B 膜，並於其原覆蓋的分子膜 B 上形成相反方向排列的分子膜，如圖 11-18(b) 所示，此種雙分子層的膜，稱為 A 膜。如此的反覆操作，可得 B 與 A 重覆交換排列的 BABAB 之層積膜，此種層積膜亦稱為 Y 膜。由於 Y 膜之最外層為 B 膜，因此，此種 Y 膜不易被水潤濕，而具有大的接觸角。於適當的條件下，亦可形成如 AAAA 之層積膜，及如 BBBB 之層積膜，前者稱為 X 膜，而後者稱為 Z 膜。

表 11-5　一些單分子膜之厚度及其分子的截面積

| 化　合　物 | 分子式 | 膜厚度 (Å) | 分子截面積 (Å²) |
|---|---|---|---|
| 軟脂酸 (palmitic acid) | $C_{15}H_{31}COOH$ | 24 | 21 |
| 硬脂酸 (stearic acid) | $C_{17}H_{35}COOH$ | 25 | 22 |
| 蟲蠟酸 (cerotic acid) | $C_{25}H_{51}COOH$ | 31 | 25 |
| 鯨蠟醇 (cetyl alcohol) | $C_{16}H_{33}OH$ | 22 | 21 |
| 蜜蠟醇 (myricyl alcohol) | $C_{30}H_{61}OH$ | 41 | 27 |
| 三硬脂酸甘油酯 (tristearin) | $(C_{18}H_{37}O_2)_3C_3H_5$ | 25 | 66 |

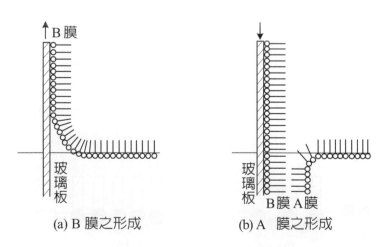

(a) B 膜之形成　　　(b) A 膜之形成

圖 11-18　於玻璃板上的分子薄膜之塗佈

## 11-12　二次元的完全氣體法則
(Two-Dimensional Perfect Gas Law)

　　二成分的溶液之表面張力，與溶液之濃度的關係，如圖 11-12 所示。低濃度的溶液之表面張力，與其濃度幾乎成線性的關係，而可表示爲

$$\gamma = \gamma_0 - bc \tag{11-58}$$

上式中，$\gamma$ 與 $\gamma_0$ 分別爲溶液與溶劑之表面張力，$c$ 爲溶液之濃度，$b$ 爲常數。由於低濃度的溶液之活性度係數接近 1，而此時其活性度可用濃度表示。因此，溶質於溶液表面之表面超過濃度 $\Gamma_2^{(1)}$，由 Gibbs 的恆溫吸附式 (11-54)，可表示爲

$$\Gamma_2^{(1)} = -\frac{c_2}{RT}\frac{d\gamma}{dc_2} \tag{11-59}$$

　　由式 (11-58) 對 $c$ 微分得，$d\gamma / dc = -b = (\gamma - \gamma_0) / c$，將此關係式代入上式 (11-59)，可得

$$\Gamma_2^{(1)} = -\frac{c_2}{RT}\left(\frac{\gamma - \gamma_0}{c_2}\right) \tag{11-60}$$

由表面壓之定義的式 (11-57)，$\pi = \gamma_0 - \gamma$，上式可寫成

$$\pi = \Gamma_2^{(1)} RT \tag{11-61}$$

上式 (11-61) 爲，類似理想氣體法則之二次元的式。

　　溶質於溶液表面之表面超過濃度可寫成，$\Gamma_2^{(1)} = N / (N_A A_s)$，其中的 $N$ 爲於薄膜面積 $A_s$ 內所含之溶質的分子數，$N_A$ 爲 Avogadro 常數。於是上式 (11-61) 可寫成

$$\pi A_s = \frac{N}{N_A} RT \tag{11-62a}$$

或

$$\pi a = kT \tag{11-62b}$$

上式中，$k = R / N_A = 1.38 \times 10^{-16}\,\text{erg K}^{-1}\text{molecule}^{-1}$，爲 Boltzmann 常數，$a = A_s / N$，爲於薄膜內之一分子的溶質所佔之面積。上式 (11-62) 稱爲**表面狀態方程式** (surface equation of state)，或**二次元的理想氣體法則** (two-dimensional ideal gas law)。

　　二成分的系於一定的溫度時，由 Gibbs 的吸附式 (11-52) 可得

$$A_s d\gamma + n_{2,\sigma} d\mu_2 = 0 \tag{11-63a}$$

或由於，$\Gamma_2^{(1)} = n_{2,0} / A_s$，而可表示為

$$-d\gamma = \Gamma_2^{(1)} d\mu_2 \tag{11-63b}$$

假設溶質之平衡氣相為理想氣體，則由式 (7-2) 得，$\mu_2 = \mu_2^0 + RT\ln(P_2/P^0)$，而此式經微分可得

$$d\mu_2 = RTd\left[\ln\left(\frac{P_2}{P^0}\right)\right] \tag{11-64}$$

且由(11-57)，$\pi = \gamma_0 - \gamma$，經微分得，$d\pi = -d\gamma$。於是由上式 (11-64) 與 (11-63)，可得

$$d\pi = \Gamma_2^{(1)} RTd\left[\ln\left(\frac{P_2}{P^0}\right)\right] \tag{11-65}$$

將 $\Gamma_2^{(1)} = N/(A_s N_A)$ 代入上式 (11-65)，可得

$$d\pi = \frac{NRT}{A_s N_A} d\left[\ln\left(\frac{P_2}{P^0}\right)\right] \tag{11-66}$$

　　式 (11-62a) 於溫度一定下，經微分可得

$$d\pi = \frac{RT}{A_s N_A} dN \tag{11-67}$$

因此，由式 (11-66) 與 (11-67)，可得

$$d\left[\ln\left(\frac{P_2}{P^0}\right)\right] = \frac{dN}{N} = d(\ln N) \tag{11-68}$$

而上式經積分，可得

$$\frac{P_2}{P^0} = KN \tag{11-69}$$

上式中，$K$ 為積分常數。此式類似以前所述的 Henry 法則，即對於非固定 (區域化) 之理想的單分子層，其被吸附的量與其壓力成正比。

例 **11-4** 硬脂酸 $(C_{17}H_{35}COOH)$ 於 25°C 之密度為 $0.85\,g/cm^3$，而 $1.06\times10^{-4}$ 克的硬脂酸覆蓋於水面上之膜的面積為 $500\,cm^2$。試求， (a) 硬脂酸的分子之截面積 $a$，(b) 水面上之硬脂酸的覆蓋膜之厚度 $t$，(c) 硬脂酸的分子中的 $C-C$ 鍵之平均的鍵長 $l$，及 (d) 水面上的覆蓋膜之表面壓 $\pi$

硬脂酸，$C_{17}H_{35}COOH$ 之分子量為 $283\,g/mole$，

**解** 因此，$1.06\times10^{-4}$ 克之硬脂酸，相當於 $\dfrac{1.06\times10^{-4}}{284}$ 莫耳，而其總分子數 $N$ 等於 $\left(\dfrac{1.06\times10^{-4}}{284}\right)(6.02\times10^{23})$

(a) 每分子之截面積，$a = \dfrac{500\,cm^2}{N} = 22\times10^{-16}\,cm^2 = 22\,Å2$

(b) 膜之厚度，$t = \dfrac{體積}{表面積} = \dfrac{(1.06\times10^{-4}/0.85)\,cm^3}{500\,cm^2} = 25\times10^{-8}\,cm = 25\,Å$

(c) 分子中的 $C-C$ 鍵之平均鍵長，$l = \dfrac{t}{17} = \dfrac{25}{17} = 1.47\ \ Å$

(d) 膜之表面壓，$\pi = \dfrac{kT}{a} = \dfrac{(1.38\times10^{-16})(298)}{22\times10^{-16}} = 18.7\,erg/cm^2$　◀

例 **11-5** 脂肪酸於 25°C 的水面形成薄膜，而使水於 25°C 之表面張力降低 $10\times10^{-3}\,N\,m^{-1}$。試求脂肪酸於水面之表面超過濃度 $\Gamma_2^{(1)}$，及每一分子的脂肪酸，於薄膜中所佔之面積

**解** 因 $\pi = \gamma_0 - \gamma = 10\times10^{-3}\,N\,m^{-1}$

由式 (11-61) 得

$\Gamma_2^{(1)} = \dfrac{\pi}{RT} = \dfrac{10\times10^{-3}\,N\,m^{-1}}{(8.314\,J\,K^{-1}mol^{-1})(298\,K)} = 4.04\times10^{-6}\,mol\,m^{-2}$

$\dfrac{A_s}{N} = \dfrac{1}{\Gamma_2^{(1)}N_A} = \dfrac{1}{(4.04\times10^{-6}\,mol\,m^{-2})(6.02\times10^{23}\,mol^{-1})}$

$\quad\quad = 4.11\times10^{-19}\,m^2 = 0.411\,nm^2$　◀

## 11-13　固體的吸附 (Adsorption by Solids)

　　由於液體或固體表面的分子或原子，所受其周圍的分子或原子之吸引力(作用力)的不平衡(不平均)，因此於固體的表面常吸附靠近其表面的其他分子，此

種現象稱為**吸附** (adsorption)，而具有表面吸附作用的物質，稱為**吸附劑** (adsorbent)，被吸附的物質簡稱為**被吸附物** (adsorbate)。吸附劑通常為多孔性的固體，而被吸附物通常為氣體或液體的分子。

被吸附的分子靠近吸附劑的表面時，表面與靠近的分子間之位能，隨其間的距離而變化，一般可用類似圖 2-11 所示之二原子間的位能曲線表示。當被吸附的分子接近吸附劑的表面時，其間之位能會減小且達至最低，而產生吸附，此時被吸附的分子會失去其與吸附劑的表面成垂直方向的動量，而保持二次元自由度的移動運動。由此，被吸附的分子或原子於吸附劑的表面上，形成可移動的吸附膜，而被吸附的分子或原子完全失去其移動之自由度時，所形成的吸附膜為，不能移動的**固定膜** (immobile film)。

吸附的機制大致可分成，**物理吸附** (physical adsorption) 與**化學吸附** (chemical adsorption)。物理吸附是藉吸附劑的表面與被吸附分子間之**凡得瓦力** (van der Waals force) 的作用，其吸附的速率非常快速且可逆，而於產生吸附時所放出的熱量較低，通常小於 $40 \, kJ \, mol^{-1}$，為接近於一般氣體之凝結熱，且其吸附量可達至相當於幾層分子層的量。物理吸附之吸附量，一般隨溫度的上升而減低，因此，低溫有利於物理吸附。於降低被吸附氣體之分壓或溶質之濃度時，其被吸附的分子會發生脫附。

於化學吸附時，吸附劑與被吸附的分子間，通常會形成化學鍵的結合，即吸附劑的表面與被吸附物的分子生成**表面化合物** (surface compound)。因此，化學吸附比物理吸附較具有選擇性，而其飽和的吸附量，相當於吸附劑的表面上形成單一分子層的被吸附物質之量。化學吸附由於形成表面的化合物，因此，需要吸附的活化能，且其吸附速率較物理吸附緩慢而不可逆。例如，吸附氧的石墨於真空下加熱時，發生脫附而放出一氧化碳。化學吸附之焓值的變化與物理吸附之焓值的變化比較非常的大，而其值接近於化合物之生成熱，約為 40 至 $200 \, kJ \, mol^{-1}$ 之間。於高溫比較有利於產生化學吸附，而其吸附的速率隨溫度的升高而增加。許多吸附劑之表面均非均勻，而其各不同的吸附位各有不同的吸附能。物理吸附與化學吸附，通常可由吸附之速率及於產生吸附時所放出的熱量或吸附的活化能之大小區別。許多實際的吸附系之吸附過程，常同時包含物理吸附與化學吸附的二種過程。

吸附劑於平衡的吸附量，與吸附劑及被吸附物的分子之性質有關，通常為溫度與被吸附物之壓力(或濃度)的函數。氣體於其臨界溫度以下的溫度被吸附時，常以每克的吸附劑所吸附的量對 $P/P°$ 作圖，於此 $P°$ 為被吸附物於實驗溫度之飽和的蒸氣壓，$P$ 為於實驗時的被吸附物之壓力。此種**吸附等溫線** (adsorption isotherm) 如圖 11-19 表示，其縱坐標 $v$ 為 1g 的吸附劑所吸附的氣體量，換算成 $0°C, 1bar$ 之容積。圖中的曲線 I 為氯化鉀的粉末於 89.9 K 下，吸附氮氣之物理吸附等溫線，當 $P/P°$ 趨近於 1 時，由於氮氣產生**整體的凝結** (bulk condensation)，由此，其吸附量激增。若溫度超過氣體之臨界溫度，則無法計算其 $P/P°$ 值。曲線 II 為焦碳於 150 K 下吸附氧之吸附等溫線，此曲線的形狀顯示，其吸附為單一分子層的吸附，即為化學吸附。於各氣體之臨界溫度以上的溫度，比較各種氣體之被吸附的量時，發現臨界溫度愈低的氣體之被吸附的量愈少。

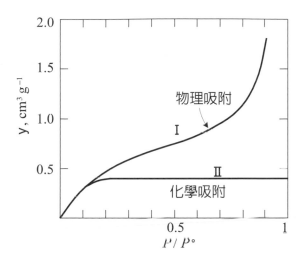

圖 11-19　吸附等溫線

被吸附劑吸附的氣體之脫附所需的熱量，與吸附劑所吸附的量有關，換言之，與吸附劑的表面之吸附覆蓋的分率有關。吸附劑之表面一般不均勻，而吸附劑表面的各吸附位置，對於分子之吸附所產生的熱量亦不同，而吸附熱通常隨吸附劑之表面的吸附覆蓋率的增加而減少，因此，吸附的分率愈低，其脫附所需的熱量愈大。吸附過程，$A + S = AS$，之吸附熱 $\Delta_{ads}H$，通常須由達至同一吸附量之溫度與壓力的關係，利用 Clausius-Clapeyron 式計算，即為

$$\left(\frac{\partial \ln P}{\partial T}\right)_{n_a} = \frac{\Delta_{ads}H}{RT^2} \tag{11-70}$$

上式中，$n_a$ 代表吸附量。而於，吸附量甚大時，其吸附熱接近於被吸附物質之液化熱。上式 (11-70) 於溫度 $T_1$ 與 $T_2$ 間積分，可得

$$\Delta_{ads}H = R\frac{T_2 T_1}{T_2 - T_1}\ln\frac{P_2}{P_1} \tag{11-71}$$

上式中，$P_1$ 與 $P_2$ 為於溫度 $T_1$ 與 $T_2$ 下，各達至同一吸附量之平衡壓力。

# 11-14 Freundlich 吸附等溫式 (Freundlich Adsorption Isotherm)

Freundlich 由實驗得，單位質量的吸附劑於一定的溫度下之吸附量 $v$，與被吸附氣體之吸附平衡壓力 $P$ 的關係，可用下式表示爲

$$v = k P^n \qquad \text{(11-72)}$$

上式 (11-72) 稱爲 Freundlich 吸附等溫式，其中的 $k$ 及 $n$ 爲吸附系之特有常數，而 $n$ 值隨吸附系而異，約爲 1 至 0.2 之間。由實驗得知(參閱圖 11-19)，於較低的壓力時，，$P$ 與 $v$ 成比例，然而，上式 (11-72) 不符合此比例的關係。Freundlich 吸附等溫式 (11-72)較適用於處裡中等壓力的吸附之實驗值，而不適合用於高壓力時之吸附。

Freundlich 吸附等溫式，常應用於溶液中的溶質之吸附，此時上式 (11-72) 中之壓力須用濃度替代，即改寫成

$$\frac{x}{m} = k c^n \qquad \text{(11-73)}$$

上式中，$x$ 爲吸附劑的質量 $m$ 所吸附之溶質的量，$c$ 爲溶液之濃度。上式 (11-73) 之兩邊各取對數，得

$$\log \frac{x}{m} = \log k + n \log c \qquad \text{(11-74)}$$

由上式，$\log \frac{x}{m}$ 對 $\log c$ 作圖，可得斜率 $n$ 之直線，而由其截距可求得常數 $k$。

Freundlich 的吸附等溫式，可假定吸附劑的表面爲，由幾組不同的**吸附位** (adsorption site) 所成的**非均勻表面** (heterogeneous surface)，而其每組的吸附位之吸附，皆遵照下節 11-15 的 Langmuir 吸附等溫式，而導得。依式 (11-72) 或 (11-73)，其吸附量均隨壓力或濃度的增加而無限增加，但實際不然，因此，Freundlich 的吸附等溫式，不適用於**高覆蓋率** (high coverages) 之表面吸附。

**例 11-6** 於溫度18°C 下，木炭自丙酮的水溶液吸附丙酮之數據如下。試求其 Freundlich 吸附等溫式之常數 $k$ 及 $n$ 值

| $x/m\,(m\,\text{mol}/g)$ | 1.075 | 1.50 | 2.08 | 2.88 |
|---|---|---|---|---|
| $c\,(m\,\text{mol}/L)$ | 41.03 | 88.62 | 177.69 | 268.97 |

**解** 由 $\log \frac{x}{m}$ 對 $\log c$ 作圖，可得斜率爲 0.5 之直線，及得其截距爲 $-0.03$，即 $\log k = -0.03$，所以得 $k = 0.934$ 及 $n = 0.5$　◀

## 11-15 Langmuir 吸附等溫式 (Langmuir Adsorption Isotherm)

Langmuir 於 1916 年，由**動力論** (kinetic theory) 導得平衡吸附等溫式。固體內部之原子或分子，通常均與其周圍的原子或分子結合而保持平衡，然而，固體的吸附劑置於可被吸附的氣體中時，其表面之原子或分子除與其內部的鄰近原子或分子結合外，尚剩指向氣相之未結合鍵而形成吸附位，此時氣相中的分子接近該固體吸附劑表面之吸附位時，可能與其那些未結合的鍵產生結合凝結而被吸附。若這些被吸附的分子，自固體吸附劑的表面獲得足夠的能量時，則其與固體表面的結合鍵可能被切斷，而吸附的分子會產生再蒸發離開吸附劑的表面。於吸附平衡時，吸附劑表面的單位時間之吸附凝結的分子數，與蒸發離開之脫附的分子數相等，此時之氣體的壓力相當於吸附平衡的壓力 $P$。

Langmuir 假設，固體吸附劑之吸附表面均勻，而有一定的表面積及一定數目的相同之吸附**結合位** (binding sites)，且其每一吸附**位** (site) 只能吸附一分子而形成**單一分子層** (monomolecular layer)。設吸附劑之表面均勻，而有 $n_0$ 之相同的吸附位，則其中的 $n$ 吸附位產生吸附時，其**表面的覆蓋率** (surface coverage) $\theta$ 可用 $n / n_0$ 表示。此外，Langmuir 又假定，某一吸附位吸附分子時，不會影響其鄰近的吸附位之吸附的性質，而其吸附的焓值與吸附劑之表面的吸附覆蓋率無關。

Langmuir 的吸附等溫式，係由假設吸附速率等於脫附速率的動態平衡而導得。吸附劑吸附氣體之吸附速率，等於氣體的分子碰撞吸附劑表面之**通量** (flux) $J_N$，與吸附劑表面的空位率 $(1-\theta)$，**粘結係數** (sticking coefficient) $s*$，及具有**吸附活化能** (activation energy for adsorption) $E_{ads}$ 之分子的分率 $\exp(-E_{ads}/RT)$ 等的乘積。由氣體的動力論(第 12 章)，分子量 $M$ 之理想氣體於溫度 $T$ 及壓力 $P$ 下，每秒碰撞單位面積 $(cm^2)$ 的表面之分子數 $J_N$，可表示為

$$J_N = \frac{P N_A}{(2\pi MRT)^{1/2}} \qquad (11\text{-}75)$$

上式中，$N_A$ 為 Avogadro 常數。氣體的分子接近於吸附劑的表面時，通常有如圖 11-20 所示的吸附活化能之**位能障礙** (potential barrier) $E_{ads}$，而分子必須具有克服此能障的能量，始能被吸附劑的表面吸附。粘結係數 $s*$ 為，具有吸附活化能 $E_{ads}$ 以上能量的分子，實際被吸附粘結之分率。由此，氣體的分子被吸附劑

的表面吸附之速率 $r_{\text{ads}}$ ，可表示爲

$$r_{\text{ads}} = \frac{P N_A}{(2\pi MRT)^{1/2}} (1-\theta)\, s* \exp\left(-\frac{E_{\text{ads}}}{RT}\right) \tag{11-76}$$

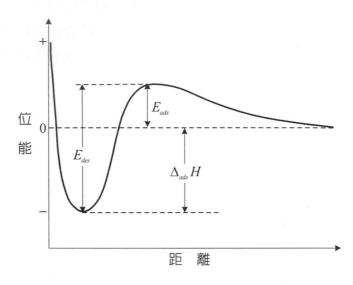

圖 11-20　分子與固體表面間的互相作用之位能與距離間的關係

　　被吸附的分子發生脫附而離開吸附劑的表面時，須克服如圖 11-20 所示的脫附活化能之位能障礙 $E_{\text{des}}$ 。因此，脫附速率 $r_{\text{des}}$ 等於，脫附速率常數 $k_d$ 與表面覆蓋率 $\theta$ 及具有脫附活化能 $E_{\text{des}}$ 之分子的分率， $\exp(-E_{\text{des}}/RT)$ ，的乘積。由此，脫附速率 $r_{\text{des}}$ 可表示爲

$$r_{\text{des}} = k_d \theta \exp\left(-\frac{E_{\text{des}}}{RT}\right) \tag{11-77}$$

於達成吸附平衡時，吸附速率等於脫附速率，即 $r_{\text{ads}} = r_{\text{des}}$ 。因此，由式 (11-76) 與式 (11-77) 相等，而可解得於吸附平衡時之壓力爲

$$P = \frac{(2\pi MRT)^{1/2} k_d \theta}{N_A s* (1-\theta)} \exp\left(\frac{\Delta_{\text{ads}} H}{RT}\right) \tag{11-78}$$

上 式 中， $\Delta_{\text{ads}} H = E_{\text{ads}} - E_{\text{des}}$ ，爲 **吸附的焓值** (enthalpy of adsorption)。因 $E_{\text{ads}} < E_{\text{des}}$ ，故其吸附的焓值 $\Delta_{\text{ads}} H$ 爲負值。上面的 Langmuir 吸附等溫式 (11-78) ，亦可表示爲

$$P = \frac{\theta}{K(1-\theta)} \tag{11-79}$$

或 $\qquad \theta = \frac{KP}{1+KP} \tag{11-80}$

上式中之常數 $K$，爲

$$K = \frac{N_A s^* \exp(-\Delta_{ads} H / RT)}{k_d (2\pi MRT)^{1/2}} \tag{11-81}$$

　　式 (11-78) 中之吸附焓值 $\Delta_{ads} H$，可由相同覆蓋率的二溫度或更多的溫度之吸附平衡的壓力求得。因於式 (11-78) 右邊之指數項的前面有含 $T^{1/2}$ 的項，而其所受溫度的影響，與 $\exp(\Delta_{ads} H / RT)$ 比較可忽略，所以由式 (11-78) 可得，於一定覆蓋率 $\theta$ 的情況下，溫度 $T_1$ 與 $T_2$ 之平衡壓力 $P_1$ 與 $P_2$ 間的關係，可表示爲

$$\left(\ln \frac{P_1}{P_2}\right)_\theta = \frac{\Delta_{ads} H (T_2 - T_1)}{R T_1 T_2} \tag{11-82}$$

上式 (11-82) 之形式類似 Clausius-Clapcyron 式，但此吸附焓值與其蒸發焓值之符號相反。於圖 11-21 所示者，爲於二溫度之 Langmuir 的吸附等溫線。

　　設被吸附氣體之容積 $\upsilon$，與吸附劑的表面之覆蓋率 $\theta$ 成正比，即 $\upsilon = \upsilon_m \theta$，則式 (11-80) 可寫成

$$\upsilon = \frac{K \upsilon_m P}{1 + KP} \tag{11-83}$$

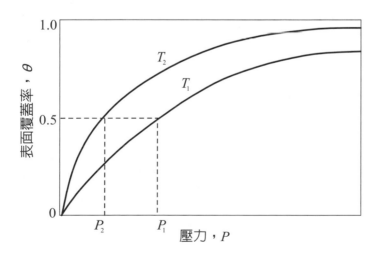

圖 11-21　於二溫度下之 Langmuir 吸附等溫線

因 $\theta = 1$ 時 $\upsilon = \upsilon_m$，即 $\upsilon_m$ 相當於固體吸附劑的表面，完全被吸附的氣體分子覆蓋而形成單一分子層時，所吸附的氣體之體積。於壓力甚低時， $KP \ll 1$，由此，上式 (11-83) 之分母接近於 1，即 $\upsilon$ 與 $P$ 成正比。因此，於吸附劑的表面所吸附的氣體之體積，隨壓力之增大而逐漸增加且接近於 $\upsilon_m$。

上式 (11-83) 之兩邊，各取其倒數可得

$$\frac{1}{\upsilon} = \frac{1}{\upsilon_m} + \frac{1}{K\upsilon_m P} \tag{11-84}$$

若吸附之實驗數值遵照 Langmuir 的吸附等溫式，則由 $1/\upsilon$ 對 $1/P$ 作圖可得，斜率為 $1/K\upsilon_m$ 之直線，而由此直線之截距可得 $\upsilon_m$，因此，由斜率可求得 $K$ 值。Langmuir 的吸附等溫式，於較高的壓力下之偏差較大，而僅於較低壓力下，才能得 $1/\upsilon$ 與 $1/P$ 之直線的關係。

於 Langmuir 的吸附等溫式之誘導過程，包含下述的五項假定：(1) 假定被吸附的氣體為理想氣體，(2) 被吸附的氣體於吸附劑之表面上，形成單一分子層的吸附，(3) 吸附劑之表面均勻，而其各吸附位之吸附熱 $\Delta_{ads}H$ 均相同，(4) 被吸附的分子之間，不會產生互相的作用，(5) 被吸附的分子固定停留於原碰撞而產生吸附的表面位置，而不能於吸附劑之表面隨便移動。此五項的假定中之第一項，於較低的壓力時能成立，但當被吸附的氣體之壓力增加接近其臨界壓力時，其性質偏離理想氣體的性質甚大，因此，此假定於較高的壓力時不成立。第二項的假定通常不成立，因壓力稍高時常形成多分子層的吸附。第三項的假定通常不成立，因實際的固體吸附劑之表面，一般均為不均勻，而其各吸附位之吸附的活性亦各不相同。例如，晶體之不同的結晶面，晶體之邊緣、晶體之角與裂縫，及結晶之不完整等，其各種位置的性質均不相同，由此，其各種吸附位對於氣體分子之親和力均有顯著的差異，因此，其各吸附位產生吸附時，可能各有不同的吸附熱 $\Delta_{ads}H$。由實驗得知，吸附焓值一般隨吸附量的增加而減小，此係由於吸附的分子間之相互作用，及各吸附位之活性的不相同所致。因此，第四項的假定亦不正確。許多證據顯示，被吸附的分子於吸附劑的表面上可移動，所以第五項的假定亦不正確。由上述得知，這些假定雖然與事實有許多不合，且不甚合理，但於低壓及單一分子層的吸附 (化學吸附) 時，Langmuir 的吸附等溫式仍常被採用。

**例 11-7** 試求氧於壓力 $10^{-6}$ torr 及溫度 $298$ K 下，每秒與 $1\,cm^2$ 的表面產生碰撞之分子數

**解** 因 $1\,torr = \left(\dfrac{1}{760}\,atm\right)(1.01325 \times 10^5\,Pa\,atm^{-1}) = 133.3\,Pa$

由式 (11-75) 可得

$$J_{O_2} = \frac{(133.3 \times 10^{-6}\,Pa)(6.022 \times 10^{23}\,mol^{-1})}{[2\pi(32 \times 10^{-3}\,kg\,mol^{-1})(8.314\,J\,K^{-1}mol^{-1})(298.15\,K)]^{1/2}}$$

$$= (3.60 \times 10^{18}\,m^{-2}s^{-1})(0.01\,m\,cm^{-1})^2 = 3.60 \times 10^{14}\,cm^{-2}s^{-1}$$

此值為清淨的表面曝露於 $10^{-6}$ torr 的氧氣中時，其 $1\,cm^2$ 的表面積每秒所吸附之氧的分子數。通常稱 $10^{-6}$ torr $s$ 為 $1$ langmuir，即上值為於 $298.15$ K 下，清淨的表面暴露於 $1$ langmuir 的氧氣中時，其 $1\,cm^2$ 的表面所吸附之氧的分子數。　◀

**例 11-8** 假設分子 $A$ 與 $B$，對於相同的吸附位競爭吸附，試依照誘導 Langmuir 的吸附等溫式的方法，誘導被吸附分子 $A$ 與 $B$ 於吸附劑表面之其各表面覆蓋率，$\theta_A$ 與 $\theta_B$

**解** 對於純 $A$ 的分子，其 Langmuir 的吸附等溫式，由式 (11-79) 可寫成

$$r_A\theta_A = k_A(1-\theta_A)P_A \tag{1}$$

於此 Langmuir 常數 $K_A$ 等於吸附速率常數 $k_A$ 與脫附速率常數 $r_A$ 的比，即 $K_A = k_A / r_A$。同樣對於純 $B$ 的分子，可寫成

$$r_B\theta_B = k_B(1-\theta_B)P_B \tag{2}$$

於氣體 $A$ 與 $B$ 共存，而對於相同的吸附位競爭吸附時，上面之式 (1) 與 (2) 須改寫成

$$r_A\theta_A = k_A(1-\theta_A-\theta_B)P_A \tag{3}$$

與 $\quad r_B\theta_B = k_B(1-\theta_A-\theta_B)P_B \tag{4}$

上面的二式(3)與(4)之比，為

$$\frac{r_A\theta_A}{r_B\theta_B} = \frac{k_A P_A}{k_B P_B} \tag{5}$$

由式 (5) 解出 $\theta_B$，並代入式 (3) 經整理，可得

$$\theta_A = \frac{(k_A/r_A)P_A}{1+(k_A/r_A)P_A+(k_B/r_B)P_B} = \frac{K_A P_A}{1+K_A P_A+K_B P_B}$$

同樣，由式 (5) 解出 $\theta_A$，並代入式 (4) 經整理，可得

$$\theta_B = \frac{(k_B/r_B)P_B}{1+(k_A/r_A)P_A+(k_B/r_B)P_B} = \frac{K_B P_B}{1+K_A P_A+K_B P_B}$$

其中， $K_A = k_A/r_A$ 及 $K_B = k_B/r_B$ ◀

**例 11-9** 分子被吸附劑的表面吸附時，分子產生解離的吸附者，稱為解離吸附。試導解離吸附之 Langmuir 吸附等溫式

(解) 分子於吸附劑之表面產生解離吸附時，通常需要吸附表面之二鄰近的吸附位，因此，分子碰撞表面而被吸附之可能率，與壓力及其吸附的鄰近位置之可用性 (空位率) 成比例，而可表示為 $k(1-\theta)^2 P$。脫附之可能率與其吸附之鄰近位置被覆蓋的可能率成比例，而可表示為 $r\theta^2$。因此，於平衡時

$$r\theta^2 = k(1-\theta)^2 P$$

或 $$\frac{\theta}{1-\theta} = \frac{k^{1/2} P^{1/2}}{r^{1/2}}$$

所以 $$\theta = \frac{KP^{1/2}}{1+KP^{1/2}}$$

其中， $K = (k/r)^{1/2}$ ◀

# 11-16　BET 多層吸附理論 (BET Multilayer Adsorption Theory)

物理的吸附通常為**多分子層的吸附** (multimolecular adsorption)。Brunauer, Emmett 及 Teller 於 1938 年，共同提出 BET **多層吸附** (multilayer adsorption) 的理論，而導得多分子層吸附等溫式。他們假定吸附於固體吸附劑的表面之分子，於吸附劑的表面形成多分子層，且其中的某一層之吸附的分子與其上一層的分子間，成立如 Langmuir 理論之吸附平衡。同時如 Langmuir 的假定，假設固體吸附劑之表面均勻，而有**局限的吸附位** (localized sites)，且其某吸附位吸附

分子時，不會影響其鄰近的吸附位對於分子之吸附性質。此外，並假設吸附劑的表面之吸附位，可直接吸附氣體分子，且被吸附的分子可繼續吸附 (結合) 其他的分子，以形成第 2，第 3，……，第 $i$，……等分子層，而其用以吸附第 $i$ 層的分子之表面積爲，吸附 $(i-1)$ 分子層之面積，及第 1 分子層於吸附劑表面的吸附之吸咐能 $E_1$，爲一一定的常數，而吸附第 2 分子層以上的各層之吸附能，均等於被吸附氣體之 **液化能** (energy of liquefaction) $E_L$。

　　設固體吸附劑之表面積爲 $A_s$，而其中吸附 $0,1,2,\cdots,i,\cdots$ 分子層之面積分別爲 $s_0,s_1,s_2,\cdots,s_i,\cdots$，則其表面積 $A_s$ 等於吸附各種分子層之面積的和，而可表示爲

$$A_s = \sum_{i=0}^{\infty} s_i \tag{11-85}$$

依據 Langmuir 之相同想法，吸附劑的表面於氣體壓力 $P$ 下之吸附平衡，由式 (11-78) 可寫成

$$\frac{P N_A s^* (1-\theta)}{(2\pi MRT)^{1/2}} = k_d O \exp\left(\frac{\Delta_{ads} H}{RT}\right) \tag{11-86}$$

對於第 1 分子層之吸附平衡，上式 (11-86) 中的 $1-\theta = s_0$，$O-s_1$，及 $\Delta_{ads} H = E_1$。因此，於恆溫平衡時，上式 (11-86) 可寫成

$$a_1 P s_0 = b_1 s_1 \exp\left(\frac{E_1}{RT}\right) \tag{11-87}$$

上式中，$a_1 = N_A s^*/(2\pi MRT)^{1/2}$，$b_1 = k_d$。

　　同理，對於吸附 2 分子層，…，$i$ 分子層，…等各分層之吸附，其各分子層之吸附平衡，可各別表示爲

$$a_2 P s_1 = b_2 s_2 \exp\left(\frac{E_L}{RT}\right)$$

$$\cdots\cdots$$

$$a_i P s_{i-1} = b_i s_i \exp\left(\frac{E_L}{RT}\right) \tag{11-88}$$

$$\cdots\cdots$$

上面的各式中，$a_i$ 及 $b_i$ 均爲與表面的性質及氣體分子的種類有關的常數。設於 $1\,cm^2$ 的表面蓋滿單一分子層之氣體的量，換算成 0°C 及 1 atm 時之容積爲 $\upsilon_0$，則被吸附的氣體之總容積，換算成 0°C 及 1 atm 時之容積 $\upsilon$，可表示爲

$$v = v_0 \sum_{i=0}^{\infty} i\, s_i \tag{11-89}$$

由式 (11-85) 與 (11-89) 相除，可得

$$\frac{v}{v_0 A_s} = \frac{v}{v_m} = \frac{\displaystyle\sum_{i=0}^{\infty} i\, s_i}{\displaystyle\sum_{i=0}^{\infty} s_i} \tag{11-90}$$

上式中， $v_m = v_0 A_s$ ，即為固體吸附劑的全部表面積，均吸附氣體分子而形成單一分子層時，其所吸附氣體體積，換算成標準狀況（0°C 及 1 atm）下之容積。

第二分子層以上的各吸附表面之性質均相同，即均為相同的吸附氣體的分子。因此，可假設， $a_2 = a_3 = \cdots = a_i = \cdots$ ，及 $b_2 = b_3 = \cdots = b_i = \cdots$ ，而可設

$$\frac{b_2}{a_2} = \frac{b_3}{a_3} = \cdots = \frac{b_i}{a_i} = \cdots = g : \text{常數} \tag{11-91}$$

而由式 (11-88)，可得

$$s_i = \frac{a_i}{b_i} P \exp(-E_L / RT) s_{i-1} \tag{11-92}$$

設

$$\frac{P}{g} \exp(-E_L / RT) \equiv x \tag{11-93a}$$

及

$$\frac{a_1}{b_1} P \exp(-E_1 / RT) \equiv y \tag{11-93b}$$

則由式 (11-87) 及 (11-92)，可得

$$s_1 = y s_0 ,\ s_2 = x s_1 ,\ s_3 = x s_2 ,\ \cdots,\ s_i = x s_{i-1} ,\ \cdots \tag{11-94}$$

並由此，可得

其中

$$\left.\begin{array}{l} s_i = x s_{i-1} = x^2 s_{i-2} = \cdots = x^{i-1} s_1 = x^{i-1} y s_0 = c x^i s_0 \\[2mm] c = \dfrac{y}{x} = \dfrac{a_1}{b_1} g \exp[(E_L - E_1) / RT] \end{array}\right\} \tag{11-95}$$

將上式 (11-95) 代入式 (11-90)，可得

$$\frac{\upsilon}{\upsilon_m} = \frac{cs_0 \sum\limits_{i=1}^{\infty} i x^i}{s_0 \left(1 + c \sum\limits_{i=1}^{\infty} x_i^i\right)} \tag{11-96}$$

由於

$$\sum_{i=1}^{\infty} x^i = x + x^2 + x^3 + \cdots = \frac{x}{1-x} \tag{11-97}$$

及

$$\sum_{i=1}^{\infty} i x^i = x \frac{d}{dx} \sum_{i=1}^{\infty} x^i = \frac{x}{(1-x)^2} \tag{11-98}$$

將式 (11-97) 及 (11-98) 代入式 (11-96)，可得

$$\frac{\upsilon}{\upsilon_m} = \frac{cx}{(1-x)[1+(c-1)x]} \tag{11-99}$$

或

$$\frac{x}{\upsilon(1-x)} = \frac{1}{c\upsilon_m} + \frac{(c-1)x}{c\upsilon_m} \tag{11-100}$$

氣體之壓力 $P$ 等於實驗溫度之飽和蒸氣壓 $P*$ 時，其吸附量 $\upsilon$ 接近於無窮大。因此，當 $P \to P*$ 時，$\upsilon \to \infty$，而由式 (11-99) 可得，$x = 1$，此時，式 (11-93a) 可寫成

$$1 = \frac{P*}{g} \exp(-E_L / RT) \tag{11-101}$$

由式 (11-93a) 除以式 (11-101)，可得

$$x = \frac{P}{P*} \tag{11-102}$$

將上式 (11-102) 代入式 (11-99)，可得

$$\frac{\upsilon}{\upsilon_m} = \frac{c(P/P*)}{(1-P/P*)[1+(c-1)P/P*]} = \frac{cPP*}{(P*-P)[P*+(c-1)P]} \tag{11-103}$$

上式之兩邊各乘以 $[P*+(c-1)P]\dfrac{1}{\upsilon c P*}$，可得

$$\frac{P}{\upsilon(P*-P)} = \frac{1}{\upsilon_m c} + \frac{(c-1)}{\upsilon_m c} \cdot \frac{P}{P*} \tag{11-104}$$

上式 (11-104) 即為 BET 吸附等溫式，於一定的溫度時，其中的 $c$ 為常數。由上式 (11-104) ，以 $P/[v(P*-P)]$ 對 $P/P*$ 作圖，可得斜率 $(c-1)/v_m c$ 之直線，而其截距為 $1/v_m c$。因此，由 $P$ 與 $v$ 之實驗值，可求得其 $v_m$ 及 $c$ 值。

由式 (11-93) 可得，$c$ 為

$$c = \frac{a_1}{b_1} g \exp[(E_L - E_1)/RT] = \frac{a_1}{b_1} \cdot \frac{b_2}{a_2} \exp[(E_L - E_1)/RT] \tag{11-105}$$

於上式中，假定 $a_1 b_2 / b_1 a_2$ 接近於 1 時，可得

$$c \doteq \exp[(E_L - E_1)/RT] \tag{11-106}$$

由於氣體之液化能 $E_L$，與其蒸發熱之大小相等而符號相反，因此，由上式 (11-106) 可求得吸附能 $E_1$。以 $c$ 為參數，由 BET 的理論所計算，各種 $c$ 值之 $v/v_m$ 與 $P/P*$ 的關係，如圖 11-22 所示。

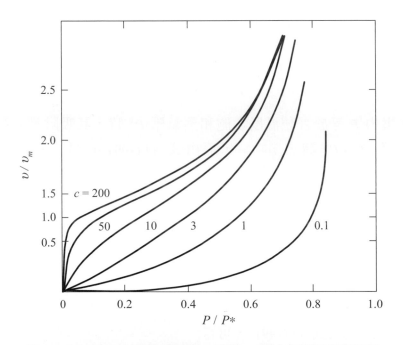

圖 11-22　由 BET 理論所計算，各種 $c$ 值之多層吸附等溫線

固體粉末(或吸附劑)等之表面積，可由上述所求得的 $v_m$ 值計算。例如，吸附劑對於 $N_2$ 的氣體之吸附時，設 $N_2$ 的一分子所佔之表面積為 $w\,cm^2$ ( 於 $-195°C$ 時，$w = 16.2 \times 10^{-20}\,m^2$ )，由於 $N_2$ 於標準狀態下之莫耳容積為 $22,400\,cm^3 mol^{-1}$，由此，吸附劑之表面積 $A_s$，可表示為

$$A_s = w \times \frac{\upsilon_m}{22400} \times 6.02 \times 10^{23} \text{ cm}^2 \tag{11-107}$$

假設 $N_2$ 的分子為半徑 $r$ 的球形，且於吸附劑的表面上，以最密的充填成單一分子層，如圖 11-23 所示。此時於邊長 $2r$ 之正六邊形內，共可排列 3 分子的 $N_2$，而此正六邊形的面積等於 $6(1/2)(2r)\sqrt{3}\,r$，由此，每一分子所佔之表面積 $w$，可表示為

$$w = \frac{6\left(\dfrac{1}{2}\right)(2r)\sqrt{3}\,r}{3} = 2\sqrt{3}\,r^2 \tag{11-108}$$

實際上，$N_2$ 的分子並非球形。

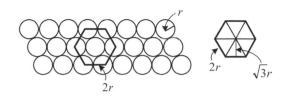

圖 11-23　分子於表面上之最密的充填排列

於上面的 BET 吸附等溫式 (11-104) 之誘導過程中，曾假定氣體於吸附劑的表面被吸附，而可形成無限多之分子層。若吸附劑之表面由垂直其表面的許多吸附細孔所形成，而於產生吸附時，被吸附的氣體分子於這些細孔內產生凝結，則此種吸附只能達至一定厚度的多分子層。若假設吸附至 $n$ 分子層，則式 (11-97) 及 (11-98) 應改為

$$\sum_{i=1}^{n} x^i = \frac{x - x^{n+1}}{1 - x} \tag{11-109}$$

及
$$\sum_{i=1}^{n} i\,x^i = x\frac{d}{dx}\sum_{i=1}^{n} x^i = x\frac{1 - (n+1)x^n + nx^{n+1}}{(1-x)^2} \tag{11-110}$$

將式 (11-109) 及 (11-110) 代入式 (11-96)，可得 $\upsilon/\upsilon_m$ 為

$$\frac{\upsilon}{\upsilon_m} = \frac{cx}{1-x} \cdot \frac{1 - (n+1)x^n + nx^{n+1}}{1 + (c-1)x - cx^{n+1}} \tag{11-111}$$

若為單一分子層的吸附，即 $n=1$，則上式 (11-111) 可化簡成

$$\upsilon = \frac{\upsilon_m c x}{1-x} \cdot \frac{(1-x)^2}{1+(c-1)x-cx^2} = \frac{\upsilon_m c x}{1+cx} = \frac{\upsilon_m c \dfrac{P}{P*}}{1+c\dfrac{P}{P*}} \tag{11-112}$$

即上式與前述之 Langmuir 的吸附等溫式完全相同，而其中的 $K=c/P*$。由此得知，Langmuir 吸附等溫式為，BET 吸附等溫式的 $n=1$ 時之特例。

　　吸附劑於一定的溫度下之吸附量 $\upsilon$，與被吸附物之吸附平衡壓力 $P$ (或濃度) 的關係曲線，稱為**吸附等溫線** (adsorption isotherms)。由實驗得知，氣體分子於固體吸附劑的表面上之吸附等溫線，大致可分成如圖 11-24 所示的五種類型，而其各種類型之吸附等溫線，均可由 BET 的多層吸附的理論說明。第 I 種類型為化學吸附之吸附等溫線，而 I 至 V 之五種類型可能為物理吸附。Frendlich 的吸附式 (11-72) 僅適用於類型 I、II 及 IV 之較低壓力部分的吸附，而於較高壓力的部分，需用其他的吸附等溫式如 BET 式 (11-104) 說明。Langmuir 吸附等溫式僅適用於類型 I，及類型 II 之壓力低於 B 點的部分，即於吸附劑的表面上僅吸附單一分子層之吸附。

　　氫氣於 273 K 之於木炭上的吸附，及氮於 –195°C 之於細小孔隙的活性碳上的吸附，均屬如圖 11-24 所示之類型 I，為形成單一分子層的吸附。第 II 類型之吸附例最多，此種吸附時其 $E_1 > E_L$，例如，氮於 –195°C 之於鐵或**矽膠** (silica gel) 上的吸附，即屬此類型 II，為於非孔性的固體吸附劑表面上之多分子層的物理吸附。第 III 類型之實例很少，此時其 $E_1 < E_L$，溴於 79°C 之於矽膠上的吸附，其 $E_1$ 與 $E_L$ 大致相等，即其 $c$ 值約等於 1。第 IV 與 V 類型均為，於吸附劑的表面毛細管(孔)內形成多分子層的吸附，而有一定的飽和吸附量，其中類型 IV 為 $E_1 > E_L$，如苯於 50°C 之於氧化鐵凝膠上的吸附，其吸附曲線於較低的壓力部分如化學吸附形成單一分子層，而經水平的部分後其吸附量隨壓力的增大而增加，此顯示被吸附物於多孔性的吸附劑表面之毛細孔內產生凝結。類型 V 的吸附時，其 $E_1 < E_L$，如水蒸氣於 100°C 之木炭上的吸附，其吸附曲線顯示，其第一吸附層的吸附力較弱。

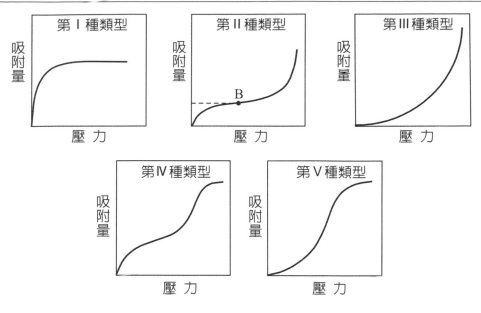

圖 11-24　各種類型之吸附等溫線

　　BET 的吸附等溫式，雖然可廣泛應用於吸附方面的研究，及固體表面積之測定，但 BET 的理論仍有一些與實際不符合的假定。例如，假設第二分子層以上之吸附能，均等於氣體之液化能 $E_L$，然而，於 BET 理論式之誘導時，假設分子被吸附於孤立分子的頂端，而液化時分子實際上是與其周圍的 12 分子鄰接，此顯然與假設不符合。於誘導 BET 式時，亦假設固體吸附劑之表面為均勻，然而，吸附劑之實際的表面為不均勻，及由於缺乏液體之正確完整的理論，至今仍沒有完整精確的吸附等溫式。編著者認為可由實驗求得，第一分子層之吸附熱與吸附劑表面覆蓋率 $\theta$ 的關係，而由此可求得該吸附劑之吸附能與 $\theta$ 的關係式，$E_1 = f(\theta)$，以表示其吸附表面的不均勻性。由於經此對於吸附劑的表面之不均勻性的修正，應可導得，該吸附系之較符合實際情況的吸附等溫式。

## 11-17　多孔性固體上的吸附 (Adsorption on Porous Solids)

　　吸附劑為多孔性的固體時，被其吸附的物質可能於其孔洞內產生凝結，此種過程稱為**毛細管凝結** (capillary condensation)，而發生毛細管凝結的吸附時，其吸附等溫線可能會顯現**歇斯特里性** (hysteresis) 或遲滯的現象。如於 11-3 與 11-4 節所討論，凹形的液面之蒸氣壓較水平的液面者小，因此，被吸附物於較吸附實驗溫度之其飽和蒸氣壓低的壓力下,於吸附劑之毛細管內凝結成為液體。若液體可完全濕潤毛細管壁,則其接觸角等於零,而呈凹形的液面。壓力 $P$ 的氣體於較其臨界溫度低之溫度下,與多孔性的固體接觸時,氣體於毛細孔內產生凝結吸附所需之細孔的半徑,比由 Kelvin 式 (11-23) 所計算之毛細管的半徑 $r$ 小,其吸附等溫線如圖 11-25(a) 所示,其中的 $P'$ 為氣體於均勻的多孔性細孔半徑 $r_t$ 之固體吸附劑,產生毛細管的填充凝結吸附時,由式 (11-23) 所計算之氣體壓力。實際上,多孔性的固體吸附劑之孔徑,通常不均勻而成某種分佈,所以其吸附等溫線通常有斜率較小的第二階段。多孔性的固體吸附劑,於吸附氣體產生毛細管凝結時,其吸附等溫線會顯現遲滯的現象,如圖 11-25(b) 所示,自低壓逐次增加壓力時,所量測的吸附量之吸附等溫線,與自高壓逐次降低壓力時,所量測的吸附量之脫附曲線,顯現各經由不同的途徑。

如圖 11-24 所示之第 I 種類型的 Langmuir 吸附等溫線,通常不會發生吸附與脫附的遲滯現象。多孔性的固體之吸附與脫附等溫線的遲滯現象,如圖 11-25(b) 所示,於壓力沿 $(A'B'C'D')$ 上升時,吸附劑於某壓力之吸附量,較於壓力沿 $(D'E'B'A')$ 下降時之吸附量少,而此種遲滯的現象通常可以實驗再現。如圖 11-25(b)所示之 $A'$ 至 $B'$ 的附近為 Langmuir 的單一分子層吸附,而 $B'C'D'$ 為毛細管內的凝結吸附。於壓力自 $B'$ 經 $C'$ 增加至 $D'$ 時吸附過程,被吸附的氣體自吸附劑之孔徑較小的細孔至較大的細孔,以序逐次填滿,而於壓力自高壓力逐次減低時,沿曲線 $D'E'B'$ 的途徑產生脫附,此種遲滯的現象,係凝結的液

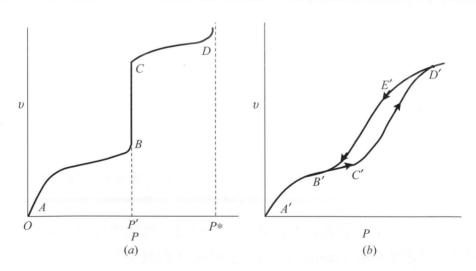

圖 11-25　(a) 均勻細孔的多孔性固體之吸附等溫線,(b) 多孔性固體之吸附等溫線的遲滯現象

體於新的毛細管壁之接觸角，與已被潤濕過的毛細管壁之接觸角不相等所致。液體填充於新的細孔時，液體與細孔壁之接觸角稱為前進接觸角，而於脫附時其細孔壁已被填充的液體潤濕過，由此，其此時的接觸角，稱為後退接觸角。由於後退的接觸角小於前進的接觸角，因此，脫附時的毛細孔內的凹型液面之曲率半徑，比吸附時小，所以其平衡蒸氣壓亦較小。

　　上述多孔性的固體吸附劑之吸附遲滯的現象，亦可用 "**墨水瓶** (ink bottle)" 的理論解釋；即細孔之出口處較其內部狹窄時，被吸附物填入細孔而被吸附之壓力，係由其最寬處的細孔半徑決定，而於脫附時之壓力相當於其最小細孔頸處之壓力。

　　細孔壁可完全被凝結的液體潤濕，而 Kelvin 式 (11-23) 可成立時，可由圖 11-25(b)的曲線上的 $B'$ 或 $C'$ 點之壓力，計算細孔之半徑 $r$。例如，由圖上的 $B'$ 點之壓力計算所得之 $r$ 約為 $10 \sim 20 Å$，而乙醇的分子之半徑約為 $3Å$，即細孔之半徑為此值之 $3 \sim 6$ 倍，且此時 Kelvin 式不一定能成立。因此，其吸附量由 $C'$ 點開始隨壓力的增加而增加的現象，並非由於毛細管凝結，而可視為多分子層的吸附。

　　吸附科技於日常生活與各領域的研究，及於工業上之應用的範圍甚為廣泛。例如，於實驗室常利用多扎性固體吸附劑的吸附，以儲存液態空氣或液態氫。Dewar 容器之真空的器壁間，常填置如活性碳的吸附劑，以吸附其間的物質蒸氣，以保持器壁間的真空度，並防止熱量之傳導或對流。反應氣體的分子於固體觸媒表面的吸附，為非均勻系的氣相觸媒反應之重要的過程。於**防毒面具** (gas masks) 內，通常填置活性碳或一系列的吸附劑，以去除各種毒性氣體及淨化所吸入的空氣。若於防毒面具內填置，可氧化 CO 成為 $CO_2$ 的反應之活性甚強的 $3nm$ 微粒的 Au 觸媒，則可作為火災場之專用的防毒面具。於工業上亦常使用吸附劑，自含溶劑的空氣，或混合氣體中吸附回收其內所含的各種溶劑。

　　於製糖、麥芽糖、果糖及胺基酸等許多有關工業，常使用活性碳及離子交換樹脂等，以吸附去除溶液中的有色物質或回收有用的產物，以提升產品之品質及生產的效率。於食用油(沙拉油)的精製程序中，使用活性白土的吸附劑脫色，以去除油中所溶解之有色物質。吸附技術亦常應用於**維生素** (vitamins)、中草藥、天然物及**其他許多生物物質** (biological substances) 等的回收、分離與濃縮，及層析分析與分離等。例如，葡萄糖與果糖之平衡常數接近於 1，因此，於葡萄糖由其異構化酵素的轉化，由葡萄糖生產果糖之製程中，使用鈣型的離子交換樹脂為吸附劑，以層析分離的方法，分離葡萄糖與果糖的混合溶液內之其各成分，以生產高濃度與高純度的果糖產品，及提升其產率。

# 11-18 層析法 (Chromatography)

層析分離的方法於 1906 年，由蘇俄的植物學家**茲維特** (M.S. Tswett) 所創，他將植物之石油醚的萃取溶液，流經裝填碳酸鈣的分離管時，發現其內所溶解的天然葉綠素於分離管內分離且於不同的位置形成帶狀的吸附，而於不同的時間自分離管流出。於此實驗經 30 年後，**柯恩** (R. Künn) 等利用類似的方法，成功地分離得到胡蘿蔔素，由此，層析法漸漸引起學術界的注意，而廣泛應用於天然物的成分之分離、精製及研究。

層析分離的方法，係於均勻管徑的管內，充填固體吸附劑，或於微細粉固體表面吸附覆蓋某特定液體的細粒固體吸附劑，作為**固定相** (stationary phase) 之分離管，並以一定流速之氣體（He 或 $N_2$），或含展開劑的溶液為**移動相** (moving phase)，流經分離管中之固定相時，依吸附劑 (固定相) 對於試料中的各成分之吸附性質的差異，或試料中各成分於固定相與移動相間之分配係數的差異，分離試料中所含各成分的方法。近年來**層析分離法** (chromatographic separation method) 廣泛應用於化學成分及生化與天然物的成分之定性與定量分析及研究外，於工業製程上亦實際應用於，如異構物等性質類似的難分離成分的分離。於層析法中，其中的移動相為氣體時，稱為**氣體層析法** (gas chromatography)。移動相為液體溶液時，稱為**液體層析法** (liguid chromatography)。利用固體吸附劑對於各種物質之吸附性質的差異，以分離各成分者，稱為**吸附層析法** (adsorption chromatography)。

**馬丁** (A.J.P. Martin) 等於 1941 年，深入研究層析分離法之有關理論，而發明利用物質於二液相間之分配係數的差異之**分配層析法** (partition chromatography)，或稱為液體層析法。以濾紙為固定相藉試料中的各成分於各種溶劑與濾紙間的吸附分配的差異，而產生於濾紙內之移動速率的差異，以分離試料中的各成分之方法，為**濾紙層析法** (paper chromatography)。於 1952 年發現，使用氣體為移動相的分配氣體層析法，不僅可用於氣體及液體等各成分的分離及分析，亦可用於揮發性固體成分的分析，為目前最常用的層析分析方法之一。上述的各種層析法之外，於玻璃板上塗佈如矽膠等吸附劑的薄層，作為固定相之**薄層層析法** (thin layer chromatography)，與使用離子交換樹脂作爲固定相之**離子交換層析法** (ion exchange chromatography) 等，亦爲生物化學、醫學、有機化學、化學分析及如中草藥天然物等，各領域之研究不可或缺的分離與分析的方法。於化學工業之製程也常應用層析分離操作，以純化分離如異構物等難分離的物質，例如，石化工業之二甲苯異構物的分離，果糖製程中之果糖與葡萄糖的分離等。各種層析法之原理大同小異，下面以氣體層析法爲例，說明其分離的原理及操作的方法。

氣體層析法(簡稱 GC)之移動相，通常使用如氦或氮等的化學惰性的氣體，作爲**攜帶氣體** (carrier gas)，而其分離管內的固定相，使用微粒的固體吸附劑、或以微粒的固體吸附劑爲載體於其表面上吸附非揮發性的特定液體，或於毛細管壁上塗佈結合特定官能基的液體等。於實際操作時，於注入口注入之試料，由攜帶氣體的遞送，一同流入充填吸附劑或固定相的分離管，此時試料中所含的各種成分，依其於吸附劑之吸附性質的差異，或於移動相與固定相間之分配係數的差異，隨同攜帶氣體流經分離管，並於其過程中產生分離，而試料中所含的各成分，於各不同的時間，隨攜帶氣體流出分離管，並由於分離管之末端所裝設的**檢測器** (detector)，以檢測分別流出的各種成分，而其檢測的訊號由連結之記錄器，可自動記錄其流出的時間與量(面積)。氣體層析儀可單獨使用，亦可與**質譜儀** (mass spectrometer，簡稱 MS) 或**紅外線光譜儀** (infrared spectrophotometer IR) 連結使用。其中的前者爲以質譜儀作爲氣體層析儀之檢測器，而稱爲氣體層析–質譜儀 (GC-MS)。此種儀器廣泛用於化學方面的基礎研究，及天然物或食品等物質內的微量成分，如農藥或毒藥等有害健康物質的檢測。

氣體層析法常以粘度甚小的氣體，如氦或氫氣作爲移動相，由於氣體之擴散係數與液體的擴散係數比較很大，約爲 $10^4 \sim 10^5$ 倍，而其於分離管內之流動阻力很小，因此，試料中的各成分於移動相與固定相間的質傳速率很快，而可快速的分離。含多種成分之混合物，由於利用氣體層析法，可於甚短的時間內分離測定其內所含的各成分。使用毛細分離管的氣體層析儀時，含百多種成分的烴類混合物，由於一次的分離測定實驗，就可分離並分析其內所含的各成分。於氣體層析法所用的分離管之理論板數通常很大，由此，一般可有效分離及分析性質甚接近之各種成分，如異構物及同位素等。於層析法所需的試料量很少，通常少於 $10^{-2}\,\mu L$，而完成一次的 GC 分析所需的時間，通常只需幾分鐘至幾十分鐘。

　　圖 11-26 所示者，係於均勻的管內，填充以固態吸附劑為**載體** (support)，而於其表面上吸附非揮發性的特定液體之固定相，作為分離管，於注入口注入試料 $A$ 經加熱時，A 產生氣時化並隨攜帶氣體遞送流入分離管，而試料 $A$ 於分離管內與所填充的固定相接觸時被吸附，且於固定相與移動相間作一定比例的分配。於攜帶氣體遞送試料 $A$ 流經分離管內之固定相中，試料 $A$ 被固定相吸附形成如圖示的吸附層 $A$，而繼續流入的攜帶氣體使吸附於固定相的 $A$ 產生脫附，並再逸入氣相，因此，經由此種吸附與脫附的連續過程，試料 $A$ 於固定相之吸附層隨攜帶氣體之繼續流入，而逐次移動至固定相的較後位置。如此，隨攜帶氣體之繼續流入，試料 $A$ 於固定相與攜帶氣體間逐次連續產生"吸附與脫附"的過程並向前移動。因此，試料 $A$ 之吸附層於分離管內緩慢移動，而 $A$ 的吸附層移至分離管的末端時隨同攜帶氣體流出。由此，可得如圖 11-26 的右邊所示的濃度-時間之層析圖。

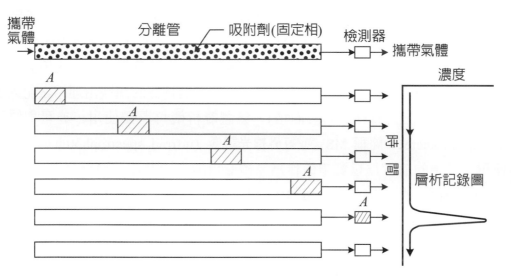

圖 11-26　單一物質 $A$ 之層析圖

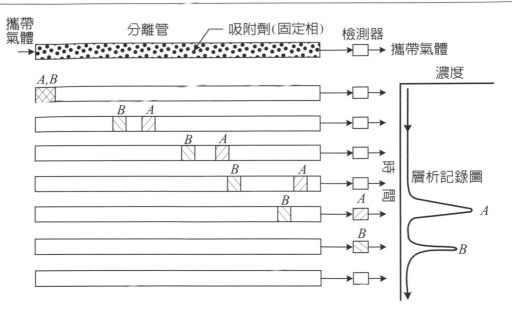

圖 11-27　二成分 *A* 與 *B* 之層析圖

　　若試料爲含 *A* 與 *B* 二種成分的混合物時，則其內的成分 *A* 與 *B*，各按其於固定相與移動相間之分配係數的大小，依序分別隨攜帶氣體流出分離管，如圖 11-27 所示。自試料成分進入分離管至其流出所經歷的時間，俱爲該試料成分之**滯留時間** (retention time)。各成分之滯留時間隨攜帶氣體之種類與流速、分離管之長度與溫度、固定相及該成分之種類而定。於一定的攜帶氣體之流速與溫度及固定相下，由檢測器所檢測，該成分於分離管內之滯留時間，可作爲該成分物質之定性分析，而由記錄器所得層析圖之波曲線下面的面積，可定量該成分物質之含量。

　　層析分離法廣泛應用於，性質類似的難分離物質之分離，尤其對於生化物質及極微量的放射性物質等的分離及檢出很有用。層析分離的方法如上述，係基於各種物質之吸附特性，及各種物質於氣–液或液–液二相間之分配比的差異，或各種物質之擴散速率的差異，而分離各種物質，爲一非常有效率的分離方法。混合物中之各成分的分子，經一連串的吸附與脫附的過程，而其中的吸附較強及吸附速率較快之成分，於分離管內之移動速率較慢。一般的層析圖上所顯現的波峰之位置，與其吸附平衡有關，而其波峰的寬度與其動力參數，及如擴散、流動、**攪流** (turbulance) 等質傳程序有關。攜帶氣體(移動相)之流動速率愈慢時，各成分於層析管內達至平衡之每一分離步驟愈靠近，而其分子的擴散速率會影響其層析圖之波峰的寬度。使用較細小顆粒的吸附劑時，可較快速達成平衡，因此，可增加移動相之流速，但此時需要較大的壓力以達所需之流速。

　　離子交換樹脂的層析分離，常用於溶液中的離子之分離與去除外，於工業製程上，亦常用於溶液之脫色與有用物質的回收，及製程用水的較高次級的處理等。

# 11-19　膠　體 (Colloids)

　　有些物質不溶於溶劑，而可細分成 10Å 至 $10^4$ Å 的微小粒子，穩定均勻分散於溶劑中。Thomas Graham 於 1861 年，觀測溶液中之微小粒子的擴散現象時，發現如蛋白質、橡膠、澱粉、**多醣類** (polysaccharides)、氫氧化鐵、氫氧化鋁等物質，不能通過羊皮製的**半透膜** (semipermeable membrane)，並發現這些物質之性質類似膠質，而稱為**膠體** (colloids)，膠體的名詞源於希臘文的**類似膠** (gluelike) 之意。另一類較低分子量之結晶物質，如食鹽與蔗糖等，由於這些可形成結晶的物質於其水溶液中，均可通過半透膜，而稱此類結晶性物質為**晶體** (crystals)。因此，以可通過晶體而不能通過膠體的半透膜，隔離含膠體及晶體之溶液與其溶劑時，由於溶液中之晶體可通過半透膜而容易去除，由此，此種利用半透膜以去除，膠體溶液中的較低分子量之晶體物質的離子之方法，稱為**透析** (dialysis)。於透析常使用的透析膜為，由低硝化度(氮含率約 11~12%)的硝酸纖維素溶解於乙醚與乙醇的混合溶劑之溶液，即所謂**火棉膠** (collodion) 製成的薄膜，其他於工業上實際常用之透析薄膜，如**賽珞凡** (cellophane) 或俗稱玻璃紙，為再生纖維素的薄膜，及 Visking 薄膜等。市販的薄膜，通常均會註明其孔隙的大小，以便按去除離子的大小，作適當的選擇。

　　膠體與晶體可由其粒子的大小區別，晶體的分子之直徑一般小於 10Å，而膠體粒子之直徑，通常於 10Å 至 $10^4$ Å 之間。超過膠體粒子大小範圍之直徑大於 $10^4$ Å 的粒子，一般可用顯微鏡直接觀察，其於溶液中之沈降的情況，這些粒子於溶劑中由於受重力的作用，而會緩慢沈降，因此，僅能暫時性的懸浮於溶劑中，此種溶液稱為**懸浮液** (suspension)。例如，將泥土與水之攪拌混合液靜置時，其懸浮液中之泥土會逐漸與水分離而產生沉澱。

　　膠體由其形成的方法，大致可分成三類：(1) 結構與**整體固體** (bulk solid) 相同的微粒，均勻分散於溶劑中所構成者，(2) 由較小之分子凝集，而成為膠體粒子的大小者，(3) 分子的大小屬於膠體粒子之範圍者。例如，固體的金於水溶液中，利用電極放電**分散** (dispersion) 成為微粉粒分散於水溶液中者屬於第一類，肥皂及清潔劑等界面活性劑之水溶液，為屬於第二類，於此類的分子內含有疏水的部分與親水部分，而其各分子之疏水部分(基)於水溶液中凝集形成膠體的**微胞** (micells)，此種膠體微胞通常含成百的分子，且其各分子的疏水部分於微胞內聚集，而親水部分(基)均各指向外排列 (參閱於 11-12 節之圖 11-31)。蛋白質與高分子聚合物等均屬於第三類，此類物質之分子，一般藉**共價鍵** (covalent bonds) 的結合，其分子的大小等於膠體粒子之大小的範圍。蛋白質與生物內其他巨大分子，如**脫氧核酸** (deoxynuclic acid, DNA) 等，對於瞭解生物組織內之化學過程，及合成高分子聚合物於工業及日常生活上的應用等均甚為重要。

　　膠體為溶質分散於溶劑之**分散系** (dispersed system)，其中的溶質稱為**分散相** (dispersed phase)，溶劑稱為分散媒或**分散介質** (dispersed medium)。分散系依其分散相與分散介質的狀態，可分成如表 11-6 所示的八種類型，其中較重要而常見者為**溶膠** (sols)、**凝膠** (gels) 及乳膠或**乳液** (emulsion) 等三種類型。

表 11-6　膠體分散系之種類

| | 分散相 | 分散介質 | 名　稱 | 實　例 |
|---|---|---|---|---|
| 1 | 液　體 | 氣　體 | 液體氣溶膠 (aerosol) | 雲、霧、水氣、液狀噴霧 |
| 2 | 固　體 | 氣　體 | 固體氣溶膠 (aerosol) | 煙、煙幕、灰塵 |
| 3 | 氣　體 | 液　體 | 泡沫 (foam) | 肥皂泡、啤酒泡、汽水泡 |
| 4 | 液　體 | 液　體 | 乳膠體 (emulsoid) 或 乳液 (emulsion) | 膠水、農藥、油分散於水中 牛奶、豆漿、化妝乳液 |
| 5 | 固　體 | 液　體 | 溶膠 (sols) 或 懸膠體 (suspensoids) | 油漆、牙膏、 金之懸浮液（金溶膠） |
| 6 | 氣　體 | 固　體 | 固態泡沫 (solid foam) | 浮石、泡銅、鎳吸附氫 |
| 7 | 液　體 | 固　體 | 凝膠 (gels) | 果凍、果醬、矽凝膠 |
| 8 | 固　體 | 固　體 | 固態凝膠 (solid gels) | 紅寶石、彩色玻璃、彩釉 |

## 11-20 溶 膠 (Sols)

固體的微粒分散於液態的介質者，稱為**溶膠** (sols)，一般可分為**親媒性的溶膠** (lyophilic sols) 及**疏媒性的溶膠** (lyophobic sols) 二類。親媒性的溶膠之分散相，與其分散介質間的作用較強，此種溶膠一般較為安定，而容易形成**媒合** (solvation)，例如，糊化的澱粉液、蛋白質的水溶液、及聚苯乙烯之苯溶液等。疏媒性的溶膠之分散相，與其分散介質間的作用較弱，由此，此種溶膠的穩定，通常須靠分散相所帶同符號電荷的靜電相斥作用。例如，金的微粉粒之溶膠、無機鹽類之溶膠等。於疏媒性的溶膠中加入強的電解質時，由於其靜電被強電解質之離子所帶的相反符號的電荷中和，而失去其互相的靜電排斥力，因此，其分散相會從分散介質中沉澱析出，此種現象稱為**凝聚** (coagulation)，例如，金屬的微粒及硫化物等，所形成的溶膠為疏媒性的溶膠，於其內僅加入少量的強電解質，就會使分散相凝聚而產生沉澱。若分散介質為水時，則上述的二種溶膠分別稱為，**親水性溶膠** (hydrophilic sols) 及 **疏水性溶膠** (hydrophobic sols)，此二類的溶膠在工業及日常生活上之應用，均甚為重要。例如，金屬醇化合物，於水中之水解所生成的溶膠，常應用於該金屬氧化物的微粒及其無機薄膜之製備。於疏水溶膠中加入少許的**明膠** (gelatin)、**動物膠** (animal glue) 或**酪素** (casein) 等親水性溶膠時，通常可防止疏水性溶膠的產生凝聚沉澱，而此類物質稱為**保護的膠體** (protective colloids)。

## 11-21 凝 膠 (Gels)

液體分散於固態的介質中者，稱為**凝膠** (gels)，而其形成的過程稱為**膠化** (gelation)。凝膠的製備方法可分成， (1) 冷卻法，(2) 複分解法，及 (3) 改變溶劑法等三種方法。例如，寒天 (俗稱洋菜) 與明膠等凝膠，為以第一種方法，即於水中加入固態介質，經加熱攪拌均勻分散後冷卻而成。**矽酸凝膠** (silicic acid gels) 之製備可用第二種的方法，於矽酸鈉的水溶液中加入酸產生複分解反應，及經由**水化反應** (hydration) 而膠化形成固態凝膠。其他許多種類的凝膠均採用第三種的方法，即於其溶液中加入不溶解的溶劑，以形成凝膠，例如，醋酸鈣可溶於水而不溶於酒精，因此，於醋酸鈣的水溶液中加入酒精時，會析出醋酸鈣並分散形成膠態，而於凝固時形成醋酸鈣中含液體的凝膠。

　　凝膠由其外觀，可分成**彈性** (elastic) 與**非彈性** (nonelastic) 的兩類：彈性的凝膠如洋菜及明膠等，此類凝膠經完全脫水後加入水時，可再恢復成彈性的凝膠。非彈性的凝膠如**矽凝膠** (silica gel)，脫去其中的水分後再加入水時，不能再恢復膠化。此二類凝膠之主要的差別為，前者之組成**纖維** (fibrils) 可**彎曲** (flexible)，因此，於加入水後可以擴展恢復成原來的形狀，而後者之組成纖維的結構**僵硬** (rigid)，因此，於加入水後其結構不能擴展至足以包含所加入的水，而不能恢復成其原來的形狀。因此，脫水的彈性凝膠於水中可吸取大量的水而膨脹，此現象稱為**膨潤** (swelling)，此種凝膠可用作為吸水劑。有些凝膠經久置後，會滲出其內所含的一部分溶劑(水)而縮小其體積，此種現象稱為**脫漿(脫膠)** (syneresis)，如血液之凝固，此種現象可視為膨潤之逆過程。此外，凝膠於油漆工業之應用上常見的**趨流性** (thixotropy) 的性質，為凝膠經攪拌或加熱時，其性質暫時性的轉變成溶膠，而於靜置時再恢復形成原來的凝膠。此種膠態的轉變，通常可繼續且重覆顯現。

# 11-22　乳膠或乳液 (Fmulsion)

　　液體分散於另一種液態介質中之膠體溶液，稱為乳膠或**乳液** (emulsion)。例如，油與水互相不溶解，而經劇烈的攪拌時，雖然可暫時性的形成乳液，但靜置時會再分離成油與水的二液相。若於油與水的二液相內，加入少許的界面活性劑，則可降低其二液相間之界面張力，而形成穩定的乳液。

　　於膠體的溶液射入波長接近於該膠體溶液之分散粒子大小的光線時，光線由於其內的分散粒子的分散，而產生明亮的光線通路，此種現象稱為，**丁道爾效應** (Tyndall effect)，如圖 11-28 所示，而藉此現象可以區分，真溶液與膠體溶液。真溶液中所溶解的溶質之分子，通常小於 $10^{-7}$ cm 而不分散光線，因此，不會產生明亮的光線通路。使用高倍率的顯微鏡可直接觀察，膠體溶液中的分散粒子之運動的行徑，並發現分散粒子不停地作不規則的鋸齒路徑之運動，此稱為**布朗運動** (Brownian motion)，如圖 11-29 所示。膠體粒子由於布朗運動以克服重力的作用，而不會產生沉澱，此為膠體溶液可安定存在的因素之一。

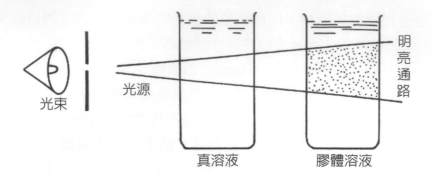

圖 11-28　Tyndall 效應

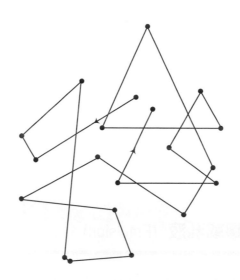

圖 11-29　膠體溶液中的分散粒子之布朗運動

　　膠體溶液中的球形膠體粒子由於布朗運動，於時間 $t$ 內向特定方向之平均的移動距離，Einstein 由三次元的**隨機步行** (random walk) ，而導得下式，即為

$$\overline{\Delta}^2 = \frac{2RTt}{6\pi\eta r N_A} \tag{11-113}$$

上式中，$R$ 為氣體常數，$T$ 為絕對溫度，$\eta$ 為液體之粘性係數，$r$ 為球形膠體粒子之半徑，$\overline{\Delta}^2$ 為某特定方向之**步長平方** (square of the step length) 的平均值，$N_A$ 為 Avogadro 常數。膠體溶液中的分散粒子之擴散係數 $D$，與 $(\overline{\Delta}^2)^{1/2}$ 及時間 $t$ 的關係，可表示為

$$(\overline{\Delta}^2)^{1/2} = (2Dt)^{1/2} \tag{11-114}$$

因此，使用顯微鏡觀察膠體溶液中的膠體粒子，於同一間隔的時間 $t$ ，及於某特定方向之 $\overline{\Delta^2}$，則可由式(11-113)與(11-114)計算，膠體粒子之半徑及擴散係數。膠體溶液之可安定存在之另一重要的因素，為膠體粒子 (分散相) 通常帶有同符號的靜電，而由於其間的靜電排斥力，膠體粒子可安定而不會產生沉澱。此外，分散相與分散介質的媒合作用，亦可使膠體溶液安定存在。

　　互不溶解的二液體中之一液體，分散成小液滴而安定懸浮於另一液體中者，為日常生活常見的所謂乳液。通常於互不溶解的二液體中添加**乳化劑** (emulsifying agent) 以降低其二液體間之界面張力，並使其中的一液體之小液滴安定分散於另一液體中，而形成穩定的乳液。例如，苯與水間之界面張力為 $35\,erg\,/\,cm^2$，而於其內添加油酸鈉 (肥皂) 時，可使其界面張力減至 $2\,erg\,/\,cm^2$，此時所添加的油酸鈉即為苯與水的乳化劑，而可使苯與水形成安定的乳液。肥皂及其他種類的許多清淨劑等，均能減低界面張力而可作為乳化劑外，如**明膠** (gelatin)，**卵白素** (albumin)，**阿拉伯膠** (arabic gum) 及其他種類的**親媒性膠體** (lyophilic colloids)等，均可於乳液中的小液滴或膠體粒子的周圍形成保護膜，使其穩定分散於分散介質中，以防止小液滴或膠體粒子的凝集產生沉澱。

　　乳液可分成二種類型，其一為**油分散於水中** (oil-in-water, 簡寫 O/W)，此為常見之乳液類型，另一類型為**水分散於油中** (water-in-oil, 簡寫 W/O)。所形成安定乳液之類型，一般與其乳液中之水與油的量比，及所添加的乳化劑之種類有關。例如，鈉肥皂可溶於水與油的混合溶液，而形成穩定的 O/W 型乳液。於鈉肥皂為乳化劑的 O/W 型乳液中，添加氯化鈣達至某特定的 $(Ca^{2+})\,/\,(Na^+)$ 比值時，該乳液會由 O/W 型轉變成為 W/O 型，而此時之乳化劑為，由原來的鈉肥皂變為鈣肥皂。

　　乳液中之分散的液滴或粒子，通常帶有陽電荷或陰電荷之特定的靜電，而乳液中之分散液滴或粒子，由於其所帶的同性電荷之互相排斥，而穩定不會產生沉澱。於乳液中加入電解質，或將乳液放置於電場中時，其分散的液滴或粒子所帶的靜電可能會被中和失去其靜電排斥的作用，而產生凝聚。例如，大豆於水中研磨並經過濾所得的乳液 (即豆漿) 中，加入石膏時會產生凝聚並析出豆腐，而與水分離。於乳酪及肥皂等之製造過程中，也常加入電解質如鹽 (NaCl) ，使其乳液產生凝聚並與水分離。自油井汲出的**石油–水的乳膠** (petroleum-water emulsions)，可由於添加特定的電解質以破解其乳化，有時藉機械的攪拌或改變油–水之量比，亦可破壞乳化，而使乳膠產生相分離。

　　許多工業的製程與乳液的生成，如何避免產生乳化，及所產生乳化之破壞等技術，均有密切的關係，尤其乳液的破壞技術於製程的應用甚爲重要。例如，由牛奶分離**奶油** (butter) 的製程爲，屬於 O/W 型乳液的破壞技術的應用。機械的潤滑油、水封油、及於熱交換系統內的油，常由於少量的水而產生乳化，因此，這些系需去除其中之水分以防止產生腐蝕。工業上已研發許多常用的破壞乳化之技術與方法，如離心分離、冷凍、蒸餾、過濾，及添加強電解質及施加電場等，均破壞乳化並使水與油分離。

　　肥皂、洗潔精及清潔劑等界面活性劑，於工業及日常生活上，均常被使用作爲乳化劑，以去除油汙。乳化劑的分子之一端通常爲高極性或離子性 (如鈉肥皂爲離子性) 的親水性基，而另一端爲非極性的疏水基或親油基 (如烴基爲親油基)。乳化劑之高極性的親水基端，通常稱爲**頭部** (head)，而非極性的親油基端稱爲**尾部** (tail)。例如，硬脂酸鈉 (肥皂) 及月桂基磺酸鈉 (合成清潔劑) 之頭部與尾部的結構圖，分別如圖 11-30(a) 與 (b) 所示。

　　油汙通常不溶於水，而於含油汙的水中加入乳化劑時，乳化劑的親水基端均會向水且與水互溶，而其親油基端向油汙並與油汙互溶，如此，乳化劑可將水與油汙連結並形成如乳液狀去除，此種作用稱爲**乳化** (emulsification)，如圖 11-31 所示。

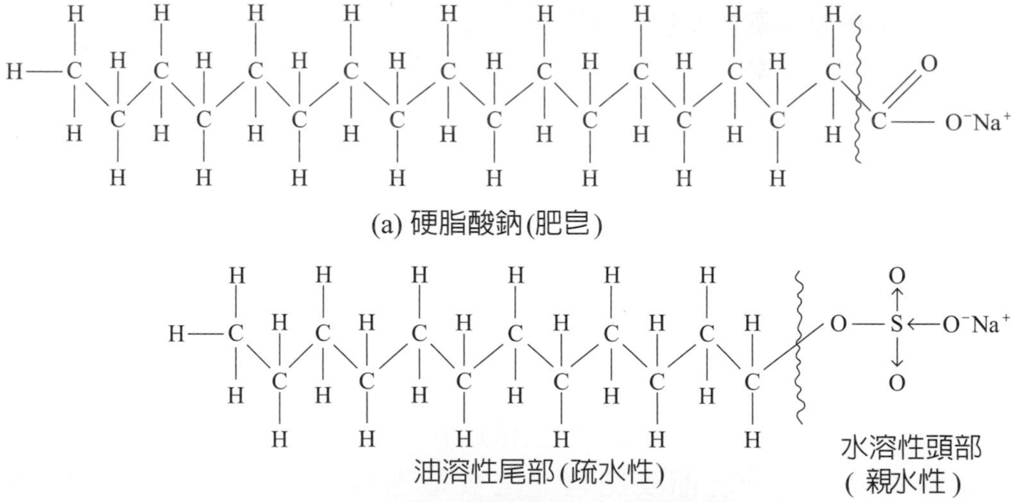

(a) 硬脂酸鈉(肥皂)

(b) 月桂基磺酸鈉(合成清潔劑)

油溶性尾部(疏水性)　　　水溶性頭部（親水性）

圖 11-30　硬脂酸鈉及月桂基磺酸鈉之頭部與尾部的結構

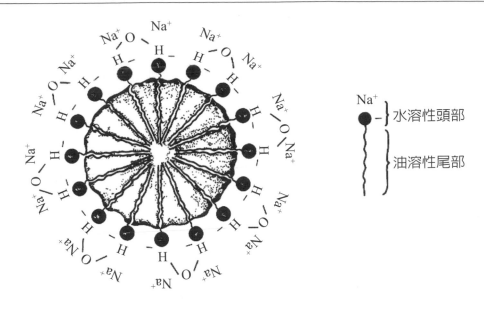

Na⁺ 水溶性頭部

油溶性尾部

圖 11-31　肥皂之乳化作用

　　乳化劑爲**界面活性劑** (surfaceactive agent) 之一種。界面活性劑之種類很多，其應用範圍非常廣。界面活性劑常應用於皮革工業、電鍍工業、農藥工業、石油工業及日常生活等，例如，**清潔劑** (detergents)、油漆**塗料** (paints)、**防水劑** (waterproofing agent)、**潤滑劑** (lubricating agents)，柔軟劑、電鍍助劑、助染劑、靜電防止劑、防鏽劑、殺菌劑、殺蟲劑、石油乳化劑、瀝青乳化劑……等。

　　界面活性劑按其性質大略可分成：(a) **陽離子界面活性劑** (cationic surfactant)，(b) **陰離子界面活性劑** (anionic surfactant)，(c) **兩性界面活性劑** (amphoteric surfactant)，及 (d) **非離子性界面活性劑** (nonionic surfactant) 等四大類。界面活性劑按其用途，亦可分成清潔劑、濕潤劑、乳化劑及分散劑等。

　　一般物質之表面，常吸附並覆蓋一層氣體、液體、或固態的物質，而可去除並取代這些**附著物質** (adhering mateials) 之界面活性劑，稱爲**濕潤劑** (wetting agents)。濕潤劑可被物質的表面吸附，以降低其間的界面張力，且使物質的表面可被液體濕潤。濕潤劑之濕潤過程中，生成**分散** (dispersion) 之**取代膜** (displaced film) 者，稱爲**清潔劑** (detergent)，而清潔劑可用以去除油污或**塵垢** (grime)。最常用的濕潤劑如**脂肪醇類** (aliphatic alcohols)、**磺酸化高級醇類** (sulfonated higher alcohols)、**磺酸化烷基**萘 (sulfonated alkyl naphthalenes) 及各種**肥皂** (soaps) 等。

## 11-23 疏媒性膠體之穩定性 (Stability of Lyophobic Colloids)

膠體粒子所帶的電荷及其與溶劑的媒合作用，對於膠體之穩定性甚為重要。膠體通常由於其內的同符號電荷的膠體粒子間的相互排斥，以免其粒子產生粘結，或於膠體粒子的周圍，由於吸附溶劑分子形成保護膜，使膠體粒子穩定分散，以維持膠體的狀態。疏媒性膠體之分散粒子與分散媒間之相互作用通常很小，而其穩定性端賴膠體粒子間之靜電的相互排斥。

膠體內的分散粒子之穩定性，一般受其共存離子之濃度的影響，於疏水性的膠體內無離子的存在時，一般均不穩定而易產生凝聚並分離。膠體的粒子通常依其所帶的電荷，選擇性的吸附帶其相反電荷的正或負離子，因此，常於膠體中加入少許的離子以增加其穩定性。膠體內的粒子由於其所帶電荷的相互間之靜電排斥，可避免互相凝聚成為大的粒子而產生沉澱。於膠體溶液中添加過量的電解質時，其內的膠體粒子所帶的電荷，會被相反符號的離子所帶之電荷中和而產生凝析。Freundlich 於含 16 m mol $L^{-1}$ 的帶正電荷的**氫氧化鐵** (ferric hydroxide)，及含 8 m mol $L^{-1}$ 的帶負電荷的**硫化亞砷** (arsenious sulfide) 之各 20 mL 的膠體溶液中，分別各加入 2 mL 的各種濃度的電解質溶液，並測定其內的膠體粒子於二小時內產生凝析所需之各種**電解質溶液的濃度** (m equiv $L^{-1}$)，所得的結果如表 11-7 所示。

表 11-7 於氫氧化鐵及硫化砷的膠體溶液 (20 mL) 中，分別加入各種電解質溶液 (2 mL)，產生凝析所需的各種電解質溶液之濃度 (m equiv $L^{-1}$)

| 電解質溶液 (2 mL) | 膠體溶液 (20 mL) | | 電解質溶液 (2 mL) | 膠體溶液 (20 mL) | |
|---|---|---|---|---|---|
| | (+) 氫氧化鐵 (16 m mol $L^{-1}$) | (−) 硫化亞砷 (8 m mol $L^{-1}$) | | (+) 氫氧化鐵 (16 m mol $L^{-1}$) | (−) 硫化亞砷 (8 m mol $L^{-1}$) |
| NaCl | 9 | 51 | MgSO$_4$ | 0.2 | 0.8 |
| KCl | 9 | 50 | AlCl$_3$ | — | 0.1 |
| KNO$_3$ | 12 | 50 | Al(NO$_3$)$_3$ | — | 0.1 |
| Ba(NO$_3$)$_2$ | 14 | 0.7 | K$_2$SO$_4$ | 0.2 | — |
| BaCl$_2$ | 10 | 0.7 | K$_2$Cr$_2$O$_7$ | 0.2 | — |

　　由表 11-7 得知，負離子可使帶正電荷的膠體粒子產生沉澱，而正離子可使帶負電荷的膠體粒子產生沉澱，且離子所帶之電荷的價數愈高，可使帶其相反電荷的膠體粒子產生沉澱之效應愈大。膠體粒子所帶的電荷，可由**電泳動** (electrophoresis) (參閱 11-24 節) 的實驗測定。

　　電解質對於親水性膠體的作用，較其對於疏水性膠體的作用不顯著。例如，**卵白素** (albumines) 需添加較多量的電解質，才會使其產生沉澱，然而，於重金屬的膠體 (如 Au 膠體) 溶液內，僅添加少量的電解質就會使其膠體產生沉澱。於疏水性的膠體中添加適當量的親水性膠體時，由於親水性的膠體會被疏水性的膠體粒子吸附，並於其表面形成保護層，而可使疏水性的膠體具有親水性膠體的性質。例如，**明膠** (gelatin) 可被硫或新生成的 AgBr 沉澱等疏水性的膠體粒子吸附，而於其表面形成保護層，大部分的有機膠體均可形成此種保護層，此對於如水泥的實際應用，及一些**沉積岩** (sedimentary rocks) 的形成等，均甚為重要。

## 11-24　電泳動 (Electrophoresis)

　　膠體溶液內之帶電荷的膠體粒子，於電場的作用下之移動，稱為**電泳動** (electrophoresis)。電泳動之測定裝置如圖 11-32 所示，於裝有**活栓塞** (stopcock) 的 U 字形玻璃管內，填充密度比溶膠小之適當量的電解質溶液，然後自 U 形管之底部緩慢注入溶膠，此時電解質的溶液會向上移動，而於 U 形管的二管臂中，溶膠與電解質溶液間均會各形成明顯的界面。於 U 形管的二管臂之電解質的溶液中分別置入正與負的電極，並連接高電壓的直流電源或電池組。若膠體粒子帶負的電荷，則於通電時，負電極側的管內之溶膠液面會緩慢下降，而正電極側的管內之溶膠液面會緩慢上升，即膠體的粒子向正電極的方向移動。反之，若膠體的粒子帶正的電荷，則溶膠液面之移動的方向相反，即膠態粒子向負電極的方向移動。若電泳動的實驗繼續進行，則於溶膠移動至電極時，溶膠會於電極放電而產生沉澱。

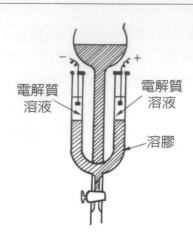

圖 11-32　電泳動之測定裝置

　　由膠體粒子於電場中之移動速度及移動方向，可得知膠體粒子所帶之電荷及電性。由硫的膠體溶液之電泳動的實驗發現，硫的膠體粒子容易吸附離子而帶電荷。例如，硫、金屬硫化物、及貴金屬等的溶膠，通常均帶負的電荷，而鐵及鋁等金屬之氧化物的溶膠帶正的電荷。由電泳動的實驗亦可觀察，某些親媒性溶膠對於電荷的選擇性。例如，蛋白質的親媒性溶膠所帶的電荷，與其溶液之 pH 值有關，高於某 pH 值時，膠體粒子帶負的電荷，而低於某 pH 值時，帶正的電荷，膠體粒子所帶的電荷之符號，與溶膠之 pH 值及特性有關。膠體粒子所帶的電荷等於零，且於電場中不移動時之其溶液的 pH 值，稱為該膠體之**等電點** (isoelectric point)。有些膠體之等電點為於某範圍的 pH 值，例如，人奶酪素之等電點的 pH 值範圍為 4.1~4.7，**血紅素** (hemoglobins) 為 4.3~5.3。水溶液中的一些膠體粒子所帶的電荷符號，如表 11-8 所示。

表 **11-8**　水溶液中的一些膠體粒子所帶的電荷之符號

| 帶正電荷的膠體 | 帶負電荷的膠體 |
|---|---|
| $Fe(OH)_3$ | $Au$ , $Ag$ , $Pt$ |
| $Cd(OH)_2$ | $S$ , $AS_2S_3$ , $Sb_2S_3$ |
| $Al(OH)_3$ | $SiO_2$ , $SnO_2$ , $V_2O_5$ |
| $Cr(OH)_3$ | 亞拉伯膠 |
| $TiO_2$ | 可溶性澱粉 |
| $ZrO_2$ | 酸性染料 |
| $CeO_2$ | |
| 鹼性染料 | |

膠體粒子之移動的速率，亦可使用電泳動的裝置測定。由測定溶膠於一定的電位差下，移動一定距離所需之時間，可求得其內膠體粒子於 1 V cm$^{-1}$ 下之移動速率 (cm/sec)，此值稱為**電泳的移動度** (electrophoretic mobility)。由實驗的結果得知，膠體粒子之移動速率，與一般的離子於相同的條件下之移動速率約相同，均為約於 $10 \times 10^{-5} \sim 60 \times 10^{-5}$ cm$^2$ sec$^{-1}$V$^{-1}$ 之間，鈉離子 Na$^+$ 於 18°C 之移動速率為 $4.4 \times 10^{-4}$ cm$^2$ sec$^{-1}$ V$^{-1}$。由於較大的粒子所帶的電荷較大，因此，膠體粒子之大小及種類，對於移動速率的影響不大。

於混合的膠體溶液內，其各種膠體粒子之移動速率，因膠體粒子之種類的不同而異，所以混合膠體溶液中的各種膠體粒子，可利用電泳動的方法分離。電泳動的方法廣泛應用於**蛋白質** (proteins)、**核酸** (nucleic acids)、**多醣類** (polysaccharides)，及許多複雜生化物質等之分離，及其活性的分析。

利用各種蛋白質於低溫下，於含微量的鹽之各種 pH 值的乙醇溶液中之溶解度的差，可分離**人類血漿** (human blood plasma) 中所含之各種成分。例如，卵白素約佔**血漿蛋白** (plasma protein) 的 60 wt%，於血漿蛋白中卵白素之分子量最小，因此，血漿之滲透壓的大部分，係由其內所含的卵白素所貢獻。

## 11-25　電滲透 (Electro-osmosis)

膠體的溶液以適當的方法，阻止其內的分散膠體粒子之移動下，施加電場進行電泳動時，其中的分散介質 (分散媒) 會產生流動，此種現象稱為**電滲透** (electroosmosis)。膠體溶液中的分散媒之電滲透，與膠體溶液中之分散膠體粒子

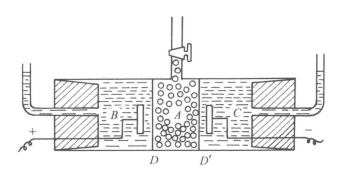

圖 11-33　電滲透之裝置

與介質間的所謂 Zeta **電位** (zeta potential) $\zeta$ 有關。電滲透之簡單的測定裝置，如圖 11-33 所示，於圖示的 A 室內填充膠體的溶液，及於 B 及 C 室內各填充水 (分散介質) 至其側管的水面達至某一定刻度處，而於 A 室與 B 室及 A 室與 C 室之間，各分別放置其分散媒可通過，而分散膠體粒子不能通過的**透析膜** (dialyzing membranes) D 及 D'，以隔離 A 室的膠體溶液與 B 室及 C 室的水，並於接近透析膜 D 與 D' 處，各分別放置正與負的電極。於二電極間施加電場時，A 室內的膠體粒子由於其兩側隔膜的阻隔，而滯留於 A 室內，而其內的水可通過隔離的透析膜 D 及 D'，分別移至 B 及 C 室。因此，由觀察 B 與 C 室之二側管的水面之高度的變化，可得知膠體溶液中之水的流動情形，水之流動的方向與膠體粒子所帶的電荷符號有關。對於帶正電荷的膠體粒子，其介質(水)相對帶負的電，此時水會自 C 室流至 B 室(由負電極室流至正電極室)，所以 B 室的側管之水面會上升。反之，若膠體粒子帶負的電荷，則介質帶正電，此時水會自 B 室流至 C 室，而 C 室的側管之水面會上升。於電滲透的過程中，於側管之液面施加適當的壓力時，可使液面停止上升或下降，此時所施加的壓力稱爲**電滲透壓** (electro-osmotic pressure)，其大小與二電極間之電位差有關。

固體的表面與液體之間，通常形成如圖 11-34 所示的 Helmholtz **電雙層** (electrical double layer)。於固體的表面附着正電荷的離子時，會吸引液體中之負電荷的離子，而排列形成如圖所示的電雙層。若於如圖所示的上與下的方向施加電場時，則此電二重層由於分別受其相反方向的電作用力而產生移動。對於膠體溶液施加電場時，其內的分散膠體粒子會產生移動者，稱爲電泳動，而於施加電場時，分散的膠體粒子保持靜置不動，而產生液體 (分散媒) 的流動者，稱爲電滲透。

Helmholtz 的電雙層，可視爲一種電容器。設其正與負的二離子層間之距離爲 $\delta$，而於單位面積上之電荷量爲 $q$，及其二離子層間之電位差爲 $\zeta$，則由電容器的理論，可表示爲

$$\zeta = \frac{4\pi\delta q}{\epsilon} \tag{11-115}$$

上式中，$\epsilon$ 爲電雙層間的物質之誘電率或介電常數。於接觸固體面的液體層之平行的平面施加電場時，固體固定而其上鄰接的液體層，受電場的影響而流動。此時的液體之流動的速度 $u$，可表示爲

$$u = \frac{E\zeta\epsilon}{4\pi\eta} \tag{11-116}$$

上式中，$E$ 為所施加電場之單位長度的電位差，$\eta$ 為液體之粘性係數。若於半徑 $r$ 之毛細管中的液體施加電場時，則單位時間之流體的流量 $\upsilon'$，可表示為

$$\upsilon' = \pi\, r^2 u \tag{11-117}$$

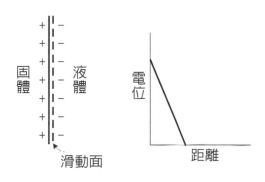

固體　液體　電位　距離

滑動面

圖 11-34　Helmholtz 電雙層內之電位下降

於上式中，假定毛細管內的各位置之流速 $u$ 均相等。將式 (11-116) 代入上式 (11-117)，可得

$$\upsilon' = \frac{r^2 E\zeta\epsilon}{4\eta} \tag{11-118}$$

Debye 與 Hückel 得，球形粒子之電泳動的移動速度 $u$，可表示為

$$u = \frac{E\zeta\epsilon}{\pi\eta} \tag{11-119}$$

利用式 (11-118) 與 (11-119)，可由實驗求得 Hemholtz 電雙層間之電位差 $\zeta$。一些物質於水中之 $\zeta$ 值，如表 11-9 所示。其中的 $\zeta$ 為負值，表示固體 (液體、氣體) 的物質帶負的電荷，而水相對的帶正的電荷。

以上所述，固體 (液體、氣體) 的表面與液體間之電位差 $\zeta$，稱為 Zeta 電位或電動電位。Helmholtz 認為，陽離子與陰離子於接近固體的面時，排列形成如圖 11-34 所示的電雙層，但實際上，由於液體分子的熱運動，液體側之離子的排列通常較為紛亂。由此，液體側的離子層向液中的擴散，而具有某些厚度，此稱為**擴散雙層** (diffuse double layer)。

表 11-9　一些物質於水中之 $\zeta$ 值

| 粒子 | $\zeta$ (volt) | 粒子 | $\zeta$ (volt) |
|------|------|------|------|
| 硫化砷 | −0.031 | 氫氧化鐵 | +0.073 |
| 石英 | −0.042 | 碳化氫油 | −0.060 |
| 玻璃 | −0.0508 | 氯仿 | −0.14 |
| 土器 | −0.0042 | 空氣泡 | −0.056 |
| 白金 | −0.028 | 濾紙 | −0.0074 |
| 金 | −0.030 | 綿 | −0.0067 |
| 銀 | −0.033 | 羊毛 | −0.0152 |

1. 水於各溫度之表面張力如下：

    | $t°(C)$ | 20 | 22 | 25 | 28 | 30 |
    |------|------|------|------|------|------|
    | $\gamma$(N/cm) | 72.75 | 72.44 | 71.97 | 71.50 | 71.18 |

    試求水於 25°C 之表面能

     $1.161 \times 10^{-5} \text{J/cm}^2$

2. 液態氮於溫度 75 K 之表面張力為 $0.00971 \text{ N m}^{-1}$，而其表面張力之溫度係數為 $-2.3 \times 10^{-4} \text{ N m}^{-1} \text{K}^{-1}$，試求其表面焓值

     $0.0269 \text{ J m}^{-1}$

3. 液態的二氧化碳於 0°C 及 20°C 之密度與表面張力如下所示，試求 $CO_2$ 之臨界溫度

    | $t(°C)$ | $\rho_l$(g / cc) | $\gamma$(dynes / cm) |
    |------|------|------|
    | 0 | 0.927 | 4.50 |
    | 20 | 0.772 | 1.16 |

    答 308 K

4. 試由 $CH_3Cl$ 於各溫度之下列的各數據,求其於式 (11-5) 中之常數 $k$,及其臨界溫度

| $t(°C)$ | 0 | 10 | 20 |
|---|---|---|---|
| $\gamma$ (dynes / cm) | 19.5 | 17.8 | 16.2 |
| $\rho_l$ (g / cc) | 0.955 | 0.937 | 0.918 |
| $\rho_\upsilon$ (g / cc) | 0.00599 | 0.00820 | 0.0110 |

答 $k = 2.05$,$t_c = 140°C$

5. 試利用前題之數據,求 $CH_3Cl$ 於式 (11-6) 中之 $k'$ 及 $t_c$ 值

答 $k' = 2.05$,$t_c = 140°C$

6. 某液體之密度為 $0.800\,g / cc$,於平衡時此液體於半徑 $0.105\,mm$ 的毛細管內之液面的上升高度為 $6.25\,cm$,試求此液體之表面張力

答 25.02 dynes / cm

7. 汞於 $0°C$ 之表面張力為 $480.3\,dynes / cm$,及其密度為 $13.595\,g / cc$。於平衡時汞於某毛細管內之液面降低 $10.0\,cm$,試求該毛細管之半徑

答 0.00720 cm

8. 水與乙醚於 $20°C$ 之表面張力,分別為 72.8 與 $17.0\,erg / cm^2$,而其間的界面張力為 $8.5\,erg /cm^2$。試求,(a) 水與乙醚之內聚能 $W_c$,(b) 水對於乙醚之附着能 $W_a$,(c) 乙醚於水面上之展佈係數 $S_{BA}$,(d) 水於乙醚液面上之展佈係數 $S_{AB}$,(e) 乙醚是否可於水面上擴展?(f) 水是否可於乙醚的液面上擴展?

答 (a) $W_{c(A)} = 145.6$,$W_{c(B)} = 34.0$,(b) $W_a = 81.3$,(c) $S_{BA} = 47.3$,

(d) $S_{AB} = -64.3$,(e) 可,(f) 否

9. 水於 $25°C$ 之表面張力為 $71.97\,erg / cm^2$,其對於聚乙烯之接觸角為 $88°$。試求水對於聚乙烯的 (a) 展佈功 $S_{LS}$,(b) 附着功 $W_a$,及 (c) 浸入功 $W_i$

答 (a) $-69.46$,(b) 74.49,(c) $2.52\,erg / cm^2$

10. 水對於膠木的其於 $25°C$ 之接觸角為 $60°$。試求水對於膠木之展佈功、附着功及浸入功,並與上題的聚乙烯比較,何者較易被水潤濕

答 $-35.99$,$107.96$,$35.99\,erg/cm^2$,膠木較易被潤濕

11. 丁酸的水溶液於 19°C 之表面張力 $\gamma$ 與其濃度 $c$ 的關係，可表示爲

$$\gamma = \gamma_0 - a\ln(1+bc)$$

其中，$\gamma_0$ 爲水之表面張力，$a$ 及 $b$ 爲常數。試導，以 $c$ 的函數表示之其表面超過濃度 $\Gamma_2^{(1)}$ 的式

答 $\Gamma_2^{(1)} = \dfrac{abc}{RT(1+bc)}$

12. 對於丁酸的水溶液，其於前題的表面張力與濃度的關係式中之常數，$a = 13.1$ 及 $b = 19.62$。試求於濃度 $c = 0.20\,\mathrm{mol\,L^{-1}}$ 時之其表面超過濃度 $\Gamma_2^{(1)}$

答 $4.32 \times 10^{-10}\,\mathrm{mol\,cm^{-2}}$

13. 由上題 11 及 12 之數據，試求，於濃度 $c$ 甚大時之其表面超過濃度 $\Gamma_2^{(1)}$ 的極限值（提示：假定 $bc \gg 1$）

答 $\Gamma_2^{(1)} = \dfrac{a}{RT}$

14. 丁酸的水溶液中之丁酸的分子，於其水溶液的表面上之濃度爲過量，試由上題的結果，求每一分子的丁酸，於其水溶液的表面所佔之面積 $(\text{Å}^2)$

答 30.5 $\text{Å}^2$ / 分子

15. 棕櫚酸 (palmitic acid, $C_{15}H_{31}COOH$) 之苯的溶液，滴於清淨的水面上時，其中的苯蒸發後所剩下的固態棕櫚酸，於水面上形成單分子膜。設水面之表面積爲 $500\,\mathrm{cm^2}$，及每升的苯溶液中含 4.24 g 的棕櫚酸。已知每分子的棕櫚酸之截面積爲 $2.1 \times 10^{-20}\,\mathrm{m^2}$，試求於水面上所滴下的苯溶液之容積

答 0.0239 $\mathrm{cm^3}$

16. 十四酸 $(C_{13}H_{27}COOH)$ 於長 24.4 cm 寬 12.0 cm 的水面上，形成單一分子層所需之質量爲 $1.53 \times 10^{-7}\,\mathrm{mole}$。對此單分子膜與清淨水面間之長度 11.20 cm 的浮於水面上的移動板，作用拉力 122.0 dynes 時，可與其張力保持平衡。試求 (a) 表面壓，及 (b) 每分子的十四酸之截面積 $(\text{Å}^2)$

答 (a) 10.9，(b) 31.8 $\text{Å}^2$

17. 正十二烷 $(C_{12}H_{26})$ 於 20°C 之密度爲 0.751 g / ml，其每分子之截面積爲 20.7 $\text{Å}^2$。試求，(a) 一莫耳的正十二烷所形成的單分子層之厚度，(b) 其 C–C 鍵之平均的鍵長，及 (c) 於 20°C 之表面壓

答 (a) 19.2 Å，(b) 1.52 Å，(c) 19.5 $\mathrm{erg/cm^2}$

18. 每克的活性碳於 0°C 及各壓力下，所吸附的 $N_2$ 之量換算成標準狀態之體積 $\upsilon$，如下：

$$P(\text{Pa}): \quad 524 \quad 1731 \quad 3058 \quad 4534 \quad 7497$$
$$\upsilon(\text{cm}^3\text{g}^{-1}): \quad 0.987 \quad 3.04 \quad 5.08 \quad 7.04 \quad 10.31$$

試由上列的數據，求其 Langmuir 吸附等溫式中之常數 $\upsilon_m$ 及 $K$

答 $\upsilon_m = 35\ \text{cm}^3\text{g}^{-1}$, $K = 4.8 \times 10^{-5}\,\text{Pa}^{-1}$

19. 氫氣於金屬的表面上，以原子的狀態被吸附 (即產生解離吸附)。試證，其表面之吸附的飽和分率 $\theta$，可用下式表示為

$$\theta = \frac{KP_{\text{H}_2}^{1/2}}{1 + KP_{\text{H}_2}^{1/2}}$$

20. 每克的觸媒於 $-195$°C 下，吸附 $10.3\ \text{cm}^3$ (換算成 1.013 bar 及 0°C 時之容積) 的氮氣而形成單分子層。每一分子的氮氣於此溫度下，於觸媒的表面所佔之有效表面積為 $16.2 \times 10^{-20}\ \text{m}^2$，試計算此觸媒之表面積

答 $449\ \text{m}^2$

21. 每克的石墨化的碳黑 P-33 於 77.5 K 及 90.1 K 下，吸附 $1.0\ \text{cm}^3$ (於 25°C，1.013 bar) 的氮氣所需之氮氣的壓力，分別為 24 Pa 及 290 Pa。試由 Clausius-Clapeyron 式計算，P-33 於產生上述的表面覆蓋率之氮氣的吸附時，所產生之焓值的變化

答 $-11.6\ \text{kJ mol}^{-1}$

# 第十二章

# 氣體的動力論

由熱力學可求得各種熱力量間的關係,而一般所使用的方法,均沒有涉及分子的構造。然而,若由假設的分子模式計算其分子的熱力量,則對於系統之熱力量,可得更深入的瞭解。於本章假設理想氣體之簡單的分子模式,以導得理想氣體之壓力,及其一些過程之速率式,並由所導得的馬克士威爾之分子速率的分佈式,計算理想氣體之分子的各種平均速率,與分子量及溫度的關係。由理想氣體的分子之碰撞的理論,及分子的碰撞截面積,計算氣體分子之碰撞的頻率,及導得剛球狀的氣體分子之質量、能量及動量之傳遞的速率式。然而,真實氣體的分子間之相互作用,通常不能忽略,因此,討論真實氣體的分子之相互碰撞時,需考慮其分子間的相互作用的影響,而其結果比由假設理想氣體時所得的結果複雜。

## 12-1 波爾子曼分佈 (Boltzmann Distribution)

由量子力學 (第十六章) 可得知,**孤立的分子** (isolated molecule) 之能態,可能為其**一連串的能態** (series of energy states) $\epsilon_1, \epsilon_2, \cdots$ 中之任一能態。於溫度 T 之平衡的系內之一群的分子中,能態為 $\epsilon_i$ 之分子數 $N_i$,可由 Boltzmann 的分佈,表示為

$$N_i = Ae^{-\epsilon_i/kT} \qquad (12\text{-}1)$$

上式中,$A$ 為常數,$k$ 為 Boltzmann 常數,即等於理想氣體常數 $R$ 除以 Avogadro 常數 $N_A$,為 $8.314 \times 10^7 \, \text{erg K}^{-1}\text{mol}^{-1} / 6.023 \times 10^{23} \, \text{mol}^{-1} = 1.380 \times 10^{-16} \, \text{erg K}^{-1}$。由此得知,$k$ 相當於 1 分子之氣體常數,而稱為**分子的氣體常數** (molecular gas constant)。

上式 (12-1) 之 Boltzmann 分佈,如圖 12-1 所示,於溫度 T 的平衡系內的氣體分子,其能態 $\epsilon_i$ 之分子數 $N_i$,隨能量 $c_i$ 的增加而成指數函數減少,即能量 $\epsilon_i$ 之分子的或然率,與 $e^{-\epsilon_i/kT}$ 成正比。

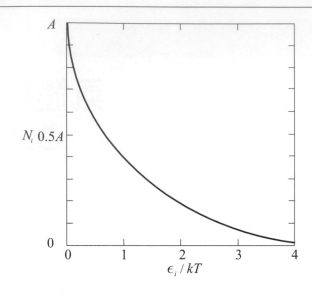

圖 12-1　平衡系內的各能態之分子數的 Boltzmann 分佈

系內之氣體的總分子數 $N$，等於各能態的分子數之總和，而可表示為

$$N = \sum_i N_i = A\sum_i e^{-\epsilon_i/kT} \tag{12-2}$$

於是，其中的常數 $A$ 為

$$A = \frac{N}{\sum_i e^{-\epsilon_i/kT}} \tag{12-3}$$

上式中，$\sum_i e^{-\epsilon_i/kT}$ 稱為**分子的分配函數** (molecular partition function)。由式 (12-1) 除以式 (12-2)，可得能態 $\epsilon_i$ 之分子的分率，為

$$\frac{N_i}{N} = \frac{e^{-\epsilon_i/kT}}{\sum_i e^{-\epsilon_i/kT}} \tag{12-4}$$

由上式可得，於能態 $\epsilon_i$ 與 $\epsilon_j$ 之分子數的比，為

$$\frac{N_i}{N_j} = \frac{e^{-\epsilon_i/kT}}{e^{-\epsilon_j/kT}} = e^{-(\epsilon_i-\epsilon_j)/kT} \tag{12-5}$$

而於能態 $\epsilon_i$ 之分子數 $N_i$，與於基底能態 $\epsilon_j = 0$ 之分子數 $N_0$ 的比，由上式 (12-5) 可得，

$$\frac{N_i}{N_o} = e^{-\epsilon_i/kT} \tag{12-6}$$

於**等溫的大氣** (isothermal atmosphere) 中，於高度 $h$ 處之壓力 $P$，亦可用上式 (12-6) 之類似的式，表示為

$$P = P_o e^{-mgh/kT} \tag{12-7}$$

上式中，$P_o$ 為於高度 $h = 0$ 處之壓力。於高度 $h$ 處之分子的位能等於 $mgh$，其中的 $m$ 為分子之質量，$g$ 為重力加速度。

## 12-2　理想氣體之壓力 (Pressure of an Ideal Gas)

於氣體的動力論，對於理想氣體的分子之基本假定為，(1) 所討論的系內所含的氣體之分子數非常多，而分子的大小與分子之間的距離相比甚小。(2) 分子之間不會互相作用，即分子與分子之間，不互相吸引或排斥。因此，分子於產生互相碰撞之間，各分子均各作直線的運動。(3) 分子的形狀為球形，且，除產生碰撞之外，其間不會互相作用，而分子間之互相碰撞或分子與器壁之碰撞，均為**完全彈性的碰撞** (perfectly elastic collision)，由此，於產生碰撞時，其總動能不會改變。因此，分子碰撞器壁時不會吸收能量且其動能亦不會轉變成其內部的運動，而器壁亦不會從氣體的分子吸收能量。然而，真實氣體的分子產生碰撞時，由於產生互相的吸引或排斥，因此，於產生碰撞時可能吸收能量或產生化學反應，而為**非彈性的碰撞** (inelastic collision)。

依據氣體的動力論，密閉的容器內之氣體分子作用於器壁的壓力，可用各分子於某時間碰撞單位面積的器壁之平均力量表示。分子之**速度** (velocity) 為**向量** (vector) $\mathbf{v}$，而其大小可用 $v$ 表示。設速率 $v$ 於直角坐標系之 $x, y, z$ 三坐標軸方向的分速，分別為 $v_x, v_y, v_z$，則速率的平方 $v^2$，由**畢氏定理** (Pythagorean theorem)，可表示為

$$v^2 = v_x^2 + v_y^2 + v_z^2 \tag{12-8}$$

若系內所含的氣體之分子數為 $N$，則其各分子之速率，與其於 $x, y, z$ 方向之各分速間的關係，由上式 (12-8) 可各寫成

$$v_1^2 = v_{x_1}^2 + v_{y_1}^2 + v_{z_1}^2$$
$$v_2^2 = v_{x_2}^2 + v_{y_2}^2 + v_{z_2}^2$$
$$\cdots\cdots$$
$$v_i^2 = v_{x_i}^2 + v_{y_i}^2 + v_{z_i}^2$$
$$\cdots\cdots \tag{12-9}$$
$$v_N^2 = v_{x_N}^2 + v_{y_N}^2 + v_{z_N}^2$$

由此，可得各分子之速率的平方的總和，為

$$\sum_{i=1}^{N} v_i^2 = \sum_{i=1}^{N} v_{x_i}^2 + \sum_{i=1}^{N} v_{y_i}^2 + \sum_{i=1}^{N} v_{z_i}^2 \tag{12-10}$$

於是，分子之**平均平方速率** (mean square speed) ，可表示爲

$$\langle v^2 \rangle = \frac{1}{N} \sum_{i=1}^{N} v_i^2 \tag{12-11}$$

同樣，可定義分子於 $x, y$ 及 $z$ 方向之**平均平方分速** (mean square speed components)，$\langle v_x^2 \rangle, \langle v_y^2 \rangle$ 及 $\langle v_z^2 \rangle$。因此，由式 (12-10) 可寫成

$$\langle v^2 \rangle = \langle v_x^2 \rangle + \langle v_y^2 \rangle + \langle v_z^2 \rangle \tag{12-12}$$

因於容器內的各分子之運動均完全隨意沒有規則，故於 $x, y, z$ 的各方向之平均平方分速均相同，而可表示爲

$$\langle v_x^2 \rangle = \langle v_y^2 \rangle = \langle v_z^2 \rangle = \frac{1}{3} \langle v^2 \rangle \tag{12-13}$$

假設於圖 12-2 所示的邊長 $a, b$ 及 $c$ 之長方形的容器內，含質量 $m$ 的分子之分子數 $N$，而其中的分子 1 於 $x$ 方向之分速爲 $v_{x_1}$，則分子 1 於 $x$ 方向每移動 $2a$ 的距離時，會與面 $A$ 產生碰撞，因此，分子 1 與 A 的面，每產生碰撞之相隔的時間 $\Delta t$，可表示爲

$$\Delta t = \frac{2a}{v_{x_1}} \tag{12-14}$$

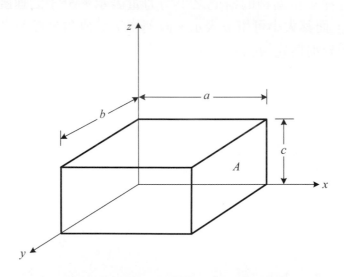

圖 12-2　邊長 $a, b$ 及 $c$ 之長方形容器

分子 1 對於長方形容器的器壁 $A$，於 $\Delta t$ 的時間內所作用的平均壓力，可由 Newton 的第二定律計算。由於力等於質量與加速度的乘積，所以分子 1 作用於面 $A$ 之 $x$ 方向的分力爲，$m(dv_{x_1} / dt) = d(mv_{x_1}) / dt$，此即等於分子 1 於 $x$ 方向之**動量** (momentum) 的傳遞速率。分子 1 於接近器壁的面 $A$ 時之其於 $x$ 方向的動量爲 $mv_{x_1}$，而產生碰撞自器壁的面 $A$ 離開時之動量爲 $-mv_{x_1}$。因此，分子 1 對

於面 $A$ 之 $x$ 方向的動量傳遞量為 $2m\upsilon_{x_1}$。由於動量變化之平均速率等於力，由此，分子 1 對於器壁的面 $A$ 所作用之力 $F_1$，可表示為

$$F_1 = \frac{2m\upsilon_{x_1}}{\Delta t} = \frac{m\upsilon_{x_1}^2}{a} \tag{12-15}$$

於上式中，$\Delta t$ 用式 (12-14) 代入。由於壓力等於單位面積所受之力，而面 $A$ 之面積等於 $bc$，所以分子 1 對於單位面積之 $A$ 面所作用之力 (即對面 $A$ 所作用之壓力) $P_1$，為

$$P_1 = \frac{m\upsilon_{x_1}^2}{abc} = \frac{m\upsilon_{x_1}^2}{V} \tag{12-16}$$

於上式中，$V = abc$，為長方形容器之容積。

總壓力等於容器內的總分子數 $N$ 的各分子對於器壁所作用的壓力的總和，即為

$$P = P_1 + P_2 + \cdots = \sum_{i=1}^{N} P_i = \sum_{i=1}^{N} \frac{m\upsilon_{x_i}^2}{V} = \frac{Nm\langle \upsilon_x^2 \rangle}{V} \tag{12-17}$$

上式中，$\langle \upsilon_x^2 \rangle$ 為 $x$ 方向之平均平方速率。由式 (12-13) 得，$\langle \upsilon_x^2 \rangle = \frac{1}{3}\langle \upsilon^2 \rangle$，因此，容器內的氣體分子，對於器壁所作用之壓力 $P$，可用平均平方速率表示，為

$$P = \frac{Nm\langle \upsilon^2 \rangle}{3V} \tag{12-18}$$

單原子的分子之理想氣體之內能 $U$，等於分子之移動運動的動能，而可表示為

$$U = \frac{1}{2} Nm\langle \upsilon^2 \rangle \tag{12-19}$$

由式 (12-18) 與 (12-19) 消去 $Nm\langle \upsilon^2 \rangle$，可得

$$P = \frac{2U}{3V} \tag{12-20}$$

由此得知，單原子的分子之理想氣體之壓力，等於其內能密度的三分之二。

於熱力學得，理想氣體之內能僅與溫度有關。由此，於氣體的動力論所定義之理想氣體，與熱力學之理想氣體相同，由 $P = nRT/V$，上式 (12-20) 可寫成

$$\frac{2U}{3V} = \frac{nRT}{V} \tag{12-21}$$

或

$$U = \frac{3}{2}nRT \quad 或 \quad \overline{U} = \frac{3}{2}RT \tag{12-22}$$

由此得，單原子的分子之理想氣體的內能，與熱力的溫度成正比。

由式 (12-19) 得，一分子之**移動的動能** (translational kinetic energy)，可表示為

$$\epsilon_t = \frac{1}{2}m\langle v^2 \rangle = \frac{3}{2}kT \tag{12-23}$$

由式 (12-19) 及 (12-22) 得，理想氣體於一定的溫度之平均動能均各相同。對於分子質量 $m_1$ 與 $m_2$ 之二種理想氣體 1 與 2，因 $\frac{3}{2}RT = \frac{1}{2}N_A m_1 \langle v^2 \rangle = \frac{1}{2}N_A m_2 \langle v^2 \rangle_2$，所以其**平均平方開方根速率** (root-mean-square speed，簡稱 rms 速率 ) $\langle v^2 \rangle^{1/2}$ 的比，可表示為

$$\frac{\langle v^2 \rangle_1^{1/2}}{\langle v^2 \rangle_2^{1/2}} = \sqrt{\frac{m_2}{m_1}} = \sqrt{\frac{M_2}{M_1}} \tag{12-24}$$

上式中，$M = N_A m$，為莫耳質量。由上式顯示氣體之 rms 速率，與其莫耳質量之開方根成反比。對於一莫耳的理想氣體，由式 (12-23) 得，$\frac{3}{2}RT = \frac{1}{2}M\langle v^2 \rangle$，所以 rms 的速率，可表示為

$$\langle v^2 \rangle^{1/2} = \sqrt{\frac{3RT}{M}} \tag{12-25}$$

**例 12-1** 試比較，氫與氧的分子之平均平方開方根 (rms) 速率，並求氧的分子於 20°C 之 rms 速率

**解** 氫之分子量 $M_1 = 2\,g/mol$，氧之分子量 $M_2 = 32\,g/mol$。

由式 (12-24) 得

$$\langle v^2 \rangle_{H_2}^{1/2} = \langle v^2 \rangle_{O_2}^{1/2} \sqrt{\frac{32}{2}} = 4\langle v^2 \rangle_{O_2}^{1/2}$$

$$\langle v^2 \rangle_{O_2}^{1/2} = \left[ \frac{3(8.314\,J\,K^{-1}mol^{-1})(293.15\,K)}{0.0320\,kg\,mol^{-1}} \right]^{1/2} = (22.8 \times 10^4\,m^2/s^2)^{1/2}$$

$$= 478\,m/s = 1720\,km/hr$$

氫的分子於 20°C 之 rms 速率，約為 1900 m/s ◀

## 12-3　於一方向之分子的速度分佈
### (Molecular Velocity Distribution in One Direction)

　　一定體積的容器內之氣體，通常含有許多的分子，而其各分子之運動的速率與方向均各異，且隨時間而作沒有規則的改變。各分子之運動的方向與速度，除與其他的分子或器壁產生碰撞而改變外，通常各作一定速度的直線運動。雖然於一定的溫度之容器內的各分子之運動的方向與速度，均各隨時間而改變，但於達至平衡時，其各分子之速度的分佈為一定，且不會隨時間改變。

　　設 $v_x, v_y$ 與 $v_z$ 分別表示，分子於 $x, y$ 與 $z$ 方向之分速，而 $dn_{v_x}$ 為分子之 $x$ 方向的分速，於 $v_x$ 至 $v_x + dv_x$ 間之分子數，則分子之 $x$ 方向的分速於 $v_x$ 至 $v_x + dv_x$ 間之**或然率** (probability) ，可表示為 $dn_{v_x} / N$，其中的 $N$ 為容器內的氣體之總分子數。若 $dv_x$ 甚小，而此間隔增為兩倍即 $2dv_x$ 時，則分子於 $x$ 方向之分速的間隔為 $2dv_x$ 之分子數亦增為兩倍，即 $dn_{v_x} / N$ 與 $dv_x$ 成比例。由於 $dn_{v_x} / N$ 亦為 $v_x$ 之函數，即為 $f(v_x)$，因此，$dn_{v_x} / N$ 可用 $f(v_x)$ 與 $dv_x$ 的乘積表示，為

$$\frac{dn_{v_x}}{N} = f(v_x)dv_x \tag{12-26}$$

由於容器內的氣體各分子之運動，均各隨意而沒有規則，所以分子之 $x$ 方向的分速於 $v_x$ 至 $v_x + dv_x$ 間之或然率，與其於 $-v_x$ 至 $-(v_x + dv_x)$ 間之或然率相等。因此，上式中的 $f(v_x)$ 應為 $v_x$ 之對稱的函數。

　　同理，若分子之 $y$ 方向的分速，於 $v_y$ 至 $v_y + dv_y$ 間之分子數為 $dn_{v_y}$，則分子之 $y$ 方向的分速於 $v_y$ 至 $v_y + dv_y$ 間之或然率 $dn_{v_y} / N$，可如同上式，表示為

$$\frac{dn_{v_y}}{N} = f(v_y)dv_y \tag{12-27}$$

上式中，$f(v_y)$ 與 $f(v_x)$ 為相同形式的函數式。同理，對於 $z$ 方向的分速，亦可同樣，表示為

$$\frac{dn_{v_z}}{N} = f(v_z)dv_z \tag{12-28}$$

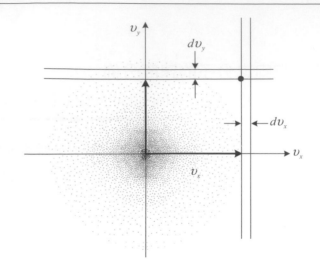

圖 12-3　二次元的速度平面之分子的分佈

　　設容器內的氣體分子之 $x$ 與 $y$ 方向的分速，同時於 $v_x$ 至 $v_x + dv_x$ 與於 $v_y$ 至 $v_y + dv_y$ 間之分子數為 $dn_{v_x v_y}$，則其或然率 $dn_{v_x v_y}/N$ 等於 $x$ 與 $y$ 方向之各別的或然率，$(dn_{v_x}/N)$ 與 $(dn_{v_y}/N)$ 的乘積。因此，由式 (12-26) 與 (12-27)，可得

$$\frac{dn_{v_x v_y}}{N} = \left(\frac{dn_{v_x}}{N}\right)\left(\frac{dn_{v_y}}{N}\right) = f(v_x)f(v_y)dv_x dv_y \qquad \textbf{(12-29)}$$

如圖 12-3 所示，於位置 $(v_x, v_y)$ 之分子的密度，可用面積 $(dv_x)(dv_y)$ 內之分子數 $dn_{v_x v_y}$，除以該小矩形之面積 $dv_x \cdot dv_y$ 表示，即於位置 $(v_x, v_y)$ 之**點密度** (point density) 由上式 (12-29)，可表示為

$$\frac{dn_{v_x v_y}}{dv_x \cdot dv_y} = N f(v_x)f(v_y) \qquad \textbf{(12-30)}$$

　　同理，分子之 $x, y$ 與 $z$ 方向之分速，同時於 $v_x$ 至 $v_x + dv_x$，$v_y$ 至 $v_y + dv_y$ 與 $v_z$ 至 $v_z + dv_z$ 間之分子的或然率 $dn_{v_x v_y v_z}/N$，等於其於 $x, y$ 與 $z$ 方向之各個別的或然率的乘積，$(dn_{v_x}/N)(dn_{v_y}/N)(dn_{v_z}/N)$，而可表示為

$$\frac{dn_{v_x v_y v_z}}{N} = f(v_x)f(v_y)f(v_z)dv_x dv_y dv_z \qquad \textbf{(12-30)}$$

　　設分子於 $x, y$ 與 $z$ 方向之分速為 $v_x, v_y$ 與 $v_z$ 之**或然率密度** (probability density) 為，$F(v_x, v_y, v_z) = f(v_x)f(v_y)f(v_z)$，則 $F(v_x, v_y, v_z)dv_x dv_y dv_z$ 為，分子於 $x, y$ 與 $z$ 方向之分速，同時於 $v_x$ 至 $v_x + dv_x$，$v_y$ 至 $v_y + dv_y$ 與 $v_z$ 至 $v_z + dv_z$ 間之分子的分率。因 $F(v_x, v_y, v_z)$ 為速率 $v$ 之函數，故可用 $v$ 之函數式 $g(v)$ 表示，為

$$F(v_x, v_y, v_z) = g(v) = f(v_x)f(v_y)f(v_z) \tag{12-31}$$

上式 (12-31) 之兩邊各對 $v_x$ 偏微分，可得

$$\frac{\partial}{\partial v_x}[g(v)]_{v_y, v_z} = \left[\frac{dg(v)}{dv}\right]\left(\frac{\partial v}{\partial v_x}\right)_{v_y, v_z} = f(v_y)f(v_z)\frac{df(v_x)}{dv_x} \tag{12-32}$$

由式 (12-8)，$v^2 = v_x^2 + v_y^2 + v_z^2$，其兩邊各對 $v_x$ 偏微分，可得

$$\left(\frac{\partial v}{\partial v_x}\right)_{v_y, v_z} = \frac{v_x}{v} \tag{12-33}$$

將上式 (12-33) 代入式 (12-32)，得

$$\frac{dg(v)}{v\,dv} = f(v_y)f(v_z)\frac{df(v_x)}{v_x\,dv_x} \tag{12-34}$$

上式的兩邊各除以 $g(v)$，可得

$$\frac{dg(v)}{g(v)v\,dv} = \frac{df(v_x)}{f(v_x)v_x\,dv_x} \tag{12-35}$$

　　上式 (12-35) 之右邊為，僅含 $v_x$ 的函數式。同理，式 (12-31) 之兩邊，分別對 $v_y$ 及 $v_z$ 偏微分，亦同樣可分別得，僅含 $v_y$，及僅含 $v_z$ 的類似上式 (12-35)的關係式。由此，可設

$$\frac{df(v_x)}{f(v_x)v_x\,dv_x} = \frac{df(v_y)}{f(v_y)v_y\,dv_y} - \frac{df(v_z)}{f(v_z)v_z\,dv_z} \equiv -\lambda \tag{12-36}$$

於上式 (12-36) 中，左邊為僅含 $v_x$ 之函數，中間為僅含 $v_y$ 之函數，而右邊為僅含 $v_z$ 之函數。由於上面之不同函數的三函數式各相等，由此，須各均等於某一常數 $-\lambda$，而由上式

$$\frac{df(v_x)}{f(v_x)} = -\lambda v_x\,dv_x \tag{12-37a}$$

或

$$d[\ln f(v_x)] = -\frac{\lambda}{2}d(v_x^2) \tag{12-37b}$$

上式經積分可得

$$f(v_x) = Ae^{-\lambda v_x^2/2} \tag{12-38}$$

其中的 $A$ 為積分常數。因 $f(v_x)dv_x$ 為表示，分子之 $x$ 方向的分速於 $v_x$ 至 $v_x + dv_x$ 間之分子的分率，故 $v_x$ 自 $-\infty$ 積分至 $+\infty$ 時，即包含全部的分子。因此，此時之分子的分率應等於 1，而可表示為

$$1 = \int_{-\infty}^{\infty} f(v_x)dv_x = A\int_{-\infty}^{\infty} e^{-\lambda v_x^2/2}dv_x \tag{12-39}$$

由附錄的積分公式 (A1-113)，得

$$\int_{-\infty}^{\infty} e^{-\beta x^2} dx = (\pi / \beta)^{1/2} \tag{12-40}$$

將上式之積分值代入式 (12-39)，可得

$$1 = A\left(\frac{2\pi}{\lambda}\right)^{1/2} \tag{12-41a}$$

或

$$A = \left(\frac{\lambda}{2\pi}\right)^{1/2} \tag{12-41b}$$

將上式 (12-41b) 代入式 (12-38)，可得

$$f(v_x) = \left(\frac{\lambda}{2\pi}\right)^{1/2} e^{-\lambda v_x^2 / 2} \tag{12-42}$$

分子於 $x$ 方向之速率的平方平均速率 $\langle v_x^2 \rangle$，可用下式表示，即為

$$\langle v_x^2 \rangle = \int_{-\infty}^{\infty} v_x^2 f(v_x) dv_x = \int_{-\infty}^{\infty} v_x^2 \left(\frac{\lambda}{2\pi}\right)^{1/2} e^{-\lambda v_x^2 / 2} dv_x \tag{12-43}$$

由附錄的積分公式 (A1-114)，得

$$\int_{-\infty}^{\infty} x^2 e^{-\beta x^2} dx = \frac{\pi^{1/2}}{2\beta^{3/2}} \tag{12-44}$$

將上式之積分值代入式 (12-43)，可得

$$\langle v_x^2 \rangle = \left(\frac{\lambda}{2\pi}\right)^{1/2} \cdot \frac{\pi^{1/2}}{2(\lambda / 2)^{3/2}} = \frac{1}{\lambda} \tag{12-45}$$

對於理想氣體，由式 (12-22) 與 (12-19) ，可得

$$\overline{U}_{tr} = \frac{3}{2} RT = \frac{1}{2} N_A m \langle v^2 \rangle \tag{12-46}$$

而由式 (12-13)，$\langle v_x^2 \rangle = \langle v_y^2 \rangle = \langle v_z^2 \rangle = \frac{1}{3} \langle v^2 \rangle$。由此，分子於 $x$ 方向之平均的移動動能 $\epsilon_{t,x}$，可表示為

$$\epsilon_{t,x} = \frac{1}{2} m \langle v_x^2 \rangle = \frac{1}{3} \cdot \frac{1}{2} m \langle v^2 \rangle = \frac{1}{3} \cdot \frac{3}{2} \frac{R}{N_A} T = \frac{1}{2} kT \tag{12-47}$$

上式中，$k$ 為 Boltzmann 常數。由上式 (12-47) 可得，分子於 $x$ 方向之速率的平方平均速率 $\langle v_x^2 \rangle$，為

$$\langle v_x^2 \rangle = \frac{kT}{m} \tag{12-48}$$

於是由式 (12-45) 與式 (12-48) ，可得

$$\frac{1}{\lambda} = \frac{kT}{m}$$

**(12-49a)**

或

$$\lambda = \frac{m}{kT}$$

**(12-49b)**

將上式代入式 (12-42) 可得，分子於 $x$ 方向的速度之或然率密度的函數式，爲

$$f(\upsilon_x) = \left(\frac{m}{2\pi kT}\right)^{1/2} e^{-m\upsilon_x^2/2kT}$$

**(12-50)**

　　同理，分子於 $y$ 及 $z$ 方向的速度之或然率的密度，亦同樣可得，類似上式 (12-50) 的函數式。由上式 (12-50) 得知，$f(\upsilon_x)$ 爲 $\upsilon_x$ 之對稱的函數式，即於 $\upsilon_x$ 之正與負的方向之或然率的密度相等，而 $f(\upsilon_x)$ 於 $\upsilon_x = 0$ 時爲最大，此時其值等於 $(m/2\pi kT)^{1/2}$。無論於 $\upsilon_x$ 之正或負的方向，$|\upsilon_x|$ 愈大時其 $f(\upsilon_x)$ 愈小。$f(\upsilon_x)$ 與 $\upsilon_x$ 的關係如圖 12-4 所示，於溫度愈高時，其分子的速度之分佈愈廣。

　　由式 (12-50)，及於 y 與 z 等方向之各類似的式，可分別計算分子於 $x, y$ 與 $z$ 方向之分速。分子於 $x, y$ 與 $z$ 方向之分速，同時於 $\upsilon_x$ 至 $\upsilon_x + d\upsilon_x$，$\upsilon_y$ 至 $\upsilon_y + d\upsilon_y$ 與 $\upsilon_z$ 至 $\upsilon_z + d\upsilon_z$ 間之分子的分率，可表示爲

$$\begin{aligned}
\frac{dn_{\upsilon_x \upsilon_y \upsilon_z}}{N} &= F(\upsilon_x, \upsilon_y, \upsilon_z) d\upsilon_x d\upsilon_y d\upsilon_z \\
&= f(\upsilon_x) f(\upsilon_y) f(\upsilon_z) d\upsilon_x d\upsilon_y d\upsilon_z \\
&= \left(\frac{m}{2\pi kT}\right)^{3/2} e^{-m(\upsilon_x^2 + \upsilon_y^2 + \upsilon_z^2)/2kT} \cdot d\upsilon_x d\upsilon_y d\upsilon_z
\end{aligned}$$

**(12-51)**

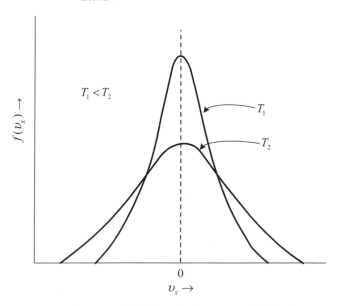

圖 12-4　分子於 $x$ 方向的分速之或然率密度的函數 $f(\upsilon_x)$

例 **12-2** 試使用分子於 $x$ 方向的分速 $\upsilon_x$ 之分佈函數，求分子於 $x$ 方向之平均速
度 $\langle \upsilon_x \rangle$

 $\langle \upsilon_x \rangle = \int_{-\infty}^{\infty} \upsilon_x f(\upsilon_x) d\upsilon_x = \left( \dfrac{m}{2\pi kT} \right)^{1/2} \int_{-\infty}^{\infty} \upsilon_x e^{-m\upsilon_x^2/2kT} d\upsilon_x = 0$   ◀

## 12-4 分子的速率之馬克士威爾分佈
### (Maxwell Distribution of Molecular Speeds)

氣體的分子於**三次元的速度空間** (three-dimensional velocity space) 之速率，如
圖 12-5 所示，若分子用其於 $x, y, z$ 方向之分速 $\upsilon_x, \upsilon_y, \upsilon_z$，所代表的點表示，則
於此直角座標中的位置 $(\upsilon_x, \upsilon_y, \upsilon_z)$ 之微小的長方形容積 $d\upsilon_x d\upsilon_y d\upsilon_z$ 內之點數 (分
子數) $dn_{\upsilon_x \upsilon_y \upsilon_z}$，可用於此位置之**點的密度** (density of point)之類似式 (12-30) 的
式，表示為

$$\frac{dn_{\upsilon_x \upsilon_y \upsilon_z}}{d\upsilon_x d\upsilon_y d\upsilon_z} = N f(\upsilon_x) f(\upsilon_y) f(\upsilon_z) \tag{12-52}$$

將式 (12-50) 代入上式，則可得於位置 $(\upsilon_x, \upsilon_y, \upsilon_z)$ 之點的密度 (即分子的密
度)，為

$$\frac{dn_{\upsilon_x \upsilon_y \upsilon_z}}{d\upsilon_x d\upsilon_y d\upsilon_z} = N \left( \frac{m}{2\pi kT} \right)^{3/2} e^{-m(\upsilon_x^2 + \upsilon_y^2 + \upsilon_z^2)/2kT} \tag{12-53}$$

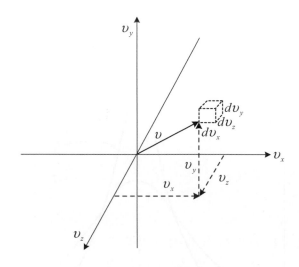

圖 12-5　三次元的速度空間

由於，$v^2 = v_x^2 + v_y^2 + v_z^2$，而上式 (12-53) 可寫成

$$\frac{dn_{v_x v_y v_z}}{dv_x dv_y dv_z} = N\left(\frac{m}{2\pi kT}\right)^{3/2} e^{-mv^2/2kT} \tag{12-54}$$

上式中，$N$ 爲總分子數，$m$ 爲分子之質量。上式 (12-54) 之右邊與 $T$ 及 $v^2$ 有關，換言之，速度 $v$ 之分子的密度於一定的溫度下，僅與其速度有關，而與其運動的方向無關。因此，以 $v$ 爲半徑的球面上的任一點之分子密度均相同，而可用上式 (12-54) 表示。

設速率等於 $v$ 至 $v+dv$ 間之分子數爲 $dn_v$，則 $dn_v$ 等於半徑 $v$ 之球面上的分子密度，與半徑爲 $v$ 與 $v+dv$ 的球面間之球殼的體積 $dV_{\text{shell}}$ 之乘積。半徑 $v$ 與 $v+dv$ 的球面間之球殼的體積 $dV_{\text{shell}}$，爲

$$dV_{\text{shell}} = \frac{4\pi}{3}(v+dv)^3 - \frac{4\pi}{3}v^3 = \frac{4\pi}{3}[3v^2 dv + 3v(dv)^2 + (dv)^3] \tag{12-55}$$

由於上式中之 $dv$ 很小，而上式的 $(dv)^2$ 及 $(dv)^3$ 的項與 $dv$ 項比較甚小而可忽略。於是上式 (12-55) 可簡化成

$$dV_{\text{shell}} = 4\pi v^2 dv \tag{12-56}$$

因此，速率於 $v$ 至 $v+dv$ 間之分子數 $dn_v$，由式 (12-54) 與上式 (12-56) 的乘積，可得

$$dn_v = 4\pi N\left(\frac{m}{2\pi kT}\right)^{3/2} e^{-mv^2/2kT} v^2 dv \tag{12-57}$$

所以，速率於 $v$ 至 $v+dv$ 間之分子的分率 $dn_v/N$，可表示爲

$$f(v)dv = \frac{dn_v}{N} = 4\pi\left(\frac{m}{2\pi kT}\right)^{3/2} e^{-mv^2/2kT} v^2 dv \tag{12-58}$$

上式 (12-58) 即爲分子速率之 Maxwell 的速率分佈式，其中的 $f(v)dv$ 爲，分子的速率於 $v$ 與 $v+dv$ 間之分子的分率或分子或然率，而 $f(v)$ 爲分佈函數，或稱爲或然率密度。上式 (12-58) 爲氣體的動力論之重要的基本式。

氧的氣體於溫度 100, 300, 500, 及 1000 K 下，由上式 (12-58) 所計算之或然率密度 $f(v)$ 與其分子的速率 $v$ 的關係，如圖 12-6 所示。速率於任何二速率間之分子的或然率，相當於該二速率間之分子速率分佈曲線的下面之面積。由式 (12-58) 得知，$f(v)$ 與 $v$ 之關係曲線近似拋物線，而於速率等於零處之或然率爲零，且 $f(v)$ 於較小的速率處，均隨速率 $v$ 之增加而增加，而經最高值後，$f(v)$ 於較高的速率處，均隨 $v$ 之增加而逐漸減至零。於較大的速率，上式 (12-58) 中之指數項隨 $v$ 的增加之減小，比 $v^2$ 隨 $v$ 的增加之增加快，因此，$f(v)$

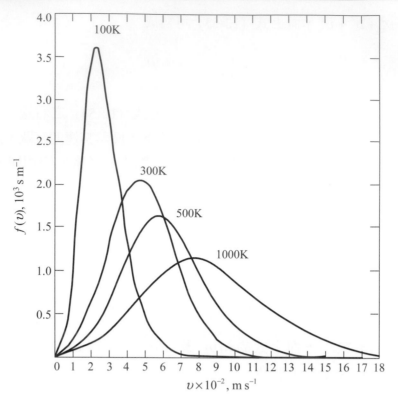

圖 12-6　氧的氣體於 100, 300, 500, 及 1000 K 下，由式 (12-58) 所
計得之或然率密度 $f(v)$ 與速率 $v$ 的關係

於較大的速率處，隨 $v$ 的增加而減小。於較低的速率，$v^2$ 由於 $v$ 之減小的減小，比指數項由於 $v$ 之減小的增加快，因此，$f(v)$ 隨 $v$ 的減小而減小，即於分子的速率很小或很大之分子數均甚少而趨近於零。一般於愈高溫度，其分子速率的分佈範圍愈廣，而其**最可能速率** (most probable speed) (速率分佈曲線之最高點的速率) 移向較大的速率。於各溫度下，速率大於其最可能速率的 10 倍之分子數的分率，約為 $9 \times 10^{-42}$。

　　由 Maxwell 的分子速率分佈，可計算與速率有關的量之平均值。設與速率 $v$ 有關之函數 $g(v)$ 的量之平均值為 $\langle g \rangle$，則 $\langle g \rangle$ 等於該函數 $g(v)$，與速率於 $v$ 至 $v+dv$ 間之分子數 $dn_v$ 的乘積，自速率 $v=0$ 積分至無窮大的值，除以分子之總數 $N$，即為

$$\langle g \rangle = \frac{\int_{v=0}^{v=\infty} g(v)\,dn_v}{N} \tag{12-59}$$

例如，對於氣體分子之動能，$g(v) = \epsilon = \frac{1}{2}mv^2$，因此，其平均的動能由上式 (12-59)，可寫成

$$\langle \epsilon \rangle = \frac{\int_{v=0}^{v=\infty} \frac{1}{2}mv^2\,dn_v}{N} \tag{12-60}$$

將式 (12-57) 代入上式，可得

$$\langle\epsilon\rangle = 4\pi\left(\frac{m}{2\pi kT}\right)^{3/2}\cdot\frac{1}{2}m\int_0^\infty \upsilon^4 e^{-m\upsilon^2/2kT}d\upsilon \tag{12-61}$$

由附錄 (一) 之式 (A1-115)，$\int_0^\infty x^4 e^{-\beta x^2}dx=\frac{1}{2}\cdot\frac{3}{4}\frac{\pi^{1/2}}{\beta^{5/2}}$ 的關係，代入上式，即可得

$$\langle\epsilon\rangle = 4\pi\left(\frac{m}{2\pi kT}\right)^{3/2}\frac{1}{2}m\cdot\frac{1}{2}\cdot\frac{3}{4}\frac{\pi^{1/2}}{(m/2kT)^{5/2}}=\frac{3}{2}kT \tag{12-62}$$

　　由式 (12-57) 之分子速率的分佈式，亦可導得分子之能量的分佈式。分子之動能 $\epsilon=\frac{1}{2}m\upsilon^2$，而 $\upsilon=(2/m)^{1/2}\epsilon^{1/2}$，此式經微分可得 $d\upsilon=(1/m)^{1/2}\epsilon^{-1/2}d\epsilon$。速率的變化為 $d\upsilon$ 範圍內之分子數 $dn_\upsilon$，相當於動能的變化為 $d\epsilon$ 範圍內之分子數 $dn_\epsilon$。由此，將這些 $d\epsilon$ 及 $dn_\epsilon$ 替代式 (12-57) 中之相對的 $d\upsilon$ 及 $dn_\upsilon$，則可得分子之能量的分佈式，為

$$dn_\epsilon = 2\pi N\left(\frac{1}{\pi kT}\right)^{3/2}e^{1/2}e^{-\epsilon/kT}d\epsilon \tag{12-63}$$

上式中，$dn_\epsilon$ 為動能於 $\epsilon$ 至 $\epsilon+d\epsilon$ 間之分子數。此分佈函數對動能 $\epsilon$ 作圖，可得圖 12-7，其分佈曲線的形狀與速率分佈的曲線 (圖 12-6) 之形狀 有顯著的不同。能量的分佈曲線於原點之斜率，接近於垂直，而隨 $\epsilon$ 之增加的上升，比速率分佈曲線者快速，然而，經過最高點後，其下降的速率，比速率的分佈曲線者緩慢。

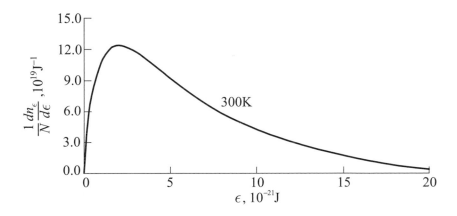

圖 12-7　氣體分子於 300 K 下之動能的分佈

# 12-5 分子之平均速率 (Average Speeds of Molecules)

由上節所得的分子速率之 Maxwell 分佈式 (12-58)，可計算分子之各種類型的平均速率。分子之分佈或然率 $f(v)$ 最大之分子速率，稱為分子之**最可能速率** (most probable speed) $v_p$，而 $v_p$ 可由 Maxwell 的速率分佈式對 $v$ 微分，並設其微分等於零，$df(v)/dv = 0$，而求得。因此，由式 (12-58) 對 $v$ 微分，得

$$\frac{df(v)}{dv} = 4\pi \left(\frac{m}{2\pi kT}\right)^{3/2} \left[2ve^{-mv^2/2kT} + v^2 e^{-mv^2/2kT} \left(-\frac{m}{2kT} \cdot 2v\right)\right]$$

$$= 4\pi \left(\frac{m}{2\pi kT}\right)^{3/2} e^{-mv^2/2kT} v \left(2 - v^2 \frac{m}{kT}\right) \tag{12-64}$$

而設上式的 $df(v)/dv = 0$，可得氣體分子之最可能速率，為

$$v_p = \left(\frac{2kT}{m}\right)^{1/2} = \left(\frac{2RT}{M}\right)^{1/2} \tag{12-65}$$

分子之算術**平均速率** (mean speed) $\langle v \rangle$，等於各分子之速率的總和除以分子的總數 $N$，即

$$\langle v \rangle = \frac{1}{N} \sum_{i=1}^{N} v_i \tag{12-66}$$

於某一定的容積內所含的分子數很多，而其內的各分子之速率通常成連續的分佈。因此，分子之平均速率 $\langle v \rangle$，可用各速率 $v$ 與該速率之或然率 $f(v)dv$ 的乘積之和表示。換言之，$\langle v \rangle$ 等於各速率與該速率之或然率的乘積，自速率 $v = 0$ 積分至 $v = \infty$，即為

$$\langle v \rangle = \sum v f(v)dv = \int_0^\infty v f(v)dv$$

$$= 4\pi \left(\frac{m}{2\pi kT}\right)^{3/2} \int_0^\infty e^{-mv^2/2kT} v^3 dv \tag{12-67}$$

由附錄（一）之式 (A1-119)，$\int_0^\infty x^3 e^{-\beta x^2} dx = \frac{1}{2}\beta^{-2}$，將此關係代入上式 (12-67)，可得氣體分子之算術平均速率，為

$$\langle v \rangle = 4\pi \left(\frac{m}{2\pi kT}\right)^{3/2} \frac{1}{2} \left(\frac{m}{2kT}\right)^{-2} = \left(\frac{8kT}{\pi m}\right)^{1/2} = \left(\frac{8RT}{\pi M}\right)^{1/2} \tag{12-68}$$

氣體分子之速率的**平方平均開方根速率** (root-mean-square speed) $\langle v^2 \rangle^{1/2}$，可用下式定義，為

$$\left\langle v^2 \right\rangle^{1/2} = \left( \frac{1}{N} \sum_{i=1}^{N} v_i^2 \right)^{1/2} \tag{12-69}$$

由於氣體分子之速率的分佈為連續，因此，$\left\langle v^2 \right\rangle^{1/2}$ 可用各速率之平方 $v^2$，與該速率之或然率 $f(v)dv$ 的乘積，自 $v=0$ 積分至 $v=\infty$ 之值的開方根表示，即

$$\left\langle v^2 \right\rangle^{1/2} = \left[ \int_0^\infty v^2 f(v)dv \right]^{1/2} = \left[ 4\pi \left( \frac{m}{2\pi kT} \right)^{3/2} \int_0^\infty v^4 e^{-mv^2/2kT} dv \right]^{1/2} \tag{12-70}$$

上式的右邊之積分項，可由附錄（一）之式 (A1-115)，$\int_0^\infty x^4 e^{-\beta x^2} dx = \frac{1}{2} \cdot \frac{3}{4} \frac{\pi^{1/2}}{\beta^{5/2}}$，若設其中的 $\beta = m/2kT$，並將此式代入上式 (12-70)，則可得氣體分子之平方平均開方根速率，為

$$\left\langle v^2 \right\rangle^{1/2} = \left[ 4\pi \left( \frac{m}{2\pi kT} \right)^{3/2} \cdot \frac{1}{2} \cdot \frac{3}{4} \frac{\pi^{1/2}}{(m/2kT)^{5/2}} \right]^{1/2}$$

$$= \left( \frac{3kT}{m} \right)^{1/2} = \left( \frac{3RT}{M} \right)^{1/2} \tag{12-71}$$

於一定的溫度下，上述的各種類型之分子的平均速率，均與莫耳質量 $M$ 之開方根成反比，即較輕的分子之速率較大，然而，分子之平均動能與其質量無關。對於氣體分子之各種類型的平均速率，由式 (12-65)，(12-68) 及 (12-71) 可得，$\left\langle v^2 \right\rangle^{1/2} > \left\langle v \right\rangle > v_p$，而分子之各種平均速率的比為，$\left\langle v^2 \right\rangle^{1/2} : \left\langle v \right\rangle : v_p = \sqrt{3} : \sqrt{8/\pi} : \sqrt{2}$。一些氣體的分子於 298 K 之各種類型的平均速率，如表 12-1 所示。聲音於氣體中之速率，約與分子之速率同等的大小，而壓力波之速率與氣體分子本身之速率有關。因聲波會產生絕熱加熱，所以聲音的速率與熱容量有關。

表 12-1　一些氣體的分子於 298 K 之各種類型的平均速率

| 氣體 | $\left\langle v^2 \right\rangle^{1/2}$, m s$^{-1}$ | $\left\langle v \right\rangle$, m s$^{-1}$ | $v_p$, m s$^{-1}$ |
|---|---|---|---|
| $H_2$ | 1920 | 1769 | 1568 |
| $O_2$ | 482 | 444 | 394 |
| $CO_2$ | 411 | 379 | 336 |
| $CH_4$ | 681 | 627 | 556 |

氣體的分子速率之分佈，可藉如圖 12-8 所示之**分子線束** (molecular beam) 的裝置，由實驗測定。於真空中的分子線束經**細縫** (slit) $S$ 通過**選速器** (velocity selector) $A$，並經篩選使某特定狹小速度範圍的分子通過，而抵達**檢測器** (detector) $D$。其中的選速器 $A$ 係由具某一定間隔的空隙狹縫之若干的**齒縫盤**

(toothed disks) ，平行排列裝設於轉動軸而成。因此，由於正確控制轉動軸之轉動速率，則可使某特定速度的分子選擇通過齒縫轉盤的空隙狹縫而抵達檢測器。分子線束的裝置可用於，分子之速度的分佈與**分子的碰撞截面積** (molecular collision cross section) 等有關研究。此類裝置曾應用於驗證，氣體分子之 Maxwell-Boltzmann 的速度之分佈，及於分子反應動力學方面之基礎研究，由此，對於反應速率及反應機制等方面的研究，均有甚大的突破與進展。

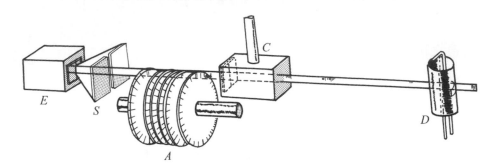

圖 12-8　分子線束裝置，$E$：瀉流源 (effusion source)，$S$：直流細縫 (collimating slit)，$A$：細縫旋轉盤型選速器 (slotted-disk-type velocity selector)，$C$：散射室 (scattering chamber)，$D$：檢測器 (detector)

**例 12-3** 試計算，氫的分子於 0°C 之最可能速率 $v_p$，算術平均速率 $\langle v \rangle$，及平方平均開方根速率 $\langle v^2 \rangle^{1/2}$

（解）
$$v_p = \left(\frac{2RT}{M}\right)^{1/2} = \left[\frac{(2)(8.314\,\text{J K}^{-1}\text{mol}^{-1})(273.15\,\text{K})}{(2.016\times 10^{-3}\,\text{kg mol}^{-1})}\right]^{1/2} = 1.50\times 10^3\,\text{ms}^{-1}$$

$$\langle v \rangle = \left(\frac{8RT}{\pi M}\right)^{1/2} = \left[\frac{(8)(8.314\,\text{J K}^{-1}\text{mol}^{-1})(273.15\,\text{K})}{(3.146)(2.016\times 10^{-3}\,\text{kg mol}^{-1})}\right]^{1/2} = 1.69\times 10^3\,\text{ms}^{-1}$$

$$\left(v^2\right)^{1/2} = \left(\frac{3RT}{M}\right)^{1/2} = \left[\frac{(3)(8.314\,\text{JK}^{-1}\text{mol}^{-1})(273.15\,\text{K})}{(2.016\times 10^{-3}\,\text{kgmol}^{-1})}\right]^{1/2}$$
$$= 1.84\times 10^3\,\text{ms}^{-1} = 6620\,\text{kmhr}^{-1}　◀$$

**例 12-4** 試證，氣體的分子於 $x$ 方向之平方平均開方根速度，$\langle v_x^2 \rangle = \dfrac{kT}{m}$

（解）$\displaystyle \langle v_x^2 \rangle = \int_{-\infty}^{\infty} v_x^2 f(v_x)dv_x = \left(\frac{m}{2\pi kT}\right)^{1/2} \int_{-\infty}^{\infty} e^{-mv_x^2/2kT} v_x^2 dv_x$

由附錄的式 (A1-112)，$\displaystyle \int_{-\infty}^{\infty} e^{-\beta x^2}dx = \frac{\pi^{1/2}}{2 \cdot \beta^{3/2}}$ ，此關係代入上式，

可得

$$\langle v_x^2 \rangle = \left( \frac{m}{2\pi kT} \right)^{1/2} \cdot \frac{\pi^{1/2}}{2(m/2kT)^{3/2}} = \frac{kT}{m}$$　◀

## 12-6　氣體內之分子的碰撞 (Collisions of Molecules in a Gas)

　　氣體內之分子間的相互作用很複雜，分子間之位能已如 2-9 節所述，於本節採用簡單的硬球分子模型，討論氣體內的分子之碰撞。設分子 1 與分子 2 之直徑分別爲 $d_1$ 與 $d_2$，而此二分子間之距離大於二分子之半徑的和 $\frac{1}{2}(d_1 + d_2)$ 時，其分子間之位能爲零，及此二分子間之距離小於 $\frac{1}{2}(d_1 + d_2)$ 時，其位能爲無窮大，即此二分子間之位能與其間隔的距離之關係，如圖 12-9 所示。

　　如圖 12-10 所示，同種類的二分子之其各中心間的距離，小於其分子的直徑 $d$ 時，其二分子有機會產生相互碰撞，而不同種類的分子之其各中心間的距離，小於 $d_{12} = \frac{1}{2}(d_1 + d_2)$ 時，其二分子有機會產生相互碰撞。此距離稱爲，分子之**碰撞直徑** (collision diameter)。

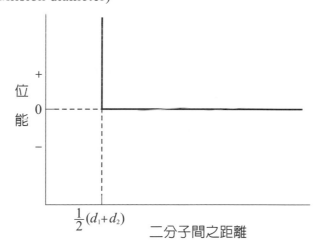

圖 12-9　直徑 $d_1$ 與 $d_2$ 的二硬球分子間之距離與位能的關係

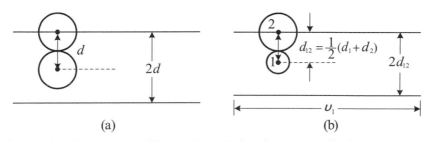

圖 12-10　硬球狀分子之碰撞，(a) 同種類的分子之碰撞截面積爲 $\pi d^2$，(b) 不同種類的分子之碰撞截面積爲 $\pi d_{12}^2$

於茲首先考慮，不同種類的二分子 1 與 2 之碰撞。假設類型 2 的分子均保持**靜態** (stationary)不動，則因速率 $\upsilon_1$ 之類型 1 的分子，於單位時間之移動距離為 $\upsilon_1$，故該分子於單位時間內，會與圓柱的體積 $\pi d_{12}^2 \upsilon_1$ 內之所有類型 2 的分子產生碰撞。依據此簡單的計算，速率 $\upsilon_1$ 之一類型 1 的分子，於單位時間內與類型 2 的分子，產生之碰撞數為 $\pi d_{12}^2 \upsilon_1 \rho_2$，其中的 $\rho_2$ 為單位體積內的類型 2 之分子數。然而，類型 2 之分子實際上並非靜止，因此，於計算一類型 1 的分子，與類型 2 的分子之單位時間內的碰撞數 $z_{1(2)}$ 時，分子 1 之速率 $\upsilon_1$，需採用對於類型 2 的分子之相對速率 $\upsilon_{12}$。設相對的速率遵照前述之速率的分佈，則類型 1 之一分子與類型 2 的分子，於單位時間內之碰撞數，可表示為

$$z_{1(2)} = \rho_2 \pi d_{12}^2 \int_0^\infty f(\upsilon_{12}) \upsilon_{12} d\upsilon_{12} \tag{12-72}$$

其中

$$f(\upsilon_{12}) = 4\pi \left( \frac{\mu}{2\pi kT} \right)^{3/2} \upsilon_{12}^2 e^{-\mu \upsilon_{12}^2 / 2kT} \tag{12-73}$$

於上式中，$\mu = m_1 m_2 / (m_1 + m_2)$，為**回歸質量** (reduced mass)，其中的 $m_1$ 與 $m_2$ 分別為，分子 1 與 2 之分子質量。將上式代入式 (12-72)，並使用附錄(一)之式 (A1-119)，$\int_0^\infty x^3 e^{-\beta x^2} \, dx = \frac{1}{2} \beta^{-2}$，則式(12-72)經積分，可得

$$z_{1(2)} = \rho_2 \pi d_{12}^2 4\pi \left( \frac{\mu}{2\pi kT} \right)^{3/2} \cdot \frac{1}{2} \left( \frac{\mu}{2kT} \right)^{-2} = \rho_2 \pi d_{12}^2 \left( \frac{8kT}{\pi \mu} \right)^{1/2}$$
$$= \rho_2 \pi d_{12}^2 \langle \upsilon_{12} \rangle \tag{12-74}$$

於 SI 單位，類型 2 的分子之密度 $\rho_2$ 的單位為 $m^{-3}$，碰撞直徑 $d_{12}$ 之單位為 m，平均的相對速率 $\langle \upsilon_{12} \rangle$ 之單位為 $m\,s^{-1}$，所以**碰撞頻率** (collision frequency)，$Z_{1(2)}$，之單位為 $s^{-1}$。

由式 (12-74)，類型 1 的分子與類型 2 的分子之**平均相對速率** (mean relatiev speed) $\langle \upsilon_{12} \rangle$，可表示為

$$\langle \upsilon_{12} \rangle = \left( \frac{8kT}{\pi \mu} \right)^{1/2} \tag{12-75}$$

上式 (12-75) 之兩邊各平方，並將 $\dfrac{1}{\mu} = \dfrac{1}{m_1} + \dfrac{1}{m_2}$ 的關係代入，可得

$$\langle \upsilon_{12} \rangle^2 = \left( \frac{8kT}{\pi} \right) \left( \frac{1}{m_1} + \frac{1}{m_2} \right) = \langle \upsilon_1 \rangle^2 + \langle \upsilon_2 \rangle^2 \tag{12-76}$$

如圖 12-11 所示，分子 1 之平均速率的平方，與分子 2 之平均速率的平方的和，等於其二分子之平均相對速率之平方。實際上，分子 1 與 2 產生碰撞之角

度為由 0° 至 180°，但上式 (12-76) 所表示的為其平均碰撞的角度等於 90°。同種類之分子產生碰撞時，其平均的相對速率，可表示為，$\langle v_{11} \rangle^2 = 2\langle v_1 \rangle^2$，因此，$\langle v_{11} \rangle = 2^{1/2}\langle v_1 \rangle = 2^{1/2}\langle v \rangle$。

　　分子 1 之一分子，與其他的分子 1 之碰撞速率(單位時間產生的碰撞數) $z_{1(1)}$，由式 (12-74) 可寫成

$$z_{1(1)} = 2^{1/2}\rho\pi d^2\langle v \rangle \tag{12-77}$$

此時由於，$\dfrac{1}{\mu} = \dfrac{1}{m} + \dfrac{1}{m} = \dfrac{2}{m}$，因此，$\left(\dfrac{8kT}{\pi\mu}\right)^{1/2} = \left(2 \cdot \dfrac{8kT}{\pi m}\right)^{1/2} = 2^{1/2}\langle v \rangle$。

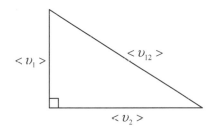

圖 12-11　分子 1 與分子 2 之平均的相對速率，可由成直角的分子 1 與 2 之各平均速率計算，即由畢氏定理 $\langle v_{12} \rangle^2 = \langle v_1 \rangle^2 + \langle v_2 \rangle^2$

　　於氣相之化學反應動力學，反應速率與單位容積內於單位時間所產生之分子的碰撞數，有密切的關係。於單位容積內之單位時間，所產的分子之碰撞數，稱為**碰撞密度** (collision density)，而用 $Z$ 表示。類型 1 的分子與類型 2 的分子，於單位容積單位時間內之碰撞數 $Z_{12}$，等於 $z_{1(2)}$ 與類型 1 的分子之密度 $\rho_1$ 的乘積，因此，由式(12-74)，可表示為

$$Z_{12} = \rho_1\rho_2\pi d_{12}^2\langle v_{12} \rangle \tag{12-78}$$

類型 1 的分子與同類型的 1 之其他的分子，於單位容積單位時間內所產生之碰撞數 $Z_{11}$，由上式 (12-78) 可寫成

$$Z_{11} = \frac{1}{2}\rho^2\pi d^2\langle v_{11} \rangle = 2^{-1/2}\rho^2\pi d^2\langle v \rangle \tag{12-79}$$

因上式為，同種類的二分子產生之碰撞數，故上式 (11-79) 的右邊除以 2，以免重覆的計算。碰撞密度 $Z$，通常用 mol m$^{-3}$s$^{-1}$ 的單位表示。

　　分子之碰撞密度為，二氣體的分子發生反應之反應速率的上限，通常並非每發生分子的碰撞，均會發生化學反應，因此，實際之化學反應的速率，一般與其所產生的碰撞速率比較甚小。一些氣體於 25°C 之碰撞頻率 $z_{1(1)}$ 與碰撞密度 $Z_{11}$，如表 12-2 所示。於此為方便聯想其化學反應的速率，碰撞密度以 mol L$^{-1}$s$^{-1}$ 的單位表示。

表 12-2　一些氣體於 25°C 之碰撞頻率 $z_{1(1)}$ 與碰撞密度 $Z_{11}$

| 氣體 | $z_{1(1)}$ , $s^{-1}$ | | $Z_{11}$ , mol $L^{-1}s^{-1}$ | |
|------|--------|--------|--------|--------|
| | 1 bar | $10^{-6}$ bar | 1 bar | $10^{-6}$ bar |
| $H_2$ | $14.13 \times 10^9$ | $14.13 \times 10^3$ | $2.85 \times 10^8$ | $2.85 \times 10^{-4}$ |
| $O_2$ | $6.34 \times 10^9$ | $6.24 \times 10^3$ | $1.26 \times 10^8$ | $1.26 \times 10^{-4}$ |
| $CO_2$ | $8.81 \times 10^9$ | $8.81 \times 10^3$ | $1.58 \times 10^8$ | $1.58 \times 10^{-4}$ |
| $CH_4$ | $11.60 \times 10^9$ | $11.60 \times 10^3$ | $2.08 \times 10^8$ | $2.08 \times 10^{-4}$ |

**例 12-5** 試計算氫的分子，對於氧的分子之平均的相對速率

(解) 氫的分子之質量為 $m_1 = \dfrac{2.016 \times 10^{-3}\,kg\,mol^{-1}}{6.022 \times 10^{23}\,mol^{-1}} = 3.348 \times 10^{-27}\,kg$

氧的分子之質量為 $m_2 = \dfrac{32.000 \times 10^{-3}\,kg\,mol^{-1}}{6.022 \times 10^{23}\,mol^{-1}} = 5.314 \times 10^{-26}\,kg$

$\therefore \mu = \left(\dfrac{1}{m_1} + \dfrac{1}{m_2}\right)^{-1} = [(3.348 \times 10^{-27}\,kg)^{-1} + (5.314 \times 10^{-26}\,kg)^{-1}]^{-1}$

$= 3.150 \times 10^{-27}\,kg$

$\langle v_{12} \rangle = \left(\dfrac{8kT}{\pi\mu}\right)^{1/2} = \left[\dfrac{8(1.381 \times 10^{-23}\,J\,K^{-1})(298\,K)}{\pi(3.150 \times 10^{-27}\,kg)}\right] = 1824\,m\,s^{-1}$

氫 的 分 子 之 平 均 速 率 為 $1920\,m\,s^{-1}$ ， 氧 的 分 子 之 平 均 速 率 為 $482\,m\,s^{-1}$ ◀

**例 12-6** 氧的分子之碰撞直徑為 0.361 nm。試計算氧的分子於 25°C 及壓力 1 bar 之碰撞頻率 $z_{1(1)}$ 與碰撞密度 $Z_{11}$

(解) $\langle v \rangle = \left(\dfrac{8RT}{\pi M}\right)^{1/2} = \left[\dfrac{(8)(8.314\,J\,K^{-1}mol^{-1})(298\,K)}{\pi(32 \times 10^{-3}\,kg\,mol^{-1})}\right]^{1/2} = 444\,m\,s^{-1}$

$\rho = \dfrac{N}{V} = \dfrac{PN_A}{RT} = \dfrac{(1\,bar)(6.022 \times 10^{23}\,mol^{-1})(10^3\,L\,m^{-3})}{(0.083145\,L\,bar\,K^{-1}mol^{-1})(298\,K)} = 2.43 \times 10^{25}\,m^{-3}$

$z_{1(1)} = \sqrt{2}\rho\pi d^2 \langle v \rangle = (1.414)(2.43 \times 10^{25}\,m^{-3})\pi(3.61 \times 10^{-10}\,m)^2(444\,m\,s^{-1})$

$= 6.24 \times 10^9\,s^{-1}$

$Z_{11} = (2)^{-1/2}\rho^2\pi d^2 \langle v \rangle$

$= (0.707)(2.43 \times 10^{25}\,m^{-3})^2\pi(3.61 \times 10^{-10}\,m)^2(444\,m\,s^{-1})$

$= 7.58 \times 10^{34}\,m^{-3}s^{-1} = \dfrac{(7.58 \times 10^{34}\,m^{-3}s^{-1})(10^{-3}\,m^3L^{-1})}{(6.022 \times 10^{23}\,mol^{-1})}$

$= 1.26 \times 10^8\,mol\,L^{-1}s^{-1}$ ◀

## 12-7　平均自由徑 (Mean Free Path)

　　氣體的分子於其每碰撞間所運(移)動之平均距離，稱爲**平均自由徑** (mean free path) $\lambda$。平均自由徑不能直接測定，而須由分子於單位時間之運動的平均距離 (即平均速率)$\langle v \rangle$，除以分子於單位時間之碰撞數求得。對於同種類的氣體分子，其平均自由徑 $\lambda$ 可表示爲

$$\lambda = \frac{\langle v \rangle}{z_{1(1)}} = \frac{1}{2^{1/2} \rho \pi d^2}$$

(12-80)

上式中，$\rho$ 爲氣體之密度，$d$ 爲分子之碰撞直徑。

　　假設分子之碰撞直徑 $d$，不受溫度的影響，則由理想氣體定律，將 $\rho = P/kT$ 代入上式 (12-80)，可得平均自由徑與溫度及壓力的關係式，爲

$$\lambda = \frac{kT}{2^{1/2} \pi d^2 P}$$

(12-81)

由上式得知，於溫度一定時，平均自由徑與壓力成反比，而壓力一定時，平均自由徑與溫度成正比。若氣體之壓力低至其分子的平均自由徑與其容器的大小同程度時，其流動性與通常壓力的氣體有顯著的不同。

　　氣體之分子的平均自由徑，可藉如圖 12-8 所示的分子線束的裝置測定。設散射室 $C$ 之長度爲 $l$，若於其內未充塡氣體時之分子線束的強度爲 $I_o$，而於其內充塡氣體時之分子線束的強度爲 $I$，則於充塡氣體時之分子線束的**透過率** (transmittance) $I/I_o$，可表示爲

$$\frac{I}{I_o} = e^{-l/\lambda}$$

(12-82)

　　設散射室內之分子密度爲 $\rho$ ( 分子數 /cm$^3$ )，則分子之**有效截面積** (effective cross section) $Q$，可定義爲

$$Q = \frac{1}{\rho \lambda} = \frac{\ln(I_o / I)}{\rho l}$$

(12-83)

由上式 (12-83) 所測定之有效截面積 $Q$，由於分子間之相互作用，通常比由氣體動力論所求得的截面積 $\pi d^2$ 大。

**例 12-7** 氧的分子於 25°C 之碰撞直徑爲 0.361 nm，試計算於壓力 0.1 Pa 時之其平均自由徑

解 $\rho = \dfrac{PN_A}{RT} = \dfrac{(0.1\,\mathrm{Pa})(6.022\times10^{23}\,\mathrm{mol^{-1}})}{(8.314\,\mathrm{J\,K^{-1}mol^{-1}})(298.15\,\mathrm{K})} = 2.43\times10^{19}\,\mathrm{m^{-3}}$

$\lambda = \dfrac{1}{2^{1/2}\rho\pi d^2} = [(1.414)(2.43\times10^{19}\,\mathrm{m^{-3}})(3.14)(3.61\times10^{-10}\,\mathrm{m})^2]^{-1}$

$= 0.071\,\mathrm{m} = 7.1\,\mathrm{cm}$ ◀

## 12-8　分子與表面的碰撞或從孔洞之逸出

### (Molecular Collisions with a Surface or Escape from an Opening)

氣體的分子與固體表面的反應之反應速率，或氣體的分子從其容器的孔洞逸出之速率，均與單位時間之氣體的分子與固體表面的碰撞數有關，並可由其計算求得。於容器內的氣體分子，自其容器的甚小孔洞逸出之分子的數通常很少，而不影響其整體氣相中分子之平衡速率的分佈，由此，可於分子的平均自由徑比孔洞的直徑足夠大的情況下，導得氣體分子自小的孔洞逸出之速率式。

如於 12-2 節的圖 12-2 所示，平面 $A$ 與 $x$ 軸垂直，而容器內的氣體分子與平面 $A$ 產生之碰撞數，僅與氣體分子之於 $+x$ 方向的分速有關。設容器內的氣體分子於 $x$ 方向之平均速度為 $\langle v_x \rangle$，則離平面 $A$ 之距離 $\langle v_x \rangle$ 的範圍內之分子，於單位時間內均可抵達平面 $A$ 而產生碰撞。於是，於單位時間內與單位面積的平面 $A$，產生碰撞之分子數 $J_N$，等於單位面積之長度 $\langle v_x \rangle$ 的長方形容積內之氣體的分子數，而可表示為

$$J_N = \langle v_x \rangle \rho \tag{12-84}$$

上式中，$\rho = N/V$，為單位容積內之氣體的分子數。將式 (12-59)，$\langle v_x \rangle = \dfrac{1}{N}\int_0^\infty v_x dn_{v_x}$，及式 (12-26)，$dn_{v_x}/N = f(v_x)dv_x$，代入上式 (12-84)，可得

$$J_N = \int_0^\infty \rho v_x f(v_x) dv_x \tag{12-85}$$

並將式 (12-50) 代入上式 (12-85)，可得

$$J_N = \rho \left( \frac{m}{2\pi kT} \right)^{1/2} \int_0^\infty v_x e^{-mv_x^2/2kT} dv_x \tag{12-86}$$

由附錄(一)之式 (A1-118)，$\int_0^\infty x e^{-\beta x^2} dx = \dfrac{1}{2}\beta^{-1}$，而將此關係代入上式，可得

$$J_N = \rho \left( \frac{kT}{2\pi m} \right)^{1/2} \tag{12-87}$$

上式由式 (12-68)，亦可寫成

$$J_N = \frac{\rho \langle v \rangle}{4} \tag{12-88}$$

上式之 $J_N$ 即爲分子之**通量** (flux)，相當於氣體的分子與單位面積的表面，於單位時間所產生的碰撞之分子數，或氣體的分子於單位時間內，經由單位面積的小孔洞向眞空逸出之分子數。

　　對於理想氣體，其單位容積內之分子數 $\rho$，由理想氣體法則可表示爲，$\rho = P/kT$，將此關係代入式 (12-87)，可得

$$J_N = \frac{P}{(2\pi mkT)^{1/2}} \tag{12-89}$$

對於揮發性較小之物質，由量測其分子經由小孔之逸散的速率 $J_N$，利用上式 (12-89) 可計算其蒸氣壓。揮發性較小的固體或液體之 Knudsen 的蒸氣壓之量測法，係以上式 (12-89) 作爲，其量測的理論基礎。

　　設揮發性較低的固體或液體的試樣，於一小的孔洞面積爲 $A$ 的容器內，經由時間 $t$ 而向眞空逸散減少之試樣的質量爲 $\Delta w$，則從小孔逸出的分子之通量 $J_N$，可表示爲

$$J_N = \frac{\Delta w}{mtA} \tag{12-90}$$

上式中，$m$ 爲試樣之分子質量。於實驗的過程中，固體或液體試樣之曝露的表面須允分大，以保持壓力等於其飽和蒸氣壓。若氣體的試樣中含有不同質量的其他的分子時，則上式(12-90)不能適用。由式 (12-89) 得知，通量 $J_N$ 與分子質量之平方根成反比，因此，含有同位素的氣體分子，可利用經由多孔板的擴散，以分離其同位素。

**例 12-8** 以 Knudsen 的方法，量測固態鈹 (beryllium) 之蒸氣壓時，發現於溫度 1457 K 下，經由 0.318 cm 直徑的小孔，其質量於 60.1 min 內減少 9.54 mg。試計算鈹於 1457 K 之蒸氣壓

**解**

$$J_N = \frac{\Delta w}{mtA} = \frac{\Delta w N_A}{MtA} = \frac{(9.54 \times 10^{-6}\, \text{kg})(6.022 \times 10^{23}\, \text{mol}^{-1})}{(9.013 \times 10^{-3}\, \text{kg mol}^{-1})(60 \times 60.1\, \text{s})\, \pi (0.159 \times 10^{-2}\, \text{m})^2}$$

$$= 2.23 \times 10^{22}\, \text{m}^{-2} \text{s}^{-1}$$

$$\therefore P = J_N (2\pi mkT)^{1/2} = (2.23 \times 10^{22}\, \text{m}^{-2} \text{s}^{-1})$$

$$\left[ \frac{2\pi (9.013 \times 10^{-3}\, \text{kg mol}^{-1})(1.381 \times 10^{-23}\, \text{J K}^{-1})(1457\, \text{K})}{(6.022 \times 10^{23}\, \text{mol}^{-1})} \right]^{1/2}$$

$$= 0.968\, \text{Pa} = 0.968 \times 10^{-5}\, \text{bar} \qquad \blacktriangleleft$$

## 12-9　氣體內之輸送現象 (Transport Phenomena in Gases)

　　氣相內的各部分之氣體的組成、溫度，及分子的速度不均勻時，通常會自動發生質量、能量，及動量的輸送，以使整系統內的各部分之組成、溫度及分子的速度，各趨近於均勻。物質於無整體的流動之情況下，自發由較高的濃度處傳遞流至較低的濃度處的物質輸送，稱為**擴散** (diffusion)。熱量於無對流的情況下，自較高的溫度區域傳遞至較低的溫度區域的熱量傳遞，稱為**熱的傳導** (thermal conduction)。動量於**黏滯性流** (viscous flow)的流動情況下，會自較高的速度區域，傳遞至較低的速度區域。上述的各種傳遞的流動，於單位時間內通過與其流動方向 $z$ 成垂直的單位面積之通量 $J_z$，分別與其於流動的 $z$ 方向之濃度、溫度、速度等各物理量的**負梯度** (negative gradient)，$-\dfrac{\partial Y}{\partial z}$，即傳遞的推動力成比例。各種通量與其傳遞的推動力的關係，一般可表示為

$$J_z = L\left(-\frac{\partial Y}{\partial z}\right) \tag{12-91}$$

上式中，$L$ 為比例常數，$Y$ 代表濃度、溫度及速度等之各種物理量。若 $Y$ 代表溫度，則上式適用於熱量的輸送，而其比例常數 $L$，稱為**熱傳係數** (thermal conductivity coefficient)，此時上式即為所謂 Fourier 定律。若 $Y$ 代表電位，則上式適用於電流，而其比例常數 $L$ 為**電導** (electrical conductivity)，即為 Ohm 定律。若 $Y$ 表示壓力，則上式為液流，而 $L$ 為與粘性有關之**摩擦係數** (frictional coefficient)，即為 Poiseuille 定律。若 $Y$ 表示濃度，則上式適用於物質的擴散，而 $L$ 為**擴散係數** (diffusion coefficient)，即為 Fick 第一定律。

　　成分 $i$ 由於 $z$ 方向之濃度差，於單位時間內擴散通過垂直 $z$ 方向的單位面積之擴散通量 $J_{iz}$，與其於 $z$ 方向之負的濃度梯度成比例，而可表示為

$$J_{iz} = -D\frac{dc_i}{dz} \tag{12-92}$$

上式即為 Fick 第一定律，其中的 $D$ 為擴散係數。使用 SI 單位時，$J_{iz}$ 的單位為 $\mathrm{mol\ m^{-2}s^{-1}}$，而 $dc_i/dz$ 為 $\mathrm{mol\ m^{-4}}$，$D$ 為 $\mathrm{m^2s^{-1}}$。擴散係數 $D$ 與溶液之溫度、及其組成的濃度有關，為溶液之特性常數，而非各成分之特性常數。上式中之負號表示，溶液中的溶質自濃度較高處，向濃度較低處自發擴散。

　　某種氣體擴散至另外的氣體內之擴散係數，可用如圖 12-12(a) 所示的裝置測定。若於氣體室 $A$ 內填充較重的氣體，而於氣體室 $B$ 內填充較輕的氣體，則由拉開其間的滑動隔板 $C$ 某一定的時間後再關閉，並分析於 $A$ 室或 $B$ 室內之氣體

的組成，可由上式(12-92)計算其擴散係數 $D$。

　　由於 $z$ 方向之溫度梯度產生的熱量輸送，則由 Fourier 定律得，於 $z$ 方向之能量的通量 $q_z$，與其負的溫度梯度成比例，而可表示為

$$q_z = -\kappa \frac{dT}{dz} \tag{12-93}$$

上式中，比例常數 $\kappa$ 為熱傳係數。若上式的 $q_z$ 之單位為 $J\,m^{-2}s^{-1}$，而 $dT/dz$ 之單位為 $K\,m^{-1}$，則 $\kappa$ 之單位為 $J\,m^{-2}s^{-1}K^{-1}$。因熱量自高溫處自發向低溫處傳遞，故上式的右邊冠以負號。

　　熱傳係數可用如圖 12-12(b) 所示之**熱線** (hot-wire) 的裝置測定。填充欲測氣體的圓形套筒管的外壁保持一定的溫度，且其管軸之細線通電加熱達至穩定的狀態後，由測定其電阻以量測細線之溫度。由此，由所量測的細線與管壁的各溫度，及所損失之熱量的測定，及該圓筒實驗裝置的表面積，可由式(12-93)計算熱傳係數。

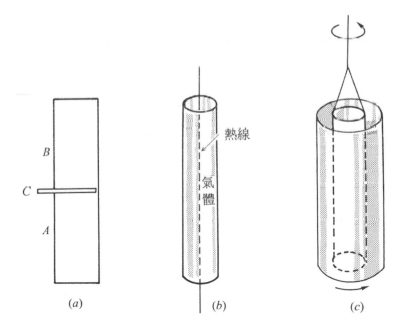

圖 12-12　氣體之 (a) 擴散係數 $D$，(b) 熱傳係數 $\kappa$，及 (c) 粘性係數 $\eta$ 之測定裝置的示意圖

　　氣體由於溫度梯度 $dT/dz$，所產生的物質輸送，稱為**熱擴散** (thermal diffusion)。氣體分子之**熱擴散係數** (thermal diffusion coefficient) 與氣體分子之質量有關，因此，利用熱擴散可分離，**同位素** (isotopes) 的氣體。

　　對於流體施以**剪力** (shearing foree) 時所產生的**阻力** (resistance) 大小，與該流體之**粘度** (viscosity) 有關。假想流體中之二平行的液體平面，設上方的液體平面相對於其下方的**靜態平面** (stationary plane)，以一定的速率向 $y$ 方向平

行流(移)動，此時鄰接**移動平面** (moving plane) 的流體層之流速最大，約等於移動平面之移動速率，而距離移動面愈遠的流體層之流速愈小。流體層之流速隨其與移動面之間隔距離的增加而逐次減低，而鄰接於靜態平面之流體層，幾乎保持靜止的狀態。上述的於二平面間的各流體層之 $y$ 方向的流速，與其垂直的 Z 距離形成特定的**速度梯度** (velocity gradient) $dv_y/dz$，如圖 12-13 所示。

對移動面之單位面積所作用的推力 $F$，與其移動面成垂直的 Z 方向之負的速度梯度成比例，且其比例常數即為該流體之粘性係數 $\eta$，而可表示為

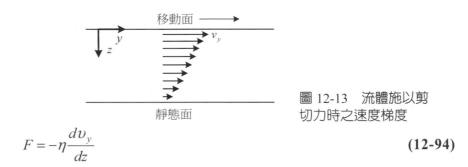

圖 12-13　流體施以剪切力時之速度梯度

$$F = -\eta \frac{dv_y}{dz}$$

(12-94)

上式中，於 $+y$ 的方向之作用力為 $F$，而流體層之移動的速度 $v_y$，隨其距中心的移動面之距離的增加而減小，由此，其 $dv_y/dz$ 為負的值。因 $F$ 之單位為 $kg\,m\,s^{-2}/m^2$，$dv_y/dz$ 之單位為 $m\,s^{-1}/m$，故粘性係數 $\eta$ 之單位為 $kg\,m^{-1}s^{-1}$。若上述的二平行流體平面相距 $1\,m$，而對於其 $1\,m^2$ 的移動面，作用 $1N$ 的推力所產生之移動速度為 $1\,m\,s^{-1}$ 時，則該流體之粘度為 $1\,Pa\,s$。因 $1N = 1\,kg\,m\,s^{-2}$，故 $1\,Pa\,s = 1\,kg\,m^{-1}s^{-1}$。粘度之 cgs 的單位為 $g\,cm^{-1}s^{-1}$，而為紀念 Poiseulle 對於流體之粘性方面的研究業績，此單位稱為 **"泊"** (poise)，因此，$0.1\,Pa\,s = 1\,poise$。

流體之粘性係數，可由量測流體流經細管之流速，或圓盤於流體中的旋轉所產生的扭轉力測定。如圖 12-12(c) 所示，於二同軸的圓筒內填充試驗流體，並藉電動馬達以一定的轉速轉動其外面的圓筒，而於其轉速達至穩定時所產生的**力矩** (torque)，經由其內的流體傳遞至**扭線** (torrsion wire) 所懸掛的同軸之內圓筒。因此，由扭線所產生之扭轉的角度，可計得其力矩，而由此力矩可測得，二同軸的二圓筒間之試驗流體的粘度。

## 12-10　輸送係數 (Transport Coefficients)

於此首先考慮，物質於 $z$ 方向的濃度梯度之流體中的分子擴散。假想於 $z = 0$ 及 $z = \pm\lambda$ 處的垂直於 $z$ 軸之三互相平行的 $xy$ 平面，其中的 $\lambda$ 為分子之平均自由徑，如圖 12-14 所示。分子自上方的平面 $(z = +\lambda)$ 向下通過 $z = 0$ 處的平面

之通量，由式 (12-88) 可表示為

$$J_+ = \left[ \rho_o + \lambda \left( \frac{d\rho}{dz} \right) \right] \frac{\langle v \rangle}{4} \tag{12-95}$$

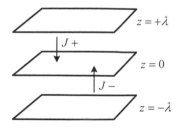

圖 12-14　垂直於 $z$ 軸之相距分子的平均自由徑之三平行的面

上式中，$\rho_o$ 為於 $z = 0$ 處之分子的密度，而於 $z = +\lambda$ 處之分子的密度 $\rho_\lambda$，可表示為 $\left[ \rho_o + \lambda \left( \frac{d\rho}{dz} \right) \right]$。分子自下方的平面 ($z = -\lambda$)，向上通過 $z = 0$ 處的平面之通量為

$$J_- = \left[ \rho_o - \lambda \left( \frac{d\rho}{dz} \right) \right] \frac{\langle v \rangle}{4} \tag{12-96}$$

因此，分子於 $z = 0$ 處的平面之**淨通量** (net flux)，可由上面的二式相減，即 $J = J_- - J_+$，表示為

$$J = -\frac{1}{2} \lambda \left( \frac{d\rho}{dz} \right) \langle v \rangle \tag{12-97}$$

由上式與式 (12-92) 比較，可得分子的擴散係數之**大約** (approximate) 值 $D_{app}$，為

$$D_{app} = \frac{1}{2} \langle v \rangle \lambda \tag{12-98}$$

將式 (12-68)，$\langle v \rangle = (8kT / \pi m)^{1/2}$，及式 (12-80)，$\lambda = (2^{1/2} \rho \pi d^2)^{-1}$，代入上式 (12-98)，可得

$$D_{app} = \left( \frac{kT}{\pi m} \right)^{1/2} \frac{1}{\rho \pi d^2} \tag{12-99}$$

剛球的分子之精確的擴散係數之理論值 $D$，為

$$D = \frac{3\pi}{8} \left( \frac{kT}{\pi m} \right)^{1/2} \frac{1}{\rho \pi d^2} \tag{12-100}$$

由此得知，由上述之模式所得的結果，與精確的理論值，於定性上尚符合。

　　對於剛球的分子之熱傳係數，由類似上述的簡化模式，可得其大約值 $\kappa_{app}$，爲

$$\kappa_{app} = \frac{1}{3}\frac{\overline{C}_v}{N_A}\lambda\langle v\rangle\rho = \frac{2}{3}\frac{\overline{C}_v}{N_A}\left(\frac{kT}{\pi m}\right)^{1/2}\frac{1}{\pi d^2} \tag{12-101}$$

剛球的分子之精確的熱傳係數 $\kappa$，爲

$$\kappa = \frac{25\pi\overline{C}_v}{32 N_A}\left(\frac{kT}{\pi m}\right)^{1/2}\frac{1}{\pi d^2} \tag{12-102}$$

　　對於剛球的分子之粘性係數，由上述的簡化模式，可得其大約值 $\eta_{app}$，爲

$$\eta_{app} = \frac{1}{3}\rho\langle v\rangle m\lambda = \frac{2}{3}\left(\frac{kT}{\pi m}\right)^{1/2}\frac{m}{\pi d^2} \tag{12-103}$$

剛球的分子之精確的粘性係數 $\eta$，爲

$$\eta = \frac{5\pi}{16}\left(\frac{kT}{\pi m}\right)^{1/2}\frac{m}{\pi d^2} \tag{12-104}$$

　　由簡化的模式所得之大約值雖然較低，但其值所受溫度 $T$，質量 $m$，及密度 $\rho$ 等的影響，與由精確的理論所得者均相同。精確的式可用以由輸送係數的實驗值，計算分子的直徑 $d$，如表 12-3 所示，其結果雖然均相當唇合，但此並不表示真實的分子爲剛球。

表 12-3　一些氣體於 273.2 K 及 1 bar 下之粘度與熱傳係數，
及由式 (12-102) 與 (12-104) 所計得之分子的直徑

| 氣體 | $\eta$ $10^{-5}$ kg m$^{-1}$s$^{-1}$ | $\kappa$ $10^{-2}$ J K$^{-1}$m$^{-1}$s$^{-1}$ | 所計算之分子直徑 $d$，nm | |
|---|---|---|---|---|
| | | | 由 $\eta$ | 由 $\kappa$ |
| He | 1.85 | 14.3 | 0.218 | 0.218 |
| Ne | 2.97 | 4.60 | 0.258 | 0.258 |
| Ar | 2.11 | 1.63 | 0.364 | 0.365 |
| $H_2$ | 0.845 | 16.7 | 0.272 | 0.269 |
| $O_2$ | 1.92 | 2.42 | 0.360 | 0.358 |
| $CO_2$ | 1.36 | 1.48 | 0.464 | 0.458 |
| $CH_4$ | 1.03 | 3.04 | 0.414 | 0.405 |

由上式 (12-104) 得知，氣體之粘性係數與壓力無關，此對於真實氣體於壓力約 $10^{-2}$ 至 10 bar 的範圍可以成立。然而，於壓力低至其分子的平均自由徑等於容器同程度的大小時，其分子之主要的碰撞為與容器壁的碰撞，此時上式 (12-104) 不適用，而於較高的壓力時，由於分子間的相互作用，其粘度通常較高。

由式 (12-104) 顯示，$\eta$ 與 $T^{1/2}$ 成正比，但對於真實的氣體，其 $T$ 之次方應大於 $1/2$。然而，液體之粘性係數，通常隨溫度的上升而減低。

由式 (12-100)，(12-102)，與 (12-104)，可得

$$D = \frac{3}{8}\frac{(\pi mkT)^{1/2}}{\pi d^2 \rho m} = \frac{12\kappa}{25\rho c_v} = \frac{6}{5}\cdot\frac{\eta}{\rho} \tag{12-105}$$

及

$$\kappa = \frac{25}{32}\frac{(\pi mkT)^{1/2}c_v}{\pi d^2 m} = \frac{5}{2}\cdot\frac{c_v\eta}{m} \tag{12-106}$$

其中的 $m$ 為分子之質量，$\rho = P/kT$，及 $c_v = \overline{C}_v / N_A$，為分子之熱容量。

例 **12-9** 氧的分子之直徑等於 0.360 nm。試計算氧的分子於 273.2 K 及 1 bar 下之粘性係數

(解) 氧的分子之質量為

$$m = \frac{32.00 \times 10^{-3}\,\text{kg mol}^{-1}}{6.022 \times 10^{23}\,\text{mol}^{-1}} = 5.314 \times 10^{-26}\,\text{kg}$$

對於剛球的分子，其精確的粘性係數由式 (12-104)，得

$$\eta = \frac{5\pi}{16}\left(\frac{kT}{\pi m}\right)^{1/2}\frac{m}{\pi d^2}$$

$$= \frac{5\pi}{16}\left[\frac{(1.380 \times 10^{-23}\,\text{JK}^{-1})(273.2\,\text{K})}{\pi(5.314 \times 10^{-26}\,\text{kg})}\right]^{1/2}\frac{5.314 \times 10^{-26}\,\text{kg}}{\pi(0.360 \times 10^{-9}\,\text{m})^2}$$

$$= 1.926 \times 10^{-5}\,\text{kg m}^{-1}\text{s}^{-1} \qquad \blacktriangleleft$$

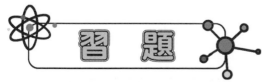

習 題

1. 試比較，氧與氮的分子之平方平均開方根 (rms) 速率，並求氮的分子於 25°C 之 rms 速率

(答) $\langle v^2 \rangle_{O_2}^{1/2} / \langle v^2 \rangle_{N_2}^{1/2} = 0.935$，$\langle v^2 \rangle_{N_2}^{1/2} = 5.152 \times 10^2\,\text{m s}^{-1}$

**2.** 試求氫、氮及二氧化碳等的分子,各別於 100, 300, 500 及 1000 K 之或然率密度 $f(v)$ 與速率 $v$ 的關係,並以 $f(v)$ 爲縱軸,$v$ 爲橫軸,各繪其關係曲線

答 參閱圖 12-6

**3.** 氧的分子於某溫度之動能等於 10 kJ mol$^{-1}$,試計算其平方平均開方根速率及溫度

答 $7.9 \times 10^2 \, \text{m s}^{-1}$, 802 K

**4.** 試比較氫與氧的分子之最可能速率,並求氧的分子於 25°C 之最可能速率

答 $v_{p,\text{H}_2} / v_{p,\text{O}_2} = 3.984$ , $v_{p,\text{O}_2} = 3.936 \times 10^2 \, \text{m s}^{-1}$

**5.** 試比較氫與氧的分子之算術平均速率,並求氧的分子於 25°C 之算術平均速率

答 $\langle v \rangle_{\text{H}_2} / \langle v \rangle_{\text{O}_2} = 3.984$ , $\langle v \rangle_{\text{O}_2} = 4.438 \times 10^2 \, \text{m s}^{-1}$

**6.** 試計算,氧的分子於 500 K 之平方平均開方根速率,算術平均速率,及最可能速率

答 $\langle v^2 \rangle^{1/2} = 624 \, \text{m s}^{-1}$; $\langle v \rangle = 575 \, \text{m s}^{-1}$ ; $v_p = 510 \, \text{m s}^{-1}$

**7.** 質量較大的氣體分子之運動速率,比質量較輕的分子者慢,試說明平均動能與分子質量的關係

答 平均動能與分子量無關,而與絕對溫度 $T$ 成比例

**8.** 試求氧的分子於 20°C 之算術平均速率,並比較氧的分子與四氯化碳的分子之算術平均速率

答 $\langle v_{\text{O}_2} \rangle = 440 \, \text{m s}^{-1}$ , $\langle v_{\text{O}_2} \rangle / \langle v_{\text{CCl}_4} \rangle = 2.19$

**9.** 試求氧的分子與四氯化碳的分子,於 20°C 之其各平均動能

答 $\text{O}_2$ 與 $\text{CCl}_4$ 之平均動能相同,均爲 $6.07 \times 10^{-21} \text{J}$

**10.** 試計算,一莫耳的理想氣體,於溫度 300 K 及 500 K 之其各動能

答 3.74 kJ / mol , 6.24 kJ / mol

**11.** 試求,氣體的分子之算術平均速率與其五倍的算術平均速率之或然率的比

答 $1.2 \times 10^{-12}$

**12.** 試計算,溫度 300 K 的氧分子之速率,於 400 至 410 m s$^{-1}$ 間之分子的分率,假設於此速率的間隔之或然率密度 $f(v)$ ,與速率 $v$ 無關

答 $2.099 \times 10^{-2}$

**13.** 試計算,氧的分子於壓力 1 bar 及 25°C 下,每秒與平方厘米的容器壁產生之碰撞數

答 $2.69 \times 10^{23}$

14. 於 Knudsen 的蒸氣壓測定裝置的槽內，放置經精確秤稱重量的**安息香酸** (benzoic acid，$M = 122 \, g \, mol^{-1}$)，於恆溫 70°C 的真空下，經由 0.60 mm 的直徑之小孔，每小時所逸散的安息香酸之重量為 56.7 mg hr$^{-1}$。試計算安息香酸於 70°C 之蒸氣壓

答 21.3 Pa

15. 裝填氫氣的 5 - mL 之容器有直徑 10 $\mu$m 的小孔，而將此容器放置於抽成真空的 0°C 之圓筒內。試求容器內的氫氣逸散消失 90% 所需之時間

答 347 s

16. 新製備的金屬表面之每平方厘米的金屬原子數為 $10^{15}$，此金屬表面曝露於壓力 $10^{-2}$ Pa 的氧氣中時，由於氧的分子與金屬的表面產生撞碰，而於金屬表面的一金屬原子與氧的一原子反應結合。試求於 25°C 下，該金屬之表面的一半被氧化所需之時間

答 $9.3 \times 10^{-3}$ s

17. 試計算，於 1 bar 的壓力及 25°C 之氮氣中，(a) 每一氮的分子之每秒的碰撞數，(b) 每立方厘米中之每秒的碰撞數，(c) 於一定的壓力下，絕對溫度上升一倍時之碰撞數的變化，及 (d) 於定溫下，壓力增加一倍時之碰撞數的變化

答 (a) $7.21 \times 10^{9} \, s^{-1}$，(b) $8.74 \times 10^{28} \, cm^{-3} s^{-1}$，(c) 0.354，(d) 4

18. 氮氣之分子的直徑為 0.368 nm，試計算氮氣於 25°C 下，壓力為 1 bar，0.01 bar，及 $10^{-9}$ bar 時之其分子的各平均自由徑，及其分子於上面的各種壓力下，產生相碰的各間隔之平均時間

答 65 nm，$6.5 \times 10^{-4}$ cm，65 m；$1.4 \times 10^{-10}$ s，$1.4 \times 10^{-8}$ s，0.14 s

19. 氫氣與氯氣之分子的直徑，分別為 0.247 nm 與 0.496 nm。試計算氫及氯的氣體於 25°C 下，壓力為 1 bar 及 0.1 Pa 時之其各分子的平均自由徑

答 $H_2 : 1.52 \times 10^{-7}$，0.152 m；$Cl_2 : 3.77 \times 10^{-8}$，0.037 m

20. 甲烷於 280 K 之粘性係數為 $10.53 \times 10^{-6}$ Pa s，試計算其分子的直徑

答 340 pm

21. 氦的氣體於 0°C 之粘性係數為 $1.88 \times 10^{-5}$ Pa s，試計算其分子的碰撞直徑，及於 1 bar 下之擴散係數

答 0.217 nm，$1.29 \times 10^{-4} \, m^2 s^{-1}$

22. 二氧化碳的分子之碰撞直徑為 0.40 nm。試求於 1 bar 及 25°C 下，放射性的 $CO_2$ 分子，於通常的 $CO_2$ 中之自擴散係數

答 $1.26 \times 10^{-5} \, m^2 s^{-1}$

# 第十三章

# 氣相反應動力學及基本的關係

　　化學反應的動力學主要研究，化學反應之反應速率及其反應的機制。化學反應的機制通常包含一連串的基本反應，以描述該反應之實際進行的步驟，與其反應的速率式，並提供達成化學平衡之速率與其反應機轉有關的資訊。反應速率與反應物及生成物之性質、濃度、溫度，及觸媒等有關，而由量測反應物、生成物、觸媒及抑制劑等之濃度，隨反應時間的變化，及反應溫度與溶劑等，對於反應速率的效應，可推定化學反應之反應的機制。

　　於本章除介紹反應速率之測定方法，及誘導各種氣體的反應與基本反應之反應速率式外，亦討論反應速率常數之溫度的效應，活化能，基本反應，及一些反應之反應的機制，並由碰撞的理論、位能的曲面、及遷移狀態的理論等，解釋所產生反應的速率。於本章的較後面的部分，討論鏈鎖的反應、分枝之鏈鎖的反應及觸媒反應等之反應動力學。

## 13-1　反應速率 (Reaction Rate)

　　一般的化學反應，可用下式表示為

$$\sum_i v_i A_i = 0 \tag{13-1}$$

上式中，$v_i$ 為**化學式量的係數** (stoichiometric coefficients)，對於生成物的 $v_i$ 為正，而反應物的 $v_i$ 為負。**反應之程度** (extent of reaction) $\xi$ 可用，$n_i = n_{io} + v_i \xi$，定義，而其中的 $n_{io}$ 為反應物或生成物 $i$ 於反應開始 ($t = 0$) 時之莫耳數，$n_i$ 為於某反應時間 $t$ 時之莫耳數。因此，成分 $i$ 於 $dt$ 的時間內之反應的變化量，可表示為 $dn_i = v_i d\xi$，其中的化學式量的係數 $v_i$ 為無因次，而 $\xi$ 之單位為莫耳。於恆溫的密閉系內發生某單一的化學反應時，其反應速率可用，反應之進行的程度 $\xi$ 之變化的速率，表示為

$$\frac{d\xi}{dt} = \frac{1}{v_i}\frac{dn_i}{dt} \tag{13-2}$$

因化學式量的係數 $v_i$ 對於生成物為正，而對於反應物為負，所以上式之反應速率 $d\xi/dt$ 為正。上式 (13-2) 之反應速率的定義，亦可適用於反應中有容積的變化，或多相系內之反應。

於反應的過程中容積保持一定時，其反應速率 $r$ 常用反應物或生成物之濃度的變化速率表示，為

$$r = \frac{1}{V}\frac{d\xi}{dt} = \frac{1}{v_iV}\frac{dn_i}{dt} = \frac{1}{v_i}\frac{d(A_i)}{dt} \tag{13-3}$$

上式中，$(A_i) = n_i/V$，為 $A_i$ 之**莫耳濃度** (molar concentration)，$V$ 為反應系之容積。實際上，反應速率常用，反應物或生成物之濃度對時間的變化速率，$d(A_i)/dt$，表示。對於氣相的反應，亦可用分壓對時間的變化速率，$dP_i/dt$，表示。

反應物及生成物之各化學式量的係數非均等於 1 時，其反應速率須對某特定的反應物或生成物定義。例如，對於下列的反應

$$A + 2B = X \tag{13-4}$$

其反應物及生成物之各反應速率間的關係，可表示為

$$r = \frac{1}{-1}\frac{d(A)}{dt} = \frac{1}{-2}\frac{d(B)}{dt} = \frac{d(X)}{dt} \tag{13-5}$$

由上式得知，反應物 $A$ 之莫耳濃度的減少速率，等於反應物 $B$ 之莫耳濃度的減少速率的 $1/2$，而等於生成物 $X$ 之莫耳濃度的增加速率。正方向的反應之反應速率為正，而反方向的反應之反應速率為負。當反應接近於平衡時，其反應速率 $r$ 會趨近於零。

若反應系之容積 $V$，於反應的過程中改變時，則其反應速率由式 (13-3)，可寫成

$$r = \frac{1}{v_iV}\frac{d[(A_i)V]}{dt} = \frac{1}{v_i}\frac{d(A_i)}{dt} + \frac{(A_i)}{v_iV}\frac{dV}{dt} \tag{13-6}$$

## 13-2 反應速率之測定 (Measurement of Reaction Rates)

化學反應之反應速率的測定，通常於一定的溫度下量測，已知組成之反應系中的某一反應物或生成物之濃度隨時間的變化，以求該反應系之反應速率。此時需依反應速率之快慢，選擇適當的實驗方法及濃度之量測的方法。對於反應速

率非特別快或特別慢的反應，通常於一定的溫度下將各反應物混合，而以一般的化學方法或物理方法 (如光譜方法)，分析其濃度隨時間的變化。

　　若反應於其反應的進行中之任一瞬間，可中止其反應之進行時，則其反應速率可用一般的化學分析方法測定。此方法於分析反應系中的反應物或生成物之濃度時，須以適當的方法停止其反應之繼續進行。例如，於較高溫之反應可藉迅速冷卻以中止其反應的繼續進行，觸媒反應可藉去除或破壞其內之觸媒的作用，以停止反應的進行。以物理的方法測定反應速率時，通常不須停止其反應的繼續進行，而可連續量測各反應時間之反應進行的程度，因此，許多化學反應常選擇適當的物理方法，以測定其反應速率。常採用之反應速率的物理測定方法，如導電度、折射率、旋光度、**光譜方法** (spectroscopic method)、比色法、粘度、**光散射** (light scattering)、**極譜法** (polarographic method)、**磁化率** (magnetic susceptibility)、及**質譜儀的方法** (mass spectrometric method) 等，其中光譜的方法最常被採用。於反應的過程中產生體積之變化的氣相反應系，一般可於定容下量測其壓力的變化，或於定壓下量測其體積的變化，以測定其反應的速率，而後者亦常用於液相之反應速率的測定，此稱為**膨脹計法** (dilatomeric method)。化學的反應動力學之研究的重點為，反應速率的測定，一般的化學反應之積分反應速率式中，濃度常以時間的函數表示。因此，由反應物或生成物於恆溫下的各時間之濃度的量測，可直接決定其反應之速率常數等動力數據。

　　快速的反應之反應速率的測定所採用之測定方法及分析儀器，對於濃度變化的回應速度需甚為迅速。氣體反應或較快速反應之反應速率的測定，常採用流動的方法。例如，**停止流動的方法** (stopped-flow method) 廣泛應用於約 $10^{-3}$ sec 之快速的溶液反應、氣體反應及酶的觸媒反應。例如，**血紅素蛋白** (hemoglobin) 與氧之反應速率的測定時，通常將血紅素的溶液與含氧的水溶液，分別從 Y 形管的二支管流入混合室迅速混合，並於其二溶液之流速均達至穩定的流速時，突然停止其二溶液的繼續流入，而以光譜儀量測其反應進行的程度與時間的關係。對於二氧化氮與臭氧的反應，$2NO_2 + O_3 = N_2O_5 + O_2$，可將 $O_2 + NO_2$ 與 $O_3 + O_2$ 的二種混合氣體，分別流入混合室迅速混合，並量測混合氣體內的棕色氣體 $NO_2$ 之棕色的消失速率。較 $10^{-3}$ sec 快速之 $10^{-3}$ sec 至 $10^{-9}$ sec 範圍的快速反應，可利用下述之各種**鬆弛方法** (relaxation method)，量測其反應速率。

　　鬆弛方法為將已快速達成平衡的反應溶液或混合物，藉經迅速改變會影響其平衡的某一自變數 ( 如溫度，壓力或濃度 )，以擾動其平衡，並藉量測其吸光度或導電度隨時間的變化，以測定該反應系重回達至新的平衡之速率。例如，反應之反應熱 $\Delta_r H \neq 0$ 時，可利用**溫度跳躍** (temperature-jump) 的裝置，將其反應溶液(反應系)於約 $1\,\mu s$ 的瞬間內，藉通高電流加熱至高溫。若反應之

$\Delta V \neq 0$ 時，則可藉高壓的氣體衝破反應管內之薄膜隔板，以突然降低其反應系的壓力。若反應之 $\Delta v \neq 0$ 時，則可藉稀釋以攪動其反應系的平衡。近來由於利用**脈波雷射** (pulsed lasers)，可研究反應速率快至 $1\,\mathrm{ps}(10^{-12}\,\mathrm{s})$ 的甚快速的反應。

　　一些於高溫的氣體反應之反應速率均非常快，因此，需於瞬間內將氣體加熱至所定的高溫，此種反應可使用，以可破裂**隔膜** (diaphragm) 分隔成兩段的**震動管** (shock tube)，並於其隔膜的一側填充擬研究的反應氣體，另一側填充高壓的**駕駛氣體** (driver gas)，而於高壓的氣體衝破**隔膜** (diaphragm) 時，所產生的**震動波** (shock wave) 通過反應氣體時，可迅速將反應氣體加熱升至高溫。此時可使用光譜計量測反應系之光吸收率與時間的關係，以得其反應的程度與時間的關係。

## 13-3　反應速率式 (Rate Equation)

　　反應系內的反應物、生成物，及如反應的觸媒或**抑制劑** (inhibitor) 等，各種物質之濃度與反應速率的關係式，稱為**反應速率式** (rate equation)，反應之反應速率一般可表示為

$$\frac{d(A_i)}{dt} = k(A_1)^{n_1}(A_2)^{n_2}\cdots = k\prod_i (A_i)^{n_i} \tag{13-7}$$

上式中，$(A_i)$ 為成分 $A_i$ 之濃度，而比例常數 $k$ 稱為反應之**速率常數** (rate constant)，通常為溫度的函數。成分 $A_i$ 之濃度的次方 $n_i$ 與濃度及時間無關，為須由反應速率之實驗量測求得之常數，稱為物質 $A_i$ 之反應級數。例如，$n_1$ 及 $n_2$ 分別為物質 $A_1$ 及 $A_2$ 之反應的級數，注意 $n_1$ 及 $n_2$ 並非化學反應平衡式中之化學式量的係數。簡單的化學反應式之總反應級數等於 $\sum n_i$，而各成分 $i$ 之反應的級數 $n_i$，不一定為正的整數，且可能是分數或負數。對於反應速率式 (13-7)，其反應速率常數 $k$ 之單位為 (濃度)$^{1-\sum n_i}$(時間)$^{-1}$。若為第一級反應，即 $\sum n_i = 1$，則其反應速率常數 $k$ 之單位為 $\mathrm{s}^{-1}$ 或 $\mathrm{min}^{-1}$。若為第二級反應，即 $\sum n_i = 2$，則其 $k$ 之單位為 $\mathrm{L\,mol^{-1}s^{-1}}$ 或 $\mathrm{cm^3 mol^{-1}s^{-1}}$，而濃度以 $\mathrm{molecules/cm^3}$ 表示時，其 $k$ 之單位為 $\mathrm{cm^3 s^{-1}}$。

　　反應速率式不一定如上式 (13-7) 所示的簡單式，而可能包括反應物、生成物、觸媒及抑止劑等各種物質之濃度的較複雜之函數式。若反應包括催化與非催化的二途徑進行，則其反應速率可用此二途徑之反應速率的和表示。可逆反應之反應速率式，通常包括其正向反應與逆向反應之二反應速率的項，而該反應之平衡常數式，可由假設其反應速率等於零而求得。可逆反應於離其平衡位置較遠之反應速率，通常可用其正向反應之反應速率表示，此時因其逆向反應之反

應速率甚小而可忽略，因此，僅需考慮其正向反應之反應速率。

例如反應， $H_2(g) + I_2(g) = 2HI(g)$ ，可由氣相中的碘蒸氣之紫色的深度之變化，求得此反應之反應速率，而其反應速率通常用其中的某一成分之濃度或分壓，對於時間的變化速率表示。此反應的生成物之濃度 (HI) 及反應物之濃度 $(H_2)$ 或 $(I_2)$ ，對於時間的變化，如圖 13-1 所示。此反應為第二級反應，而其反應速率可表示為

$$r = -\frac{d(H_2)}{dt} = k(H_2)(I_2) \tag{13-8}$$

於下面的 13-4 至 13-8 的各節，分別討論第一級反應、第二級反應、第三級反應、零級反應、**分數級** (fractional-order) 的反應，及特殊條件下的**高級** (high order) 的反應等之反應速率式。這些反應之反應速率式均可積分，而其反應物或生成物之濃度，均可用時間的函數表示。通常於恆溫恆容的情況下，均可由誘導而得這些反應之反應速率式。

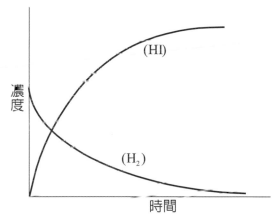

圖 13-1　反應， $H_2 + I_2 = 2HI$ ，之反應物及生成物的濃度隨時間之變化

## **13-4** 第一級反應 (First-Order Reactions)

反應的速率與反應物之濃度的一次方成比例的反應，稱為第一級反應。第一級反應， $A \rightarrow$ 生成物，之反應速率式，可表示為

$$-\frac{d(A)}{dt} = k_1(A) \tag{13-9}$$

上式 (13-9) 可改寫成下式的形式，為

$$-\frac{d(A)}{(A)} = k_1 dt \tag{13-10}$$

反應物 $A$ 於反應時間 $t_1$ 與 $t_2$ 之濃度分別為 $(A)_1$ 與 $(A)_2$ 時，上式於時間 $t_1$ 與 $t_2$ 間之積分可寫成

$$-\int_{(A)_1}^{(A)_2} \frac{d(A)}{(A)} = k_1 \int_{t_1}^{t_2} dt \tag{13-11}$$

或

$$\ln \frac{(A)_1}{(A)_2} = k_1(t_2 - t_1) \tag{13-12}$$

若反應物 $A$ 於 $t_1 = 0$ 時之初濃度為 $(A)_0$，於時間 $t$ 之濃度為 $(A)$，則上式可寫成

$$\ln \frac{(A)_0}{(A)} = k_1 t \tag{13-13}$$

或

$$(A) = (A)_0 e^{-k_1 t} \tag{13-14}$$

上式之兩邊各取對數，得

$$\ln(A) = \ln(A)_0 - k_1 t \tag{13-15}$$

由上式 (13-15)，$\ln(A)$ 對 $t$ 作圖可得斜率 $-k_1$ 之直線。由此，可求得第一級反應之速率常數 $k_1$，如圖 13-2 所示。

對於第一級反應，$aA \rightarrow$ 生成物，其反應速率式可寫成

$$r = -\frac{1}{a} \frac{d(A)}{dt} = k_1(A) \tag{13-16}$$

因此

$$-\frac{d(A)}{dt} = ak_1(A) = k_A(A) \tag{13-17}$$

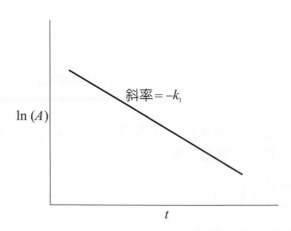

圖 13-2 第一級反應之 $\ln(A)$ 與時間 $t$ 的關係

上式中的 $k_A = ak_1$。上式 (13-17) 與式 (13-9) 之形式相同，而經積分可得類似式 (13-14) 或 (13-15) 之反應速率的積分式。

由式 (13-12) 得知，第一級反應之反應速率常數 $k_1$，亦可由測定反應物 $A$ 於反應時間 $t_1$ 與 $t_2$ 之各濃度的比 $(A)_1/(A)_2$，求得。式 (13-12) 中之濃度項用與其濃度成比例的物理量代入時，由於其分子與分母之比例常數可互相消去，因此，由量測其與濃度成比例的物理量，亦可求得第一級反應之反應速率常數 $k_1$。例如，酯之水解反應，通常藉氫氧化鈉的標準溶液滴定反應所生成的酸之濃度，以測定酯之水解的反應速率。設酯之水解反應於其反應完成，即其反應時間無窮長 $(t = \infty)$ 時，中和酯的水解所生成的酸所需的 NaOH 溶液之容積為 $V_\infty$，而於反應時間 $t$，中和酯的水解所生成的酸所需的 NaOH 溶液之容積為 $V$，則 $V_\infty - V$ 與上述之酯的水解反應經反應時間 $t$ 而尚未水解的酯之濃度成比例。因此，酯的水解之第一級反應速率常數 $k_1$，由式 (13-12) 可表示為

$$k_1 = \frac{1}{t_2 - t_1} \ln \frac{V_\infty - V_1}{V_\infty - V_2} \tag{13-18}$$

反應之反應速率可用其反應速率常數 $k$ 描述外，亦可用反應之**半生期或半衰期** (half-life) 表示。反應物之量減少一半所需的反應時間，稱為反應之半生期或半衰期 $t_{1/2}$。對於第一級反應，$A \rightarrow$ 生成物，於其反應時間 $t = t_{1/2}$ 時，$(A) = \frac{1}{2}(A)_0$，因此，由式 (13-13) 可得

$$k_1 = \frac{1}{t_{1/2}} \ln \frac{1}{1/2} = \frac{0.693}{t_{1/2}} \quad 或 \quad t_{1/2} = \frac{0.693}{k_1} \tag{13-19}$$

對於第一級反應，$aA \rightarrow$ 生成物，由式 (13-17) 可得，$t_{1/2} = 0.693/k_A = 0.693/ak_1$，即第一級反應之半生期與反應物之初濃度無關，而與反應速率常數成反比。因此，反應時間經一半生期 $(t_{1/2})$ 時，其反應物剩餘 50%，而經二半生期 $(2t_{1/2})$ 時，反應物剩餘 25%，經三半生期 $(3t_{1/2})$ 時，剩餘 12.5% 的反應物，餘此類推。

對於第一級反應，其反應速率常數之倒數稱為**鬆弛時間** (relaxation time) $\tau$，即 $\tau = 1/k_1$。因此，式 (13-14) 可寫成

$$(A) = (A)_0 e^{-t/\tau} \tag{13-20}$$

當 $t = \tau$ 時，由上式 (13-20) 可得，$(A) = (A)_0 e^{-1}$，即第一級的反應之鬆弛時間 $\tau$ 為，反應物之濃度 $(A)$ 減少為原來之濃度 $(A)_0$ 的 $1/e$ 所需的反應時間。

**五氧化二氮** (nitrogen pentoxide) 於氣相中，或溶於**鈍性的溶劑** (inert solvent) 中之於室溫的分解速率，除於甚低的壓力時為第一級反應外，其總反應可用如下的反應式 (13-21) 表示，其分解的最終生成物為，氧及四氧化二氮與二氧化氮的混合氣體，即由二分子的 $N_2O_5$ 分解生成一分子的氧與二分子的 $N_2O_4$，而 $N_2O_4$ 繼續分解成 $NO_2$ 並達成平衡。

$$2N_2O_5 \rightarrow 2N_2O_4 + O_2$$
$$\uparrow\downarrow$$
$$4NO_2$$

(13-21)

實際上， $N_2O_5$ 之分解反應，並非如上面的反應式 (13-21) 所示之簡單的反應，而實際上爲經由數段的**中間步驟** (intermediate steps) 之反應。溶於四氯化碳之五氧化二氮的分解，所生成之四氧化二氮與二氧化氮均可溶於 $CCl_4$ 中，而其分解的產物中僅氧不溶於 $CCl_4$ 而逸出。因此，可使用**氣體量管** (gas buret) ，量測五氧化二氮之分解所產生的氧之容積，以求其分解反應的速率，於量測氧之容積之前，氣體的量管內之溶液須充分攪拌，以免氧之過飽和的溶解。F. Daniels, E.H. Johnston 及 H. Eyring 等，對於 $N_2O_5$ 之分解反應速率的研究，得知此反應爲第一級反應，而得其於 45°C 之第一級反應速率常數爲 $6.2 \times 10^{-4} s^{-1}$ 。

均勻的氣相之第一級反應的實例很多，例如，**氧化亞氮** (nitrous oxide, $N_2O$ )、五氧化二氮、**丙酮** (acetone, $CH_3COCH_3$ )、**丙醛** (propionic aldehyde, $C_2H_5CHO$ )、各種**脂肪醚** (aliphatic ethers)、**偶氮化合物** (azo compounds)、**胺類** (amines, $RNH_2$ )、**溴乙烷** (ethyl bromide, $C_2H_5Br$ ) 等之熱分解反應，均爲第一級反應。

於溶液中之第一級反應的實例，如**氯化重氮苯** (benzene diazonium chloride $C_6H_5N = NCl$ )於水溶液中加熱時，分解產生氮氣，而由量測分解所產生的氮氣之體積，可求得**重氮鹽類** (diazo salt) 之分解反應的速率。其他如五氧化二氮、**丙二酸** (malonic acid)、**三氯乙酸** (trichloracetic acid)、**酮二酸** (acetone dicarboxylic acids) 等，於溶液中之分解反應及各種重氮鹽類之分解反應等，均爲第一級的反應。

**例 13-1** **偶氮甲烷** (azomethane, $CH_3N = NCH_3$ ) 於 298.4°C 之分解反應，可用下式表示爲

$$CH_3N = NCH_3(g) \rightarrow C_2H_6(g) + N_2(g)$$

已知此反應爲第一級反應，而其反應速率常數 $k_1 = 2.50 \times 10^{-4} s^{-1}$ 。設反應的初壓爲 $200\,mmHg$ ，試求 (a) 此反應經 30 分鐘後，其各成分之分壓及反應系的總壓力，及 (b) 此反應之半生期 $t_{1/2}$

**解** (a) 假定偶氮甲烷氣體爲理想氣體，因各成分於定溫下之分壓，均與其濃度成正比，故式 (13-15) 中之濃度可用分壓替代。設偶氮甲烷之初分壓爲 $P_{A,0}$ ，則於反應時間 $t$ 之分壓 $P_A$ ，可表示爲

$$\log P_A = -\frac{k_1}{2.303}t + \log P_{A,0} = \frac{-2.50 \times 10^{-4}\,s^{-1}}{2.303}(30 \times 60\,s) + \log 200$$
$$= -0.195 + 2.301 = -2.106$$

$$\therefore \quad P_A = 128\,\text{mmHg}$$

由此，　$\Delta P = P_{A,0} - P_A = 200 - 128 = 72\,\text{mmHg}$

偶氮甲烷由於分解所減小之分壓，等於分解所生成的 $C_2H_6$ 或 $N_2$ 之分壓，因此

$$P_{N_2} = P_{C_2H_6} = 72\,\text{mmHg}$$

而總壓力 $P = P_A + P_{N_2} + P_{C_2H_6} = 128 + 72 + 72 = 272\,\text{mmHg}$

(b) 由式 (13-19) 可得

$$t_{1/2} = \frac{0.693}{k_1} = \frac{0.693}{2.5 \times 10^{-4}\,s^{-1}} = 2.77 \times 10^3\,s \qquad \blacktriangleleft$$

**例 13-2** 反應，$SO_2Cl_2 = SO_2 + Cl_2$ ，為第一級的分解反應，其於 593 K 之分解反應的速率常數 $k_1 = 2.20 \times 10^{-5}\,s^{-1}$。試求此反應於 593 K 下，經 1.50 小時之分解分率

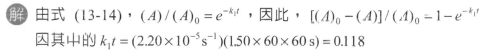

**解** 由式 (13-14)，$(A)/(A)_0 = e^{-k_1 t}$，因此，$[(A)_0 - (A)]/(A)_0 = 1 - e^{-k_1 t}$

因其中的 $k_1 t = (2.20 \times 10^{-5}\,s^{-1})(1.50 \times 60 \times 60\,s) = 0.118$

$$\therefore \quad \frac{(A)_0 - (A)}{(A)_0} = 0.111 \text{，即其分解分率為 11.1\%} \qquad \blacktriangleleft$$

## **13-5** 第二級反應 (Second-Order Reactions)

　　反應速率與一反應物之濃度的平方成比例的反應，或與反應系內的二反應物之濃度的乘積成比例的反應，稱為第二級反應。對於第二級反應，$A \rightarrow$ 生成物，其反應的速率與反應物 $A$ 之濃度的平方成比例時，其反應速率可表示為

$$-\frac{d(A)}{dt} = k_2(A)^2 \tag{13-22}$$

或可寫成

$$-\frac{d(A)}{(A)^2} = k_2 dt \tag{13-23}$$

設反應物 $A$ 於 $t = 0$ 時之濃度為 $(A)_0$，而於時間 $t$ 之濃度為 $(A)$，則上式經積分可得

$$k_2 t = \frac{1}{(A)} - \frac{1}{(A)_0} \tag{13-24}$$

由上式 (13-24)，$1/(A)$ 對 $t$ 作圖可得，斜率等於其第二級反應的速率常數 $k_2$ 之直線，如圖 13-3 所示。

對於第二級反應，$A + B =$ 生成物，若其反應速率為 $k_2(A)(B)$，而 $A$ 與 $B$ 之初濃度相同時，即 $(A) = (B)$，則其反應速率的積分式亦可用上式 (13-24) 表示。此時其第二級反應之半生期 $t_{1/2}$，可於式 (13-24) 中代入 $(A) = \frac{1}{2}(A)_0$，而得

$$t_{1/2} = \frac{1}{k_2}\left[\frac{1}{\frac{1}{2}(A)_0} - \frac{1}{(A)_0}\right] = \frac{1}{k_2(A)_0} \tag{13-25}$$

由此，第二級反應之半生期，與其反應物之初濃度成反比。

若反應，$aA \rightarrow$ 生成物，為第二級反應，則其反應速率可寫成

$$r = -\frac{1}{a}\frac{d(A)}{dt} = k_2(A)^2 \tag{13-26}$$

上式經積分可得

$$ak_2 t = \frac{1}{(A)} - \frac{1}{(A)_0} \tag{13-27}$$

於上式 (13-27) 中代入 $(A) = \frac{1}{2}(A)_0$，可得此反應之半生期 $t_{1/2}$，為

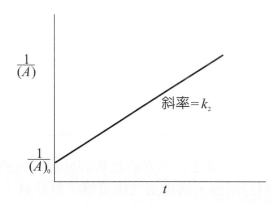

圖 13-3　第二級反應，$A \rightarrow$ 生成物，之 $1/(A)$ 與時間 $t$ 的關係

$$t_{1/2} = \frac{1}{ak_2(A)_0} \tag{13-28}$$

對於第二級反應之化學反應的量式，$aA + bB \rightarrow$ 生成物，設其第二級反應的速率可用 $k_2(A)(B)$ 表示，則

$$r = -\frac{1}{a}\frac{d(A)}{dt} = -\frac{1}{b}\frac{d(B)}{dt} = k_2(A)(B) \tag{13-29}$$

若反應物 $A$ 與 $B$ 之初濃度，與其化學反應的量式之係數 $a$ 與 $b$ 不成比例，即 $b(A)_0 \neq a(B)_0$，則上式經積分可得

$$k_2 t = \frac{1}{b(A)_0 - a(B)_0} \ln \frac{(A)(B)_0}{(A)_0(B)} \qquad (13\text{-}30)$$

若反應物 $A$ 與 $B$ 之化學反應的量式之係數均為 1，即 $a = b = 1$，則上式 (13-30) 可寫成

$$k_2 t = \frac{1}{(A)_0 - (B)_0} \ln \frac{(A)(B)_0}{(A)_0(B)} \qquad (13\text{-}31)$$

因此，反應物之初濃度與其化學反應的量式之係數不成比例的第二級反應，由式 (13-30)，$\ln[(A)/B)]$ 對 $t$ 作圖，可得斜率為 $k_2[b(A)_0 - a(B)_0]$ 之直線的關係，而由其斜率可計算得其反應速率常數 $k_2$，如圖 13-4 所示。

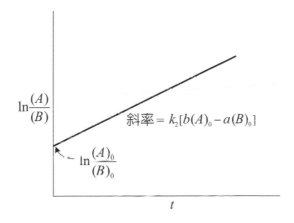

圖 13-4　第二級反應，$aA + bB \rightarrow$ 生成物，之 $\ln[(A)/(B)]$ 與時間 $t$ 的關係

　　第二級反應的反應速率常數之單位為，(濃度)$^{-1}$s$^{-1}$。若濃度用 mol L$^{-1}$ 表示，則第二級反應的反應速率常數 $k_2$ 之單位為 L mol$^{-1}$s$^{-1}$。若濃度用 mol m$^{-3}$ 表示，則 $k_2$ 之單位為 m$^3$mol$^{-1}$s$^{-1}$。若濃度用分子數 /cm$^3$ 表示，則 $k_2$ 之單位為 cm$^3$s$^{-1}$。

　　醋酸乙酯於鹼性的溶液中之**皂化反應** (saponification)，$CH_3COOC_2H_5 + OH^- = CH_3COO^- + C_2H_5OH$，為第二級反應。將已知濃度之醋酸乙酯與鹼的溶液，分別置於同一恆溫水槽中，而於此二溶液的溫度均各達至相同的一定溫度後混合，且每隔所定的時間取出一定量的混合液，並加入一定容積之過剩量的標準酸溶液，而以標準的鹼溶液滴定溶液中之剩餘的酸。由此，可由各反應時間之反應溶液中的 $OH^-$ 之濃度的減少量，求得其反應之進行的程度。於反應完全進行 ($t = \infty$) 後，以同樣的方法滴定溶液中所殘餘之 $OH^-$ 的量，而由此經計算可得，醋酸乙酯之反應總濃度的變化，即相當於反應溶液於 $t = \infty$ 與 $t = 0$ 時之 $OH^-$ 的量差。此

皂化反應之反應速率，亦可藉量測溶液之導電度的變化測定。於 25°C 的溶液內之 NaOH 與 $CH_3COOC_2H_5$ 之初濃度，分別為 0.0090 mol $L^{-1}$ 與 0.0486 mol $L^{-1}$ 時，所得的此第二級反應之反應速率常數為 0.107 L $mol^{-1}s^{-1}$ 。

其他如，**三乙基胺** (triethylamine) 與**溴化乙基** (ethyl bromide) 於苯的溶液中之反應，$(C_2H_5)_3N + C_2H_5Br \rightarrow (C_2H_5)_4NBr$，及二溴乙烷與碘化鉀於 99% 的甲醇中之反應，$C_2H_4Br_2 + 3KI \rightarrow C_2H_4 + 2KBr + KI_3$，均為第二級反應。其中的後者之反應，可用硫代硫酸鈉的標準溶液，滴定其反應生成物中之 $I_2$（即 $KI_3$），以測定其反應速率。由實驗所得此反應之反應速率式，可表示為

$$\frac{d(I_2)}{dt} = k_2(C_2H_4Br_2)(KI) \tag{13-32}$$

上式經積分可得其反應速率的積分式為

$$\frac{1}{3(C_2H_4Br_2)_0 - (KI)_0} \ln \frac{(KI)_0(C_2H_4Br_2)}{(C_2H_4Br_2)_0(KI)} = k_2 t \tag{13-33}$$

均勻的氣相反應為第二級反應的例非常多，此類的反應如，碘化氫 (HI)、二氧化氮 $(NO_2)$、臭氧 $(O_3)$、**一氧化二氯** (chlorine monoxide, $Cl_2O$)、**氯化亞硝醯** (nitrosyl chloride, NOCl)、**甲醛** (formaldehyde, HCHO)、及**乙醛** (acetaldehyde, $CH_3CHO$) 等之於氣相的熱分解反應。其他如氫與碘的反應而生成碘化氫、**乙烯之聚合** (polymerization of ethylene)、**乙烯之氫化** (hydrogenation of ethylene) 等反應，亦均為第二級反應。

於溶液中之第二級反應的例很多，其中最具代表性者為，各種酯類於鹼性的溶液中之**皂化反應** (saponification)。其他如**硝基石蠟** (nitroparaffin) 與酸的反應生成**酸式硝基石蠟** (acid-nitroparaffin)，**胺類** (amines) 與**烷基鹵化物** (alkyl halides) 之反應，酯類、**醯胺** (amides) 及**縮醛類** (acetals) 等之水解，有機酸的**酯化** (esterifications)，$NH_4^+$ 與 $CNO^-$ 化學合成生成**尿素** (urea) 等之反應，均為第二級反應。

**例 13-3** 已知 HI(g) 於 600 K 之分解反應，$2HI(g) \rightarrow H_2(g) + I_2(g)$，為第二級反應，其反應速率常數 $k_2 = 4.00 \times 10^{-6}$ L $mol^{-1}s^{-1}$。試求，(a) HI 之初壓為 1 atm 時，此反應之初期的反應速率，及 (b) 此反應之半生期 $t_{1/2}$

解 (a) 假設氣體為理想氣體，則

$$(HI)_0 = \frac{n}{V} = \frac{P}{RT} = \frac{1.00}{(0.082)(600)} = 2.03 \times 10^{-2} \text{ mol } L^{-1}$$

由其反應速率式

$$r = \frac{-d(HI)}{dt} = k_2(HI)^2 = (4.00 \times 10^{-6}\ \text{L mol}^{-1}\text{s}^{-1})(2.03 \times 10^{-2}\ \text{mol L}^{-1})^2$$

$$= 1.65 \times 10^{-9}\ \text{mol L}^{-1}\text{s}^{-1}$$

(b) 由式 (13-25) 得

$$t_{1/2} = \frac{1}{k_2(A)_0} = \frac{1}{(4.00 \times 10^{-6}\ \text{Lmol}^{-1}\text{s}^{-1})(2.03 \times 10^{-2}\ \text{molL}^{-1})}$$

$$= 1.23 \times 10^7\ \text{sec}$$ ◀

# 13-6 第三級反應 (Third-Order Reactions)

反應速率與反應物之濃度的三次方成比例的反應，稱爲第三級反應。第三級反應之反應速率可表示爲，$k_3(A)^3$, $k_3(A)^2(B)$，或 $k_3(A)(B)(C)$ 等，而各反應物之初濃度與其化學式量的係數各成比例時，此三種的第三級反應之反應速率式，均可寫成同樣的形式，爲

$$-\frac{d(A)}{dt} = k_3(A)^3 \tag{13-34}$$

或可寫成

$$-\frac{d(A)}{(A)^3} = k_3 dt \tag{13-35}$$

若反應物 $A$ 於 $t = 0$ 時之濃度爲 $(A)_0$，而於反應時間 $t$ 之濃度爲 $(A)$，則上式經積分可得

$$k_3 t = \frac{1}{2}\left[\frac{1}{(A)^2} - \frac{1}{(A)_0^2}\right] \tag{13-36}$$

由上式 (13-36)，以 $1/(A)^2$ 對 $t$ 作圖，可得斜率 $2k_3$ 之直線，而其於 $t = 0$ 之截距爲 $1/(A)_0^2$，如圖 13-5 所示。於上式 (13-36) 中的 $(A)$，代入 $(A) = \frac{1}{2}(A)_0$，即可得第三級反應之半生期 $t_{1/2}$，爲

$$t_{1/2} = \frac{3}{2k_3(A)_0^2} \tag{13-37}$$

由上式得知，第三級反應之半生期與反應物 $A$ 之初濃度的平方 $(A)_0^2$ 成反比。

對於第三級反應，$A + B + C \rightarrow$ 生成物，其反應速率式，若可表示爲

$$\frac{-d(A)}{dt} = k_3(A)(B)(C) \tag{13-38}$$

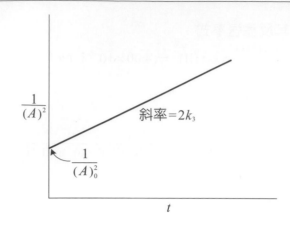

圖 13-5　第三級反應，$A \rightarrow$ 生成物，之 $1/(A)^2$ 與時間 $t$ 的關係

設各反應物 $A, B, C$ 之初濃度分別為，$(A)_0 = a, (B)_0 = b, (C)_0 = c$，且於反應時間 $t$ 之生成物的濃度為 $x$，則其各反應物於反應時間 $t$ 之濃度分別為，$(A) = a - x, (B) = b - x, (C) = c - x$。將這些濃度的關係式代入上式 (13-38)，可得

$$\frac{dx}{dt} = k_3(a-x)(b-x)(c-x) \tag{13-39}$$

若各反應物之初濃度均相等，即 $a = b = c$，則上式 (13-39) 可寫成

$$\frac{dx}{dt} = k_3(a-x)^3 \tag{13-40a}$$

或

$$\frac{dx}{(a-x)^3} = k_3 dt \tag{13-40b}$$

上式經積分可得

$$\frac{1}{2(a-x)^2} = k_3 t + 積分常數 \tag{13-41}$$

由於 $t = 0$ 時 $x = 0$，由此可得，上式之積分常數 $= 1/2a^2$，而將此積分常數代入上式 (13-41) 可得

$$k_3 t = \frac{1}{2}\left[\frac{1}{(a-x)^2} - \frac{1}{a^2}\right] \tag{13-42}$$

若各反應物之初濃度均各不相等，即 $a \neq b \neq c$，則式 (13-39) 可利用部分分數法，改寫成

$$\frac{-dx}{(a-b)(c-a)(a-x)} + \frac{-dx}{(a-b)(b-c)(b-x)} + \frac{-dx}{(b-c)(c-a)(c-x)} = k_3 dt \tag{13-43}$$

上式中，於反應時間 $t=0$ 時之生成物的濃度 $x=0$，而於時間 $t$ 之生成物的濃度 為 $x$。因此，上式 (13-43) 由反應開始的時間 $t=0$ 定積分至反應的時間 $t$，可得

$$k_3 t = \frac{1}{(a-b)(b-c)(c-a)}\left[\ln\left(\frac{a}{a-x}\right)^{(b-c)}\left(\frac{b}{b-x}\right)^{(c-a)}\left(\frac{c}{c-x}\right)^{(a-b)}\right] \tag{13-44}$$

若其中的二反應物之初濃度相等，且均為 $a$，及另一反應物之初濃度為 $b$， 而反應物經反應時間 $t$ 之濃度的減少量為 $x$，則反應速率式 (13-38) 可寫成

$$\frac{dx}{dt} = k_3(a-x)^2(b-x) \tag{13-45}$$

上式 (13-45) 同樣，依部分分數法改寫後經積分，可得

$$k_3 t = \frac{1}{(b-a)^2}\left[\frac{x(b-a)}{a(a-x)} + \ln\frac{b(a-x)}{a(b-x)}\right] \tag{13-46}$$

對於第三級反應，$2A+B \rightarrow$ 生成物，設其反應速率可寫成 $k_3(A)^2(B)$，而反 應物 $A$ 與 $B$ 之初濃度各為 $(A)_0 = a$ 與 $(B)_0 = b$，及於反應時間 $t$ 之生成物濃度的 增加量為 $x$，則反應物 $A$ 與 $B$ 於反應時間 $t$ 之濃度分別為，$(A) = a - 2x$ 與 $(B) = b - x$。由此，此第二級反應之反應速率可寫成

$$\frac{dx}{dt} = k_3(a-2x)^2(b-x) \tag{13-47}$$

上式 (13-47) 同樣，依部分分數法改寫後經積分，可得

$$k_3 t = \frac{1}{(2b-a)^2}\left[\frac{2x(2b-a)}{a(a-2x)} + \ln\frac{b(a-2x)}{a(b-x)}\right] \tag{13-48}$$

第三級反應之反應速率常數之單位為，(濃度)$^{-2}$s$^{-1}$，若濃度用 mol L$^{-1}$ 表 示，則其第三級反應之反應速率常數之單位為，L$^2$mol$^{-2}$s$^{-1}$。若濃度用 mol m$^{-3}$ 的單位表示，則其第三級反應速率常數之單位為 m$^6$mol$^{-2}$s$^{-1}$。

三分子於相同的時間產生相碰，而發生第三級以上之反應的可能率，一般很小 或幾乎不可能發生。氣相的反應中如，一氧化氮與氧、重氫、氫、氯、及溴等五種 氣體之反應，均為第三級反應，而這些反應為，一分子之各種氣體與二分子之 NO 的 反 應， 如 $2NO+O_2 \rightarrow 2NO_2$, $2NO+D_2 \rightarrow N_2O+D_2O$, $2NO+H_2 \rightarrow N_2O+H_2O$, $2NO+Cl_2 \rightarrow 2NOCl$, $2NO+Br_2 \rightarrow 2NOBr$ 等。

於溶液中之第三級反應的例如，水溶液中的硫酸亞鐵的氧化，水溶液中的 碘化物與鐵離子的反應，及乙醚溶液中的**苯甲醯氯** (benzoyl chloride, $C_6H_5COCl$) 與乙醇的反應等。

## 13-7 零級反應 (Zero-Order Reactions)

反應速率與反應物之濃度無關的反應，稱為**零級反應** (zero order reaction)。然而，其反應速率可能與反應物之濃度以外的其他因素有關。最常見者如，**光化學反應** (photochemical reaction) 之反應速率，與所吸收的光量有關，於**觸媒反應** (catalytic reaction) 之反應速率，與觸媒的量及其種類有關。觸媒反應之反應速率，對於觸媒的量可能為一級，而對於反應物之濃度為零級的反應。

零級反應，$A \rightarrow$ 生成物，之反應速率式，可表示為

$$\frac{-d(A)}{dt} = k \tag{13-47}$$

設反應物 $A$ 之初濃度為 $(A)_0$，於反應時間 $t$ 之反應物的濃度為 $(A)$，則上式 (13-47) 經積分可得

$$(A)_0 - (A) = kt \tag{13-48a}$$

或

$$(A) = -kt + (A)_0 \tag{13-48b}$$

由上式 (13-48b)，以 $(A)$ 對 $t$ 作圖，可得斜率為 $-k$ 之直線，其於 $t = 0$ 之截距等於 $(A)_0$，如圖 13-6 所示。由此斜率可求得零級反應之反應速率常數 $k$，而此反應速率常數 $k$ 與反應物或生成物之濃度無關，但可能為光之強度或觸媒之濃度的函數。

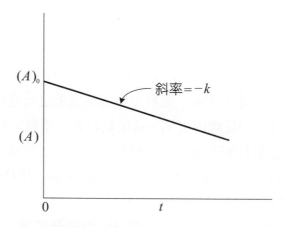

圖 13-6　零級反應之反應物的濃度 $(A)$ 與時間的關係

零級反應的反應速率常數之單位為，（濃度）$\text{s}^{-1}$。若濃度用 $\text{mol L}^{-1}$ 表示，則零級反應的速率常數之單位為，$\text{mol L}^{-1}\text{s}^{-1}$。若濃度用 $\text{mol m}^{-3}$ 表示，則零級

反應的速率常數之單位為，$mol\ m^{-3}s^{-1}$。於反應物 A 之濃度 $(A) = \frac{1}{2}(A)_0$ 時，由上式 (13-48b) 可求得，零級反應之半生期 $t_{1/2}$ 為

$$t_{1/2} = \frac{(A)_0}{2k} \tag{13-49}$$

即零級反應之半生期，與反應物之初濃度 $(A)_0$ 成正比。

**例 13-4** 以鎢絲網為觸媒的氨之分解反應，為零級反應。設氨的氣體於 $900°C$ 的密閉容器內之初壓 $P_{A,0}$ 為 $200\ mmHg$，而經時間 $160\ min$ 時之總壓力增為 $300\ mmHg$。試求，(a) 氨的氣體之初壓為 $150\ mmHg$ 時，經 $60\ min$ 時之反應器內的總壓力及氨之分壓，及 (b) 氨的氣體之初壓 $P_{A,0}$ 為 $200\ mmHg$ 及 $150\ mmHg$ 時之其分解反應的各半生期

解　氨之分解反應式為

$$2NH_3(g) = N_2(g) + 3H_2(g)$$

假設反應的氣體為理想氣體，則於定溫定容下其壓力與濃度成正比。

(a) 設 $x\ mmHg$ 的氨產生分解，則氨之分壓 $P_A = P_{A,0} - x$，而氨的分解所產生的 $N_2$ 之分壓為 $\frac{x}{2}$，$H_2$ 之分壓為 $\frac{3x}{2}$，由此，總壓力 $P$ 為

$$P = (P_{A,0} - x) + \frac{x}{2} + \frac{3x}{2} = P_{A,0} + x \tag{1}$$

式 (13-48) 中之濃度 $(A)$ 與 $(A)_0$，分別以分壓 $P_A$ 與 $P_{A,0}$ 代入，可得

$$P_A = -kt + P_{A,0} = P_{A,0} - x$$
$$\therefore\ kt = x \tag{2}$$

已知 $P_{A,0} = 200\ mmHg$ 時，而經 $t = 160$ 分鐘時，$P = 300\ mmHg$，因此，由式 (1) 得

$$x = P - P_{A0} = (300 - 200) = 100\ mmHg$$

將此值代入式 (2)，可得

$$\therefore\ k = \frac{x}{t} = \frac{100\ mmHg}{160\ min} = 0.625\ mmHg / min$$

氨之初壓 $P_{A,0} = 150\ mmHg$ 時，而經由反應時間 $t = 60\ min$ 時，由式 (2) 得

$$x = kt = (0.625)(60) = 37.5\ mmHg$$

所以氨之分壓為

$$P_A = P_{A,0} - x = 150 - 37.5 = 112.5\ mmHg$$

而由式 (1) 得

總壓力 $P = P_{A,0} + x = 150 + 37.5 = 187.5$ mmHg

(b) 由式 (13-49) 得半生期, $t_{1/2} = \dfrac{P_{A0}}{2k}$ , 所以

$P_{A,0} = 200$ mmHg時, $t_{1/2} = \dfrac{200}{2 \times 0.625} = 160$ min

$P_{A,0} = 150$ mmHg時, $t_{1/2} = \dfrac{150}{2 \times 0.625} = 120$ min ◀

# 13-8　分數級及第 $n$ 級反應 (Fractional and nth-Order Reactions)

反應速率與反應物之濃度的 $n$ 次方成比例的反應，稱為第 $n$ 級反應，於此 $n$ 不一定是整數而可能是分數。若反應速率為 $k_n(A)^n$ ，而其中的 $n \neq 1$ ，則其反應速率式可寫成

$$-\frac{d(A)}{dt} = k_n(A)^n \quad , \quad n \neq 1 \tag{13-50}$$

設反應物 $A$ 於反應時間 $t = 0$ 時之濃度為 $(A)_0$ ，而於時間 $t$ 之濃度為 $(A)$ ，則上式 (13-50) 經積分可得

$$\frac{1}{(A)^{n-1}} - \frac{1}{(A)_0^{n-1}} = (n-1)k_n t \quad , \quad n \neq 1 \tag{13-51a}$$

或

$$\frac{1}{(A)^{n-1}} = (n-1)k_n t + \frac{1}{(A)_0^{n-1}} \quad , \quad n \neq 1 \tag{13-51b}$$

由上式 (13-51b)，以 $1/(A)^{n-1}$ 對 $t$ 作圖，可得斜率 $(n-1)k_n$ 之直線，而其於 $t = 0$ 之截距為 $1/(A)_0^{n-1}$。將反應物 $A$ 之濃度 $(A) = \frac{1}{2}(A)_0$ 代入式 (13-51a)，可得其反應之半生期 $t_{1/2}$ 為

$$t_{1/2} = \frac{2^{n-1} - 1}{(n-1)k_n(A)_0^{n-1}} \quad , \quad n \neq 1 \tag{13-52}$$

即第 $n$ 級反應 $(n \neq 1)$ 之半生期，與反應物之初濃度的 $(n-1)$ 次方，$(A)_0^{n-1}$，成反比。

例如，氣體 $H_2$ 與 $Br_2$ 之反應， $H_2(g) + Br_2(g) = 2HBr(g)$，於無 HBr 的存在時之反應速率，與 $(Br_2)^{1/2}$ 成比例，而於反應開始時加入足夠量的反應產物 HBr 時，其反應速率與 $(Br_2)^{3/2}$ 成比例。由氣體 CO 與 $Cl_2$ 的氣體反應生成**光氣**

(phosgene, $COCl_2$ ) 之反應速率，可表示爲 $k(Cl_2)^{3/2}(CO)$ ，即此反應對於 $Cl_2$ 之濃度爲 3/2 級，而對於 CO 之濃度爲第一級反應。

## 13-9　反應速率式的決定 (Determination of the Rate Equation)

　　化學反應動力學的主要課題，爲決定化學反應之反應速率式，與其反應的機制。反應， $A+2B=X$ ，之反應速率式，可用 $r=k(A)^{n_A}(B)^{n_B}$ ，或較複雜之形式的式表示，而其正向反應的反應速率式，有時亦可能含生成物 $X$ 的濃度，因此，爲使問題簡化，通常於無生成物的存在之情況下，測定反應之**初反應速率** (initial reaction rate)。

　　於反應速率的測定，通常採用化學的分析方法，或對某特定波長的光線之吸光的物理方法，以分析反應系內的反應物或生成物之濃度 $c$ 與反應時間 $t$ 的關係，且由於各時間之 $\Delta c / \Delta t$ 對其反應時間 $t$ 作圖，並將所得的其關係曲線延至 $t=0$ ，以求得反應之初反應速率。對於反應， $A=X$ ，設利用**最小平方法** (methode of least squares)所得的生成物之濃度 $(X)$ 與反應時間 $t$ 的關係爲， $(X)=at+bt^2$ ，由於反應進行至 10% 以內時，此式採用兩項已足夠精確。由此，反應 $A=X$ 之反應速率與時間的關係可表示爲 $(X)/t = a+bt$ ，而當 $t$ 趨近於零時， $[(X)/t]_{t=0}=a$ ，因此， $u$ 相當於此反應之正向反應的初反應速率 $r_f$ 。由於改變反應物 $A$ 之各種初濃度 $(A)_0$ ，可得其各種初濃度所對應之正向反應的初反應速率 $r_f$ 。設該反應於反應時間 $t$ 趨近於零時之初反應速率，可表示爲 $r_f=k(A)_0^{n_A}$ ，則由反應物之各種濃度 $(A)_0$ ，所得的各 $\ln r_f$ 對 $\ln (A)_0$ 作圖所得之斜率，可求得反應物 $A$ 之反應級數 $n_A$ ，如圖 13-7 所示。

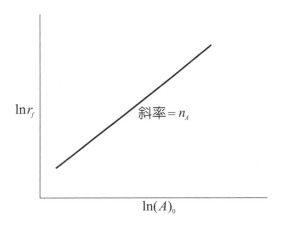

圖 13-7　由反應 $A = X$ 之初反應速率決定反應物 $A$ 之反應級數

　　若於某一反應物以外之其他的各反應物之初濃度，均相對高的情況下，測定其初反應速率時，則該反應物以外之其他各反應物的濃度，於實驗的過程中均不會有顯著的變化，而可視爲各保持一定。因此，由該反應物之濃度隨時間的變化，可求得其反應之反應速率，及該反應物之反應的級數，此種方法稱爲**隔離的方法** (method of isolation)，而使用上述的隔離方法可依次決定，各反應物之反應的級數。若反應於此條件下，對於該反應物爲第一級反應，則此反應爲**擬第一級** (pseudo-first order) 的反應。若對於所存在的相對高濃度之其他的反應物亦是第一級時，則此**擬第一級速率常數** (pseudo-first order rate constant) $k'$，與這些相對高濃度的其他反應物之濃度 $(B)_0$ 成比例，此時其反應速率可表示爲

$$r = k(A)(B)_0 \fallingdotseq k'(A) \tag{13-53}$$

於上式中，$(B)_0 >> (A)$，而 $(B)_0$ 於反應的過程中可視爲保持一定，所以上式中的 $k'$ 可表示爲，$k' = k(B)_0$。

　　反應之反應速率式，由隔離的方法決定後，可使用其反應速率的積分式求其反應速率常數之最適值。對於 13-4 至 13-7 節所述的第一級，第二級，第三級及零級等各簡單反應，可將其濃度對時間的實驗數據，逐一代入相對之反應速率的積分式，如式 (13-15)，(13-24)，(13-36) 及 (13-48) 等，而由得一定的反應速率常數 $k$ 值之式，即可決定其反應級數，或由上面的各種反應速率的積分式所示之濃度對時間的函數式作圖，如圖 13-2，13-3，13-5 及 13-6 等，或由半生期與反應物之初濃度間的關係，如式 (13-19)，(13-25)，(13-37) 及 (13-49) 等，亦可求得其反應之級數。

　　若反應系於其他的各反應物之濃度均各保持一定的情況下，改變某一反應物之初濃度，則由其初反應速率的測定，亦可求得該反應物之反應級數。例如，對於反應，$A + B + C \rightarrow$ 生成物，其反應速率式一般可表示爲，$\dfrac{dx}{dt} = k(A)^{n_A}(B)^{n_B}(C)^{n_C}$，設反應物 $A, B$ 及 $C$ 之濃度分別爲 $(A), (B)$ 及 $(C)$ 時之初反應速率爲 $(dx/dt)_{(A)}$，而反應物 $A$ 之濃度爲原來的濃度之二倍 $2(A)$，但 $B$ 及 $C$ 之濃度仍與原來的濃度相同，而各爲 $(B)$ 及 $(C)$ 時之初反應速率爲 $(dx/dt)_{2(A)}$，則於此二種情況下之初反應速率的比，可表示爲

$$\frac{(dx/dt)_{2(A)}}{(dx/dt)_{(A)}} = \frac{k[2(A)]^{n_A}(B)^{n_B}(C)^{n_C}}{k(A)^{n_A}(B)^{n_B}(C)^{n_C}} = 2^{n_A} \tag{13-54}$$

因此，由反應物 $A$ 之初濃度爲 $2(A)$ 與 $(A)$ 時之其各初反應速率的比，可求得反應物 $A$ 之反應級數 $n_A$。以同樣的方法可分別求得，反應物 $B$ 及 $C$ 之反應級數 $n_B$ 及 $n_C$。

　　有些反應由其初反應速率之測定，有時不一定能求得整個反應之反應速率式。例如，由於生成物的存在，可能會對反應產生抑制或觸媒的作用之反應，此時可於反應開始時添加生成物，以測定生成物對於反應速率之效應。反應之生成物對於反應具有觸媒的作用，而增加其反應速率的反應，稱為**自催化反應**(autocatalytic reaction)。

**例 13-5** 於溫度 $25°C$，NaClO 與 KBr 之反應，$ClO^- + Br^- = BrO^- + Cl^-$，於各反應時間分析其反應所產生的 $BrO^-$ 之濃度，所得的數據如下：

| $t$ (min) | : | 0.0 | 3.65 | 15.05 | 47.60 | 90.60 |
|---|---|---|---|---|---|---|
| $(BrO^-) \times 10^2 (mol\ L^{-1})$ | : | 0.0 | 0.056 | 0.142 | 0.2117 | 0.2367 |

設 NaClO 與 KBr 之初濃度各為，$(NaClO)_0 = 0.00323\ mol\ L^{-1}$ 與 $(KBr)_0 = 0.002508\ mol\ L^{-1}$，試求此反應之反應級數及反應速率常數

**解** 假設反應為第二級反應，則由式 (13-31)

$$k_2 t = \frac{1}{(A)_0 - (B)_0} \ln \frac{(A)(B)_0}{(A)_0 (B)}$$

將 $(A)_0 = 0.00323$ 與 $(B)_0 = 0.002508$，及於各反應時間 $t$ 之 $(A) = (A)_0 - (BrO^-)$ 與 $(B) = (R)_0 - (BrO^-)$，代入式 (13-31)，可計得各反應時間之反應速率常數 $k_2$ 值，為

| $t$ | 3.65 | 15.05 | 47.60 | 90.60 |
|---|---|---|---|---|
| $(BrO^-) \times 10^2$ | 0.056 | 0.142 | 0.2117 | 0.2367 |
| $k_2$ | 23.42 | 23.52 | 23.80 | 23.80 |

由此，得此反應為第二級反應，而其反應速率常數 $k_2$ 之平均值為，$23.62\ L\ mol^{-1}\ min^{-1}$　　◀

**例 13-6** 草酸根離子與 $HgCl_2$ 之反應為

$$C_2O_4^{2-} + 2HgCl_2 \rightleftharpoons 2Cl^- + 2CO_2(g)\uparrow + Hg_2Cl_2(s)\downarrow$$

而由測定其反應所生成的 $Hg_2Cl_2(s)$ 之沈澱的量(或 $CO_2$ 之壓力)，可推定其反應速率。於 $100°C$ 所測得以 $Hg_2Cl_2(s)$ 的沈澱量 $(mol\ L^{-1}\ min^{-1})$ 表示之初反應速率的數據如下：

| | $HgCl_2 (mol\ L^{-1})$ | $K_2C_2O_4 (mol\ L^{-1})$ | $(dx/dt) \times 10^4 (mol\ L^{-1}\ min^{-1})$ |
|---|---|---|---|
| (a) | 0.0836 | 0.202 | 0.26 |
| (b) | 0.0836 | 0.404 | 1.04 |
| (c) | 0.0418 | 0.404 | 0.53 |

試求此反應之反應速率式及反應級數

解 設反應速率式為， $\dfrac{dx}{dt} = k(\mathrm{HgCl_2})^m (\mathrm{C_2O_4^{2-}})^n$

實驗 (a) 與 (b) 之 $\mathrm{HgCl_2}$ 的濃度相同，而 (b) 之 $\mathrm{C_2O_4^{2-}}$ 的濃度為 (a) 的兩倍，由此，由 (a) 與 (b) 之數據得

$$\frac{(dx/dt)_{(b)}}{(dx/dt)_{(a)}} = \frac{k(\mathrm{HgCl_2})^m [2(\mathrm{C_2O_4^{2-}})]^n}{k(\mathrm{HgCl_2})^m (\mathrm{C_2O_4^{2-}})^n} = 2^n = \frac{1.04}{0.26} = 4 \quad \therefore n = 2$$

實驗 (b) 與 (c) 之 $\mathrm{C_2O_4^{2-}}$ 的濃度相同，而 (b) 之 $\mathrm{HgCl_2}$ 的濃度為 (c) 的兩倍，由此，由 (b) 與 (c) 之數據得

$$\frac{(dx/dt)_{(b)}}{(dx/dt)_{(a)}} = \frac{k[2(\mathrm{HgCl_2})]^m (\mathrm{C_2O_4^{2-}})^n}{k(\mathrm{HgCl_2})^m (\mathrm{C_2O_4^{2-}})^n} = 2^m = \frac{1.04}{0.53} \doteqdot 2 \quad \therefore m = 1$$

所以反應速率式可表示為

$$\frac{dx}{dt} = k(\mathrm{HgCl_2})(\mathrm{C_2O_4^{2-}})^2 \text{，而為第三級反應} \qquad \blacktriangleleft$$

# 13-10 可逆反應 (Reversible Reaction)

前面所討論的各種反應，均為可完全反應進行之標準型的簡單反應。實際上，許多反應並非如此簡單，而為包括一連串的複雜步驟之反應。於本節討論包括**正向** (forward) 與**反向** (backward) 的反應，而其淨反應速率可用，其正向的反應速率與反向的反應速率之差表示之簡單的**可逆反應** (reversible reaction)。於此所謂 "可逆" 之意義，與於熱力學所表示者不同，係表示包括正向與反向的反應，而其反應視其反應系內的反應物及生成物的濃度，與其反應的平衡常數之相對關係而定，且其反應可以為正向的反應，亦可以為反向的反應。

設**可逆的第一級反應** (reversible first-order reaction) 為

$$A \underset{k_{-1}}{\overset{k_1}{\rightleftharpoons}} B \tag{13-55}$$

則其反應速率式可表示為

$$\frac{d(A)}{dt} = -k_1(A) + k_{-1}(B) \tag{13-56}$$

上式中，$(A)$ 與 $(B)$ 為反應系內的反應物 $A$ 與生成物 $B$ 於反應時間 $t$ 之各濃度。若反應於開始時僅有 $A$ 的存在，則 $A$ 於 $t = 0$ 時之濃度 $(A)_0$，等於 $A$ 與 $B$ 於任何時間之濃度的和，$(A)_0 = (A) + (B)$，將此關係代入上式 (13-56)，可得

$$\frac{d(A)}{dt} = -k_1(A) + k_{-1}[(A)_0 - (A)] = k_{-1}(A)_0 - (k_1 + k_{-1})(A) \tag{13-57}$$

於反應達至平衡時，$d(A)/dt = 0$，而由上式可得，$A$ 於平衡時之濃度 $(A)_{eq}$，為

$$(A)_{eq} = \frac{k_{-1}}{k_1 + k_{-1}}(A)_0 \tag{13-58}$$

或由式 (13-56) 可得，反應 (13-55) 之平衡常數 $K$ 為

$$K = \frac{(B)_{eq}}{(A)_{eq}} = \frac{(A)_0 - (A)_{eq}}{(A)_{eq}} = \frac{k_1}{k_{-1}} \tag{13-59}$$

將式 (13-58) 代入式 (13-57)，並經整理可得

$$\frac{d(A)}{dt} = -(k_1 + k_{-1})\left[(A) - \frac{k_{-1}}{k_1 + k_{-1}}(A)_0\right]$$
$$= -(k_1 + k_{-1})\left[(A) - (A)_{eq}\right] \tag{13-60}$$

將式 (13-59)，$K = k_1 / k_{-1}$，代入式 (13-56) 並消去 $k_{-1}$，可得

$$\frac{d(A)}{dt} = -k_1(A) + \frac{k_1}{K}(B) = -k_1(A)\left[1 - \frac{(B)}{K(A)}\right] \tag{13-61}$$

上式 (13-61) 顯示，反應 (13-55) 之初反應速率等於 $k_1(A)$，而其反應速率隨生成物 $B$ 的累積而逐漸減慢。於反應達至平衡時，$(B)_{eq}/(A)_{eq} = K$，且其反應速率趨近於零。

式 (13-60) 之定積分可寫成

$$-\int_{(A)_0}^{(A)} \frac{d(A)}{(A) - (A)_{eq}} = (k_1 + k_{-1})\int_0^t dt \tag{13-62}$$

或

$$\ln\frac{(A)_0 - (A)_{eq}}{(A) - (A)_{eq}} = (k_1 + k_{-1})t \tag{13-63}$$

於此反應中，反應物 $A$ 及生成物 $B$ 之濃度與時間 $t$ 的關係，如圖 13-8 所示。

於反應時間 $t = 0.693/(k_1 + k_{-1})$ 時，由上式 (13-63) 得，$\ln\frac{(A)_0-(A)_{eq}}{(A)-(A)_{eq}} = 0.693 = \ln 2$，此時 $A$ 之濃度為

$$(A) = \frac{(A)_0 + (A)_{eq}}{2} \tag{13-64}$$

由於，$(A)_0 = (A) + (B) = \frac{(A)_0 + (A)_{eq}}{2} + (B)$，由此，此時的 $B$ 之濃度為

$$(B) = \frac{(A)_0 - (A)_{eq}}{2} = \frac{(B)_{eq}}{2} \tag{13-65}$$

由式 (13-63)，$-\ln[(A)-(A)_{eq}]$ 對時間 $t$ 作圖可得斜率為 $k_1 + k_{-1}$ 之直線，如圖 13-9 所示。並由達至平衡時的 $A$ 與 $B$ 之平衡濃度，使用式 (13-59)可計算，其正向與反向的反應之反應速率常數的比，$k_1 / k_{-1}$，由此，可求得反應速率常數 $k_1$ 與 $k_{-1}$ 值。

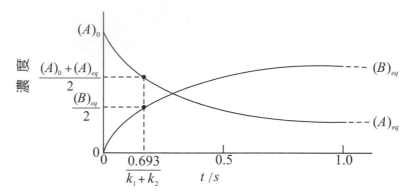

圖 13-8 可逆第一級反應，$A \xrightleftharpoons[k_{-1}]{k_1} B$，之濃度與時間的關係。$A$ 之初濃度為 $(A)_0$，B 之初濃度 $(B)_0 = 0$，反應速率常數 $k_1 = 3 \text{ s}^{-1}$，$k_{-1} = 1 \text{ s}^{-1}$

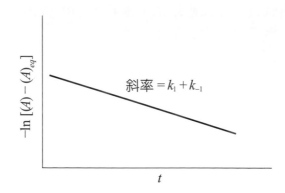

圖 13-9 可逆第一級反應，$A \xrightleftharpoons[k_{-1}]{k_1} B$，僅由反應物 $A$ 開始反應時之 $A$ 的濃度與時間 $t$ 的關係

於上面的可逆第一級反應中，$A$ 及 $B$ 之各濃度與時間的關係，有時用指數的形式表示較為方便，此時式 (13-57) 之定積分可寫成

$$\int_{(A)_0}^{(A)} \frac{d(A)}{k_{-1}(A)_0 - (k_1 + k_{-1})(A)} = \int_0^t dt \tag{13-66a}$$

或

$$\frac{-1}{k_1 + k_{-1}} \ln\left[ k_{-1}(A)_0 - (k_1 + k_{-1})(A) \right]_{(A)_0}^{(A)} = t \tag{13-66b}$$

或

$$-(k_1 + k_{-1})t = \ln \frac{(k_1 + k_{-1})(A) - k_{-1}(A)_0}{k_1(A)_0} \tag{13-66c}$$

由上式 (13-66c) 可解出 $A$ 之濃度 $(A)$ ，爲

$$(A) = \frac{k_{-1}(A)_0}{k_1 + k_{-1}}\left[1 + \frac{k_1}{k_{-1}} e^{-(k_1 + k_{-1})t}\right] \tag{13-67}$$

由於，$(B) = (A)_0 - (A)$，而將上式 (13-67) 代入可得 $B$ 之濃度，爲

$$(B) = \frac{k_1(A)_0}{k_1 + k_{-1}}\left[1 - e^{-(k_1 + k_{-1})t}\right] \tag{13-68}$$

　　對於正向與反向的反應均爲第二級的可逆反應，$A + B \underset{k_{-2}}{\overset{k_2}{\rightleftharpoons}} C + D$，設反應物 $A$ 與 $B$ 於開始反應時之初濃度均爲 $a$，生成物 $C$ 與 $D$ 之初濃度均爲零，而經時間 $t$ 之 $C$ 與 $D$ 的濃度均爲 $x$，則其反應速率式可寫成

$$\frac{dx}{dt} = k_2(a-x)^2 - k_{-2}x^2 \tag{13-69}$$

若於平衡時，$A$ 所反應之濃度爲 $x_e$，則由上式 (13-69) 可得

$$k_2(a - x_e)^2 = k_{-2}x_e^2 \tag{13-70}$$

而將上式代入式 (13-69) ，可得

$$\frac{dx}{dt} = k_2(a-x)^2 - \frac{k_2(a-x_e)^2}{x_e^2}x^2$$

$$= k_2\left(a - \frac{a}{x_e}x\right)\left(a + \frac{a-2x_e}{x_e}x\right) \tag{13-71a}$$

或

$$k_2 dt = \frac{dx}{\left(a - \dfrac{a}{x_e}x\right)\left(a + \dfrac{a-2x_e}{x_e}x\right)} \tag{13-71b}$$

因於 $t = 0$ 時，$x = 0$，故上式之定積分可寫成

$$\int_0^t k_2 dt = \frac{1}{2(a-x_e)}\int_0^x \frac{dx}{\left(a - \dfrac{a}{x_e}x\right)} + \frac{a-2x_e}{2a(a-x_e)}\int_0^x \frac{dx}{\left(a + \dfrac{a-2x_e}{x_e}x\right)} \tag{13-72a}$$

或

$$k_2 t = \frac{1}{2(a-x_e)}\left(-\frac{x_e}{a}\right)\ln\left(a - \frac{a}{x_e}x\right)$$

$$+ \frac{a-2x_e}{2a(a-x_e)} \cdot \frac{x_e}{a-2x_e}\ln\left(a + \frac{a-2x_e}{x_e}x\right) \tag{13-72b}$$

上式經簡化可得

$$k_2 t = \frac{x_e}{2a(a - x_e)} \ln \frac{(a - 2x_e)x + ax_e}{a(x_e - x)} \tag{13-73}$$

設反應 $A \underset{k_{-2}}{\overset{k_1}{\rightleftharpoons}} C + D$ 之正向的反應速率為第一級反應 $k_1(A)$，而反向的反應速率為第二級反應，$k_{-2}(C)(D)$，及於反應開始時 $A$ 之初濃度為 $a$，$C$ 與 $D$ 之初濃度均為零，而 $C$ 與 $D$ 經時間 $t$ 之濃度均為 $x$，則此反應之反應速率式，可寫成

$$\frac{dx}{dt} = k_1(a - x) - k_{-2}x^2 \tag{13-74}$$

上式經積分可得

$$k_{-2}t = \frac{1}{2\alpha} \ln \frac{a + \left[ (k_{-2}/k_1)\alpha - \frac{1}{2} \right]x}{a - \left[ (k_{-2}/k_1)\alpha + \frac{1}{2} \right]x} \tag{13-75}$$

於上式中

$$\alpha = \left[ \frac{k_1}{k_{-2}}a + \frac{1}{4}\left( \frac{k_1}{k_{-2}} \right)^2 \right]^{1/2} \tag{13-76}$$

反應物 $A$ 於反應時間 $t$ 之產生分解反應的分率，為

$$\frac{x}{a} = \left[ \frac{k_{-2}}{k_1}\alpha \coth(\alpha k_{-2}t) + \frac{1}{2} \right]^{-1} \tag{13-77}$$

因 $t \to \infty$ 時，$\coth(\alpha k_{-2}t) \to 1$。因此，反應物 $A$ 於 $t = \infty$ 時之分解分率，為

$$\left( \frac{x}{a} \right)_{t=\infty} = \left( \frac{k_{-2}}{k_1}\alpha + \frac{1}{2} \right)^{-1} \tag{13-78}$$

四氧化二氮之可逆分解反應，$N_2O_4 \underset{k_{-2}}{\overset{k_1}{\rightleftharpoons}} 2NO_2$，可適用上面的這些式 (13-74) 至(13-78)。

設反應，$A + B \underset{k_{-2}}{\overset{k_2}{\rightleftharpoons}} C + D$，之正向的反應速率為第二級反應 $k_2(A)(B)$，且反向的反應速率亦為第二級反應，$k_{-2}(C)(D)$，及 $A$ 與 $B$ 於反應開始時之初濃度，分別為 $a$ 與 $b$，$C$ 與 $D$ 之初濃度均為零，而 $C$ 與 $D$ 經時間 $t$ 之濃度均為 $x$，則反應速率式可寫成

$$\frac{dx}{dt} = k_2(a - x)(b - x) - k_{-2}x^2 \tag{13-79}$$

上式經積分可得

$$k_2 t = \frac{1}{2\beta(1-K)} \ln \frac{1-x/(\alpha+\beta)}{1-x/(\alpha-\beta)} \tag{13-80}$$

或

$$x = \frac{ab}{1-K} \left\{ \alpha + \beta \coth[(k_2 - k_{-2})\beta t] \right\}^{-1} \tag{13-81}$$

於上式中，$\alpha = (a+b)/[2(1-K)]$，$\beta = [(a-b)^2 + 4Kab]/[2(1-K)]$，$K = k_{-2}/k_2$。若 $A$ 與 $B$ 於反應開始時之初濃度相等，即 $a=b$ 時，則式 (13-80) 及 (13-81) 可簡化成

$$k_2 t = \frac{1}{2a\sqrt{K}} \ln \frac{1-(1-\sqrt{K})x/a}{1-(1+\sqrt{K})x/a} \tag{13-82}$$

及

$$\frac{x}{a} = \left\{ 1 + \sqrt{\frac{k_{-2}}{k_2}} \coth(a\sqrt{k_2 k_{-2}}\, t) \right\}^{-1} \tag{13-83}$$

對於反應，$H_2 + I_2 \underset{k_{-2}}{\overset{k_2}{\rightleftharpoons}} 2\,HI$，設 $H_2$, $I_2$ 及 HI 於反應時間 $t$ 之濃度分別為，$a-x/2$, $b-x/2$ 及 $x$，則此反應之反應速率式可寫成

$$\frac{d(III)}{dt} = \frac{dx}{dt} = k_2 \left( a - \frac{x}{2} \right)\left( b - \frac{x}{2} \right) - k_{-2} x^2 \tag{13-84}$$

上式經積分可得

$$k_2 t = \frac{2}{m} \left[ \ln \frac{(a+b-m)/(1-4K)-x}{(a+b+m)/(1-4K)-x} + \ln \frac{a+b-m}{a+b+m} \right] \tag{13-85}$$

於上式中，$K = k_2/k_{-2}$，$m = [(a+b)^2 - 4ab(1-4K)]^{1/2}$。可逆第二級反應，$H_2 + I_2 \underset{k_{-2}}{\overset{k_2}{\rightleftharpoons}} 2\,HI$，於各溫度之反應速率常數及平衡常數，列於表 13-1。

表 13-1　可逆第二級反應，$H_2 + I_2 \underset{k_{-2}}{\overset{k_2}{\rightleftharpoons}} 2\,HI$，之反應速率常數及平衡常數

| 溫度，K | 反應速率常數 ($L\,mol^{-1}s^{-1}$) | | 平衡常數 |
| --- | --- | --- | --- |
| | $k_2$ | $k_{-2}$ | $K = k_2/k_{-2}$ |
| 300 | $2.04 \times 10^{-19}$ | $2.24 \times 10^{-22}$ | 912 |
| 400 | $6.61 \times 10^{-12}$ | $2.46 \times 10^{-14}$ | 371 |
| 500 | $2.14 \times 10^{-7}$ | $1.66 \times 10^{-9}$ | 129 |
| 600 | $2.14 \times 10^{-4}$ | $2.75 \times 10^{-6}$ | 77.8 |
| 700 | $3.02 \times 10^{-2}$ | $5.50 \times 10^{-4}$ | 54.9 |

## 13-11 平行的第一級反應 (Parallel First-Order Reactions)

　　相同的反應物於同一的時間，經由不同的反應產生不同的生成物之反應，稱為**平行的反應** (parallel reactions)。於有機化學中有許多此類的反應，例如，酚與硝酸反應時，由於不同的反應而同時產生，鄰位與對位的硝基酚。

　　對於下列的由反應物 A 之平行的反應

$$A \quad \overset{k_1}{\nearrow} \quad B$$
$$\underset{k_2}{\searrow} \quad C \tag{13-86}$$

反應物 $A$ 之反應速率可寫成

$$-\frac{d(A)}{dt} = k_1(A) + k_2(A) = (k_1 + k_2)(A) \tag{13-87}$$

上式顯示，反應物 $A$ 之反應消失的速率為第一級反應。上式 (13-87) 之反應速率式的形式與式 (13-9) 類同，由此，經積分可得如式 (13-14) 之式，為

$$(A) = (A)_0 e^{-(k_1+k_2)t} \tag{13-88}$$

　　對於生成物 $B$ 之反應速率式，可表示為

$$\frac{d(B)}{dt} = k_1(A) = k_1(A)_0 e^{-(k_1+k_2)t} \tag{13-89}$$

上式經積分可得

$$(B) = \frac{-k_1(A)_0}{k_1 + k_2} e^{-(k_1+k_2)t} + 積分常數 \tag{13-90}$$

設生成物 $B$ 於 $t = 0$ 時之濃度為零，即 $(B)_0 = 0$，則上式中之積分常數等於 $k_1(A)_0$ $/(k_1 + k_2)$。將此積分常數代入上式，可得 $B$ 於反應時間 $t$ 之濃度為

$$(B) = \frac{k_1(A)_0}{k_1 + k_2}[1 - e^{-(k_1+k_2)t}] \tag{13-91}$$

因此，於 $t = \infty$ 時，由 $A$ 反應生成 $B$ 之濃度 $(B)_\infty$ 為

$$(B)_\infty = \frac{k_1(A)_0}{(k_1 + k_2)} \tag{13-92}$$

由於 $A, B$ 與 $C$ 於任何的反應時間 $t$ 之濃度的和 $(A)+(B)+(C)$，應等於 $A$ 之初濃度 $(A)_0$，即 $(A)_0 = (A)+(B)+(C)$。因此，將式 (13-88) 及 (13-91) 代入，可得 $C$ 於反應時間 $t$ 之濃度。

若生成物 $C$ 於 $t = 0$ 時之濃度 $(C)_0 = 0$，則同理可得，$C$ 於反應時間 $t$ 之濃度為

$$(C) = \frac{k_2(A)_0}{k_1 + k_2}[1 - e^{-(k_1 + k_2)t}] \tag{13-93}$$

由式 (13-91) 與式 (13-93) 可得，$B$ 與 $C$ 之生成的半生期相同。同樣由上式可得於 $t = \infty$ 時，由 $A$ 反應生成 $C$ 之濃度 $(C)_\infty$ 爲

$$(C)_\infty = \frac{k_2(A)_0}{k_1 + k_2} \tag{13-94}$$

生成物 $B$ 與 $C$ 於任何的反應時間之濃度的比，由式 (13-91) 與 (13-93) 可得，$(B)/(C) = k_1 / k_2$，而由反應之半生期可得 $k_1 + k_2 = 0.693 / t_{1/2}$，於是可分別求得其反應速率的常數 $k_1$ 及 $k_2$。

一般的反應均爲可逆，此時反應式 (13-86) 應改寫成

$$\begin{array}{c} A \underset{k_2}{\overset{k_1}{\rightleftarrows}} \underset{k_{-2}}{\overset{k_{-1}}{\rightleftarrows}} \begin{array}{c} B \\ \\ C \end{array} \end{array} \tag{13-95}$$

而可由此討論，生成物 $B$ 與 $C$ 之濃度分佈的**動力控制** (kinetic control) 及**熱力控制** (thermodynamic control) 的概念。反應物 $A$ 由反應式 (13-95) 生成 $B$ 及 $C$ 之平衡常數，可分別寫成

$$K_1 = \frac{(B)_{eq}}{(A)_{eq}} = \frac{k_1}{k_{-1}} \quad \text{及} \quad K_2 = \frac{(C)_{eq}}{(A)_{eq}} = \frac{k_2}{k_{-2}} \tag{13-96}$$

反應系於化學平衡時之組成，可由這些平衡常數 $K_1$ 與 $K_2$ 決定。若反應(13-95)於反應開始時僅有反應物 $A$ 存在，而 $A$ 之初濃度爲 $(A)_0$，則反應於達至平衡時，$(A)_0 = (A)_{eq} + (B)_{eq} + (C)_{eq}$，因此

$$\frac{(A)_0}{(A)_{eq}} = 1 + \frac{(B)_{eq}}{(A)_{eq}} + \frac{(C)_{eq}}{(A)_{eq}} = 1 + K_1 + K_2 \tag{13-97a}$$

由上式及式 (12-96) 可得，$A, B$ 與 $C$ 之平衡濃度，分別爲

$$(A)_{eq} = \frac{(A)_0}{1 + K_1 + K_2} \tag{13-97b}$$

$$(B)_{eq} = K_1(A)_{eq} = \frac{K_1(A)_0}{1 + K_1 + K_2} \tag{13-97c}$$

$$(C)_{eq} = K_2(A)_{eq} = \frac{K_2(A)_0}{1 + K_1 + K_2} \tag{13-97d}$$

若忽略反應式 (13-95) 之逆向的反應時，則 $(B)/(C) = k_1 / k_2$，而於反應開始的短時間內，可觀察並測定到此比值。設反應式 (13-95) 中的 $k_1 = 1$，$k_{-1} = 0.05$，$k_2 = 0.05$ 及 $k_{-2} = 0.0001\,s^{-1}$ 時，可由式 (13-96) 計得，$K_1 = 200$ 及 $K_2 = 500$。因此，於反應開始的初期，可忽視其逆向的反應，此時其 $(B)/(C) = k_1 / k_2 = 20$，即 $B$ 之生成速率比 $C$ 快 20 倍，而 $C$ 為較安定的生成物（因 $k_{-2} = 0.0001\,s^{-1} < k_{-1} = 0.05\,s^{-1}$）。於反應時間 $t = \infty$ 或達至平衡時，由式 (13-97b) 至 (13-97d) 分別可得，$(A)_\infty / (A)_0 = (1 + K_1 + K_2)^{-1} = (1 + 200 + 500)^{-1} = 1.43 \times 10^{-3}$，$(B)_\infty / (A)_0 = K_1 / (1 + K_1 + K_2) = 200 / 701 = 0.285$ 及 $(C)_\infty / (A)_0 = K_2 / (1 + K_1 + K_2) = 500 / 701 = 0.713$，即反應式 (13-95) 經歷二階段進行，而其第一階段為，以 $B$ 生成物為主的動力控制的階段，第二階段為經過較長的反應時間之反應，而以 $C$ 生成物為主的熱力控制的階段。

## 13-12　連續的第一級反應 (Consecutive First-Order Reactions)

反應物經反應所產生的生成物，繼續反應生成其他的生成物之反應，稱為**連續的反應** (consecutive reaction)，而其中間的生成物稱為**中間體** (intermediate)。一些放射性的元素之核衰變，及一些聚合反應均為連續的第一級反應。放射性的元素之核衰變的速率，可用簡單的第一級反應表示，而其中僅簡單的連續第一級反應之反應速率的聯立微分方程式，能解而可得其**解析解** (analytical solutions)。然而，較複雜的連續反應之反應速率，可使用電子計算機求得其**數值解** (numerical solutions)。

對於不可逆的連續第一級反應

$$A \xrightarrow{\ k_1\ } B \xrightarrow{\ k_2\ } C \tag{13-98}$$

由於對其反應的每一物質，所寫出之各反應的速率式，及解這些聯立微分方程式，可求得此反應的各成分之濃度與時間的關係。反應式 (13-98) 中的 $A$, $B$ 及 $C$ 等各成分之反應速率，可分別寫成

$$\frac{d(A)}{dt} = -k_1(A) \tag{13-99}$$

$$\frac{d(B)}{dt} = k_1(A) - k_2(B) \tag{13-100}$$

及
$$\frac{d(C)}{dt} = k_2(B) \tag{13-101}$$

　　設反應物 $A$ 於反應時間 $t = 0$ 時之初濃度為 $(A)_0$，而 $B$ 與 $C$ 於 $t = 0$ 時之初濃度均各為零，即 $(B)_0 = 0$ 與 $(C)_0 = 0$。此時式 (13-99) 經積分，可得

$$(A) = (A)_0 e^{-k_1 t} \tag{13-102}$$

而將上式代入式 (13-100) ，可得

$$\frac{d(B)}{dt} = k_1 (A)_0 e^{-k_1 t} - k_2 (B) \tag{13-103a}$$

或

$$\frac{d(B)}{dt} + k_2 (B) = k_1 (A)_0 e^{-k_1 t} \tag{13-103b}$$

由附錄 A1-12，微分方程式，$\dfrac{dy}{dx} + P_x y = Q_x$ ，之解為，$y = e^{-\int P_x dx} \left( \int Q_x e^{\int P_x dx} dx + C \right)$，其中的 $C$ 為積分常數。所以上式 (13-103b) 之解，為

$$\begin{aligned}
(B) &= e^{-\int k_2 dt} \left[ \int k_1 (A)_0 e^{-k_1 t} e^{\int k_2 dt} dt + C \right] \\
&= e^{-k_2 t} \left[ k_1 (A)_0 \int e^{-(k_1 - k_2)t} dt + C \right] \\
&= e^{-k_2 t} \frac{e^{(k_2 - k_1)t}}{k_2 - k_1} k_1 (A)_0 + C e^{-k_2 t} \tag{13-104}
\end{aligned}$$

因 $B$ 於 $t = 0$ 時之濃度 $(B)_0 = 0$，所以將此關係代入上式 (13-104)，可得其積分常數，$C = -k_1 (A)_0 / (k_2 - k_1)$，而將此積分常數代入上式，可得 $B$ 於反應時間 $t$ 之濃度，為

$$(B) = \frac{k_1 (A)_0}{k_2 - k_1} (e^{-k_1 t} - e^{-k_2 t}) \tag{13-105}$$

　　由於各成分於任何時間之濃度的總和，應等於 $A$ 之初濃度 $(A)_0$，即 $(A)_0 = (A) + (B) + (C)$，由此，$C$ 於反應時間 $t$ 之濃度，可表示為

$$\begin{aligned}
(C) &= (A)_0 - (A) - (B) = (A)_0 - (A)_0 e^{-k_1 t} - \frac{k_1 (A)_0}{k_2 - k_1} (e^{-k_1 t} - e^{-k_2 t}) \\
&= (A)_0 \left[ 1 + \frac{1}{k_1 - k_2} (k_2 e^{-k_1 t} - k_1 e^{-k_2 t}) \right] \tag{13-106}
\end{aligned}$$

因此，由實驗測定 $A$ 及 $B$ 於任何時間 $t$ 之濃度 $(A)$ 及 $(B)$，即可計得 $C$ 之濃度 $(C)$，而由式 (12-102) 及 (12-105) 可求得，反應速率常數 $k_1$ 及 $k_2$。

　　設於上面的反應(13-98)，$(A)_0 = 1 \, \text{mol L}^{-1}$，$k_1 = 0.1 \, \text{min}^{-1}$ 及 $k_2 = 0.05 \, \text{min}^{-1}$，則由式 (13-102)，(13-105) 及 (13-106)，可分別計得 $A, B$ 及 $C$ 之濃度與時間的關係，如圖 13-10(a) 所示。由此得知 $A$ 之濃度隨時間逐次遞減，而 $C$ 之濃度隨時間逐次遞增，且最後接近於 $A$ 之初濃度 $(A)_0$；而 $B$ 之濃度於反應的初期隨時間逐次

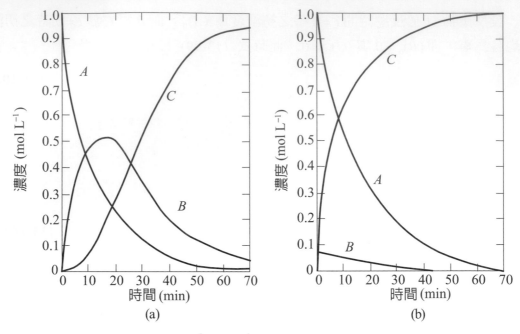

圖 13-10　連續的第一級反應，$A \xrightarrow{k_1} B \xrightarrow{k_2} C$，其各成分之濃度與時間的關係，
$(A)_0 = 1 \text{ mol L}^{-1}, (B)_0 = 0, (C)_0 = 0$，(a) $k_1 = 0.1 \text{ min}^{-1}, k_2 = 0.05 \text{ min}^{-1}$，(b) $k_1 = 0.1 \text{ min}^{-1}, k_2 = 1 \text{ min}^{-1}$

增加，且由 $B$ 繼續反應生成 $C$ 之速率，隨 $B$ 之濃度的增加而增大，因此，$B$ 之濃度 $(B)$ 隨時間的變化而顯現一極大值，而 $C$ 之濃度隨時間的變化，於反應開始之初反應的時期，呈現**誘導期** (induction period)。反應(13-98)於 $B$ 之濃度達至極大時之時間 $t_{max}$，可由式 (13-105) 對時間微分，並設其微分 $d(B)/dt = 0$ 求得。

　　因此，由式 (13-105) 對 $t$ 微分，並設 $d(B)/dt = 0$，可得

$$-k_1 e^{-k_1 t_{max}} + k_2 e^{-k_2 t_{max}} = 0 \tag{13-107a}$$

上式 (13-107a) 經移項後其兩邊各取對數，得

$$\ln k_2 - k_2 t_{max} = \ln k_1 - k_1 t_{max} \tag{13-107b}$$

或

$$t_{max} = \frac{\ln(k_2 / k_1)}{k_2 - k_1} \tag{13-107c}$$

將上式代入式 (13-105)，可得 $B$ 於時間 $t_{max}$ 之濃度，為

$$(B)_{max} = \frac{k_1 (A)_0}{k_2 - k_1} \cdot e^{-k_1 t_{max}} \left[ 1 - e^{-(k_2 - k_1) t_{max}} \right]$$

$$= \frac{k_1 (A)_0}{k_2 - k_1} \left( \frac{k_1}{k_2} \right)^{k_1/(k_2 - k_1)} \left( 1 - \frac{k_1}{k_2} \right) = (A)_0 \left( \frac{k_1}{k_2} \right)^{k_2/(k_2 - k_1)} \tag{13-108}$$

於上面的反應(13-98)，設 $(A)_0 = 1 \text{ mol L}^{-1}$，$k_1 = 0.1 \text{ min}^{-1}$ 及 $k_2 = 1 \text{ min}^{-1}$ 時，$B$ 之濃度不會出現很高的值，如圖 13-10(b) 所示。若 $k_2 = 20 \text{ min}^{-1}$ 時，則由 $A$ 反應生成

之 $B$ 會很快繼續反應生成 $C$，由此，此時的 $B$ 之濃度甚小，而可視為該反應之**不穩定的中間體** (unstable intermediate)，因此，通常於圖上不會顯現出其存在，而此時的反應式 (13-98)，可寫成 $A \rightarrow C$。

　　一般之大部分的化學反應均為可逆的反應，若反應 (13-98) 中之一或二步驟為可逆，則其反應速率式會變為較複雜。例如，反應 $A \rightleftharpoons B \rightleftharpoons C$ 之各成分的濃度與時間的關係，如圖 13-11 所示。對於反應，$A \xrightarrow{k_1} B \underset{k_3}{\overset{k_2}{\rightleftharpoons}} C$，其中的 $A$ 之濃度隨時間逐次減小，而 $B$ 與 $C$ 之濃度均隨時間變化，且於最後反應（時間 $t$ 很大時）各趨近定值，此時 $B$ 與 $C$ 之濃度的比，可表示為 $(B)/(C) = k_3/k_2$。例如，$(A)_0 = 1 \text{ mol L}^{-1}, (B)_0 = 0, (C)_0 = 0, k_1 = 0.10 \text{ min}^{-1}, k_2 = 0.10 \text{ min}^{-1}$，及 $k_3 = 0.05 \text{ min}^{-1}$ 時，其各成分之濃度與時間的關係，如圖 13-12 所示。

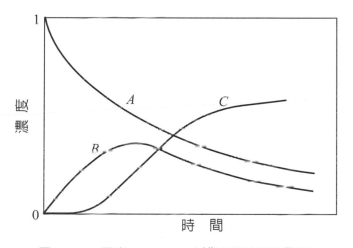

圖 13-11　反應 $A \rightleftharpoons B \rightleftharpoons C$ 之濃度與時間的關係

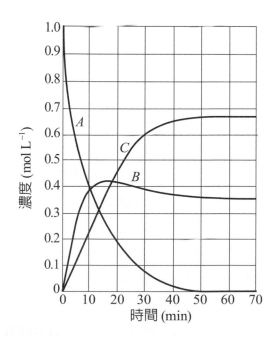

圖 13-12　反應，$A \xrightarrow{k_1} B \underset{k_3}{\overset{k_2}{\rightleftharpoons}} C$，
其各成分之濃度與時間的關係，
$(A)_0 = 1 \text{ mol L}^{-1}$,
$(B)_0 = 0$,
$(C)_0 = 0$,
$k_1 = 0.10 \text{ min}^{-1}$,
$k_2 = 0.10 \text{ min}^{-1}$,
$k_3 = 0.05 \text{ min}^{-1}$

## 13-13 詳細的平衡之原理 (Principle of Detailed Balance)

**基本的反應** (elementary reaction)( 參閱 13-16 節 )，$A \underset{k_b}{\overset{k_f}{\rightleftharpoons}} B$，其於平衡時的 $B$ 與 $A$ 之平衡濃度的比，可表示為

$$\frac{(B)_{eq}}{(A)_{eq}} = \frac{k_f}{k_b} \quad \text{或} \quad k_f(A)_{eq} = k_b(B)_{eq} \tag{13-109}$$

上式中，$k_f$ 為正向反應的反應速率常數，$k_b$ 為反向反應的反應速率常數。於平衡時由上式 (13-109) 得，此基本反應之正向反應的反應速率，與其反向反應的反應速率相等，此稱為**詳細的平衡之原理** (principle of detailed balance)。若於反應系內有幾種的反應同時進行時，則需對於其各反應，個別應用此原理。

設反應系內之可逆反應，$A = B$，同時以下列的二途徑進行，而其一為可逆的第一級反應 (13-110a)，另一為包括氫離子的觸媒 $H^+$ 之可逆的第二級反應 (13-110b)，即為

$$A \underset{k_{-1}}{\overset{k_1}{\rightleftharpoons}} B \tag{13-110a}$$

與

$$A + H^+ \underset{k_{-2}}{\overset{k_2}{\rightleftharpoons}} B + H^+ \tag{13-110b}$$

因此，反應物 $A$ 由上面的二並行的步驟，生成 $B$ 之反應速率式，可寫成

$$\frac{d(B)}{dt} = k_1(A) - k_1(B) + k_2(A)(H^+) - k_{-2}(B)(H^+) \tag{13-111}$$

上述的反應於平衡時，$d(B)/dt = 0$，而由上式 (13-111) 可得其平衡常數為

$$K = \frac{(B)_{eq}}{(A)_{eq}} = \frac{k_1 + k_2(H^+)}{k_{-1} + k_{-2}(H^+)} \tag{13-112}$$

如上式 (13-112) 所示，其平衡常數受氫離子的觸媒之濃度的影響。然而事實上，氫離子的觸媒之濃度 $(H^+)$，僅能縮短反應達成平衡的時間，而不能改變其平衡常數，因此，上式 (13-112) 與事實不符，即為一矛盾的結果。

由於上面之二並行的反應 (13-100a) 與 (13-110b) ，為各別獨立的反應，因此，需個別使用詳細的平衡之原理處理，即於平衡時，其總反應中之每一反應的途徑之正向的反應速率與逆向的反應速率應各相等，所以由其反應的途徑 (13-110a) 與 (13-110b)，可分別表示為

$$k_1(A)_{eq} = k_{-1}(B)_{eq} \tag{13-113}$$

與

$$k_2(A)_{eq}(H^+) = k_{-2}(B)_{eq}(H^+) \qquad\qquad \textbf{(13-114)}$$

而由上式 (13-113) 與 (13-114)可得，上述的可逆反應之平衡常數爲

$$K = \frac{(B)_{eq}}{(A)_{eq}} = \frac{k_1}{k_{-1}} = \frac{k_2}{k_{-2}} \qquad\qquad \textbf{(13-115)}$$

因此，於前面所得之平衡常數的式 (13-112)，若於上式 (13-115) 的關係之條件下，則其平衡常數不受氫離子的濃度 (H⁺) 之影響。換言之，由於應用詳細的平衡原理，而可去除平衡常數的式 (13-112) 所產生之矛盾。

對於下列的反應機制

$$\qquad\qquad \textbf{(13-116)}$$

可分別寫出，其各成分 $A, B$ 及 $C$ 之反應速率式， $d(A)/dt$, $d(B)/dt$ 及 $d(C)/dt$，而由於其 $A, B$ 及 $C$ 於平衡時之濃度均各爲一定，且不再受時間的影響，即其各濃度均與時間無關。因此，由於解於平衡時的三聯立方程式， $d(A)_{eq}/dt = 0$, $d(B)_{eq}/dt = 0$ 及 $d(C)_{eq}/dt = 0$ 則可求得成分 $A, B$ 及 $C$ 之各平衡濃度 $(A)_{eq}$, $(B)_{eq}$ 及 $(C)_{eq}$ 間的關係，爲

$$\frac{(B)_{eq}}{(A)_{eq}} = \frac{k_1 k_4 + k_1 k_5 + k_4 k_6}{k_2 k_4 + k_2 k_5 + k_3 k_5} \qquad\qquad \textbf{(13-117)}$$

與

$$\frac{(C)_{eq}}{(A)_{eq}} = \frac{k_1 k_3 + k_2 k_6 + k_3 k_6}{k_2 k_4 + k_2 k_5 + k_3 k_5} \qquad\qquad \textbf{(13-118)}$$

由詳細的平衡之原理，即於平衡時由反應機制 (13-116) 之各步驟的反應之平衡，可分別得

$$\frac{(B)_{eq}}{(A)_{eq}} = \frac{k_1}{k_2} \qquad\qquad \textbf{(13-119)}$$

$$\frac{(C)_{eq}}{(B)_{eq}} = \frac{k_3}{k_4} \qquad\qquad \textbf{(13-120)}$$

$$\frac{(A)_{eq}}{(C)_{eq}} = \frac{k_5}{k_6} \qquad\qquad \textbf{(13-121)}$$

而上面的各式 (13-119) 至 (13-121) 之各邊相乘，得

$$\frac{k_1 k_3 k_5}{k_2 k_4 k_6} = 1 \qquad\qquad \textbf{(13-122)}$$

即反應機制 (13-116) 之六反應的反應速率常數並非完全互相獨立，而其間之關係可用上式 (13-122) 表示。上面的關係式 (13-122) 雖非熱力學所必須，但為詳細的平衡之原理所得之必需的結果。若將上式 (13-122) 代入式 (13-117)，則可得式 (13-119)。

反應速率式中含有許多的正向反應之項的和時，表示該反應含有許多的反應步驟。依據詳細的平衡之原理，於平衡時其正向反應之每一項，需有其相對的逆向反應之平衡項。因此，由詳細的平衡之原理，於平衡時不可能有如下列的循環反應之反應機制 (13-123)。

$$(13\text{-}123)$$

## 13-14　溫度對於速率常數之效應
### (Effect of Temperature on Rate Constants)

分子之動能及分子產生碰撞的頻率，均隨溫度的上升而增加，因此，反應速率亦隨溫度的上升而增加。一些實驗的結果顯示，溫度於室溫附近每增加 10°C 時，其反應速率約增加一倍。

反應的溫度之變化範圍不很廣時，其反應之反應速率常數與溫度的關係，一般可用 Arrhenius 於 1889 年所提出的經驗式表示，為

$$k = Ae^{-E_a/RT} \tag{13-124}$$

於上式中，$R$ 為氣體常數，$E_a$ 為反應之**活化能** (activation energy)，$A$ 為反應之特性常數，而稱為**指數前的因子** (pre-exponential factor)，此因子與分子產生的碰撞頻率及碰撞的方位有關。$A$ 之單位與速率常數相同，第一級反應之速率常數的單位為 $s^{-1}$，此即為頻率之單位，因此，$A$ 亦稱為**頻率因子** (frequency factor)。上式 (13-124) 之兩邊各取對數，可得

$$\ln k = \ln A - \frac{E_a}{RT} \tag{13-125}$$

由上式 (13-125)，反應速率常數之對數 $\ln k$，對於絕對溫度之倒數，$1/T$，作圖，可得斜率為 $-E_a/R$ 之直線。因此，由此斜率可求得反應之活化能 $E_a$，而由於 $1/T = 0$ 之截距，可求得該反應的頻率因子 $A$。

上式 (13-125) 對溫度微分，可得

$$\frac{d\ln k}{dT} = \frac{E_a}{RT^2} \tag{13-126}$$

通常使用上式 (13-126) ，定義反應之活化能。設於溫度 $T_1$ 與 $T_2$ 之反應速率常數為 $k_1$ 與 $k_2$，則由上式 (13-126) 於溫度 $T_1$ 與 $T_2$ 間定積分，可得

$$\ln\frac{k_2}{k_1} = \frac{E_a}{R}\left(\frac{T_2 - T_1}{T_1 T_2}\right) \tag{13-127}$$

五氧化二氮之氣相的分解反應，$N_2O_5 = 2NO_2 + \frac{1}{2}O_2$，為第一級反應，其於各溫度之反應速率常數及半生期列於表 13-2，由其 $\ln k$ 對 $1/T$ 作圖可得，斜率為，$-Ea/R = -12,400\,K$，之直線，如圖 13-13 所示。由此，得其反應的活化能，$E_a = -R(\text{斜率}) = 103\,kJ\,mol^{-1}$，及頻率因子 $A = e^{31.31} = 3.96\times10^{13}\,s^{-1}$。此反應之速率常數與絕對溫度的關係，由式 (13-125) 可寫成

$$\ln k = 31.31 - \frac{103\times10^3\,J\,mol^{-1}}{(8.314\,J\,K^{-1}mol^{-1})}\frac{1}{T} \tag{13-128}$$

表 13-2　五氧化氮於各溫度之氣相分解反應的速率常數及半生期

| $T/K$ | $k/10^{-5}\,s^{-1}$ | 半生期 $/\min$ |
|---|---|---|
| 338 | 487 | 2.49 |
| 328 | 150 | 7.64 |
| 318 | 49.8 | 25.2 |
| 308 | 13.5 | 89.5 |
| 298 | 3.46 | 346.8 |
| 273 | 0.0787 | 15,696 |

註：自 F.Daniels and F. H.Johnston，J.Am.Chen.Soc，<u>43</u>，53(1921)

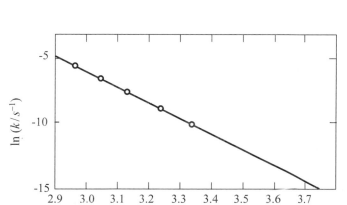

圖 13-13　五氧化氮的分解反應之 $\ln k$ 與 $1/T$ 的關係
註：自 F.Daniels and E.H.Johnston，J.Am.Chem.Soc，<u>43</u>，53(1921)

上式 (13-128) 亦可寫成

$$k = (3.96 \times 10^{13} \, \text{s}^{-1}) \exp \left[ \frac{-103 \times 10^3 \, \text{J mol}^{-1}}{(8.314 \, \text{J K}^{-1} \text{mol}^{-1})T} \right] \tag{13-129}$$

對於某一特定頻率因子 $A$ 之反應，以一般慣用之實驗方法(即對於反應的半生期為 $1 \, \text{min} \sim 1 \, \text{d}$ 的反應常用的方法) ，能測定其反應速率之活化能的範圍相當狹小。例如， $A = 10^{13} \, \text{s}^{-1}$ 之反應，且其反應的活化能小於 $80 \, \text{kJ mol}^{-1}$ 時，其反應於溫度 $298 \, \text{K}$ 之反應的速率非常快，而活化能大於 $100 \quad \text{kJ mol}^{-1}$ 之反應的反應速率非常慢，由此，這些反應以普通之實驗的方法，甚難測定其反應之反應速率。

有些反應之 $\ln k$ 與 $1/T$ 的關係成曲線的關係，此顯示其反應之活化能 $E_a$ 隨溫度的改變而改變。有些反應由碰撞的理論 (13-20 節) 可得，其反應速率常數 $k$ 與溫度的關係，而可用下列的形式表示，為

$$k = aT^m e^{-E_0/RT} \tag{13-130}$$

若上式中之 $m$ 已知時，則可由 $\ln(k/T^m)$ 對 $1/T$ 作圖所得的直線之斜率，求得該反應之 $E_0$ 值。若無法由理論得知 $m$ 值時，則因上式(13-130)的指數項 $e^{-E_0/RT}$ ，對於 $1/T$ 之依附性較 $T^m$ 的項強，故由實驗較難直接求得 $E_0$ 值。

式 (13-130) 之兩邊各取對數，可得

$$\ln k = \ln a + m \ln T - \frac{E_0}{RT} \tag{13-131}$$

由式 (13-126) 之活化能的定義，上式 (13-131) 對 $T$ 微分，可得

$$E_a = RT^2 \frac{d \ln k}{dT} = RT^2 \left( \frac{m}{T} + \frac{E_0}{RT^2} \right) = E_0 + mRT \tag{13-132}$$

上式中， $E_0$ 為反應於絕對零度時之**假想的活化能** (hypothetical activation energy)。將上式之 $E_0$ 代入式 (13-130) ，可得

$$k = aT^m e^m e^{-E_a/RT} \tag{13-133}$$

由上式得，於溫度 $T$ 之頻率因子 $A$ 等於 $ae^m T^m$。若 $\ln k$ 與 $1/T$ 的關係成曲線，則由該曲線於二溫度之其各 $d \ln k/dT$ 值，可分別計算得該反應於該二溫度之活化能 $E_a$，因此，將所得的二溫度之 $E_a$ 值，分別代入式 (13-132) ，則可計算得 $E_0$ 與 $m$ 值。於是，式 (13-130) 中的各溫度之 $a$ 值，亦可由速率常數計得。

有些反應之活化能為負的值，此表示這些反應之反應速率，於較高的溫度時較慢。此時的這些反應之反應速率常數與溫度的關係，須用另外的形式之式表示。

# 13-15　活化能 (Activation Energies)

化學反應之反應物及生成物，通常均於基底能量的狀態，而其分子發生反應時需具有之最低能量，與其基底狀態的能量之差值，稱爲該反應之**活化能** (activation energy)，碘化氫的解離反應之解離能量及活化能，如圖 13-14 所示。碘化氫之分子產生解離的反應， $HI + HI \rightarrow H_2 + I_2$ 時，其二分子的 HI 必需相碰，並生成中間狀態的化合物，即其二分子的 HI 之 H–I 鍵的結合減弱，並形成 H 與 H 及 I 與 I 的結合之中間狀態，即爲 $\begin{matrix} H\cdots H \\ \vdots \quad \vdots \\ I\cdots I \end{matrix}$，此種狀態稱爲**遷移狀態** (transition state)，而其中的…表示原子間的弱結合。於上述的碘化氫之解離反應，反應物 HI 經由不安定的活性化**錯合物** (activated complex) 的形成，而解離生成生成物 $H_2$ 與 $I_2$。此種由反應物形成活性化的錯合物，通常需要如圖 13-14 所示的其正向反應之活化能 $E_{a,f}$ 或更大的能量。一般由反應物不能直接反應轉變成爲生成物，而必須經由活性化或遷移的狀態。活性化或遷移狀態之能量，通常較反應物之初狀態的能量大，因此，需對反應物供給如熱、電、或光等的能量，以使其形成活性化或遷移狀態，才能使反應物發生反應。反應之能量變化 $\Delta E$，等於基底狀態的生成物與反應物之能量的差，而可用正向反應與反向反應之活化能的差表示，即爲 $\Delta E = E_{a,f} - E_{a,b}$，其中的 $E_{a,b}$ 爲反向反應之活化能。

反應物與生成物及其反應的活性化錯合物等，於較低溫度時均有所謂**零點能量** (zero-point energy)，因此，常以零點能量作爲量測其能量差的基準。圖 13-14 中所示的能量差，係考慮其零點能量，其量測並非從能量之極小點，而是從稍上面的零點能量處。

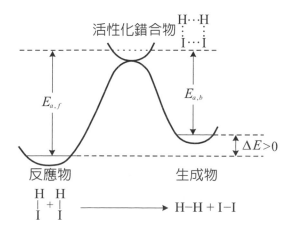

圖 13-14　反應之活化能及活性化的錯合物

同位素之化學性質一般相同，然而，分子內之振動由於其質量的不同，實際上會有些差異，所以同位素有不同的零點能量，因此，同位素的分子之其反應性也會有些差異。例如，反應 (i) $H + para - H_2 = ortho - H_2 + H$ 之反應速率，比反應 (ii) $D + para - D_2 = ortho - D_2 + D$ 之反應速率，於 $700°C$ 的附近時快 $2.5$ 倍。此為由於 $H_2$ 之零點能量，比 $D_2$ 者大 $7.49$ kJ mol$^{-1}$，而活性化的錯合物 $H_3$ 之零點能量，比 $D_3$ 者大 $5.35$ kJ mol$^{-1}$。因此，反應 (i) 之活化能比反應 (ii) 者小 $2.13$ kJ mol$^{-1}$。

由圖 13-14 所示，由反應所新生成的生成物具有能量 $E_{a,f} - \Delta E = E_{a,b}$，而此能量可分配給予幾個生成的分子。反應新生成的分子通常具有比其他分子之平均能量較大的能量，由於此種能量較大的分子所具有之能量，相當於分子於較高溫度下之能量，而稱為**熱分子** (hot molecule)。此種熱分子通常於甚短的時間之瞬間內，會與其他的分子發生逐次的碰撞，並失去其能量而轉變成為普通的分子。

# 13-16 相化學反應之機制 (Mechanisms of Chemical Reactions)

大部分的化學反應之反應速率式，均可用簡單的式表示，然而，由反應物經由一連串的步驟，而反應生成生成物之反應的速率式，可能包括一連串的步驟之較複雜的式。研究反應動力學之主要的目的為，確認於反應的過程中實際所經歷之中間的各步驟，以瞭解反應之實際進行的途徑，及反應之反應速率的控制步驟，並由此導出其反應的速率式。

一般的反應常含許多不能再細分之簡單反應的步驟，此種不能再分成更簡單的步驟之個別反應，稱為**基本反應** (elementary reactions)。大部分的化學反應，通常均可用一連串的基本反應，描述其反應實際進行的步驟與反應經由之途徑，此稱為反應之**機制** (mechanisms)。有時由不同之反應的機制可導得，由實驗所得之同一形式的反應速率式，而這些反應的機制有時可由非動力的數據區別確認。例如，使用光學及**質量光譜儀** (mass spectroscopy)，可直接偵測反應過程中之**中間體** (intermediates)，或使用以**同位素標示的反應物** (isotopic labelled reactants)，可追蹤其反應過程中之同位素原子，以確認反應之實際進行的途徑。

基本反應之反應級數，等於參與該反應之反應物的分子數，此稱為**反應之分子數** (molecularity of reaction)，即反應之分子數為，基本反應中所包括之反應的分子數。基本反應由於參與其反應之反應物的分子數，為一、二、或三，而分別稱為**單一分子** (unimolecular)、**二分子** (bimolecular)、或**三分子** (trimolecular) 的反應。基本反應可由其化學反應式，直接寫出其反應的反應速率式。單一分子之基本反應為第一級反應，如放射性元素之放射性強度的衰

變，　$Ra \rightarrow Rn + \alpha$，及一分子之重組或分裂，$\begin{matrix} H_2C-CH_2 \\ | \qquad | \\ H_2C-CH_2 \end{matrix} \rightarrow 2CH_2 = CH_2$　，等的反

應，均爲第一級反應。二分子之基本反應爲第二級反應，此時其反應的二分子必須相碰才會產生反應，如反應，$H_2 + I_2 \rightarrow 2HI$ 或 $2HI \rightarrow H_2 + I_2$　，爲第二級反應。三分子之基本反應爲，第三級反應。大部分的基本反應爲，單一分子或二分子的反應，因三個分子於同一時間相碰，而產生反應之機率極小，故很少三分子之基本反應。實際上，大多數的反應爲包括連續之二分子的反應步驟，例如，反應，$2NO + O_2 \rightarrow 2NO_2$　，並非基本的分子反應，其反應之分子數與其反應的級數無關。

　　於反應的機制之推定時，往往會涉及許多有關化學反應的經驗與知識，及理論上的觀念，反應動力之實驗的數據爲，決定反應之機制最有用的資料之一。反應之機制須符合由實驗所得的反應之速率式，及可圓滿解釋化學反應之淨反應。通常由所假設之反應機制可直接寫出，描述該機制的動力行爲之微分方程式，即對於該反應機制中的每一物種或中間化合物，寫出其反應速率式。然而，由於這些反應速率式有時非全部互爲獨立，因此，可利用守恆的方程式減少其反應速率式之數，以得獨立的反應速率式。然後，使用其邊界的條件解這些聯立速率式，以得反應系內的各物種之濃度與時間的關係。對於含許多的步驟之反應機制，其反應速率式可能相當複雜，此時需使用電腦，以數值法求其數值解，此種方法通常需用全部的反應之各反應速率常數值。一般常用的**穩定態方法** (steady state method) 及**迅速平衡方法** (rapid equilibrium method) 的二種近似法，化簡反應之反應速率式，以求其總反應速率與各反應物和生成物之濃度，及反應速率常數間的關係。

　　反應之中間體的濃度，於其反應進行至某些時間的反應過程中沒有顯著的改變時，可採用穩定狀態的方法，即此時對於反應之中間體寫出其反應的速率式，並假設中間體之反應速率等於零，以解得中間體之穩定狀態的濃度。然後，將此中間體之穩定狀態的濃度代入生成物之生成的速率式，便可解反應之反應速率式。

　　對於反應 $A \rightleftharpoons B$，反應物 $A$ 可能經由不穩定的中間體 $I$，而反應生成 $B$。設此反應含二基本反應，而其反應的機制可表示爲

$$A \underset{k_{-1}}{\overset{k_1}{\rightleftharpoons}} I \underset{k_{-2}}{\overset{k_2}{\rightleftharpoons}} B \quad , \quad K = \frac{(B)_{eq}}{(A)_{eq}} = \frac{k_1 k_2}{k_{-1} k_{-2}} \tag{13-134}$$

若此反應由 $A$ 之初濃度 $(A)_0$ 開始反應，則 $A, B$ 及 $I$ 於任何反應時間 $t$ 之濃度的和，應等於 $A$ 之初濃度，即 $(A)_0 = (A) + (B) + (I)$；而對於中間體 $I$ 及生成物 $B$ 之各反應速率式，可分別寫成

$$\frac{d(I)}{dt} = k_1(A) + k_{-2}(B) - (k_{-1} + k_2)(I) \tag{13-135}$$

及 $$\frac{d(B)}{dt} = k_2(I) - k_{-2}(B) \tag{13-136}$$

上面的二式為，此反應 (13-134) 之僅有的二獨立之反應速率式。因 $I$ 為不穩定的中間體，故於反應開始時，其濃度增加至某值後即維持一定。

由穩定狀態的近似法，於穩定的狀態時，$d(I)/dt = 0$，因此，由式 (13-135) 可得，中間體之穩定狀態的濃度為

$$(I) = \frac{k_1(A) + k_{-2}(B)}{k_{-1} + k_2} \tag{13-137}$$

將上式代入式 (13-136) 可得，生成物 $B$ 之生成速率為

$$\frac{d(B)}{dt} = \frac{k_1 k_2(A) - k_{-1} k_{-2}(B)}{k_{-1} + k_2} = k_f(A) - k_b(B) \tag{13-138}$$

上式中，$k_f = k_1 k_2 / (k_{-1} + k_2)$，$k_b = k_{-1} k_{-2} / (k_{-1} + k_2)$，及 $k_f / k_b = K$。因此，此反應之行為如 13-10 節之可逆的第一級反應。若於整個反應的過程中之中間體的濃度甚小，則式 (13-134) 所示之反應機制，甚難與反應機制，$A \rightleftharpoons B$，區別，因上式中之反應的速率常數 $k_f$ 及 $k_b$，各由三反應的速率常數所組成，故 $k_f$ 及 $k_b$ 與 $1/T$ 的關係可能各形成曲線。

若反應，$A = B$，可完全進行，而於反應式 (13-134) 中的 $k_{-1} \gg k_2$ 及 $k_{-2} = 0$ 時，則中間體 $I$ 會與 $A$ 達成平衡。此時由式 (13-137) 可得，$(I) = k_1(A)/k_{-1}$，而上式 (13-138) 可簡化成

$$\frac{d(B)}{dt} = \frac{k_1 k_2(A)}{k_{-1}} = k_2 K_1(A) = k_f(A) \tag{13-139}$$

上式中，$K_1 = k_1 / k_{-1}$。

臭氧之分解反應，$2O_3 = 3O_2$，其反應速率可表示為

$$r = -\frac{1}{2}\frac{d(O_3)}{dt} = \frac{1}{3}\frac{d(O_2)}{dt} \tag{13-140}$$

若臭氧之分解反應為二分子的基本反應，則其反應速率應可表示為，$-d(O_3)/dt = k_2(O_3)^2$，此為二分子產生反應之必須，但非充分的條件。然而，於相對高濃度之化學惰性的氣體 $M$ 之存在下，由實驗得臭氧之分解反應的速率式，為

$$r = \frac{k(O_3)^2(M)}{k'(O_2)(M) + (O_3)} \tag{13-141a}$$

因此，臭氧之分解反應的速率，由式 (13-140) 可寫成

$$-\frac{d(O_3)}{dt} = \frac{2k(O_3)^2(M)}{k'(O_2)(M)+(O_3)}$$

(13-141b)

臭氧之分解反應，$2O_3 = 3O_2$，由此分解速率的實驗式 (13-141b) 及其他有關的資訊，其反應機制可假設為

**1.** $O_3 + M \underset{k_{-1}}{\overset{k_1}{\rightleftharpoons}} O_2 + O + M$

(13-142a)

**2.** $O + O_3 \xrightarrow{k_2} 2O_2$

(13-142b)

而此反應機制之二獨立的速率式，可寫成

$$\frac{d(O)}{dt} = k_1(O_3)(M) - k_{-1}(O_2)(O)(M) - k_2(O)(O_3)$$

(13-143)

與

$$-\frac{d(O_3)}{dt} = k_1(O_3)(M) - k_{-1}(O_2)(O)(M) + k_2(O)(O_3)$$

(13-144)

由於臭氧的分解之淨反應中，沒有含氧的原子，且於其分解反應的過程中，氧的原子之濃度經常維持很低。因此，於穩定狀態時可設，$d(O)/dt = 0$，而由式 (13-143) 可得，O 之穩定狀態的濃度為

$$(O) = \frac{k_1(O_3)(M)}{k_{-1}(O_2)(M)+k_2(O_3)}$$

(13-145)

將上式代入式 (13-144)，可得 $O_3$ 之分解反應的速率，為

$$-\frac{d(O_3)}{dt} = \frac{2k_1k_2(O_3)^2(M)}{k_{-1}(O_2)(M)+k_2(O_3)}$$

(13-146)

此臭氧的分解反應之速率式，與由實驗所得的反應速率式 (13-141b) 之形式一致。若此反應由純的臭氧開始，而於反應的初期時，$k_{-1}(O_2)(M) << k_2(O_3)$，則其於此時之反應速率式，由上面的反應速率式 (13-146) 經簡化，可得

$$-\frac{d(O_3)}{dt} = 2k_1(O_3)(M)$$

(13-147)

臭氧於上述的條件下之分解反應，其反應的機制中之步驟 1[式(13-142a)]為，**速率決定** (rate determining) 的步驟。因由其步驟 1 所產生的 O，可由於步驟 2 而使第 2 分子的 $O_3$ 產生分解，故相當於每發生步驟 1，即可分解二分子的 $O_3$。

若第二步驟為反應速率的決定之步驟，即，$k_{-1}(O_2)(M) >> k_2(O_3)$，則反應的速率式 (13-146) 可簡化成

$$-\frac{d(O_3)}{dt} = \frac{2k_2K_1(O_3)^2}{(O_2)}$$

(13-148)

上式中，$K_1 = k_1 / k_{-1}$，為步驟 1 之平衡常數。因 $O_2$ 的存在會減低步驟 1 中的與 $O_3$ 及 $O_2$ 平衡之氧原子的濃度 $(O)$，因此，氧的分子 $O_2$ 會抑制步驟 1 之正向的反應。於大氣之上層的空氣由於光化學反應生成臭氧，而大氣之上層內的臭氧可遮蔽有害人體的紫外光照射至地面。因此，由光化學的反應而生成臭氧，及臭氧的轉變成為氧之各種反應 ( 參閱 20-13 節 )，對於臭氧層的保護，及人類的生活安全的維護等均甚為重要。

由實驗得知，於相當廣泛的溫度及壓力的範圍，五氧化二氮之分解反應為第一級反應，然而，其反應機制並非簡單的單一分子之分解反應，而可表示為

$$1.\ N_2O_5 + M \underset{k_2}{\overset{k_1}{\rightleftarrows}} NO_2 + NO_3 + M \qquad s_1 = 2 \qquad \textbf{(13-149a)}$$

$$2.\ NO_2 + NO_3 \xrightarrow{k_3} NO + O_2 + NO_2 \qquad s_2 = 1 \qquad \textbf{(13-149b)}$$

$$3.\ NO + NO_3 \xrightarrow{k_4} 2NO_2 \qquad s_3 = 1 \qquad \textbf{(13-149c)}$$

上式中，**化學式數** (stoichiometric numbers) $s_1, s_2$ 及 $s_3$ 為，產生反應所需經歷的各步驟之次數。由上述的反應機制及各化學式量數，其總反應可寫成

$$2N_2O_5 = 4NO_2 + O_2 \qquad \textbf{(13-150)}$$

上面的反應機制包含，五種分子間及二種元素之二守恆的關係式。因此，於一定的容積下可有三種獨立物質之濃度，於此選擇 $NO_2, NO$ 及 $N_2O_5$ 等三種化合物之濃度，$(NO_3), (NO)$ 及 $(N_2O_5)$。因此，由於中間體 $NO_3$ 及 $NO$ 於穩定狀態時之生成的速率各等於零，及由反應機制 (13-149) 可寫成

$$\frac{d(NO_3)}{dt} = k_1(N_2O_5) - (k_2 + k_3)(NO_2)(NO_3)$$
$$- k_4(NO)(NO_3) = 0 \qquad \textbf{(13-151)}$$

及

$$\frac{d(NO)}{dt} = k_3(NO_2)(NO_3) - k_4(NO)(NO_3) = 0 \qquad \textbf{(13-152)}$$

而由上面的二聯立方程式可解得，$NO$ 及 $NO_3$ 之穩定狀態的濃度，各為

$$(NO) = \frac{k_3}{k_4}(NO_2) \qquad \textbf{(13-153)}$$

及

$$(NO_3) = \frac{k_1(N_2O_5)}{(k_2 + k_3)(NO_2) + k_4(NO)} = \frac{k_1(N_2O_5)}{(k_2 + 2k_3)(NO_2)} \qquad \textbf{(13-154)}$$

並由反應式 (13-149a)，$N_2O_5$ 之分解速率可表示為

$$\frac{d(N_2O_5)}{dt} = -k_1(N_2O_5) + k_2(NO_2)(NO_3) \qquad \textbf{(13-155)}$$

將式 (13-154) 代入上式，可得 $N_2O_5$ 之分解反應的速率為

$$\frac{d(N_2O_5)}{dt} = -\frac{2k_1k_3}{k_2 + 2k_3}(N_2O_5) \qquad (13\text{-}156)$$

由上面的假定之反應機制 (13-149) 所導得，$N_2O_5$ 之分解反應為第一級反應，此結果與由實驗所得的結果符合。

　　有時亦可假定反應機制中之某一步驟為，反應速率之決定 (或控制) 的步驟，以導得反應的反應速率式。若反應機制中之某一步驟為速率的決定步驟，則其反應機制中之其他的各步驟，均可視為其反應各保持平衡。因此，可由其平衡的關係式，計算反應系內的各種物質之濃度。

## 13-17　正向與反向的反應之速率常數間的關係
### (Relation Between the Rate Constants for the Forward and Backward Reactions)

　　由 13-13 節所討論的詳細平衡之原理得，反應機制中之每一反應的步驟，於平衡時之正向的反應速率，與其反向的反應速率相等。然而，由此所得的基本反應之正向與反向的反應速率常數間的關係，不一定可適用於整體的反應。

　　基本反應之化學反應式，與其反應速率式之間，通常有精確的關係，因此，對於基本反應

$$AB \underset{k_b}{\overset{k_f}{\rightleftharpoons}} A + B \qquad (13\text{-}157)$$

其完整的反應速率式可寫成

$$-\frac{d(AB)}{dt} = k_f(AB) - k_b(A)(B) \qquad (13\text{-}158)$$

於平衡時，$d(AB)/dt = 0$，因此，由上式可得

$$\frac{(A)_{eq}(B)_{eq}}{(AB)_{eq}} = \frac{k_f}{k_b} = K_c \qquad (13\text{-}159)$$

於上式中，$K_c$ 為以濃度表示的平衡常數，於此假定混合的氣體為理想氣體。對於基本反應(13-157)，若其正向的反應之速率常數已知，則由其反應之平衡常數可計算其反向的反應之速率常數。因反應的速率式通常以濃度表示，所以氣體反應之平衡常數一般採用 $K_c$，而 $K_c$ 值可由於 8-2 節所導得之式 (8-23)，$K_p = (c^{\circ}RT/P^{\circ})^{\Sigma v_i} K_c$，由其反應之 $K_p$ 值計算。氣體反應之平衡常數 $K_p$，通常可由氣體之標準生成 Gibbs 能計算，因此，可由式 (8-23) 計算得其 $K_c$ 值。上式

(13-159) 中之平衡常數 $K_c$ ，一般可表示為

$$K_c = \prod c_{i,eq}^{v_i} \tag{13-160}$$

若反應式之 $\sum v_i \neq 0$ ，則其用濃度表示的平衡常數 $K_c$ ，含有單位。

　　若反應(13-157)的正向反應之活化能及頻率因子均已知，則由詳細平衡之原理，可計算其反向反應之活化能及頻率因子。於反應之 $\Delta_r H°$ 及 $\Delta_r S°$ 與溫度無關的溫度範圍，由式 (8-23) 及式 (13-159) 可寫成

$$\frac{k_f}{k_b} = K_c = K_p \left( \frac{P°}{c° RT} \right)^{\sum v_i} = e^{\Delta_r S°/R} e^{-\Delta_r H°/RT} \left( \frac{P°}{c° RT} \right)^{\sum v_i} \tag{13-161}$$

由於反應之活化能為內能，而不是焓，且反應之焓值的變化 $\Delta_r H°$ ，與反應之內能的變化 $\Delta_r U°$ 間之關係，可表示為

$$\Delta_r H° = \Delta_r U° + RT \sum v_i \tag{13-162}$$

因此，將上式代入式 (13-161) 以消去 $\Delta_r H°$ ，可得

$$\begin{aligned}
\frac{k_f}{k_b} = K_c &= e^{\Delta_r S°/R} e^{-\sum v_i} e^{-\Delta_r U°/RT} \left( \frac{P°}{c° RT} \right)^{\sum v_i} \\
&= e^{\Delta_r S°/R} e^{-\sum v_i} e^{-\Delta_r U°/RT} e^{\sum v_i \ln(P°/c° RT)} \\
&= e^{\left\{ \Delta_r S° + R \sum v_i [\ln(P°/c° RT) - 1] \right\}/R} e^{-\Delta_r U°/RT}
\end{aligned} \tag{13-163}$$

上式 (13-163) 之左邊以 Arrhenius 式代入，可寫成

$$\frac{k_f}{k_b} = \frac{A_f e^{-E_{a,f}/RT}}{A_b e^{-E_{a,b}/RT}} = \frac{A_f}{A_b} e^{-(E_{a,f} - E_{a,b})/RT} \tag{13-164}$$

於上式中， $E_{a,f}$ 與 $E_{a,b}$ 分別為，正向與反向的反應之活化能。由於式 (13-163) 與式 (13-164) 之溫度的依附項相同，而其頻率因子亦相同。因此，由上面的二式(13-163)與(13-164)，可得

$$\Delta_r U° = E_{a,f} - E_{a,b} \tag{13-165}$$

及

$$\frac{A_f}{A_b} = \exp\left\{ \Delta_r S°/R + \sum v_i [\ln(P°/c° RT) - 1] \right\} \tag{13-166}$$

上式 (13-166) 之 $A_f / A_b$ 中雖尚含有溫度的項，但溫度對於 $A_f / A_b$ 比值的影響，與其對於 $\exp[-(E_{a,f} - E_{a,b})/RT]$ 的影響比較很小。因此，若正向的反應之活化能與頻率因子，及整體的反應之 $\Delta_r S°$ 值與 $\Delta_r U°$ （ 或 $\Delta_r H°$ ）值均已知，則由詳細平衡之原理，可計算逆向反應之活化能與頻率因子。

由基本反應所導得之式 (13-159)，$k_f/k_b = K_c$，通常不一定可應用於整體的反應。一般之整體的反應，其反應的速率式與其化學反應式間，通常沒有一定的關係，而受其反應的平衡常數之表示的限制及影響。例如，對於反應

$$A + 2B = C \tag{13-167}$$

設其正向的反應之速率式為

$$-\left[\frac{d(A)}{dt}\right]_f = k_f(A)(B) \tag{13-168}$$

而假定其反向的反應之速率式為

$$\left[\frac{d(A)}{dt}\right]_b = k_b(A)^{n_A}(B)^{n_B}(C)^{n_C} \tag{13-169}$$

則其淨反應的反應速率，可表示為

$$-\frac{d(A)}{dt} = -\left[\frac{d(A)}{dt}\right]_f - \left[\frac{d(A)}{dt}\right]_b$$
$$= k_f(A)(B) - k_b(A)^{n_A}(B)^{n_B}(C)^{n_C} \tag{13-170}$$

於平衡時，其淨反應之反應速率等於零，因此，由上式可寫成

$$\frac{(A)_{eq}^{n_A}(B)_{eq}^{n_B}(C)_{eq}^{n_C}}{(A)_{eq}(B)_{eq}} = \frac{k_f}{k_b} \tag{13-171}$$

反應 (13-167) 之平衡常數，以通常的方法可表示為

$$\frac{(C)_{eq}}{(A)_{eq}(B)_{eq}^2} = K \tag{13-172}$$

由於比較式 (13-171) 與上式 (13-172)，可得 $n_A = 0, n_B = -1$ 及 $n_C = 1$，所以其反向之反應速率式由式 (13-169)　，可寫成

$$\left[\frac{d(A)}{dt}\right]_b = k_b\frac{(C)}{(B)} \tag{13-173}$$

然而，其平衡的化學反應式亦可寫成另外的形式，而此時所得之其反向的反應之速率式，可能為另外的形式。例如，若將反應(13-167)之化學反應的平衡式寫成

$$\frac{(C)_{eq}^2}{(A)_{eq}^2(B)_{eq}^4} = K' \tag{13-174}$$

則由比較式 (13-171) 與式 (13-174)，可得 $n_A = -1$，$n_B = -3$ 及 $n_C = 2$，即其反向的反應之速率式可寫成

$$\left[\frac{d(A)}{dt}\right]_b = k_b (A)^{-1} (B)^{-3} (C)^2 \tag{13-175}$$

因此，其正向的反應之速率式的形式，隱含其反向的反應之速率式的形式。

**例 13-7** 基本的反應，$C_2H_6 \rightarrow 2CH_3$，於 1000 K 之反應速率常數為 $1.57 \times 10^{-3}\,s^{-1}$，而 $CH_3(g)$ 於 1000 K 之 $\Delta \bar{G}_f^\circ$ 為 $159.74\,kJ\,mol^{-1}$。試求於此溫度之其反向的反應之速率常數

**解** 由附錄表 A2-2 得，$C_2H_6$ 於 1000 K 之 $\Delta \bar{G}_f^\circ = 109.55\,kJ\,mol^{-1}$，而由此計得，基本反應之 $K_p = 1.083 \times 10^{-11}$。

由式 (8-23)，$K_p = (c^\circ RT / P^\circ)^{\Sigma \nu_i} K_c$，由此，

$$K_p = 1.083 \times 10^{-11} = \frac{(1\,mol\,L^{-1})(0.08314\,L\,bar\,K^{-1}mol^{-1})(1000\,K)}{(1\,bar)} K_c$$

而得 $K_c = 1.302 \times 10^{-13}\,mol\,L^{-1} = \dfrac{[(CH_3)/c^\circ]^2}{(C_2H_6)/c^\circ} = \dfrac{k_f}{k_b} = \dfrac{1.57 \times 10^{-3}\,s^{-1}}{k_b}$

及 $\therefore k_b = \dfrac{1.57 \times 10^{-3}\,s^{-1}}{1.302 \times 10^{-13}\,mol\,L^{-1}} = 1.21 \times 10^{10}\,L\,mol^{-1}s^{-1}$ ◀

**例 13-8** 乙烷於溫度 800~1000 K 產生解離成為甲基，其正向的反應速率常數，$k_f = (10^{16}\,s^{-1})\exp[-(360\,kJ\,mol^{-1})/RT]$，而甲基 $CH_3(g)$ 於 1000 K 之 $\bar{S}^\circ = 251.3\,J\,K^{-1}\,mol^{-1}$，及 $\Delta \bar{H}_f^\circ = 137.53\,kJ\,mol^{-1}$。試求此解離反應之逆向的反應於 1000 K 之速率常數

**解** 使用附錄表 A2-2 之 $C_2H_6$ 的數據，計算反應，$C_2H_6(g) = 2CH_3(g)$，於 1000 K 之 $\Delta_r S^\circ$ 及 $\Delta_r H^\circ$ 等值，得

$$\Delta_r S^\circ = 2(251.3)J\,K^{-1}mol^{-1} - 332.3\,J\,K^{-1}mol^{-1} = 170.3\,J\,K^{-1}mol^{-1}$$

及 $\Delta_r H^\circ = 2(137.53)\,kJ\,mol^{-1} - (-105.77)\,kJ\,mol^{-1} = 380.8\,kJ\,mol^{-1}$

故 $\Delta_r U^\circ = 380.8\,kJ\,mol^{-1} - (8.314 \times 10^{-3}\,kJ\,K^{-1}mol^{-1})(1000\,K)$

$$= 372.5\,kJ\,mol^{-1} = 360\,kJ\,mol^{-1} - E_{a,b}$$

$\therefore E_{a,b} = -12.5\,kJ\,mol^{-1}$

由式 (13-166)，

$$\frac{A_f}{A_b} = \frac{10^{16}}{A_b}$$

$$= \exp\left\{\frac{170.3}{8.314} + \ln\left[\frac{1\,bar}{(1\,mol\,L^{-1})(8.314 \times 10^{-3}\,L\,bar\,K^{-1}\,mol^{-1})(1000\,K)}\right] - 1\right\}$$

$$\therefore \ A_b = 2.88 \times 10^8 \,\mathrm{L\,mol^{-1}s^{-1}}$$

由此，其逆向的反應，於 1000 K 之速率常數為

$$k_b = 2.88 \times 10^8 \, e^{12.5 \times 10^3 /(8.314)(1000)} = 1.30 \times 10^9 \,\mathrm{L\,mol^{-1}s^{-1}}$$ ◀

# 13-18　單一分子的反應 (Unimolecular Reactions)

　　**異構化** (isomerizations) 或**解離** (dissociations) 的反應均為單一分子的反應，例如，反應，$CH_3NC \rightarrow CH_3CN$ 及 $C_2H_6 \rightarrow 2CH_3$，等於壓力 1 bar 之反應均為第一級的反應。一些單一分子的氣相反應於 1 bar 之 Arrhenius 參數，如表 13-3 所示。若分子由於碰撞而直接發生單一分子的反應，則該單一分子的反應，應為第二級的反應。然而，大多數之單一分子的反應，實際上均為第一級的反應，由此可結論此單一分子的反應為**孤立的氣體分子** (isolated gas molecules) 之反應。孤立的氣體分子為何會突然產生異構化或解離；單一分子的反應之反應速率常數，於壓力約大於 1 bar 時與壓力無關，而於較低的壓力時隨壓力的下降而減小。如表 13-3 所示，單一分子的反應通常需較大的活化能，而如何得到如此大的活化能？假如由於二分子的碰撞提供此活化能，則為何單一分子的反應不是第二級反應？

表 13-3　一些單一分子的氣相反應之 Arrhenius 參數

| 反　應 | $\log(A_\infty / s^{-1})$ | $E_a / \mathrm{kJ\,mol^{-1}}$ | 溫度範圍 (K) |
|---|---|---|---|
| 異構化 | | | |
| $\quad CH_3NC \rightarrow CH_3CN$ | 13.6 | 160.5 | 470~530 |
| $\quad$環狀 $-C_3H_6 \rightarrow CH_3CH = CH_2$ | 15.45 | 274 | 700~800 |
| 解離成穩定分子 | | | |
| $\quad C_2H_5Cl \rightarrow C_2H_4 + HCl$ | 14.6 | 254 | 670~770 |
| $\quad$環狀 $-C_4H_8 \rightarrow 2C_2H_4$ | 15.6 | 262 | 690~740 |
| 解離成自由基 | | | |
| $\quad C_2H_6 \rightarrow 2CH_3$ | 16.0 | 360 | 820~1000 |
| $\quad HNO_3 \rightarrow OH + NO_2$ | 15.3 | 205 | 890~1200 |

自 I.W.M. Smith, Kinetics and Dynamics of Elementary Gas Reactions. Boston: Butterworths, 1980.

　　Lindemann 於 1922 年，首先提出下列的反應機制，以解釋上述的各點之疑問。他指出，分子 $A$ 由於碰撞而激勵成為高能量狀態的分子 $A*$，而分子 $A$ 由產生碰撞至其所生成的 $A*$ 產生解離或異構化之間，通常會有一段之**時間的遲緩** (time lag)，因此，激勵態的分子 $A*$ 於此段時間內，可能與其他的分子產生碰撞而損失其激勵態的能量。由此，通常於過量的惰性氣體 $M$ 之稀釋的情況下，測定反應氣體 $A$ 之反應速率。

氣體 $A$ 的分子之**激勵步驟** (excitation step)， 及其激勵態的分子 $A*$ 產生**失激勵的步驟** (deexcitation step) 中，通常包含氣體分子 $A$ 及其激勵態的分子 $A*$ 與第三者 $M$ 的碰撞，其反應機制可用下列的各式表示，為

$$A + M \xrightarrow{\quad k_1 \quad} A* + M \tag{13-176}$$

$$A* + M \xrightarrow{\quad k_2 \quad} A + M \tag{13-177}$$

$$A* \xrightarrow{\quad k_3 \quad} B + C \tag{13-178}$$

上式中，$A*$ 為具有足夠的振動能量以發生異構化或解離之激勵態的分子。換言之，二分子碰撞時之部分的動能轉變成為使分子 $A$ 提升至較高的振動能位，雖然任一碰撞均能提升 $A$ 分子至較高的振動能位 $A*$，而具有足夠能量發生反應，但其分佈於分子內之能量，需時間以轉移至可發生反應的部位，所以 $A*$ 通常不會立即發生異構化或分解的反應，而由產生激勵化至發生反應之間，會有一段時間的遲緩。於此反應的機制中，$M$ 可能是反應的氣體 $A$ 之另一分子或生成物的分子，或所添加的鈍性氣體之分子。若 $A*$ 進行單一分子的反應之前，與其他的分子產生碰撞，則可能失去其高能位的振動能而成為低能量的普通分子 $A$，產生此步驟之或然率，用速率常數 $k_2$ 表示，而 $A*$ 進行單一分子的反應之或然率，用速率常數 $k_3$ 表示。

通常含有三或更多原子的分子，才會發生單一分子的反應，而二原子的分子因僅有一振動自由度，故一般不會以上述的方式產生解離。若分子產生激勵之能量，相當於其產生解離的能量，則該激勵的分子會於 $10^{-12}$ s 內產生解離。

於反應系內所存在的 $A*$ 之濃度通常很低，由此，一般可由其於穩定狀態時，$d(A*) / dt = 0$，而得到以濃度 $(A)$ 與 $(M)$ 表示的反應速率式。由上述之反應機制的式 (13-176) 至 (13-178)，可寫成

$$\frac{d(A*)}{dt} = k_1(A)(M) - [k_2(M) + k_3](A*) = 0 \tag{13-179}$$

及
$$\frac{d(B)}{dt} = k_3(A*) \tag{13-180}$$

由式 (13-179) 得 $A*$ 之穩定狀態濃度，為

$$(A*) = \frac{k_1(A)(M)}{k_2(M) + k_3} \tag{13-181}$$

將上式 (13-181) 代入式 (13-180)，可得反應速率為

$$\frac{d(B)}{dt} = \frac{k_1 k_3(A)(M)}{k_2(M) + k_3} = k(A) \tag{13-182}$$

此反應速率式 (13-182)，由反應系的壓力之大小，可分成下列的二**界限的形式** (limiting forms)：

**1.** 於反應系的壓力足夠高時， $k_2(M) >> k_3$ ，此時上式 (13-182) 可簡化成為

$$\frac{d(B)}{dt} = \frac{k_1 k_3}{k_2}(A) = k_\infty(A) \tag{13-183}$$

即上述的反應於較高的壓力時為，第一級反應，而其第一級反應的速率常數可用 $k_\infty = k_1 k_3 / k_2$ 表示，此時其 $A*$ 之穩定狀態的濃度 $(A*) = k_1(A)/k_2$ 。一些單一分子的反應之頻率因子 $A_\infty$ 及活化能 $E_a$ ，列於表 13-3。

**2.** 反應系於較低的壓力時， $k_2(M) << k_3$ ，而此時的式 (13-182) 可簡化成

$$\frac{d(B)}{dt} = k_1(A)(M) \tag{13-184}$$

即上述的反應於此條件下，其 $A*$ 與 $M$ 的分子產生碰撞而失去能量之前， $A*$ 已產生異構化或解離。因此，其反應速率由其所產生的碰撞，而可達至足夠能量產生反應之碰撞數所決定，此時其反應為第二級反應。然而，此時其生成物亦可能活性化或**熄滅** (quench)。因此，於 $M$ 之濃度 $(M)$ 一定時， $k_1(M) = k_1'$ 為一定，此時其反應速率式 (13-184) 可表示為 $k_1'(A)$ ，為**擬第一級** (pseudo first order) 的反應。

於壓力足夠低時，單一分子的反應之速率常數 $k$ ，隨壓力的減低而減小，由此，稱此時的反應於**減少的區域** (fall off region)。依據 Lindemann 所提出的反應機制，單一分子反應之第一級反應的速率常數 $k$ ，由式 (13-182) 可表示為

$$k = \frac{k_1 k_2(M)}{k_2(M) + k_3} \tag{13-185}$$

上式表示，單一分子的反應於較高的壓力時，為第一級的反應，而其第一級反應速率常數 $k$ ，隨壓力的減低而減小。然而，由此式所得的 $k$ 值，隨壓力的減低而減小的速度，較實際所得者快。例如，異構化反應，環丙烷→丙烯，之第一級反應速率常數與壓力的關係，如圖 13-15 所示，其中的點線為利用 Hinselwood 理論計得之 $k_3$ 值，由上式 (13-185) 計算所得之 $k$ 值與壓力的關係，與由 Rice, Ramsperger, Kassel, Marcus (RRKM) 等之理論計算所得之實線的結果，相當唇合。

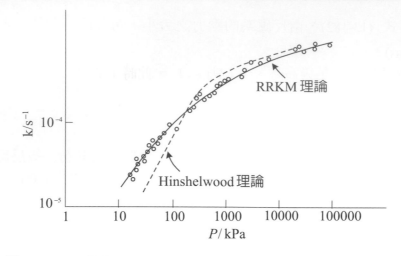

圖 13-15　異構化反應，$cyclo-C_3H_6 \rightarrow CH_3CH=CH_2$，於 765 K 下之第一級反應速率常數 $k$ 與壓力的關係[自 Robert A.Alberty.〝 Physical Chemistry 〞 6th ed.,p.632 ， John Wiley&Sons ， New York(1983)]

　　由上述得知，$k_1' < k < k_\infty$，而上式 (13-185) 並不能正確顯示其實驗之結果，實際上，其視第一級反應的速率常數值，隨壓力的減低而減小。因此，Lindemann 所提出的簡單反應機制，尚有缺欠而須修正。事實上，反應式 (13-176) 至 (13-178) 中的 $A*$ 表示，各種不同激勵狀態的 $A$ 分子，而僅其能量超過某特定值的激勵態的 $A*$ 分子，才會產生異構化或解離的反應。然而，反應速率常數 $k_1$ 為，$A$ 的分子由於產生碰撞而成為激勵態的 $A*$ 之速率，而其值與激勵之能量的大小有關。同樣，單一分子的異構化或解離之反應速率常數 $k_3$ ，與 $A*$ 之能量有關。於 Lindemann 的理論，假定 $k_3$ 與 $A*$ 之激勵能量無關，然而實際上，$k_3$ 隨 $A*$ 之激勵能量的增加而增加。依據較詳細的理論，小分子之 $k_3$ 值，可能大於 $10^{10} s^{-1}$，此足以說明 $k_2(M)$ 於通常的壓力範圍，與 $k_3$ 值比較甚小而可忽略，因此，反應速率式 (13-182)，可轉變成為式 (13-184)，即為第二級反應。例如，HI 的解離為屬於此種的第二級反應。

　　由理論的計算得知，$k_3$ 值隨 $A*$ 之自由度的增加而減小。於 $A*$ 的分子中，具有足夠量的能量以產生轉移，並其能量集中於可發生斷裂的某特定鍵所需之時間，均隨 $A*$ 之自由度的增加而增長。由於大分子之 $k_3$ 值可能小至約為 $10^5 s^{-1}$，因此，於通常的壓力範圍內，$k_3 \ll k_2(M)$，此時其反應速率式 (13-182) 可簡化成為式 (13-183)，即為第一級的反應，例如，環丁烷之解離為屬於此種的反應例。

　　Rice-Ramsperger-Kassel-Marcus 的理論，曾考慮這些因素的效應，而得以反應速率常數 $k_1$ 與 $k_3$ ，描述其實驗的數據，如圖 13-15 所示，其理論值與實驗所得的數值甚為唇合。

## 13-19　二分子的反應 (Bimolecular Reactions)

　　非極性的二分子互相靠近至可發生化學反應的距離時，該二分子之電子雲會產生強大的互相排斥力。若這些分子之反應為放熱的反應，則其反應的活化能相當於，去除這些分子之電子雲所需的能量，通常約為 $80 \sim 200 \, kJ \, mol^{-1}$ 之能量的範圍。事實上，此種反應很少發生，而常發生含自由基或**游離基** (free radicals) 之較快速的另外途徑之反應。

　　含**不成對的電子** (unpaired electrons) 之活性分子或原子，稱為自由基，然而，如 $Fe^{3+}$ 或 $O_2$ 等穩定的離子或分子，由其順磁性推知，這些離子或分子雖含有不成對的電子，但並不是自由基。許多的有機分子於較高的溫度下，均可部分解離成自由基，例如，**金屬烷基** (metal alkyls) 於氣相中，由於熱分解而產生烷基的自由基。將 $Pb(CH_3)_4$ 的氣體通入加熱的玻璃管時，由於產生熱分解的反應， $Pb(CH_3)_4 \rightarrow Pb + 4CH_3$，而產生甲基的自由基 $CH_3$，並於玻璃管的內壁生成**鉛鏡** (lead mirror)。反之，若將含自由基的氣體通入鉛鏡的玻璃管時，則玻璃管上的鉛鏡，會由於上述的逆向反應而消失。分子吸收如 $\gamma$ - 射線，$X$ - 射線或 $UV$ 等的短波長之電磁波(光)，或經**放電** (electrical discharge) 時，亦會產生自由基。反應的反應物中之一為自由基時，其反應之活化能一般很低，通常均於 $0 \sim 60 \, kJ \, mol^{-1}$ 之範圍。

　　許多氣相的反應均含有自由基，而自由基與**閉電子殼** (closed electronic shells) 的分子間之反應速率，通常比分子的相互間之反應的速率快。自由基的相互間之反應的反應活化能，一般很小而約接近於零，所以其反應速率非常快。事實上，有些自由基之結合反應的活化能為負的值，此種反應於較高的溫度下之反應速率反而較慢。

　　二分子的反應通常包含一原子或一自由基之複分解或**置換的反應** (metathesis reaction)，這些反應之焓值的變化可以正或負，視其於反應的過程中新形成的結合鍵與斷裂的鍵之解離能的大小而定。一些二分子的反應之 Arrhenius 參數如表 13-4 所示，含原子之置換的各反應之指數前的因子均為，$10^{10.5} \sim 10^{11.5} \, L \, mol^{-1} s^{-1}$，但其各反應之反應的活化能有顯著的差異。自由基之結合的各種反應中，不含原子之置換反應的指數前因子一般較小，而自由基的結合反應之活化能通常接近於零，這些二分子的反應之指數前的因子，由剛球狀的分子之碰撞的理論，可得相當精確之估算值。

表 13-4　一些二分子的反應之 Arrhenius 參數

| 反　應 | $\log(A / \text{L mol}^{-1}\text{s}^{-1})$ | $E_a / \text{kJ mol}^{-1}$ |
|---|---|---|
| 含原子之置換的反應 | | |
| $I + H_2 \rightarrow HI + H$ | 11.4 | 143 |
| $Br + H_2 \rightarrow HBr + H$ | 10.8 | 76.2 |
| $Cl + H_2 \rightarrow HCl + H$ | 10.9 | 23.0 |
| $O + H_2 \rightarrow OH + H$ | 10.5 | 42.7 |
| $O + O_3 \rightarrow 2O_2$ | 10.5 | 23.9 |
| $O + NO_2 \rightarrow O_2 + NO$ | 10.3 | 4.2 |
| $N + O_2 \rightarrow NO + O$ | 9.3 | 26.4 |
| $N + NO \rightarrow N_2 + O$ | 10.2 | 0 |
| $O + OH \rightarrow O_2 + H$ | 10.3 | 0 |
| 不含原子之置換的反應 | | |
| $CH_3 + C_2H_6 \rightarrow CH_4 + C_2H_5$ | 8.5 | 45.2 |
| $C_6H_5 + CH_4 \rightarrow C_6H_6 + CH_3$ | 8.6 | 46.4 |
| $2C_2H_5 \rightarrow C_2H_4 + C_2H_6$ | 9.6 | 0 |
| 自由基之結合的反應 | | |
| $2C_2H_5 \rightarrow C_4H_{10}$ | 10.4 | 0 |
| $2CH_3 \rightarrow C_2H_6$ | 10.5 | 0 |
| $CH_3 + NO \rightarrow CH_3NO$ | 8.8 | 0 |

　　二分子的反應之反應機制中，是否含有游離基，往往可依據其反應速率式之特性，或生成物之性質判斷。由於碘之蒸氣容易與游離基發生反應，因此，對於會產生游離基的反應，可藉通入碘之蒸氣，以捕捉反應所產生的游離基，其反應為，$CH_3 + I_2 \rightarrow CH_3I + I$。於反應系中通入碘的蒸氣時，若發現其生成物中含有**碘化甲基** (methyl iodide)，則可證實有甲基的游離基之存在。於反應系內添加容易與游離基反應的物質，如氧化氮、丙烯等時，可阻撓游離基的反應之進行。游離基或原子產生再結合時，通常會放出大量的熱量，因此，可藉卡計測定其結合熱，或可由自由基與其他物質的反應熱，以驗證游離基的存在。

　　有些二分子的反應，比簡單的**二體反應** (two-body reaction) 複雜，若二分子的反應之反應的速率常數受壓力的影響，則顯示其二分子於反應的過程中形成**碰撞錯合物** (collision complex)。碰撞的錯合物之生存的時間，通常較其振動及轉動特性的週期長，由分子 $A$ 與 $B$ 的碰撞，而形成弱結合的錯合分子 $AB$ 之反應，可寫成

$$A + B \rightleftharpoons AB \rightarrow 生成物 \tag{13-186}$$

　　一般之形成弱結合的中間體之反應，通常不再是二分子的反應，但其間的分界一般不甚明顯。於壓力充分低時，中間體 $AB$ 於其減少的區域產生單一分子的解離，此時其總反應接近於第三級的反應，而可能顯現**三分子的反應**

(trimolecular reaction)。於這些條件下，二分子與三分子的反應之區別不具意義。此種反應如

$$ClO + NO \rightleftharpoons ClONO \rightarrow Cl + NO_2 \tag{13-187}$$

其反應速率常數為，$(6.2 \times 10^{-12}\,cm^3\,s^{-1})\exp(294\,K\,/\,T)$。曾經詳細研究過的較複雜之反應如

$$HO_2 + HO_2 \rightarrow H_2O_2 + O_2 \tag{13-188}$$

此反應包括二反應的步驟，其一為負活化能的二分子的反應步驟，另一為三分子的反應，而其活化能為負的值。

若游離基之結合的反應所生成之分子中，有足夠數目的的結合鍵，則由於放熱反應所放出的能量，可能被分子中的結合鍵之各種振動吸收，由此，該分子不會產生解離。此時其正向的反應為二分子的反應，而逆向的反應為單一分子的反應。原子之結合反應所生成的高能量之生成物，通常需經由碰撞的失活，否則，高能量的生成物會再產生解離。

**例 13-9** 設反應，$A + B \underset{k_{-1}}{\overset{k_1}{\rightleftharpoons}} AR \overset{k_2}{\longrightarrow} C$，形成弱結合的錯合物 $AB$。假設其中的反應速率常數，$k_{-1} \gg k_2$，試導由反應產生 $C$ 的生成物之反應速率式

**解** 因 $k_{-1} \gg k_2$，所以反應之中間體的錯合物 $AB$ 與反應物 $A$ 及 $B$ 保持平衡，因此

$$\frac{(AB)}{(A)(B)} = \frac{k_1}{k_{-1}} = K$$

$$\therefore \frac{d(C)}{dt} = k_2(AB) = \frac{k_1 k_2}{k_{-1}}(A)(B) = k_2 K(A)(B) \qquad \blacktriangleleft$$

# 13-20　二分子的反應之碰撞理論
## (Collision Theory of Bimolecular Reactions)

大部分的氣相內之反應均為二分子的反應，如表 13-4 所示，氣相內的原子或游離基與小分子的反應之指數前的因子，均於 $10^{10.5} \sim 10^{11.5}\,L\,mol^{-1}\,s^{-1}$ 之間。小的游離基之二分子的反應如，$CH_3 + CH_3 \rightarrow C_2H_6$，等的反應之活化能均為零，而反應速率常數均於 $10^{10.5} \sim 10^{11.5}\,L\,mol^{-1}\,s^{-1}$ 之範圍。若反應之活化能 $E_a = 0$，則表示由於產生第一次的碰撞就發生反應，因此，此時的二分子 $A$ 與 $B$ 之反應的速率常數，可由 $A$ 與 $B$ 間之分子的碰撞頻率 $Z_{AB}$ 估算。於**硬球的碰撞理論** (hard-sphere collision theory)，假定如硬球的二分子相互接觸之外，其分子間並沒有其

他的任何作用，而由前面所討論之分子間的互相作用得知，由硬球的碰撞理論計算之分子的碰撞數，即為二分子發生反應的最大速率。

依據硬球的碰撞理論可得，二分子的反應之反應速率等於，其二分子之碰撞的頻率，與由碰撞可得足夠能量產生反應的碰撞分率之乘積。碰撞頻率之 SI 單位為 $m^{-3}s^{-1}$，此可乘以 $(10^{-3} \ m^3 \ L^{-1})/(6.022 \times 10^{23} \, mol^{-1})$ 或 $(10^{-6} m^3 cm^{-3})/(6.022 \times 10^{23} mol^{-1})$ ，而轉換成為 $mol \ L^{-1}s^{-1}$ 或 $mol \ cm^{-3}s^{-1}$，以便與二分子的反應之反應速率比較。

由碰撞的理論，僅由碰撞得到的能量超過某臨界值的分子，才會發生二分子的反應，而產生此反應之有效的能量，並非碰撞的二分子之總動能，而是二分子於碰撞的瞬間，沿其二分子的中心線之相對速度的分速的動能，因此，其相對速度之分速的動能，必須大於發生反應之**門檻**或**低限能量** (threshold energy) $E_o$，才會發生二分子的反應。沿二分子的中心線之分速的動能，大於 $E_o$ 之總碰撞的分率，可用 Boltzmann 的因子，$e^{-E_o/RT}$ 表示。

依據硬球的碰撞理論，類型 1 之分子與類型 2 的分子間之反應的速率，等於其碰撞頻率 $Z_{12}$ 與 Boltzmann 因子 $e^{-E_o/RT}$ 的乘積。由式 (12-78)，$Z_{12} = \rho_1 \rho_2 \pi d_{12}^2 \langle v_{12} \rangle$，及式 (12-75)，$\langle v_{12} \rangle = (8kT/\pi\mu)^{1/2}$，分子 1 與分子 2 間之反應速率，可表示為

$$-\frac{d\rho_1}{dt} = \pi d_{12}^2 \left( \frac{8RT}{\pi\mu N_A} \right)^{1/2} e^{-E_o/RT} \rho_1 \rho_2 \qquad \textbf{(13-189)}$$

上式中，$\rho_1$ 與 $\rho_2$ 各為分子 1 與 2 之分子數的密度，$d_{12} = (d_1 + d_2)/2$，為分子 1 與 2 之碰撞的直徑，$\mu = (1/m_1 + 1/m_2)^{-1}$，為其回歸質量。由上式 (13-189) 可得第二級反應速率常數，為

$$k_2 = \pi d_{12}^2 \left( \frac{8RT}{\pi\mu N_A} \right)^{1/2} e^{-E_o/RT} \qquad \textbf{(13-190)}$$

使用 SI 單位時，由上式計算之第二級反應的速率常數 $k_2$ 的單位為，$m^3 s^{-1}$。此值須乘 Avogadro 常數以得 $(mol \ m^3)^{-1}s^{-1}$ 的單位，而再乘 $10^3 L \ m^{-3}$ 或 $10^6 cm^3 m^{-3}$ 以得，$L \ mol^{-1}s^{-1}$ 或 $cm^3 \ mol^{-1}s^{-1}$ 的單位之數值。

上式 (13-190) 中之指數前的因子與 $T^{1/2}$ 成比例，而非如 Arrhenius 式所示，與溫度無關。實際上，反應速率常數 $k_2$ 之溫度的效應，主要受其中之指數項的支配，而於 $k_2$ 值之實驗測定時，可能發生某些量測的誤差，因此，反應速率常數 $k_2$ 所受溫度的影響，由其化學動力的數據，不易區別 $A'T^{1/2}e^{-E_o/RT}$ 與 $Ae^{-E_a/RT}$。

　　分子由於碰撞雖然可得足夠量的反應活化能，但若其碰撞不是發生於可產生反應的適當方位時，則該分子仍不會由於其碰撞而發生反應。因此，於式 (13-190) 中需引入與分子之碰撞方位有關的所謂**立體因子** (steric factor)，或稱為**方位因子** (orientation factor)，或**幾何因子** (geometric factor) $p$。立體因子約為 1 至 $10^{-4}$ 的範圍，其數值通常隨反應分子之複雜性而減小。立體因子一般可表示為，$p = \pi d_R^2 / \pi d^2$，其中的 $d$ 為由輸送性質計算之碰撞直徑，而 $d_R$ 為反應的直徑。

　　由式 (13-126)，$E_a = -R[d\ln k / d(1/T)]$，可計算 Arrhenius 活化能，所以由式 (13-190) 可得

$$E_a = E_o + \frac{RT}{2} \qquad\qquad\qquad \textbf{(13-191)}$$

若 $E_a \gg RT$，則 $E_a \doteqdot E_o$。此時式(13-190)之第二級反應速率常數 $k_2$ 中，由碰撞頻率 $Z$ 導入之 $T^{1/2}$ 可以忽略，因此，$\ln k$ 與 $1/T$ 仍成直線的關係。

**例 13-10** 設回歸質量 $\mu$ 為，$30 \times 10^{-3} \, \text{kg mol}^{-1} / N_A$，碰撞的直徑 $d_{12}$ 為，$5 \times 10^{-10} \, \text{m}$。試由碰撞理論計算，於 298 K 之反應速率常數的指數前的因子

　　**解** 由式 (13-190)，$k_2 = \pi d_{12}^2 \left( \dfrac{8RT}{\pi \mu N_A} \right)^{1/2} e^{-E_o/RT}$，因此，反應速率常數之指數前的因子為

$$\pi d_{12}^2 \left( \frac{8RT}{\pi \mu N_A} \right)^{1/2} = (3.14)(5 \times 10^{-10} \, \text{m})^2 \left[ \frac{8(8.314 \, \text{JK}^{-1}\text{mol}^{-1})(298\text{K})}{(3.14)(30 \times 10^{-3} \, \text{kgmol}^{-1})} \right]^{1/2}$$

$$= 3.60 \times 10^{-16} \, \text{m}^3 \text{s}^{-1}$$

$$= (3.60 \times 10^{-16} \, \text{m}^3 \text{s}^{-1})(10^6 \, \text{cm}^3 \text{m}^{-3}) = 3.6 \times 10^{-10} \, \text{cm}^3 \text{s}^{-1}$$

$$= (3.60 \times 10^{-16} \, \text{m}^3 \text{s}^{-1})(6.022 \times 10^{23} \, \text{mol}^{-1})(10^6 \, \text{cm}^3 \text{m}^{-3})$$

$$= 2.17 \times 10^{14} \, \text{cm}^3 \text{mol}^{-1} \text{s}^{-1} \qquad\qquad \blacktriangleleft$$

## 13-21　位能曲面 (Potential Energy Surfaces)

　　化學反應之反應速率，從量子力學的觀點，可由化學反應中的反應物及生成物之各分子間的位置及位能計算。使用 Born-Oppenheimer 近似法（參閱 18-2 節），由解固定的原子核組態之電子的 Schrödinger 方程式，可得其位能的函數。理論上，由解反應過程中的各種原子核組態之 Schrödinger 方程式，可得反應之**位能曲面** (potential energy surface)。

含 $N$ 原子之反應，有 $3N$ 的原子核坐標，而原子核群之質量中心的移動，可用 3 坐標表示，各原子核成直線或非成直線的反應，分別有 2 或 3 的轉動坐標，而這些轉動不會影響其原子核間的位能。因此，各原子核成直線時，其位能為 $3N-5$ 的原子核坐標之函數。例如，二原子間之反應時，僅與原子間的距離及其間的位能有關。

對於原子 $A$ 與二原子的分子 $BC$ 之反應

$$A + BC \rightarrow AB + C \tag{13-192}$$

上式中的 $A,B,C$ 各代表原子，此反應系之位能可用，$A-B,B-C$ 及 $A-C$ 間的各距離 $R_{AB},R_{BC}$ 及 $R_{AC}$ 之函數，或 $R_{AB},R_{BC}$ 及其三原子的夾角 $ABC$ 之函數表示，此時需以**四次元** (four dimensions) 的坐標，才能表示各原子間的關係。雖然用三次元的坐標不能實際表示其位能，但當其中的一原子以某固定的角度，接近於二原子的分子時，其反應可用三次元的位能曲面完整地描述。因此，可由於重覆的計算原子 $A$ 以各種的角度，接近二原子的分子 $BC$ 時之位能 $V$ 與 $R_{AB}$ 及 $R_{BC}$ 的函數關係。實際上，由量子力學精確計算，如反應 (13-192) 的簡單反應之位能曲面的計算過程相當繁雜，因此，僅有少數的簡單反應，實際被詳細研究計算。

下面考慮氫原子與氫分子的反應

$$H_A + H_B H_C \rightarrow H_A H_B + H_C \tag{13-193}$$

若各原子核 $H_A,H_B$ 與 $H_C$ 排成一直線，則其位能可用 $R_{AB}$ 與 $R_{BC}$ 的函數表示。若原子 $H_A$ 與 $H_B$ 間之距離 $R_{AB}$ 為較大的定值時，則分子 $H_B H_C$ 之原子間的位能與原子 $H_B$ 與 $H_C$ 間的距離 $R_{BC}$ 的關係，如圖 13-16 之左前的面所示，此面的曲線表示，分子 $H_B H_C$ 之原子間的距離與位能的關係。同樣，$R_{BC}$ 為較大的一定值時，分子 $H_A H_B$ 之原子間的距離 $R_{AB}$ 與位能的關係，如圖 13-16 之右前的面之曲線所示。

反應 (13-193) 於開始時，原子 $H_A$ 與 $H_B$ 間之距離 $R_{AB}$ 很大，而 $H_A$ 沿圖 13-16 中的斷線所示之最低能量的路徑，接近分子 $H_B H_C$ 而反應生成 $H_A H_B$ 與 $H_C$，即反應物 $R(H_A + H_B H_C)$ 經由斷線所示的最低能量的路徑，而反應成為生成物 $P(H_A H_B + H_C)$，此最低能量的路徑有時稱為，**反應坐標軸** (reaction coordinate)。由於如圖 13-16 所示之位能曲面的形狀像馬鞍，由此，沿其反應坐標軸之最高點稱為**鞍點** (saddle point)。鞍點為沿反應坐標軸之位能的最高點，而此點於其反應坐標軸的垂直平面上，且為此平面上的位能之最低點。反應系於此點的狀態，有時稱為**遷移狀態** (transition state)，如圖 13-16 中之 $D$ 點所示，而三原子於此點互相分離成，位能最高的狀態即 $H_A \cdots H_B \cdots H_C$，此時其 $R_{AB}$ 與 $R_{BC}$ 相等。

當原子 $H_A$ 沿分子 $H_B H_C$ 之原子核軸的方向接近時，此反應系統之組態，沿如圖 13-16 中的斷線所示之最低能量的路徑移動，而其動能隨 $R_{AB}$ 的減小逐次轉變成為位能，此時此反應之三原子核的系，自左邊的 $R$ 點沿斷線所示之山谷的路徑往上移。若此反應系統於開始時，有足夠的動能爬過鞍點 $D$，則 $H_A$ 與 $H_B H_C$ 於鞍點反應並生成 $H_A H_B$ 與 $H_C$，而此成生物 $P$，並沿山谷向右下滑時獲得能量。若反應系之原始的動能過低，則系統無法達至鞍點或越過鞍點，而下滑返回至左邊的山谷（$R$ 點）。

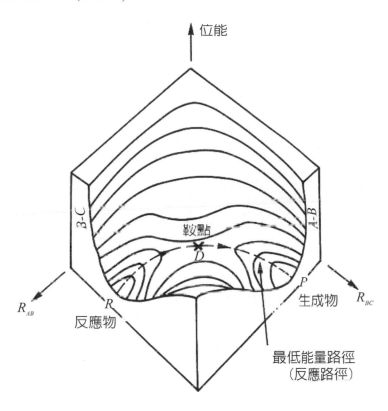

圖 13-16　各原子核於一直線時的反應，$H_A + H_B H_C \rightarrow H_A H_B + H_C$，之位能曲面（斷線表示最低能量的反應路徑，即為反應坐標軸）

　　圖 13-16 為，反應的各原子核成一直線時之位能曲面。若原子 $H_A$ 以不同的角度 $\theta$ 接近分子 $H_B H_C$ 時，則可得不同的位能曲面。反應 (13-193) 於 $\theta = 180°$ 時之位能曲面，可用如圖 13-17 所示的輪廓圖（如地形圖上之等高線）表示，此圖中之各等能量的線為，由 R.N. Porter 與 M. Karplus 所計算，其各點的誤差於 $0.03\,eV(2.9\,kJ\,mol^{-1})$ 之內。

　　原子 $H_A$ 沿最低能量的路徑接近分子 $H_B H_C$ 時，系統之位能隨 $H_A$ 與 $H_B H_C$ 間的距離之減小，而增加至達其鞍點 $\neq$，系統於鞍點時，$R_{AB} = R_{BC} = 93\,pm$，而其位能為 $0.43\,eV$（$42\,kJ\,mol^{-1}$），此即為斷線（反應路徑）之最高點。因鞍點之位能，比 $H_A$ 與 $H_B H_C$ 相離無限遠時的位能高 $0.43\,eV$，所以必需由動能或振動位能以供給此能量時，上述的反應才可順利發生。圖 13-17 的右上角之能量相當於 432 kJ mol$^{-1}$，此係以分離的反應物 ($H_A + H_B H_C$) 或生成物 ($H_A H_B + H_C$) 之能量為基準時，分離的三氫原子間之距離，於各離開無窮遠時之能量，此時的反應系之狀態可表示為， $H_A + H_B + H_C$。

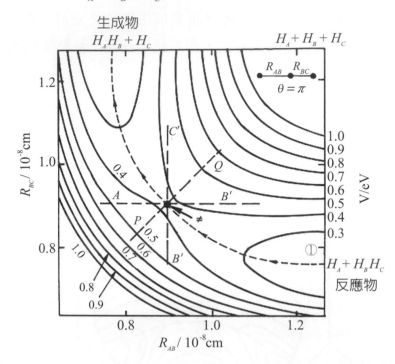

圖 13-17　反應， $H_A + H_B H_C \rightarrow H_A H_B + H_C$，以直線接近與離開時之反應系的位能曲面 [ R.N. Porter and M. Karplus, J. Chem. Phys. 40, 1105 (1964)]

於 1965 年，Karplus, Porter 及 Sharma [M. Karplus, R.N. Porter, ant R.D. Sharma, J. Chem. Phys. 43, 3259 (1965)]，對於 $H + H_2$ 的反應之許多反應軌道的計算發現，其反應速率的常數可用下列的 Arrhenius 式表示，為

$$k = (4.3 \times 10^{13} \, \text{mol}^{-1} \text{cm}^3 \text{s}^{-1}) \exp\left[ -\frac{31{,}000 \, \text{J mol}^{-1}}{(8.314 \, \text{J K}^{-1} \text{mol}^{-1})T} \right] \tag{13-193}$$

此結果與反應， $D + H_2 \rightarrow DH + H$ ，或， $H + \text{para} - H_2 \rightarrow \text{ortho} - H_2 + H$ ，之實驗的結果，及由**遷移狀態理論** (transition-state theory) 所計算之數值符合。於相同的溫度範圍所得之遷移狀態的反應速率常數，為

$$k = (7.4 \times 10^{13} \, \text{mol}^{-1} \text{cm}^3 \text{s}^{-1}) \exp\left[ -\frac{34{,}440 \, \text{J mol}^{-1}}{(8.314 \, \text{J K}^{-1} \text{mol}^{-1})T} \right] \tag{13-194}$$

簡單的反應之速率常數，雖可由與時間有關的 Schrödinger 方程式計算，但其計算的過程相當繁雜。由量子力學計算反應速率所面臨之最大問題為，須足夠精確的位能曲面之計算。反應動力學之量子力學的效應，及古典力學所不允

許區域的穿透，如鑿隧道 (tunneling) 的效應，對於反應之反應速率及其反應機制的瞭解，均甚為重要。

## 13-22　遷移狀態理論 (Transition-State Theory)

如於 13-15 及 13-21 節所述，化學反應的生成物可視為，活性化的錯合物或反應的中間體發生分解，而失去能量並產生安定化的物質，如圖 13-16 之 $P$ 所示，此即為反應物 $R$ 經由最低能量的反應路徑抵達鞍點 $D$，而向右邊的山谷滑下的生成物，此時的鞍點相當於該反應系的**遷移狀態** (transition state)。London 首先對遷移狀態，嘗試作理論的處理，而 Eyring, Evans 及 Polanyi 等人於 1935 年，對此理論獲得較精密的進展。

設於遷移狀態的活性化錯合物之濃度為 $c^{\neq}$，而活性化錯合物自鞍點 $D$ 向右邊的山谷滑下之頻率為 $v^{\neq}$，則反應之反應速率 $r$，可表示為

$$r = c^{\neq} v^{\neq} \tag{13-195}$$

於此假設第二級反應，$A + B = M + N$，而由反應物 $A$ 與 $B$ 生成活性化的錯合物。若反應物 $A$ 與 $B$ 之濃度分別為 $c_A$ 與 $c_B$，則反應物與其活性化的錯合物間之平衡，可表示為

$$\frac{(c^{\neq} / c^{\circ})}{(c_A / c^{\circ})(c_B / c^{\circ})} = K_c^{\neq} \tag{13-196}$$

上式中，$K_c^{\neq}$ 為平衡常數，而 $c^{\circ} = 1 \, \text{mol L}^{-1}$，為標準狀態濃度。反應之平衡常數與其定容反應熱 $\Delta_r U^{\circ}$ 的關係，由 8-10 節可表示為

$$\frac{d \ln K_c}{dT} = \frac{\Delta_r U^{\circ}}{RT^2} \tag{13-197}$$

設 $\Delta_r U^{\circ}$ 與溫度無關為一定，則上式經積分，可得

$$\ln K_c = -\frac{\Delta_r U^{\circ}}{RT} + 積分常數 \tag{13-198}$$

或

$$K_c = s e^{-\Delta_r U^{\circ}/RT} \tag{13-199}$$

上式中，$s$ 為常數。對於反應物與活性化的錯合物間之平衡常數 $K_c^{\neq}$，可同樣寫成

$$K_c^{\neq} = u e^{-\Delta U^{\circ \neq}/RT} \tag{13-200}$$

上式中，$u$ 爲常數，$\Delta U^{\circ \neq}$ 爲活性化的錯合物與反應物 $(A+B)$ 之能量差，即爲反應，$A+B \to M+N$ ，之活化能。上面的式 (13-195) 中之 $v^{\neq}$，可用下式表示爲

$$v^{\neq} = \frac{k_B T}{h} \tag{13-201}$$

其中的 $k_B$ 爲 Boltzmann 常數，$h$ 爲 Planck 常數。由式 (13-195)、(13-196)、(13-200) 及 (13-201) 等可得，反應速率爲

$$r = \frac{k_B T}{h} u e^{-\Delta U^{\circ \neq}/RT} c_A c_B (c^{\circ})^{-1} \tag{13-202}$$

由此，其反應速率常數 $k$，可表示爲

$$k = \frac{k_B T}{h} u e^{-\Delta U^{\circ \neq}/RT} (c^{\circ})^{-1} = \frac{k_B T}{h} K_c^{\neq} (c^{\circ})^{-1} \tag{13-203}$$

由式 (8-13)，$\Delta_r G^{\circ} = -RT \ln K$，而可寫成

$$\Delta G^{\circ \neq} = -RT \ln K_c^{\neq} \tag{13-204}$$

上式中，$\Delta G^{\circ \neq}$ 爲活性化的錯合物之標準 Gibbs 能與反應物之標準 Gibbs 能的差，即爲反應之活化 Gibbs 能。由式 (8-13) 可寫成

$$\Delta G^{\circ \neq} = \Delta H^{\circ \neq} - T \Delta S^{\circ \neq} \tag{13-205}$$

上式中，$\Delta H^{\circ \neq}$ 爲反應之活化焓，$\Delta S^{\circ \neq}$ 爲反應之活化熵。式 (13-204) 可改寫成

$$K_c^{\neq} = e^{-\Delta G^{\circ \neq}/RT} \tag{13-206}$$

將式 (13-205) 代入上式 (13-206)，並代入式 (13-203) 可得，反應速率常數爲

$$k = \frac{k_B T}{h} (c^{\circ})^{-1} e^{\Delta S^{\circ \neq}/R} e^{-\Delta H^{\circ \neq}/RT} \tag{13-207}$$

上式中，$\Delta_r H^{\circ \neq}$ 值接近於由實驗所得的 Arrhenius 式中之活化能 $E_a$。

對於溶液的反應，式 (13-203) 之兩邊各取對數並對 $T$ 微分，及由式 (13-126) 可得

$$\frac{d \ln k}{dT} = \frac{1}{T} + \frac{d \ln K_c^{\neq}}{dT} = \frac{E_a}{RT^2} \tag{13-208}$$

及由式 (13-200) 之兩邊各取對數，並對 $T$ 微分，可得

$$\frac{d \ln K_c^{\neq}}{dT} = \frac{\Delta U^{\circ \neq}}{RT^2} \tag{13-209}$$

因此，由式 (13-208) 與 (13-209)，可得

$$E_a = RT + \Delta U^{\circ \neq} = RT + \Delta H^{\circ \neq} - P \Delta V^{\circ \neq} \tag{13-210}$$

上式中，$\Delta V^{\circ \neq}$ 爲由反應物生成活性化的錯合物時之容積的增加量。對於溶液反應，因 $\Delta V^{\circ \neq} \doteqdot 0$，所以上式 (13-210) 可寫成

$$E_a = RT + \Delta H^{\circ \neq} \tag{13-211}$$

對於理想氣體之反應，其 $P\Delta V^{\circ \neq} = \Delta n^{\circ \neq} RT$，其中的 $\Delta n^{\circ \neq}$ 等於活性化錯合物之莫耳數減反應物之莫耳數。於此，$\Delta n^{\circ \neq} = 1 - m$，而 $m$ 爲反應級數。因此，由式 (13-210) 可得，反應之活化能爲

$$E_a = RT + \Delta H^{\circ \neq} - \Delta n^{\circ \neq} RT = \Delta H^{\circ \neq} - (\Delta n^{\circ \neq} - 1)RT \tag{13-212a}$$

或

$$E_a = \Delta H^{\circ \neq} + mRT \tag{13-212b}$$

因活性化的錯合物之莫耳數通常等於 1，故二分子的反應時，$\Delta n^{\circ \neq} = -1$，即 $m = 2$。因此，由上式 (13-212b)可得，$\Delta H^{\circ \neq} = E_a - 2RT$，將此關係代入式 (13-207) 可得，反應速率常數爲

$$k = e^2 (c^{\circ})^{-1} \frac{k_B T}{h} e^{\Delta S^{\circ \neq}/R} e^{-E_a/RT} \tag{13-213a}$$

或一般可表示爲

$$k = e^m (c^{\circ})^{1-m} \frac{k_B T}{h} e^{\Delta S^{\circ \neq}/R} e^{-E_a/RT} \tag{13-213b}$$

對於單一分子的反應，$m = 1$ 而 $\Delta n^{\circ \neq} = 0$，因此，$\Delta H^{\circ \neq} = E_a - RT$。將此關係代入式 (13-207)，或由 $m = 1$ 及上式 (13-213b)可得，單一分子的反應之反應速率常數，爲

$$k = e \frac{k_B T}{h} e^{\Delta S^{\circ \neq}/R} e^{-E_a/RT} \tag{13-214}$$

此式之形式與溶液的反應之式相同。

由式 (13-213) 或 (13-214) 與式 (13-207) 比較得知，本質上支配反應的反應速率常數者，爲標準活化 Gibbs 能 $\Delta G^{\circ \neq}$，而非 Arrhenius 活化能 $E_a$。

如圖 13-17 所示，反應物自其開始的狀態經由鞍點 $\neq$，而向其終狀態之反應，有時由於位能面的彎曲，其達至鞍點之一部分的反應物，會逆向進行而回至原來的狀態。實際上，僅達至鞍點的一部分反應物，可順利反應抵達其反應的終狀態，而此可達至其終態的生成物的比例，稱爲 **透過係數** (transmission coefficien)$\kappa$。通常 $\kappa \le 1$，一般的反應之透過係數 $\kappa$，均接近於 1。一些於反應的過程中，會轉移至不同的電子狀態之位能面的反應，其透過係數 $\kappa$ 值非常小。

若考慮透過係數 $\kappa$ 時，則式 (13-201) 應改寫成

$$v^{\neq} = \kappa \frac{k_B T}{h} \tag{13-215}$$

因上式中的 $\kappa$ 值，由理論或實驗均甚難求得，故對於簡單的反應，通常均假定 $\kappa = 1$。Arrhenius 式之指數前的因子 $A$，由式 (13-213b) 可得

$$A = e^m (c^\circ)^{1-m} \frac{k_B T}{h} e^{\Delta S^{\circ \neq}/R} \tag{13-216}$$

其中的 $m$ 為反應之級數。因此，由 Arrhenius 式之指數前的因子，可計算反應之活化標準熵值 $\Delta S^{\circ \neq}$。

許多單一分子之斷鏈的氣體反應，因其活性化的錯合物與其原來的反應物類似，而其組態的變化甚小，故其 $\Delta S^{\circ \neq} \cong 0$，即 $e^{\Delta S^{\circ \neq}} = 1$。所以單一分子的反應於室溫之指數前的因子，為

$$\begin{aligned}
A &= e \frac{k_B T}{h} = \frac{eRT}{N_A h} = \frac{(2.718)(8.31\,\text{J K}^{-1}\text{mol}^{-1})(300\,\text{K})}{(6.02 \times 10^{23}\,\text{mol}^{-1})(6.63 \times 10^{-34}\,\text{Js})} \\
&= 1.70 \times 10^{13}\,\text{s}^{-1}
\end{aligned} \tag{13-217}$$

活性化的錯合物之分子中，含有原子的重新排列或組態的變化時，其活化熵值的變化不等於零，$\Delta S^{\circ \neq} \neq 0$，而 $e^{\Delta S^{\circ \neq}/R} \neq 1$。通常的 $\Delta S^{\circ \neq}$ 之變化，均不會大至使 $e^{\Delta S^{\circ \neq}/R}$ 的值大於 $10^2$ 或小於 $10^{-2}$，即 $10^{-2} < e^{\Delta S^{\circ \neq}/R} < 10^2$。因此，單一分子的反應之頻率因子，$e(k_B T/h)$ $e^{\Delta S^{\circ \neq}/R}$，約於 $10^{11}$ 至 $10^{15}$ 之範圍。

由反應物生成活性化的錯合物時，若其分子的轉動及振動之自由度均增加，則其 $\Delta S^{\circ \neq}$ 值為正，而其指數前的因子 $A$ 大於 $1.7 \times 10^{13}\,\text{s}^{-1}$。若活性化的錯合物之分子的轉動及振動的自由度減少，則其 $\Delta S^{\circ \neq}$ 值為負，此時其指數前的因子 $A$ 小於 $1.7 \times 10^{13}\,\text{s}^{-1}$。

**絕對反應速度的理論** (theory of absolute reaction rate)，為從反應分子之形狀、大小、質量及其原子間的作用力等分子之基本性質，研討反應速率之理論，此理論需要遷移狀態、統計力學及光譜學等知識的基礎。絕對反應速度的理論可應用於，如化學反應、流體之流動及分子之擴散等之**速率過程** (rate process)。

例 **13-11** 反應，$H + CH_4 = H_2 + CH_3$，於 500 K 附近之指數前的因子為 $10^{13}\,cm^3$
$mol^{-1}s^{-1}$。試求此反應之活化熵 $\Delta S^{\circ\neq}$

 由式 (13-216)，$m = 2$，得 $A = e^2 (c^\circ)^{-1} \dfrac{k_B T}{h} e^{\Delta S^{\circ\neq}/R}$。

因 $c^\circ = 1\,mol\,L^{-1}$，故

$$\Delta S^{\circ\neq} = R \ln \frac{A N_A h c^\circ}{R T e^2} = (8.314\,J\,K^{-1}mol^{-1})$$

$$\ln \frac{(10^{13}\,cm^3 mol^{-1}s^{-1})(10^{-2}\,m\,cm^{-1})^3 (6.02 \times 10^{23}\,mol^{-1})(6.63 \times 10^{-34}\,J\,s)(10^3\,mol\,m^{-3})}{(8.314\,J\,K^{-1}mol^{-1})(500\,K)(2.72)^2}$$

$$= -74\,J\,K^{-1}mol^{-1}$$

由此得，$\Delta S^{\circ\neq}$ 為負值，表示活性化的錯合物之排列，較反應物
有規則。　◀

## 13-23　三分子的反應 (Trimolecular Reactions)

　　二原子產生結合而生成二原子的分子之反應，一般均為放熱的反應，此時
由二原子之結合所釋出的能量留存於所生成的分子，而生成的分子於發生下一碰
撞及失去此能量之前，可能會發生解離。因此，氣相中之二原子，通常不能順利
產生結合成為二原子的分子。若氣相中有第三原子或分子 $M$ 的存在，則由二原
子之結合所釋出的能量，可被第三原子或分子 $M$ 以動能的形式帶走，而使其二
原子產生結合成為分子之反應順利進行。因此，氣相中的二原子結合生成分子
之反應，通常為第三級的反應，而其反應速率常數之指數前的因子，約為
$10^{14} \sim 10^{16}\,mol^{-2}cm^6 s^{-1}$。

　　氣相中的二原子 $A$ 產生結合成為分子 $A_2$，及原子 $A$ 與 $B$ 的二原子產生結合
成為分子 $AB$ 之基本反應，可分別寫成

$$2A + M \rightarrow A_2 + M \tag{13-218}$$

及

$$A + B + M \rightarrow AB + M \tag{13-219}$$

上面的二反應之相對的反應速率式，可分別表示為

$$\frac{d(A_2)}{dt} = k(A)^2(M) \tag{13-220}$$

及

$$\frac{d(AB)}{dt} = k(A)(B)(M) \tag{13-221}$$

一些由二原子產生結合之三分子的反應之反應速率常數值，如表 13-5 所示，其於 300 K 之 $k$ 值均約爲 $10^{9.5\pm0.05}\,L^2mol^{-1}s^{-1}$，而於 3000 K 之 $k$ 值約減爲 $1/10$，此相當於其活化能約爲 $-6\,kJ\,mol^{-1}$。然而，三分子的反應之反應速率常數與溫度的關係，通常可用式，$k =$（常數）$/T$，表示，此式比 Arrhenius 式較適用於三分子的反應。如表 13-5 所示，各種第三物質 $M$ 於三分子的反應中之效率各不同。於表 13-5 之底部所示的二反應，原子 O 及 H 與二原子的分子 NO 間之反應，亦爲三分子的反應。

表 13-5　一些三分子的反應之速率常數

| 反　　應 | 第三物質 $M$ | $T\,/\,K$ | $\log(k\,/\,L^2mol^{-2}s^{-1})$ |
|---|---|---|---|
| $H + H + M \rightarrow H_2 + M$ | $H_2$ | 300 | 10.0 |
| | $H_2$ | 1072 | 9.5 |
| $O + O + M \rightarrow O_2 + M$ | $O_2$ | 300 | 8.9 |
| | Ar | 2000 | 7.4 |
| $I + I + M \rightarrow I_2 + M$ | Ne | 300 | 9.3 |
| | $n - C_5H_{12}$ | 300 | 10.8 |
| $O + O_2 + M \rightarrow O_3 + M$ | $O_2$ | 380 | 8.1 |
| $O + NO + M \rightarrow NO_2 + M$ | $O_2$ | 300 | 10.46 |
| $H + NO + M \rightarrow HNO + M$ | $H_2$ | 300 | 10.17 |

註：自 S.W. Benson, Thermochemical Kinetics. New York: Wiley, 1976.

碘的原子於氫氣中產生結合，而生成 $I_2$ 之反應的視活化能等於 $-5.86\,kJ\,mol^{-1}$，各種第三物質 $M$（如 $He, H_2, O_2$ 與 $CO_2$）對於此反應之效率爲，$He : H_2 : O_2 : CO_2 = 1 : 2.85 : 4.10 : 7.15$。此反應之活化能爲負的值表示，於此反應的過程中可能生成複合物。若第三物質 $M$ 爲多原子的分子，則可能與其中的一原子結合而形成**長壽命的複合物** (long-lived complex)，其反應的機制，可表示爲

$$I + M \underset{k_{-1}}{\overset{k_1}{\rightleftharpoons}} IM \tag{13-222}$$

$$IM + I \xrightarrow{k_2} I_2 + M \tag{13-223}$$

於上面的反應機制中，$IM$ 爲反應之中間體複合體。因生成 $IM$ 的步驟之反應焓值 $\Delta_r H$，爲負的值，即反應 (13-222) 爲放熱的反應，故 $IM$ 之濃度隨溫度的上升而減低。因此，碘的原子產生結合成爲 $I_2$ 的反應速率，與溫度成反比。

反應的中間體 $IM$ 之濃度隨時間的變化，由上面的反應機制，可表示為

$$\frac{d(IM)}{dt} = k_1(I)(M) - k_{-1}(IM) - k_2(IM)(I) \tag{13-224}$$

於穩定的狀態時，$d(IM)/dt = 0$，而由上式可得，$IM$ 之穩定狀態的濃度為

$$(IM) = \frac{k_1(I)(M)}{k_{-1} + k_2(I)} \tag{13-225}$$

因此，於穩定狀態時之反應速率式，可表示為

$$\frac{d(I_2)}{dt} = k_2(IM)(I) = \frac{k_1 k_2 (I)^2 (M)}{k_{-1} + k_2(I)} \tag{13-226}$$

若反應的中間體之壽命很短，即 $k_{-1} \gg k_2(I)$，則上式 (13-226) 可寫成

$$\frac{d(I_2)}{dt} = K_1 k_2 (I)^2 (M) \tag{13-227}$$

上式中，$K_1 = k_1 / k_{-1}$。若上式中的 $k_2$ 遵照 Arrhenius 的式，而其活化能為 $E_2$，則上述的三分子反應之活化能 $E_a$，由其反應速率常數 $K_1 k_2$ 及式 (13-126)，可表示為

$$E_a = RT^2 \frac{d \ln K_1}{dT} + RT^2 \frac{d \ln k_2}{dT} = \Delta_r H_1^\circ + E_2 \tag{13-228}$$

上式中，對於原子或小的游離基之結合反應，其反應的第一步驟通常為釋出大熱量的放熱反應，即 $\Delta_r H_1^\circ$ 為大的負值。因此，若其第二步驟之活化能 $E_2$ 不是很大，則此三分子反應之活化能為負的值。

　　氫原子之結合反應，$H + H \rightarrow H_2$，會放出甚大量的熱量 427.24 kJ mol$^{-1}$。Langmuir 所發明之**原子氫的火炬** (atomic hydrogen torch)，為利用氫氣經過放電成為含有許多 H 原子的 $H_2$ 氣體，而於火炬之噴出口處由於其中的氫原子產生再結合的反應，且可於甚短的數秒內釋出 427.24　kJ mol$^{-1}$ 的甚大熱量，由此，可使氫火炬達至甚高的溫度。

例 **13-12** 反應 $O_2 + 2NO \rightarrow 2NO_2$ ，於 $25°C$ 的空氣中之反應速率式，可表示為

$-\dfrac{d(NO)}{dt} = \dfrac{d(NO_2)}{dt} = 2k_3 (NO)^2 (O_2)$ ，其中的 $k_3 = 3.3 \times 10^{-39} e^{530/T} cm^6 s^{-1}$ 。

設 NO 之初壓為 $10^{-6} bar$ ，試求此反應之半生期

**解** 假設反應的氣體為理想氣體，則由，$P = \dfrac{n}{V} RT = cRT$ ，可得 NO

之初濃度為

$$(NO) = \frac{P}{RT} = \frac{(10^{-6}bar)(10^{-3}m^3 L^{-1})}{(8.314 \times 10^{-5} bar\,m^3 K^{-1}mol^{-1})} = 4.04 \times 10^{-8}\,mol\,L^{-1}$$

$$k_3 = \left[ 3.3 \times 10^{-39} \exp\left( \frac{530}{298} \right) cm^6 s^{-1} \right] (10^{-3}\,L\,cm^{-3})^2 (6.02 \times 10^{23}\,mol^{-1})^2$$

$$= 7.08 \times 10^3\,L^2 mol^{-2} s^{-1} - \frac{d(NO)}{dt}$$

$$= 2(7.08 \times 10^3\,L^2 mol^{-2} s^{-1}) \left[ \frac{(0.2\,bar)(10^{-3}m^3 L^{-1})}{(8.314 \times 10^{-5} bar\,m^3 K^{-1}mol^{-1})(298\,K)} \right] (NO)^2$$

$$= (114\,L\,mol^{-1}s^{-1})(NO)^2 = k_2 (NO)^2$$

$$t_{1/2} = \frac{1}{k_2 (A)_0} = \frac{1}{k_2 (NO)_0} = \frac{1}{(114\,L\,mol^{-1}s^{-1})(4.04 \times 10^{-8}\,mol\,L^{-1})}$$

$$= 2.2 \times 10^5\,s = \frac{2.2 \times 10^5\,s}{3600\,s\,hr^{-1}} = 61\,hours \qquad \blacktriangleleft$$

## 13-24　非分枝的鏈鎖反應 (Unbranched Chain Reactions)

　　如於 13-19 節所討論，閉殼的分子之反應的活化能一般較高，而其反應通常經由活化能較低而反應速率較快之游離基反應的路徑。許多的反應均經由含游離基之連串的基本反應進行，而這些反應可能為非鏈鎖或鏈鎖的反應。由於游離基含有不成對的電子，由此，游離基與**成對的電子** (paired electron) 之分子產生反應時，通常會生成另一游離基以維持其**反應的中心** (reactive center)，因此，游離基的反應往往是，上百萬的分子連續反應進行的鏈鎖反應。事實上，鏈鎖反應有時一直進行至其全部的反應物消耗為止，然而，游離基有時會與反應器的器壁或其他的游離基反應，並生成**旋轉對的分子** (spin-paired molecule)而終止鏈鎖反應。每一活性化的分子所產生的反應之分子數，稱為**鏈鎖的長度** (length of chain)，而可用其**鏈鎖傳延反應** (chain-propagation reaction) 與**鏈鎖斷裂** (chain-breaking) 反應的速率比表示。

　　包含游離基之反應機制可能為，**非鏈鎖** (non chain)、**直鏈鎖** (straight chain) 或**分枝的鏈鎖** (branched chain)的反應。分枝的鏈鎖反應中之游離基的數目，通常隨其反應時間而成幾何級數的快速增加，所以高放熱的反應之分枝鏈鎖反應，可能會導至發生爆炸，此種分枝鏈鎖反應將於下節詳細討論。一些類型的游離基之基本反應，已列於表 13-4。

　　有機化合物的烴、醚、醛及酮類等之熱分解反應，通常含 $CH_3$, $C_2H_5$ 與 H 等游離基，而其大多數的熱分解反應為游離基之鏈鎖反應。有些游離基的反應，可藉於其反應器壁鍍上**金屬鏡** (metallic mirrors) 並由金屬鏡的去除，及某些烴類之聚合催化的反應，可藉氧化氮或丙烯對於其反應之**抑制作用** (inhibition)，以證實其反應為鏈鎖的反應。若每一**抑制劑** (inhibitor)的分子可終止一鏈鎖，而每一鏈鎖產生許多之生成物的分子時，則僅添加極微量的抑制劑，就可對該鏈鎖的反應產生顯著的抑制效應。例如，溶液中的氧對於亞硫酸離子之氧化反應，僅由於添加微量的酒精，就可產生顯著的抑制作用。

　　於反應， $H_2 + X_2 = 2HX$ ，其中的 $X_2$ 為 $I_2$, $Br_2$ 或 $Cl_2$ 時，其各種反應各有明顯不同的反應機制。例如，$H_2$ 與 $I_2$ 之反應為二分子的反應，但近年來由實驗的結果顯示，其反應的機制應較為複雜。$H_2$ 與 $Br_2$ 之反應速率，可用相當複雜的反應速率式表示。$H_2$ 與 $Cl_2$ 之反應為，由光起始而包括百萬的分子之鏈鎖的**爆炸性鏈鎖反應** (explosive chain reaction)。

　　氫與溴的氣相反應， $H_2 + Br_2 = 2HBr$ ，為**非分枝的** (unbranched) 鏈鎖反應，Bodenstein 發現此反應於 500 至 1500 K 的溫度範圍之反應速率，可表示為

$$r = \frac{1}{2}\frac{d(HBr)}{dt} = \frac{k(H_2)(Br_2)^{1/2}}{1 + k'(HBr)/(Br_2)} \tag{13-229}$$

於此反應之開始無 HBr 的存在時，其初反應速率與 $(H_2)(Br_2)^{1/2}$ 成比例。若於此反應的開始時加入足夠量的 HBr，則上式 (13-229) 的分母中之 $k'(HBr)/(Br_2) \gg 1$，此時其初反應速率與 $(H_2)(Br_2)^{3/2}/(HBr)$ 成比例，而於反應開始時之 HBr 的濃度加倍時，其初反應速率會減半。因此，由於其反應初期之反應生成物 HBr 的存在，會抑制其正向的反應；而由此反應於低濃度的 HBr 時之反應速率，與 $(Br_2)^{1/2}$ 成比例的事實可得知，由於分子 $Br_2$ 的解離，而生成 Br 的原子之反應，於此反應機制中扮演主要的角色。

　　Christiansen, Herzfeld 及 Polanyi 於 1919 年，對於 $H_2$ 與 $Br_2$ 的反應分別提出，由 Br 與 $H_2$ 反應開始的游離基的鏈鎖反應機制，以解釋上述的反應速率之經驗式 (13-229)。當時尚無法直接量測氣體的自由基，他們所提出的反應機制如下：

$$1. \quad Br_2 + M \underset{k_{-1}}{\overset{k_1}{\rightleftharpoons}} 2Br + M \qquad\qquad (13\text{-}230)$$

$$2. \quad Br + H_2 \underset{k_{-2}}{\overset{k_2}{\rightleftharpoons}} HBr + H \qquad\qquad (13\text{-}231)$$

$$3. \quad H + Br_2 \underset{k_{-3}}{\overset{k_3}{\rightleftharpoons}} HBr + Br \qquad\qquad (13\text{-}232)$$

於上面的反應式 (13-230) 中，$M$ 為**攜帶氣體** (carrier gas)。上面的反應機制中之步驟 1 為，反應之**起始** (initiation) 的步驟，步驟 2 及 3 為反應之**成長**或**傳延** (propagation) 的步驟，步驟 −2 及 −3 為反應之**抑制** (inbition) 的步驟，而步驟 −1 為反應之**終止** (termination) 的步驟。因溴的分子之 Br − Br 的鍵比氫分子之 H − H 的鍵甚弱，所以上述的反應為由溴分子的鍵斷裂，並生成溴原子之步驟 1 開始，而非由於氫分子 $H_2$ 的解離。氣相中的氫與溴之淨反應，$H_2 + Br_2 = 2HBr$，為反應 (13-231) 與反應 (13-232) 的和。由於步驟 2 的反應為吸熱的反應而需高活化能，因此，此步驟之反應速率與其他之反應步驟的反應速率比較相對地慢。因步驟 −2 之反應速率相當快，因此，此反應步驟會破壞並減低生成物 HBr 的量，故對於鏈鎖反應會產生抑制的作用。二溴的原子於第三物質 $M$ 的存在下，由步驟 −1 的反應而生成溴的分子，並終止鏈鎖反應。

上述的鏈鎖反應由於步驟 2 會很快達至穩定狀態，此時 $d(Br)/dt$ 與 $d(H)/dt$ 均等於零。因此，由上述的反應機制可寫出，$d(Br)/dt$ 與 $d(H)/dt$ 等的反應速率式，並設各等於零，則可由此求得上述的反應之穩定狀態的反應速率式。若上面的反應式 (13-232) 中的 $k_{-3}$ 等於零，則其總反應可向右的方向完全反應進行。此時於上述的反應機制中假設 $k_{-3} = 0$，則可導得式 (13-229) 之反應速率式。

HBr 之生成的速率式，由上述的反應機制，可寫成

$$\frac{d(HBr)}{dt} = k_2(Br)(H_2) + k_3(H)(Br_2) - k_{-2}(HBr)(H) \qquad\qquad (13\text{-}233)$$

由於反應速率，通常僅以反應物及生成物之濃度，$(H_2), (Br_2)$ 及 $(HBr)$，表示，所以必須消去上式中之 $(Br)$ 及 $(H)$。由穩定狀態可得

$$\begin{aligned} \frac{d(Br)}{dt} &= 2k_1(Br_2) - k_2(Br)(H_2) + k_3(H)(Br_2) \\ &\quad - 2k_{-1}(Br)^2 + k_{-2}(H)(HBr) = 0 \end{aligned} \qquad (13\text{-}234)$$

及

$$\frac{d(H)}{dt} = k_2(Br)(H_2) - k_3(H)(Br_2) - k_{-2}(HBr)(H) = 0 \qquad\qquad (13\text{-}235)$$

由式 (13-234) 與上式 (13-235) 相加，可得

$$2k_1(Br_2) = 2k_{-1}(Br)^2 \tag{13-236}$$

由此，可得 Br 之穩定狀態的濃度，為

$$(Br) = \left[\frac{k_1}{k_{-1}}(Br_2)\right]^{1/2} \tag{13-237}$$

上式 (13-237) 即為，$Br_2$ 產生解離之平衡式。

由式 (13-235) 可解得，H 之穩定狀態的濃度，為

$$(H) = \frac{k_2(Br)(H_2)}{k_3(Br_2) + k_{-2}(HBr)} \tag{13-238}$$

將式 (13-237) 與 (13-238) 代入式 (13-233)，可得 HBr 之生成反應的反應速率，為

$$r = \frac{1}{2}\frac{d(HBr)}{dt} = \frac{1}{2}\frac{2k_2k_3k_1^{1/2}k_{-1}^{-1/2}(H_2)(Br_2)^{3/2}}{k_3(Br_2) + k_{-2}(HBr)} \tag{13-239a}$$

或

$$r = \frac{1}{2}\frac{d(HBr)}{dt} = \frac{k_2(k_1/k_{-1})^{1/2}(H_2)(Br_2)^{1/2}}{1 + k_{-2}(HBr)/k_3(Br_2)}$$
$$= \frac{k(H_2)(Br_2)^{1/2}}{1 + k'(HBr)/(Br_2)} \tag{13-239b}$$

上式中，$k = k_2(k_1/k_{-1})^{1/2}$，$k' = k_{-2}/k_3$，其中的 $k_1/k_{-1}$ 為溴的分子之**解離常數** (dissociation constant)。

若上述的 HBr 之生成反應包括步驟 $-3$ 的反應，即 $k_{-3} \neq 0$，則由上述的反應機制可導得，其穩定狀態的反應速率式，為

$$r = \frac{1}{2}\frac{d(HBr)}{dt} = \frac{k_2(k_1/k_{-1})^{1/2}(H_2)(Br_2)^{1/2}}{1 + k_{-2}(HBr)/k_3(Br_2)}\left[1 - \frac{(HBr)^2}{K(H_2)(Br_2)}\right] \tag{13-240}$$

上式中，$K = k_2k_3/k_{-2}k_{-3}$，為總反應，$H_2 + Br_2 = 2HBr$，之平衡常數。於低的反應程度時，其反應之穩定狀態的速率式 (13-240) 可化簡成式 (13-239b)。

於反應條件，$(HBr) \gg [K(H_2)(Br_2)]^{1/2}$ 時，由上式 (13-240) 可得，其逆向的反應之反應速率式為

$$r' = -\frac{1}{2}\frac{d(HBr)}{dt}$$
$$\doteqdot \frac{k_2(k_1/k_{-1})^{1/2}(H_2)(Br_2)^{1/2}}{k_{-2}(HBr)/k_3(Br_2)}\left[\frac{(HBr)^2}{k_2k_3(H_2)(Br_2)/k_{-2}k_{-3}}\right] \tag{13-240a}$$

或

$$r' = -\frac{1}{2}\frac{d(\text{HBr})}{dt} = k_{-3}\left(\frac{k_1}{k_{-1}}\right)^{1/2}(\text{HBr})(\text{Br}_2)^{1/2} \tag{13-240b}$$

因此，若 $(\text{Br}_2)$ 一定時，其逆向的反應之反應速率對於 HBr 為一級的反應。

於低溫時，因溴的原子之濃度 $(\text{Br})$ 甚低，故其熱鏈鎖的反應之反應速率很慢。反應，$\text{H}_2 + \text{Br}_2 = 2\,\text{HBr}$，於低溫時，可以光化學的反應之反應機制進行，此時的其實驗的反應速率式，可表示為

$$\frac{d(\text{HBr})}{dt} = \frac{k''\text{I}_a^{1/2}(\text{H}_2)}{(M)^{1/2}[1 + k'(\text{HBr})/(\text{Br}_2)]} \tag{13-241}$$

上式中，$\text{I}_a$ 為反應系所吸收的**輻射線之強度** (intensity of radiation)，$M$ 為所存在之反應氣體外的其他任何氣體。上面的光化學反應之機制，除其反應的第一步驟 (13-230) 以下式 (13-242) 替代外，其他的各步驟均與**熱反應** (thermal reaction) 者相同。

$$\text{Br}_2 + h\nu \xrightarrow{\;k_1\;} 2\,\text{Br} \tag{13-242}$$

由此，光化學反應的機制之穩定狀態的反應速率式，可表示為

$$\frac{d(\text{HBr})}{dt} = \frac{2k_2\text{I}_a^{1/2}(\text{H}_2)}{k_{-1}^{1/2}(M)^{1/2}[1 + k_{-2}(\text{HBr})/k_3(\text{Br}_2)]} \tag{13-243}$$

於無光線的照射時，Br 之濃度等於其平衡值，即為

$$(\text{Br}) = \left[\frac{k_1}{k_{-1}}(\text{Br}_2)\right]^{1/2} \tag{13-237}$$

而於光化學反應時之 Br 的濃度為

$$(\text{Br}) = \left[\frac{\text{I}_a}{k_{-1}(M)}\right]^{1/2} \tag{13-244}$$

氫–氯的熱反應之反應速率，比氫–溴之熱反應的反應速率快，而其傳延的步驟之反應，$\text{Cl} + \text{H}_2 \rightarrow \text{HCl} + \text{H}$，僅吸收熱量 $5\,\text{kJ mol}^{-1}$，由此，其反應速率比反應 (13-231) 之步驟 2 的反應速率甚快，且此步驟的逆向反應，$\text{HCl} + \text{H} \rightarrow \text{Cl} + \text{H}_2$，之反應速率，比溴與氫之反應 (13-231) 的 $-2$ 步驟的反應速率慢，所以其反應速率式的分母中沒有抑制的項。

氣相的氫–碘的熱反應，於溫度低於 $800\,\text{K}$ 時之反應速率很慢，其反應之傳延的步驟，$\text{I} + \text{H}_2 \rightarrow \text{HI} + \text{H}$，之反應的活化能為 $140\,\text{kJ mol}^{-1}$，因此，氫–碘的反應於較低的溫度下，並非鏈鎖的反應。

　　碳氫化合物之熱分解的反應為，游離基的鏈鎖反應，這些反應於工業上甚為重要，例如由乙烷產生乙烯，及由較高級的碳氫化合物之裂解，生產丁二烯、丁烯及丙烯等。這些反應於工業上，通常使用固態的觸媒，為非均勻相的觸媒反應。這些**非均勻反應** (heterogeneous reactions) 的反應機制之瞭解，於工業的實際應用上甚為重要。事實上，這些反應對於游離基的鏈鎖反應之反應機制的發現，扮演甚為重要的角色。

　　例如，由乙烷之熱分解生成乙烯與氫的反應，為

$$C_2H_6 = C_2H_4 + H_2 \tag{13-245}$$

此反應於溫度 700 至 900 K 及壓力大於 0.2 bar 下，此反應之初期的階段為，第一級的反應，而於其後期的反應中生成甲烷與丙烯。於此僅考慮此反應之初期階段的反應，由許多實際的事實與證據，此反應可用下列的反應機制表示，為

$$起始步驟 \qquad C_2H_6 \xrightarrow{k_1} 2CH_3 \tag{13-246a}$$

$$鏈鎖移轉步驟 \qquad CH_3 + C_2H_6 \xrightarrow{k_2} CH_4 + C_2H_5 \tag{13-246b}$$

$$鏈鎖成長步驟 \qquad C_2H_5 \xrightarrow{k_3} C_2H_4 + H \tag{13-246c}$$

$$H + C_2H_6 \xrightarrow{k_4} H_2 + C_2H_5 \tag{13-246d}$$

$$鏈鎖終止步驟 \qquad H + C_2H_5 \xrightarrow{k_5} C_2H_6 \tag{13-246e}$$

　　乙烷之反應速率由上面的反應機制，可表示為

$$-\frac{d(C_2H_6)}{dt} = [k_1 + k_2(CH_3) + k_4(H)](C_2H_6) \tag{13-247}$$

由於上述的反應機制，僅於其生成物之生成的反應為長的鏈鎖後，才會發生終止的步驟 (13-246e) 之反應，由此，其生成乙烷之最後的步驟反應 (13-246e) ，對於乙烷之反應速率的影響不大。因此，於乙烷之反應速率式 (13-247) 中可忽略此步驟的反應。

　　於上述的乙烷之熱分解的反應機制中，游離基 $CH_3, C_2H_5$ 及 H 等，於穩定的狀態時之濃度的變化速率均各等於零，而可分別表示為

$$\frac{d(CH_3)}{dt} = 2k_1(C_2H_6) - k_2(CH_3)(C_2H_6) = 0 \tag{13-248}$$

$$\frac{d(C_2H_5)}{dt} = [k_2(CH_3) + k_4(H)](C_2H_6) - [k_3 + k_5(H)](C_2H_5) = 0 \tag{13-249}$$

及 $\qquad \dfrac{d(H)}{dt} = k_3(C_2H_5) - k_4(H)(C_2H_6) - k_5(H)(C_2H_5) = 0 \tag{13-250}$

而由此三聯立方程式可解得，游離基 $CH_3$ , $C_2H_5$ 及 H 之穩定狀態的濃度，分別為

$$(CH_3) = \frac{2k_1}{k_2} \tag{13-251}$$

$$(C_2H_5) = \frac{2k_1 + k_4(H)}{k_3 + k_5(H)}(C_2H_6) \tag{13-252}$$

及

$$(H) = \frac{2k_1k_5 \pm \sqrt{(2k_1k_5)^2 + 16k_1k_3k_4k_5}}{-4k_4k_5} \tag{13-253}$$

因其中的 $k_1$ 值通常很小，而 (H) 為正的值，故上式 (13-253) 之分子中的 $k_1$ 項與 $k_1^{1/2}$ 的項比較小而可忽略。因此，式 (13-235) 可簡化成

$$(H) = \left(\frac{k_1k_3}{k_4k_5}\right)^{1/2} \tag{13-254}$$

將式 (13-251) 及 (13-254) 代入式 (13-247)，可得乙烷之反應速率，為

$$-\frac{d(C_2H_6)}{dt} = \left[3k_1 + k_4\left(\frac{k_1k_3}{k_4k_5}\right)^{1/2}\right](C_2H_6) \tag{13-255}$$

乙烷之熱分解的反應機制雖然複雜，但由上式 (12-255) 得此反應仍為第一級的反應。上式 (12-255) 中之 $k_1$ 值小，$k_1$ 項與 $k_1^{1/2}$ 的項比較小而可以忽略，所以上式 (12-255) 可簡化成為

$$-\frac{d(C_2H_6)}{dt} = \left(\frac{k_1k_3k_4}{k_5}\right)^{1/2}(C_2H_6) \tag{13-256}$$

依據上述的反應機制，其終止的步驟 (13-246e) 反應為，二不同種類的游離基 H 與 $C_2H_5$ 的互相碰撞，而產生結合的反應，事實上亦可能有其他的終止步驟之反應。例如，H 的游離基可能與反應系內存在的其他第三物質碰撞，而產生結合的反應。由於起始步驟及終止步驟之反應級數，熱分解反應之總反應的級數，可以 0, 1/2, 1, 3/2 或 2 (M.F.R. Mulcahy, Gas Kinetics, p.89, New York: Wiley 1973)。

乙烷之熱分解反應的反應速率常數 $k$，由上式 (13-256)，$k = (k_1k_3k_4/k_5)^{1/2}$，及 Amhenius 式 $k = Ae^{-E_a/RT}$，可表示為

$$k = \left(\frac{A_1A_3A_4}{A_5}\right)^{1/2} e^{-1/2(E_{a_1} + E_{a_3} + E_{a_4} - E_{a_5})/RT} \tag{13-257}$$

由於 $E_{a_1} = 404.4 \text{ kJ mol}^{-1}$，$E_{a_3} = 192.6 \text{ kJ mol}^{-1}$，$E_{a_4} = 33.7 \text{ kJ mol}^{-1}$ 及 $E_{a_5} = 0$，可得其反應的活化能，$E_a = \frac{1}{2}(E_{a_1} + E_{a_3} + E_{a_4} - E_{a_5}) = 317.7 \text{ kJ mol}^{-1}$。由實驗所得之反應的活化能為，$E_a = 332 \sim 337 \text{ kJ mol}^{-1}$。

# 13-25　分枝的鏈鎖反應 (Branched Chain Reactions)

　　鏈鎖的反應中之其鏈鎖的成長步驟，係由一游離基生成二或二以上的游離基時，其反應的速率會隨時間迅速增加。若其反應為放熱的反應，則其反應系之溫度會迅速上升，且可能發生爆炸。例如，氫與氧於約 700 K 以上的溫度反應時，可能會發生爆炸，而其發生爆炸之溫度與壓力的範圍如圖 13-18(a) 所示。化學式量比的氫–氧之混合氣體，於溫度約 550°C 及壓力低於 1 mmHg 時之反應的速率非常慢，而其反應的速率隨壓力之增加而緩慢的增加，當壓力增加至約 1 mmHg（此壓力與容器之容積有關）以上時，其反應速率會迅速增加而發生爆炸。然而，壓力於圖 13-18 上的點 D 至 F 之間時，其反應的速率變為較緩慢，而壓力於此範圍時，其反應不會發生爆炸，其於溫度 550°C 之各壓力下之反應速率，如圖 13-18(b) 所示。

　　Hinsherwood 於 550°C 之 300 cm³ 的石英容器內，充填 200 mmHg 的 $H_2$ 與 100 mmHg 的 $O_2$ 之混合氣體時，發現其反應的速率非常緩慢，而此混合氣體的壓力，自 300 mmHg 下降至接近於 100 mmHg 之間的壓力之範圍時，其反應的速率隨壓力的減低而減慢，然而，當壓力繼續降低至 98 mmHg (D 點) 時發生爆炸。如圖 13-18 所示，反應系之總壓力大於，圖示的**爆炸區域** (explosion zone) 之第二限界壓力 (D 點) 以上的壓力時，其反應的速率隨壓力的增加而增加，而當壓力

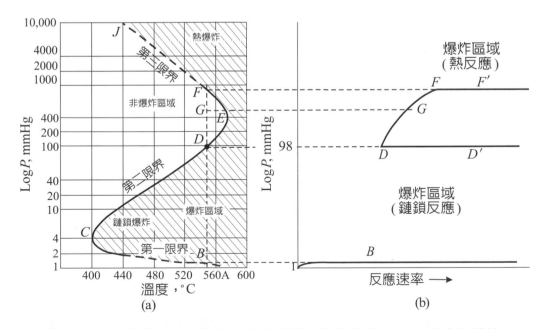

圖 13-18　(a)化學式量比的氫–氧混合氣體之爆炸的限界，(b) 混合氣體於 550°C 之總壓力與反應速率的關係

繼續增至第三限界 F 點的壓力時，其反應速率增至非常大，而發生反應的爆炸（即熱爆炸）。化學式量比的氫-氧混合氣體，於 550°C 時之總壓力與其反應速率的關係，如圖 13-18(b) 所示。事實上，正確的爆炸限界與容器的表面之性質及容器的大小有關，此表示游離基可能會與器壁作用消失，而終止鏈鎖的反應。例如，於容器的表面上塗蓋氯化鉀時，當游離基碰撞其器壁時即消失，然而，於容器的表面塗蓋氧化硼時，則於游離基碰撞器壁時不會很快消失。

　　上述之反應速率與壓力及溫度的關係，可藉分枝的鏈鎖反應之反應的機制解釋。由於鏈鎖反應之每一步驟的反應中，由一游離基生成二或更多的游離基，因此，游離基之數目隨反應的進行，以幾何級數增加，此稱為**分枝的鏈鎖**（branched chain）。如圖 13-18(a) 所示，化學式量比之氫 − 氧的混合氣體之第一爆炸的限界，可用下列的反應機制 (13-258) 解釋，即為

$$\text{起始步驟} \qquad \text{H}_2 + \text{O}_2 \xrightarrow{\text{器壁}} 2\text{OH} \qquad\qquad \textbf{(13-258a)}$$

$$\text{傳延步驟} \qquad \text{OH} + \text{H}_2 \xrightarrow{k_2} \text{H}_2\text{O} + \text{H} \quad \Delta_r H° = -62.76 \text{ kJ mol}^{-1} \qquad \textbf{(13-258b)}$$

$$\text{分枝步驟} \qquad \text{H} + \text{O}_2 \xrightarrow{k_3} \text{OH} + \text{O} \quad \Delta_r H° = 66.94 \text{ kJ mol}^{-1} \qquad \textbf{(13-258c)}$$

$$\text{O} + \text{H}_2 \xrightarrow{k_4} \text{OH} + \text{H} \quad \Delta_r H° = 8.37 \text{ kJ mol}^{-1} \qquad \textbf{(13-258d)}$$

$$\text{終止步驟} \qquad \text{H} + \text{器壁} \xrightarrow{k_5} \qquad\qquad\qquad\qquad \textbf{(13-258e)}$$

上面的反應機制中，傳遞的步驟 (13-258b) 為，反應速率相當快的放熱反應，步驟 (13-258c) 與 (13-258d) 為，由一游離基反應生成二游離基的分枝反應之步驟。若分枝的步驟之反應速率大於終止步驟之反應的速率，則游離基之數目會隨反應的時間，成指數的增加而導至發生爆炸。反應 (13-258c) 於 700 K 以下的溫度之反應的速率很慢，為吸熱的反應。因此，爆炸的第一限界之條件（壓力），由其分枝的步驟之反應速率 $2k_3(\text{H})(\text{O}_2)$，與終止的步驟之反應速率 $k_5(\text{H})$ 決定。當反應系內的氧之濃度增加時，其分枝步驟之反應的速率大於終止步驟之反應的速率，而會導至發生爆炸。

　　反應系之壓力超過其發生爆炸之第二限界的壓力時，其反應的速率變為緩慢，而不會發生爆炸。此係因壓力增加時，其另一新的終止步驟之反應變為重要，以致其游離基的數目不會成指數的增加。由於此新的終止步驟之反應隨壓力的增加而變為更重要，且其反應的級數高於分枝步驟的反應。因此，為解釋其發生爆炸的溫度與壓力之關係的第二限界，於上面的反應機制 (13-258) 須增加下列的終止步驟之反應，即為

$$\text{終止步驟} \qquad \text{H} + \text{O}_2 + \text{M} \xrightarrow{k_6} \text{HO}_2 + \text{M} \qquad\qquad \textbf{(13-259)}$$

上面的終止步驟的反應 (13-259) 中之 $M$，可能是氧與氫之化學式量比的混合

氣體中之氫或氧的分子，但此二種氣體於此終止步驟的反應中，有不同的反應效率。由於終止步驟 (13-259) 所生成的游離基 $HO_2$ 之反應性比較低，因此，$HO_2$ 於反應的器壁產生終止的反應而消滅之前，不會產生其他的游離基。爆炸的第三限界係由於下列的傳延步驟之反應，而減少其終止的反應。

$$傳延步驟 \qquad HO_2 + H_2 \xrightarrow{k_7} H_2O + OH \qquad (13\text{-}260)$$

如圖 13-18 所示，化學式量比的氫-氧之混合氣體於溫度 550°C 下，壓力於 $B$ 與 $D$ 之間及 $F$ 以上時，由於產生分支的鏈鎖反應而會發生爆炸，其**第一限界** (first limit) $B$ (即 $ABC$ 曲線)，稱爲**爆炸之低壓的限界** (lower pressure limit of explosion)。**第二限界** (second limit) $D$ (即 $CDE$ 曲線)，稱爲**爆炸之上壓的限界** (upper pressure limit of explosion)。**第三限界** (third limit) $F$ (即 $EFJ$ 曲線)，稱爲爆炸之第三限界壓力。曲線 $ABCDEFJ$ 之右邊的區域爲會發生爆炸的區域，而稱 $ABCDE$ 的區域爲**爆炸半島** (explosion peninsula)。此爆炸的區域之壓力較低，係由於產生分枝的鏈鎖反應而發生爆炸。於爆炸的半島附近之氣體的濃度比較稀薄，因此，由於反應產生的溫度之上升的效應較小，且其爆炸較弱而普通的玻璃容器亦很少會發生破裂。於 $ABC$ 的曲線以下的區域之壓力很低，而其鏈鎖游離基容易擴散至其容器壁並產生終止的反應消失，以切斷鏈鎖反應。因此，於 $ABC$ 曲線以下的壓力之反應速率較爲緩慢，而不會發生爆炸。實際上，由於改變反應的器壁之種類及性質，可減少游離基於器壁上產生結合的反應，或於氫-氧的反應混合氣體中添加不活性的氣體時，可阻撓鏈鎖游離基擴散至器壁，因此，由於這些運作均較易導至發生爆炸。此時其爆炸之第一限界的壓力與溫度的關係曲線 $ABC$ 會向下移，而形成較大的爆炸區域。

壓力稍高於 $CDE$ 曲線的限界時，由於氣相中產生，$H + H + M \rightarrow H_2 + M$ 與 $OH + H + M \rightarrow H_2O + M$，等的反應，而減少游離基的數目及切斷鏈鎖的反應，因此，不會發生爆炸。爆炸的第二限界曲線之上限的壓力與溫度有密切的關聯，而不會隨容器的大小而改變。於曲線 $EFJ$ 的右上方區域之壓力較高，由此，其氣體之密度較大，而於單位的容積中由反應於單位時間所產生的熱量較大，所以於容器內之某部分發生反應時，其附近的氣體之溫度會上升，於是其反應速率會增加而放出更多的熱量，並使其反應器內之溫度繼續上升。如此，促使其反應的範圍繼續擴大，及導至反應速率之迅速增快而發生爆炸。因此，於曲線 $EFJ$ 的右上方之高溫及高壓之區域的爆炸，稱爲**熱爆炸** (thermal explosion)。於爆炸的半島之相對低壓力附近區域的爆炸，稱爲**鏈鎖爆炸** (chain explosion)。熱爆炸之連鎖反應爲，由於其激烈的鏈鎖反應產生多量的熱量，而導至溫度及壓力的急速上升。相對地，鏈鎖爆炸的區域之溫度及壓力的上升較小，而稱爲**冷爆炸** (cold explosion)。

　　丙烷或較高級的烴類與氧之混合氣體，由於在比較高的壓力區域產生分枝的鏈鎖反應，而發生爆炸。例如，汽車或飛機之引擎中，空氣與汽油之混合氣體，經點火燃燒，並產生分枝的鏈鎖反應而發生爆炸，若此時所產生的爆炸反應過度激烈，則反而會降低其馬力。火炎通常以 $20 \sim 90 \, ms^{-1}$ 或較低的速率傳播，而其傳播的速率達至 $200 \sim 900 \, m \, s^{-1}$ 之激烈的爆炸區域時，會發生打擊引擎的聲音且反而會降低其馬力，此種爆炸稱為**震爆** (knocking)。此時其鏈鎖的反應非常快速並成為分枝鏈鎖的反應，而其反應速率急速增大，因此，於汽油中通常添加如四乙基鉛 $Pb(C_2H_5)_4$ 的**抗震劑** (anti-knocking agent)，以防止產生震爆。汽油的混合氣經加熱時，其中的四乙基鉛產生分解，並生成金屬的鉛原子或微粒子及自由基，而切斷汽油的燃燒反應之分枝的鏈鎖反應，以抑制反應之進行速率。通常添加小量的抗震劑，就可有效抑制其鏈鎖反應之反應速率。近年來由於防止空氣中的鉛微粒的污染，於幾十年前，已全面禁止於汽油中添加四乙基鉛的抗震劑，而改添加無鉛的抗震劑 MTBE。氯與氫之混合氣體經光線的照射時，生成氯化氫之連鎖的反應，由 Bodenstein 得，其鏈鎖反應之鏈鎖的長度可長達 $10^5$，但於其反應的系內加入數 mmHg 的氧氣時，其鏈鎖的長度可減低至近於 1，此時所添加的氧氣為，此反應之抑制劑。

　　鏈鎖的反應常與其他的途徑之反應同時發生，而鏈鎖的反應之活化能，通常比其他的反應途徑者高。因此，於溫度升高時，鏈鎖反應的反應速率之增加，一般比其他途徑者較為迅速，而於較高的溫度時，鏈鎖反應通常會成為主導的反應。

# 13-26　觸媒反應 (Catalysis)

　　於硫酸之接觸法的製程中，二氧化硫的氣體經氧化成為三氧化硫的反應，須使用白金及五氧化釩等的**觸媒** (catalyst)，而由氮與氫的氣體合成氨之反應，使用鐵的觸媒。這些反應所使用的觸媒，均可增加其反應之反應速率，而稱為**正觸媒** (positive catalyst) 或簡稱觸媒。相對的，會減低反應之反應速率者，稱為**負觸媒** (negative catalyst) 或**抑制劑** (inhibitor)。

　　觸媒於化學反應的平衡式中通常不會顯現，觸媒僅可改變反應之反應的速率，而反應之 Gibbs 能的變化，不受觸媒存在的影響，即反應之平衡常數與觸媒的存在無關。觸媒可縮短反應達成平衡之時間，而不能改變化學反應之平衡常數。可增加反應之正向反應速率的觸媒，通常可同比例增加其逆向反應之反應速率，例如，活性大之加氫反應的觸媒，亦是良好的脫氫反應之觸媒。甲醇的分解反應之實驗的裝置及方法，一般較甲醇之合成所用的設備及方法簡易，

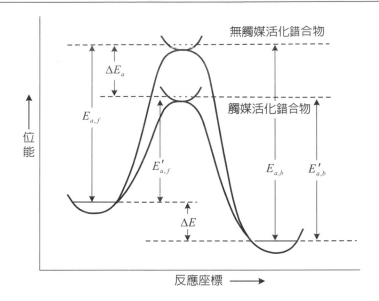

圖 13-19　觸媒之存在對於反應活化能的影響

因此，通常由甲醇之分解反應的實驗，以尋找及篩選甲醇的合成之有效的良好觸媒。

觸媒的反應之反應速率常數，一般可用 Arrhenius 式，$k = Ae^{-E_a / RT}$，表示。觸媒雖然可增加反應之反應頻率的因子 $A$，但許多研究的結果顯示，觸媒一般亦可降低反應之活化能 $E_a$，以增加其反應的速率。觸媒的存在可使反應沿其較低的活化能之反應路徑進行，而此反應路徑之正向的反應所減低的活化能 $\Delta E_a$，與其逆向的反應所減低者相同。如圖 13-19 所示，$\Delta E_a = E_{a,f} - E'_{a,f} = E_{a,b} - E'_{a,b}$，其中的 $E_{a,f}$ 與 $E_{a,b}$ 分別為，無觸媒的存在時之正向與逆向反應之活化能，而 $E'_{a,f}$ 與 $E'_{a,b}$ 為，觸媒存在時之正向與逆向反應之活化能。

於氣相或液相中之單一相的觸媒反應，稱為**均勻的觸媒反應** (homogencous catalysis)，此時所使用的反應觸媒，通常為原子、分子或離子，此種反應的實例非常多。於此以 $N_2O$ 之氣相的觸媒反應為例，說明水銀蒸氣的觸媒，對於 $N_2O$ 之分解反應，$2N_2O \rightarrow 2N_2 + O_2$，的觸媒作用。Volmer 由實驗得，$N_2O$ 於 833～953 K 及數百 mm Hg 以下的壓力之分解反應為二分子的反應，而壓力大於 10 atm 時，$N_2O$ 之分解反應為單一分子的反應，而其活化能為 221.8 kJ mol$^{-1}$。若於 $N_2O$ 的氣體中添加小量的水銀蒸氣時，則 $N_2O$ 之分解反應的反應速率，與 $N_2O$ 及 Hg 之壓力各成比例，此時 $N_2O$ 的氣體之分解反應的速率式可表示為，$-d(N_2O) / dt = k(N_2O)(Hg)$，而其反應的活化能為 196.6 kJ mol$^{-1}$。於無觸媒的存在時，$N_2O$ 之分解反應首先由於 $N_2O$ 之分解而產生 $N_2$ 與 O，即 $N_2O \rightarrow N_2 + O$，其次所生成的氧原子 O 產生再結合而生成 $O_2$。若於 Hg 蒸氣的觸媒的存在時，則其反應經由下面的二途徑進行，為 (i) $N_2O + Hg \rightarrow N_2 + HgO$ (慢反應)，與 (ii) $2HgO \rightarrow 2Hg + O_2$ 或 $HgO + N_2O \rightarrow N_2 + O_2 + Hg$ (快反應)，即首先形成 HgO，然後經由新的反應途徑進行，而最後析出化性及含量均與原來的 Hg 觸媒相同的 Hg，而此 Hg 仍具有觸媒的功能。

氯原子 Cl 為臭氧 $O_3$ 之氣相分解反應的觸媒，其反應為，$O_3 + Cl \rightarrow ClO + O_2$ 及 $ClO + O \rightarrow Cl + O_2$。其中之氧的原子為由於 $O_3$ 之光化學分解，或 $O_2$ 受紫外線的作用而產生分解所產生。於高度 10 km 至 50 km 之**同溫氣層** (stratosphere)，通常含有數 ppm 的臭氧，它對於吸收自太陽所輻射之紫外線，扮演很重要的角色。近年來由於過量使用如 $CFCl_3$ 及 $CF_2Cl_2$ 等之穩定的化合物，作為冷媒，塑膠之發泡劑，及電子與機械等零件之洗淨劑。因此，由於這些穩定的化合物之逸散，及擴散至同溫氣層，並經太陽光線的照射，產生光化學的解離反應而產生 Cl 原子，而這些 Cl 的原子可催化同溫氣層中之臭氧的分解反應，因此，減低同溫氣層中之臭氧的濃度，甚至產生臭氧層的破洞，以致無法充分吸收自太陽所發射之太陽光線中之紫外線。由此，導致近年來皮膚癌患者之顯著的增加。自幾十年前，已由全球公約全面禁止及控制，這些穩定擴散性的氯化物之使用與製造。

# 13-27 非均勻的觸媒反應 (Heterogeneous Catalysis)

氣相與液相、氣相與固相、液相與固相，或二以上的互相不溶解的溶液界面之觸媒反應，稱為**非均勻的觸媒反應** (heterogeneous catalysis)。其中最常見的非均勻的觸媒反應為，固體的觸媒之氣相反應，此時常使用之固體觸媒為，各種形態的金屬、金屬的氧化物、硫化物或鹵素的化合物等。固體觸媒之活性與其觸媒之表面的性質及表面積的大小有密切的關係，因此，通常使用固體的粉末或由粉末成形之高表面積的固體作為觸媒。對於活性甚強及價格昂貴的貴金屬觸媒，通常以氧化鋁、氧化錳、矽膠或活性碳等多孔性的微粉或顆粒作為支持體，以吸附上述的活性甚強的貴金屬的觸媒，此種觸媒的支持體本身可能沒有觸媒的作用功能，稱為**擔體** (supporter or carrier)，而以擔體支持的觸媒，稱為**擔體支持的觸媒** (supported catalyst)。

於化學工業之許多大規模的製程中，其中的許多反應均使用固體的觸媒，例如，由 $H_2$ 與 $N_2$ 氣體合成 $NH_3$ 之 Harbor 的製程，使用以 $Al_2O_3$ 及氧化鉀增強活性的鐵作為觸媒，於硝酸之製程中，氧化 $NH_3$ 成為 NO 之反應，以 Pt – Rh 作為觸媒。於 $NH_3$ 之合成的 Harbor 製程中，所使用可增加鐵的觸媒之活性的物質，如 $Al_2O_3$ 及 K，稱為**促進劑** (promoters)，其中的 $Al_2O_3$ 可防止鐵的觸媒之產生**燒結** (sintering)，以避免其觸媒活性的降低，而氧化鉀則由於蒸發而可增加觸媒的多孔性，然而，有人認為鉀於鐵觸媒的表面可促進其觸媒的作用。於反應系內，抑制觸媒的活性之物質，稱為**毒物** (poisons)。通常僅觸媒的表面之某些分率具有觸媒的作用，所以僅微量的促進劑或毒物之存在，就對於觸媒的活性會產生顯著的效應。例如，於硫酸之接觸法的製程中，僅極微量的砷之存在，就可於鉑觸媒的表面生成砷化鉑，以破壞鉑觸媒之觸媒活性。硫的化合物、氧及水蒸氣等，均為氨合成的鐵觸媒之毒性的物質。這些物質被觸媒表面的活性部位（活性中心）吸附時，均會使觸媒失去其觸媒的作用。

　　兩種以上的觸媒互相混合時，往往可改進其觸媒的特性，此種觸媒稱為**混合觸媒** (mixed catalyst)。例如，由水煤氣，CO 與 $H_2$，合成甲醇之反應，通常使用氧化鋅與氧化鈷的混合觸媒。

　　於石油的煉製工業之製程中，**裂解** (cracking) 的程序使用相當大量的固體觸媒，以增加由石油生產汽油之產率。於其**重組** (reforming) 的程序所使用的觸媒，可使分子經由其分子構造的重新組合，以提高汽油之辛烷價及產率。於這些製程中所使用的細粉或顆粒的觸媒，通常採用氣流之循環的輸送，以增加觸媒之再生及使用的效率。

　　**不飽和的脂肪酸** (unsaturated aliphatic acid) 通常使用鎳的觸媒，而與氫氣經氫化（加氫）的反應而生成飽和的脂肪酸，例如，**油酸** (oleic acid) 以鎳為觸媒，經氫化的反應可生成**硬脂酸** (stearic acid)。一氧化碳與氫的混合氣體，使用鈷、鐵或鎳的觸媒，以 Fisher-Tropsch 法可合成碳氫化合物。

　　許多氣相的反應之反應速率，受反應器的器壁之觸媒活性的影響。此種於反應器壁的表面反應之活化能通常很低，由於反應生成物自反應的器壁擴散離開之速率一般很慢，因此，此種表面的反應之反應速率，通常受其擴散速率的控制，而此種表面反應的速率之溫度係數通常很小。氣相中的分子之擴散速率，於 300 K 的溫度上升 10° 時僅約增加 3%，所以表面的反應之反應速率亦約增加 3%，然而，一般的反應之反應速率，約增加一倍，即約 100%。

　　均勻的觸媒反應之活化能，一般較非均勻的觸媒反應者大，因此，高溫對於均勻的觸媒反應較有利，而低溫較有利於非均勻的觸媒反應。均勻的觸媒反應中是否伴有非均勻的反應，可由下述的方法判斷，如 (1) 由反應速率之溫度係數的大小，(2) 於玻璃的反應器內添加碎玻璃，以增加反應物與玻璃的表面之接觸的表面積，及 (3) 改變反應之容器壁的性質，如以石英的容器替代玻璃的容器，或反應器的器壁用石蠟等物質覆蓋，以檢測容器壁的性質，對於反應速率的影響情況。例如，玻璃可催化溴與乙烯之反應，而於反應器的器壁上塗蓋石蠟時，不會發生上述的反應。一般之表面的觸媒之反應，對於表面之種類及性質均有選擇性。於玻璃的器壁上塗蓋**熔融的鹵化物** (fused halides)，或**非極性的碳氟化合物** (nonpolar fluorocarbons)，或**矽聚合物** (silicones) 等時，均會影響氣相反應之反應的速率及其反應的特性。

　　**表面的催化反應** (surface-catalyzed reactions) 之反應機制，通常包括 (1) 反應的氣體擴散至觸媒的表面，(2) 反應的氣體於觸媒之表面上的吸附，(3) 吸附的氣體於觸媒表面上的反應，(4) 於觸媒表面之反應生成物的脫附，及 (5) 生成物自觸媒的表面之擴散離開等,一聯串的步驟。觸媒的表面之性質,與其反應之生成物有關,由此,相同的反應氣體因使用不同的觸媒,可能會產生不同的生成物。若上述的反應機制之五步驟中,其第 (3) 步驟之反應的速率最慢,則於其反應物及生成物達成吸附平衡時,其表面之催化反應的速率,常用 Langmuir 的式表示。

非均勻的觸媒反應通常包括化學的吸附,由於化學吸附中的被吸附之物質,與其觸媒的表面之間常形成化學鍵的結合,因此,於化學的吸附時,其被吸附的物質於觸媒的表面上僅形成單一的分子層,而於其吸附的過程一般放出熱量。

於金屬的觸媒反應之各種金屬觸媒的活性,通常與該金屬元素於週期表上的位置 (原子序) 成有規則的變化。例如,對於反應, $H_2 + C_2H_6 = 2CH_4$ ,其金屬觸媒如**錸** (rhenium, Re),**鋨** (osmiun, Os),**銥** (iridum, Ir) 及**鉑** (platinum, Pt) 等之各**相對的比活性** (relative specific activities) ,與這些金屬觸媒之原子序,分別為 75, 76, 77 及 78 等的關係,由 Sinfelt 得如圖 13-20 的曲線所示,其觸媒的活性與原子序的關係顯現最高點。由於觸媒的金屬與被吸附物之間,有某一定的結合常數,因此,於觸媒的表面上,通常僅吸附某一定量的被吸附物,而對於某些量的吸附為放熱的吸附。金屬的觸媒與被吸附物間之結合過強時,該金屬的觸媒可能不是其反應的有效觸媒。

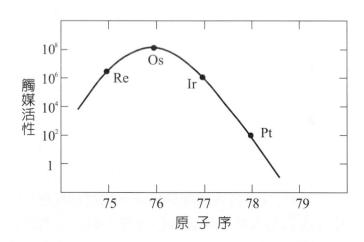

圖 13-20 反應, $H_2 + C_2H_6 = 2CH_4$ ,之各種金屬觸媒的相對比活性
(J.H. Sinfelt, Catal. Rev, 9, 147, Marcel Dekker, Inc., New York, 1974)

由 Langmuir 的吸附理論可導得,化學吸附的簡單反應機制之反應速率式,下面為假定於達成吸附平衡時,於各種情況下誘導之反應速率式。

對於含一反應物與一生成物之不可逆的觸媒表面的催化反應

$$A \rightarrow P \tag{13-261}$$

若於觸媒表面的反應為反應速率的決定步驟,則於其表面的催化反應之速率,與反應物 $A$ 於觸媒的表面所佔之分率 $\theta_A$ 成比例。此時其於觸媒表面的反應速率,可表示為

$$-\frac{dP_A}{dt} = k\theta_A \tag{13-262}$$

上式中,$P_A$ 為反應物 $A$ 之分壓。

　　設反應物與生成物均可被觸媒的表面吸附,及反應物 $A$ 與生成物 $P$ 之分壓各為 $P_A$ 與 $P_P$,而被觸媒的表面所吸附的反應物與生成物所佔之表面的分率,分別為 $\theta_A$ 與 $\theta_P$,則觸媒的表面未發生吸附之空的表面分率,等於 $1-\theta_A-\theta_P$。於平衡時,反應物 $A$ 之吸附的速率, $r_A = k_A P_A(1-\theta_A-\theta_P)$ ,等於其脫附的速率 $r_{-A} = k_{-A}\theta_A$,及生成物 $P$ 之吸附的速率, $r_P = k_P P_P(1-\theta_A-\theta_P)$ ,等於其脫附的速率, $r_{-P} = k_{-P}\theta_P$。由此,於達成平衡時,對於反應物 $A$ 及生成物 $P$,可分別得

$$k_A(1-\theta_A-\theta_P)P_A = k_{-A}\theta_A \tag{13-263}$$

及
$$k_P(1-\theta_A-\theta_P)P_P = k_{-P}\theta_P \tag{13-264}$$

由上式 (13-263) 與 (13-264),可解得

$$\upsilon_A = \frac{K_A P_A}{1 + K_A P_A + K_P P_P} \tag{13-265}$$

上式中,$K_A = k_A/k_{-A}$ 為反應物 $A$ 之吸附的平衡常數,$K_P = k_P/k_{-P}$ 為生成物 $P$ 之吸附的平衡常數。將上式 (13-265) 代入式 (13-262) 可得,非均勻的表面之反應速率,為

$$-\frac{dP_A}{dt} = \frac{k\,K_A P_A}{1 + K_A P_A + K_P P_P} \tag{13-266}$$

由上式得知,因生成物 $P$ 與反應物 $A$ 於觸媒表面的**觸媒位置** (catalytic sites) 吸附的互相競爭,所以反應速率隨生成物 $P$ 的累積,即其分壓 $P_P$ 之增加,而減慢。於較低的壓力下,反應的初期之反應速率與反應物 $A$ 之分壓 $P_A$ 成線性的關係,而其初期的反應速率隨 $P_A$ 之增加,而接近於限界值 $k$。

　　對於反應的二反應物及二生成物,均可被觸媒表面之同類型的活性吸附位吸附的表面反應

$$A + B \rightarrow P + Q \tag{13-267}$$

假設其反應速率,與其二反應物 $A$ 與 $B$ 於觸媒表面,所佔的各表面積之分率 $\theta_A$ 與 $\theta_B$ 的乘積成比例,則其表面反應的反應速率,可表示為

$$-\frac{dP_A}{dt} = k\theta_A\theta_B \tag{13-268}$$

　　若反應物與生成物均可被觸媒的表面吸附，而反應物 $A$ 與 $B$ 及生成物 $P$ 與 $Q$ 之分壓，分別為 $P_A$ 與 $P_B$ 及 $P_P$ 與 $P_Q$，且其各被觸媒表面吸附所佔的表面分率，分別為 $\theta_A$ 與 $\theta_B$ 及 $\theta_P$ 與 $\theta_Q$，則由吸附的平衡可得

$$k_A P_A (1 - \theta_A - \theta_B - \theta_P - \theta_Q) = k_{-A} \theta_A \tag{13-269a}$$

$$k_B P_B (1 - \theta_A - \theta_B - \theta_P - \theta_Q) = k_{-B} \theta_B \tag{13-269b}$$

$$k_P P_P (1 - \theta_A - \theta_B - \theta_P - \theta_Q) = k_{-P} \theta_P \tag{13-269c}$$

$$k_Q P_Q (1 - \theta_A - \theta_B - \theta_P - \theta_Q) = k_{-Q} \theta_Q \tag{13-269d}$$

於上面的式中，$k_A$ 與 $k_{-A}$ 為，$A$ 之吸附與脫附的速率常數，其餘類推。由上面的各式可得

$$\theta_A = \frac{K_A P_A}{1 + K_A P_A + K_B P_B + K_P P_P + K_Q P_Q} \tag{13-270}$$

及

$$\theta_B = \frac{K_B P_B}{1 + K_A P_A + K_B P_B + K_P P_P + K_Q P_Q} \tag{13-271}$$

其中 $K_A = k_A / k_{-A}$，$K_B = k_B / k_{-B}$，$K_P = k_P / k_{-P}$ 及 $K_Q = k_Q / k_{-Q}$，各為 $A, B, P$ 及 $Q$ 之吸附平衡常數。將式 (13-270) 及 (13-271) 代入式 (13-268)，可得表面反應速率為

$$-\frac{dP_A}{dt} = \frac{k \, K_A K_B P_A P_B}{(1 + K_A P_A + K_B P_B + K_P P_P + K_Q P_Q)^2} \tag{13-272}$$

此反應的速率式 (13-272) 顯示，$A$ 以外的各成分之分壓均保持一定時，其反應速率會隨 $P_A$ 之增加，而產生經由某最大值的變化。

　　對於二反應物 $A$ 與 $B$，可分別吸附於不同類型的吸附活性位的表面反應，設反應物 $A$ 可吸附於某一類型的吸附位，而 $B$ 可被另一類型的吸附位吸附。例如，對於金屬氧化物的觸媒，其一反應物可能與其中的金屬離子作用，而另一反應物可能與氧的離子作用。若其反應的速率，與類型 1 之吸附位被 $A$ 所佔的分率 $\theta_{A1}$，及另一種類型 2 之吸附位被 $B$ 所佔的分率 $\theta_{B2}$ 均成比例，則其表面反應的反應速率，可表示為

$$-\frac{dP_A}{dt} = k \theta_{A1} \theta_{B2} \tag{13-273}$$

而由反應物 $A$ 之吸附的平衡，可得

$$k_{A1} P_A (1 - \theta_{A1}) = k_{-A1} \theta_{A1} \tag{13-274}$$

由此，類型 1 之吸附位被 $A$ 所佔的分率，為

$$\theta_{A1} = \frac{K_{A1}P_A}{1 + K_{A1}P_A} \tag{13-275}$$

上式中，$K_{A1} = k_{A1}/k_{-A1}$。同理，由反應物 $B$ 之吸附的平衡，可得

$$\theta_{B2} = \frac{K_{B2}P_B}{1 + K_{B2}P_B} \tag{13-276}$$

其中，$K_{B2} = k_{B2}/k_{-B2}$。將式 (13-275) 及 (13-276) 代入式 (13-273)，可得上述之表面反應的反應的速率，為

$$-\frac{dP_A}{dt} = \frac{k\,K_{A1}K_{B2}P_AP_B}{(1 + K_{A1}P_A)(1 + K_{B2}P_B)} \tag{13-277}$$

於上式中，忽略生成物之吸附。此式與式 (13-272) 比較，其反應速率於 $P_B$ 保持一定時，不會像式(13-272)，隨 $P_A$ 的增加而產生經由某最大值的變化。

　　對於非均勻的表面反應，尚可導出其他的許多形式之反應速率式，例如，反應物於觸媒的表面產生解離吸附之反應等。

　　一般的化學反應之反應速率均隨溫度的上升而增大。對於觸媒反應亦同樣，其被觸媒表面吸附的分子，於愈高的溫度愈容易發生化學反應，然而，於表面之吸附量，通常隨溫度的上升而減少，由此，可能會導致其反應速率隨溫度的上升而減小。生成物的分子於觸媒表面之吸附，會抑制其反應時，則因於溫度升高時一般均會抑制分子的吸附，而減少其吸附量，因此，其反應速率會隨溫度的上升而增加。

　　如上述，非均勻的觸媒反應之反應速率，受溫度的影響較複雜。然而，由溫度對其反應速率常數 $k$ 的微分，可得與氣相反應時同樣的關係式 (13-126)，$d\ln k/dt = E_a/RT^2$。由此所求得的活化能 $E_a$，通常包含被吸附的分子產生化學反應所需之活化能 $E_a'$，及反應物的分子或生成物的分子之吸附熱。於此，$E_a$ 為由 Arrhenius 式所求得的活化能，而稱為 **視活化能** (apparent activation energy)，而 $E_a'$ 為**真實的活化能** (true activation energy)。

　　對於零級的表面反應，其反應速率可表示為

$$-\frac{dP}{dt} = k \tag{13-278}$$

上式中，$k$ 為視反應的速率常數。設真實的反應速率常數為 $k'$，則反應速率可表示為

$$-\frac{dP}{dt} = k'\theta \tag{13-279}$$

由此，$k = k'\theta$，而於零級的反應時，$\theta = 1$，所以 $k = k'$，即 $E_a = E_a'$。

例如，使用金的觸媒之 HI 的分解反應，及鎢的觸媒之 $NH_3$ 的分解反應均為零級的反應，而均可容易求得這些反應之真實的活化能。HI 的分解反應之活化能為 $104.6\,kJ\,mol^{-1}$，$NH_3$ 的分解反應之活化能為 $163.2\,kJ\,mol^{-1}$，而於均勻的氣相系之此二分解反應之活化能，分別為 $184\,kJ\,mol^{-1}$ 及 $376.6\,kJ\,mol^{-1}$。由此，此二反應於觸媒的存在時之反應的活化能，顯然較低。

對於一級的反應時，$\theta = KP$，所以由上式 (13-279) 得

$$-\frac{dP}{dt} = k'\theta = k'KP = kP \tag{13-280}$$

其中，$k = k'K$，而由式 (11-81)，$K = N_A s^* \exp(-\Delta_{ads}H / RT) / [k_d (2\pi MRT)^{1/2}]$，因此可得

$$\frac{d\ln k}{dT} = \frac{E_a}{RT^2} = \frac{d\ln k'}{dT} + \frac{d\ln K}{dT} = \frac{E_a'}{RT^2} + \frac{\Delta_{ads}H}{RT^2} \tag{13-281}$$

於式 (11-81) 中，因 $K$ 之分母對於溫度之依存性較其分子者小，所以於上式中忽略分母之溫度的影響，而得，$d\ln K / dT = \Delta_{ads}H / RT^2$。因此，由上式 (13-281) 可得

$$E_a = E_a' + \Delta_{ads}H \tag{13-282}$$

1. 試述，(a) 反應之級數，及 (b) 反應之分子數

2. 某反應系內的反應物 $A$ 之濃度 $(A)$，隨時間的變化之數據如下，試求此反應之反應級數及半生期

   | $t$ (sec): | 0 | 900 | 1800 |
   |---|---|---|---|
   | $(A)\,(mol\,L^{-1})$: | 50.8 | 19.7 | 7.62 |

   答 第一級反應，$t_{1/2} = 660\,sec$

3. 由 $N_2O_5(g)$ 於 25°C 之解離反應速率的實驗測得，其反應的半生期為 5.7 小時，而其半生期與 $N_2O_5(g)$ 之初壓無關。試求，(a) $N_2O_5(g)$ 的解離反應之反應級數，(b) 此解離反應之速率常數，及 (c) $N_2O_5(g)$ 之 90% 產生解離所需的時間

   答 (a) 第一級反應，(b) $k_1 = 0.1215\,hr^{-1}$，(c) $18.95\,hr$

4. 第一級的化學反應，$A \rightarrow B$，之反應的半生期為 10 min，試求經反應一小時後，尚剩留的反應物 $A$ 之百分率

   答　1.56%

5. 醋酸甲酯於 25°C 之 $1 mol L^{-1}$ 的 HCl 水溶液中，產生的水解反應為第一級的反應，於所定的各反應時間各取出一定容積的溶液，並以 NaOH 的標準溶液滴定中和，其各所需的 NaOH 標準溶液之容積的實驗數據如下，試由此實驗數據，計算醋酸甲酯於 25°C，產生水解之第一級反應的速率常數

   | $t, s$ | 339 | 1242 | 2745 | 4546 | $\infty$ |
   |---|---|---|---|---|---|
   | NaOH 溶液體積, $cm^3$ | 26.34 | 27.80 | 29.70 | 31.81 | 39.81 |

   答　$1.23 \times 10^{-4} s^{-1}$

6. **放射性核種的放射性衰變** (radioactive decay) 為第一級的反應，放射性的核種之放射能的強度，與其半衰期有密切的關係。於自然界存在的鉀，通常含有 0.0118% 的半衰期 $1.27 \times 10^9$ 年的放射性 $^{40}K$。試求 1 克的 KCl 之放射能的強度，並以**每秒的崩變數** dps (disintegration per second) 表示

   答　$15.7 s^{-1} dps$

7. 放射性的同位素之蛻變為，第一級的反應，某放射性的核種之半衰期為 15 分，試求其 80% 發生蛻變所需的時間

   答　34.8 分

8. 蔗糖之水解的反應為，$C_{12}H_{22}O_{11} + H_2O \rightarrow C_6H_{12}O_6(葡萄糖) + C_6H_{12}O_6(果糖)$。設蔗糖的水溶液之初濃度為 $1.0023 \ mol \ L^{-1}$，而其溶液於 25°C 的下列各時間，由於產生水解而減少之濃度的數據如下：

   | $t$ ( 分 ): | 0 | 30 | 60 | 90 |
   |---|---|---|---|---|
   | 減少的濃度 (mol $L^{-1}$): | 0 | 0.1001 | 0.1946 | 0.2770 |

   試求，(a) 蔗糖產生水解反應之反應級數，(b) 其水解反應之速率常數 $k$，及 (c) 其水解反應的半生期

   答　(a) 第一級反應，(b) $k = 5.95 \times 10^{-5} sec^{-1}$，(c) $t_{1/2} = 1.17 \times 10^4 sec$

9. 第二級的反應，$2NO_2(g) \rightarrow 2NO(g) + O_2(g)$，於 600°K 之反應速率常數 $k_2 = 0.630 \ mol^{-1} Ls^{-1} sec^{-1}$。假設 $NO_2(g)$ 為理想氣體，而 $NO_2$ 之初壓為 400 mmHg，試求 $NO_2$ 之 10% 產生分解所需的時間

   答　16.5 s

10. 試述反應之活化能，及活化能對於反應速率的影響

11. 反應，$2HI(g) \rightarrow H_2(g) + I_2(g)$，為第二級的反應。試求，(a) 反應物 HI 之濃度 (HI) 增加 3 倍，及 (b) HI 之壓力 $P_{HI}$ 減少一半時，其各反應速率之變化

    答　(a) 增加 9 倍，(b) 減慢為 1/4

12. 碘化氫於 1 atm 及 300°C 下，產生分解反應之活化能為 172.8 kJ mol$^{-1}$，而其反應速率常數為 $1.07 \times 10^{-6}$ atm$^{-1}$ sec$^{-1}$。試求碘化氫於 1 atm 及 400°C 下之分解反應的速率常數

    答 $2.34 \times 10^{-4}$ atm$^{-1}$ sec$^{-1}$

13. 氯化重氮苯 ($C_6H_5N_2Cl$) 之異戊醇的溶液，於 20°C 的下列各時間，由於分解所產生的 $N_2$ 氣體之容積，換算成標準狀況下之容積如下：

    | $t$ (min)： | 0 | 50 | 100 | 160 | 300 | ∞ |
    |---|---|---|---|---|---|---|
    | $V$ (m$L$)： | 0.00 | 8.21 | 15.76 | 23.57 | 37.76 | 69.84 |

    試求氯化重氮苯之分解反應的反應級數，及其反應速率常數

    答 第一級反應，$k_1 = 2.56 \times 10^{-3}$ min$^{-1}$

14. 水溶液中的 $FeCl_3$ 及 $SnCl_2$ 之初濃度，分別為 0.0625 及 0.03125 mol L$^{-1}$。其於水溶液中之反應，$2FeCl_3 + SnCl_2 \rightarrow 2FeCl_2 + SnCl_4$，於 25°C 之反應數據如下：

    | $t$ (min)： | 1 | 7 | 11 | 40 |
    |---|---|---|---|---|
    | $FeCl_2$ (mol L$^{-1}$)： | 0.01434 | 0.03612 | 0.04102 | 0.05058 |

    試證此反應為第三級的反應，並求其反應速率常數

    答 $k_3 = 86$ mol$^{-2}$L$^2$ min$^{-1}$

15. 碘化氫之分解反應為第二級反應，其反應速率常數與溫度的關係如下：

    | $t$ (°C)： | 321.4 | 300.0 |
    |---|---|---|
    | $k$ (mol$^{-1}$L min$^{-1}$)： | $3.95 \times 10^{-6}$ | $1.07 \times 10^{-6}$ |

    試求此第二級反應之活化能

    答 $E_a = 172.8$ kJ mol$^{-1}$

16. 溶液內的鹼與醋酸甲酯之初濃度均為 0.01 mol L$^{-1}$，其中的鹼與醋酸甲酯於 25°C 下產生皂化反應之反應速率，由於下列的各反應時間，滴定其溶液中之鹼的濃度，所得數據如下：

    | $t$ (分) | 5 | 10 | 15 | 25 |
    |---|---|---|---|---|
    | 鹼濃度 (mol L$^{-1}$) | 0.00634 | 0.00464 | 0.00363 | 0.00254 |

    試以作圖法，證明此皂化反應為第二級的反應，並求其反應速率常數 $k_2$

    答 $k_2 = 11.7$ mol$^{-1}$L min$^{-1}$

17. 溶液內的鹼與醋酸甲酯之初濃度均為 0.004 mol L$^{-1}$。試由前題所得的其反應速率常數，求此反應進行 95% 所需之時間，並求其反應的半生期

    答 403 分，$t_{1/2} = 21.2$ 分

18. 第二級的反應，$2NO + O_2 \rightarrow 2NO_2$，之反應速率常數的指數前因子為 $10^9$ $cm^6 mol^{-2} s^{-1}$。試求以 $L^2 mol^{-2} s^{-1}$ 及 $cm^6 s^{-1}$ 的單位表示之其指數前因子的數值

    答　$10^3 L^2 mol^{-2} s^{-1}$，$2.76 \times 10^{-39} cm^6 s^{-1}$

19. 相同濃度及等容積的反應物 $A$ 與 $B$ 的溶液，混合經過 1 小時後，由於反應，$A + B = C$，其中的 $A$ 之濃度由於產生反應而減少 75%。設此反應 (a) 對於 $A$ 為第一級，$B$ 為零級，(b) 對於 $A$ 及 $B$ 均為第一級，及 (c) 對於 $A$ 及 $B$ 均為零級，試求此反應經由 2 小時後，上述的各情況所剩餘的 $A$ 之百分率

    答　(a) 6.25，(b) 14.3，(c) 0%

20. 試導 1/2 級的反應之積分反應速率式，及求其反應的半生期

    答　$(A)_0^{1/2} - (A)^{1/2} = \dfrac{k}{2} t$ ，$t_{1/2} = \dfrac{\sqrt{2}}{k}(\sqrt{2} - 1)(A)_0^{1/2}$

21. 放射性核種 $^{238}U$ 的其衰變之前面的三衰變的步驟為

$$^{238}U \xrightarrow[4.5 \times 10^9 y]{\alpha} {}^{234}Th \xrightarrow[24.1d]{\beta} {}^{234}Pa \xrightarrow[1.14m]{\beta} {}^{234}U$$

    試求由純的 $^{238}U$ 開始，經過 10, 20, 40 及 80 日時，其各所生成的 $^{234}Th$ 之分率

    答　$3.65, 6.39, 9.98, 13.14 \times 10^{-12}$

22. 試導下列的反應機制之反應速率式

$$A \underset{k_2}{\overset{k_1}{\rightleftharpoons}} B \qquad B + C \xrightarrow{k_3} D$$

    設其中的 $B$ 之濃度，與 $A, C$ 及 $D$ 之各濃度比較均甚小，試使用穩定狀態的近似法，導出上面的反應機制之反應速率式，並證明此反應於較高的壓力為第一級的反應，而於較低的壓力為第二級的反應

    答　$\dfrac{d(D)}{dt} = k_1 k_3 (A)(C) / [k_2 + k_3(C)]$

23. 第一級的反應之活化能為 104,600 $J\ mol^{-1}$，而其反應速率常數以 $k = Ae^{-E_a/RT}$ 表示時，其中的 $A$ 值為 $5 \times 10^{13} s^{-1}$。試求反應的半生期為，(a) 1 分，及 (b) 30 日，時之其反應的溫度

    答　(a) 76°C、(b) $-3$°C

24. 平行的二反應，$A \xrightarrow{k_1} B$ 及 $A \xrightarrow{k_2} C$，其各反應的活化能分別為，$E_{a,1}$ 及 $E_{a,2}$，試證，反應物 $A$ 之消失反應的活化能 $E_a'$，可用 $E_{a,1}$ 及 $E_{a,2}$ 表示為

$$E_a' = \frac{k_1 E_{a,1} + k_2 E_{a,2}}{k_1 + k_2}$$

25. 試導，下列的反應機制之穩定狀態的反應速率式

$$A + A \underset{k_{-1}}{\overset{k_1}{\rightleftarrows}} A_2^* \qquad A_2^* + M \overset{k_2}{\longrightarrow} A_2 + M$$

答 $\dfrac{d(A_2)}{dt} = \dfrac{k_1 k_2 (M)(A)^2}{k_{-1} + k_2 (M)}$

26. 氣態的乙醛之熱分解反應為第二級的反應，其反應的活化能 $E_a$ 為，190,400 J mol$^{-1}$，乙醛的分子之分子直徑為 $5 \times 10^{-8}$ cm。試計算，(a) 於 800 K 及 1 bar 的壓力下，每立方厘米 (cm$^3$) 的容積內之每秒的碰撞分子數，及 (b) 乙醛之熱分解反應的反應速率常數 $k$

答 (a) $3.1 \times 10^{28}$ cm$^{-3}$s$^{-1}$，(b) 0.083 L mol$^{-1}$s$^{-1}$

# 附錄一　物理化學常用之數學公式

## A1-1 代　數

1. 二次方程式，$ax^2 + bx + c = 0$(其中的 $a \neq 0$)，之根為

$$x = \frac{-b \pm \sqrt{b^2 - 4ac}}{2a} \tag{A1-1}$$

而其解 (A1-1) 內的 $(b^2 - 4ac)$ 為

(1) 若 $b^2 - 4ac > 0$，則有二實根。通常僅其中之一實根於物理化學具有物理的意義，因此，須考慮其實際所代表的意義，以決定其中之一實根（參閱例 A1-1）。

(2) 若 $b^2 - 4ac = 0$，則有二相等的實根（或稱為二重根）。

(3) 若 $b^2 - 4ac < 0$，則有二虛根，而這些根於物理化學不具實際的意義。

2. 二項式的公式：

(1) $(a \pm b)^2 = a^2 \pm 2ab + b^2$ (A1-2)

(2) $(a \pm b)^3 = a^3 \pm 3a^2b + 3ab^2 \pm b^3$ (A1-3)

(3) $(1 \pm x)^{1/2} = 1 \pm \dfrac{x}{2} - \dfrac{x^2}{8} \pm \cdots\cdots 5\ 1 \pm \dfrac{x}{2}$ （當 $x << 1$ 時） (A1-4)

**例 A1-1** 氯化鉈 TlCl 於水溶液中之溶解度積為 $K_{sp} = 1.69 \times 10^{-4}$，試求 TlCl 於 0.10 mol L$^{-1}$ 的 KCl 水溶液中之溶解度 s

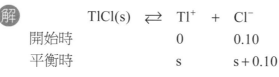

**解**

| | TlCl(s) | $\rightleftarrows$ | Tl$^+$ | + | Cl$^-$ |
|---|---|---|---|---|---|
| 開始時 | | | 0 | | 0.10 |
| 平衡時 | | | s | | s + 0.10 |

$\therefore K_{sp} = [\text{Tl}^+][\text{Cl}^-] = (s)(s+0.10) = s^2 + 0.10s = 1.69 \times 10^{-4}$

上式可改寫成 $s^2 + 0.10s - 1.69 \times 10^{-4} = 0$

而由上式得，$a=1, b=0.10, c=-1.69\times10^{-14}$，將這些數值代入式 (A1-1)，可得

$$s = \frac{-0.1 \pm \sqrt{(0.10)^2 - 4(1)(-1.69\times10^{-4})}}{2(1)}$$

$$= \frac{-0.1 \pm \sqrt{(0.010) + (6.76\times10^{-4})}}{2} = \frac{-0.1 \pm 0.103}{2}$$

$$\therefore s = -0.10 \text{ 或 } 0.0015$$

其中的負根 $-0.10$，對於溶解度 $s$ 不具實際的意義。因此，TlCl 於 $0.1\ mol\ L^{-1}$ 的 KCl 水溶液中之溶解度為，$s = 0.0015\ mol\ L^{-1}$ ◀

例 **A1-2** 試利用式 (A1-4)，求 $10^{1/2}$ 之近似值

解 $10^{1/2} = (9+1)^{1/2} = 3\left(1+\frac{1}{9}\right)^{1/2}$

令 $x = 1/9$，則由式 (A1-4) 可得

$$10^{1/2} \fallingdotseq 3\left(1+\frac{1/9}{2}\right) 3\left(1+\frac{1}{18}\right) = 3.1667$$

$10^{1/2}$ 之精確的值取至小數點的第四位時，為 3.1623。 ◀

# A1-2 對 數

於物理化學常使用對數，以作乘、除、開方、及次方等之運算。以 10 為底之對數稱為普通對數，而寫成 $\log_{10} x$ 或 $\log x$。以自然數 $e\,(e = 2.71828\cdots\cdots)$ 為底之對數，稱為自然對數，而寫成 $\ln x$。此二者之間，可用下式 (A1-5) 的關係式，互相轉換，即

$$\ln x = \frac{\log x}{\log e} = \frac{\log x}{0.4343} = 2.303 \log x \tag{A1-5a}$$

或 $$\log x \log 10 = \log x = \ln x \log e \tag{A1-5b}$$

對數之一些運算的規則及關係式如下：

1. $x = 10^{\log x} = e^{\ln x}$ (A1-6)

2. $\log ab = \log a + \log b$ (A1-7)

3. $\log a/b = \log a - \log b$ (A1-8)

4. $\log a^n = n \log a$ (A1-9)

5. $\log a^{1/n} = \frac{1}{n} \log a$ (A1-10)

**6.** $\log \dfrac{1}{a} = -\log a$ (A1-11)

**7.** $\log_a x = \dfrac{\log_{10} x}{\log_{10} a}$ ［ 左邊的對數以 $a(a \neq 0)$ 為底，右邊以 10 為底 ］ (A1-12)

**8.** $\log 1 = 0$, $\ln 1 = 0$ (A1-13)

例 **A1-3** 試求 $\log 30000$ 及 $\ln 30000$ 之值

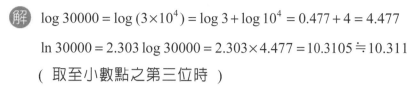

解　$\log 30000 = \log (3 \times 10^4) = \log 3 + \log 10^4 = 0.477 + 4 = 4.477$

$\ln 30000 = 2.303 \log 30000 = 2.303 \times 4.477 = 10.3105 \fallingdotseq 10.311$

（ 取至小數點之第三位時 ）　◀

例 **A1-4** 已知 $\log x = 3.570$ 及 $\log y = -1.230$，試求其中的 $x$ 及 $y$ 值

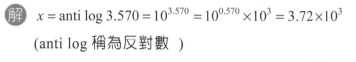

解　$x = \text{anti log } 3.570 = 10^{3.570} = 10^{0.570} \times 10^3 = 3.72 \times 10^3$

(anti log 稱為反對數 )

$y = \text{anti log}(-1.230) = \text{anti log}(0.770 - 2) = 10^{0.770} \times 10^{-2} = 5.89 \times 10^{-2}$　◀

## A1-3　指　數

　　於物理化學之許多運算，常使用指數。對數與指數互為反函數，而此二者之間可互相轉換如下 （ 於下面的各式，設 $a \neq 0, x > 0$)：

$$\log_a x = y \,(\text{以 } a \text{ 為底}) \quad <=> \quad a^y = x \tag{A1-14}$$

$$\log 10^x = y \,(\text{以 } 10 \text{ 為底}) \quad <=> \quad 10^y = x \tag{A1-15}$$

$$\ln x = y \,(\text{以 } e \text{ 為底}) \quad <=> \quad e^y = x = \exp(y) \tag{A1-16}$$

　　指數之一些運算的規則及關係式如下 （ 註：於下面的各式，設 $a \neq 0$)：

**1.** $a^x a^y = a^{(x+y)}$ (A1-17)

**2.** $a^x / a^y = a^{(x-y)}$ (A1-18)

**3.** $(a^x)^y = (a^y)^x = a^{xy}$ (A1-19)

**4.** $a^{-x} = 1/(a^x)$ (A1-20)

**5.** $a^{1/x} = \sqrt[x]{a}$ (A1-21)

**6.** $(ab)^x = a^x b^x$ (A1-22)

## A1-4　三角函數

於右圖所示的直角三角形，$c^2 = a^2 + b^2$，設 $a + b + c = 2s$

$$\begin{aligned}\text{則面積} &= \frac{1}{2}bc\sin\theta \\ &= \sqrt{s(s-a)(s-b)(s-c)}\end{aligned}$$

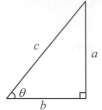

1.  $\sin\theta = \dfrac{a}{c} = \dfrac{1}{\csc\theta}$ 　　　　　　　　　　　　　(A1-23)

2.  $\cos\theta = \dfrac{b}{c} = \dfrac{1}{\sec\theta}$ 　　　　　　　　　　　　　(A1-24)

3.  $\tan\theta = \dfrac{a}{b} = \dfrac{\sin\theta}{\cos\theta} = \dfrac{1}{\cot\theta}$ 　　　　　　　　(A1-25)

4.  $1 = \sin^2\theta + \cos^2\theta = \csc^2\theta - \cot^2\theta = \sec^2\theta - \tan^2\theta$ 　(A1-26)

5.  $\sin 0° = 0$，$\cos 0° = 1$，$\tan 0° = 0$ 　　　　　　　　(A1-27)

6.  $\sin 30° = \dfrac{1}{2}$，$\cos 30° = \dfrac{\sqrt{3}}{2}$，$\tan 30° = \dfrac{1}{\sqrt{3}}$ 　　　(A1-28)

7.  $\sin 45° = \dfrac{\sqrt{2}}{2}$，$\cos 45° = \dfrac{\sqrt{2}}{2}$，$\tan 45° = 1$ 　　　(A1-29)

8.  $\sin 60° = \dfrac{\sqrt{3}}{2}$，$\cos 60° = \dfrac{1}{2}$，$\tan 60° = \sqrt{3}$ 　　　(A1-30)

9.  $\sin 90° = 1$，$\cos 90° = 0$，$\tan 90° = \infty$ 　　　　　　(A1-31)

10. $\sin(-\theta) = -\sin\theta$，$\cos(-\theta) = \cos\theta$，$\tan(-\theta) = -\tan\theta$ 　(A1-32)

## A1-5　解析幾何

1.  直線之公式為

$$y = mx + b \tag{A1-33}$$

上式中的 $m$ 為直線之**斜率** (slope)，$b$ 為直線於 $y$ 軸上之截距，$m$ 為直線之斜率，亦可用直線上之二點的坐標 $(x_1, y_1)$ 及 $(x_2, y_2)$ 表示，即為

$$m = \frac{y_2 - y_1}{x_2 - x_1} \tag{A1-34}$$

2. 直角雙曲線 ( 或稱等軸雙曲線 ) 之公式爲

$$xy = a \tag{A1-35}$$

以對角線 $x = y$ 及 $x = -y$ 爲對稱軸 ( 其二者互相垂直 )，其與對稱軸相交之頂點至原點 $(0,0)$ 的距離爲 $a$。於物理化學常採用其於第一象限之軌跡，例如，理想氣體之波以耳定律， $PV = k$，以 $P$ 對 $V$ 作圖時，可得於第一象限之直角雙曲線，此爲理想氣體之等溫線 ( 詳見第 2 章 )。

3. 拋物線之公式爲

$$y^2 = ax \quad ( \text{對稱軸爲 } x \text{ 軸，頂點爲原點} ) \tag{A1-36}$$

或

$$x^2 = by \quad ( \text{對稱軸爲 } y \text{ 軸，頂點爲原點} ) \tag{A1-37}$$

於物理化學常採用於第一象限之軌跡。例如，吸附等溫式，$y = k\,p^{1/n}$，其中的 $n = 2$ 時， $y^2 = k'p$，其軌跡爲於第一象限的拋物線。

4. 橢圓之公式爲

$$\frac{x^2}{a^2} + \frac{y^2}{b^2} = 1 \tag{A1-38}$$

上式以直角坐標的原點 $(0,0)$，作爲其中心點，而以 $x$ 軸及 $y$ 軸爲對稱軸，則橢圓與二坐標軸相交之頂點至中心點的距離，分別爲 $a$ 及 $b$。

# A1-6 微分 ( 或稱導數 )

於物理化學之許多公式及定律的推導，常使用微分的運算。若 $y$ 爲 $x$ 的連續函數， $y = f(x)$，則其微分 ( 或導數 ) 的定義爲

$$f'(x) = \frac{dy}{dx} = \lim_{\Delta x \to 0} \frac{\Delta y}{\Delta x} \tag{A1-39}$$

一些微分運算的公式如下：

1. $\dfrac{d}{dx}(x) = 1$， $\dfrac{da}{dx} = 0$ (其中的 $a$ 爲常數 ) $\tag{A1-40}$

2. $\dfrac{d}{dx}(au) = a\dfrac{du}{dx}$ (其中的 $a$ 爲常數 ) $\tag{A1-41}$

3. $\dfrac{d}{dx}(u^a) = au^{a-1}\dfrac{du}{dx}$ (其中的 $a$ 爲常數 ) $\tag{A1-42}$

4. $\dfrac{dx^n}{dx} = nx^{n-1}$ $\tag{A1-43}$

5. $\dfrac{d}{dx}(uv) = u\dfrac{dv}{dx} + v\dfrac{du}{dx}$ $\tag{A1-44}$

6. $\dfrac{d}{dx}\left(\dfrac{u}{v}\right)=\dfrac{1}{v}\dfrac{du}{dx}-\dfrac{u}{v^2}\dfrac{dv}{dx}=\dfrac{v\dfrac{du}{dx}-u\dfrac{dv}{dx}}{v^2}$ （A1-45）

7. $\dfrac{d}{dx}\left(\dfrac{1}{v}\right)=-\dfrac{1}{v^2}\dfrac{dv}{dx}$ （A1-46）

8. $\dfrac{d}{dx}(\ln u)=\dfrac{1}{u}\dfrac{du}{dx}$ （以 $e$ 為底） （A1-47）

9. $\dfrac{d\ln x}{dx}=\dfrac{1}{x}$ （A1-48）

10. $\dfrac{d}{dx}(\log u)=\dfrac{1}{2.303u}\dfrac{du}{dx}$ （以 10 為底） （A1-49）

11. $\dfrac{d}{dx}(\log_a u)=\dfrac{1}{u\ln a}\dfrac{du}{dx}=\dfrac{\log_a e}{u}\dfrac{du}{dx}$ （以 $a$ 為底） （A1-50）

12. $\dfrac{d}{dx}(e^u)=e^u\dfrac{du}{dx}$ （A1-51）

13. $\dfrac{de^x}{dx}=e^x$ （A1-52）

14. $\dfrac{d}{dx}(\sin\theta)=\cos\theta\dfrac{d\theta}{dx}$ （A1-53）

15. $\dfrac{d\sin x}{dx}=\cos x$ （A1-54）

16. $\dfrac{d}{dx}(\cos\theta)=-\sin\theta\dfrac{d\theta}{dx}$ （A1-55）

17. $\dfrac{d\cos x}{dx}=-\sin x$ （A1-56）

18. $\dfrac{d}{dx}(\tan\theta)=\sec^2\theta\dfrac{d\theta}{dx}$ （A1-57）

19. $\dfrac{d}{dx}(\cot\theta)=-\csc^2\theta\dfrac{d\theta}{dx}$ （A1-58）

20. $\dfrac{d}{dx}(\sec\theta)=\tan\theta\sec\theta\dfrac{d\theta}{dx}$ （A1-59）

21. $\dfrac{d}{dx}(\csc\theta)=-\cot\theta\csc\theta\dfrac{d\theta}{dx}$ （A1-60）

22. $\dfrac{da^u}{dx}=a^u\ln a\dfrac{du}{dx}$ （其中的 $a$ 為常數） （A1-61）

23. $\dfrac{da^x}{dx}=a^x\ln a$ （A1-62）

24. $\dfrac{df(u)}{dx}=\dfrac{df(u)}{du}\cdot\dfrac{du}{dx}$ （A1-63）

25. $\dfrac{dz[y(x)]}{dx}=\dfrac{dz}{dy}\dfrac{dy}{dx}$ （A1-64）

26. $\dfrac{d^2 f(u)}{dx^2}=\dfrac{df}{du}\cdot\dfrac{d^2 u}{dx^2}+\dfrac{d^2 f}{du^2}\cdot\dfrac{du^2}{dx^2}$ （A1-65）

27. $\dfrac{dx^x}{dx} = x^x(1 + \ln x)$ (A1-66)

28. $\dfrac{dy}{dx} = \dfrac{1}{\left(\dfrac{dx}{dy}\right)}$ (A1-67)

29. $\dfrac{du^v}{dx} = vu^{v-1}\dfrac{du}{dx} + u^v \ln u \dfrac{dv}{dx}$ (A1-68)

**例 A1-5**　試求，$y = ax^3 + bx^2$（其中的 $a$，$b$ 為常數），之一次及二次微分

**解**　一次微分：$\dfrac{dy}{dx} = 3ax^2 + 2bx$

二次微分：$\dfrac{d^2y}{dx^2} = \dfrac{d}{dx}\left(\dfrac{dy}{dx}\right) = \dfrac{d}{dx}(3ax^2 + 2bx) = 6ax + 2b$　◀

**例 A1-6**　試求，$y = \ln x$，之一次及二次微分

**解**　一次微分：$\dfrac{dy}{dx} = \dfrac{1}{x}$

二次微分：$\dfrac{d^2y}{dx^2} = \dfrac{d}{dx}\left(\dfrac{dy}{dx}\right) = \dfrac{d\left(\dfrac{1}{x}\right)}{dx} = -\dfrac{1}{x^2}$　◀

**例 A1-7**　試求，$P = \dfrac{RT_c}{V - b} - \dfrac{a}{V^2}$，於反曲點之 $P$ 對 $V$ 的一次微分及二次微分，其中的 $a$，$b$，$R$，$T_c$ 均為常數

**解**　一次微分：$\dfrac{dP}{dV} = \dfrac{-RT_c}{(V-b)^2} + \dfrac{2a}{V^3}$

二次微分：$\dfrac{d^2P}{dV^2} = \dfrac{d\left(\dfrac{dP}{dV}\right)}{dV} = \dfrac{d}{dV}\left[\dfrac{-RT_c}{(V-b)^2} + \dfrac{2a}{V^3}\right] = \dfrac{2RT_c}{(V-b)^2} - \dfrac{6a}{V^4}$

註：由於反曲點之一次及二次微分各等於零，而由此可導得凡得瓦常數與臨界常數間的重要關係（參閱第 2 章）　◀

## A1-7 偏微分（或稱偏導數）及全微分

若 $z$ 為 $x$ 及 $y$ 的連續函數，即 $z = f(x, y)$，則 $x$ 及 $y$ 對於 $z$ 之偏微分，可分別表示為

$$\left(\frac{\partial z}{\partial x}\right)_y = \left(\frac{\partial f}{\partial x}\right)_y = \lim_{\Delta x \to 0} \frac{f(x + \Delta x, y) - f(x, y)}{\Delta x} \tag{A1-69}$$

及

$$\left(\frac{\partial z}{\partial y}\right)_x = \left(\frac{\partial f}{\partial y}\right)_x = \lim_{\Delta y \to 0} \frac{f(x, y + \Delta y) - f(x, y)}{\Delta y} \tag{A1-70}$$

其中的 $\left(\dfrac{\partial z}{\partial x}\right)_y$ 為於 $y$ 保持一定下，$x$ 對於 $z$ 之微分；而 $\left(\dfrac{\partial z}{\partial y}\right)_x$ 為於 $x$ 保持一定下，$y$ 對於 $z$ 之微分。

$z = f(x, y)$ 之全微分 $dz$，可表示為

$$dz = \left(\frac{\partial z}{\partial x}\right)_y dx + \left(\frac{\partial z}{\partial y}\right)_x dy \tag{A1-71}$$

## A1-8 恰當微分（或稱正確的微分）(Exact Differential)

設 $z = f(x, y)$，則其全微分為，$dz = \left(\dfrac{\partial z}{\partial x}\right)_y dx + \left(\dfrac{\partial z}{\partial y}\right)_x dy$。若

$M(x, y) = \left(\dfrac{\partial z}{\partial x}\right)_y$，及 $N(x, y) = \left(\dfrac{\partial z}{\partial y}\right)_x$，則於滿足下列的關係 (A1-72)時，$dz$ 稱為恰當微分，即

$$\left(\frac{\partial M}{\partial y}\right)_x = \left(\frac{\partial N}{\partial x}\right)_y \tag{A1-72}$$

上式 (A1-72) 之關係，亦可表示為

$$\left(\frac{\partial M}{\partial y}\right)_x = \left[\frac{\partial}{\partial y}\left(\frac{\partial z}{\partial x}\right)_y\right]_x = \frac{\partial^2 z}{\partial y \partial x} = \left(\frac{\partial N}{\partial x}\right)_y = \left[\frac{\partial}{\partial x}\left(\frac{\partial z}{\partial y}\right)_x\right]_y = \frac{\partial^2 z}{\partial x \partial y} \tag{A1-73}$$

即為恰當微分時，其微分與微分的順序無關。於熱力學利用此種關係，而導得各熱力量間之所謂 Maxwell 的關係式。

## A1-9 微分的循環法則

若 $z = f(x, y)$ 為連續的函數式,則其全微分可表示為

$$dz = \left(\frac{\partial z}{\partial x}\right)_y dx + \left(\frac{\partial z}{\partial y}\right)_x dy \qquad \text{(A1-71)}$$

於 $z$ 保持一定 $(dz = 0)$ 下,除以 $dy$ 可得

$$0 = \left(\frac{\partial z}{\partial x}\right)_y \left(\frac{\partial x}{\partial y}\right)_z + \left(\frac{\partial z}{\partial y}\right)_x \qquad \text{(A1-74a)}$$

或 $\qquad \therefore \left(\frac{\partial x}{\partial y}\right)_z \left(\frac{\partial z}{\partial x}\right)_y = -\left(\frac{\partial z}{\partial y}\right)_x \qquad \text{(A1-74b)}$

上式的兩邊均除以 $\left(\dfrac{\partial z}{\partial y}\right)_x$,並代入式 (A1-67),經整理可得

$$\frac{\left(\dfrac{\partial x}{\partial y}\right)_z \left(\dfrac{\partial z}{\partial x}\right)_y}{\left(\dfrac{\partial z}{\partial y}\right)_z} = \left(\frac{\partial x}{\partial y}\right)_z \left(\frac{\partial y}{\partial z}\right)_x \left(\frac{\partial z}{\partial x}\right)_y = -1 \qquad \text{(A1-75a)}$$

上式 (A1-75a) 即為微分的循環法則,此式於物理化學常用以推導熱力學的量間之關係式。上式 (A1-75a) 亦可改寫成如下列的實用關係式,即為

$$\left(\frac{\partial x}{\partial y}\right)_z = \frac{1}{\left(\dfrac{\partial y}{\partial z}\right)_x \left(\dfrac{\partial z}{\partial x}\right)_y} = -\frac{\left(\dfrac{\partial z}{\partial y}\right)_x}{\left(\dfrac{\partial z}{\partial x}\right)_y} \qquad \text{(A1-75b)}$$

於 $y$ 保持一定時,由式 (A1-71)可得

$$dz = \left(\frac{\partial z}{\partial x}\right)_y dx \qquad \text{(A1-76a)}$$

或可寫成

$$\left(\frac{\partial x}{\partial z}\right)_y = \frac{1}{(\partial z / \partial x)_y} \qquad \text{(A1-76b)}$$

例 **A1-8**　設 $\alpha = \dfrac{1}{V}\left(\dfrac{\partial V}{\partial T}\right)_P$ , $\kappa = -\dfrac{1}{V}\left(\dfrac{\partial V}{\partial P}\right)_T$ ，試以 $\alpha$ 及 $\kappa$ 表示 $\left(\dfrac{\partial P}{\partial T}\right)_V$

解　令 $x = P$ , $y = T$ , $z = V$ ，由式 (A1-75b) 可得

$$\left(\frac{\partial P}{\partial T}\right)_V = -\frac{\left(\dfrac{\partial V}{\partial T}\right)_P}{\left(\dfrac{\partial V}{\partial P}\right)_T} = \frac{\dfrac{1}{V}\left(\dfrac{\partial V}{\partial T}\right)_P}{-\dfrac{1}{V}\left(\dfrac{\partial V}{\partial P}\right)_T} = \frac{\alpha}{\kappa}$$　◀

# A1-10　積　分

　　積分為微分的反運算，於物理化學的許多公式之誘導及計算，常使用的積分運算之公式如下：

1.　$\displaystyle\int df(x) = f(x) + c$　（$c$ 為積分常數）　　　　　　　　　　　　　　　(A1-77)

2.　$\displaystyle\int af(x)dx = a\int f(x)dx$　（$a$ 為常數）　　　　　　　　　　　　　(A1-78)

3.　$\displaystyle\int (u \pm v)dx = \int udx \pm \int vdx$　　　　　　　　　　　　　　　　(A1-79)

4.　$\displaystyle\int e^x dx = e^x + c$　（$c$ 為積分常數）　　　　　　　　　　　　　　(A1-80)

5.　$\displaystyle\int e^{ax}dx = \frac{1}{a}\int d(e^{ax}) = \frac{1}{a}e^{ax} + c$　（$c$ 為積分常數）　　(A1-81)

6.　$\displaystyle\int a^x dx = \frac{a^x}{\ln a} + c$　（$c$ 為積分常數）　　　　　　　　　　(A1-82)

7.　$\displaystyle\int x^n dx = \frac{1}{n+1}x^{n+1} + c$　（$n \neq -1$，$c$ 為積分常數）　　(A1-83)

8.　$\displaystyle\int \frac{dx}{x} = \ln x + c$　（$c$ 為積分常數）　　　　　　　　　　　(A1-84)

9.　$\displaystyle\int udv = uv - \int vdu$　　　　　　　　　　　　　　　　　　　　(A1-85)

10.　$\displaystyle\int \ln ax\, dx = x\ln ax - x$　　　　　　　　　　　　　　　　　　(A1-86)

11.　$\displaystyle\int x^2 e^{bx}dx = e^{bx}\left(\frac{x^2}{b} - \frac{2x}{b^2} + \frac{2}{b^3}\right)$　　　　　　　　　　(A1-87)

12.　$\displaystyle\int \sin\theta\, d\theta = -\cos\theta + c$　（$c$ 為積分常數）　　　　　　　(A1-88)

13.　$\displaystyle\int \cos\theta\, d\theta = \sin\theta + c$　（$c$ 為積分常數）　　　　　　　(A1-89)

14.　$\displaystyle\int_a^b f(x)dx = -\int_b^a f(x)dx$　　　　　　　　　　　　　　　(A1-90)

15.　$\displaystyle\int_a^c f(x)dx = \int_a^b f(x)dx + \int_b^c f(x)dx$　　　　　　　　　(A1-91)

16.　$\displaystyle\int \frac{1}{a+bx}dx = \frac{1}{b}\ln(a+bx) + c$　（$c$ 為積分常數）　　(A1-92)

**17.** $\displaystyle\int\frac{1}{(a+bx)^2}dx = -\frac{1}{b(a+bx)}+c$ （$c$ 為積分常數 ） **(A1-93)**

**18.** $\displaystyle\int\frac{xdx}{a+bx} = \frac{1}{b^2}[(a+bx)-a\ln(a+bx)]+c$ （$c$ 為積分常數 ） **(A1-94)**

**19.** $\displaystyle\int\frac{1}{x(a+bx)}dx = \frac{1}{a}\ln\frac{a+bx}{x}+c$ （$c$ 為積分常數 ） **(A1-95)**

**20.** $\displaystyle\int\frac{1}{(a+bx)(a'+b'x)}dx = \frac{1}{ab'-a'b}\ln\frac{a'+b'x}{a+bx}$ **(A1-96)**

**21.** $\displaystyle\int\frac{1}{(a+bx)^2(a'+b'x)}dx = \frac{1}{ab'-a'b}\left[\frac{a}{b}\ln(a+bx)-\frac{a'}{b'}\ln(a'+b'x)\right]+c$ （$c$ 為積分常數） **(A1-97)**

**例 A1-9** 設 (a) $P=\dfrac{RT}{V}$ ，及 (b) $P=\dfrac{RT}{V-b}-\dfrac{a}{V^2}$ ，其中的 $a$ , $b$ , $R$ , $T$ 均為一定的常數。試分別求其 $w = \displaystyle\int_{V_1}^{V_2} PdV$

**解** (a) $w = \displaystyle\int_{V_1}^{V_2} PdV = \int_{V_1}^{V_2}\frac{RT}{V}dV = RT\ln\frac{V_2}{V_1}$

此為理想氣體於定溫可逆膨脹時，所作之最大功

(b) $w = \displaystyle\int_{V_1}^{V_2} PdV = \int_{V_1}^{V_2}\left[\frac{RT}{V-b}-\frac{a}{V^2}\right]dV - \int_{V_1}^{V_2}\frac{RT}{V-b}dV - \int_{V_1}^{V_2}\frac{a}{V^2}dV$

$= RT\ln\dfrac{V_2-b}{V_1-b}+a\left(\dfrac{1}{V_2}-\dfrac{1}{V_1}\right)$

此為凡得瓦氣體於定溫可逆膨脹時，所作之最大功 （ 參閱第 3 章 ） ◀

## A1-11 數 列

於物理化學有關問題之計算時，常用的數列如下：

**1.** $(1+x)^{-1} = 1-x+x^2-x^3+\cdots\cdots$ $(x^2<1)$ **(A1-98)**

**2.** $(1-x)^{-1} = 1+x+x^2+x^3+\cdots\cdots$ $(x^2<1)$ **(A1-99)**

**3.** $(1-x)^{-2} = 1+2x+3x^2+4x^3+\cdots\cdots$ $(x^2<1)$ **(A1-100)**

**4.** $(1+x)^{1/2} = 1+\dfrac{x}{2}-\dfrac{x^2}{8}+\dfrac{x^3}{16}-\cdots\cdots$ $(x^2<1)$ **(A1-101)**

**5.** $\ln(1+x) = x+\dfrac{x^2}{2}+\dfrac{x^3}{3}+\cdots\cdots$ $(1+x>0)$ **(A1-102)**

**6.** $\ln(1-x) = -x-\dfrac{x^2}{2}-\dfrac{x^3}{3}-\cdots\cdots$ $(1-x>0)$ **(A1-103)**

7. $e^x = 1 + x + \dfrac{x^2}{2!} + \dfrac{x^3}{3!} + \cdots\cdots$         **(A1-104)**

8. $\sin x = x - \dfrac{x^3}{6} + \dfrac{x^5}{120} - \cdots\cdots$         **(A1-105)**

9. $\cos x = 1 - \dfrac{x^2}{2} + \dfrac{x^4}{24} - \cdots\cdots$         **(A1-106)**

10. $(1 \pm x)^{-1} 7 \ 1 \mp x$   ($x \ll 1$ 時)         **(A1-107)**

11. $\ln(1 \pm x) 7 \ \pm x$   ($x \ll 1$ 時)         **(A1-108)**

12. Taylor 數列 (Taylor's series)

$$f(x) = f(a) + (x-a)f'(a) + \frac{(x-a)^2}{2!}f''(a) + \cdots\cdots \qquad \textbf{(A1-109)}$$

# A1-12 線性微分方程式之解 (利用積分因數)

設線性微分方程式

$$\frac{dy}{dx} + Py = Q \qquad\qquad \textbf{(A1-110)}$$

其積分因數為 $e^{\int P dx}$。此微分方程式之通解為

$$y e^{\int P dx} = \int Q e^{\int P dx} dx + c \quad\ (c \text{ 為積分常數}) \qquad \textbf{(A1-111)}$$

此線性微分方程式之解,可用以求化學動力學之連續反應中,其各成分之濃度與時間的關係 (參閱下面的例 A1-10)。

**例 A1-10** 於連續反應,$A \xrightarrow{k_1} B \xrightarrow{k_2} C$,對於 $B$ 之反應速率式可表示為

$$\frac{dC_B}{dt} = k_1 a e^{-k_1 t} - k_2 C_B$$

試由上式解出,$B$ 之濃度與反應時間的關係,$C_B = f(t)$,即 $B$ 之濃度以時間 $t$ 的函數表示

**解** 將 $B$ 之反應速率式改寫成式 (A1-110) 的形式,為

$$\frac{dC_B}{dt} + k_2 C_B = k_1 a e^{-k_1 t} \qquad\qquad \textbf{(1)}$$

上式與式 (A1-110) 比較,可得其積分因數為 $e^{\int k_2 dt} = e^{k_2 t}$。上式 (1) 乘此積分因數,可得

$$e^{k_2 t}\frac{dC_B}{dt} + k_2 C_B e^{k_2 t} = k_1 a e^{(k_2 - k_1)t}$$

或

$$d(e^{k_2 t} C_B) = k_1 a e^{(k_2-k_1)t} dt$$

上式經積分可得

$$e^{k_2 t} C_B = \frac{ak_1}{k_2-k_1} e^{(k_2-k_1)t} + c \quad (c\text{ 為積分常數 })\tag{2}$$

成分 $B$ 於反應開始時之濃度為零，即於 $t=0$ 時， $C_B = 0$，將此初期的條件代入上式 (2) ，可得積分常數 $c = -\dfrac{ak_1}{k_2-k_1}$。由此，將此積分常數代入式 (2) ，可得 $B$ 之濃度為

$$C_B = \frac{ak_1}{k_2-k_1}(e^{-k_1 t} - e^{-k_2 t})\tag{3}$$

或由式 (1) 與式 (A1-111) 比較亦可直接求得其解。即令 $y = C_B$, $x = t$, $P = k_2$, $Q = k_1 a e^{-k_1 t}$，則可得

$$C_B e^{\int k_2 dt} = \int k_1 a e^{-k_1 t} e^{\int k_2 dt} dt + c$$

即

$$C_B e^{k_2 t} = \int ak_1 e^{(k_2-k_1)t} dt + c = \frac{ak_1}{k_2-k_1} e^{(k_2-k_1)t} + c$$

上式與式 (2) 相同，同樣可解得式 (3)。　　　　　　◄

## A1-13 一些常用的定積分之公式
### ( 於氣體動力論常用之積分的公式 )

1.  $\displaystyle\int_{-\infty}^{\infty} x^{2n} e^{-\beta x^2} dx = 2\int_0^{\infty} x^{2n} e^{-\beta x^2} dx$ $\qquad$ **(A1-112)**

2.  $\displaystyle\int_0^{\infty} e^{-\beta x^2} dx = \frac{1}{2}\cdot\frac{\pi^{1/2}}{\beta^{1/2}}$ $\qquad$ **(A1-113)**

3.  $\displaystyle\int_0^{\infty} x^2 e^{-\beta x^2} dx = \frac{1}{2}\cdot\frac{\pi^{1/2}}{2\beta^{3/2}}$ $\qquad$ **(A1-114)**

4.  $\displaystyle\int_0^{\infty} x^4 e^{-\beta x^2} dx = \frac{1}{2}\cdot\frac{3}{4}\frac{\pi^{1/3}}{\beta^{5/2}}$ $\qquad$ **(A1-115)**

5.  $\displaystyle\int_0^{\infty} x^{2n} e^{-\beta x^2} dx = \frac{1}{2}\cdot\frac{1\cdot 3\cdots(2n-1)\pi^{1/2}}{2^{2n}\beta^{(n+1/2)}}$ $\qquad$ **(A1-116)**

6.  $\displaystyle\int_{-\infty}^{\infty} x^{2n+1} e^{-\beta x^2} dx = 0$ $\qquad$ **(A1-117)**

7.  $\displaystyle\int_0^{\infty} x e^{-\beta x^2} dx = \frac{1}{2}\beta^{-1}$ $\qquad$ **(A1-118)**

8. $\displaystyle\int_0^\infty x^3 e^{-\beta x^2}\,dx = \frac{1}{2}\beta^{-2}$ (A1-119)

9. $\displaystyle\int_0^\infty x^5 e^{-\beta x^2}\,dx = \beta^{-3}$ (A1-120)

10. $\displaystyle\int_0^\infty x^{2n+1} e^{-\beta x^2}\,dx = \frac{1}{2}(n!)\beta^{-(n+1)}$ (A1-121)

11. $\displaystyle\int_0^\infty e^{-ax}\,dx = \frac{1}{a}$ (A1-122)

12. $\displaystyle\int_0^\infty x^n e^{-ax}\,dx = \frac{1}{a^{n+1}}n! \quad (n > -1,\, a > 0)$ (A1-123)

13. $\displaystyle\int_t^\infty z^n e^{-az}\,dz = \frac{n!}{a^{n+1}}e^{-at}\left(1 + at + \frac{a^2 t^2}{2!} + \cdots + \frac{a^n t^n}{n!}\right) \quad (n = 0,1,2,\cdots)$ (A1-124)

14. $\displaystyle\int_0^{\pi/2} \sin^2 nx\,dx = \int_0^{\pi/2} \cos^2 nx\,dx = \frac{\pi}{4} \quad (n \geq 1)$ (A1-125)

15. $\displaystyle\int_0^{2\pi} \sin mx \cdot \sin nx\,dx = \int_0^{2\pi} \cos mx \cdot \cos nx\,dx = 0 \quad (m \neq n)$ (A1-126)

16. **誤差函數** (error function)

$$\mathrm{erf}(z) = \frac{2}{\pi^{1/2}}\int_0^z e^{-\beta t^2}\,d\beta = \frac{2}{\pi^{1/2}}\int_0^z \left(1 - \beta^2 + \frac{\beta^4}{2!} - \frac{\beta^6}{3!} + \cdots\right)d\beta$$

$$= \frac{2}{\pi^{1/2}}\left(z - \frac{z^3}{3\cdot 1} + \frac{z^5}{5\cdot 2!} - \frac{z^7}{7\cdot 3!} + \cdots\right)$$ (A1-127)

由此， $\mathrm{erf}(0) = 0$

及 $\mathrm{erf}(\infty) = \dfrac{2}{\pi^{1/2}}\displaystyle\int_0^\infty e^{-\beta^2}\,d\beta = \dfrac{1}{\pi^{1/2}}\cdot 2\displaystyle\int_0^\infty e^{-\beta^2}\,d\beta = \dfrac{1}{\pi^{1/2}}\Gamma(1/2) = \dfrac{1}{\pi^{1/2}}\cdot \pi^{1/2} = 1$

其中的 $z$ 與 $\mathrm{erf}(z)$ 的關係，如下表

| $z$ | $\mathrm{erf}(z)$ | $z$ | $\mathrm{erf}(z)$ | $z$ | $\mathrm{erf}(z)$ |
|-----|------|-----|------|-----|------|
| 0.0 | 0.00000 | 0.7 | 0.67780 | 1.4 | 0.95229 |
| 0.1 | 0.11245 | 0.8 | 0.74210 | 1.5 | 0.96611 |
| 0.2 | 0.22270 | 0.9 | 0.79690 | 1.6 | 0.97635 |
| 0.3 | 0.32862 | 1.0 | 0.84270 | 1.7 | 0.98379 |
| 0.4 | 0.42939 | 1.1 | 0.88021 | 1.8 | 0.98909 |
| 0.5 | 0.52050 | 1.2 | 0.91031 | 1.9 | 0.99279 |
| 0.6 | 0.60387 | 1.3 | 0.93401 | 2.0 | 0.99532 |

17. $\mathrm{erfc}(z) = 1 - \mathrm{erf}(z) = \mathrm{erf}(\infty) - erf(z) = \dfrac{2}{\pi^{1/2}}\displaystyle\int_0^\infty e^{-\beta^2}\,d\beta - \dfrac{1}{\pi^{1/2}}\displaystyle\int_0^z e^{-\beta^2}\,d\beta$

$$= \frac{2}{\pi^{1/2}}\int_z^\beta e^{-\beta^2}\,d\beta$$ (A1-128)

18. $\displaystyle\int_0^\infty x^a e^{-bx^c}\,dx = \frac{1}{cb^{(a+1)/c}}\int_0^\infty y^{\frac{(a+1)}{c}-1} e^{-y}\,dy$ ，其中 $x^c = \dfrac{y}{b}$ (A1-129)

19. $\displaystyle\int_0^\infty y^{\frac{a+1}{c}-1} e^{-y}\,dy = \Gamma\left(\frac{a+1}{c}\right)$ (A1-130)

**20.** $\quad \Gamma(p) = \int_0^\infty x^{p-1} e^{-x} dx = (p-1)\Gamma(p-1)$ (A1-131)

設 $x = y^2$，$dx = 2y dy$，代入式 (A1-131) 可得

$$\Gamma(p) = 2\int_0^\infty y^{2p-1} e^{-y^2} dy$$ (A1-132)

# 附錄二 一些物質之熱力性質

表 A2-1 一些物質於 298.15 K 與 1 bar 之熱力性質

| 物質 | $\Delta \bar{H}_f^{\circ}$ kJ mol$^{-1}$ | $\Delta \bar{G}_f^{\circ}$ kJ mol$^{-1}$ | $\bar{S}^{\circ}$ J K$^{-1}$ mol$^{-1}$ | $\bar{C}_p^{\circ}$ J K$^{-1}$ mol$^{-1}$ |
|---|---|---|---|---|
| O($g$) | 249.170 | 231.731 | 161.055 | 21.912 |
| O$_2$($g$) | 0 | 0 | 205.138 | 29.355 |
| O$_3$($g$) | 142.7 | 163.2 | 238.93 | 39.20 |
| H($g$) | 217.965 | 203.247 | 114.713 | 20.784 |
| H$^+$($g$) | 1536.202 | | | |
| H$^+$($ao$) | 0 | 0 | 0 | |
| H$_2$($g$) | 0 | 0 | 130.684 | 28.824 |
| OH($g$) | 38.95 | 34.23 | 183.745 | 29.886 |
| OH$^-$($ao$) | −229.994 | −157.244 | −10.75 | −148.5 |
| H$_2$O($l$) | −285.830 | −237.129 | 69.91 | 75.291 |
| H$_2$O($g$) | −241.818 | −228.572 | 188.825 | 33.577 |
| H$_2$O$_2$($l$) | −187.78 | −120.35 | 109.6 | 89.1 |
| He($g$) | 0 | 0 | 126.150 | 20.786 |
| Ne($g$) | 0 | 0 | 146.328 | 20.786 |
| Ar($g$) | 0 | 0 | 154.843 | 20.786 |
| Kr($g$) | 0 | 0 | 164.082 | 20.786 |
| Xe($g$) | 0 | 0 | 169.683 | 20.786 |
| F($g$) | 78.99 | 61.91 | 158.754 | 22.744 |
| F$^-$($ao$) | −332.63 | −278.79 | −13.8 | −106.7 |

註：(1) 此表之數據錄自 The NBS Tables of Chamical Thermodynamic Properties (1982).

(2) 標準狀態的壓力為 1 bar (0.1 MPa)

(3) 強電解質的水溶液之標準狀態為，單位平均莫耳濃度 (unit mean molality)，即單位活性度 (unit activity) 之理想溶液

(4) 各物質之後面的括弧內之 $s, l, g$，分別表示固態、液態、氣態

(5) 電解質之後面附記的 ($ai$) 表示完全解離，而非解離的分子或離子之後面附記 ($ao$) 表示

(6) 碳的原子數 2 以上的有機物質之數據，錄自 D.R. Stuhl, E.F. Westrum, G.C.Sinke, The Chemical Thermodynamics of Organic Compounds, Wiley, New York, 1969

表 A2-1( 續 )

| 物質 | $\Delta \bar{H}_f^\circ$ kJ mol$^{-1}$ | $\Delta \bar{G}_f^\circ$ kJ mol$^{-1}$ | $\bar{S}^\circ$ J K$^{-1}$ mol$^{-1}$ | $\bar{C}_p^\circ$ J K$^{-1}$ mol$^{-1}$ |
|---|---|---|---|---|
| $F_2(g)$ | 0 | 0 | 202.78 | 31.30 |
| $HF(g)$ | −271.1 | −273.2 | 173.779 | 29.133 |
| $Cl(g)$ | 121.679 | 105.680 | 165.198 | 21.840 |
| $Cl^-(ao)$ | −167.159 | −131.228 | 56.5 | −136.4 |
| $Cl_2(g)$ | 0 | 0 | 223.066 | 33.907 |
| $ClO_4^-(ao)$ | −129.33 | −8.52 | 182.0 | |
| $HCl(g)$ | −92.307 | −95.299 | 186.908 | 29.12 |
| $HCl(ao)$ | −167.159 | −131.228 | 56.5 | −136.4 |
| HCl in 100 $H_2O$ | −165.925 | | | |
| HCl in 200 $H_2O$ | −166.272 | | | |
| $Br(g)$ | 111.884 | 82.396 | 175.022 | 20.786 |
| $Br^-(ao)$ | −121.55 | −103.96 | 82.4 | −141.8 |
| $Br_2(l)$ | 0 | 0 | 152.231 | 75.689 |
| $Br_2(g)$ | 30.907 | 3.110 | 245.463 | 36.02 |
| $HBr(g)$ | −36.40 | −53.45 | 198.695 | 29.142 |
| $I(g)$ | 106.838 | 70.250 | 180.791 | 20.786 |
| $I^-(ao)$ | −55.19 | −51.57 | 111.3 | 142.3 |
| $I_2(s)$ | 0 | 0 | 116.135 | 54.438 |
| $I_2(g)$ | 62.438 | 19.327 | 260.69 | 36.90 |
| $HI(g)$ | 26.48 | 1.70 | 206.594 | 29.158 |
| S (rhombic) | 0 | 0 | 31.80 | 22.64 |
| S (monoclinic) | 0.33 | | | |
| $S(g)$ | 278.805 | 238.250 | 167.821 | 23.673 |
| $S_2(g)$ | 128.37 | 79.30 | 228.18 | 32.47 |
| $S^{2-}(ao)$ | 33.1 | 85.8 | −14.6 | |
| $SO_2(g)$ | −296.830 | −300.194 | 248.22 | 29.87 |
| $SO_3(g)$ | −395.72 | −371.06 | 256.76 | 50.67 |
| $SO_4^{-2}(ao)$ | −909.27 | −744.53 | 2.01 | −293 |
| $HS^-(ao)$ | −17.6 | 12.08 | 62.8 | |
| $H_2S(g)$ | 20.63 | −33.56 | 205.79 | 34.23 |
| $H_2SO_4(l)$ | −813.989 | −690.003 | 156.904 | 138.91 |
| $H_2SO_4(ao)$ | −909.27 | −744.53 | 20.1 | −293 |
| $N(g)$ | 472.704 | 455.563 | 153.298 | 20.786 |
| $N_2(g)$ | 0 | 0 | 191.61 | 29.125 |
| $NO(g)$ | 90.25 | 86.57 | 210.761 | 29.844 |
| $NO_2(g)$ | 33.18 | 51.31 | 240.06 | 37.20 |
| $NO_3^-(ao)$ | −205.0 | −108.74 | 146.4 | −86.6 |
| $N_2O(g)$ | 82.05 | 104.20 | 219.85 | 38.45 |

表 A2-1( 續 )

| 物質 | $\Delta \bar{H}_f^{\circ}$ kJ mol$^{-1}$ | $\Delta \bar{G}_f^{\circ}$ kJ mol$^{-1}$ | $\bar{S}^{\circ}$ J K$^{-1}$ mol$^{-1}$ | $\bar{C}_p^{\circ}$ J K$^{-1}$ mol$^{-1}$ |
|---|---|---|---|---|
| $N_2O_4(l)$ | −19.50 | 97.54 | 209.2 | 142.7 |
| $N_2O_4(g)$ | 9.16 | 97.89 | 304.29 | 77.28 |
| $NH_3(g)$ | −46.11 | −16.45 | 192.45 | 35.06 |
| $NH_3(ao)$ | −80.29 | −26.50 | 111.3 | |
| $NH_4^+(ao)$ | −132.51 | −79.31 | 113.4 | 79.9 |
| $HNO_3(l)$ | −174.10 | −80.71 | 155.60 | 109.87 |
| $HNO_3(ai)$ | −207.36 | −111.25 | 146.4 | −86.6 |
| $NH_4OH(ao)$ | −366.121 | −263.65 | 181.2 | |
| P $(s$, white$)$ | 0 | 0 | 41.09 | 23.840 |
| $P(g)$ | 314.64 | 278.25 | 163.193 | 20.786 |
| $P_2(g)$ | 144.3 | 103.7 | 218.129 | 32.05 |
| $P_4(g)$ | 58.91 | 24.44 | 279.98 | 67.15 |
| $PCl_3(g)$ | −287.0 | −267.8 | 311.78 | 71.84 |
| $PCl_5(g)$ | −374.9 | −305.0 | 364.58 | 112.8 |
| C (graphite) | 0 | 0 | 5.74 | 8.527 |
| C (diamond) | 1.895 | 2.900 | 2.377 | 6.113 |
| $C(g)$ | 716.682 | 671.257 | 158.096 | 20.838 |
| $C_2(g)$ | 0 | −0.0330 | 144.960 | 29.196 |
| $CO(g)$ | −110.525 | −137.168 | 197.674 | 29.116 |
| $CO_2(g)$ | −393.509 | −394.359 | 213.74 | 37.11 |
| $CO_2(ao)$ | −413.80 | −385.98 | 117.6 | |
| $CO_3^{2-}(ao)$ | −677.14 | −527.81 | −56.9 | |
| $CH(g)$ | 595.8 | | | |
| $CH_2(g)$ | 392.0 | | | |
| $CH_3(g)$ | 138.9 | | | |
| $CH_4(g)$ | −74.81 | −50.72 | 186.264 | 35.309 |
| $C_2H_2(g)$ | 226.73 | 209.20 | 200.94 | 43.93 |
| $C_2H_4(g)$ | 52.26 | 68.15 | 219.56 | 43.56 |
| $C_2H_6(g)$ | −84.68 | −32.82 | 229.60 | 52.63 |
| $HCO_3^-(ao)$ | −691.99 | −586.77 | 91.2 | |
| $HCHO(g)$ | −117 | −113 | 218.77 | 35.40 |
| $HCO_2H(l)$ | −424.72 | −361.35 | 128.95 | 99.04 |
| $H_2CO_3(ao)$ | −699.65 | −623.08 | 187.4 | |
| $CH_3OH(l)$ | −238.66 | −166.27 | 126.8 | 81.6 |
| $CH_3OH(g)$ | −200.66 | −161.96 | 239.81 | 43.89 |
| $CH_3CO_2^-(ao)$ | −486.01 | −369.31 | 86.6 | −6.3 |
| $C_2H_4O$(ethylene oxide)$(l)$ | −77.82 | −11.76 | 153.85 | 87.95 |

表 A2-1( 續 )

| 物質 | $\Delta \bar{H}_f^\circ$ kJ mol$^{-1}$ | $\Delta \bar{G}_f^\circ$ kJ mol$^{-1}$ | $\bar{S}^\circ$ J K$^{-1}$ mol$^{-1}$ | $\bar{C}_p^\circ$ J K$^{-1}$ mol$^{-1}$ |
|---|---|---|---|---|
| CH$_3$CHO($l$) | −192.30 | −128.12 | 160.2 | |
| CH$_3$CO$_2$H($l$) | −484.5 | −389.9 | 159.8 | 124.3 |
| CH$_3$CO$_2$H($ao$) | −485.76 | −396.46 | 178.7 | |
| C$_2$H$_5$OH($l$) | −277.69 | −174.78 | 160.7 | 111.46 |
| C$_2$H$_5$OH($g$) | −235.10 | −168.49 | 282.7 | 65.44 |
| (CH$_3$)$_2$O($g$) | −184.05 | −112.59 | 266.38 | 64.39 |
| C$_3$H$_6$(propene)($g$) | 20.42 | 62.78 | 267.05 | 63.89 |
| C$_3$H$_6$(cyclopropane)($g$) | 53.30 | 104.45 | 237.55 | 55.94 |
| C$_3$H$_8$(propene)($g$) | −103.89 | −23.38 | 270.02 | 73.51 |
| C$_4$H$_8$(1-butene)($g$) | −0.13 | 71.39 | 305.71 | 85.65 |
| C$_4$H$_8$(2-butene $cis$)($g$) | −6.99 | 65.95 | 300.94 | 78.91 |
| C$_4$H$_8$(2-butene $trans$)($g$) | −11.17 | 63.06 | 296.59 | 87.82 |
| C$_4$H$_{10}$(butane)($g$) | −126.15 | −17.03 | 310.23 | 97.45 |
| C$_4$H$_{10}$(isobutane)($g$) | −134.52 | −20.76 | 294.75 | 96.82 |
| C$_6$H$_6$($g$) | 82.93 | 129.72 | 269.31 | 81.67 |
| C$_6$H$_{12}$(cyclohexane)($g$) | −123.14 | 31.91 | 298.51 | 106.27 |
| C$_6$H$_{14}$(hexane)($g$) | −167.19 | −0.07 | 388.81 | 143.09 |
| C$_7$H$_8$(toluene)($g$) | 50.00 | 122.10 | 320.77 | 103.64 |
| C$_8$H$_8$(styrene)($g$) | 147.22 | 213.89 | 345.21 | 122.09 |
| C$_8$H$_{10}$(ethylbenzene)($g$) | 29.79 | 130.70 | 360.56 | 128.41 |
| C$_8$H$_{18}$(octane)($g$) | −208.45 | 16.64 | 466.84 | 188.87 |
| Si($s$) | 0 | 0 | 18.83 | 20.00 |
| SiO$_2$($s$, alpha) | −910.94 | −856.64 | 41.84 | 44.43 |
| Sn($s$, white) | 0 | 0 | 51.55 | 26.99 |
| Sn$^{2+}$($ao$) | −8.8 | −27.2 | −17 | |
| SnO($s$) | −285.8 | −256.9 | 56.5 | 44.31 |
| SnO$_2$($s$) | −580.7 | −519.6 | 52.3 | 52.59 |
| Pb($s$) | 0 | 0 | 64.81 | 26.44 |
| Pb$^{2+}$($ao$) | −1.7 | −24.43 | 10.5 | |
| PbO($s$, yellow) | −217.32 | −187.89 | 68.70 | 45.77 |
| PbO$_2$($s$) | −277.4 | −217.33 | 68.6 | 64.64 |
| Al($s$) | 0 | 0 | 28.33 | 24.35 |
| Al($g$) | 326.4 | 285.7 | 164.54 | 21.38 |
| Al$_2$O$_3$($s$, alpha) | −1675.7 | −1582.3 | 50.92 | 79.04 |
| AlCl$_3$($s$) | −704.2 | −628.8 | 110.67 | 91.84 |
| Zn($s$) | 0 | 0 | 41.63 | 25.40 |
| Zn$^{2+}$($ao$) | −153.89 | −147.06 | −112.1 | 46 |

表 A2-1( 續 )

| 物質 | $\Delta \bar{H}_f^{\circ}$ $\text{kJ mol}^{-1}$ | $\Delta \bar{G}_f^{\circ}$ $\text{kJ mol}^{-1}$ | $\bar{S}^{\circ}$ $\text{J K}^{-1}\text{ mol}^{-1}$ | $\bar{C}_p^{\circ}$ $\text{J K}^{-1}\text{ mol}^{-1}$ |
|---|---|---|---|---|
| $ZnO(s)$ | $-348.28$ | $-318.30$ | $43.64$ | $40.25$ |
| $Cd(s, gamma)$ | $0$ | $0$ | $51.76$ | $25.98$ |
| $Cd^{2+}(ao)$ | $-75.90$ | $-77.612$ | $-73.2$ | |
| $CdO(s)$ | $-258.2$ | $-228.4$ | $54.8$ | $43.43$ |
| $CdSO_4 \cdot \frac{8}{3}H_2O(s)$ | $-1729.4$ | $-1465.141$ | $229.630$ | $213.26$ |
| $Hg(l)$ | $0$ | $0$ | $76.02$ | $27.983$ |
| $Hg(g)$ | $61.317$ | $31.820$ | $174.96$ | $20.786$ |
| $Hg^{2+}(ao)$ | $171.1$ | $164.40$ | $-32.2$ | |
| $HgO(s, red)$ | $-90.83$ | $-58.539$ | $70.29$ | $44.06$ |
| $Hg_2Cl_2(s)$ | $-265.22$ | $-210.745$ | $192.5$ | |
| $Cu(s)$ | $0$ | $0$ | $33.150$ | $244.35$ |
| $Cu^+(ao)$ | $71.67$ | $49.98$ | $40.6$ | |
| $Cu^{2+}(ao)$ | $64.77$ | $65.49$ | $-99.6$ | |
| $Ag(s)$ | $0$ | $0$ | $42.55$ | $25.351$ |
| $Ag^+(ao)$ | $105.579$ | $77.107$ | $72.68$ | $21.8$ |
| $Ag_2O(s)$ | $-31.05$ | $-11.20$ | $121.3$ | $65.86$ |
| $AgCl(s)$ | $-127.068$ | $-109.789$ | $96.2$ | $50.79$ |
| $Fe(s)$ | $0$ | $0$ | $27.28$ | $25.10$ |
| $Fe^{2+}(ao)$ | $-89.1$ | $-78.90$ | $-137.7$ | |
| $Fe^{3+}(ao)$ | $-48.5$ | $-4.7$ | $-315.9$ | |
| $Fe_2O_3(s, hematite)$ | $-824.2$ | $-742.2$ | $87.40$ | $103.85$ |
| $Fe_3O_4(s, magnetite)$ | $-1118.4$ | $-1015.4$ | $146.4$ | $143.43$ |
| $Ti(s)$ | $0$ | $0$ | $30.63$ | $25.02$ |
| $TiO_2(s)$ | $-939.7$ | $-884.5$ | $49.92$ | $55.48$ |
| $U(s)$ | $0$ | $0$ | $50.21$ | $27.665$ |
| $UO_2(s)$ | $-1084.9$ | $-1031.7$ | $77.03$ | $63.60$ |
| $UO_2^{2+}(ao)$ | $-1019.6$ | $-953.5$ | $-97.5$ | |
| $UO_3(s, gamma)$ | $-1223.8$ | $-1145.9$ | $96.11$ | $81.67$ |
| $Mg(s)$ | $0$ | $0$ | $32.68$ | $24.89$ |
| $Mg(g)$ | $147.70$ | $113.10$ | $148.650$ | $20.786$ |
| $Mg^{2+}(ao)$ | $-466.85$ | $-454.8$ | $-138.1$ | |
| $MgO(s)$ | $-601.70$ | $-569.43$ | $26.94$ | $37.15$ |
| $MgCl_2(ao)$ | $-801.15$ | $-717.1$ | $-25.1$ | |
| $Ca(s)$ | $0$ | $0$ | $41.42$ | $25.31$ |
| $Ca(g)$ | $178.2$ | $144.3$ | $154.884$ | $20.786$ |
| $Ca^{2+}(ao)$ | $-542.83$ | $-553.58$ | $-53.1$ | |
| $CaO(s)$ | $-635.09$ | $-604.03$ | $39.75$ | $42.80$ |
| $CaCl_2(ai)$ | $-877.13$ | $-816.01$ | $59.8$ | |

表 A2-1（ 續 ）

| 物質 | $\Delta \bar{H}_f^{\circ}$ kJ mol$^{-1}$ | $\Delta \bar{G}_f^{\circ}$ kJ mol$^{-1}$ | $\bar{S}^{\circ}$ J K$^{-1}$ mol$^{-1}$ | $\bar{C}_p^{\circ}$ J K$^{-1}$ mol$^{-1}$ |
|---|---|---|---|---|
| CaCO$_3$(calcite) | −1206.92 | −1128.79 | 92.9 | 81.88 |
| CaCO$_3$(aragonite) | −1207.13 | −1127.75 | 88.7 | 81.25 |
| Li($s$) | 0 | 0 | 29.12 | 24.77 |
| Li$^+$($ao$) | −278.49 | −293.31 | 13.4 | 68.6 |
| Na($s$) | 0 | 0 | 51.21 | 28.24 |
| Na$^+$($ao$) | −240.12 | −261.905 | 59.0 | 46.4 |
| NaOH($s$) | −425.609 | −379.494 | 64.455 | 59.54 |
| NaOH($ai$) | −470.114 | −419.150 | 48.1 | −102.1 |
| NaOH in 100 H$_2$O | −469.646 | | | |
| NaOH in 200 H$_2$O | −469.608 | | | |
| NaCl($s$) | −411.153 | −384.138 | 72.13 | 50.50 |
| NaCl($ai$) | −407.27 | −393.133 | 115.5 | −90.0 |
| NaCl in 100 H$_2$O | −407.066 | | | |
| NaCl in 200 H$_2$O | −406.923 | | | |
| K($s$) | 0 | 0 | 64.18 | 29.58 |
| K$^+$($ao$) | −252.38 | −283.27 | 102.5 | 21.8 |
| KOH($s$) | −424.764 | −379.08 | 78.9 | 64.9 |
| KOH($ai$) | −482.37 | −440.50 | 91.6 | −126.8 |
| KOH in 100 H$_2$O | 481.637 | | | |
| KOH in 200 H$_2$O | 481.742 | | | |
| KCl($s$) | −436.747 | −409.14 | 82.59 | 51.30 |
| KCl($ai$) | −419.53 | −414.49 | 159.0 | −114.6 |
| KCl in 100 H$_2$O | −419.320 | | | |
| KCl in 200 H$_2$O | −419.191 | | | |
| Rb($s$) | | | 76.78 | 10.148 |
| Rb$^+$($ao$) | −251.17 | −283.98 | 121.50 | |
| Cs($s$) | 0 | 0 | 85.23 | 32.17 |
| Cs$^+$($ao$) | −258.28 | −292.02 | 133.05 | −10.5 |

表 A2-2　一些物質於各溫度與 1 bar 之熱力性質

| $T\,/\,K$ | $\overline{C}_P^\circ$ $\mathrm{J\,K^{-1}mol^{-1}}$ | $\overline{S}^\circ$ $\mathrm{J\,K^{-1}mol^{-1}}$ | $\overline{H}^\circ - \overline{H}_{298}^\circ$ $\mathrm{kJ\,mol^{-1}}$ | $\Delta\overline{H}_f^\circ$ $\mathrm{kJ\,mol^{-1}}$ | $\Delta\overline{G}_f^\circ$ $\mathrm{kJ\,mol^{-1}}$ |
|---|---|---|---|---|---|
| C (graphite) | | | | | |
| 0 | 0.000 | 0.000 | −1.051 | 0.000 | 0.000 |
| 298 | 8.517 | 5.740 | 0.000 | 0.000 | 0.000 |
| 500 | 14.623 | 11.662 | 2.365 | 0.000 | 0.000 |
| 1000 | 21.610 | 24.457 | 11.795 | 0.000 | 0.000 |
| 2000 | 24.094 | 40.771 | 35.525 | 0.000 | 0.000 |
| 3000 | 26.611 | 51.253 | 61.427 | 0.000 | 0.000 |
| C (g) | | | | | |
| 0 | 0.000 | 0.000 | −6.536 | 711.185 | 711.185 |
| 298 | 20.838 | 158.100 | 0.000 | 716.670 | 671.244 |
| 500 | 20.804 | 168.863 | 4.202 | 718.507 | 639.906 |
| 1000 | 20.791 | 183.278 | 14.600 | 719.475 | 560.654 |
| 2000 | 20.952 | 197.713 | 35.433 | 716.577 | 402.694 |
| 3000 | 21.621 | 206.322 | 56.689 | 711.932 | 246.723 |
| $CH_4(g)$ | | | | | |
| 0 | 0.000 | 0.000 | −10.024 | −66.911 | −66.911 |
| 298 | 35.639 | 186.251 | 0.000 | −74.873 | −50.768 |
| 500 | 46.342 | 207.014 | 8.200 | −80.802 | −32.741 |
| 1000 | 71.795 | 247.549 | 38.179 | −89.849 | 19.492 |
| 2000 | 94.399 | 305.853 | 123.592 | −92.709 | 130.802 |
| 3000 | 101.389 | 345.690 | 222.076 | −91.705 | 242.332 |
| CO (g) | | | | | |
| 0 | 0.000 | 0.000 | −8.671 | −113.805 | −113.805 |
| 298 | 29.142 | 197.653 | 0.000 | −110.527 | −137.163 |
| 500 | 29.794 | 212.831 | 5.931 | −110.003 | −155.414 |
| 1000 | 33.183 | 234.538 | 21.690 | −111.983 | −200.275 |
| 2000 | 36.250 | 258.714 | 56.744 | −118.896 | −286.034 |
| 3000 | 37.217 | 273.605 | 93.504 | −127.457 | −367.816 |
| $CO_2(g)$ | | | | | |
| 0 | 0.000 | 0.000 | −9.364 | −393.151 | −393.151 |
| 298 | 37.129 | 213.795 | 0.000 | −393.522 | −394.389 |
| 500 | 44.627 | 234.901 | 8.305 | −393.666 | −394.939 |
| 1000 | 54.308 | 269.299 | 33.397 | −394.623 | −395.886 |
| 2000 | 60.350 | 309.293 | 91.439 | −396.784 | −396.333 |
| 3000 | 62.229 | 334.169 | 152.852 | −400.111 | −395.461 |
| $C_2H_4(g)$ | | | | | |
| 0 | 0.000 | 0.000 | −10.518 | 60.986 | 60.986 |
| 298 | 43.886 | 219.330 | 0.000 | 52.467 | 68.421 |
| 500 | 63.477 | 246.215 | 10.668 | 46.641 | 80.933 |
| 1000 | 93.899 | 300.408 | 50.665 | 38.183 | 119.122 |

表 A2-2（續）

| $T/K$ | $\overline{C}_P^{\circ}$ J K$^{-1}$mol$^{-1}$ | $\overline{S}^{\circ}$ J K$^{-1}$mol$^{-1}$ | $\overline{H}^{\circ} - \overline{H}_{298}^{\circ}$ kJ mol$^{-1}$ | $\Delta\overline{H}_f^{\circ}$ kJ mol$^{-1}$ | $\Delta\overline{G}_f^{\circ}$ kJ mol$^{-1}$ |
|---|---|---|---|---|---|
| | | | C$_2$H$_6$(g) | | |
| 298 | 52.63 | 229.60 | 0.00 | −84.68 | −32.86 |
| 500 | 78.07 | 262.91 | 13.22 | −93.89 | 4.96 |
| 1000 | 122.72 | 332.28 | 64.56 | −105.77 | 109.55 |
| | | | C$_4$H$_{10}$(g, $n$-butane) | | |
| 298 | 97.45 | 310.23 | 0.00 | −126.15 | −17.02 |
| 500 | 147.86 | 372.90 | 24.94 | −140.21 | 61.10 |
| 1000 | 276.86 | 502.86 | 120.96 | −155.85 | 270.31 |
| | | | C$_6$H$_6$(g) | | |
| 298 | 81.67 | 269.31 | 0.00 | 82.93 | 129.73 |
| 500 | 137.24 | 325.42 | 22.43 | 73.39 | 164.29 |
| 1000 | 209.87 | 446.71 | 112.01 | 62.01 | 260.76 |
| | | | CH$_3$OH(g) | | |
| 298 | 43.89 | 239.81 | 0.00 | −201.17 | −162.46 |
| 500 | 59.50 | 266.13 | 10.42 | −207.94 | −134.27 |
| 1000 | 89.45 | 317.59 | 48.41 | −217.28 | −56.16 |
| | | | Cl(g) | | |
| 0 | 0.000 | 0.000 | −6.272 | 119.621 | 119.621 |
| 298 | 21.838 | 165.189 | 0.000 | 121.302 | 105.306 |
| 500 | 22.744 | 176.752 | 4.522 | 122.272 | 94.203 |
| 1000 | 22.233 | 182.430 | 15.815 | 124.334 | 65.288 |
| 2000 | 21.341 | 207.505 | 37.512 | 127.058 | 5.081 |
| 3000 | 21.063 | 216.096 | 58.690 | 128.649 | −56.297 |
| | | | HCl(g) | | |
| 0 | 0.000 | 0.000 | −8.640 | −92.127 | −92.127 |
| 298 | 29.136 | 186.901 | 0.000 | −92.312 | −95.300 |
| 500 | 29.304 | 201.989 | 5.892 | −92.913 | −97.166 |
| 1000 | 31.628 | 222.903 | 21.046 | −94.388 | −100.799 |
| 2000 | 35.600 | 246.246 | 54.953 | −95.590 | −106.631 |
| 3000 | 37.243 | 261.033 | 91.478 | −96.547 | −111.968 |
| | | | Cl$_2$(g) | | |
| 0 | 0.000 | 0.000 | −9.180 | 0.000 | 0.000 |
| 298 | 33.949 | 223.079 | 0.000 | 0.000 | 0.000 |
| 500 | 36.064 | 241.228 | 7.104 | 0.000 | 0.000 |
| 1000 | 37.438 | 266.764 | 25.565 | 0.000 | 0.000 |
| 2000 | 38.428 | 293.033 | 63.512 | 0.000 | 0.000 |
| 3000 | 40.075 | 308.894 | 102.686 | 0.000 | 0.000 |
| | | | H(g) | | |
| 0 | 0.000 | 0.000 | −6.197 | 216.035 | 216.035 |
| 298 | 20.786 | 114.716 | 0.000 | 217.999 | 203.278 |
| 500 | 20.786 | 125.463 | 4.196 | 219.254 | 192.957 |
| 1000 | 20.786 | 139.871 | 14.589 | 222.248 | 165.485 |
| 2000 | 20.786 | 154.278 | 35.375 | 226.898 | 106.760 |
| 3000 | 20.786 | 162.706 | 56.161 | 229.790 | 46.007 |

表 A2-2（續）

| T / K | $\overline{C}_P^\circ$ J K$^{-1}$mol$^{-1}$ | $\overline{S}^\circ$ J K$^{-1}$mol$^{-1}$ | $\overline{H}^\circ - \overline{H}_{298}^\circ$ kJ mol$^{-1}$ | $\Delta\overline{H}_f^\circ$ kJ mol$^{-1}$ | $\Delta\overline{G}_f^\circ$ kJ mol$^{-1}$ |
|---|---|---|---|---|---|
| | | | H$^+$(g) | | |
| 0 | 0.000 | 0.000 | −6.197 | 1528.085 | |
| 298 | 20.786 | 108.946 | 0.000 | 1536.246 | 1516.990 |
| 500 | 20.786 | 119.693 | 4.196 | 1541.697 | 1502.422 |
| 1000 | 20.786 | 134.101 | 14.589 | 1555.084 | 1457.958 |
| 2000 | 20.786 | 148.509 | 35.375 | 1580.520 | 1350.840 |
| 3000 | 20.786 | 156.937 | 56.161 | 1604.198 | 1230.818 |
| | | | H$^-$(g) | | |
| 0 | 0.000 | 0.000 | −6.197 | 143.266 | |
| 298 | 20.786 | 108.960 | 0.000 | 139.032 | 132.282 |
| 500 | 20.786 | 119.707 | 4.196 | 136.091 | 128.535 |
| 1000 | 20.786 | 134.114 | 14.589 | 128.692 | 123.819 |
| 2000 | 20.786 | 148.522 | 32.375 | 112.557 | 125.012 |
| 3000 | 20.786 | 156.950 | 56.161 | 94.662 | 135.055 |
| | | | HI(g) | | |
| 0 | 0.000 | 0.000 | −8.656 | 28.535 | 28.535 |
| 298 | 29.156 | 206.589 | 0.000 | 26.359 | 1.560 |
| 500 | 29.736 | 221.760 | 5.928 | −5.622 | −10.088 |
| 1000 | 33.135 | 243.404 | 21.641 | −6.754 | −14.006 |
| 2000 | 36.623 | 267.680 | 56.863 | −7.589 | −21.009 |
| 3000 | 37.918 | 282.805 | 94.210 | −10.489 | −27.114 |
| | | | H$_2$(g) | | |
| 0 | 0.000 | 0.000 | −8.467 | 0.000 | 0.000 |
| 298 | 28.836 | 130.680 | 0.000 | 0.000 | 0.000 |
| 500 | 29.260 | 145.737 | 5.883 | 0.000 | 0.000 |
| 1000 | 30.205 | 166.216 | 20.690 | 0.000 | 0.000 |
| 2000 | 34.280 | 188.418 | 52.951 | 0.000 | 0.000 |
| 3000 | 37.087 | 202.891 | 88.740 | 0.000 | 0.000 |
| | | | H$_2$O(g) | | |
| 0 | 0.000 | 0.000 | −9.904 | −238.921 | −238.921 |
| 298 | 33.590 | 188.834 | 0.000 | −241.826 | −228.582 |
| 500 | 35.226 | 206.534 | 6.925 | −243.826 | −219.051 |
| 1000 | 41.268 | 323.738 | 26.000 | −247.857 | −192.590 |
| 2000 | 51.180 | 264.769 | 72.790 | −251.575 | −135.528 |
| 3000 | 55748 | 286.504 | 126.549 | −253.024 | −77.163 |
| | | | I(g) | | |
| 0 | 0.000 | 0.000 | −6.197 | 107.164 | 107.164 |
| 298 | 20.786 | 180.786 | 0.000 | 106.762 | 70.174 |
| 500 | 20.786 | 191.533 | 4.196 | 75.990 | 50.203 |
| 1000 | 20.795 | 205.942 | 14.589 | 76.937 | 24.039 |
| 2000 | 21.308 | 220.461 | 35.566 | 77.992 | −29.410 |
| 3000 | 22.191 | 229.274 | 57.332 | 77.406 | −82.995 |

表 A2-2（續）

| $T/K$ | $\overline{C}_P^\circ$ <br> J K$^{-1}$mol$^{-1}$ | $\overline{S}^\circ$ <br> J K$^{-1}$mol$^{-1}$ | $\overline{H}^\circ - \overline{H}_{298}^\circ$ <br> kJ mol$^{-1}$ | $\Delta\overline{H}_f^\circ$ <br> kJ mol$^{-1}$ | $\Delta\overline{G}_f^\circ$ <br> kJ mol$^{-1}$ |
|---|---|---|---|---|---|
| | | | $I_2(g)$ | | |
| 0 | 0.000 | 0.000 | −10.116 | 65.504 | 65.504 |
| 298 | 36.887 | 260.685 | 0.000 | 62.421 | 19.325 |
| 500 | 37.464 | 279.920 | 7.515 | 0.000 | 0.000 |
| 1000 | 38.081 | 306.087 | 26.407 | 0.000 | 0.000 |
| 2000 | 42.748 | 332.521 | 66.250 | 0.000 | 0.000 |
| 3000 | 44.897 | 351.615 | 110.955 | 0.000 | 0.000 |
| | | | $N(g)$ | | |
| 0 | 0.000 | 0.000 | −6.197 | 470.820 | 470.820 |
| 298 | 20.786 | 153.300 | 0.000 | 472.683 | 455.540 |
| 500 | 20.786 | 164.047 | 4.196 | 473.923 | 443.584 |
| 1000 | 20.786 | 178.454 | 14.589 | 476.540 | 412.171 |
| 2000 | 20.790 | 192.863 | 35.375 | 479.990 | 346.339 |
| 3000 | 20.963 | 201.311 | 56.218 | 482.543 | 278.946 |
| | | | $NO(g)$ | | |
| 0 | 0.000 | 0.000 | −9.192 | 89.775 | 89.775 |
| 298 | 29.845 | 210.758 | 0.000 | 90.291 | 86.606 |
| 500 | 30.786 | 226.263 | 6.059 | 90.352 | 84.079 |
| 1000 | 33.987 | 248.536 | 22.229 | 90.437 | 77.775 |
| 2000 | 36.647 | 273.128 | 57.859 | 90.494 | 65.060 |
| 3000 | 37.466 | 288.165 | 94.973 | 89.899 | 52.439 |
| | | | $NO_2(g)$ | | |
| 0 | 0.000 | 0.000 | −10.186 | 35.927 | 35.927 |
| 298 | 36.974 | 240.034 | 0.000 | 33.095 | 51.258 |
| 500 | 43.206 | 260.638 | 8.099 | 32.154 | 63.867 |
| 1000 | 52.166 | 293.889 | 32.344 | 32.005 | 95.779 |
| 2000 | 56.441 | 331.788 | 87.259 | 33.111 | 159.106 |
| 3000 | 57.394 | 354.889 | 144.267 | 32.992 | 222.058 |
| | | | $N_2(g)$ | | |
| 0 | 0.000 | 0.000 | −8.670 | 0.000 | 0.000 |
| 298 | 29.124 | 191.609 | 0.000 | 0.000 | 0.000 |
| 500 | 29.580 | 206.739 | 5.911 | 0.000 | 0.000 |
| 1000 | 32.697 | 228.170 | 21.463 | 0.000 | 0.000 |
| 2000 | 35.971 | 252.074 | 56.137 | 0.000 | 0.000 |
| 3000 | 37.030 | 266.891 | 92.715 | 0.000 | 0.000 |
| | | | $N_2O_4(g)$ | | |
| 0 | 0.000 | 0.000 | −16.398 | 18.718 | 18.718 |
| 298 | 77.256 | 304.376 | 0.000 | 9.079 | 97.787 |
| 500 | 97.204 | 349.446 | 17.769 | 8.769 | 158.109 |
| 1000 | 119.208 | 425.106 | 72.978 | 15.189 | 305.410 |
| 2000 | 129.030 | 511.743 | 198.518 | 33.110 | 588.764 |
| 3000 | 131.200 | 564.555 | 328.840 | 49.178 | 862.983 |

表 A2-2（續）

| T / K | $\overline{C}_P^\circ$ J K$^{-1}$mol$^{-1}$ | $\overline{S}^\circ$ J K$^{-1}$mol$^{-1}$ | $\overline{H}^\circ - \overline{H}_{298}^\circ$ kJ mol$^{-1}$ | $\Delta\overline{H}_f^\circ$ kJ mol$^{-1}$ | $\Delta\overline{G}_f^\circ$ kJ mol$^{-1}$ |
|---|---|---|---|---|---|
| | | | NH$_3$(g) | | |
| 0 | 0.000 | 0.000 | −10.045 | −38.907 | −38.907 |
| 298 | 35.652 | 192.774 | 0.000 | −45.898 | −16.367 |
| 500 | 42.048 | 212.659 | 7.819 | −49.857 | 4.800 |
| 1000 | 56.491 | 246.486 | 32.637 | −55.013 | 61.910 |
| 2000 | 72.833 | 291.525 | 98.561 | −54.833 | 179.447 |
| 3000 | 78.902 | 322.409 | 174.933 | −50.433 | 295.689 |
| | | | O(g) | | |
| 0 | 0.000 | 0.000 | −6.725 | 246.790 | 246.790 |
| 298 | 21.911 | 161.058 | 0.000 | 249.173 | 231.736 |
| 500 | 21.257 | 172.197 | 4.343 | 250.474 | 219.549 |
| 1000 | 20.915 | 186.790 | 14.860 | 252.682 | 187.681 |
| 2000 | 20.826 | 201.247 | 35.713 | 255.299 | 121.552 |
| 3000 | 20.937 | 209.704 | 56.574 | 256.741 | 54.327 |
| | | | O$^-$(g) | | |
| 0 | 0.000 | 0.000 | −6.571 | 105.814 | 105.814 |
| 298 | 21.692 | 157.790 | 0.000 | 101.846 | 91.638 |
| 500 | 21.184 | 168.860 | 4.318 | 98.926 | 85.532 |
| 1000 | 20.899 | 183.426 | 14.817 | 90.723 | 75.219 |
| 2000 | 20.816 | 197.878 | 35.661 | 72.545 | 66.619 |
| 3000 | 20.800 | 206.314 | 56.467 | 53.146 | 67.810 |
| | | | O$_2$(g) | | |
| 0 | 0.000 | 0.000 | −8.683 | 0.000 | 0.000 |
| 298 | 29.376 | 205.147 | 0.000 | 0.000 | 0.000 |
| 500 | 31.091 | 220.693 | 6.084 | 0.000 | 0.000 |
| 1000 | 34.870 | 243.578 | 22.703 | 0.000 | 0.000 |
| 2000 | 37.741 | 268.748 | 59.175 | 0.000 | 0.000 |
| 3000 | 39.884 | 284.466 | 98.013 | 0.000 | 0.000 |
| | | | e$^-$(g) | | |
| 0 | 0.000 | 0.000 | −6.197 | 0.000 | 0.000 |
| 298 | 20.786 | 20.979 | 0.000 | 0.000 | 0.000 |
| 500 | 20.786 | 31.725 | 4.196 | 0.000 | 0.000 |
| 1000 | 20.786 | 46.133 | 14.584 | 0.000 | 0.000 |
| 2000 | 20.786 | 60.541 | 35.375 | 0.000 | 0.000 |
| 3000 | 20.786 | 68.969 | 56.161 | 0.000 | 0.000 |

註：此表錄自 JANAF Thermochemical Tables, M. Chase et al., 3rd ed., J. Phys. Chem. Ref. Data **14**, Supplements 1 and 2 (1985). CH$_4$ 以外之碳氫化合物的數據，錄自 D.R.. Stuhl, E.F. Westrum, and G.C. Sinke, The Chemical Thermodynamics of Organic Compounds, Naw York: Wiley, 1969.

# 附錄三 物理常數值、轉換因子及字首

表 A3-1 物理常數值

| 常 數 | 符號 | 數值[a,b] | 單位 |
|---|---|---|---|
| 真空中之光速 (speed of light in vacuum) | $c$ | 299 792 458 | $\mathrm{m\ s^{-1}}$ |
| 真空之透過性 (permeability of vacuum) | $\mu_0$ | $4\pi\times10^{-7}$ | $\mathrm{N\ A^{-2}}$ |
| | | $= 12\ 566\ 370\ 614\cdots$ | $10^{-7}\,\mathrm{N\ A^{-2}}$ |
| 真空之誘電率 (permittivity of vacuum) | $\epsilon_0$ | $1/\mu_0 c^2$ | $\mathrm{C^2\,N^{-1}\,m^{-2}}$ |
| | | $= 8.854\ 187\ 817\cdots$ | $10^{-12}\,\mathrm{C^2 N^{-1} m^{-2}}$ |
| Planck 常數 | $h$ | 6.626 0755(40) | $10^{-34}\,\mathrm{J\ s}$ |
| $h/2\pi$ | $\hbar$ | 1.054 57266(63) | $10^{-34}\,\mathrm{J\ s}$ |
| 基本電荷 (elementary charge) | $e$ | 1.602 177 33(49) | $10^{-19}\,\mathrm{C}$ |
| Bohr magneton, $e\hbar/2m_e$ | $\mu_B$ | 9.274 015 4(31) | $10^{-24}\,\mathrm{J\ T^{-1}}$ |
| 核磁子 (nuclear magneton, $e\hbar/2m_p$) | $\mu_N$ | 5.050 7866(17) | $10^{-27}\,\mathrm{J\ T^{-1}}$ |
| Rydberg 常數, $m_e c^4/8h^3 c\epsilon_0$ | $R_\infty$ | 10 973 731.534(13) | $\mathrm{m^{-1}}$ |
| Bohr 半徑 (Bohr radius) $h^2\epsilon_0/\pi m_e e^2$ | $a_0$ | 0.529 177 249(24) | $10^{-10}\,\mathrm{m}$ |
| Hartree 能量 (Hartree energy) $e^2/4\pi\epsilon_0 a_0$ | $E_h$ | 4.359 748 2(26) | $10^{-18}\,\mathrm{J}$ |
| 電子質量 (Electron mass) | $m_e$ | 9.109 389 7(54) | $10^{-31}\,\mathrm{kg}$ |
| 質子質量 (Proton mass) | $m_p$ | 1.672 623 1(10) | $10^{-27}\,\mathrm{kg}$ |
| 中子質量 (neutron mass) | $m_n$ | 1.674 928 6(10) | $10^{-27}\,\mathrm{kg}$ |
| 氘核質量 (deuteron mass) | $m_d$ | 3.343 586 0(20) | $10^{-27}\,\mathrm{kg}$ |
| Avogadro 常數 | $N_A$ | 6.022 136 7(36) | $10^{23}\,\mathrm{mol^{-1}}$ |
| 原子質量常數 (atomic mass constant) $m_u = (1/12)m(^{12}\mathrm{C})$ | $m_u$ | 1.660 540 2(10) | $10^{-27}\,\mathrm{kg}$ |
| Faraday 常數 | $F$ | 96 485.309(29) | $\mathrm{C\ mol^{-1}}$ |
| 氣體常數 (gas constant) | $R$ | 8.314 510(70) | $\mathrm{J\ K^{-1}\ mol^{-1}}$ |
| | | 0.083 145 1 | $\mathrm{L\ bar\ K^{-1} mol^{-1}}$ |
| | | 1.987 216 | $\mathrm{cal\ K^{-1} mol^{-1}}$ |
| | | 0.082 057 8 | $\mathrm{L\ atm\ K^{-1}\ mol^{-1}}$ |
| Boltzmann 常數, $R/N_A$ | $k$ | 1.380 658(12) | $10^{-23}\,\mathrm{J\ K^{-1}}$ |

註：(a) E.R. Cohen and B.N. Taylor, The 1986 CODATA Recommended Values of the Fundamental Physical Constants. J. Phys. Chem. Ref. Data **17**: 1795 (1988).
   (b) 相距 Bohr 半徑的二電子間之位能稱為 Hartree 能量，為能量之自然單位 (natural unit)

表 A3-2　一些常數及轉換因子

| | |
|---|---|
| $\pi = 3.141\,592\,65$ | $2.54$ cm inch$^{-1}$ |
| $e = 2.718\,281\,828$ | $453.6$ g lb$^{-1}$ |
| $\ln x = \log x / \log e = 2.302\,585\,09 \log x$ | $4.184$ J cal$^{-1}$ (exactly) |
| $101\,325$ N m$^{-2}$atm$^{-1}$ | $1.602 \times 10^{-19}$ J eV$^{-1}$ |
| $10^5$ N m$^{-2}$bar$^{-1}$ | $10^{-3}$ m$^3$ L$^{-1}$ |
| $1.01325$ bar atm$^{-1}$ | $133.32$ Pa torr$^{-1}$ |

表 A3-3　字首

| 分數<br>(fraction) | 字首<br>(prefix) | 符號<br>(symbol) | 倍數<br>(multiple) | 字首<br>(prefix) | 符號<br>(symbol) |
|---|---|---|---|---|---|
| $10^{-1}$ | deci | d | $10$ | deka | da |
| $10^{-2}$ | centi | c | $10^2$ | hecto | h |
| $10^{-3}$ | milli | m | $10^3$ | kilo | k |
| $10^{-6}$ | micro | $\mu$ | $10^6$ | mega | M |
| $10^{-9}$ | nano | n | $10^9$ | giga | G |
| $10^{-12}$ | pico | p | $10^{12}$ | tera | T |
| $10^{-15}$ | femto | f | $10^{15}$ | peta | P |
| $10^{-18}$ | atto | a | $10^{18}$ | exa | E |
| $10^{-21}$ | zeyto | z | $10^{21}$ | zetta | Z |
| $10^{-24}$ | yocto | y | $10^{24}$ | yotta | Y |

# 附錄四　各種能量單位之轉換因子

表 A4　各種能量單位之轉換因子

| | $cm^{-1}$ | MHz | aJ | eV |
|---|---|---|---|---|
| $1\,cm^{-1} =$ | 1.00000000E00 | 2.99792458E04 | 1.98644746E-05 | 1.23984245E-04 |
| $1\,MHz =$ | 3.33564095E-05 | 1.00000000E00 | 6.62607550E-10 | 4.13566924E-09 |
| $1\,aJ =$ | 5.03411250E04 | 1.50918896E09 | 1.00000000E00 | 6.24150636E00 |
| $1\,eV =$ | 8.06554093E03 | 2.41798834E08 | 1.60217733E-01 | 1.00000000E00 |
| $1\,E_h =$ | 2.19474629E05 | 6.57968386E09 | 4.35974820E00 | 2.72113961E01 |
| $1\,kJ/mol =$ | 8.35934612E01 | 2.50606892E06 | 1.66054019E-03 | 1.03642721E-02 |
| $1\,kcal/mol =$ | 3.49755041E02 | 1.04853924E07 | 6.94770014E-03 | 4.33641146E-02 |
| $1\,K =$ | 6.95038770E-01 | 2.08367381E04 | 1.38065800E-05 | 8.61738569E-05 |

| | $E_h$ | kJ/mol | kcal/mol | K |
|---|---|---|---|---|
| $1\,cm^{-1} =$ | 4.55633530E-06 | 1.19626582E-02 | 2.85914392E-03 | 1.43876866E00 |
| $1\,MHz =$ | 1.51982986E-10 | 3.99031324E-07 | 9.53707754e-08 | 4.79921566E-05 |
| $1\,aJ =$ | 2.29371045E-01 | 6.02213670E02 | 1.43932522E02 | 7.24292330E04 |
| $1\,eV =$ | 3.67493088E-02 | 9.64853090E01 | 2.30605423E01 | 1.16044475E04 |
| $1\,E_h =$ | 1.00000000E00 | 2.62549996E03 | 6.27509552E02 | 3.15773218E05 |
| $1\,kJ/mol =$ | 3.80879838E-04 | 1.00000000E00 | 2.39005736E-01 | 1.20271652E02 |
| $1\,kcal/mol =$ | 1.59360124E-03 | 4.18400000E00 | 1.00000000E00 | 5.03216592E02 |
| $1\,K =$ | 3.16682968E-06 | 8.31451121E-03 | 1.98721587e-03 | 1.00000000E00 |

# 附錄五　化學元素及其相對原子量

表 A5　化學元素及其相對原子量表（對於 $^{12}C = 12.0000$ 之相對原子量）

| 原子序 (atomic number) | 名　稱 (name) 英文 | 中文 | 符號 (symbol) | 相對原子量 (relative atomic mass) |
|---|---|---|---|---|
| 1 | Hydrogen | 氫 | H | 1.007 94(7) |
| 2 | Helium | 氦 | He | 4.002 602(2) |
| 3 | Lithium | 鋰 | Li | 6.941(2) |
| 4 | Beryllium | 鈹 | Be | 9.012 182(3) |
| 5 | Boron | 硼 | B | 10.811(5) |
| 6 | Carbon | 碳 | C | 12.011(1) |
| 7 | Nitrogen | 氮 | N | 14.006 74(7) |
| 8 | Oxygen | 氧 | O | 15.993 4(3) |
| 9 | Fluorine | 氟 | F | 18.998 403 2(9) |
| 10 | Neon | 氖 | Ne | 20.179 7(6) |
| 11 | Sodium | 鈉 | Na | 22.989 768(6) |
| 12 | Magnesium | 鎂 | Mg | 24.305 0(6) |
| 13 | Aluminum | 鋁 | Al | 26.981 539(5) |
| 14 | Silicon | 矽 | Si | 28.085 5(3) |
| 15 | Phosphours | 磷 | P | 30.973 762(4) |
| 16 | Sulfur | 硫 | S | 32.066(6) |
| 17 | Chlorine | 氯 | Cl | 35.452 7(9) |
| 18 | Argon | 氬 | Ar | 39.948(1) |
| 19 | Potassium | 鉀 | K | 39.098 3(1) |
| 20 | Calcium | 鈣 | Ca | 40.078(4) |
| 21 | Scandium | 鈧 | Sc | 44.955 910(9) |
| 22 | Titanium | 鈦 | Ti | 47.88(3) |
| 23 | Vanadium | 釩 | V | 50.941 5(1) |
| 24 | Chromium | 鉻 | Cr | 51.996 1(6) |
| 25 | Nabgabese | 錳 | Mn | 54.938 05(1) |
| 26 | Iron | 鐵 | Fe | 55.847(3) |
| 27 | Cobalt | 鈷 | Co | 58.900 20(1) |
| 28 | Nickel | 鎳 | Ni | 58.693 4(2) |
| 29 | Copper | 銅 | Cu | 63.546(3) |
| 30 | Zinc | 鋅 | Zn | 65.39(2) |

表 A5( 續 )

| 原子序<br>(atomic number) | 名　稱 (name)<br>英文 | 中文 | 符號<br>(symbol) | 相對原子量<br>(relative atomic mass) |
|---|---|---|---|---|
| 31 | Gallium | 鎵 | Ga | 69.723(1) |
| 32 | Germanium | 鍺 | Ge | 72.61(2) |
| 33 | Arsenic | 砷 | As | 74.921 59(2) |
| 34 | Selenium | 硒 | Se | 78.96(3) |
| 35 | Bromine | 溴 | Br | 79.904(1) |
| 36 | Krypton | 氪 | Kr | 83.80(1) |
| 37 | Rubidium | 銣 | Rb | 85.467 8(3) |
| 38 | Strontium | 鍶 | Sr | 87.62(1) |
| 39 | Yttrium | 釔 | Y | 88.905 85(2) |
| 40 | Zirconium | 鋯 | Zr | 91.224(2) |
| 41 | Niobium | 鈮 | Nb | 92.906 38(2) |
| 42 | Molybdenum | 鉬 | Mo | 95.94(1) |
| 43 | Technetium | 鎝 | Tc | |
| 44 | Ruthenium | 釕 | Ru | 101.07(2) |
| 45 | Rhodium | 銠 | Rh | 102.905 50(3) |
| 46 | Palladium | 鈀 | Pd | 106.42(1) |
| 47 | Silver | 銀 | Ag | 107.868 2(2) |
| 48 | Cadmium | 鎘 | Cd | 112.411(8) |
| 49 | Indium | 銦 | In | 114.88(3) |
| 50 | Tin | 錫 | Sn | 118.710(7) |
| 51 | Antimony(stibium) | 銻 | Sb | 121.75(3) |
| 52 | Tellurium | 碲 | Te | 127.60(3) |
| 53 | Iodine | 碘 | I | 126.904 47(3) |
| 54 | Xenon | 氙 | Xe | 131.29(2) |
| 55 | Cesium | 銫 | Cs | 132.905 43(5) |
| 56 | Barium | 鋇 | Ba | 137.327(7) |
| 57 | Lanthanum | 鑭 | La | 138.905 5(2) |
| 58 | Cerium | 鈰 | Ce | 140.115(4) |
| 59 | Praseodymium | 鐠 | Pr | 140.907 65(3) |
| 60 | Neodymium | 釹 | Nd | 144.24(3) |
| 61 | Promethium | 鉅 | Pm | |
| 62 | Samarium | 釤 | Sm | 150.36(3) |
| 63 | Europium | 銪 | Eu | 151.965(9) |
| 64 | Gadolinium | 釓 | Gd | 157.25(3) |
| 65 | Terbium | 鋱 | Tb | 158.925 34(3) |
| 66 | Dysprosium | 鏑 | Dy | 162.50(3) |
| 67 | Holmium | 鈥 | Ho | 164.903 32(3) |
| 68 | Erbium | 鉺 | Er | 167.26(3) |
| 69 | Thulium | 銩 | Tm | 168.934 21(3) |
| 70 | Ytterbium | 鐿 | Yb | 173.04(3) |
| 71 | Lutetium | 鎦 | Lu | 174.967(1) |
| 72 | Hafnium | 鉿 | Hf | 178.49(2) |

表 A5( 續 )

| 原子序 (atomic number) | 名 稱 (name) 英文 | 中文 | 符號 (symbol) | 相對原子量 (relative atomic mass) |
|---|---|---|---|---|
| 73 | Tantalum | 鉭 | Ta | 180.947 9(1) |
| 74 | Tungsten | 鎢 | W | 183.84(1) |
| 75 | Rhenium | 錸 | Re | 186.207(1) |
| 76 | Osmium | 鋨 | Os | 190.23(3) |
| 77 | Iridum | 銥 | Ir | 192.22(3) |
| 78 | Platinum | 鉑 | Pt | 195.08(3) |
| 79 | Gold | 金 | Au | 196.966 54(3) |
| 80 | Mercury | 汞 | Hg | 200.59(3) |
| 81 | Thallium | 鉈 | Tl | 204.383 3(2) |
| 82 | Lead | 鉛 | Pb | 207.2(1) |
| 83 | Bismuth | 鉍 | Bi | 208.980 37(3) |
| 84 | Poloniu, | 釙 | Po | |
| 85 | Astatine | 砈 | At | |
| 86 | Radon | 氡 | Rn | |
| 87 | Francium | 鍅 | Fr | |
| 88 | Radium | 鐳 | Ra | |
| 89 | Actinium | 錒 | Ac | |
| 90 | Thorium | 釷 | Th | 232.038 1(1) |
| 91 | Protactinium | 鏷 | Pa | 213.035 88(2) |
| 92 | Uranium | 鈾 | U | 238.028 9(1) |
| 93 | Neptunium | 錼 | Np | |
| 94 | Plutoniu, | 鈽 | Pu | |
| 95 | Americium | 鋂 | Am | |
| 96 | Curium | 鋦 | Cm | |
| 97 | Berkeliu, | 鉳 | Bk | |
| 98 | Californium | 鉲 | Cf | |
| 99 | Einsteinium | 鑀 | Es | |
| 100 | Fermium | 鐨 | Fm | |
| 101 | Mendelevium | 鍆 | Md | |
| 102 | Nobelium | 鍩 | No | |
| 103 | Lawrencium | 鐒 | Lr | |
| 104 | Rutherfordium | 鑪 | Rf | |
| 105 | Hahnium | 鈚 | Ha | |
| 106 | Seaborgium | 鎴 | Sg | |
| 107 | Neilsbohrium | 鈈 | Ns | |
| 108 | Hassium | 鏢 | Hs | |
| 109 | Meitnerium | 鎶 | Mt | |

[a] IUPAC Commission on Atomic Weights, *Pure Appl. Chem..* **64**:1520 (1992).

# 附錄六 向 量

三次元的空間之向量 **A**，可用其於 $x, y$ 與 $z$ 方向的**單位向量** (unit vectors) **i**, **j** 與 **k** 表示爲

$$A = A_n\mathbf{i} + A_y\mathbf{j} + A_z\mathbf{k} \tag{1}$$

上式中，分量 $A_x, A_y$ 與 $A_z$ 爲，向量 **A** 於 $x, y$ 與 $z$ 軸上的**投射** (projections)。 **A** 之長度由畢氏定律，可表示爲

$$|\mathbf{A}| = A = (A_x^2 + A_y^2 + A_z^2)^{1/2} \tag{2}$$

二向量 **A** 與 **B** 之**點乘積** (dot product)，或**矢量積** (scalar product) $\mathbf{A} \cdot \mathbf{B}$ 之 定義爲

$$\mathbf{A} \cdot \mathbf{B} = |A| |B| \cos\theta = \mathbf{B} \cdot \mathbf{A} \tag{3}$$

上式中，$\theta$ 爲二向量間之角度。點乘積爲**矢量** (scalar)，而可用分量表示爲

$$\mathbf{A} \cdot \mathbf{B} = A_x B_x + A_y B_y + A_z B_z \tag{4}$$

二向量之**交叉乘積** (cross product) 或**向量乘積** (vector product) $\mathbf{A} \times \mathbf{B}$ 爲向 量，其方向與由 **A** 及 **B** 所定義的平面成垂直，且形成**右-手掌系** (right-handed system)，其大小爲

$$|\mathbf{A} \times \mathbf{B}| = |\mathbf{A}| |\mathbf{B}| \sin\theta \tag{5}$$

向量乘積以各向量之分量使用行列式表示較爲方便，而可表示爲

$$\mathbf{A} \times \mathbf{B} = \begin{vmatrix} \mathbf{i} & \mathbf{j} & \mathbf{k} \\ A_x & A_y & A_z \\ B_x & B_y & B_z \end{vmatrix} \tag{6}$$

由於單位向量 **i**, **j** 與 **k** 各互相垂直，而 $\mathbf{a} \times \mathbf{b} = |\mathbf{a}| |\mathbf{b}| \sin\theta$，因此， $\mathbf{i} \times \mathbf{i} = \mathbf{j} \times \mathbf{j} = \mathbf{k} \times \mathbf{k} = 0$，而 $\mathbf{i} \times \mathbf{j} = \mathbf{k}$, $\mathbf{i} \times \mathbf{k} = -\mathbf{j}$，及 $\mathbf{j} \times \mathbf{k} = \mathbf{i}$。向量乘積 $\mathbf{A} \times \mathbf{B}$ 以其分 量之項可表示爲

$$\mathbf{A} \times \mathbf{B} = (A_y B_z - A_z B_y)\mathbf{i} + (A_z B_x - A_x B_z)\mathbf{j} + (A_x B_y - A_y B_x)\mathbf{k} \tag{7}$$

$$\nabla = \mathbf{i}\frac{\partial}{\partial x} + \mathbf{j}\frac{\partial}{\partial y} + \mathbf{k}\frac{\partial}{\partial z} \tag{8}$$

# 附錄七　稀薄溶液內的離子 $i$ 之活性度係數 $\gamma_i$ $\left[\text{式 (9-63)，} \ln \gamma_i = -\dfrac{z_i^2 e^2 b}{8\pi \epsilon_0 \epsilon_r kT}\right]$ 之誘導

　　**強的電解質** (strong electrolyte) 於溶液中，通常完全解離成離子，而電解質的溶液由於其內的離子間的相互作用，其性質或行為對於理想溶液一般會有某些偏差。

　　如圖所示，設離帶正電荷的 $A$ 離子 $r$ 處之**電位** (electric potential) 為 $\psi$，則正離子 $z_+ e$ 自離 $A$ 離子無窮遠處移至距離 $r$ 處之 $dv$ 的容積內所需之功為 $z_+ e\psi$，而負離子 $z_- e$ 移至 $dv$ 的容積內所需之功為 $z_- e\psi$，其中的 $e$ 為電子之單位電荷。

離子層

　　由 Boltzmann theorem，於 $dv$ 內之正與負的離子數 $dn_+$ 與 $dn_-$，可分別表示為

$$dn_+ = n_+ e^{-z_+ e\psi/kT} dv \tag{1}$$

與

$$dn_- = n_- e^{-ze\psi/kT} dv \tag{2}$$

其中的 $n_+$ 與 $n_-$ 為，單位體積 ($cm^3$) 內之正離子與負離子的總數，$k$ 為 Boltzmann 常數。由此，於 $dv$ 的容積內之**電荷密度** (charge density) 可表示為

$$\rho = \frac{e(z_+ dn_+ + z_- dn_-)}{dv} \tag{3}$$

　　對於 1–1 的電解質，$z_+ = 1$ 與 $z_- = -1$，及 $n_+ = n_- = n$。將式 (1) 與 (2) 代入式 (3)，可得 $dv$ 的容積內之電荷密度

$$\rho = ne[e^{-e\psi/kT} - e^{+e\psi/kT}] \tag{4}$$

由於 $e^x = 1 + x + \dfrac{x^2}{2!} + \dfrac{x^3}{3!} + \cdots$，由此，可得 $e^{-e\psi/kT} = 1 - \dfrac{e\psi}{kT} + \dfrac{1}{2!}\left(\dfrac{e\psi}{kT}\right)^2 \cdots$，而將此關係代入式 (4)，可得

$$\rho = -\frac{e^2\psi}{kT}2n\left(1+\frac{x^2}{3!}+\frac{x^4}{5!}+\cdots\right) \tag{5}$$

上式中，$x=\dfrac{e\psi}{kT}$。對於稀薄的溶液，由於 $r$ 較大而 $e\psi$ 較小，由此，$x \ll 1$。因此，上式 (5) 可簡化成

$$\rho \fallingdotseq -\frac{e^2\psi}{kT}2n \tag{6}$$

　　對於一般的電解質溶液，設距離中心的 $A$ 離子 $r$ 處（其電位為 $\psi$）之 $dv$ 的容積內，其單位體積 (cm³) 的溶液中之電荷 $z_1, z_2, z_3, \cdots z_i, \cdots$ 的離子數，各為 $n_1', n_2', n_3', \cdots, n_i', \cdots$，而離 $A$ 離子無窮遠 ($\psi=0$) 處的單位體積溶液內的各種離子之離子數，各為 $n_1, n_2, n_3, \cdots, n_i, \cdots$。由於帶電荷 $z_i e$ 的離子，自無窮遠處移至距離 $r$ 的電位 $\psi$ 處時，其位能自零增為 $z_i e\psi$，因此，由 Boltzmann 分佈的法則，可得

$$n_i' = n_i e^{\,z_i e\psi/kT} \tag{7}$$

由於此種離子所帶的電荷等於 $n_i'(z_i e)$，所以於電位 $\psi$ 處之電荷密度 $\rho$，可表示為

$$\rho = \sum n_i'(z_i e) = \sum n_i(z_i e)e^{-z_i e\psi/kT} \tag{8}$$

　　由於稀薄溶液中之離子間的距離較大，因此，其離子相互間的電位 $\psi$ 甚小，而 $z_i e\psi$ 與熱能 $kT$ 比較很小，即 $z_i e\psi \ll kT$，而由於

$$e^{-z_i e\psi/kT} = 1 - \frac{z_i e\psi}{kT} + \underbrace{\frac{1}{2!}\left(\frac{z_i e\psi}{kT}\right)^2 \cdots\cdots}_{\text{省略}} \tag{9}$$

且上式 (9) 中之右邊的第三項後面的各項均甚小，而可忽略，因此，將上式代入式 (8) 可得

$$\rho = \sum n_i(z_i e) - \frac{\psi}{kT}\sum n_i(z_i e)^2 \tag{10}$$

因電解質的溶液中需保持電中性，故 $\sum n_i(z_i e)=0$，所以由式 (10) 可得，電荷的密度 $\rho$ 為

$$\rho = -\frac{e^2\psi}{kT}\sum n_i z_i^2 \tag{11}$$

　　電荷的密度 $\rho$ 可用 Poisson 方程式表示為

$$\nabla^2\psi = \frac{-\rho}{\epsilon_0\epsilon} \tag{12}$$

上式中，$\epsilon_0$ 爲自由空間之**誘電率** (permittivity)，等於 $8.85419 \times 10^{-12}\,C^2N^{-1}m^{-2}$，$\epsilon$ 爲溶液之介電常數，而 $\nabla^2$ 爲 Laplacian 運算子，可表示爲

$$\nabla^2 = \frac{\partial^2}{\partial x^2} + \frac{\partial^2}{\partial y^2} + \frac{\partial^2}{\partial z^2} \tag{13}$$

直角的坐標與球形的極坐標間之關係如下，即爲

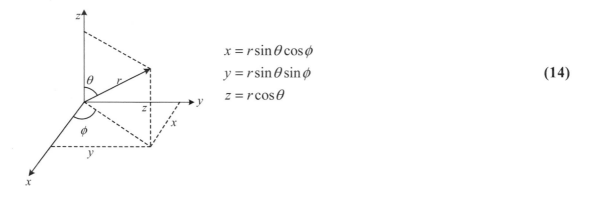

$$\begin{aligned} x &= r\sin\theta\cos\phi \\ y &= r\sin\theta\sin\phi \\ z &= r\cos\theta \end{aligned} \tag{14}$$

Laplacian 運算子以球形的極坐標表示時，式 (12) 可表示爲

$$-\frac{\rho}{\epsilon_0\epsilon} = \nabla^2\psi$$

$$= \frac{1}{r^2}\frac{\partial}{\partial r}\left(r^2\frac{\partial\psi}{\partial r}\right) + \frac{1}{r^2\sin\theta}\frac{\partial}{\partial\theta}\left(\sin\theta\frac{\partial\psi}{\partial\theta}\right) - \frac{1}{r^2}\frac{1}{\sin^2\theta}\frac{\partial^2\psi}{\partial\phi^2} \tag{15}$$

由於電位 $\psi$ 與角度無關，因此 $\dfrac{\partial\psi}{\partial\theta} = 0$ 及 $\dfrac{\partial\psi}{\partial\phi} = 0$，故上式 (15) 可簡化成

$$\frac{1}{r^2}\frac{\partial}{\partial r}\left(r^2\frac{\partial\psi}{\partial r}\right) = -\frac{\rho}{\epsilon_0\epsilon} \tag{16}$$

將式 (11) 代入上式 (16)，可得

$$\frac{1}{r^2}\frac{d}{dr}\left(r^2\frac{d\psi}{dr}\right) = \frac{e^2\psi}{\epsilon_0\epsilon kT}\sum n_i z_i^2 \tag{17}$$

或

$$\frac{d}{dr}\left(r^2\frac{d\psi}{dr}\right) = b^2 r^2\psi \tag{18}$$

而其中的 $b^2$ 爲

$$b^2 = \frac{e^2}{\epsilon_0\epsilon kT}\sum n_i z_i^2 \tag{19}$$

上式 (18) 稱爲 Poisson-Boltzmann 式。其中的 $\dfrac{1}{b}$ 之單位爲長度，可作爲**離子層** (ionic atmosphere) 的厚度之大約的量測，而稱爲 Debye **長度** (Debye length)。例如，一莫耳的 $1-1$ 電解質之水溶液於 25°C 時，其 $\dfrac{1}{b} = 3.1$ Å。

設 $u = r\psi$，而由 $r$ 的一次微分及二次微分得，其第一級導數及第二級導數，爲

$$\frac{du}{dr} = \psi + r\frac{d\psi}{dr} \tag{20}$$

及

$$\frac{d^2u}{dr^2} = \frac{d\psi}{dr} + r\frac{d^2\psi}{dr^2} + \frac{d\psi}{dr} = 2\frac{d\psi}{dr} + r\frac{d^2\psi}{dr^2} \tag{21}$$

由於

$$\frac{d}{dr}\left(r^2\frac{d\psi}{dr}\right) = 2r\frac{d\psi}{dr} + r^2\frac{d^2\psi}{dr^2} = r\frac{d^2u}{dr^2} \tag{22}$$

因此，式 (18) 可寫成

$$r\frac{d^2u}{dr^2} = b^2 ru \tag{23}$$

或

$$\frac{d^2u}{dr^2} = b^2 u \tag{24}$$

式 (24) 之一般的解爲

$$u = c_1 e^{-br} + c_2 e^{br} \tag{25}$$

上式中，$c_1$ 與 $c_2$ 均爲積分常數，因 $u = r\psi$，故由上式可得

$$\psi = \frac{c_1}{r}e^{-br} + \frac{c_2}{r}e^{br} \tag{26}$$

由邊界條件，$r \to \infty$ 時 $\psi \to 0$，將此條件代入上式 (26) 得，$0 = \dfrac{c_1 e^{-\infty}}{\infty} + \dfrac{c_2 e^{\infty}}{\infty} = 0 + \lim\limits_{r\to\infty}\dfrac{c_2 e^r}{r}$，因 $\lim\limits_{r\to\infty}\dfrac{e^r}{r} \neq 0$，故 $c_2 = 0$。因此，由式 (26) 可得

$$\psi = \frac{c_1}{r}e^{-br} \tag{27}$$

上式 (27) 之指數前的部分 $c_1/r$，爲通常的**庫崙電位** (ordinary Coulomb potential)，而 $e^{-br}$ 爲**遮蔽因子** (screening factor)。

　　當 $b=0$ 時，由式 (19) 得溶液中之電解質的濃度為零。因此，上式 (27) 中之 $c_1/r$ 相當於，無其他的電荷存在下之單一離子的電位。即由式 (9-5) 得，$\dfrac{c_1}{r}=\dfrac{ze}{4\pi\epsilon_0\epsilon r}$ ，而由此得 $c_1=\dfrac{ze}{4\pi\epsilon_0\epsilon}$ 。因此，由上式 (27) 可寫成

$$\psi=\frac{ze}{4\pi\epsilon_0\epsilon r}e^{-br} \tag{28}$$

對於稀薄的電解質溶液，因其 $b$ 甚小，故 $e^{-br}\fallingdotseq 1-br$ ，因此，上式 (28) 可寫成

$$\psi=\frac{ze}{4\pi\epsilon_0\epsilon r}(1-br)=\frac{ze}{4\pi\epsilon_0\epsilon r}-\frac{zeb}{4\pi\epsilon_0\epsilon} \tag{29}$$

上式 (29) 中之 $\dfrac{ze}{4\pi\epsilon_0\epsilon r}$ 為，於介電常數 $\epsilon$ 之介質中，距離電荷 $ze$ 的離子 $r$ 處之電位，而 $\dfrac{zeb}{4\pi\epsilon_0\epsilon}$ 為其他的離子於該離子周圍所形成的離子層之電位。

　　下面考慮一離子自無窮稀薄的溶液，移至某濃度的溶液所需之功，此過程可假定經由下列之三假想的過程：(1) 離子於極稀薄的電解質溶液中，逐次失去其所帶的電荷；(2) 失去電荷的離子，自稀薄的溶液移至較濃的溶液，及 (3) 失去電荷的離子，於較濃的溶液中逐次獲得電荷。其中的步驟 (1) 及 (3) 之 Gibbs 能的變化 $\Delta G$，相當於對系所作之電功，而步驟 (2) 之 $\Delta G$ 與理想溶液者相同。

　　離子半徑 $r_0$ 之表面電位為 $\psi$ 時，將微量的電荷 $dq$ 移至其表面所需的功為 $\psi dq$。離子帶有電荷 $q$ 時之表面電位，由上式 (29) 可表示為

$$\psi=\frac{q}{4\pi\epsilon_0\epsilon r_0}-\frac{qb}{4\pi\epsilon_0\epsilon} \tag{30}$$

上面的步驟 (1) 為於極稀薄的溶液中，因此，其 $b=0$，所以步驟 (1) 之 Gibbs 能的變化 $\Delta G_1$，為

$$\Delta G_1=\int_{q=ze}^{0}\psi dq=\int_{q=ze}^{0}\frac{q}{4\pi\epsilon_0\epsilon r_0}dq=-\frac{1}{4\pi\epsilon_0}\frac{z^2e^2}{2\epsilon r_0} \tag{31}$$

對於一離子的步驟 (2) 之 Gibbs 能的變化 $\Delta G_2$ ，可表示為

$$\Delta G_2=\frac{RT}{N_A}\ln\frac{m}{m_0}=kT\frac{m}{m_0} \tag{32}$$

上式中，$m$ 與 $m_0$ 分別為溶液之終濃度與初濃度。步驟 (3) 之 Gibbs 能的變化 $\Delta G_3$ 為

$$\Delta G_3=\int_{q=0}^{q=ze}\frac{q}{4\pi\epsilon_0\epsilon r_0}dq-\int_{q=0}^{q=ze}\frac{qb}{4\pi\epsilon_0\epsilon}dq=\frac{z^2e^2}{4\pi\epsilon_0 2\epsilon r_0}-\frac{z^2e^2}{4\pi\epsilon_0 2\epsilon}b \tag{33}$$

由此可得，上述的三步驟之 Gibbs 能的變化 $\Delta G$ ，爲

$$\Delta G = \Delta G_1 + \Delta G_2 + \Delta G_3 = RT \ln \frac{m}{m_0} - \frac{z^2 e^2}{4\pi\epsilon_0 2\epsilon} b \tag{34}$$

另一方面，上述之 Gibbs 能的變化 $\Delta G$ ，亦可用下式表示爲

$$\Delta G = \frac{RT}{N_A} \ln \frac{a}{a_0} = kT \ln \frac{m\gamma_i}{m_0 \cdot 1} \tag{35}$$

上式中，$\gamma_i$ 爲離子 $i$ 於終濃度的溶液中之活性度係數，而離子 $i$ 於極稀薄的溶液中之活性度係數爲 1。因此，由式 (34) 與式 (35) 可得

$$kT \ln \gamma_i = -\frac{b}{8\pi\epsilon_0\epsilon} z^2 e^2 \tag{36}$$

或

$$\ln \gamma_i = -\frac{z^2 e^2 b}{8\pi\epsilon_0\epsilon kT} \tag{37}$$

# 英中文索引

# E

# N

# O

# P

# T

# U

# V

# W

國家圖書館出版品預行編目資料

物理化學 I / 黃定加,黃玲媛,黃玲惠 編著.
-- 初版.-- 新北市：全華圖書,2020.05
面 ； 公分
ISBN 978-986-503-411-5 (平裝)

1.物理化學

348                                        109006940

# 物理化學 I

作者 / 黃定加、黃玲媛、黃玲惠

發行人 / 陳本源

執行編輯 / 陳欣梅

封面設計 / 楊昭琅

出版者 / 全華圖書股份有限公司

郵政帳號 / 0100836-1 號

印刷者 / 宏懋打字印刷股份有限公司

圖書編號 / 06433

初版一刷 / 2020 年 6 月

定價 / 新台幣 700 元

ISBN / 978-986-503-411-5 （平裝）

全華圖書 / www.chwa.com.tw

全華網路書店 Open Tech / www.opentech.com.tw

若您對書籍內容、排版印刷有任何問題，歡迎來信指導 book@chwa.com.tw

---

**臺北總公司(北區營業處)**
地址：23671 新北市土城區忠義路 21 號
電話：(02) 2262-5666
傳真：(02) 6637-3695、6637-3696

**中區營業處**
地址：40256 臺中市南區樹義一巷 26 號
電話：(04) 2261-8485
傳真：(04) 3600-9806

**南區營業處**
地址：80769 高雄市三民區應安街 12 號
電話：(07) 381-1377
傳真：(07) 862-5562

# 歡迎加入 全華會員

● **會員獨享**

　會員享購書折扣・紅利積點・生日禮金・不定期優惠活動……等。

● **如何加入會員**

　填妥讀者回函卡直接傳真 (02) 2262-0900 或寄回，將由專人協助登入會員資料，待收到 E-MAIL 通知後即可成為會員。

## 如何購書

### 全華書籍 全華網路書店

**1. 網路購書**

全華網路書店「http://www.opentech.com.tw」，加入會員購書更便利，並享有紅利積點回饋等各式優惠。

**2. 全華門市、全省書局**

歡迎至全華門市（新北市土城區忠義路 21 號）或全省各大書局、連鎖書店選購。

**3. 來電訂購**

(1) 訂購專線：(02) 2262-5666 轉 321-324

(2) 傳真專線：(02) 6637-3696

(3) 郵局劃撥（帳號：0100836-1　戶名：全華圖書股份有限公司）

※ 購書未滿一千元者，酌收運費 70 元。

**OpenTech.com.tw** 全華網路書店

全華網路書店 www.opentech.com.tw
E-mail: service@chwa.com.tw

※ 本會員制如有變更則以最新修訂制度為準，造成不便請見諒。

# 讀者回函卡

填寫日期： ／ ／

姓名： 生日：西元 年 月 日 性別：□男 □女

電話：（ ） 傳真：（ ） 手機：

e-mail： （必填）

通訊處：□□□□□

學歷：□博士 □碩士 □大學 □專科 □高中·職

職業：□工程師 □教師 □學生 □軍·公 □其他

學校／公司： 科系／部門：

· 需求書類：
□ A.電子 □ B.電機 □ C.計算機工程 □ D.資訊 □ E.機械 □ F.汽車 □ I.工管 □ J.土木
□ K.化工 □ L.設計 □ M.商管 □ N.日文 □ O.美容 □ P.休閒 □ Q.餐飲 □ B.其他

· 本次購買圖書為： 書號：

· 您對本書的評價：
封面設計：□非常滿意 □滿意 □尚可 □需改善，請說明
內容表達：□非常滿意 □滿意 □尚可 □需改善，請說明
版面編排：□非常滿意 □滿意 □尚可 □需改善，請說明
印刷品質：□非常滿意 □滿意 □尚可 □需改善，請說明
書籍定價：□非常滿意 □滿意 □尚可 □需改善，請說明
整體評價：請說明

· 您在何處購買本書？
□書局 □網路書店 □書展 □團購 □其他

· 您購買本書的原因？（可複選）
□個人需要 □幫公司採購 □親友推薦 □老師指定之課本 □其他

· 您希望全華以何種方式提供出版訊息及特惠活動？
□電子報 □ DM □廣告 （媒體名稱 ）

· 您是否上過全華網路書店？（www.opentech.com.tw）
□是 □否 您的建議

· 您希望全華出版那方面書籍？

· 您希望全華加強那些服務？

～感謝您提供寶貴意見，全華將秉持服務的熱忱，出版更多好書，以饗讀者。

全華網路書店 http://www.opentech.com.tw 客服信箱 service@chwa.com.tw

2011.03 修訂

註：數字零，請用 Ø 表示，數字 1 與英文 L 請另註明並書寫端正，謝謝。

---

親愛的讀者：

感謝您對全華圖書的支持與愛護，雖然我們很慎重的處理每一本書，但恐仍有疏漏之處，若您發現本書有任何錯誤，請填寫於勘誤表內寄回，我們將於再版時修正，您的批評與指教是我們進步的原動力，謝謝！

全華圖書 敬上

## 勘 誤 表

| 書號 | | 書 名 | 作 者 |
|---|---|---|---|
| 頁 數 | 行 數 | 錯誤或不當之詞句 | 建議修改之詞句 |
| | | | |
| | | | |
| | | | |
| | | | |
| | | | |
| | | | |
| | | | |

我有話要說： （其它之批評與建議，如封面、編排、內容、印刷品質等⋯）